生命科学名著

# 基因组 3

# (Genomes 3)

〔英〕T.A.布朗 著
袁建刚等 译

科学出版社
北京

图字：01-2007-1854号

## 内 容 简 介

《基因组3》在前两版的基础上对原有内容进行了大量的更新和扩充，并对部分章节和内容进行了重排，使背景资料更充实，层次更清晰，行文更流畅。本书共包含四大部分内容，分别为研究基因组、基因组结构、基因组功能和基因组的复制及进化。本书以清新而简明的写作风格将基因组学的概念、观点和内容与传统的基因分子生物学和分子遗传学研究方法相结合，为基因组作为生命蓝图所起的作用提供了全新的视角。

本书内容翔实，深入浅出，引人入胜，根据内容需要采用大量图表，形象而简洁，是一部适合作为教材的基因组学读物。本书非常适合作为生物、医学、农学、林学等相关学科本科生和研究生的基因组学课程教材，也可供专业科技人员阅读。



**图书在版编目（CIP）数据**

基因组3 /（英）布朗（Brown, T. A.）著；袁建刚等译. —北京：科学出版社，2009.3

（生命科学名著）

ISBN 978-7-03-023347-9

Ⅰ.基… Ⅱ.①布… ②袁… Ⅲ.基因组-教材 Ⅳ.Q343.2

中国版本图书馆CIP数据核字（2008）第172809号

责任编辑：李 悦 彭克里 刘 晶 陈珊珊 / 责任校对：包志虹

责任印制：赵 博 / 封面设计：陈 敬

科学出版社出版

北京东黄城根北街16号

邮政编码：100717

http://www.sciencep.com

北京天宇星印刷厂印刷

科学出版社发行 各地新华书店经销

*

2009年3月第 一 版 开本：787×1092 1/16

2024年4月第六次印刷 印张：43 1/4

字数：988 000

**定价：128.00元**

（如有印装质量问题，我社负责调换）

# 译 者 名 单

**主译人员**　　袁建刚　彭小忠　强伯勤

**参译人员**　　龚燕华　晁腾飞　陈　涛　高　静　颜兴起
吴旭东　刘炳岩

# 译者序

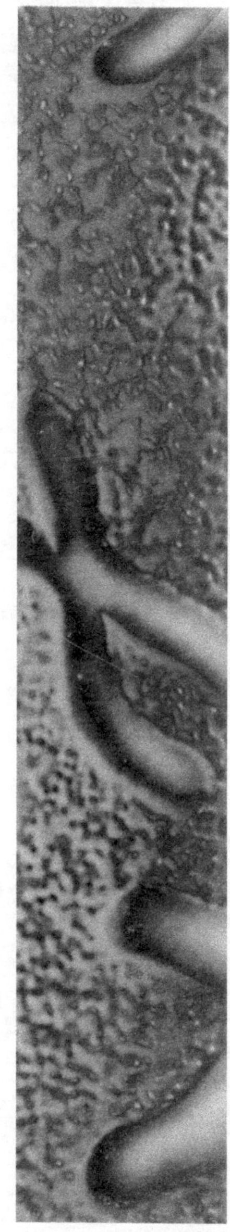

基因组，集生命之大成者，有人称之为生命的上帝。这个上帝的手中掌握着人类生老病死和所有生命活动的奥秘。20 世纪中后叶以来，科技的进步使探讨基因组奥秘成为可能。因此，上帝之手终于一点点松开了，我们终于开始从中窥视到多彩绚丽的生命之源。T. A. 布朗在总结了基因组研究主要成果的基础上，于 1999 年编写了《基因组》第一版；为了反映基因组研究的最新进展，又于 2002 年出版了《基因组 2》。

作为一部优秀的分子生物学和生命科学的教材，它为我们提供了独特的思路、崭新的知识、新颖的风格和灵活多样、生动活泼的表达方式。本书既是一部教科书，又像是一部专业词典和技术工具书，兼容并包，颇具美感和动感效果。

选择“基因组”作为一个命题撰写一部教科书，既是科学发展之大势所趋，又是一项艰巨的任务。当今，在大学、研究院（所）和企业里，涉及生命科学的研究、开发和应用，大多受到基因组科学的影响。这是因为基因组科学给我们带来了观念上和技术方法上的飞跃。在观念上，使我们把基因组的活动和功能作为一个整体来看待，它由个别基因的活动和功能的网络作用综合而成，这更加接近生命活动的真实情况。在技术方法上，为了达到综合和集成，产生大量数据和信息，发展了高通量技术平台。因此，发展基因组科学是功在当代利在千秋的大业。但是，毕竟基因组科学属于宝塔尖里的科学，太前沿，以致大学分子生物学和生命科学类教科书极少涉及。在以往此类教科书中，即使含有有关基因的描述，也都是针对单个基因的，基本处于零敲碎打、坐井观天状态。因此，欲在经典的分子生物学领域里，围绕基因组这个核心把多种知识整合起来，并且做到条理化、系统化，实属不易。但是，我们看到，《基因组 3》一书做到了。

本书为生命科学和分子生物学提供了一个全新的视角，避免了沿袭旧教材的套路，独树一帜，挑选了基因组科学中最基本和最受关注的四个方面作为主要内容，它们是：研究基因组、基因组结构、基因组功能、基因组的复制与进化。这些内容在现有教科书中是找不到的，必须依靠作者从现刊中搜集，还需要丰富的知识和经验。正如原书作者在致谢中所言，书中素材来源于最近出版的 *Nature*、*Science*、*Trends in Genetics* 和 *Trends in Biochemical Sciences* 等著名杂志，由此可见其内容之新、之前沿。

新字当头，注重系统性及与传统知识的衔接，是该书的另一特色。作者深知，作为一本教科书，新旧知识和概念恰到好处的衔接和系统化，是其性质所决定的，也是一本教科书成败至关重要的标志。读者只要浏览一下目录，对全书各部分要介绍的内容即有一个系统完整的印象，求知欲油然而生。

本书的另一个独特之处是表达方式生动、活泼、多样、图文并茂。全书每个篇章除正文外，还包括学习要点、图例、技术注解、问答题、难题和图形测试、拓展阅读、词汇表等，它们单独归类编排，内容翔实、深入浅出、实用，引人入胜，与正文光彩互映。

本书“图例”堪称一绝，不仅简要明了，而且好临摹、易理解、有助记忆，真可谓一图可抵千言。

非常感谢原书作者为我们奉献了这么优秀的教科书。为了促进我国高等院校有关基因组科学的教学和研究工作向前发展，在科学出版社的大力支持下，我们翻译出版了《基因组 3》一书。参加本书翻译的人员都是在科研第一线工作的科研工作者和博士研究生，他们承担着国家多项重大科研任务，工作十分繁忙，为了此书中译版的顺利出版，全体参译人员都不惜利用节假日和业余时间勤奋工作。然而，由于此书涉及的领域十分广泛，内容非常丰富，新概念、新技术贯穿全书，而参译人员的知识背景又有一定的局限性，虽然我们尽了最大努力争取中译版尽量忠于原著，但也认识到译文的不准确或不贴切之处还是难以完全避免。因此，衷心希望广大读者对本书的谬误之处多提宝贵意见，以便重印时使此书更加完善。

译　者<br>2008 年 11 月

# 第三版前言

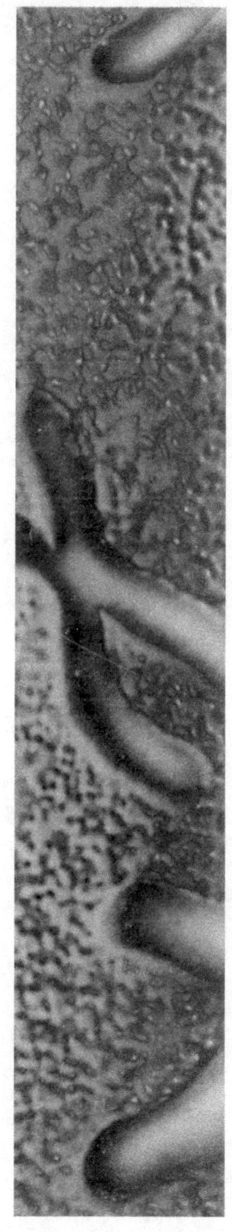

从《基因组 2》的出版到现在，四个激动人心的年头已然过去。

不时有新完成的人类染色体序列被公布，黑猩猩基因组的测序也已经完成。真核生物中部分或全部序列已明确的物种数目在迅猛增加，而且新的原核序列每周都在实时地更新着。转录组和蛋白质组的实验技术为研究基因组表达提供了新的视点，同时系统生物学这一新学科正在把基因组研究与细胞生物化学联系在一起。所有这些进展都已经被加入到这本《基因组 3》之中。特别是以前单独一章的“基因组结构”被分解成了三个章节，而且，通过撰写如何分析序列及如何研究转录组及蛋白质组的独立章节，本书极大地丰富了后基因组学方面的材料。我也抓住时机，更加深入地描述了基因组的表达、复制和重组。

上述变化已经使《基因组》一书篇幅增加不少，作为补偿，我努力令这本书更便于使用。现在，“技术注解”只用于描述技术。这样，正文作为一个整体就不那么零散，从而有了更加连续的叙述。插图已经彻底重新设计，图表变得更加明了，更加引人入胜。阅读条目和章节结尾处的习题也已进行了相应全面的再评估。

在做这些修改的过程中，我已经考虑到一些来自世界各地的教师和学生们的反馈。这些人“不胜枚举”，我只好向大家一起道声谢谢。有一个我要单独感谢的人，他就是曼彻斯特大学的 Daniela Delneri，他关于后基因组以及分子进化章节的注释是如此全面，以致我自己几乎不需要在这些领域再做任何调研了。我还非常感谢纽约州立大学 Fredonia 校区生物系的 Ted Lee，他承担了令人畏惧的（至少对我是如此）任务，为书中每一章撰写综合问答及习题，这些学习辅助材料极大地提升了本书的价值。我还要感谢 Garland Science 出版社的 Dominic Holdsworth 和 Jackie Harbor，他们在我准备《基因组 3》的过程中给予了巨大的支持。感谢 Matthew McClements 重新设计了精彩插图。在第一版中我就写过“如果这本书对你有帮助，那就请你谢谢 Keri，而不是谢谢我，因为是她促成了本书的完成”，我很高兴能有这样的人促使我致力于本书的编写。

T. A. 布朗

于曼彻斯特

# 第二版前言

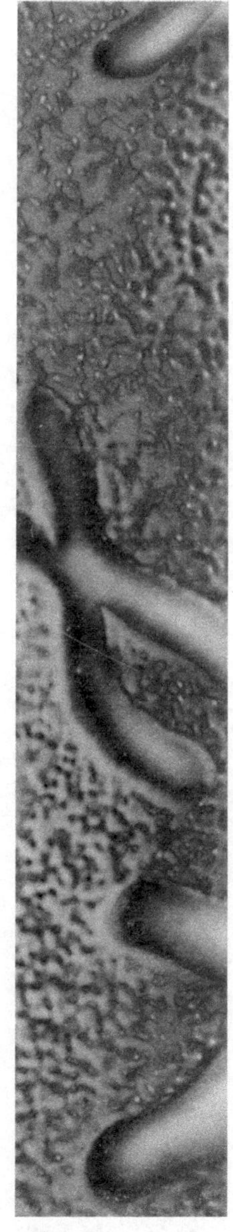

《基因组》问世后又过去了三个鼓舞人心的年头，果蝇、拟南芥和人类的基因组草图绘制工作已经完成，现在原核生物基因组序列正以平均每个月两种或三种的速度得到公布。研究转录组和蛋白质组的实验方法正在逐步成熟，它们给基因组表达的研究带来了全新的视野。在此同时，基因组表达和复制的过程得到了更为详尽的阐释。所有这些进展都纳入到了《基因组 2》。本书第 1 章的中心是人类基因组，随后在第 1 篇的后续章节中笼统概括了基因组的物理和遗传结构，并以对转录组学和蛋白质组学的展望作为结束。在第 2 篇，即研究基因组的方法学这一部分中，补充了关于克隆和 PCR 技术的全新的一章，这些内容在第一版中仅仅分散插述，并不令人十分满意。同时对测序和功能研究的章节进行了更新，力求反映 1999 年以来的技术进展。对基因组表达的第 3 篇，以及有关基因组复制和进化的第 4 篇也进行了全面更新。许多读者称赞第一版《基因组》与时俱进，我希望第二版能够继续保持这一优点。

为了使这本书更便于读者阅读，我们做了相应的一些更改。第 1 篇的内容进行重新编排后，给那些初次接触分子生物学的学生一个更加深入浅出的介绍。每一章节的后面都补充了一系列的辅助内容，希望这些内容不但能够引导读者阅读本书，而且是一个直接的补充辅导资料。在每一章的起始部分我都列出了学习纲要，这是近年来最实用的教学改革成果，目前是英国许多大学教学改革质量测评中的必需项目。

衷心感谢所有热心批评和对《基因组 2》提出建议的人们，你们在阅读的过程中会发现，作为对你们的意见和建议的反馈，新的版本中做出了大大小小的修改。我非常感谢 BIOS 的 Jonathan Ray 和 Simon Watkins 在我编写本书的过程中所给予的全力支持，同时我衷心感谢 Sarah Carlson 和 Helen Barham，正是他们的通力协作，才使得这本书的面世过程不令人感到压力。最后，我要感谢我的妻子 Keri，没有她的支持，就不会有本书。在第一版《基因组》中我写道："如果这本书对你有帮助，那就请你谢谢 Keri，而不是谢谢我，因为是她促成了本书的完成"，我很高兴能有这样的人促使我致力于本书的编写。

T. A. 布朗

于曼彻斯特

# 第一版前言

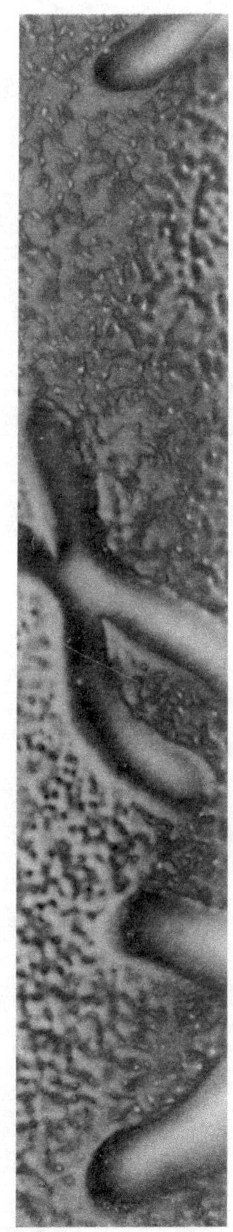

《基因组》这本书希望以一种全新的方式来进行分子生物学本科生教学。它的编写鉴于这样一种理念：大学分子生物学教学大纲必须反映新千年的主要研究方向，而不应再是那些 20 世纪 70 年代或者 80 年代流行过的主题。因此这本书重在讨论基因组而非基因，因为我们认识到今日的分子生物学所取得的进展更多地来自于基因组测序和功能研究而非单个基因的功能分析。绝大多数在校分子生物学本科生毕业后将从事基因组方面的研究，所有这些人都会发现，他们的工作将会或多或少地受到基因组研究的影响。如果对大学生授课的目的是为他们将来的研究生涯作准备的话，那么就应该向他们教授基因组方面的知识！

当然如果就此断定单个基因研究不再重要，这将是非常愚蠢的做法。在编著《基因组》的过程中我所面临的主要挑战是如何将传统分子生物学教学大纲与基因组学的新进展有机结合起来。当然，如果试图完全用“从基因组到蛋白质组”的术语来笼统描述从 DNA 到蛋白质的过程，这是行不通的，因此《基因组》中相当一部分内容仍然着重于单个基因的表达途径。这本书的与众不同之处在于，它将具体基因的表达途径包含在基因组的功能和活性这样一个整体的概念之中。同样，对 DNA 的复制、突变和重组的叙述也是讲述它们对整个基因组的影响，而不只是对基因复制和变化过程的影响。

分子生物学教学必须以基因组为中心，这一理念在我编写这本书的过程中不断得到巩固和强化，与传统的教学大纲相比，这种新的教学理念显得更加完美，信息量更大。许多过去对我来说属于边缘性的主题现在逐渐凸现出来，并显出其新的重要性。希望我能将在撰写本书过程中所感受到的兴奋之情传递给读者。

T. A. 布朗

于曼彻斯特

# 内容介绍

为尽可能使《基因组 3》便于读者使用，本书包含了一些试图帮助读者并使本书成为有效的教学辅助资料。

## 本书的结构

本书分为四部分。

- **第 1 篇"研究基因组"**(Studying Genomes)　以导读性章节开篇，向读者介绍基因组、转录组和蛋白质组，然后转到方法学，重点介绍了那些在前基因组时代用于研究单个基因的克隆和 PCR 方法（第 2 章）。随后按基因组计划的研究顺序介绍了专用于基因组的研究方法：构建遗传图谱和物理图谱的方法（第 3 章）；DNA 测序方法学和组装基因组邻接序列的策略（第 4 章）；确定基因组序列中所包含的基因和这些基因在细胞中的功能的方法（第 5 章）；蛋白质组和转录组的研究（第 6 章）人类基因组计划是整个第一篇的主线，但并非唯一内容，与此同时我努力全面论及这一过程中已经使用的和正在使用的研究策略，以便有助于理解其他生物的基因组。
- **第 2 篇"基因组结构"**(Genomes Anatomies)　纵览了我们星球上所发现的不同类型的基因组的解析。第 7 章涵盖真核生物的核基因组，其首要的重点是人类基因组；第 8 章探讨原核生物及真核生物的细胞器基因组，后者被纳入是因为它们具有原核生物的起源；第 9 章描述病毒基因组和移动的遗传元件，这些被放在一起是因为一些移动的元件与病毒基因组有关。
- **第 3 篇"基因组如何行使功能"**(How Genomes Function)　涵盖了以前被不适当地描述为"从 DNA 到 RNA 到蛋白质"的内容。第 10 章着重介绍染色质结构如何影响基因组表达；第 11 章阐述原核和真核生物转录起始复合物的组装，其中详尽讨论了 DNA 结合蛋白，它们在基因组表达的起始阶段发挥极其重要的作用；第 12 章和第 13 章全面阐述转录组和蛋白质组合成；第 14 章讨论基因组活性的调节。因为许多不同的主题都与基因组活性的调节相关，因此，要想将第 14 章的篇幅掌握在一定的范围之内并非易事，我希望通过具体范例来讨论一般规律，从而达到简洁而全面的目的。
- **第 4 篇"基因组如何复制及进化"**(How Genomes Replicate and Evolve)　将 DNA 的复制、突变和重组与基因组随时间的逐渐进化联系起来。第 15 章到第 17 章描述了复制、突变、修复和重组相关的分子过程；第 18 章则讨论了这些过程对基因组结构及遗传内容的形成发生影响的可能途径；最后，第 19 章致力于阐述在推断 DNA 序列间进化关系时分子系统发生学日益增加的资料使用。

# 章 节 编 排

## 学习要点

每一章的起始处都有一套学习要点，这些要点的词句都经过仔细推敲。它们不仅仅是该章的内容提要，而且指明了学生阅读该章节后应该掌握的知识水平和层次。因此，学习要点用简洁的词汇精确地陈述了学生所应该达到的预期学习目的：哪些内容他们应该能够独立阐述、描绘、讨论、解释和评价。这样做是为了使学生明白他们学习每一章的目标，从而确切无疑地了解他们是否已经满意地掌握了这些材料。

## 图例

好图可抵千言，糟糕的图让人晕头转向，而多余的图则让人心烦意乱。因此我尽力保证每一幅图都必不可少并且都能达到其目的，而不仅仅是用来将正文分段从而使之更加美观。同时我尽力使图示易于临摹，因为这在我看来更有助于学生学习。我一直不能理解那些把教科书的图示艺术化的做法，因为如果不能临摹，那样的图示也仅仅只是一张图而已，并不能帮助学生理解其所欲传递的信息。《基因组 3》中的插图尽可能清晰，简洁而不零乱。

## 技术注解

每一章的正文都有一系列的技术注解加以支持和补充，包含在独立的注释框中。每一个技术注解都是基因组研究中一个或一组重要技术的较完备的解释。技术注解被安排与正文相连一起阅读，都位于正文中首次提到该技术应用之处。

## 问答题、难题和图形测试

每个章节的末尾给出了四种不同类型的习题。

- **选择题**　涵盖了章节中关键点，测试学生对材料的基本理解。传统上人们有时候对选择题在正式评估中的价值有所保留，不过该题型作为复习辅助的价值是毫无疑问的：如果一个学生能够准确地回答出其中的每一个问题，那么他们基本上是对该章节的实质内容有了透彻的理解。
- **简答题**　要求一个 50～300 个字的回答，有个别题目要求给出一个标注的图或表格。问题涉及章节中全部的内容，提问方式相当直接，并且大多数问题可以简单地通过检索正文的相应部分来解答。学生可以使用简答题来系统地读完该章节，也可以挑选个别问题来评估他们对于特殊专题的回答能力。简答题可以用于闭卷测验。
- **论述题**　要求更加详细地回答。它们的性质和难度各异，最简单的仅比文献评述要求高一点点，这些问题的目的是从《基因组 3》达到的高度展开，使学生将他们的学识再提高几步。其他问题要求学生基于他们对书中材料的理解（也可能提供了相关专题的补充阅读物）来评估某一段陈述或假设。这部分问题在理想情况下将形成一些思想和批判意识。少数问题是很难的，在某些情况下所提的问题没有固定答案。

设计这部分问题的用意在于激励辩论与推测，这将拓展学生的知识并促使他们对自己的陈述严加思考。这些论述题学生可以单独解答或者作为一个小组讨论的起点。

- **图形测试** 类似于简答题，但是使用了选自相应章节中的插图作为练习的核心。该测试的价值在于它是一种把从阅读正文获得的确实信息与插图所显示的结构及过程联系在一起的方法。好图可抵千言，但其前提是要仔细地研读并充分地理解该图。图形测试有助于提供这种类型的理解。

## 拓展阅读

每章后面的阅读书目包括我认为非常有用的文献、综述和书籍等辅助材料。在《基因组3》一书中，我自始至终的目的是当学生要针对特别专题写大型论文或研究报告的时候应该能够使用该阅读书目来获得进一步的信息。所以研究类型的文献也被列入，但仅包括那些内容可以被本书平均水平读者所理解的。重点放在了能获取的综述文献上，比如，*Science*的展望栏目、*Nature*的新闻与视点栏目以及 *Trends* 系列杂志中的文章。这些综合性文章的优点在于为某一方面的工作提供了历史背景及关联性。绝大多数的阅读书目根据章节中信息的结构进行了分组，在某些情况下我给每组的特殊价值附加了少量总结性的语句，以帮助读者来决定他们到底该搜寻哪些读物。该书目不是包罗万象的，我建议读者花一些时间研究一下他们自己图书馆中书架上的其他书籍和文献。浏览是发现你以前未曾发现的兴趣点的绝好方法。

## 词汇表

我非常喜欢词汇表作为学习的帮手，在《基因组3》中我提供了一个更加丰富的词汇表。正文中的每一个黑体词都在词汇表中有定义，表中一些额外词条是读者在参考阅读书目中的书籍和文献时可能遇到的。词汇表中的每一个词也在索引列出，这样读者可以快速翻阅关于该词在相应页面内更详细的介绍。

## 《基因组3》的影像材料

本书附带的光盘内含有书中的彩图文件。JPEG 图像已经被优化过，以使其适合于打印以及网络浏览。

## 给教师的建议

Garland Science Classwire™（Garland Science 出版社的网络课堂）的网址是 http://www.classwire.com/garlandscience，它为使用者提供了指导性材料以及课程管理的工具，其中包括《基因组3》中 JPEG 和幻灯片形式的图像。那些在附录中没有答案或辅导的选择题、简答题、论述题和图形测试可用于布置家庭作业或当作测验题。如果需要，这些练习题的答案和辅导将通过 Classwire™ 提供给导师使用。采用《基因组3》的教师能够从其他教材中获取额外的资源。Classwire™ 还是一种灵活易用的课程管理工具，它允许导师们为他们的班级建立网页，并具备如下特色工具：课程表编排工具、课程进度表、信息中心、课程计划工具、虚拟办公时间以及资源管理，不需要使用者具有编程以及技术方面的技巧。

## 审稿人名单

《基因组 3》的作者和出版商诚挚感谢下述审稿人在本版书稿出版中的贡献。

Dean Danner, Emory University School of Medicine
Daniela Delneri, University of Manchester
Yuri Dubrova, University of Leicester
Bart Eggen, University of Groningen
Robert Fowler, San Jose State University
Adrian Hall, Sheffield Hallam University
Glyn Jenkins, University of Aberystwyth
Torsten Kristensen, University of Aarhus
Mike McPherson, University of Leeds
Andrew Read, University of Manchester
Darcy Russell, Baker College
Amal Shervington, University of Central Lancashire
Robert Slater, University of Hertfordshire
Klaas Swart, Wageningen University
John Taylor, University of Newcastle
Guido van den Ackerveken, Utrecht University
Matthew Upton, University of Manchester
Vassie Ware, Lehigh University

# 缩略语

| | |
|---|---|
| **μm** | 微米 |
| **5-bU** | 5-溴尿嘧啶 |
| **A** | 腺嘌呤；丙氨酸 |
| **ABF** | ARS 结合因子 |
| **Ac/Ds** | 激活子/解离 |
| **ADAR** | 作用于 RNA 的腺嘌呤脱氨基酶 |
| **ADP** | 5′-二磷酸腺嘌呤 |
| **AIDS** | 获得性免疫缺陷综合征 |
| **Ala** | 丙氨酸 |
| **AMP** | 5′-单磷酸腺嘌呤 |
| **ANT-C** | 控制触角的基因复合体 |
| **AP** | 无嘌呤/无嘧啶 |
| **Arg** | 精氨酸 |
| **ARMS** | 耐扩增突变系统 |
| **ARS** | 自主复制序列 |
| **A cite** | 接受位点 |
| **Asn** | 天冬酰胺 |
| **ASO** | 等位基因特异的寡核苷酸 |
| **Asp** | 天冬氨酸 |
| **ATP** | 腺苷三磷酸 |
| **ATPase** | 腺苷三磷酸酶 |
| **BAC** | 细菌人工染色体 |
| **bis** | 双丙烯酰胺 |
| **BLAST** | 基本逻辑比对搜索工具 |
| **bp** | 碱基对 |
| **BSE** | 牛海绵状脑病 |
| **BX-C** | 双胸复合体 |
| **C** | 半胱氨酸；胞嘧啶 |
| **cAMP** | 环 AMP |
| **CAP** | 分解代谢物激活蛋白质 |
| **CASP** | CTD 相关的 SR 样蛋白质 |
| **cDNA** | 互补 DNA |
| **CEPH** | 巴黎人类多态性中心 |
| **cGMP** | 环 GMP |
| **CHEF** | 等高加压均匀电场 |
| **CJD** | 克雅（氏）病 |
| **Col** | 大肠杆菌素 |
| **CPSF** | 切割与多聚腺苷酸化特异性因子 |
| **CRM** | 染色质重建机器 |
| **CstF** | 切割刺激因子 |
| **CTAB** | 溴化十六烷基三甲基铵 |
| **CTD** | C 端 |
| **CTP** | 胞苷三磷酸 |
| **Cys** | 半胱氨酸 |
| **D** | 天冬氨酸 |
| **DAG** | 甘油二酯 |
| **Dam** | DNA 腺嘌呤甲基化酶 |
| **DAPI** | 二脒基苯基吲哚 |
| **DASH** | 动态等位基因特异性杂交 |
| **dATP** | 脱氧腺苷三磷酸 |
| **DBS** | 双链 DNA 结合位点 |
| **Dcm** | DNA 胞嘧啶甲基化酶 |
| **dCTP** | 脱氧胞苷三磷酸 |
| **ddATP** | 双脱氧腺苷三磷酸 |
| **ddCTP** | 双脱氧胞苷三磷酸 |
| **ddGTP** | 双脱氧鸟苷三磷酸 |
| **ddNTP** | 双脱氧核苷三磷酸 |
| **ddTTP** | 双脱氧胸苷三磷酸 |
| **Dfd** | 畸形的 |
| **dGTP** | 脱氧鸟苷三磷酸 |
| **DMSO** | 二甲基亚砜 |
| **DNA** | 脱氧核糖核酸 |
| **DNase** | 脱氧核糖核酸酶 |
| **Dnmt** | DNA 甲基转移酶 |
| **dNTP** | 脱氧核苷三磷酸 |
| **DPE** | 下游启动子元件 |

| | |
|---|---|
| **DSB** | 双链断裂 |
| **DSP1** | 背侧转换蛋白 1 |
| **dsRAD** | 双链 RNA 腺苷脱氨酶 |
| **dsRBD** | 双链 RNA 结合结构域 |
| **dTTP** | 脱氧胸苷三磷酸 |
| **E** | 谷氨酸 |
| **EDTA** | 乙二胺四乙酸 |
| **eEF** | 真核延伸因子 |
| **EEO** | 电内渗值 |
| **EF** | 延伸因子 |
| **eIF** | 真核起始因子 |
| **EMS** | 乙基甲烷磺酸盐 |
| **eRF** | 真核释放因子 |
| **ERV** | 内源性逆转录病毒 |
| **ES** | 胚胎干细胞 |
| **ESE** | 外显子剪接增强子 |
| **E site** | 退出位点 |
| **ESS** | 外显子剪接沉默子 |
| **EST** | 表达序列标签 |
| **F** | 生育力；苯丙氨酸 |
| **FEN** | 侧翼内切核酸酶 |
| **FIGE** | 倒转电场凝胶电泳 |
| **FISH** | 荧光原位杂交 |
| **FRAP** | 荧光漂白恢复 |
| **G** | 甘氨酸；鸟嘌呤 |
| **$G_1$** | 间期 1 |
| **$G_2$** | 间期 2 |
| **GABA** | 氨基丁酸 |
| **GAP** | GTP 酶活化蛋白 |
| **Gb** | 十亿个碱基对 |
| **GDP** | 5′-二磷酸鸟嘌呤 |
| **GFP** | 绿色荧光蛋白 |
| **Gln** | 谷氨酰胺 |
| **Glu** | 谷氨酸 |
| **Gly** | 甘氨酸 |
| **GMP** | 5′-磷酸鸟苷 |
| **GNRP** | 鸟嘌呤核苷酸释放蛋白 |
| **GTF** | 一般转录因子 |
| **GTP** | 鸟苷三磷酸 |
| **H** | 组氨酸 |
| **HAT** | 次黄嘌呤、氨蝶呤与胸苷 |
| **HBS** | 异源双链结合位点 |
| **HDAC** | 组蛋白去乙酰酶 |
| **His** | 组氨酸 |
| **HIV** | 人免疫缺陷病毒 |
| **HLA** | 人白细胞抗原 |
| **HMG** | 高迁移率族 |
| **HNPCC** | 遗传性非息肉性结肠直肠癌 |
| **hnRNA** | 核异质 RNA |
| **HOM-C** | 同源复合体 |
| **HPLC** | 高效液相色谱 |
| **HPRT** | 次黄嘌呤磷酸核糖转移酶 |
| **HTH** | 螺旋-转角-螺旋 |
| **I** | 异亮氨酸 |
| **ICAT** | 同位素亲和标签 |
| **ICF** | 免疫缺陷性着丝粒不稳定性面部异常综合征 |
| **IF** | 起始因子 |
| **Ig** | 免疫球蛋白 |
| **IHF** | 整合宿主因子 |
| **Ile** | 异亮氨酸 |
| **Inr** | 起始物 |
| **Ins(1,4,5)$P_3$** | 1，4，5-三磷酸肌醇 |
| **IPTG** | 异丙基-β-D-硫代半乳糖苷 |
| **IRE-PCR** | 分散重复序列 PCR |
| **IRES** | 内部核糖体进入位点 |
| **IS** | 插入序列 |
| **ITF** | 整合宿主因子 |
| **ITR** | 末端反向重复 |
| **JAK** | Janus 激酶 |
| **K** | 赖氨酸 |
| **kb** | 千碱基对 |
| **kcal** | 千卡 |
| **kDa** | 千道尔顿 |
| **L** | 亮氨酸 |
| **LCR** | 基因座控制区 |
| **Leu** | 亮氨酸 |
| **LINE** | 长散布核元件 |

lod 优势对数
LTR 长末端重复
Lys 赖氨酸
M 甲硫氨酸；有丝分裂期
MALDI-TOF 基质辅助激光解吸电离飞行时间
MAP 促分裂原活化蛋白
MAR 基质相关区域
Mb 兆碱基对
MeCP 甲基化 CpG 结合蛋白
Met 甲硫氨酸
MGMT $O^6$-甲基鸟嘌呤-DNA 甲基转移酶
miRNA 微小 RNA
mol 摩尔
mRNA 信使 RNA
MudPIT 多维蛋白质鉴定技术
MULE 突变子样转座元件
Myr 百万年
N 天（门）冬酰胺
NAD 二氢尿嘧啶脱氢酶
NADH 还原型烟酰胺腺嘌呤二核苷酸
ng 纳克
NHEJ 非同源末端连接
NJ 相邻连接
nm 纳米
NMD 无义突变介导的 mRNA 降解
NMR 核磁共振
NTP 三磷酸核苷
OFAGE 正交变电场凝胶电泳
OLA 寡核苷酸连接试验
Omp 膜外蛋白质
ORC 复制起始识别复合物
ORF 可读框
OTU 分类操作单元
P 脯氨酸
PAC 噬菌体 P1 衍生的人工染色体
PADP 多聚腺苷酸结合蛋白
PAUP 利用简约分析进行系统发生分析的软件包
PCNA 增殖细胞核抗原
PCR 聚合酶链反应
pg 皮克
Phe 苯丙氨酸
PHYLIP 一个系统发育推断软件
PIC 前起始复合物
PNA 肽核苷酸
PNPase 多聚核苷酸磷酸化酶
Pro 脯氨酸
PSE 近端序列元件
PSI-BLAST 位置相关的迭代 BLAST
P site 肽基位点
PtdIns(4,5)$P_2$ 4，5 -二磷酸肌醇
PTRF 聚合酶 I 与转录释放因子
Pu 嘌呤
Py 嘧啶
Q 谷氨酰胺
R 精氨酸；嘌呤
RACE cDNA 末端快速扩增
RAM 随机存取存储器
RBS 核糖体结合序列
RC 复制复合物
RF 释放因子
RFC 复制因子 C
RFLP 限制性片段长度多态性
RHB Rel 同源区域
RISC RNA 诱导沉默复合物
RLF 复制许可因子 RNA 核糖核酸
RMP 复制介导蛋白
RNA 核糖核酸
RNAi RNA 干扰
RNase 核糖核酸酶
RNP 核糖核蛋白
RPA 复制蛋白 A
RRF 核糖体循环因子
rRNA 核糖体 RNA
RT-PCR 逆转录聚合酶链反应
RTVL 逆转录病毒样元件

| | |
|---|---|
| **S** | 丝氨酸；合成期 |
| **SAGE** | 基因表达系列分析 |
| **SAP** | 应激激活蛋白 |
| **SAR** | 支架附着区 |
| **SCAF** | SR 样 CTD 结合因子 |
| **scRNA** | 小细胞质 RNA |
| **SCS** | 特异染色质结构 |
| **SDS** | 十二烷基磺酸钠 |
| **SeCys** | 硒代半胱氨酸 |
| **Ser** | 丝氨酸 |
| **SINE** | 短散布核元件 |
| **siRNA** | 小干扰 RNA |
| **SIV** | 猴免疫缺陷病毒 |
| **SL RNA** | 剪接前导 RNA |
| **SMAD** | SMA/MAD 相关的 |
| **snoRNA** | 小核仁 RNA |
| **SNP** | 单核苷酸多态性 |
| **snRNA** | 小核 RNA |
| **snRNP** | 小核核糖核蛋白 |
| **SRF** | 血清反应因子 |
| **SSB** | 单链结合蛋白 |
| **SSLP** | 简单重复序列长度多态性 |
| **STAT** | 信号转导与转录激活 |
| **STR** | 短串联重复 |
| **STS** | 序列标签位点 |
| **T** | 苏氨酸；胸腺嘧啶 |
| **TAF** | TBP 相关因子 |
| **TAP** | 串联亲和纯化 |
| **TBP** | TATA 框结合蛋白 |
| **TEMED** | 四甲基乙二胺 |
| **TF** | 转录因子 |
| **TGF** | 转化生长因子 |
| **Thr** | 苏氨酸 |
| **Ti** | 肿瘤诱发 |
| **TIC** | TAF 与起始子依赖的辅助因子 |
| **TK** | 胸苷激酶 |
| $T_m$ | 解链温度 |
| **tmRNA** | 转运信使 RNA |
| **Tn** | 转座子 |
| **TOL** | 甲苯 |
| **TPA** | 组织型纤溶酶原激活剂 |
| **TRAP** | 色氨酸 RNA 结合型衰减蛋白 |
| **tRNA** | 转运 RNA |
| **Trp** | 色氨酸 |
| **Try** | 酪氨酸 |
| **U** | 尿嘧啶 |
| **UCE** | 上游控制元件 |
| **UTP** | 尿苷三磷酸 |
| **UTR** | 非翻译区 |
| **UV** | 紫外线 |
| **Val** | 缬氨酸 |
| **VNTR** | 可变数目串联重复序列 |
| **W** | 腺嘌呤或胸腺嘧啶；色氨酸 |
| **X-gal** | 5-溴-4-氯-3-吲哚-β-D-乳糖苷 |
| **Y** | 嘧啶；酪氨酸 |
| **YAC** | 酵母人工染色体 |
| **YIp** | 酵母整合型质粒 |

# 目　　录



## 第1篇　研究基因组

## 第2篇　基因组结构



## 第3篇　基因组如何行使功能

## 第 4 篇 基因组如何复制及进化

PART

# 第 1 篇　研究基因组

CHAPTER

# 第 1 章　基因组、转录组和蛋白质组

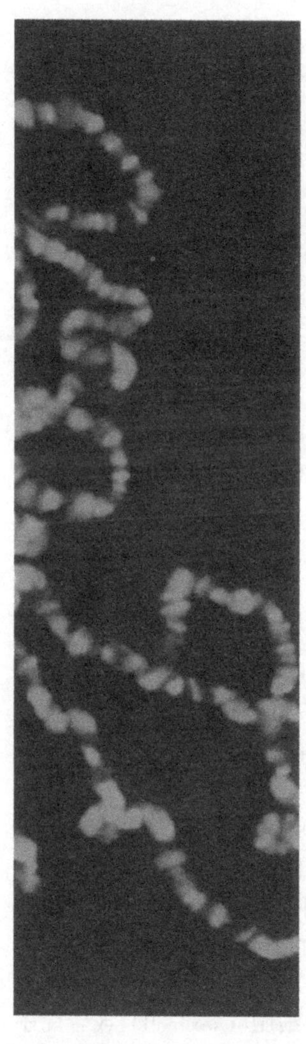



## 学习要点

当你阅读完第 1 章之后，应该能够：

- 为名词“genome”、“transcriptome”、“proteome”下定义并且阐明它们在基因组表达过程中是如何联系在一起的。
- 描述分子生物学家推断基因由 DNA 组成的两个实验，以及每一个实验的局限性。
- 详细描述多聚核苷酸的结构，总结 DNA 和 RNA 化学性质的差别。
- 讨论 Watson 和 Crick 演绎 DNA 双螺旋结构的依据，列举这一结构的关键特征。
- 区分编码 RNA 和功能性 RNA，并分别举出一些例子。
- 概述细胞中 RNA 是如何被合成与加工的。
- 详细描述蛋白质结构的不同层次，并解释为何氨基酸差异决定蛋白质差异。
- 描述遗传密码的关键特征。
- 解释为何一个蛋白质的功能依赖于它的氨基酸序列。
- 列举活体生物中蛋白质的各种作用并将其多样性与基因组功能联系起来。

众所周知，“生命”由地球上与我们共存的无数生物的**基因组**（genome）决定。每一种生物的基因组都包含着相应的**生物学信息**（biological information），这些信息是每个活生生的个体建立和维持其生物学特征所必需的。绝大多数基因组，包括人类和其他细胞生命形式的基因组，都由**DNA**（脱氧核糖核酸）组成，但是，也有一些病毒基因组是由**RNA**（核糖核酸）组成的。DNA 和 RNA 是由**核苷酸**（nucleotide）单体组成的多聚分子。

作为所有多细胞动物代表的人类基因组由两个独立的部分组成（图 1.1）。

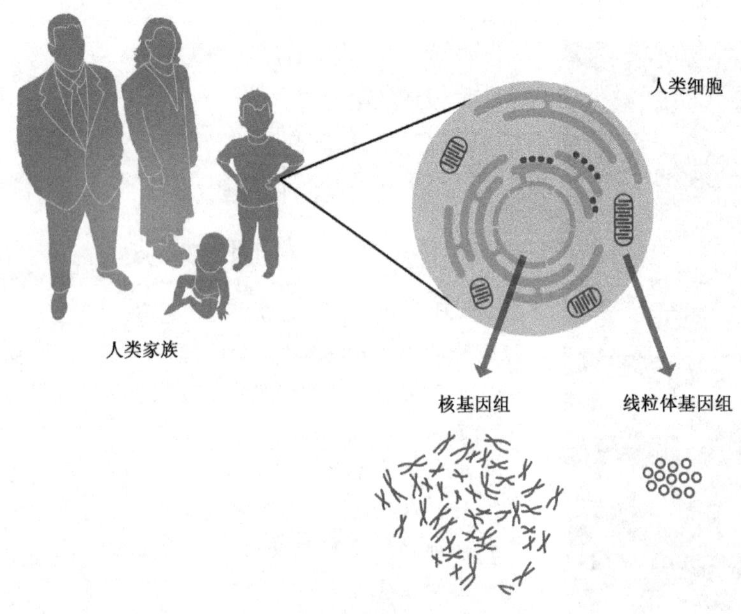


图 1.1　人类基因组的细胞核和线粒体成分

- **核基因组**（nuclear genome）由包含约 32 亿个核苷酸的 DNA 组成，分为 24 个线性分子，最短的 50Mb，最长的 260Mb，每一个分子包含在不同的染色体（chromosome）中。24 条染色体中有 22 条常染色体，2 条性染色体 X 和 Y。加在一起，在人类核基因组中约存在 35 000 个基因。
- **线粒体基因组**（mitochondrial genome）是一个长为 16 569bp 的环形 DNA 分子，在线粒体这个生产能量的细胞器中有许多拷贝。人类的线粒体基因组仅含 37 个基因。

成人体内约 $10^{13}$ 个细胞中均含有单拷贝或多拷贝的基因组，只有少数细胞类型例外，如红细胞，在其完全分化状态下缺乏细胞核。绝大多数的细胞是**二倍体**（diploid），含有两个拷贝的常染色体和两条性染色体，雌性个体中是 XX，雄性个体中是 XY，总共 46 条染色体。这些细胞叫做**体细胞**（somatic cell），而**性细胞**（sex cell）或者**配子**（gamete）是**单倍体**（haploid），只有 23 条染色体，包括一套常染色体和一条性染色体。这两类细胞中都含有 8000 份拷贝的线粒体基因组，每个线粒体中有大约 10 个拷贝。

基因组是一个生物信息库，但是，仅仅靠其自身还不能将这些信息传递给细胞。基因组所包含的生物信息的利用需要酶及其他参与**基因组表达**（genome expression）过程中一系列复杂生化反应的蛋白质的协同活性（图 1.2）。基因组表达的最初产物是**转录组**

(transcriptome)，即那些含有细胞在特定时间所需生物信息、编码蛋白质的基因衍生而来的RNA分子的集合。转录组由称为**转录**（transcription）的过程来维持，在这个过程中各个基因被复制为RNA分子。基因组表达的第二个产物是**蛋白质组**（proteome），即细胞中那些决定细胞能够进行生化反应的所有蛋白质组分。组成蛋白质组的蛋白质是通过**翻译**（translation）转录组中所包含的各个RNA分子来合成的。

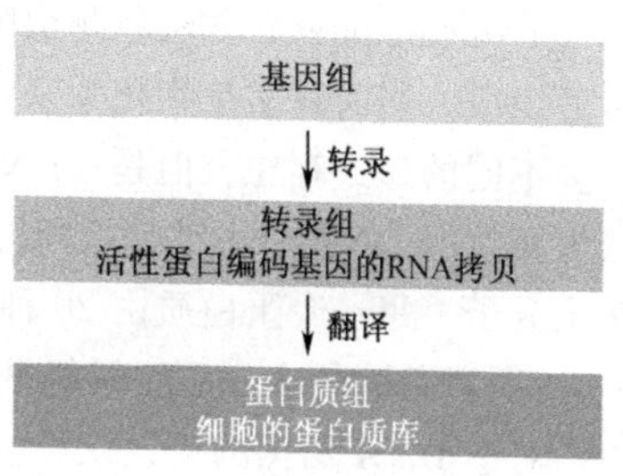

图1.2　基因组、转录组和蛋白质组

本书是一部关于基因组及基因组表达的书，将阐述如何研究基因组（第1篇）、基因组是如何组织的（第2篇）、基因组是如何发挥功能的（第3篇）以及它们是如何复制和进化的（第4篇）。直到最近，本书才能成稿。虽然从20世纪50年代以来，分子生物学家已经研究了单个的或者小批的基因，并在这些研究中积累了关于基因如何发挥作用的丰富知识。然而，直到最近10年，技术才发展到允许整个基因组水平的检测。与此同时，单个的基因还在集中研究，但关于单个基因的信息现在已经是放在基因组这一整体背景下来解释了。不仅仅在基因组研究中，还在所有的生物化学和细胞生物学中都体现了这一新的、更宽泛的着重点。理解单个的生化通路或亚细胞过程是不够的，现在的挑战由**系统生物学**（systems biology）提出，该学科试图把这些通路和过程连接起来成为描述活细胞和活生物体的所有功能的网络。

本书将带你在我们所掌握的基因组知识中遨游，并向你展示这个激动人心的研究领域是如何正在加深我们对生物系统的不断了解。首先，我们要回顾参与基因组和基因组表达的三种生物分子（DNA、RNA和蛋白质）所具有的关键特征，以此来关注分子生物学的基本原则。

## 1.1　DNA

DNA由Johann Friedrich Miescher在1869年发现，这位瑞士生物学家当时在德国蒂宾根（Tübingen）工作。Miescher第一次从人白细胞中提取的抽提物是DNA和染色体蛋白的粗制混合物，但他后来到了瑞士的巴塞尔（Basel，这家研究所后来以他的名字命名），从鲑鱼精子中得到了纯的**核酸**（nucleic acid）抽提物。Miescher通过化学实验证明DNA是酸性的，富含磷，同时他发现单个DNA分子很大。不过，直到20世纪30年代生物物理技术应用于DNA研究后，人们才真正意识到DNA多聚链的长度是如此之大。

### 1.1.1　基因由DNA组成

基因由DNA组成的事实今天已广为人知，但是，很难理解的是在DNA被发现后的第一个75年内它的真正作用一直被怀疑。回溯到1903年，W. S. Sutton发现细胞分裂过程中基因的遗传模式与染色体的行为类似，从而得出基因位于染色体上的**染色体理论**（chromosome theory）推论。用只和某一种化学成分特异结合的染料染色的**细胞化**

学（cytochemistry）方法检测细胞后，人们发现染色体由DNA和蛋白质按大致相当的含量组成。当时许多生物化学家认为一定存在数十亿个基因，而且遗传物质必定能够以许多不同的形式存在。但是，DNA似乎不能满足这个要求，因为在20世纪前叶，人们认为所有的DNA分子都是相同的。另一方面，大家正确地认识到蛋白质是高度变异的多聚分子，每一个蛋白质由20种化学性质各异的氨基酸单体经过不同组合构成（1.3.1节）。所以基因的成分显然只能是蛋白质而不是DNA。

对于DNA结构的错误认识一直持续着，直到20世纪30年代后期人们才逐渐接受了DNA分子和蛋白质分子一样具有高度可变性。最初，认为蛋白质是遗传物质的观念还是很强势的，但两个重要实验的结果彻底地扭转了这种观念。

- Oswald Avery、Colin MacLeod和Maclyn McCarty发现DNA是**转化要素**（transforming principle）的活性组分。转化要素是细菌细胞的抽提物，当它与无毒的肺炎链球菌（*Streptococcus pneumoniae*）混合以后注射到小鼠体内，即可将这些

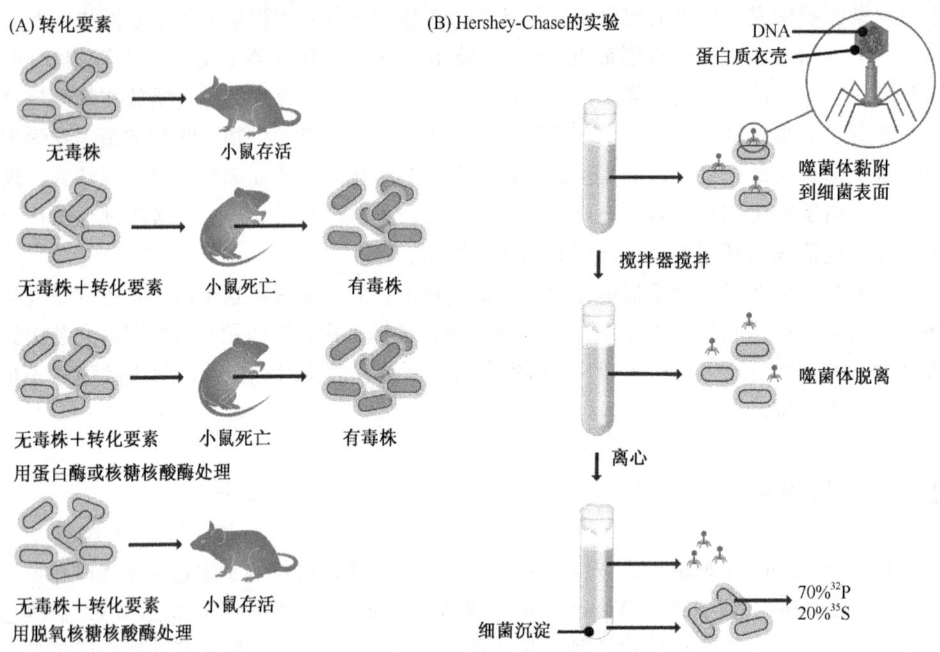


图1.3　两个提示基因由DNA组成的实验

（A）Avery和同事发现转化要素是DNA。最上面的两行显示的是当小鼠被注射了加或不加转化要素（从致病菌*S. pneumoniae*获得的细胞抽提物）的无毒肺炎链球菌后所发生的情况。当加转化要素的时候，转化要素中的基因将无毒株转化为致病株从而导致小鼠死亡，随后这些致病株从死亡的小鼠肺部被分离出来。图的后两行显示的是用蛋白酶或核糖核酸酶处理对转化要素没有影响，但是用脱氧核糖核酸酶却能使之失活。（B）Hershey-Chase的实验使用了T2噬菌体，每一个T2噬菌体由一个DNA分子及头-尾结构的蛋白质衣壳组成，后者能使噬菌体黏附到细菌并注入基因。噬菌体的DNA用$^{32}P$标记，而其蛋白质则用$^{35}S$标记。在噬菌体感染细菌几分钟以后，振摇培养物使噬菌体的空壳从细菌表面脱落，然后离心培养物，收集离心管底部含有噬菌体基因的细菌沉淀，而相对较轻的噬菌体颗粒被保留在上清液中。Hershey和Chase发现细菌沉淀含有绝大部分$^{32}P$标记的噬菌体组分（DNA），但仅仅包含了20%的$^{35}S$标记物质（噬菌体蛋白质）。在第二个实验中，他们发现在感染周期晚期产生的新的噬菌体仅含有1%的亲代噬菌体蛋白质。关于噬菌体感染周期的更多细节请参见图2.19

无毒的菌株转化成能够引起肺炎的致病菌株［图 1.3（A)］。当这个实验结果在 1944 年发表的时候，只有少数几个微生物学家能理解转化过程涉及将基因从细胞抽提物中传递到活的细菌中。不过，一旦这一点被接受，“Avery 实验”的精髓就显露了：细菌的基因肯定是由 DNA 构成的。

- Alfred Hershey 和 Martha Chase Hershey 使用**放射性标记**（radiolabeling）发现当细菌培养物被**噬菌体**（bacteriophage）（即感染细菌的病毒）感染时，是噬菌体的主要成分 DNA 进入了细菌体内［图 1.3（B)］。这个结果非常关键，因为大家知道在感染周期中，感染性噬菌体的基因是用来指导在细菌体内合成新的噬菌体的。如果只有感染性噬菌体的 DNA 进入了细菌体内，那么这些噬菌体的基因就肯定是由 DNA 构成的。

虽然，在我们看来这两个实验提供了关键的结果向我们表明基因是由 DNA 构成的，但是，当时的生物学家可不是那么容易被说服的。况且两个实验都有局限性，从而给怀疑者留下了蛋白质也可以是遗传物质的置疑空间。比如，有人担心 Avery 及其同事用来使转化要素失活的**脱氧核糖核酸酶**（deoxyribonuclease）的特异性，其中哪怕混有痕量的**蛋白酶**（protease）都可能降解蛋白质，那么这个作为转化要素是 DNA 的核心证据的实验结果就可能是错误的。噬菌体实验也不是结论性的，因为 Hershey 和 Chase 在发表他们的结果的时候强调：“我们的实验显示，将 T2 噬菌体物理的分离为遗传和非遗传组分是可能的……遗传组分的化学成分还有待鉴定，但是直到一些问题……被解决以后”。回顾起来，这两个实验之所以重要，并不在于它们告诉了我们什么，而在于它们促使生物学家重视 DNA 作为遗传物质的可能性，并由此发现研究 DNA 的价值。正是这两个实验影响着 Watson 和 Crick 研究 DNA，如后面所述，他们的**双螺旋**（double helix）结构的发现解开了基因复制的谜团，也真正使科学界相信基因是由 DNA 组成的。

## 1.1.2 DNA 的结构

James Watson 和 Francis Crick 这两个名字与 DNA 的联系如此之紧密，以至于人们常常忽略其实当他们在 1951 年 10 月开始合作时，DNA 多聚体的详细结构已为人们所知。他们的贡献不在于发现 DNA 本身的结构，而在于发现活细胞内两条 DNA 链相互缠绕形成的双螺旋结构。因此，首先我们要检视一下在 Watson 和 Crick 开始工作之前他们都知道些什么。

### 核苷酸和多聚核苷酸

DNA 是线性、无分支的多聚分子，由四种化学性质不同的核苷酸单体按任意顺序连接成链，DNA 链中核苷酸的数目可以达到几百、几千，甚至几百万。DNA 多聚分子中的所有核苷酸都由三种成分组成（图 1.4）。

（1）**2′-脱氧核糖**（2′-deoxyribose），这是一种**戊糖**（pentose），即含有五个碳原子的糖。这些碳原子分别编为 1′（读作“1 撇”），2′等。“2′-脱氧核糖”意味着这种特殊的糖由核糖衍生而来，其中与核糖的 2′碳相连的羟基（—OH）被氢（—H）所替代。

（2）一个**含氮碱基**（nitrogenous base），为**胞嘧啶**（cytosine）、**胸腺嘧啶**

(A) 一个核苷酸

磷酸基团

碱基

糖基

(B) DNA 中的四种碱基

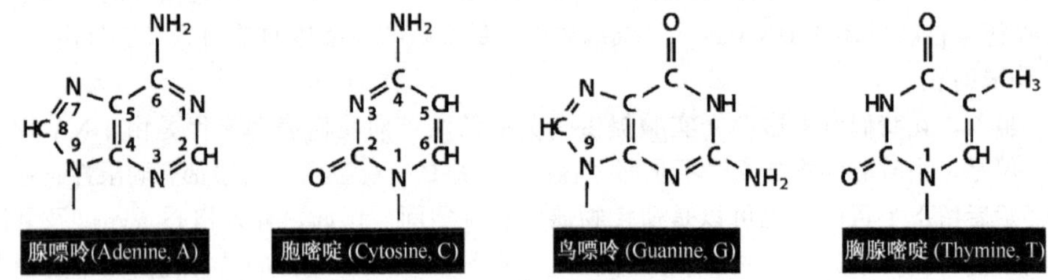


图 1.4　核苷酸的结构

（A）脱氧核糖核苷酸的一般结构，即 DNA 中的核苷酸的共同结构。（B）脱氧核糖核苷酸中的四种碱基

(thymine)（单环嘧啶）、**腺嘌呤**（adenine）、**鸟嘌呤**（guanine）（双环嘌呤）当中的一种。碱基通过嘧啶的 1 位氮或嘌呤的 9 位氮与糖的 1′碳以 **β-*N*-糖苷键**（β-*N*-glycosidic bond）相连。

（3）一个**磷酸基团**（phosphate group），由一个、两个或者三个相连的磷酸基与 2′-脱氧核糖的 5′-碳原子结合。磷酸基团编码为 α、β、γ，α-磷酸为直接与糖相连的磷酸基团。

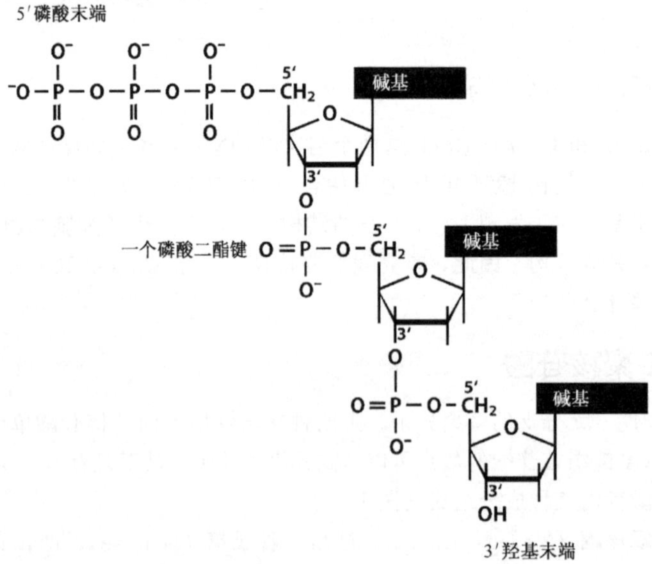

5′磷酸末端

碱基

一个磷酸二酯键

碱基

碱基

3′羟基末端

图 1.5　一段短的 DNA 多聚核苷酸序列来说明磷酸二酯键的结构

请注意多核苷酸两个末端的化学性质不同

仅由糖和碱基组成的分子称为**核苷**（nucleoside）；加入磷酸基团后成为核苷酸。虽然细胞中的核苷酸可以含有一个、两个或者三个磷酸基团，但是，只有含有三个磷酸基团的核苷酸是 DNA 合成的底物。四种参与 DNA 合成的核苷酸的化学全称是：

- 2′-脱氧腺苷 5′-三磷酸
- 2′-脱氧胞苷 5′-三磷酸
- 2′-脱氧鸟苷 5′-三磷酸
- 2′-脱氧胸苷 5′-三磷酸

它们的缩写分别是 dATP、dCTP、dGTP 和 dTTP，在 DNA 序列中分别简写为 A、C、G 和 T。

在多核苷酸中，单个核苷酸由 5′和 3′碳原子之间形成的**磷酸二酯键**（phosphodiester

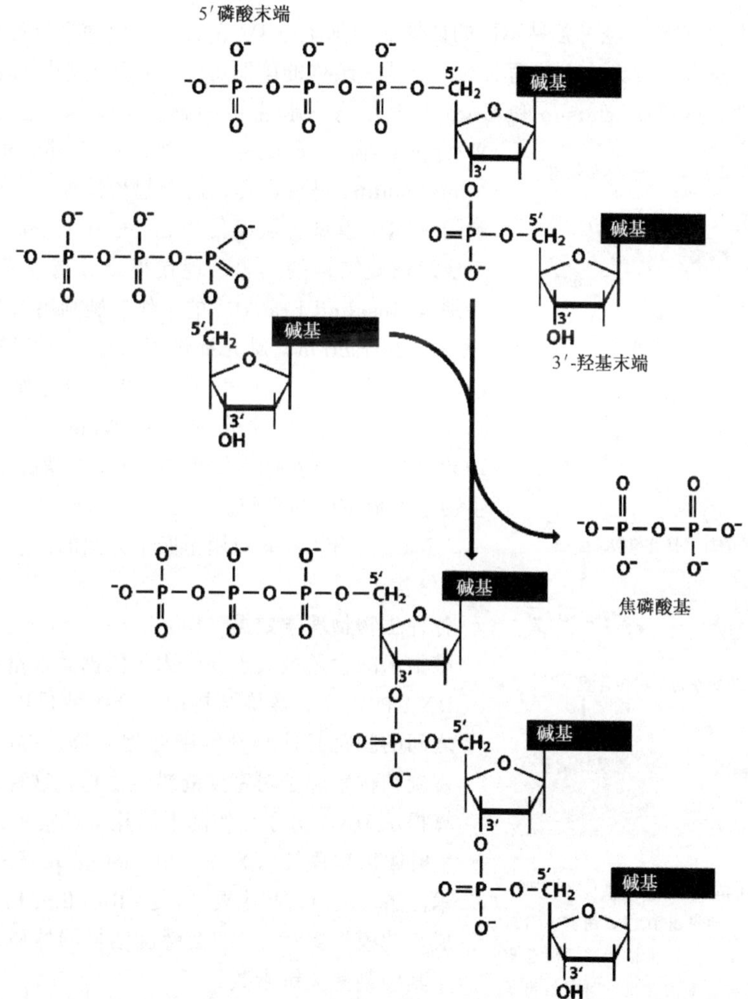


图 1.6　DNA 多聚核苷酸合成的聚合反应

合成从 5′→3′方向进行，新的核苷酸被加到多核苷酸链的 3′端。核苷酸的 β-和 γ-磷酸基团以焦磷酸盐的形式被去除

bond）连接在一起（图 1.5）。通过这个连接的结构我们可以看到聚合反应（图 1.6）包括一个核苷酸的外面两个磷酸基团（β 和 γ 磷酸）的去除和另一个核苷酸上与 3′碳原子相连的羟基被取代。注意多核苷酸两端的化学性质不同，一端有未反应的三磷酸基团连接于 5′碳原子上［5′或 5′-P terminus（5′-磷酸末端）］，另一端有一个未反应的羟基连接于 3′碳原子上［3′或 3′-OH terminus（3′-羟基末端）］。这意味着多聚核苷酸有化学上的方向性，可表述为 5′→3′（图 1.5 由上至下）或 3′→5′（图 1.5 由下至上）。磷酸二酯键极性的一个重要结果是 5′→3′方向延伸 DNA 多聚体所需的化学反应不同于 3′→5′方向的延伸反应。所有天然的 **DNA 聚合酶**（DNA polymerase）仅能进行 5′→3′方向的合成，这明显地增加了双链 DNA 复制过程的复杂性（15.2 节）。

## 证明双螺旋的证据

1950 年以前就已经有各种不同的证据表明细胞中 DNA 分子是由两个或者更多的多聚核苷酸分子以某种方式组装而成的。对这一结构的阐明可能会对研究基因如何发挥作用提供帮助，这促使 Watson 和 Crick 与其他人一起去试图解决这个结构问题。按照 Watson 在他《双螺旋》一书中的叙述，他们曾与 Linus Pauling 进行竞赛，后者起初先提出了一个不正确的三螺旋模型，从而使 Watson 和 Crick 有时间去完成双螺旋结构的构思。现在很难分清事实和虚构，特别是 Rosalind Franklin 的工作，她利用 **X 射线衍射**（X-ray diffraction）研究提供了大量支持双螺旋结构的实验数据，她本人也很接近于揭示这个结构问题的真相。唯一清楚的事情是，由 Watson 和 Crick 于 1953 年 3 月 7 日星期六发现的 DNA 双螺旋是 20 世纪生物学上最重要的突破。

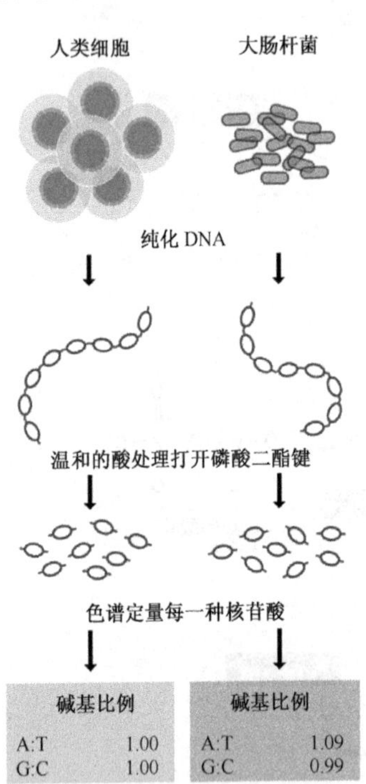


图 1.7　Chargaff 的碱基比例实验
从各种生物中抽提出 DNA，用酸水解磷酸二酯键，释放出单个核苷酸。用色谱检测每一种核苷酸的含量。图中给出了 Chargaff 的某些实验结果。可以看到包括实验误差在内，腺嘌呤和胸腺嘧啶含量相等，鸟嘌呤和胞嘧啶含量相等

Watson 和 Crick 应用了四个方面的信息来推断双螺旋结构。

- 各种**生物物理学数据**（Biophysical data）。DNA 纤维中水的含量极其重要，因为依据其含量可以估计 DNA 的密度。螺旋结构中的纤维数目以及核苷酸之间的间距必须与纤维密度相一致。Pauling 的三螺旋结构来源于对密度的错误估算，这种错误的估算提示 DNA 分子比实际上捆扎得更紧密。
- **X 射线衍射图谱**（X-ray diffraction patterns）（技术注解 11.1），其主要工作由 Rosalind Franklin 完成，此模型揭示了 DNA 螺旋结构的性质，并指出了其中某些关键参数。
- **碱基比例**（base ratios），由纽约哥伦比亚大学的 Erwin Chargaff 发现。Chargaff 对不同来源的 DNA 样品进行了极其详尽的分析， 他发现虽然不

同生物的 DNA 中碱基的含量不同，但是腺嘌呤的含量总是与胸腺嘧啶的含量相等，而鸟嘌呤的含量则总是与胞嘧啶的含量相等（图 1.7）。从碱基比例引申出了**碱基配对**（base-paring）定律，它是最终促成发现双螺旋结构的关键所在。

- 模型构建（model building），这是由 Watson 和 Crick 自己真正完成的内容。构建比例模型来描述 DNA 的可能结构，由此可以计算各种原子之间的相对位置，保证成键的基团不会相距太远，而且其他基团也不会因为彼此间距太近而相互干扰。

## 双螺旋的主要特征

双螺旋是右手螺旋，这就好像在爬一个螺旋楼梯的时候，楼梯外侧的扶手在你的右手侧。双螺旋由两条多核苷酸链相互缠绕在一起组成，两条链方向相反［图 1.8（A）］。

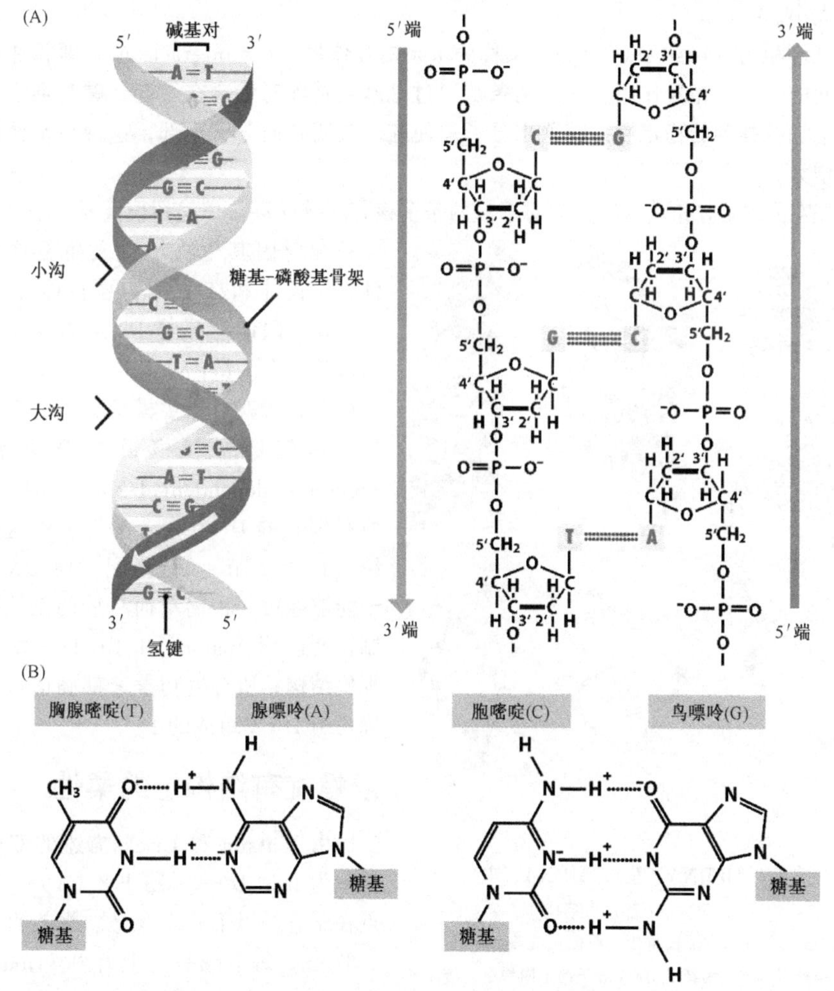


图 1.8 DNA 双螺旋结构

（A）双螺旋结构的两种表示形式。左边的结构图中，用条带表示每个核苷酸的糖基-磷酸骨架，用黑色标记碱基对。右边的结构图中给出了三对碱基的化学结构。（B）A 和 T 配对，G 和 C 配对。用轮廓图表示碱基，用虚线表示氢键。注意 G－C 碱基对有三个氢键，而 A－T 碱基对只有两个

螺旋由两种化学相互作用来稳定。

- 两条链间的**碱基配对**（base pairing），包括一条链上的腺嘌呤与另一条链上的胸腺嘧啶之间或胞嘧啶与鸟嘌呤之间配对形成**氢键**（hydrogen bond）［图 1.8（B）］。氢键是一个负电性原子（如氧或者氮）与结合在另外一个负电性原子上的氢之间的弱静电引力。氢键比共价键长，作用弱得多，氢键在 25℃时的键能为 1～10kcal/mol，而共价键的键能为 90kcal/mol。和在 DNA 双螺旋中所起的作用一样，氢键亦能稳定蛋白质的二级结构。A 和 T 配对、G 和 C 配对这两种碱基配对组合解释了 Chargaff 发现的碱基比例。它们是唯一被允许的配对，一方面这是由核苷酸碱基的几何结构和参与形成化学键基团的相对位置决定的，另外还因为碱基配对必须在嘌呤和嘧啶之间，因为嘌呤-嘌呤的配对太大，位于螺旋内不合适，而嘧啶-嘧啶配对又太小。
- **碱基堆积**力（base stacking），又称为 π-π **相互作用**（π-π interaction），即相邻碱基之间的疏水性相互作用。一旦两条链通过碱基互补配对结合在一起，碱基堆积力就能增加双螺旋的稳定性。随着水分子迫使疏水基团转向分子内部，这种疏水作用逐渐增大。

碱基互补配对和碱基堆积力对于将两条多核苷酸链联系在一起都很重要，不过碱基互补配对因其生物学含义而更具重要性。A 仅能和 T 配对，G 仅能和 C 配对，这一限制意味着 DNA 的复制通过由事先存在的链的序列决定新链序列这一简单方式就可产生模板分子的正确拷贝。这就是**依赖模板的 DNA 合成**（template-dependent DNA synthesis），所有细胞的 DNA 聚合酶都利用这一系统（15.2.2 节）。碱基配对使 DNA 分子能够通过一种简单而巧妙的系统被复制，所以当 Watson 和 Crick 一发表双螺旋结构，所有生物学家都确信基因的确是由 DNA 组成的了。

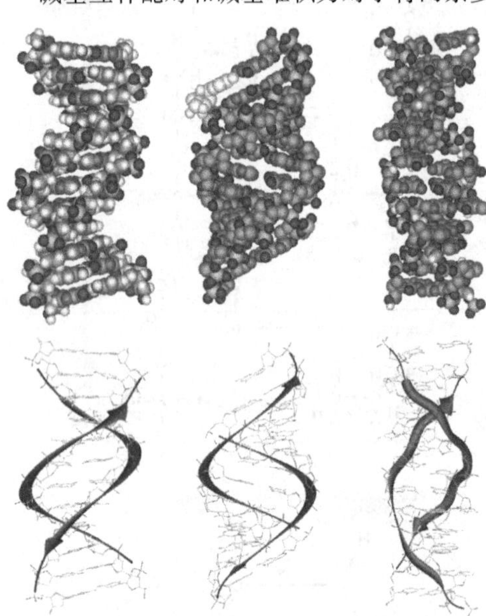

图 1.9　B-DNA（左）、A-DNA（中）、Z-DNA（右）的结构

Kendrew，J（Ed.）授权重版。空间填充模型（上）以及结构模型（下）阐释了 DNA 分子的不同构象。请注意螺旋的直径、所有完整螺旋所包含的碱基对的数目以及在这些分子间大沟、小沟的拓扑学方面的差异

（The Encyclopaedia of Molecular Biology. Copyright 1994 Blackwell Science）

## 双螺旋有结构上的柔性

由 Watson 和 Crick 描述的双螺旋被称为 B 型 DNA［图 1.8（A）］。其特点在于它的以下几个参数：螺旋直径为 2.37nm，每个碱基对上升 0.34nm，螺距（即一圈完整的螺旋的距离）为 3.4nm，这相当于每圈 10 个碱基对。活体细胞中的 DNA 被认为主要是 B 型，但现在我们知道基因组 DNA 分子在结

构上不是完全一致的，这主要是由于螺旋中的每个核苷酸都有柔性，能采取略为不同的分子形状。为采用这些不同的构象，核苷酸中原子的相对位置必须略为改变。构象变化有很多种可能，但最重要的是围绕着 β-*N*-糖苷键的旋转，这改变了碱基相对于糖的方向以及围绕 3′-与 4′-碳之间的键的旋转。两种旋转对双螺旋都有很显著的影响：改变碱基方向会影响两个多核苷酸的相对位置，围绕 3′-4′键的旋转会影响糖-磷酸骨架的构象。

因此，单个核苷酸的内部旋转可导致螺旋整体结构发生较大的变化。20 世纪 50 年代以后，人们已经认识到 DNA 分子纤维暴露于不同的相对湿度下时，双螺旋的尺度会发生变化。比如，双螺旋可改变为 A 型（图 1.9），其直径为 2.55nm，每个碱基对上升 0.29nm，螺距为 3.2nm，相当于每圈 11 个碱基对（表 1.1）。其他的变构类型包括 B′-、C-、C′-、C″-、D-、E-和 T-型 DNA。所有这些都和 B 型一样是右手螺旋，但也有可能发生更为剧烈的重构而产生左手螺旋的 Z-DNA（图 1.9）。Z-DNA 是双螺旋的一种更为细长的形式，其直径仅为 1.84nm。

**表 1.1　DNA 双螺旋不同构象的特征**

| 特征 | B-DNA | A-DNA | Z-DNA |
|---|---|---|---|
| 螺旋类型 | 右手螺旋 | 右手螺旋 | 左手螺旋 |
| 螺旋直径/nm | 2.37 | 2.55 | 1.84 |
| 每个碱基上升高度/nm | 0.34 | 0.29 | 0.37 |
| 完整螺旋间的距离（螺距）/nm | 3.4 | 3.2 | 4.5 |
| 每转螺旋的碱基对数 | 10 | 11 | 12 |
| 大沟形状 | 宽，深 | 窄，深 | 平坦 |
| 小沟形状 | 窄，浅 | 宽，浅 | 窄，深 |

仅从各种形式双螺旋的碱基参数不能揭示它们之间最显著的差别，这些差别与直径和螺距无关，而是从结构的表面到螺旋内部区域的可接近程度。如图 1.8 和图 1.9 所示，B 型 DNA 没有十分光滑的表面，而是沿着螺旋有两条沟，其中一条沟相对宽且深，称为**大沟**（major groove），另一个窄而较浅，称为**小沟**（minor groove）。A-DNA 也有两个沟（图 1.9），但这种构象的大沟更深，小沟更浅而宽。Z-DNA 又有不同，一个沟基本上不存在，另一个则非常窄而深。对于 DNA 的每种构象，至少都有一个沟的部分内表面是由与核苷酸碱基相连的化学基团形成的。在第 11 章中我们将讨论基因组中所含生物信息的表达是通过 DNA 结合蛋白介导的，这些蛋白质与双螺旋结合并调节其中基因的活性。DNA 结合蛋白必须结合在那些受其影响的基因附近的特异位点才能发挥其功能。这样，DNA 结合蛋白可仅仅通过进入沟的底部来“读取”核苷酸序列，而不必破坏碱基对将螺旋打开。正因为如此，能够被一种 DNA 结合蛋白的结构识别的 B-DNA 内一段特异的核苷酸序列如果形成其他的构象，该 DNA 结合蛋白将不能识别它。在第 11 章我们会看到，DNA 分子的构象变化和核苷酸序列所导致的其他结构的多态性，对决定基因组与它的 DNA 结合蛋白之间相互作用的特异性非常重要。

## 1.2 RNA 和转录组

基因组表达的最初产物是转录组（图 1.2），即由那些含有细胞在特定时间所需生物信息的、编码蛋白质的基因衍生而来的 RNA 分子的集合。转录组中的 RNA 分子以及其他来自非编码基因的 RNA 都由叫做转录的过程产生。在下面这一章节中我们将先揭示 RNA 的结构，然后将更多地关注活细胞中存在的各种类型的 RNA 分子。

### 1.2.1 RNA 的结构

RNA 也是一个多聚核苷酸，但和 DNA 相比有两点不同（图 1.10）。首先，RNA 核苷酸中的糖是**核糖**（ribose）；其次，RNA 含有**尿嘧啶**（uracil）而没有胸腺嘧啶。因此合成 RNA 的四种核苷酸底物是：

- 腺苷 5′-三磷酸
- 胞苷 5′-三磷酸
- 鸟苷 5′-三磷酸
- 尿苷 5′-三磷酸

简写成 ATP、CTP、GTP 和 UTP 或者 A、C、G 和 U。

和 DNA 一样，RNA 多核苷酸含有 3′-5′磷酸二酯键，但这些磷酸二酯键比 DNA 多核苷酸中的稳定性差，这是由于糖的 2′位羟基的间接作用。RNA 分子在长度上很少超过几千个核苷酸，而且虽然许多 RNA 形成分子内的碱基配对（图 13.2），但是大多数 RNA 还是单链形式而不是双链。

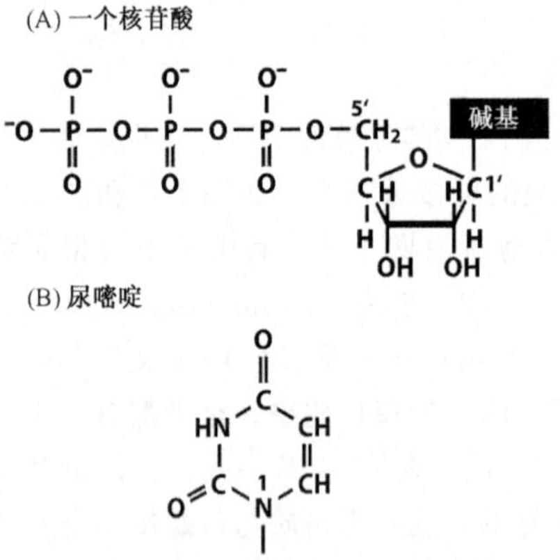

图 1.10　DNA 和 RNA 化学性质的区别

（A）RNA 由核糖核苷酸组成，其中所含的糖是核糖，而不是 2′-脱氧核糖。其差异在于与 2′-碳原子结合的是羟基而非氢原子。（B）RNA 含尿嘧啶，不含胸腺嘧啶

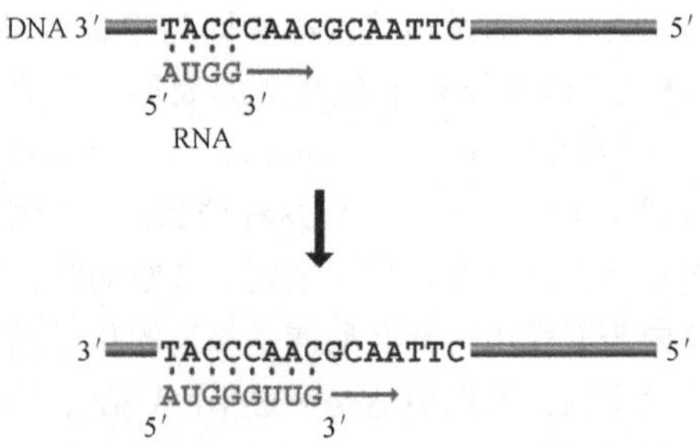

图 1.11　依赖模板的 RNA 合成

RNA 转录物以 5′→3′方向合成，沿 3′→5′方向阅读 DNA，转录物的序列由 DNA 模板通过碱基配对原则决定

负责将 DNA 转录为 RNA 的酶叫做**依赖于 DNA 的 RNA 聚合酶**（DNA-dependent RNA polymerases）。该命名暗示了它们以依赖于 DNA 的形式催化的酶反应产物是来自

核苷酸的多聚RNA链，意味DNA模板中的核苷酸序列指导着产生的RNA中核苷酸的序列（图1.11）。还可以将这个命名缩略为**RNA聚合酶**（RNA polymerase），因为在使用该命名的时候很少会与涉及某些病毒基因组复制及表达的**依赖RNA的RNA聚合酶**（RNA-dependent RNA polymerases）混淆。依赖模板的RNA合成的化学基础与图1.6中显示的DNA合成相似。核苷酸被一个接一个地加到RNA转录物的3′端，根据碱基配对原则决定加入哪一种核苷酸：A与T或U配对；G与C配对。在加入每个核苷酸的过程中，加进来的核苷酸上的β-和γ-磷酸基团被去除，多聚链3′端的核苷酸上3′碳上的羟基被去除，这些完全与DNA多聚反应一致。

## 1.2.2 细胞内的RNA组分

一个典型的细菌细胞含有0.05～0.10pg的RNA，约占其总质量的6%。一个哺乳动物细胞，比细菌大得多，含有更多的RNA，共有20～30pg，但是只占细胞总质量的1%。理解细胞RNA组成的最好方法是根据功能将它们分为类和亚类。分类的方法有许多种，最富含信息的方案如图1.12所示。初步的划分是**编码RNA**（coding RNA）和**非编码RNA**（noncoding RNA）。编码RNA构成转录组，仅由**信使RNA**（messenger RNA，mRNA）这一类分子组成，它们是蛋白质编码基因的转录物，因而在基因组表达的较晚阶段被翻译为蛋白质。信使RNA很少占总RNA的4%以上，并且寿命很短，合成后不久就降解。细菌mRNA的半衰期不到几分钟，而真核生物中大部分mRNA合成后数小时即降解。这种快速的周转意味着转录组并不是固定的，而是可以通过改变个别mRNA的合成速率而重建。

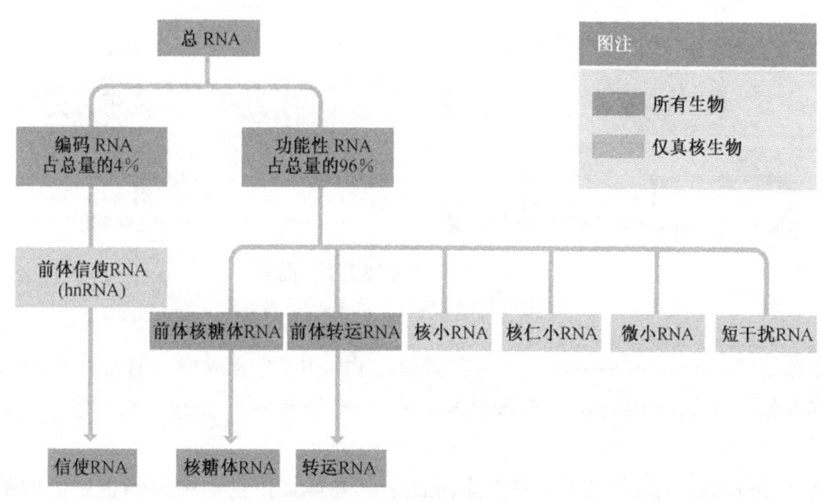


图1.12 细胞的RNA组成

本图显示了所有生物中都有的RNA类型和仅在真核细胞中发现的类型

第二种RNA因为不被翻译成蛋白质而被叫做“非编码”RNA。不过**功能性RNA**（functional RNA）应该是一个更好的命名，因为这就强调了虽然非编码RNA不是转录组的成分，但是它们在细胞内仍起关键的作用。有多种功能性RNA，最重要的如下。

- **核糖体RNA**（ribosomal RNA，rRNA）存在于所有生物中，是细胞中最丰富的

RNA，在活跃分裂的细菌中占80%以上。这些分子是核糖体的组分，而蛋白质合成就发生在核糖体上（13.2节）。

- **转运 RNA**（transfer RNA，tRNA）是和 rRNA 一同参与蛋白质合成过程的小分子，存在于所有生物中。它们的功能是将氨基酸携带至核糖体，并确保它们按照被翻译的 mRNA 的核苷酸序列所指定的顺序进行连接（13.1节）。
- **核小 RNA**（small nuclear RNA，snRNA；又叫 U-RNA，因为这些分子富含尿嘧啶）发现于真核细胞核中。它们涉及**剪接**（splicing）——一个将蛋白质编码基因的原始转录物加工为 mRNA 过程中的关键步骤（12.2.2节）。
- **核仁小 RNA**（small nucleolar RNA，snoRNA）发现于真核细胞核的核仁区。它们在 rRNA 分子加工过程中通过指导酶来修饰特定的核苷酸位点（例如，必须加上一个甲基）起到核心作用（12.2.5节）。
- **微小 RNA**（micro RNA，miRNA）和**短干扰 RNA**（short interfering RNA，siRNA）是调控个别基因表达的小 RNA（12.2.6节）。

### 1.2.3 前体 RNA 的加工

除以上所述的成熟 RNA 外，细胞中还含有前体分子。许多 RNA，尤其是真核生物中，起初是以前体或**前体 RNA**（pre-RNA）的形式合成的，它们在执行功能前必须经过加工。在第12章将详述各种加工事件，包括以下过程（图1.13）。

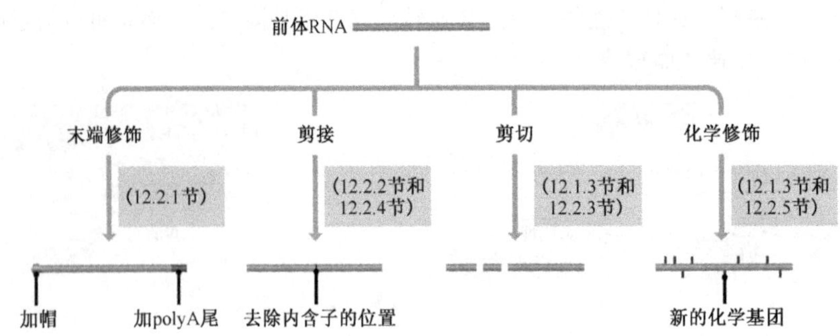


图1.13 四种 RNA 加工事件图解

并非所有类型 RNA 的加工在所有生物中都发生

- **末端修饰**（end-modifications）发生在真核生物 mRNA 合成中，通常在5′端带有一个称为**帽子**（cap）的特定核苷酸结构，在3′端带有一个 **poly（A）尾**［poly（A）tail］。
- **剪接**（splicing）从前体 RNA 中去除内含子。许多真核生物中编码蛋白质的基因包含没有生物学信息的内部片段，这些片段叫做**内含子**（intron），它们在基因转录时与含有编码信息的**外显子**（exon）一起被拷贝。内含子通过剪切和连接反应从**前体信使 RNA**（pre-mRNA）中去除。未经剪接的前体 RNA 形成核 RNA 组分，称为**核不均一 RNA**（heterogenous nuclear RNA，hnRNA）。
- **切割**（cutting events）在 rRNA 和 tRNA 的加工过程中尤为重要，许多这类 rRNA 和 tRNA 首先从可产生一种以上分子的转录单位合成，这些**前体-rRNA**（pre-

rRNA）和**前体-tRNA**（pre-tRNA）必须经过切割以产生成熟的 RNA。这种类型的加工在原核和真核细胞中都存在。

- **化学修饰**（chemical modification）在 rRNA、tRNA 和 mRNA 中都存在。所有生物体的 rRNA 和 tRNA 都可以通过加上新的化学基团而被修饰，这些基团被加到 RNA 的特定核苷酸上。mRNA 的化学修饰，称作 **RNA 编辑**（RNA editing），在多种真核细胞中存在。

### 1.2.4 转录组

转录组虽然不到细胞总 RNA 的 4%，却是细胞最重要的组分，因为它包含了基因组表达的下一个阶段中所要使用的编码 RNA。值得注意且非常重要的一点是，转录组从不从头（*de novo*）合成。一个细胞通过细胞分裂诞生时就接受了其上一代的部分转录组，并维持一生。细菌孢子和植物种子这样的静息细胞也有转录组，不过其转录组到蛋白质的翻译可能被完全关闭。所以，各蛋白质编码基因的转录过程并不是导致转录组的合成，而是通过替换被降解的 mRNA 来维持转录组，并通过开闭不同的基因来改变转录组的组成。

即使在细菌和酵母这些最简单的生物体中，在同一时间也存在许多活跃的基因。因而转录组十分复杂，包含成百或上千种不同的 mRNA。通常，每种 mRNA 只占 mRNA 总量的一小部分，即使最常见的类型也仅占不到总 mRNA 1%。但有些细胞是特例，它们有高度特化的生化机能，转录组中有一种或几种 mRNA 占显著优势。例如，发育中的小麦种子，合成大量的麦醇溶蛋白聚积在休眠的谷粒中，为发芽提供氨基酸来源。发育的种子中麸朊蛋白 mRNA 可占细胞转录物组的 30%。

## 1.3 蛋白质和蛋白质组

基因组表达的第二个产物是蛋白质组——细胞内那些决定细胞所能进行的生化反应性质的所有蛋白质组成成分（图 1.2）。这些蛋白质是通过**翻译**（translation）那些组成转录组的 mRNA 分子而合成的。

### 1.3.1 蛋白质的结构

蛋白质和 DNA 分子一样，是一个线性的无分支的多聚体。蛋白质中的单体亚单位称为**氨基酸**（amino acid，图 1.14）。氨基酸形成的多聚体或**多肽**（polypeptide）在长度上很少超过 2000 个单位。和 DNA 一样，蛋白质结构的主要特征在 20 世纪头 50 年已经被确定，20 世纪 40 年代和 50 年代初 Pauling 和 Corey 对多肽主要构象或**二级结构**（secondary structure）的阐明是该时期蛋白质生化研究的代表。近年来的研究热点集中在这些二级结构是如何组合产生蛋白质复杂的三维结构的。

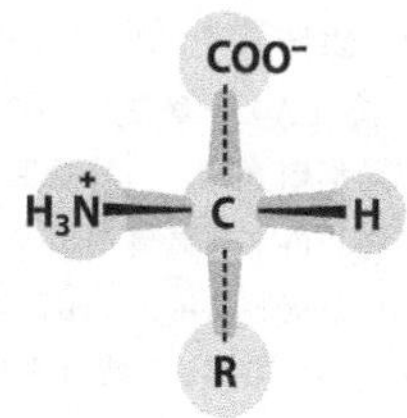


图 1.14 氨基酸的一般结构
所有氨基酸大体的结构都相同，由一个中心 α 碳与一个氢原子、一个羧基、一个氨基和一个 R 基相连。R 基在各种氨基酸中是不同的（图 1.18）

## 蛋白质结构的四个水平

传统上认为蛋白质有四个不同水平的结构。这些水平具有层级性，逐级地组装成蛋白质，每一个水平的结构都取决于低一等级的结构。

- 蛋白质的**一级结构**（primary structure）是由氨基酸通过**肽键**（peptide bond）连接成一条多肽链形成，由一个氨基酸的羧基和另一个氨基酸的氨基进行缩合反应产生（图 1.15）。注意，与多核苷酸一样，多肽链两端的化学性质不同：一端有一个自由氨基基团，称为**氨基**（amino、$—NH_2$）或 **N 端**（N terminus）；另一端有一个自由羧基基团，称为**羧基**（carboxyl、—COOH）或 **C 端**（C terminus）。故多肽链的方向可表示为 N→C（图 1.15 中从左到右）或 C→N（图 1.15 中从右到左）。
- **二级结构**（secondary structure）指多肽采取的不同构象。二级结构的两种主要形式是 α **螺旋**（α-helix）和 β **片层**（β-sheet，图 1.16），二者都由多肽的不同氨基酸之间形成的氢键所稳定。大部分多肽的长度足以折叠成一系列依次相连的二级结构。

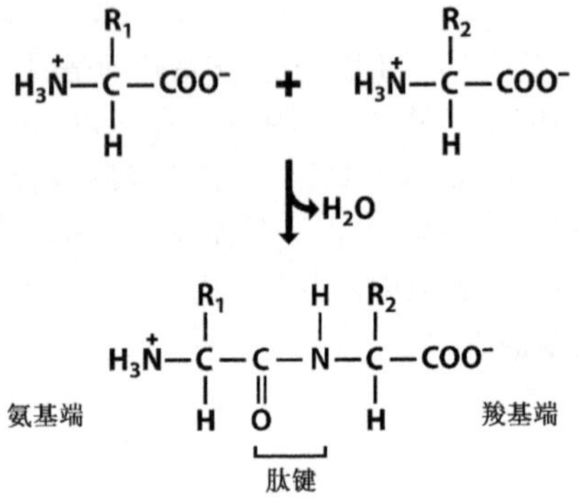

$$H_3\overset{+}{N}-C(R_1)(H)-COO^- + H_3\overset{+}{N}-C(R_2)(H)-COO^- \xrightarrow{-H_2O} H_3\overset{+}{N}-C(R_1)(H)-C(=O)-N(H)-C(R_2)(H)-COO^-$$

氨基端　　肽键　　羧基端

图 1.15　多肽中，氨基酸由肽键相连
图示的化学反应中两个氨基酸由一个肽键连接起来。此反应去除了一分子的水，故为缩合反应

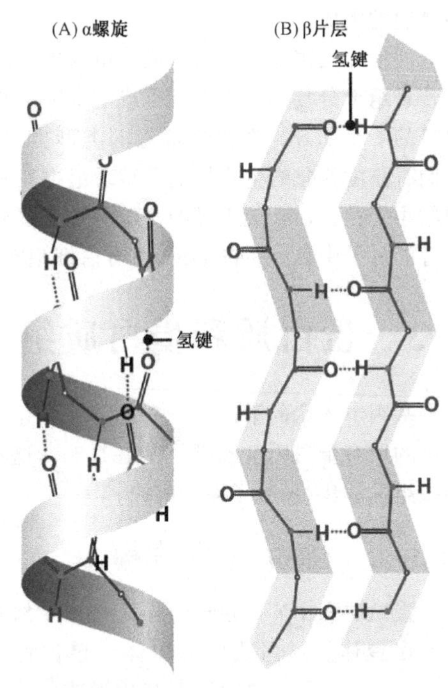


图 1.16　蛋白质中的两个主要的二级结构单位（A）α 螺旋，（B）β 片层
多肽链以轮廓图表示。为清楚起见，将 R 基团略去。每个结构由不同肽键的 C═O 和 N—H 基团之间形成的氢键所稳定。所示的 β 片层构象是反平行的，两条链走向相反。也有平行 β 片层结构存在

- **三级结构**（tertiary structure）是将多肽链的二级结构组分折叠成为三维构型而形成的（图 1.17）。它被各种化学力所稳定，主要是氨基酸残基之间的氢键和带电荷的氨基酸 R 基团之间的静电相互作用（图 1.18），以及疏水相互作用，即带有非极性侧链基团的氨基酸（即“疏水”）必须埋在蛋白质内部以便与水隔绝。另外多肽链不同位置上的半胱氨酸残基之间可以产生共价连接，即**二硫键**（disulfide bridge）。

- **四级结构**（quaternary structure）即两条或更多已形成三级结构的多肽链组合在一起形成一个多亚基蛋白质。不是所有蛋白质都有四级结构，但它是多种具有复杂功能的蛋白质的特征，包括几种参与基因组表达的蛋白质。一些四级结构通过不同多肽间的二硫键结合在一起，形成稳定的不会被轻易解离的多亚基蛋白质。但很多蛋白质由氢键和疏水作用来稳定，亚基间较松散地结合在一起，从而可以依据细胞功能的需要复原为组成它们的肽链，或者是改变其亚基的组成。

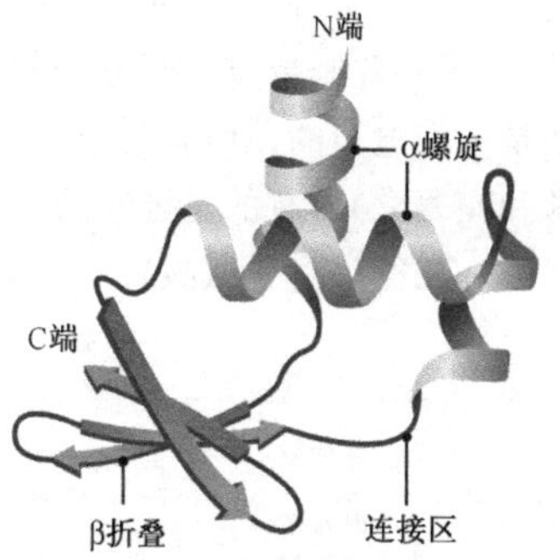

N端
α螺旋
C端
β折叠
连接区

图 1.17　蛋白质的三级结构

这个假想的蛋白质由三个 α 螺旋（以卷曲表示）和一个四条链的 β 片层（以箭头表示）组成

## 蛋白质的多样性取决于氨基酸的多样性

组成蛋白质的氨基酸在化学性质上有多样性，因此蛋白质的功能也是多种多样的。不同的氨基酸顺序导致了化学活性的不同组合，这些组合不仅决定着产生的蛋白质的整体结构，而且也指导了该蛋白质的表面上决定其化学性质的活性基团的定位。

氨基酸的多样性源于 R 基团，因为这部分在每一种氨基酸中是不同的，结构上差异也很大。蛋白质由 20 种氨基酸组成（图 1.18，表 1.2）。其中一些氨基酸含有结构相

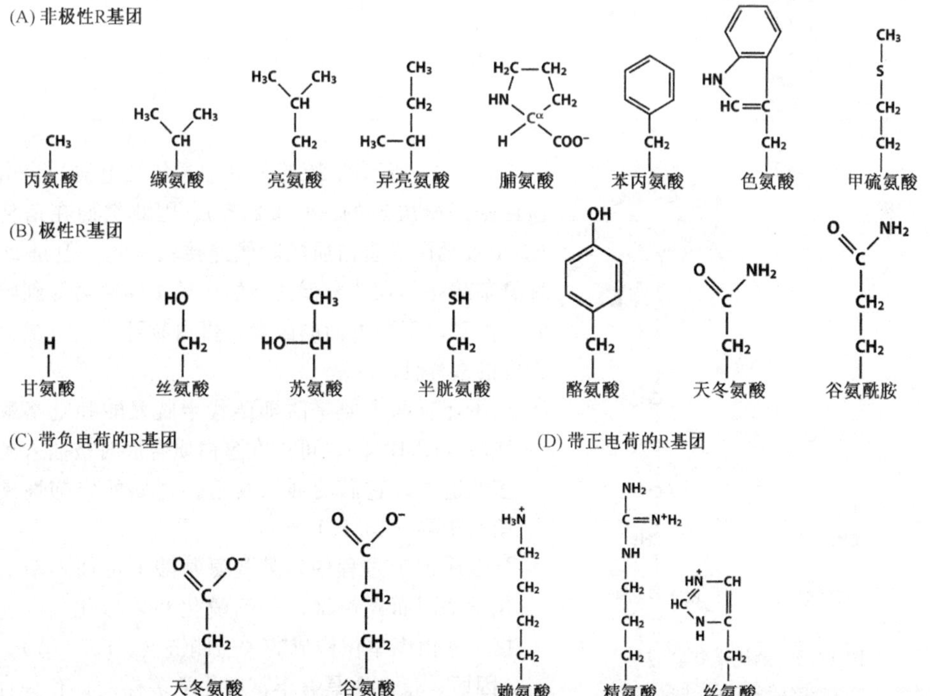


图 1.18　氨基酸的 R 基团

这 20 种氨基酸是传统上认为的由遗传密码决定的氨基酸

对简单的小 R 基团，如一个单一的氢原子（其氨基酸为甘氨酸）或一个甲基（丙氨酸），另一些则带有大而复杂的芳香族侧链（苯丙氨酸、色氨酸和酪氨酸）。多数 R 基团是不带电荷的，但有两个带负电（天冬氨酸和谷氨酸），三个带正电（精氨酸、组氨酸和赖氨酸）。有的是极性的（如甘氨酸、丝氨酸和苏氨酸），另一些是非极性的（如丙氨酸、亮氨酸和缬氨酸）。

**表 1.2　氨基酸缩写**

| 氨基酸 | 缩写 | |
|---|---|---|
| | 三个字母 | 一个字母 |
| 丙氨酸 | Ala | A |
| 精氨酸 | Arg | R |
| 天冬酰胺 | Asn | N |
| 天冬氨酸 | Asp | D |
| 半胱氨酸 | Cys | C |
| 谷氨酸 | Glu | E |
| 谷氨酰胺 | Gln | Q |
| 甘氨酸 | Gly | G |
| 组氨酸 | His | H |
| 异亮氨酸 | Ile | I |
| 亮氨酸 | Leu | L |
| 赖氨酸 | Lys | K |
| 甲硫氨酸 | Met | M |
| 苯丙氨酸 | Phe | F |
| 脯氨酸 | Pro | P |
| 丝氨酸 | Ser | S |
| 苏氨酸 | Thr | T |
| 色氨酸 | Trp | W |
| 酪氨酸 | Tyr | Y |
| 缬氨酸 | Val | V |

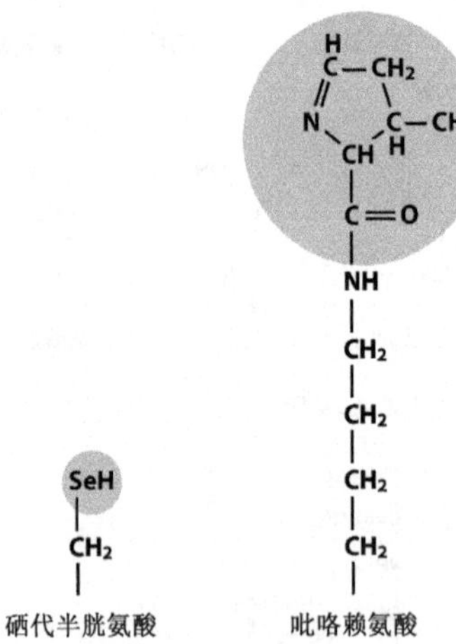


图 1.19　硒代半胱氨酸与吡咯赖氨酸的结构

圆圈部分显示的分别是这两个氨基酸与半胱氨酸和赖氨酸的差异

图 1.18 所示的 20 个氨基酸是传统上被认为由遗传密码所决定的（1.3.2 节），因此它们在信使 RNA 被翻译成蛋白质的时候连接在一起。但是 20 种氨基酸并不意味着蛋白质的化学多样性会受到限制。由于以下两方面的因素，蛋白质可以具有更大程度的多样性。

- 至少还有两个氨基酸即硒代半胱氨酸和吡咯赖氨酸（图 1.19），可以在蛋白质合成时被插入到多肽链中，它们的插入受遗传密码的修饰性阅读所指导（13.1.1 节）。
- 蛋白质加工过程中，某些氨基酸上可加入新的化学基团而被修饰，如乙酰化和磷酸化，或连接一些由糖单位构成的大型侧链（13.3.3 节）。

因而，蛋白质具有丰富的化学多样性，有些直接由基因组决定，其余的通过蛋白质的加工产生。

## 1.3.2 蛋白质组

蛋白质组包括了在特定时间存在于细胞中的所有蛋白质。一个“典型”的哺乳动物细胞，如肝细胞中，含有 10 000～20 000 种不同的蛋白质，共有约 $8\times10^9$ 个蛋白质分子，重约 0.5ng，占细胞总重量的 18%～20% 。各种蛋白质的拷贝数差别很大，最少的每个细胞中不足 20 000 个，最多的可达 1 亿个。每个细胞中拷贝数大于 50 000 的蛋白质被认为其含量较丰富，通常哺乳动物细胞中约有 2000 种蛋白质属于此类。研究不同类型的哺乳动物细胞的蛋白质组后发现，这些丰富蛋白质的差异很小，说明它们大多属于**管家**（housekeeping）蛋白，执行所有细胞中普遍的生化活动。而那些使细胞具有特化功能的蛋白质含量通常极少。不过也有特例，如只出现在红细胞中的血红蛋白含量很高。

### 转录组和蛋白质组的联系

信息通过转录从 DNA 到 RNA 在概念上并不难理解。DNA 和 RNA 结构相似，一个基因的 RNA 拷贝通过模板依赖的方式采用我们所熟知的碱基配对原则合成是容易理解的。但在基因组表达的第二阶段，转录组的 mRNA 分子指导蛋白质的合成，如果仅考虑分子结构就不那么容易理解。在 20 世纪 50 年代早期，DNA 的双螺旋结构发现后不久，几个分子生物学家试图解释氨基酸按顺序结合到 mRNA 分子上的机制，但所有这些方案中至少有一些键比实际的物理化学定律所允许的键长或短，因而不久就销声匿迹了。直到 1957 年，Francis Crick 预测 mRNA 及其合成的多肽间存在着将二者联系起来的接头分子才打破了这种僵局。此后不久，人们意识到 tRNA 就是这种接头分子，这个事实一旦被确立，关于蛋白质合成机制的详细了解就建立起来了。我们将在 13.1 节探讨这一过程。

20 世纪 50 年代分子生物学家所感兴趣的蛋白质合成的另一方面是**信息问题**（informational problem），它反映了在转录组和蛋白质组之间联系的第二个重要成分——**遗传密码**（genetic code），它特异地决定一个 mRNA 核苷酸序列如何被翻译成一个蛋白质的氨基酸序列。20 世纪 50 年代人们就认识到需要用三联体遗传密码，每个**密码子**（codon）由三个核苷酸组成，来解读蛋白质中的所有 20 种氨基酸。2 个字母的密码只有 $4^2=16$ 个密码子，不足以解读 20 种氨基酸；而 3 个字母的密码会产生 $4^3=64$ 种密码子。遗传密码是在 20 世纪 60 年代被解开的，部分工作是通过分析已知的或可预知其序列的人工 mRNA 在无细胞蛋白质合成体系中翻译出的肽链来确定的。另一部分是通过分析在纯化的核糖体中（细胞内负责蛋白质合成的蛋白质-RNA 复合体）哪个氨基酸与哪个 mRNA 序列结合是确定的。遗传密码的工作完成后人们认识到，64 个密码子可分为不同的组，每组成员编码同一种氨基酸（图 1.20）。色氨酸和甲硫氨酸各仅有一个密码子，其他氨基酸都有 2、3、4 或 6 个密码子。密码的这一特性叫做**简并性**（degeneracy）。密码中有 4 个**标点密码子**（punctuation codon），用于表明 mRNA 中核苷酸序列翻译起始和终止的位置（图 1.21）。**起始密码子**（initiation codon）通常为 5′-AUG-3′，它也是甲硫氨酸的密码子（所以多数新合成的多肽以甲硫氨酸开始），尽管在有的 mRNA 中也使用其他起始密码子，如 5′-GUG-3′和 5′-UUG-3′。三个**终止密码子**

(termination codon) 分别为 5′-UAG-3′、5′-UAA-3′和 5′-UGA-3′。

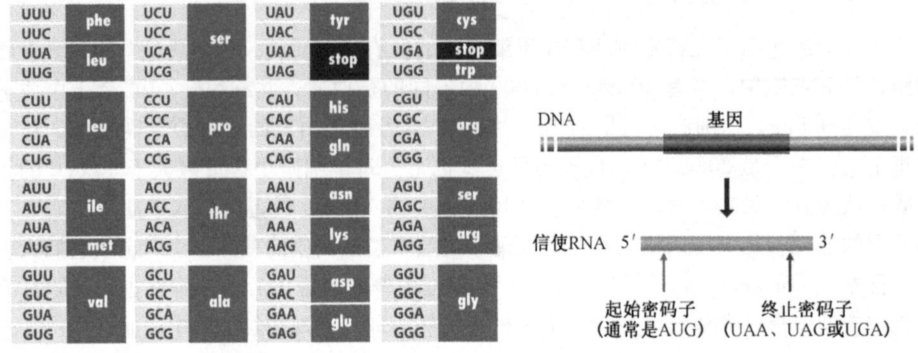


图 1.20 遗传密码

氨基酸以标准的三个字母缩写表示，请参见表 1.2

图 1.21 mRNA 中标点密码子的位置

## 遗传密码并不通用

起初认为遗传密码在所有生物中都相同。该观点认为密码子一旦建立就不会改变，因为给任何一个密码子赋予新的含义都会导致蛋白质氨基酸序列的全面混乱。这种推论看似有道理，所以发现事实上遗传密码并不通用是令人吃惊的。图 1.20 中所示的密码子适用于大多数生物体中的大多数基因，但偏差也广泛存在。尤其是线粒体基因组，通常使用非标准的密码（表 1.3）。这种现象最初于 1979 年由英国剑桥大学 Frederick Sanger 小组发现。他们发现若干人线粒体基因在并不终止翻译的内在位点上有 5′-UGA-3′密码子，而 5′-UGA-3′通常为终止密码子。比较这些基因编码的蛋白质的氨基酸顺序表明，5′-UGA-3′在人线粒体中是一个色氨酸密码子，这仅是这种特殊遗传系统中的四种密码偏差之一。其他生物体的线粒体基因也表现出密码偏差，虽然至少其中一种，即植物线粒体用 5′-CGG-3′作为色氨酸密码子，很可能在翻译之前由 RNA 编辑（12.2.5 节）校正。

**表 1.3 标准遗传密码的偏离示例**

| 生物 | 密码子 | 应该编码 | 实际编码 |
| --- | --- | --- | --- |
| **线粒体基因组** | | | |
| 哺乳动物 | UGA | 终止 | Trp |
| | AGA，AGG | Arg | 终止 |
| | AUA | Ile | Met |
| 果蝇（*Drosophila*） | UGA | 终止 | Trp |
| | AGA | Arg | Ser |
| | AUA | Ile | Met |
| 啤酒酵母（*Saccharomyces cerevisiae*） | UGA | 终止 | Trp |
| | CUN | Leu | Thr |

续表

| 生物 | 密码子 | 应该编码 | 实际编码 |
| --- | --- | --- | --- |
| | AUA | Ile | Met |
| | UGA | 终止 | Trp |
| 真菌 | CGG | Arg | Trp |
| 玉米 | | | |
| **核和原核基因组** | UAA，UAG | 终止 | Gln |
| 一些原生动物 | CUG | Leu | Ser |
| *Candida cylindracea* | AGA | Arg | 终止 |
| *Micrococcus* sp. | AUA | Ile | 终止 |
| | UGA | 终止 | Cys |
| *Euplotes* sp. | UGA | 终止 | Trp |
| *Mycoplasma* sp. | CGG | Arg | 终止 |
| **上下文依赖性密码子重分配** | UGA | 终止 | 硒代半胱氨酸 |
| 多种古生菌 | UAG | 终止 | 吡咯赖氨酸 |

缩写：N，代表任意核苷酸

非标准密码子也存在于低等真核生物的核基因组中。通常密码子的修饰仅限于一小部分生物体中，而且往往包括终止密码子的重新分配（表 1.3）。虽然在原核生物中修饰并不多见，但支原体就是一个已知的例子。一类更重要的密码子变异是**上下文依赖的密码子重分配**（context-dependent codon reassignment），出现在所要合成的蛋白质含有硒代半胱氨酸或吡咯赖氨酸时。含有吡咯赖氨酸的蛋白质很罕见，可能只存在于叫做古生菌的原核生物中（第 8 章），但是硒蛋白质在许多生物中普遍存在，一个例子是能保护人类或哺乳动物细胞免受氧化损伤的谷胱苷肽过氧化物酶。硒代半胱氨酸由 5′-UGA-3′编码而吡咯赖氨酸由 5′-UAG-3′编码，因为它们还被同一生物用作终止密码子，因而这些密码子有双重含义（表 1.3）。硒代半胱氨酸的密码子 5′-UGA-3′与真正的终止密码子的区别在于其 mRNA 中有一个发夹环结构，该结构位于紧靠原核生物的硒代半胱氨酸密码子的下游，或真核生物的 3′非翻译区（即终止密码子后的 mRNA 部分）。对这一密码子的识别需要发夹结构与涉及这些 mRNA 翻译的特殊蛋白质之间的相互作用。类似的系统可能在翻译吡咯赖氨酸时起效。

## 蛋白质组和细胞生化功能之间的联系

基因组编码的生物学信息最终由蛋白质表现，而蛋白质的生物学性质由折叠结构及表面的化学基团的空间分布决定。通过决定不同类型的蛋白质合成，基因组得以构建和维持蛋白质组，蛋白质组整体的生物学性质组成了生命的基础。蛋白质组能扮演这样的角色是因为其极大的可形成蛋白质结构的多样性，使蛋白质能够执行多种生物学功能，包括：

- 生化催化作用（biochemical catalysis）是一种叫做酶的特殊蛋白质所具有的功能。给细胞提供能量的核心代谢途径，以及合成核酸、蛋白质、碳水化合物和脂类的生物合成过程都是由酶催化的。生化催化作用还通过酶的活动，如RNA聚合酶，驱使基因组的表达。

- 结构（structure）在细胞水平是由组成细胞骨架的蛋白质决定的，某些胞外的蛋白质也主要起结构功能，如胶原，是骨骼和肌腱的重要组分。
- 运动（movement）通过收缩蛋白实现，最著名的例子是细胞骨架纤维中的肌动蛋白和肌球蛋白。
- 运输（transport）身体周围的物质是一种重要的蛋白质活动，如血红蛋白运输血流中的氧，血清白蛋白运输脂肪酸。
- 细胞进程的调节是通过诸如STAT（signal transducers and activators of transcription）这样的信号蛋白（14.1.2节），以及像**活化调节因子**（activator）这样能结合到基因组上并影响单个或一群基因表达水平的蛋白质（11.3节）介导的。调节和协调细胞群活动的细胞外激素和细胞因子很多都是蛋白质（如控制血糖水平的胰岛素和白细胞介素调节细胞分裂和分化的一组细胞因子）。
- 保护身体和细胞个体是一定范围的蛋白质的功能，包括抗体以及参与凝血反应的蛋白质。
- 储存功能是由蛋白质执行的，如铁蛋白在肝脏内储铁，麦醇溶蛋白在休眠的小麦种子中储存氨基酸。

蛋白质功能的多样性使蛋白质组有能力将基因组中包含的信息蓝图转变成生命过程中实质的要素。

# 总结

基因组是地球上每一物种具有的生物学信息的存储库。绝大部分的基因组是由DNA构成的，极少的例外是那些具有RNA基因组的病毒。基因组的表达是将其包含的信息释放到细胞中的过程。基因组表达的第一个产物是转录组，即由那些含有细胞在特定时间所需生物信息的、编码蛋白质的基因衍生而来的RNA分子的集合。第二个产物是蛋白质组，即细胞中那些决定细胞能够进行的生化反应性质的所有蛋白质的组分。证明基因由DNA构成的实验学证据最初是在1945年和1952年取得的，但是1953年Watson和Crick发现的DNA双螺旋结构才使得生物学家确信DNA就是遗传物质。DNA多聚核苷酸链是一种没有分支的多聚体，由多拷贝的四种化学性质不同的核苷酸组成。在双螺旋中，两条多聚核苷酸链互相缠绕，核苷酸的碱基位于分子的内部。多聚核苷酸通过碱基间的氢键连接，且通常是A与T配对，G与C配对。RNA也是一种多聚核苷酸，但是其中的单个核苷酸相对于DNA中的核苷酸结构不同，而且通常是单链。依赖DNA的RNA聚合酶通过叫做转录的过程负责将基因拷贝为RNA，从而不仅产生转录组，而且也产生一批功能性RNA（即一些不编码蛋白质但是在细胞中仍起到重要作用的RNA）。许多RNA最初是以前体分子的形式被合成的，之后通过剪切、连接反应以及化学修饰而变为成熟的形式。蛋白质也是没有分支的多聚体，但是其组成单元是通过肽键连接的氨基酸。氨基酸序列构成蛋白质的一级结构。更高级的结构水平（二级、三级和四级）是通过一级结构折叠为三维构象以及单个多肽间的相互作用形成多蛋白质结构来形成。蛋白质功能上是多样化的，因为每一个氨基酸都具有不同的化学性质，当它们以不同方式被组合在一起的时候所产生的蛋白质就具有各种化学特性。蛋白质是依照某三个核苷酸特异地编码某个氨基酸的遗传密码原则来翻译信使 RNA 而产生的。遗传密码并不通用，在线粒体中和低等真核生物中有变动，而且某些密码子在单个基因中可能有两种不同的含义。

## 选择题

* 奇数问题的答案见附录

1.1* 下面关于生物的基因组的哪一项陈述是错误的？
   a. 基因组含有构建和维持活体生物的遗传学信息。
   b. 多细胞生物的基因组是由 DNA 组成的。
   c. 基因组不需要酶和蛋白质的活性就可以表达它的信息。
   d. 真核基因组是由核及线粒体 DNA 构成的。

1.2 体细胞是指：
   a. 含有染色体的单倍体。
   b. 生成配子。
   c. 缺乏线粒体。
   d. 含有双倍体染色体并构成绝大多数人类细胞。

1.3* 细胞内的遗传信息流向是下面的哪一个？
   a. DNA 是被转录为 RNA，后者再被翻译为蛋白质。
   b. DNA 被翻译为蛋白质，后者被转录为 RNA。
   c. RNA 被转录为 DNA，后者被翻译为蛋白质。
   d. 蛋白质被翻译为 RNA，后者转录为 DNA。

1.4 在 20 世纪早期人们认为蛋白质可能带有遗传信息。这是因为下面的哪一个原因？
   a. 染色体大致由等量的 DNA 和蛋白质组成。
   b. 已知蛋白质是由 20 种不同的氨基酸构成而 DNA 仅仅由 4 种核苷酸构成。
   c. 已知不同的蛋白质含有不同的序列，而所有 DNA 被认为都是一样的序列。
   d. 以上全部。

1.5* DNA 中是下面的哪种键连接单个核苷酸的？
   a. 糖苷键
   b. 肽键
   c. 磷酸二酯键
   d. 静电

1.6 在解决 DNA 的结构问题时，Watson 和 Crick 灵活地使用了下述哪一个技术？
   a. 构建 DNA 分子模型以确信原子的准确定位。
   b. DNA 的 X 射线晶体学。
   c. 色谱研究来决定来自不同物种的核苷酸的相应组成。
   d. 遗传学研究证实 DNA 是遗传物质。

1.7* Erwin Chargaff 研究来自不同物种的 DNA 并证实了：

a．DNA 是遗传物质。

b．RNA 转录自 DNA。

c．某一给定的生物中的 A 和 T（或 G 与 C）的数量是一样的。

d．双螺旋是通过碱基间的氢键维持的。

1.8 一个细胞的转录组的定义是：

a．一个细胞中所有 RNA 分子。

b．一个细胞中编码蛋白质的 RNA 分子。

c．一个细胞内核糖体 RNA 分子。

d．一个细胞内转运 RNA 分子。

1.9* 依赖于 DNA 的 RNA 聚合酶是如何进行 RNA 合成的？

a．它们使用 DNA 作为模板来使核苷酸多聚化。

b．它们使用蛋白质作为模板来使核苷酸多聚化。

c．它们使用 RNA 作为模板来使核苷酸多聚化。

d．它们使核苷酸多聚化不需要模板。

1.10 哪种类型的功能性 RNA 是蛋白质合成所需结构的首要组成部分？

a．信使 RNA

b．核糖体 RNA

c．核小 RNA

d．转运 RNA

1.11* 一个细胞的蛋白质组被定义为：

a．一个细胞所能合成的所有蛋白质。

b．细胞生命周期内所有出现的蛋白质。

c．在某一时刻细胞内的所有蛋白质。

d．在某一时刻细胞内活跃合成中的所有蛋白质。

1.12 蛋白质结构的哪一个水平描述了多亚基蛋白质的折叠构象？

a．一级结构

b．二级结构

c．三级结构

d．四级结构

1.13* 哪种类型的共价键在多肽链不同位置的半胱氨酸残基的连接中是重要的？

a．二硫键

b．氢键

c．肽键

d．磷酸二酯键

1.14 一个细胞中大多数丰富蛋白质被认为是管家蛋白。它们的功能是什么？

a．它们负责各种细胞类型的特异功能。

b．它们负责调控细胞内的基因组表达。

c．它们负责从细胞中移除废物。

d. 它们负责细胞内发生的常规生物化学反应。

1.15* 遗传密码子的简并性是指下面的哪一个？

a. 每一个密码子对应多个氨基酸。

b. 大多数氨基酸有多个密码子。

c. 有多个起始密码子。

d. 终止密码子也可以编码氨基酸。

1.16 下面哪一项不是蛋白质的生物学功能？

a. 生物催化

b. 调控细胞过程

c. 负载遗传信息

d. 在多细胞生物中转运分子

## 简答题

*奇数问题的答案见附录

1.1* 给出一个发现DNA、发现DNA是遗传物质、发现DNA的结构以及第一个基因组被描绘的发展时间线。

1.2 稳定双螺旋的是哪两种化学性相互作用？

1.3* 为何A与T，G与C之间的特异性碱基配对为DNA复制提供了保真的基础？

1.4 RNA和DNA之间两个重要的化学差异是什么？

1.5* 为何信使RNA的半衰期相对其他RNA分子要短？

1.6 信使RNA的翻译是否与其从DNA模板上转录的形式一致？

1.7* 细胞是否有时缺少转录组？解释你答案的意义。

1.8 氢键、静电相互作用和疏水力是如何在蛋白质的二级、三级、四级结构中起到重要作用的？

1.9* 仅由20种氨基酸合成的蛋白质是如何具有这么多结构与功能的多样性的？

1.10 除了20种氨基酸，蛋白质还因为两个因素而具有其他化学多样性，这两个因素是什么，它们的重要性如何？

1.11* 密码子5′-UGA-3′是如何既能作终止密码子又能作修饰后的氨基酸（硒代半胱氨酸）的密码子的？

1.12 基因组是如何指导一个细胞的生物学功能的？

## 论述题

*奇数问题的指导见附录

1.1* 正文中讲到Watson和Crick在1953年3月7日发现DNA的双螺旋结构。请阐述。

1.2 讨论为何双螺旋立刻被广泛接受为DNA的正确结构？

1.3* 什么实验使得遗传密码在20世纪60年代被阐明？

1.4 转录组和蛋白质组被分别视为基因组表达的一个中间产物和一个终末产物。请以我们对基因组表达的理解来评价上述用词的优缺点。

## 图形测试

＊奇数问题的答案见附录

1.1[*]　讨论下述实验是如何有助于证明 DNA 而非蛋白质包含了遗传信息的。

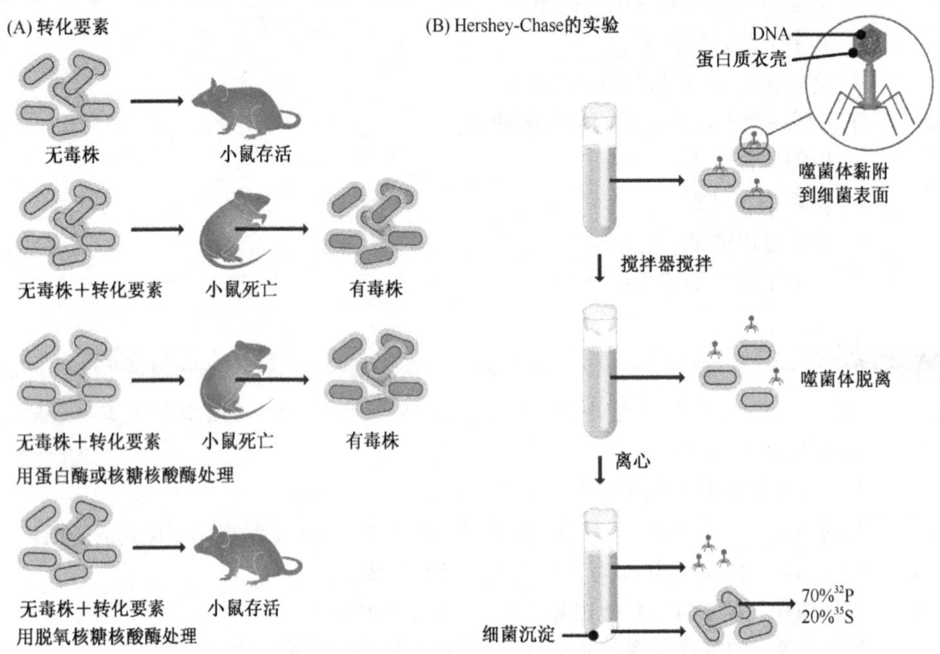


1.2　鉴别脱氧核糖、磷酸基团和不同的碱基。你是否能够确认脱氧核糖上的 1′-5′的碳原子？

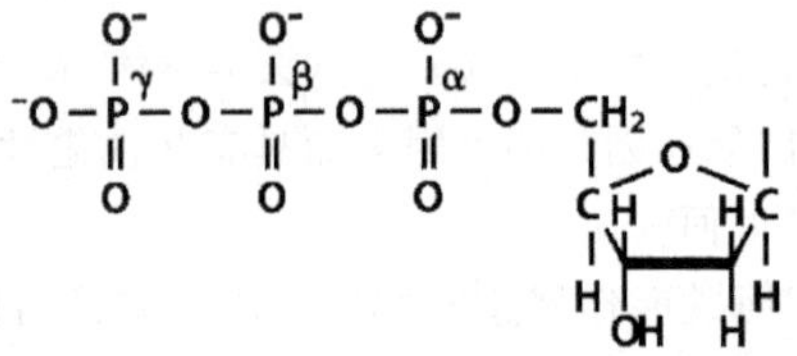

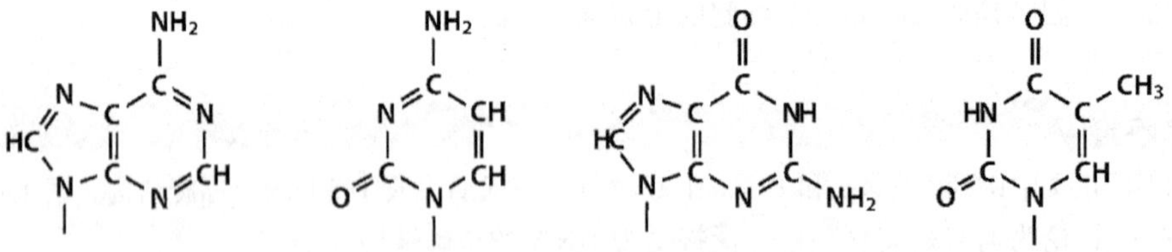

1.3[*]　就下面的 B 型 DNA 的空间填充模型，请描述该分子的重要结构特点。

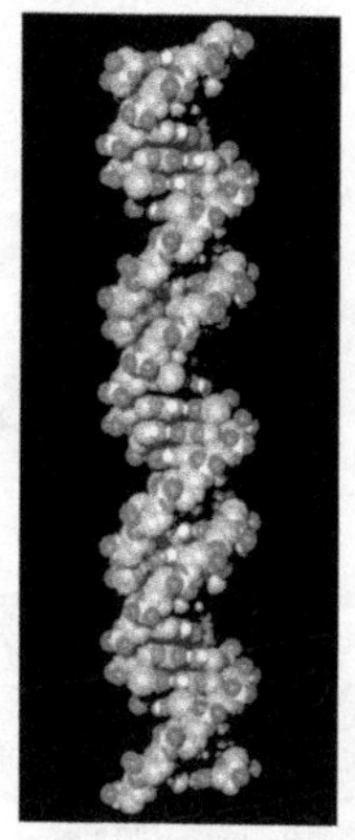

1.4　解释原核与真核细胞中 RNA 的差异。

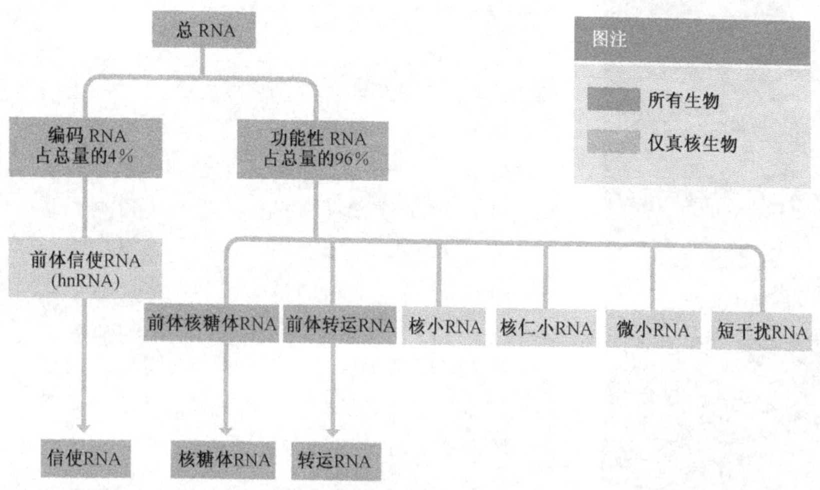


## 拓展阅读

**关于双螺旋发现的书籍和文献以及 DNA 研究方面其他的重要里程碑**


**Brock, T.D.** (1990) *The Emergence of Bacterial Genetics.* Cold Spring Harbor Laboratory Press, New York. *A detailed history that puts into context the work on the transforming principle and the Hershey–Chase experiment.*

**Judson, H.F.** (1979) *The Eighth Day of Creation.* Jonathan Cape, London. *A highly readable account of the development of molecular biology up to the 1970s.*

**Kay, L.E.** (1993) *The Molecular Vision of Life.* Oxford University Press, Oxford. *Contains a particularly informative explanation of why genes were once thought to be made of protein.*

**Lander, E.S. and Weinberg, R.A.** (2000) Genomics: journey to the center of biology. *Science* **287:** 1777–1782. *A brief description of genetics and molecular biology from Mendel to the human genome sequence.*

**Maddox, B.** (2002) *Rosalind Franklin: The Dark Lady of DNA.* HarperCollins, London.

**McCarty, M.** (1985) *The Transforming Principle: Discovering that Genes are Made of DNA.* Norton, London.

**Olby, R.** (1974) *The Path to the Double Helix.* Macmillan, London *A scholarly account of the research that led to the discovery of the double helix.*

**Watson, J.D.** (1968) *The Double Helix.* Atheneum, London. *The most important discovery of twentieth century biology, written as a soap opera.*

CHAPTER

# 第 2 章　研　究　DNA

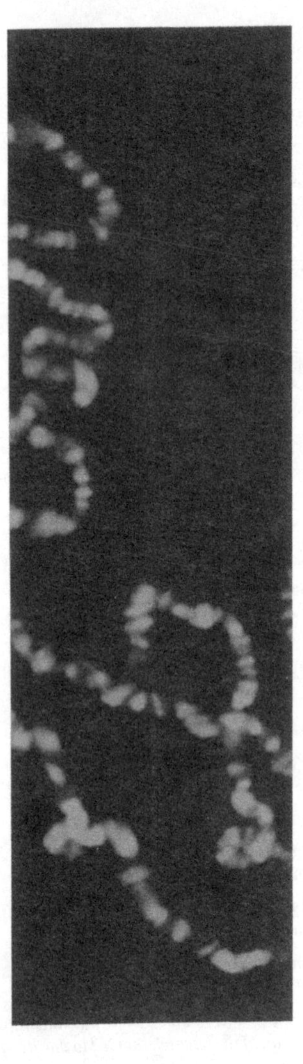



## 学 习 要 点

当你阅读完第2章之后，应该能够：

- 描述DNA克隆和聚合酶链反应（PCR）中所涉及的事件，并阐述这些技术的应用和局限性。
- 列举DNA重组研究中所使用的不同类型酶的活性及主要应用。
- 明确DNA聚合酶的重要特征，区分基因组研究中所运用的各种DNA聚合酶。
- 举例说明限制性内切核酸酶切割DNA的方式，并解释如何检测限制性内切核酸酶消化的结果。
- 区分平端与黏端连接并说明如何提高平端连接的效率。
- 详述质粒克隆载体的主要特征并描述如何将这些载体用于克隆实验中。
- 描述如何将λ噬菌体载体用于DNA克隆。
- 举出用于克隆长片段DNA的载体，并评价每种载体的优点及局限性。
- 概括酵母、动物和植物中如何克隆DNA。
- 描述如何进行PCR反应，要特别注意引物和热循环中所用温度的重要性。

实际上，我们知道的有关基因组及基因组表达的所有事情都是通过科学研究发现的，理论研究在该领域或分子与细胞生物学的其他任何领域中作用甚微。虽然对如何得到那些事实了解不多也可以学习有关基因组的“事实”，但是为了真正了解这一学科，我们必须详细审视基因组研究中所运用的技术和科学方法。后续五章覆盖了这些研究方法。首先，我们探讨了用于研究 DNA 分子的以 DNA 克隆和聚合酶链反应为核心的技术。这些技术对小片段 DNA 包括单个基因很有效，从而使我们在该水平上获得丰富信息。第 3 章继续探讨为构建基因组图谱而发明的方法，并描述了大约一个世纪前首次发明的遗传作图技术是如何用互补的各种基因组物理作图法进行补充的。第 4 章在作图和测序之间建立联系，并表明虽然图谱对装配一个长的 DNA 序列可以提供有用帮助，但作图并不总是基因组测序的必要先决条件。在第 5 章中，我们着眼于用来理解基因组序列的不同方法，而在第 6 章中，我们检查了用于研究基因组表达的方法。当研读第 6 章时，你将开始体会到明白基因组如何指定活细胞的生物化学能力是当前生物学研究的主要挑战之一。

20 世纪 70 年代到 80 年代之间，分子生物学家用来研究 DNA 分子的技术被汇编成一套工具。在那之前，研究单个基因的唯一方法是经典遗传学，所用方法将在第 3 章描述。20 世纪 70 年代早期，生物化学研究为分子生物学家提供了可以在试管中操作 DNA 分子的酶，这一突破推动了更直接研究 DNA 方法的发展。这些酶在活细胞中天然存在，并在 DNA 复制、修复和重组过程中起作用，这些过程将在第 15、16 和 17 章中介绍。为了确定这些酶的功能，许多酶被纯化，并对它们催化的反应进行了研究。然后分子生物学家利用纯化的酶作为工具按预定的方式操作 DNA 分子，用它们进行 DNA 分子拷贝，将 DNA 分子切成小片段并重新将它们连接在一起形成自然界不存在的组合体（图 2.1）。这些操作形成了 **DNA 重组技术**（recombinant DNA technology）的基础，运用 DNA 重组技术可以将天然存在的染色体片段和质粒构建成新的或“重组”的 DNA 分子。

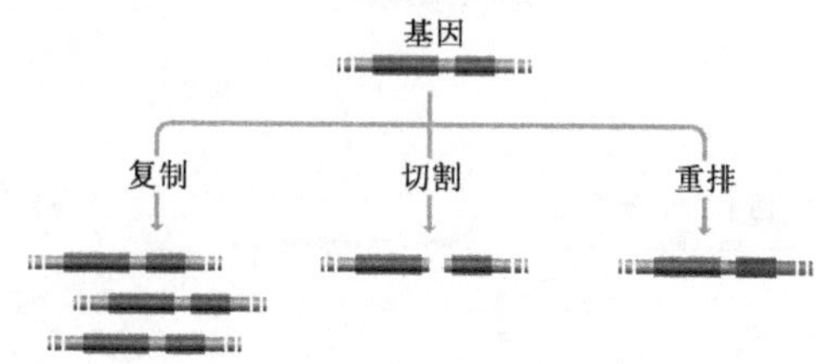


图 2.1　用 DNA 分子进行操作的例子

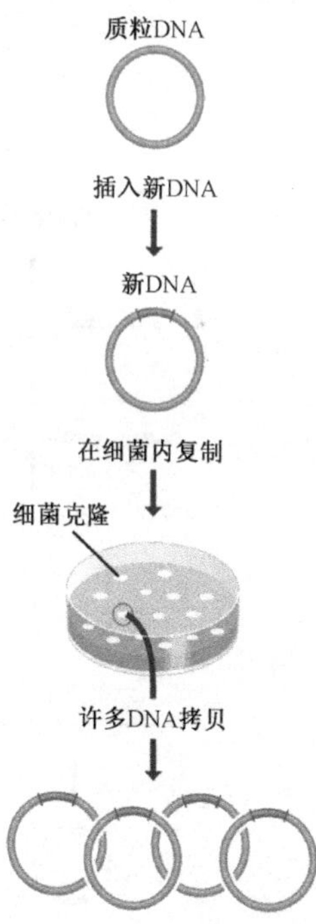


图 2.2　DNA 克隆
在此例中，要克隆的 DNA 片段被插入到质粒载体中，随后质粒就在细菌宿主内复制

DNA 重组方法学导致 **DNA 克隆**（DNA cloning）或**基因克隆**（gene cloning）的产生，通过此方法将小 DNA 片段（可能包含单个基因）插入到质粒或病毒染色体中并由此在细菌或真核类宿主中复制（图

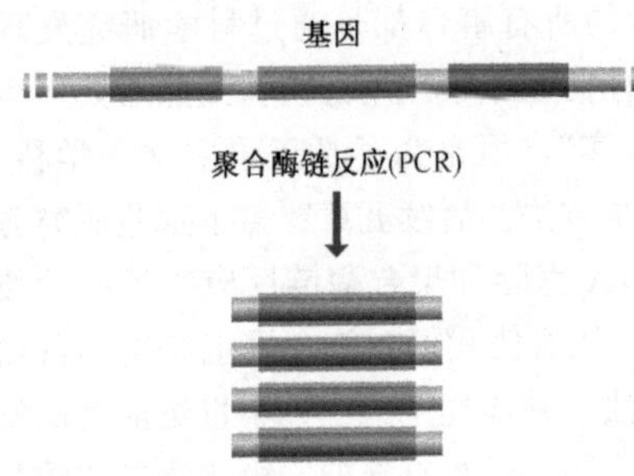


图 2.3 聚合酶链反应（PCR）用来复制 DNA 分子中所选择的片段

在此例中，单个基因被复制

2.2）。我们将在 2.2 节中准确描述如何进行基因克隆以及该技术引发分子生物学变革的原因。

到 20 世纪 70 年代末，基因克隆很好地建立起来。下一个主要技术突破是 20 世纪 80 年代中期**聚合酶链反应**（polymerase chain reaction，PCR）的发明。PCR 不是一项复杂技术，它所做的一切是 DNA 分子小片段的重复拷贝（图 2.3），但它在生物学研究的许多领域而不只是基因组研究中变得非常重要。PCR 在 2.3 节中详细介绍。

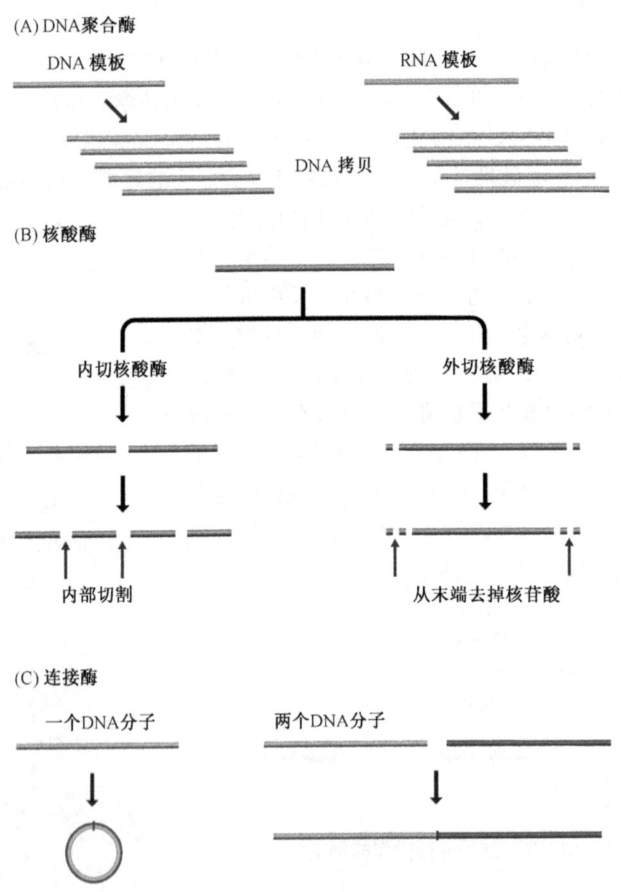


图 2.4 DNA 聚合酶（A）、核酸酶（B）及连接酶（C）的活性

（A）中，DNA 依赖的 DNA 聚合酶活性如左边所示，RNA 依赖的 DNA 聚合酶如右边所示。（B）中，显示了内切核酸酶和外切核酸酶的活性。（C）中，浅色的 DNA 分子与其自身相连（左边），与另一个 DNA 分子相连（右边）

## 2.1　用于 DNA 操作的酶

DNA 重组技术是 20 世纪 70～80 年代出现的促进基因表达相关领域快速发展的重要因素之一。DNA 重组技术的基础是能够在试管中操作 DNA 分子。这反过来依赖于能够提供纯化的酶，而且酶的活性已知并能被控制，这些酶才能被用于对被操作的 DNA 分子进行特异性改变。分子生物学家可用的酶分为四大类。

- **DNA 聚合酶**（DNA polymerase）（2.1.1 节），是一类以现存 DNA 或 RNA 为模板合成新的互补多聚核苷酸的酶［图 2.4（A）］。
- **核酸酶**（nuclease）（2.1.2 节），通过切断连接两个核苷酸之间的磷酸二酯键降解 DNA 分子［图 2.4（B）］。
- **连接酶**（ligase）（2.1.3 节），在两个不同分子的末端核苷酸或单个分子的两末端核苷酸之间形成磷酸二酯键而将 DNA 分子连接在一起［图 2.4（C）］。
- **末端修饰酶**（end-modification enzyme）（2.1.4 节），改变 DNA 分子末端，为连接实验的设计增加重要的可操作空间，并提供了一种用放射性及其他标记物标记 DNA 分子的方法（技术注解 2.1）。

**技术注解 2.1　DNA 标记**

**将放射性、荧光类或其他类型标记物连接到 DNA 分子上**

DNA 标记是许多分子生物学实验的中心环节，包括 Southern 杂交（2.1.2 节）、荧光原位杂交（FISH；3.3.2 节）和 DNA 测序（4.1 节）。它通过检测标记物发出的信号，能够在硝酸纤维素膜、尼龙膜、染色体或者凝胶上确定某个特定 DNA 分子的定位。在某些实验中也用到标记的 RNA 分子（技术注解 5.1）。

放射性标记物经常用来标记 DNA 分子。在合成核苷酸时，可用 $^{32}P$ 或 $^{33}P$ 取代其中一个磷原子，用 $^{35}S$ 取代磷酸基团中的一个氧原子或者用 $^{3}H$ 取代一个或多个氢原子（图 1.4）。放射性标记的核苷酸仍然作为 DNA 聚合酶的底物，因此能通过 DNA 聚合酶催化的任一链的合成反应而掺入到 DNA 分子中。标记的核苷酸或单个磷酸基团也可以通过 T4 多聚核苷酸激酶或末端脱氧核糖核苷酸转移酶的催化作用而连到 DNA 分子的一端或两端（2.1.4 节）。放射性信号可以通过闪烁记数来检测，但在大多数分子生物学应用中需要定位信息，因此通过 X-光敏感的胶片［**放射自显影术**（autoradiography）；图 2.11 示例］或放射性敏感的**磷屏成像**（phosphorimaging）进行检测。对不同放射性标记物的选择依赖于所用方法的要求。$^{32}P$ 这种同位素具有高的发射能量因此其敏感性高，但由于信号的发散其高敏感性同时伴随着低分辨率。像 $^{35}S$ 或 $^{3}H$ 之类的低发射能量同位素，敏感性低但分辨率高。

健康与环境问题表明近年来放射性标记物已不再受欢迎，在许多实验中它们正被非放射性替代物大量取代。其中最有用的是荧光标记物，它是诸如 FISH 技术（3.3.2 节）和 DNA 测序技术（4.1.1 节）的重要成分。不同发射波长的荧光标记物（如不同颜色）被掺入到核苷酸中或者直接与 DNA 分子连接，可以用合适的胶片检测及通过荧光显微镜检测或用荧光检测仪检测。其他类型的非放射性标记利用化学发光物质，但缺点是信号不是由标记物直接产生，而标记分子必须用化学试剂处理后才能发光。一种流行的方法是用碱性磷酸酶标记 DNA 分子，利用在酶的去磷酸化作用下产生化学发光的二氧环烷来检测。

## 2.1.1 DNA聚合酶

用于DNA研究的许多技术依赖于以现有DNA或RNA分子为模板合成全部或部分DNA分子。这正是PCR（2.3节）、DNA测序（4.1节）、DNA标记（技术注解2.1）以及许多其他分子生物学研究的主要操作所必需的。合成DNA的酶被称为**DNA聚合酶**（DNA polymerase），而以现有DNA或RNA分子为模板合成DNA的酶被称为**依赖模板的DNA聚合酶**（template-dependent DNA polymerase）。

### 依赖模板的DNA聚合酶的工作模式

依赖模板的DNA聚合酶合成新的DNA多聚核苷酸，其序列根据碱基配对原则由被拷贝的DNA或RNA分子的核苷酸序列所决定（图2.5）。新多聚核苷酸总是按5′→3′的方向合成，自然界中还没有发现按其他方向合成DNA的DNA聚合酶。

依赖模板的DNA聚合酶的一个重要特征是DNA聚合酶不能以一个完全的单链分子作为模板。为了启动DNA合成，必须有一段小的双链区，为酶提供一个添加新核苷酸的3′端［图2.6（A）］。第15章描述了活细胞基因组复制时满足这种要求的方式。在试管中，DNA复制反应通过小的人工合成的**寡聚核苷酸**（oligonucleotide）附着在模板上而启动，此寡聚核苷酸作为DNA合成的**引物**（primer）通常长度约20个核苷酸。乍一看，在DNA重组技术的DNA聚合酶运用中对引物的要求好像没有想象的那么复杂，但事实远非如此。因为引物退火结合到模板上依赖于碱基互补配对，模板分子中DNA开始合成的位置通过合成相应核苷酸序列的引物而特异定位［图2.6（B）］，所以长模板分子中的一个短的特异片段就被复制，这比DNA合成不需要引发可能出现的随机复制更有意义。我们在2.3节中讨论PCR时你将更能体会到引发的重要性。

DNA 3′ TACCCAACGCAATTC 5′
ATGG →
5′ 3′
新DNA

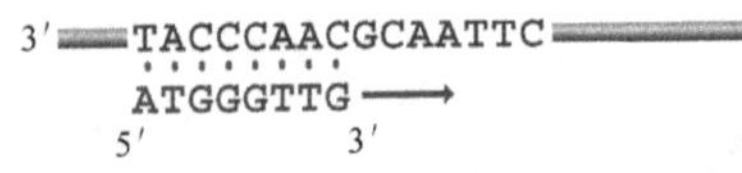


图2.5 DNA依赖的DNA聚合酶活性

新核苷酸加到正在合成的多聚核苷酸的3′端，该新多聚核苷酸的序列是由模板DNA的序列决定的。与图1.11所示的转录过程（DNA依赖的RNA合成）相比较

模板依赖的DNA聚合酶的第二个共同特征是许多酶具有多功能，既能合成也能降解DNA分子。这也是细胞基因组复制时DNA聚合酶作用方式的反射（15.2节）。除了具有5′→3′DNA合成能力外，DNA聚合酶也具有一种或两种下述外切核酸酶活性（图2.7）。

- **3′→5′外切核酸酶**（3′→5′ exonuclease）活性使酶能够将刚合成链的3′端核苷酸移走。这被称为**校正**（proofreading）活性，因为这容许酶通过移走不正确插入的核苷酸而纠正错误。
- **5′→3′外切核酸酶**（5′→3′exonuclease）活性不太常见，但一些DNA聚合酶拥有此活性，这些DNA聚合酶在基因组复制中的天然功能要求它们必须能够至少移走已经结合到聚合酶正在复制的模板链上的部分多聚核苷酸。

(A) DNA合成需要引物

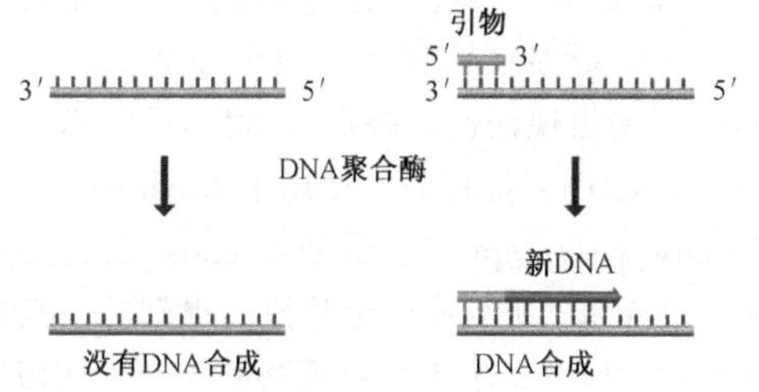


(B) 引物决定了DNA分子的哪部分被复制

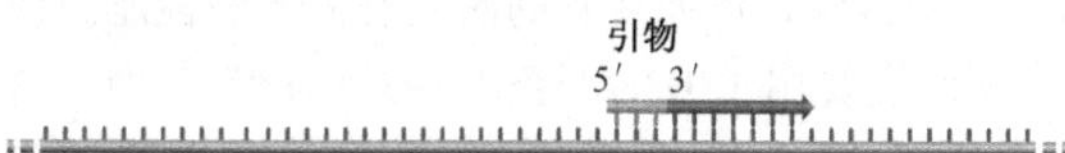


图 2.6　引物在模板依赖的 DNA 合成中的作用

（A）为了起始新多聚核苷酸的合成，DNA 聚合酶需要引物。（B）该寡聚核苷酸的序列决定了它与模板 DNA 结合的位置，因此就使被复制的模板区域特异化。当在体外用 DNA 聚合酶合成新 DNA 时，引物通常是一段由化学合成而产生的短寡聚核苷酸。体内如何引发 DNA 合成的详细细节见 15.2.2 节

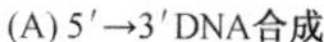


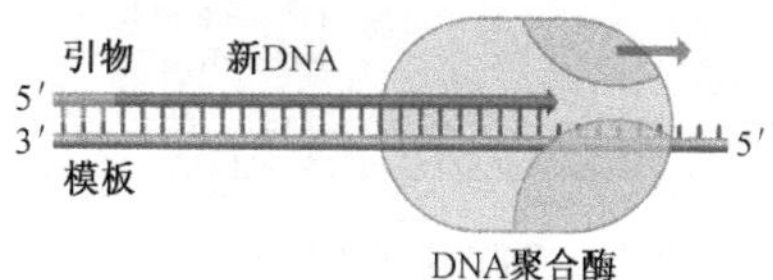


(B) 3′→5′外切核酸酶活性

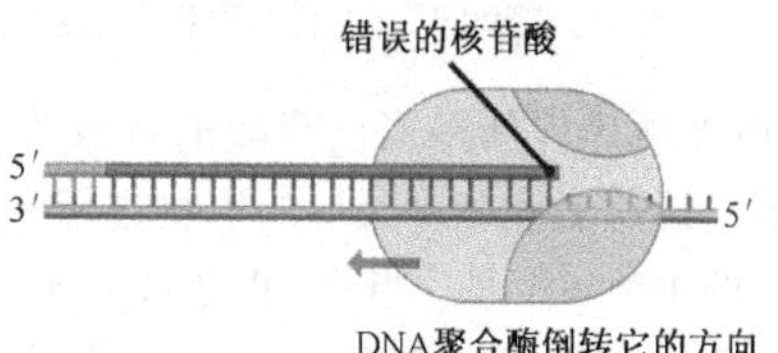


(C) 5′→3′外切核酸酶活性

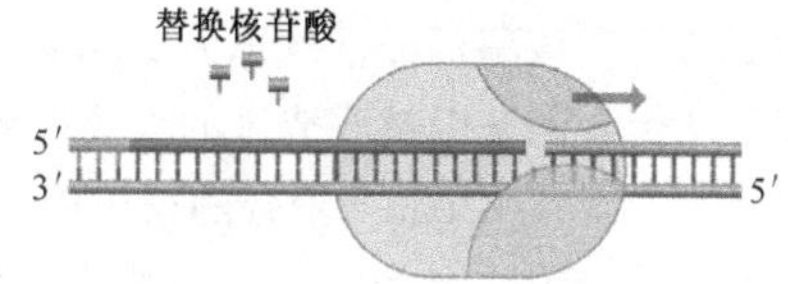


图 2.7　DNA 合成及 DNA 聚合酶的外切核酸酶活性

所有的 DNA 聚合酶都可以合成 DNA，而且许多 DNA 聚合酶也具有一种或两种外切核酸酶活性

## 研究中使用的 DNA 聚合酶类型

在分子生物学研究中使用的几种模板依赖的 DNA 聚合酶（表 2.1）都是大肠杆菌（*Escherichia coli*）DNA 聚合酶 I 的版本，此酶在大肠杆菌基因组复制中起主要作用（15.2 节）。这种酶有时候被称为 **Kornberg 聚合酶**（Kornberg polymerase），以其发现者 Arthur Kornberg 的名字命名，同时具有 3′→5′ 和 5′→3′外切核酸酶活性，这限制了它在 DNA 操作中的应用。它的主要应用是 DNA 标记（技术注解 2.1）。

**表 2.1　分子生物学研究中运用的模板依赖的 DNA 聚合酶的特征**

| 聚合酶 | 描述 | 主要用途 | 交叉参考 |
|---|---|---|---|
| DNA 聚合酶 I | 未修饰的大肠杆菌（*E. coli*）酶 | DNA 标记 | 技术注解 2.1 |
| Klenow 聚合酶 | 大肠杆菌（*E. coli*）DNA 聚合酶 I 的修饰形式 | DNA 标记 | 技术注解 2.1 |
| 测序酶 | 噬菌体 T7 DNA 聚合酶 I 的修饰形式 | DNA 测序 | 4.1.1 节 |
| *Taq* 聚合酶 | 水生栖热菌（*Thermus aquaticus*）DNA 聚合酶 | PCR | 2.3 节 |
| 逆转录酶 | RNA 依赖的 DNA 聚合酶，从多种逆转录病毒中获得 | cDNA 合成 | 5.1.2 节 |

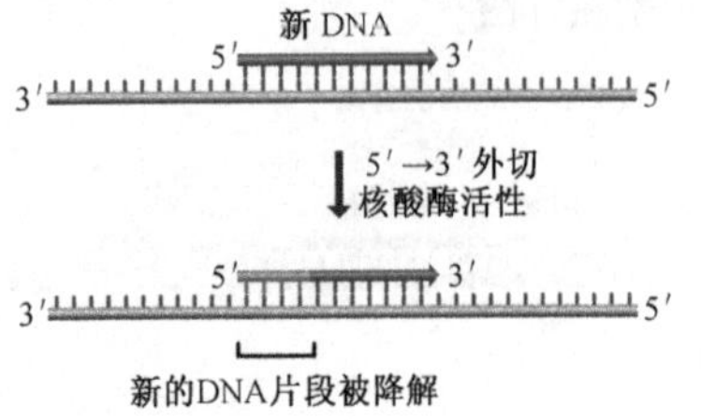


图 2.8 DNA 聚合酶的 5′→3′外切核酸酶活性可以降解刚合成的多聚核苷酸的 5′端

两种外切核酸酶活性中，在试管中用 DNA 聚合酶操作 DNA 分子的大多数困难是由 5′→3′外切核酸酶活性引起的。这是因为拥有此活性的酶能够将核苷酸从刚合成的多聚核苷酸的 5′端移走（图 2.8）。多聚核苷酸完全被降解是不可能的，因为聚合酶的功能通常比外切核酸酶的功能更活跃，但如果新多聚核苷酸 5′端出现任何形式的缩短，某些实验则不能进行。尤其是 DNA 测序以新多聚核苷酸的合成为基础，所有的新多聚核苷酸均准确分享相同的 5′端，运用启动测序反应的引物进行标记。如果 5′端出现任何“缺损”，则不可能确定正确的 DNA 序列。当 20 世纪 70 年代晚期首次引入 DNA 测序时，使用了 Kornberg 酶的一种修饰版本，被称为 **Klenow 聚合酶**（Klenow polymerase）。最初 Klenow 聚合酶是通过运用一种蛋白酶将天然的大肠杆菌 DNA 聚合酶 I 切割成两个片段而得到的。其中一个片段保留了聚合酶和 3′→5′外切核酸酶活性，但缺少了未经处理酶的 5′→3′外切核酸酶活性。该酶仍经常被称为 Klenow 片段以纪念这种老的制备方法，但现在该酶几乎都是从聚合酶基因被改造过的大肠杆菌细胞中得到，以此得到的酶具有需要的性能。但实际上，现在 Klenow 聚合酶很少用于测序而主要用于 DNA 标记（技术注解 2.1）。这是因为在 20 世纪 80 年代发现了一种就测序而言具有超强性能的酶，称为**测序酶**（sequenase）（表 2.1）。我们将在 4.1.1 节中讨论测序酶的特征，并阐明这些特征为什么使该酶成为理想化的测序工具。

大肠杆菌（*E. coli*）DNA 聚合酶 I 的最适反应温度是 37℃，这是哺乳动物（如人）的肠道内细菌天然环境的常见温度。因此，用 Kornberg 聚合酶或 Klenow 聚合酶以及测序酶在试管内反应时均孵育在 37℃，并通过升高温度至 75℃或以上引起蛋白质去折叠或**变性**（denature）以破坏其酶活性而终止反应。这种方法对于大多数分子生物学实验已完全足够，但正如将在 2.3 节中讨论清楚的原因那样，PCR 需要一个**热稳定**（thermostable）的 DNA 聚合酶——能在远高于 37℃的温度下发挥功能的酶。从栖热水生菌（*Thermus aquaticus*）之类的细菌中可以得到合适的酶，这些细菌生活在高达 95℃的温泉中，其 DNA 聚合酶 I 的最适工作温度是 72℃。蛋白质热稳定性的生化基础仍未完全弄清楚，可能是由于其结构特征能减少升高温度时出现的蛋白质去折叠的数量。

另一种 DNA 聚合酶在分子生物学研究中很重要，即**逆转录酶**（reverse transcriptase），该酶是 **RNA 依赖的 DNA 聚合酶**（RNA-dependent DNA polymerase），所以它以 RNA 而不是以 DNA 为模板合成 DNA 拷贝。逆转录酶参与逆转录病毒的复制循环（9.1.2 节），包括引起获得性免疫缺陷综合征或 AIDS 的人类免疫缺陷病毒，这些病毒的基因组是 RNA，感染宿主后拷贝成 DNA。在试管中可以用逆转录酶将 mRNA 分子拷贝成 DNA。这些复制品被称为**互补 DNA**（complementary DNA，cDNA）。在某些类型基因克隆和特定 mRNA 在基因组中特定区域的作图技术中，它们的合成很重要（5.1.2 节）。

## 2.1.2　核酸酶

在 DNA 重组技术中应用了许多种核酸酶（表 2.2）。一些核酸酶具有广泛的活性，但大多数核酸酶要么是**外切核酸酶**（exonuclease），即从 DNA 和（或）RNA 分子的末端去除核苷酸；要么是**内切核酸酶**（endonuclease），即在内部磷酸二酯键处进行切割。一些核酸酶对 DNA 有特异性而一些核酸酶对 RNA 有特异性，一些核酸酶只对双链 DNA 有作用而其他核酸酶只对单链 DNA 有作用，还有一些核酸酶对作用底物没有选择性。我们在以后章节中讨论运用核酸酶的技术时会见到不同种类的核酸酶。这里只详细讨论一种核酸酶——**限制性内切核酸酶**（restriction endonucleases），它在所有 DNA 重组技术中均起主要作用。

**表 2.2　分子生物学研究中运用的重要核酸酶的特征**

| 核酸酶 | 描述 | 主要用途 | 交叉参考 |
|---|---|---|---|
| 限制性内切核酸酶 | 序列特异的 DNA 内切核酸酶，多种来源 | 许多应用 | 2.1.2 节 |
| 核酸酶 S1 | 单链 DNA 或 RNA 特异的内切核酸酶，来自真菌米曲霉（*Aspergillus oryzae*） | 转录物绘图 | 5.1.2 节 |
| 脱氧核糖核酸酶 I | 双链 DNA 或 RNA 特异的内切核酸酶，来自大肠杆菌（*Escherichia coli*） | 核酸酶印迹 | 11.1.2 节 |

### 限制性内切核酸酶在特定的位置切割 DNA 分子

限制性内切核酸酶结合到 DNA 分子的特定序列上并在该序列或者序列附近切割双链 DNA。由于具有序列特异性，所以可以预测 DNA 分子中的切割位置，假如 DNA 序列是已知的，就能从一个大分子上切下想要的片段。这种能力成为基因克隆和需要已知序列 DNA 片段的 DNA 重组技术的所有其他过程的基础。

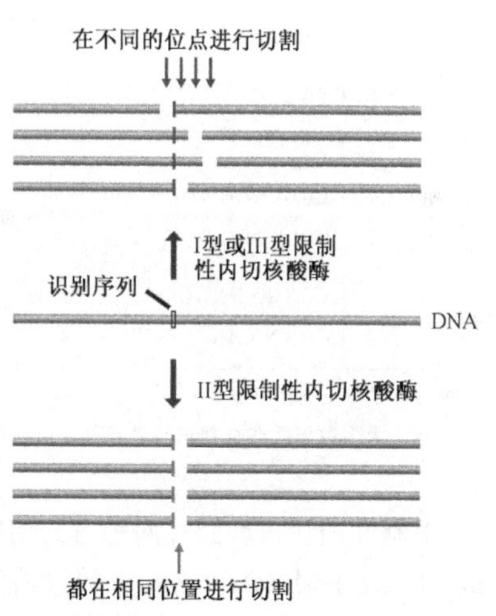


图 2.9　限制性内切核酸酶所产生的切割　在示意图的上半部分，DNA 被 I 型或 III 型限制性内切核酸酶切割。相对于识别序列来讲，切口在略微不同的位置上产生了，因此产生的片段长度不同。在示意图的下半部分，运用了 II 型限制性内切核酸酶。每个分子都在相同的位置进行了切割，产生的每对片段都相同

限制性内切核酸酶有三种类型。I 型和 III 型酶识别 DNA 分子中的特异序列，但不严格控制其切割位点。因为不能确切知道切割后片段的序列，因此这些酶很少用到。II 型酶没有这些缺点，因为不管是在识别序列内部还是紧靠识别序列，总在同一个位置进行切割（图 2.9）。例如，称为 *Eco*RI（从大肠杆菌中提取）的 II 型酶只在六核苷酸 5′-GAATTC-3′处切割 DNA。如果目标 DNA 分子的序列已知，那么用 II 型酶切割 DNA 后就可以得到序列可预测的、可重复产生的一组片段。已经分离得到 2500 多种 II 型限制性内切核酸酶，而且有 300 多种在实验室用到。许多酶

识别六核苷酸特定序列，但其他的酶识别更短或更长的序列（表 2.3）。也有一些酶的识别序列具有简并性，意思是它们在一组相关位点的任一处切割 DNA。例如，*Hinf*I［来源于流感嗜血杆菌（*Haemophilus influenzae*）］识别序列 5′-GANTC-3′，其中“N”可以是任意核苷酸，因此可以切割 5′-GAATC-3′、5′-GAGTC-3′、5′-GATTC-3′及 5′-GACTC-3′序列。大多数酶在识别序列内部进行切割，但有少数酶（如 *Bsr*BI）在识别序列之外的特定位点进行切割。

**表 2.3　一些限制性内切核酸酶例子**

| 酶 | 识别序列 | 末端类型 | 末端序列 |
|---|---|---|---|
| *Alu*I | 5′-AGCT-3′<br>3′-TCGA-5′ | 钝端 | 5′-AG CT-3′<br>3′-TC GA-5′ |
| *Sau*3AI | 5′-GATC-3′<br>3′-CTAG-5′ | 黏末端，5′突出 | 5′-GATC-3′<br>3′-CTAG-5′ |
| *Hinf*I | 5′-GANTC-3′<br>3′-CTNAG-5′ | 黏末端，5′突出 | 5′-G ANTC-3′<br>3′-CTNA G-5′ |
| *Bam*HI | 5′-GGATCC-3′<br>3′-CCTAGG-5′ | 黏末端，5′突出 | 5′-G GATCC-3′<br>3′-CCTAG G-5′ |
| *Bsr*BI | 5′-CCGCTC-3′<br>3′-GGCGAG-5′ | 钝端 | 5′-NNNCCGCTC-3′<br>3′-NNNGGCGAG-5′ |
| *Eco*RI | 5′-GAATTC-3′<br>3′-CTTAAG-5′ | 黏末端，5′突出 | 5′-G AATTC-3′<br>3′-CTTAA G-5′ |
| *Pst*I | 5′-CTGCAG-3′<br>3′-GACGTC-5′ | 黏末端，3′突出 | 5′-CTGCA G-3′<br>3′-G ACGTC-5′ |
| *Not*I | 5′-GCGGCCGC-3′<br>3′-CGCCGGCG-5′ | 黏末端，5′突出 | 5′-GC GGCCGC-3′<br>3′-CGCCGG CG-5′ |
| *Bgl*I | 5′-GCCNNNNNGGC-3′<br>3′-CGGNNNNNCCG-5′ | 黏末端，3′突出 | 5′-GCCNNNN NGGC-3′<br>3′-CGGN NNNNCCG-5′ |

缩写：N，任一核苷酸。

注意：大多数但并非全部识别序列是反向互补序列，按 5′→3′方向阅读时，两条链的序列相同。

限制性内切核酸酶按两种方式切割 DNA。许多酶进行简单的双链切割，产生**钝端**（blunt）或**平端**（flush end），但其他酶在两条 DNA 链的不同位置进行切割，通常错开 2 或 4 个核苷酸，以便产生的 DNA 片段的每端都有短的单链突出末端。这被称为**黏性末端**（sticky）或**黏末端**（cohesive end），因为它们之间的碱基配对能将 DNA 分子重新连接在一起［图 2.10（A）］。一些黏性末端切割酶产生 5′突出末端（如 *Sau*3AI，*Hinf*I），而其他切割酶产生 3′突出末端（如 *Pst*I）［图 2.10（B）］。DNA 重组技术中一个特别重要的特征是一些限制性内切核酸酶具有不同的识别序列但会产生相同的黏性末端，例如，*Sau*3AI 和 *Bam*HI，虽然 *Sau*3AI 识别 4 碱基序列而 *Bam*HI 识别 6 碱基序列，但两者均产生 5′-GATC-3′黏性末端［图 2.10（C）］。

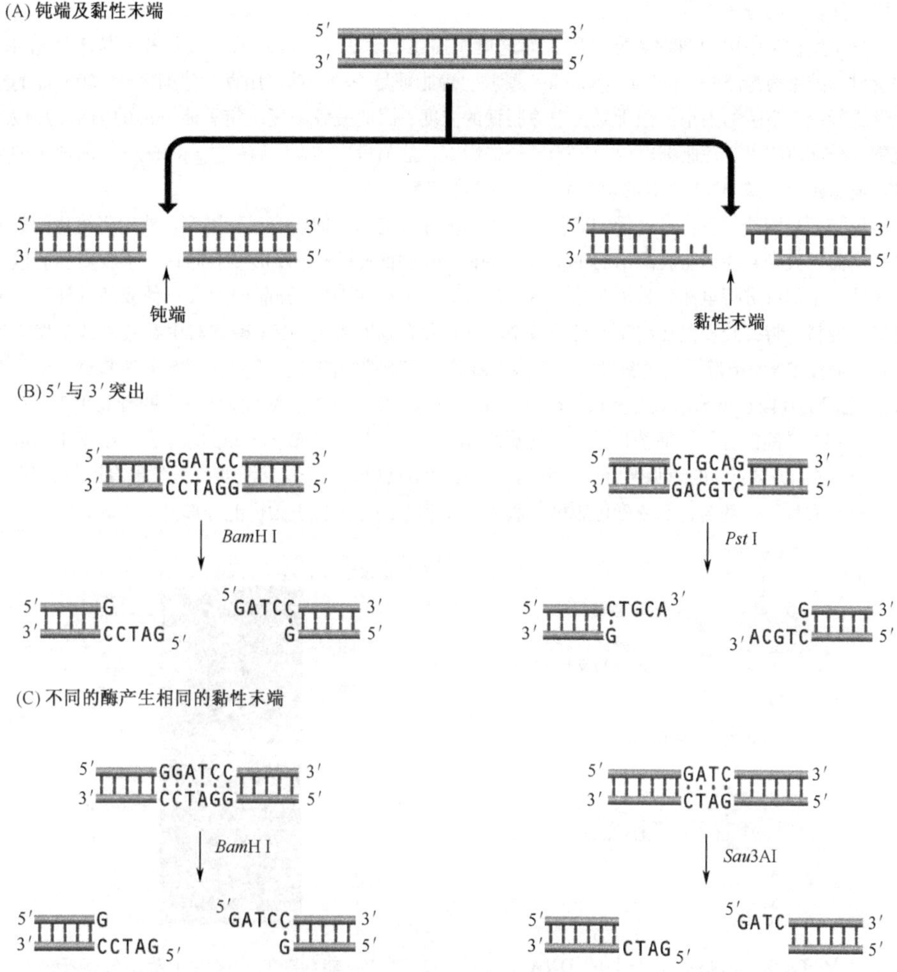


图 2.10　用不同的限制性内切核酸酶消化 DNA 的结果

(A) 钝端及黏性末端。(B) 不同类型的黏性末端：*Bam*HI 产生的 5′突出及 *Pst*I 产生的 3′突出。(C) 两种不同的限制性内切核酸酶产生相同的黏性末端：*Bam*HI（识别 5′-GGATCC-3′）与 *Sau*3AI（识别 5′-GATC-3′）均产生带有 5′突出的序列 5′-GATC-3′

## 技术注解 2.2　琼脂糖凝胶电泳

### 分离不同长度的 DNA 分子

凝胶电泳是分离不同长度 DNA 分子的标准方法。它在 DNA 片段的大小分析中有许多用途而且也能用于分离 RNA 分子（技术注解 5.1）。

电泳是带电荷分子在电场中的运动：负电荷分子朝正极迁移，而正电荷分子朝负极迁移。该技术最初是在水溶液中进行，电泳时影响迁移速率的主要因素是分子的形状及其电荷。这对 DNA 分离不是特别有用，因为大多数 DNA 分子的形状相同（线型），而且虽然 DNA 分子的电荷依赖于它的长度，但电荷的差别不足以引起有效分离。当电泳在凝胶中进行时情况就不同了，因为现在形状和电荷就不重要了，而分子长度是迁移速率的关键决定因素。这是因为凝胶是一个空隙网络，DNA 分子通过这些空隙迁移到正极。小分子通过空隙的阻力比大分子小，因此能更快地穿过凝胶。

所以不同长度的分子在凝胶中形成条带。

分子生物学中用到两种类型凝胶，即这里所描述的**琼脂糖**（agarose）凝胶和在技术注解 4.1 中所讨论的**聚丙烯酰胺**（polyacrylamide）凝胶。琼脂糖是一种多糖，用直径范围 100～300nm 的空隙形成凝胶，空隙的大小依赖于凝胶中琼脂糖的浓度。因此凝胶浓度决定了能分离的 DNA 片段的范围。分离范围也受琼脂糖电渗（EEO）值的影响，这测量出结合的硫酸盐和丙酮酸盐阴离子的数量。电渗越大，像 DNA 之类的负电荷分子的迁移速率就越慢。

琼脂糖凝胶的制备：将适量的琼脂糖粉末与缓冲液混匀，加热溶解琼脂糖，然后将熔化的凝胶倒入侧面用胶带封住以防胶漏出的 Perspex 板中。梳子插入凝胶中以形成上样孔。凝胶凝固后浸没于缓冲液中即可进行电泳。为了跟踪电泳的进行，上样前在 DNA 样品中加入一种或两种迁移速率已知的染料。将凝胶浸泡在溴化乙锭溶液中，这种化合物嵌入到 DNA 碱基对中在紫外线激发下发出荧光而使 DNA 条带可见（图 T2.1）。依靠凝胶中琼脂糖的浓度，长度在 100 个碱基对（bp）至 50kb 之间的片段在电泳后被分离成清晰的条带（图 T2.2）。例如，浓度为 0.3%的凝胶用于分离长度 5～50kb 之间的分子，而浓度为 5%的凝胶用于分离长度为 100～500bp 的分子。小于 150bp 的片段可以在 4%或 5%的琼脂糖凝胶中分离，致使大小只相差一个核苷酸的分子条带有可能区分开。然而对于大片段，甚至在低浓度琼脂糖凝胶中大小相似的分子也不太可能分离开。

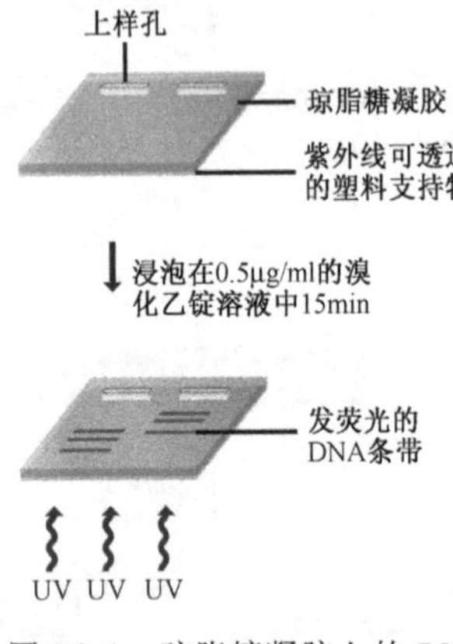


图 T2.1 琼脂糖凝胶上的 DNA 条带通过溴化乙锭染色而观察到

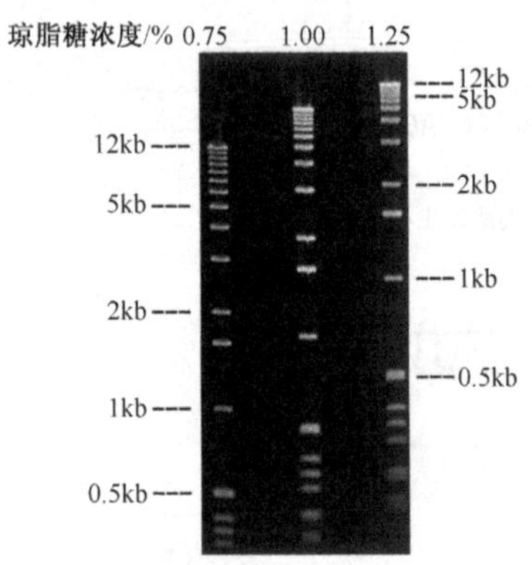


图 T2.2 能判断的片段大小范围依赖于凝胶中琼脂糖的浓度

用三种不同浓度的琼脂糖进行电泳。左边和右边泳道中的标签指示出条带的大小。BioWhittaker Molecular Applications 公司的成像系统

## 检查限制性消化的结果

限制性内切核酸酶消化后产生的 DNA 片段可以通过琼脂糖凝胶电泳（技术注解 2.2）以确定片段的大小。如果起始的 DNA 分子相对来讲比较小而且消化后产生 20 种或更少的片段，那么通常可以选择使每一种片段均能在凝胶中看见清晰条带的琼脂糖浓度。如果起始的 DNA 比较长而且限制性内切核酸酶消化后产生许多种片段，那么不管运用的琼脂糖浓度是多大，凝胶中可能只表现出弥散的 DNA 条带，因为每种长度的片段都可能存在而且它们融合在一起。用限制性内切核酸酶切割基因组 DNA 时经常会产

生弥散条带。

如果起始 DNA 的序列已知，那么用一种特定的限制性内切核酸酶消化后所产生片段的序列和大小能被预测。这样就可以鉴别出某种想要的片段（如包含某基因的片段），从凝胶上将相应条带切下并进行 DNA 纯化。如果片段的部分序列已知或者可以预测，即使不知道片段大小，也可以通过 **Southern 杂交**（Southern hybridization）技术鉴别出包含某个基因或另一段感兴趣 DNA 序列的片段。第一步是将限制性酶切片段从琼脂糖凝胶上转移到硝酸纤维素膜或尼龙膜上。操作方法是：将膜置于凝胶上并让缓冲液浸润通过，从而将 DNA 从凝胶带到膜上并与膜结合［图 2.11（A）］。这个过程使 DNA 条带固定于膜表面相同的对应位置上。

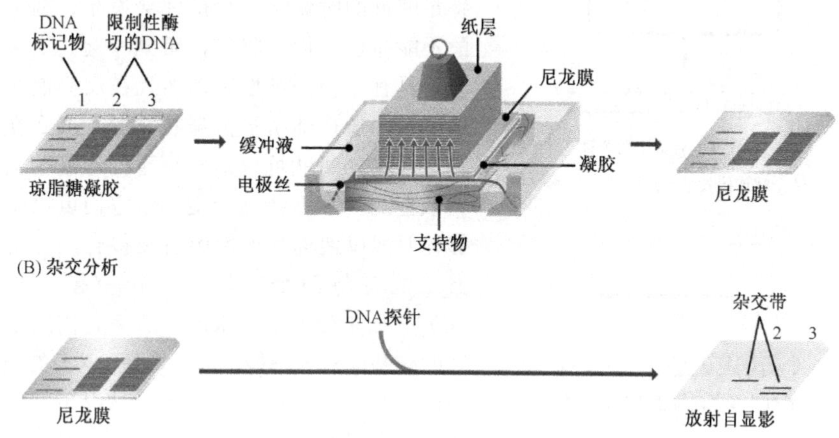


图 2.11 Southern 杂交

（A）DNA 从凝胶转移到膜上。（B）膜与放射性标记的 DNA 分子杂交。在放射自显影图上，泳道 2 中看见一条带，泳道 3 中看见两条带

下一步要准备**杂交探针**（hybridization probe），探针是一段标记的 DNA 分子，其序列与我们想检测的目的 DNA 互补。例如，探针可以是一段合成的多聚核苷酸，其序列与感兴趣基因的一部分配对。因为探针和目的 DNA 是互补的，它们可以通过碱基配对或**杂交**（hybridize）结合在一起，杂交探针在膜上的位置可以通过检测探针上结合的标记物所发出的信号来确定。进行杂交时，将膜、标记探针和一定的缓冲液一起置于一玻璃容器中，将该容器轻柔转动数小时以便探针有充分的机会杂交到目的 DNA 上。然后清洗膜以去除任何没有杂交的探针，并检测标记物发出的信号（技术注解 2.1）。在图 2.11（B）所给出的例子中，探针进行了放射性标记并通过**放射自显影**（autoradiography）检测信号。放射自显影照片上看到的条带便是与探针杂交的相对应的限制性片段，因此也包含了我们所寻找的基因。

## 2.1.3 DNA 连接酶

通过 DNA 连接酶可以将限制性内切核酸酶消化所产生的 DNA 片段重新连接起来或者连接到一个新的分子上。依据使用的连接酶类型，反应需要的能量通过向反应混合

物中添加 ATP 或烟酰胺腺嘌呤二核苷酸（NAD）而提供。

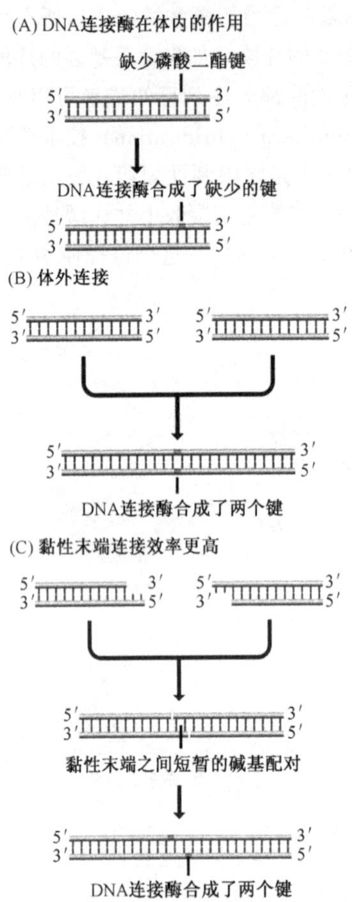


图 2.12　DNA 连接酶连接 DNA 分子

（A）在活细胞中，DNA 连接酶在双链 DNA 分子的一条链上合成了一个缺少的磷酸二酯键。（B）为了在体外将两个 DNA 分子连接起来，DNA 连接酶必须合成两个磷酸二酯键，一条链一个。（C）当分子具有可配对的黏性末端时，体外的连接效率会更高，因为这些末端之间短暂的碱基配对将分子拉在一起，因此就增加了 DNA 连接酶结合并合成新磷酸二酯键的机会。在体内 DNA 复制过程中 DNA 连接酶的作用见图 15.18

使用最广泛的 DNA 连接酶是从 T4 噬菌体感染后的大肠杆菌细胞中提取的。该酶用于噬菌体 DNA 的复制并由 T4 基因组所编码。它的天然功能是在双链 DNA 分子的多聚核苷酸上的两个非连接核苷酸之间合成磷酸二酯键［图 2.12（A）］。为了将两个限制性酶切片段连接起来，连接酶必须在每条链上各合成一个磷酸二酯键［图 2.12（B）］。这绝对不会超出该酶的能力范围，但只有在要连接的两个末端偶然离得足够近的时候连接反应才会发生，因为连接酶不能抓住它们并将它们带到一起。如果两个分子具有互补的黏性末端而且在反应混合物中两个末端通过随机扩散碰在一起，那么在两个突出末端之间就可以形成短暂的碱基配对。这些碱基配对并不特别稳定，但它们可以维持足够的时间以便连接酶能附着在接合处并合成磷酸二酯键将两个末端融合在一起［图 2.12（C）］。如果分子是钝末端，那么它们之间连短暂的碱基配对也不能形成，即便 DNA 的浓度很高而且两个末端离得相当近的情况下，连接的效率也会很低。

黏性末端连接的高效率推动了将钝末端转变成黏性末端方法的发展。一种方法是将称为**连接子**（linker）或**接头**（adaptor）的小双链分子连接到钝末端。连接子和接头的工作方式略有差别，但都含有一个限制性内切核酸酶的识别序列，因此用适当的酶消化后能产生一个黏性末端（图 2.13）。另一种产生黏性末端的方法是通过**同聚物加尾**（homopolymer tailing），即在钝末端的 3′末尾一个接一个地添加核苷酸（图 2.14）。所用的酶叫**末端脱氧核糖核苷酸转移酶**（terminal deoxynucleotidyl transferase），我们将在下一节中介绍该酶。如果反应混合物中包含 DNA、酶以及四种核苷酸中的一种，那么新合成的单链 DNA 就完全只由这种核苷酸组成。例如，可以形成一个多聚 G 尾，使该分子与其他带有多聚 C 尾的分子进行碱基配对，带有多聚 C 尾的分子也按照同样的方式在反应混合物中添加 dCTP 而不是 dGTP 而产生。

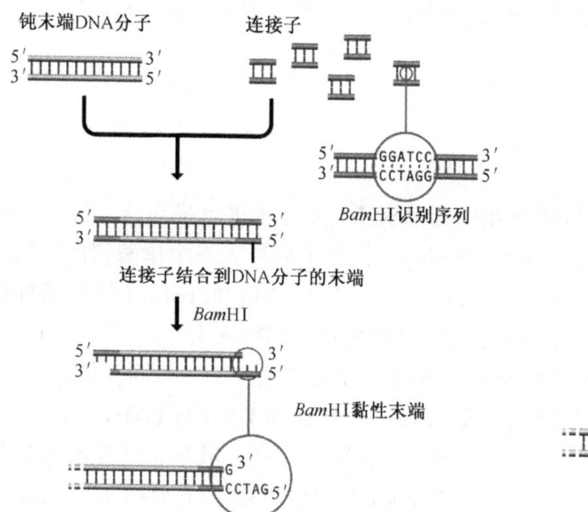


图 2.13　连接子用来将黏性末端置于钝末端分子上

在此例中，每个连接子都包含限制性内切核酸酶 *Bam*HI 的识别序列。DNA 连接酶在反应中将连接子连接到钝末端分子的末端，该反应效率比较高，因为连接子是以高浓度存在的。然后加入限制性酶切割连接子，就产生黏性末端。注意：在连接过程中，连接子会相互连接起来，因此一系列的连接子（连环体）就结合在钝末端分子的每一端上。当加入限制性酶后，这些连接子连环体就被切成片段，只剩下最里面的连接子结合在 DNA 分子上。接头与连接子类似，但每个接头都含有一个钝末端及一个黏性末端。因此通过把钝末端 DNA 分子连接到接头上就很容易为钝末端 DNA 分子加上黏性末端。此步不需要进行限制性酶切步骤

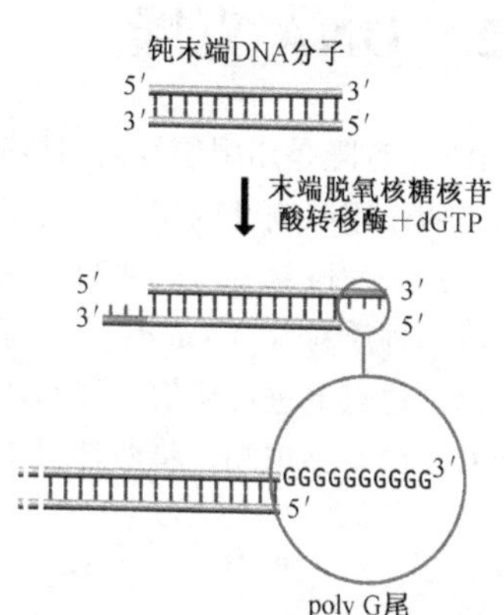


图 2.14　同聚物加尾

在此例中，在钝末端 DNA 分子的每端都合成了一个 polyG 尾。在反应混合物中加入相应的 dNTP 就可以合成包含其他核苷酸的尾端

## 2.1.4　末端修饰酶

从小牛胸腺组织中提取的末端脱氧核糖核苷酸转移酶（图 2.13）是末端修饰酶的一个例子。实际上它是一种**模板非依赖的 DNA 聚合酶**（template-independent DNA polymerase），因为它能够合成新的 DNA 多聚核苷酸而不需要新引入的核苷酸与现有的 DNA 或 RNA 链碱基配对。如前文所述，它在 DNA 重组技术中的主要作用是同聚物加尾。

另外两种末端修饰酶也经常被用到，它们是**碱性磷酸酶**（alkaline phosphatase）和 **T4 多聚核苷酸激酶**（T4 polynucleotide kinase），它们发挥作用的方式是互补的。碱性磷酸酶可以从多种途径获得，包括大肠杆菌和小牛肠组织，它能去掉 DNA 分子 5′端的磷酸基团，从而阻止这些分子连接到其他分子上。带有 5′磷酸基的两个末端可以连接在一起，一个磷酸化末端可以连接到一个非磷酸化末端上，但是都不带有 5′磷酸基的两个末端之间不能形成连接。因此碱性磷酸酶的合理使用可以指引 DNA 连接酶按预定的方式进行，以便只获得想要的连接产物。T4 多聚核苷酸激酶是从 T4 噬菌体感染的大肠杆菌细胞中提取的，它与碱性磷酸酶的作用相反，是向 5′端添加磷酸基团。与碱

性磷酸酶一样，这种酶也用于复杂的连接实验中，但它的主要应用是DNA分子的末端标记（技术注解2.1）。

## 2.2 DNA克隆

DNA克隆是用限制性内切核酸酶和连接酶对DNA分子进行操作这一能力的逻辑延伸。假设用限制性内切核酸酶*Bam*HI切割一个大分子后得到一个单酶切的动物基因片段，这个片段具有5′-GATC-3′的黏性末端（图2.15）。同时假设已经从大肠杆菌中纯化出一种质粒（plasmid）——能在细菌中复制的小环状DNA分子，用*Bam*HI在质粒的单一位点上进行切割。因此环状质粒就被转变成线性化分子，并同样拥有一个5′-GATC-3′的黏性末端。将两种DNA分子混合在一起并加入DNA连接酶，就会得到各种重组的连接产物，其中包括在起始质粒的*Bam*HI酶切位点插入了动物基因的环状质粒。如果现在将该重组质粒重新转化到大肠杆菌中，而且插入的基因也没有破坏该质粒的复制能力，那么带有插入基因的质粒就会在细菌中复制而且其拷贝也会在细菌分裂后传递给子代细菌。经过多个质粒复制和细菌分裂周期后，将产生一个重组的大肠杆菌集落，每个细菌都包含动物基因的多个拷贝。这一系列事件，正如图2.15中所描述的，组成了所谓DNA克隆或基因克隆的全过程。

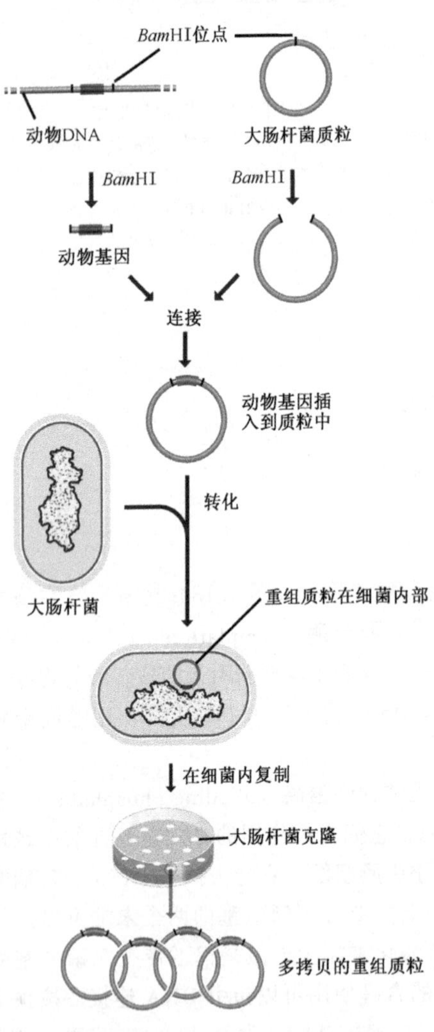

图2.15 基因克隆的流程

当20世纪70年代早期DNA克隆最初发明时，它引起了分子生物学的重大改革而将以前不可想象的实验变得可能。这是因为克隆能提供出纯粹的单个基因样品，而与细胞中其他所有的基因分离开。该基本流程图是按略微不同的方式描绘的（图2.16）。在此例中，要克隆的DNA片段是许多不同片段混合物中的一种，每种片段都携带着一种不同的基因或基因的一部分。这种混合物可能就是一个完整的基因组。这些片段中的每一种都插入到不同的质粒分子中，产生了一个重组质粒家族，其中的一种重组质粒便携带感兴趣的基因。通常，只有一种重组分子被转化至任何单一的宿主细胞中，虽然最终的克隆群可能包括许多不同的重组分子，但每个单克隆只包括一种重组分子的多拷贝。现在该基因就从起始混合物的其他基因中分离出来。从细菌克隆或由克隆而生长的液体培养物中纯化重组分子便会产生微克级的DNA，对于DNA测序分析或无数种为研究克隆基因所发明的其他技术分析已经足够了，许多技术我们将在后续章节中讨论。

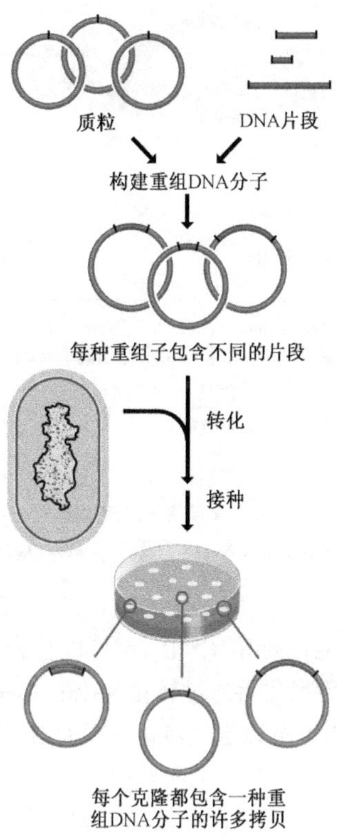

图 2.16　克隆能产生一种基因的纯样品

## 2.2.1　克隆载体及其使用方式

在图2.15和图2.16所示的实验中，质粒扮演了**克隆载体**（cloning vector）的角色，它提供复制能力使被克隆的基因能在宿主细胞中繁殖。质粒在宿主菌中有效复制是因为每种质粒都拥有一个**复制起始位点**（origin of replication），该位点能被正常情况下复制细菌染色体的DNA聚合酶和其他蛋白质所识别（15.2.1节）。因此宿主细胞的复制机器就可以扩增质粒以及插入其中的任何新基因。噬菌体基因组也可以用作克隆载体，因为它们也拥有复制起始位点，这使它们能够利用宿主的酶或利用噬菌体基因自身编码的DNA聚合酶和其他蛋白质在细菌内繁殖。后面两节将描述如何运用质粒和噬菌体载体在大肠杆菌中克隆DNA。

质粒在真核生物中并不常见，虽然酿酒酵母（*Saccharomyces cerevisiae*）拥有一种有时也被用于克隆目的质粒；因此大多数真核细胞中运用的载体是建立在病毒基因组基础上的。一种可替代的方法是将要克隆的DNA插入到一条宿主染色体上，按这种方式进行实验就可以绕过真核宿主对复制的要求。这些在真核细胞中进行克隆的方法将在该章的后面进行讨论。

### 以大肠杆菌质粒为基础的载体

了解如何使用克隆载体最容易的方法是从最简单的大肠杆菌质粒载体入手，它阐述了所有DNA克隆的基本原理。然后我们就能够将注意力转向噬菌体载体和真核载体的某些特征。

一种最常见的质粒载体是pUC8，它是20世纪80年代最早引入的一系列载体中的一员。pUC系列是从更早的克隆载体pBR322中衍生得到的，pBR322最开始是通过将三个天然存在的大肠杆菌质粒，即R1、R6.5和pMB1的限制性片段连接起来而构建的。pUC8是一种小质粒，只包含2.7千碱基（kb）。除了起始位点外，它还携带以下两个基因（图2.17）。

- 氨苄青霉素抗性基因。存在这一基因就意味着含有pUC8质粒的细菌能够合成一种酶，称为β-内酰胺酶，该酶能够使细胞经受住抗生素的生长抑制效应。这就表明将细菌接种至含有氨苄青霉素的琼脂培养基上就可以把含有pUC8质粒的细胞从不含

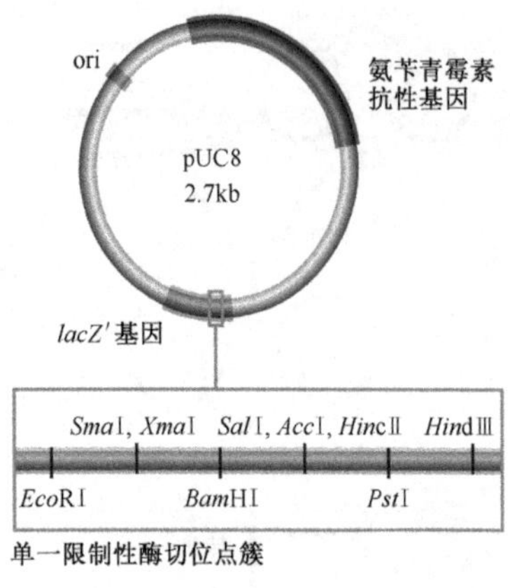


图 2.17 pUC8
该图显示出氨苄青霉素抗性基因、*lacZ*′基因、复制起始位点（ori）及 *lacZ*′基因内的限制性酶切位点簇

有该质粒的细胞中区分开。正常的大肠杆菌细胞对氨苄青霉素敏感，当该抗生素存在时大肠杆菌就不能生长。因此氨苄青霉素抗性就成为 pUC8 的**选择性标记**（selectable marker）。

• *lacZ*′基因，它编码 β-半乳糖苷酶的一部分。在乳糖分解为葡萄糖和半乳糖过程中，β-半乳糖苷酶是参与这一过程的一系列酶中的一种。正常情况下它是由 *lacZ* 基因编码的，该基因位于大肠杆菌的染色体上。某些大肠杆菌菌株具有一个修饰的 *lacZ* 基因，该基因缺少 *lacZ*′这一区段并编码 β-半乳糖苷酶的 α-肽部分。只有当这些突变体包含像 pUC8 之类的携带缺失的 *lacZ*′区段的质粒时，它们才能够合成酶。

图 2.15 所示的用 pUC8 进行克隆实验而产生重组质粒的操作是在试管中用纯化的 DNA 进行的。纯化的 pUC8 DNA 可以很容易地从细菌细胞的抽提物中获得（技术注解 2.3），经过一番操作后通过**转化**（transformation）可以将质粒重新引入到大肠杆菌中，“裸露”的 DNA 可以通过转化过程而被细菌细胞摄取。这是由 Avery 及其同事在表明细菌基因是由 DNA 组成的实验中所研究的系统（1.1.1 节）。在很多细菌包括大肠杆菌中，转化并不是一个特别有效的过程，但在加入 DNA 之前将细菌细胞悬于氯化钙溶液中并在 DNA 加入后将混合物于 42℃简单孵育便可以明显提高转化效率。即使转化效率提高后，也只有很少一部分细胞可以摄取质粒。这就是为什么氨苄青霉素抗性标记如此重要的原因——它能使少量的转化子从大量的没有转化的细胞背景中筛选出来。

图 2.17 所示的 pUC8 图谱表明 *lacZ*′基因包含一簇单一的限制性酶切位点。新 DNA 连接到这些位点中的任何一个都会导致该基因的**插入失活**（insertional inactivation），从而引起 β-半乳糖苷酶的活性丧失。这是区别**重组**（recombinant）质粒（包含插入的 DNA 片段的质粒）与不含有新 DNA 的非重组质粒的关键之处。鉴别重组子是很重要的，因为图 2.15 和图 2.16 所描述的操作产生了各种各样的连接产物，其中包括没有插入新 DNA 的重新环化的质粒。其实，检查 β-半乳糖苷酶存不存在非常容易。功能性 β-半乳糖苷酶分子在细胞中的存在是用称作 X-gal（5-溴-4-氯-3-吲哚-β-D-半乳糖吡喃糖苷）的化合物通过组织化学方法而检测的，而不是对乳糖分解为葡萄糖和半乳糖进行分析，酶能将 X-gal 转变成蓝色产物。如果向琼脂中加入 X-gal（并加入酶的诱导剂，如异丙基硫代半乳糖苷 IPTG）和氨苄青霉素，那么合成 β-半乳糖苷酶的非重组克隆就呈现蓝色，而不能合成 β-半乳糖苷酶的带有破裂 *lacZ*′基因的重组子就呈白色（图 2.18）。这个系统称为 **Lac 筛选**（Lac selection）。

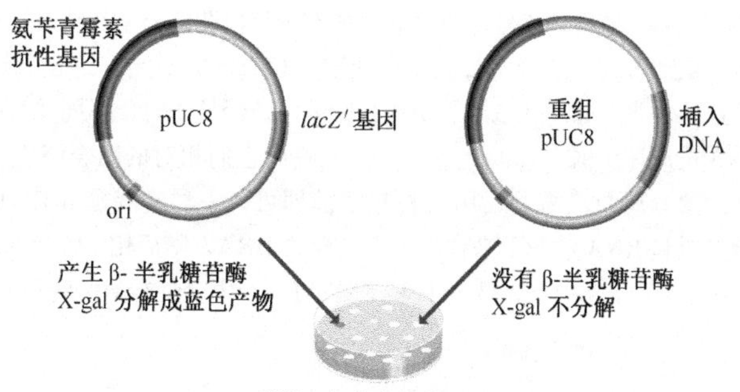


图 2.18　用 pUC8 进行重组子筛选

## 技术注解 2.3　DNA 纯化

**从活细胞中制备纯 DNA 样品的技术在分子生物学研究中扮演重要的角色**

DNA 纯化的第一步是破碎细胞然后就可以获得 DNA。这一步对于某些类型的材料而言是很容易的。比如，培养的动物细胞，简单地加入像十二烷基硫酸钠（SDS）之类的去垢剂就能被破碎，SDS 能破坏细胞膜结构并释放出细胞内容物。其他类型的细胞具有坚固的细胞壁，因此需要更剧烈的处理方法。通常将植物细胞冻融后用研钵和研棒进行碾磨，这是唯一有效的破碎纤维素细胞壁的方法。像大肠杆菌这样的细菌可以采取酶和化学处理相结合的方法进行裂解。所运用的酶是从蛋清中提取的**溶菌酶**（lysozyme），它能破坏细菌细胞壁的多聚复合物；所用的化学试剂为乙二胺四乙酸（EDTA），它能螯合镁离子从而进一步减少细胞壁的整合性。通过加入一种去垢剂而破坏细胞膜结构，然后引起细胞崩解。

一旦细胞被破碎掉，可以运用两种不同的方法从细胞抽提物中纯化 DNA。第一种方法涉及降解和去除 DNA 之外的所有细胞成分，如果细胞不含有大量脂质和糖类的话，这种方法会很有效。首先将细胞抽提物进行低速离心以去除诸如细胞壁之类的碎片，这些碎片会在试管底部形成沉淀（图 T2.3）。将上清转移到另一个试管中与酚混匀，促使蛋白质沉积在有机相和水相的分界处。收集溶解有核酸的水相并加入核糖核酸酶，核糖核酸酶将 RNA 降解成核苷酸和小寡聚核苷酸的混合物。这时仍保持完整的 DNA 多聚核苷酸可以加入乙醇进行沉淀，离心后将沉淀物重悬于适量的缓冲液中。

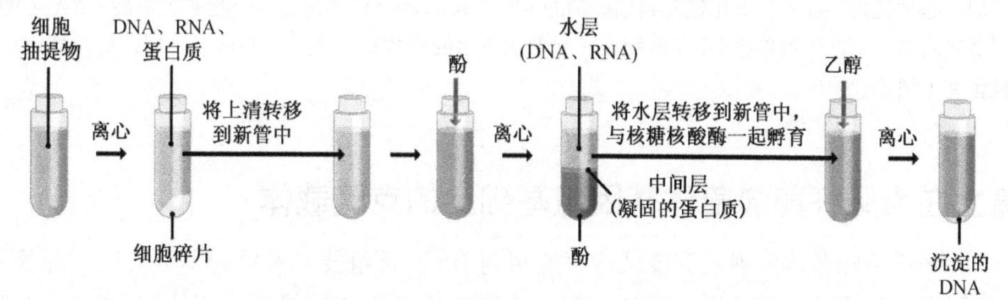


图 T2.3　通过降解或去除其他所有成分从细胞抽提物中纯化 DNA

第二种 DNA 纯化方法并不降解 DNA 之外的其他成分，而是选择性地将 DNA 从细胞抽提物中移出。这样做的一种方法是通过**离子交换层析**（ion-exchange chromatography），它是根据分子与层析**树脂**（resin）上带电颗粒的结合程度而分离分子的。DNA 和 RNA 及一些蛋白质均带负电荷，因此能结合到正电荷树脂上。进行离子交换层析最简单的方法是将树脂装入层析柱中，再将细胞抽提物加到上面（图 T2.4）。抽提物流经层析柱时，所有带负电荷的分子就结合到树脂上。含有离子相互作用的结合可以被加入的盐溶液所打破，在盐浓度相对低的情况下结合不是很紧的分子就从树脂上脱落下来。这就表明，如果盐浓度逐渐增加的溶液流经柱子时，不同类型的分子就会按照蛋白质、RNA 和 DNA 的顺序**洗脱**（elute）下来，也反映出它们相对的结合强度。其实，通常情况下并不需要这么细致的分离而只需要运用两种盐溶液即可，一种溶液是 pH7.0 含有的 1.0mol · $L^{-1}$ NaCl 足以将蛋白质和 RNA 洗脱下来，只剩下结合的 DNA，随后用 pH 为 8.5 含有 1.25mol · $L^{-1}$ NaCl 的第二种溶液就可以将 DNA 洗脱下来，现在 DNA 中就没有蛋白质和 RNA 的污染了。

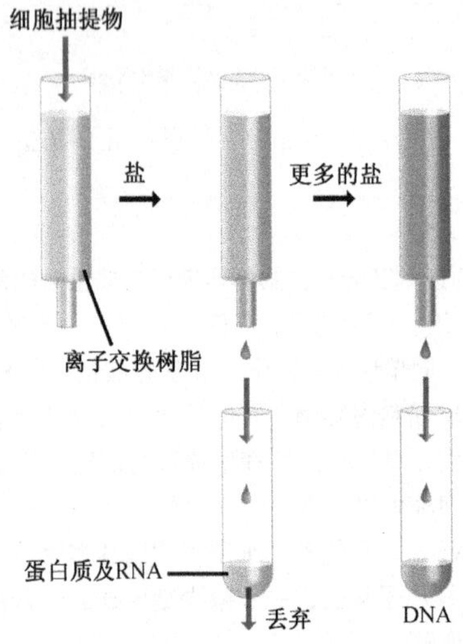


图 T2.4　离子交换层析法纯化 DNA

上面所描述的两种方法可以纯化一个细胞中的所有 DNA。如果目的是从细菌细胞中只得到质粒 DNA（如重组克隆载体）则需要特殊的方法。一种常用的方法利用了这样一个事实，即虽然质粒和细菌染色体都是由超螺旋 DNA 构成的，但在裂解细菌细胞时将不可避免地引起一定量的细菌染色体被打断，从而引起超螺旋的丧失。因此细胞抽提物就包含了超螺旋的质粒 DNA 和非超螺旋的染色体 DNA，然后通过一种利用不同构象区别 DNA 分子的方法就可以纯化出质粒。一种方法是向细胞抽提物中加入氢氧化钠直到抽提物的 pH 达到 12.0～12.5，这会引起非超螺旋 DNA 上的碱基对断裂。所产生的单链 DNA 缠绕在一起形成不溶的网状物，通过离心可以去掉，使超螺旋质粒留在上清中。

## 建立在大肠杆菌噬菌体基因组基础上的克隆载体

大肠杆菌噬菌体发展成克隆载体要追溯到 DNA 重组技术发展的早期阶段。寻找一种不同类型载体的主要原因是诸如 pUC8 这样的质粒不能够操作大于 10kb 的 DNA 片段，大片段的插入会引起重排或者干扰质粒的复制体系以至于重组 DNA 分子在宿主细胞中丢失。最初尝试着发展能操作大片段 DNA 分子的载体集中在 λ 噬菌体上。

为了能够复制，噬菌体必须进入细菌细胞并促使细菌的酶表达噬菌体基因所包含的信息，以便于细菌能合成新的噬菌体。一旦复制完成，新的噬菌体便离开细菌，它们通常引起细菌的死亡，并继续感染新的细胞［图 2.19（A)］。这称为**裂解性感染周期**(lytic infection cycle)，因为它能引起细菌的**裂解**（lysis)。除了裂解周期外，λ 噬菌体（不同于其他许多类型的噬菌体）也可以进行**溶源性感染周期**（lysogenic infection cycle)，在溶源性感染周期中 λ 噬菌体基因组整合到细菌染色体上，它在细菌染色体上能保持许多代的休眠状态并随着细胞的分裂而与宿主染色体一起复制［图 2.19（B)］。

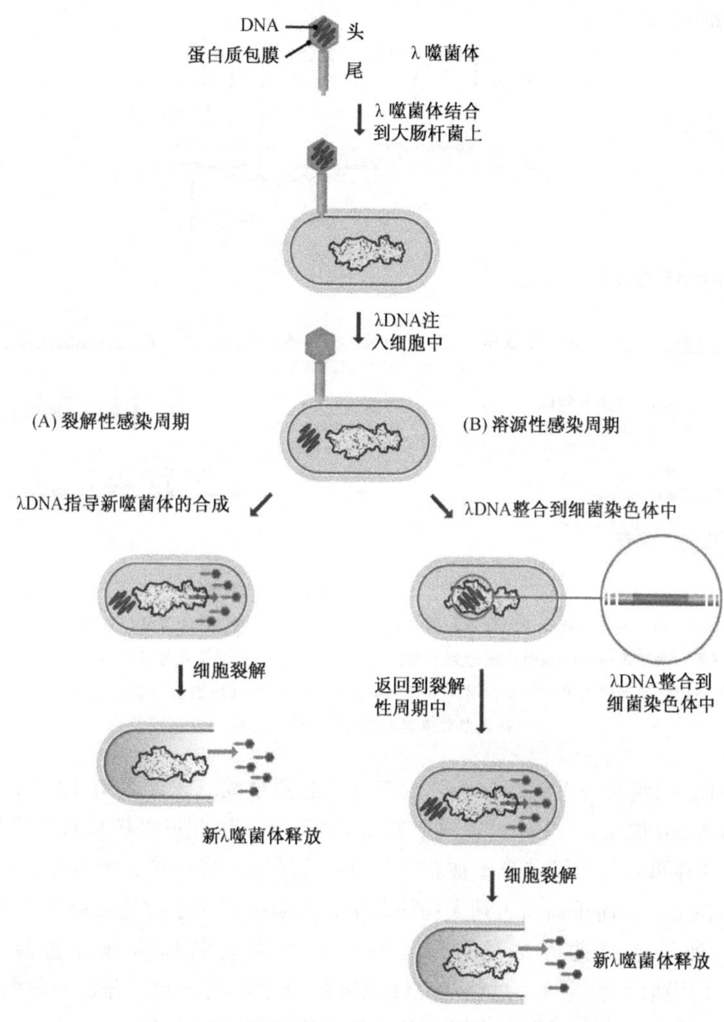


图 2.19　λ 噬菌体的裂解性及溶源性感染周期

（A）在裂解性周期中，新噬菌体在感染后不久就产生。（B）在溶源性周期中，噬菌体基因组插入到细菌染色体 DNA 中，在细菌染色体中它能够保持许多代的休眠状态

λ 噬菌体基因组的大小为 48.5kb，其中有 15kb 片段为“随意”区域，在这些区域中包含了只在噬菌体 DNA 整合到大肠杆菌染色体过程中所必需的基因［图 2.20（A)］。因此这些片段可以被删除而不影响噬菌体感染细菌的能力，也不影响其通过裂解周期而指导合成新的 λ 噬菌体颗粒。已经发明了两种类型的载体［图 2.20（B)］。

- **插入型载体**（insertion vector）：在该载体中部分或者全部的随意 DNA 被删除，并在删切后的基因组内部的某些位点引入一个单一的限制性酶切位点。
- **替代型载体**（replacement vector）：在该载体中随意 DNA 位于一**填充片段**（stuffer fragment）内，两侧有一对限制性酶切位点，当要克隆的 DNA 连接到该载体时这个区段就被取代。

(A) λ基因组包含随意DNA

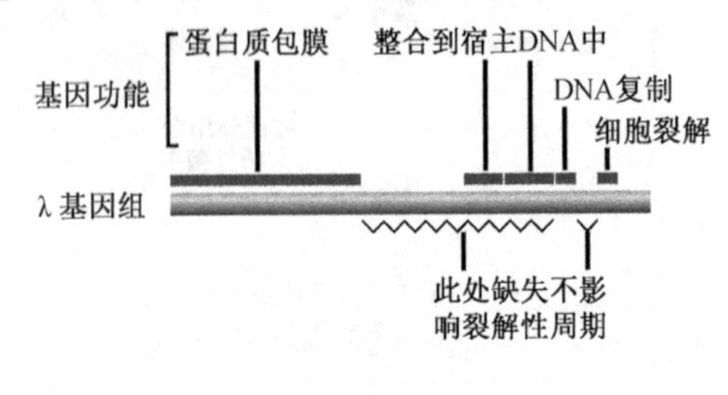


(B) 插入型及替代型载体

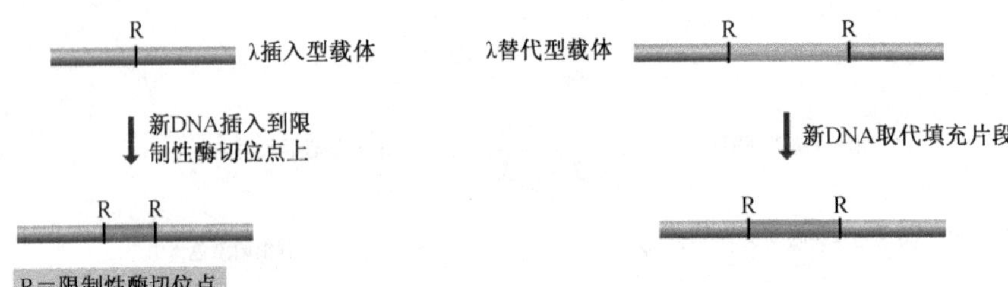


图 2.20　以 λ 噬菌体为基础的克隆载体

（A）在 λ 基因组中，基因被排列成功能群。例如，标记为“蛋白质包膜”的区域包含 21 个编码噬菌体衣壳或衣壳组装所需要蛋白质的基因；标记为“细胞裂解”的区域包含 4 个与感染周期裂解阶段末期细菌裂解有关的基因。基因组中可以缺少但又不会损伤噬菌体进行裂解性周期能力的区域用—表示。（B）λ 插入型载体与 λ 替代型载体的区别

λ 噬菌体基因组是一个线性分子，但该分子的两个固有末端具有 12 个核苷酸的单链突出，称为 ***cos* 位点**（*cos* site），两个末端序列互补，因此可以相互间形成碱基配对。因此 λ 克隆载体可以作为环状分子被获得并可以像质粒一样在试管中操作，还可以通过**转染**（transfection）而重新引入到大肠杆菌中，转染一词用于描述裸露噬菌体 DNA 的摄取。另一种可选择的方法是可以运用一种更有效的称为**体外包装**（*in vitro* packaging）的摄取系统。这个过程从克隆载体的线性形式开始，开始的限制性酶切将该分子切成两个片段——左臂和右臂，每个片段的末端都有一个 *cos* 位点。进行连接反应时需要仔细测量每个臂和要克隆的 DNA 的浓度，其目的是为了得到不同的片段按照左臂-新 DNA-右臂的顺序连接起来的核酸串联体，如图 2.21 所示。然后将核酸串联体加入到体外包装混合物中，该混合物包括所有的产生 λ 噬菌体颗粒所需要的蛋白质。这些蛋白质自动形成噬菌体颗粒，并会将任何长度为 37～52kb 的、两侧具有 *cos* 位点的 DNA 片段包装到噬菌体颗粒里面。因此体外包装混合物将 37～52kb 长的左臂-新 DNA-右臂联合体从核酸串联体上切下来，围绕联合体构建 λ 噬菌体。然后将噬菌体与大肠杆菌细胞混合，通过自然的感染过程将载体和新 DNA 转移至细菌中。

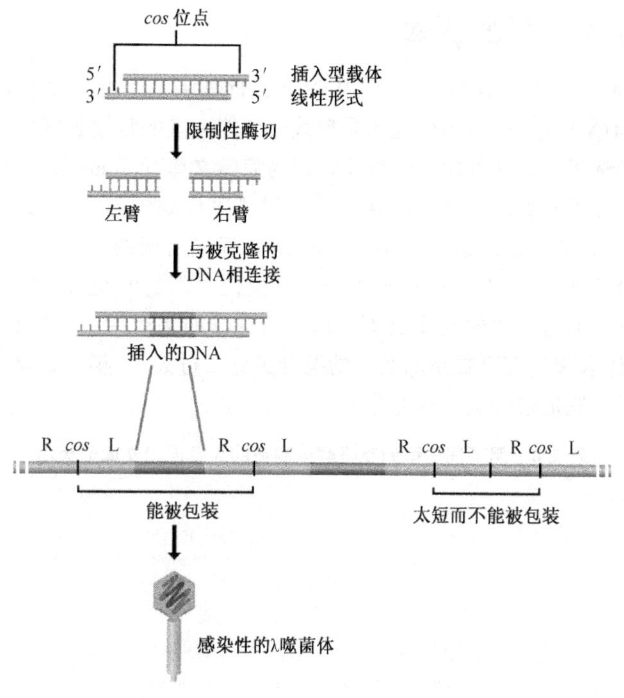


图 2.21 用λ插入型载体进行克隆

载体的线性形式如示意图的上部分所示。用合适的限制性内切核酸酶切割会产生左臂和右臂，两个臂都含有一个钝末端及一个带有 12 个核苷酸突出的 *cos* 位点。被克隆的 DNA 是钝末端的，因此在连接过程中就被插入到两个臂之间。这些臂也可以通过 *cos* 位点互相连接形成串联体。串联体的某些部位包含左臂-插入的 DNA -右臂，假设这种连接产物长 37～52kb，就会通过体外包装混合物被包装到衣壳中。串联体的某些部位是由左臂直接与右臂相连，没有新 DNA，因为它太短不能被包装

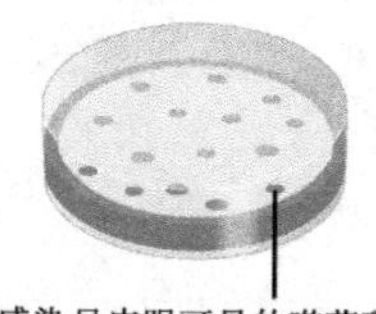


图 2.22 噬菌体感染在细菌层上呈肉眼可见的噬菌斑

感染后，将细菌涂布于琼脂糖平板上。目的并不是获得单克隆而是为了在整个琼脂糖表面形成一均匀的细菌层。被包装克隆载体感染的细菌约在 20min 内死亡，因为载体臂上所包含的λ噬菌体基因能通过裂解循环指导 DNA 的复制和新噬菌体的合成，这些噬菌体的每一个都包含自己的载体拷贝和被克隆的 DNA。细菌的死亡和裂解便将这些噬菌体释放到周围的培养基中，它们在周围培养基中感染新的细胞并开始又一轮的噬菌体复制和裂解。其最终结果是形成一个透明区域，叫做**噬菌斑**（plaque），在长满细菌的琼脂糖平板上清晰可见（图 2.22）。对于某些λ载体，所有噬菌斑都是由重组噬菌体组成的，因为两个没有新 DNA 插入的臂连接起来所产生的分子太短而不能被包装进去。对于另一些载体来说，则需要区分重组噬菌斑和非重组噬菌斑。可以运用多种方法来进行区分，包括上面所描述的用于质粒载体 pUC8 的β-半乳糖苷酶系统（图 2.18），这个系统也适用于一些λ载体，这些载体携带插有被克隆 DNA 的一段 *lacZ* 基因。

## 用于更长 DNA 片段的载体

λ噬菌体颗粒可以容纳长达 52kb 的 DNA，因此如果基因组去掉 15kb，就可以克隆长达 18kb 的新 DNA。这一范围已经比质粒载体所能克隆的片段长度大很多，但与完整的基因组相比仍然很小。这种比较很重要，因为**克隆文库**（clone library），即插入的片段涵盖了整个基因组的克隆集合，经常是基因组测序计划的起点（第 4 章）。如果用λ载体克隆人 DNA，那么基因组的任何一段在该文库中出现的概率达 95%时则需要 50 多万个克隆（表 2.4）。制备一个包含 50 万个克隆的文库是可能的，特别是在使用自动化技术的情况下，但这么大的文库决不是理想目标。如果运用一个能够操作大于 18kb DNA 片段的载体来减少克隆数量的话，情况会更好。过去 20 年中克隆技术中的许多发展都是致力于寻找完成这一目标的途径。

**表 2.4　用不同类型的克隆载体制备的人基因组文库的大小**

| 载体类型 | 插入片段大小/kb | 克隆数* | |
|---|---|---|---|
| | | $P=95\%$ | $P=99\%$ |
| λ替代型载体 | 18 | 532 500 | 820 000 |
| 考斯质粒，cosmid | 40 | 240 000 | 370 000 |
| P1 | 125 | 77 000 | 118 000 |
| BAC，PAC | 300 | 32 000 | 50 000 |
| YAC | 600 | 16 000 | 24 500 |
| Mega-YAC | 1400 | 6850 | 10 500 |

* 由下述公式计算：$N=\frac{\ln(1-P)}{\ln\left[1-\frac{a}{b}\right]}$。式中，$N$ 代表所需要的克隆数；$P$ 代表基因组的任何片段在文库中出现的概率；$a$ 代表插入到载体中 DNA 片段的平均大小；$b$ 代表基因组的大小。

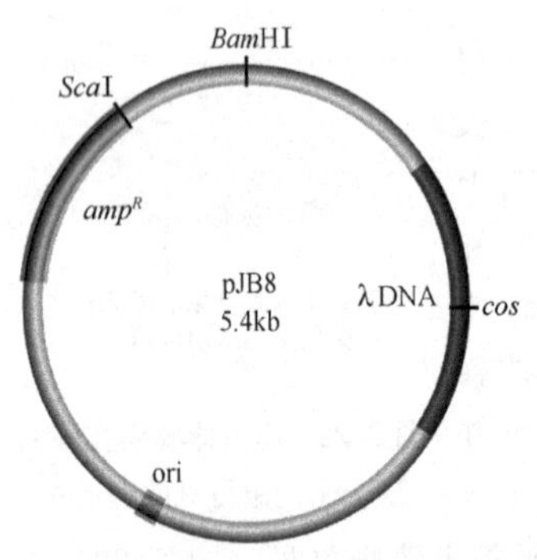


图 2.23　一种有代表性的考斯质粒 pJB8 大小为 5.4kb，含有氨苄青霉素抗性基因（$amp^R$）、有 *cos* 位点的λDNA 片段及大肠杆菌的复制起始位点（ori）

一种可行性是使用**考斯质粒**（cosmid）——具有λ*cos* 位点的质粒（图 2.23）。连接在考斯质粒 *cos* 位点上的核酸连环体作为体外包装的底物，因为 *cos* 位点是 DNA 分子为了能被相关蛋白质识别成"λ基因组"并被包装进入λ噬菌体颗粒所需要的唯一序列。含有考斯质粒 DNA 的颗粒与真正的λ噬菌体一样具有感染性，但一旦进入了细胞考斯质粒就不能指导合成新的噬菌体颗粒而是如质粒一样进行复制。因此重组 DNA 就可以从克隆而不是噬菌斑中得到。对于其他类型的λ载体，能克隆的 DNA 长度上限是由λ噬菌体颗粒中的可用空间决定的。考斯质粒的大小为 8 kb 或者更小，因此在达到λ噬菌体颗粒的包装极限前，可以插入的新 DNA 高达 44kb。这将人类基因组文库的大小减少到大约 25 万个克隆，这与λ文库相比是一大进步，但操作起来的克隆量仍然很大。

在尝试克隆大于 50kb DNA 片段时的第一个主要突破来自**酵母人工染色体**（yeast artificial chromosome）或 **YAC** 的发明。这些载体在酿酒酵母而不是在细菌中繁殖，而且是以染色体而不是质粒或者病毒为根据的。第一个 YAC 是在研究天然染色体之后构建的，对天然染色体的研究表明除了所携带的基因外，每个染色体具有三个重要的组件（图 2.24）。

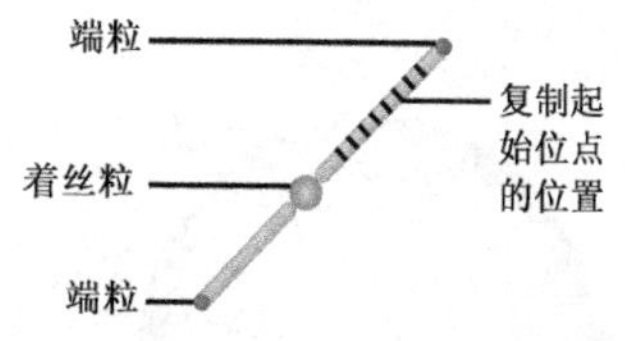


图 2.24 真核染色体的关键性结构成分

有关这些结构的详细信息见 7.1.2 节（着丝粒与端粒）和 15.2.1 节（复制起始位点）

- **着丝粒**（centromere），在核分裂过程中起关键性作用。
- **端粒**（telomere），染色体 DNA 分子末端的特殊序列标志。
- 一个或者多个**复制起始位点**（origin of replication），当染色体分离时启动新 DNA 的合成。

在 YAC 中，构成这些染色体组件的 DNA 序列与一个或多个选择性标记物、至少一个限制性酶切位点连接起来，酶切位点是为了能插入新的 DNA（图 2.25）。所有这些组件可以包含在 10～15kb 大的 DNA 分子中。天然的酵母染色体大小为 230～1700kb，因此 YAC 具有克隆兆碱基（Mb）大小 DNA 片段的潜力。这种潜力已经被实现了，标准的 YAC 能够克隆 600kb 的片段，某些特殊类型的 YAC 能处理长达 1400kb 的 DNA 片段。这是所有类型克隆载体中容量最大的载体，而且一些早期基因组计划已经广泛使用 YAC 载体。不幸的是，一些类型的 YAC 载体有插入不稳定的问题，即克隆的 DNA 重排形成新的序列组合。由于这一原因，人们对其他类型的载体也有很大的兴趣，这些载体不能克隆这么大的 DNA 片段但不存在不稳定性问题。这些载体包括如下几种。

- **细菌人工染色体**（bacterial artificial chromosome）或 BAC，是基于天然的大肠杆菌 F 质粒构建的。与用于构建早期克隆载体的质粒不同，F 质粒相对来讲比较大并且以 F 质粒为基础的载体具有更高的容量来接受插入的 DNA。设计 BAC 以便于能够通过 Lac 筛选来鉴定重组体（图 2.18），因此使用起来比较容易。它们能够克隆 300kb 及更长的片段，并且插入的片段很稳定。BAC 在人类基因组计划中得到广泛应用（4.3 节），并且是目前克隆大片段 DNA 最常用的载体。
- **细菌噬菌体 P1 载体**（bacteriophage P1 vector）与 λ 载体很相似，以天然噬菌体基因组的缺失形式为基础，其克隆载体的容量是由缺失的片段大小和噬菌体颗粒的空间决定的。P1 基因组比 λ 基因组大，噬菌体颗粒也要更大一些，因此 P1 载体能克隆的 DNA 片段比 λ 载体大，运用目前的技术可以克隆长达 125kb 的片段。
- **P1 衍生的人工染色体**（P1-derived artificial chromosome）或 PAC，综合了 P1 载体和 BAC 的特点，具有克隆长达 300kb 片段的容量。
- **Fosmids** 包含 F 质粒的复制起始位点和 λ 载体的 *cos* 位点。它们与考斯质粒相似但在大肠杆菌中的拷贝数比较低，这意味着出现不稳定性问题的倾向较低。

用这些不同类型载体制备的人类基因组文库的大小在表 2.4 中给出。

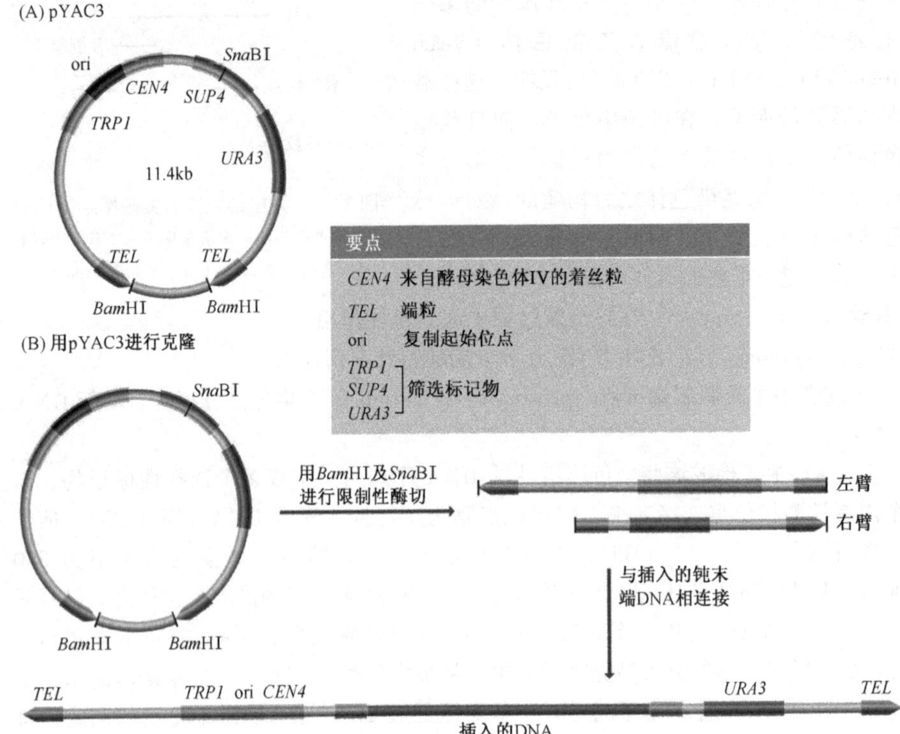


图 2.25　YAC 载体工作原理

（A）pYAC3 克隆载体。（B）用 pYAC3 进行克隆时，环形载体用 *Bam*HI 及 *Sna*BI 进行切割。*Bam*HI 切割将环形分子中两个端粒之间的填充片段去掉。*Sna*BI 在 *SUP4* 基因中切割产生新 DNA 插入的位点。将两个载体臂与新 DNA 相连接所产生的结构如图底部所示。这个结构包含 *TRP1* 及 *URA3* 筛选标记物的功能性拷贝。宿主菌中这些基因的拷贝没有活性，这意味着它需要色氨酸和尿嘧啶作为营养物质。转化后，将细胞铺于缺乏色氨酸和尿嘧啶的限制性培养基上。只有含有该载体并因此能合成色氨酸和尿嘧啶的细胞才能在培养基上生长并形成克隆。注意：如果载体包含两个左臂或者两个右臂，则同样不能形成克隆，因为这转化后的细胞仍然需要一种营养物质。插入在克隆载体分子上的 DNA 可以通过检测 *SUP4* 的活性来鉴定。这可以通过颜色反应来进行：在适当的培养基上，含有重组载体的克隆（比如有一个插入片段）是白色的；而非重组子（没有插入片段的载体）是红色的

## 在大肠杆菌之外的生物体中进行克隆

克隆不只是为测序和其他类型的分析生产 DNA 的方法，它也提供了一种方法去研究基因表达模式及基因表达调控方式，为改造宿主生物体的生物学性状而进行的遗传工程实验，以及在新的宿主细胞中合成重要的动物蛋白质（如某些药物），从新的宿主细胞中获得的蛋白质的量比用传统纯化方法从动物组织中得到的蛋白质的量要高得多。这些各种各样的应用要求将基因频繁地克隆到大肠杆菌之外的生物体中。

以质粒和噬菌体为基础的克隆载体适用于大多数研究较多的菌种，如杆菌（*Bacillus*）、链霉菌（*Streptomyces*）和假单胞球菌（*Pseudomonas*），这些载体所运用的方式与大肠杆菌类似物完全一样。质粒载体同样适用于酵母和真菌。其中许多载体携

带一个来源于**2μm 环**（2μm circle）的复制起始位点，2μm 环是一种存在于许多酿酒酵母（*S. cerevisiae*）菌株中的质粒，但其他质粒载体只具有大肠杆菌起始位点。一个例子是 YIp5——一种酿酒酵母载体，它只是一种含有酵母基因 *URA3* 拷贝的大肠杆菌质粒［图 2.26（A）］。存在大肠杆菌起始位点就表示 YIp5 是一个**穿梭载体**（shuttle vector），既可以把大肠杆菌又可以把酿酒酵母作为宿主。这是一个有用的特征，因为在酿酒酵母中进行克隆是一个相对来讲没有效率的过程，而且产生大量的克隆是很困难的。如果实验需要将想要的重组体从克隆混合物中鉴别出来（图 2.16），那么不可能获得足够的重组体以寻找正确的重组体。为了避免这一问题，重组 DNA 分子的构建及正确重组体的筛选是在大肠杆菌宿主中进行的。当正确的克隆被鉴别出来时，重组的 YIp5 分子就被纯化并转化到酿酒酵母中，通常是将 DNA 与**原生质体**（protoplast）混合而进行转化的，原生质体是通过酶的处理去掉细胞壁的酵母细胞。没有复制起始位点，载体就不能独立地在酵母细胞内繁殖，但如果它能整合到一条酵母染色体上就能存活下来，整合可以通过载体携带的 *URA3* 基因和该基因的染色体拷贝之间的**同源重组**（homologous recombination）（5.2.2 节）完成［图 2.26（B）］。"YIp" 实际上代表"酵母整合质粒"的意思。一旦整合后，YIp 连同插入的任何 DNA 均随着宿主染色体一起复制。

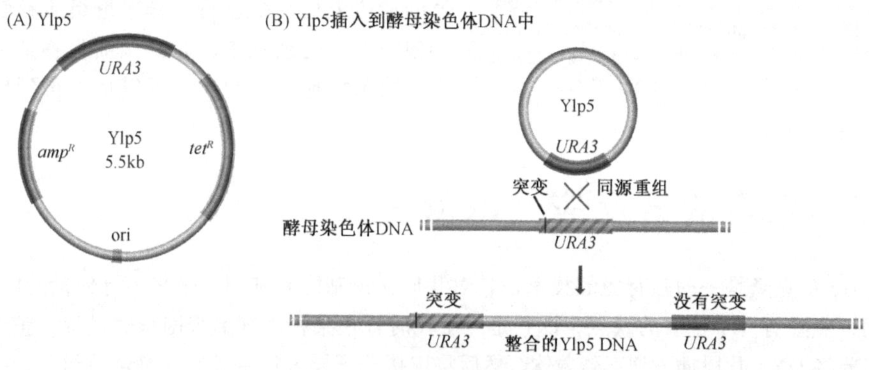


图 2.26　Ylp 载体的工作原理

（A）Ylp5，一种有代表性的酵母整合型质粒。该质粒包含氨苄青霉素抗性基因（$amp^R$）、四环素抗性基因（$tet^R$）、酵母基因 *URA3* 及一个大肠杆菌的复制起始位点（ori）。大肠杆菌复制起始位点的存在就表明重组的 Ylp5 分子能在进入酵母细胞之前在大肠杆菌中构建，因此 Ylp5 是一种**穿梭载体**（shuttle vector）——它可以在两个物种之间穿梭。（B）Ylp5 没有能在酵母细胞内发挥功能的复制起始位点，但如果 Ylp5 能在质粒 *URA3* 基因和染色体 *URA3* 基因之间通过同源重组而整合到酵母染色体 DNA 上的话，Ylp5 就可以在酵母细胞中存活。染色体基因含有一小段突变，这意味着它没有功能而且宿主细胞中是 $ura3^-$。质粒 DNA 整合后形成的两个 *URA3* 基因中有一个基因是突变的，另一个没有突变。因此重组细胞为 $ura3^+$，可以在不含尿嘧啶的限制性培养基上进行筛选

整合进染色体 DNA 也是许多动物和植物克隆系统的特征，并形成了**基因敲除小鼠**（knockout mice）技术的基础，该技术用来确定在人类基因组中发现的以前未知基因的功能（5.2.2 节）。这些载体是 Ylps 的动物同等物。当目的是通过**基因疗法**（gene therapy）治疗遗传性疾病或癌症时，可以在动物体内运用腺病毒和逆转录病毒克隆基因。人们已经发明了一系列相似的载体用于在植物中克隆基因。质粒可以通过 DNA 包

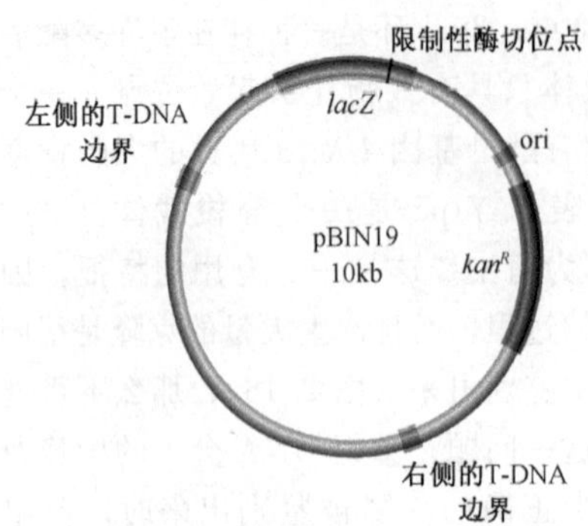


图 2.27　植物克隆载体 pBIN19

pBIN19 包含 *lacZ'* 基因（图 2.18）、卡那霉素抗性基因（$kan^R$）、一个大肠杆菌的复制起始位点（ori）及两段来源于 Ti 质粒中 T-DNA 区域的边界序列。这两段边界序列与植物染色体 DNA 相结合，将它们之间的 DNA 片段插入植物 DNA 中。边界序列在 pBIN19 中的方向就表明，*lacZ'* 基因、$kan^R$ 基因，以及插入到 *lacZ'* 限制性酶切位点的新 DNA 都一同进入植物 DNA 中。将重组的植物细胞接种到卡那霉素琼脂糖平板上进行筛选，重组细胞将再生形成完整的植株。注意：pBIN19 是另一例穿梭载体，重组分子在转入根瘤农杆菌之前在大肠杆菌中构建并用 *lacZ'* 系统筛选，然后转入植物中

被的微粒轰击法转入植物胚胎中，这个过程被称为**生物射弹技术**（biolistics）。质粒 DNA 整合到植物染色体上，随着胚胎的生长就产生一种多数或者全部细胞都包含克隆 DNA 的植物。以花椰菜花叶病毒和双生病毒基因组为基础的植物载体也取得了一定的成功，但人们最有兴趣的植物克隆载体类型是从 **Ti 质粒**（Ti plasmid）衍生而来的载体，Ti 质粒是在土壤微生物根瘤农杆菌（*Agrobacterium tumefaciens*）中发现的一种大的细菌质粒。Ti 质粒中称为 **T-DNA** 的部分序列在细菌感染植物茎部时整合到植物染色体上而引起冠根疾病。T-DNA 携带许多在植物细胞内表达的基因，并引起多种能描述该疾病特征的生理变化。像 pBIN19（图 2.27）之类的载体已经被设计成利用这种天然的遗传工程系统进行工作。重组质粒转化到根瘤农杆菌细胞中，允许该细胞感染细胞悬液或植物愈合组织，就可以从中得到成熟的、转化的植物。

## 2.3　聚合酶链反应（PCR）

DNA 克隆是一门强有力的技术，它对我们认识基因和基因组带来不可估量的影响。然而，克隆有一个主要的缺点，即它是一个耗时且在某种程度上很困难的过程。整个过程需要将 DNA 片段插入到克隆载体，然后将连接分子导入宿主细胞并筛选重组子，操作要花费几天时间。如果实验策略涉及产生大克隆文库，随后对文库进行筛选以鉴别出包含感兴趣基因的克隆（技术注解 2.4），那么就可能需要数周甚至数月来完成这一工作。

PCR 有助于使 DNA 克隆取得相同的结果——特异 DNA 片段的纯化，而费时很少，可能只需要几个小时。PCR 与克隆相互补充，但不是克隆的替代，因为 PCR 本身有局限性，最重要的一点是至少需要知道被纯化片段的部分序列。虽然具有这种局限性，PCR 已经在分子生物学研究的许多领域中处于中心位置。我们将首先介绍该技术，然后讨论它的应用。

### 2.3.1　进行 PCR 反应

PCR 反应对一个 DNA 分子的选定区域进行重复拷贝（图 2.3）。与克隆不同，PCR 是一个试管反应，不涉及活细胞的运用——不是运用细胞内的酶而是运用水生栖热菌中纯化的、热稳定的 DNA 聚合酶进行复制（2.1.1 节）。当我们更加详细地了解 PCR 过程中所发生的事件时，就能明确为什么需要热稳定性酶了。

进行一个 PCR 反应时，目的 DNA 片段与 *Taq* DNA 聚合酶、一对寡聚核苷酸引物和一定量的核苷酸混合在一起。目的 DNA 的量可以很少，因为 PCR 反应非常灵敏甚至可以从单个起始分子进行工作。引物被用来引发由 *Taq* DNA 聚合酶进行的 DNA 合成反应（图 2.6）。它们必须在被拷贝区域的两端与目的 DNA 结合，因此就必须知道这些结合位点的序列，以便能合成相应序列的引物。

PCR 反应通过将混合物加热到 94℃开始。在该温度下，将连接双螺旋的两个多聚核苷酸的氢键打破，因此目的 DNA 变性形成单链分子（图 2.28）。然后将温度降到 50～60℃，这会导致目的 DNA 的两条单链一部分重新结合起来，但同时也允许引物结合到它们的退火位置上。现在 DNA 合成就开始了，将温度提升到 72℃，因为该温度是 *Taq* 聚合酶的最适工作温度。在 PCR 反应的第一阶段，将从目的 DNA 的每条链上合成一套“长片段”产物。这些多聚核苷酸具有相同的 5′端，但 3′端是随机的，3′端表示 DNA 合成随机终止的位置。当重复进行变性—退火—合成循环时，长片段产物作为模板进行新的 DNA 合成，产生“短片段”产物，短片段产物的 5′端和 3′端都是根据引物的退火位置而确定的（图 2.29）。在后续的循环中，短片段产物的数量以指数方式累积（每个循环增加一倍），直到某种反应成分被消耗殆尽。这就意味着在 30 个循环后，从

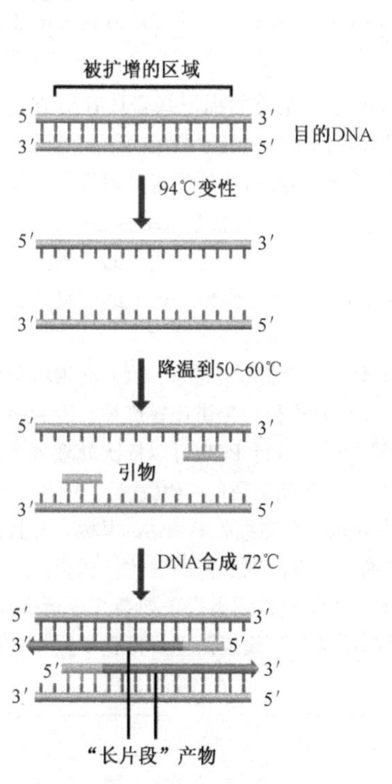


图 2.28 PCR 的第一阶段

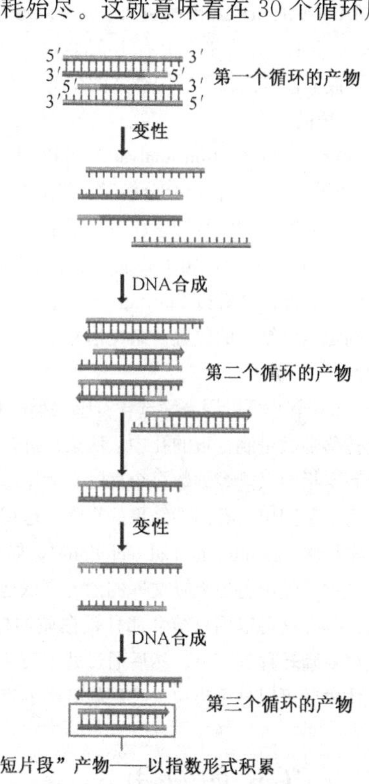


图 2.29 PCR 中“短片段”产物的合成

从示意图顶端所示的第一个循环产物开始，下一个循环的变性—退火—合成就产生四个产物，其中两个产物与第一个循环的产物相同，另两个产物完全由新 DNA 组成。在第三个循环过程中，后者就产生了“短片段”产物，该“短片段”产物在后续的循环中按指数方式积累

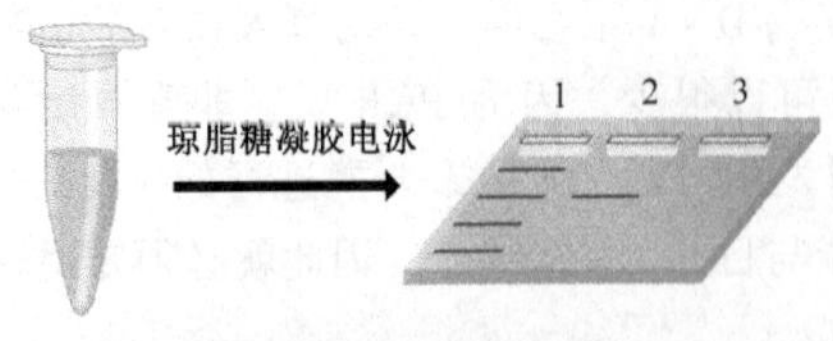


图 2.30 用琼脂糖凝胶电泳分析 PCR 结果
PCR 在小型管中进行。一种样品上样到琼脂糖凝胶的第 2 泳道。泳道 1 包含 DNA 分子质量标志物，泳道 3 包含同时进行的 PCR 样品。电泳后，凝胶用溴化乙锭进行染色（技术注解 2.2）。泳道 2 包含一条预期大小的条带，表明 PCR 是成功的。泳道 3 中，没有条带，表明该 PCR 没有成功

每个起始分子中就会得到 2.5 亿多个短片段产物。实际上，这相当于从几纳克或更少的目的 DNA 中得到了几微克的 PCR 产物。

可以运用几种方法来检测 PCR 的结果。产物通常是用琼脂糖凝胶电泳进行分析的，如果 PCR 是按预期结果进行并扩增出目的 DNA 的单一片段，那么琼脂糖凝胶电泳上就会出现一条单一条带（图 2.30）。另一种方法是可以运用 4.1.1 节所描述的技术确定产物的序列。

**技术注解 2.4 用克隆文库进行工作**

**克隆集合用作基因与其他 DNA 片段的来源**

自 20 世纪 70 年代以来，克隆文库是从不同生物体中制备的，作为获得单个基因及其他 DNA 片段的一种手段，用于测序和其他 DNA 重组技术的进一步研究。运用质粒载体或噬菌体载体可以从基因组 DNA 或 cDNA 中制备文库。克隆通常以细菌克隆或者噬菌斑的形式保存在 23cm×23cm 的琼脂糖平板上，每个平板上有 100 000～150 000 个克隆。因此，一个完整的人文库只需包含在 1～8 个平板上，这依赖于所用载体的类型（表 2.4）。有三种方法可以鉴别出包含所寻找基因或其他 DNA 片段的克隆。

- **杂交分析**（hybridization analysis）可以用已知能与感兴趣序列杂交的标记寡聚核苷酸或其他 DNA 分子进行。进行杂交分析时，将尼龙膜或硝酸纤维素膜铺于琼脂糖平板的表面，然后小心地移走尼龙膜或硝酸纤维素膜以“揭下”克隆或噬菌斑。用碱和蛋白酶处理来降解细胞，每个克隆中的 DNA 就可以留下，遗留下的 DNA 通过加热或紫外线照射就会紧紧结合在膜表面上。现在将标记好的探针按 Southern 杂交同样的方式加到膜上（图 2.11），通过适当的检测方法就可以确定探针结合的位置。杂交信号在膜上的位置与感兴趣克隆在琼脂糖平板上的位置是相对应的。
- **PCR**（2.3 节）可以用来筛选含有感兴趣序列的克隆。该操作不能在原位进行，因此必须将单个克隆转移到微量滴定板的孔中。所以，进行克隆鉴别的 PCR 方法相对来讲比较麻烦，因为一个微量滴定板中只能容纳数百个克隆。运用感兴趣序列特异的引物进行 PCR 可以依次处理每个克隆，为了鉴别出具有阳性结果的克隆，运用组合方法可能会减少所需要的 PCR 次数（图 4.14）。
- **免疫学技术**（immunological technique），如果所寻找的序列是一个在细胞中表达的基因，并且在该细胞中已经制备出克隆文库的话，可以运用免疫学技术。如果出现了基因表达，就会产生蛋白质产物，这可以用只结合那种蛋白质的标记性抗体筛选文库而检测出。正如杂交分析一样，首先将克隆转移到膜上，然后通过处理破坏细胞并将蛋白质结合到膜表面上。将膜暴露在标记性抗体中就可以显示出包含感兴趣基因的克隆位置。

## 2.3.2 PCR 的应用

PCR 程序如此简单明了，以至于有时很难想象它怎能变得如此重要。首先，我们来谈谈它的局限性。为了合成能在正确位置上退火的引物，必须知道被扩增的 DNA 边界区域的序列。这意味着 PCR 不能用来纯化以前从未被研究的基因片段或基因组的其他部分。另一个局限性是能被复制的 DNA 长度。扩增长达 5kb 的片段不会有太大困

难，而更长片段的扩增（长达 40kb）运用改进的标准技术也可能实现。然而，基因组测序计划所需要的大于 100kb 的片段不可能通过 PCR 获得，它可以通过克隆到 BAC 载体或其他更大容量载体中而得到。

PCR 的优势是什么？在这些优势中最主要的是很容易从大量不同的 DNA 样本中得到代表基因组单一片段的产物。在下一章中当我们探究 DNA 标记物如何在遗传作图计划中分类时将会遇见一个具有上述优势的重要例子（3.2.2 节）。PCR 按类似的方式用于从人 DNA 样品中筛选与遗传性疾病相关联的突变，如地中海贫血和囊性纤维化。同时它形成了遗传谱分析的基础，在遗传谱中对微卫星长度的变异进行了分型（图 7.24）。

PCR 另一个重要特征是能够用很少量的起始 DNA 进行工作。这意味着 PCR 可以从存在于头发、血痕及其他法医学标本中的微量 DNA 和骨头及其他考古地点中存在的残留物中获得序列。在临床诊断中，PCR 能够在病毒达到引起疾病反应所需水平之前检测到病毒 DNA 的存在。这对于早期鉴别出病毒引起的肿瘤是极其重要的，因为它意味着可以在确定肿瘤前就开始治疗。

上面这些只是 PCR 应用的几部分。现在该技术已经成为分子生物学家工具箱中的重要组分，当我们继续讨论本书剩下的几章时将会发现更多 PCR 应用的例子。

# 总结

在过去的 35 年中，分子生物学家已经建立起一套能用来研究 DNA 的综合性技术工具。这些技术形成 DNA 重组技术的基础，并推动 DNA 克隆及聚合酶链反应（PCR）的发展。DNA 重组技术的一个重要特征是在试管中运用纯化酶使 DNA 分子发生特定的变化。在此技术中所运用的四种主要类型的酶是 DNA 聚合酶、核酸酶、连接酶及末端修饰酶。DNA 聚合酶合成新的 DNA 多聚核苷酸并在诸如 DNA 测序、PCR 及 DNA 标记等过程中运用。最重要的核酸酶是限制性内切核酸酶，它在特定的核苷酸序列上切割双链 DNA 分子，因此将 DNA 分子切割成一系列预期的片段，片段的大小可以通过琼脂糖凝胶电泳来确定。连接酶将分子连接在一起，末端修饰酶执行许多种反应，包括几种用来标记 DNA 分子的反应。DNA 克隆是一种获得单个基因或 DNA 分子其他片段的纯样品的方法。在将大肠杆菌作为宿主生物体的应用中，已经设计出许多种不同类型的克隆载体，最简单的载体是以携带有诸如 *lacZ'* 基因等标记物的小质粒为基础的。*lacZ'* 基因能够使重组克隆被鉴别出来，因为当生长培养基中存在 X-gal 时它们呈现白色而不是蓝色。λ 噬菌体也被用来作为一系列大肠杆菌克隆载体的基础，包括称为考斯质粒的质粒-噬菌体杂交体，它被用来克隆长达 44kb 的 DNA 片段。其他类型的载体，如细菌人工染色体可以用来克隆更长的 DNA 片段，长达 300kb。这些高容量的载体用于克隆文库的构建，克隆文库即是插入的片段覆盖了整个基因组的克隆集合，用来为基因组测序计划提供材料。除大肠杆菌之外的生物体也可以用作 DNA 克隆的宿主。已经为酿酒酵母设计了几类载体，而且在动物和植物中克隆 DNA 用到特殊的技术。PCR 通过使特异的 DNA 片段能够被快速纯化而为 DNA 克隆提供帮助，但是至少必须知道该片段的部分序列。PCR 反应中，热温度性 DNA 聚合酶使目的序列及反应的早期循环中产生的 DNA 拷贝得到重复复制。如果只从一个单一的目的分子开始的话，在 PCR 的 30 循环中可以产生 2.5 亿多个拷贝。

## 选择题

*奇数问题的答案见附录

2.1* 下列哪种酶用来降解 DNA 分子？

a. DNA 聚合酶

b. 核酸酶

c. 连接酶

d. 激酶

2.2 为什么模板依赖的 DNA 聚合酶需要引物来起始 DNA 合成？

a. 这些聚合酶需要 5′磷酸基团来添加新的核苷酸。

b. 这些聚合酶需要 3′羟基来添加新的核苷酸。

c. DNA 聚合酶需要引物结合到模板 DNA 上。

d. 水解引物来提供 DNA 合成所需的能量。

2.3* DNA 聚合酶 3′→5′外切核酸酶活性的功能是指：

a. 去掉与正在复制的模板链相结合的多聚核苷酸链的 5′端。

b. 在 DNA 合成过程中将损伤的核苷酸从模板链上去掉。

c. 从 DNA 分子的末端去掉核苷酸以确保产生钝性末端。

d. 将错误的核苷酸从新合成的 DNA 链上去掉。

2.4 由于大肠杆菌 DNA 聚合酶 I 的 Klenow 聚合酶缺少 5′→3′外切核酸酶活性，因此它对研究很有用。该酶是有用的，因为 5′→3′外切核酸酶活性：

a. 比聚合酶活性更活跃。

b. 会阻止放射性或荧光标记物掺入到 DNA 中。

c. 可能通过缩短 DNA 分子的 5′端而干扰某些研究应用。

d. 会在新核苷酸掺入时阻止聚合酶检测错误。

2.5* 75℃的温度会终止大肠杆菌 DNA 聚合酶 I 所执行的 DNA 合成。这是因为：

a. 大肠杆菌 DNA 聚合酶 I 在此温度被变性。

b. DNA 在此温度被变性。

c. 引物在此温度被变性。

d. 温度太高以至于不能发生酶反应。

2.6 下面哪种说法能正确描述逆转录酶？

a. 它们存在于所有病毒中并且是 RNA 依赖的 DNA 聚合酶。

b. 它们存在于所有 RNA 病毒中并且是 DNA 依赖的 RNA 聚合酶。

c. 它们存在于逆转录病毒中并且是 RNA 依赖的 DNA 聚合酶。

d. 它们存在于所有病毒中并且是模板非依赖的 DNA 聚合酶。

2.7* 三种限制性酶均在特异序列处与 DNA 分子结合；然而，II 型酶因为下述哪个原因而在研究中更受欢迎？

a. II 型酶在特异位点切割 DNA。

b. II 型酶切割 DNA 总产生钝末端分子。

c. II 型酶切割 DNA 总产生黏末端分子。

d. II 型酶是唯一的切割双链 DNA 的限制性酶。

2.8 哪种技术用来判断限制性酶消化后 DNA 片段的不同大小？

a. DNA 测序

b. 凝胶电泳

c. 基因克隆

d. PCR

2.9* DNA 连接酶合成哪种类型的键？

a. 碱基之间的氢键。

b. 核苷酸之间的磷酸二酯键。

c. 碱基与脱氧核糖之间的键。

d. 氨基酸之间的肽键。

2.10 下列哪种聚合酶不需要模板？

a. DNA 聚合酶 I

b. 测序酶

c. 逆转录酶

d. 末端脱氧核糖转移酶

2.11* 在实验室实验中大肠杆菌细胞通过下述哪种方法摄取质粒 DNA？

a. 结合

b. 电泳

c. 转导

d. 转化

2.12 基因组文库是什么？

a. 插入的片段包含了一种生物体所有基因的重组分子集合。

b. 插入的片段包含了一种生物体所有基因组的重组分子集合。

c. 表达一种生物体所有基因的重组分子集合。

d. 已经被测序的重组分子集合。

2.13* 下列哪种载体最适合将 DNA 引入人类细胞中？

a. 质粒

b. 细菌噬菌体

c. 考斯质粒

d. 腺病毒

2.14 下列哪种方法不能用来将重组 DNA 分子导入植物中？

a. 基因枪

b. 考斯质粒

c. Ti 质粒

d. 病毒

2.15* PCR 有利于基因克隆，因为下述所有原因，除了：

a. PCR 不需要知道基因的序列。

b. PCR 是一种能很快分离基因的技术。

c. 与基因克隆相比，PCR 需要很少量的起始 DNA。

d. PCR 在 DNA 标记物的绘图中很有用。

## 简答题

*奇数问题的答案见附录

2.1* “基因克隆”的含义是什么？

2.2 研究人员如何能在包含数千个不同限制性酶切片段的基因组 DNA 消化产物中将含有感兴趣基因的单一限制性酶切片段鉴别出来？

2.3* 说出一种有用并能快速提高钝末端 DNA 分子连接效率的方法。

2.4 为什么质粒是有用的克隆载体？

2.5* 为什么质粒包含有抗生素抗性基因？

2.6 在克隆实验中加入到培养基中的 X-gal 是什么？

2.7* 为什么 λ 噬菌体作为克隆载体是有用的？

2.8 为什么能够携带大的 DNA 插入片段的载体有益于克隆文库的创建？

2.9* 酵母人工染色体在细胞中维持下去必须具备正常染色体的哪三个特征？

2.10 为什么最初的 PCR 产物（反应的前几个循环中产生的）是长的并且大小不同，而最终的 PCR 产物都较短而且大小统一？

2.11* 引物如何确定 PCR 的特异性？

2.12 什么类型的 DNA 序列不通过 PCR 来扩增？

## 论述题

*奇数问题的指导见附录

2.1* 20 世纪 70 年代初期第一个基因克隆实验进行后不久，许多科学家就争论应该暂时封锁这种类型的研究。这些科学家担心的依据是什么以及这些担心已被证明到了什么程度？

2.2 理想的克隆载体会有什么特征呢？任何一种现有的克隆载体能满足这些需要到什么程度？

2.3* 你如何在没有得到该分子序列的情况下确定 DNA 分子中限制性酶切位点的位置？

2.4 讨论说明基因克隆在细菌细胞中产生动物蛋白质的应用。

2.5* 引物的特异性是 PCR 成功的关键特征。如果引物在目的 DNA 的更多位置上退火，那么就会合成除了所寻找片段之外的其他产物。讨论说明决定引物特异性的因素并评价一下退火温度对 PCR 结果的影响。

## 图形测试

*奇数问题的答案见附录

2.1* DNA 聚合酶催化的 DNA 合成反应中引物的作用是什么？

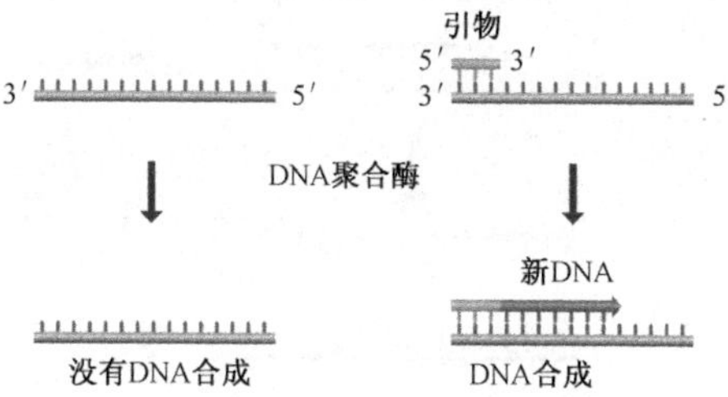


2.2　如果在此实验中运用 *Bam*HI 切割的质粒，什么使质粒本身高频率的重新连接起来而只分离出很少量的重组质粒？你如何改进连接反应以便能提高重组质粒的产量？

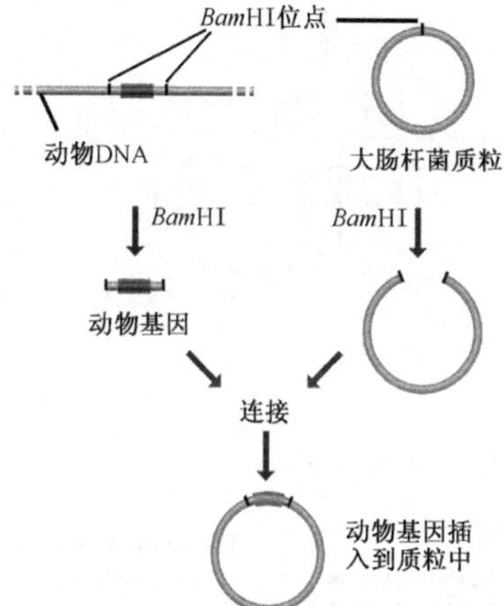


2.3*　该克隆载体拥有一个细菌复制起始位点、筛选标记物（抗生素抗性基因）及来源于噬菌体的 *cos* 位点。这是什么类型的克隆载体？它能容纳多大的插入分子？

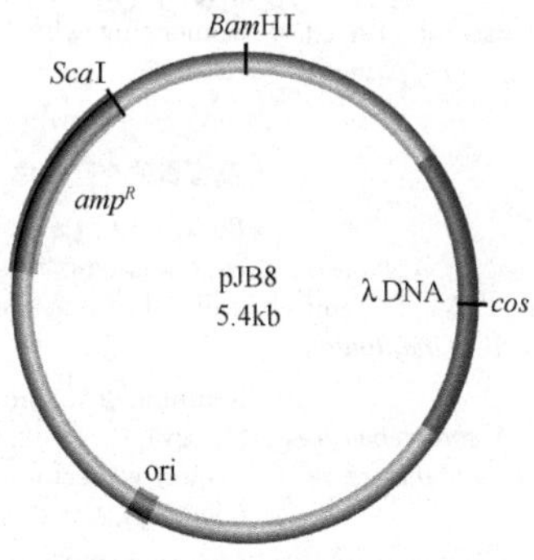


2.4　该图所示的反应类型是什么？为此过程标出步骤，并为每一步添加温度。

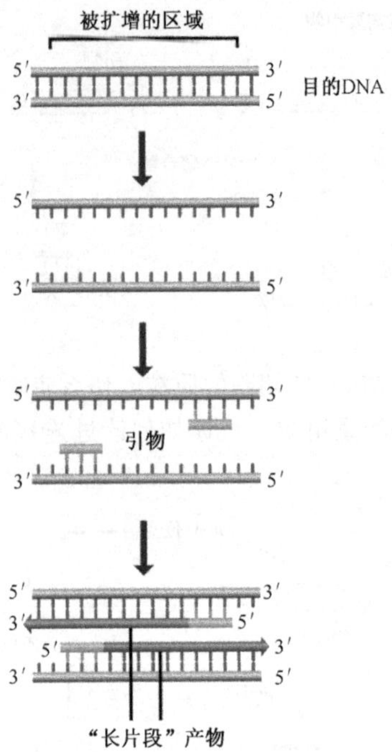


## 拓展阅读


用来研究DNA的方法学教科书及实践指南

**Brown, T.A.** (2006) *Gene Cloning and DNA Analysis: An Introduction*, 5th Ed. Blackwell Scientific Publishers, Oxford.

**Brown, T.A. (ed.)** (2000) *Essential Molecular Biology: A Practical Approach*, Vol. 1 and 2, 2nd Ed. Oxford University Press, Oxford. *Includes detailed protocols for DNA cloning and PCR.*

**Dale, J.W.** (2004) Molecular Genetics of Bacteria, 4th Ed. Wiley, Chichester. *Provides a detailed description of plasmids and bacteriophages.*

DNA操作所运用的酶

**Brown, T.A.** (1998) *Molecular Biology Labfax. Volume I: Recombinant DNA*, 2nd Ed. Academic Press, London. *Contains details of all types of enzymes used to manipulate DNA and RNA.*

**REBASE:** http://rebase.neb.com/rebase/ *A comprehensive list of all the known restriction endonucleases and their recognition sequences.*

**Smith, H.O. and Wilcox, K.W.** (1970) A restriction enzyme from *Haemophilus influenzae*. *J. Mol. Biol.* **51:** 379–391. *One of the first full descriptions of a restriction endonuclease.*

DNA克隆

**Frischauf, A.-M., Lehrach, H., Poustka, A. and Murray, N.** (1983) Lambda replacement vectors carrying polylinker sequences. *J. Mol. Biol.* **170:** 827–842.

**Hohn, B. and Murray, K.** (1977) Packaging recombinant DNA molecules into bacteriophage particles *in vitro*. *Proc. Natl Acad. Sci. USA* **74:** 3259–3263.

**Vieira, J. and Messing, J.** (1982) The pUC plasmids, an M13mp7-derived system for insertion mutagenesis and sequencing with synthetic universal primers. *Gene* **19:** 259–268.

高容量的克隆载体

**Burke, D.T., Carle, G.F. and Olson, M.V.** (1987) Cloning of large segments of exogenous DNA into yeast by means of artificial chromosome vectors. *Science* **236:** 806–812. *YACs.*

**Ioannou, P.A., Amemiya, C.T., Garnes, J., Kroisel, P.M., Shizuya, H., Chen, C., Batzer, M.A. and de Jong, P.J.** (1994) P1-derived vector for the propagation of large human DNA fragments. *Nat. Genet.* **6:** 84–89. *PACs.*

**Kim, U.-J., Shizuya, H., de Jong, P.J., Birren, B. and Simon, M.I.** (1992) Stable propagation of cosmid and human DNA inserts in an F factor based vector. *Nucleic Acids Res.* **20:**

1083–1085. *Fosmids.*

**Monaco, A.P. and Larin, Z.** (1994) YACs, BACs, PACs and MACs – artificial chromosomes as research tools. *Trends Biotechnol.* **12:** 280–286. *A good review of high-capacity cloning vectors.*

**Shizuya, H., Birren, B., Kim, U.J., Mancino, V., Slepak, T., Tachiiri, Y. and Simon, M.** (1992) Cloning and stable maintenance of 300-kilobase-pair fragments of human DNA in *Escherichia coli* using an F-factor-based vector. *Proc. Natl Acad. Sci. USA* **89:** 8794–8797. *The first description of a BAC.*

**Sternberg, N.** (1990) Bacteriophage P1 cloning system for the isolation, amplification, and recovery of DNA fragments as large as 100 kilobase pairs. *Proc. Natl Acad. Sci. USA* **87:** 103–107. *Bacteriophage P1 vectors.*

### 在植物和动物中进行克隆

**Bevan, M.** (1984) Binary *Agrobacterium* vectors for plant transformation. *Nucleic Acids Res.* **12:** 8711–8721.

**Colosimo, A., Goncz, K.K., Holmes, A.R., Kunzelmann, K., Novelli, G., Malone, R.W., Bennett, M.J. and Gruenert, D.C.** (2000) Transfer and expression of foreign genes in mammalian cells. *Biotechniques* **29:** 314–321.

**Hansen, G. and Wright, M.S.** (1999) Recent advances in the transformation of plants. *Trends Plant Sci.* **4:** 226–231.

**Kost, T.A. and Condreay, J.P.** (2002) Recombinant baculoviruses as mammalian cell gene-delivery vectors. *Trends Biotechnol.* **20:** 173–180.

### PCR

**Mullis, K.B.** (1990) The unusual origins of the polymerase chain reaction. *Sci. Am.* **262 (4):** 56–65.

**Saiki, R.K., Gelfand, D.H., Stoffel, S., Scharf, S.J., Higuchi, R., Horn, G.T., Mullis, K.B. and Erlich, H.A.** (1988) Primer-directed enzymatic amplification of DNA with a thermostable DNA polymerase. *Science* **239:** 487–491.

CHAPTER

# 第3章 基因组作图

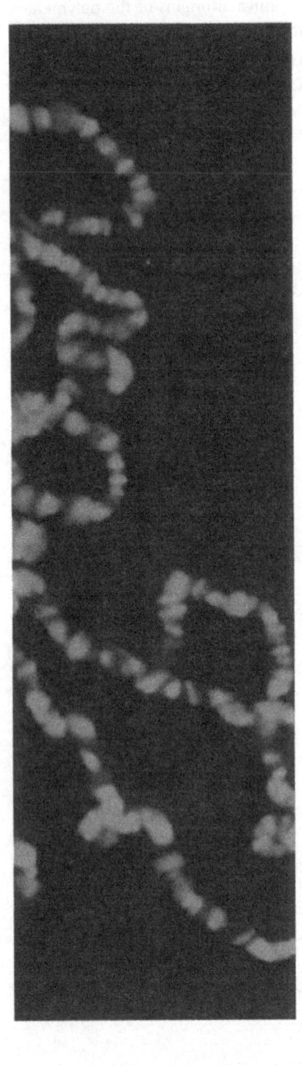



## 学习要点

当你阅读完第3章之后，应该能够：

- 解释为什么作图对于基因组测序是非常重要的辅助方法。
- 遗传图谱和物理图谱的区别。
- 描述用于构建遗传图谱的不同类型的标记及每种标记是如何确定的。
- 总结孟德尔发现的遗传法则，并说出其后的遗传学研究是如何引导连锁分析研究发展的。
- 解释连锁分析怎样被用于构建遗传图谱，详细说出如何在包括人类和细菌的各种不同的生物中进行连锁分析。
- 描述遗传作图的局限性。
- 评价用于构建基因组物理图谱的各种方法的优缺点。
- 叙述怎样进行限制性作图。
- 知道如何利用荧光原位杂交（FISH）构建物理图谱，包括用于增加该技术敏感性的改进。
- 解释序列标签位点（STS）作图的基础，并列举用作STS的各种DNA序列。
- 描述怎样利用放射杂交和克隆文库进行STS作图。

接下来的两章讲述的是获得基因组序列的技术和策略。DNA 测序在这些技术中是至关重要的，但是测序有一个极大的局限性：即使是最精确的技术，在一个反应中也很难测出大于 750bp 的序列。这就意味着长的 DNA 分子不得不由一系列短的序列拼接而成，即需将大分子分解为片段，测出每一段的序列，再用计算机寻找重叠的部分，从而拼接成长的序列（图 3.1）。这种**鸟枪法**（shotgun method）是小的原核生物基因组测序的标准方法（4.2.1 节），但是对于较大的基因组来说这是相当困难的，因为随着片段数的增加，所需要的数据分析会越来越复杂（$n$个片段可能的重叠数为 $2n^2-2n$）。鸟枪法的第二个问题是当分析基因组的重复区域时会发生错误。当一段重复序列被分解成片段后，许多片段将含有相同的或非常相似的序列基序。因此这些序列很容易被重组，导致部分重复区域被遗漏，或者将同一染色体或不同染色体的两个片段错误地连接在一起（图 3.2）。

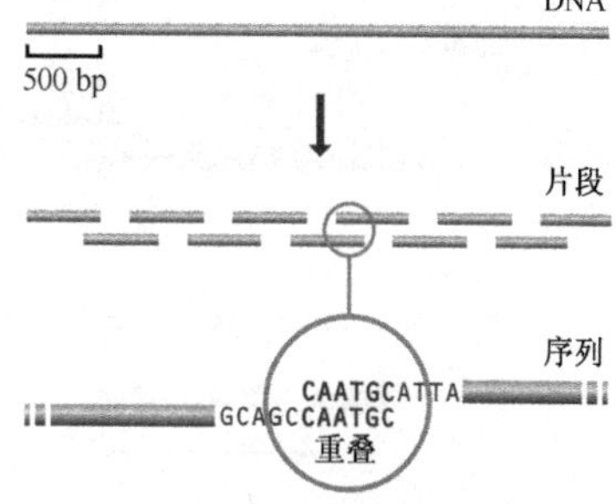


图 3.1 鸟枪法组装序列

将 DNA 分子打断为小片段，测定每一段的序列，通过查找每个片段序列的重叠部分再组装得到主体序列。实际上，需要几十个碱基对的重叠以确认两个序列相衔接

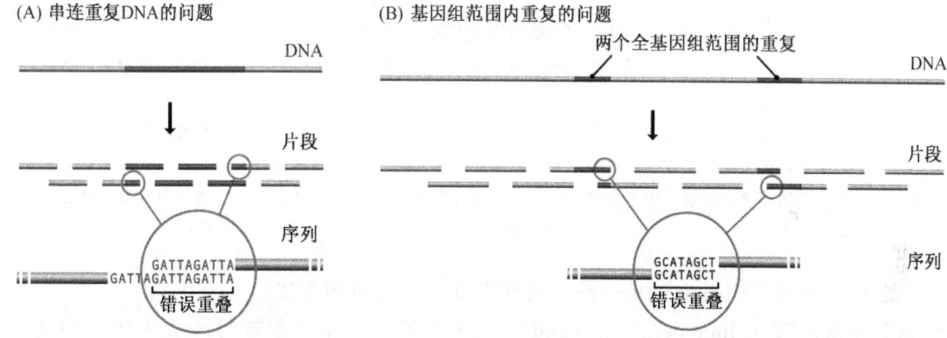


图 3.2 鸟枪法中所遇到的问题

（A）该 DNA 分子含有一个由许多拷贝的 GATTA 序列组成的串联重复元件。分析序列时，来自于 DNA 不同部位的两个片段看起来是重叠的。如果未能发现这个错误，那么主体序列将遗漏这个 DNA 分子的中间片段。（B）在第二个例子中，该 DNA 分子含有基因组范围内的一个重复元件的两个拷贝。分析这些序列时，两个片段看上去是重叠的，不过一个片段含有重复元件的左半部分，而另一个片段则含有第二个重复元件的右半部分。在这种情况下，如果不能识别出这种错误，将会导致这两个重复元件之间 DNA 片段大量序列的丢失。如果这两个重复元件在不同的染色体上，则会将这些染色体的序列错误地组装在一起

由于在测定含重复序列的 DNA 大分子方面存在困难，因此鸟枪法本身不适合用于进行真核基因组的测序。相反，必须首先建立一个基因组的**图谱**（map），通过标明基因和其他显著特征的位置，为测序提供指导。一旦得到了基因组的图谱，基因组计划中的测序阶段可以采用下面两种方法之一进行测序（图 3.3）。

- **全基因组鸟枪法**（whole-genome shotgun method）（4.2.3 节） 采用与标准的鸟枪法相同的方法，只是使用基因组图谱上的显著特征作为界标，指引着将用鸟枪法获得的大量短序列拼接成主序列。参考基因组图谱也可以确保含有重复 DNA 的区段正

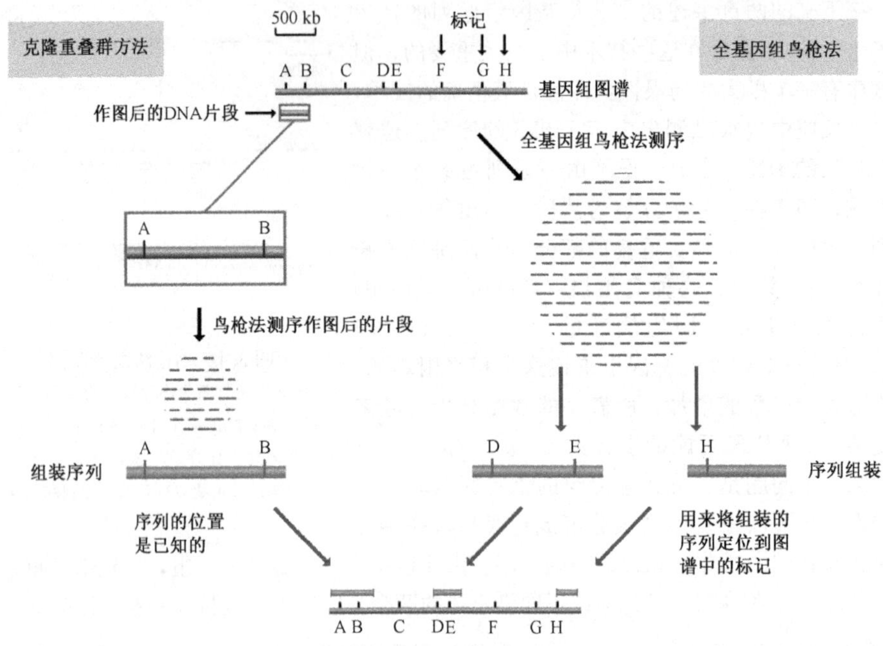


图 3.3　基因组测序的两种方法

这里对一个由 2.5Mb 线性 DNA 分子构成的基因组进行了作图，而且已知 8 个标记（A～H）的位置。在左边，克隆重叠群方法始于一段在基因组图谱上位置已知的 DNA，因为它含有标记 A 与 B。该片段通过鸟枪法测序，其主序列被放置于图谱中已知的位置上。在右边，全基因组鸟枪法采用对全基因组进行随机测序的策略。这样就产生了一系列连续的序列，可能长几百 kb，如果一个连续序列含有一个标记，那么就能将其定位于基因组图谱上。注意，无论用哪种方法，基因组图谱上的标记越多越好。这两种测序策略的详细内容请参见 4.2 节

确组装。全基因组鸟枪法是一种快速获得真核基因组的方法。

- **克隆重叠群法**（clone contig method）（4.2.2 节）　基因组被打断成大量可用鸟枪法准确测序的片段，每个片段长数百 kb 或数个 Mb，一旦一个片段的序列测定完成，就被定位在基因组图谱的正确位置上。这种逐步测序的方法比全基因组鸟枪测序法要花更多的时间，但是它可以得到更准确无误的序列。

应用这两种方法，基因组图谱为实施人类基因组计划的测序工作提供了框架。如果基因组图谱上标明了基因的位置，那么就可以把克隆群的起始部分放在基因组内令人感兴趣的区域，从而可以尽快获得重要基因的序列。

# 3.1　遗传图谱和物理图谱

传统上将基因组作图方法分为两类。

- **遗传作图**（genetic mapping）　应用遗传学技术构建的能在基因组上显示基因和其他序列特征位置的图谱。遗传学技术包括杂交育种实验，对人类则是检查家族史（家谱 pedigree）。遗传学作图在 3.2 节介绍。
- **物理作图**（physical mapping）　应用分子生物学技术直接检测 DNA 分子，从而构

建能显示包括基因在内的序列特征位置的图谱。物理作图在3.3节介绍。

# 3.2 遗传作图

与任何图一样，遗传图谱必须显示出显著特征的位置。在地理图中，所谓的**标记**(marker)是地形上可识别的部分，如河流、道路和建筑物等。那么我们用什么作为遗传图谱的标记呢?

## 3.2.1 基因是首先被使用的标记

最初的遗传图谱是在20世纪初叶针对果蝇等生物使用基因作为标记构建的。一个基因必须以两种分别指定一个表型的替换形式存在或以**等位基因**(alleles)形式存在才能用于遗传学分析，如孟德尔首先研究的豌豆茎的高或矮。起初只有那些能通过视觉区分的基因表型用于研究。比如，第一张果蝇遗传图谱显示了负责身体颜色、眼睛颜色、翅膀形态等基因的位置，这些表型都是可在低倍显微镜下或肉眼观察可见的。早期还觉得这种方法很精细，但遗传学家们很快就发现，用于遗传研究的只有有限的几种可见的表型，而在许多情况下，由于一个单一的表型往往不只受到一个基因的影响，因此分析起来并不太容易。例如，到1922年，有超过50个基因被定位在4条果蝇染色体上，而其中有9个基因负责眼睛的颜色，遗传学家们必须首先学会辨别果蝇眼睛的颜色是红、淡红、朱红、石榴色、康乃馨色、肉桂色、深褐色、猩红或深红色。为了使基因图谱更加全面，有必要找到一些比上述可见性状更多、更明确而且更简单的性状。

解决的方案是应用生物化学方法来区分表型，这对于微生物与人类这两种生物尤为重要。细菌与酵母等微生物只有为数很少的可见性状，因此这类生物的基因作图只能依赖于表3.1所列出的生化表型。人类虽然有可见的性状特征，但以血液分型为代表的生化表型研究从20世纪20年代就开始了。血液分型研究不仅包括标准血型，如ABO系统，还有血清蛋白以及人类白细胞抗原(HLA系统)等免疫蛋白的等位基因的可变体。这些标记相对于可见表型的一个巨大优点是其相关基因往往为**多等位基因**(multiple allele)。例如，*HLA-DRB1*基因至少有290个等位基因，而*HLA-B*至少有400个等位基因。这正是与人类基因作图相关的(3.2.4节)。与在果蝇或小鼠等生物中建立的杂交实验不同，人类基因的遗传数据只能通过检查一个家族中各成员的表型来获得。假如对所研究的基因而言，所有的家族成员都为纯合子，就得不到有用的信息。从

**表3.1 用于酿酒酵母遗传分析的典型生化标记**

| 标记 | 表型 | 确认具备该表型细胞的方法 |
|---|---|---|
| ADE2 | 需要腺嘌呤 | 只在有腺嘌呤的培养基中生长 |
| CAN1 | 刀豆氨酸抗性 | 可在有刀豆氨酸的情况下生长 |
| CUP1 | 铜抗性 | 可在有铜的情况下生长 |
| CYH1 | 放线菌酮抗性 | 可在有放线菌酮的情况下生长 |
| LEU2 | 需要亮氨酸 | 只在有亮氨酸的培养基中生长 |
| SUC2 | 可发酵蔗糖 | 当培养基中蔗糖是唯一碳源时生长 |
| URA3 | 需要尿嘧啶 | 只在有尿嘧啶的培养基中生长 |

基因组作图的目的出发，这就有必要寻找到那些婚配偶然地发生于不同等位基因纯合子个体之间的家族。当所研究的基因有 290 个而不是 2 个等位基因时，这就更显其必要了。

## 3.2.2 用于遗传学作图的 DNA 标记

基因是非常有用的标记，但并不是理想的。尤其是像脊椎动物和显花植物这样较大的基因组，仅依靠基因作出的图谱不够精细。即使每个基因都在图上定位，情况依然如此，因为在大多数真核生物的基因组中，基因都散在分布，而且它们中间有大的间隙（图 7.12）。事实上，只有一部分基因以传统上容易区分的等位形式存在，从而使这一问题更为严重。因此，基因图谱就不够全面，我们需要其他类型的标记。

除基因外用于作图的 DNA 特征称为 **DNA 标记**（DNA marker）。与基因标记一样，DNA 标记必须有至少两个等位基因才是有用的。有三种类型的 DNA 序列特征可以满足这一要求：**限制片段长度多态性**（restriction fragment length polymorphism，RFLP）、**简单序列长度多态性**（simple sequence length polymorphism，SSLP）和**单核苷酸多态性**（single nucleotide polymorphism，SNP）。

### 限制片段长度多态性（restriction fragment length polymorphism，RFLP）

RFLP 是第一种用于研究的 DNA 标记。限制性内切核酸酶在特异的识别序列切割 DNA 分子（2.1.2 节）。这种序列的特异性意味着一种 DNA 分子用某种限制性内切核酸酶处理后总是可以产生相同的片段。但对于基因组 DNA 来说，并不总是这样。因为一些限制性位点是有多态性的，以两种等位基因形式存在。一个等位基因有正确的限制位点序列，因此可以被识别该位点的酶切开；另一等位基因的序列有所改变，因此限制性位点不能被酶识别。序列改变的结果使得用限制酶处理后的两个相邻的限制性片段仍然连接在一起，从而导致了长度多态性（图 3.4）。这就是一个 RFLP 的例子，如同用基因作为标记一样，RFLP 在基因组图谱上的位置可以通过随后的等位基因的遗传而得到。研究人员认为在哺乳动物基因组中大约有 $10^5$ 个 RFLP。

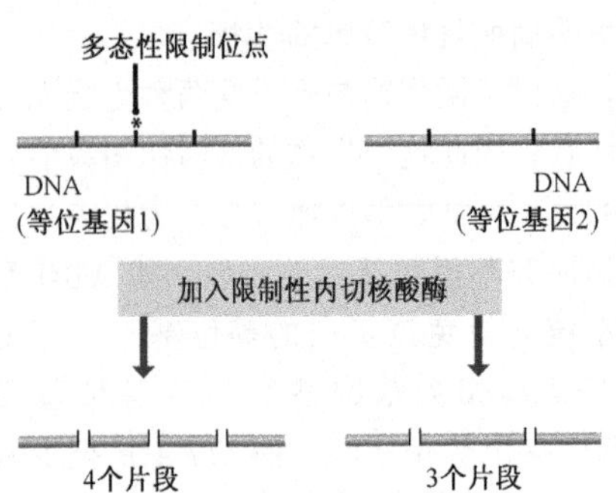


图 3.4 限制性片段长度多态性（RFLP）
左侧的 DNA 分子具有一个多态性限制位点（用星号表示），而右侧的分子并不具有。经限制性内切核酸酶消化后，左侧的分子被切成 4 个片段，而右侧的分子切成 3 个片段，显示出 RFLP

为了确定 RFLP，有必要在很多不相关的片段的背景中确定一个或两个限制性片段的长度。这不是一个小问题。例如，限制性内切核酸酶 *Eco*RI 的识别序列长 6bp，那么大约每 $4^6$ =4096bp 可以切割一次，如果是人类 DNA 的话，可以产生大约 800 000 个片段，用琼脂糖凝胶电泳分离后，这 800 000 个片段会产生弥散的 DNA，分辨不出 RFLP。用覆盖多态性限制位点的探针进行 Southern 杂交，提供了一种显示 RFLP 的方

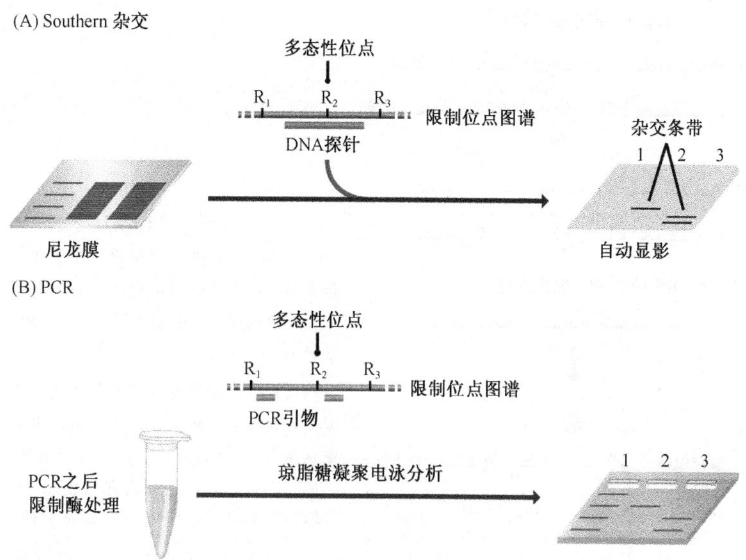


图 3.5　确定 RFLP 的两种方法

（A）RFLP 可以通过 Southern 杂交分析。DNA 用合适的限制性内切核酸酶消化，经琼脂糖凝胶分离。限制性片段的痕迹转移到尼龙膜上，用覆盖多态性限制位点的 DNA 作探针检测。如果多态性位点不存在，则只能检测到一条限制性片段（第 2 泳道）；如果存在多态性位点，则可以检测到两个片段（第 3 泳道）。（B）RFLP 也可以通过使用与多态性限制位点两侧均退火的引物进行 PCR 分型，PCR 的产物用合适的限制酶处理，然后用琼脂糖凝聚电泳分析。如果多态性位点不存在，在琼脂糖凝胶上只能看到一条带；如果多态性位点存在，则可以看到两条带

法［图 3.5（A）］，但是目前 PCR 更常用。PCR 的引物与多态位点的两侧退火，用限制性内切核酸酶处理扩增的片段，然后进行琼脂糖凝胶电泳，使 RFLP 分型［图 3.5（B）］。

## 简单序列长度多态性（simple sequence length polymorphism，SSLP）

SSLP 是一系列不同长度的重复序列，不同的等位基因含有不同数目的重复单位［图 3.6（A）］。与 RFLP 不同，由于每个 SSLP 可以有很多不同长度的变异体，所以它可以是多等位基因的。SSLP 有两种类型。

- **小卫星**（minisatellite）也称作**可变数目串联重复**（variable number of tandem repeat，VNTR），重复单位可以长至 25 个核苷酸。
- **微卫星**（microsatellite）或**简单串联重复**（simple tandem repeat，STR），重复单位长度更短，通常为 13 个或更少的核苷酸。

微卫星比小卫星更常用于 DNA 标记，有两个原因。第一，小卫星在基因组中并不是均匀分布，而是更常见于染色体末端的端粒区。用地理学术语来讲，相当于想用灯塔图来找一个岛中央的路。微卫星在基因组中的分布更便于用来定位。第二，长度多态性分型的最快的方法是通过 PCR，但是 PCR 分型用于小于 300bp 的序列时更快且更准确。大多数的小卫星等位基因比 300bp 长，因为重复单位相对较大，而且在一个序列中常有许多重复，因此需要几个 kb 的 PCR 产物来组装它们。作为 DNA 标记使用的微

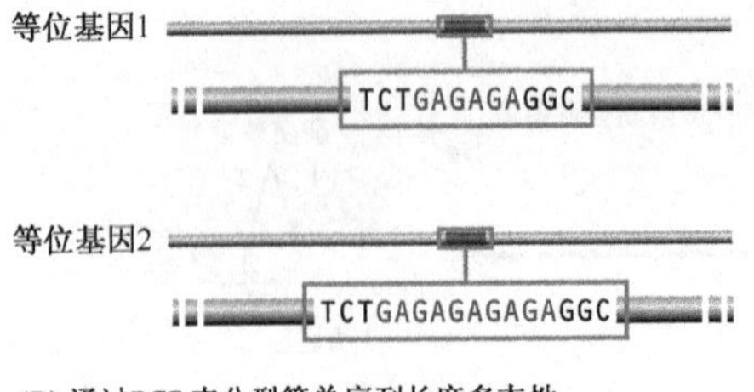


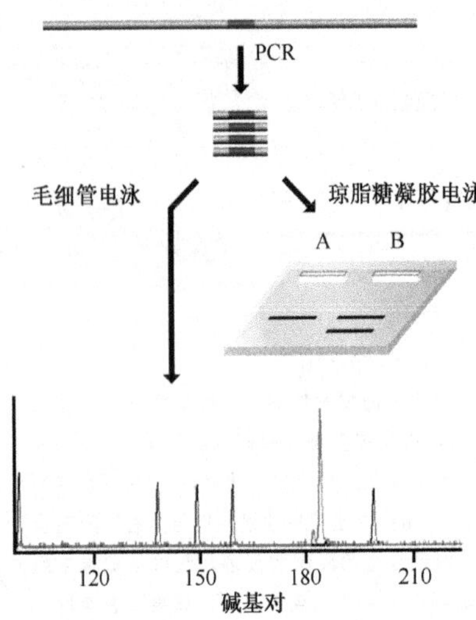


图 3.6 STR 及其显示方法

(A) 图示一个简单串联重复（微卫星）的两个等位基因。在等位基因 1 中，'GA' 基序重复了 3 次，在等位基因 2 中重复了 5 次。(B) 图示如何通过 PCR 进行 STR 分型。扩增 STR 及其周围的区域，扩增产物用琼脂糖凝胶电泳或毛细管电泳分析。在琼脂糖凝胶中的 A 泳道是 PCR 产物而 B 泳道是 DNA 标记，代表两个等位基因 PCR 后的带的大小。泳道 A 的带与较大的 DNA 标记的大小一致，表明被测 DNA 含有等位基因 2。毛细管电泳的结果以电势图来显示，峰的位置指明了 PCR 产物的大小。电势图经过标准标记物的自动校准，所以可以计算出 PCR 产物的准确长度。本图由 Susan Thaw 惠赠

卫星通常含有 10～30 个重复拷贝，每个拷贝通常不大于 6bp，因此更适合用 PCR 来分型。人类基因组中有 $5\times10^5$ 个重复拷贝不大于 6bp 的微卫星。

当使用 PCR 检测的时候，存在于简单串联重复中的等位基因是通过准确的 PCR 产物的长度来显示的［图 3.6 (B)］。长度的差异可以通过琼脂糖凝胶电泳显示，但是标准的凝胶电泳是一个繁琐的过程且很难自动化，所以不适合现代基因组研究中高通量的分析要求。取而代之，简单串联重复通常是通过在聚丙烯酰胺凝胶中进行**毛细管电泳**(capillary electrophoresis)（技术注解 4.1）来显示。许多毛细管电泳系统使用荧光检测，因此要在进行 PCR 之前将一种荧光染料标记到一对或两对引物上（技术注解 2.1）。在 PCR 完成之后，产物被加到毛细管系统并通过一个荧光监测器。一台连接到监测器的计算机将 PCR 产物的通过时间与来自一套 DNA 标记物的相应数据关联后就能确认产物的准确长度。

## 单核苷酸多态性（single nucleotide polymorphism，SNP）

基因组中的某些位点上，有些个体只有一个核苷酸（如一个 G），与其他个体不同（如 C）（图 3.7）。在每一个基因组中都有大量的 SNP（人类基因组中有超过 4 000 000 个），有些也可形成 RFLP，但许多都不能，因为它们所处的序列不能被限制性内切核酸酶识别。

因为基因组的任一个位点都可能是四种核苷酸中的一种，所以可以想象每个 SNP 都可以有 4 个等位基因。这在理论上是可能的，但现实中大多数 SNP 仅存在两个等位基因。这是因为每一个 SNP 都来自于基因组发生将一种核苷酸换成另一种时的**点突变**（point mutation）(16.1 节)。如果突变发生在一个能够生殖的个体细胞中时，那么该个体的一个或多个后代就可能遗传到该突变，然后在很多代次以后，该 SNP 最终可能在群体中确立下来。但是，这时只有两个等位基因——原始序列和突变的序列。为使第三个等位基因出现，必须有一个新的突变发生在其他个体的基因组上相同的一个位点，然后该个体及其子代还必须以使该新的等位基因确立下来的方式来繁殖。这种情形不是不可能，但却是不太现实的，所以绝大多数的 SNP 是双等位基因。这个不足之处被存在于每一个基因组中的巨大数量的 SNP（在大多数真核生物中 10kb 的 DNA 就至少有一个 SNP）所克服了。SNP 因此能构建非常精细的基因组图谱。

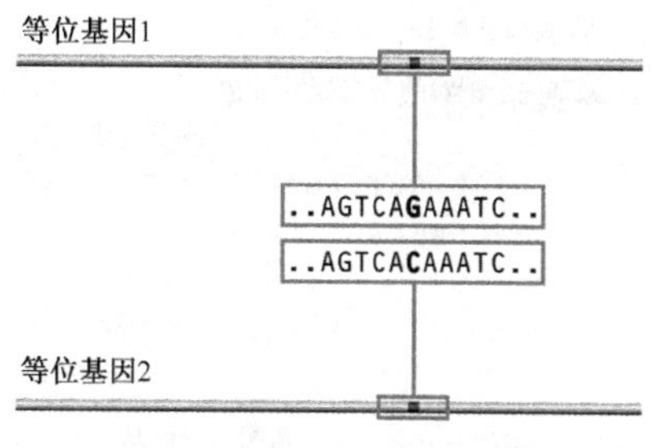

图 3.7　单核苷酸多态性（SNP）

从基因组研究中所获得的 SNP 的重要性已经促进了快速检测 SNP 方法的发展。其中一些方法是以**寡核苷酸杂交分析**（oligonucleotide hybridization analysis）为基础的。寡核苷酸是在试管中合成的通常小于 50 个核苷酸的短的单链 DNA 分子。在适当的条件下，一个寡核苷酸只有在与另一个 DNA 分子形成完全的碱基配对结构时，才能与其发生杂交。如果有一个碱基错配，即寡核苷酸中有一个位点不能形成碱基对，则不能杂交［图 3.8（A)］。因此，寡核苷酸杂交能区分一个 SNP 的两个等位基因。目前已经发明多种筛选策略。

- **DNA 芯片**（DNA chip）技术（技术注解 3.1）是应用面积为 2.0cm$^2$ 或更小的玻璃或硅质的晶片，在上面高密度地排列着许多寡核苷酸。待测的 DNA 用荧光标记物标记，点到芯片表面。用荧光显微镜检测，发出荧光信号的位置表明寡核苷酸与待测 DNA 杂交。因此在一个实验中可以确定许多 SNP。
- **液相杂交技术**（solution hybridization technique）在微量滴定板的孔中进行，每个孔中含有一种不同的寡核苷酸，用一种可以区分未杂交的单链 DNA 和待测 DNA 与寡核苷酸杂交的双链产物检测系统进行检测。目前已经发展了几种系统，其中一种是利用一对由一种荧光染料和某种靠近染料时可使荧光淬灭的复合物组成的标签，荧光染料与寡核苷酸的一个末端相连，而淬灭复合物与另一端相连，设计的寡核苷酸的两个末端可以形成碱基配对，由此使淬灭复合物与染料相邻，因此通常情况下没有荧光［图 3.8（B)］。寡核苷酸和待测 DNA 的杂交破坏了这种碱基配对，使淬灭复合物远离荧光染料，所以可以发出荧光。

其他检测方法使用一种与 SNP 在 5′或 3′端发生错配的寡核苷酸。在适当的条件下，这种寡核苷酸能够与模板 DNA 错配杂交形成一个短的、非碱基配对的“尾”［图 3.9（A)］，该特性有下述两种不同的用途。

- **寡核苷酸连接分析**（oligonucleotide ligation assay，OLA）使用两个在紧邻位置退火的寡核苷酸，其中一个寡核苷酸的 3′端恰好位于 SNP 位点。如果某个版本的 SNP

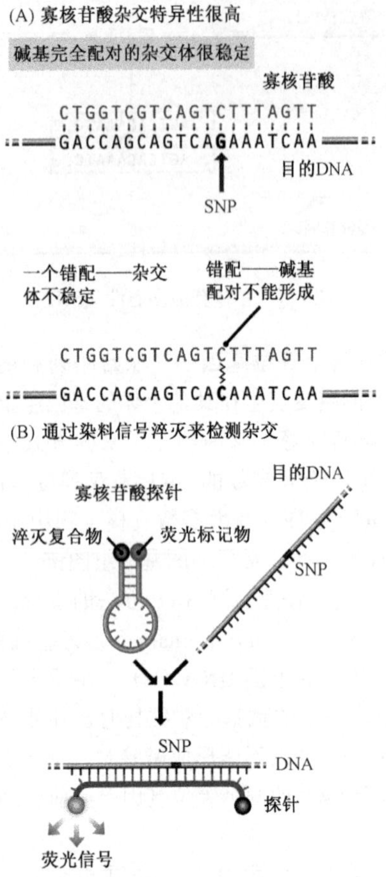

(A) 寡核苷酸杂交特异性很高
碱基完全配对的杂交体很稳定
寡核苷酸
CTGGTCGTCAGTCTTTAGTT
GACCAGCAGTCAGAAATCAA
目的DNA
SNP
一个错配——杂交体不稳定
错配——碱基配对不能形成
CTGGTCGTCAGTCTTTAGTT
GACCAGCAGTCACAAATCAA
(B) 通过染料信号淬灭来检测杂交
寡核苷酸探针
淬灭复合物
荧光标记物
目的DNA
SNP
SNP
DNA
探针
荧光信号

图 3.8 通过寡核苷酸杂交检测 SNP

(A) 在高严谨度杂交条件下，只有当寡核苷酸可以与靶 DNA 形成完全碱基配对时才能产生稳定的杂交体。如有一个单个碱基错配，杂交体就不能形成。为达到这个严谨度水平，温浴的温度必须恰好在寡核苷酸**解链温度**（melting temperature）即 $T_m$ 以下。温度高于 $T_m$ 时，即使完全配对的杂交体也不稳定。在比 $T_m$ 值低 5℃以上的温度时，错配的杂交体也可能稳定。在图中显示的寡核苷酸 $T_m$ 值大约为 58℃，这可以通过公式 $T_m=4\times(G+C)+2\times(A+T)$℃来计算出。此公式给出了 15～30 个核苷酸组成的寡核苷酸的 $T_m$ 的粗略表示。(B) 液相杂交检测 SNP 的一种方法。这个寡核苷酸探针有两个末端标记。一端被荧光染料标记，另一端是淬灭复合物。寡核苷酸的两个末端彼此间形成碱基被配对，因此荧光信号被淬灭。当探针与靶 DNA 杂交时，探针分子的两个末端分开，从而使荧光染料发出信号。这两个标签被称为“分子灯塔”

(A) 末端错配的寡核苷酸杂交
碱基完全配对的杂交
寡核苷酸
5′ TCGGTCGCTGGTCGTCAGTC 3′
AGCCAGCGACCAGCAGTCAG
目的DNA
非碱基配对的尾
寡核苷酸
5′ TCGGTCGCTGGTCGTCAGTC 3′
AGCCAGCGACCAGCAGTCAC
目的DNA
(B) 寡核苷酸连接分析
没有错配
DNA
SNP
发生连接
错配
DNA
没有连接
(C) ARMS测试
PCR产物被生成
错配
没有PCR产物

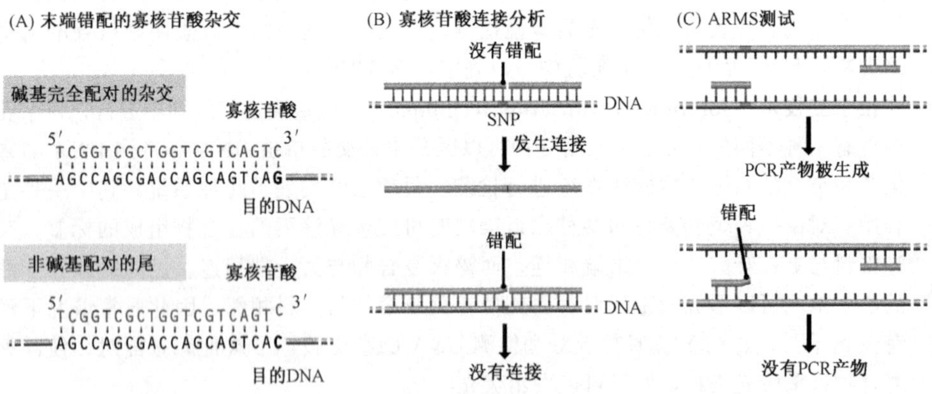

图 3.9 SNP 分型的方法

(A) 在适当的条件下，在 5′或 3′端与模板 DNA 发生错配的寡核苷酸能够与模板 DNA 错配杂交形成一个短的、非碱基配对的“尾”。(B) 通过寡核苷酸连接分析进行 SNP 分型。(C) ARMS 测试

## 技术注解 3.1 DNA 微阵列和芯片

### 用于平行杂交分析的高密度 DNA 分子阵列

DNA 微阵列和芯片用于平行地实施大量杂交实验。它们的主要用途是进行诸如 SNP（3.2.2 节）的多态性筛选以及比较不同细胞的 RNA 群体组成（6.1.2 节）。

尽管这个术语不够准确，但是微阵列和芯片严格地讲是两种完全不同的矩阵。在这两种体系中，大量的各种不同序列的 DNA 探针固定在一个固体表面的特定位置。探针可以是合成的寡核苷酸，或其他的诸如 cDNA 或 PCR 产品的短 DNA 分子。可以将寡核苷酸或 cDNA 点在显微镜的玻璃载玻片上或尼龙膜上以形成**微阵列**（microarray）。这种方法只能获得相对较低的密度——典型的是 6400 个点（在 18mm×18mm 的面积内形成 80×80 的阵列），这足以检测 RNA 群体，但对于 SNP 分型所需要的高通量分析则很少能使用。

为了制备真正的高密度阵列，在玻璃或硅片的表面原位合成寡核苷酸，制成 **DNA 芯片**（DNA chip）。寡核苷酸合成的一般方法是将核苷酸依次加到正在延伸的寡核苷酸的末端，寡核苷酸的序列由加入反应混合物中的核苷酸底物的顺序决定的。如果用于在芯片上合成，可以使每个核苷酸都有同样的序列。因此，在改进的方法中用经修饰的核苷酸底物，必须经过光激活后才能被连接在延伸的寡核苷酸的末端。核苷酸依次加到芯片的表面，使用**光沉积法**（photolithography）指导矩阵中各个位置的光脉冲，这样就能通过每步添加特定的核苷酸决定哪一个寡核苷酸会被延长（图 T3.1）。如此，每平方厘米的密度达到 300 000 个寡核苷酸是可能的。所以，如果用于 SNP 的筛选，只要具有针对每个 SNP 的两个等位基因的寡核苷酸，一个反应就可以完成 150 000 个多态性的分型。

芯片和微阵列使用起来并不复杂。芯片或阵列与标记的靶 DNA 温浴杂交，通过扫描阵列表面并记录发出标记信号的位置即可以确定与靶 DNA 杂交的寡核苷酸。放射性标记可以用于低密度微阵列，信号可以通过**磷光成像**（phosphorimaging）检测到。但是这种方法对于高密度芯片并不能提供足够的分辨率，因此有必要使用荧光标记。荧光信号可以通过激光扫描或更常用的荧光共聚焦显微镜来检测（图 T3.2）。

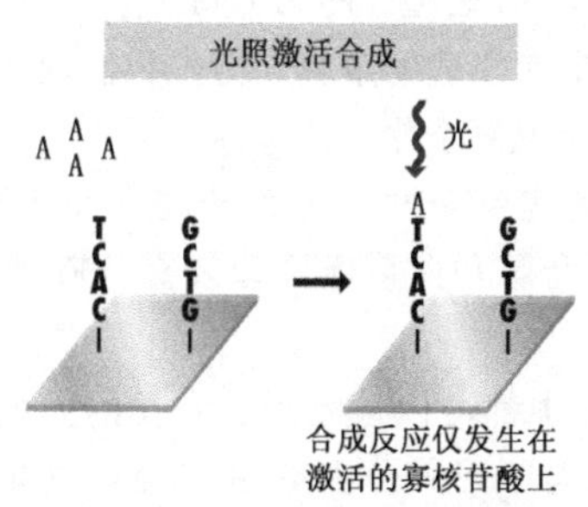


图 T3.1 DNA 芯片表面的寡核苷酸合成

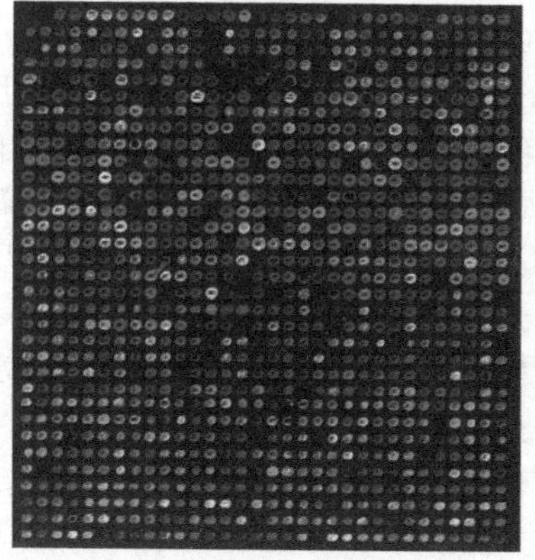

图 T3.2 荧光标记的探针杂交到微阵列的视图

标记物已经通过共聚焦激光扫描检测并且信号强度被转化为假色图，图中的最强的杂交信号以红色代表，接着是橙色、黄色、绿色、蓝色、紫蓝色和紫色，最后的颜色代表杂交背景水平。微阵列上的每一个点都代表一个从人血液细胞 mRNA 中制备的不同 cDNA 克隆，探针是来自人骨髓 mRNA 的 cDNA。关于使用 DNA 芯片和微阵列来研究 mRNA 群体的更详细信息请参见 6.1.2 节。本图由 Tom Strachan 惠赠，并经 *Nature* 授权重新印刷

存在于 DNA 模板中，该寡核苷酸将与之形成完全的碱基配对，这样的话它就能与另一条寡核苷酸连接［图 3.9（B）］。如果被检测的 DNA 含有另一个 SNP，那么检测用的寡核苷酸的 3′端核苷酸不能与模板退火，也就不能发生连接。这样，通过检测连接产物的是否生成来检测等位基因，而且，通常是如前所述的 STR 分型一样，通过毛细管电泳系统来检测反应后的混合物。

- **耐扩增突变系统**（amplification refractory mutation system）或 **ARMS 测试**是基于 OLA 类似的原理，但在该方法中测试的寡核苷酸是 PCR 引物对中的一个。如果测试的引物与 SNP 退火，那么就可以通过 *Taq* 酶来延伸，从而发生 PCR 反应。但是，如果存在的是另一个版本的 SNP 而不能退火，那么就没有 PCR 产物出现［图3.9（C）］。

## 3.2.3 连锁分析是遗传作图的基础

既然我们已经有了一套可以构建遗传学图谱所需的标记，接下来我们去看一下作图的技术。这些技术都是以**遗传连锁**（genetic linkage）为基础，它们源自 19 世纪中期孟德尔（Gregor Mendel）建立的遗传学中关于种子的发现。

### 遗传规律和连锁现象的发现

遗传作图是以 Gregor Mendel 于 1865 年第一次描述的遗传规律为基础的。孟德尔从豌豆杂交实验的结果得出结论，即豌豆植物的每一个基因都有两个等位基因，但是只呈现一种表型。对一种特定的性状来说这很容易理解，如果某种植物是纯种或**纯合子**（homozygous），当它拥有两个完全相同的等位基因时，会表现一定的表型［图 3.10（A）］。但是孟德尔显示的是，当具有不同表型的两个纯种植物杂交，那么其后代（$F_1$ 代）呈现同样的表型。这些 $F_1$ 代植物一定是**杂合子**（heterozygous），也就是说，它们拥有两个不同的等位基因，每一个负责一种表型，一个来自母本，一个来自父本。孟德尔假设在这种杂合子的条件下，一个等位基因的效应超过了另一个等位基因的效应，因此他描述 $F_1$ 代中的现象认为**显性**（dominant）表型超过了**隐性**（recessive）表型［图 3.10（B）］。

这是对孟德尔研究的两对等位基因之间相互作用非常正确的解释，但是我们现在意识到，这个简单的显隐性规律可能会被他所未遇到的情况复杂化，这包括：

- **不完全显性**（incomplete dominance），即杂合子的表型是两个纯合子的中间表型，植物的花色，例如，康乃馨（不是豌豆），红色康乃馨和白色康乃馨杂交，$F_1$ 代杂合子呈现的是粉红色［图 3.11（A）］。
- **共显性**（codominance），即两种等位基因在杂合子中都可以检测到。人类的血型提供了共显性的几个例子。比如，MN 系列的两种纯合子形式分别是 M 和 N，携带这两种形式的个体分别只合成 M 或 N 型血糖蛋白。不过，杂合子合成两种糖蛋白，所以是 MN 型［图 3.11（B）］。

孟德尔不但发现了显性和隐性遗传，他还做了进一步的杂交试验，从而使他建立了两个遗传学法则。第一个法则称为**等位基因随机分离**（alleles segregate randomly）。换句话说，如果亲本的等位基因是 $A$ 与 $a$，那么 $F_1$ 代的成员得到 $A$ 或 $a$ 的概率相等。第二个法则是**等位基因自由组合**（pairs of alleles segregate independently）。这就是说，基因 $A$ 的等位基因遗传与基因 $B$ 的等位基因遗传相互独立。正因为具有这些法则，遗传杂交的结果是可以预料的（图 3.12）。

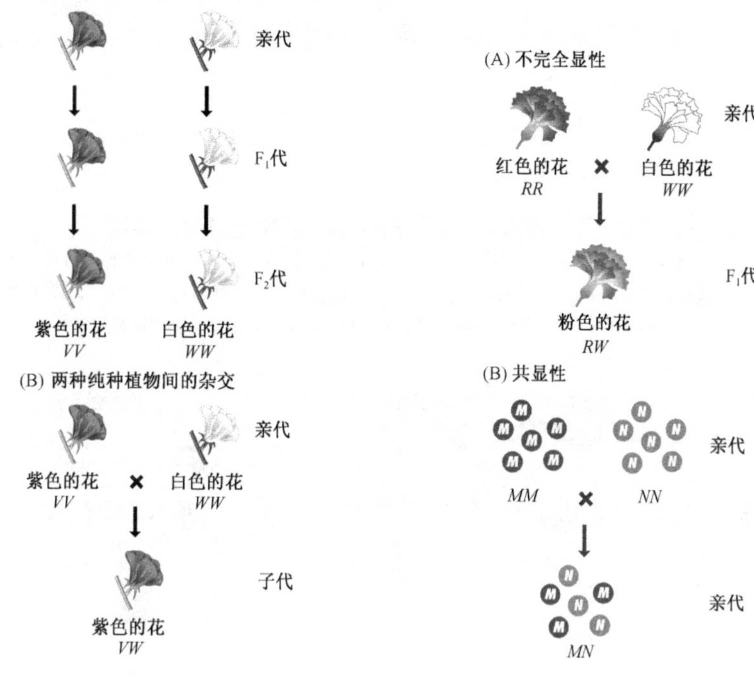


图 3.10　纯合性和杂合性

孟德尔在他的豌豆植物中研究了 7 对相反的性状，其中一种如这里所示，为紫色花和白色花。（A）纯种植物的花总是与亲本的颜色是一致的。这些植物是纯合子，都拥有一对相同的等位基因，这里用 $VV$ 代表紫色花，$WW$ 代表白色花。（B）当两株纯种植物杂交时，在 $F_1$ 代只有一种表型。孟德尔推测 $F_1$ 代植物的基因型是 $VW$，因此，$V$ 是显性等位基因，$W$ 是隐性等位基因

图 3.11　孟德尔未涉及的两种类型的等位基因相互作用

（A）不完全显性；（B）共显性

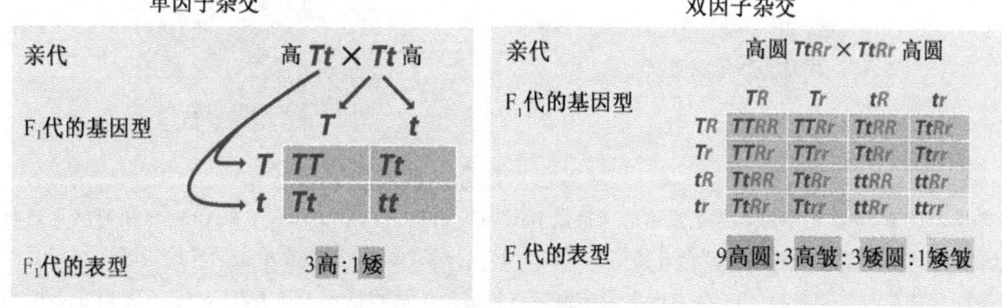

单因子杂交

亲代　高 Tt × Tt 高

$F_1$代的基因型

| | T | t |
|---|---|---|
| T | TT | Tt |
| t | Tt | tt |

$F_1$代的表型　3高 : 1矮

双因子杂交

亲代　高圆 TtRr × TtRr 高圆

$F_1$代的基因型

| | TR | Tr | tR | tr |
|---|---|---|---|---|
| TR | TTRR | TTRr | TtRR | TtRr |
| Tr | TTRr | TTrr | TtRr | Ttrr |
| tR | TtRR | TtRr | ttRR | ttRr |
| tr | TtRr | Ttrr | ttRr | ttrr |

$F_1$代的表型　9高圆 : 3高皱 : 3矮圆 : 1矮皱

图 3.12　孟德尔法则使遗传交换的结果可以预测

两次杂交的预测结果。在单因子杂交中，单基因的等位基因被检测，该例中 $T$ 代表高豌豆株，$t$ 代表矮豌豆株。$T$ 是显性的，$t$ 是隐性的。格中表示根据孟德尔的第一法则（等位基因随机分离）预测的 $F_1$ 代的基因型和表型。孟德尔做这个杂交的时候，获得了 787 株高豌豆株，277 株矮豌豆株，比例为 2.84∶1。在双因子杂交中，涉及两个基因。第二个基因决定豌豆的形状，等位基因 $R$（圆的，显性等位基因）和 $r$（皱缩的，隐性等位基因）。图中显示的是根据孟德尔的第一法则和第二法则（成对的等位基因独立分离）预测的基因型和表型

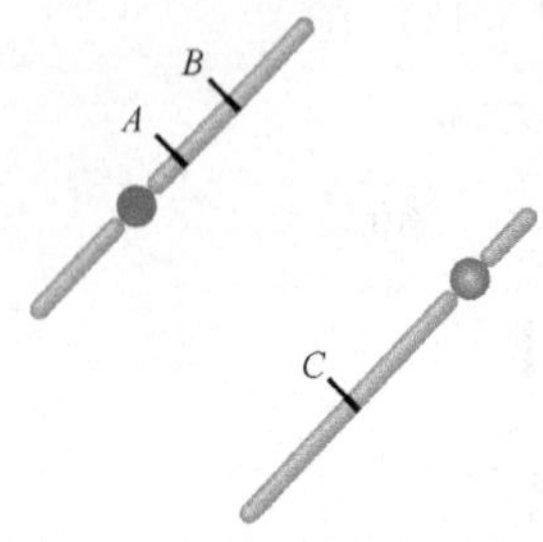


图 3.13 同一条染色体上的基因应该表现连锁

基因 $A$ 和 $B$ 在同一条染色体上，因此应该同时遗传。孟德尔第二法则因此不适用于 A 和 B 的遗传，基因 $C$ 在另一个不同染色体上，所以孟德尔第二法则适用于 $A$ 和 $C$，或 $B$ 和 $C$ 的遗传。孟德尔没有发现连锁，因为他所研究的 7 个基因都位于不同的豌豆染色体上

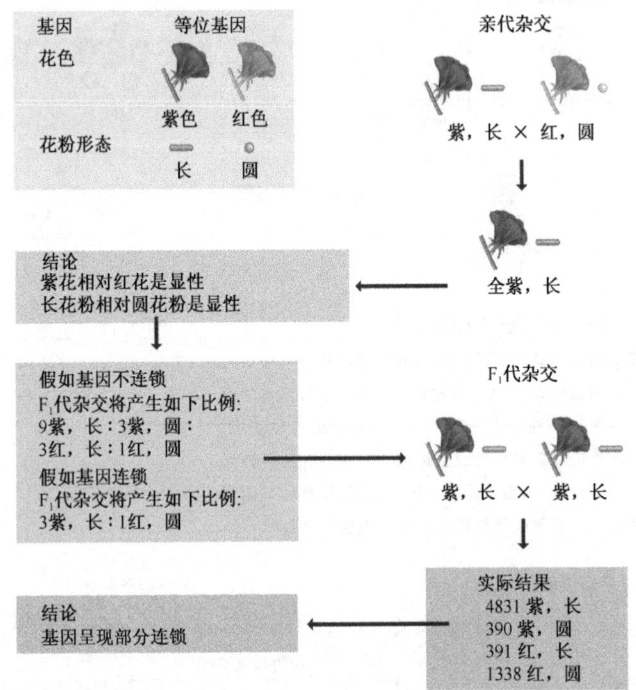


图 3.14 部分连锁

部分连锁发现于 20 世纪早期，这里显示的交换是 Bateson、Saunders 和 Punnett 在 1905 年用甜豌豆进行的实验。亲本的交换造成了典型的双杂合体结果（图 3.12），所有的 $F_1$ 植物显示出同样的表型，提示显性的等位基因为紫花与长花粉粒。$F_1$ 杂交产生了未预料到的结果：后代既不是 9∶3∶3∶1（基因在不同的染色体上），也不是 3∶1（基因完全连锁）。这种不寻常的比例是典型的部分连锁的结果

当 20 世纪孟德尔的工作被重新发现的时候，第二个遗传法则使早期的遗传学家感到迷惑，因为人们已经认识到基因是位于染色体上的，而且所有生物都有比染色体多得多的基因。染色体是以整个单位遗传的，所以有理由认为一些等位基因是共同遗传的，因为它们位于同一条染色体上（图 3.13）。这就是遗传的连锁规律，尽管结果并不像预

期的那样准确，但是很快就被证明是正确的。预期的许多对基因之间的完全连锁是很难实现的。多对基因间可以独立遗传，正如在不同的染色体上的基因一样，或者即使表现连锁，也只是**部分连锁**（partial linkage），即有时候是共同遗传，有时候并不是（图 3.14）。

这一理论与实践之间矛盾的解决是遗传作图技术发展的关键步骤。

## 用减数分裂中染色体的行为解释部分连锁的原因

这个重要的突破是 Thoumas Hunt Morgan 完成的，他在部分连锁与细胞核分裂时染色体的行为之间建立了概念上的飞跃。19 世纪末期的细胞学家已经能区分核分裂的两种形式，即**有丝分裂**（mitosis）与**减数分裂**（meiosis）。有丝分裂更常见，在这个过程中，体细胞的二倍体核分裂成两个子核，每一个子核仍然是二倍体（图 3.15）。在一个人的生命过程中，大约需要 $10^{17}$ 次有丝分裂以产生所有细胞。在有丝分裂开始前，细胞核中的每条染色体都被复制，但产生的姐妹染色体彼此不分开，它们仍然附着在着丝粒上，直到有丝分裂晚期染色体在两个新核之间分配时才分离。显然，尤为重要的是每个子代核都接受了一套完整的染色体，有丝分裂中大部分的复杂之处似乎就是为了达到这一目的。

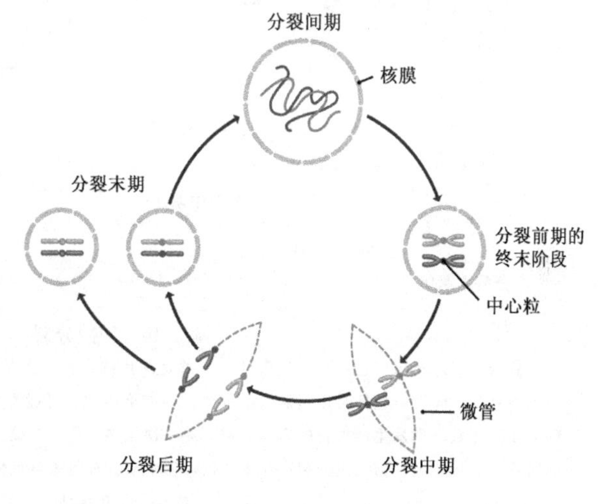


图 3.15　有丝分裂

在分裂间期（核分裂之间的时期），染色体处于延伸状态（7.1.1 节）。在有丝分裂开始时，染色体凝聚，到了分裂前期的终末阶段，染色体形成了光镜下可见的结构。每条染色体已经进行了 DNA 复制，但两条姐妹染色体通过着丝粒连在一起。分裂中期，核膜破裂（在多数真核细胞中），染色体排列在细胞中央。微管将姐妹染色体拉向细胞的两极。分裂末期，核膜在每个子染色体组周围重新形成，结果是母核产生了两个完全一样的子核。为了简单说明，只显示了一对同源染色体，一条是深色的，一条是浅色的

有丝分裂显示了核分裂中的基本事件，但它与我们感兴趣的减数分裂的独特之处并不直接相关。减数分裂只发生于生殖细胞中，其结果是一个二倍体细胞产生了 4 个单倍体**配子**（gamete），在有性繁殖中每个配子与另一性别的配子融合。减数分裂产生 4 个单倍体细胞，而有丝分裂产生两个二倍体细胞，原因不难解释：减数分裂依次进行两次核分裂，而有丝分裂只进行一次核分裂。有丝分裂与减数分裂间的重要区别则更为精妙。在一个二倍体细胞中，每种染色体有两个独立的拷贝（第 1 章），我们称之为一对**同源染色体**（homologous chromosome）。在有丝分裂中，同源染色体仍彼此独立，每一条独立复制并传递给子代核。然而在减数分裂中，成对的同源染色体决非是独立的。在减数分裂 I 期，每条染色体与其同源体排列在一起形成**二价体**（bivalent）（图 3.16），

这发生于每条染色体复制之后，但在复制结构分开之前，因此二价体其实含有 4 个染色体拷贝。在减数分裂末期产生 4 个配子，每一个染色体拷贝进入 4 个配子中的一个。在二价体中，染色体臂［**染色单体**（chromatid）］可以发生断裂以及 DNA 片段的交换，这被称为**交换**（crossing-over）或**重组**（recombination），该现象由比利时细胞学家 Janssens 于 1909 年发现，比摩尔根开始研究部分连锁的时间约早两年。

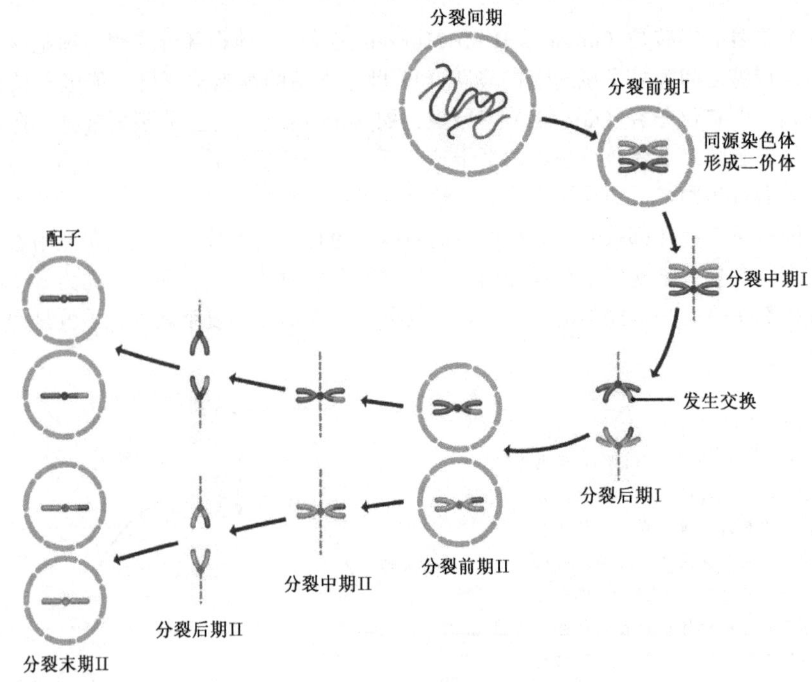


图 3.16　减数分裂

图中显示了一对同源染色体发生的事件：一条是深色的，另一条是浅色的。在减数分裂开始时，染色体浓缩而且每个同源染色体对排列形成二价体。在二价体中，可能发生交换，包括染色体臂的断裂与 DNA 的交换。减数分裂发生两次核的有丝分裂，第一次分裂产生 2 个核，每个核中的每条染色体的 2 个拷贝仍然附着在着丝粒上；第二次分裂产生 4 个核，每个核具有每条染色体的一个拷贝，因此减数分裂的最终产物配子是单倍体

交换现象的发现是怎样帮助摩尔根解释部分连锁的呢？为理解这一问题，我们需要考虑交换对基因遗传的影响。例如，有 2 个基因，每个基因具有 2 个等位基因，我们称第一个基因为 A，它的等位基因为 *A* 与 *a*；第二个基因为 B，等位基因为 *B* 与 *b*。设想这两个基因位于黑腹果蝇（摩尔根研究的果蝇种类）的 2 号染色体上。我们将追踪一个二倍体核的减数分裂过程，这个二倍体核的 2 号染色体的一个拷贝含等位基因 *A* 与 *B*，另一个拷贝含 *a* 与 *b*。图示见图 3.17。考虑下面两种不同的情况。

- 交换不在 A 与 B 之间发生。如果是这样，那么将有两个配子含有带 *A* 与 *B* 的染色体，另两个配子含有 *a* 与 *b*。换句话说，2 个配子**基因型**（genotype）为 *AB*，另两个为 *ab*。

• 基因 A 与 B 之间发生交换。这可导致含基因 B 的 DNA 片段在同源染色体间交换，最终结果是每个配子具有不同的基因型：1 个 *AB*，1 个 *aB*，1 个 *Ab*，1 个 *ab*。

现在我们来考虑 100 个相同的细胞减数分裂的结果。如果从未发生过交换，那么产生的配子将有如下基因型：

200 个 *AB*

200 个 *ab*

这是完全连锁，即在减数分裂中基因 A 与 B 作为一个单位。但如果（可能性更大）一些核中发生了 A 与 B 之间的交换，那么这对等位基因将不能作为一个单位遗传。如果在 100 个细胞的减数分裂中有 40 个出现交换，将产生下面的配子：160 个 *AB*；160 个 *ab*；40 个 *Ab*；40 个 *aB*，这时连锁是不完全的，即只是部分连锁，除了两个**亲代**（parental）基因型（*AB*，*ab*）以外，还出现了**重组**（recombinant）基因型（*Ab*，*aB*）的配子。

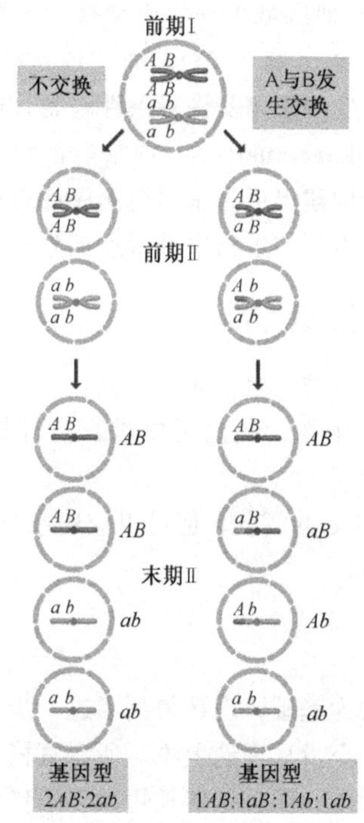


图 3.17　连锁基因交换的效果

这幅图显示了一对同源染色体，一条深，另一条浅。A 和 B 是连锁基因而且分别有等位基因 *A*、*a*、*B* 与 *b*。左图显示 A 与 B 之间未发生交换的减数分裂，产生的两个配子基因型为 *AB*，而另两个为 *ab*；在右图，A 与 B 之间发生了交换：4 个配体表现了所有可能的基因型 *AB*、*aB*、*Ab*、*ab*

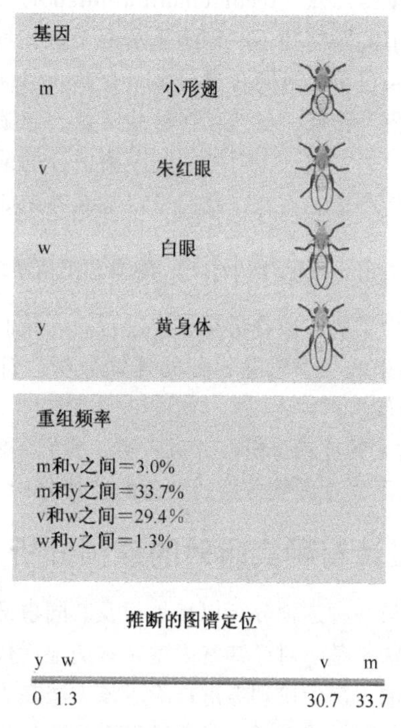


图 3.18　通过重组率作遗传图

这个例子来自 Arthur Sturtevant 最初用果蝇进行的实验。所有 4 个基因都在果蝇 X 染色体上。图中显示了基因的重组率以及推断的位置

## 从部分连锁到遗传作图

摩尔根在理解了减数分裂中的交换可以解释部分连锁后，就设计出将基因的相对位置定位在染色体上的方法。事实上，这个重要突破并不是摩尔根自己完成的，而是由在他的实验室工作的一名大学生 Arthur Sturtevant 做的。Sturtevant 假设交换是一个随机事件，在一对并列的染色单体的任何位置发生交换的概率是相同的。如果这种假设是正确的，那么相邻的两个基因由于交换而分开的概率将低于距离较远的两个基因。进一步说，基因间因交换而失去连锁的概率与它们在染色体上的距离正好成比例。因而**重组频率**（recombination frequency）是衡量两个基因间距离的单位。计算出不同基因对之间的重组频率，就可以构建出显示基因在染色体上相对位置的图（图 3.18）。

现在已经知道 Sturtevant 关于交换随机性的假定并不完全正确。比较遗传图谱与基因在 DNA 分子上的实际位置（由物理作图与 DNA 测序得到）后发现，染色体上一些称为**重组热点**（recombination hotspot）的区域比其他区域更易发生交换，这意味着遗传图上的距离并不一定能显示两个标记间的物理距离（图 3.25）。而且现在已经知道，一条染色单体可同时参与多个交换，但判定这些交换的距离受许多条件限制，这就导致作图更不精确。虽然存在这些缺点，**连锁分析**（linkage analysis）通常能正确推断出基因的顺序，而且，对基因间距离估计的精确度足以构建出可为基因组测序计划提供框架的遗传图谱。因此，我们可以继续考虑如何在不同类型的生物中进行连锁分析。

# 3.2.4 对不同种类的生物进行连锁分析

为了解连锁分析是怎样进行的，我们需要考虑三种完全不同的情况。

- 对果蝇与小鼠等物种的连锁分析。针对这两种生物，我们可以进行有计划的育种实验。
- 对人的连锁分析。针对人类，我们不能进行有计划的实验，但可以应用家系分析。
- 对不发生减数分裂的细菌的连锁分析。

## 可设计育种实验时的连锁分析

第一种连锁分析以摩尔根及其同事开创的方法为基础，现在得到了进一步发展。这个方法是基于对已知基因型亲本交配后代的分析，至少从理论上说对所有真核生物都是可行的。出于伦理考虑排除了该方法在人类中的应用，而且孕期长短以及子代成熟所需要的时间（成熟后才可以进行下一轮的交配）等实际问题限制了连锁分析在一些动植物中的应用。

回到图 3.17，我们可以发现，基因作图的关键是确定减数分裂所产生的配子基因型。少数情况下，可以直接检查配子。例如，一些微小真核生物（包括酿酒酵母）产生的配子可以长成单倍体细胞的克隆，其基因型可以通过生物化学方法判定。应用 DNA 标记也可对高等真核生物配子直接进行基因分型，例如，可以对一个个体的精子的 DNA 做 PCR，从而进行 RFLP、SSLP 与 SNP 的分型。但精子分型很费力，所以对高等真核生物的常规连锁分析并不是直接检查配子，而是通过检测分别来自两个亲本的配子融合形成的二倍体后代的基因型，即进行遗传学交配实验。

遗传交换实验的复杂性在于二倍体后代是两次而不是一次减数分裂的产物（每个亲本一次），而且多数生物中，雄性和雌性配子发生交换的概率相同。我们必须从二倍体后代的基因型中分辨发生在每次减数分裂中的交换事件，这意味着必须小心地设计交换实验。标准方法是应用**测交分析**（test cross）。如图 3.19 中所示，我们设计了一个测交分析实验将我们以前遇到的两个基因 A（等位基因为 *A* 和 *a*）和 B（等位基因为 *B* 和 *b*）都定位在果蝇的 2 号染色体上。测交分析的关键是两个亲本的基因型。

- 一个亲本是**双杂合子**（double heterozygote），这意味着在这个亲本中具有所有 4 个等位基因，其基因型是 *AB*/*ab*，说明一对同源染色体有等位基因 *A* 和 *B*，另一对有 *a* 和 *b*。双杂合子可以通过两个纯种株的交配得到，如 *AB*/*AB*×*ab*/*ab*。
- 第二个亲本是一个**双纯合子**（double homozygote）。在这个亲本中，染色体 2 的同源拷贝是相同的，如图 3.19 所示，两个染色体都有等位基因 *a* 与 *b*，亲本基因型为 *ab*/*ab*。

*A*与*B*相对于*a*与*b*显性

亲代

1 × 2 测交

*AB*/*ab* *ab*/*ab*

*AB* *ab*
*Ab* *ab*
*aB* *ab* 配子
*ab* *ab*

$F_1$基因型 表型

*ABab* AB
*Abab* Ab
*aBab* aB
*abab* ab

每一种表型都与亲本1配子的基因型一致

图 3.19 显性基因和隐性基因间的测交分析

A 与 B 分别具有等位基因 *A* 与 *a*、*B* 与 *b* 的遗传学标记。我们通过检查后代的表型对其量化。由于双纯合子亲本（亲本 2）有两个隐性等位基因 *a* 与 *b*，因此，它对于后代的表型实际没有贡献。因此，$F_1$ 中每个个体的表型与亲本 1 提供给的配子的基因型一致

双杂合子有与图 3.17 所示减数分裂的细胞同样的基因型。我们的目的是推断该亲本产生的配子的基因型，以计算重组体的比例。注意，无论是亲本型还是重组型配子，双纯合子亲本产生的所有配子都具有 *ab* 的基因型。等位基因 *a* 和 *b* 都是隐性的，所以检测其基因型时，该亲本的减数分裂是不可见的。其结果是，该亲本中的减数分裂对后代的基因型无影响。这意味着从二倍体后代的基因型可以确定地推断出双杂合子亲本来源配子的基因型，如图 3.19 所示。于是，测交分析实验就可以使我们对一次减数分裂进行直接分析，从而计算出重组频率以及所研究的两个基因间的图谱距离。

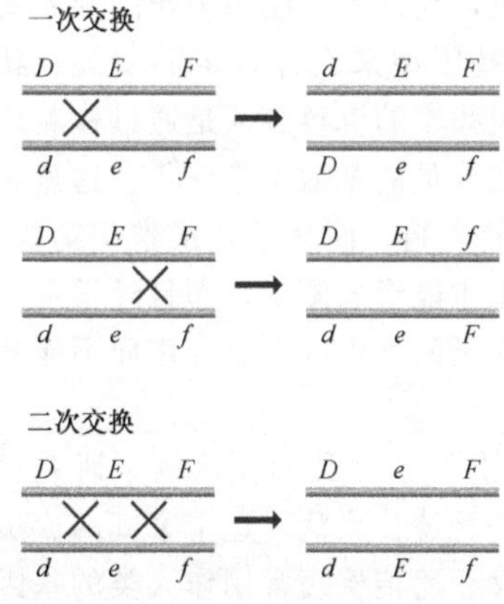


图 3.20 双杂交过程中的交换效应

两个外侧标记中的任一个都可能仅仅通过一个简单的重组而解连锁，但是使中间的标记与两侧的标记解连锁则需要两次重组

如果一次交换中涉及两个以上的标记，这种连锁分析的优势会加强。该方法不仅使重组的频率更快，而且可以通过这些数据的简单分析，得出标记在染色体上的相对顺序。这是因为要使三个标记物中间的那一个与外侧的两个解连锁需要发生两个重组事件，而两个外侧的标记都能够仅经过一次重组发生解连锁（图 3.20）。双点重组与单点重组不一样，因此中间的标记发生不连锁的概率将会相对少。表 3.2 中列举的是一个三点测交分析得到的典型数据。交换发生在一个三杂合子（*ABC*/*abc*）和一个三纯合子（*abc*/*abc*）

之间。由于重组事件没有发生在含有标记 A、B 和 C 的区域，因此，绝大多数后代具有其中一个亲本的基因型。两种其他类型的后代发生的频率较高（例中所示分别有 51 和 63 个后代）。这两种都是由于单一重组产生的。分析它们的基因型表明，这两类中的第一种，标记 A 没有与 B 和 C 发生连锁，第二种标记 B 没有与 A 和 C 连锁。这表明 A 和 B 是外侧标记。这可以由标记 C 不与 A 和 B 连锁的后代的数目得到证实。这种情况的后代只有两个，说明产生这种基因必须发生两次重组。因此标记 C 位于 A 和 B 之间。

**表 3.2　一个三点测交分析的典型数据**

| 子代基因型 | 子代数目 | 推测的重组事件 |
|---|---|---|
| *ABC*/ *abc* *abc*/ *abc* | 987 | 无（亲代基因型） |
| *aBC*/ *abc* *Abc*/ *abc* | 51 | 一次（发生在 A 与 B/C） |
| *AbC*/ *abc* *aBc*/ *abc* | 63 | 一次（发生在 B 与 A/C 之间） |
| *ABc*/ *abc* *abC*/ *abc* | 2 | 一次（C 与 A 之间，C 与 B 之间各一次） |

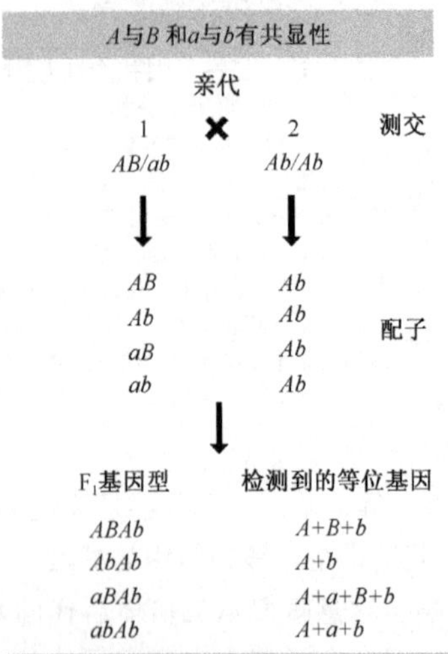


图 3.21　具有共显性的等位基因间的测交分析

A 与 B 是 DNA 标记，它们的等位基因是共显性。双纯合子亲本基因型为 *Ab*/ *Ab*。直接检测每个 $F_1$ 个体中的等位基因，如应用 PCR。这些等位基因重组体使我们能推断出那些产生子代个体的亲本 1 配子的基因型

还有一点需要考虑，如图 3.19 和表 3.2 所示，如果在测交分析中使用显性与隐性的基因标记，则双纯合子或三纯合子亲本必须有针对隐性表型的等位基因；但如果使用共显性的标记，那么双纯合子亲本就可以为任意组合的纯合等位基因（例如，*AB*/ *AB*，*Ab*/ *Ab*，*aB*/ *aB* 与 *ab*/ *ab*），原因请参见图 3.21 中这种类型测交分析的例子。注意，通过 PCR 显示的 DNA 标记显示的是共显性，因此，图 3.21 显示的是当使用 DNA 标记进行连锁分析时遇到的典型情况。

## 通过对人的家系分析进行基因作图

对于人类来说，当然不可能为了作图的需要而预先选择亲本基因型来设计特定的交配。相反，用于计算重组频率的资料必须是通过检测现存家庭中连续几代成员的基因型来获得。这意味着只能获得有限的资料，而且经常很难于解释，因为人类的婚姻很少能形成测交，而且经常由于一个或多个家庭成员的死亡或不愿合作而不能获得他们的基因型。

问题如图 3.22 所示。我们在该例中研究存在于某家庭中的一种遗传疾病，这个家庭的成员为双亲与 6 个子女。遗传疾病常用作人类的基因标记，疾病状态相当于一个等位基因，健康状态相当于另一个等位基因。图 3.22（A）中的家系显示母亲及 4 个子女患有这种疾病。我们从家族记录中知道外祖母也患此病，但她及她的丈夫（外祖父）都已去世。我们把他

们也列入家系，用斜线表示已去世，但我们无法进一步得到他们基因型方面的任何信息。我们知道该疾病基因与一种我们称之为 M 的微卫星处于同一染色体上。现存的家庭成员中有 4 个 M 的等位基因 $M_1$、$M_2$、$M_3$ 和 $M_4$。我们的目的是确定疾病基因相对于微卫星标记的图谱位置。

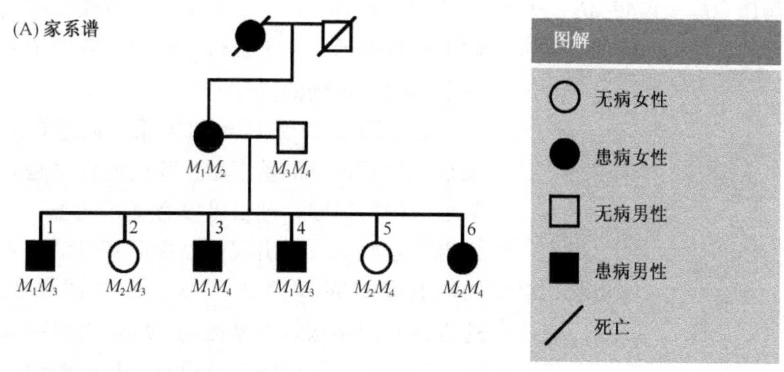


(B) 对家系谱的可能解释

母本染色体

| | | 假设1 | 假设2 |
|---|---|---|---|
| | | 疾病$M_1$ / 健康$M_2$ | 健康$M_1$ / 疾病$M_2$ |
| 子女1 | 疾病$M_1$ | 亲本 | 重组 |
| 子女2 | 健康$M_2$ | 亲本 | 重组 |
| 子女3 | 疾病$M_1$ | 亲本 | 重组 |
| 子女4 | 疾病$M_1$ | 亲本 | 重组 |
| 子女5 | 健康$M_2$ | 亲本 | 重组 |
| 子女6 | 疾病$M_2$ | 重组 | 亲本 |
| | 重组频率 | 1/6=16.7% | 5/6=83.3% |

(C) 外祖母的回溯

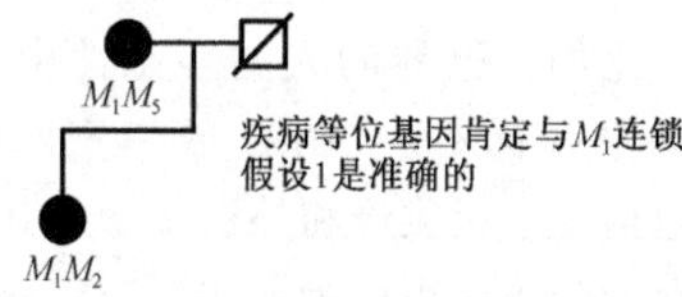


图 3.22　人类家系分析的一个例子

(A) 这个家系显示了在一个有双亲及 6 个子女的家庭里的一个遗传病的遗传情况，以及从家庭记载中获得的外祖父母信息。疾病等位基因（实心标记）对于健康等位基因（空心标记）是显性的。我们的目的是通过对家庭中存活成员微卫星的等位基因（$M_1$、$M_2$ 等）进行分型从而判定疾病基因与微卫星 M 的连锁程度。(B) 这个家系可以以两个不同的方式解释，假说 1 认为重组率很低，而且显示疾病基因与微卫星 M 紧密连锁。假说 2 认为基因与微卫星不是紧密连锁。在 (C) 中这个问题通过外祖母的重新出现而解决，她的微卫星基因型只与假说 1 符合

为了建立疾病基因和微卫星标记 M 之间的重组频率，我们必须确认有多少子女是重组体。如果观察 6 个子女的基因型，我们可以看到 1、3、4 号具有疾病等位基因和微

卫星等位基因 $M_1$；2 号、5 号有健康等位基因和 $M_2$。我们可以得出两个不同的假说：第一个是母亲的相关同源染色体对的两个拷贝基因型分别为疾病-$M_1$ 与健康-$M_2$，因此子女 1、2、3、4、5 具亲本基因型，而子女 6 是唯一的重组体［图 3.22（B）］，这就是说疾病基因与微卫星相对密切连锁，它们之间的交换不易发生。另一个假说是，母亲的基因型为健康-$M_1$ 与疾病-$M_2$，子女 1～5 是重组体，6 是亲本型，这意味着基因在染色体上相距较远。由于资料不清楚，我们不能判断哪一个假说是正确的。

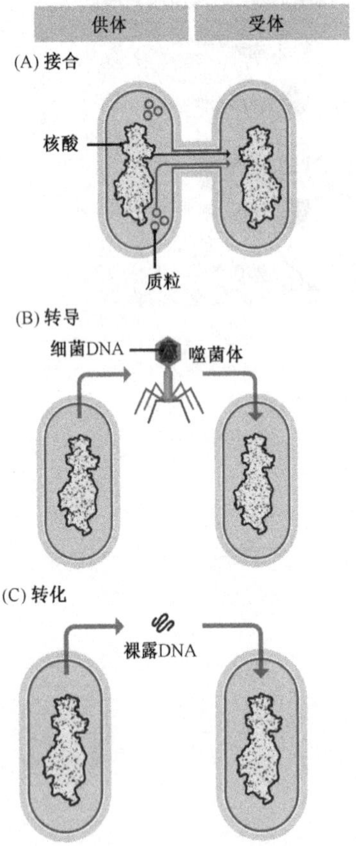

对于图 3.22 中所示的家系，最理想的解决方案是知道外祖母的基因型。我们假设这是一个电视肥皂剧中的家庭，外祖母没有真正死去，而且令人惊讶的是她竟及时出现，以挽回降低的收视率。她的微卫星 M 的基因型为 $M_1$、$M_5$［图 3.22（C）］，这告诉我们疾病等位基因与 $M_1$ 位于同一条染色体上。于是我们可以明确地得出结论，假说 1 是正确的，即只有 6 号孩子是重组体。

关键个体的复活通常不是现实生活中的遗传学家所能选择的，尽管 DNA 可以从老的病理标本（如切片及加思里卡）中获得。不完整的家系可以用一种称为**优势对数值**（lod score）的统计学方法来分析。lod 值代表基因连锁值的对数，主要用于判定所研究的两个标记是否位于同一条染色体上，换句话说就是基因是否连锁。如果 lod 分析确定了连锁，它同样可以提供最可能的重组频率的计算方法。理想情况是，资料来源于不止一个家系，以增加结果的可信度。对于有较多子女的家庭，正如图 3.22 中所看到的，分析就较为清楚，能够进行至少三代成员的基因分型是很重要的。为此已建立了家系集合，比如，巴黎的人类多态性中心（CEPH）所收集的家系标本。CEPH 收集家庭的培养细胞系，它包括 4 个祖父母和外祖父母及其至少 8 个第二代子女。CEPH 可以为那些愿意将研究结果送到 CEPH 中心数据库的研究人员提供这一标本用于 DNA 标记作图。



图 3.23　细菌之间 DNA 转移的三种方式

（A）接合可引起染色体或质粒 DNA 从供体细菌转移到受体细菌。接合涉及两个细菌间的接触。通常认为 DNA 的转移是通过称为纤毛（pilus）的狭窄管道进行的。（B）转导是指通过噬菌体转移供体的小片段 DNA。（C）转化与转导相似，但转移的是“裸”DNA。在（B）和（C）中常伴随着供体细胞的死亡。在（B）中，噬菌体出现在供体细胞中时细胞死亡。在（C）中，供体细胞中的 DNA 释放通常是细胞由于自然原因死亡的结果

## 细菌的遗传学作图

最后一种我们必须考虑的遗传学作图是用于细菌作图的策略。遗传学家在试图发展对细菌进行遗传学作图的技术中所遇到的主要困难是，这些通常为单倍体的生物不发生减数分裂。故只有设计其他

方法以诱导细菌 DNA 同源片段间的交换。下面 3 种方法可用于将 DNA 片段从一个细菌转移到另一个细菌（图 3.23）。

- **接合**（conjugation）是指两个细菌形成物理性接触，DNA 从一个细菌（供体）转移到另一个细菌（受体）。转移的 DNA 可以是供体细胞染色体的一部分或全部拷贝，或整合在质粒上长达 1Mb 的染色体 DNA 片段，后者称为**附加体转移**（episome transfer）。
- **转导**（transduction）是指通过**细菌噬菌体**（bacteriophage）将小片段 DNA（可达 50kb 左右）从供体菌转移到受体菌。
- **转化**（transformation）是指受体细胞从环境中摄取供体细胞释放的 DNA 片段（通常不大于 50kb）。

生化标记也经常被使用，显性或**野生型**（wild-type）表型具有某种生化特征（如合成色氨酸的能力、对抗生素敏感），隐性表型具有其互补性状（例如，不能合成色氨酸、抗生素抗性）。基因转移通常建立在具有野生型等位基因的供体株与具有隐性等位基因的受体株之间，通过观察受体株是否获得了所研究基因的生化功能从而判定有无基因的转移。这在图 3.24（A）中有描述，其中我们可以看到色氨酸合成的基因从野生型菌（基因型标记为 $trp^+$）转到缺乏该基因（$trp^-$）拷贝的受体菌中。这样的受体称为色氨酸**营养缺陷型**（auxotroph）[这个词用于描述只有在提供营养物质（这里指色氨酸）的条件下才能生存的突变菌，而野生型并不需要提供，16.1.2 节]。转移之后，需要发生两次交换（深色交换所示）才能将转移的基因整合到受体细胞的染色体中，将受体从 $trp^-$ 型转变成 $trp^+$ 型。

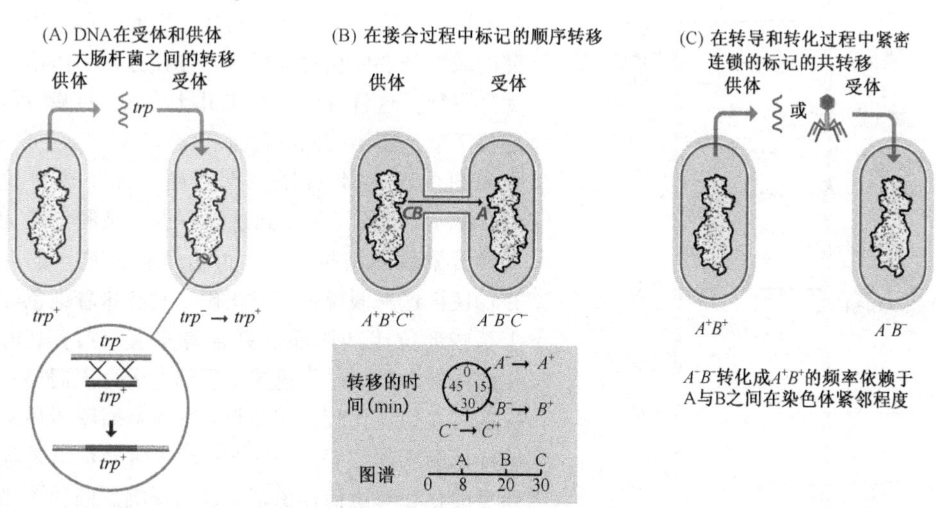


图 3.24　细菌基因作图的基础

（A）色氨酸合成的基因从野生型菌（基因型标记为 $trp^+$）转到缺乏该基因（$trp^-$）拷贝的受体菌中。（B）通过接合作图。（C）通过转导和转化作图

作图过程的精确细节依赖于所使用的基因转移方法。接合过程中，DNA 从供体到受体的转移类似于一根细绳通过一根管道。通过对标记基因在受体细胞显现的时刻进行

计时，可以作出 DNA 分子上标记基因的相对位置。在图 3.21（B）所示的例子中，标记 A、B 和 C 在接合开始后转移的时间分别为 8、20 和 30min。完整的大肠杆菌染色体的转移大约需要 100min。由于转移的 DNA 片段较短（小于 50kb），所以转导与转化作图只能用于距离较近的基因，两个基因同时转移的概率依赖于它们在细菌染色体上的距离［图 3.24（C）］。

## 3.3 物理作图

用遗传学技术作图对于指导基因组计划的测序阶段还是远远不够的，这主要有下面两个原因。

- 遗传学图谱的分辨率依赖于所得到的交换数目。这对于微生物来说不是主要问题，因为研究时可以利用大量的微生物体，获得大量的遗传交换体，从而产生高度精细的遗传图谱，其分子标记彼此间隔仅几 kb。例如，1990 年开始进行大肠杆菌（*Escherichia coli*）基因组测序计划时，其遗传图谱中已有超过 1400 个标记，平均每 3.3 kb 就有一个。这对于指导基因组测序已经足够详细，而不必进行进一步的物理作图。与之相似，酿酒酵母（*Saccharomyces cerevisiae*）的基因组测序计划也有精细的遗传图谱支持（约有 1150 个遗传标记，平均每 10 kb 就有一个）。对于人类及其他大多数高等真核生物来说，很显然不可能获得巨大数量的后代，因此，可用于研究的减数分裂体相对少得多，连锁分析的作用也受到限制。这就意味着相隔几十个 kb 的基因可能位于遗传图谱的同一位置。
- 遗传图的准确率有限。我们在 3.2.3 节讨论 Sturtevant 的假说时提到过这一点，该假说认为交换沿染色体随机发生。但由于重组热点的存在，使得这一假说不完全正确，它意味着染色体上某些部位比其他部位更容易发生交换。1992 年酿酒酵母第 3 号染色体全序列发表，人们第一次能够直接地比较遗传图谱与 DNA 测序所显示的标记的实际位置（图 3.25），从而显示出重组热点的存在对遗传作图精确性的影响。两种图谱具有相当大的差异，在遗传分析图谱中甚至出现一对基因的顺序被颠倒的情况。考虑到酿酒酵母是基因组已被详细进行遗传作图的两种真核生物之一（另一种是果蝇），如果酵母的遗传图谱不准确，那么没有进行详细遗传分析的生物体，所获得的遗传图谱的精确性又能到什么程度呢？

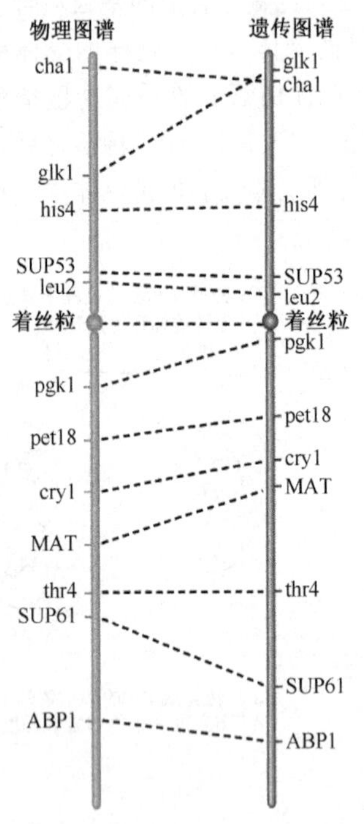


图 3.25 酿酒酵母第 3 号染色体遗传图谱与物理图谱的比较

这里比较显示了遗传图谱与物理图谱的差异，后者是通过 DNA 测序确定的。值得注意的是，在遗传图谱中最上面的两个遗传标记（glk1 和 cha1）的顺序是错误的。两个图谱间其他几对标记的相对位置也有差异

遗传作图的局限性表明，对于大多数真核生物来说，在进行大规模 DNA 测序前，需用其他作图方法来检验和补充遗传图谱。目前已有多种物理作图方法，其中最重要的为以下三类。

- **限制性作图**（restriction mapping），它在 DNA 分子上定位限制性内切核酸酶切点的相对位置。
- **荧光原位杂交**（fluorescent in situ hybridization，FISH），将分子标记与完整染色体杂交来确定标记的位置。
- **序列标记位点（STS）作图**（sequence tagged site mapping），通过对批量的基因组片段进行 PCR 和（或）杂交分析，来对短序列进行定位作图。

## 3.3.1 限制性作图

用 RFLP 作为 DNA 标记进行遗传作图可以将多态性限制性位点定位在基因组中（3.2.2 节），但是基因组中只有极少数限制性位点具有多态性，因此许多位点都不能用这一技术作图（图 3.26）。我们能否利用其他方法定位一些非多态性限制性位点，来增加基因图谱中标记的密度呢？限制性作图可以满足这一要求，但是实际上这项技术也有一定的局限性，即它只能用于相对较小的 DNA 分子。我们先来了解一下这项技术，然后考虑它与基因组作图的相关性。

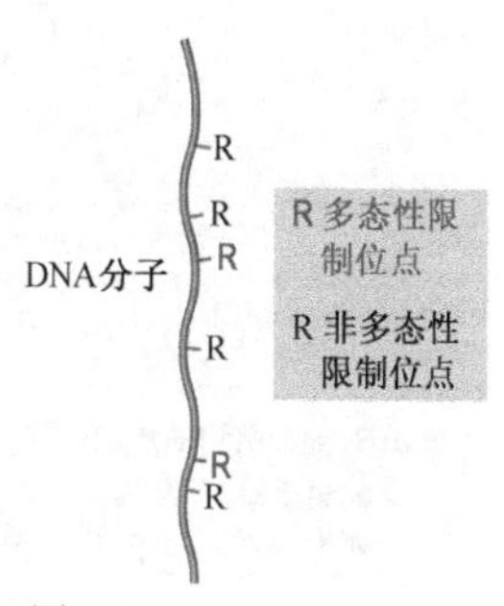


图 3.26 不是所有限制性位点都有多态性

### 限制性作图的基本方法

构建限制性图谱最简单的方法是比较一个 DNA 分子被两种识别不同靶序列的限制酶切割所产生的片段的大小。图 3.27 所示的例子中使用了限制酶 *Eco*RI 和 *Bam*HI。首先，用两种限制酶中的一种对 DNA 分子进行消化，产生片段的大小通过琼脂糖凝胶电泳来检测。然后用第二种酶消化 DNA 分子，再用琼脂糖凝胶电泳检测片段大小。这些结果可以使我们弄清每种酶的限制性切点数目，但切点之间的相对位置还不能确定。将 DNA 分子用两种酶同时进行切割可以获得更多的信息。在图 3.27 的例子中，这种**双限制酶消化**（double restriction）定位了三个切点，但较大的 *Eco*RI 片段由于含有两个 *Bam*HI 切点而产生了问题，其中一个切点具有两种排列可能性。为解决这一问题，可以将原 DNA 分子只用 *Bam*HI 消化，但这次应利用较短反应时间或使用亚最适反应温度等方法，使消化进行不完全，这称作**部分限制性酶切**（partial restriction）。这样会产生一套更复杂的产物，除了完全消化的，还有部分消化产物，它们含一个或多个未切割的 *Bam*HI 位点。在图 3.27 例中，通过测定一个不完全消化片段的大小，构建了正确的图谱。

通常，部分限制性酶切为构建完整的图谱提供了必需的信息。但如果有多个限制位点，这种分析方法就显得笨拙，因为片段太多。一个较简单的变通策略使我们可以忽略大量的片段。这种方法是在部分消化前将放射性或其他类型的标记物加到要分析的 DNA 分子两端，结果很多部分限制性消化产物成为“不可见的”，因为它们不含有末端片段，因此在琼脂糖凝胶上对标记物进行筛选时不会显现（图 3.28）。我们可以利用

4.9 kb
EcoRI
BamHI
EcoRI+BamHI
1.5
3.4
0.7
1.0
1.2
2.0
0.2
0.5
1.2
2.0
1.0
双酶切的结果解释
片段
结论
0.2 kb,0.5 kb
这些肯定是来自内含一个EcoRI位点的0.7kb的BamHI片段
B E B
0.5 0.2
1.0 kb
这肯定是一个内部不含EcoRI位点的BamHI片段。如果我们将1.0kb的片段如此放置就能够说明该1.5kb的EcoRI片段。
B E B
1.5
1.2 kb, 2.0 kb
这些肯定也是内部不含EcoRI位点的BamHI片段。它们肯定位于3.4kbEcoRI片段内。这就有两种可能性：
MAPI
B E B B
0.7 1.2 2.0
MAPⅡ
B E B B
0.7 2.0 1.2
BamHI部分酶切的预测结果
如果图谱I是准确的，那么部分酶切的产物应该包括一个1.2+0.7=1.9kb
如果图谱Ⅱ是准确的，那么部分酶切的产物应该包括一个2.0+0.7=2.7kb
4.9 kb
BamHI,
亚适度的条件
1.0
1.7
3.7
0.7
2.7
3.9
4.9
2.0
3.2
1.2
结论
图谱Ⅱ是正确的

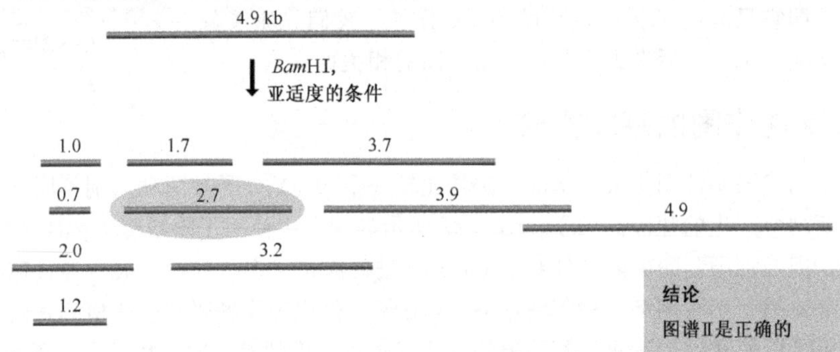

图 3.27 限制性作图

目的是在一个 4.9kb 的线状 DNA 分子上定位 *EcoRI*（E）和 *BamHI*（H）切点。上图为单酶消化和双酶消化的结果。根据双酶消化后片段的大小，可以构建出两种图谱，三个 *BamHI* 切点中的一个位置未定，如图中所示。用 *BamHI* 不完全消化（下图）来检验，说明图谱 II 是正确的

末端标记的
DNA分子
可见部分的
酶切片段

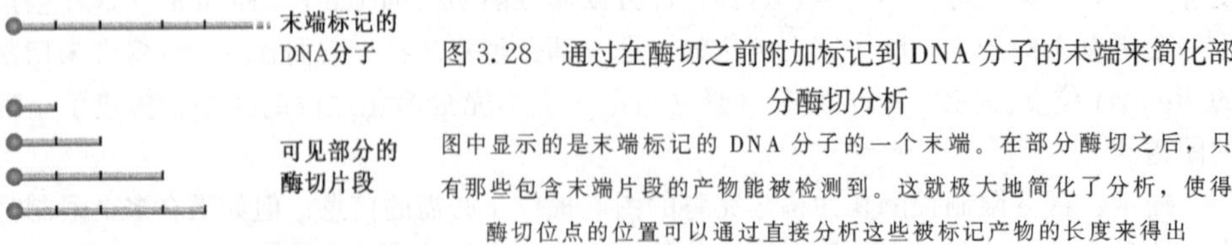

图 3.28 通过在酶切之前附加标记到 DNA 分子的末端来简化部分酶切分析

图中显示的是末端标记的 DNA 分子的一个末端。在部分酶切之后，只有那些包含末端片段的产物能被检测到。这就极大地简化了分析，使得酶切位点的位置可以通过直接分析这些被标记产物的长度来得出

“可见的”部分限制性酶切片段的大小，确定出那些未定位的切点与 DNA 分子末端的相对位置。

## 限制性作图的规模受限于限制性片段的大小

如果使用的限制酶在 DNA 上切点相对较少，构建限制性图谱就比较容易。但如果切点较多，构建图谱时所需要测定的片段大小和需要比较的单酶消化、双酶消化和不完全消化片段的数量也会增加。即使引入计算机分析，问题仍然存在。当消化产物中含有的片段多到一定程度时，琼脂糖凝胶中一些单一条带会重叠到一起，使一个或多个片段被错误检测或完全遗漏的可能性大大增加。即使所有的片段都能够被确定，如果存在大小相似的片段，也不可能将它们组成一个清晰的图谱。

因此，限制性作图更适用于小分子，其长度依赖于靶分子中限制性位点出现的频率。实际应用中，如果 DNA 分子小于 50 kb，通常可以选用 6 核苷酸识别序列的限制酶来构建清晰的限制性图谱。50 kb 肯定低于细菌或真核生物的染色体的最小长度，但一些病毒和细胞器的基因组位于这一范围内。在对这些小分子进行测序时，它们的全基因组限制性图谱确实发挥了重要的指导作用。细菌或真核基因组 DNA 被克隆后，其片段通常小于 50 kb，此时限制性作图也同样有用。这表明构建详细的限制性图谱可以作为对克隆序列测序的前提步骤。这是限制性作图在大的基因组测序计划中的重要应用。但能否利用限制性分析对大于 50 kb 的完整基因组进行更全面的作图?

答案是肯定的，因为通过选择靶 DNA 分子中的稀有酶切位点的酶可以克服限制性作图的局限性。这些“稀有酶”分为两类。

- 一些限制性内切核酸酶可以对 7 个或 8 个核苷酸识别序列进行切割。例如，*Sap*I（5′-GCTCTTC-3′）和 *Sgf*I（5′-GCGATCGC-3′）。对于 GC 含量为 50%的 DNA 分子来说，这些 7 核苷酸酶平均每 $4^7=16\ 384$bp 有一个切点，而 8 核苷酸酶则平均每 $4^8=65\ 536$ bp 切割一次。这与 6 核苷酸酶，如 *Bam*HI 和 *Eco*RI 每 $4^6=4096$ bp 存在一个切点形成对比。7 核苷酸酶和 8 核苷酸酶通常用于大分子的限制性作图，但由于已知的此类酶较少，这一用途并不如设想的那样有效。
- 可以使用识别序列所含基序在靶 DNA 中稀少的酶。基因组 DNA 分子含有的序列并不是随机的，有些基因组明显缺少某些基序。例如，人类基因组中 5′-CG-3′序列很稀少，这是因为人类细胞中含有一种酶，能够在这一序列中的胞嘧啶核苷的 5 位碳原子添加甲基基团，产生的 5-甲基胞嘧啶不稳定，容易脱氨基产生胸腺嘧啶（图 3.29）。结果在人类进化过程中，基因组中许多最初含有的 5′-CG-3′序列转变为 5′-TG-3′。因此识别序列中含有 5′-CG-3′的限制酶在人类 DNA 上切点相对稀少。例如，*Sma*I（5′-CCCGGG-3′），在人类 DNA 上平均 78 kb 一个切点，而 *Bss*HII（5′-GCGCGC-3′）每 390 kb 一个切点。值得注意的是 *Not*I，它是一种 8 核苷酸酶，靶序列含有 5′-CG-3′（识别序列为 5′-GCGGCCGC-3′），该酶消化人类 DNA 频率极低，平均约 10Mb 才有一个切点。

使用稀有酶增加了限制性作图的潜力。虽然目前仍不能够构建动、植物的大基因组限制性图谱，但对于原核生物和较低等的真核生物，如酵母和真菌的较小染色体 DNA 分子，应用这一技术还是可行的。

如果使用稀有切割酶，就需要使用一种特殊的琼脂糖凝胶电泳来检测产生的限制性酶切片段。这是因为 DNA 分子的长度与它在电泳凝胶中的迁移率并不成线性关系，DNA

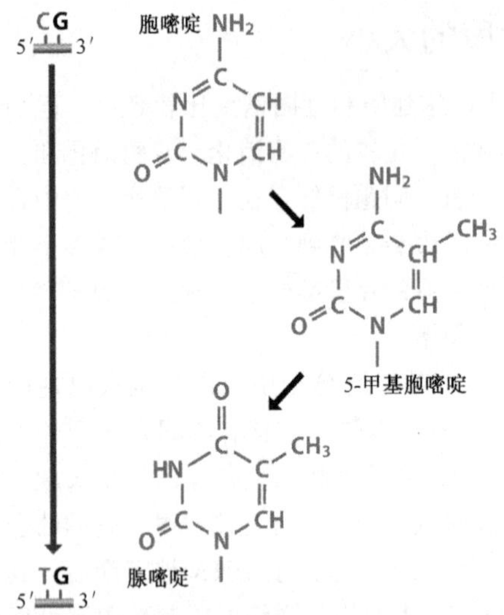


图 3.29 脊椎动物 DNA 中 5′-CG-3′序列很少，因为 C 被甲基化，然后脱氨基产生 T

未甲基化的胞嘧啶也能够被脱氨基，但其产物尿嘧啶将被脊椎动物细胞中的 DNA 修复系统检测到并被重新转为胞嘧啶。相反，该修复系统不能有效识别胸腺嘧啶，所以这些核苷酸就保留在基因组中了

(A) 标准琼脂糖凝胶电泳

分离大于50kb的DNA分子效果差

(B) 正交变电场凝胶电泳 (OFAGE)

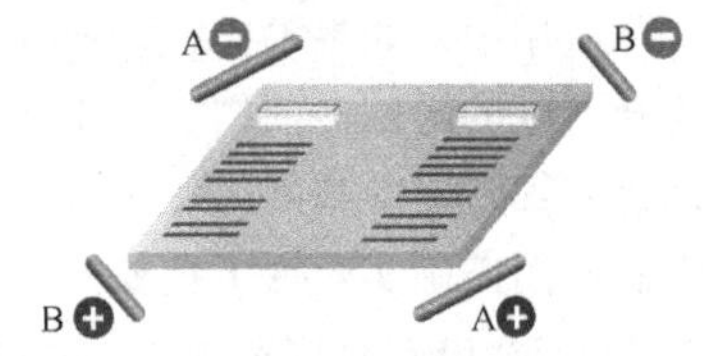


图 3.30 常规与非常规琼脂糖凝胶电泳

(A) 标准琼脂糖凝胶电泳电极位于凝胶的两端，DNA 分子直接向正极移动。这种方法不能分开长度大于 50kb 的分子。(B) 在 OFAGE 中，电极位于凝胶的四角，A 对和 B 对分别存在脉冲电场。OFAGE 能够分开 2Mb 的分子

分子越长，电泳分辨率会随之降低［图 3.30（A）］。所有长度大于 50 kb 的 DNA 分子在标准琼脂糖凝胶中形成一条缓慢移动的条带，因而不能相互分离。为此，必须用更复杂的电场代替通常凝胶电泳使用的线性电场。例如，**正交变电场凝胶电泳**（orthogonal field alternation gel electrophoresis，OFAGE），两对电极间的电场可以改变，每对电极与凝胶长度方向成 45°角［图 3.30（B）］。DNA 分子仍穿过凝胶移动，但电场的每次改变都迫使 DNA 分子重新排列。较小的分子比较大的分子重新排列得快，因此在胶中移动得更快。最终使得常规凝胶电泳难以分开的大分子得以分辨。其他相关的技术包括**等高加压均匀电场**（contour clumped homogeneous electric fields，CHEF）和**电场转换凝胶电泳**（field inversion gel electrophoresis，FIGE）。

## DNA 分子限制性位点的直接检测

除电泳外，还可利用其他方法来对 DNA 分子的限制性位点作图。可以通过直接在显微镜下观察检测限制性酶切位点（图 3.27），这一技术称为**光学作图**（optical mapping）。DNA 分子必须伸展铺在玻片上，而不能堆在一起。有两种方法用于制备光学作图所需的 DNA 纤维：**凝胶拉伸**（gel stretching）和**分子梳理**（molecular combing）。为制备凝胶拉伸的 DNA 纤维，将染色体 DNA 悬浮于融化的琼脂糖中，然后滴加于显微载玻片上。当凝胶冷却凝固时，DNA 分子呈现伸展状态［图 3.31（A）］。在分子梳理中，DNA 纤维的制备是通过将硅树脂包被的盖玻片浸入 DNA 溶液中，保留 5min（在此期间，DNA 分子通过末端黏附于盖玻片上），然后以 0.3mm·$s^{-1}$匀速移

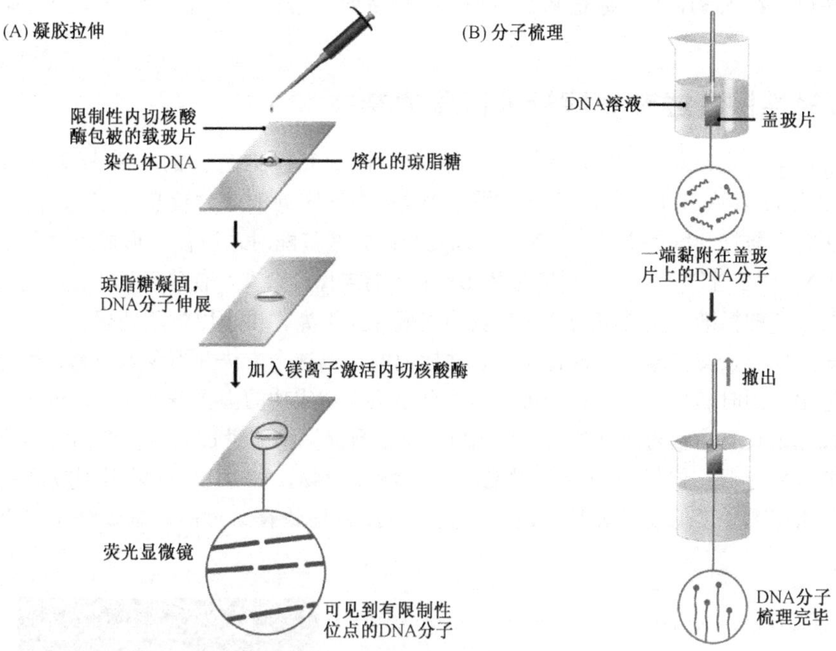


图 3.31　凝胶拉伸和分子梳

（A）为了进行凝胶拉伸，将融化的含有染色体 DNA 分子的琼脂糖滴到用限制性内切核酸酶包被的显微镜玻片上。胶凝固时，DNA 分子伸展。为什么会这样还不清楚，但是一般认为是由于凝胶过程中液体在玻璃表面流动的结果。加入氯化镁激活限制酶，切割 DNA 分子。当分子逐渐卷曲，可见的缝隙就代表限制酶切点。（B）在分子梳理中，将盖玻片浸入 DNA 溶液。DNA 分子末端黏附于盖玻片上，然后以 $0.3\text{mm} \cdot \text{s}^{-1}$ 的速度将玻片从溶液中取出，即产生平行的分子梳

动玻片 [图 3.31 (B)]。拖动 DNA 分子呈新月形运动的力使得 DNA 分子排列整齐。一旦暴露在空气中，盖玻片表面即干燥，使 DNA 分子呈平行排列。在拉伸或梳理之后，固定了的 DNA 分子用限制性内切核酸酶处理并加入一种诸如 4，6-二氨基-2-吲哚苯基二氢化氯（4，6-diamino-2-phenylindole dihydrochloride，DAPI）的荧光染料使 DNA 着色，这样当用高能量荧光显微镜观察玻片的时候就能看到 DNA 纤维。随着纤维伸展程度因 DNA 分子本身的弹性而降低的同时，延伸的分子中的限制性酶切位点逐渐成为缺口，因而能够记录到切点的相对位置。

光学作图首先用于 YAC 和 BAC 载体（2.2.1 节）中克隆的 DNA 大片段。最近，疟原虫（*Plasmodium falciparum*）的 1Mb 染色体和细菌（*Deinococcus radiodurans*）（表 8.2）的两条染色体及一个巨大质粒（megaplasmid）的研究已经证明了该技术用于基因组 DNA 的可行性。

## 3.3.2　荧光原位杂交

上节提到的光学作图方法与我们将要讲述的第二种物理作图方法 FISH 之间是相关的。与光学作图类似，FISH 能够直接显示标记序列在染色体或伸展的 DNA 分子上的位置。在光学作图中，标记物是限制性内切核酸酶切点，它被呈现为伸展的 DNA 分子

上的缺口。在 FISH 中，标记物是一段 DNA 序列，通过用荧光探针与其杂交而显现出来。

## 用放射性探针或荧光探针进行原位杂交

原位杂交是以标记的 DNA 分子为探针，检测完整染色体的一种杂交分析方法(2.1.2 节)。染色体上杂交的位点提供了 DNA 探针序列的定位信息（图 3.32）。应用该方法时，需打开维持染色体 DNA 双螺旋结构的碱基配对，以使其形成单链分子（这称为 DNA “变性”）。只有这样染色体 DNA 才能与探针杂交。使染色体 DNA 变性而不破坏其形态的标准方法是将染色体在玻璃载玻片上干燥，再用甲酰胺处理。

早期原位杂交技术中的探针是放射性标记的，但这个方法并不令人满意，因为放射性标记很难同时满足灵敏度和分辨率这两个原位杂交成功的必要条件。灵敏度方面要求放射性标记具有高辐射能（如用 $^{32}P$ 标记），但是当标记物能量过高时，会因为信号散射导致分辨率过低。如果使用低辐射能的放射性标记物，如 $^{3}H$，可以得到较高的分辨率，但由于灵敏度低而需要长时间的曝光，由此将导致背景过高，难以分辨出真正的信号。

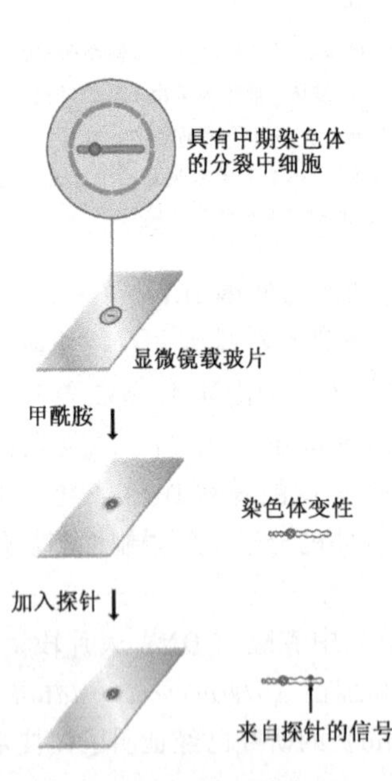


图 3.32　荧光原位杂交

正在分裂的细胞样品在显微载玻片上干燥后，用甲酰胺处理以使染色体变性而不失去中期的形态特征(7.1.2 节)。通过检测标记的 DNA 发出的荧光信号，可以确定探针与染色体 DNA 杂交的位点

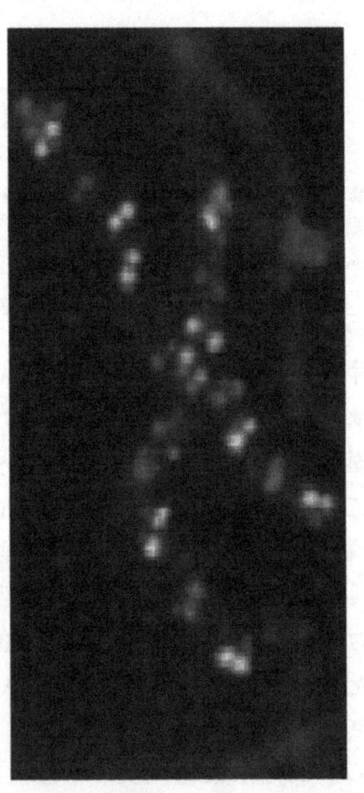

图 3.33　物理图谱中荧光原位杂交的使用

一系列共 18 种被不同的荧光标记物标记的不同的黏粒克隆与同源染色体单体进行了杂交。染色体来自中期的核并在中心粒处相互连接。荧光信号的相对位置表明了每一个黏粒携带的 DNA 片段图谱位置。本图由 Octavian Henegariu 惠赠

20 世纪 80 年代后期，非放射性 DNA 荧光标记技术的发展解决了上述问题，这些标记将高灵敏度与高分辨率结合了起来，适用于原位杂交。现在已设计出具有不同发光特性的荧光标记物，因此有可能将一组不同的探针与单个染色体杂交，并分辨出每种杂交信号，从而检测出各探针序列的相对位置（图 3.33）。为了得到最高的灵敏度，探针的标记量要尽可能大一些。在过去，这就意味着探针必须是相当长的 DNA 分子，通常至少是 40kb 的克隆片段。现在已发展出将较短的 DNA 分子进行重新标记的技术，对长度的要求已不那么重要。构建物理图谱时，克隆的 DNA 片段可被简单地看作另一种类型的标记物，但在实际应用中，由于克隆的 DNA 是确定 DNA 序列的材料来源，将其作为标记应用则具有另一层含义。因此，克隆间位置关系的确定为基因组图谱与其 DNA 序列提供了直接联系。

如果探针是长的 DNA 片段，至少对于高等真核生物，就可能产生这样一个问题：探针中可能含有一些重复的 DNA 序列（第 9 章），因此探针可能与染色体上的多个位点杂交，而不仅仅发生在其精确匹配的特异性位点上。为降低这种非特异性杂交，探针在使用前要与来自被研究组织中的未标记 DNA 混合。这种 DNA 可以是总的核 DNA（即代表了全基因组），但如果使用富含重复序列的片段更好。加入未标记 DNA 的目的在于它们能够与探针中的重复序列结合并将其封闭，使随后的原位杂交反应完全由单一的序列驱动。这样，非特异性杂交即可被减少或完全消除（图 3.34）。

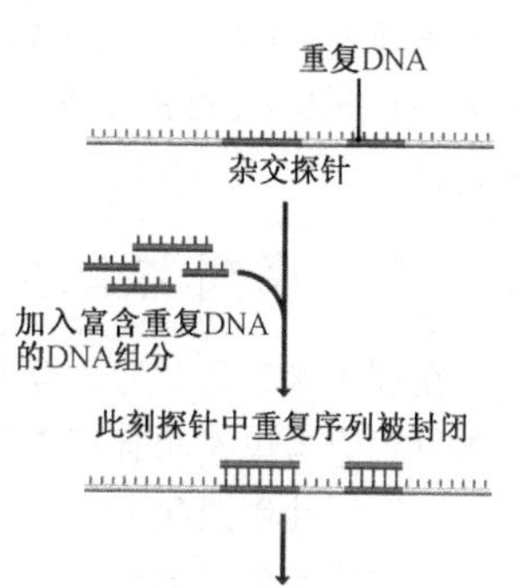


图 3.34　一种封闭杂交探针中重复序列的方法

该例中探针分子含有两个全基因组范围的重复序列（用深色表示）。如果这些序列不被屏蔽，探针就会与靶 DNA 的全基因组范围内的任一拷贝发生非特异性杂交。为屏蔽这些重复序列，让探针与富含重复 DNA 的 DNA 组分预杂交

## FISH 的应用

FISH 最初用于中期染色体（第 7.1 节）。从正在分化的细胞核中制备的这种染色体是高度凝聚的，每条染色体都具有可识别的形态，它们被染色后将显现出特征性的着丝粒位置及染色带型（图 7.5）。在处理中期染色体时，通过测定 FISH 所获得荧光信号相对于染色体短臂末端的位置［**FLpter 值**（FLpter value）］来进行作图。使用中期染色的不足之处在于，由于它的高度浓缩的性质，只能进行低分辨率作图，两个标记至少分隔 1Mb 才能作为分开的杂交信号被分辨出来。这种分辨率不足以构建有效的染色体图谱。故此中期染色体 FISH 主要用于确定新标记在染色体上的大概位置，为其他更精细的作图方法做准备。

一直以来，这些“其他方法”并不包括任一种 FISH，但在 1995 年后，一系列高分辨率 FISH 技术已发展起来。这些技术通过改变待研究的染色体制备的性质而达到较高的分辨率。中期染色体对于精细作图来说凝聚程度太高，因而我们需要选用较为伸展的染色体。有两种途径可以满足这一要求。

- **机械伸展的染色体**（mechanically stretched chromosome）　通过改变从中期细胞核中分离染色体的方法而获得。离心产生的剪切力可将染色体伸展到正常长度的 20 倍。每条染色体仍可识别，而 FISH 信号作图方法与通常处理的中期染色体相同。

这样，分辨率可明显提高，能够区分出相隔 200～300kb 的标记。

- **非中期染色体**（non-metaphase chromosome）　染色体仅在中期高度凝缩，而在细胞周期的其他阶段保持天然未包装状态。有研究者曾利用前期细胞核（图 3.15），此时染色体凝缩程度足以区分出单个染色体。实际应用中，这种方法并没有优于机械伸展的染色体之处。相比之下，**分裂间期**（interphase）的染色体更为有用，因为分裂间期（细胞核分裂之间）的染色体包装程度最低。使用分裂间期的染色体，分辨率有可能达到 25kb 以下，但染色体形态特征消失，失去了定位探针位置所必需的外部参照位点。因此，该技术可在已获得染色体粗略图谱后使用，通常作为确定染色体一小段区域内的一系列标记物顺序的方法。

间期染色体含有大部分去组装的所有的细胞 DNA 分子。为了进一步提高 FISH 的分辨率到 25kb 以下，有必要放弃完整的染色体，而使用纯化的 DNA。这种方法叫做**纤维-FISH**（fiber-FISH），即利用凝胶拉伸或分子梳理技术制备 DNA（图 3.31），可以分辨间距小于 10kb 的标记。

## 3.3.3　序列标记位点作图

在理想状态下，为了得到我们需要的大型基因组的详细物理图谱，一个高分辨率的作图过程应当快速而且不需要使用复杂的技术。但是到目前为止，我们讨论的两种技术——限制性作图和 FISH 均不能满足这些要求。虽然限制性作图快速、简便，能提供详细的定位信息，但是它不能用于大型基因组。FISH 虽然能应用于大型基因组，而且如果使用改进的方法（如纤维-FISH）可以得到高分辨率的数据，但是 FISH 难以操作，数据积累慢，一次实验仅能获得不超过 3 个或 4 个标记的图谱位点。因此，要使详细的物理图谱成为现实，我们需要更加有效的技术。

目前最有效的物理作图技术，也是能对大型基因组产生最详尽图谱的技术，是 STS 作图。一个**序列标记位点**（sequence tagged site）或称 **STS** 是一段短的 DNA 序列，通常其长度为 100～500bp，易于识别，且在拟研究的染色体或基因组中只出现一次。完成一套 STS 图谱需要收集来自单条染色体或一个完整基因组的重叠的 DNA 片段。在图 3.35 中，从单条染色体中制备一组 DNA 片段，使染色体上每一点平均有 5 条片段对应。在收集作图必需的数据时，需要排列每一个 STS，了解哪些片段包含有哪些 STS。这些可以通过杂交分析来完成，但通常会使用 PCR 的方法，因为 PCR 更快捷，更易于自动化。两个 STS 共存于同一个片段中的概率依赖于它们在基因组中的相邻程度。如果它们相当接近，那么它们存在于同一片段中的机会就相当的大。而如果它们位置相距较远，那么有时它们会在同一片段上，有时则不会（图 3.35）。所以，这些资料可用来计算两个标记间的距离，其方式与连锁分析（3.2.3 节）中计算图距的方式相同。在连锁分析中，两个标记间的图距是根据它们的交换频率来计算的。STS 作图与连锁分析是一样的，不同之处仅在于两个标记间的图距是根据分离频率来计算的。

上面关于 STS 作图的介绍有一些关键问题未解答。STS 的确切定义是什么？DNA 片段群是如何获得的？

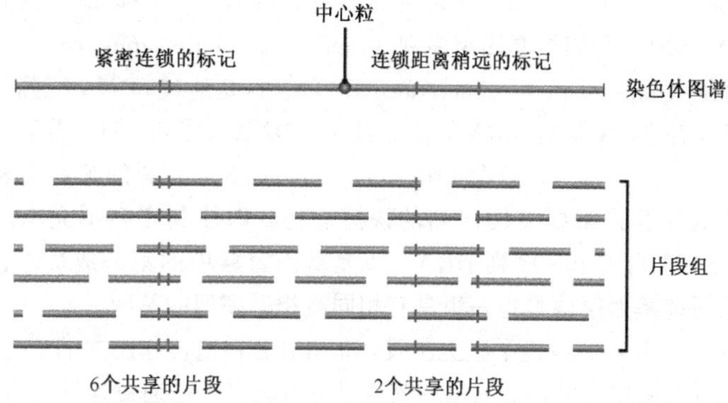


图 3.35　适用于STS作图的片段组

这些片段覆盖染色体的全长，染色体上每一点平均有5条片段相对应。染色体图谱上有的标记（左侧）很接近，它们共同存在于一条片段的可能性就高。而有的标记（右侧）相隔较远，它们位于同一条片段中的可能性就较小

## 任何一个唯一的DNA序列均可作为STS

一个DNA序列要成为STS，需满足两个条件。首先，它的序列必须是已知的，以便于用PCR方法检测该STS在不同DNA片段中存在与否。第二个要求是STS必须在拟研究的染色体上有唯一的定位，或当DNA片段群覆盖全基因组时，STS在整个基因组中具有唯一的定位位点。如果STS序列具有多个定位点，那么作图数据将不明确。因此，需要确保STS不包含重复DNA的序列。

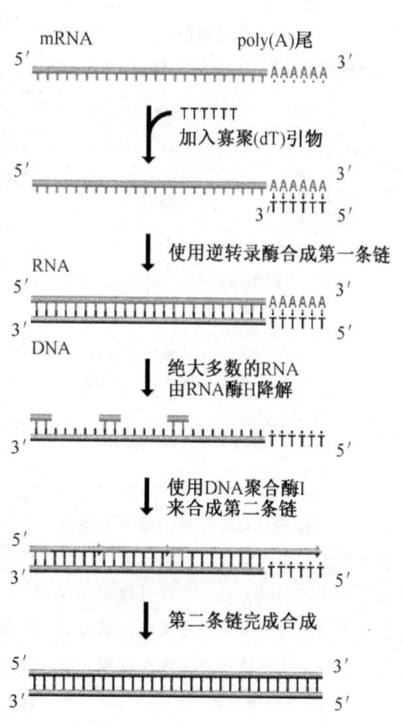


图 3.36　一种制备cDNA的方法

大多数真核生物的mRNA的3′端都有poly（A）尾（12.2.1节）。这一系列A核苷酸被用于cDNA合成第一阶段的引物位点，由逆转录酶-拷贝RNA模板的DNA聚合酶（2.1.1节）合成。引物是一条短的合成的DNA寡核苷酸，典型的长度为20个核苷酸，完全由T组成［oligo（dT）引物］。当第一条链合成后，用特异性降解RNA-DNA杂交体中的RNA成分的核酸酶H处理合成产物，在这种条件下，该酶不能降解所有的RNA，而会留下一些短的片段，引导第二条DNA链的合成反应，这一过程由DNA聚合酶I催化

上述两个条件易于满足，因此可以通过多种途径获得 STS，最常见的有：**表达序列标记**（EST）、SSLP 和**随机基因组序列**（random genomic sequence）。

- **表达序列标签**（expressed sequence tag，EST）。这是通过 cDNA 克隆分析获得的短序列。制备互补 DNA 是将 mRNA 转化成双链 DNA（图 3.36）。由于细胞中 mRNA 来自于编码蛋白质的基因，故此 cDNA 代表了 mRNA 来源的细胞中表达的基因序列。EST 被看作获得重要基因序列的快捷途径。即使其序列不完整，也仍然有价值。如果 EST 来自于单一序列 DNA，不是基因家族中的某一成员，它也可以被用作 STS。而所谓基因家族是指一组具有相同或相近序列的基因。
- **SSLP**。在 3.2.2 节我们讨论了微卫星及其他 SSLP 在遗传作图中的用途。SSLP 在物理作图中也可以被用作 STS，具有多态性的 SSLP 以及已通过连锁分析定位的 SSLP 很有价值，因为它们可在遗传图谱和物理图谱间提供直接的联系。
- **随机基因组序列**（random genomic sequence）。可以通过对克隆的基因组 DNA 的随机小片段进行测序或在数据库中下载储存序列获得。

## 用于 STS 作图的 DNA 片段

STS 作图过程中所必需的第二个要素是可覆盖拟研究的染色体或基因组的 DNA 片段群。这样的片段有时也称作**作图试剂**（mapping reagent）。目前通过两种途径来获得这种作图试剂：克隆文库和放射杂交。我们先来讨论**放射杂交体**（radiation hybrid）。

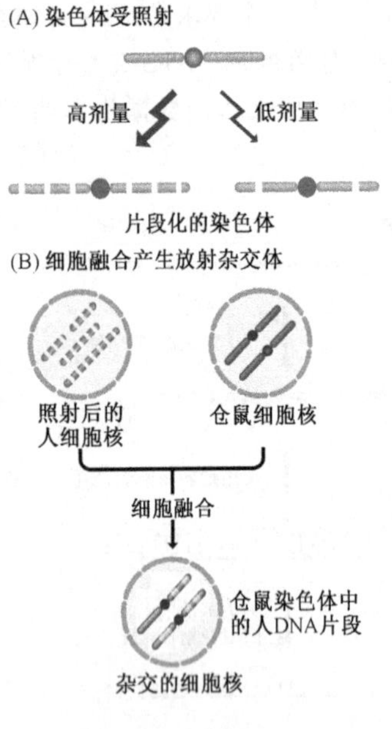

放射杂交体是指含有其他生物体染色体片段的啮齿类动物细胞。这项技术首先发展于 20 世纪 70 年代，当时人们发现将人类细胞暴露于 3000～8000 拉德剂量的 X 射线中，会使染色体随机断裂成碎片，放射剂量越大，产生的片段越小［图 3.37（A）］。这种处理对人类细胞是致死的，但若将受过照射的细胞与未经照射的仓鼠细胞或其他啮齿类细胞融合后，染色体碎片可以传递给后者。可利用化学试剂（如聚乙二醇）处理或暴露于仙台病毒中促进两种细胞融合［图 3.37（B）］。但是并非所有的仓鼠细胞都能接受染色体碎片，因此需要采用某种方式来鉴定杂交体。常规筛选时使用不能产生胸腺激酶（TK）或次黄嘌呤磷酸核糖转移酶（HPRT）的仓鼠细胞系，当细胞生长在含有次黄嘌呤、氨基喋呤及胸苷的培养基（HAT 培养基）里时，上述两种酶中任意一种的缺陷都会致死。将融合后的细胞置于 HAT 培养基里培养。那些获得人类 DNA 片段，包含人类胸腺激酶基因和（或）次黄嘌呤磷酸核糖转移酶基因的杂合仓鼠细胞，在细胞中可以合成上述酶，所以能在选择培养基中生长。经过融合及筛选的杂合细胞包含有随机的人类 DNA 片段，并已



图 3.37　放射杂交体

（A）人类细胞放射处理后的结果：染色体断裂成片段，X 射线剂量越大，产生的片段越小。（B）将一个经过放射处理的人类细胞与未处理的仓鼠细胞融合后产生了放射杂合体。为使画面清楚，这里只显示了细胞核

整合到仓鼠染色体中。通常这些片段的长度为5～10Mb，每个细胞所含的片段相当于人类基因组的15%～35%。这些融合细胞群称为放射杂合体组。它们可用作STS作图试剂，但前提是使用PCR方法鉴定STS时，不会从仓鼠基因组中扩增出相应的DNA区段。

第二种类型的放射杂交体组只含来自一条人类染色体的DNA，在构建时不用X射线照射人类细胞，而是照射另外一种啮齿类细胞杂合体。细胞遗传学家们已制备出许多啮齿类细胞系，其细胞核中含有一条可稳定遗传的人类染色体。如果照射这种细胞（如一种小鼠细胞），并将它与仓鼠细胞融合，筛选后获得的杂合仓鼠细胞将含有人类和（或）小鼠染色体片段。以人类特异性的全基因组范围重复序列为探针，可以确定含有人类DNA的细胞，如一种短散在核元件（SINE）称为Alu（9.2.1节）。它在人类基因组中约有100万个拷贝（表9.3），平均每3kb就有一个。只有含有人类DNA的细胞可与Alu序列杂交，这样使我们能够弃去不需要的小鼠杂合体，选择含人类染色体片段的细胞，来指导STS作图。

最初人类基因组的放射杂交体作图是利用染色体特异性的杂交体组，而不是包含全基因组的杂交体组，因为当时人们认为作出单染色体图比作全基因组需要更少的杂交体。实验证明，作出人类单染色体的高分辨率图需要100～200个杂交体组，这是可在一次PCR筛选中方便操作的最大数目。但全基因组和单染色体杂合细胞组的构建不同，前者只需要对人类染色体放射处理，而后者则需要对含有大量小鼠DNA和相对较少的人类DNA的杂合小鼠细胞进行处理。这意味着在单染色体杂交体组中每个杂交体所含的人类DNA量要比在全基因组杂交体组的少。上述分析表明，人类全基因组的精细作图可能只需少于100个全基因组放射杂交体。这样，全基因组作图并不比单染色体作图困难。一旦认识到这一点，全基因组杂交体就成为人类基因组计划作图阶段的关键部分（4.3节）。全基因组文库还可被用于其他哺乳动物以及斑马鱼和鸡的基因组的STS作图。

## 克隆文库也可用作STS分析

基因组计划进入测序阶段的前提是将基因组或分离的染色体断裂成片段，并将每个片段克隆到高容量载体中，高容量载体能够容纳大的DNA片段（2.2.1节）。这样产生一个克隆文库，即DNA片段的集合，在这种情况下它所包含的DNA片段平均长度为几百kb。与支持测序工作一样，这类克隆文库可用作STS分析。

与制备放射杂交体组一样，克隆文库可以来自基因组DNA以代表全基因组，也可以来自某一类染色体以产生染色体特异性文库。可以利用**流式细胞计数仪**（flow cytometry）来分离单独的染色体以实现后一个目的。操作时小心地破裂待分离的细胞（含凝缩的染色体），获得完整染色体的混合物，然后用荧光染料对染色体染色。因为结合于染色体的染料量依赖于染色体的长度，所以较大的染色体结合的染料更多，其产生的荧光比短的染色体强。稀释染色体样品后，将其通过小孔以形成液滴流，其中的每个液滴只含单条染色体。当液滴通过可监测荧光量的监测仪时，就可以确定哪一滴含有所需的某一条染色体。将含有所需染色体的液滴带上电荷（图3.38），使它们在电场中偏转并与其他的液滴分开。如果两个不同的染色体长度相近时，如人类第21号和22号染色体，如何处理呢？此时如果使用的染料不是非特异结合DNA的，而是对AT或者

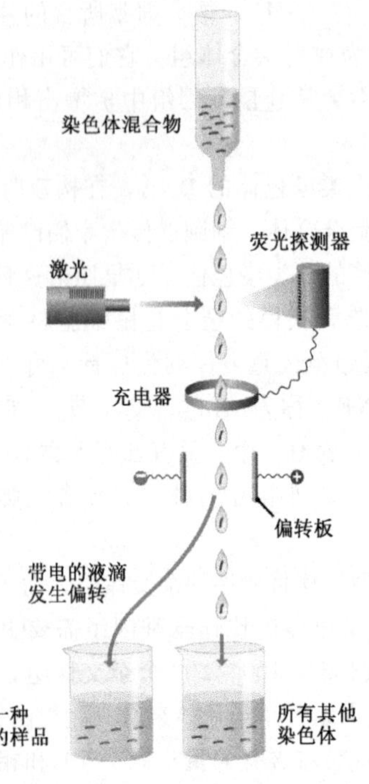


图 3.38　流式细胞计数分离染色体

荧光染色的染色体混合物通过一个小孔，使产生的每一个液滴只含有一条染色体。荧光探测器确定含有正确染色体的液滴发出的信号，并将一个电荷加到液滴上。当液滴到达电板时，带电荷的液滴偏转进入单独的收集器中，而其他的液滴直接穿过偏转板，收集到废液容器中

GC 丰富区有高亲和力的染料，如 Hoechst33258 和染色素 $A_3$，就可以将二者分开。因为两条大小相同的染色体很少具有相同的 GC 含量，所以可根据它们结合的 AT 或 GC 特异性染料的量来区分。

与放射杂交体组相比，用克隆文库进行 STS 作图时有一个明显的优势，就是单个克隆即可提供测序的 DNA。来自 STS 分析的数据可以用来构建物理图谱，也适用于确定含有重叠 DNA 片段的克隆，这使得我们可以建立**克隆重叠群**（clone contig）（图

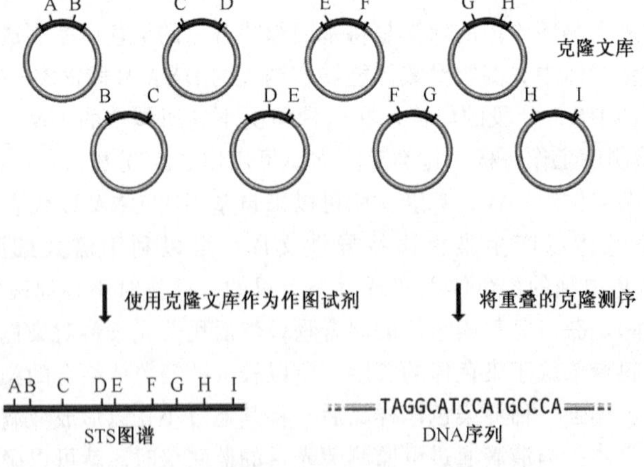


图 3.39　在基因组计划中克隆文库的价值

本例所示的小克隆文库包含可用于构建 STS 图谱的足够信息，它也可以被用做 DNA 测序的来源

3.39，其他构建克隆重叠群的方法参见 4.2.2 节）。组装好的重叠克隆可以作为长的连续 DNA 测序的基本材料，然后利用 STS 数据将序列精确地定位到物理图谱上。如果 STS 也包括已通过遗传连锁分析定位的 SSLP，那么 DNA 序列、物理图谱和遗传图谱可以被全部结合到一起。

# 总结

基因组图谱指明了基因的位置以及其他可识别的特征，为测序计划提供了工作框架，并由此使研究人员能够检测一个组装好的 DNA 序列的准确性。遗传图谱通过杂交试验和家系分析来构建，物理图谱则是通过直接检测 DNA 分子构建的。在前期的遗传图谱中，所用的标记是那些能够根据等位基因产生的诸如不同颜色的眼睛等容易被识别表型来区分的基因或者是那些可以通过生化试验来区分等位基因的基因。目前，DNA 标记也正在被广泛应用，它们包括限制性片段长度多态性（RFLP）、简单序列长度多态性（SSLP）以及单核苷酸多态性（SNP），所有这些标记都可以用 PCR 技术快速而简便地检测。染色体上基因及 DNA 标记的相对位置是通过连锁分析来确定的。该技术基于孟德尔最初的遗传学发现，并在 20 世纪前期最早用于果蝇。连锁分析能确定一对标记之间的重组频率，这为推测遗传图谱上标记之间的相对位置提供了数据。对于很多生物而言，连锁分析是通过追踪在设计好的繁殖实验中标记的遗传性来展开的，但是这在人类行不通。取而代之的，人类基因组的作图依赖于检测大型家系中标记的遗传，该过程叫做家系分析。遗传图谱的分辨率相对较低并且不太精确，所以如果是要用于基因组测序计划的话，就必须通过物理图谱来完善图谱。小型 DNA 分子内部限制性位点的位置可以通过限制性图谱来确定，但对真核染色体其价值有限。十分有用的是原位荧光杂交（FISH）技术，它是用荧光标记的探针来检测完整的染色体制备物，其中某些染色体可能已经被机械拉伸，然后用共聚焦显微镜检测制备物来确定杂交发生的位置。通过序列标签位点（STS）组成图谱可以获得最详尽的物理图谱，该图谱使用的作图试剂是一个跨越整个染色体或基因组的重叠 DNA 片段的集合。通过鉴定片段集合中哪些片段包含被标记的拷贝，从而确定标记的图谱位置。这种作图试剂可以是一个克隆文库或者是一个放射杂交群。

## 选择题

* 奇数问题的答案见附录

3.1* 计算机组装复杂的真核基因组的 DNA 序列时主要问题在于：

a. 多个染色体。

b. 线粒体 DNA。

c. 基因组中的内含子。

d. 重复序列。

3.2 第一期的遗传图谱用基因作为标记是因为：

a. 可以通过用染料染 DNA 来观察染色体上基因的位置。

b. 基因特定的表型可以被肉眼确认并且它们的遗传模式可被研究。

c. 那些决定容易识别表型特征的单个基因容易被克隆。

d. 单核苷酸多态性被用于确认那些能导致明显可见表型差异的点突变。

3.3* 下述哪一项不是生化表型通常被用于构建人类遗传图谱的理由：

a. 人类没有用于遗传作图的可见特征。

b. 生化表型可以通过简单的血型分析来筛选。

c. 一些容易描述的生化表型由具有非常多等位基因的基因决定。

d. 进行控制的人类繁殖实验是不道德的。

3.4 真核基因组除了基因以外还使用 DNA 标记来作图是因为：

a. DNA 标记不需要两个或更多的等位基因来作图。

b. 基因图谱可能不能覆盖基因组的大型区域。

c. 绝大多数基因包含多个能被轻易定位的等位基因。

d. DNA 标记相对于遗传标记变异更小。

3.5* 微卫星比小卫星更常用于 DNA 标记的原因是：

a. 基因组中小卫星所在的位点太多。

b. 限制性酶能够被用于微卫星但不能应用于小卫星。

c. 真核基因组中很少有微卫星，所以它们很容易被确认和分析。

d. 微卫星遍布真核基因组并且容易用 PCR 扩增。

3.6 下面哪一个遗传学标记在人类基因组中的数目最多？

a. RFLP

b. 小卫星

c. 微卫星

d. 单核苷酸多态性

3.7* 遗传连锁的原则是：

a. 某一个基因的不同等位基因定位于一个染色体的相同位置。

b. 发现某些特征（如果蝇眼睛的颜色）由多个基因负责。

c. 观察到某些基因如果定位于同一个染色体将会被一起遗传。

d. 观察到染色体的深染区不包含基因。

3.8 有丝分裂和减数分裂的差异是有丝分裂有以下特征：

a. 产生的两个双倍体细胞与亲代细胞在遗传学方面是等同的。

b. 同源染色体之间 DNA 的交换（crossing-over）。

c. 产生的两个双倍体细胞与亲代细胞在遗传学方面是不同的。

d. 产生的四个双倍体细胞与亲代细胞在遗传学方面是等同的。

3.9* 下面哪一项准确地描述了两个基因之间的重组频率？

a. 两个基因靠得越近，它们之间的重组频率就越高。

b. 两个基因离得越远，它们之间的重组频率就越高。

c. 如果两个基因在同一个染色体上，它们之间不可能发生重组。

d. 如果两个基因在不同的染色体上，它们之间的重组频率就比较高。

3.10 在分析一个人类家系以确定两个基因的连锁性如何的过程中，最好是：

a. 总结出在子代中最常见的基因型是其亲代的基因型。

b. 总结出在子代中最常见的基因型是重组子。

c. 进行测交试验来确定基因之间的连锁性。

d. 确定祖父母的基因型。

3.11* 下述哪一项不是限制人类及其他复杂真核生物遗传图谱准确性的因素？

a. 对于许多真核生物而言不可能得到足够的后代。

b. 重组热点可能干扰遗传作图。

c. 遗传作图只使用基因而复杂真核生物没有足够的基因来为整个基因组作图。

d. 距离上万个碱基对的基因或标记可能出现在遗传图谱的相同位置。

3.12 中期染色体最初被用于荧光原位杂交，但是结果多少有其局限性是因为：

a. 染色体的许多区域是浓缩的且不能被探针杂交。

b. 探针会优先与多个染色体上的重复序列杂交。

c. 浓缩状态的染色体不稳定，当染色体变得舒松的时候杂交信号就变弥散了。

d. 只可能作出低分辨率的图谱，因为染色体是浓缩的。

3.13* 分裂间期染色体对于通过荧光原位杂交来精细作图是有用的，因为它们：

a. 是浓缩最少的染色体类型。

b. 彼此间很容易通过结构来区分。

c. 具有该技术所需要的染色质转录激活区域。

d. 允许基因组的物理图谱分辨率达到 1kb。

3.14 序列标签位点具有以下哪个特点？

a. 它们在基因组中只出现一次并且具有一个 RFLP 位点。

b. 它们在基因组中只出现一次并且已知序列。

c. 它们的序列已知并且必定含有重复的 DNA 序列。

d. 它们必定还有一个基因的序列，而没有重复 DNA 序列的存在。

3.15* 下述哪一个序列不能被用作一个序列标记位点？

a. 表达序列标签。

b. 随机基因组序列。

c. 简单序列长度多态性。

d. 限制性片段长度多态性。

3.16 放射杂交群为物理作图提供了一个有用的机制，因为：

a. 在任一给定的杂交细胞中只存在一部分的人类基因组。

b. 宿主仓鼠细胞缺乏人类遗传标记的同源序列。

c. 宿主仓鼠细胞对射线不敏感。

d. 仓鼠基因组的完整物理图谱是已知的。

## 简答题

*奇数问题的答案见附录

3.1* 为什么基因组测序需要图谱？如果没有一个基因组图谱，在获得基因组序列过程中的主要困难是什么？

3.2 清晰地解释基因组的遗传图谱与物理图谱之间的差别。

3.3* PCR 技术是如何使得 RFLP 的分析既快又方便的？在使用 PCR 来作 RFLP 图谱之前需要什么？

3.4　限制性内切核酸酶是如何用于产生一个基因组的遗传图谱和物理图谱的？

3.5*　为遗传图谱提供构建成分的基因之间是怎样连锁的？讨论遗传标记是如何被连锁以便为单个染色体提供图谱的？

3.6　孟德尔的两个遗传学法则是什么？遗传作图中哪些内容未被孟德尔的法则覆盖？

3.7*　为什么在连锁分析实验中使用一个双纯合子来做测交试验？为何该纯合子的等位基因对于检测的性状最好是隐性的？

3.8　DNA 分子的限制性作图通常限于小于 50kb 尺寸的分子。该技术为何有这个限制？如何在研究更大的 DNA 分子时解除这个限制？

3.9*　遗传作图技术需要给定的标记至少有两个等位基因，而物理作图技术在作图时不依赖于等位基因的存在。讨论荧光原位杂交技术是如何即便是在给定位点没有遗传学变异的时候也能被用于作出基因组位置图谱的。

3.10　为何对于基因组作图来说全基因组放射杂交优于单染色体杂交？

3.11*　科学家是如何仅从单个染色体中制备出 DNA 克隆文库的？

## 论述题

*奇数问题的指导见附录

3.1*　构建遗传图谱的 DNA 标记的理想特征是什么？什么情况下 RFLP、SSLP 或 SNP 可以作为理想的 DNA 标记？

3.2　探讨并评价 DNA 芯片技术在生物学研究中的应用。

3.3*　一种将被用于进行深入的遗传研究的物种需要具备什么特征？

3.4　如果试图在获得遗传或物理图谱之前就进行基因组测序，其可能产生的问题是什么？

3.5*　遗传和物理图谱中哪一个更加有用？

## 图形测试

*奇数问题的答案见附录

3.1*　怎样通过染料淬灭实验来确定一个寡聚核苷酸是否已经杂交到一个含有单核苷酸多态性的 DNA 分子上？

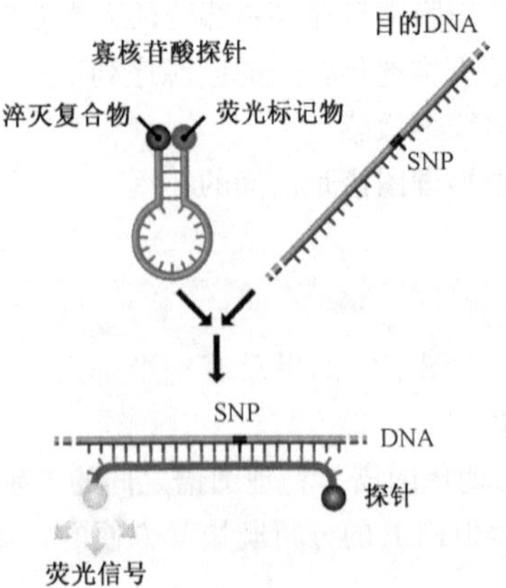

3.2　下列的基因全部位于同一个染色体上。假设重组频率已知如下，请构建出展示这些基因在染色体上相对位置的图谱。

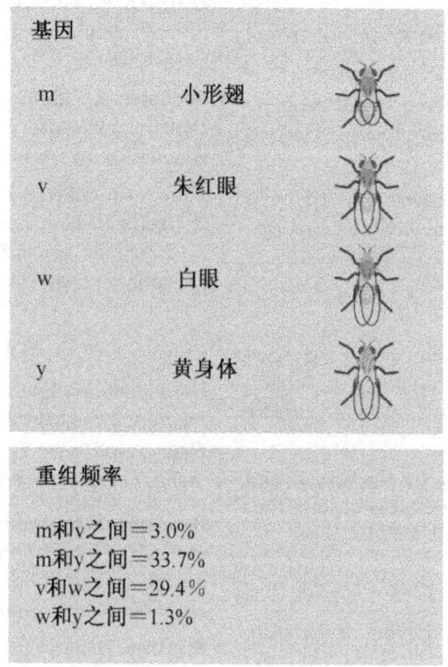


3.3[*]　图中所示的是用于分离相对较大 DNA 分子（大于 50kb）电泳方法，该技术的基础是什么？

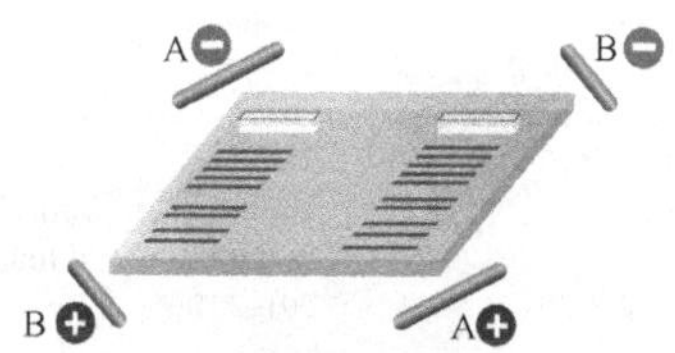


3.4　这对染色体上已经杂交了包含不同荧光染料的克隆分子。这是什么类型的技术？这是不是遗传作图或物理作图的一个例子？

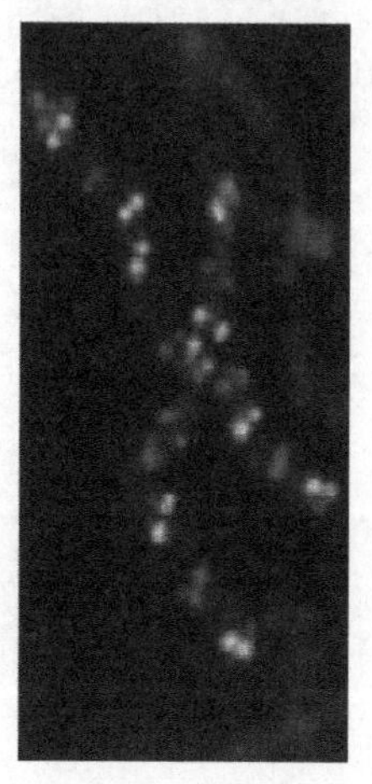

## 拓展阅读

### 遗传学历史方面的书籍

**Orel, V.** (1995) *Gregor Mendel: The First Geneticist.* Oxford University Press, Oxford.

**Shine, I. and Wrobel, S.** (1976) *Thomas Hunt Morgan: Pioneer of Genetics.* University Press of Kentucky, Lexington, Kentucky.

**Sturtevant, A.H.** (1965) *A History of Genetics.* Harper and Row, New York. *Describes the early gene mapping work carried out by Morgan and his colleagues.*

### 遗传标记以及DNA标记

**Wang, D.G., Fan, J.-B., Siao, C.-J., *et al.*** (1998) Large-scale identification, mapping, and genotyping of single-nucleotide polymorphisms in the human genome. *Science* **280:** 1077–1082.

**Yamamoto, F., Clausen, H., White, T., Marken, J. and Hakamori, S.** (1990) Molecular genetic basis of the histo-blood group ABO system. *Nature* **345:** 229–233.

### 连锁分析

**Morton, N.E.** (1955) Sequential tests for the detection of linkage. *Am. J. Hum. Genet.* **7:** 277–318. *The use of lod scores in human pedigree analysis.*

**Strachan, T. and Read, A.P.** (2004) *Human Molecular Genetics*, 3rd Ed. Garland, London. *Chapter 13 covers human genetic mapping.*

**Sturtevant, A.H.** (1913) The linear arrangement of six sex-linked factors in *Drosophila* as shown by mode of association. *J. Exp. Zool.* **14:** 39–45. *Construction of the first linkage map for the fruit fly.*

### 限制性图谱

**Hosoda, F., Arai, Y., Kitamura, E., *et al.*** (1997) A complete *Not*I restriction map covering the entire long arm of human chromosome 11. *Genes Cells* **2:** 345–357.

**Ichikawa, H., Hosoda, F., Arai, Y., Shimizu, K., Ohira, M. and Ohki, M.** (1993) *Not*I restriction map of the entire long arm of human chromosome 21. *Nat. Genet.* **4:** 361–366.

**Jing, J.P., Lai, Z.W., Aston, C., *et al.*** (1999) Optical mapping of *Plasmodium falciparum* chromosome 2. *Genome Res.* **9:** 175–181.

**Lin, J., Qi, R., Aston, C., *et al.*** (1999) Whole-genome shotgun optical mapping of *Deinococcus radiodurans*. *Science* **285:** 1558–1562.

**Michalet, X., Ekong, R., Fougerousse, F., *et al.*** (1997) Dynamic molecular combing: stretching the whole human genome for high-resolution studies. *Science* **277:** 1518–1523.

**Zhou, S.G., Kvikstad, E., Kile, A., *et al.*** (2003) Whole-genome shotgun optical mapping of *Rhodobacter sphaeroides* strain 2.4.1 and its use for whole-genome shotgun sequence assembly. *Genome Res.* **13:** 2142–2151.

### FISH

**Heiskanen, M., Peltonen, L. and Palotie, A.** (1996) Visual mapping by high resolution FISH. *Trends Genet.* **12:** 379–382.

**Lichter, P.** (1997) Multicolor FISHing: what's the catch? *Trends Genet.* **13:** 475–479.

**Romanov, M.N., Daniels, L.M., Dodgson, J.B. and Delany, M.E.** (2005) Integration of the cytogenetic and physical maps of chicken chromosome 17. *Chromosome Res.* **13:** 215–222. *Describes an application of FISH carried out with BAC probes.*

**Tsuchiya, D. and Taga, M.** (2001) Application of fibre-FISH (fluorescence *in situ* hybridization) to filamentous fungi: visualization of the rRNA gene cluster of the ascomycete *Cochliobolus heterostrophus*. *Microbiology* **147:** 1183–1187.

**Zelenin, A.V.** (2004) Fluorescence *in situ* hybridization in studying the human genome. *Mol. Biol.* **38:** 14–23.

### 放射杂交

**Hudson, T.J., Church, D.M., Greenaway, S., *et al.*** (2001) A radiation hybrid map of the mouse genome. *Nat. Genet.* **29:** 201–205.

**Itoh, T., Watanabe, T., Ihara, N., Mariani, P., Beattie, C.W., Sugimoto, Y. and Takasuga, A.** (2005) A comprehensive radiation hybrid map of the bovine genome comprising 5593 loci. *Genomics* **85:** 413–424.

**McCarthy, L.** (1996) Whole genome radiation hybrid mapping. *Trends Genet.* **12:** 491–493.

**Walter, M.A., Spillett, D.J., Thomas, P., Weissenbach, J. and Goodfellow, P.N.** (1994) A method for constructing radiation hybrid maps of whole genomes. *Nat. Genet.* **7:** 22–28.

CHAPTER

# 第4章 基因组测序

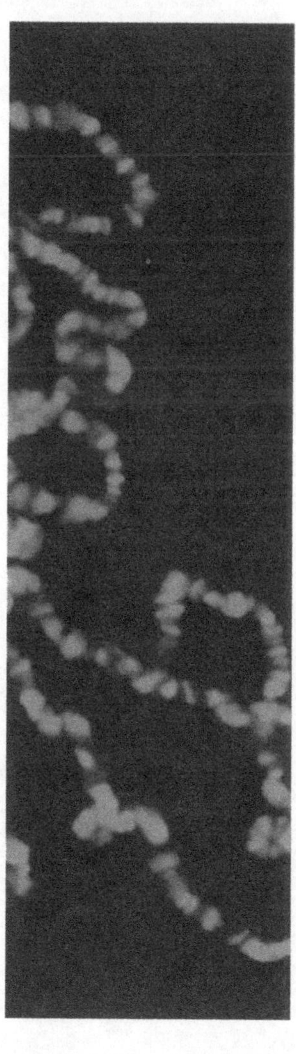



## 学习要点

当你阅读完第4章之后，应该能够：

- 详细描述链终止DNA测序法及热循环DNA测序法。
- 简单描述化学降解法及焦磷酸测序法的要点，并叙述它们的应用。
- 叙述鸟枪法、全基因组鸟枪法及克隆重叠群等基因组测序法的优点和不足。
- 以流感嗜血杆菌为例，说明如何用鸟枪法对小的细菌基因组进行测序。
- 简要说明建立克隆重叠群的不同方法。
- 阐述全基因组鸟枪法进行基因组测序的基础，着重强调保证测序结果正确的步骤。
- 说明人类基因组计划到2004～2005年发表完成的染色体序列时的发展过程。
- 讨论人类基因组计划引发的伦理、法律和社会问题。

基因组计划的最终目标是完成所研究生物的DNA测序工作，理想状态是与基因组的遗传和（或）物理图谱结合起来，以便能将基因及其他有意义的特征定位于DNA序列中。本章在直接阐述这一最终目标的同时，描述了基因组计划的测序阶段所使用的技术和研究策略。DNA测序技术在本文中显然极为重要，因此我们将在本章开头详细介绍测序的方法学。然而，如果不能把每个测序实验中得到的短序列按照正确顺序连接起来而得到构成基因组的染色体主要序列的话，这种测序方法就没有任何价值。因此，本章的另一部分将介绍用来确保主要序列正确组装的策略。

# 4.1 DNA测序方法学

DNA测序有几种方法，但到目前为止最常用的是20世纪70年代中期由Fred Sanger及其同事首先发明的**链终止法**（chain termination method）。链终止测序法因为几种原因而获得了很高的声誉，并不只是因为该技术能相对容易地自动进行。正如我们将在本章后面所见到的一样，基因组计划包括大量的单个测序实验，而且通过手工方法将所有实验都做完会花费很多年时间。因此，要在合理的时间内完成测序计划就必须运用自动化的测序方法。

## 4.1.1 链终止DNA测序法

链终止DNA测序法的基本原理是，**聚丙烯酰胺凝胶电泳**（polyacrylamide gel electrophoresis）能够把长度只差一个核苷酸的单链DNA分子区分开（技术注解4.1）。这意味着长度在10～1500个核苷酸范围内的一群分子经平板凝胶或毛细管凝胶电泳后能被分离成一系列可分辨的条带（图4.1）。

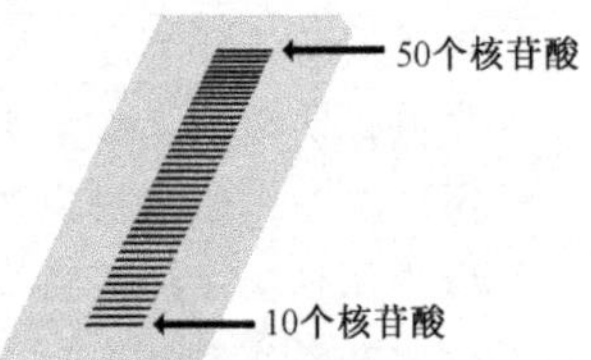


图4.1 聚丙烯酰胺凝胶电泳能分辨出长度只差一个核苷酸的单链DNA分子

插图显示出单链DNA分子经变性的聚丙烯酰胺平板凝胶电泳分离后形成的条带图谱。分子用放射性标记物标记并且通过放射自显影可看到条带的位置。在聚丙烯酰胺凝胶中，单个DNA分子间的分离随着它们向正极的迁移而逐渐增加。因此，在放射自显影照片中所看到的条带越往底部其间隔越大。实际上，无论是平板凝胶还是毛细管凝胶系统，如果电泳时间足够长，长至1500个核苷酸的分子也能被分离开

**技术注解4.1 聚丙烯酰胺凝胶电泳**

**分离长度只差别一个核苷酸的DNA分子**

聚丙烯酰胺凝胶电泳用来检测测序实验所得到的一族链终止的DNA分子。琼脂糖凝胶电泳（技术注解2.2）不能用于这一目的，因为它不具备分离长度只差一个核苷酸的单链DNA分子所需要的分辨力。聚丙烯酰胺凝胶的孔径比琼脂糖凝胶更小，能精确分离长度在10～1500bp的分子。除了DNA测序以外，聚丙烯酰胺凝胶也用于其他需要精细分离DNA的应用中，例如，检查直接

在微卫星座上进行 PCR 的扩增产物，其中不同等位基因的扩增产物长度可能只相差 2 或 3 个碱基（图 3.6）。聚丙烯酰胺凝胶可以在用间隔物分开的两块玻璃板之间制备成平板样胶，或在长的、细柱子中制备成适合毛细管电泳的胶（图 T4.1）。

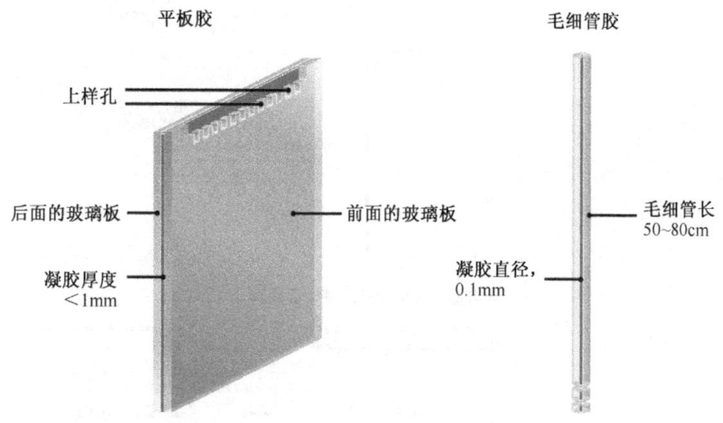


图 T4.1　两种形态的聚丙烯酰胺凝胶电泳

聚丙烯酰胺凝胶包括丙烯酰胺单体（$CH_2=CH-CO-NH_2$）与 *N*, *N'*-亚甲基双丙烯酰胺单位（$CH_2=CH-CO-NH-CH_2-NH-CO-CH=CH_2$）交联成的链，后者通常被称为"bis"。凝胶的孔径大小由单体（丙烯酰胺＋bis）的浓度与丙烯酰胺和 bis 的比例决定的。在用于 DNA 测序的 1mm 厚平板胶中，通常运用丙烯酰胺：bis 比例为 19：1 的 6%的凝胶，因为这可以分辨出长度 100～750 个核苷酸的单链 DNA 分子。因此，序列中大概有 650 个核苷酸可以从一板胶中被分离出。为了分辨出长度接近引物的序列（分辨出 50～400 个核苷酸长的分子）可以将胶的浓度提高到 8%，或者为了分辨出更长的序列（与引物相差 500～1500 个核苷酸）可以将胶的浓度降低到 4%。丙烯酰胺：bis 溶液的多聚化由过硫酸铵起始并由 TEMED（*N*, *N*, *N'*, *N'*-四甲基乙二铵）催化。测序用的胶还包含尿素，尿素是一种变性剂，能够阻止链终止分子中形成链内部的碱基配对。这一点很重要，因为碱基配对所引起的构象变化能改变单链分子的迁移率，这样分子大小与其条带位置之间的对分辨 DNA 序列很关键的严格匹配就消失了。

## 链终止法测序概述

链终止法测序实验的起始材料是均一的单链 DNA 分子。第一步是短寡聚核苷酸在每个分子的相同位置上退火，然后该寡聚核苷酸就充当引物来合成与模板互补的新 DNA 链［图 4.2（A）］。链合成反应由 DNA 聚合酶催化并需要 4 种脱氧核糖核苷三磷酸（dNTP——dATP、dCTP、dGTP 和 dTTP）作为底物，正常情况下能持续到几千种核苷酸被多聚化为止。这在链终止法测序实验中是不会出现的，因为除了 4 种脱氧核苷酸外，反应体系中还加入了少量的**双脱氧核糖核苷三磷酸**（dideoxynucleotide triphosphate，ddNTP——ddATP、ddCTP、ddGTP 和 ddTTP）。每种双脱氧核苷酸都标记有不同的荧光标记物。

聚合酶不能区分脱氧核苷酸和双脱氧核苷酸，但一旦掺入了双脱氧核苷酸，就会阻止链的进一步延伸，因为它缺少与下一个核苷酸形成连接所需要的 3′羟基［图 4.2

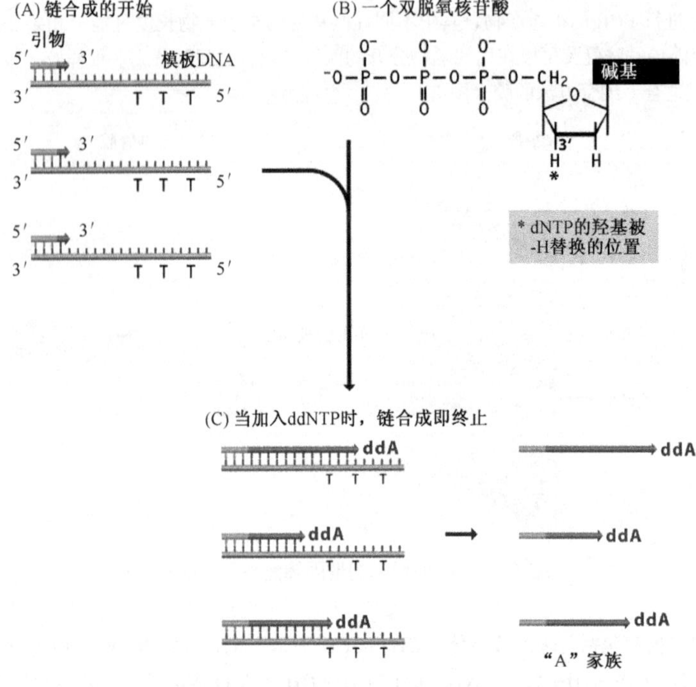


图 4.2 链终止法 DNA 测序

(A) 链终止法测序包括合成与单链模板互补的新链 DNA。(B) 链合成不能无确定地进行，因为反应体系中含有少量的 4 种双脱氧核苷酸，由于它们的 3′碳原子上连接的是氢原子而不是羟基，故能阻断进一步延伸。(C) ddATP 的掺入引起合成链在与模板中 T 相对的位置上终止。这就产生了“A”家族终止分子。掺入了其他类型的双脱氧核苷酸就产生“C”、“G”及“T”家族

(B)]。因为正常脱氧核苷酸存在的量比双脱氧核苷酸多，因此链合成并不总是在接近引物时终止。实际上，在双脱氧核苷酸最后掺入之前，几百个核苷酸已被多聚化。结果就产生一组长度不同的新分子，每个分子的末端都是一个双脱氧核苷酸，该双脱氧核苷酸的种类就表示出模板 DNA 相应位置上所存在的核苷酸——A、C、G 或 T [图 4.2 (C)]。

为了确定 DNA 序列，我们要做的一切事情是鉴别出每个链终止分子末端的双脱氧核苷酸。这也正是聚丙烯酰胺凝胶能做到的。将 DNA 混合物上样到聚丙烯酰胺平板凝胶的孔中或上样到毛细管凝胶的管中，进行电泳就会根据分子的长度而将分子分离开。分离后，将分子通过一种能够区分与双脱氧核苷酸连接的标记物的荧光检测器 [图 4.3 (A)]。因此，检测器就能确定每个分子是否以 A、C、G 或 T 结束的。操作人员就能将序列打印出来进行检查 [图 4.3 (B)]，或者直接将序列输入到储存装置中用于以后的分析。具备多个毛细管平行工作的自动测序仪能在 2h 之内读出高达 96 种不同的序列，这意味着如果每个实验能得到平均长度为 750bp 的序列，那么每天每台机器就可以读出 864kb 的序列信息。当然，这需要不分昼夜的技术支持，理想的方法是用机器人设备来准备测序反应并将反应产物上样到测序仪上。如果这样一种工厂方法能被建立并能维持的话，那么在数周之内就可以得到整个基因组测序所需要的数据。

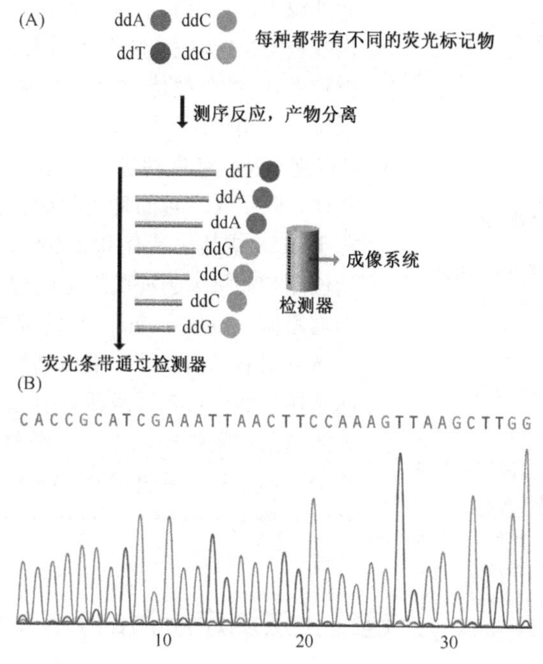


图 4.3　阅读链终止实验所产生的序列

（A）每种双脱氧核苷酸用不同的荧光基团标记。电泳过程中，标记的分子通过一个荧光检测器，荧光检测器能够鉴别出每个条带中存在哪种双脱氧核苷酸。信息就被传送到成像系统。（B）打印出的 DNA 序列。序列通过一系列峰表示出，每个峰表示一个核苷酸位置

## 链终止法测序需要单链 DNA 模板

链终止实验的模板是待测序的 DNA 分子的单链形式。有几种方法可以得到单链 DNA：

- 可以把 DNA 克隆到质粒载体中（2.2.1 节）。产生的 DNA 是双链的，因此不能直接用于测序。它必须通过碱或煮沸变性转变为单链 DNA。这是获得 DNA 测序所需模板 DNA 最常用方法，很大程度上是因为用质粒载体进行克隆是一种常规的技术。缺点是制备没有少量细菌 DNA 和 RNA 污染的质粒 DNA 会比较困难，在 DNA 测序实验中细菌 DNA 和 RNA 可能作为假模板或引物。
- 可以把 DNA 克隆到 M13 噬菌体载体中。以 M13 噬菌体为基础的载体是专门为产生 DNA 测序单链模板而设计的。M13 噬菌体具有单链 DNA 基因组，该基因组在感染大肠杆菌后转变为双链**复制型**（replicative form）。复制型被复制到一个细胞中存在 100 多个分子为止，当细胞分裂时，新细胞中的拷贝数通过进一步复制来维持。同时，感染的细胞继续分泌新的 M13 噬菌体颗粒（每代大约分泌 1000 个颗粒），这些噬菌体都含有单链形式的基因组（图 4.4）。以 M13 为基础的克隆载体是双链 DNA 分子，相当于 M13 基因组的复制型。可以按质粒克隆载体完全一样的方式对它们进行操作。区别是转染了重组 M13 载体的细胞能分泌含有单链 DNA 的噬菌体颗粒，

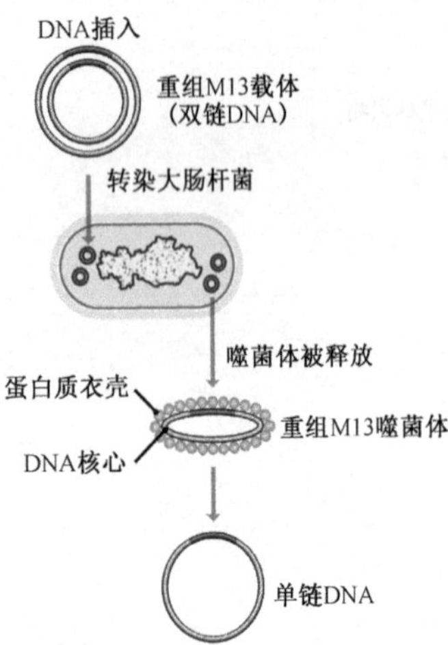


图 4.4　通过在 M13 噬菌体载体中克隆获得单链 DNA

M13 载体有两种形式：双链复制型分子和在噬菌体颗粒中发现的单链型。复制型可以用与质粒克隆载体一样的方式进行操作（2.2.1 节），通过限制性消化和连接插入新 DNA。重组载体通过转染导入大肠杆菌。一旦进入大肠杆菌细胞，双链载体开始复制并指导合成单链拷贝，单链拷贝被包装进噬菌体颗粒，并从细胞中分泌出来。离心使细菌形成沉淀后从培养液中收集噬菌体颗粒。通过酚处理去除噬菌体的衣壳蛋白，重组载体的单链形式经纯化后就可用于 DNA 测序

这种 DNA 包含载体分子和连接到载体分子中的任意外源 DNA。因此，噬菌体能为链终止法测序提供模板 DNA。一个缺点是当大于 3kb 的 DNA 片段被克隆到 M13 载体时会发生缺失和重排，所以该系统只能用于短片段 DNA。

- 可以把 DNA 克隆到噬菌粒中。这是一种质粒克隆载体，除了含有它的复制起始位点之外，还包含来源于 M13 或其他具有单链 DNA 基因组噬菌体的起始位点。如果大肠杆菌细胞既包含噬菌粒又包含**辅助噬菌体**（helper phage）的复制型，后者携带噬菌体复制酶基因及外壳蛋白基因，那么噬菌粒上的噬菌体起始位点就被激活，引起含有噬菌粒单链形式的噬菌体颗粒的产生。双链质粒 DNA 就被转变成 DNA 测序的单链模板 DNA。这一系统避免了 M13 克隆的不稳定性，可用于克隆 10kb 或更长的片段。

## 链终止法测序所用的 DNA 聚合酶

任何一种模板依赖的 DNA 聚合酶都能够延伸已经退火到单链 DNA 分子上的引物，但并不是所有的聚合酶都能按照对 DNA 测序有用的方式进行。测序酶必须满足三种特殊的标准：

- **高持续合成能力**（processivity）。这是指聚合酶由于自然原因终止反应之前所合成的多聚核苷酸长度。测序聚合酶必须具备高持续合成能力，以便在掺入双脱氧核苷酸之前它不会从模板上掉下来。
- 可忽略的或没有 5′→3′外切核酸酶活性。大多数 DNA 聚合酶也具有外切核酸酶活性，就表明它们除了能合成 DNA 之外还能降解 DNA（2.1.1 节；图 2.7）。这在 DNA 测序中是一个缺点，因为把核苷酸从新合成链的 5′端去掉就改变了这些链的长度，也就不可能确定出正确的序列。
- 可忽略的或没有 3′→5′外切核酸酶活性。这也是希望达到的，以便聚合酶不会去除完成链末端上的双脱氧核苷酸。如果发生了这种情况，那么链就会进一步延伸下去。最后的结果就会是反应混合物中很少有短链分子，接近引物长度的序列就不能被读出。

这些都是很必需的要求，任何自然存在的 DNA 聚合酶都不能完全满足这些要求。通常就运用了人工修饰后的酶。所发明的第一种这样的酶就是 Klenow 聚合酶，它是将标准酶所具备的 5′→3′外切核酸酶活性从大肠杆菌（*Escherichia coli*）DNA 聚合酶Ⅰ中去除的一种形式，通过切掉相关蛋白质部分或者是通过遗传工程方法而去除 5′→3′外切核酸酶活性（2.1.1 节）。Klenow 聚合酶的持续合成能力相对来讲比较低，将单次实验

中所获得的序列长度限制在 250bp 左右，并在测序反应中产生非特异性产物，合成的链是自然终止的而不是通过双脱氧核苷酸的掺入终止的。因此 Klenow 聚合酶就被 T7 噬菌体所编码的 DNA 聚合酶的修饰形式所代替，该酶的商品名称是“测序酶”。测序酶具备高持续合成能力并没有外切核酸酶活性，还拥有其他想要的特征，如快速的反应速度。

## 引物决定了待测序的模板 DNA 区域

为了开始链终止法测序实验，寡聚核苷酸引物就退火到模板 DNA 上。引物是必需的，因为模板依赖的 DNA 聚合酶不能在完全是单链的分子上开始 DNA 合成：必须有一段短的双链区提供 3′端以供酶将新核苷酸添加到 3′端（2.1.1 节）。

引物还在决定待测模板分子的范围中起至关重要的作用。对于大部分测序实验，常采用“通用”引物，它在新 DNA 连接位点的紧密相连处与载体 DNA 的某部分互补[图 4.5（A）]。因此，相同的通用引物就可以得到连入载体中的任意 DNA 片段的序列。当然，如果插入的 DNA 大于 750bp，那么只能得到它的一部分序列，但通常这并不成问题，因为基因组计划就整体而言只需要得到大量短序列，然后再组装成连续的主序列。无论短序列是完整的或只是用作模板的 DNA 片段的部分序列都没有影响。如果用双链质粒 DNA 来提供模板，那么，如果需要的话，可以从插入片段的另一端得到更多的序列。另外，还可能通过合成非通用的内部引物在一个方向上延伸测序，引物的退火位置设计在插入的 DNA 片段上［图 4.5（B）］。用这种引物进行的实验就会提供出与前面实验提供的序列重叠的另一种短序列。

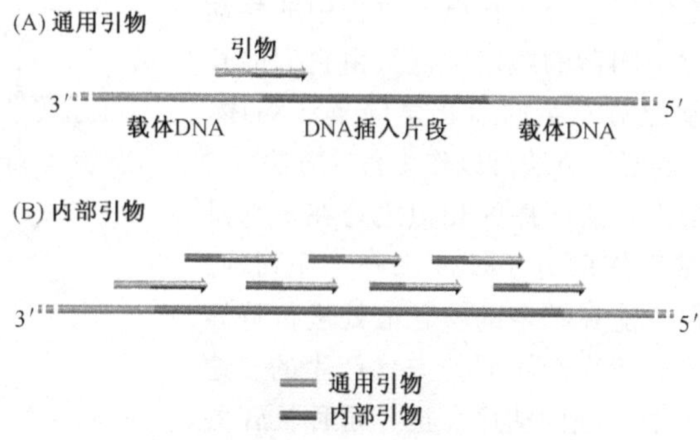


图 4.5　链终止法测序所用的不同类型引物

（A）通用引物在邻近新 DNA 插入位点的载体 DNA 上退火。因此，单一的通用引物可用于任意 DNA 插入片段的测序，但只能提供出插入片段的一端序列。（B）获得更长序列的一种方法是进行一系列的链终止实验，每个实验使用不同的在 DNA 插入片段上退火的内部引物

## 热循环法测序代替传统方法学

热稳定 DNA 聚合酶的发现，促进了 PCR 方法（2.1.1 节和 2.3 节）的发展，也导致了新的链终止测序方法的产生。特别是**热循环法测序**（thermal cycle sequencing）的革新相对于传统链终止法测序有两大优点。首先，它用双链而不是单链 DNA 作为起始材料。其次，只需要很少量的模板 DNA，因此 DNA 在测序之前不必克隆。

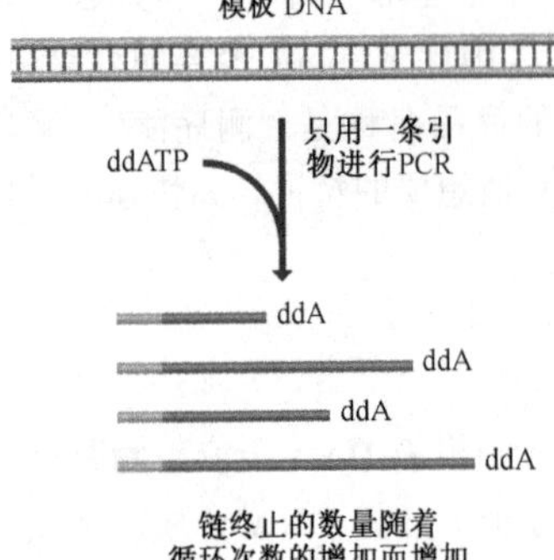


图 4.6 热循环法测序

只用一个引物进行 PCR 反应，反应混合物中存在 4 种双脱氧核苷酸。结果就得到一系列链终止——这里显示出反应所产生的“A”家族部分。这些链与“C”、“G”、“T”的反应产物一起，用标准的方法学进行电泳（图 4.3）

热循环测序方法的进行类似于 PCR 反应，但是只用一条引物，并且反应混合物包括 4 种双脱氧核苷酸（图 4.6）。因为只有一条引物，所以只有起始分子的一条链被复制，并且产物以线性方式积累，而不同于真正 PCR 中的指数积累方式。正如标准方法学中介绍的一样，反应混合物中存在双脱氧核苷酸就能引起链终止，所产生的一族合成链就可以进行分析并用常规方法读出它们的序列。

## 4.1.2 DNA 测序的其他方法

虽然大多数测序都是通过链终止方法进行的，但其他技术对于特殊的应用仍然很重要。我们将讨论两种其他技术：**化学降解法**（chemical degradation method），该法与链终止法测序一样是在 20 世纪 70 年代发明的；**焦磷酸测序**（pyrosequencing）是最近发明的技术。

### 化学降解法测序

链终止法测序的一个局限性是如果模板 DNA 能形成链内碱基配对的话，那么它就可能不会提供正确序列（图 4.7）。链内碱基配对能阻止 DNA 聚合酶的前进，降低合成链的数量，并能改变链终止分子在电泳过程中的移动性，意思是分子通过检测器的顺序不再只由它们的长度决定的。链内碱基配对不会妨碍化学降解法测序，因此当出现这样的问题时该方法可以作为备选方法。

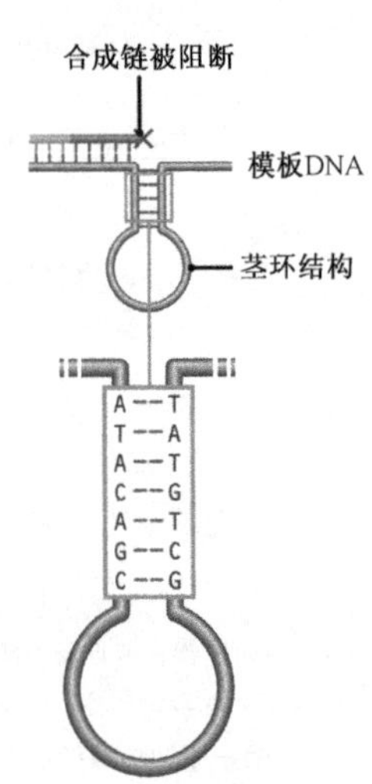


图 4.7 链内碱基配对能干扰链终止法测序

在此例中，模板 DNA 能形成茎环结构，因为它的序列能够使一系列的链内碱基形成配对。该茎环结构阻止了 DNA 聚合酶的前进，引起非特异性的链终止

化学降解法与链终止法测序的相似之处在于都是通过检查末端核苷酸已知的分子长度来确定序列的。然而，这些分子是通过能在特定的核苷酸处进行特异切割的化学试剂处理，按完全不同的方式产生的。这表明必须至少进行 4 个单独的测序反应，每种核苷酸对应一个反应。

起始材料是双链 DNA，首先通过在每条链的 5′端连接一个放射性的磷基团对 DNA 进行标记［图 4.8 (A)］。然后加入二甲基亚砜（DMSO）并将 DNA 加热到 90℃。这能打破链之间的碱基配对，使它们能够通过凝胶电泳而互相分离，产生这种情况的基础是其中的一条链可能比其他链含有更多的嘌呤核苷酸，因此就稍微重一些，电泳过程中就迁移的慢。从凝胶中纯化出一条链后，分成 4 份样品，每份样品都用一种切割试剂进行处理。为了阐述这一过程，我们将以

"G"反应为例［图 4.8（B)］。首先，用硫酸二甲酯处理分子，硫酸二甲酯能在嘌呤环的 G 核苷酸处连接一个甲基基团。只能加入有限量的硫酸二甲酯，平均来讲，目的是每个多聚核苷酸上只能修饰一个 G 残基。DNA 链在此阶段仍然保持完整，直到加入第二种化学试剂哌啶才能出现断裂。哌啶去除修饰的嘌呤环，并在紧邻所产生的无碱基位点上游的磷酸二酯键处切割 DNA。结果产生一系列断裂的 DNA 分子，一些 DNA 分子有标记，一些没有标记。所有标记的分子都有一个相同的末端，一个由切割位点决定的末端，后者是指切割的 DNA 分子中 G 核苷酸的位置。运用相同的方法产生断裂分子的其他家族，虽然因为在发展化学方法来特异切割 A 或 T 中遇到问题，通常情况下这些都不是简单的"A"、"T"及"C"家族。因此所进行的 4 个反应通常是"G"、"A＋G"、"C"及"C＋T"。这使事情变得复杂，但不影响待确定序列的正确性。

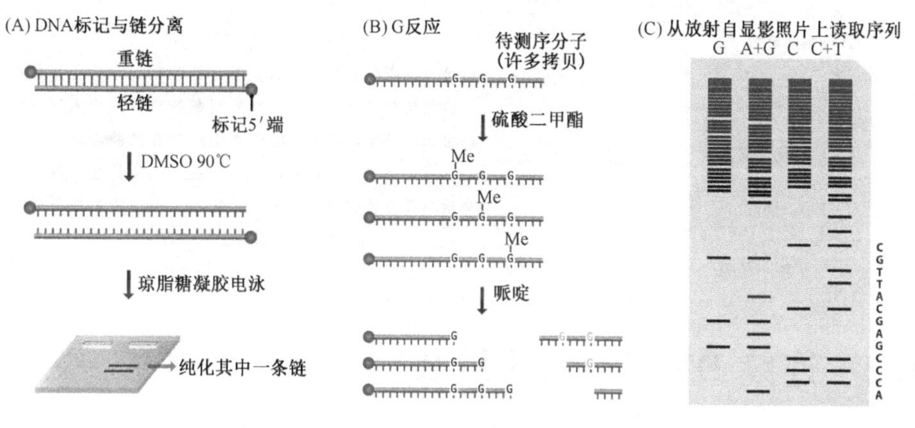


图 4.8　化学降解法测序

每个反应所产生的分子家族上样到聚丙烯酰胺平板凝胶的一个泳道上，电泳后条带在凝胶上的位置通过放射自显影来观察（技术注解 2.1）。移动最远的条带代表最小的 DNA 片段。在图 4.8（C）所示的例子中，移动最远的条带位于"A＋G"泳道中。在"G"泳道中没有大小相匹配的带，因此序列中的第一个核苷酸是"A"。下一个大小位置位于两个泳道中，一个在"C"泳道，一个在"C＋T"泳道；因此第二个核苷酸是"C"，目前得到的序列就是"AC"。序列的读取可以一直持续到单一条带不能在胶上分离的位置。

## 焦磷酸测序用来快速确定很短的序列

焦磷酸测序不需要电泳或其他任何片段分离程序，因此比链终止法测序及化学降解法测序更快。它在每个实验中只能产生几十个碱基对，但它在必须尽可能快的产生许多短序列的情况下是一种重要技术，如在 SNP 分型中（3.2.2 节）。

在焦磷酸测序中，直接对模板进行复制而不需加入双脱氧核苷酸。随着新链的合成，链上掺入的脱氧核苷酸的顺序也就被检测了，因此随着反应的进行，序列就能被读出。加入到正在合成链末端的脱氧核苷酸是可以检测到的，因为它伴随着释放一个焦磷酸盐分子，焦磷酸盐分子可以被硫酸腺苷基转移酶转变成闪烁的化学发光物。当然，如果 4 种脱氧核苷酸都是立刻加入的话，就一直会看见闪烁光，也就不会得到有用的序列信息。因此，每个脱氧核苷酸都是一个接一个地单独加入的，反应混合物中也存在核苷酸酶，以便如果一个脱氧核苷酸没有被掺入到多聚核苷酸中，那么在加入下一个核苷酸之前它就会被迅速降解（图 4.9）。这个程序能够使脱氧核苷酸按照一定的顺序掺入到合成链中。该技术听起来复杂，但它只需要精确地向反应混合物中重复地连续加入核苷酸，这种程序可以很容易地自动进行。化学发光的检测很灵敏，因此每个反应的体积都可以很小，可能只需要 pl。这就表明在 6.4$cm^2$ 的板上可以平行进行 160 万个反应，在 4h 之内就可以得到序列中的 2500 万个核苷酸，有时序列产生的速度可能比链终止方法快 100 倍。

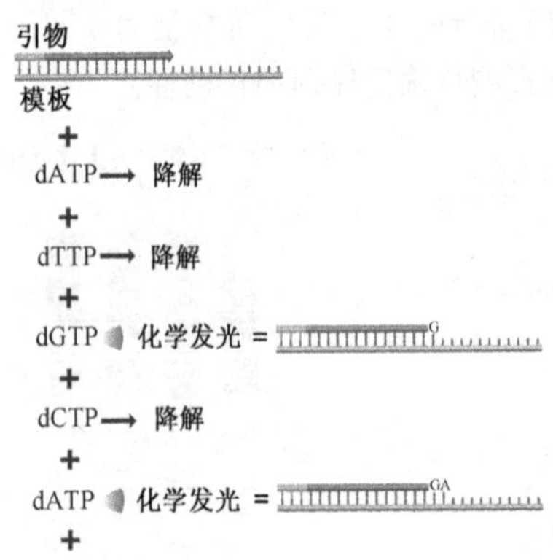


图 4.9 焦磷酸测序

链合成反应在不存在双脱氧核苷酸的情况下进行。每种脱氧核苷酸分别加入，如果脱氧核苷酸未掺入到正在合成的链中，就被反应体系中的核苷酸酶降解。通过从脱氧核苷酸上释放的焦磷酸盐所引起的化学发光来检测核苷酸的掺入。因此，就可以得到脱氧核苷酸加入到合成链上的顺序

## 4.2 连续 DNA 序列的组装

下面要讨论的问题是如何将链终止法测序得到的大量短序列拼接成可能几千万碱基长的染色体主要序列。我们在第 3 章的开始讨论了该问题，同时证实了相对较短的原核生物基因组可通过鸟枪法组装起来，这包括将 DNA 分子打断成片段、确定每个片段的序列并用计算机寻找重叠部分，根据重叠部分就将主要序列拼接起来（图 3.1；4.2.1 节）。现在已经运用该方法拼接成 200 多个原核生物基因组，但如果应用于较大的真核生物基因组可能出现错误，主要是因为真核生物基因组中存在的重复序列使重叠序列的寻找变得复杂，会引起基因组片段的不正确组装（图 3.2）。为了避免这些错误，全基因组鸟枪法应用图谱帮助主要序列的组装（图 3.3；4.2.3 节）。全基因组鸟枪法测序已经成功运用于几种真核生物基因组中，包括果蝇和人类基因组，但普遍认为用克隆重叠群方法能获得最大限度的准确性。在该方法中，基因组被打断成若干片段，在进行测序前每个片段在基因组图谱上的位置是已知的（图 3.3；4.2.2 节）。我们将从鸟枪法如何应用于原核生物基因组开始讨论。

### 4.2.1 通过鸟枪法拼接序列

最直接的序列拼接方法就是将单个测序实验中得到的短序列通过简单地检查重叠区而直接叠加成主要序列（图 3.1），这被称为鸟枪法。这种方法不需要事先了解基因组的信息，因此可以在没有遗传或物理图谱的情况下进行。

## 流感嗜血杆菌序列证实了鸟枪法测序的能力

20 世纪 90 年代早期，关于鸟枪法在实际中是否可行存在很大争议，很多分子生物学家的观点是，即使对于最小的基因组，需要比较所有微小序列并鉴定出重叠区的数据处理量也已经超出了现有计算机系统的能力。1995 年，1830kb 长的流感嗜血杆菌（*Haemophilus influenzae*）基因组序列被发表后就打消了这些疑虑。

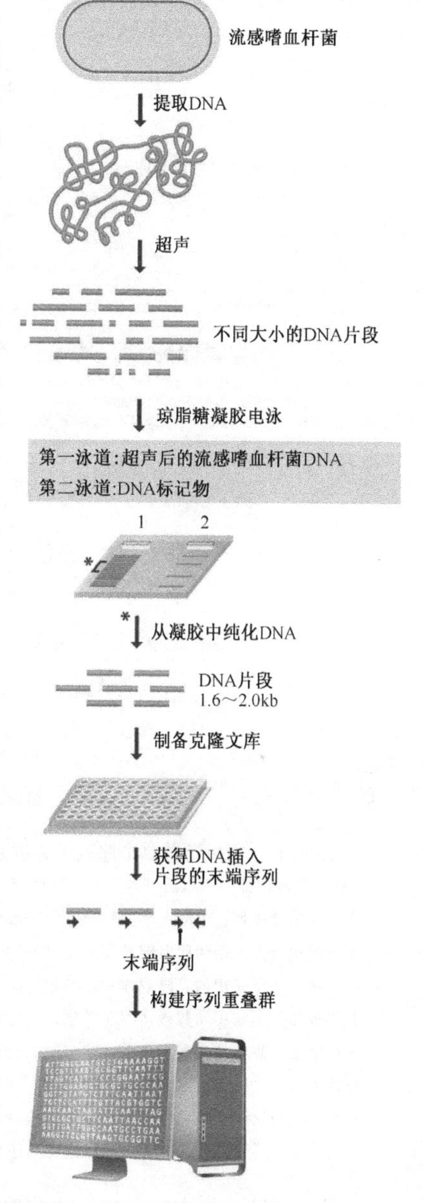


图 4.10　用鸟枪法获得流感嗜血杆菌基因组序列

流感嗜血杆菌 DNA 经超声后，从琼脂糖凝胶中纯化出长 1.6～2.0kb 的片段，连入质粒载体中产生克隆文库。从文库中选取的克隆中获得末端序列，用计算机鉴别出序列间的重叠区。共得到 140 个重叠克隆群，并将它们组装成图 4.11 中所示的完整基因组序列

流感嗜血杆菌的基因组完全是通过鸟枪法而没有借助于任何遗传或物理图谱信息测通的。所用的测序策略如图 4.10 所示。第一步是通过超声（sonication）处理把基因组 DNA 打断成小片段，超声技术是使用高频超声波在 DNA 分子上随机切割。然后将这些片段进行电泳，并从琼脂糖凝胶上纯化长度在 1.6～2.0kb 的片段，连入质粒载体中。从得到的文库中随机挑取 19 687 个克隆，进行了 28 643 个测序实验，测序实验的数目多于质粒数的原因是某些插入片段的两端都进行了测序。在这些测序实验中，16%是失败的，因为它们得到的序列长度小于 400bp。剩下的 24 304 个序列共计11 631 485bp，相当于流感嗜血杆菌基因组长度的 6 倍，认为这一多余量对确保完全覆盖整个基因组是必需的。在一台随机存取存储器（RAM）为 512Mb 的计算机上组装序列需要 30h，得到 140 个长的连续序列，每一个**序列重叠群**（sequence contig）代表基因组上不同的非重叠部分。

下一步就是要通过获得两个重叠群之间的空隙序列把它们连接起来（图 4.11）。首先，检查文库来判断是否有一些克隆的两个末端序列位于不同的重叠群中。如果鉴别出这样的克隆，则对插入片段进一步测序就可以封闭这两个重叠群之间的“序列间隙”［图 4.11（A)］。实际上，这种类型的克隆有 99 个，因此不需费很大劲就可以封闭 99 个空隙。

这留下 42 个间隙，它们可能包括在克隆载体中不稳定的序列，因此就不存在于文库中。为了封闭这些“物理间隙”，就用一种不同类型

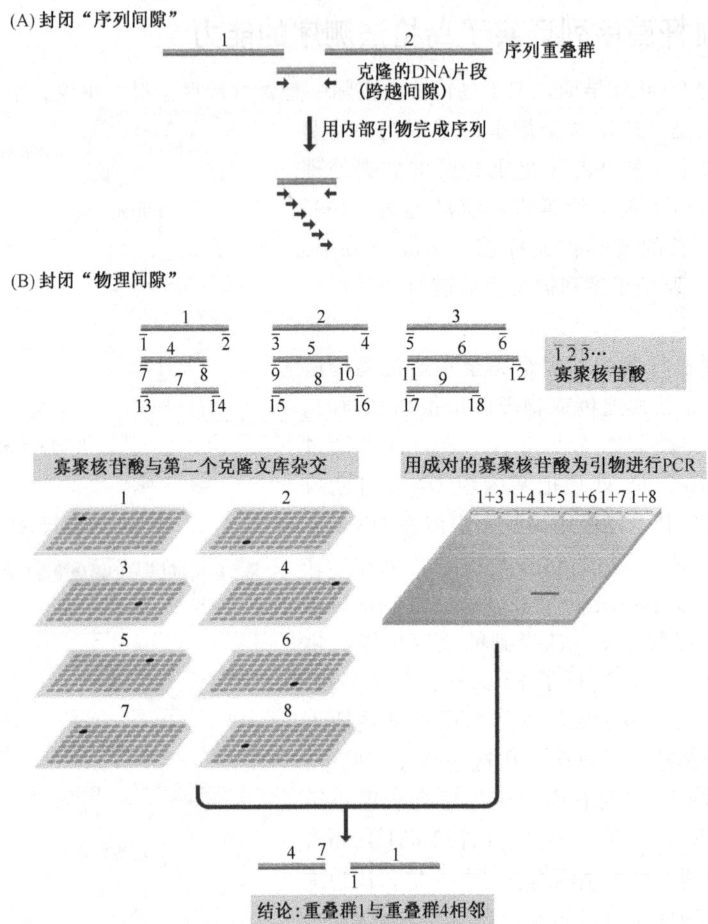


图 4.11　通过覆盖单个序列重叠群之间的间隙拼接出流感嗜血杆菌的全基因组序列

（A）“序列间隙”可以通过对文库中已经存在的克隆进一步测序来封闭。在此例中，重叠群 1 和重叠群 2 的末端序列位于同一个质粒克隆中，因此，用内部引物［图 4.5（B）］对此 DNA 插入片段进一步测序就会提供出封闭间隙的序列。（B）“物理间隙”指的是克隆文库中不存在的序列，可能是因为这些序列在所使用的克隆载体中不稳定。这里显示出封闭这些间隙的两种策略。在左图中，用 λ 噬菌体载体而不是用质粒载体制备了第二个克隆文库，用与重叠群末端相对应的寡聚核苷酸与该文库进行杂交。寡聚核苷酸 1 和 7 都能与同一克隆杂交，因此，该克隆的插入片段一定包含着能跨越重叠群 1 和 4 之间间隙的 DNA。在右图中，用寡聚核苷酸对进行 PCR 反应。只有 1 和 7 能扩增出 PCR 产物，说明这两个寡聚核苷酸代表的重叠群末端在基因组中是靠在一起的。对 PCR 产物或 λ 克隆中的插入片段进行测序就能封闭重叠群 1 和 4 之间的间隙

的载体制备了第二个克隆文库。未克隆的序列可能在另一种质粒载体中仍然不稳定，因此第二个文库用 λ 噬菌体载体而不是用另一种质粒载体制备（2.2.1 节）。用 84 个寡聚核苷酸与新文库杂交，一次杂交一个，这 84 个寡聚核苷酸序列与未连接的重叠群的末端序列相同［图 4.11（B）］。其原理是，如果两个寡聚核苷酸能与同一个 λ 克隆杂交，那么这两个寡聚核苷酸所在的重叠群的末端就必定位于该克隆内，因此对 λ 克隆上的 DNA 进行测序就能封闭间隙。42 个物理间隙中的 23 个是用这种方式处理的。

封闭间隙的另一种策略是用上述所描述的84个寡聚核苷酸中的一对作为流感嗜血杆菌基因组DNA的PCR引物。一些寡聚核苷酸对是随机挑选的，跨越间隙的那些寡聚核苷酸可以简单地根据它们是否能扩增出PCR产物而鉴别出［图4.11（B）］。对这些PCR产物进行测序就可以封闭相关间隙。按更合理的基础选择其他的引物对。例如，用寡聚核苷酸作为Southern杂交的探针（图2.11）与各种限制性内切核酸酶切割后的流感嗜血杆菌DNA进行杂交，与相似的限制性酶切片段杂交的引物对就可以被鉴别出。用这种方法鉴别出的寡聚核苷酸对的两个成员肯定被相同的限制性酶切片段所包含，因此可能在基因组上相邻。这意味着寡聚核苷酸所属的一对重叠群是相邻的，用两个寡聚核苷酸为引物对基因组DNA进行扩增的PCR产物可以跨越重叠群之间的间隙，这就为封闭间隙提供了模板DNA。

鸟枪法能相对较快地对小基因组进行测序，这一事实使越来越多的微生物基因组完成测序。这些计划表明鸟枪法测序可以以生产线为基础建立起来，团队中的每个成员在DNA制备、进行测序反应或数据分析中都有他或她自己的任务。这一策略使5个人在仅仅8周的时间里就完成了生殖器支原体（*Mycoplasma genitalium*）580kb基因组的测序工作，现在普遍认为，任何小于5Mb的基因组序列，即使在计划开始之前不知道基因组的任何信息，几个月的时间足够来获得它的全部序列。因此，鸟枪法的优点在于测序速度快，并且能够在遗传或物理图谱不存在的情况下进行工作。

## 4.2.2 用克隆重叠群方法组装序列

克隆重叠群方法被看作是获得真核生物基因组序列的传统方法，它也可用于那些以前用遗传和（或）物理方法所绘制的微生物基因组序列中。在克隆重叠群方法中，基因组通常经部分酶切（3.3.1节）而被分割成1.5Mb长的片段，并把这些片段克隆到高容量载体，如BAC中（2.2.1节）。通过鉴定出包含重叠片段的克隆而建立起克隆群，然后通过鸟枪法对克隆群进行分别测序。理想的情况是克隆片段定位在基因组遗传图和（或）物理图上，以便能够通过寻找在特定区域存在的已知特征（如STS、SSLP、基因）对来源于重叠群中的序列数据进行检查和解释。

### 可以通过染色体步查来建立克隆重叠群，但该方法费力

最简单的构建一系列重叠的克隆DNA片段的方法是从基因文库的一个克隆开始，鉴定出插入片段与第一个克隆中的插入片段重叠的第二个克隆，然后鉴定出插入片段与第二个克隆中的插入片段重叠的第三个克隆，依此类推。这就是**染色体步查**（chromosome walking）的基础，它是最早发明用于组装克隆重叠群的方法。

最初，使用λ噬菌体或黏粒载体制备的克隆文库，染色体步查只能沿DNA分子移动较短距离。最直接的方法就是把起始克隆中的插入片段作为杂交探针，筛选文库中的所有其他克隆。插入片段与探针重叠的克隆会产生阳性杂交信号，这些克隆的插入片段就可以作为新的探针继续步查（图4.12）。

其存在的主要问题是，如果探针含有重复序列，那么它不仅能与重叠的克隆杂交，也能与插入片段含有重复序列拷贝的不重叠克隆杂交。用未标记的基因组DNA预杂交封闭这些重复序列就可以减少这种非特异杂交的程度（图3.34），但这并不能完全解决

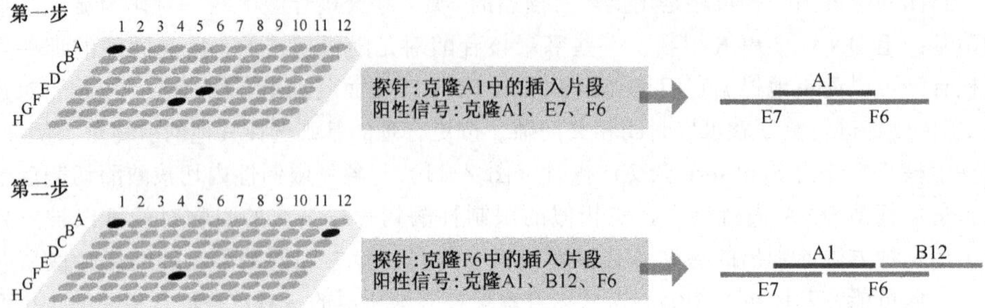


图 4.12　染色体步查

文库包括 96 个克隆，每个克隆包含不同的插入片段。步查开始时，用其中一个克隆的插入片段作杂交探针，筛选文库中的所有其他克隆。在示例中，克隆 A1 是探针；它能与自身以及克隆 E7 和 F6 杂交。因此，克隆 E7 和 F6 的插入片段一定与克隆 A1 的插入片段重叠。为了继续步查，重复进行杂交筛选，但这一次用克隆 F6 的插入片段作为探针。有杂交信号的克隆是 A1、F6 和 B12，表明克隆 B12 中的插入片段与 F6 的插入片段有重叠

这个问题，特别是对诸如 BAC 之类的高容量载体中插入的长片段进行步查时更是如此。由于这一原因，对于具有高频率重复序列的人类 DNA 和类似 DNA，很少用完整的插入片段进行染色体步查。而是用插入片段末端的一个片段作为探针，这与将整个插入片段作为探针相比，短末端片段上出现重复序列的机会就更少了。如果需要探针完全可靠，在使用前可以对末端片段进行测序以确保不存在重复 DNA。

如果末端片段已经进行过测序，那么通过 PCR 而不是杂交就可以加快步查的速度以鉴定出插入片段有重叠的克隆。按照末端片段的序列设计引物，并用该引物对文库中的所有其他克隆进行尝试性 PCR。能够得到大小正确的 PCR 产物的克隆一定含有重叠的插入片段（图 4.13）。为了进一步加速这一过程，不用对每个单克隆都做 PCR，而是按这样一种仍然能清楚地鉴别出重叠插入片段的方法将一组克隆混合在一起。方法如图 4.14 所示，960 个克隆的文库置于 10 个微量滴定板上，每个微量滴定板包含 96 个孔，形成 8×12 阵列，一个孔中含一个克隆。按如下方法进行 PCR。

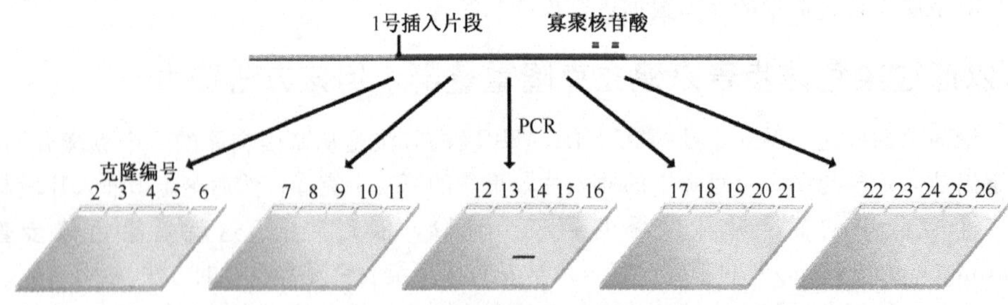


图 4.13　通过 PCR 进行染色体步查

两条寡聚核苷酸链在 1 号插入片段的末端区域内退火。它们用来对文库中的所有其他克隆进行 PCR 反应。只有克隆 15 产生 PCR 产物，表明克隆 1 与克隆 15 的插入片段有重叠。通过对克隆 15 另一端中的片段进行测序，设计第二对寡聚核苷酸引物，并运用这对引物对所有其他克隆进行新的一轮 PCR 反应，就会继续进行步查

• 将第一个微量滴定板上 A 行中的每个克隆样品混合在一起，进行单个 PCR 反应。每

个微量滴定板上的每一行都重复这一反应——总共 80 个 PCR 反应。

- 将第一个微量滴定板上第一列中的每个克隆样品混合在一起，进行单个 PCR 反应。每个微量滴定板上的每一列都重复这一反应——总共 120 个 PCR 反应。
- 将 10 个微量滴定板中每个架上 A1 孔中的克隆样品混合在一起，进行单个 PCR 反应。每个孔都重复这一反应——总共 96 个 PCR 反应。

如图 4.14 的图例中解释的那样，这 296 个 PCR 反应提供了足够的信息以鉴别出 960 个克隆中哪个能扩增出产物哪个不能扩增出产物。只有当大量克隆都出现阳性结果时，才出现模棱两可的情况。

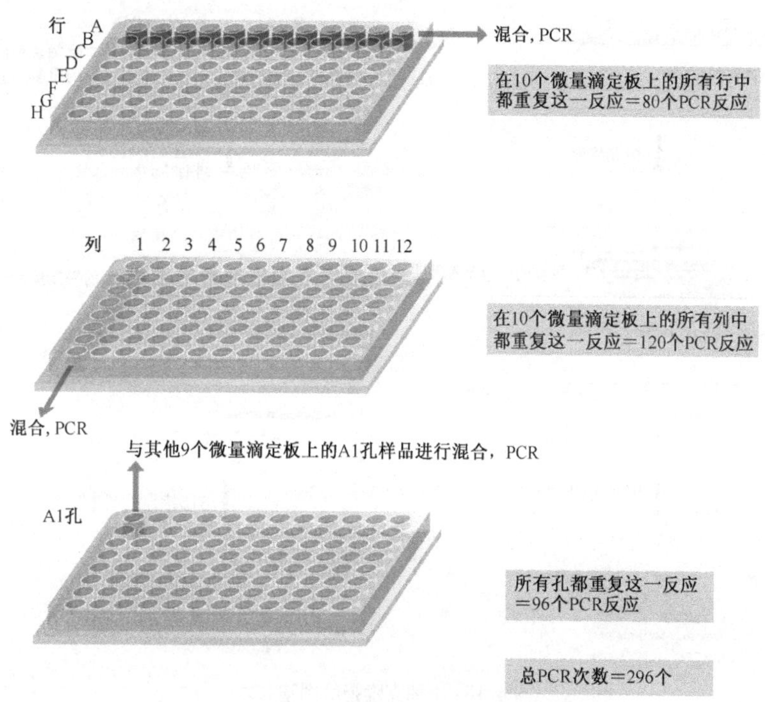


图 4.14 在微量滴定板中对克隆进行组合筛选

在此例中，用 PCR 筛选一个含有 960 个克隆的文库。不需要做 960 个独立的 PCR 反应，克隆按图示分组，只需要做 296 个 PCR 反应。在大多数情况下，所得到的结果能够很明确地鉴别出阳性克隆。实际上，如果阳性克隆很少，则有时只需要通过“行”和“列”的 PCR 就能鉴定出阳性克隆。例如，如果第 2 个滴定架的 A 行、第 6 个滴定架的 D 行、第 2 个滴定架的 7 列和第 6 个滴定架的 9 列出现阳性 PCR 产物，那么结论就是存在两个阳性克隆，一个阳性克隆位于第 2 个滴定架的 A7 孔，另一个阳性克隆位于第 6 个滴定架的 D9 孔。如果一个滴定架上有两个以上的阳性克隆，就需要进行“孔” PCR

## 更快的克隆重叠群组装方法

即使按照图 4.14 所示的组合 PCR 方法进行筛选步骤，染色体步查也是一个比较慢的过程，几乎不可能用该方法拼接出多于 15～20 个克隆的重叠群。这种方法在**定位克隆**（positional cloning）中非常有用，定位克隆的目标是根据绘制的位点步查到已知在几百万碱基距离以内的感兴趣基因。对于组装横跨整个基因组的克隆重叠群没有多大意义，尤其对于高等真核生物的复杂基因组来说更没有多大意义。那么还有什么备选方法呢？

一种主要的可选方法是使用**克隆指纹图谱**（clone fingerprinting）技术。克隆指纹图谱技术提供了待克隆DNA片段的物理结构信息，将这些物理信息或“指纹”与其他克隆的相关信息作比较就能够找出一些相似性，可能就表明存在待鉴定的重叠序列。使用下列技术中的一种或多种联合使用（图4.15）。

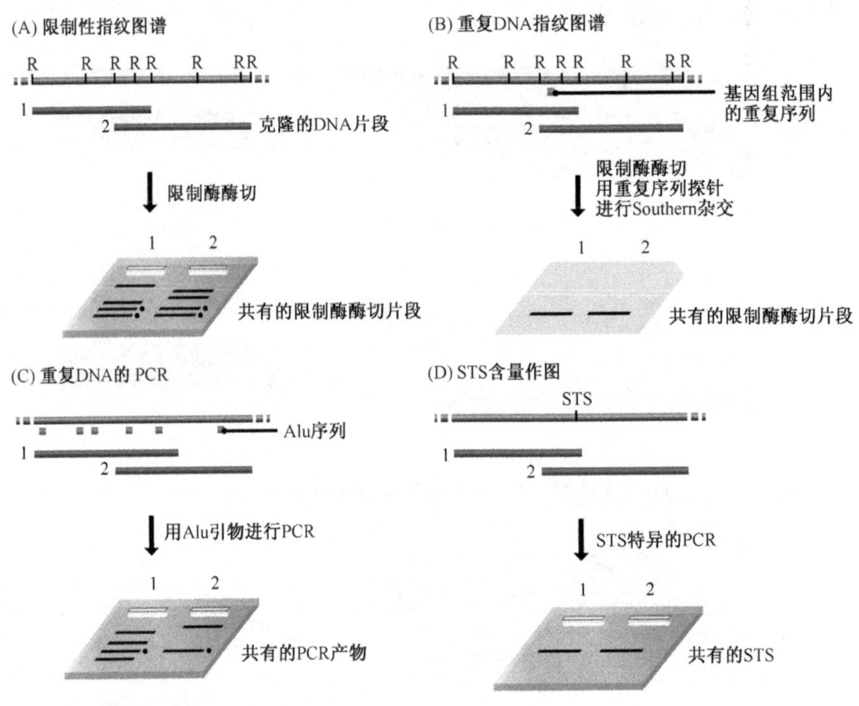


图4.15　4种克隆指纹图谱技术

- **限制性图谱**（restriction pattern）是通过用多种限制性内切核酸酶消化克隆并在琼脂糖凝胶上分离消化产物而得到的。如果两个克隆含有重叠的插入片段，那么它们的限制性指纹图谱就会有相同的条带，因为它们都含有由重叠区衍生出的片段。
- **重复DNA指纹图谱**（repetitive DNA fingerprint）是通过对用一类或多类重复序列特异的探针进行Southern杂交（2.1.2节）所得到的一系列限制性片段进行分析而获得的。具备了限制性指纹图谱，就可以通过寻找有相同杂交条带的两个克隆鉴别出重叠区。
- **重复DNA的PCR**（repetitive DNA PCR）或**散布重复元件的PCR**（interspersed repeat element PCR，IRE-PCR）运用在重复序列内退火的引物，因此就扩增出两个相邻重复序列之间的单拷贝DNA。因为重复序列在基因组上的间隔是不均匀的，因此，为了鉴定出可能的重叠区，重复DNA进行PCR之后获得的产物大小可以作为与其他克隆相比较的指纹。对人类DNA来说，经常运用称为Alu元件（9.2.1节）

的重复序列，因为这些重复序列平均每隔 3kb 就出现一次。因此，对 BAC 中所插入的 150kb 人基因组片段进行 Alu-PCR 就希望能产生大约 50 种不同大小的 PCR 产物，从而得到详细的指纹图谱。

- **STS 含量作图**（STS content mapping）特别有用，因为它能够产生一个定位于标有 STS 物理图谱上的克隆重叠群。对克隆文库中的每一个克隆所进行的 PCR 都在各自的 STS（3.3.3 节）处直接进行。假定 STS 在基因组内是单拷贝，那么能够得到 PCR 产物的所有克隆肯定都含有重叠的插入片段。

对于染色体步查来说，有效应用这些指纹图谱技术就需要进行网格克隆的组合筛选，比较理想化的是用计算机方法学来分析得到的数据。

## 4.2.3 全基因组鸟枪法测序

全基因组鸟枪法测序最早由 Craig Venter 和他的同事提出，作为一种能加快速度获得大基因组，如人类基因组和其他真核生物基因组中连续序列数据的方法。传统鸟枪法测序（4.2.1 节）的经验表明，如果所获得的序列总长度是所研究基因组长度的 6.5～8 倍，那么所得到的序列重叠群就覆盖了 99.8%以上的基因组序列，少量间隙可以用流感嗜血杆菌测序计划（图 4.11）中所发明的那些方法来封闭。这意味着如果对长度在 3000～3500Mb 的哺乳动物基因组采用随机测序的方法，那么 7000 万个独立序列，每个序列长 500bp 左右，所对应的总长度为 35 000Mb 就足够了。7000 万个序列不是不可能：实际上，用 60 台自动测序仪，每台测序仪在每天每隔 2h 就可以确定出 96 个序列，那么在 3 年内就可以完成任务。

7000 万个序列能被正确地组装起来吗？如果用传统的鸟枪法而不借助于基因组图谱来处理如此多的片段，答案肯定是不可能。需要使用计算机花费大量时间来鉴定序列之间的重叠区，并且由大多数真核生物基因组中广泛存在的重复 DNA 序列所引起的错误或乐观地说是不确定性（图 3.2），就会使这一任务变得不可能。但借助于基因组图谱，就有可能按正确的方式把微小序列组装起来。

### 全基因组鸟枪法测序的主要特征

鸟枪法测序计划中最费时的地方是将单个序列重叠通过封闭序列间隙和物理间隙而连接在一起这一阶段（图 4.11）。为了使需要封闭的间隙数量降到最低，全基因组鸟枪法最少利用了两个用不同类型载体构建的克隆文库。至少运用两个文库是因为预计到某些片段不会被克隆到任何克隆载体中，由于不相容性问题使包含这些片段的载体不能进行繁殖。不同类型的载体存在不同的问题，因此不能被克隆到一种载体中的片段，如果使用另一种载体的话就经常能被克隆。因此，两种不同载体中所克隆的片段产生的序列就能够提高基因组的整体覆盖面。

由重复元件所引起的序列组装问题是怎样的呢？我们将在第 3 章着重讨论对真核生物基因组用鸟枪法进行测序所引发的争议，因为重复单元之间可能出现的跳跃将导致重复区域的某些部分被遗漏，或者导致相同或不同染色体的两个单独片段之间出现不正确连接（图 3.2）。已经提出了几种可能解决这一问题的方法，但最成功的策略是确保其中一个克隆文库中包含的片段长于所研究基因组中最长的重复序列。例如，当鸟枪法用

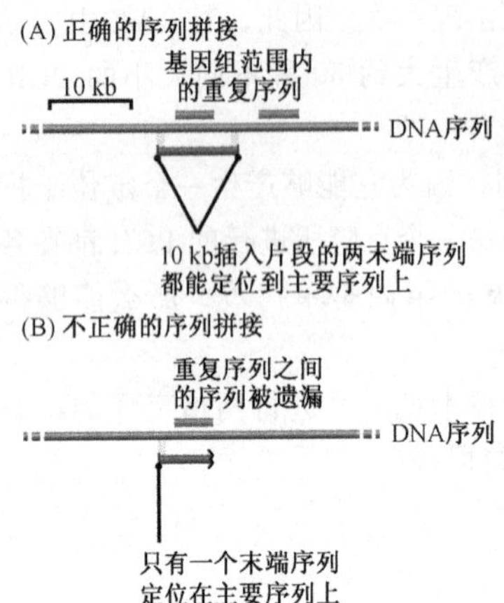


图 4.16 应用全基因组鸟枪法可避免错误

在图 3.2（B）中，我们看到，用标准的鸟枪法拼接主要序列时很容易在重复序列之间出现“跳跃”。该错误产生的结果是把错误连在一起的两个重复序列之间的序列丢失掉。在全基因组鸟枪法中，通过确保被克隆的 DNA 片段（大约 10kb 长）的两末端序列都出现在主要序列中它们的预期位置上来避免这种错误。如果缺失了一个末端，那么在组装主要序列时就出现了错误

于所含插入片段平均大小为 10kb 的果蝇（*Drosophila*）基因组时，由于大多数果蝇的重复序列是 8kb 或更短，因此常采用质粒文库中的一种。通过确保每个 10kb 插入片段的两末端序列在主要序列中位于它们的正确位置上，就可以避免从一个重复序列到另一个重复序列之间的序列跳跃（图 4.16）。

序列组装的最初结果是一系列**骨架**（scaffold）[图 4.17（A）]，每个骨架包括一组被序列间隙分开的序列重叠群，序列间隙位于**配对端点序列**（paired-end read）之间，配对端点序列是来源于单个克隆片段两末端的微小序列，因此通过对那个片段进一步测序就可以封闭间隙 [图 4.17（B）]。骨架本身被物理间隙分开，这些物理间隙很难被封闭，因为它们代表的序列不在克隆文库中。每条骨架的标记物内容被用来确定它在基因组图谱中的位置。例如，如果 STS 在基因组图谱上的位置是已知的，那么就可以通过确定骨架上含有哪种 STS 来对骨架进行定位。如果一条骨架包含的 STS 是来自基因组上两个非连续部分，那么在序列组装过程中就会出现错误。通过获取克隆到高容量载体上的 100kb 或更长片段的末端序列，就可以进一步检查序列组装的准确性。如果一对末端序列没有定位在单一骨架中它们的预期位置上，那么在序列组装过程中又会出现错误。

全基因组鸟枪法在果蝇和人类基因组中的应用已经证明了它的可行性，但关于通过该方法得到的基因组序列的真实性方面仍存在问题。对人类基因组的两个版本进行比较（4.3 节）表明，用全基因组鸟枪法获得的序列包含大量的缺失片段，总共 160Mb 长，这些片段从序列中丢失是因为重复 DNA 所引起的。这些错误导致 36 个基因完全缺失，

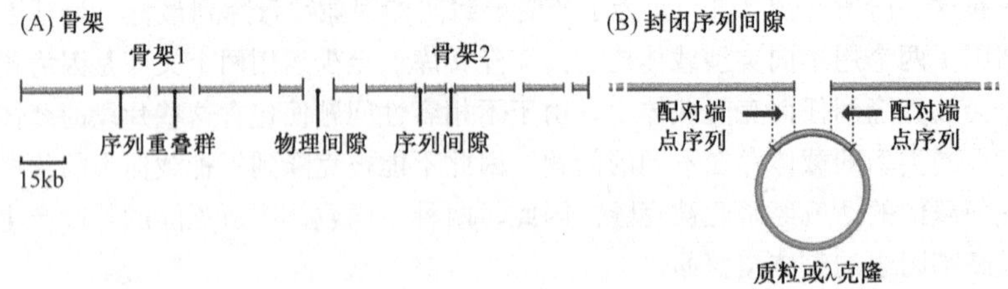


图 4.17 用全基因组鸟枪法组装序列的最初结果

（A）骨架在全基因组鸟枪法组装序列中作为媒介。图中表示出两种骨架。每种骨架包括一系列被序列间隙分开的序列重叠群，骨架本身被物理间隙分开。（B）序列间隙位于配对端点序列中，配对端点序列是一对来源于单个克隆片段两末端的微小序列，因此可以通过对克隆 DNA 进一步测序来封闭序列间隙

另外67个基因部分缺失。这也暗示，全基因组鸟枪法得到的序列可能达不到预期的准确程度，即使在已被正确组装的区域中也达不到。部分问题是序列产生的随机性，意味着基因组的某些部分被获得的微小片段覆盖许多次，而其他部分只被覆盖一次或两次（图4.18）。目前普遍认为基因组的每一部分应该至少进行4次测序，才能保证其准确性达到可以接受的水平，而这种覆盖次数应该增加到8～10次，才可以认为这些序列已经完成。通过全基因组鸟枪法获得的序列可能在许多区域上超出了该要求，但可能在其他区域还达不到要求。如果那些区域存在基因，那么在尝试着对该基因进行定位和功能研究时，缺乏准确性会引起很大的问题（第5章）。在分析全基因组鸟枪法获得的果蝇序列草图，这些问题就比较突出，在13 600个基因中可能有6500个基因包含明显的序列错误。

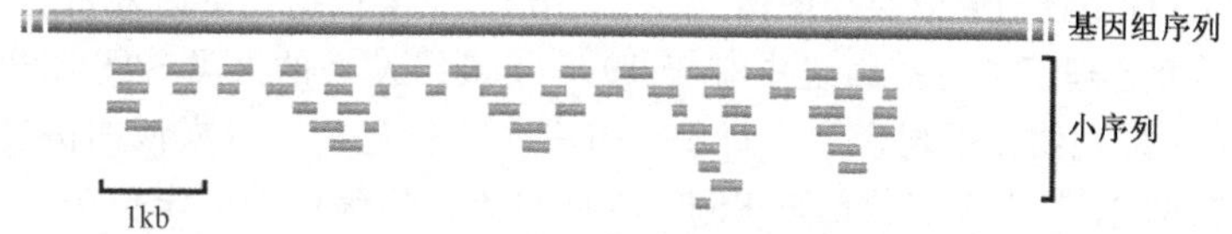


图4.18　全基因组鸟枪法产生的序列随机性意味着基因组的某些部分比其他部分有更多的微小序列所覆盖

# 4.3　人类基因组计划

为了对作图和测序工作进行总结，我们将关注这些技术是如何应用于人类基因组的。虽然每个基因组计划是不同的，都有自己的挑战和迎接挑战的方法，但人类基因组计划阐述了为了对大的真核生物基因进行测序而必须解决的普遍问题，并在许多方面说明这些方法代表了当前分子生物学领域中技术的最高水平。

## 4.3.1　人类基因组计划的绘图阶段

直到20世纪80年代初，还认为获得详细的人类基因组图谱是不能实现的目标。虽然已经为果蝇和其他几种生物体构建了综合的遗传图，但在人类谱系（3.2.4节）分析中存在的内在性问题及多态性遗传标记物相对缺乏就意味着，大多数遗传学家怀疑人类遗传图根本不可能获得。绘制人类遗传图最初的动力来自RFLP的发现，它是在动物基因组中识别出的第一个高度多态性的DNA标记物。第一个人类RFLP图谱在1987年发表，它包括393个RFLP和另外10个多态性标记物。该图谱是通过分析21个家系而制定成的，平均密度为每10Mb就有一个标记物。

20世纪80年代晚期，人类基因组计划作为无约束力的计划启动，但组织世界各地的遗传学家进行了合作。该计划确定的一个目标是绘制一个密度为每1Mb有1个标记物的遗传图谱，尽管2～5Mb有1个标记物的密度被认为是比较现实的限度。实际上到1994年，一个国际协会就已经达到并实际超过了该目标，这得益于他们运用了SSLP以及大相关家系的CEPH标本收集（3.2.4节）。1994年的图谱包括5800个标记物，其中超过4000个是SSLP，它的密度是每0.7Mb有1个标记物。后来的版本包含了另外的 1250 个 SSLP 从而对 1994 年的图谱稍做改进。

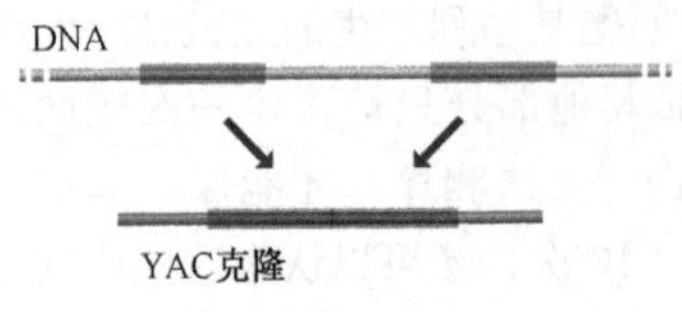


图 4.19　一些 YAC 克隆包括来自人类基因组不同部位的 DNA 片段

物理图也不甘落后。在 20 世纪 90 年代初，运用 STS 筛选（3.3.3 节）和其他克隆指纹图谱方法（4.2.2 节），在克隆重叠群图谱的产生中投入了相当大的精力。物理绘图计划中这一阶段的主要成就是发表了全基因组克隆重叠群图谱，包括 33 000 个含有平均大小为 0.9Mb 片段的 YAC。然而，当认识到 YAC 克隆可能包括两个或多个非连续 DNA 片段时，便开始怀疑 YAC 重叠群图谱的价值（图 4.19）。在构建重叠群图谱中应用这些嵌合克隆可能会导致基因组中相距甚远的 DNA 片段被错误绘制在邻近的位置上。这些问题使人们开始采用 STS 标记物的放射杂交图谱（3.3.3 节），主要依据马萨诸塞州的 Whitehead 研究所/美国麻省理工学院基因组中心于 1995 年最终发表的人类 STS 图谱，此图谱包括 15 086 个标记物，平均密度为每 199kb 有 1 个标记物。后来该图谱又补充了另外 20 104 个 STS，其中大多数都是 EST，因此将蛋白质编码基因定位于物理图谱上。所产生的图谱密度为每 100kb 有 1 个标记物，达到了人类基因组计划开始时制定的目标。

联合 STS 图谱包括将近 7000 个多态性 SSLP 的定位，这些 SSLP 已经通过遗传学方法在基因组进行了定位。结果是，物理图和遗传图就可以直接进行比较，而包含 STS 数据的克隆重叠群图也可以在两种图谱中定位。最后就产生一个综合、集成的图谱，该图谱可用作人类基因组计划 DNA 测序阶段的框架。

## 4.3.2　人类基因组测序

最初的设想是在人类基因组计划的测序阶段以 YAC 文库为基础，因为这一类型载体能容纳的 DNA 片段比其他任何克隆系统能容纳的片段都长。当人们发现一些 YAC 克隆包含非连续的 DNA 片段时就放弃了该策略。因此基因组计划已将注意力转向了 BAC（2.2.1 节）。构建了包含 300 000 个 BAC 克隆的文库，并且已将这些克隆定位在基因组中，就形成了“序列准备”图，该图谱能用作基因组计划测序阶段的主要基础，在基因组计划的测序过程中每个 BAC 克隆中的插入片段可以通过鸟枪法进行完全测序。

当人类基因组计划正准备将自己推向序列采集阶段时，第一次提出了将全基因组鸟枪法作为一种替换方案取代目前一直采用的更加费力的克隆重叠群方法。人类基因组计划事实上不能提供出第一个人类基因组序列这一可能性就激发计划的组织者提前了他们计划完成工作草图的时间。首个全人类染色体（22 号）的草图序列在 1999 年 12 月发表，21 号染色体的草图序列在几个月之后得到。终于在 2000 年 6 月 26 日，美国总统与两个计划的领导人 Francis Collins 和 Craig Venter 联合宣布人类基因组计划工作草图完成，这一草图在 8 个月以后出版发行。

了解 2001 年发表的两个基因组序列都是草图而不是完整的终序列是很重要的。例如，通过克隆重叠群方法获得的版本仅仅覆盖了基因组的 90%，丢失的 320Mb 主要位于**组成型异染色质**（constitutive heterochromatin）中（10.1.2 节）——该区域染色体的 DNA 包装很紧密，并被认为几乎不包含基因。在所覆盖的 90%基因组中，每部分至少进行了 4 次测序，达到了“可接受”水平的正确性，但只有 25%基因组进行了 8～10 次测序，而被认为已完成的工作，必须进行 8～10 次测序。此外，该草图序列包含大约 150 000 个间隙，并识别出一些片段可能没有按正确顺序组装。国际人类基因组测序协会负责处理该计划的最后阶段，制定的目标是**完成的序列**（finished sequence）至少要包括 95%的**常染色质**（euchromatin）——即大多数基因在基因组上定位的部分，并且每 $10^4$ 个核苷酸中的错误率要小于 1，而且除了最难封闭的间隙之外的所有间隙均被封闭。要达到这一目标就需要对 46 000 个 BAC、PAC、YAC、fosmid 及考斯质粒克隆（2.2.1 节）进一步测序。第一个完成的染色体序列在 2004 年开始出现，认为全基因组序列在一年后就可以完成。该序列的总长度为 2850Mb，只缺少 28Mb 的常染色质，这部分常染色质存在于目前对所有封闭方法都抵抗的 308 个间隙中。

### 4.3.3 人类基因组计划的未来

完成序列测定不是协会从事人类基因组工作的唯一目标。解读基因组序列是一项艰巨的任务，需要全世界许多团体利用后续两章所介绍的各种技术和方法来共同参予。其中**比较基因组学**（comparative genomics）尤为重要，在比较基因组学中对两个全基因组序列进行比较以鉴别出保守的、可能很重要的共同特征（5.1.1 节）。对人类基因组而言，比较基因组学具有更多价值，可将与人类疾病基因相对应的动物基因进行定位，用动物基因作为人类疾病状态的模型，为研究这些疾病的遗传基础开创了道路。小鼠和大鼠的基因组草图于 2002 年发表，黑猩猩的草图在 2005 年完成。还有其他的人类基因组计划，目的是在不同人群中建立序列变异的目录，结果可能推测出这些人群的古代起源（19.3.2 节）。

这些人类多样性计划使我们对基因组测序产生了争议。许多科学家期望，来源于不同人群的测序数据将强调人类种族的一致性，表明遗传学差异模式不能反映人类在过去几个世纪中已接受的地理和政治的族群。但这些计划的结果必定会引发非科学领域的争议。另外的争议围绕着谁将拥有人类 DNA 序列这一问题。对很多人来说，DNA 序列的所有权观念是一个特殊的观念，但从人类基因组所包含的信息中可获得大量的金钱，例如，可以用基因序列指导新药的开发和治疗癌症及其他疾病。参与基因组测序的制药公司自然就想保护他们的投资，因为对于任何其他的研究企业，它们目前唯一的方法就是将他们发现的 DNA 序列申请专利。不幸的是，过去在处理与人类生物学材料研究相关的财政问题上出过错误，提供材料的个体往往不能参与利益分红。这些问题还有待于解决。

与人类基因组序列的公共应用相关的问题争论更大。关心的主要问题是一旦序列被破译，那么那些拥有“不合标准”序列的个体就可能以各种理由而受到歧视。对于那些他们的序列包括遗传病易感突变的个体来说，他们所处的危险范围从增加保险金额到种族主义者可能试图规定“好的”和“坏的”序列特征，那么可想而知，不幸运的人就很可能被划分到“坏的”那一类。

两个人类基因组计划，尤其在美国，一直支持由基因组测序而产生的伦理、法律及社会问题的研究和争论。特别是必须采取非常谨慎的态度以确保该计划得到的基因组序列不能鉴别任何个人。被克隆测序的DNA只能取源于已经完全同意以这种方法使用其材料的个人，并且要保证匿名。当这一政策被首次采用时，它就需要对研究工作进行部分的重新安排，因为老的克隆文库必须被毁掉，需要用新材料检测现存的物理图谱。然而，人们已经意识到，必须采取更多措施，以维持并增强计划中的公众信心。

# 总结

快速进行DNA测序的方法是在20世纪70年代首次发明的。如今最经常使用的方法是链终止方法，它之所以受欢迎是因为它容易自动进行，能在短时间内进行大量的单个实验。这点很重要，是因为单个实验只能产生750bp或更短的序列，因此为了获得全基因组序列就必须进行几千个单独实验，如果不是几百万个的话。DNA测序的其他方法，如化学降解法及焦磷酸测序法，有更特殊的规律。当对基因组进行测序时，主要的挑战是将多个测序实验获得的微小序列按正确顺序组装起来。对于小的细菌基因组，通过鸟枪法就可能进行序列组装，该方法只涉及检查微小序列的重叠区。该方法不需要提前了解基因组的信息，在1995年对1830kb长的流感嗜血杆菌基因组测序时首次使用，后来就成为细菌基因组测序的标准方法。尝试着用该方法对大的真核生物基因组测序是很复杂的，由于重复DNA序列的存在会导致基因组片段的不正确组装。克隆重叠群方法通过鉴别高容量载体，如BAC中所包含的一系列克隆而避免了这些问题，这些克隆包含着定位于所研究基因组物理和（或）遗传图谱上的重叠片段。短的克隆重叠群可以通过染色体步查建立起来，但测序计划中用到的长重叠群通常是通过各种克隆指纹图谱技术组装起来的。单个克隆中存在的片段就通过鸟枪法进行测序。这是人类基因组计划所正式采用的方法，但在该计划接近测序阶段末时，Craig Venter及其同事表明人类基因组和其他大的基因组可以通过全基因组鸟枪法进行更快地测序，该方法采纳了标准的鸟枪法但包括了几个安全措施，如密切关注物理图谱以确保与重复DNA区域邻近的序列能正确组装。两个人类基因组序列草图的比较表明，克隆重叠群方法能提供出更准确的序列，但全基因组鸟枪法由于速度快而成为获得基因组原始草图的最好方法。现在，人类基因组计划已经进入完成的染色体序列被发表阶段，这些序列覆盖了每条染色体中至少95%的常染色质，而错误率在每$10^4$个核苷酸中小于1。人类基因组序列的完成引起了伦理、法律和社会问题包括所有权和专利方面的问题，以及可能的遗传歧视。

# 选择题

*奇数问题的答案见附录

4.1* 如果在链终止法测序反应中双脱氧核苷酸的浓度太高，会发生什么情况？

a. 反应会产生很长的分子，并且几乎没有长度接近引物的序列数据。

b. 反应会产生很短的分子。

c. 因为高浓度的双脱氧核苷酸会抑制DNA聚合酶，因此反应不会进行。

d. 测序产物的荧光太高，很难读出序列。

4.2 在链终止法测序反应中，不同的核苷酸（A、C、G或T）是如何标记的？

a. 反应用的引物用荧光染料进行标记。

b. 不同的脱氧核苷酸分别用不同的荧光染料标记。

c. 不同的双脱氧核苷酸分别用不同的荧光染料标记。

d. 不同的测序产物用能检测不同双脱氧核苷酸的抗体进行染色。

4.3* 为什么在链终止法测序之前克隆 DNA 片段是一个优点?

a. 链终止法测序过程需要单链 DNA 分子作为模板。

b. 链终止法测序过程需要双链 DNA 分子作为模板。

c. 链终止法测序过程需要载体来稳定模板 DNA。

d. 双脱氧核苷酸只掺入到克隆的 DNA 片段中。

4.4 为什么 Klenow 酶对于链终止法测序反应是比较差的选择?

a. 该酶具有 5′→3′外切核酸酶活性，会改变产物的长度。

b. 该酶具有 3′→5′外切核酸酶活性，会将产物的 3′双脱氧核苷酸去掉。

c. 该酶不能将双脱氧核苷酸掺入到模板链中。

d. 该酶具有低持续合成能力，这限制了所得到的序列长度。

4.5* 下列哪一个是链终止法测序的问题?

a. 读取的序列小于 100bp。

b. 序列经常含有错误。

c. 链内碱基配对能够阻止 DNA 聚合酶的前进，也可能影响分子在电泳过程中的迁移。

d. 不可能对 DNA 分子的两条链进行测序。

4.6 在焦磷酸测序反应中核苷酸酶的目的是什么?

a. 它将焦磷酸盐转变成发光产物。

b. 它降解 DNA 分子，通过化学发光检测释放的核苷酸。

c. 它稳定该方法所产生的短 DNA 产物。

d. 它降解反应混合物中没有掺入的核苷酸。

4.7* 许多科学家都怀疑鸟枪法测序能工作，即使对于最小的基因组，因为:

a. 不同的微小序列之间没有重叠区。

b. 计算机不能够处理鸟枪法测序计划所产生的大量数据。

c. 小的原核生物基因组包括大量的重复 DNA。

d. 没有现成的方法能将基因组 DNA 打断成随机片段。

4.8 为什么克隆重叠群方法对真核生物基因组测序是有用的?

a. 只因为基因组太大不能用鸟枪法进行测序。

b. 真核生物基因组的重复序列会使只通过鸟枪法产生的重叠群组装起来比较困难，并且容易出错误。

c. 只因为重组质粒太多，不能通过鸟枪法进行分离。

d. 克隆重叠群方法使研究人员比较容易鉴别基因。

4.9* 染色体步查最好的描述是:

a. 通过计算机排列 DNA 序列而产生重叠群。

b. 按一步一步的方式沿着染色体绘制图谱。

c. 鉴别出插入片段重叠的克隆，以产生覆盖给出的 DNA 片段的克隆文库。

d. 对基因组进行测序，一次测一个克隆，以确保在计划的末尾时不存在间隙。

4.10 定位克隆包括下述哪一个？

a. 沿着染色体从一个标记物步查到邻近的基因。

b. 为全基因组组装克隆重叠群。

c. 鉴别基因组序列中存在的基因。

d. 采集染色体或 DNA 的指纹为测序提供图谱。

4.11* 研究人员常用哪种方法确保基因组序列草图中只存在最少量的序列和物理间隙？

a. 测序的核苷酸总量与基因组一样大。

b. 通过染色体步查克隆全基因组，以确保完全覆盖。

c. 没有必要将间隙的数量降到最低，因为它们在最初的测序阶段之后会被容易地封闭。

d. 至少准备两个克隆文库，并在不同的载体上进行测序。

4.12 鸟枪法测序计划中最困难最费时的工作是什么？

a. 克隆文库的产生。

b. 克隆文库的测序。

c. 从 DNA 序列中产生克隆重叠群。

d. 在测序的重叠群之间封闭序列和物理间隙。

4.13* 到 20 世纪 90 年代中期，下面哪种方法能够产生最好的人类基因组图谱？

a. RFLP 的遗传学绘图。

b. SSLP 的遗传学绘图。

c. STS 的物理绘图。

d. 通过 FISH 进行物理绘图。

4.14 为什么酵母人工染色体（YAC）不用于人类基因组计划的测序阶段？

a. 已发现一些 YAC 包含来源于基因组不同部位的克隆 DNA 片段。

b. YAC 插入片段太长而不能产生测序用的可处理的克隆文库。

c. 在 YAC 中发现酵母基因组 DNA 与人类 DNA 重组在一起。

d. 很多次都发现 YAC 丢失了大片段的插入 DNA。

4.15* 下述哪个关于 2000 年人类基因组序列完成的描述是假的？

a. 在那时，只测通了 90%的基因组。

b. 2000 年发表的基因组序列是该序列的草图。

c. 所有的常染色质序列都完成了。

d. 大量的组成型异染色质没有被测序。

## 简答题

*奇数问题的答案见附录

4.1* 在链终止法测序反应中，双脱氧核苷酸的功能是什么？

4.2 链终止法测序的不同产物如何在电泳过程中进行检测？

4.3* 有可能直接对 PCR 产物进行测序吗（不克隆 PCR 产物）？如何完成？

4.4 用于 DNA 测序的 DNA 聚合酶应该具有哪三个特性？

4.5* 链终止测序方法中自动化方式的好处是什么？

4.6 焦磷酸测序法的应用和局限是什么？

4.7* 为什么鸟枪测序法需要测序的核苷酸数量要比基因组大小多几倍？

4.8 阐述基因组测序用的克隆重叠群方法。

4.9* 用被测序的大量 DNA 片段克隆进行 DNA 指纹图谱可以运用哪些方法？

4.10 骨架是如何用于组装基因组序列的？

4.11* 什么类型的错误与鸟枪法测序复杂的真核生物基因组有关？

4.12 将小鼠、大鼠、黑猩猩的基因组与人类基因组进行比较能获得什么好处？

## 论述题

*奇数问题的指导见附录

4.1* 20 世纪 70 年代晚期，链终止法 DNA 测序和化学降解法测序看起来同样有效。但实际上在今天，所有的测序都是通过链终止法进行的。为什么链终止法测序变得如此重要？

4.2 你已经分离出一种新细菌，它的基因组是单链 DNA 分子，大约 2.6Mb。列出一份详细计划来表面你如何获得该细菌的基因组序列。

4.3* 作为一种测序大的真核生物基因组方法，精确评价一下克隆重叠群方法。

4.4 讨论一下人类基因组计划是如何从研究人员最初想到绘制基因组图谱前进到基因组序列完成的。促使研究人员绘制出详细的基因组图谱并完成测序的关键性进步是什么？

4.5* 一家制药公司投入了大量的时间和金钱分离遗传疾病基因。该公司正在研究这个基因及其蛋白质产物，并致力于研发药物来治疗该疾病。该公司有权利为这个基因申请专利吗（就你的观点说）？并证明你的答案。

## 图形测试

*奇数问题的答案见附录

4.1* 在测序计划中运用通用引物或内部引物的优点是什么？

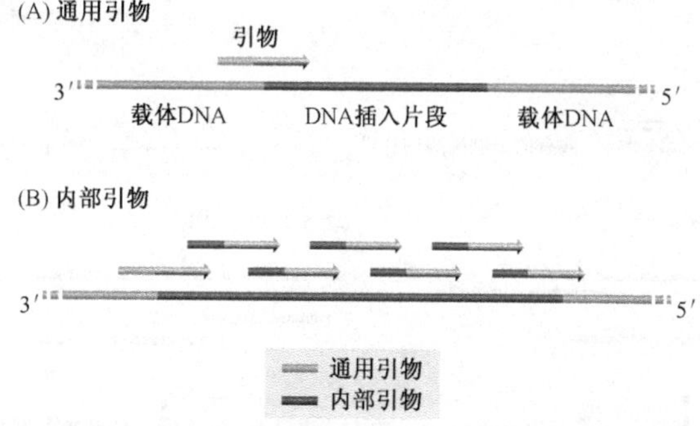


4.2 热循环方法常用于 DNA 测序中。该方法的好处是什么？

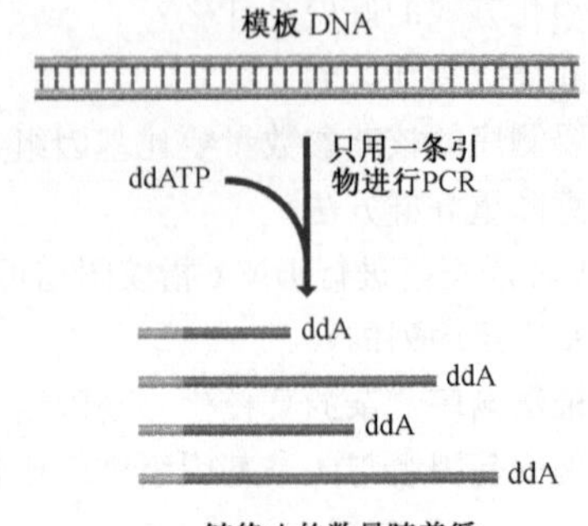


4.3* 这是什么类型的测序反应？该类型测序反应的优点是什么？

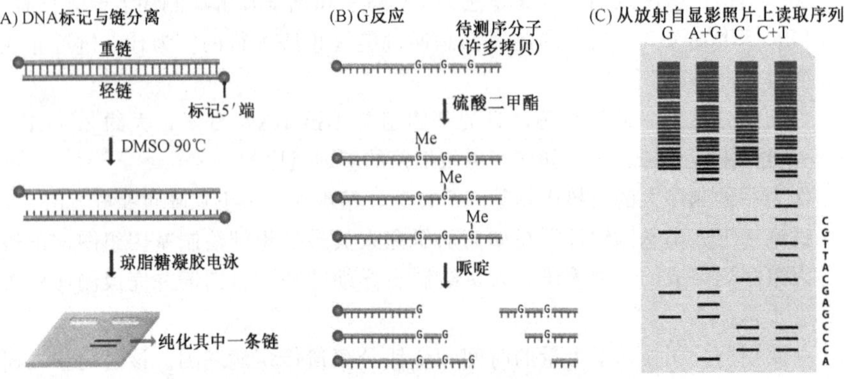


4.4 讨论一下图中的不同方法如何用来提供克隆指纹图谱。

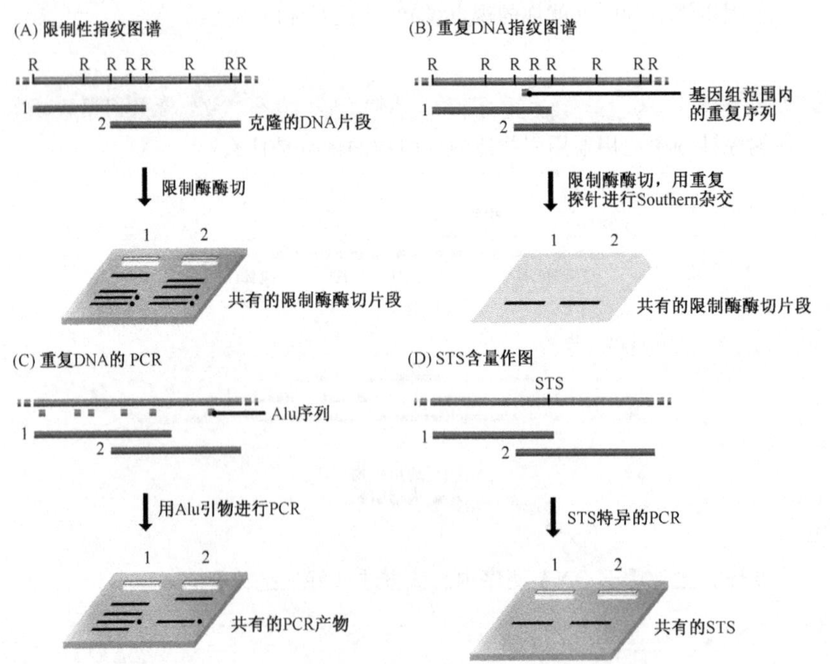

## 拓展阅读


DNA测序方法学

**Brown, T.A. (ed.)** (2000) *Essential Molecular Biology: A Practical Approach,*Vol. 1 and 2, 2nd Ed. Oxford University Press, Oxford. *Includes detailed protocols for DNA sequencing.*

**Maxam, A.M. and Gilbert, W.** (1977) A new method for sequencing DNA. *Proc. Natl Acad. Sci. USA* **74:** 560–564. *The chemical degradation method.*

**Prober, J.M., Trainor, G.L., Dam, R.J., Hobbs, F.W., Robertson, C.W., Zagursky, R.J., Cocuzza, A.J., Jensen, M.A. and Baumeister, K.** (1987) A system for rapid DNA sequencing with fluorescent chain-terminating dideoxynucleotides. *Science* **238:** 336–341. *The chain termination method as used today.*

**Rogers, Y.-H. and Venter, J.C.** (2005) Massively parallel sequencing. *Nature* **437:** 326–327. *Describes how over one million sequencing reactions can be carried out in parallel.*

**Ronaghi, M., Ehleen, M. and Nyrn, P.** (1998) A sequencing method based on real-time pyrophosphate. *Science* **281:** 363–365. *Pyrosequencing.*

**Sanger, F., Nicklen, S. and Coulson, A.R.** (1977) DNA sequencing with chain terminating inhibitors. *Proc. Natl Acad. Sci. USA* **74:** 5463–5467. *The first description of chain termination sequencing.*

**Sears, L.E., Moran, L.S., Kisinger, C., Creasey, T., Perry-O'Keefe, H., Roskey, M., Sutherland, E. and Slatko, B.E.** (1992) CircumVent thermal cycle sequencing and alternative manual and automated DNA sequencing protocols using the highly thermostable Vent ($exo^-$) DNA polymerase. *Biotechniques* **13**: 626–633.

鸟枪法进行序列组装的例子

**Fleischmann, R.D., Adams, M.D., White, O., *et al.*** (1995) Whole-genome random sequencing and assembly of *Haemophilus influenzae* Rd. *Science* **269:** 496–512.

**Fraser, C.M., Gocayne, J.D., White, O., *et al.*** (1995) The minimal gene complement of *Mycoplasma genitalium*. *Science* **270:** 397–403.

克隆重叠群方法

**IHGSC (International Human Genome Sequencing Consortium)** (2001) Initial sequencing and analysis of the human genome. *Nature* **409:** 860–921.

全基因组鸟枪法

**Adams, M.A., Celniker, S.E., Holt, R.A., *et al.*** (2000) The genome sequence of *Drosophila melanogaster*. *Science* **287:** 2185–2195.

**She, X., Jiang, Z., Clark, R.A., *et al.*** (2004) Shotgun sequence assembly and recent segmental duplications within the human genome. *Nature* **431:** 927–930. *Determines the accuracy of the whole-genome shotgun approach in assembly of sequences containing repetitive DNA.*

**Venter, J.C., Adams, M.D., Sutton, G.G., Kerlavage, A.R., Smith, H.O. and Hunkapiller, M.** (1998) Shotgun sequencing of the human genome. *Science* **280:** 1540–1542.

**Venter, J.C., Adams, M.D., Myers, E.W., *et al.*** (2001) The sequence of the human genome. *Science* **291:** 1304–1351.

**Weber, J.L. and Myers, E.W.** (1997) Human whole-genome shotgun sequencing. *Genome Res.* **7:** 401–409.

人类基因组计划中划时代的事件

**Donis-Keller, H., Green, P., Helms, C., *et al.*** (1987) A genetic map of the human genome. *Cell* **51:** 319–337. *The first genetic map with a marker density of one per 10 Mb.*

**Cohen, D., Chumakov, I. and Weissenbach, J.** (1993) A first-generation map of the human genome. *Nature* **366:** 698–701. *The first YAC contig map.*

**Murray, J.C., Buetow, K.H., Weber, J.L., *et al.*** (1994) A comprehensive human linkage map with centimorgan density. *Science* **265:** 2049–2054. *The genetic map with a density of one marker per 0.7 Mb.*

**Hudson, T.J., Stein, L.D., Gerety, S.S., *et al.*** (1995) An STS-based map of the human genome. *Science* **270:** 1945–1954. *The physical map with a density of one marker per 199 kb.*

**Dib, C., Fauré, S., Fizames, C., *et al.*** (1996) A comprehensive genetic map of the human genome based on 5,264 microsatellites. *Nature* **380:** 152–154. *The most comprehensive genetic map.*

**Schuler, G.D., Boguski, M.S., Stewart, E.A., *et al.*** (1996) A gene map of the human genome. *Science* **274:** 540–546. *Refinement of the Hudson map, marker density close to one per 100 kb.*

**Deloukas, P., Schuler, G.D., Gyapay, G., *et al.*** (1998) A physical map of 30,000 genes. *Science* **282:** 744–746. *The integrated map used as the framework for DNA sequencing.*

**IHGSC (International Human Genome Sequencing Consortium)** (2001) Initial sequencing and analysis of the human genome. *Nature* **409:** 860–921. *The draft sequence obtained by the "official" Human Genome Project.*

**Venter, J.C., Adams, M.D., Myers, E.W., *et al.*** (2001) The sequence of the human genome. *Science* **291:** 1304–1351. *The draft sequence obtained by the whole-genome shotgun approach.*

**IHGSC (International Human Genome Sequencing Consortium)** (2004) Finishing the euchromatic sequence of the human genome. *Nature* **431:** 931–945. *Review of the finishing process and its outcomes.*

**Ross, M.T., Grafham, D.V., Coffey, A.J., *et al.*** (2005) The DNA sequence of the human X chromosome. *Nature* **434:** 325–337. *Description of the finished sequence of a human chromosome.*

人类基因组测序所引发的问题

**Davies, K.** (2001) *Cracking the Genome: Inside the Race to Unlock Human DNA.* Free Press, New York. (Published in the UK as *The Sequence: Inside the Race for the Human Genome.* Weidenfeld and Nicholson, London.) *A history of the human genome projects.*

**Garver, K.L. and Garver, B.** (1994) The Human Genome Project and eugenic concerns. *Am. J. Hum. Genet.* **54:** 148–158.

**Wilkie, T.** (1993) *Perilous Knowledge: The Human Genome Project and its Implications.* Faber and Faber, New York. *A view of the social impact of the Human Genome Project.*

CHAPTER

# 第 5 章　解读基因组序列

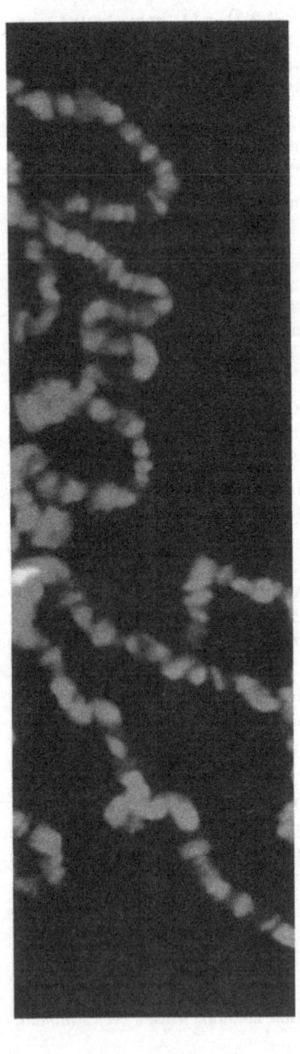

5.1　在基因组序列中定位基因
5.2　确定单个基因的功能
5.3　个例研究：标注酿酒酵母基因组序列

## 学习要点

当你阅读完第 5 章之后，应该能够：

- 描述计算机方法和实验方法分析基因组序列的优缺点。
- 描述可读框（ORF）扫描的原理，并解释该方法在真核生物基因组中定位基因并不一定成功的原因。
- 解释功能性 RNA 基因如何定位在基因组序列上。
- 阐述“同源性”概念，并解释如何运用同源性和比较基因组学在基因组序列上定位基因。
- 概述鉴别基因组中编码 RNA 分子序列的各种实验方法。
- 评价同源性分析作为确定基因功能方法的优缺点。
- 描述在酵母和哺乳动物中失活或过表达单个基因的方法，并解释这些方法是如何确定基因功能的。
- 简要描述获得未知基因编码蛋白质活性的更详细信息的方法。
- 总结在标注酿酒酵母基因组序列时所运用的方法及所取得的进展。

基因组序列并不是它自身的终点。所面临的主要挑战仍旧是理解基因组所包含的信息和基因组是如何表达的。在尝试着理解基因组所包含的信息时利用了计算机分析和实验相结合的方法，最主要的目的是定位基因并确定它们的功能。本章致力于探讨解决这些问题的方法。第二个问题是理解基因组如何表达，从某种程度上讲仅仅是以一种不同方式陈述过去 30 多年来分子生物学目标。差别在于，过去注意力集中在单个基因的表达途径，只有当一个基因的表达与另一个基因的表达明显相关联时才会考虑到一组基因。现在该问题变得更宽泛，是将基因组的表达作为一个整体对待。用于探讨这一话题的技术将在第 6 章中介绍。

# 5.1 在基因组序列中定位基因

一旦获得了 DNA 序列，无论该序列是单个克隆片段还是整个染色体，都可以用不同方法来定位其中存在的基因。这些方法被分成两部分，一些方法只包括用眼睛或更经常用计算机来检查序列以寻找与基因相关的特殊序列特征，另一些方法通过对 DNA 序列进行实验分析来定位基因。计算机方法构成**生物信息学**（bioinformatics）中的一部分，我们就从生物信息学开始。

## 5.1.1 通过序列筛查定位基因

序列筛查能用来定位基因，是因为基因不是核苷酸的随机排列而是具有明显特征。目前我们不完全了解所有这些特征的类型，因此序列筛查就不是一种简单的定位基因的方法，但它仍是一种强有力的工具并通常是用于分析一个新基因组序列的首选方法。

### 基因的编码区是可读框

编码蛋白质的基因含有可读框（ORF），可读框包含一系列能规定基因编码蛋白质中氨基酸序列的密码子（图 5.1）。ORF 开始于起始密码子，通常是（但不总是）[illegible]，并结束于终止密码子：TAA、TAG 或 TGA（1.3.2 节）。因此，寻找从 ATG 开始并结束于终止三联核苷酸的 ORF 序列是寻找基因的一种方法。这种分析就被每个 DNA 序列有 6 个**可读框**（reading frame）的事实弄的很复杂，6 个可读框中 3 个按一种方向另外 3 个在互补链上按相反的方向（图 5.2），但计算机完全能够查找到所有的 6

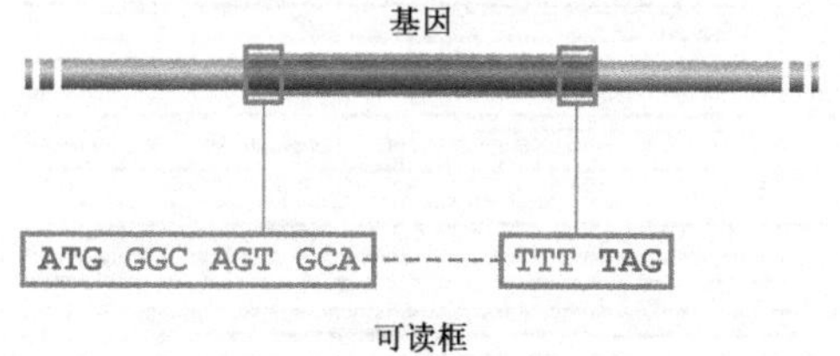


图 5.1　蛋白质编码基因是三联密码子的可读框

图中表示出该基因中前 4 个和最后两个密码子。前 4 个密码子特异性代表蛋氨酸/起始密码子、甘氨酸、丝氨酸、丙氨酸，最后两个密码子特异性代表苯丙氨酸、终止密码子

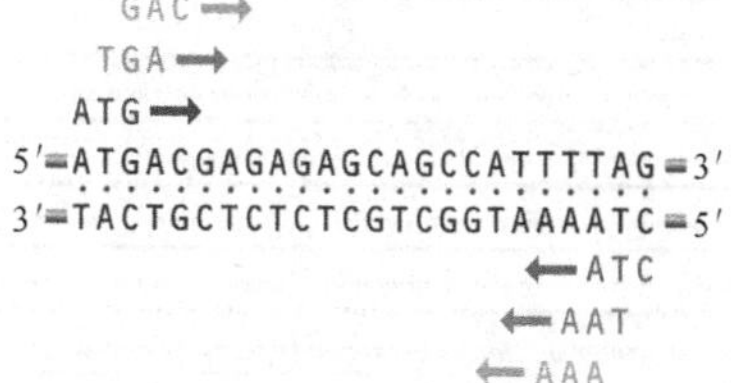


图 5.2　双链 DNA 分子具有 6 个可读框

两条链都按 5′→3′方向。每条链有三个可读框，依赖于选择哪个核苷酸作为起始位置

个可读框。这种基因定位方法的效果如何呢？

成功**寻找 ORF**（ORF scanning）的关键在于终止密码子在 DNA 序列中出现的频率。如果一段 DNA 具有随机序列且 GC 含量为 50%，那么三个终止密码子——TAA、TAG 和 TGA——中的每一个将平均每 $4^3=64$bp 出现一次。如果 GC 含量大于 50%，那么富含 AT 碱基的终止密码子出现的频率会更少，但预期每 100～200bp 还会出现一次。这就表明随机 DNA 不会表现出许多长度超过 50 个密码子的 ORF，特别是存在起始的 ATG 三联核苷酸并将其定义为 ORF 的一部分时。从另一方面讲，大多数基因长度大于 50 个密码子：大肠杆菌基因的平均长度为 317 个密码子，酿酒酵母基因的平均长度为 483 个密码子，人类基因的平均长度大约为 450 个密码子。因此，最简单的寻找 ORF 的方式是将 100 个密码子作为一个假定基因长度的下限，并记录所有大于此值的 ORF 的阳性数据。

这种策略在实际中的运用如何呢？对于细菌基因组，简单的 ORF 扫描是在 DNA 序列上定位大多数基因一种有效的方法。这在图 5.3 中表示出来，该图显示出大肠杆菌基因组一个片段中所有大于 50 个密码子的 ORF 都标上了下划线。序列中的真正基因不会被弄错，因为它们的长度大于 50 个密码子。对细菌来说这种分析更加简化，因为实际基因组中基因之间的间隔很短，因此**基因间的 DNA**（intergenic DNA）就相对较少（大肠杆菌中基因间的 DNA 只有 11%；8.2.1 节）。如果我们假设真正的基因不重叠，这一假设对于大多数细菌基因是适合的，那么只有在基因间区域才有可能把短的、假的 ORF 误认成真正的基因。所以如果基因组中基因间的成分比较少，那么在解释单纯的

图 5.3　ORF 扫描是一种在细菌基因组中定位基因的有效方法

该示意图显示出大肠杆菌中乳糖操纵子的 4522bp，所有大于 50 个密码子的 ORF 都做了标记。该序列包含两个真正的基因（*lacZ* 和 *lacY*）用深色线表示出。这些真正的基因不会被弄错，因为它们比浅色线所示的假 ORF 长得多。乳糖操纵子的详细结构如图 8.8（A）所示

ORF 扫描结果时出错的机会就会降低。

## 单纯的 ORF 扫描对高等真核生物 DNA 效果不佳

虽然 ORF 扫描对细菌基因组很有效，但在高等真核生物的 DNA 序列中定位基因的效果不佳。部分原因是真核生物基因组中真正基因之间的间隔很大（如人类基因组中接近 62%的序列是基因间序列），发现假 ORF 的概率就会增加。但对人类基因组和高等真核生物基因组所普遍存在的主要问题是它们的基因经常被内含子隔开（1.2.3 节），因此在 DNA 序列中就不会出现连续的 ORF。许多外显子小于 100 个密码子，一些外显子包含的密码子小于 50 个，将可读框延伸到内含子中通常会引起一个看起来接近 ORF 的终止序列（图 5.4）。换句话说，高等真核生物基因不会以长 ORF 的形式出现在基因组序列中，单纯的 ORF 扫描不能定位它们。

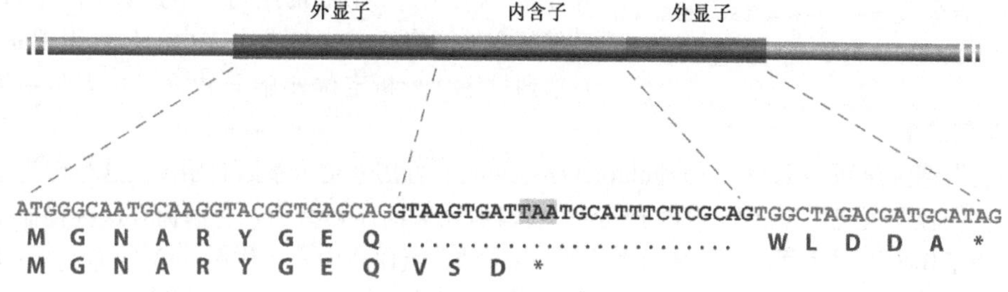


图 5.4 内含子使 ORF 扫描复杂化

图中显示出包含一个内含子的短基因的核苷酸序列。从基因翻译出的蛋白质中正确的氨基酸序列在紧邻核苷酸序列下面列出：在该序列中，内含子被删掉，因为它在 mRNA 翻译成蛋白质之前就从转录产物中被去除。在下面一行中，没有认识到内含子的存在就把序列翻译出来。这种错误的结果就使氨基酸序列在内含子内部出现了终止。氨基酸序列是用一个字母的缩写书写的（表 1.2）。星号表示终止密码子的位置。内含子会在 12.2.2 节中详细介绍

解决内含子产生的问题是生物信息学家为 ORF 定位而编写新软件程序所面临的主要挑战。对 ORF 扫描的基本程序已经进行了三项改良。

- **密码子偏倚**（codon bias）被考虑在内。“密码子偏倚”是指特定生物体的基因中并不是所有密码子的使用频率都是平等的。例如，在遗传密码中亮氨酸是由 6 个密码子编码的（TTA、TTG、CTT、CTC、CTA 和 CTG；图 1.20），但在人类基因中，亮氨酸大多是由 CTG 编码的，而且几乎不是由 TTA 或 CTA 编码。同样，在 4 个缬氨酸密码子中，人类基因利用 GTG 的频率比利用 GTA 的频率高 4 倍。密码子偏倚的生物学原因并不清楚，但所有生物体都有偏倚，不同种属中的偏倚也不同。预期真正的外显子会表现出密码子偏倚，而三联核苷酸的随机排列却不会。因此，被研究的生物体中密码子偏倚被写入 ORF 扫描软件中。
- **外显子-内含子边界**（exon-intron boundary）可因其具有特定的序列特征而被搜索到，尽管不幸的是，这些序列的特异性不会重要到使它们的定位变得简单。上游外显子-内含子边界的序列通常为：

$$5'\text{-AG}\downarrow\text{GTAAGT-}3'$$

箭头表示准确的分界点。然而，只有紧邻箭头之后的“GT”是不变的；在序列的

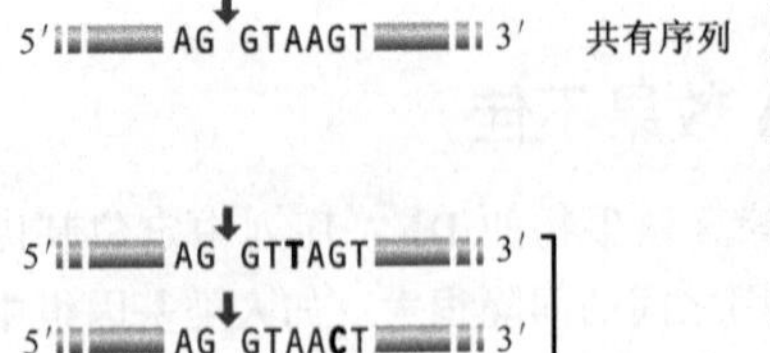


图 5.5　上游外显子-内含子边界的共有序列和在真正基因中发现的真实序列之间的关系

共有序列中的差别用粗体表示。在上游的外显子-内含子边界中，只有紧邻剪接位点（箭头所示）之后的“GT”是变化的

其他位置经常会发现图中没有出现的核苷酸。换句话说，该序列是**共有的**（consensus），我们的意思是该序列表示在所有已知上游外显子-内含子边界的每个位置上出现频率最高的核苷酸，但在任何特定的边界序列中一个或多个位置上可能具有不同的核苷酸（图 5.5）。下游内含子-外显子边界更不明显：

5′-PyPyPyPyPyPyNCAG↓-3′

其中“Py”是指嘧啶核苷酸（T 或 C）的一种，“N”指任意核苷酸。只寻找这些共有序列将不会定位更多的外显子-内含子边界，因为大多数外显子-内含子边界具有的序列并不是所示的序列。已经证实编写将已知变量考虑在内的软件很困难，目前通过序列分析定位外显子-内含子边界是一件碰运气的事。

- **上游调控序列**（upstream regulatory sequence）可用来定位基因起始区。这是因为这些调控序列就像外显子-内含子边界一样具有显著的序列特征，它们拥有这些特征是为了作为识别信号在参与基因表达的 DNA 结合蛋白质中发挥作用（第 11 章）。不幸的是，对于外显子-内含子边界来说，调控序列是变化的，在真核生物中的变化比原核生物更大，并且真核生物中并非所有基因都拥有同样的调控序列。因此，运用这些来定位基因是有问题的。

这三种简单 ORF 扫描的衍生方法虽然有局限性，但普遍适用于所有高等真核生物的基因组。根据它们基因组的特征，另外的策略也可能适用于单个生物体。例如，脊椎动物基因组包含着许多基因上游都有的 **CpG 岛**（CpG island），这些序列大约有 1kb 长，其中的 GC 含量比整个基因组的平均含量要高。人类基因中有 40%～50%的基因上游含有 CpG 岛。这些序列是有特色的，当一个这样序列位于脊椎动物 DNA 中时，就可以大胆推测在紧邻该序列的下游区存在一个基因。

## 为功能性 RNA 定位基因

ORF 扫描适用于蛋白质编码基因，但对于那些功能性 RNA 基因，如 rRNA 和 tRNA（1.2.2 节）又是如何定位呢？这些基因不包含可读框，因此不能通过上面描述的方法进行定位。然而，功能性 RNA 分子确实具有它们自己的特征，这些特征可以用来帮助在基因组序列中发现它们。这些特征中最重要的是能够折叠成二级结构，如 tRNA 分子所具有的**三叶草**（cloverleaf）结构［图 5.6（A）］。这些二级结构并不是像 DNA 双螺旋那样通过两条单独多聚核苷酸之间的碱基配对结合在一起，而是通过相同多聚核苷酸的不同部位间的碱基配对结合在一起，我们称之为**分子内碱基配对**（intramolecular base pairing）。为了使分子内形成碱基配对，该分子中两部分的核苷酸序列必须是互补的，为了形成复杂的结构，如三叶草结构，所有配对的互补序列在 RNA 序列内必须按照特定的顺序进行排列［图 5.6（B）］。这些特征提供了很丰富的信息能够用来在基因组序列中定位 tRNA 基因，并且为了这个特定目的而设计的程序通常是很成功的。

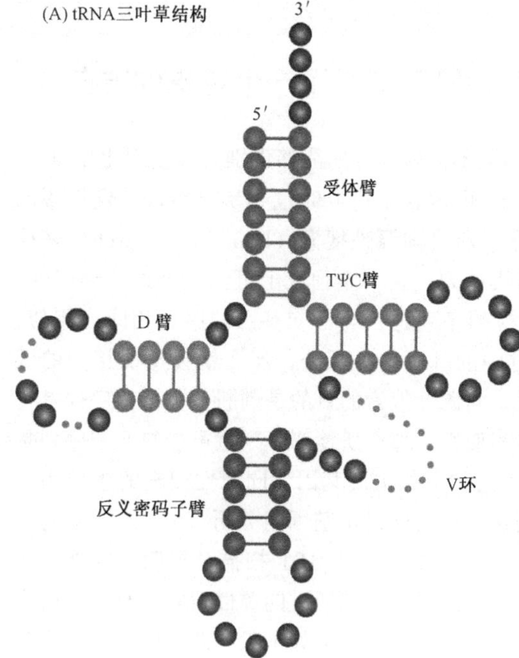


图 5.6　tRNA 的特征有助于为这些功能 RNA 定位基因

(A) 所有的 tRNA 都折叠成三叶草结构，该结构通过图中所示明亮区中的分子内碱基配对结合在一起。(B) 一个大肠杆菌 tRNA 基因的 DNA 序列是特异编码亮氨酸的。与分子内碱基配对区所对应的重要片段如图 5.6 (A) 所示。为了满足这些片段能够相互形成碱基配对的需要所必须具有的序列限制因素提供了特征，这些特征能够通过设计好的定位 tRNA 基因的计算机程序进行寻找。对于更多的有关 tRNA 结构信息见 13.1.1 节

(B) 一个大肠杆菌tRNA$^{leu}$基因的序列

5′GCCGAAGTGGCGAAATCGGTAGTCGCAGTTGATTCAAAATCAACCGTAGAAATACGTGCCGGTTCGAGTCCGGCCTTCGGCACCA 3′

与 tRNA 一样，rRNA 和一些小功能 RNA (1.2.2 节) 也具有二级结构，这些二级结构有充分的复杂性可以容易地鉴别出它们的基因。其他的功能 RNA 基因不太容易定位，因为这些 RNA 所采用的结构包含的碱基配对比较少，或者是碱基配对不是常规模式。正在运用三种方法来定位这些 RNA 基因：

- 虽然一些功能 RNA 不具有复杂的二级结构，但是大多数包含着一个或多个**茎环** (stem-loop) 或**发夹** (hairpin) 结构，这些结构是由类型最简单的分子内碱基配对所引起的 (图 5.7)。因此，搜寻 DNA 序列中这样结构的程序就能鉴别出功能 RNA 基因可能存在的区域。这些程序结合了热力学规律能够对茎环结构的稳定性进行评估，考虑在内的特征有环的大小、茎环中碱基的数量以及 G—C 碱基对的比例 (G—C 碱基对比 A—T 碱基对更稳定，因为它们是通过三个氢键而不是两个氢键配对的；图 1.8)。一个被认可的茎环结构若其稳定性被评价在某个选定的界限之上时，就被认为是存在功能 RNA 基因的可能的指针。
- 可以像搜索蛋白质编码基因那样，搜索与功能 RNA 基因相关的调控序列。这些调控序列与蛋白质编码基因的调控序列是不同的，除了存在于功能 RNA 基因上游之外，还可能存在于功能 RNA 基因内部。

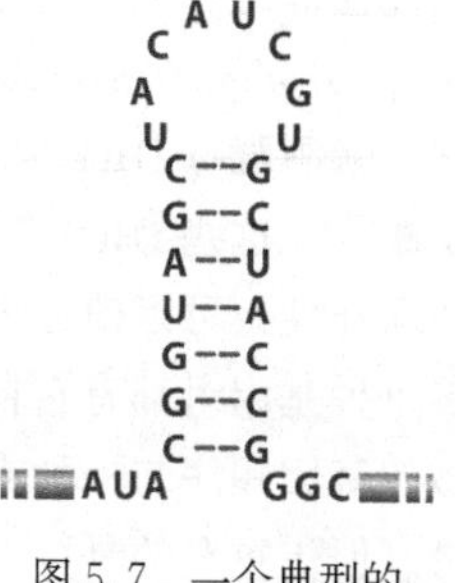


图 5.7　一个典型的 RNA 茎环结构

• 在紧凑的较小基因组中，注意力直接朝向对蛋白质编码基因广泛搜寻之后还剩下的区域中。这些“空位置”通常都并不空，仔细检查就会发现一个或多个功能 RNA 基因的存在。

## 同源性搜索和比较基因组学为序列筛查提供了一个特殊的方向

通过 ORF 扫描能有效定位基因的大多数不同软件程序能够识别真核基因组中 95% 的编码区，但即使是最好的软件在定位外显子-内含子边界时也容易出错，并且将假的 ORF 识别成真正基因仍旧是一个主要问题。通过**同源性搜索**（homology search）来检验一系列三联密码子是真正外显子还是随机序列，在一定程度上可以弥补这些局限性。在此分析中，查询 DNA 数据库来判断所检测序列是否与已知基因的序列相同或相似。显然，如果所检测序列是已被其他人测过序的基因的一部分，那么就会发现相同的匹配，但这并不是同源性搜索的要点。相反，同源性搜索的目的是判断一个全新序列是否与任何已知基因具有相似性，因为如果有相似性，那么所检测序列就可能与匹配序列是**同源的**（homologous），就意味着它们代表进化上相关的基因。同源性搜索的主要用途是为新发现的基因确定功能，因此当我们在本章后面讨论基因组分析（5.2.1 节）时还会提到它。该技术对基因定位也很重要，因为它能够通过 ORF 扫描对未确定的外显子序列进行定位，以检测其功能。如果未确定的外显子序列通过同源性搜索后有一个或多个阳性的匹配序列，那么它就可能是一个真正的外显子，但如果没有匹配序列，那么其真实性就要受到怀疑，直到它能通过一种或其他以实验为基础的基因定位技术来评定。

当可得到两种或多种相关种属的基因组序列，一种更准确的同源性搜索方法是可能存在的。相关种属的基因组序列具有从它们共同祖先继承来的相似性，并具有由于物种开始单独进化而产生的种属特异性差别（图 5.8）。由于自然选择（19.3.2 节），相关基因组之间的序列相似性在基因内部是最大的，而在基因间区域是最小的。因此，当相关基因组进行比较时，同源基因由于它们的序列相似性很高就很容易鉴别出来，而在第二个基因组中没有明确同源物的任何 ORF 都可以很肯定地认为是随机序列，而不是一个真正基因。这类分析——被称为**比较基因组学**（comparative genomics）——已经证明在酿酒酵母（*Saccharomyces cerevisiae*）基因组中定位基因是很有用的（5.3 节），因为现在不只是可以获得酿酒酵母的全部或部分序列，还可以获得其他 16 种与酿酒酵母相关性最近的半子囊菌类的全部或部分序列，包括酵母菌 *Saccharomyces paradoxus*、*Saccharomyces mikatae* 及 *Saccharomyces bayanus*。在这些基因组之间进行比较证实了许多酿酒酵母 ORF 的真实性，并同时能够将大概 500 个可能的 ORF 从酿酒酵母目录库中删除，这些 ORF 在相关的基因组中没有同源物。运用**同线性**（synteny）（基因顺序的保守性）可以使分析更加有力，同线性是由这些相关酵母基因组序列而表现出的。虽然每种基因组都有它自己种属特异性的重排，但实际上在酿酒酵母基因组中仍有一些区域的基因顺序与一种或多种相关基因组中的顺序相同。这就使同源基因的鉴别变得很容易，但更重要的是可以非常自信地将假 ORF，特别是短 ORF 丢弃掉，因为可以详细搜索假 ORF 在相关基因组中的预期位置，以确保不存在同类假 ORF（图 5.9）。

(A) 基因组建

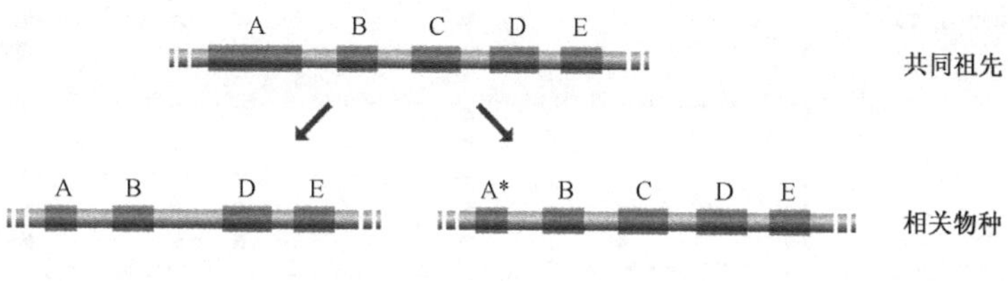


(B) DNA序列

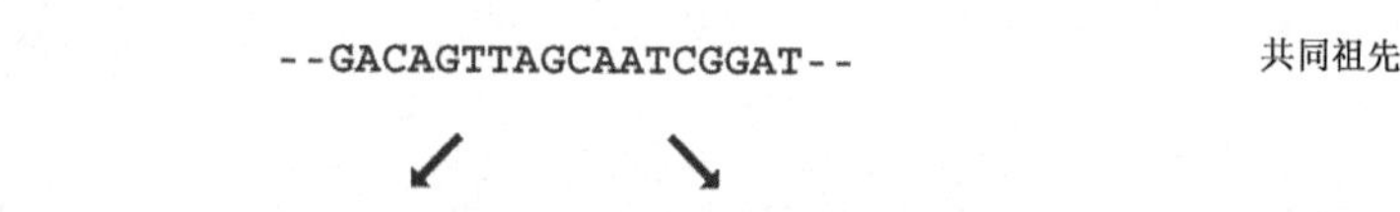


图 5.8　相关物种具有相似的基因组

(A) 当两个物种从它们共同祖先中进化时，基因如何构建的图解可能发生变化。共同祖先具有 5 个基因，标记为 A 到 E。在一个进化物种中，基因 C 不再存在，在其他物种中，基因 A 被缩短了。(B) 相关物种表现出 DNA 序列相似性。示意图表示出远祖生物体中一个基因序列的一个短片段，并表示出该基因片段在进化物种中的同源序列。有关基因组如何进化的更详细的描述见第 18 章

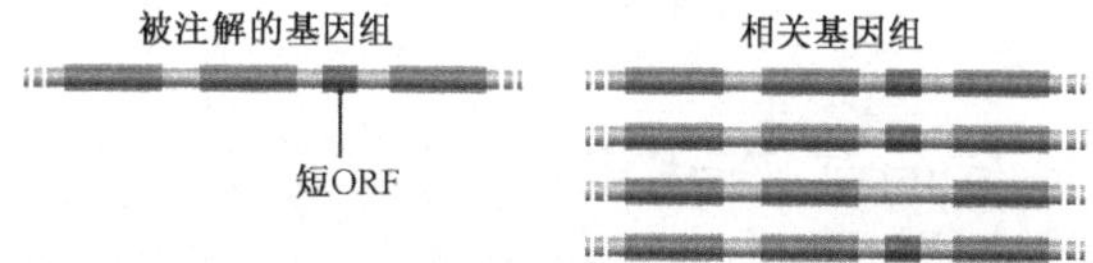


图 5.9　运用同线基因组之间的比较检测短 ORF 的真实性

在此例中，ORF 存在于 4 个相关基因组中的三个基因组中，因此就可能是一个真正基因

## 自动标注基因组序列

计算机方法进行基因定位的一大优点是能够将一套分析程序合并为单一的、集成系统。用该方法，可以平行进行不同的基因定位方法，并能自动比较结果，以便被研究的基因组可以很迅速地被综合标注出来。运用这些系统进行基因组标注是从序列分析开始的，运用能扫描 ORF、外显子-内含子边界及上游调控区并能在数据库中检测同源基因 ORF 的程序进行序列分析，这些程序同时也用于寻找重复序列及功能 RNA 基因的特异性特征。还可以扫描 cDNA 序列数据库（图 5.10）以寻找基因组序列中任何相匹配的片段，任何这样的配对都表明是一段能转录成 mRNA 的区域。然后将信息整合到计算机中，就显示出通过不同程序而确定的不同序列特征的位置（图 5.10）。因此所得到的信息就可以经常通过网络来访问，研究人员就能用来设计他们自己的更详细的计算机或实验方法来研究基因组的特定区域。

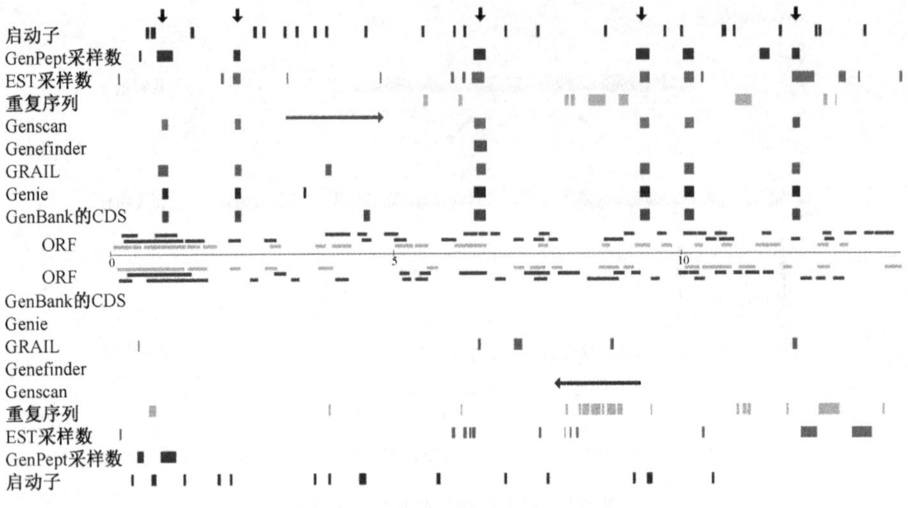


图 5.10 典型基因组标注系统所显示的内容

图示的例子是对包含一个组织因子基因的人类基因组中 15kb 片段的 Genotator 浏览器标注。从上面开始，分析依次是：可能启动子的位置（上游调控元件）；在 GenPept 数据库中与蛋白质相对应的序列；与已知 EST 相对应的序列（3.3.3 节）；已知人类重复序列的位置；通过 Genscan、Genefinder、GRAIL 及 Genie 程序所预测的外显子；在 GenBank 数据库中与已知基因相对应的序列；三个可读框中每一个可读框的 ORF。在黑色线下面，分析是对反向互补 DNA 序列的重复结果。标注发现了 5 个可能外显子的位置，如图的上面用黑色箭头所示。图经 Nomi Harris 允许采用

## 5.1.2 基因定位的实验技术

大多数基因定位的实验方法不是基于直接检查 DNA 分子而是依赖于检测由基因转录成的 RNA 分子。所有基因都要转录成 RNA，如果基因不连续，那么随后就会将内含子从原始转录物中去除并将外显子连接起来（1.2.3 节；12.2.2 节）。因此对 DNA 片段上转录序列位置的作图技术可以用来定位外显子和整个基因。要牢记的唯一问题是转录物通常比基因的编码部分长，因为转录物开始于起始密码子上游几十个核苷酸，一直持续到终止密码子下游几十或数百个核苷酸。因此转录物分析不能准确定位基因编码区的起始和终止点，但它确实能告诉你一个基因存在于特定区域中，并且可以定位外显子-内含子边界。通常这些信息足以绘制编码区了。

### 杂交实验可以判断某一片段是否含有转录序列

研究转录序列最简单的方法是以杂交分析为基础。RNA 分子可以用特殊形式的琼脂糖凝胶电泳进行分离，转移到硝酸纤维素膜或尼龙膜上，并通过称为 **northern** 杂交(northern hybridization)(技术注解 5.1) 的过程进行检测。这与 Southern 杂交（2.1.2 节）的不同仅在于进行转膜的准确条件，并且 Southern 杂交也不是由 Northern 博士发明的，所以没用大写字母“N”。如果用标记的基因组片段与细胞 RNA 进行 northern 杂交，就可以检测到那个片段上的基因所转录出的 RNA（图 5.11）。因此，northern 杂交在理论上是一种可以确定一个 DNA 片段上存在基因数目和每个编码区大小的方

法。这种方法有两个缺点：

- 一些单个基因有两个或更多长度不等的转录物，因为它们的一些外显子是选择性存在的，在成熟 RNA 中可能存在，也可能不存在（12.2.2 节）。如果事实如此，那么只包含一个基因的片段在 northern 杂交中就能检测出两条或多条杂交带。如果该基因是多基因家族的一员，也会出现同样问题（7.2.3 节）。
- 对于许多物种，从整个生物体中制备 mRNA 样本是不现实的，因此抽提物是从单个器官或组织中获得的。任何在那种器官或组织中不表达的基因不会在 RNA 总产物中表现出来，因此当用所研究的 DNA 片段与 RNA 杂交时就不会检测到该基因。即使运用整个生物体也不是所有基因都能产生杂交信号，因为许多基因仅在特定发育阶段表达，还有一些基因表达量很低，就意味着它们的 RNA 产物存在的量太低，以至于不能用杂交分析检测到。

另一种类型的杂交分析通过搜寻其他生物体中相关的 DNA 序列而不是 RNA 序列，就可以避免低表达和组织特异表达基因存在的问题。这种方法像同源性搜索一样，是基于相关生物体中同源基因具有相似序列，而基因间 DNA 通常差别很大这一事实。如果一个物种的 DNA 片段被用来与相关物种的 DNA 进行 Southern 杂交，并且得到一个或多个杂交信号的话，那么此探针就可能含有一个或多个基因（图 5.12）。这被称为**种属间印迹**（zoo-blotting）。

### 技术注解 5.1　RNA 研究技术

**为研究 DNA 分子设计的许多技术可被用来研究 RNA**

RNA 变性后进行 RNA **琼脂糖凝胶电泳**（agarose gel electrophoresis），以便每个分子的迁移率完全取决于其长度，不受许多 RNA 分子内可能形成的分子内碱基配对的影响（如图 13.2）。变性剂，通常是甲醛或乙二醛，在把 RNA 上样到凝胶之前加入到样品中。

**Northern 杂交**（northern hybridization）是指将 RNA 胶印迹到尼龙膜上并与标记的探针进行杂交这一过程（图 5.11）。这与 Southern 杂交（图 2.11）有相同意义，做法也类似。

**标记 RNA 分子**（labeled RNA molecule）通常是在标记核苷酸存在的情况下将 DNA 模板拷贝成 RNA 而制备的。利用 SP6、T3 或 T7 噬菌体中的 RNA 聚合酶，因为它们能在 30min 内从 1μg DNA 中产生 30μg 标记的 RNA。RNA 也可以用纯化的 poly（A）聚合酶进行末端标记（12.2.1 节）。

RNA 分子的 PCR 需要对常规反应的第一步进行改良。*Taq* 聚合酶不能复制 RNA 分子，所以第一步要用逆转录酶进行催化，逆转录酶以 RNA 为模板合成 DNA。然后用 *Taq* 聚合酶扩增此 DNA 拷贝。此技术被称为**逆转录 PCR**（reverse transcriptase-PCR）**或 RT-PCR**。能以 RNA 和 DNA 为模板合成 DNA 的热稳定聚合酶的发现（如从嗜热菌中得到的 *Tth* DNA 聚合酶），使在同一反应中只运用一种酶进行 RT-PCR 成为可能。

**RNA 测序方法**（RNA sequencing method）是存在的，但很难进行并且只适用于小分子。这种方法与 DNA 化学降解法测序（4.1.2 节）相似，但使用的是序列特异的内切核酸酶而不是用化学试剂产生切断的分子。实际上，RNA 分子的序列通常是将其转化为 cDNA（图 3.36）并通过链终止法测序得到的（4.1.1 节）。

已发展出**专门方法**（specialist method）将 RNA 分子定位到 DNA 序列上，如确定转录的起始和终止点以及在 DNA 序列上定位内含子的位置。这些方法将在 5.1.2 节中讨论。

RNA 工具盒中唯一的主要缺陷是缺少像 DNA 操作中很重要的限制性内切核酸酶那样具有序列特异性的酶。除此之外，RNA 操作中的唯一缺点是 RNA 易被细胞破裂所释放的核糖核酸酶（RNA 抽提中也会出现）所降解，此酶也存在于实验工作人员的手上，容易污染玻璃器皿和溶液。这就意味着为了保持 RNA 分子的完整性，必须采用严格的实验室操作规程（如用能破坏核糖核酸酶的化学试剂清洗玻璃器皿）。

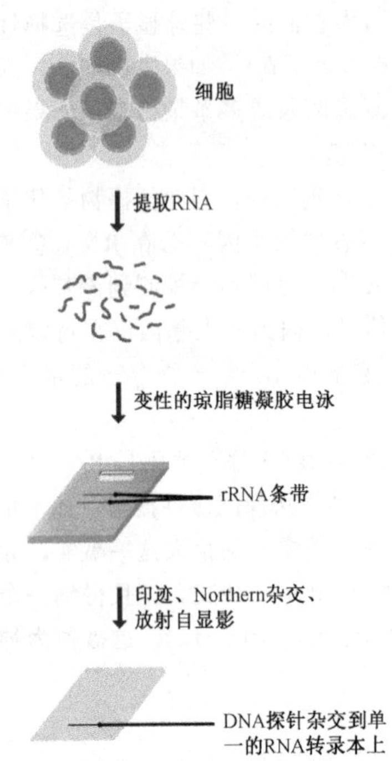


图 5.11　Northern 杂交

RNA 提取物在变性条件下进行琼脂糖凝胶电泳（技术注解 5.1）。溴化乙锭染色后可见到两条带。这是两种最大的 rRNA 分子（1.2.2 节），它们在大多数细胞中很丰富。较小的 rRNA 虽然也很丰富但却看不见，因为它们太小，从凝胶的底部跑出去了，在大多数细胞中，mRNA 的含量都不高，在溴化乙锭染色后不足以形成可见的条带。凝胶印迹到尼龙膜上并且在此例中用放射性标记的 DNA 片段进行杂交。在放射自显影照片上就可以看见一条带，说明用作探针的 DNA 片段包含着部分或全部转录序列

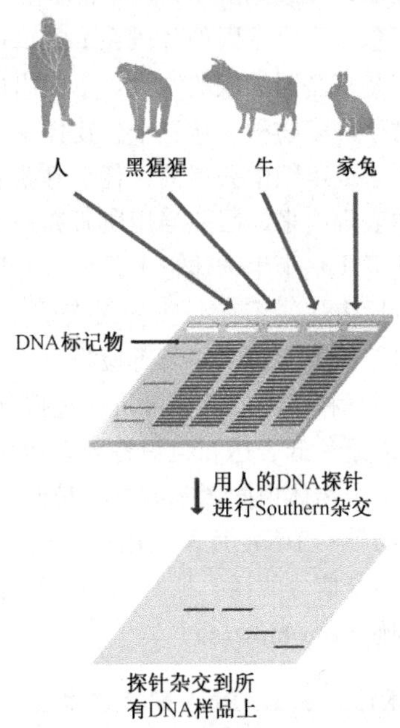


图 5.12　种属间印迹（zoo-blotting）

目的是判断人 DNA 片段能否与相关种属的 DNA 杂交。因此就制备了人、黑猩猩、牛和家兔的 DNA 样品，进行了酶切并在琼脂糖凝胶中进行电泳。然后用人 DNA 片段作为探针进行 Southern 杂交。每种动物的 DNA 中都可见一阳性杂交信号，就说明此人 DNA 片段含有一个表达的基因。注意：从牛和家兔的 DNA 样品中得到的杂交限制性片段要比人和黑猩猩样品中的杂交片段小。这表明转录序列周围的限制性图谱在牛和家兔中是不同的，但这并不影响 4 个物种中都存在同源基因的结论

## cDNA 测序有助于在 DNA 片段中进行基因作图

Northern 杂交和种属间印迹能够判断 DNA 片段中有无基因的存在，但却不能给出那些基因在 DNA 序列上的定位信息。获得定位信息最容易的方法是对相关 cDNA 进行测序。cDNA 是 mRNA 的复制本（图 3.36），因此与该基因的编码区相对应，并且在编码区的两端还多出了同时被转录的前端序列和尾部序列。因此，将 cDNA 序列与基因组 DNA 序列相比较，就可以描述相应基因的位置并找到外显子-内含子边界。

为了获得单个 cDNA，必须首先建立一个来自被研究组织内所有 mRNA 的 cDNA 文库。一旦文库制备完成，cDNA 测序作为基因定位方法的成功率就取决于两个因素。

首先关注的是所研究的cDNA在文库中出现的频率。正如Northern杂交一样，遇到的问题是与不同基因的不同表达水平有关。如果所研究的DNA片段含有一个或多个低表达的基因，那么相关cDNA在文库中就很少，就可能需要筛选许多克隆之后才能鉴别出所需要的基因。为绕开这个问题，已经发明了多种方法，如 **cDNA 捕获**（cDNA capture）或 **cDNA 选择**（cDNA selection），在这些方法中被研究的DNA片段被反复与cDNA库杂交以富集所要的克隆。因为cDNA库包含许多不同序列，一般情况下不可能通过反复杂交排除所有无关克隆，但有可能明显提高与DNA片段特异杂交的那些克隆出现的频率。这就减小了在严谨条件下为鉴别出目的克隆所必须筛选的文库规模。

决定成功与失败的另一个因素是单个cDNA分子的完整性。通常来讲，cDNA是通过用逆转录酶将RNA分子拷贝成单链DNA而制备的，然后在DNA聚合酶作用下将单链DNA转变为双链DNA（图3.36）。这样就经常有机会出现一个或多个链合成反应进行不完全的情况，造成截短的cDNA。RNA分子内碱基配对的存在也会导致不完全拷贝。截短cDNA可能缺少定位基因起点和末点及外显子-内含子边界所需要的一些信息。

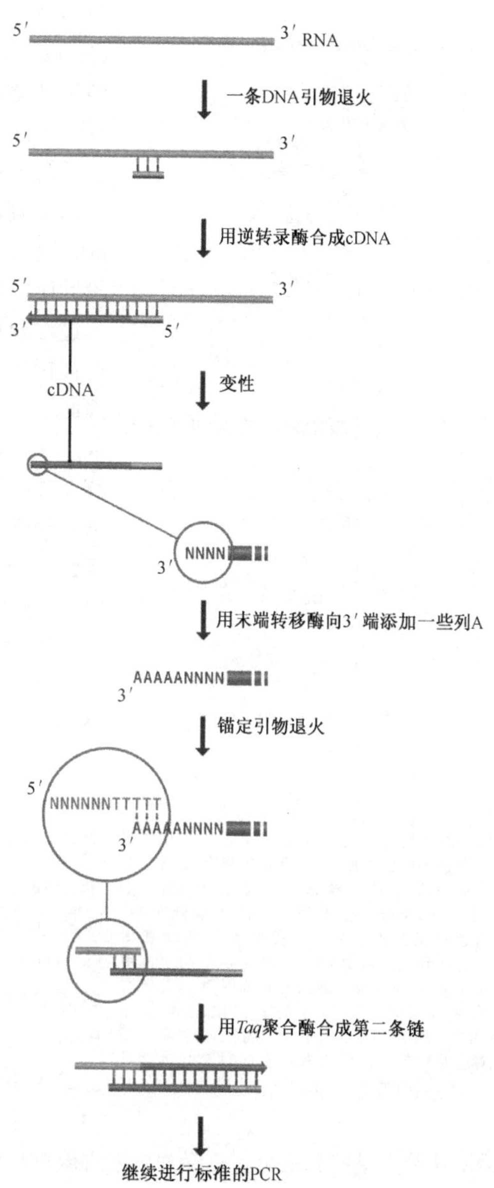


图5.13 RACE-快速扩增cDNA末端

被研究的RNA通过DNA引物的延伸转变成部分cDNA，DNA引物在离分子5′端不远的内部位置上退火。在dATP存在下，cDNA的3′端在末端脱氧核苷酸转移酶（2.1.4节）的作用下继续延伸，就会在cDNA上添加一系列A。这一系列A作为锚定引物的退火位置。锚定引物的延伸形成双链DNA分子，现在就可以通过标准PCR扩增双链分子了。这就是5′-RACE，如此命名是因为它能扩增出起始RNA的5′端。如果需要3′端序列，就可以运用类似的方法——3′-RACE

## 精确定位转录物末端的有效方法

不完整cDNA存在的问题就意味着需要更有效的方法来定位基因转录物精确的起始和终点。一种可能是用RNA而不是DNA作为起始材料进行特殊类型的PCR。该类型PCR的第一步是用逆转录酶将RNA转变为cDNA，然后再按照与常规PCR相同的方式用 *Taq* 聚合酶扩

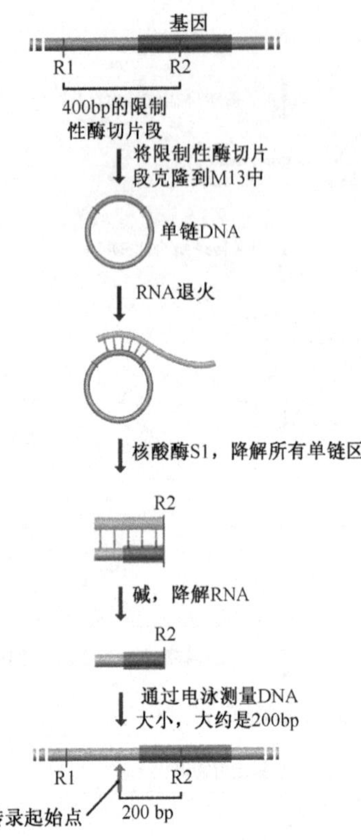


图 5.14　S1 核酸酶作图

这种转录物作图法使用 S1 核酸酶，此酶能降解单链 DNA 或 RNA 多聚核苷酸，包括主要双链分子中的单链区，但对双链 DNA 或 DNA-RNA 杂合体无作用。在所示例子中，跨越转录起点的一个片段被连入 M13 载体中，得到的单链 DNA 与 RNA 样品杂交。用 S1 核酸酶处理后，得到的异源双链一端带有转录起点，而另一端是下游限制性位点（R2）。因此，为了确定与下游限制性位点相对应的转录起点的位置，通过凝胶电泳就可以测量未消化的 DNA 片段大小

增 cDNA。这些方法共同的名称为**逆转录 PCR**（reverse transcriptase PCR，RT-PCR），目前让我们感兴趣的特殊方法是**快速扩增 cDNA 末端**（rapid amplification of cDNA end，RACE）。该方法最简单的做法是，在所研究基因起始区附近的内部区域设计一条特异性引物。该引物与基因的 mRNA 结合，指导逆转录酶催化此过程的第一阶段反应，与 mRNA 起始区相对应的 cDNA 就在这一过程合成（图 5.13）。因为只有 mRNA 的小片段被拷贝，所以期望 cDNA 合成不会提前终止，因此 cDNA 的一端就准确对应于 mRNA 的起始区。一旦 cDNA 被合成，短 poly（A）尾就结合到其 3′端。第二个引物在 poly（A）序列上退火，在第一轮常规 PCR 过程中，单链 cDNA 就被转变为双链分子，然后随着 PCR 的进行双链分子就被扩增。被扩增分子的序列就会揭示转录物开始的准确位置。

其他的转录物精确作图的方法包括**异源双链分析**（heteroduplex analysis）。如果被研究的 DNA 片段是作为限制性酶切片段被克隆到 M13 载体（4.1.1 节）中，那么就可以得到单链 DNA。当与适当的 RNA 样品混合时，克隆 DNA 中的转录序列就会与相应的 mRNA 杂交，形成异源双链。如图 5.14 所示，mRNA 的起始点位于克隆的限制性酶切片段中，所以某一克隆片段就会参与形成异源双链，而其余的克隆片段却不会。单链区可用单链特异的核酸酶（如 S1）进行消化。异源双链的大小是通过碱降解 RNA 成分并在琼脂糖凝胶中对产生的单链 DNA 进行电泳来判定的。然后就运用这种测量结果定位与克隆片段末端限制性酶切位点相对的转录物起始点。

## 也可以准确定位外显子-内含子边界

异源双链分析也可以用来定位外显子-内含子边界。这种方法与图 5.14 所示的方法几乎相同，不同之处在于克隆的限制性酶切片段跨越了要绘制的外显子-内含子边界，而不是转录物的起始点。

另一种在基因组序列中寻找外显子的方法是**外显子捕获**（exon trapping）。这需要一种特殊类型的包含一个**小基因**（minigene）的载体，此小基因包括一个内含子以及内含子两侧各一个外显子序列，第一个外显子是由真核细胞中起始转录所需要的序列信号而启动的（图 5.15）。使用此载体时，将所研究的 DNA 片段插入到载体内含子区域中

的限制性酶切位点中。然后将载体导入合适的真核细胞系中，载体在真核细胞中进行转录，产生的RNA进行剪切。结果是基因组片段中所包含的任何外显子都会在小基因上下游外显子之间连接起来。现在，就利用在小基因两个外显子内部退火的引物进行RT-PCR扩增DNA片段，随后进行测序。由于小基因序列已知，所以就可以确定出插入的外显子起始和终止的核苷酸位置，从而准确描述此外显子。

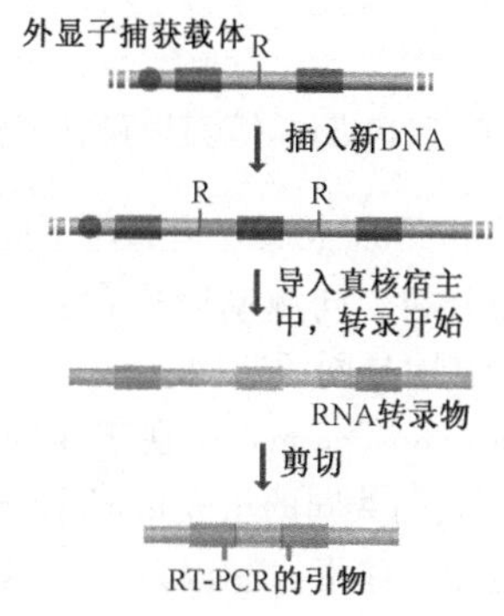


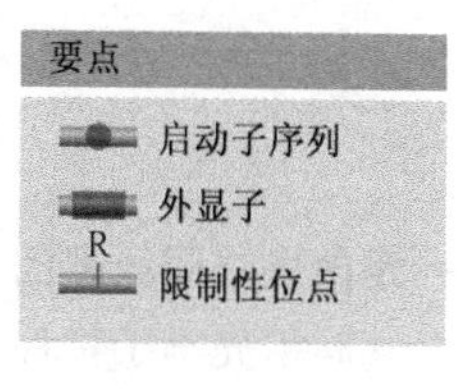


图5.15 外显子捕获

外显子捕获载体包括两个外显子序列，前方有启动子序列——在真核生物宿主中进行基因表达所需的信号（11.2.2节）。含有未作图外显子的新DNA被连进载体中，将重组分子导入宿主细胞。然后通过RT-PCR检测得到的RNA转录本以鉴定出未作图的外显子边界

# 5.2 确定单个基因的功能

一旦一个新基因在基因组序列中获得定位，就要探索它的功能问题。这是基因组研究的重点所在，因为已完成的测序计划表明我们对单个基因组内容的了解要比想象的贫乏得多。例如，在测序计划开始之前，就已经用传统遗传学分析对大肠杆菌和酿酒酵母进行了深入研究，并且遗传学家在一定时期内相当自信地认为大多数基因已经被鉴定出。基因组序列表明，实际上我们的认识还有相当大的空白。大肠杆菌基因组序列中4288个蛋白质编码基因中，以前已经鉴定出的基因只有1853个（占总数的43%）。对于酿酒酵母，此数值只有30%。

像基因定位一样，也尝试着用计算机分析和实验研究来确定未知基因的功能。

## 5.2.1 基因功能的计算机分析

我们已经看到计算机分析在DNA序列中定位基因发挥很重要的作用，能有效达到这一目的的最有力工具之一是同源性搜索，同源性搜索是通过把被研究的DNA序列与数据库中其他所有的DNA序列进行比较来定位基因。同源性搜索的基础是相关的基因具有相似序列，因此可以通过与不同物种中已测序的同源基因具有相似性来发现新基因。现在我们进一步了解一下同源性分析，并看看如何运用同源性分析来确定新基因的功能。

### 同源性反映出进化关系

同源基因具有共同的进化祖先，是通过基因之间的序列相似性而发现的。这些相似性就形成了分子系统进化所根据的资料，我们将在第19章讨论。同源基因分为两类（图5.16）：

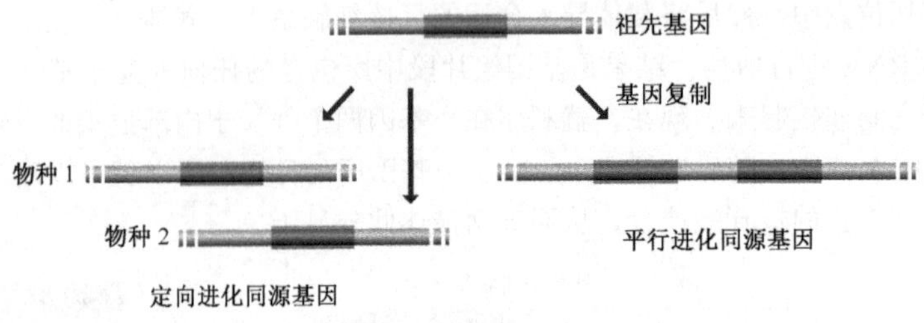


图 5.16　定向进化同源基因和平行进化同源基因

- **定向进化同源基因**（orthologous gene）是那些不同生物体间存在的同源物，它们的共同祖先早于物种之间的分裂。同源基因通常具有相同的或很类似的功能。例如，人类和黑猩猩的肌红蛋白基因是同源基因。
- **平行进化同源基因**（paralogous gene）存在于相同生物体中，常是可识别的多基因家族的成员（7.2.3 节），它们共同的祖先可能早于或晚于目前发现新基因的物种分裂。例如，人类肌红蛋白和 β-球蛋白基因是平行基因：它们起源于 5.5 亿年前祖先基因的复制（18.2.1 节）。

通常一对同源基因不具有相同的核苷酸序列，因为两个基因由于突变而具有不同的随机改变，但它们具有相似的序列，因为这些随机变化是在相同的起始序列，即共同的祖先基因上发生的。同源性搜索就是利用这些序列的相似性。分析的基础是，如果一个新测序的基因与另一个原来已测序的基因相似，那么就提示它们可能有进化上的关系，并且新基因的功能很可能与已知基因的功能相同，或至少是相似。

重要的是不要混淆同源性与相似性。如果一对相关基因的序列有 80％的核苷酸是相同的，就描述它们是“80％同源”是不正确的（图 5.17）。一对基因在进化上要么有关，要么无关，没有介于二者之间的情况，因此把同源性描述为百分数是没有意义的。

```
序列1  GGTGAGGGTATCATCCCATCTGACTACACCTCATCGGGAGACGGAGCAGT
序列2  GGTCAGGATATGATTCCATCACACTACACCTTATCCCGAGTCGGAGCAGT
一致性 *** *** *** ** *****  ********* ***  *** *********
```

图 5.17　两个 DNA 序列具有 80％的序列一致性

## 同源分析可以提供整个基因或基因片段的功能信息

可以用 DNA 序列进行同源性搜索，但通常在搜索之前先将假定基因的序列转换为氨基酸序列。这样做的一个原因是蛋白质中有 20 种不同氨基酸，但 DNA 中只有 4 种核苷酸，因此当比较氨基酸序列时，无关基因通常会表现出更大的差别（图 5.18）。因此如果使用氨基酸序列进行同源性搜索，就不太可能得到假结果。

同源性搜索程序是通过在查找序列和数据库序列之间进行比较而开始的。对于每个比较来讲，都计算出一个得分，操作人员通过这个得分可以估量查询序列与试验序列同源的可能性。有两种方法可以产生这个得分。

- 最简单的方法是计算相同氨基酸在两条序列中都存在的位点数。这个数值被转换成平均数后就可以给出两条序列之间的相似程度。

```
       G  A  P  G  M  W  L  R  L  A  A  G  S  F  E  H  A  G
序列1 GGTGCACCCGGTATGTGACTGCGATTAGCAGCGGGATCATTTCAGCATGCAGGG
      * * ***** **** **** ** *** **** ***** *** ** **** ** *
序列2 GATACACCCCGTATTTGACAGCAATTTGCAGGGGGATGATTGCACCATGGAGCG
       D  T  P  R  I  W  E  E  F  A  G  G  W  L  H  H  G  A
```

图 5.18　当在氨基酸水平进行比较时，两个序列之间缺少同源性就更明显

图示两个核苷酸序列，两条序列中相同的核苷酸用绿色表示，不相同的核苷酸用红色表示。核苷酸序列具有 76％的一致性，如星号所示。这可能会被作为两个序列同源的证据。然而，当把序列翻译成氨基酸时，一致性就降低到 28％。相同的氨基酸用黄色表示，不相同的氨基酸用棕色表示。氨基酸序列之间进行比较就表明基因不是同源的，核苷酸水平的相似性是偶然的。氨基酸序列是用一个字母的缩写而书写的（表 1.2）

- 最先进的方法是运用不相同氨基酸之间的化学相关性为比对中的每个位点进行评分，相同或很相近的氨基酸（如亮氨酸和异亮氨酸，或天冬氨酸和天冬酰胺）分数就高，不相关的氨基酸（如半胱氨酸和酪氨酸，或苯丙氨酸和丝氨酸）分数就低。这种分析就确定了一对序列之间的相似程度。

为了取得最高的可能得分，该算法在一条或两条序列的不同位点上引入了缺口，直到操作人员设置的界限为止。当一段编码单个或邻近氨基酸的核苷酸可能被插入到基因中或从基因中删除时，在基因的进化过程中认为发生了类似的过程。

同源性搜索的实用性一点也不令人失望。有几种软件程序可进行这种分析，最常用的是 **BLAST**（基本的局部比对搜索工具）。只需登录到该网站的一个 DNA 数据库中，将序列输入到在线搜索工具就可以进行分析。标准的 BLAST 程序能有效鉴别出序列相似性大于 30％～40％的同源基因，但如果相似性低于这个数值 BLAST 程序识别进化相关性的效率就比较低。改良后的方法叫 **PSI-BLAST**（位点特异的重复 BLAST），通过将标准 BLAST 搜索的同源序列组合成一个序列谱能鉴别出相关性差别更大的序列，运用该序列谱的特征能鉴别出在起始搜索中没有检测到的另外的同源序列。

用 BLAST 和类似程序进行同源性搜索已在基因组研究中取得很重要的地位，但也必须认识到其局限性。出现的问题是基因数据库中存在所描述的基因功能是不正确的。如果其中一个基因被鉴别是所查找序列的同源基因，那么不正确的功能就会被传递到新序列上，从而增加了这个问题。也有几个例子，其中同源基因具有非常不同的生物功能，一个例子是眼晶状体的晶体蛋白，其中一些与代谢酶同源。因此，待查找序列与晶体蛋白之间具有同源性并不表明待查找序列是一种晶体蛋白，而且待查找序列与代谢酶之间具有相似性或明显的同源性也不能表明待查找序列是一种代谢酶。

也有一些例子，基因具有相似的序列，但没有明显的进化相关性。有时，对此的解释是虽然基因是不相关的，但它们的蛋白质具有相似的功能，并同时具有每种蛋白质上一个结构域的编码序列，而此结构域对其共同的功能起关键作用。虽然基因本身没有共同的祖先，结构域却有共同的祖先，但它们共同的祖先是在很早的年代出现，随后同源结构域的进化就不仅表现在单个核苷酸的改变中，而且涉及更复杂的重排，重排产生的新基因中就包含这些结构域（18.2.1 节）。如果认识到这一点，该类型的同源性就会有很大的提示性。tudor 结构域就是一个典型的例子，此结构域大约有 120 个氨基酸，是

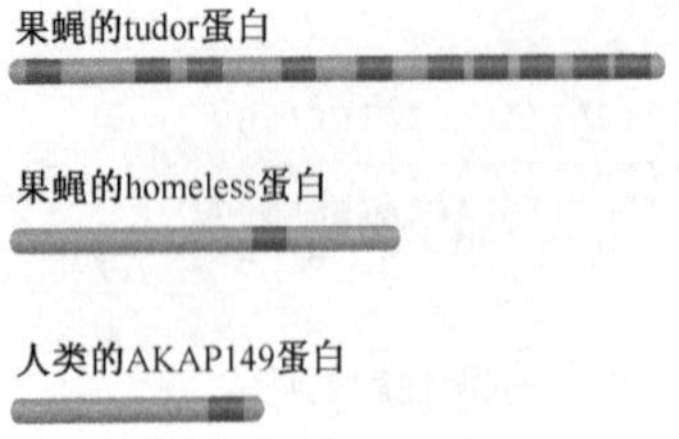

果蝇的tudor蛋白

果蝇的homeless蛋白

人类的AKAP149蛋白

图 5.19 tudor 结构域

图的上部显示出果蝇 tudor 蛋白的结构，它含有 10 个拷贝的 tudor 结构域。在另一个果蝇蛋白 homeless 及人类 A-激酶锚定蛋白（AKAP149）中也发现了此结构域，它在 RNA 代谢中发挥一定的作用。除了含有 tudor 结构域外，这些蛋白质并不相似。每种蛋白质的活性都在一个方向或其他方向中与 RNA 有关

首先在黑腹果蝇（*Drosophila melanogaster*）*tudor* 基因序列中发现的。*tudor* 基因编码的蛋白质功能未知，由 10 个 tudor 结构域一个接一个组成的（图 5.19）。用 tudor 结构域作为试验品进行同源性搜索，就会发现有几个已知蛋白质含有此结构域。这些蛋白质的序列之间相似性不高，不能说明它们是真正的同源蛋白质，但它们都含有 tudor 结构域。这些蛋白质包括一个在果蝇卵子发生过程中参与 RNA 运转的蛋白质，一个在 RNA 代谢中发挥作用的人类蛋白质和几个活性在一个方向或其他方向上与 RNA 有关的蛋白质。因此同源性分析提示 tudor 序列在蛋白质及其 RNA 底物之间的相互作用中发挥一定作用。计算机分析所得信息并不完全，但它能指导我们应该做什么类型的实验来获得更清晰的有关 tudor 结构域功能的资料。

## 运用同源性搜索为人类疾病基因确定功能

为了阐明同源性搜索在基因组学中的重要性，我们将讨论该技术如何有助于研究人类遗传性疾病。人类基因组测序的主要原因之一是能获得人类疾病相关的基因。我们希望一个疾病基因的序列为疾病的生化基础提供更深入的认识，从而指明一种预防和治疗疾病的途径。同源性搜索在疾病基因的研究中发挥很重要的作用，因为在另一种生物体中发现人类疾病基因的同源基因经常是理解人类基因生物化学功能的关键。如果该同源基因的特征已经被阐明，那么了解人类基因生物化学功能所需要的信息就可能已经存在了；如果该同源基因的特征还未被阐明，那么就需要对同源基因进行必要的研究。

为了对研究人类疾病有帮助，同源基因不一定非要在紧密相关的物种中存在。果蝇在这方面具有很大的前景，因为许多果蝇基因的表型效应已众所周知，因此已有的资料可用于推断在果蝇基因组中具有同源基因的人类疾病基因的作用模式。最大的成功已经通过酵母取得。几个人类疾病基因在酿酒酵母基因组中具有同源基因（表 5.1）。这些疾病基因包括癌症、囊性纤维化及神经综合征相关基因，在几种情况下，酵母中的同源基因功能已知，能清楚表明人类基因的生物化学活性。在一些情况下，很有可能在人类和酵母的基因活性之间表现出生理学的相似性。例如，酵母基因 *SGS1* 是人类基因的同源基因，该人类基因与 Bloom's 和 Werner's 综合征有关，这种疾病的特征是生长障碍。具有 *SGS1* 突变基因的酵母存活时间比正常酵母短，并表现出快速衰老指征，如不育。已证明此酵母基因编码一对 DNA 解旋酶的一个，DNA 解旋酶是 rRNA 基因转录和 DNA 复制所必需的。因此，同源性搜索所提供的 *SGS1* 基因与 Bloom's 和 Werner's 综合征相关基因之间的联系就揭示了人类疾病可能的生物化学基础。

**表 5.1　人类疾病基因在酿酒酵母中具有同源基因的例子**

| 人类疾病基因 | 酵母同源基因 | 酵母基因的功能 |
|---|---|---|
| 肌萎缩性脊髓侧索硬化 | *SOD1* | 防止过氧化物（$O_2^-$）的损伤 |
| 运动失调性毛细血管扩张症 | *TEL1* | 编码一种蛋白激酶 |
| 结肠癌 | *MSH2*、*MLH1* | DNA 修复 |
| 囊性纤维化 | *YCF1* | 金属抗性 |
| 肌强直性营养不良 | *YPK1* | 编码一种蛋白激酶 |
| I 型多发性神经纤维瘤 | *IRA2* | 编码一种调控蛋白 |
| Bloom's 综合征、Werner's 综合征 | *SGS1* | DNA 解旋酶 |
| Wilson's 疾病 | *CCC2* | 运输铜? |

## 5.2.2　用实验分析阐明基因功能

很清楚，同源分析并不是确定所有新基因功能的万能药。因此需要用实验方法来补充和扩展同源性研究的结果。这被证明是基因组研究中最大的挑战之一，大多数分子生物学家认为目前的方法和策略尚不足以确定测序计划发现的大量基因的功能。问题是其目标，绘制从基因到功能的探索与遗传学分析常规采用的路线相反，在常规的路线中起点是表型，目的是鉴别出下游的基因。现在我们所遇到的问题使我们按相反方向进行：起点是一个新基因，希望确定出相关的表型。

### 通过基因失活进行功能分析

在传统遗传学分析中，表型的遗传基础是通过寻找表型改变了的突变生物体进行研究。突变体可以用实验方法获得，例如，对生物群体（如培养的细菌）进行紫外线照射或用化学诱变剂处理（16.1.1 节），或者突变体也可能存在于自然群体中。突变生物体中已发生改变的基因就可以通过遗传杂交（3.2.4 节）的方法进行研究，该法可以在基因组中定位基因的位置，也能确定出该基因是否与已鉴定的基因相同。这个基因还可以用分子生物学的方法进行深入研究，如克隆和测序。

这种传统分析的一般原则是，与表型有关的基因可以通过确定具有突变表型的生物体中哪个基因是失活的而被鉴别出来。如果起点是基因而不是表型，那么相应的策略就是进行基因突变并确定所引起的表型改变，这是大多数用于确定未知基因功能的技术基础。

### 同源重组可以使单个基因失活

使特定基因失活的最简单方法是用一段无关 DNA 片段将其破坏（图 5.20）。这可以通过在基因的染色体拷贝和另一段与靶基因有一些相同序列的 DNA 之间进行**同源重组**（homologous recombination）来达到。同源重组和其他类型的重组都是很复杂的事件，我们将在第 17 章中详细讨论。现在的目的只要知道两个 DNA 分子具有相似序列，重组能引起分子片段进行互换就足够了。

实际中如何进行基因失活呢？我们将讨论两个例子，第一个是酿酒酵母。自从

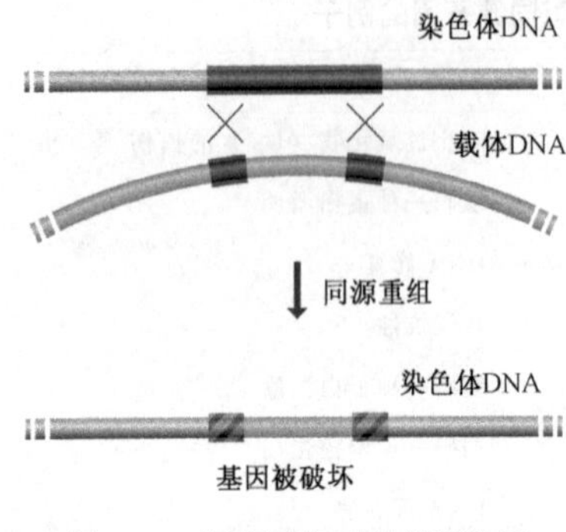


图 5.20 同源重组引起基因失活

靶基因的染色体拷贝与克隆载体携带的断裂基因结合起来。结果是，靶基因被失活了

1996 年完成基因组测序后，酵母分子生物学家就着手进行国际协同的努力来确定尽可能多的未知基因的功能（5.3 节）。所运用的一种技术如图 5.21 所示。关键部分是含有抗生素抗性基因的“缺失盒”。该基因不是酵母基因组中的正常成分，但如果转入酵母染色体中就会起作用，就产生一种转化的对抗生素遗传霉素有抗性的酵母细胞。运用缺失盒之前，新的 DNA 片段作为尾端连接到每个末端。这些片段与要被失活的酵母基因的部分序列相同。当改良盒导入酵母细胞后，同源重组就在 DNA 末端和酵母基因的染色体拷贝之间出现，用抗生素抗性基因代替后者。因此，通过将培养物接种到含有遗传霉素的琼脂培养基中来筛选携带替换基因的细胞。所产生的克隆缺少靶基因的活性，可以通过检查它们的表型获得此基因功能的一些提示。

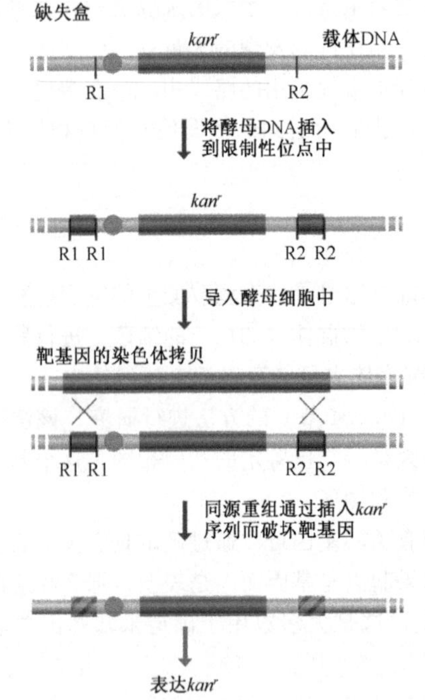


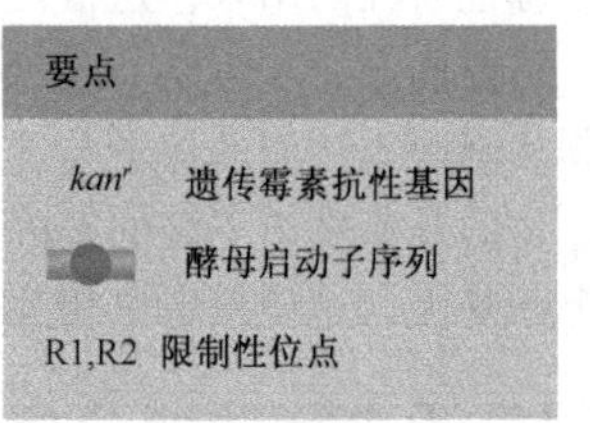


图 5.21 酵母缺失盒的应用

缺失盒包括抗生素抗性基因和该基因前面在酵母中表达所需的启动子序列以及两侧的限制性位点。靶基因的首尾两段插入限制性位点中，将载体导入酵母细胞中。载体上基因片段与靶基因的染色体拷贝之间的重组引起后者被打断。出现基因打断的细胞是可鉴定的，因为它们现在表达抗生素抗性基因，所以就可以在含有遗传霉素的琼脂培养基中生长。“*kan*ʳ”是“卡那霉素抗性”的缩写，卡那霉素是包括遗传霉素在内的一组抗生素的统称

基因失活的第二个例子使用相似的方法，但使用小鼠而不是酵母。因为小鼠基因组与人类基因组相似，含有许多相同基因，因此小鼠常作为人的**模式生物**（model organism）。因此，通过失活小鼠中的相应基因，就可以大量进行人类未知基因的功能分析，用人类进行这些实验在伦理学上是不可想象的。这种方法的同源重组部分与酵母中描述的相同，也是引起细胞中的靶基因失活。问题是我们不想只得到一个突变的细胞，而想得到整个突变小鼠，因为只有使用整个生物体，我们才能充分评价基因失活对表型的影响。为了达到这一目的，必须使用一种特殊类型的小鼠细胞：**胚胎干细胞**

(embryonic stem) 或 **ES 细胞** (ES cell)。与大多数小鼠细胞不同，ES 细胞是**全能细胞** (totipotent)，表明它们不会局限于单一的发育途径，而是可以产生各种分化细胞。因此，正确的基因敲除小鼠制备过程如下：将已经用基因工程处理过的 ES 细胞注射到小鼠子宫中（注：该句子为译者根据原文意思修改之后的句子，因为原文表达的意思有误），小鼠胚胎会继续发育并最后发育成一个**嵌合体** (chimera)，嵌合体小鼠的细胞是由经基因工程处理的 ES 细胞的突变体与来自胚胎其他细胞的非突变体混合组成的。这还不是我们最想要的，因此允许嵌合体小鼠之间进行交配，两个突变配子的融合就会产生一些子代，则为非嵌合体，因为它们的每一个细胞都带有失活基因。这些就是**基因敲除小鼠** (knockout mice)，如果幸运的话，它们的表型就会为被研究基因的功能提供想要的信息。这种方法对许多基因失活都有效，但有一些失活是致死性的，因此就不能在纯合子敲除小鼠中进行研究。相反，就获得了杂合子小鼠，即一个正常配子与一个突变配子融合的产物，即使小鼠仍有一个被研究基因的正确拷贝，但基因失活对表型的影响也有希望会比较明显。

## 不用同源重组进行基因失活

为了研究基因功能，同源重组并不是唯一的打断基因的方法。另一种选择是用**转座子标记技术** (transposon tagging)，在该方法中，通过向基因中插入转座元件或转座子使其失活。大多数基因组含有转座元件（9.2 节），虽然大部分转座元件都没有转座活性，但通常有一小部分仍有能力在基因组中移动到新位置。在正常情况下，转座是个小概率事件，但有时运用 DNA 重组技术修饰转座子就可能使其对外界刺激产生反应而改变它们的位置。这么做的一种方法包括酵母转座子 *Ty1*（图 5.22）。转座子标记技术在果蝇基因组的分析中也很重要，使用的内源性的果蝇转座子为 **P 元件** (P element)。转座子标记技术的缺点是它很难瞄准单个基因，因为转座或多或少是一种随机事件，转座子跳跃后就不可能预测到它会在哪里定位。如果目的是失活一个特定基因，那么就很必要诱导大量的转座，然后对已转座的所有生物体进行筛选以发现带有正确插入片段的转座。因此，转座子标记技术更适用于整体研究基因组的功能，其中基因是随机失活的，通过检查感兴趣表型变化的后代来鉴别出具有相似功能的各类基因。

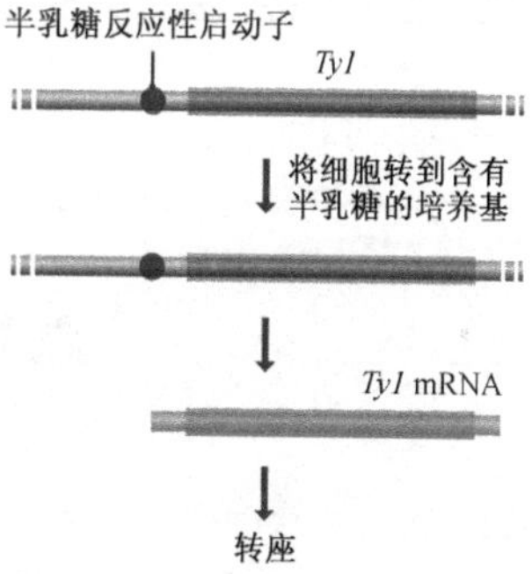

图 5.22　人工诱导转座

使用 DNA 重组技术将一种能对半乳糖产生反应的启动子序列置于酵母基因组 *Ty1* 元件的上游。当半乳糖缺乏时，*Ty1* 元件不被转录而保持沉默。当细胞被转移到含有半乳糖的培养基中时，启动子被激活，*Ty1* 元件被转录就开始了转座过程。真核启动子激活的更多信息参见 11.3 节，*Ty1* 转座的详细过程参见 17.3.2 节

**RNA 干扰** (RNA interference) 或 **RNAi** 是一种完全不同的基因失活方法，是活细胞中小分子 RNA 影响基因表达的一系列自然发生的过程之一（12.2.6 节）。当在基因组学研究中运用时，RNAi 提供了一种失活目的基因的方法，它并不打断基因本身，而是破坏其 mRNA。这是通过将与目的 mRNA 序列匹配的小双链 RNA 分子导入细胞中完成的。双链 RNA 被打断成小分子来诱导 mRNA 的降解（图 5.23)。该方法最初是在秀丽隐杆线虫

(*Caenorhabditis elegans*) 中表明是有效的，线虫的基因组已被完全测序，被看做是研究高等真核生物的重要模式生物（14.3.3 节）。实际上秀丽隐杆线虫基因组中预测到的所有 19 000 个基因都已经通过 RNA 干扰被逐个失活。任何 RNAi 实验的关键步骤是将双链 RNA 分析导入受试生物体中，该双链 RNA 分子将会产生单链的干扰 RNA。对于秀丽隐杆线虫来讲，可以通过喂养的方法将 RNA 导入线虫中。秀丽隐杆线虫可以吃细菌，包括大肠杆菌，因此它能经常在琼脂平板的细菌层上生长。如果细菌包含一个克隆基因，该基因能指导与线虫基因序列相同的双链 RNA 的表达，那么摄取细菌后，RNAi 途径就开始运转。另一种方法是可以将双链 RNA 直接微注射到线虫中，但该方法更费时。

已经知道一部分真核生物中天然存在 RNA 干扰，但把 RNA 干扰应用到哺乳动物细胞中却很困难，因为这些生物体会对双链 RNA 产生并行的反应，蛋白质合成被广泛抑制，导致细胞死亡。通过运用长度只有 21 或 22bp 的双链 RNA 可以防止该问题的出现，这一长度对于特异降解单个靶基因并激活 RNAi 过程是足够长了，但又太短不足以引起蛋白质合成抑制反应。这种运用逆转录载体将表达干扰 RNA 的克隆基因输送到培养细胞中的方法，已经使 35 000 个人类基因中 8000 多个基因被单个失活。目前，哺乳动物 RNAi 的挑战是将只能对特定表型进行评价的以细胞为基础的系统移动到可以对所有表型进行检查的基因敲除小鼠中。这就需要发展能长期、稳定合成干扰 RNA 的克隆系统，为了保持靶基因失活，干扰 RNA 必须以持续高水平存在。

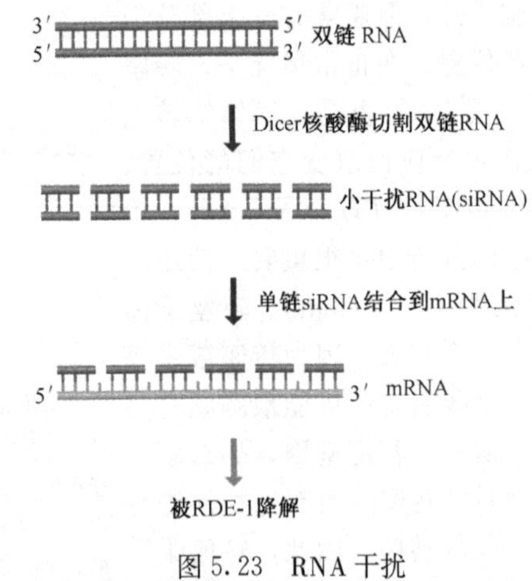


图 5.23 RNA 干扰

双链 RNA 分子被 Dicer 核酸酶切割成长 21～25bp 的“小干扰 RNA”(siRNA)。每个 siRNA 的一条链与靶 mRNA 碱基配对，随后被 RDE-1 核酸酶降解

## 基因过表达也可以用来探索功能

到目前为止，我们着重讨论了能引起被研究基因失活的技术(“功能丧失”)。互补的方法是造成该生物体中被检测基因的活性比正常情况更高（“功能获得”）时检测表型的改变。这些实验结果必须谨慎对待，因为需要区分两种情况：一种表型变化是由于过表达基因的特异功能造成的；另一种特异性比较小的表型变化反映了异常情况。其中单个

基因产物合成的量过多，而可能在正常情况下该基因在组织中是失活的。尽管有这种限制，过表达还是为基因功能提供了一些重要信息。

过表达一个基因，必须运用一种特殊类型的克隆载体，设计此类载体以保证被克隆的基因能合成尽可能多的蛋白质。因此，这种载体是**多拷贝**（multicopy）的，意思是在宿主细胞内它可以复制到每个细胞 40～200 个拷贝，所以也就出现了待测基因的许多拷贝。载体必须含有高活性启动子（11.2.2 节），以便每个拷贝的待测基因能被转变成大量 mRNA，再次确保合成尽可能多的蛋白质。如图 5.24 所示，克隆载体包含了只在肝脏中表达的高活性启动子，因此每个**转基因小鼠**（transgenic mouse）就在其肝脏中过表达待测基因。已用该方法过表达其序列能编码分泌到血流中的蛋白质基因。待测蛋白质在转基因小鼠的肝脏中合成后就分泌出去，并检查转基因小鼠的表型来寻找与克隆基因功能有关的线索。发现了一个有趣的现象，一只转基因小鼠的骨密度明显高于正常小鼠的骨密度。有两点理由说明它很重要：第一，可以认定相关基因编码的蛋白质参与骨质合成；第二，发现增加骨密度的蛋白质意味着可以开发治疗人类骨质疏松病，即脆性骨疾病的方法。

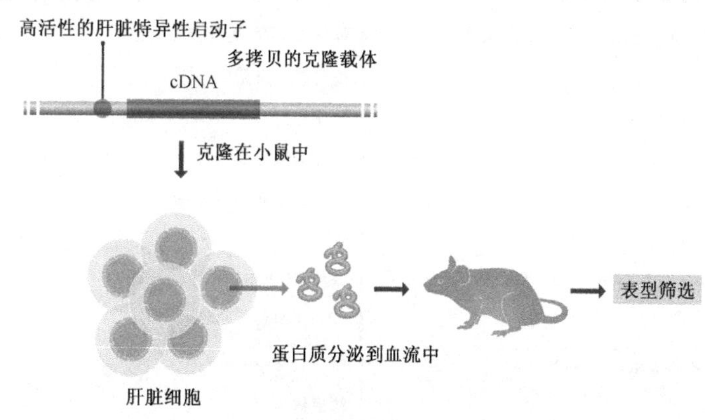


图 5.24　通过基因过表达进行功能分析

目的是确定被研究的基因过表达是否影响转基因小鼠的表型。因此将目的基因的 cDNA 插入到带有高活性启动子序列的克隆载体中，此启动子指导克隆基因在小鼠肝脏中表达。应用 cDNA 而不用基因的基因组拷贝是因为前者不含有内含子，因而比较短并且更易于在试管中操作

## 基因失活或过表达对表型的影响可能很难辨别

基因失活或过表达实验的关键之处是需要鉴别表型改变，表型改变的性质可为待研究基因的功能提供一些线索。这比听起来要困难得多。对于任何生物体，必须检查的表型范围是很广的。即使对于单细胞微生物（如酵母），列表也很长［表 5.2（A）］，对于多细胞真核生物，更是如此［表 5.2（B）］。在高等生物中，一些表型（如行为）即使有可能，全面评价是很困难的。更何况基因失活的影响可能很细微，检查表型时可能识别不出来。出现这种问题的一个很好例子是，酵母染色体 III 上最长的基因有 2167 个密码子，具有典型的酵母密码子偏倚，可简单地确定是一个功能基因而不是假 ORF。该基因的失活没有明显效应，突变的酵母细胞表型看上去与正常酵母一样。有一段时间

认为可能该基因是非必需的，其蛋白质产物或者行使一些完全不重要的功能，或者其功能可由另一个基因代替。最后发现突变株在含有葡萄糖和乙酸的低 pH 环境中生长时就会死亡，而正常酵母就能耐受，因此可断定此基因编码的蛋白质可以把乙酸盐泵出细胞外。这很明确是一个重要的功能，因为该基因在保护酵母不受乙酸引起的损伤中发挥重要作用，但此必要性很难从表型检查中被发现。

即使进行最认真的筛选时，许多基因失活引起的表型变化可能也辨别不出。6000 个酵母基因中有将近 5000 个基因可以被逐个失活，而不会引起细胞死亡，这 5000 个基因中有许多基因的失活对细胞在正常生长条件下的代谢性质不会引起可检测到的效应。对于秀丽隐杆线虫来说，大规模的基因失活计划到目前为止只在不到 10% 的 19 000 个预测基因中发现到表型变化。这暗示出在这两种生物中大部分基因都发挥着特殊的作用，鉴别出每个基因的功能是什么将会是一个长期而艰难的过程。

**表 5.2 筛查酿酒酵母或秀丽隐杆线虫基因时评定出的典型表型**

| 表型 | 表型 |
|---|---|
| (A) 所有的酿酒酵母基因 | (B) 秀丽隐杆线虫的早期胚胎发育中包括的基因 |
| DNA 合成与细胞周期 | 母体中不育/生育能力受损 |
| RNA 合成和加工 | 渗透能力完整 |
| 蛋白质合成 | 极体伸出 |
| 应激反应 | 通过减数分裂传代 |
| 细胞壁形成和形态发生 | 进入分裂间期 |
| 细胞内生物化学物质的转运 | 皮质动力学 |
| 能量和碳水化合物代谢 | 原核/核出现 |
| 脂代谢 | 中心体附着 |
| DNA 修复和重组 | 原核迁移 |
| 发育 | 纺锤体组装 |
| 减数分裂 | 纺锤体延伸/完整 |
| 染色体结构 | 姐妹染色单体分离 |
| 细胞结构 | 核出现 |
| 分泌和蛋白质运输 | 染色体分离 |
| | 细胞质分裂 |
| | 不对称分裂 |
| | 细胞分裂缓慢进行 |
| | 发育的普遍开始 |
| | 严重的多效缺陷 |
| | 膜结合细胞器的完整 |
| | 卵的大小 |
| | 异常的细胞质结构 |
| | 复杂的缺陷联和 |

## 5.2.3 未知基因编码蛋白质活性的详细研究

基因失活和过表达是基因组研究人员探索新基因功能的基本技术，但这不是能提供基因活性信息的唯一方法。其他方法可以补充和详细说明基因失活和过表达的实验结果。运用这些方法提供的补充信息有助于确定基因功能，或者为更深入研究已知基因编码的蛋白质功能奠定基础。

### 定点诱变可以用来详细探索基因的功能

基因失活和过表达可以确定基因的大致功能，但它们不能提供基因编码蛋白质的详细功能信息。例如，一个基因的部分序列编码的氨基酸序列可以指导其蛋白质产物定位于细胞内的特定区室，或者负责蛋白质能够对化学或物理信号产生反应。为了验证这些假说，对基因序列的相关部位进行缺失或改变是必需的，但要使大部分序列不被改变以便仍可合成蛋白质并保留其主要活性。可以使用各种**定向诱变**（site-directed mutagenesis）或**体外诱变**（*in vitro* mutagenesis）（技术注解 5.2）的方法来进行这种细微改变。这些重要技术不仅应用于基因功能研究，也用于**蛋白质工程**（protein engineering）领域，蛋白质工程的目标是创造新蛋白质，使其更适合在工业和临床上使用。

诱变后，必须将基因序列导入宿主细胞中，以便同源重组可以用诱变后的基因代替原有的基因拷贝。这就存在一个问题，因为我们必须有一种方法来知道哪个细胞发生了同源重组。即使在酵母中同源重组也只是总数的一部分，而在小鼠中重组的比例就更小。通常我们在突变基因旁设计一个标记基因（如编码抗生素抗性蛋白质的基因）来寻找具有这种标记基因表型的细胞。大多数情况下，基因组中被插入标记基因的细胞也会被插入与其紧密相连的突变基因，因此这些就是我们想要的细胞。问题是在定向诱变实验中，我们必须保证被研究基因活性的变化是由引入基因中的特异突变造成的，而不是由于基因组中插入与目的基因紧靠的标记基因后造成环境改变的间接结果。解决方法是运用更复杂的两步基因替换法（图 5.25）。在此方法中，首先用标记基因来取代目的基因，通过筛选标记基因的表型来鉴别出发生重组的细胞。然后将这些细胞用于第二阶段的基因替换，即用突变基因替代标记基因，现在就可以通过寻找丢失标记基因表型的细胞来监测是否成功。这些细胞含有突变基因，可检查它们的表型来确定定点突变对蛋白质活性的影响。

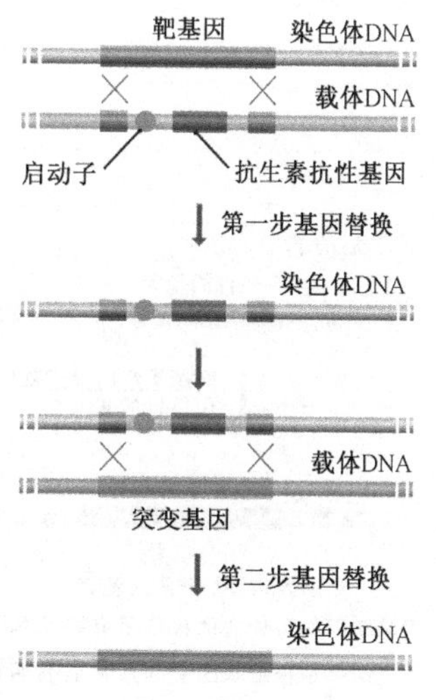

图 5.25 两步基因替换法

### 报道基因和免疫细胞化学可以用来定位基因的时空表达

基因功能的线索通常可以通过研究基因的时空表达来获得。如果基因的表达限制在多细胞生物的特定器官或组织，或者器官和组织中的某一类细胞，那么这种定位信息就可以用来推测基因产物的一般功能。与发育阶段相关的基因表达信息也是这样。这种分析在阐明果蝇早期发育阶段涉及的基因活性中被证明特别有用（14.3.4 节），而且越来越多地被用于哺乳动物发育的遗传学研究。这种方法也可以用于单细胞生物，如酵母，其生命周期中具有可分辨的发育阶段。

运用**报道基因**（reporter gene）就可能确定生物体内的基因表达模式。报道基因的表达可用方便的方法检测，最好用肉眼可见的方法（表 5.3），表达报道基因的细胞变蓝、发荧光或释放其他可见信号。如果想让报道基因比较可靠地指示出待测基因表达的时间和空间，就必须使报道基因与待测基因一样受同样的信号调节。这可以通过用报道基因的 ORF 替代待测基因的 ORF 来实现（图 5.26）。大多数控制基因表达的调节信号位于 ORF 上游的 DNA 区域内，现在报道基因就应该表现出与待测基因相同的表达模式了。因此，就可以通过检测生物体内报道基因的信号来确定表达模式。

**表 5.3　报道基因的例子**

| 基因 | 基因产物 | 分析 |
|---|---|---|
| *lacZ* | β-半乳糖苷酶 | 组织化学检测 |
| *uidA* | β-葡糖苷酸酶 | 组织化学检测 |
| *lux* | 荧光素酶 | 生物发光法 |
| GFP | 绿色荧光蛋白 | 荧光法 |

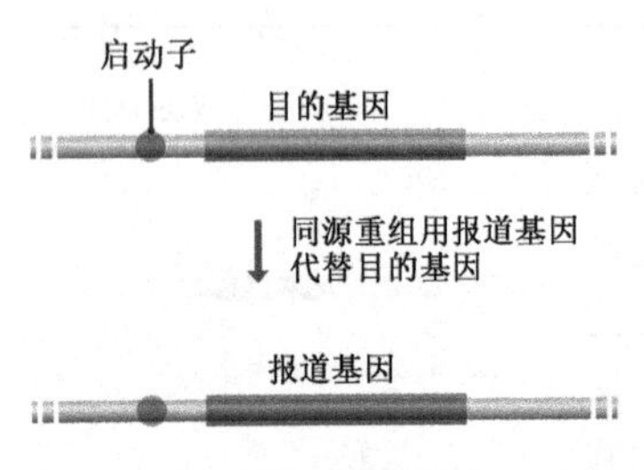


图 5.26　报道基因

报道基因的可读框取代待研究基因的可读框。结果是报道基因受到通常能表明待测基因表达模式的调控序列的调节。这些调控序列详细信息参见 11.2 节和 11.3 节。注意：报道基因策略是假设重要的调控序列确实位于基因的上游。在真核基因中情况并不总是如此

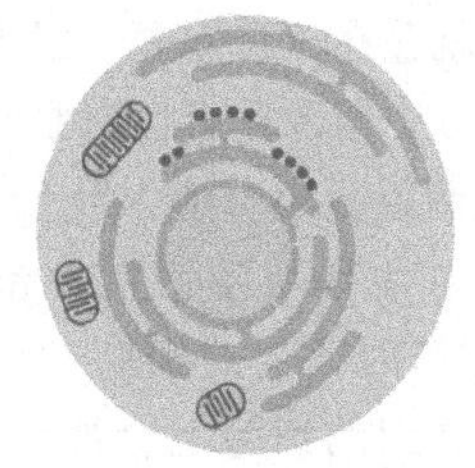


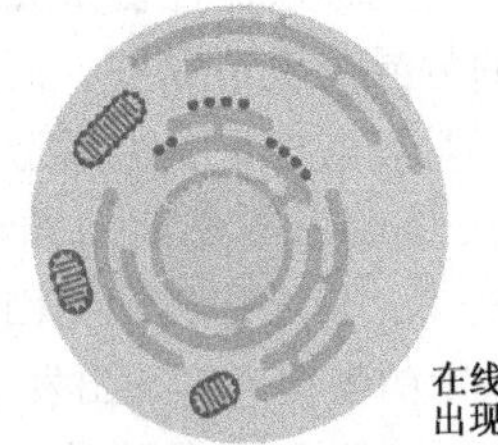


图 5.27　免疫细胞化学

用红色荧光标记物标记的抗体处理细胞。细胞检测结果表明荧光信号与线粒体内膜相结合。因此，一种假设认为目的蛋白质参与电子输送和氧化磷酸化，因为这些是线粒体内膜的主要生化功能

知道基因在哪种细胞中表达后，在该细胞中对基因编码的蛋白质进行定位经常是有用的。例如，如果知道蛋白质位于线粒体、细胞核或细胞表面上，就可以得到有关基因功能的关键资料。报道基因对此就没有帮助了，因为基因上游的 DNA 序列，即报道基

因与其相连的序列，不参与蛋白质在细胞内的正确定位。相反是蛋白质本身的氨基酸序列很重要。因此，确定蛋白质定位的唯一方法就是直接寻找蛋白质本身。这是**免疫细胞化学**（immunocytochemistry）能做到的，该方法使用一种感兴趣蛋白质特异性的抗体，这样就会结合到这种蛋白质而不是其他蛋白质上。抗体进行了标记，这样它在细胞中的位置以及目的蛋白质在细胞中的位置就可以被观察到（图 5.27）。对于低分辨率的研究，可以运用荧光标记和共聚焦显微镜；反之，高分辨率的免疫细胞化学可以运用电子致密标记，如胶体金，在电镜下进行。

### 技术注解 5.2　定点诱变

**为了改变蛋白质的结构和可能的活性，在基因序列中产生精确突变的方法**

改变蛋白质结构可用定点诱变技术进行，定点诱变会准确改变编码感兴趣蛋白质的基因的核苷酸序列。这些方法能够检测蛋白质不同部分的功能，对发展生物技术领域用的新酶也有重要作用。

常规的突变是一个在 DNA 分子的非特定位点引入突变的随机过程。为找到目的突变，就必须筛选大量的突变体。即使在可以进行大量筛选的微生物中，希望的最好结果是在目的基因上有一系列突变，其中一个突变可能影响待研究蛋白质的部分功能。定点诱变是一种可以进行更特异突变的方法。这些方法中最重要的方法是：

- **寡聚核苷酸定点诱变**（oligonucleotide-directed mutagenesis），在该方法中，含有目的突变的寡聚核苷酸退火到目的基因的单链上，目的基因的单链是通过在 M13 载体中克隆（4.1.1 节）获得的。寡聚核苷酸引发的链合成反应可以沿着环状模板分子一直继续下去［图 T5.1（A）］。导入大肠杆菌后，DNA 复制产生大量的重组 DNA 分子，这些重组分子中的一半是起始 DNA 链的复制本，另一半拷贝链含有突变序列。所有这些双链分子都能指导噬菌体颗粒的合成，因此从感染菌中释放的噬菌体就有一半是含有突变分子的单链形式。将噬菌体铺在固体琼脂上以产生噬菌斑，用原来的寡聚核苷酸进行杂交就可以鉴定出突变克隆［图 T5.1（B）］。然后通过同源重组将突变基因导入原宿主中，如 5.2.3 节所述，或转入可从克隆的 DNA 合成蛋白质的大肠杆菌载体中，就可以得到突变蛋白质样品。
- **人工基因合成**（artificial gene synthesis）包括在试管中构建基因，在所有的目的位点上进行突变。通过合成一系列长度为 150 个核苷酸的部分重叠的寡聚核苷酸来构建基因。用 DNA 聚合酶在重叠区之间填补缺口将基因连接起来，将基因连入克隆载体中，随后导入宿主生物体或导入大肠杆菌。
- **PCR** 也可用来在克隆基因中产生突变，虽然与寡聚核苷酸定点诱变相似，但一次实验只能产生一个突变。图 T5.2 所示的方法包括两个 PCR 反应，每个 PCR 反应都用一条正常引物（形成与模板 DNA 完全配对的链）和一条突变引物（含有与目的突变相对应的单一碱基对错配）。因此，这种突变在开始时存在于两种 PCR 产物中，每种 PCR 产物都对应着起始 DNA 分子的一半。然后将两种 PCR 产物混合在一起，进行一个最终的 PCR 循环就可以构建成全长的突变 DNA 分子。

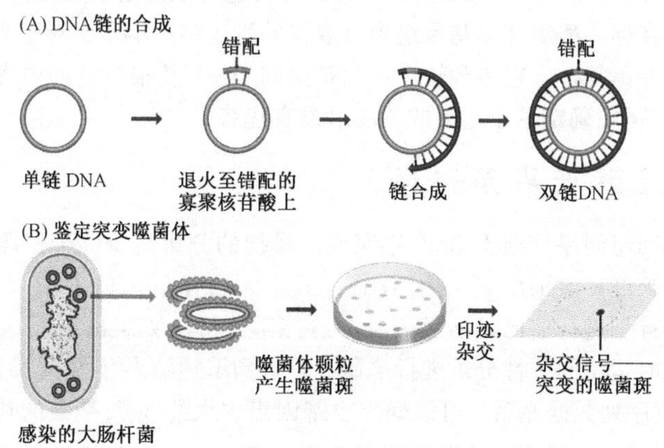


图 T5.1　寡聚核苷酸定向突变

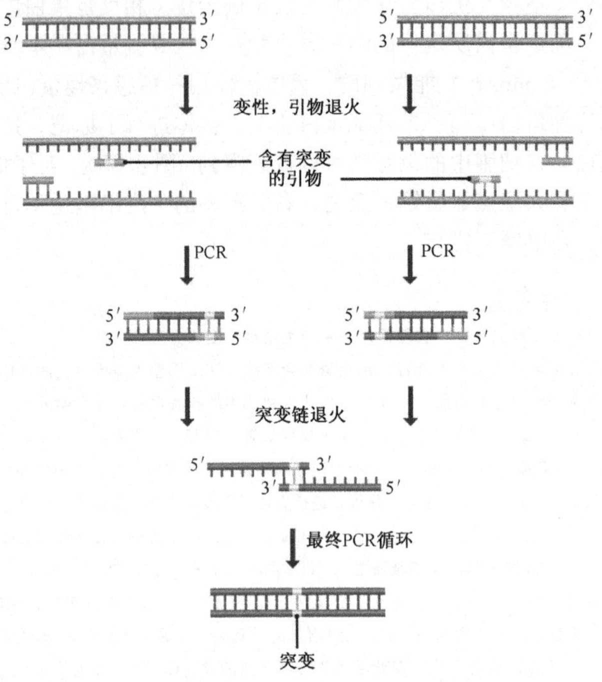

图 T5.2 通过 PCR 进行定点突变的方法

# 5.3 个例研究：标注酿酒酵母基因组序列

在本章中，我们已经介绍了许多在基因组序列中定位基因并确定它们功能的计算机方法和实验方法。并不是每种技术都适用于每种生物体，经常是考虑到技术问题来进行选择的，例如，RNAi 已广泛用于秀丽隐杆线虫中，部分原因是双链 RNA 能比较容易地通过喂养实验导入线虫中（5.2.2 节）。为了阐明这些不同技术是如何结合在一起的，我们将通过概述在标注酿酒酵母基因组中所取得的进步结束本章。对于真核生物，相对来讲酵母基因组并不复杂，它包含较少量的基因间 DNA 及很少量的内含子。这就简化了 ORF 的鉴别，但在确定单个基因的功能时没有优势。

## 5.3.1 标注酵母基因组序列

酿酒酵母基因组测序计划于 1996 年完成。最初的分析将 100 个密码子设定为可能存在基因的最小长度，鉴别出 6274 个 ORF，其中大约有 30%的 ORF 是已知的真正基因，因为在测序计划进行前已经通过传统的遗传学分析法鉴定出它们。剩下的 70%在基因组测序完成时运用同源性分析进行了研究，得到下述结果（图 5.28）。

- 用同源性搜索序列数据库后，可以确定出基因组中大约 30%基因的功能。这些基因中有一半很明确是已知功能基因的同源基因，另一半没有明显相似性，包括许多相似性仅限于个别结构域的基因。对所有这些基因来说，可以认为同源性分析是成功的，但有用程度却不同。对一些基因来说，同源基因的确定能够很好地确定出酵母基因的功能：如酵母DNA聚合酶亚单位基因的确定。对其他基因来说，功能确定仅能将之归于某一大类，如“蛋白激酶基因”：换句话说，只能推测基因产物的生化特性而不能确定其蛋白质在细胞中的确切功能。一些鉴定开始就很模糊，最典型的例子是细菌中参与氮固定的基因在酵母中发现其同源基因。酵母并没有固氮作用，因此这不是酵母基因的功能。在这种情况下，发现酵母同源基因的注意力又被转移到之前已知的细菌基因身上，后来的认识是，虽然细菌基因产物参与到氮固定作用中，但其主要作用是合成包含金属的蛋白质，该蛋白质在所有生物中有广泛的作用，并不只限于氮固定作用。

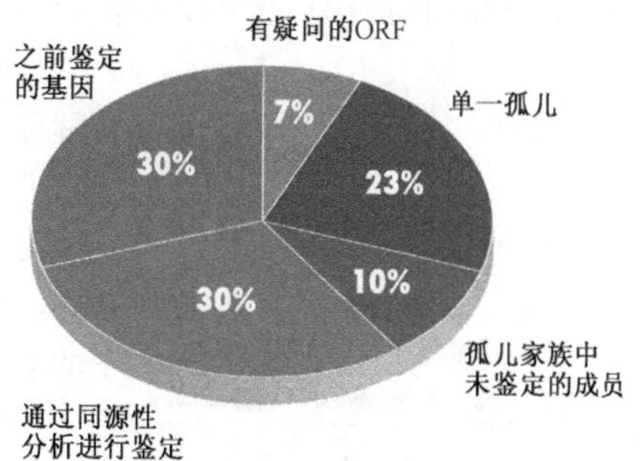


图 5.28 最初标注酵母基因组所得结果总结

- 酵母所有基因中大约有10%在数据库中有同源基因，但这些同源基因的功能未知。因此同源性分析不能帮助确定这些酵母基因的功能。这些酵母基因及其同源基因称作**孤儿家族**（orphan family）。
- 剩下的酵母基因大约占总数的30%，在数据库中没有同源基因。其中一部分（大约占总数的7%）是有疑问的ORF，可能不是真正基因，因为其长度很短或有异常的密码子偏倚。其余部分看起来像基因但是唯一的。这些基因被称为**单一孤儿**（single orphan）。

对酵母基因组序列进行初步的标注之后，必须考虑到两个问题：第一，单一孤儿中有多少是真正基因？第二，是否有一些真正基因因为长度小于100个密码子，所以不能通过该最初分析鉴定出来？后者是一个重点：虽然在酵母基因组中长度为100个或大于100个密码子的ORF只有6274个，但长度为15个或大于15个密码子的ORF有100 000多个，这些ORF中的大多数表现出的密码子选择模式与真正的酵母基因无差别。因此，发现新的小基因的潜力是很大的。

三种方法用来筛选酵母基因，所有方法都涉及已经在本章遇到过的技术。

- **比较基因组学**（comparative genomics）利用相关酵母物种的一组基因组序列，用来评价许多小ORF的真实性。
- 通过对cDNA进行测序寻找转录的证据，包括表达序列标签的文库，这些序列标签很短，通常是从转录序列末端得到的不完全cDNA（3.3.3节），也可以通过基因表达系列分析（SAGE；6.1.1节）和微阵列研究寻找转录的证据（6.1.2节）。
- **转座子标记**（transposon tagging）正如可用来通过失活基因进行功能分析一样，也用来鉴定真正基因的ORF。该方法利用含有*lacZ*基因拷贝的转座子，*lacZ*基因缺少起始密码子（图5.29）。这样在正常细胞中*lacZ*基因是失活的，因此当运用X-gal测试时（2.2.1节），克隆就呈现白色。如果转座子将*lacZ*基因转座到一个真正酵母基因内部，并且引起酵母基因的密码子与*lacZ*基因的密码子按正确可读框融合的话，*lacZ*基因就会被激活。此时克隆呈现蓝色。因此，用转座子对ORF进行标记后，有疑问的 ORF 就可以根据克隆的颜色而鉴定出。

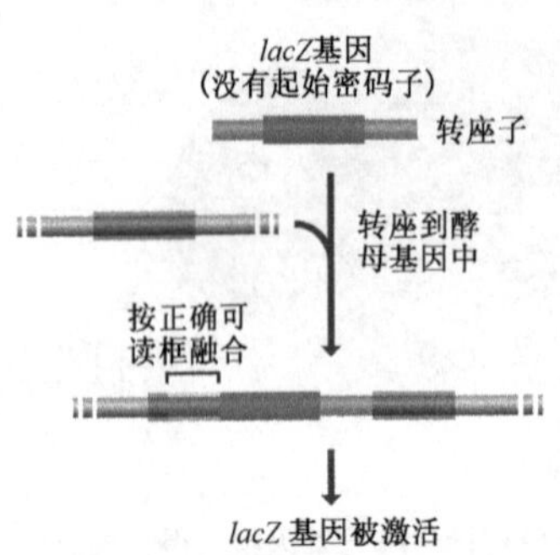


图 5.29 运用转座子标签技术鉴定酵母基因

如果转座子移动到一个功能性的酵母基因中，而且在酵母基因的起始区和转座子中存在的 *lacZ* 基因之间能形成可读框的话，那么 *lacZ* 基因就可以表达。所产生的β-半乳糖苷蛋白的 N 端连有酵母基因编码的蛋白质片段，而通常上这不会影响酶活性。因此，可以通过 X-gal 测试来检测功能酵母基因中的转座

这些实验正在进行中，但到目前为止它们的结果将酵母基因的种类缩减到大约 6120 个 ORF，比最初的评估少大约 150 个。这些缩减主要是对许多最初的单一孤儿进行减少得到的，因为一些单一孤儿不再看作是可能的基因，但也有少数几个长度小于 100 个密码子的 ORF 被证明是真正基因而被补进列表中。

## 5.3.2 确定酵母基因的功能

酿酒酵母具有两大特征可以帮助确定其基因组中未知基因的功能。第一个特征是具有高的同源重组的自然倾向，这就比较容易运用该方法来失活单个基因（图 5.20）。第二个特征是基因组中存在转座子 *Ty* 家族，这能够将转座子标记技术用作基因失活的另一种方法。这两种方法都被酵母研究人员所广泛运用。现在所面临的挑战并不是发展使单个酵母基因失活的方法，而是发展能筛选大量突变体的方法，以找到能表明失活基因功能的特异表型特征。若同时进行许多平行实验，每个实验筛选一种不同的突变体就要花费大量时间，尤其是需要评定大量表型时。因此就需要大规模的筛选策略。

这些筛选方法中最成功的方法是**条形码删除策略**（barcode deletion strategy）。这是图 5.21 所示的基本缺失盒系统的改进形式，它们的区别是缺失盒同时还包含两个 20 个核苷酸的“条形码”序列，每种缺失的序列是不同的，因此可作为特异突变体的标签（图 5.30）。每个条形码两侧的序列是相同的，因此可以通过单个 PCR 反应进行扩增。这就表明，一群突变的酵母株可以混合在一起，每种酵母株含有一种不同的失活基因，就可以在单次实验中筛选它们的表型。例如，为了鉴别出需要在富含葡萄糖的培养基中生长的基因，一群突变体可以混合在一起在这些条件下进行培养。孵育后，从培养物中提取 DNA 并进行条形码 PCR。结果就产生 PCR 产物的混合物，每种 PCR 产物就代表一种不同的条形码，每种条形码的相对丰度就表明在富含葡萄糖的培养基生长后每种突变体的丰度。那些不存在的或含量很低的条形码就说明突变体对应的被失活的基因是在这些条件下生长所需要的。

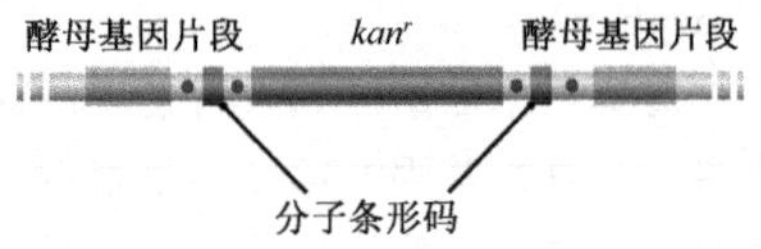


图 5.30 条形码策略中运用的缺失盒

与图 5.21 所示的缺失盒相比较。两个分子条形码的序列长 20 个核苷酸，每个缺失盒的条形码是不同的，可以通过 PCR 进行扩增。在同源重组过程中，条形码与卡那霉素抗性基因一同插入到酵母基因组中。因此，条形码就为每种单个基因缺失提供特异的标签

随着酵母基因鉴定及功能确定的进行，该计划接近尾声之前尚需几年时间。但正在不断取得进步。现在，大约有 55%的酵母基因已经通过一种或多种实验方法明确了其功能。明确功能的基因有 1500 多个，比基因组序列刚被测通时的情况好得多。另外 2000 个基因（占总数的 33%）是根据同源性分析而确定功能的。只剩下 500 个 ORF 被认为是真正基因，但功能未定，另外 300 个有疑问的 ORF 可能不是真正基因。

# 总结

已经设计多种方法鉴定基因组中的基因并确定这些基因的功能，一些方法是以计算机为基础的，另一些为实验方法。当首次获得基因组序列时，最初的目标是对所有基因进行定位。对于蛋白质编码基因来说，这可以尝试着寻找可读框（ORF）进行定位，虽然这在真核生物中由于内含子的存在变得比较复杂，内含子的边界序列是多变的，不能被准确定位。可以通过寻找功能 RNA 基因的特征对它们进行定位，最基本的是 RNA 折叠成二级结构的能力是以碱基配对的茎环结构信息为依据的。也可以通过同源性分析对基因进行定位，同源性分析将第二种基因组中存在同源基因作为推测待测基因组中的假定基因是真正基因的证据。如果能得到相关基因组的全部序列，那么同源性分析就会更有力。基因定位的实验方法是以检测从基因组中转录出的 RNA 分子为基础的。这些方法包括通过逆转录 PCR（RT-PCR）或异源双链分析进行 cDNA 测序和转录物作图。可以通过同源性分析尝试确定基因功能，因为同源基因在进化上是相关的并经常（但不总是）具有相似功能。大多数确定基因功能的实验方法都包括检查基因失活对生物体表型的影响。可以通过不同的方法实现基因失活：用有缺陷的基因进行同源重组；将转座子插入到基因中；或通过 RNA 干扰，这些方法的最后一种方法在秀丽隐杆线虫中特别有用。基因过表达也可用来评价基因的功能，但基因失活和过表达都可能很难辨别出表型变化，基因的确切功能仍不清楚。通过定点诱变可以对基因功能进行更详细的研究，而且可以通过报道基因的表达或免疫细胞化学确定蛋白质的细胞定位。当酿酒酵母基因组在 1996 年完成测序时，就鉴定出 6274 个可能是基因的 ORF，但现在这一数值在实验分析和与其他酵母基因组进行比较后被修正成 6120 个。最初，这些基因中只有 30%的基因功能明确，但通过同源性分析和高通量的功能筛选，如条形码删除策略的应用，这一数值逐渐上升。

## 选择题

*奇数问题的答案见附录

5.1* 什么是可读框（ORF）？

a. 一个基因的所有核苷酸都转录成 mRNA。

b. 一个基因的核苷酸组成特异氨基酸的密码子。

c. 去除内含子之前 mRNA 分子的核苷酸。

d. 多肽的氨基酸序列。

5.2 密码子偏倚是指下述哪一个？

a. 一种氨基酸的某些密码子常用于所有物种中。

b. 一些氨基酸很少用于某些生物体蛋白质中。

c. 一种氨基酸的某些密码子在不同物种中经常运用并且偏倚是不同的。

d. 在一些物种中编码罕见氨基酸，如硒代半胱氨酸的密码子。

5.3* 外显子-内含子边界或基因启动子区的保守序列是指：

a. 该序列具有功能所需要的确切的核苷酸序列。

b. 在这些位点上最常出现的核苷酸序列。

c. 该序列具有功能所需要的最短序列。

d. 内含子剪切或转录起始位点周围的核苷酸序列。

5.4 当寻找编码功能 RNA 分子的基因时，为什么 ORF 扫描不适用？

a. 功能 RNA 分子的密码子在物种之间是不同的。

b. 功能 RNA 基因含有的内含子使 ORF 扫描不可能进行。

c. 功能 RNA 基因的每个密码子长度只有 2 个核苷酸。

d. 功能 RNA 基因不含有内含子。

5.5* 用一个 DNA 序列进行同源性搜索的目的是什么？

a. 为了确定 DNA 数据库中是否存在相似序列的基因。

b. 为了确定该序列是否已经存在于数据库中。

c. 为了寻找保守的外显子-内含子边界。

d. 为了确定一个特定基因的密码子偏倚。

5.6 下述哪一个是同线性的正确定义？

a. 两个基因组之间相同核苷酸序列的百分数。

b. 两个基因组之间相同氨基酸序列的百分数。

c. 两个基因组中基因顺序的一致性。

d. 两个基因组中基因功能的一致性。

5.7* 运用 PCR 扩增 mRNA 被称为：

a. 实时 PCR。

b. 逆转录 PCR。

c. 转录 PCR。

d. 翻译 PCR。

5.8 根据定义，同源基因是指哪种基因：

a. 具有相同功能。

b. 具有相同的进化祖先。

c. 在相似条件下表达。

d. 至少具有 50%的核苷酸序列相同。

5.9* 血红蛋白 α 多肽的氨基酸序列与血红蛋白 β 多肽的氨基酸序列的相似性比其与肌红蛋白氨基酸序列的相似性更高。所有这些基因都有相同的进化祖先。下述哪一种能准确描述编码这些多肽的基因之间的关系？

a. 编码 α 多肽的基因与 β 基因的同源性比其与肌红蛋白基因的同源性高。

b. 编码这三种多肽的基因都是同源基因。

c. 肌红蛋白基因不是其他两种基因的同源基因。

d. 这些基因只有在相同种属中才是同源基因。

5.10 为什么失活基因是一种有用的技术来确定基因的功能？

a. 基因失活提供基因表达的信息。

b. 基因失活提供基因产物在细胞中定位的信息。

c. 基因失活提供一种机会来鉴别与功能基因丢失有关的表型变化。

d. 基因失活提供基因产物结构的信息。

5.11* 小鼠胚胎干细胞被用于基因失活实验中，因为它们：

a. 能被克隆以产生稳定的细胞系。

b. 是嵌合体并能产生基因的杂合子细胞。

c. 是唯一的能在遗传学上进行处理来失活基因的小鼠细胞。

d. 是全能的并能产生所有类型的分化细胞。

5.12 RNA 干扰是通过下述哪种方法发挥作用的？

a. 运用反义 RNA 分子来阻止 mRNA 分子的翻译。

b. 运用 RNA 聚合酶抑制剂来阻止特异基因的转录。

c. 运用短的双链 RNA 分子引起 mRNA 分子的降解。

d. 运用修饰的 tRNA 分子来阻止 mRNA 分子的翻译。

5.13* 确定一种蛋白质的细胞定位最好的方法是什么？

a. 将一个报道基因置于编码蛋白质基因的启动子附近，确定报道基因蛋白质的细胞定位。

b. 运用一种标记抗体来确定蛋白质的细胞定位。

c. 通过离心来分离细胞的各成分，用抗体筛选不同的成分。

d. 用荧光氨基酸标记蛋白质，通过荧光显微镜确定细胞定位。

5.14 孤儿家族是指下述哪种基因家族？

a. 在其他物种中缺少同源基因。

b. 没有已知功能。

c. 基因失活后没有表型变化。

d. 尚未被研究。

## 简答题

* 奇数问题的答案见附录

5.1* 为什么运用计算机分析在原核生物基因组中确定 ORF 相对容易？

5.2 用计算机分析在高等真核生物基因组中确定 ORF 时出现的两大问题是什么？

5.3* 通过计算机分析用来改进 ORF 定位的三种主要改良是什么？

5.4 功能 RNA 分子，如 tRNA 和 rRNA 的什么结构特征可以在基因组序列中进行搜索以鉴别编码这些 RNA 分子的基因？

5.5* 当用 Northern 分析确定 DNA 片段中存在的基因数目时产生的两个局限性是什么？

5.6 描述如何运用 cDNA 末端快速扩增（RACE）技术绘制一个基因的转录起始位点？

5.7* 定向进化同源基因和平行进化同源基因之间的区别是什么？

5.8 当根据 BLAST 搜索结果确定基因功能时，为什么有时会出现错误？

5.9* 同源基因的研究如何为人类疾病提供信息？

5.10 杂合子母代交配后没有得到基因敲除小鼠的最可能的解释是什么？

5.11* 当分析基因组序列时，能运用什么方法来鉴定长度为 100 个密码子或更短的真正基因？

## 论述题

* 奇数问题的指导见附录

5.1* 你认为在未来几年中，运用生物信息学方法在真核生物基因组序列中可能获得蛋白质编码基因定位和功能的全部信息会到什么程度？

5.2 基因失活研究表明在基因组中至少有一些基因是多余的，意味着它们与另一基因有相同的功能，因此失活后不影响生物体的表型。遗传上的多余会引起什么进化问题？这些问题的答案可能是什么？

5.3* 用下述氨基酸序列进行一个 BLAST 搜索：IRLFKGHPETLEKFDKFKHL。含有这个氨基酸序列的蛋白质是什么？这个搜索鉴定出的同源序列大都是定向进化同源基因还是平行进化同源基因？（BLAST 搜索可以在 www.ncbi.nlm.nih.gov/BLAST/中进行）。

5.4 到目前为止，基因过表达为未知基因的功能提供了有限但重要的信息。评价一下该方法在功能分析中的全部能力。

## 图形测试

* 奇数问题的答案见附录

5.1* 一种计算机程序能如何确定出内含子终止密码子与外显子末端实际终止密码子之间的差别？

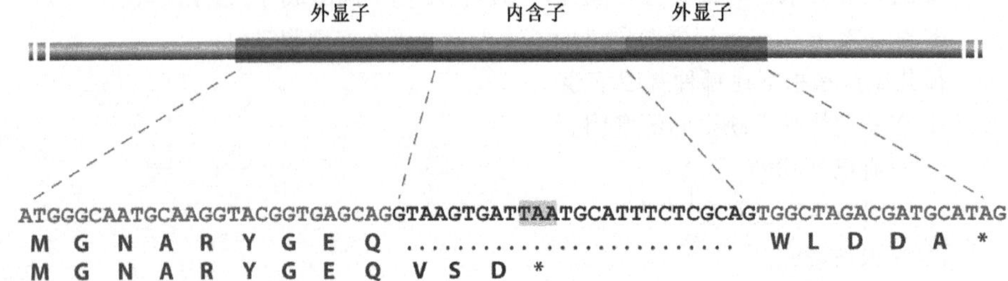


5.2 用不同生物来源的基因组 DNA 进行 Southern 杂交的目的是什么？

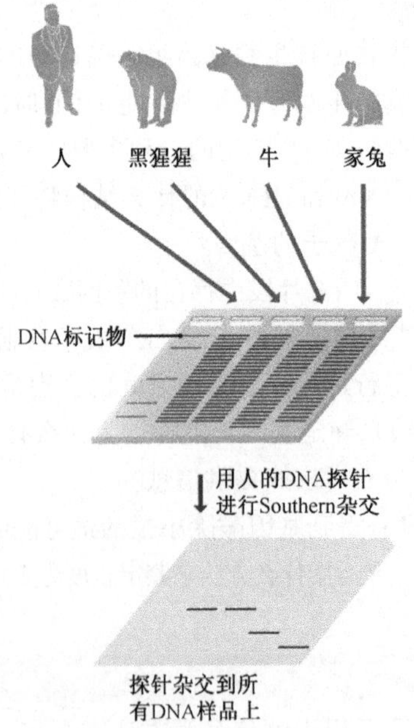

5.3* 将 GFP（绿色荧光蛋白）基因置于感兴趣基因启动子下游的目的是什么？

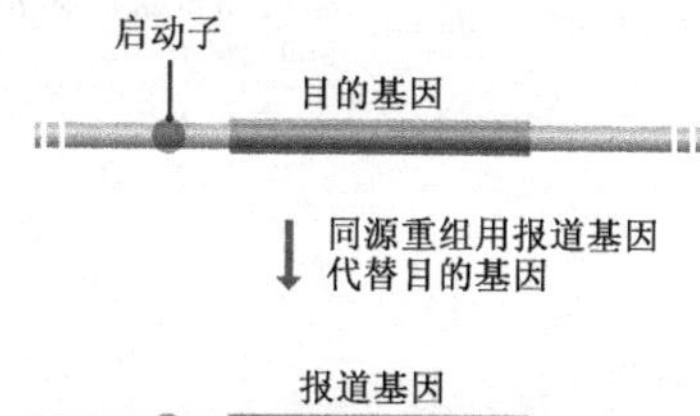


5.4 阐述条形码删除策略如何用来鉴定酵母缺失突变株的表型特性。

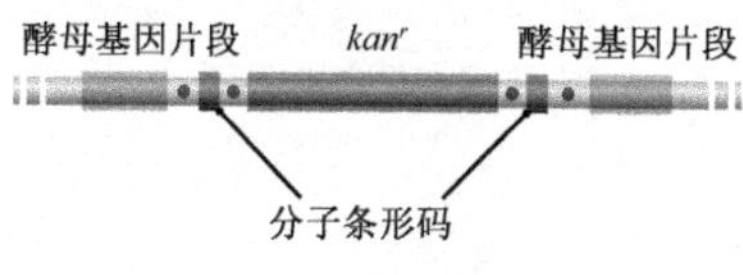


## 拓展阅读


运用计算机分析进行基因定位

**Fickett, J.W.** (1996) Finding genes by computer: the state of the art. *Trends Genet.* **12:** 316–320.

**Kellis, M., Patterson, N., Birren, B. and Lander, E.S.** (2003) Sequencing and comparison of yeast species to identify genes and regulatory elements. *Nature* **423:** 241–254. *Using comparative genomics to annotate the yeast genome sequence.*

**Ohler, U. and Niemann, H.** (2001) Identification and analysis of eukaryotic promoters: recent computational approaches. *Trends Genet.* **17:** 56–60.

**Pavesi, G., Mauril, G., Stefanil, M. and Pesole, G.** (2004) RNAProfile: an algorithm for finding conserved secondary structure motifs in unaligned RNA sequences. *Nucleic Acids Res.* **32:** 3258–3269. *Locating functional RNA genes.*

基因定位的实验方法

**Church, D.M., Stotler, C.J., Rutter, J.L., Murrell, J.R., Trofatter, J.A. and Buckler, A.J.** (1994) Isolation of genes from complex sources of mammalian genomic DNA using exon amplification. *Nat. Genet.* **6:** 98–105. *Exon trapping.*

**Frohman, M.A., Dush, M.K. and Martin, G.R.** (1988) Rapid production of full-length cDNAs from rare transcripts: amplification using a single gene-specific oligonucleotide primer. *Proc. Natl Acad. Sci. USA* **85:** 8998–9002. *RT-PCR.*

**Lovett, M.** (1994) Fishing for complements: finding genes by direct selection. *Trends Genet.* **10:** 352–357. *cDNA capture.*

通过同源性分析确定基因功能

**Altschul, S.F., Gish, W., Miller, W., Myers, E.W. and Lipman, D.J.** (1990) Basic local alignment search tool. *J. Mol. Biol.* **215:** 403–410. *The BLAST program.*

**Bassett, D.E., Boguski, M.S. and Hieter, P.** (1996) Yeast genes and human disease. *Nature* **379:** 589–590. *Studying human disease genes by comparisons with the yeast genome.*

**Henikoff, S. and Henikoff, J.G.** (1992) Amino acid substitution matrices from protein blocks. *Proc. Natl Acad. Sci. USA* **89:** 10915–10919. *Describes the chemical relationships between amino acids, from which sequence similarity scores are calculated.*

RNA干扰研究

**Fraser, A.G., Kamath, R.S., Zipperlen, P., Martinez-Campos, M., Sohrmann, M. and Ahringer, J.** (2000) Functional genomic analysis of *C. elegans* chromosome I by systematic RNA interference. *Nature* **408:** 325–330.

**Kittler, R., Putz, G., Pelletier, L., *et al.*** (2004) An endoribonuclease-prepared siRNA screen in human cells identifies genes essential for cell division. *Nature* **432:** 1036–1040.

**Novina, C.D. and Sharp, P.A.** (2004) The RNAi revolution. *Nature* **430:** 161–164.

**Sönnichsen, B., Koski, L.B., Walsh, A., *et al.*** (2005) Full-genome RNAi profiling of early embryogenesis in *Caenorhabditis elegans*. *Nature* **434:** 462–469.

基因失活的其他方法

**Evans, M.J., Carlton, M.B.L. and Russ, A.P.** (1997) Gene trapping and functional genomics. *Trends Genet.* **13:** 370–374. *The use of ES cells.*

**Ross-Macdonald, P., Coelho, P.S.R., Roemer, T., *et al.*** (1999) Large-scale analysis of the yeast genome by transposon tagging and gene disruption. *Nature* **402:** 413–418.

**Wach, A., Brachat, A., Pohlmann, R. and Philippsen, P.** (1994) New heterologous modules for classical or PCR-based gene disruptions in *Saccharomyces cerevisiae*. *Yeast* **10:** 1793–1808. *Gene inactivation by homologous recombination.*

标注酵母基因组序列

**Dujon, B.** (1996) The yeast genome project: what did we learn? *Trends Genet.* **12:** 263–270. *A summary of the initial* *annotation.*

**Giaever, G., Chu, A.M., Connelly, C., *et al.*** (2002) Functional profiling of the *Saccharomyces cerevisiae* genome. *Nature* **418:** 387–391. *The barcode deletion strategy.*

**Snyder, M. and Gerstein, M.** (2003) Defining genes in the genomics era. *Science* **300:** 258–260. *Summarizes the methods used to annotate the yeast genome, and the progress made up to 2003.*

CHAPTER

# 第 6 章 理解基因组是如何行使功能的

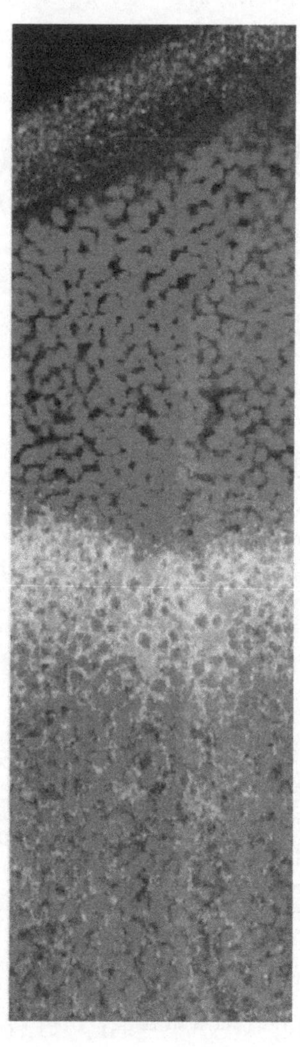



## 学习要点

当你阅读第 6 章后，应该能够：

- 描述如何通过 cDNA 测序分析研究转录组。
- 评估在转录组研究中微阵列与芯片技术的利弊，并知道如何比较这些研究技术所揭示的基因表达谱。
- 举例说明转录组研究对于我们理解酵母生物学和人类癌症做出的贡献。
- 区分从转录组和蛋白质组研究中获得的不同类型的信息。
- 描述蛋白质表达谱分析是如何进行的。
- 比较和对比用于活细胞内鉴定彼此之间相互作用的成对、成群蛋白质的诸多方法，特别是区分用于鉴定物理性相互作用的方法和那些鉴定功能性相互作用的方法。
- 举例说明蛋白质相互作用图谱并讨论它们的重要特征。
- 解释生物化学分析的基础及重要性。
- 概述系统生物学的原理和目标。

在上一章节中我们学习了如何使用各种各样的计算机技术与实验技术来确定在基因组测序中所发现的基因的功能，以及这些技术如何被应用于酿酒酵母基因组，从而使酵母中功能明确的基因数目几乎翻倍。这种类型的基因组标注过程是一项繁重的工作，但即使基因组中每一个基因都能够被鉴定并被确认出功能，其他的挑战依然存在。这就需要读者们去理解在细胞中基因组是如何以一个整体来执行功能，并使各种生物化学反应明确而协调地发生。这些全局性的基因组活性研究不仅仅需要阐明基因组自身，还需要阐明转录组及蛋白质组如何建立和协调基因组的表达，即构成活细胞的相关生物化学通路和过程的网络。本章，我们也将谈及一些基因组活性整体研究的方法。

## 6.1 转录组研究

转录组包含了细胞内某一时刻所具有的 mRNA。转录组的组成可以是高度复杂的，包含成百上千种不同的 mRNA，每一个转录组都是基因组整体转录信息的一个不同部分（1.2.4 节）。要描述一个转录组就有必要确认该转录组中所包含的 mRNA，最理想的是能够确认这些 mRNA 的相对丰度。

### 6.1.1 通过序列分析研究转录组

研究转录组的最直接方法是将其中的 mRNA 转变为 cDNA（图 3.36），然后将所获得的 cDNA 文库中的所有克隆测序。通过对比 cDNA 的序列和基因组的序列能够揭示哪些基因的 mRNA 存在于转录组中。该方法的确可行，但却艰巨，因为一个接近完整的转录组的构成图呈现出来之前需要获得许多不同的 cDNA 序列。如果正在进行比较的是两个或更多的转录组，那么完成项目所需要的时间就会增加。是否有什么捷径可以用来更快地获得关键序列的信息呢？

**基因表达系列分析**（Serial analysis of gene expression，SAGE）技术提供了一个解决方案。SAGE 技术不是研究完整的 cDNA，它产生长度 12bp 的短序列，每一条都代表了转录组中存在的一种 mRNA。该技术的基础是尽管这些 12bp 的序列短，但却足够用来确认编码这些 mRNA 的基因。其依据是任一 12bp 的序列应该在基因组中每隔 $4^{12}$ =16 777 216bp 出现一次。真核 mRNA 的平均长度大约是 1500bp，所以 $4^{12}$ 相当于 11 000个转录物的总长度。该数目几乎比最复杂的转录组中可能存在的转录物数都多，所以 12bp 的序列标签应该能够用来确认编码存在于转录物中的 mRNA 的所有基因。

图 6.1 中显示了用于制备 12bp 标签的流程。首先，通过 mRNA 3′端的多聚 A 尾与偶联在纤维素微粒上的寡聚（dT）臂退火，使得 mRNA 固定在层析柱上。接着 mRNA 被转变为双链 cDNA 并用一种识别 4bp 靶点的限制性内切核酸酶处理，由此各 cDNA 会被频繁地切割。各 cDNA 的末端酶切片段仍然结合在纤维素微粒上，所有其他片段可以被洗脱除去。随后，一个短的寡聚核苷酸连接到各 cDNA 的游离末端，该寡聚核苷酸含有一个 *Bsm*FI 的识别序列。这是一种不常见的限制性内切核酸酶，它不在其识别序列内部，而是在识别位点下游的 10～14 核苷酸处切割。所以用 *Bsm*FI 处理会从 cDNA 的末端切去平均长度 12bp 的片段。切下来的片段被收集起来，头—尾相连以产生一个串联体，进行测序分析。串联体中的各个标签序列信息被读取并与基因组中

的基因序列比对。

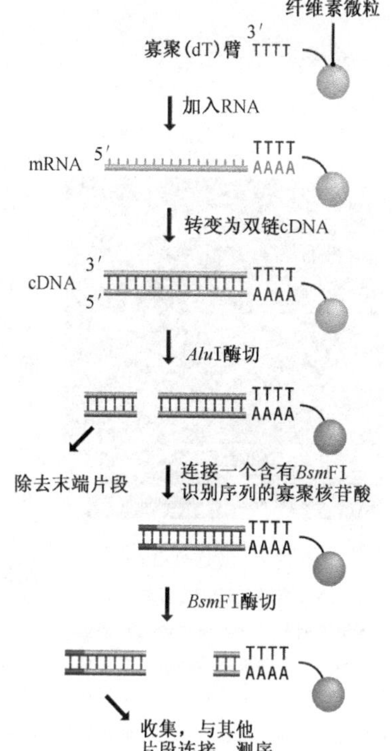


图 6.1 SAGE

在这个实验中，第一个被使用的限制性内切核酸酶是 *Alu*I，它识别 4bp 的 5′-AGCT-3′靶点。连接到 cDNA 上的寡聚核苷酸含有一个 *Bsm*FI 的识别序列，该酶在识别位点下游 10～14 核苷酸处切割，由此从 cDNA 末端切下一个片段。来自不同 cDNA 的片段被连接在一起形成串联体并被测序。使用这种方法，所形成的串联体的一部分序列来自 *Bsm*FI 寡聚核苷酸。为了避免这种情况，使得到的串联体完全由 cDNA 组成，可以把寡聚核苷酸连接到 cDNA 的那一端设计成可被第三个限制性内切核酸酶切割。用这个酶处理将寡聚核苷酸从 cDNA 片段上切除

### 6.1.2 通过微阵列或芯片分析来研究转录组

DNA 芯片和微阵列（技术注解 3.1）也能够被用于转录组研究。这两者之间可以回想到的差异在于芯片携带有在一薄层玻璃或在硅上原位合成并固化的一系列寡聚核苷酸，而微阵列则包含了已经被点样到玻片或尼龙膜上的 DNA 分子（通常是 PCR 产物或 cDNA）。芯片和微阵列的使用方法是一样的（图 6.2），构成转录组的 mRNA 总体被转变成一个 cDNA 的混合物，然后被标记（通常用荧光标记）并被用于微阵列或芯片的检测，发生杂交的位置将被检测到。与 SAGE 技术相比较，这种技术的优势在于可以通过将不同的 cDNA 样品杂交到同样的微阵列上比较它们的杂交信号谱，从而对两个或多个转录组之间的差异做出快速地评估。如果将正在研究的细胞系中结合到核糖体上的 mRNA 部分而不是细胞内全部的 mRNA 制备成 cDNA，用于芯片杂交，就能够获得更有价值的结果。因为，结合到核糖体上的 mRNA 才是那些动态指导蛋白质合成的转录组部分，从而显示基因组活性略有不同的模式。

首先我们将考虑微阵列和芯片研究涉及的技术问题，然后我们再考虑这种分析手段的一些应用。

#### 使用一个微阵列或芯片来研究一个或多个转录组

当分析一个转录组的时候，确认哪些基因的 mRNA 包含在转录组中，并确定这些不同的 mRNA 的相对数量是两个关键的目标。其中第一项目标即要求在微阵列中至少

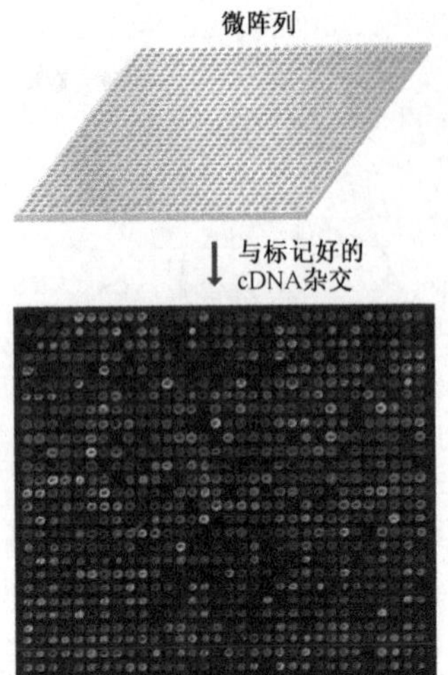


图 6.2 微阵列分析

一个 cDNA 样品经过荧光标签标记后杂交到微阵列上。标签通过激光共聚焦扫描检测后信号强度被转换成一个拟色光谱（红色代表最强的杂交，接下来依次是橙色、黄色、绿色、蓝色、紫蓝色和紫色，最后一个代表杂交的背景强度）。关于芯片制备和使用的更多信息参见技术注解 3.1。图由 Tom Strachan 惠赠，并经 *Nature* 杂志允许采用

有一个探针分子能够代表每一个相应的基因。这一点对于微阵列而言，是通过使用来自于感兴趣基因的 PCR 产物或 cDNA；对于 DNA 芯片而言，就是通过在每一个杂交点合成一个可能包含多达 20 种不同的寡聚核苷酸链的混合物（它们的序列分别与相应基因的不同部位匹配）（图 6.3）。第二项要求（即确定不同 mRNA 在转录组中的相应数量）是可以满足的，因为微阵列或芯片中的每一个点都包含多达 $10^9$ 拷贝数的探针分子，这比使用阵列检测的一个小量转录组中任何一个 mRNA 预期的拷贝数都高，也就是说任意一个杂交点都不会被饱和（饱和即杂交反应多到使每一个探针分子都被靶基因分子碱基互补配对结合了）。杂交反应的数量是不同的，每一个杂交点的信号强度依赖于转录组中每一个特定 mRNA 的数量（图 6.4）。

通过上面的阅读，微阵列和芯片分析看来似乎是简便的过程。但在实践中，一系列新的难题出现了。首先，对于几乎是最简单的转录组而言，杂交分析并不能产生充分的特异性来区分细胞内存在的所有 mRNA。这是因为，两个不同的 mRNA 可能具有相似的序列并可能交叉杂交到阵列中另一个特定的探针上。当两个或多个同源基因（5.2.1 节）在同一个组织中都有表达时这种情况会经常发生。某一个转录组中可能包含一簇相关的 mRNA，其中的每一个 mRNA 都可能会一定程度的杂交到该基因家族的不同成员。如此，要辨别每一个

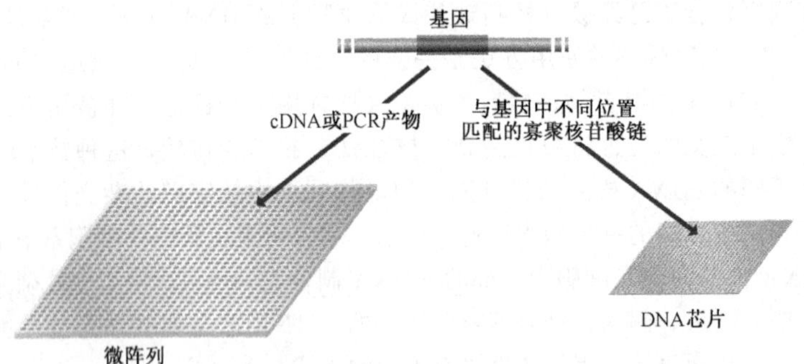


图 6.3 微阵列和 DNA 芯片

微阵列中的每一个点都包含来自感兴趣基因的 cDNA 或 PCR 产物，而 DNA 芯片上的每一个点包含了与相应基因不同区段匹配的寡聚核苷酸链的混合物

mRNA 的相对数量，甚或是确认哪一个 mRNA 存在与否都将是困难的。当两个或多个不同 mRNA 来自同一个基因时，一个类似的问题出现了。这种情况在脊椎动物中相对多见，其原因是**选择性剪接**（alternative splicing）——来自同一个前体 mRNA 的外显

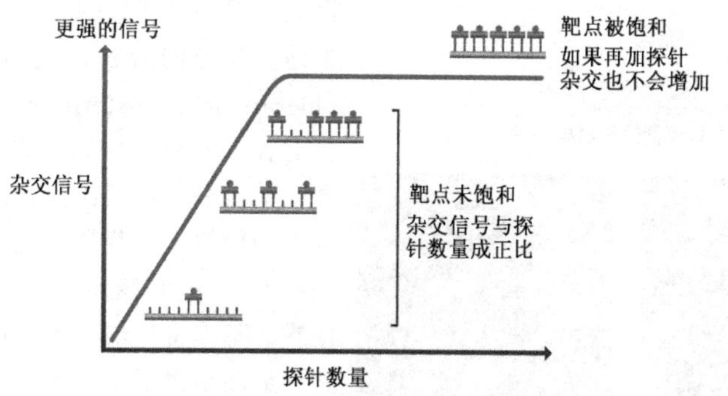


图 6.4　杂交的信号强度和探针数量的关系

子以不同的组合形式加工成一系列相关但又不同的成熟 mRNA（图 6.5）。如果想将上述变异都检测出来并做到精确的定量，那么阵列就必须被仔细地设计。

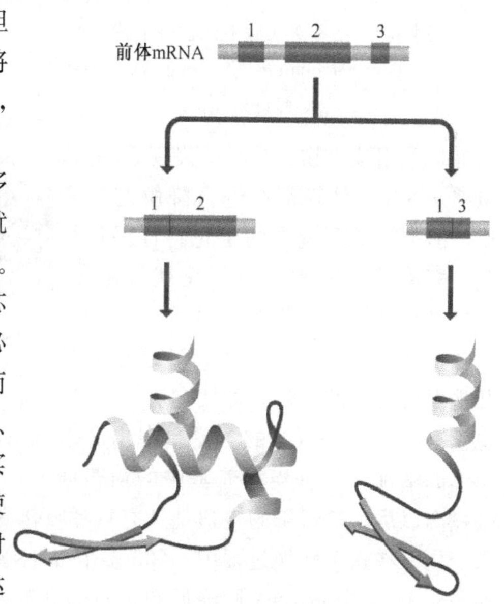


图 6.5　选择性剪接

选择性剪接产生不同的外显子连接组合，导致由同一个前体 mRNA 合成出不同的蛋白质

如果研究的目的是为了比较两个或多个转录组的时候，下面将讲述的新难题就进一步凸显了，而且这是很常见的情景。为了使比较有效，两个不同的微阵列或芯片上同一个基因之间的杂交强度的差异必须能够反映出 mRNA 数量的真实差异，而不应该是由于诸如阵列上靶 DNA 的数量、探针的标记效率或者杂交过程的效率等实验因素的不同造成的杂交强度差异。即使在单个实验室中，这些因素也很难被绝对精确地控制好，而要在不同实验室之间达到准确地重复则或多或少是不可能的事情。这就意味着数据的处理必须包括标准化过程，以使来自不同阵列实验的结果能够被准确地比较。因此，阵列中必须包含阴性对照，这样就能确定每一次实验的背景信号强度。与此同时，阳性信号应该每次都得到同样的信号强度。对于脊椎动物转录组，肌动蛋白基因通常被作为阳性对照，因为在不考虑发育阶段及疾病状态的情况下，它在给定的组织中表达量相当的恒定。一个更加令人满意的选择是设计的实验使用同一芯片进行一次分析，从而使得两个转录组能够直接进行比较。这可以通过使用不同的荧光探针来标记 cDNA 样品，然后在合适的波长范围来扫描阵列，以确定每个杂交点上两种荧光信号的相对强度，由此来确定两个转录组的 mRNA 组成之间的差异（图 6.6）。

假设两个或多个转录组之间能够进行准确的比较，那么就可以区分出不同基因表达模式中极其复杂的差异。那些表现出相似表达谱的基因很可能是具有相关功能的基因，

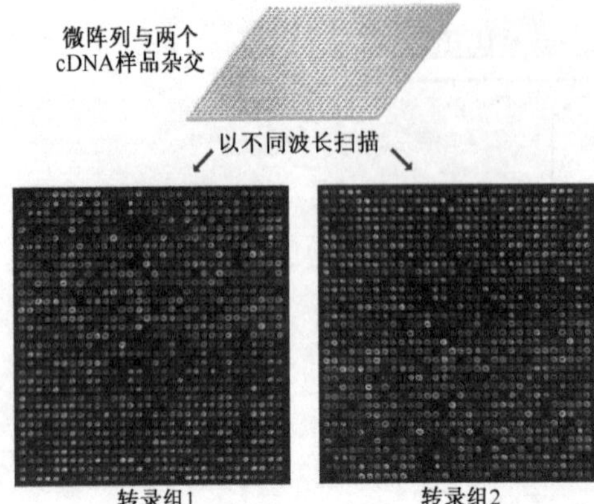


图 6.6　在单次实验中比较两个转录组

图由 Tom Strachan 惠赠，并经 *Nature* 杂志允许采用

因此需要一种严格的方法来确认这些基因群体。标准的方法，也叫做**系统聚类法**（hierarchical clustering），涉及比较所分析的各个转录组中每对基因的表达水平，并会给出一个代表这些表达水平之间相关程度的数值。这些数据能够以**树状聚类图**（dendrogram）表示，其中具有相关表达谱式的基因将被聚集在一起（图 6.7）。树状聚类图给出了一个基因间的功能联系的清晰而直观的提示。

## 酵母转录组的研究

具有 6000 多种基因的酿酒酵母十分适合于转录组研究，许多先驱性的研究计划都是采用该生物。最早的发现之一是，虽然 mRNA 时刻都在进行降解与再合成，但是只要环境中的生化特性保持恒定，酵母转录组的组成变化就很微小。当酵母在允许它们以最大速率分裂的富含葡萄糖的环境中生长时，转录组还是几乎保持完全的恒定，即便在历经 2h 后也仅有 19 个 mRNA 的含量呈现出 2 倍以上的增加。只有当培养基中的葡萄糖被撤离以后，酵母细胞被迫地从有氧呼吸转变为厌氧呼吸的时候才会观察到转录组的显著变化。在这个转换过程中，700 多个 mRNA 的水平由于两个或多个因素之一而升高，而另外 1000 个 mRNA 则降低到它们初始表达水平的一半以下。显然，环境改变导致转录组的重构，以满足细胞内新的生物化学反应的需求。

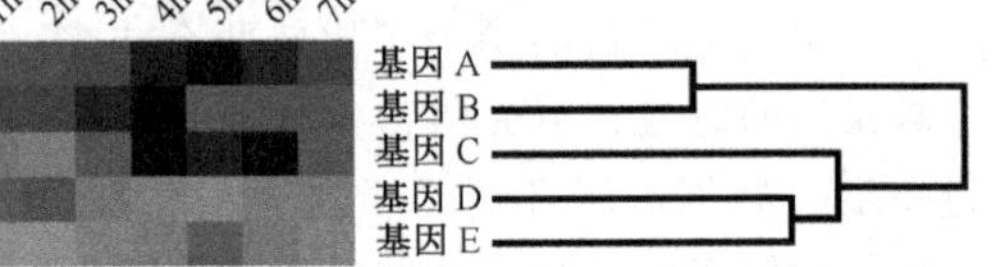


图 6.7　在 7 个转录组中比较 5 个基因的表达谱

7 份转录组样品来自在培养基中加入高能营养物质后不同时间点的细胞。在用系统聚类法分析这些数据以后，所构建出的树状聚类图体现了 5 个基因的表达谱之间的相关程度

在细胞分化过程中，酵母的转录组也会发生了重构。这个现象已经通过研究由饥饿或其他应激性环境情况所诱发的芽孢形成过程被确认。根据表型和发生的生物化学事件可以将芽孢形成的信号通路分为 4 个阶段——早期、中期、中晚期和晚期（图 6.8）。之前的研究已经表明，芽孢形成的每一个阶段都不出人意料地特征性地表达一批不同的基因。转录组研究已经在若干方面使我们对芽孢形成的认识更加深入。最明显的在于转录组组成发生的变化提示，芽孢形成的早期可以被细分为三个不同的时相，分别叫做早 I 期、早 II 期和早中期。有 250 个 mRNA 的水平在芽孢形成的早期明显升高，另有 158 个 mRNA 在芽孢形成的中期特异性地增加。在中晚期进一步有 61 个 mRNA 的数量增加，并且其中的 5 个在晚期变得更多。这里还有 600 个 mRNA 的丰度在芽孢形成的时候降低，据推测这些降低的是编码无性繁殖生长中所需蛋白质的基因，它们的蛋白质合成在孢子形成的时候必须被关闭。

这项关于酵母芽孢形成的工作因为两个原因而显出了其重要性。首先，通过描述发生在芽孢形成过程中基因组表达的改变，转录组分析工作开辟了通往研究基因组与引发芽孢形成的环境信号之间相互作用的道路。在一种相对简单的物种中，如酵母，这类研究可以用来作为一个研究高等真核生物（包括人类）中发生的更加复杂的发育过程的重要模型。其次，发现在芽孢形成过程中一些表达水平显著变化的mRNA是一些之前功能未知基因的转录物。因此，转录组研究有助于标注基因组的序列，有助于鉴定通过其他方法还没确认的基因在基因组中的作用。

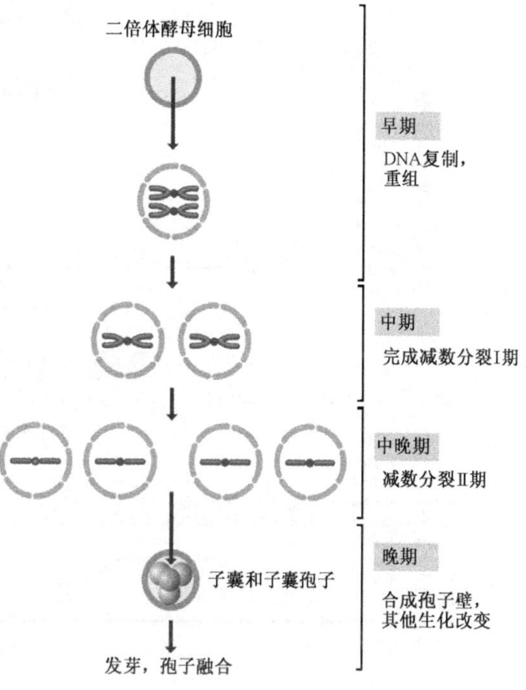


图 6.8 酿酒酵母的芽孢形成途径

中间的三个图显示的是在芽孢形成中的核分裂。关于减数分裂I期和II期涉及的详细事件参见图3.16

## 人类转录组

具有5倍基因数量的人类转录组实在是比酵母转录组要复杂得多，相关的研究目前还在起步阶段。不管如何，已经获得了一些有趣的结果。例如，不同细胞类型的转录组已经被标注到人类基因组序列，从而绘制出了横贯整个染色体基因表达谱的整体模式图。这也导致了重要的发现：一些转录物来自基因组中不含已知基因的区域。例如，针对第21号、22号染色体中平均每35个核苷酸即存在一个寡聚核苷酸探针靶向位点的DNA芯片已经被制备完成。这类**覆瓦式阵列**（tilling array）包含的探针超过100万个，但其中只有26 000个探针是位于这些染色体的外显子内。然而，超过350 000的探针在11个人类的转录组（来自已研究的11个不同细胞系）中都至少能够检测到一个转录组中的某个mRNA（图6.9）。分析整个基因组之后，大概有10 500个转录物是在以前认为不存在任何基因的基因组区域被发现的。这个工作说明，转录组分析在标注基因组过程中能够起到重要的作用。

转录组分析对研究人类的疾病，尤其是癌症，也产生了重大的影响。作为癌症结果之一的转录组重构是在1997年被首次发现的，当时的研究显示，正常的结肠上皮细胞与结肠癌细胞相比，有289个mRNA数量上呈现显著的差异，而且其中几乎有一半的mRNA在胰腺癌细胞中也出现了表达丰度的改变。这些了解正常和癌症细胞转录组差异的观察是重要的，因为它们阐述了正常、癌症两者生物化学方面的差异，并指出了治疗癌症的新途径。转录组研究在癌症诊断方面也有应用。该领域的突破出现在1999年，当时发现了急性淋巴细胞白血病和急性髓系白血病细胞转录组的不同。研究涉及了27种淋巴母细胞性和11种髓系白血病，虽然所有样品的转录组都略有不同，但还是足以让人明白地确定出两个类别之间的差别。这项工作的重要意义在于，如果一个癌症在早

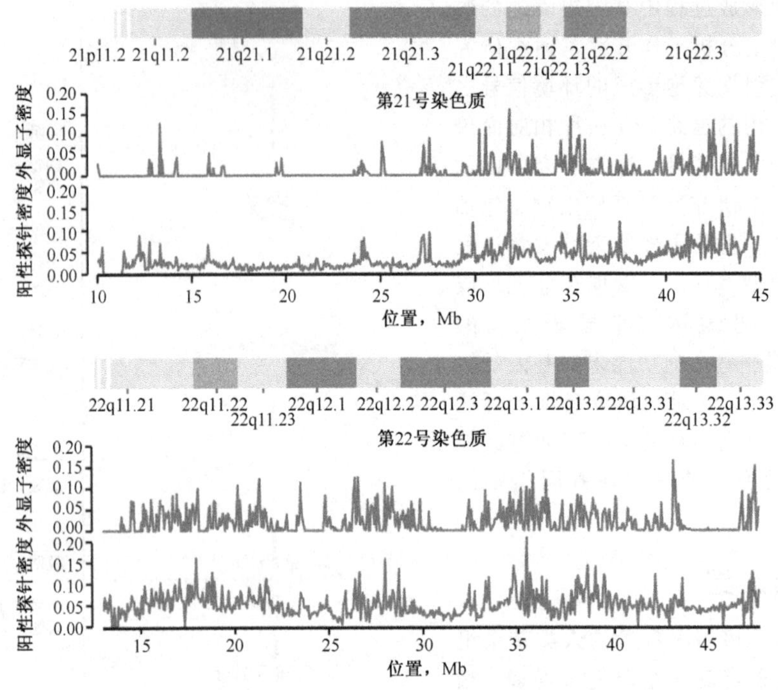


图 6.9 人类第 21 号、22 号染色质的转录物分析

图中每一个染色体的各部分以它的 G 带模式图（7.1.2 节）以及它的定位（21p11.2 等）显示。对于每一个染色体，上方的图显示已知的外显子的位置，这个信息以每 5.7Mb 窗口内 DNA 外显子密度表示。下方的图标明了在已研究的 11 个转录组中发现的 mRNA 的位置，仍旧是以每 5.7Mb 窗口内的密度来显示。Kapranov 等授权（*Science*，296，916～919. © 2002，AAAS）

期，即在明确的形态学指标被发现之前被准确的鉴定出来，那么就可能达到更高的缓解率。这虽然与上述两种类别的白血病没有关系，因为可以通过非遗传学的方法来区分它们，但是对于其他癌症，如非何杰金氏淋巴瘤就相当重要了。该疾病最常见的一种类型叫做扩散性大 B 细胞淋巴瘤，多年来该型肿瘤都被认为是相同的。转录组研究改变了这种观点，并提示 B 细胞淋巴瘤能够被分为两种不同的亚型。两种亚型的转录组的区别使得每一种亚型都对应于一个不同类型的 B 细胞，这促进并引导了适用于每种淋巴瘤的特异治疗方面的探索。

## 6.2 蛋白质组研究

蛋白质组研究之所以重要是因为其扮演了联系基因组与细胞生物化学功能间的核心角色（1.3.2 节）。因而，描述不同细胞的蛋白质组就成为理解基因组是如何执行功能以及功能失常的基因组是如何导致疾病的关键。转录组研究只能部分解答这些问题。检测转录组能够获得在某个细胞中哪些基因是活化状态的确切提示，但是，对于提示细胞中存在哪些蛋白质尚不够准确。这是因为影响蛋白质组成的影响因素不仅包括 mRNA 是否存在，还包括 mRNA 被翻译成蛋白质的速率以及蛋白质降解的速率。此外，作为

翻译初级产物的蛋白质可能还没有活性，因为某些蛋白质在具备功能之前必须进行物理的和（或）化学的修饰（13.3节）。因此，确认一个蛋白质的活性形式的数量对于理解细胞或组织的生物化学是关键的。

用来研究蛋白质组的方法学叫做**蛋白质组学**（proteomics）。严格地说，蛋白质组学是一系列不同的可以提供蛋白质组信息的相关技术的集合，这里的信息不仅包括细胞内存在的组成性蛋白的确认，还包括诸如个别蛋白质的功能以及它们在细胞内的定位等因素。用来研究一个蛋白质组组成的特定技术叫做**蛋白谱**（protein profiling）或**表达蛋白质组学**（expression proteomics）。

## 6.2.1 蛋白谱——鉴定蛋白质组中蛋白质的方法学

蛋白谱基于两项技术——**蛋白电泳**（protein electrophoresis）和**质谱**（mass spectrometry），这两项技术都有悠久的历史，但是在前基因组时代却很少被一起使用。今天，它们被合并成为现代研究中的主要领域之一。

### 分离蛋白质组中的蛋白质

为了描述一个蛋白质组，首先需要准备其组分蛋白质的纯化样品。这远远不是一件微不足道的小事，因为要考虑到蛋白质组的平均复杂性：记住，某一个哺乳动物细胞内可能拥有10 000～20 000种不同的蛋白质（1.3.2节）。

聚丙烯酰胺凝胶电泳（技术注解4.1）是分离混合样品中蛋白质的标准方法。依据凝胶的组成和进行电泳的条件，蛋白质的不同化学和物理特性成为它们被分离的基础。最常用的技术使用了叫做十二烷基硫酸钠（SDS）的去污剂，它能够使蛋白质变性并能根据解折叠的多肽链的大致长度使其带上相应数量的负电荷。在这些情况下，蛋白质依照它们的相对分子质量被分离，最小的蛋白质向正极迁移的最快。另一种方法，用**等电聚焦**（isoelectric focusing）来分离蛋白质，此种胶在外加电流作用时能够建立pH梯度，蛋白质将会迁移到其**等电点**（isoelectric point），即蛋白质净电荷为零的凝胶位置。在蛋白质谱分析时，这两种方法被融合为**双向凝胶电泳**（two-dimensional gel electrophoresis）。在第一向中，蛋白质通过等电聚焦分离，然后凝胶被浸入SDS缓冲液中，旋转90°后再与第一向成直角的方向进行根据相对分子质量大小分离的第二向电泳（图6.10）。使用这种手段可以在单一的凝胶中分离几千种蛋白质。

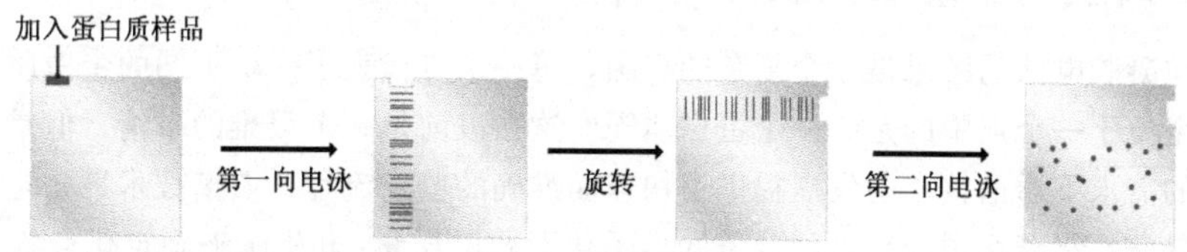


图6.10　双向凝胶电泳

在电泳之后，凝胶染色展现出一个复杂的点状模式图，每一个点都代表一种不同的蛋白质（图6.11）。当两张凝胶进行比较时，点的模式和强度的差异提示出所研究的两个蛋白质组内特定蛋白质的组成和相对含量方面的差异。之后，有意义的点就能被锁定进入如下描述的第二阶段研究，以便鉴定其确切的蛋白质身份。然而，在进入这个阶段之前，我们必须认识到双向凝胶电泳作为研究蛋白质组学的一种方法，其具有的局限性可能会对蛋白质谱的整体功效产生明显的影响。最显著的问题是，并非蛋白质组中的每一个蛋白质都能在凝胶中呈现出来，特别是那些在水相缓冲液中不融解的蛋白质，例如，那些存在于细胞膜上的许多蛋白质就会丢失。为了研究蛋白质组中的这些组分，必须采用特殊的缓冲液和凝胶成分，这也意味着如果实验目的是完整地研究一个蛋白质组，那么就必须进行一些平行实验。在这里，双向凝胶电泳中还有一个重复性的问题，以及设计对照能够在比较两个蛋白质组时使来自凝胶的数据可以被标准化的困难，由于这些原因，研究人员正在开发其他的分离方法，目前研究人员的注意力集中在高通量液相色谱（HPLC）和自由等电聚焦。

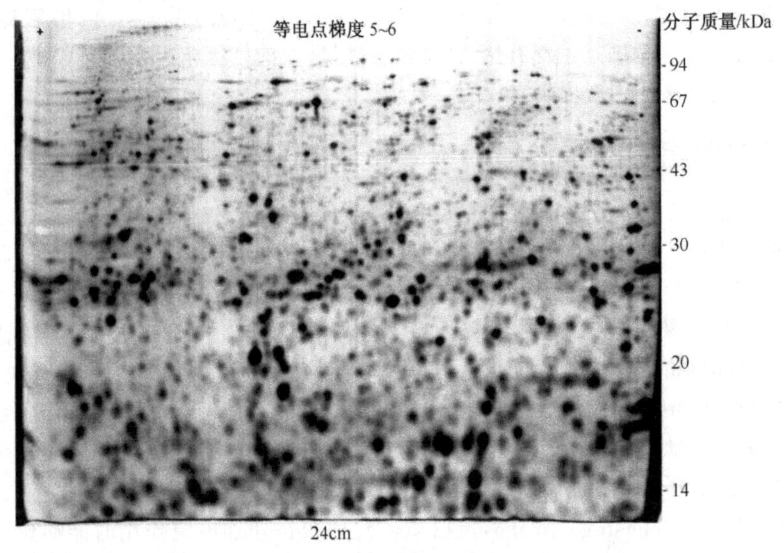


图 6.11　双向凝胶电泳结果

小鼠肝脏蛋白已经通过第一向 pH5～6 的等电聚焦电泳以及第二向根据相对分子质量大小的电泳。蛋白质点已经通过银染显示。重新印刷获得了 Görg 等授权（*Electrohoresis*，21，1037～1053. ©2000 Wiley-VCH Verlag）

## 鉴定蛋白质组中的蛋白质

双向凝胶电泳的结果是一个复杂的点图，每一个点代表了一个不同的蛋白质。我们如何鉴定位于一个点中的是哪一个蛋白质呢？这在以前是一个艰难的事情，但是在基因组研究的需求下质谱技术的发展提供了快速而准确的鉴定流程。质谱技术最初是作为通过分析暴露在高能场中的化合物分子的离子化形式的质量/电荷比来确定化合物成分的方法而设计的。这种标准的技术不能被用于鉴定蛋白质，因为蛋白质太大不能被有效地离子化。不过有一个新的方法，叫做**基质辅助激光解吸电离飞行时间**（matrix-assisted laser desorption ionization time-of-flight，MALDI-TOF）质谱解决了这个问题，最多可以分析出 50 个氨基酸长度的多肽。当然，许多蛋白质都超过了 50 个氨基酸，因此，需要在用 MALDI-TOF 检测前将这些蛋白质裂解成片段。标准的方法是将一个蛋白质从一个点中纯化出来，然后用序列特异的蛋白酶将其消化，如胰酶，紧邻精氨酸或赖氨酸残基后切割蛋白质。对于大多数蛋白质，该酶切过程将产生一系列 5～75 个氨基酸长度的多肽。

一旦被离子化，多肽的质量/电荷比就可以通过它在质谱仪中从电离源到监测器的“飞行时间”来确定（图 6.12）。通过质量/电荷比能够确认分子的质量，然后就能推测出多肽的氨基酸组成。如果分析的是来自双向凝胶中单个蛋白质点中的一些多肽，那么得到的多肽组成性信息能够被关联到基因组序列，从而确定编码该蛋白质的基因。来自单个蛋白质的多肽的氨基酸组成也能被用来检查基因序列的准确性，特别是用于确认外显子-内含子的边界是否已经被正确的定位。这不仅仅有助于描绘一个基因在基因组中的确切位置（5.1.1 节），还使得有可能在两个或更多的蛋白质都来自同一个基因的情况下鉴定出选择性剪接途径。

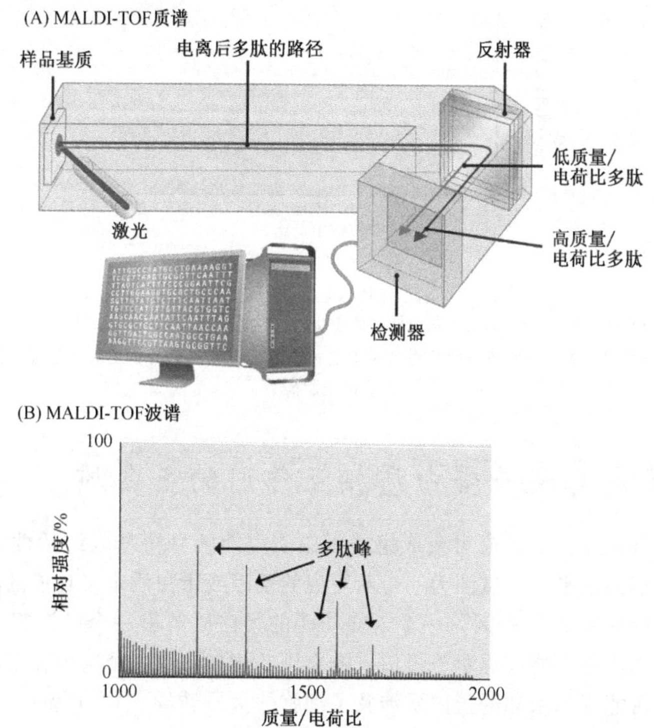


图 6.12　MALDI-TOF 在蛋白质谱分析中的使用

在双向凝胶电泳后，从凝胶中切出所关注的某个蛋白质并用某种蛋白酶（如胰酶）消化。酶使得蛋白质被切成一系列可用 MALDI-TOF 分析的多肽（A）。在质谱仪中，多肽通过来自激光的脉冲能量被电离化，然后被加速通过柱腔到达反射器以及检测器上。每一个多肽的飞行时间依赖于它的质量/电荷比。数据以波谱来显示（B）。计算机中含有一个由所研究的物种基因组编码的每一个蛋白质经胰酶消化后各个片段的预计相对分子质量的数据库。计算机通过比较数据库与检测到的多肽质量来确认最可能的初始蛋白质

如果两个蛋白质组正在被比较，那么一个关键的要求就是那些数量不同的蛋白质能够被鉴定。如果差异相对较大，那么通过简单地肉眼观察双向电泳后的凝胶染色结果就

能发现。然而，蛋白质组的生物化学特性方面的重要变化可能源自于在数量上变化相对较小的蛋白质个体，所以检测小规模变化的方法就很必要了。一种可能性就是用不同的荧光标记物标记两个蛋白质组的成分，然后将它们用同一张双向凝胶电泳分离。这与在转录组的成对比较研究中使用的策略相同（图 6.6）。以不同的波长来观察该双向凝胶，可能使相应点上的强度判别的准确性比获得两块独立凝胶时的更高。另外一个更准确的选择是采用一种**同位素亲和标签**（isotope-coded affinity tag，ICAT）技术来标记每一个蛋白质组。这些标记物能够以两种形式获得：一种含有正常的氢原子，另外一种含有氘（重氢）。通过质谱能够区分普通氢和重氢，在组谱分析过程中的 MALDI-TOF 阶段就能够确定已经混合在一起的两个蛋白质组中的某一个蛋白质的相对数量（图 6.13）。

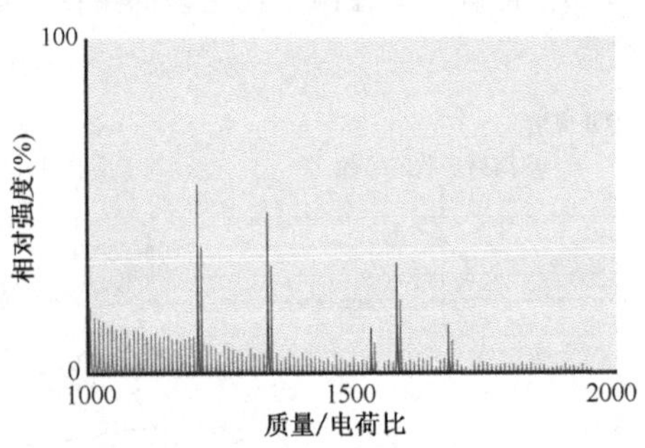


图 6.13　使用 ICAT 分析两个蛋白质组

在 MALDI-TOF 谱中，含有普通氢原子的多肽产生的峰以蓝色表示，含有重氢的多肽产生的峰以红色表示。所研究的蛋白质在重氢标记的蛋白质组中的丰度大概是普通标记组的 1.5 倍

## 6.2.2　鉴定与某一蛋白质相互作用的蛋白质

通过鉴定有相互作用的成对或成组的蛋白质也能够获得基因组活性相关的重要数据。在更加详细的水平，当试图为一个新发现的基因或蛋白质定义功能的时候这种数据通常是有价值的（5.2 节），因为一个未知功能的蛋白质与另一个已被很好描述的蛋白质之间的相互作用通常能够提示该蛋白质的作用。例如，与一个定位在细胞膜上的蛋白质的相互作用可能提示未知的蛋白质涉及了细胞的信号转导（14.1 节）。从一个整体的角度来看，构建**蛋白质相互作用图谱**（protein interaction map）被视为是连接蛋白质组学和细胞生物化学过程的一个重要步骤。

### 通过噬菌体展示和酵母双杂交研究来鉴定相互作用的成对蛋白质

研究蛋白质相互作用的方法有好几种，最常用的是**噬菌体展示**（phage display）和**酵母双杂交系统**（yeast two-hybrid system）。在噬菌体展示中，采用了一种基于 λ 噬菌体或某种丝状噬菌体（如 M13）的独特的克隆载体。该载体的设计可使得一个新的基因插入其中以后，它的蛋白质产物能与噬菌体外壳蛋白之一以融合形式表达［图 6.14(A)］。这样噬菌体蛋白就可以将外源蛋白质带到噬菌体外壳上，在那里外源蛋白质以一种能够与噬菌体遇到的其他蛋白质相互作用的形式被“展示”。利用噬菌体展示来研究蛋白质相互作用的方法有若干种。其中的一种方法中，待测试的蛋白质被展示并且在一系列纯化的蛋白质或已知功能的蛋白质片段中寻找相互作用的关系。这种方法因其进行每一个测试都会花费许多时间而显出局限性，因此这种方法只有在已经获得了一些关于可能相互作用的前期信息的情况下才是可行的。更加有效的策略是制备一个展示一系列蛋白质的克隆集合——**噬菌体展示库**（phage display library），再确定库中的哪一个成员与待测试的蛋白质能够相互作用［图 6.14（B)］。

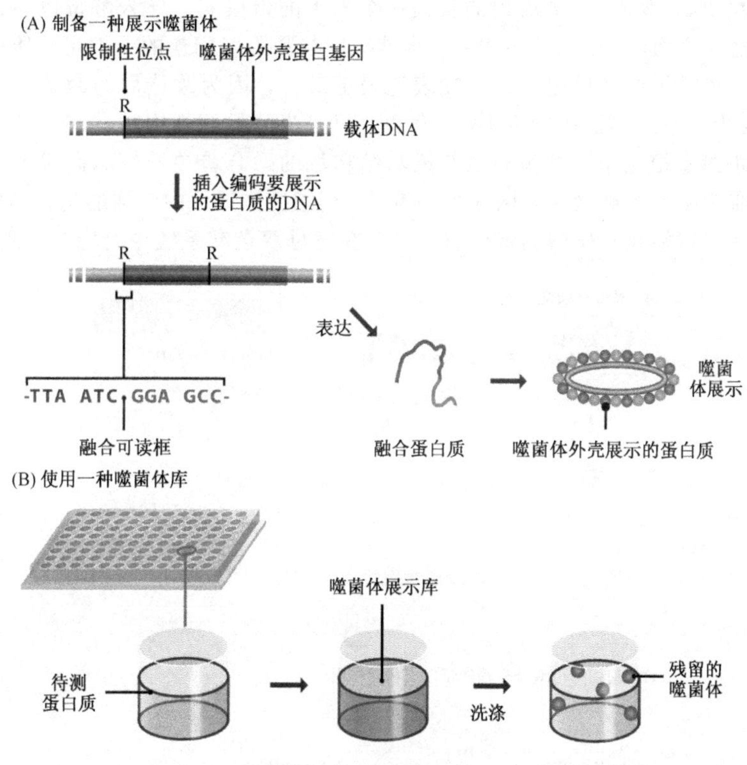


图 6.14 噬菌体展示

(A) 噬菌体展示中使用的克隆载体是一个在外壳蛋白编码基因中具有唯一限制性位点的噬菌体基因组。该项技术最开始是以丝状噬菌体 f1 的编码外壳蛋白 III 的基因进行操作的，但是现在已经拓展到其他噬菌体，包括 λ 噬菌体。为了建立噬菌体展示，编码待测蛋白质的 DNA 序列被连入限制性位点以产生一个融合的可读框——其中从待测蛋白质基因直到外壳蛋白基因的一系列密码子是不间断连续编码的。在转化大肠杆菌之后，上述重组的分子能指导合成一个由待测蛋白质融入外壳蛋白中的融合蛋白。如此，这些被转化的大肠杆菌所产生的噬菌体颗粒就在它们的外壳上展示出了待测的蛋白质。(B) 使用一种噬菌体库。待测蛋白质被固定在一个微量滴定盘的孔中，而后加入噬菌体库。在洗涤之后，仍保留在孔中的噬菌体就是那些展示着一种与待测蛋白质相互作用的蛋白质的噬菌体

酵母双杂交系统以一种更加复杂的方式来检测蛋白质的相互作用。在 11.3.2 节中我们将看到在真核生物中由一种叫做**激活因子**（activator）的蛋白质负责控制基因的表达。为了执行这种功能，一个激活因子必须结合到基因上游的 DNA 序列并激活 RNA

聚合酶，从而将基因转录为 RNA。这两项能力（DNA 结合以及激活聚合酶活性）是由激活因子的不同部分来完成的，有些激活因子即使在被切割为两个片段以后还分别具有活性，一个片段含有 DNA 结合结构域而另一个含有激活结构域。在细胞中，两个片段相互作用就形成了功能性激活因子。

双杂交系统使用缺乏某一报道基因相应激活因子的酿酒酵母菌株。因此，这个报道基因就被关闭了。一个编码激活因子 DNA 结合结构域的人工基因被连接到我们想要研究其相互作用的蛋白质的编码基因上。这个蛋白质可以来自任何物种，而不仅是酵母：在图 6.15（A）中展现的就是一个人类的蛋白质。导入酵母以后，该克隆特异地合成一个由激活因子的 DNA 结合结构域与紧跟着相连的人类蛋白质组成的融合蛋白质。该重组的酵母菌株还不能表达报道基因，因为改造后的激活因子仅仅结合到 DNA 上；它还不能影响 RNA 聚合酶。只有当酵母菌株中被共转入了含有能和被测人类蛋白质相互作用的蛋白质与激活结构域的融合蛋白质的编码序列的第二个克隆时，报道基因才被激活［图 6.15（B）］。同噬菌体展示中一样的是，如果这里预先知道了一些可能相互作用的蛋白质，那么在酵母双杂交系统中特定的 DNA 片段就

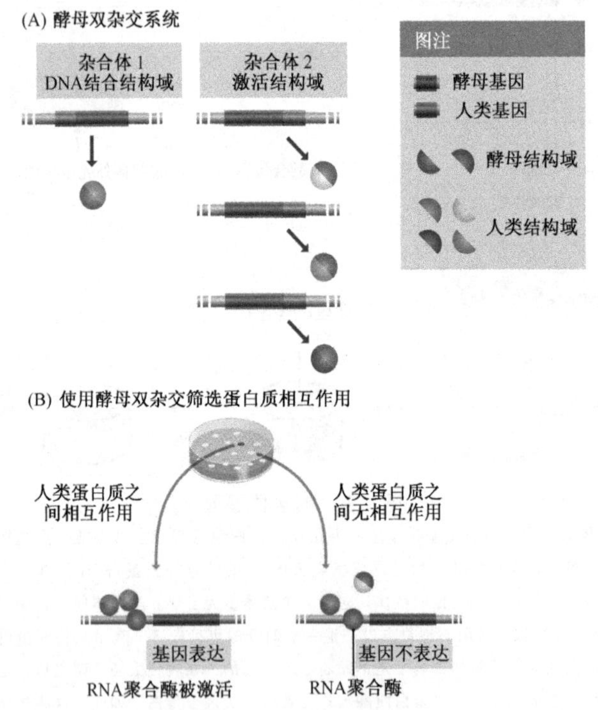


图 6.15　酵母双杂交系统

（A）在左图，一个编码人类蛋白质的基因被连接到一个编码酵母激活因子的 DNA 结合结构域的基因上。在转化酵母之后，该克隆产生一个融合蛋白质，一部分是人类蛋白质而另一部分是酵母激活因子。在右图，不同的人类 DNA 片段已被连入编码激活因子激活结构域的基因上；这些克隆产生一系列不同的融合蛋白。（B）两套克隆被混合并被共转到酵母中。凡表达报道基因的酵母菌落中就含有能相互作用的人类蛋白质片段的融合蛋白，这样就使得 DNA 结合域与激活结构域处于相邻位置并激活 RNA 聚合酶。关于激活因子的更多信息请参见 11.3.2 节

能够被一个一个地检测。不过，通常是激活结构域基因与一系列 DNA 片段混合物连接以便产生许多重组子。在转化之后，酵母细胞被铺板筛选，那些表达报道基因的细胞就被鉴定出来。这些细胞已摄入了一个由能和待测蛋白质相互作用的蛋白质与激活结构域融合而成的蛋白质的基因拷贝。

## 确认多蛋白复合体的组分

噬菌体展示和酵母双杂交系统是确认相互作用的成对蛋白质的有效方法，但是，这些相互作用关系的确认仅仅揭示了蛋白质相互作用的基础水平。许多细胞学活性是通过多蛋白质复合体执行的，例如，在基因转录调控中起到核心作用的中介蛋白（11.3.2 节）或者负责从前体 mRNA 中除去内含子的剪接体（12.2.2 节）。这些复合体中通常包含一些无论何时都存在的核心蛋白质，同时还包含了在特定环境下与复合体相关的各种不同的辅助蛋白质。确认其中的核心蛋白质以及辅助蛋白质是弄清这些复合体如何执行功能的关键步骤。可以通过一系列的酵母双杂交实验来逐对地确认这些蛋白质，但是很显然，我们需要一个更直接的方法来确认多蛋白质复合体的组成。

原则上，噬菌体展示文库能够被用来确认多蛋白质复合体的成员，因为使用这种方法在一次实验中即可确认所有能够与待测蛋白质相互作用的蛋白质（图 6.14）。然而，问题在于大蛋白质的展示效率不高，因为它们打乱了噬菌体的复制周期。为了解决这个问题，通常需要展示一个代表了细胞内蛋白质的一部分的一个短的肽段，而不是整个蛋白质。这个被展示的肽段也许不能与所有的能与完整蛋白质共定位的复合体成员相互作用，因为这个肽段缺乏某些在完整蛋白质中存在的蛋白质相互作用的位点（图 6.16）。避免这个问题的方法之一就是**亲和层析**（affinity chromatography），因为该方法对完整的蛋白质有效。在亲和层析中，待测蛋白质被附着到层析树脂中并被装入一个柱子（技术注解 2.3）。细胞抽提物通过经过低盐缓冲液平衡的柱子，该缓冲液允许氢键的存在以维持蛋白质复合体的形成［图 6.17（A）］。然后，那些能与结合在柱上的待测蛋白质相互作用的蛋白质就被阻留在柱中，而其他的蛋白质则被清洗了出去。随后，相互作用的蛋白质被高盐缓冲液洗脱。这种方法的缺点是需要纯化出待测的蛋白质，这是一项费时而且难以成为大规模筛选计划基础的工作。一个更加先进的方法叫做**串联亲和纯化**（tandem-affinity purification，**TAP**），这是在研究酵母中蛋白质复合体时开发的一项技术。待测蛋白质的基因被改造，以便当相应蛋白质被合成的时候 C 端有一个能够结合另一个叫做钙调素的蛋白质的延伸端。为了使蛋白质复合体不被打散，要以柔和的条件制备细胞抽提物，然后抽提物通过一个装有钙调素分子偶联树脂的亲和层析柱。这样，结果是不仅得到了待测蛋白质还得到了与其结合的蛋白质［图 6.17

图 6.16　噬菌体展示可能不能检测到一个多蛋白质复合体的所有成员

复合体中含有一个与 5 个相对较小的蛋白质相互作用的核心蛋白质。在图的下方，来自核心蛋白质的一个肽段被用于噬菌体展示。该肽段检测到了两个相互作用的蛋白质，但是遗漏了其他三个蛋白质，因为这三个蛋白质的结合位点在核心蛋白质的另一个部分

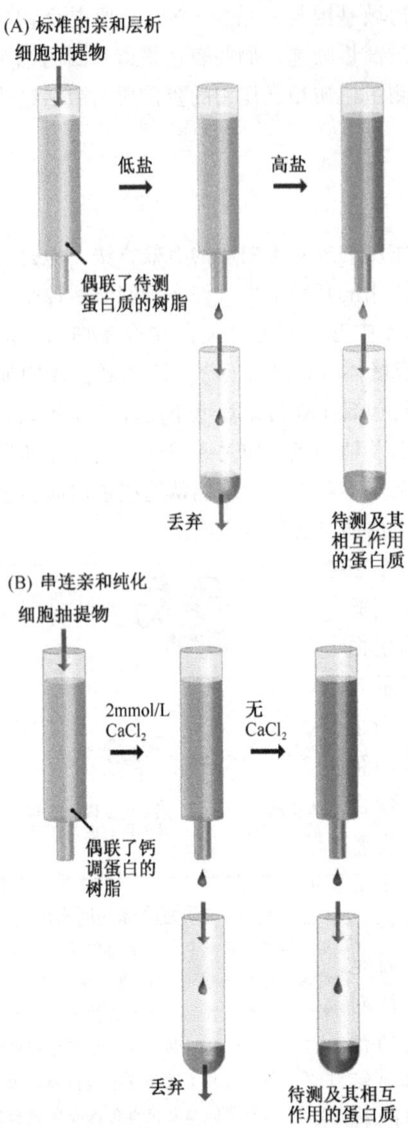


图 6.17 纯化多蛋白质复合体的亲和层析方法

(A) 在标准的亲和层析中，待测蛋白质被偶联到树脂上。细胞抽提物在低盐缓冲液中以使得多蛋白质复合体的其他成员能够结合到待测蛋白质。然后用高盐缓冲液将蛋白质洗脱。(B) 在 TAP 技术中，细胞抽提物在一种含有 2mmol/L $CaCl_2$的缓冲液中，该缓冲液能够促进重组的待测蛋白质及那些与它相互作用的蛋白质一起结合到树脂偶联的钙调素分子上。然后，使用一种不含 $CaCl_2$的缓冲液将蛋白质洗脱

(ṡ)]。在所有的技术中，纯化到的蛋白质的身份都需要通过质谱分析来确定。当 TAP 技术被用于一个涉及 1739 个酵母基因的大规模筛选的时候，该技术鉴定出了 232 个多蛋白质复合体，并为 344 个基因的功能提供了新的深入了解，而且其中许多基因在此之前从未通过实验的方法被确定过。

亲和层析方法的缺点是多蛋白质复合体中的单个成员被用作分离复合体中其他蛋白质的“诱饵”。实际上，如果复合体的某个成员与诱饵蛋白质不是直接地相互作用，就有可能不会被分离到（图 6.18）。因此，这种方法确定了某复合体中存在的一组蛋白质，但不一定能够提供该复合体的全部蛋白质组分。所以，开发出能够纯化完整复合体的方法是当前研究的重要目标。在**免疫共沉淀**（coimmunoprecipitation）中，采用柔和的条件制备细胞抽提物以使得复合体保持完整。然后，一种特异针对待测蛋白质的抗体被加入反应体系，致使该待测蛋白质及其所在复合体的所有其他成员被沉淀下来。更先进的是**多维蛋白质鉴定技术**（multi-dimensional protein identification technique，MudPIT），该技术组合了多种层析技术（如反向液相色谱法与阳离子交换层析或分子筛技术的组合）以便分离完整的复合体。随后，复合体的成员组成可以通过质谱确定。这种方法第一次是被用在酵母核糖体大亚基的研究中，结果鉴定发现了之前未曾报道与这个复合体相关的 11 个蛋白质。

## 鉴定有功能性相互作用的蛋白质

为了形成某种功能性的相互作用，蛋白质之间并不需要形成物理性的联系。例如，在诸如大肠杆菌的细菌中，乳糖通透酶和 β-半乳糖苷酶之间有一种功能性的相

互作用——它们都参与利用乳糖作为碳源的生物化学过程。但是在这两个蛋白质之间没有物理的相互作用：乳糖通透酶定位在细胞膜上将乳糖转运到细胞中，而将乳糖分解为葡萄糖和半乳糖的β-半乳糖苷酶却定位于胞浆［图 8.8（A)］。许多一起参与同一生物化学通路的酶之间从未形成过物理性的相互作用，如果研究仅仅局限在检测物理性的相互作用，那么许多功能性的相互作用就会被忽略。

有若干种方法可以用来鉴定相互间有功能性相互作用的蛋白质。其中大部分方法并不涉及直接研究蛋白质本身，所以严格地讲，它们并不在通常的“蛋白质组学”的范畴内。虽然如此，姑且顺便考虑这些方法是因为它们产生的信息通常会与蛋白质组研究的结果一起被纳入到蛋白质相互作用图谱中。这些方法包括如下：

图 6.18 亲和层析的缺点

如果诱饵蛋白质（以“B”标记）没有直接地与复合体中的一个或多个蛋白质相互作用，那么这些蛋白质就有可能不能被分离到

- **比较基因组学**（comparative genomics）能够以多种方式来鉴定相互间有功能性相互作用的成组蛋白质。其中的一种方法是基于在一些物种中独立存在的两个蛋白质在其他物种中融合为单个多肽链的现象。一个例子是酵母中一个编码了涉及组氨酸生物合成的酶的基因 *HIS2*。在大肠杆菌中，有两个基因与 *HIS2* 同源。其中一个本身就叫 *his2*，与酵母基因的 5′区域类似，另一个基因 *his10* 与 3′区域类似（图 6.19)。因此提示由 *his2* 和 *his10* 编码的蛋白质在大肠杆菌的蛋白质组中相互作用并提供了部分组氨酸的生物合成活性。对基因序列数据库的分析揭示出众多类似的例子，即在某物种中是两个蛋白质而在另一种生物中已经融合为单个蛋白质。另一个类似的方法是以检测细菌操纵子为基础的。操纵子中包含两个或更多共同转录的并且通常具有功能相关性的基因（8.2 节）。例如，大肠杆菌中编码乳糖通透酶和β-半乳糖苷酶的基因位于同一个操纵子中，同时该操纵子中还有编码第三个参与乳糖利用的蛋白质的基因。细菌操纵子中基因的身份可以随后被用来推测某种真核基因组中同源基因编码的蛋白质之间功能性相互作用。

酵母*HIS2*

大肠杆菌*his2*

大肠杆菌*his10*

图 6.19 使用同源分析来预测蛋白质相互作用

酵母 *HIS2* 基因的 5′端及 3′端分别与大肠杆菌中 *his2* 及 *his10* 基因同源

- 转录组研究能够确定蛋白质之间的功能性相互作用，因为具有功能相关性的蛋白质常常会在不同的情况下呈现出类似的表达谱。
- 基因失活研究可能是富含信息的。如果某表型的改变只有在两个或更多的基因同时失活的时候才发生，那么就可以推测这些基因共同作用产生了这种表型。

## 蛋白质相互作用图谱

蛋白质相互作用图谱，也叫**相互作用网络**（interactome network），能展现一个蛋白质组中各成员间发生的相互作用。在这些图谱中，第一个相对简单的蛋白质组的相互作用图谱构建于 2001 年，数据几乎全部来自酵母双杂交实验。这些图谱中包括几乎涉及了幽门螺杆菌蛋白质组中半数蛋白质之间的 1200 个相互作用的图谱以及酿酒酵母蛋白质组中 1870 种蛋白质之间的 2240 个相互作用的图谱［图 6.20（A）］。最近，其他技术的应用已经使更加精细版本的酿酒酵母的图谱得以产生，其中包括阐明了多蛋白质簇之间（非内部）相互作用的图谱［图 6.20（B）］。研究人员也已经第一次绘制出了更加复杂的物种（如线虫）的蛋白质相互作用图谱。

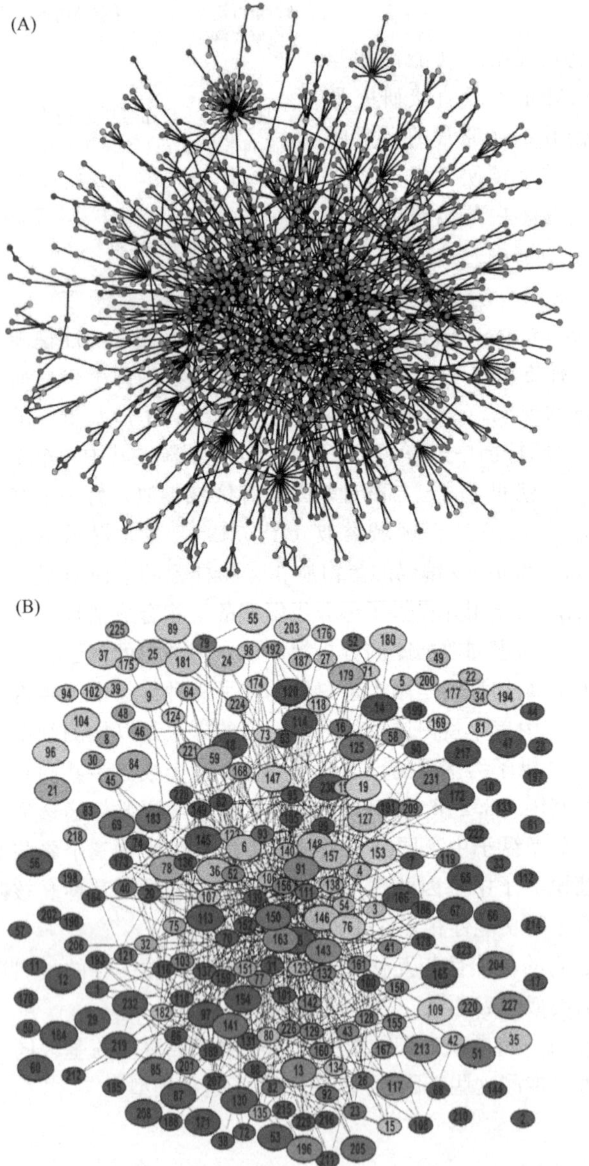


图 6.20　酿酒酵母蛋白质相互作用图谱的几个版本

（A）图示最原始的图谱，于 2001 年首次发表。每一个点代表一种蛋白质，由它们发出的连接线代表了成对蛋白质之间的相互作用关系。红色的点是关键的蛋白质：它们中某一个蛋白质编码基因的失活突变是致死性的。绿色点代表的蛋白质编码基因的突变是不致死的。橙色点代表的蛋白质编码基因的突变导致生长延缓。黄色点代表的蛋白质编码基因的突变效应在图谱构建的时候还不清楚。（B）图示一个更为复杂的图谱，发表于 2002 年。在这个图谱中每一个椭圆都代表一个蛋白质复合体，由它们产生的复合体之间的联系至少共享一个蛋白质。依据复合体的功能进行如下的颜色编码：红色，细胞周期；墨绿色，信号转导；深蓝色，转录、DNA 维持和（或）染色质结构；粉红色，蛋白质和（或）RNA 转运；橙色，RNA 代谢；浅绿色，蛋白质合成和（或）转换；褐色，细胞极性和（或）结构；紫色，中间体和（或）能量代谢；浅蓝色，膜生物合成和（或）运输。图 A 由 Hawoong Jeong 提供，Jeong 等授权［（2001）*Nature*，411，41～42］。图（B）由 Anne Claude Gavin 提供，Gavin 等授权［（2002）*Nature*，415，141～147］

这些蛋白质相互作用图谱具有哪些有趣的特点呢？最吸引人的发现是每一个网络都

围绕着一小部分具有许多相互作用关系的蛋白质建立的，并且这些蛋白质成为了网络中连接着更多数量的只有少数个别相互联系的蛋白质的**中枢**（hub）[图 6.21（A）]。这种结构模式被认为可以将因为个别蛋白质突变失活后对蛋白质组的干扰效应的影响最小化。只有当某一个突变影响到的是高度连接节点蛋白质的时候，网络才会整个的被破坏。这种假说与来自基因失活研究中的发现是一致的，此类研究发现大量的酵母蛋白质是冗余的，即意味着这些蛋白质的活性被破坏后蛋白质组作为一个整体的功能仍保持正常，同时未对细胞的表型产生可辨别的影响（5.2.2 节）。通过对中枢蛋白质及其直接相互作用蛋白质表达谱的检测，中枢蛋白质被划分为两类。第一类是与其所有相互作用蛋白质同时相互作用的中枢蛋白质，它们被叫做“团体（party）”中枢，它们的去除对于整个网络结构的影响较小 [图 6.21（B)]。与之相对应的，第二类是叫做“日期（date)”的中枢蛋白质，它们在不同时间点与不同蛋白质相互作用的时候，整个网络将分解为一系列的亚网络 [图 6.21（C)]。由此得到的提示是，团体中枢蛋白质在单一的生物学过程中起作用，而对蛋白质组的整个组织贡献不大。另一方面，日期中枢蛋白质是通过连接个别的生物学过程在蛋白质组中起组织作用的关键成员。

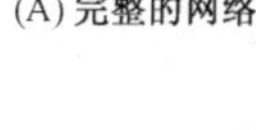


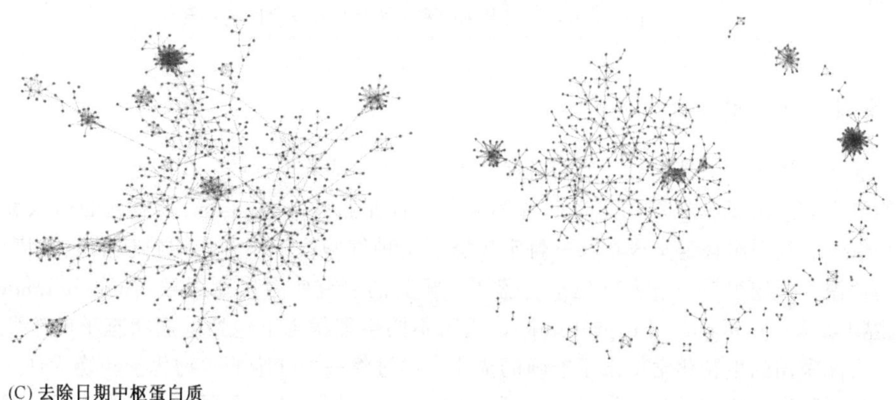


(C) 去除日期中枢蛋白质

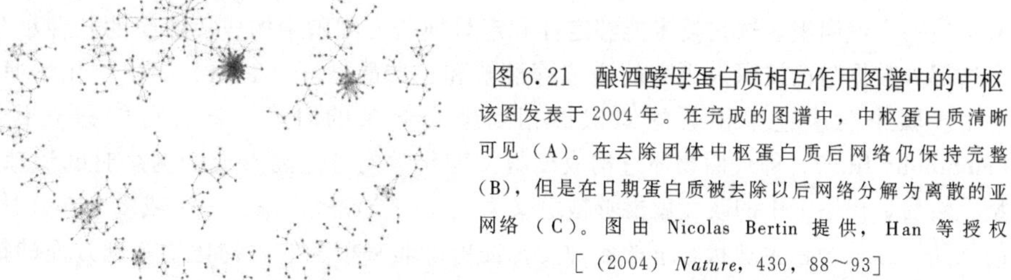

图 6.21　酿酒酵母蛋白质相互作用图谱中的中枢
该图发表于 2004 年。在完成的图谱中，中枢蛋白质清晰可见（A)。在去除团体中枢蛋白质后网络仍保持完整（B)，但是在日期蛋白质被去除以后网络分解为离散的亚网络（C)。图由 Nicolas Bertin 提供，Han 等授权 [（2004）*Nature*，430，88～93]

## 6.3 蛋白质组之外

传统上蛋白质组被视作基因组表达的终产物，但是这种观念模糊了蛋白质组作为连接基因组和细胞生物化学之间的最终环节的一部分真正作用（图 6.22）。对这种联系本质的探索被证明是现代生物学中最令人兴奋和最多产的方面。

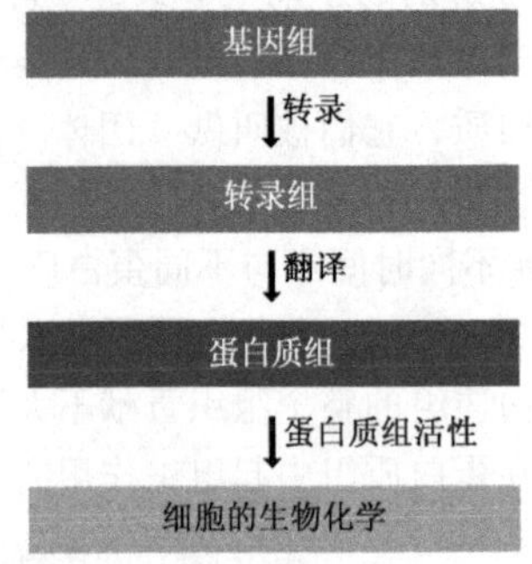


图 6.22 蛋白质组是连接基因组和细胞生物化学之间的一部分

### 6.3.1 代谢组

通常在生物学中最重要环节的进展并不是由于一些开创性的实验引起的，而是因为生物学家们想出了一种新的思考问题的方法。**代谢组**（metabolome）概念的引入就是一个例子。代谢组被定义成在某一特定环境下某种细胞或组织中代谢物质的完整集合。换句话说，代谢组是一个生物化学的蓝图，相关的研究叫做**代谢组学**（metebolomics）或**生物化学谱**（biochemical profiling），它为不同生理状态下包括疾病状态下的细胞或组织可能采用的生物化学做出了准确的描述。通过将一个细胞的生物化学转换为详细列明的代谢物质，代谢组学提供了一个可以直接连接到相应的来自蛋白质组学和其他基因表达研究的详细列明信息的数据包。

研究人员可以用化学技术，如红外光谱、质谱和核磁共振光谱单独地或整合在一起来描述一个代谢组，这些技术能够定性和定量地研究细胞中构成代谢组的各种小分子。当这部分数据与已被深入研究的诸如糖酵解和三羧酸循环（TCA）等生物化学通路中各个步骤中反应速率相关的知识被相互整合起来的时候，就有可能建立**代谢流**（metabolic flux），即代谢物通过构成细胞生物化学的各通路形成的网络时的流速的模型。然后，代谢组中的改变就能够被定义为代谢物质流经网络中一个或多个部分时受到的扰动，这就为在生理状态下的各种变化提供了非常精准的生物化学基础方面的描述。这样就引申出**代谢工程学**（metabolic engineering），可这门学科通过突变或 DNA 重组技术来造成基因组的改变，以便预先地影响细胞的生物化学，例如，增加某种微生物的抗生素合成。

目前，在那些生物化学相对简单的生物，如细菌和酵母中代谢组学的进展最快。大量面向人类代谢组的研究正在展开，其目的就是描述健康组织或疾病状态下以及在药物治疗下患者组织的代谢谱。研究人员希望当这些研究成熟的时候，就有可能使用代谢的信息来设计药物，以逆转和减缓在病理状态下发生的特定的代谢流的异常。生物化学谱还能够提示药物治疗中任何不希望发生的副作用，这就使研究人员可以对药物的化学结构或者是使用模式做出调整，如此就能够将这些副作用最小化。

## 6.3.2 理解生物系统

现在研究重点被放在蛋白质相互作用图谱上，而代谢组将我们引导到我们必须考虑的基因组的终极功能。这需要不仅仅在分子（基因组指导合成的 RNA、蛋白质和代谢物）的层次，还需要在上述分子协同作用下产生的生物学的系统层次来描述和理解一个基因组的表达。这是最近几年从基因到基因组的研究方面取得飞越的关键。在前基因组时代，分子生物学的根本原则之一是由 George Beadle 和 Edward Tatum 在 19 世纪 40 年代首先提出的“一个基因，一个酶”的假说。通过“一个基因，一个酶”的假说，George Beadle 和 Edward Tatum 强调的是单个基因编码单个的蛋白质，如果该蛋白质是酶的话，它将执行单个的生物化学反应。例如，大肠杆菌的 *trpC* 基因编码吲哚-3-甘油磷酸合成酶，将 1-羧苯胺-1-脱氧核糖-5-磷酸转化为吲哚-3-甘油磷酸。但是该酶单独不能起作用：它的活性构成了色氨酸合成生物化学通路的一部分，该通路中的其他酶由 *trpA*、*B*、*D*、*E* 基因指导合成，它们与 *trpC* 一起构成了大肠杆菌的色氨酸操纵子［图 8.8（B)］。因此，色氨酸生物合成途径是一个简单的生物系统，并且色氨酸操纵子就是指导该通路中蛋白质合成的一整套基因。但是，简单地将操纵子中的基因进行转录和翻译并不能合成色氨酸。该系统的成功运行需要将那些生物合成酶定位于细胞中合适的位置，并在合适的时间点产生合适的相对数量。因此该系统所依赖的因子包括：操纵子基因所编码的蛋白质的合成速率，这些蛋白质能否正确折叠成有功能的酶，这些酶分子的降解速率，它们在细胞中的定位，那些作为底物和色氨酸合成辅助因子的代谢物质的必要数量。这个简单的生物系统开始具有相当可观的复杂性。而且到现在为止，对该系统我们仅仅研究大肠杆菌基因组 4405 个基因中的 5 个基因而已。

到今天为止，**系统生物学**（systems biology）方面的进展已经在好几个领域出现，包括理解负责合成大肠杆菌鞭毛的生物学系统。前基因组研究已经显示出鞭毛的合成需要组织成 12 个操纵子的 51 个基因，这些操纵子分三组被激活（图 6.23)。第一组被激活的是由包含两个基因的单个操纵子组成，它所编码的蛋白质扮演关键调控因子的角色，能打开第二组的 7 个操纵子基因的表达，这些基因一起指导鞭毛基本结构组分的合成。其中的一个基因编码了第二个调控蛋白质，它打开其余的 4 个操纵子，这 4 个操纵子指导鞭毛纤丝的合成并使得细菌能够通过旋转自身的鞭毛对化学刺激做出反应，从而游向某个吸引剂。研究人员通过运用连接在单个操纵子上的报道基因后发现了每个组内各操纵子被激活的准确顺序，并由此确定了每一个操纵子的活化系数，即表达的相对速率的测定值。所获得的信息足够使该系统利用计算机来建立模型，这样就能够确定两个调控蛋白质的作用细节。根据该计算机模型，系统的细微改变（如某一个调控蛋白质性质的改变）的效应都能被预测出来，然后通过进一步的生物学系统的实验来验证。这恰恰是一种我们希望有一天能够在人类细胞中进行的研究，从而理解疾病的确切本质，并且希望被用来设计能将病患组织逆转到正常状态的方案。为了有一天理解一个细菌和真核细胞是如何运转的这一最重要的目标，将上述模型放大到更大的生物系统，这将会检验未来几十年中生物学家们的创造性以及是否足智多谋。不过，第一步已经迈出，已将重点从单个基因的功能研究转变到整个基因组的功能研究，以及建立了一同构成这些生物学系统的转录组、蛋白质组和代谢组的研究技术手段。

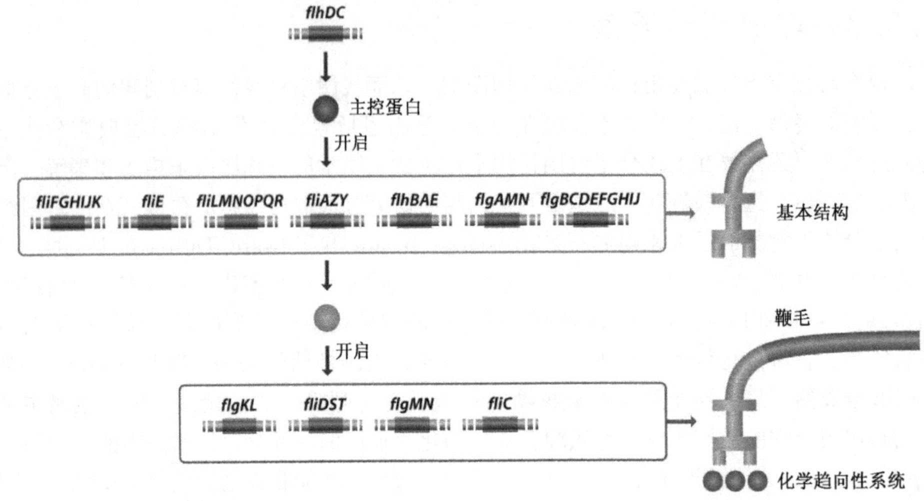


图 6.23 大肠杆菌中负责鞭毛合成的系统

# 总结

后基因组时代的重要挑战是理解基因组是如何确定并协调一个活细胞中所发生的各种生物化学活性的。这项工作的核心是研究在基因组指导下合成并维持的转录组和蛋白质组。虽然转录组可以通过 cDNA 测序，包括使用诸如能在一次实验中提供来自多个 cDNA 里迷你序列信息的 SAGE 技术，但是最大的进展是通过微阵列和芯片技术获得的。不同标记的制备在于两个或更多转录组的 cDNA 杂交到一个微阵列或芯片可以产生基因表达谱的信息，这些信息可以通过系统聚类算法分析来揭示基因间的功能性联系。转录组研究正在帮助我们理解发育通路以及包括一些类型癌症的人类疾病的遗传学基础。蛋白质组研究同样重要，因为转录组的研究仅仅揭示哪个基因在某一细胞中有表达，但是不能给出细胞中蛋白质存在的准确情况。蛋白质图谱研究使用双向凝胶电泳，再对分离的肽段进行 MALTI-TOF 分析来确定一个蛋白质组中的蛋白质。为了研究一个蛋白质组是如何在一个细胞中发挥作用的，知道哪些蛋白质之间有相互作用是有用的。噬菌体展示和酵母双杂交系统是用来鉴定成对蛋白质之间物理性相互作用的最常用的方法，还有的方法，如免疫共沉淀技术，可以用来分离完整的多蛋白质复合体。功能性相互作用，即并不是总需要成对蛋白质间形成物理性接触的相互作用，能够通过比较基因组学、基因表达谱分析以及基因失活研究推测出来。所得到的这些信息使蛋白质相互作用图谱得以建立，由此展示一个蛋白质组中发生的所有相互作用。这些图谱通常是围绕若干个相对数目较少，有着许多相互作用关系，并在网络中成为中枢的蛋白质来构建的，一些中枢代表了单一的生物化学过程，而其他中枢可将生物化学过程互相连接。蛋白质组维持代谢组（一个细胞或组织中存在的所有代谢物质的完整集合），研究人员期待着代谢组研究将揭示疾病状态和药物治疗副作用的准确的生物化学基础。转录组、蛋白质组和代谢组的研究正在引领着生物学家迈向系统生物学。后者的研究奋斗目标不是在基因组所指导合成的分子层次，而是在这些分子协同活性下产生的生物系统的层次来理解基因组的表达。

## 选择题

* 奇数问题的答案见附录

6.1* 通过使用核糖体结合的 mRNA 来检测转录组的优点在哪里？

a．真核 mRNA 分子很难分离除非与核糖体结合。

b．从核糖体分离的 mRNA 分子代表了那些正在被活跃地翻译为蛋白质的 mRNA。

c．核糖体分离的 mRNA 分子比其他 mRNA 分子更加的稳定。

d．没有被核糖体翻译的 mRNA 分子还保留着它们的内含子序列。

6.2 为什么使用微阵列来检测各基因的表达水平是可行的？

a．微阵列上的每个点所含有的探针序列的拷贝数比转录组中相应 mRNA 分子的预期数目多。

b．微阵列上的每一个探针序列存在于阵列中的多个位置。

c．在杂交以后，微阵列的每一个点上的 cDNA 分子被洗脱并被定量。

d．在杂交后 cDNA 分子被测序并且测序信号的荧光被定量。

6.3* 为什么 actin 被用来做脊椎动物中转录组研究的对照？

a．它在脊椎动物中不表达，所以被做阴性对照。

b．它的 mRNA 很快降解，所以被做阴性对照。

c．因为 actin 在不同细胞类型中表达比较恒定，所以它被用做阳性对照。

d．因为 actin 在不同细胞类型中表达都很高，所以它被用做阳性对照。

6.4 为什么可以使用单个微阵列来研究两个不同的转录组？

a．先杂交并研究一个转录组，然后去除它的序列，接着在同一张微阵列上进行第二个转录组的研究。

b．只有一个转录组被标记，然后它与另一个未标记的转录组竞争结合探针序列。

c．在微阵列分析之前，转录组间先相互杂交以去除两个细胞类型共有的 cDNA。

d．两个转录组用不同的荧光探针标记并且同时进行杂交。

6.5* 如何用系统聚类算法分析将基因归类？

a．通过表达谱。

b．通过同源性。

c．通过序列的相似性。

d．通过蛋白质结构域的相似性。

6.6 酿酒酵母的研究揭示了当细胞在稳定的、能量充足的环境时转录组以何种方式改变？

a. 由于不同的降解与合成速率，mRNA 水平有显著的改变。

b. 大多数 mRNA 水平保持稳定，但是有一些在细胞周期中波动很大。

c. 几乎所有的 mRNA 水平保持恒定，少数发生显著地改变。

d. 在这种情况下，所有的 mRNA 水平保持恒定。

6.7* 转录组研究是如何有助于人类癌症的研究？

a. 所有癌症展现出一批特定基因的表达增加。

b. 每种癌症都有它自身特异的转录组。

c. 导致癌症的基因在健康组织中不表达。

d. 转录组研究能够提示细胞的分裂速率。

6.8 含有 SDS 的聚丙烯酰胺凝胶电泳是通过什么原理分离蛋白质的？

a. 电荷/质量比

b. 构象

c. 等电点

d. 大小

6.9* 蛋白质的等电点的定义是：

a. 蛋白质不带电荷时的 pH。

b. 蛋白质丧失活性时的 pH。

c. 蛋白质活性最大时的 pH。

d. 蛋白质内氨基酸全部离子化时的 pH。

6.10 酵母双杂交系统是被设计鉴定下列哪项的？

a. 一个多蛋白质复合体中所有的组分。

b. 人类蛋白质中结合 RNA 聚合酶的蛋白质。

c. 两个直接相互作用的蛋白质。

d. 两个涉及同一个代谢途径的蛋白质。

6.11* 蛋白质结合到树脂并被装填到一个柱中用来鉴定它所结合的蛋白质的层析类型叫做：

a. 凝胶过滤层析

b. 离子交换层析

c. 亲和层析

d. 等电点层析

6.12 一个蛋白质相互作用网络中的中枢指什么？

a. 这些调控细胞活性的蛋白质。

b. 这些形成骨架的蛋白质。

c. 这些细胞中与许多其他蛋白质相互作用的蛋白质。

d. 这些指导细胞中基因表达的蛋白质。

6.13* 什么是一个细胞的代谢组？

a. 细胞中所有蛋白质和核酸。

b. 细胞在某一些特定情况下的所有代谢物。

c. 一个细胞可能产生的所有代谢物质。

d. 细胞中所有的大分子。

## 简答题

*奇数问题的答案见附录

6.1* 为什么即使所有基因都已经被确定了，功能研究人员仍对研究基因组感兴趣？

6.2 解释为什么一个短到 12 个碱基对的 cDNA 序列就可以用来鉴定出编码它的基因。

6.3* 讨论同源基因在微阵列研究中引起的问题。哪些实验条件可能克服这些问题？

6.4 选择性剪切是如何在描述一个组织的转录组时造成困难的？什么方法可以用来鉴定来自同一个基因的不同剪接产物？

6.5* 转录组研究是如何为一个基因的功能提供信息的？

6.6 覆瓦式芯片是如何用于筛选染色体表达序列的？

6.7* 为什么转录组不能为细胞的蛋白质组提供一个完全准确的提示？

6.8 蛋白质水平之间的微小差异是如何通过双向凝胶电泳来定量？

6.9* 噬菌体展示实验是如何检测蛋白质-蛋白质之间的相互作用的？

6.10 在一个相互作用组网络中，作为“团体”中枢的蛋白质与“日期”中枢的蛋白质相比较而言功能的差别是什么？

6.11* 代谢组学研究能够通过哪些方面影响人类疾病的治疗？

6.12 系统生物学研究的焦点是什么？它与基因组被测序以前进行的基因调控方面的分子研究相比如何？

## 论述题

*奇数问题的指导见附录

6.1* 研究人员通常对比较一种生物或组织在不同的发育阶段或是对不同环境条件应答下的基因组的表达感兴趣。这种类型的比较研究中最常用的方法是什么？

6.2 在对不同的条件下生长的同一生物的两个蛋白质组进行双向凝胶电泳之后，你确认到一个蛋白质在一个蛋白质组中出现但在另一个蛋白质组中缺失。你应该进行什么实验来鉴定编码该蛋白质的基因呢？

6.3* 在什么情况下一对蛋白质可能具有功能性的相关性但却没有物理性的相互作用？这些可能的情形如果反过来（一对蛋白质有物理性的相互作用但是却没有功能联系）可能是成立的吗？

6.4 讨论蛋白质相互作用图谱中的中枢蛋白质的作用？

6.5* 解释为何系统生物学在当前是如此的受到关注？

## 图形测试

*奇数问题的答案见附录

6.1* 描述图中使转录组获得可视化所运用的实验手段。

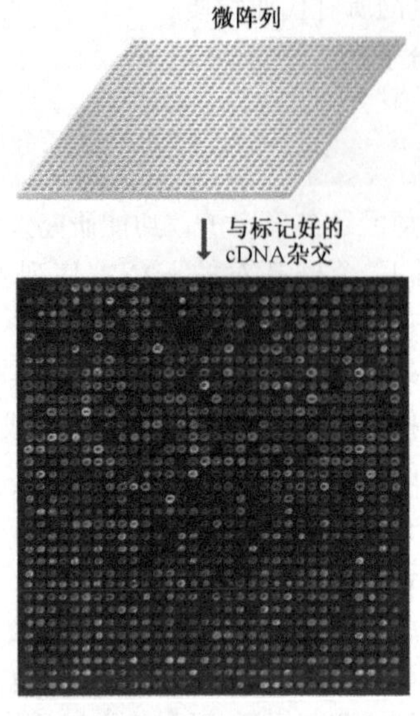


6.2　在图中树状聚类图所显示的基因是根据什么特征来分类的？

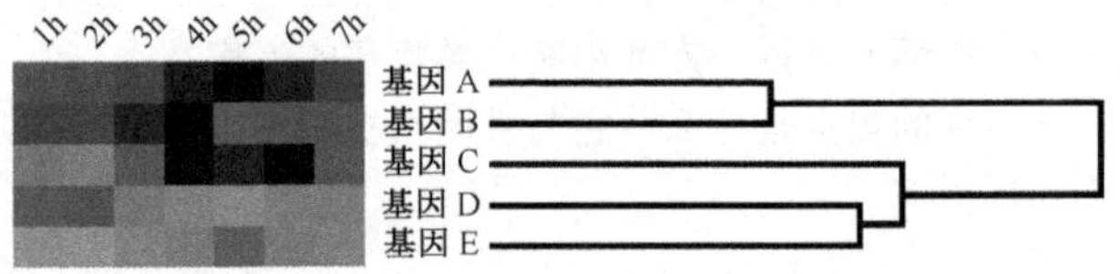


6.3*　解释蛋白质分子如何在双向凝胶电泳中被分离的。

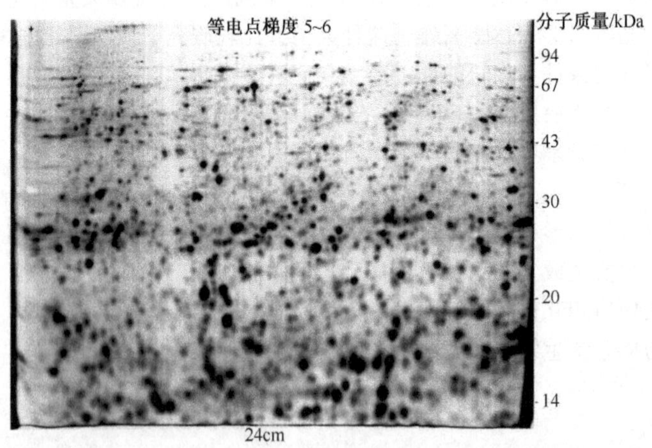

6.4　酵母双杂交系统如何检测两个不同蛋白质之间的相互作用？解释该实验中RNA聚合酶的活化过程。

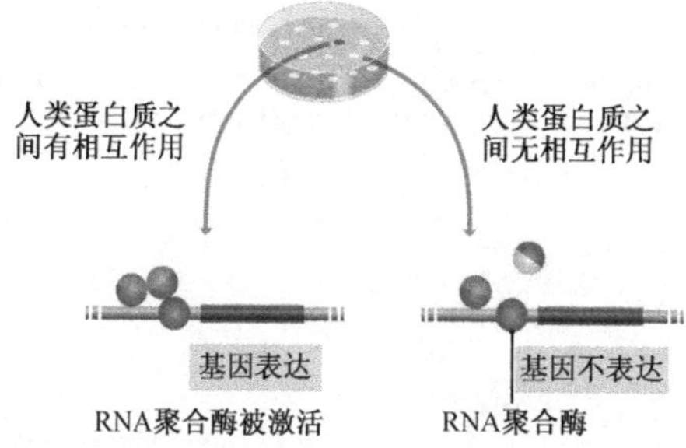


## 拓展阅读


转录组研究—方法学

**Leung, Y.F. and Cavalieri, D.** (2003) Fundamentals of cDNA microarray data analysis. *Trends Genet.* **19**: 649–659.

**Velculescu, V.E., Vogelstein, B. and Kinzler, K.W.** (2000) Analysing uncharted transcriptomes with SAGE. *Trends Genet.* **16**: 423–425.

转录组研究—实例

**Alizadeh, A.A., Eisen, M.B., Davis, R.E., *et al.*** (2000) Distinct types of diffuse large B-cell lymphoma identified by gene expression profiling. *Nature* **403**: 503–511.

**Chu, S., DeRisi, J., Eisen, M., Mulholland, J., Botstein, D., Brown, P.O. and Herskowitz, I.** (1988) The transcriptional program of sporulation in budding yeast. *Science* **282**: 699–705.

**DeRisi, J.L., Iyer, V.R. and Brown, P.O.** (1997) Exploring the metabolic and genetic control of gene expression on a genomic scale. *Science* **278**: 680–686. *One of the first studies of the yeast transcriptome.*

**Golub, T.R., Slonim, D.K., Tamayo, P., *et al.*** (1999) Molecular classification of cancer: class discovery and class prediction by gene expression monitoring. *Science* **286**: 531–537.

**Zhang, L., Zhou, W., Velculescu, V.E., Kern, S.E., Hruban, R.H., Hamilton, S.R., Vogelstein, B. and Kinzler, K.W.** (1997) Gene expression in normal and cancer cells. *Science* **276**: 1268–1272.

蛋白质图谱

**Fields, S.** (2001) Proteomics in genomeland. *Science* **291**: 1221–1224. *Explains the importance of proteomics in understanding the human genome sequence.*

**Mann, M., Hendrickson, R.C. and Pandey, A.** (2001) Analysis of proteins and proteomes by mass spectrometry. *Annu. Rev. Biochem.* **70**: 437–473.

**Phizicky, E., Bastiaens, P.I.H., Zhu, H., Snyder, M. and Fields, S.** (2003) Protein analysis on a proteomics scale. *Nature* **422**: 208–215. *Reviews all aspects of proteomics.*

**Yates, J.R.** (2000) Mass spectrometry: from genomics to proteomics. *Trends Genet.* **16**: 5–8.

**Zhu, H., Bilgin, M. and Snyder, M.** (2003) Proteomics. *Annu. Rev. Biochem.* **72**: 783–812.

研究蛋白质相互作用

**Clackson, T. and Wells, J.A.** (1994) *In vitro* selection from protein and peptide libraries. *Trends Biotechnol.* **12**: 173–184. *Phage display.*

**Enright, A.J., Iliopoulos, I., Kyrpides, N.C. and Ouzounis, C.A.** (1999) Protein interaction maps for complete genomes based on gene fusion events. *Nature* **402**: 86–90. *Using comparative genomics to identify functional interactions.*

**Fields, S. and Sternglanz, R.** (1994) The two-hybrid system: an assay for protein-protein interactions. *Trends Genet.* **10**: 286–292.

蛋白质相互作用图谱

**Gavin, A.-C., Bösche, M., Krause, R., *et al.*** (2002) Functional organization of the yeast proteome by systematic analysis of protein complexes. *Nature* **415**: 141–147. *A recent yeast protein interaction map.*

**Han, J.-D.J., Bertin, N., Hao, T., *et al.*** (2004) Evidence for dynamically organized modularity in the yeast protein-protein interaction network. *Nature* **430**: 88–93. *Defines party and date hubs.*

**Jeong, H., Mason, S.P., Barabási, A.-L. and Oltvai, Z.N.** (2001) Lethality and centrality in protein networks. *Nature* **411**: 41–42. *The first version of the yeast protein interaction map.*

**Lee, I., Date, S.V., Adai, A.T. and Marcotte, E.M.** (2004) A probabilistic functional network of yeast genes. *Science*

**306**: 1555–1558.

**Legrain, P., Wojcik, J. and Gauthier, J.-M.** (2001) Protein-protein interaction maps: a lead towards cellular functions. *Trends Genet.* **17**: 346–352.

代谢组学及系统生物学

**Covert, M.W., Schilling, C.H., Famili, I., Edwards, J.S., Goryanin, I.I., Selkov, E. and Palsson, B.O.** (2001) Metabolic modelling of microbial strains *in silico*. *Trends Biochem. Sci.* **26**: 179–186. *Explains the concept of metabolic flux.*

**Kalir, S. and Alon, U.** (2004) Using a quantitative blueprint to reprogram the dynamics of the flagella gene network. *Cell* **117**: 713–720.

**Kirschner, M.W.** (2005) The meaning of systems biology. *Cell* **121**: 503–504.

PART

# 第2篇 基因组结构

第7章　真核生物核基因组

第8章　原核生物基因组和真核生物细胞器基因组

第9章　病毒基因组和可移动的遗传元件

**第2篇——基因组结构**　阐述了近十年人们借助在第一部分讲述的技术，发现的有关基因组组织的信息。第7章讲述了真核生物核基因组，重点讲述了人类基因组，也即我们自己的基因组，也是迄今为止最复杂的已测序基因组。第8章讲述了原核生物基因组和真核生物细胞器的基因组，后者也在这里一并讲述，因为它们起源于原核生物。第9章是有关病毒基因组和可移动遗传元件的内容，两者放在一起讲述是因为一些可移动元件与病毒基因组有关。

CHAPTER

# 第 7 章 真核生物核基因组

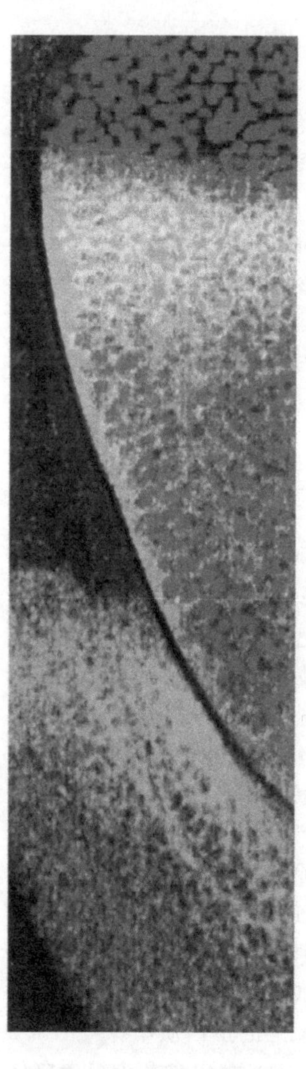



## 学习要点

当你阅读完第 7 章之后，应该能够：

- 描述形成核小体、染色质小体以及 30 nm 染色质纤维等结构的 DNA-蛋白质的相互作用。
- 阐述着丝粒和端粒的功能，并描述这些结构中 DNA-蛋白质的相互作用。
- 解释为什么染色体带型和等容线模型能提示“基因在真核生物染色体上是非均匀分布的”。
- 比较不同真核生物核基因组的基因组织，并讨论基因组织和基因大小之间的关系。
- 总结人基因组的大体内容。
- 描述几种真核生物基因功能分类的不同方法，并概述通过比较不同真核生物基因目录所揭示的重要特征。
- 举例解释什么是“多基因家族”。
- 区分常规和已加工的假基因，以及其他类型的进化遗迹。
- 区分串联重复 DNA 和散布重复 DNA，并描述卫星、小卫星和微卫星 DNA 的特征。

在接下来的三个章节中，我们将阐述这个星球上存在的多种基因组的结构。因为存在三类基因组，所以分别用三章进行阐述：

- **真核生物核基因组**（本章），其中人类基因组是我们最感兴趣的基因组之一。
- **原核生物基因组和真核生物细胞器基因组**（第 8 章），我们将一并阐述，因为真核生物细胞器基因组源自于古老的原核生物。
- **病毒基因组和可移动的遗传元件**（第 9 章），在同一章进行阐述，因为一些可移动元件与病毒基因组有关。

## 7.1 核基因组包含于染色体当中

核基因组被分成一套线性 DNA 分子，各自包含于一条染色体中。目前已知的都不外乎如下的情况：所有已研究的真核生物至少有两条染色体，而且 DNA 分子常常是线性的。真核生物基因组结构在此水平的唯一不同是染色体的数目，而且它似乎与生物体的生物学特征没有关系。例如，酵母有 16 条染色体，是果蝇的 4 倍。染色体数目与基因组大小也没有关系：一些蝾螈的基因组比人类大 30 倍，但染色体数目只有人类的一半。这些比较的结果很有意思，但它目前并没有为我们提供任何有关基因组本身的有用提示；它们更像是不均一性进化事件的反映，并由此造成了不同物种中基因组结构的多样性。

### 7.1.1 DNA 包装成染色体

染色体远比它们所包含的 DNA 分子要短得多，人类染色体包含平均长度刚好小于 5 cm 的 DNA。因此，需要一种高度组织性的包装系统，将一个 DNA 分子装入到相应的染色体中。在开始思考基因组如何发挥功能之前，我们必须先了解这种包装系统，因为这种包装的性质对单个基因的表达过程存在很大的影响（第 10 章）。

通过生化分析与电子显微镜技术的结合，人们在 20 世纪 70 年代初期对 DNA 包装的研究取得了重要突破。人们很早就知道细胞核 DNA 与被称作**组蛋白**（histone）的 DNA 结合蛋白相结合，但这种结合作用的本质并未阐明。在 1973～1974 年，几个研究小组进行了**染色质**（chromatin）（DNA-组蛋白复合物）的**核酸酶保护实验**（nuclease protection experiment）。他们将染色质从细胞核中小心地抽提出来，尽可能地保留了它们结构的完整性。用一种可以在没有蛋白质附着的非“保护”部位切开 DNA 的酶处理染色质，产生的 DNA 片段大小可以显示蛋白质复合物在原 DNA 分子上的位置（图 7.1）。用有限量的核酸酶处理纯化的染色质，产生的大多数 DNA 片段长约 200 bp 或是 200 bp 的倍数，这提示组蛋白沿着 DNA 排列的间隔是有规律的。

1974 年，提纯的染色质的电镜图片对这些生化结果提供了补充。在电子显微镜下观察，核酸酶保护实验提示的规则性间隔表现为线性 DNA 上的蛋白质串珠［图 7.2（A)］。深入的生化研究表明，每个珠或称**核小体**（nucleosome）都包含 8 个组蛋白分子——H2A、H2B、H3 和 H4 各两个。结构学研究已经表明，这 8 个组蛋白分子形成一个桶状的**核心八聚体**（core octamer），DNA 在其外围缠绕两圈［图 7.2（B)］。长度为 140～150 bp（具体取决于物种类型）的 DNA 与核小体颗粒相互结合，且每个核小体由 50～70 bp 的连接 DNA 分隔，这样的重复单位长 190～220 bp，与之前的核酸酶保

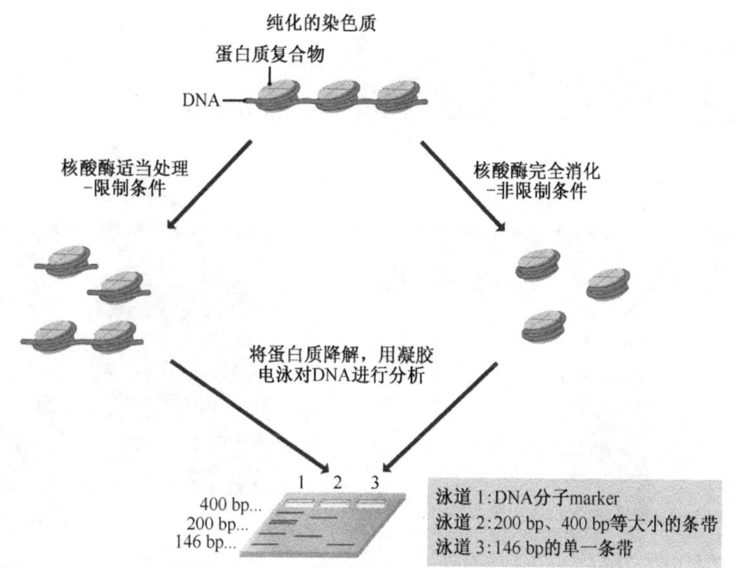


图 7.1 对人细胞核进行的染色质核酸酶保护分析

用温和的方法从细胞核内提取染色质并用核酸酶处理。图左部分，用核酸酶进行适当处理，使 DNA 只在结合蛋白之间的连接部分平均被切割一次。去除蛋白质成分后，经琼脂糖电泳发现片段长度均为 200 bp 或其倍数。图右部分，核酸酶完全反应，使所有的 DNA 连接部分都被消化。所得 DNA 片段长度均为 146 bp。这些实验结果表明，在染色质中，蛋白质复合物以均匀间隔沿 DNA 排列，每个间隔为 200 bp，其中有 146 bp 的 DNA 与蛋白质复合物紧密结合

护实验吻合。

除了核心八聚体蛋白以外，另外还有一类组蛋白，它们相互联结，统称为**连接组蛋白**（linker histone）。在脊椎动物中，存在组蛋白 H1a-e、$H1^0$、H1t 和 H5。每个连接组蛋白附着于一个核小体，形成**染色质小体**（chromatosome），但它的确切定位并不清楚。结构学的研究也支持这样的一个传统模型，即连接组蛋白好像夹子，防止卷曲的 DNA 从核小体上脱离下来［图 7.2（C）］。但其他的结果提示，至少在某些生物中，连接组蛋白不是像夹子一样正好处在核小体-DNA 包装体的表面，而是插入到核心八聚体和 DNA 之间。

图 7.2（A）中显示的“串珠样”结构，代表了活细胞的核中并不多见的染色质非包装形式。20 世纪 70 年代中期发展的温和细胞裂解技术使人们发现了一种更为紧密的称为 **30 nm 纤维**（30 nm fiber）的复合物（直径大约 30nm）。核小体联结成 30 nm 纤维的确切机制尚不清楚，但人们已经推测了几种模型，其中两种如图 7.3 所示。30 nm 纤维内的每个核小体是通过连接组蛋白之间的相互作用而连接在一起，或者，这种联结也与核心组蛋白的作用有关，这些组蛋白的“尾”部伸出于核小体之外（图 10.13）。后一种假说更受人青睐，因为这些组蛋白的“尾”部经过化学修饰后，可以将 30 nm 纤维的结构打开，有利于其中基因的活化（10.2.1 节）。

## 7.1.2 中期染色体的特征

30 nm 纤维可能是分裂间期（即细胞核分裂之间的时期）细胞核染色质的主要形

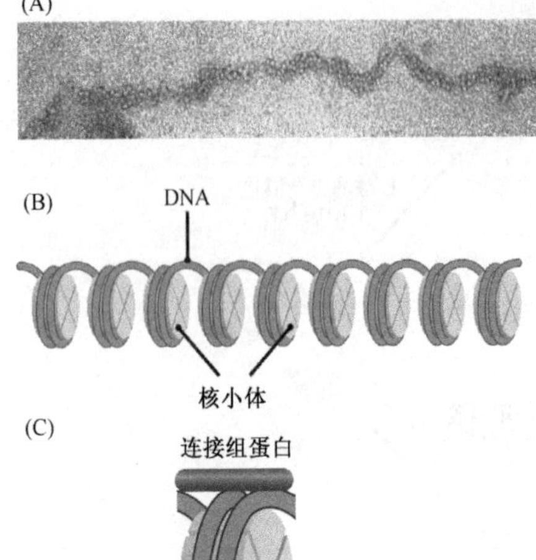


图 7.2　核小体

（A）经纯化的染色质的电子显微镜图片示“串珠样”结构。（B）“串珠样”结构模型中，每个珠是一个桶形的核小体，DNA 在其外缠绕 2 圈。每个核小体由 8 个蛋白质分子组成：2 个 H3 和 H4 亚单位组成核心四聚体，外加 2 个 H2A、H2B 二聚体，在核心四聚体上下各一个（图 10.13）。（C）联结组蛋白相对于核小体的确切位置并不清楚，如图所示，联结组蛋白起到类似“夹子”的作用，防止 DNA 从核小体外部脱离。图（A）经 Barbara Hamkalo 博士允许采用

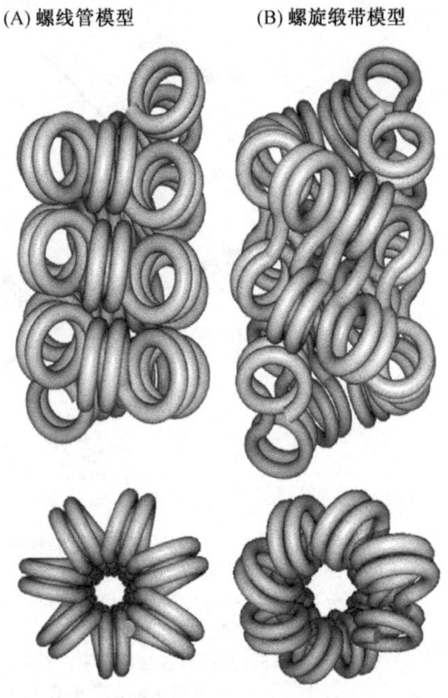


图 7.3　30 nm 染色质纤维的两种结构模型

多年以来，人们都倾向于螺线管模型（A），但近来的实验结果支持螺旋缎带模型（B）。Dorigo et al. 授权（*Science*，306，1571～1573。© 2004 AAAS）

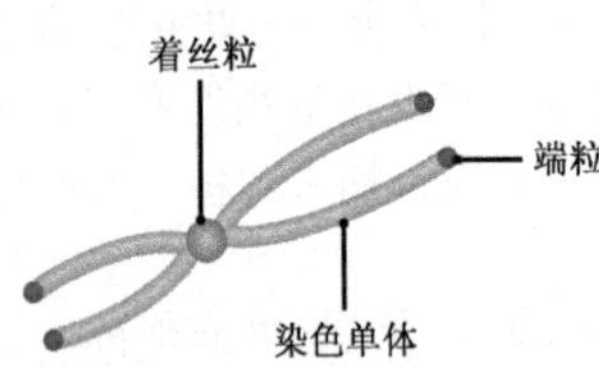


图 7.4　中期染色体的典型外观

中期染色体在 DNA 复制完成后形成，所以“每个”中期染色体实际上是着丝粒部位连接在一起的“两条”染色体。染色体的臂称为染色单体。端粒是染色单体的最末端

式。核分裂时，DNA 以更加紧凑的形式包装，形成光镜下可见的、高度凝缩的**中期染色体**（metaphase chromosome），总体上具有了染色体一词所体现的表象（图 7.4）。中期染色体是在**细胞周期**（cell cycle）中 DNA 复制完成以后才形成的，所以每条染色体都含有两个拷贝的染色体 DNA 分子。这两个拷贝在**着丝粒**（centromere）处结合在一起，后者在每条染色体上都有一个特定的位置。每一条染色体可根据其大小及着丝粒相对于两端的定位来进行识别。进一步的特征可通过染色体显色得到。有许多不同的染色技术（表 7.1），每一种都可产生特定染色体典型的带型特征。这样，一种生物的全套染色体可用核型图（karyogram）来代表，它描述了每条染色体的带型。人类核型图如图 7.5 所示。

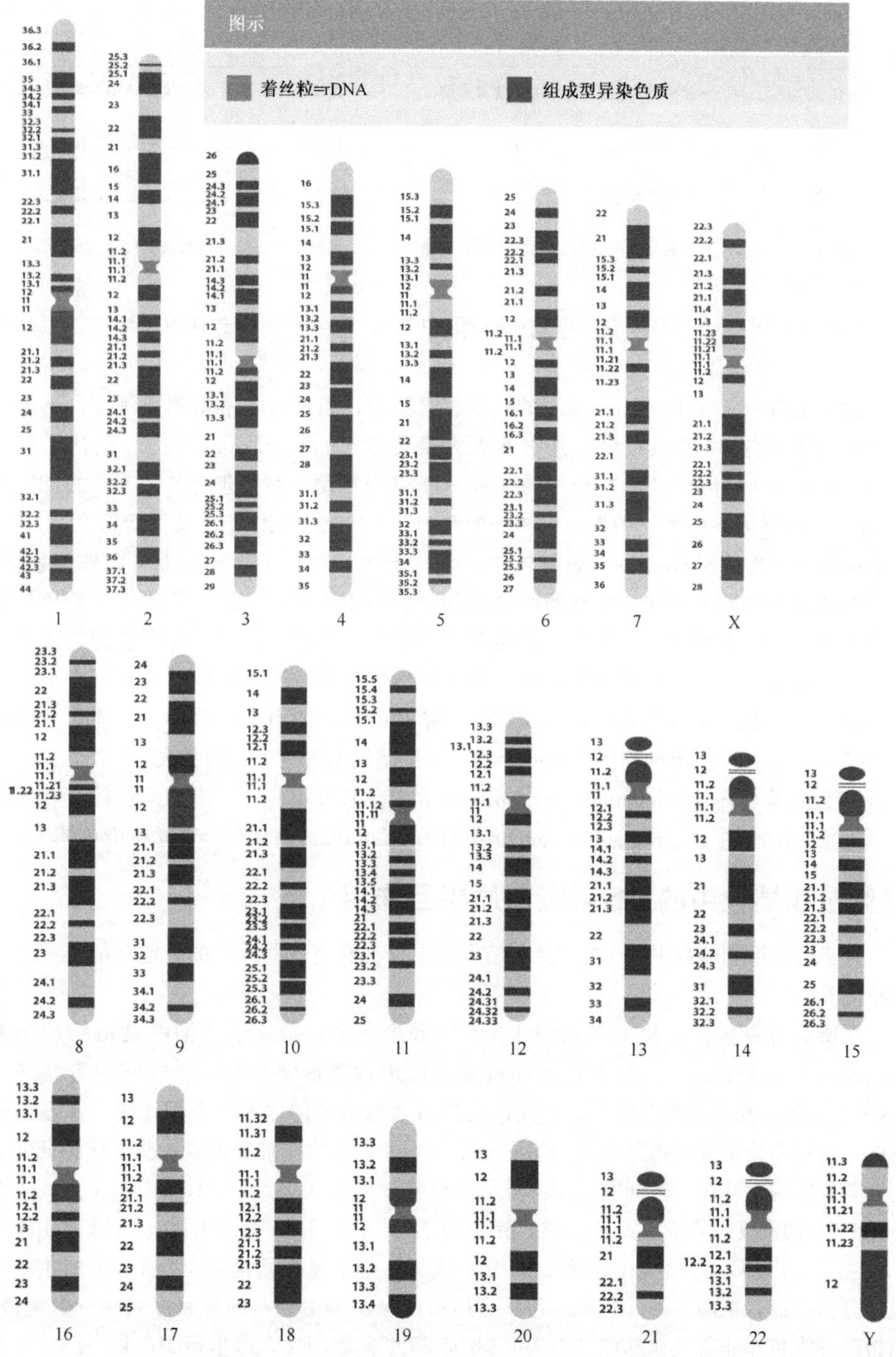


图 7.5　人类核型图

图中的染色体，是吉姆萨染色所得 G 带的模式图。每个图下面是染色体的编号，左边是带号。“rDNA”是一个含有核糖体 RNA 基因重复单位簇的区域（1.2.2 节）。“组成型异染色质”是指包含基因非常少或不含基因、高度致密的染色质（10.1.2 节）

表 7.1　用于显示染色体带型的染色技术

| 技术 | 方法 | 带型 |
|---|---|---|
| G 带 | 吉姆萨染色后，蛋白质温和水解 | 黑带是 AT 富含区，浅带是 GC 富含区 |
| R 带 | 吉姆萨染色后，热变性 | 黑带是 GC 富含区，浅带是 AT 富含区 |
| Q 带 | 阿的平染色 | 黑带是 AT 富含区，浅带是 GC 富含区 |
| C 带 | 氢氧化钡变性后，再用吉姆萨染色 | 黑带是组成型异染色质（10.1.2 节） |

人类核型图是绝大多数真核生物染色体的代表，但一些物种表现出人核型图以外的罕见特征。包括如下几种：

- **微型染色体**（minichromosome）的长度相对较短，但基因非常富集。例如，鸡的基因组就被分为 39 条染色体：其中 6 条**大染色体**（macrochromosome）包括了全部 DNA 的 66%，但只包含了 25%的基因。而 33 条微型染色体包含其余 1/3 的基因组和 75%的基因。因此，微型染色体中的基因密度比大染色体中的要高 6 倍多。
- **B 染色体**（B chromosome）是群体中的某些个体（并非全部）携带的额外染色体。它们在植物中普遍存在，在真菌、昆虫和动物中也有发现。B 染色体似乎是核分裂过程中因为异常事件而产生的正常染色体的碎片。一些染色体包含有基因，通常与 rRNA 相关，但尚不知道这些基因是否具有活性。B 染色体的存在可能会影响机体的生物学特性，尤其是在植物中，它们与植物的生存能力下降有关。目前人们推测 B 染色体是一种遗传过程中失调的产物，在细胞谱系分化中逐渐丢失。
- **全着丝粒染色体**（holocentric chromosome）着丝粒并不唯一，沿着染色体存在多个着丝粒结构。秀丽隐杆线虫（*Caenorhabditis elegans*）就含有全着丝粒染色体。

## 着丝粒和端粒中的 DNA-蛋白质相互作用

位于着丝粒和端粒中的 DNA 及其结合蛋白，具有与这些结构的特定功能有关的一些特征。

在所有高等真核生物的着丝粒 DNA 核酸序列中，研究最透彻的是植物拟南芥（*Arabidopsis thaliana*），由于它非常适宜人们进行遗传学分析，所以它的着丝粒在 DNA 上得到了相对精确的定位。为测出这些着丝粒区域的序列，人们还进行了专门的尝试。这些序列常常被排除在基因组测序草图之外，因为在准确读取这些区域特征性的高度重复结构时存在一些问题。拟南芥的着丝粒分布在 0.9～1.2 Mb 的 DNA 上，主要由 180 bp 的重复序列组成。在人类，相应的序列长 171 bp，称之为**类 α-DNA**（alphoid DNA）。在获得拟南芥的序列以前，研究者认为这些重复序列是着丝粒 DNA 的主要组成部分。然而，拟南芥的着丝粒还包括多拷贝的全基因组分布的重复序列和少数基因，与拟南芥染色体非着丝粒部位的每 100 kb 有 25 个基因相比，这里每 100 kb 有 7～9 个基因。着丝粒 DNA 含有基因是一个让人十分惊诧的发现，因为此前人们一直认为它们是遗传学上的无活性区域。

拟南芥和人类中的着丝粒 DNA 基本模式，几乎存在于所有的真核生物中，但在酿酒酵母（*Saccharomyces cerevisiae*）中存在一个有趣的变异，酵母着丝粒为单一的序列，大约长 125 bp。该序列由两个短的元件组成，称作 CDEI 和 CDEIII，它们之间是一个更长的元件 CDEII（图 7.6）。CDEII 的序列是可变的，尽管常常富含 A 和 T，而 CDEI 和 CDEIII 高度保守，这提示它们的序列在所有 16 条酵母染色体中都很类似。CDEII 的突变几乎不影响着丝粒的功能，但 CDEI 或 CDEIII 的点突变常常阻止着丝粒的形成。酵母着丝粒 DNA 的“短、非重复性”的特点使人们在了解“DNA 如何与蛋白质相互作用形成一个功能性着丝粒”的过程方面取得很大的进步。一种被称为 Cse4 的特殊染色体蛋白质发挥了关键性的作用，其结构与组蛋白 H3 类似，它通过与另外一种蛋白质 Mif2 结合，形成包绕 CDEII 序列的核心复合体（图 7.7）。该 DNA 序列似乎由另外两种蛋白质固定位置：识别并结合 CDEI 序列的 Cbf1，以及结合 CDEIII 的 Cbf3（实际上是 4 种蛋白质形成的四聚体）。Cbf1 和 Cbf3 还结合至少 20 种其他蛋白质，形成**着丝点**（kinetochore），后者是微管的附着点，而微管则负责将分裂的染色体拉入子代细胞核中（图 7.8）。酵母着丝粒的这种模式能多大程度上推广到其他真核生物中，目前还不清楚。更高等的真核生物着丝粒的情况则大不相同，因为它们包含了核小体，而类似于染色体中的其他区域，但其中部分区域包含 CENP-A 蛋白，而不是组蛋白 H3。包含 CENP-A 的核小体比含 H3 的染色体更加坚实，结构更加紧密。另外，人们推测，CENP-A 和 H3 核小体沿着 DNA 的排列情况是：CENP-A 定位于着丝粒的表面，形成包绕着丝点结构的一个外壳（图 7.9）。

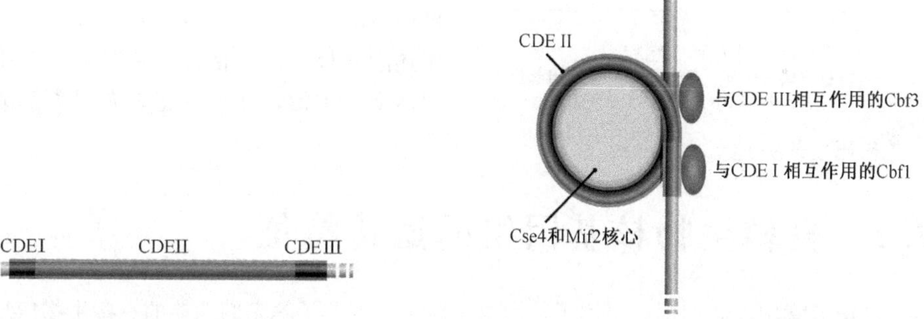


图 7.6　秀丽隐杆线虫的着丝粒

CDEI 长 9bp，CDEII 长 80～90bp，而 CDEIII 长 11bp。图示的该区域侧翼序列是着丝粒 DNA 的一部分，全长约 125bp

图 7.7　酵母着丝粒中的 DNA-蛋白质作用

该简图纯属概念性的示意图，蛋白质和 DNA 元件的准确位置尚不清楚

染色体第二个重要的部分是其末端区域或称**端粒**（telomere）。端粒之所以重要，是因为它们是染色体末端的标志。根据端粒的存在，可以区分细胞中真正的染色体末端和断裂后形成的断端，这一点很重要，因为细胞只修复后者而不是前者。人类端粒 DNA 是由数百拷贝的重复基序 5′-TTAGGG-3′组成，并在双链分子 3′端有一短的延伸序列（图 7.10）。人类端粒中，有两种特殊蛋白质结合于重复序列。一种称之为 TRF1，帮助调节端粒的长度；另一种称为 TRF2，维持单链的延伸。如果 TRF2 失活，这种延

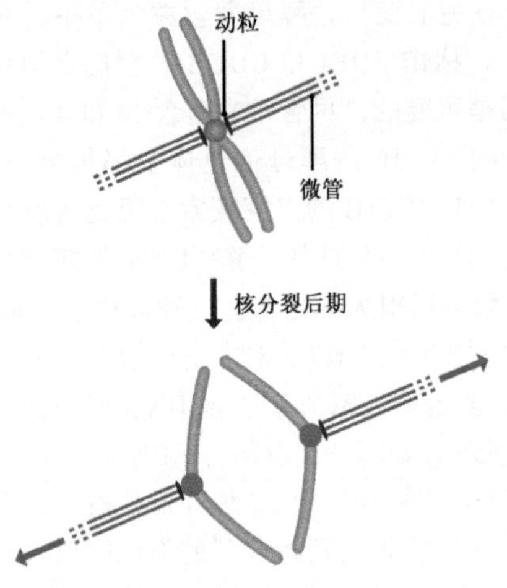


图 7.8　动粒在核分裂时的作用

在核分裂后期，单条染色体由附着在着丝点上的微管拉开

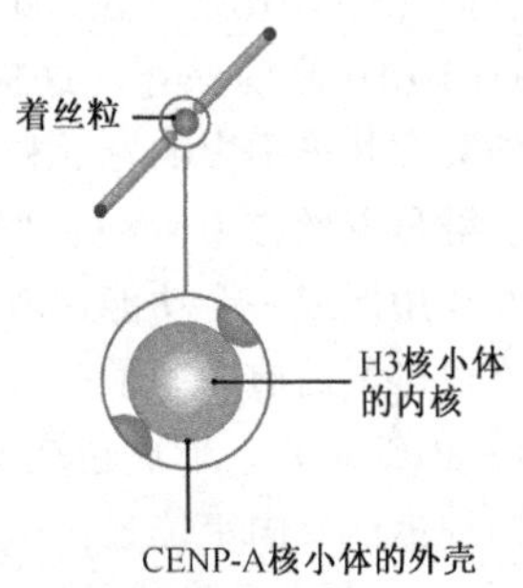


图 7.9　哺乳动物着丝粒包括 CENP-A 和 H3 核小体

一种可能性是，H3 核小体主要定位于着丝粒的中央核心区，而 CENP-A 则形成一个包绕着丝点结构的外壳

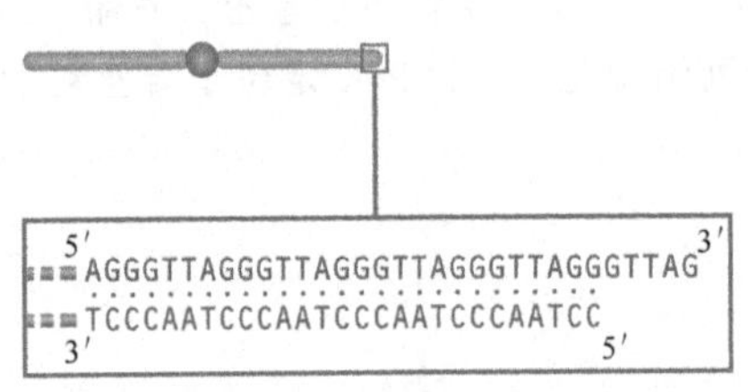


图 7.10　端粒

人类端粒末端的序列。每个端粒 3′端突出长度不等，端粒 DNA 详见 15.2.4 节

伸作用将被终止，两个多聚核苷酸将通过共价键融合在一起。其他的端粒蛋白被认为起到连接端粒和核周的作用，而核周是染色体末端所在的区域。其他一些蛋白质则介导 DNA 复制过程中维持每一个端粒长度的酶活性。在 15.2.4 节中，我们将再次阐述刚才提及的酶活性：它对于染色体的存活十分关键，并且可能是人们了解细胞衰老和死亡的关键。

# 7.2　真核生物核基因组的遗传特征

在第 5 章中，我们探讨了用于基因组中定位基因并了解它们功能的一些生物信息学和实验方法。现在，我们主要集中于讨论在真核生物核基因组遗传特征方面，这些方法能提供给我们的信息。

## 7.2.1　真核生物基因组中基因位于何处

在上一节中我们了解到拟南芥的着丝粒含有基因，但其密度较染色体的其他部位要低。这提醒我们这样一个事实：基因在整个染色体上并不是均匀分布的。在大多数生物中，基因分布似乎更为随机，在一条染色体的不同位置，基因密度会有许多变化。在拟南芥中，平均的基因密度为每 100 kb 有 25 个基因，但即使是在着丝粒和端粒以外的区域，基因密度也可在每 100 kb 有 1～38 个基因，如图 7.11 所示的拟南芥 5 条染色体中最大的一条。在人类染色体中也是如此，密度变化可在每 100 kb 有 0～64 个基因。

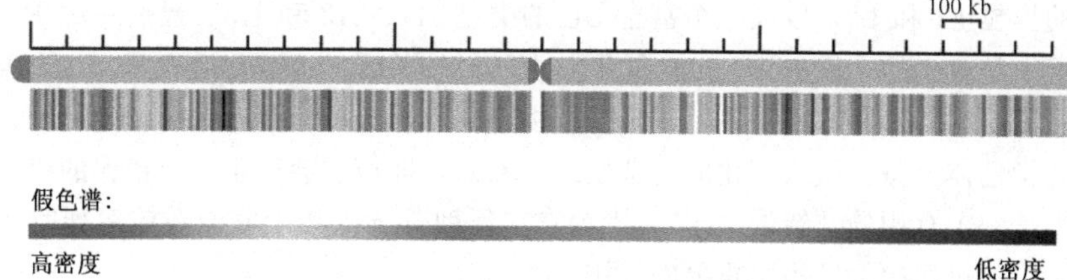


图 7.11　拟南芥 5 条染色体中最大染色体上基因的密度

1 号染色体长 29.1 Mb，测序的部分用红色表示，着丝粒和端粒用蓝色表示。染色体下方的基因图以伪彩色光谱给出了基因密度，从深蓝色（低密度）到红色（高密度）。密度为每 100 kb 有 1～38 个基因不等。经 AGI（The *Arabidopsis* Genome Initiative）授权（*Nature*，408，797～815. © 2000 Macmillan Magazines Limited）

在序列草图完成的前几年，人们就提出过“人类染色体中基因不均匀分布”的这一猜测。有两个证据，其中一个与染色体染色后出现的带型有关。染色时染料（表 7.1）与 DNA 分子结合，但在大多数情况下对某些碱基对有倾向性。例如，吉姆萨对富含 A 和 T 的 DNA 区域有较高亲和力。因此，我们认为人类核型图中黑色的 G 带是基因组中富含 AT 的区域（图 7.5）。A+T 占整个基因组的 59.7%，所以 G 带中的 AT 含量肯定大于 60%。因此，根据细胞遗传学的预测，在 G 带中基因较少，因为基因中的 AT 含量一般为 45%～50%。通过比较人类基因组序列草图与人类核型图，人们确认了这种假设。

基因不均匀分布的第二个证据来自基因组结构的**等容线**（isochore）模型。根据这种模型，脊椎动物和植物（可能还包括其他真核生物）的基因组是许多 DNA 片段的嵌合体，每个片段至少长 300 kb，并有统一的碱基组成但与邻近的片段之间有一些差别。下列实验也支持等容线模型：将基因组 DNA 断裂成约 100 kb 的片段，用特异性结合 AT 或 GC 富含区的染料处理，再用密度梯度离心加以分离（技术注解 7.1）。对于人类

## 技术注解 7.1　超速离心技术

**分离细胞成分和生物大分子的方法**

20 世纪 20 年代高速离心的发展产生了从破裂细胞中分离细胞器和其他组分的技术。首先利用的是**差速离心**（differential centrifugation）技术，即采用不同的转速，收集细胞提取物中的较轻成分。例如，完整细胞核相对较大，可以经过 1000 *g* 离心 10 min 收集，线粒体较轻，要求 20 000 *g* 离心 20 min。设计好离心参数，就可以得到较高纯度的不同细胞成分。

**密度梯度离心**（density gradient centrifugation）首次使用于 1951 年。在这种方法中，细胞成分不是在正常水溶液中离心。而是在离心管中加入蔗糖，以形成密度梯度，越往管底，密度越大。细胞组分加在上方，在非常高的转速下（至少 500 000 *g*）离心数小时。这种情况下，细胞成分的迁移率有赖于其沉降系数，而沉降系数又与分子的大小和形状有关。例如，真核生物核糖体的沉降系数为 80S（S 指 Svedberg 单位，Svedberg 是瑞士科学家，他首次将超速离心应用于生物学领域），而较小的细菌核糖体的沉降系数为 70S。

第二种密度梯度离心法，使用的是 8 mol/L 的氯化铯，比用于测 S 值的蔗糖溶液密度高。这种溶液开始是均一的，离心过程中才形成梯度。细胞成分沿离心管向下迁移，但 DNA 和蛋白质等分子并不到达底部，相反，每种分子会停留在与其**浮力密度**（buoyant density）相同的介质中（图 7.23）。这一技术在分子生物学中有很多应用，可以分离碱基组成不同的 DNA 片段，和不同构象的 DNA 分子（如超螺旋、环状和线性的 DNA），也可以分离正常 DNA 和重氮同位素标记的 DNA（15.1.1 节）。

基因组 DNA，可见 5 个组分，每个组分代表具有不同碱基组成的等容线模型：2 个富含 AT 的异粒 L1 和 L2，以及 3 个富含 GC 的类型 H1、H2 和 H3。最后一种 H3 在人类基因组中是最少的，仅占 3%，但含有超过 25%的基因。这清楚地表明，在人类基因组中基因是不均匀分布的。事实上，全基因组序列分析提示，等容线模型过分简化了每一条人类染色体上碱基组成变化的复杂模式。然而，即使它会产生一个错误的概念，异粒理论也是一个有用的"错误概念"，因为它在帮助分子生物学家们在前序列时代了解基因组结构的过程中，发挥了重要的作用。

## 7.2.2 在核基因组中基因是如何组织的

因为真核生物染色体上的基因密度变化不一，这就意味着很难找到那些能代表全基因组的"典型"基因排列区域。尽管存在这样的困难，我们还是很明确一点：在不同真核生物中，基因分布总体上是很不一样的。但是，我们又需要了解这些差异，因为它们反映了这些基因组的遗传学特征和进化史上的重要差别。为了阐明这些差异，我们将在本章节中，深入了解人类基因组中的一小部分，并与其他物种基因组中的相应部分进行比较。在阅读这部分内容时，读者应该集中于所描述的明显特征，而单个染色体上发生的各种变化也提示我们：对于一个特定基因组中是否存在某种基因排布模式的问题，很难做出明确而又简洁的回答。

### 基因只构成了人类基因组中的一部分

在核基因组中基因是如何组织的？为回答这个问题，我们将学习一下第 12 号染色体上的一个 50 kb 的片段（图 7.12），这个片段中包含如下几个遗传学特征。

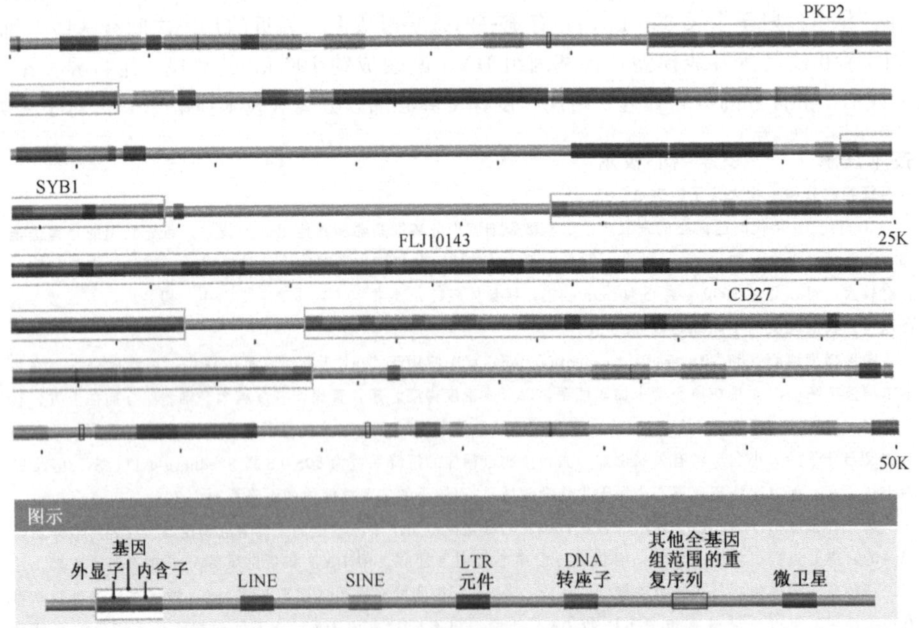


图 7.12 人基因组的一个片段

该图显示了人第 12 条染色体中的一个 50kb 片段中，基因、基因片段、全基因组重复序列和微卫星的定位

- 4 个基因。它们是：
  - *PKP2*，编码亲斑蛋白 2，后者参与了细胞桥粒的合成，细胞桥粒是哺乳动物黏附细胞的连接点的一种结构。
  - *SYB1*，产生一种囊泡相关膜蛋白，其作用是确保囊泡与细胞内正确的靶膜相融合。
  - 一个功能尚未确认的基因，称作 *FLJ10143*。
  - *CD27*，编码肿瘤坏死因子受体超家族的一个成员，该家族的蛋白质调节与细胞**凋亡**（apoptosis）（程序性细胞死亡）和细胞分化相关的信号转导通路。

  请注意，这 4 个基因都不是连续的，它们的内含子数目从 *SYB1* 的 2 个到 *PKP2* 的 8 个不等。
- 88 个全基因组范围的重复序列。这些是基因组中很多地方出现的序列。在基因组中，主要存在 4 种类型的基因组范围重复序列，分别是**长散布核元件**（long interspersed nuclear element，LINE），**短散布核元件**（short interspersed nuclear element，SINE），**长末端重复元件**（long terminal repeat，LTR element）以及 **DNA 转座子**（DNA transposon）。在这个基因组的短片段中，我们看到了上述 4 种类型的例子。大多数全基因组范围的重复序列定位于基因之间的区域，但个别也会位于内含子之中。
- 7 个微卫星，后者在 3.2.2 节中有介绍，是串联重复的一种短小基序序列。这里的微卫星中有一个具有 CA 基序，重复 12 次，序列如下：

  5′-CACACACACACACACACACACACA-3′
  3′-GTGTGTGTGTGTGTGTGTGTGTGT-5′

  其他 6 个微卫星分别由重复序列 CAAA、CCTG、CTGGGG、CAAAA、TG 和 TTTG 组成。7 个中有 4 个定位于内含子中。
- 最后，在我们观察的这段长 50 kb 的人基因组片段中，约 30%的部分由功能未知或不明确的非基因、非重复序列或单拷贝 DNA 组成。

这段 50 kb 的人基因组片段中，最令人惊讶的特征是这些基因所占的空间相对而言非常小。加在一起计算，外显子的总长度（4 个基因中包含生物学信息的那部分）是 4745 bp，相当于 50 kb 片段的 9.5%。事实上，这个片段还算是基因相对比较富集的区域：人基因组中所有外显子加起来只有 48 Mb，只占总数的 1.5%。相比之下，44%的基因组是由全基因组范围的重复序列组成（图 7.13）。

## 酵母基因组是相当紧凑的

在不同的真核生物之间，基因排布有多大程度上的差异呢？基因组大小有很明显的差别：最小者不到 10 Mb，而最大者超过了 100 000 Mb。正如我们在图 7.14 和表 7.2 中所见，这个大小范围与物种的复杂性在一定程度上互相一致：最简单的真核生物，如真菌的基因组最小，而相对高等的真核生物，如脊椎动物和有花植物的基因组就属于最大的。这似乎也是合理的，既然人们认为物种的复杂性与基因组中的基因数目有关，那么，高等真核生物就需要更大的基因组来容纳更多的基因。然而，这个相关性并不是很准确：因为如果它是非常准确的话，那么酿酒酵母（*Saccharomyces cerevisiae*）的核基

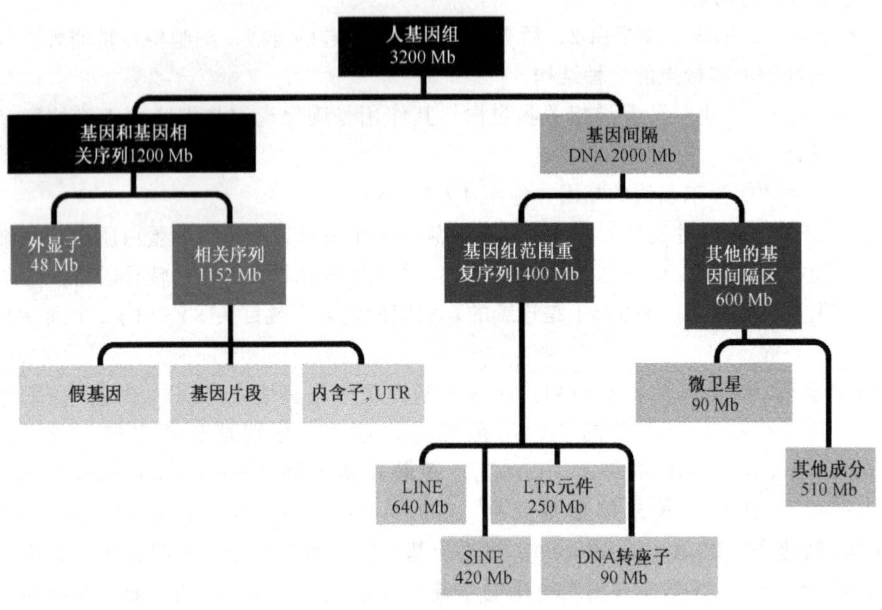


图 7.13 人基因组的组成

缩略词：UTR，非翻译区

因组（只有 12 Mb，是人基因组的 0.004 倍）就应该只包含 0.004×35 000 个基因，也就是只有 140 个基因。而实际上，酵母基因组中包含约 6000 个基因。

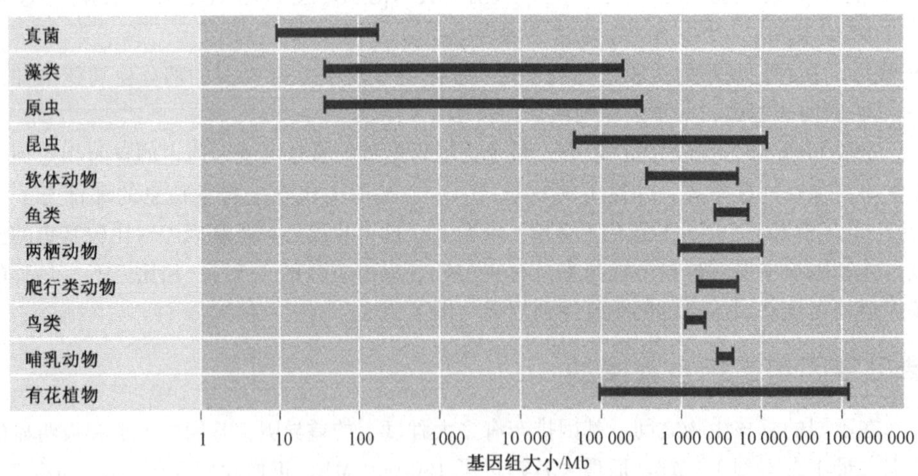


图 7.14 不同的真核生物组中的基因组大小范围

**表 7.2 真核生物基因组的大小**

| 物种 | 基因组大小/Mb |
|---|---|
| **真菌** | |
| 酿酒酵母（*Saccharomyces cerevisiae*） | 12.1 |
| 沟巢曲霉（*Aspergillus nidulans*） | 25.4 |
| **原虫** | |
| 梨形四膜虫（*Tetrahymena pyriformis*） | 190 |
| **无脊椎动物** | |
| 秀丽隐杆线虫（*Caenorhabditis elegans*） | 97 |
| 黑腹果蝇（*Drosophila melanogater*） | 180 |
| 桑蚕（*Bombyx mori*）（蚕） | 490 |
| 紫球海胆（*Strongylocentrotus purpuratus*）（海胆） | 845 |
| 飞蝗（*Locusta migratoria*）（蝗虫） | 5000 |
| **脊椎动物** | |
| 红鳍东方鲀（*Takifugu rubripes*）（河豚） | 400 |
| 人（*Homo sapiens*） | 3200 |
| 小鼠（*Mus musculus*）（小鼠） | 3300 |
| **植物** | |
| 拟南芥（*Arabidopsis thaliana*）（野豌豆） | 125 |
| 水稻（*Oryza sativa*）（水稻） | 466 |
| 玉米（*Zea mays*）（玉米） | 2500 |
| 豌豆（*Pisum sativum*）（豌豆） | 4800 |
| 小麦（*Triticum aestivum*）（小麦） | 16 000 |
| 贝母（*Fritillaria assyriaca*）（贝母） | 120 000 |

许多年以来，一种生物体的复杂性与其基因组大小的准确关联性一直是个谜，这就是所谓的**C值悖论**（C-value paradox）。事实上，答案非常简单：在相对不复杂的物种中，因为基因排列更加紧密，节省了基因组的空间。酿酒酵母基因组表明了这一点，正如我们从图 7.15 的上两个部分可以看到，图中将我们刚才观察的 50 kb 人基因组片段与酵母的一个 50 kb 基因组片段进行了比较。这个酵母基因组片段来自于第 III 条染色体（是第一条完成测序的真核生物染色体），具有如下几个不同的特点：

- 它包含的基因数目比人的片段多。这段酵母第 III 条染色体区域包含了 26 个蛋白质编码基因以及 2 条编码转移 RNA 的基因。
- 酵母中不连续的基因数目相对较少。在这个第 III 条染色体的片段中，没有一个基因是不连续性的。在整个酵母基因组中，只有 239 个内含子，相比之下，人基因组中含有 300 000 个以上。
- 全基因组范围的重复序列更少。这部分第 III 号染色体片段只包括一个 LTR 元件，称作 *Ty2* 以及 4 个截短的 LTR 元件，称作 delta 序列。这 5 个全基因组范围的重复

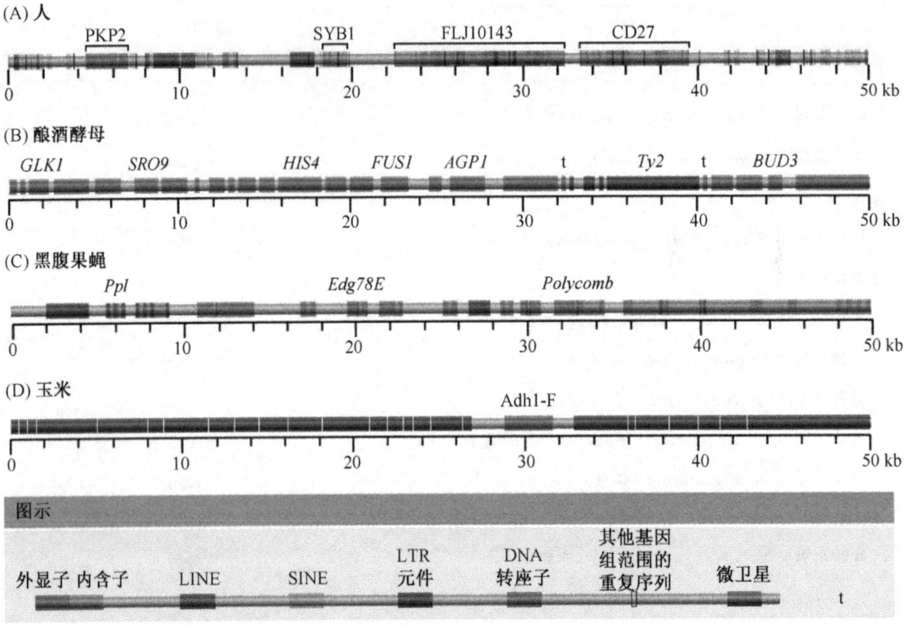


图 7.15　人、酵母、果蝇和玉米的基因组比较

（A）前面所述的人第 12 号染色体的 50 kb 片段。图中将它与酿酒酵母（*Saccharomyces cerevisiae*）（B）黑腹果蝇（*Drosophila melanogater*）（C）和玉米（D）基因组中的 50 kb 片段进行了比较

序列占了该 50 kb 片段的 13.5%，但该图并不是酵母全体基因组的典型代表。如果将酵母的 16 条染色体全部考虑进去的话，全基因组范围的重复序列只占了总序列的 3.4%。

该图提示，酵母的基因组在基因的编排方面比人基因组更加经济。酵母基因自身更加紧密，内含子更少，基因间的空隙也相对更短，全基因组范围的重复序列和其他非编码序列占用的空间也更少。

## 其他真核生物中的基因编排

在观察和比较其他物种的基因组时，建立了这样的一个假设：越是复杂的真核生物，它们的基因组越不紧凑。在图 7.15 中的第三部分是果蝇基因组的一个 50 kb 片段。如果我们也认为果蝇比酵母细胞更加复杂，但不如人类复杂的话，我们就会预计果蝇基因组的编排将介于酵母和人之间。这也正如我们在图 7.15（C）中所看到的，在这 50 kb 的果蝇基因组片段中有 11 个基因，比人片段中多，但比酵母中要少。所有的这些基因都是不连续性的，但其中 7 个基因各有一个内含子。在将这 3 个物种的整个基因组序列进行比对时，也得出类似的结果（表 7.3）。果蝇基因组中的基因密度介于酵母和人之间，而且果蝇的平均基因内含子数比酵母多，但不到人的 3 倍。

**表 7.3　酵母、果蝇和人基因组的紧凑性**

| 特征 | 酵母 | 果蝇 | 人 |
|---|---|---|---|
| 基因平均密度/（个/Mb） | 496 | 76 | 11 |
| 平均每个基因的内含子数目/个 | 0.04 | 3 | 9 |
| 全基因组范围的重复序列所占基因组的比例 | 3.4％ | 12％ | 44％ |

从全基因组范围的重复序列的角度考虑时，比较酵母、果蝇和人的基因组以后，上述假设也是成立的（表 7.3）。这些序列占酵母基因组的 3.4％，占果蝇基因组的 12％，占人基因组的 44％。人们越来越清楚地意识到，全基因组范围的重复序列在提示某个基因组紧凑与否中起到了很明显的作用。这在玉米基因组中得到了充分的说明：玉米基因组只有 2500 Mb，在开花植物中算是相对比较小的。目前只完成了部分玉米基因组的测序，但人们获得了一些很明显的结果，提示基因组中重复序列占了大部分。图 7.15（D）给出了玉米基因组中的一个 50 kb 的片段，两端都是编码乙醇脱氢酶基因家族的一个成员。除在图示序列右侧末端约 100 kb 处，有一个未知功能的基因外，这是该 50 kb 基因组片段中唯一的基因。这个基因组片段中，全基因组范围的重复序列取代了基因，成为了主要成员，人们把它形象的描述成“海洋”，而基因则是孤立其中的“小岛”。这些全基因组范围的重复序列都属于 LTR 元件类，在该片段的非编码部分几乎都是由它组成，而且预计它约占玉米基因组的 50％之多。人们开始发现，在某些物种的基因组中，一个或更多的全基因组范围的重复序列家族大量存在。这能够部分的解释 C 值悖论中最令人困惑的方面，即在更为复杂的生物中，观察到的不是基因组大小的增加，而是“类似生物的基因组大小可以相差甚远”的这一事实。无恒变形虫（*Amoeba dubia*）就是一个很好的例子，它是一种原生动物，人们可能预期它的基因组大小为 100～500 kb，与其他的原虫，如梨形四膜虫（*Tetrahymena pyriformis*）类似（表 7.2）。而事实上，无恒变形虫 *Amoeba* 的基因组超过了 200 000 Mb。类似的，我们可能会猜测蟋蟀的基因组大小与其他昆虫差不多，而实际上这类昆虫的基因组约为 2000 Mb，是果蝇的 11 倍之多。

### 7.2.3　基因组中有多少基因，它们的功能又是什么

目前递交的最详细的人染色体测序图提示，人基因组中包含 30 000～40 000 个基因，之所以未能给出精确的数目，是因为如 5.1.1 节中提及的，在区分哪些序列是基因哪些不是时存在很大的困难。这个基因数比人们原来预期的要少得多，而在 2000 年草图完成前几个月，流行的“最受公认的猜测”是 80 000～100 000 个基因。这些早期的估计之所以偏高，是因为人们的预计是依据一个假设：大多数情况下，单个基因需要对应于单个 mRNA 和单个蛋白质。根据这个假设，人基因组应该与人细胞中蛋白质数目相似，于是导致了 80 000～100 000 的估计结果。基因数目比这个数字小的发现，提示了选择性剪切（将前体 mRNA 的外显子以不同的方式进行组合的过程）的存在，从而导致了单个基因可以产生一个以上的蛋白质（图 6.5）。在表 7.4 中列出了不同真核生物的基因数目，但读者必须牢记的一点是：由于选择性剪切的存在，“有多少个基因？”这个问题并没有真正的生物学意义，因为基因数目并不能代表被合成出的蛋白质数量，

所以也不适于作为衡量基因组的生物学复杂性的标准。

**表 7.4　不同真核生物的基因组大小和基因数目**

| 物种 | 基因组大小/Mb | 基因的大致数目/个 |
|---|---|---|
| 酿酒酵母（*Saccharomyces cerevisiae*）（芽殖酵母） | 12.1 | 6100 |
| 栗酒裂殖酵母（*Schizosaccharomyces pombe*）（裂殖酵母） | 12.5 | 4900 |
| 秀丽隐杆线虫（*Caenorhabditis elegans*）（线虫） | 97 | 19 000 |
| 拟南芥（*Arabidopsis thaliana*）（植物） | 125 | 25 500 |
| 黑腹果蝇（*Drosophila melanogater*）（果蝇） | 180 | 13 600 |
| 水稻（*Oryza sativa*）（水稻） | 466 | 40 000 |
| 原鸡（*Gallus gallus*）（鸡） | 1200 | 20 000～23 000 |
| 人（*Homo sapiens*）（人） | 3200 | 30 000～40 000 |

虽然选择性剪切能使一个基因产生好几种蛋白质，但这些蛋白质的氨基酸序列至少有一部分是一样的，所以它们常常具有类似的相关功能。因此，根据它们的功能进行基因分类，能对基因组的生理生化活性范围提供很有意义的信息，尽管很多基因的剪切体还没有得到确认或功能未定。对于基因目录而言，存在一个缺乏完整性的问题，因为确认基因的功能存在很大的困难，即使是在相对简单的生物，如酿酒酵母（*Saccharomyces cerevisiae*）中。现有的基因目录很可能无法代表那些功能难以确认的基因。在了解了这些限制性以后，我们先来了解一下人类的基因目录。

## 人类基因目录

在人 30 000～40 000 个基因中，约半数基因的功能是已知的或在某种程度上得到明确提示的。其中绝大多数是蛋白质编码基因；只有不到 2500 个基因是编码不同类型的功能性 RNA。大约 1/4 的蛋白质编码基因参与了基因组的表达、复制和维持（图 7.16），而另外 21%的基因编码了调节基因组表达和对细胞外信号作出反应的细胞活动的**信号转导**（signal transduction）通路中的分子（14.1.2 节）。所有的这些基因都可以看作具有以某种方式参与基因组活性的功能。负责细胞总体生化功能的酶类占据了已知基因的其他 17.5%，剩下的基因参与了诸如：复合物出入细胞的转运、蛋白质折叠成正确的三维结构、免疫应答以及细胞骨架和肌肉中结构蛋白合成的过程。随着人类基因组目录的日益完善，如图 7.16 所示的三大类基因所占的比例可能会有所下降。因为这几大类基因代表了细胞生物学研究领域中最透彻的部分，那么该领域内的许多相关基因就很容易被发现，因为它们的蛋白质产物是已知的。而编码产物尚未确认的基因，则更可能是参与到那些人们还没有很好开展的研究领域

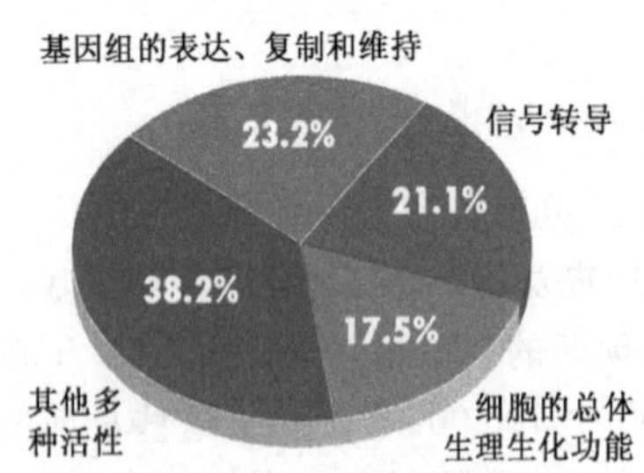


图 7.16　人类基因目录的分类
该饼形图显示了已经确认的人类蛋白质编码基因的分类情况。其中不包括 13 000 个功能未知的基因。图中标示的“其他多种活性”，是指包括其他参与生物化学转运、蛋白质折叠、免疫应答和结构蛋白合成等过程的蛋白质

中的细胞活性。

即使基因目录测序完成以后，也无法告诉我们的一个事情，就是什么造就了人类。通过采用有限的分子生物学的方法研究单个基因或基因家族，以最终在生物分子学水平、完整的描述人类是如何形成和发挥功能的设想，在人类基因组序列面前受到了很沉重的打击。人们并没有发现导致人类与猿类不同的原因所在。尽管已经完成了黑猩猩基因组的测序，人们还是不能只通过比较基因组的差异来决定是什么使我们变成人类(18.4 节)。在基因数目方面，我们只比果蝇复杂 3 倍，比显微镜下才可见的秀丽隐杆线虫（*Caenorhabditis elegans*）复杂 2 倍而已。更多有关人类基因组如何发挥功能的细节研究，可能会揭示那些人类特殊属性的关键特征，而基因组学并不能解释人性的所在。

## 基因目录揭示了不同生物体的各自特征

真核生物基因组中基因的分类，可以有多种方法。其中一种可能性是根据基因功能进行分类，如图 7.16 所示的人类基因组的基因分类。这个系统的优点在于：图 7.16 中所用的广泛性功能分类可以进一步被细分，产生一系列更细的基因类别，进行更为具体的功能描述。这种方法的缺点在于：许多真核生物基因的功能尚未明确，所以这种分类会遗漏部分基因。另一种更为有效的分类方法不根据基因的功能，而是根据这些基因编码的蛋白质的结构进行分类。一个蛋白质分子由一系列**结构域**（domain）构成，每一个都有特殊的生化功能。例如，**锌指**（zinc finger），它是帮助蛋白质结合 DNA 分子的众多结构域中的一种（11.1.1 节），以及“死亡结构域”，它存在于许多参与凋亡的蛋白质中。每一个结构域都有特征性的氨基酸序列，同种结构域的每一个序列可能不会完全相同，但它们的相似程度足以通过检测蛋白质的氨基酸序列来识别存在的特定结构域。蛋白质的氨基酸序列由其编码基因的核苷酸序列决定，所以蛋白质中的结构域也是由该蛋白质编码基因的核苷酸序列决定的。因此，基因组中的基因可以根据它们编码的蛋白质结构域进行分类。这种分类方法的优点在于：可以应用于功能未知的基因，因此可以扩大基因组中每种基因类别的份额。

如果按照提示基因功能的结构域进行分类，那么，所有真核生物都应该具有相同基本类别的基因，但是越复杂的生物，其每一类基因的基因数越多。在图 7.17 所列举的基因类别中，除了某一类外，人的基因分类数都是最多的。这个例外是“新陈代谢”，拟南芥由于能进行光合作用位居首位。光合作用需要一系列的基因，而这些基因在所比较的其他 4 种基因组中都不存在。这种功能分类还出现了其他的一些有趣特征，其中，线虫中参与细胞-细胞信号通路的基因数相对较多，而这种生物只有 959 个细胞，所以这个结果让人感到十分惊诧。人类拥有 $10^{13}$ 个细胞，涉及细胞-细胞信号的基因却只有 250 多个。总之，这种分析方法强调了基因组间的相似性，但却不能揭示存在于不同物种（如果蝇和人）基因组中有显著差异的生物学信息的遗传基础。但在这方面，结构域方法具有较大前景，因为它表明了人类基因组中存在许多其他生物基因组中不存在的蛋白质结构域，它们包括了参与以下细胞活性的结构域，如细胞黏附、电子耦合及神经细胞生长等（表 7.5）。这些功能很有意义，因为我们将它们看作是脊椎动物和其他真核生物间可区分的特征。

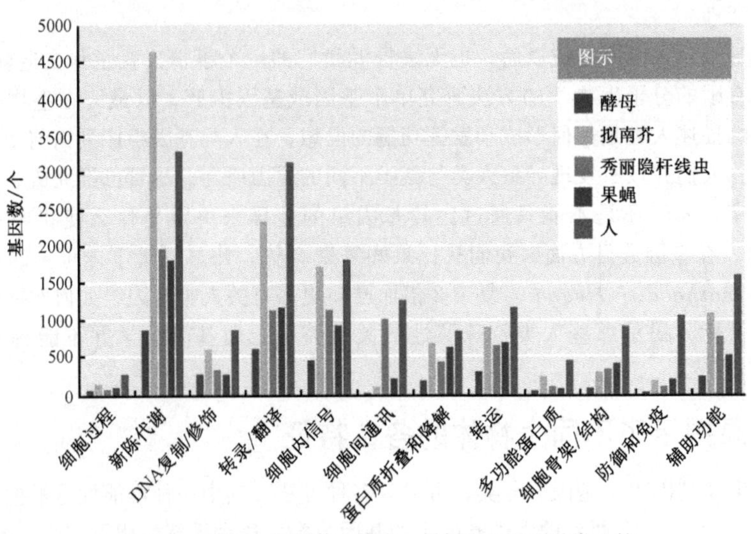


图 7.17 酵母、拟南芥、线虫、果蝇和人基因种类比较

根据基因编码的蛋白质结构域推知的功能，对基因进行分类

**表 7.5 不同基因组中的蛋白质结构域举例**

| 结构域 | 功能 | 基因组中含有该结构域的基因数/个 | | | | |
|---|---|---|---|---|---|---|
| | | 人 | 果蝇 | 线虫 | 拟南芥 | 酵母 |
| 锌指，$C_2H_2$ 型 | DNA 结合 | 564 | 234 | 68 | 21 | 34 |
| 锌指，GATA 型 | DNA 结合 | 11 | 5 | 8 | 26 | 9 |
| 同源盒 | 发育基因调控 | 160 | 100 | 82 | 66 | 6 |
| 死亡结构域 | 程序性细胞死亡 | 16 | 5 | 7 | 0 | 0 |
| 连接子结构域 | 细胞间电子耦合 | 14 | 0 | 0 | 0 | 0 |
| Ephrin | 神经细胞生长 | 7 | 2 | 4 | 0 | 0 |

注：有关锌指和同源盒结构域的更多信息，请参见 11.1 节。

是否可能鉴别出仅存在于脊椎动物，而不存在于其他真核生物的一系列基因呢？由于只能获得少数几种基因组序列，这种分析目前只能通过一种粗略的方法进行。目前看来，人类基因组中大约 1/5～1/4 的基因在脊椎动物中是唯一的，另有 1/4 仅在脊椎动物和其他动物中存在（图 7.18）。

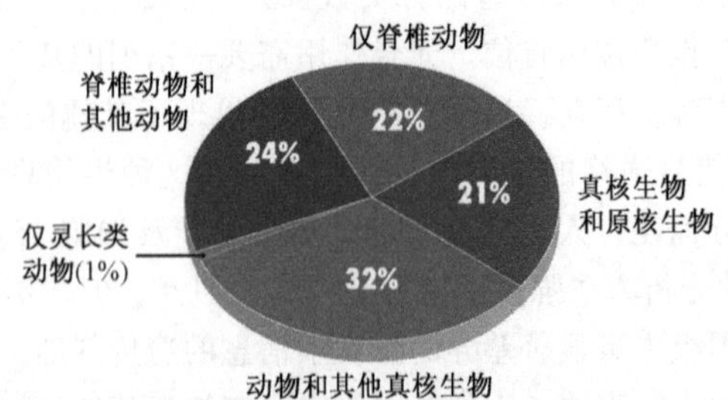


图 7.18 人类基因目录与其他种类生物基因目录的关系

饼形图中，根据人的具体基因在其他生物上的分布情况加以分类。图中显示，人基因目录中的 22 %是由脊椎动物所特有的基因组成，其他的 24%由脊椎动物和其他动物中特有的基因组成

## 基因家族

在 DNA 测序的早期，我们就意识到**多基因家族**（multigene family），即具有相同或相似序列的基因家族是许多基因组的共同特征。例如，所有研究过的真核生物（除了最简单的细菌外），都有多拷贝的编码核糖体 RNA 的基因。以人类基因组为例，编码 5S rRNA（因为沉降系数为 5S 而得名，技术注解 7.1）的基因大约有 2000 个，它们都位于 1 号染色体的一个区域。另外，还有 280 个拷贝编码 28S、5.8S 和 18S rRNA 基因的重复单位，这些单位组成 5 个基因簇，每个基因簇有 50～70 个拷贝的重复序列，分别位于 13、14、15、21 和 22 号染色体上（图 7.5）。核糖体 RNA 是蛋白质合成核糖体的组分，据推测，它们的基因存在多拷贝的原因是，细胞分裂时需要包装上万个新的核糖体，这就需要合成大量的 rRNA。

rRNA 基因属于“简单”或者说“经典”的多基因家族的例子，其中所有成员的序列完全相同或大致相同。人们认为，这些家族是基因倍增产生的，在某些进化过程作用下，家族成员保持了序列的一致性，但这些进化过程尚未完全阐明（18.2.1 节）。其他多基因家族的成员虽然序列相似，但基因产物的特性却明显不同，称为“集合体”，这种情况在高等真核生物中比低等真核生物中更常见。这类多基因家族中，哺乳动物的珠蛋白基因就是最好的例子之一。珠蛋白是血液中组成血红蛋白的蛋白质，每个血红蛋白分子由 2 个 α 和 2 个 β 珠蛋白组成。人 α 类的珠蛋白由 16 号染色体上一个小的多基因家族编码，β 类的珠蛋白由 11 号染色体上的另一个多基因家族编码（图 7.19）。这些基因是 20 世纪 70 年代后期，最早被测序的基因之一。测序资料显示，每个家族中的基因都很相似，但并不完全相同。实际上，β 类的珠蛋白基因簇中核苷酸顺序相差最大的是 β 和 ε 珠蛋白，两者的一致性仅为 79.1%。虽然这一相似性已经足以将两者都归属于 β 类珠蛋白家族，但明显不同的生化性质也足以将它们区分开来。在 α 珠蛋白家族中也可

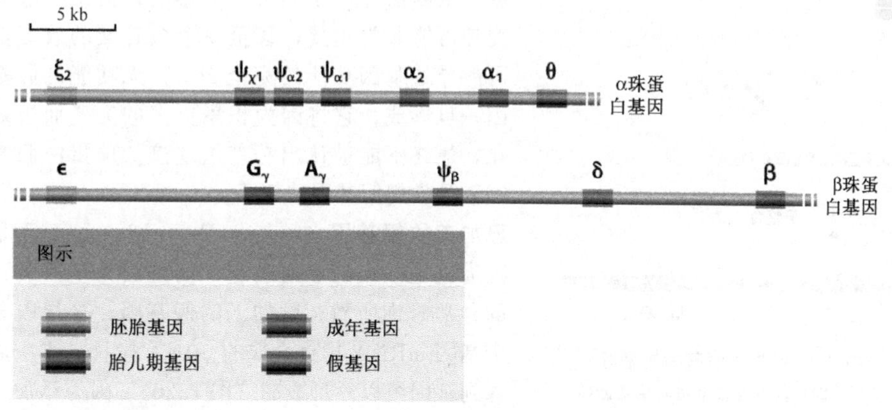


图 7.19　人 α 和 β 珠蛋白基因簇

珠蛋白 α 基因簇位于 16 号染色体，β 基因簇位于 11 号染色体。两个基因簇都包括不同发育阶段表达的基因，且至少包括 1 个假基因。注意，α 类珠蛋白基因中的 $\xi_2$ 在胚胎期开始就表达，直至胎儿期；没有胎儿期特异的 α 珠蛋白。θ 假基因可以得到表达，但其蛋白质表达产物没有活性。其他假基因都不表达。有关发育过程中 β 珠蛋白基因的表达调节详见 10.1.2 节

看到类似的差异。

为什么珠蛋白基因家族成员会有如此大的差异呢？对单个基因表达情况的研究揭开了谜底。我们发现，这些基因在人体发育的不同阶段表达。例如，ε珠蛋白在胚胎早期表达，$G_\gamma$和$A_\gamma$（两者编码的蛋白质只有一个氨基酸不同）在胎儿期表达，δ和β在成人中表达（图7.19）。人们认为，表达的珠蛋白生化特性的不同，正好反映了人体发育不同阶段中血红蛋白所起的生理作用的细微差别。

在一些多基因家族中，家族成员往往簇集在一起，如珠蛋白基因家族；而另一些家族的成员散布于整个基因组中。人的5个醛缩酶基因就是散在分布性基因家族的一个例子，这个酶参与了人体能量的产生，5个基因分别位于第3、9、10、16和17号染色体。重要的是，家族成员虽然散在分布，但都具有序列相似性，提示它们有相同的进化起源。序列比较有时不仅可以看出家族成员之间的关系，而且可以比较不同家族之间的关系。例如，α和β珠蛋白家族中的所有基因都有序列相似性，被认为是从一个珠蛋白祖先基因进化而来的。因此，我们将这两个多基因家族组成一个珠蛋白**基因超家族**（gene superfamily），另外，通过比较不同基因间的相似性，我们可以阐明那些生成我们现在所见基因系列的倍增事件（18.2.1节）。

## 假基因和其他进化遗迹

人珠蛋白基因簇包含了5个无活性基因。这些就是**假基因**（pseudogene），也即无功能的基因拷贝。假基因是一种进化遗迹，表明基因组处于持续性变化的过程中。主要存在两种假基因：

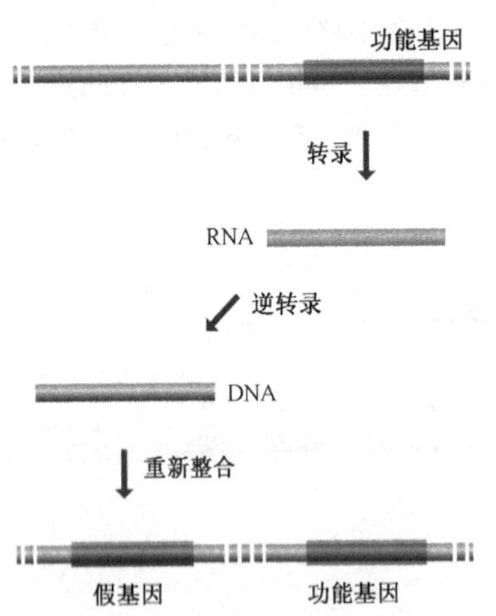


图7.20　已加工假基因的来源

已加工假基因被认为是某个功能性基因转录出的mRNA拷贝整合到基因组而产生的。这个mRNA先被逆转录成cDNA拷贝，而后者可能整合到母体基因所在的染色体中，或整合到其他染色体中

- **常规假基因**（conventional pseudogene）是指基因的核苷酸序列因为**突变**（mutation）（第16章）而发生改变，导致基因失活。很多突变只会对基因活性产生非常小的影响，但是一些突变却可能非常重要，甚至单个核苷酸的改变都可能导致基因功能的完全丧失。无功能的假基因一旦形成，它将因为积累更多的突变而被蜕化，最终不能被认出是基因遗迹。珠蛋白假基因正是常规假基因的例子。
- **已加工的假基因**（processed pseudogene）不是因为进化学上的衰退引起，而是因为基因表达的异常修饰所致。已加工的假基因，是指以某个基因mRNA拷贝合成的cDNA拷贝，再次插入到基因组以后形成的（图7.20）。因为已加工的假基因是mRNA分子的拷贝，所以其中没有母体基因的内含子。它还缺少母体基因的立即上游序列，这些上游序列是启动母体基因表达的信号所在部位。这些信号的缺失就导致了已加工假基因的失活。

除假基因以外，基因组还包括了其他的进化遗迹，包括**截短基因**（truncated gene），这些基因与完整的基因相比，或多或少的缺失了部分序列，以及**基因片段**（gene fragment），这些基因片段是指从某个基因内部被分割出来的短的区域（图 7.21）。

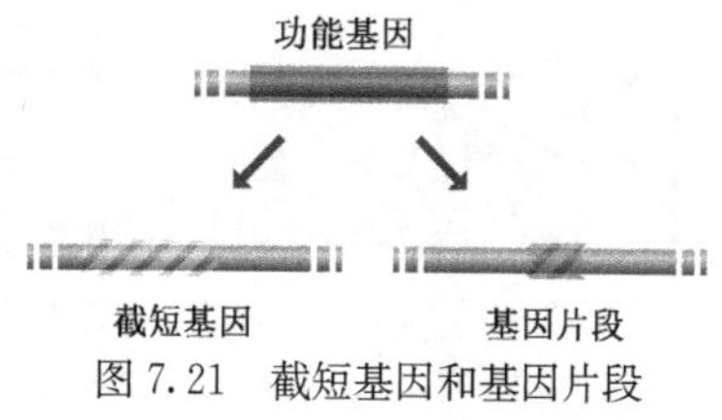

图 7.21　截短基因和基因片段

## 7.2.4　真核生物核基因组中的重复 DNA 序列

人类基因组测序结果发现，约 62 %的人基因组由**基因间隔区**（intergenic region）组成，它是指位于基因与基因之间，不存在已知功能的基因组成分。这些序列以前被称作为**垃圾 DNA**（junk DNA），但这个术语渐渐被人们舍弃，部分是因为最近几年来有关基因组的研究取得了令人吃惊的结果，这些结果使分子生物学家越来越不敢自信地宣布基因组中的哪一部分是不重要的，因为我们目前不知道它的潜在功能是什么？正如我们所看到的，在大多数生物中，大量的基因间隔区是由某种重复序列组成。重复性 DNA 可以分为两大类（图 7.22）：全基因组范围或**散布重复**（interspersed repeat），后者的各个重复序列以随机的方式散布于整个基因组中，以及**串联重复 DNA**（tandemly repeated DNA），其重复序列以一个接一个的方式排列。

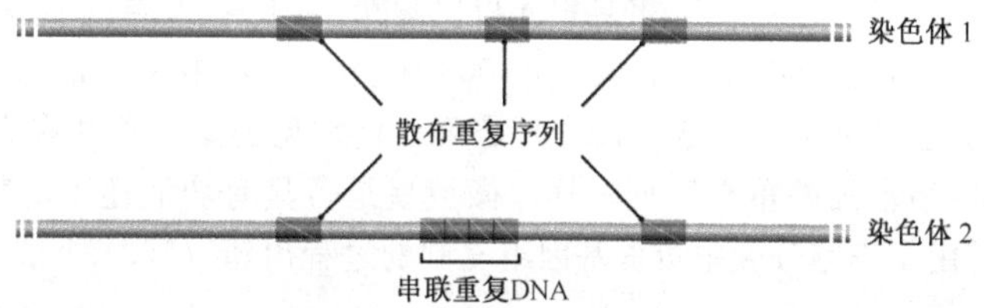

图 7.22　两种类型的重复性 DNA：散布重复和串联重复 DNA

### 串联重复 DNA 可见于真核生物染色体着丝粒及其他位置

串联重复 DNA 也叫**卫星 DNA**（satellite DNA），因为在用密度梯度离心法分离基因组 DNA 时，含有串联重复序列的 DNA 片段形成"卫星"带（技术注解 7.1）。例如，将人 DNA 截断成 50～100 kb 的片段，离心后就会形成一个主带（浮力密度为 1.701 $g \cdot cm^{-3}$）和三个卫星带（1.687、1.693 以及 1.697 $g \cdot cm^{-3}$）。主带 DNA 片段多由单拷贝序列组成，GC 含量接近人基因组的平均值 40.3%。而卫星带含有重复 DNA 序列片段，其 GC 含量和浮力密度相对整个基因组而言是不典型的（图 7.23）。这种重复性 DNA 由长的一系列串联重复组成，可能长达几百 kb。一个基因组中可能存在几个不同类型的卫星 DNA，各自有不同的重复单元，这些单元的长度可以是 5 bp 以下甚至 200 bp 以上。人 DNA 中的 3 个卫星带包括了至少 4 种不同的重复类型。

我们已经提到过一种人类卫星 DNA，即在染色体着丝粒区发现的类 α-DNA 重复（7.1.2 节）。虽然一些卫星 DNA 散布于整个基因组，但大多位于着丝粒，它们可能作为一种或多种特殊着丝粒蛋白的结合位点而发挥结构性作用。

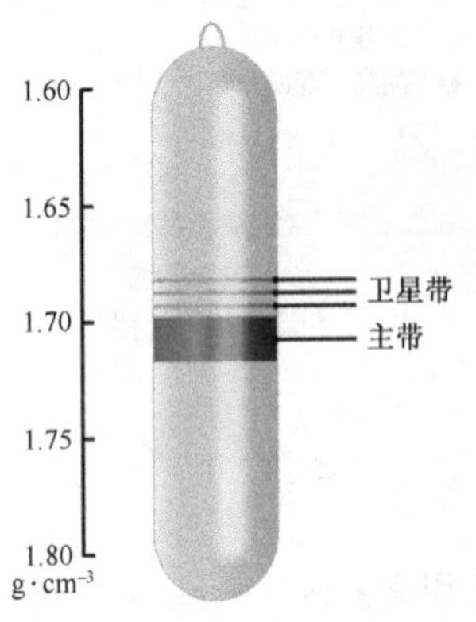


图 7.23 人类基因组卫星 DNA

人 DNA 的平均 GC 含量为 40.3%，平均浮力密度为 1.701 g·cm$^{-3}$，主要由单拷贝 DNA 组成的片段，其 GC 含量接近平均值，且位于主带中。卫星带浮力密度为 1.678、1.693 和 1.697 g·cm$^{-3}$，由重复 DNA 的长段组成。这些片段 GC 含量取决于各自重复模体的序列，与基因组的平均值不同，由此，这些片段与单拷贝 DNA 的浮力密度不同，在密度梯度离心时会移动到不同的部位

## 小卫星和微卫星

虽然没有出现在密度梯度的卫星带中，另外两种串联重复 DNA 序列也可以归为“卫星”DNA，它们是**小卫星**（minisatellite）和**微卫星**（microsatellite）。小卫星形成长达 20 kb 的聚集区，每个重复单位最多 25 bp。微卫星区较短，通常小于 150 bp，其重复单位只有 13 bp 或更少。

小卫星 DNA 是我们熟悉的第二种重复 DNA 序列，因为它与染色体结构特征有关。人类端粒就是一种小卫星 DNA，它含有几百个 5′-TTAGGG-3′ 基序（图 7.10）。我们对端粒 DNA 的形成已有所了解，而且已经明确了它们在 DNA 复制中具有重要功能（15.2.4 节）。除了端粒小卫星，一些真核生物基因组中还含有其他的小卫星 DNA，其中许多（但并非全部）位于染色体末端附近，这些小卫星序列的功能还不清楚。

微卫星也是串联重复 DNA 的例子。在微卫星中，重复单元可以短至 13 bp。人类微卫星最常见的类型是双核苷酸重复，在基因组中约存在 140 000 个拷贝，其中一半的重复序列基序是“CA”。单核苷酸重复单元（如 AAAAA）是第二种常见类型（总共有大约 140 000 个拷贝）。与全基因组范围的重复序列一样，微卫星是否具有功能还不清楚。目前已知，它们的产生，是由于细胞分裂中负责基因组复制的过程出错（16.1.1 节），当然，它们也可能只是基因组复制不可避免的产物。

虽然微卫星的功能（如果有的话）目前还不明确，但对遗传学家却很有用。许多微卫星是可变的，也即重复单位的数目在相同物种的不同个体中也不一样。这是因为当 DNA 复制时，微卫星拷贝有时发生“滑移”，导致插入或缺失（后者较少见）一个或多个重复单位（图 16.5）。这种变化使得世界上任何两个人都不会有完全相同的微卫星长度变异体组合。如果检查的微卫星足够多，那么就能为每个人建立一个**遗传概图**（genetic profile）。唯一的例外是遗传学背景完全相同的双胞胎。遗传概图是法医鉴定中很知名的一种手段（图 7.24），但确定罪犯只是微卫星多态性应用中很小的一部分。因为人的遗传学背景一部分来自母方，一部分来自父方，

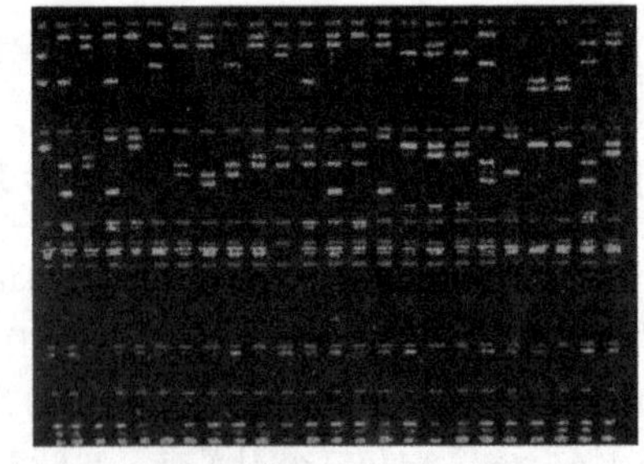

图 7.24 遗传作图中使用微卫星分析

在这个例子中，位于 6 号染色体短臂的微卫星用 PCR 扩增。PCR 产物用蓝色或绿色荧光标记，并进行聚丙烯酰胺凝胶电泳，每条泳道显示了不同个体的遗传图谱。因为每个人都有一套不同的微卫星长度变异体，所以任何两个人的遗传图都不会相同，变异体经过 PCR 后产生不同大小的条带。红色条带是 DNA 分子标记。图经 Biosystem（Warrington，UK）允许采用

所以未来更先进的方法可能会使它的应用更为广泛。这就意味着，微卫星可用于建立亲缘关系和人群的亲疏关系，而且不仅是人类，还可用于其他动物和植物。

### 散布重复序列

串联重复 DNA 序列被认为是由原始序列通过复制过程中的滑移（如在微卫星中描述的那样）或 DNA 重组（第 17 章）产生。这两类事件都可能导致一系列连续的重复序列，而不是散布于整个基因组的不同重复单位。因此，散布重复序列的发生一定有另外的机制，可以在基因组中离原序列较远位置产生一个重复的拷贝。最常见的机制是**转座**（transposition），而且最分散的重复序列往往有天然的转座活性。转座也是一些病毒基因组的特征，它能插入到被感染细胞的基因组中，然后在基因组中从一个位置移到另一个位置。人们已经明确了一些散布重复序列是从有转座能力的病毒中衍生而来的，为此，我们将推迟到后面的第 9 章，在详细了解病毒基因组特征之后，再对它们以及其他类型的全基因组范围重复序列进行讨论。

## 总结

真核生物核基因组被分成一系列线性的 DNA 分子，每条染色体各含一个。在一条染色体中，DNA 与组蛋白相互作用，包装成核小体，它们一个接一个，形成 30 nm 纤维以及更复杂的染色质结构。最紧凑的 DNA 包装出现在细胞分裂中期，在光学显微镜下的分裂细胞中可以观察到，而且染色后呈现特征性的条带状。在分裂中期，还可以观察到着丝粒，其中包括组成着丝点的特殊蛋白质，着丝点是负责将分开的染色体拉入子代细胞核中的微管的附着点。在酿酒酵母（*Saccharomyces cerevisiae*）中，作为这些蛋白质结合位点的着丝粒 DNA 长度约为 125 bp，但在其他大多数真核生物中，这个 DNA 区域要长得多，而且主要由重复 DNA 序列组成。端粒是一种维持染色体末端的结构，同样包含重复 DNA 序列和特定的结合蛋白。基因在染色体中是不均匀分布的，人染色体中的基因密度是 0～64 个基因/100 kb。编码基因只占据基因组的一小部分，不到 1.5%，而 44%的基因组由多种重复 DNA 序列组成。相比之下，酿酒酵母基因组更为紧凑，只有 3.4%由重复序列组成。总体上，越大的基因组越不紧凑，这就解释了为什么基因数相似的物种之间基因组大小却相差甚远。人有 30 000～40 000 个基因，是秀丽隐杆线虫（*Caenorhabditis elegans*）的两倍，与水稻基本相同。通过比较按功能分类的基因组的基因列表发现，所有真核生物都有相同的基础基因系列，不过相对复杂的物种中，各个功能性分类的基因数目相对更多一些。人们把许多基因归入到多基因家族（成员基因具有相似或相同的序列）中，在一些基因家族（如脊椎动物珠蛋白家族）中，各成员在不同的发育阶段中表达。真核生物核基因组还含有进化遗迹，如无功能的假基因和基因片段。重复 DNA 序列可以分为散布重复 DNA（其中许多都具有转座活性）和串联重复 DNA，后者包括了在着丝粒处发现的卫星 DNA、小卫星（如端粒 DNA）和微卫星（被法医专家应用于遗传概图检测）。

## 选择题

*奇数问题的答案见附录

7.1* 结合到核小体中的 DNA 并形成核心八聚体的蛋白质是：

a．组氨酸

b．组蛋白

c．染色质

d．染色质体

7.2 在细胞分裂中期，DNA 是如何被包装的？

a．如“线上串珠”图片中所见，位于一个接一个的核小体中。

b．位于 30 nm 纤维。

c．在高度致密状态时，光学显微镜下可见。

d．在分裂间期，DNA 不被包装，也不与核小体相互作用。

7.3* 染色体中的着丝粒是什么结构？

a．它是染色体的末端。

b．它是染色体中包含活性基因的不致密区域。

c．它是两个拷贝在一起时的压缩部分。

d．它是染色体中致密的、转录沉默的区域。

7.4 全着丝粒染色体是下列的哪项？

a．有多个着丝粒的染色体。

b．群体中部分个体携带的额外染色体。

c．在鸡中发现的短基因，含有许多基因。

d．存在于一些低等真核生物中的环状染色体。

7.5* 为什么着丝粒没有包括在基因组测序草图中？

a．克隆这种 DNA 非常困难，因为它很致密。

b．研究者对缺乏基因的 DNA 区域的测序不感兴趣。

c．着丝粒在所有的物种中序列相同。

d．很难得到这些较长的重复 DNA 区域的精确序列。

7.6 在真核生物基因组中，科学家们观察到基因分布有什么特点？

a．在整个真核生物基因组是不均匀分布的。

b．基因分布在真核生物基因组中的特殊位置。

c．在真核生物基因组中，常常每 100 kb 中至少有 10 个基因。

d．在整个基因组中，基因似乎是随机分布的，而且它们的密度也有很大的变化。

7.7* 酵母基因组大小是人的 0.004 倍，但它含有的基因却只比人少约 0.2 倍。解释是：

a．酵母基因中所含的密码子比人少。

b．酵母染色体中着丝粒和端粒更小。

c．酵母基因组中基因间隔和内含子更少。

d．酵母基因组含有许多相互重叠的基因。

7.8 什么是 C 值悖论？

a．物种的复杂性和它的基因组大小之间缺乏联系。

b. 物种的复杂性和它的染色体数目之间缺乏联系。

c. 物种的复杂性和它的基因数目之间缺乏联系。

d. 物种的基因数目和染色体数目之间缺乏联系。

7.9* 下列各项中，哪个是蛋白质结构域的例子？

a. β片层

b. 锌指

c. 外显子

d. 珠蛋白

7.10 基于基因功能的分类方法，能告诉研究人员有关不同真核生物物种的哪些信息？

a. 所有真核生物物种中，各个功能分类中的基因数目都相同；复杂物种中还有数量巨大的未知基因。

b. 复杂物种的各个功能性分类中的基因数目更多。

c. 和复杂物种相比，简单物种含有的基因种类要少得多。

d. 所有真核生物物种都有大致相同的基因数。

7.11* 基于蛋白质结构域的分类方法揭示了有关人类基因组的哪些信息？

a. 人类基因组不含有人类特有的蛋白质结构域。

b. 人类基因组中，脊椎动物特有的蛋白质结构域相对较少。

c. 人类基因组中含有很多人类特有的蛋白质结构域。

d. 人类基因组中的蛋白结构域是人类特有的，在其他物种中不存在。

7.12 下列哪项不是人类基因组中核糖体 RNA 多基因家族的特点？

a. 在基因组的每条染色体上都有该基因家族的核糖体亚单元。

b. 基因家族的不同成员都具有相同或者几乎相同的序列。

c. 这些基因家族被认为是基因倍增时产生的。

d. 因为细胞分裂过程中需要新的核糖体，所以需要大量的这类基因。

7.13* 什么是假基因？

a. 一种只在特定发育阶段表达的基因。

b. 一种无功能的基因。

c. 一种含有一个突变但仍具有功能的基因。

d. 能慢慢进化成活性基因的一种 DNA 序列。

7.14 真核生物染色体上，哪个部位的基因密度是最高的？

a. 着丝粒

b. 紧密的异染色质

c. 常染色质

d. 端粒

## 简答题

*奇数问题的答案见附录

7.1* 用核酸酶处理真核生物染色质，可以为揭示真核生物 DNA 的包装提供什么样的信息？

7.2　人们对染色质的 30 nm 纤维结构有哪些了解？对这种纤维中核小体的包装又了解多少呢？

7.3*　微型染色体和大染色体有什么区别？

7.4　研究人员对拟南芥着丝粒进行测序时，有什么发现？为什么说这些发现很让人吃惊？

7.5*　染色体在末端具有端粒结构，为什么这个结构很重要？

7.6　在测序完成前，使研究人员作出“人类基因组中基因是不均匀分布的”这一结论的两点发现是什么？

7.7*　比较酵母和人染色体，它们在基因分布和重复 DNA 序列方面有什么不同？

7.8　人基因组实际所含基因比许多研究人员预测的基因要少大约 50 000 个。为什么最初人们的预测会这么高？

7.9*　用于基因分类的不同方法有哪些？这些方法各有什么优缺点？

7.10　人珠蛋白基因家族中不同成员的功能是什么？

7.11*　常规假基因和已加工假基因的区别是什么？

7.12　人类基因组中存在哪些类型的重复 DNA？

## 论述题

*奇数问题的指导见附录

7.1*　DNA 包装可能会对单个基因的表达存在什么样的影响？

7.2　请辩护或驳斥等容线模型。

7.3*　讨论人基因组中基因间隔区序列的可能功能。

7.4　人们可以在多大程度上描述真核生物基因组的“典型”特征？

## 图形测试

*奇数问题的答案见附录

7.1*　这幅图代表了什么？如何识别不同的染色体？

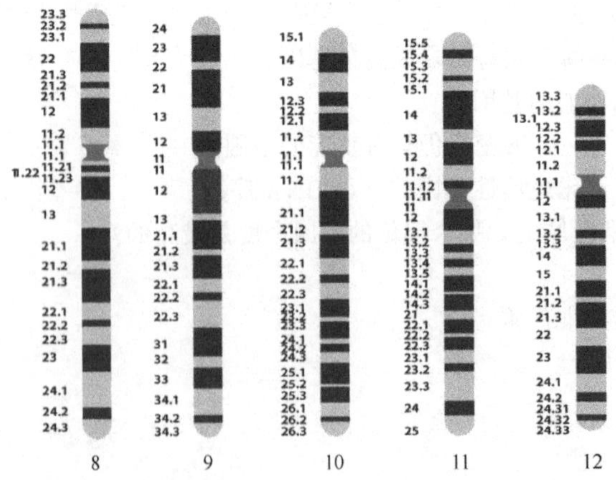

7.2　这是一张酵母着丝粒和相关蛋白质的示意图。这些序列和蛋白质的功能是什么？

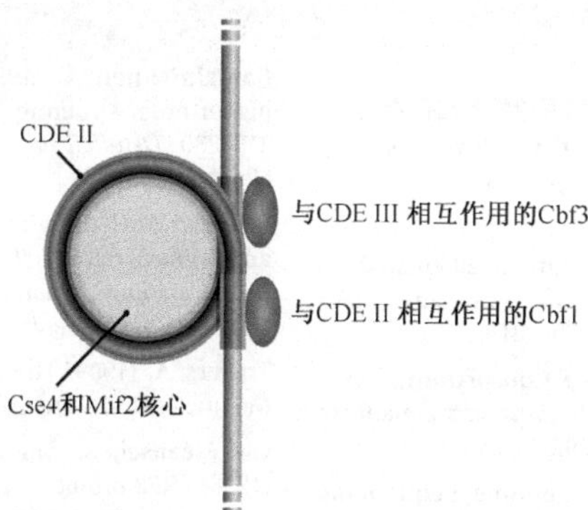


7.3*　此图所示的是哪种类型的假基因？为什么新整合的基因拷贝是没有功能的？

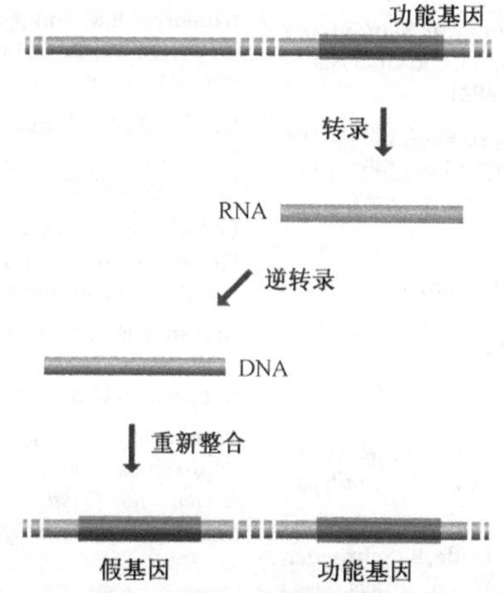


7.4　该图显示了一个遗传学概图的研究结果，它能应用于罪犯或亲子鉴定的案例。在DNA概图中检查的是什么类型的序列，为什么它能用于这些检查？

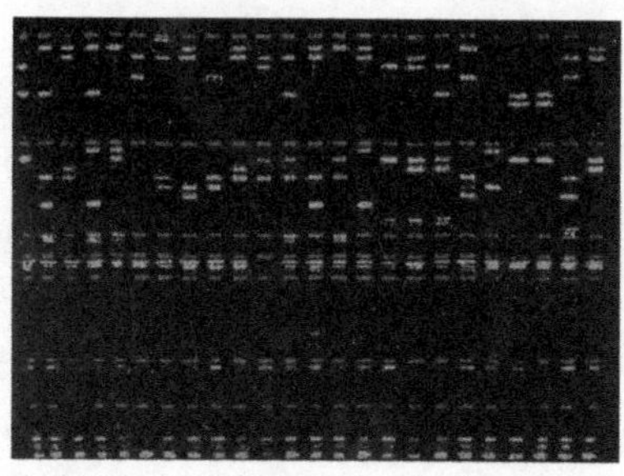

# 拓展阅读

关键的原始基因组序列的文献，包括原始的基因目录

**Adams, M.A., Celniker, S.E., Holt, R.A., *et al.*** (2000) The genome sequence of *Drosophila melanogaster*. *Science* **287:** 2185–2195.

**AGI (The Arabidopsis Genome Initiative)** (2000) Analysis of the genome sequence of the flowering plant *Arabidopsis thaliana*. *Nature* **408:** 796–815.

**CESC (The *C. elegans* Sequencing Consortium)** (1998) Genome sequence of the nematode *C. elegans*: a platform for investigating biology. *Science* **282:** 2012–2018.

**ICGSC (International Chicken Genome Sequencing Consortium)** (2004) Sequence and comparative analysis of the chicken genome provide unique perspectives on vertebrate evolution. *Nature* **432:** 695–716.

**IHGSC (International Human Genome Sequencing Consortium)** (2001) Initial sequencing and analysis of the human genome. *Nature* **409:** 860–921.

**Venter, J.C., Adams, M.D., Myers, E.W., *et al.*** (2001) The sequence of the human genome. *Science* **291:** 1304–1351.

染色体结构

**Cleveland, D.W., Mao, Y. and Sullivan, K.F.** (2003) Centromeres and kinetochores: from epigenetics to mitotic checkpoint signalling. *Cell* **112:** 407–423. *Describes the DNA–protein interactions in the yeast and mammalian centromeres.*

**Copenhaver, G.P., Nickel, K., Kuromori, T., *et al.*** (1999) Genetic definition and sequence analysis of *Arabidopsis* centromeres. *Science* **286:** 2468–2474.

**Dorigo, B., Schalch, T., Kulangara, A., Duda, S., Schroeder, R.R. and Richmond, T.J.** (2004) Nucleosome arrays reveal the two-start organization of the chromatin fiber. *Science* **306:** 1571–1573. *New models of the 30 nm fiber.*

**Ramakrishnan, V.** (1997) Histone H1 and chromatin higher-order structure. *Crit. Rev. Eukaryot. Gene Expr.* **7:** 215–230. *Detailed descriptions of models for the 30 nm chromatin fiber.*

**Schueler, M.G., Higgins, A.W., Rudd, M.K., Gustashaw, K. and Willard, H.W.** (2001) Genomic and genetic definition of a functional human centromere. *Science* **294:** 109–115. *Details of the sequence features of human centromeres.*

**Travers, A.** (1999) The location of the linker histone on the nucleosome. *Trends Biochem. Sci.* **24:** 4–7.

**van Steensel, B., Smogorzewska, A. and de Lange, T.** (1998) TRF2 protects human telomeres from end-to-end fusions. *Cell* **92:** 401–413.

遗传学特征

**Balakirev, E.S. and Ayala, F.J.** (2003) Pseudogenes: are they "junk" or functional DNA? *Annu. Rev. Biochem.* **37:** 123–151.

**Csink, A.K. and Henikoff, S.** (1998) Something from nothing: the evolution and utility of satellite repeats. *Trends Genet.* **14:** 200–204.

**Fritsch, E.F., Lawn, R.M. and Maniatis, T.** (1980) Molecular cloning and characterization of the human α-like globin gene cluster. *Cell* **19:** 959–972.

**Gardiner, K.** (1996) Base composition and gene distribution: critical patterns in mammalian genome organization. *Trends Genet.* **12:** 519–524. *The isochore model.*

**Petrov, D.A.** (2001) Evolution of genome size: new approaches to an old problem. *Trends Genet.* **17:** 23–28. *Reviews the C-value paradox and the genetic processes that might result in differences in genome size.*

CHAPTER

# 第 8 章 原核生物基因组和真核生物细胞器基因组

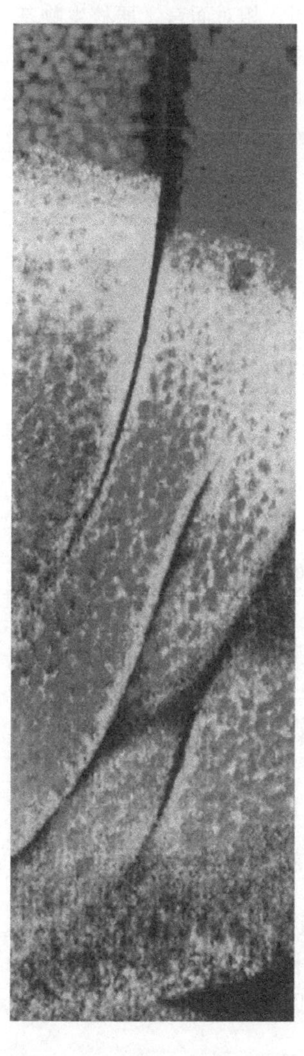



## 学 习 要 点

当你阅读完第 8 章之后，应该能够：

- 描述细菌 DNA 是如何包装成拟核，并能给出支持大肠杆菌（*Escherichia coli*）拟核结构域模型的实验证据。
- 举出线性和（或）多个分离的原核生物基因组的例子，并解释“为什么在一些原核细胞中质粒的存在使得‘基因组’的组成问题变得更加复杂”。
- 概述原核生物基因组中基因排布的重要特征。
- 举例给术语“操纵子”下定义。
- 讨论原核生物基因数目与基因组大小之间的关系，并推测最小原核生物基因组的组成成分以及特征性基因的发现。
- 讨论有关细胞器基因组起源的内共生学说。
- 描述线粒体和叶绿体基因组的物理特征和基因组成。

原核生物是指其细胞缺少广泛的内部间隔区的生物。根据其遗传特征和生化特征，原核生物可分为截然不同的两组：

- **细菌**（bacterium），它包括了常见的绝大多数原核生物，例如，革兰氏阴性菌［如大肠杆菌（*Escherichia coli*）］、革兰氏阳性菌［如枯草芽孢杆菌（*Bacillus subtilis*）］、藻青菌［如鱼腥藻（*Anabaena*）］和许多其他种类。
- **古生菌**（archaea），对它的研究比较少，主要见于一些极端环境，如温泉、盐水池和缺氧的湖底。

在本章中，我们将学习原核生物的基因组，真核生物线粒体和叶绿体的基因组，后者是从细菌衍生而来，它们的基因组特征和许多原核生物相同。相对而言，原核生物基因组比较小，所以在过去短短几年中，已经发表了数百篇有关多种细菌和古生菌的完整基因组序列的文章。因此，我们已经在很大程度上了解了原核生物基因组的结构，而且在某些方面，我们对它们的了解比真核生物还多。目前越来越明确的概念是，原核生物总体上存在很大变化，即使是在一些密切相关的物种中。

# 8.1 原核生物基因组的物理特征

原核生物基因组与真核生物相差很远，尤其是在细胞内基因组的物理组织方面。尽管"染色体"这个术语也用于描述原核细胞中的DNA-蛋白质结构，但其实这是个误称，因为这种结构与真核染色体的相似点很少。

## 8.1.1 原核生物的染色体

传统观点认为，在典型的原核生物中，基因组包含于单一的环状DNA分子中，这个分子位于**拟核**（nucleoid）中。拟核是指位于无着色原核细胞中的轻微着色区（图8.1）。在大肠杆菌和其他许多常规研究的细菌中，都是如此。然而，随着我们对原核生物基因组日益增多的了解，我们也开始对在微生物前基因组时代中得到证实的一些预见提出了疑问。这些预见与原核生物基因组的物理结构及其基因排布都有关系。

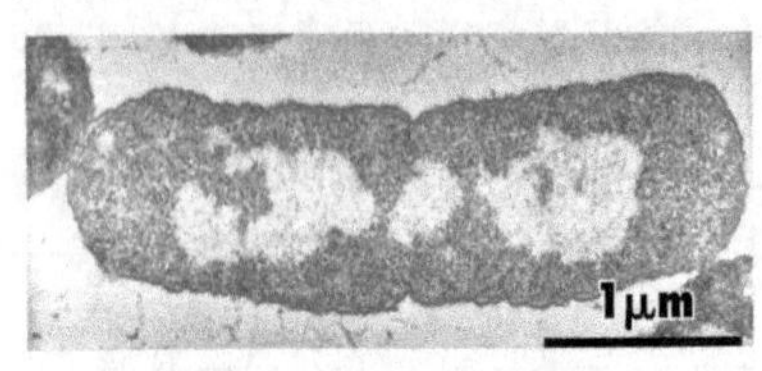


图8.1 大肠杆菌拟核
这张透射电子显微镜图片显示了一个分裂中的大肠杆菌细胞的横切面。拟核是指细胞中央的轻微着色区域。图经Conrad Woldringh允许采用

### 有关原核生物基因组的传统观点

和真核生物基因组一样，原核生物基因组也必须压缩到一个相对微小的体积（大肠杆菌的环状染色体周长为1.6 mm，而大肠杆菌细胞只有1.0 μm×2.0 μm）。与真核生物一样，原核生物基因组也需要在DNA结合蛋白的帮助下，以一定的有序形式包装起来。

我们目前所知的有关拟核中DNA组织排布情况，大多来自于对大肠杆菌的研究。大肠杆菌环状基因组的第一个特点是**超螺旋**（supercoiled）。超螺旋分别是由DNA双螺旋再次螺旋（正超螺旋）或去螺旋（负超螺旋）形成。对于线性DNA分子，扭转力会因末端的旋转而立即解除，而环状分子没有末端，不能消除扭转力。相反，环状分子通

过自身缠绕形成更为紧密的结构（图 8.2）。因此超螺旋是环状分子组装进入小空间的理想方式。20 世纪 70 年代，人们在研究分离的类核时首次发现，超螺旋参与了大肠杆菌环状基因组组装，随后在 1981 年证实了这是活细胞 DNA 的一个特征。在大肠杆菌中，超螺旋是由 DNA 促旋酶和拓扑异构酶Ⅰ这两种酶产生和调控的。有关这两种酶在 DNA 复制中的作用，我们将在 15.1.2 节中详细讨论。

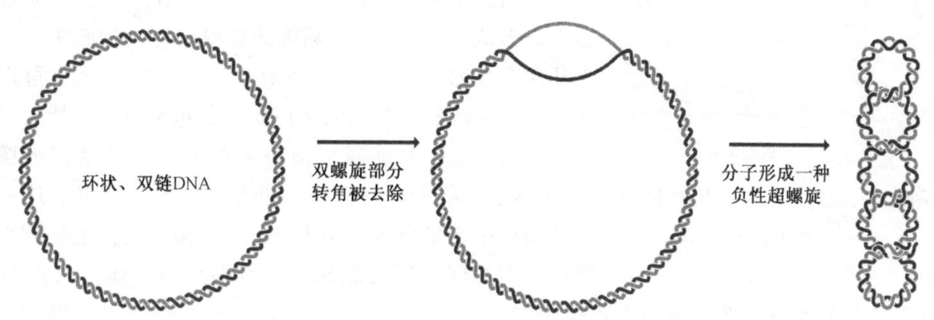


图 8.2 超螺旋

图中显示了一个环状、双链 DNA 分子如何解链形成负超螺旋

对分离的拟核和活细胞的研究表明，引入一个断裂位点后，大肠杆菌 DNA 分子并不能无限制的自由解旋。对此最可能的解释是，细菌 DNA 上结合有限制其松弛能力的蛋白质，所以只会在断裂部位造成一小段分子失去超螺旋（图 8.3）。这种结构域模型最强有力的证据，是通过对三甲基补骨脂素结合能力检测，借以区分超螺旋和松弛 DNA 的实验。在用 360 nm 波长的光进行光敏化时，三甲基补骨脂素能直接结合到双链 DNA，其速率与分子中的扭转力直接成比例相关。因此，可以通过测量单位时间内三甲基补骨脂素结合到分子中的数量，来判断超螺旋的程度。在大肠杆菌细胞接受放射线照射，导致它们的 DNA 分子单链断裂后，三甲基补骨脂素的结合量与放射剂量成比例变化（图 8.4）。这也正是结构域模型所预测的结果，结构域模型认为，随着放射线

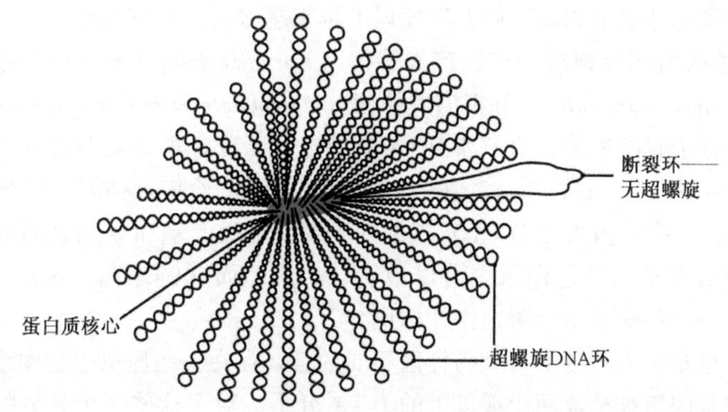


图 8.3 大肠杆菌拟核的结构模型

40～50 个 DNA 超螺旋自核心蛋白质放射排列。图中有一个螺旋呈环形，说明这段 DNA 存在一个断口，导致超螺旋的丧失

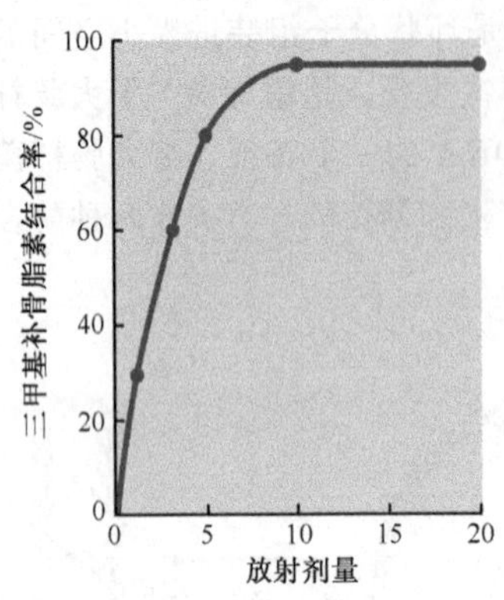

图 8.4 放射剂量和三甲基补骨脂素结合的关系示意图

照射剂量的增加导致结构域断裂的数量增加，由此分子的总体超螺旋也逐渐松弛。相比之下，如果大肠杆菌的拟核没有被组织成结构域，那么 DNA 分子中的单个断裂将导致超螺旋的完全缺失。因此，放射线照射对三甲基补骨脂素结合存在一个"全或无"的效应。

当前的模型是大肠杆菌 DNA 附着在一个蛋白质核心上，形成 40～50 个超螺旋的放射环伸向细胞中，每个环含有大约 100 kb 的超螺旋 DNA，这段 DNA 可以在一个断点解旋。拟核的蛋白质成分包括负责维持超螺旋状态的 DNA 促旋酶和拓扑异构酶 Ⅰ，以及在细菌 DNA 包装过程中起特定作用的至少 4 种蛋白质。这些包装蛋白中数量最多的是 HU，其结构与真核生物的组蛋白大不相同，但功能相似，也形成四聚体，大约 60 bp 的 DNA 缠绕其外。每个大肠杆菌中，大约有60 000个 HU 蛋白，这足以覆盖大约 1/5 的 DNA 分子，但并不清楚这些四聚体是沿 DNA 分子平均分布还是局限于拟核的中心区。

上述讨论特指大肠杆菌的染色体，我们将它视作是一般细菌染色体的典型代表。但我们必须谨慎地将细菌染色体与第二类原核生物古生菌区分开来。之所以古生菌被视为与细菌截然不同的另外一种生物，其中一个原因是古生菌中不含有 HU 之类的包装蛋白，取而代之的是与组蛋白更类似的蛋白质。这些蛋白质形成四聚体，并与大约 80 bp 的 DNA 相互作用，形成一个类似真核生物中核小体的结构（图 7.2）。目前，我们对古生菌拟核的了解还很少，但我们推测这些组蛋白样的蛋白质在 DNA 包装中发挥了重要作用。

## 一些细菌含有线性或多个分离的基因组

大肠杆菌基因组，如上所述，是单个、环状的 DNA 分子。虽然绝大多数研究过的细菌和古生菌染色体也是如此，但人们发现了越来越多的线性基因组。其中最先发现的是 1989 年报道的引起莱姆病的布氏疏螺旋体（*Borrelia burgdorferi*），随后几年在链球菌（*Streptomyce coelicolor*）和根癌农杆菌（*Agrobacterium tumefaciens*）中也有类似发现。线性分子有游离端，为了和 DNA 断端进行区分，需要类似真核生物染色体中端粒的末端结构（7.1.2 节）。在布氏疏螺旋体（*Borrelia*）和根癌农杆菌（*Agrobacterium*）中，因为在 DNA 双螺旋的多聚核苷酸 5′端和 3′端之间形成了共价连接，所以它们的真正的染色体末端可以被辨认出来，而在链球菌（*Streptomyce*）中，末端似乎存在一些特殊的结合蛋白作为标记。

第二个，也是更大程度上与大肠杆菌不同的是，存在一些原核生物中多个分离的基因组——也即基因组被分成两个或以上的 DNA 分子。对于这些多个分离的基因组，常常存在一个问题，即如何将真正的基因组部分与质粒区分开来。质粒是一小段 DNA，常以环状（但并不总是）形式与主染色体共存在细菌中（图 8.5）。一些质粒可以整合到宿主的基因组中，但另一些质粒则永远是独立的。质粒所含的基因通常在宿主染色体中不存在，但许多情况下，这些基因对细菌来说是非必需的，它们编码细菌的某些表型，如抗生素抗性，帮助细菌在外界环境不适宜的情况下存活（表 8.1）。除了这种显而易见的非必需性外，许多质粒能从一个细胞转移到另一个细胞中，有时可在不同种系的细菌中找到相同的质粒。质粒的这些特征提示质粒是个独立存在的整体，大多数情况下，原核生物细胞的质粒不应包含在它的基因组概念中。

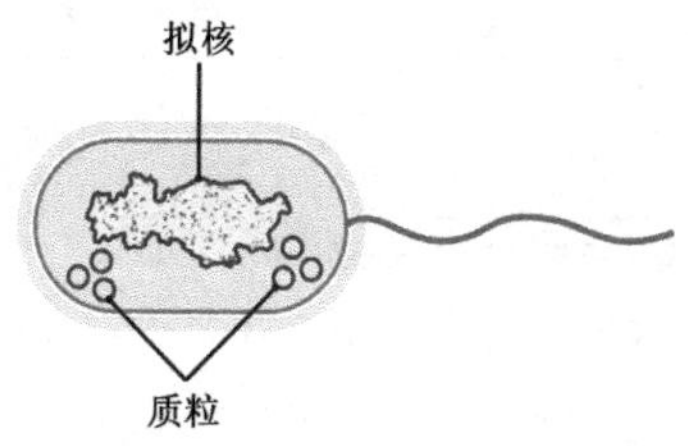


图 8.5 质粒是小的环状 DNA 分子，存在于某些原核细胞中

**表 8.1 典型质粒的特征**

| 质粒类型 | 基因功能 | 举例 |
| --- | --- | --- |
| 抗性 | 抗生素抗性 | 大肠杆菌和其他细菌中的 Rbk |
| 繁殖 | 细菌间接合和 DNA 转移 | 大肠杆菌 *E. coli* 的 F 质粒 |
| 杀伤性 | 合成毒素，杀死其他细菌 | 大肠杆菌 *E. coli* 的 Col 质粒，产生大肠杆菌素 |
| 降解 | 代谢罕见分子的酶 | 假单孢菌代谢对甲苯的 Tol 质粒 |
| 毒性 | 致病性 | 土壤杆菌的 Ti 质粒，导致双子叶植物出现冠瘿病 |

一种细菌，如大肠杆菌 K12 含有 4.6 Mb 的染色体，还可同存多种质粒，但其中没有一种质粒的大小会超过几 kb，而且都是非必需的，因此可将宿主染色体定义为“基因组”。对于其他原核生物，则并非如此简单（表 8.2）。霍乱的致病菌霍乱弧菌（*Vibrio cholerae*）有 2 个环状 DNA 分子，其中一个为 2.96 Mb，另一个为 1.07 Mb，细菌的 3885 个基因中，71%位于较大的 DNA 分子上。很明显，这 2 个 DNA 分子一起构成了霍乱弧菌的基因组，而最近的研究发现，大多数行使细胞主要活性的基因，如基因组表达、能量产生，以及与疾病发生有关的基因都定位在较大的分子上。较小的分子含有许多必需的基因，但也具有某些通常认为属于质粒的典型特征，特别是**整合子**（integron），它是指能使质粒从嗜菌体和其他质粒中获取基因的一套基因和其他 DNA 序列。由此看来，小基因组似乎是霍乱弧菌的祖先在细菌进化过程的某一阶段获得的一个“大质粒”。耐辐射奇球菌（*Deinococcus radiodurans*）R1 的基因组尤为有趣，因为它含有许多帮助这种细菌抵抗辐射损伤的基因，基因组以相似的排列构成，必需基因分布在 2 个环状染色体和 2 个质粒上。然而，与布氏疏螺旋菌（*Borrelia burgdorferi*）B31 相比，霍乱弧菌和耐辐射奇球菌的基因组并不算复杂，布氏疏螺旋体的线性染色体长 911 kb，含有 853 个基因，此外还有 17 或 18 个线性和环状质粒，总长度为 533 kb，含有至少 430 个基因。虽然大多数基因的功能未知，但被鉴定的基因中却有一些是必需的，如膜蛋白和嘌呤生物合成的基因。这意味着至少部分疏螺旋体的质粒是基因组的基本成分，因此一些原核生物可能有较多分离的基因组，包括许多独立的 DNA 分子，它们更类似于我们在真核生物细胞核所见到的情况，而不是“典型”的原核生物组织情况。然而，对疏螺旋体基因组的这种解释仍有争议，另外，相关的梅毒密螺旋体（*Treponema pallidum*）的基因组结构特点使问题变得更为复杂。密螺旋体基因组是单个、环状 DNA 分子，长 1138 kb，含 1041 个基因，不含有疏螺旋体质粒中的任何基因。

**表 8.2　原核生物基因组结构举例**

| 物种 | 基因组结构 | | |
|---|---|---|---|
| | DNA 分子 | 大小/Mb | 基因数/个 |
| 大肠杆菌（*Escherichia coli*）K-12 | 1 个环状分子 | 4.639 | 4405 |
| 霍乱弧菌（*Vibrio cholerae*）El Tor N16961 | 2 个环状分子 | | |
| | 主染色体 | 2.961 | 2770 |
| | 大质粒 | 1.073 | 1115 |
| 耐辐射奇球菌（*Deinococcus radiodurans*）R1 | 4 个环状分子 | | |
| | 染色体 1 | 2.649 | 2633 |
| | 染色体 2 | 0.412 | 369 |
| | 大质粒 | 0.177 | 145 |
| | 质粒 | 0.046 | 40 |
| 布氏疏螺旋体（*Borrelia burgdorferi*）B31 | 7 或 8 个环状分子，11 个线性分子 | | |
| | 线性染色体 | 0.911 | 853 |
| | 环状质粒 cp9 | 0.009 | 12 |
| | 环状质粒 cp26 | 0.026 | 29 |
| | 环状质粒 cp32* | 0.032 | 未知 |
| | 线性质粒 Ip17 | 0.017 | 25 |
| | 线性质粒 Ip25 | 0.024 | 32 |
| | 线性质粒 Ip28-1 | 0.027 | 32 |
| | 线性质粒 Ip28-2 | 0.030 | 34 |
| | 线性质粒 Ip28-3 | 0.029 | 41 |
| | 线性质粒 Ip28-4 | 0.027 | 43 |
| | 线性质粒 Ip36 | 0.037 | 54 |
| | 线性质粒 Ip38 | 0.039 | 52 |
| | 线性质粒 Ip54 | 0.054 | 76 |
| | 线性质粒 Ip56 | 0.056 | 未知 |

* 每个细菌有 5 或 6 个相似版本的 cp32 质粒。

## 8.2　原核生物基因组的遗传学特征

和真核生物相比，原核生物通过序列检测进行基因定位要容易得多（5.1.1 节），而且对于大多数我们研究的原核生物基因组，我们可以合理、精确地估计出它们的基因数以及基因功能相当详尽的列表。这些研究的结果让人非常吃惊，而且迫使微生物学家在研究原核生物时，考虑重新定义“物种”的概念。我们将在 8.2.3 节讨论这些进化上的问题。首先，我们必须了解原核生物基因组中基因是如何被组织的。

## 8.2.1 在原核生物基因组中，基因是如何被组织的

我们已经知道，细菌基因组具有紧密的基因编排，基因间几乎没有间隔，这也是我们讨论 ORF 扫描作为确认基因组中基因方法的优势和缺点的重要内容（图 5.3）。为了再次强调这一点，图 8.6 显示了大肠杆菌 K12 基因组完整的环形基因图。大肠杆菌基因组中也存在非编码 DNA，但只占 11%，以小片段的形式分布于整个基因组，而且在这种比例的图中不能显示出来。在这方面，大肠杆菌是已测序的所有原核生物的典型代表：原核生物基因组几乎没有浪费的空间。有的理论认为，这种致密结构对原核生物有利，如可以加快复制，但这些观点尚缺乏坚实的实验证据。

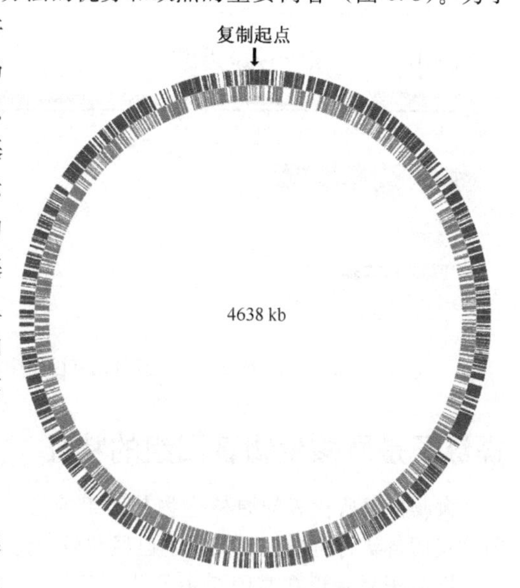


图 8.6 大肠杆菌（*Escherichia coli*）K12 基因组
复制起点（15.2.1 节）位于图中顶部。外环基因按顺时针方向转录，内环基因按逆时针方向转录。图经 Dr. F. R. Blattner 允许采用

### 大肠杆菌基因组中的基因排布

让我们更详细的了解大肠杆菌的基因组。在图 8.7 中，给出了一个典型的 50 kb 片段。当我们把这个片段与人基因组的典型部分（图 7.12）进行比较时，很明显的发现，片段上基因较多，且基因之间的间隔较少，43 个基因占整个片段的 85.9%。有的基因之间实际上没有间隔，例如，*thrA* 和 *thrB*，它们只由一个核苷酸分开，紧接着 *thrB* 的最后一个核苷酸开始就是 *thrC* 基因。这三个基因是**操纵子**（operon）的一个例子，即一组基因参与单一的生化途径（这个例子是苏氨酸合成途径），并且联合表达。通常来说，原核生物基因比其对应的真核生物基因要短，细菌基因的平均长度大约是真核基因的 2/3，即使把后者的内含子除去也是如此。细菌的基因似乎比古生菌略长一些。

原核生物基因组的另外 2 个特性，可由图 8.7 推知。首先，在这个大肠杆菌基因组片段中的基因，没有内含子。实际上，大肠杆菌根本没有不连续基因，通常认为，这类基因实际上在原核生物中不存在，个别例外主要存在于古生菌中。第二个特征是重复序列比较少见。大多数原核生物基因组中，不含有与真核生物基因组中高拷贝基因组重复序列家族相当的序列。然而，原核生物基因组中某些序列有可能在基因组以外的地方重复出现，例如，图 8.7 中 50 kb 片段中观察到的**插入序列**（insertion sequence）IS1 和 IS186。这些是可移动元件，可移动元件指的是能在基因组中移动的序列，而插入元件可以从一个生物体转移到另一个生物体，有时甚至在两种不同的物种间进行转移（9.2.2 节）。图 8.7 中显示的 IS1 和 IS186 的位置，仅代表某一获得了该序列的特定大肠杆菌菌株，如果对另外一个隔离株进行检测，那么，IS 序列可能位于完全不同的位

置或在基因组中根本不存在。其他大多数原核基因组只有很少的重复序列，在空肠弯曲杆菌（*Campylobacter jejuni*）NCTC11168 的 1.64 Mb 基因组中一个也没有。但也有例外，引起细菌性脑膜炎的奈瑟氏脑膜炎球菌（*Neisseria meningitides*）Z2491 就有 15 种不同的重复序列，拷贝数超过了 3700 个，总共占了其 2.18 Mb 基因组的大约 11%。

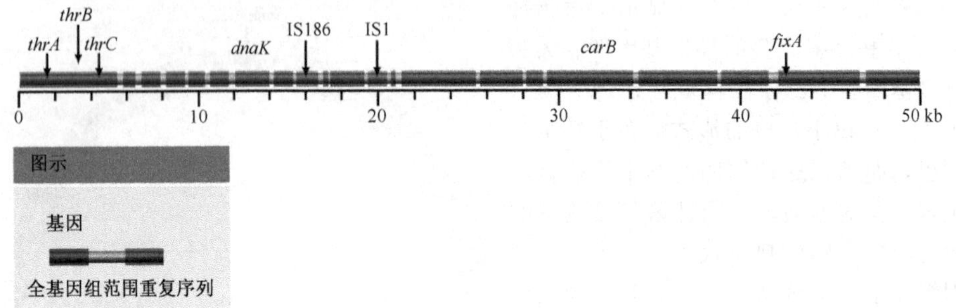


图 8.7　大肠杆菌基因组中的一段 50 kb 的片段

## 操纵子是原核生物基因组的特征

大肠杆菌所代表的原核生物基因组的另一个特征是存在操纵子。在基因组测序以前，我们自认为对操纵子的了解已经比较清楚，但现在却不那么肯定了。

操纵子是一组在基因组中彼此相邻的基因，各基因头尾之间有可能仅隔一两个核苷酸。操纵子中所有基因作为一个单位表达。这种排列在原核生物基因组中很常见。大肠杆菌中典型的例子是最早发现的**乳糖操纵子**（lactose operon），它含有 3 个基因，参与将二糖乳糖转化为单糖——葡萄糖和半乳糖的代谢途径［图 8.8（A)］。单糖是糖酵解途径的底物，所以乳糖操纵子中基因的功能，就在于将乳糖转化成大肠杆菌可利用的能量来源形式。通常在大肠杆菌生活的环境中不含乳糖，所以大多数情况下，操纵子并不表达，不产生利用乳糖的酶。当存在乳糖时，操纵子开启，三个基因同时表达，协同合成利用乳糖的酶。这是细菌中基因调节的经典例子，我们将在 11.3.1 节中详细讨论。

大肠杆菌 K12 基因组总共有大约 600 个操纵子，每个操纵子含 2 个或更多的基因，在枯草杆菌（*Bacillus subtilis*）中也大致如此。大多数操纵子中基因的功能是相关性的，编码参与一个生理生化过程（如糖类的利用和氨基酸的合成）的一系列蛋白质。后者的例子，如大肠杆菌的色氨酸操纵子［图 8.8（B)］。细菌通过调节偶联于操纵子中相关基因的表达来控制多种生理生化活性，该系统的简单性令微生物遗传学家非常着迷。这对大肠杆菌、枯草杆菌（*Bacillus subtilis*）和许多其他原核生物操纵子的功能可能是一个正确的解释，但对一些物种情况并不如此简单。古生菌甲烷球菌（*Methanococcus jannaschii*）和超嗜热菌（*Aquifex aeolicus*）都有操纵子，但操纵子中的基因却几乎没有生理生化功能上的联系。例如，超嗜热菌基因组中的一个操纵子含有 6 个相连的基因，编码 2 种参与 DNA 重组的蛋白质，一种参与蛋白质合成的酶，一种运动蛋白，一种参与核苷酸合成的酶和一种参与脂质合成的酶（图 8.9）。这是甲烷球菌和超嗜热菌基因组中典型的操纵子结构。换句话说，操纵子的表达能产生出参与同一

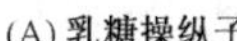


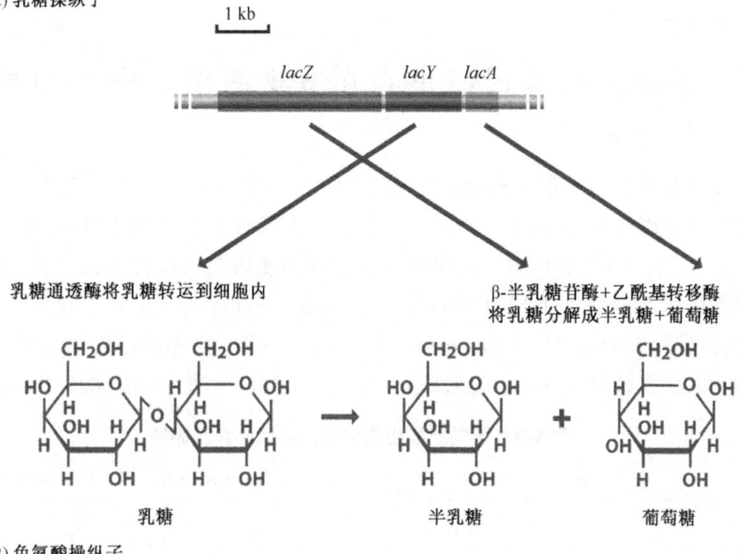


(B) 色氨酸操纵子

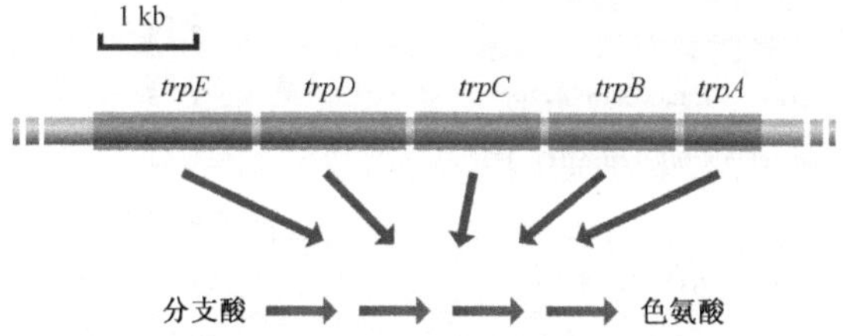


图 8.8　大肠杆菌的两种操纵子

(A) 乳糖操纵子。3 种基因序列分别叫 *lacZ*、*lacY*、*lacA*。前 2 个基因间隔 52 bp，后 2 个基因间隔 64 bp。3 个基因同时表达，*lacY* 编码乳糖通透酶，负责将乳糖转运到细胞内，*lacZ* 和 *lacA* 编码将乳糖消化成半乳糖和葡萄糖的酶。(B) 色氨酸操纵子，含有 5 个基因，编码的酶参与多步生化反应，将分支酸转化为色氨酸。色氨酸操纵子中的基因比乳糖操纵子中的基因排列更紧密。*trpE* 和 *trpD* 有一个核苷酸重叠，*trpB* 和 *trpA* 也是如此，*trpD* 和 *trpC* 间隔 4 bp，*trpB* 和 *trpC* 间隔 12bp，这些操纵子的调节，详见 13.3.1 节和 14.1.1 节

图 8.9　超嗜热菌 *Aquifex aeolicus* 基因组中一个典型的操纵子

各个基因分别编码以下蛋白质：*gatC*，谷氨酰 tRNA 转移酶 C 亚单位，在蛋白质合成中发挥作用；*recA*，重组蛋白 RecA；*pilU*，抽动蛋白；*cmk*，胞苷酸激酶，参与胞苷酸合成；*pgsA*，磷脂酰甘油磷酸合成酶，参与脂质合成；*recJ*，单链特异的内切核酸酶；RecJ，另外一种重组蛋白

个生理生化通路所需酶类的协同性合成的结论，在这些物种中并不成立。

因此，基因组计划使我们对操纵子的理解产生了疑惑。虽然我们不应过早地放弃操纵子在细菌生理生化调节中起关键作用这一观点，但我们需要解释甲烷球菌和超嗜热菌中操纵子与众不同的特征。甲烷球菌和超嗜热菌是自养生物，与许多原核生物不一样，

它们能利用二氧化碳合成有机化合物，但还不清楚如何利用这种物种间的相似性来解释它们的操纵子结构。

### 8.2.2 原核生物基因组中存在多少基因，它们的功能又是什么

在最大的原核生物和最小的真核生物之间，基因组大小有一点的重叠，但总体上来说，原核生物基因组要小得多（表8.3）。例如，大肠杆菌K12只有4639 kb，是酵母基因组的2/5，只有4405个基因。大多数原核生物的基因组大小都不超过5 Mb，但已测序的基因组总体范围是491 kb［纳古菌（*Nanoarchaeum equitans*）］至9.1 Mb［大豆慢生根瘤菌（*bradyrhizobium japonicum*）］，而一些没有测序的基因组实际上比这个还要大：如巨大芽孢杆菌（*Bacillus megaterium*）就有一个达30 Mb的巨大基因组。

**表8.3 不同原核生物的基因组大小和基因数**

| 物种 | 基因组大小/Mb | 基因数目/个 |
|---|---|---|
| **细菌** | | |
| 生殖道支原体（*Mycoplasma genitalium*） | 0.58 | 500 |
| 肺炎链球菌（*Streptococcus pneumoniae*） | 2.16 | 2300 |
| 霍乱弧菌（*Vibrio cholerae*）El Tor N16961 | 4.03 | 4000 |
| 结核分枝杆菌（*Mycobacterium tuberculosis*）H37Rv | 4.41 | 4000 |
| 大肠杆菌（*Escherichia coli*）K12 | 4.64 | 4400 |
| 耶尔森鼠疫杆菌（*Yersinia pestis*）CO92 | 4.65 | 4100 |
| 铜绿假单胞菌（*Pseudomonas aeruginosa*）PAO1 | 6.26 | 5700 |
| **古生菌** | | |
| 甲烷球菌（*Methanococcus jannaschii*） | 1.66 | 1750 |
| 闪烁古生球菌（*Archaeoglobus fulgidus*） | 2.18 | 2500 |

注：关于细菌种系，若对其基因组进行测序的研究小组明确指出其测序所用的菌株，则此处也给出相应的菌株名称（如“K12”）。许多细菌中，不同菌株的基因组大小和基因含量可能会有所不同（8.2.3节）。

大多数基因组都按照类似于大肠杆菌的方式排布，这意味着基因组大小与基因数目是成比例的，平均为每1 Mb含有约950个基因。因此，基因数目的范围也会很大，这些数目则反映了不同原核生物物种生存的生态小环境的自然属性。最大的基因组倾向于那些常见土壤中的自由生存物种，土壤环境一般被认为是提供了范围最广泛的物理和生物条件，这些物种的基因组也必须作出反应。另一方面，许多最小的基因组都属于专性寄生菌，如生殖道支原体（*Mycoplasma genitalium*），它们只有470个基因，基因组大小为0.58 Mb。这些小基因组的有限编码容量提示，这些物种不能合成很多的营养成分，而必须从它们的宿主中获取。表8.4中说明了这一点，表格中比较了生殖道支原体和大肠杆菌的基因目录。我们可以看到，例如，大肠杆菌具有131个基因用于氨基酸生物合成，而生殖道支原体只有一个；大肠杆菌有103个基因作为辅助因子的合成，而生殖道支原体只有5个。

这些比较引发了这样的一个思考：一个自由存活的细胞需要的最少基因数是多少？

理论上推测，一个原核生物最少需要 256 个基因，但通过越来越多的衣原体基因突变实验发现，至少需要 265～350 个基因。寻找可用于物种区分的特征性基因，也具有类似的意义。生殖器支原体有 470 个基因，其中 350 个也存在于与其亲缘关系很远的枯草杆菌（*Bacillus subtilis*）中，这表明使支原体与细菌得以区别的生化和结构特征，是由前者特有的大约 120 个基因编码的。遗憾的是，对这些特征性基因的鉴定，并没有为支原体之所以成为支原体而非其他生物，提供任何明显的线索。

**表 8.4 大肠杆菌 K12 和生殖道支原体（*Mycoplasma genitalium*）的部分基因目录**

| 分类 | 基因数目/个 | |
|---|---|---|
| | 大肠杆菌 | 生殖道支原体 |
| 所有的蛋白质编码基因 | 4288 | 470 |
| 氨基酸的生物合成 | 131 | 1 |
| 辅助因子生物合成 | 103 | 5 |
| 核苷酸生物合成 | 58 | 19 |
| 细胞被膜蛋白 | 237 | 17 |
| 能量代谢 | 243 | 31 |
| 中间代谢 | 188 | 6 |
| 脂代谢 | 48 | 6 |
| DNA 复制、重组、修复 | 115 | 32 |
| 蛋白质折叠 | 9 | 7 |
| 调节蛋白 | 178 | 7 |
| 转录 | 55 | 12 |
| 翻译 | 182 | 101 |
| 从环境中摄取分子 | 427 | 34 |

以上数目仅指在基因组测序时已经明确功能的基因。之后确定功能的基因没有在表中作出相应的改变。

### 8.2.3 原核生物基因组以及物种概念

基因组计划对于我们理解什么构成了原核生物世界中的“物种”造成了疑惑。由于生物学中，标准的物种定义应用于微生物中存在困难，所以在微生物学中，这个问题始终存在。早期的分类学家，例如，Linneaus 从形态学的角度来描述物种，某一物种的所有成员都应该具有相同或非常相似的结构特征。这种分类一直盛行到 20 世纪早期，在 19 世纪 80 年代，Robert Koch 以及其他一些人首先将它应用到微生物学中，他们运用染色和生理生化检测对细菌物种进行区别。然而，后来意识到这种分类方法并不准确，因为许多由此产生的物种实际上是由特性完全不同的多个种类组成。例如，与许多细菌一样，大肠杆菌也包括致病性程度从“无害”到“致死”的不同菌株。20 世纪生物学家们用进化的观点重新定义了物种的概念，我们现在认为，物种是指能够进行相互交配的一组生物。如果说还存在问题的话，在微生物中存在的问题更多，因为在原核生物间能通过多种方法进行基因交换，但根据其生物化学和生理学特性，这些原核生物却属于不同物种（图 3.23）。**基因流**（gene flow）屏障是物种概念的核心，但并不适用于原核生物。

基因组测序增加了将物种概念应用于原核生物中的困难。现在很清楚的是，单个物种的不同品系可以有完全不同的基因组序列，甚至有个别品系特异性的基因。在比较引起胃溃疡和其他人类消化道疾病的幽门螺杆菌（*Helicobacter pylori*）的两个菌株时，人们首先观察到了这一现象。这两个菌株分别在英国和美国分离得到，基因组大小分别为1.67 Mb和1.64 Mb。较大的基因组含有1552个基因，较小者含有1495个基因，其中1406个基因同时存在于两个菌株中。也就是说，每个菌株中有6%～9%的基因是各自特有的。对实验室普通使用的大肠杆菌菌株K12与致病性最强的菌株之一O157：H7进行比较时，观察到品系间更加极端的区别。两者的基因组长度明显不同，K12为4.64 Mb，而O157：H7为5.53 Mb，致病株有额外的DNA散布于基因组中大约200个不同位点。这些“O岛”含有1387个大肠杆菌K12中没有的基因，其中许多基因编码的毒素和其他蛋白质很明显的参与了O157：H7的致病性。但并不是由于O157：H7含有这些额外基因就使其具有致病性这么简单。K12自身也有234个特有的DNA片段，尽管这些“K岛”平均比“O岛”要小，但它们也含有528个O157：H7中所没有的基因。事实上，大肠杆菌O157：H7和大肠杆菌K12各自都含有一套菌株特异性的基因，分别占了其基因目录的26%和12%。这比用在高等生物中的物种概念所能涵括的差异范围要大得多，也很难与任何对微生物所做的物种定义一致。

在研究其他细菌和古生菌的基因组时，这种困难显得更加突出。因为在不同原核生物物种间的基因流动很容易发生，所以我们预期能在不同物种中偶然发现相同的基因，但是测序所揭示的**侧向基因转移**（lateral gene transfer）的程度让每个人都感到十分震惊。大多数基因组中，含有直接来自不同物种的几百kb的DNA，有时这个数字会更高：大肠杆菌K12基因组的12.8%，即0.59 Mb就是通过这种途径获得的（图8.10）。第二个让人感到惊奇的是，这种转移在差别很大的物种间，甚至是细菌与古生菌间也可以发生。例如，嗜热细菌（*Thermatoga maritima*）有1877个基因，其中451个似乎都来源于古生菌。另一个方向的转移，从细菌到古生菌也同样是普遍存在的。由此我们想象到的情景是：生活在相似小生态环境中的原核生物之间相互交换基因，使它们能更好

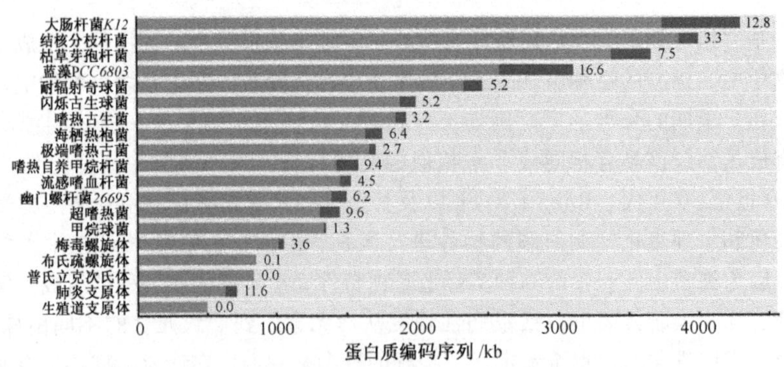


图8.10　侧向基因转移对原核生物基因组含量的影响

图中用浅色表示某一种属特有的DNA，用深色表示通过侧向基因转移获得的DNA。每个条形末端的数字表示基因组中来自侧向基因转移的百分比。注：分析中删除了基因间隔区

的适应于特殊环境中生存。许多来自古生菌的耐热基因，很可能帮助了细菌获得耐受高温的能力。

基因组测序结果表明，许多细菌物种的基因组还有待确认。多年来，微生物学家也在对此进行猜测，他们认识到，从自然生存环境分离细菌的人工培养条件，并不适合于所有的物种，而且许多物种在这种情况下都无法生长，因此也无法进行基因组测序。在**宏基因组**（metagenomic）这一新领域开展工作的人员，正在通过从一个特殊的生长环境（如海水或酸性土壤）中获得其中所有基因组的DNA序列来解决这个问题。在一项研究中，研究人员从1500 L藻海的海水中获得了超过1 Mb的碱基序列。这个序列包括了至少1800种物种的基因组片段，其中148种是全新的。宏基因组使得我们可能在不久的将来，探测到人们未曾看到的一些物种的基因组序列。

# 8.3 真核生物细胞器基因组

现在我们再回到真核生物的世界里，探讨一下位于真核生物细胞线粒体和叶绿体中的基因组。20世纪50年代有人提出一些基因可能位于核外，最初称之为**染色体外基因**（extrachromosomal gene），用以解释脉孢霉菌（*Neurospora crassa*）、酿酒酵母（*Saccharomyces cerervisiae*）和可以进行光合作用的莱茵衣藻（*Chlamydomonas reinhardtii*）中某些基因的特殊遗传现象。几乎在同一时期，电镜和生化研究也发现线粒体和叶绿体中可能存在DNA分子。在这些发现的基础上，于20世纪60年代早期，人们公认了独立于核基因组外的线粒体和叶绿体基因组的存在，而且它们的特征与核基因组不同。

## 8.3.1 细胞器基因组的起源

细胞器基因组的发现引起了许多关于它们起源的推测，现在大多数生物学家认为**内共生学说**（endosymbiont theory）大致是正确的，虽然内共生学说在20世纪60年代首次提出时被认为非常不符合传统。内共生学说的基础是，细胞器基因表达过程在很多方面与细菌相似。另外，核苷酸序列比较发现，细胞器基因与细菌基因的相似性要比它们所在的真核生物核基因的相似性高。因此，内共生学说认为，线粒体和叶绿体是一些自由生存的细菌的遗迹，这些细菌在进化最早期与真核细胞祖先形成共生关系。

支持内共生学说的证据还包括发现某些生物有内共生阶段，其内共生的进化程度还不及线粒体和叶绿体。例如，原生动物红藻（*Cyanophora paradoxa*）就显示了内共生的早期阶段，其光合作用结构叫**共生体**（cyanelle），它与叶绿体不同，但却类似它们内吞的蓝藻。同样，生活在真核细胞中的立克次氏体，也可能是产生线粒体的细菌的现今形式。研究提示，毛滴虫（单细胞微生物，大多是寄生虫）的氢体代表了线粒体内共生的高级形式，这些氢体有的含有基因组，但大部分不含基因组。

如果线粒体和叶绿体曾是自由生存细菌，那么一旦建立起内共生关系，就一定存在从细胞器到细胞核的基因转运。我们不知道这个转运是怎么进行的，也不知道是许多基因同时大量转运还是从一个部位逐渐转运到另一部位。但我们确切地知道，DNA从细胞器到核以及在细胞器之间的转运仍在发生。这是在20世纪80年代早期首次发现的，那时已获得了部分叶绿体的基因组序列。在一些植物的叶绿体基因组中含有一些DNA片段（常包括完整基因），它们是部分线粒体基因组的拷贝，我们称之为**杂合DNA**（promiscuous DNA），这些DNA已经从一个细胞器转运到了另一细胞器。我们现在知道，转运并非只有这一种类型。拟南芥线粒体基因组含有许多核DNA片段和16个叶绿体基因组片段，其中6个tRNA基因在转移到线粒体以后仍保持了其活性。植物核基因组包括了许多线粒体和叶绿体的短片段，以及一个位于2号染色体着丝粒区域的270 kb线粒体DNA片段。线粒体DNA向脊椎动物核基因组的转移也有文献记录。

## 8.3.2 细胞器基因组的物理特点

几乎所有的真核生物都有线粒体基因组，所有能进行光合作用的真核生物都有叶绿体基因组。最开始，人们以为所有细胞器基因组都是环状DNA分子。但电镜观察发现到一些细胞器中既有环状DNA，又有线性DNA，但人们认为这些线性分子是在电镜标本制作中被打断的环状分子的片段。我们仍相信，大多数线粒体和叶绿体基因组是环状的，但现在我们认识到，不同生物可以差别很大。在许多真核生物中，环状基因组与线性基因组共存于细胞器中，在叶绿体中，环状基因组与含有基因组亚单位的环状小分子作为一个整体共存。后一种方式在名为腰鞭毛虫的海生藻类中达到了极致，它的叶绿体基因组分为许多小环，每个仅含一个基因。现在我们也认识到，一些微小真核生物［如草履虫（*Paramecium*）、衣藻（*Chlamydomonas*）和几种酵母］的线粒体基因组都是线性的。

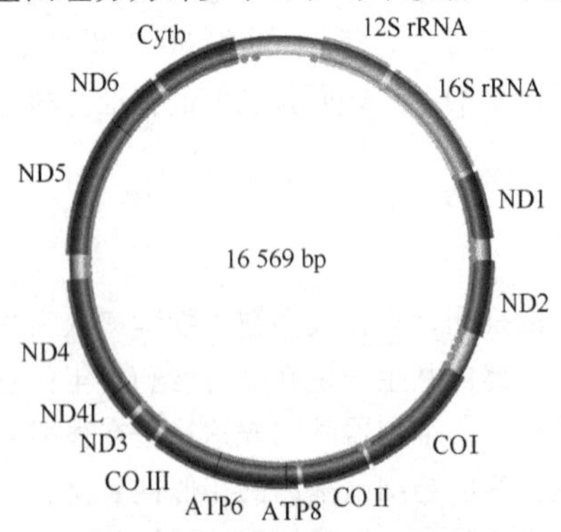


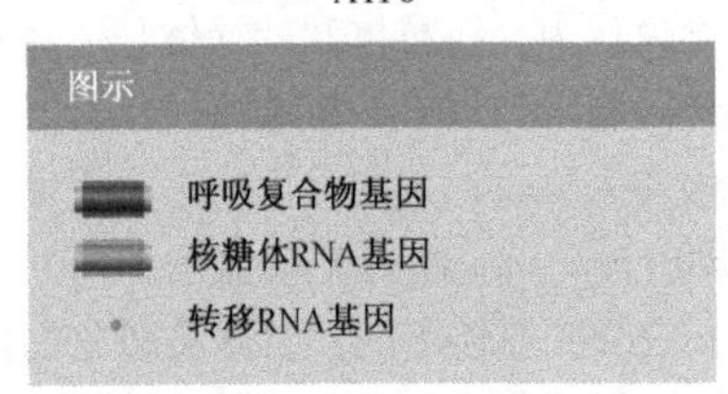


图8.11 人类线粒体基因组

人类线粒体基因组小而紧密，极少有浪费的空间，以至于ATP6和ATP8基因部分重叠。缩略词：ATP6和ATP8：编码ATP酶亚基6和8的基因；COI、COII、COIII，编码细胞色素c氧化酶亚基I，II，III的基因；Cytb，编码脱辅基细胞色素b的基因；NDI～ND6，编码NADH氢化酶亚基1～6

细胞器基因组的拷贝数尚不完全清楚。人每个线粒体中含有大约10个相同的分子，即每个细胞中大约有8000个拷贝。然而在酿酒酵母中，虽然每个线粒体有超过100个拷贝的基因组，但每个细胞中的拷贝数却较少（不到6500个）。光合作用微生物，如衣藻，每个细胞大约有1000个叶绿体基因组，在高等植物细胞中只有这个数目的1/5。一个从20世纪50年代至今仍未完全解开的谜，就是在遗传杂交中研究细胞器基因组时，结果总是显示每个细胞中线粒体和叶绿体基因组只有一个拷贝。很明显事实并非如此，这说明我们对细胞器基因组从母代向子代的传递过程并没有真正的了解清楚。

线粒体基因组大小变化很大（表8.5），而且与生物的复杂程度无关。大多数多细胞动物的线粒体基因组较小，结构紧密，基因间几乎没有间隔。人线粒体基因组（图8.11）是这种类型的典范，只有16 596 bp。低等真核生物，如酿酒酵母（图8.12）和开花植物的线粒体基因组较大且较疏松，大量基因具有内含子。叶绿体基因组的大小变化较小（表 8.5），并且大多数具有与图 8.13 所示的水稻叶绿体基因组相似的结构。

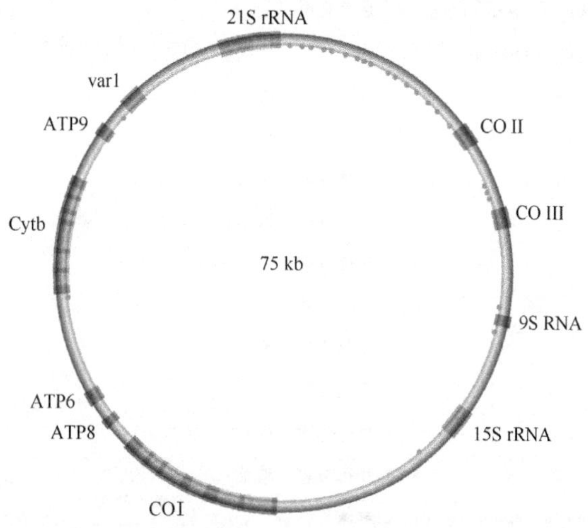

图 8.12 酿酒酵母线粒体基因组

因为相对较小，许多酵母线粒体基因组已被完全测序。与人相比，酵母线粒体基因组中基因之间有较大的空间，有的基因含有内含子。这种结构是许多低等真核生物和植物的典型。酵母基因组中还含有另外 5 个可读框（图中未显示），并不编码功能产物，而且在断裂基因的内含子中也有几个基因。后者大多数编码成熟蛋白质，参与剪切这些基因转录产物的内含子。缩写：ATP6，ATP8，ATP9 基因分别是 ATP 酶亚单位 6、8 和 9 基因；COI、COII、COIII 分别是细胞色素 c 氧化酶亚单位 I、II、III 基因。Cytb，脱辅基细胞色素 b 基因；var1，核糖体相关蛋白质基因。9S RNA 基因特指核糖核酸酶 P 的 RNA 部分

**表 8.5 线粒体和叶绿体基因组大小**

| 物种 | 生物种类 | 基因组大小/kb |
|---|---|---|
| 线粒体基因组 | | |
| 恶性疟原虫（*Plasmodium falciparum*） | 原生动物（疟原虫） | 6 |
| 莱茵衣藻（*Chlamydomonas reinhardtii*） | 绿藻 | 16 |
| 小鼠（*Mus musculus*） | 脊椎动物（小鼠） | 16 |
| 人（*Homo sapiens*） | 脊椎动物（人） | 17 |
| 高令细指海葵（*Metridium senile*） | 无脊椎动物（海葵） | 17 |
| 黑腹果蝇（*Drosophila melanogaster*） | 无脊椎动物（果蝇） | 19 |
| 皱波角叉菜（*Chondrus crispus*） | 红藻 | 26 |
| 构巢曲霉菌（*Aspergillus nidulans*） | 子囊菌纲真菌 | 33 |

续表

| 物种 | 生物种类 | 基因组大小/kb |
|---|---|---|
| 异养鞭毛虫（*Reclinomonas americana*） | 原生动物 | 69 |
| 酿酒酵母（*Saccharomyces cerevisiae*） | 酵母 | 75 |
| 牛肝菌（*Suillus grisellus*） | 担子菌纲真菌 | 121 |
| 羽衣甘蓝（*Brassica oleracea*） | 开花植物（甘蓝） | 160 |
| 拟南芥（*Arabidopsis thaliana*） | 开花植物（大巢菜） | 367 |
| 玉蜀黍（*Zea mays*） | 开花植物（玉米） | 570 |
| 甜瓜（*Cucumis melo*） | 开花植物（瓜） | 2500 |
| **叶绿体基因组** | | |
| 豌豆（*Pisum sativum*） | 开花植物（豌豆） | 120 |
| 地钱（*Marchantia polymorpha*） | 苔类植物 | 121 |
| 水稻（*Oryza sativa*） | 开花植物（稻） | 136 |
| 烟草（*Nicotiana tabacum*） | 开花植物（烟草） | 156 |
| 莱茵衣藻（*Chlamydomonas reinhardtii*） | 绿藻 | 195 |

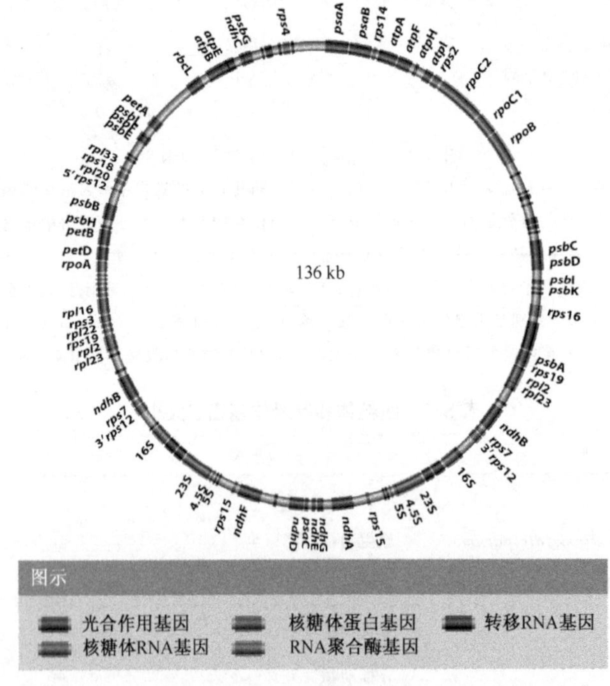


图 8.13　水稻叶绿体基因组

图中仅显示了功能已知的基因。许多基因含有内含子，但未在图上注明。不连续性基因中包括几个编码 tRNA 的基因，这就是为什么虽然 tRNA 大小都相似，而 tRNA 基因长度却不同的原因

### 8.3.3 细胞器基因组的遗传组成

细胞器基因组比细胞核基因组小得多，因此我们推测其基因数目有限，事实也的确如此。线粒体基因组再次表现出很大的可变性，基因数目从恶性疟原虫的 5 个到原生动物异养鞭毛虫（*Reclinomonas americana*）的 92 个（表 8.6）。所有线粒体基因组都含有非编码 rRNA 基因和至少一部分呼吸链组分蛋白的基因，而呼吸链正是线粒体的主要生化特征。基因含量更高的线粒体基因组还编码 tRNA、核糖体蛋白，参与转录和翻译的蛋白质以及将胞质蛋白运输进入线粒体的转运蛋白（表 8.6）。大多数叶绿体基因组都含有大约 200 个基因，编码 rRNA、tRNA、核糖体蛋白以及参与光合作用的蛋白质（图 8.13）。

**表 8.6 线粒体基因组特点**

| 特征 | 恶性疟原虫 | 莱茵衣藻 | 人 | 酿酒酵母 | 拟南芥 | 异养鞭毛虫 |
|---|---|---|---|---|---|---|
| **基因总数** | 5 | 12 | 37 | 35 | 52 | 92 |
| **基因类型** | | | | | | |
| 蛋白质编码基因 | 3 | 7 | 13 | 8 | 27 | 62 |
| 呼吸复合物 | 3 | 7 | 13 | 7 | 17 | 24 |
| 核糖体蛋白 | 0 | 0 | 0 | 1 | 7 | 27 |
| 转运蛋白 | 0 | 0 | 0 | 0 | 3 | 6 |
| RNA 聚合酶 | 0 | 0 | 0 | 0 | 0 | 4 |
| 翻译因子 | 0 | 0 | 0 | 0 | 0 | 1 |
| 功能性 RNA 基因 | 2 | 5 | 24 | 27 | 25 | 30 |
| 核糖体 RNA 基因 | 2 | 2 | 2 | 2 | 3 | 3 |
| 转运 RNA 基因 | 0 | 3 | 22 | 24 | 22 | 26 |
| 其他 RNA 基因 | 0 | 0 | 0 | 1 | 0 | 1 |
| **内含子数目** | 0 | 1 | 0 | 8 | 23 | 1 |
| **基因组大小/kb** | 6 | 16 | 17 | 75 | 367 | 69 |

从表 8.6 可以发现细胞器基因组的一般特征。这些基因组负责编码细胞器中的一些蛋白质，但并非全部。其他的蛋白质则由细胞核基因编码，在胞质合成，然后转运到细胞器中。如果细胞具有将蛋白质运输进入线粒体和叶绿体的机制，那为什么细胞器蛋白质不都由细胞核基因编码呢？对这个问题，我们还没找到令人信服的答案。但推测可能是因为一些细胞器基因组编码的蛋白质疏水性很强，不能通过线粒体和叶绿体膜，从而不能由胞质进入细胞器。细胞使这些蛋白质进入细胞器的唯一途径就是原地生产。

## 总结

原核生物包括两类截然不同的生物：细菌和古生菌。细菌基因组位于拟核——原核细胞中的轻微着色区。DNA 黏附在结合蛋白核心上，形成 40～50 个超螺旋环 DNA，从核心蛋白上发射分布至细胞中。我们对古生菌中的相应结构了解甚少，但它们可能很不一样，因为古生菌中的蛋白质更像真核生物的组蛋白，而不是细菌的拟核蛋白。大肠杆菌基因组是单个、环形 DNA 分子，但一些原核生物是线性基因组，而一些是多个分离的基因组，由两个或更多的环形和（或）线性分子组成。在更复杂的情况下，很难将真正的基因组序列与非必需的质粒区分开来。原核生物基因组非常紧密，几乎没有重复性 DNA。许多基因通过操纵子的形式被组织，其中的基因成员一起表达，并具有相关的功能性联系。基因数与基因组大小成比例。最大的基因组存在于土壤中观察到的自由生存菌，在这个土壤环境中存在这些生物必须适应的多种多样的物理和生物条件。最小的基因组是专性寄生菌，如生殖道支原体（*Mycoplasma genitalium*）只有 470 个基因。一个自由生存细胞必需的最小全套基因是 250～350 个。原核生物基因组的研究使这些生物的物种概念变得更加复杂，因为相同物种的不同品系可能具有非常不同的基因组组成，而且侧向基因转移可以在不同物种间发生。宏基因组学，即某个生存环境（如海水）中所有基因组的研究，显示了在某个特殊生存环境中一大部分从未被确认的物种。真核细胞中线粒体和叶绿体基因组具有原核生物的特征，因为它们从自由生存细菌中衍生而来，这些细菌与真核细胞的祖先形成了共生关系。大多数线粒体和叶绿体基因组都是环形的，也可能是多部分的，每个细胞中有 1000～10 000 个拷贝。线粒体基因组大小从 6～2500 kb 不等，含有 5～100 个基因，包括编码线粒体 rRNA、tRNA 以及呼吸复合体中蛋白质成分的基因。叶绿体基因组的变化范围不是很大，大多数为 100～200 kb，约 200 个基因，大多数是编码功能性 RNA 和光合作用的蛋白质。

## 选择题

*奇数问题的答案见附录

8.1* 细菌（如大肠杆菌）中，DNA 是被如何包装的？

a．它被包装成含组蛋白的核小体复合物。

b．它被包装成含组蛋白的拟核结构。

c．它被包装成含 DNA 促旋酶和拓扑异构酶 I 的核小体复合物。

d．它在 DNA 促旋酶和拓扑异构酶 I 的作用下，形成超螺旋。

8.2 细菌的拟核是什么？

a．它是一种膜性细胞器，含有基因组 DNA。

b．它是细菌细胞中轻微着色的区域，含有基因组 DNA。

c．它是细菌细胞中结合基因组 DNA 的蛋白质复合物。

d．它是包含细菌核糖体的一种膜性复合物。

8.3* 质粒是什么？

a．一种小的、常为环形，与宿主染色体相独立的 DNA 分子。

b．一种小的、常为环形，包含必需基因的 DNA 分子。

c．一种小的、常为环形，稳定细菌染色体的 DNA 分子。

d．一种原核生物病毒，能感染细菌细胞。

8.4 什么是整合子？

a．一种可以整合到细菌染色体的质粒。

b．一种可以转移到其他细菌的质粒。

c．允许质粒从噬菌体和其他质粒上捕获基因的一套基因和 DNA 序列。

d. 一种含有质粒和噬菌体序列的克隆载体。

8.5[*] 什么是细菌操纵子？

a. 具有相关功能的一组基因。

b. 进化上保守的一组基因。

c. 参与了某种生化通路，并一起表达的一组基因。

d. 由不同的启动子表达，但受相同的抑制蛋白质调节的一组基因。

8.6 细菌基因组中存在哪些类型的重复序列？

a. 微卫星和小卫星。

b. 转座元件。

c. LINE（长散在重复序列）。

d. 不含任何重复序列的原核生物基因组。

8.7[*] 下列哪项不是典型的细菌操纵子特点？

a. 基因被翻译成单一的多肽。

b. 操纵子中的基因被转录成单个 mRNA 分子。

c. 基因经常编码共同参与某一生化通路的蛋白质。

d. 基因在同一个启动子的控制之下。

8.8 原核生物最初是如何分类的？

a. 染色和生化检测

b. 遗传学检测

c. 微生物学研究

d. DNA 序列分析

8.9[*] 侧向基因转移包括以下 DNA 改变，除了：

a. 基因从细菌转移至古生菌。

b. 基因从古生菌转移至细菌。

c. 2 种细菌融合产生二倍体的子代。

d. 基因从某物种转移到另外一个物种。

8.10 以下哪项不是支持内共生学说的证据？

a. 线粒体和叶绿体的外部结构与细菌壁相似。

b. 这些细胞器中的基因与细菌类似。

c. 这些细胞器中的基因表达过程与细菌相似。

d. 细胞器核糖体与细菌核糖体类似。

8.11[*] 最小的细菌基因组仅长几百 kb，而人的线粒体基因组不到 17 000 bp。线粒体基因组相对比较小，是因为以下哪项？

a. 人线粒体基因组丧失了其蛋白质编码基因。

b. 人线粒体基因组丧失了其功能性 RNA 基因。

c. 人线粒体基因组是非功能性的，是一个进化遗迹。

d. 人线粒体基因组中的基因被转移到细胞核中。

8.12 一个典型的人线粒体中包含多少个相同的 DNA 分子拷贝？

a. 1 个

b. 10 个

c. 100 个

d. 8000 个

8.13* 在所有线粒体基因组中，下列哪种基因类型不存在？

a. tRNA 基因

b. 呼吸链基因

c. 糖酵解基因

d. rRNA 基因

## 简答题

* 奇数问题的答案见附录

8.1* 真核生物染色体和大肠杆菌染色体之间有什么区别？

8.2 什么实验支持大肠杆菌染色体是以超螺旋结构域的形式组织，并黏附到限制其松弛能力的蛋白质上的？

8.3* 大肠杆菌 HU 蛋白与真核生物组蛋白有什么相似点？

8.4 大肠杆菌基因组是单一、环状 DNA 分子。在原核生物中还发现了什么不同类型的基因组结构？

8.5* 在一个典型的原核生物基因组中，基因以及其他序列特征是被如何组织的？原核生物和哺乳动物基因组进行比较时，在基因密度、内含子数量和重复 DNA 序列方面存在什么不同？

8.6 甲烷球菌（*Methanococcus jannaschii*）和超嗜热菌（*Aquifex aeolicus*）的操纵子与大肠杆菌的操纵子有什么不同？

8.7* 专性细胞内寄生菌生殖支原体（*Mycoplasma genitalium*）只有 470 个基因。为什么该物种只需要这么少的基因？

8.8 原核生物中，基因组大小和基因数相关的理论基础是什么？

8.9* 为什么用于真核生物的物种概念（一组可以互相交配的物种）不适用于原核生物？

8.10 如何才能对某个从未分离到的物种进行基因组测序。

## 论述题

* 奇数问题的指导见附录

8.1* 原核生物基因组是单一的、环形的 DNA 分子的观点，是否应该被背弃？如果是，那么应该对“原核生物基因组”采用什么新的定义呢？

8.2 阐述如何确认 250～350 个基因是“一个自由存活细胞所需的最小基因组”。

8.3* 基因组测序能否使细菌的物种概念被继续采用？

8.4 细胞器基因组为什么存在？

## 图形测试

* 奇数问题的答案见附录

8.1* 这代表了一个大肠杆菌拟核的模型。大肠杆菌基因组是如何被包装进拟核的？

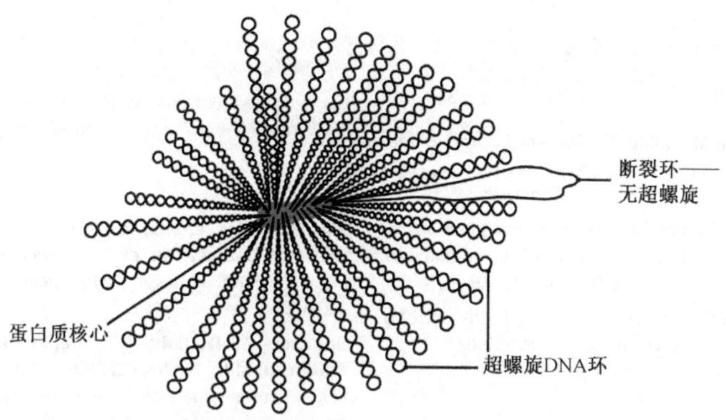


8.2　这幅图显示了大肠杆菌基因组中的一个 50 kb 片段。其中的关键特征是什么，与人基因组典型的一个 50 kb 片段相比，有何区别？

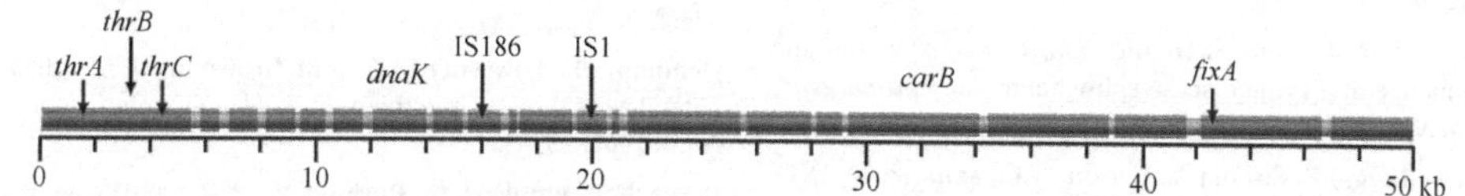


8.3*　这些基因都参与了色氨酸的生物合成，你预期它们在大肠杆菌中将如何协同表达？

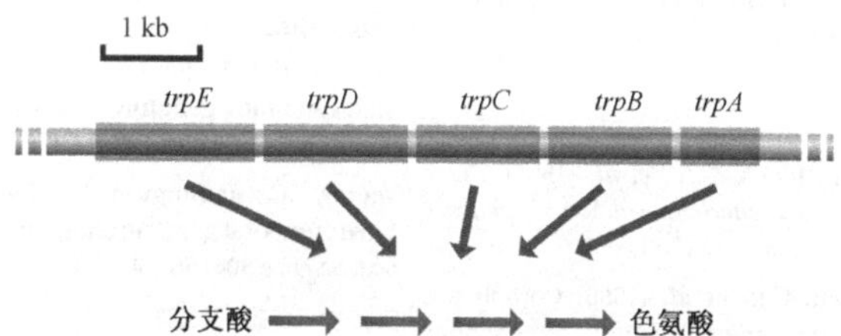


8.4　这幅图显示了人线粒体基因组。这个基因组的关键特征是什么？编码线粒体蛋白的其他基因位于何处？

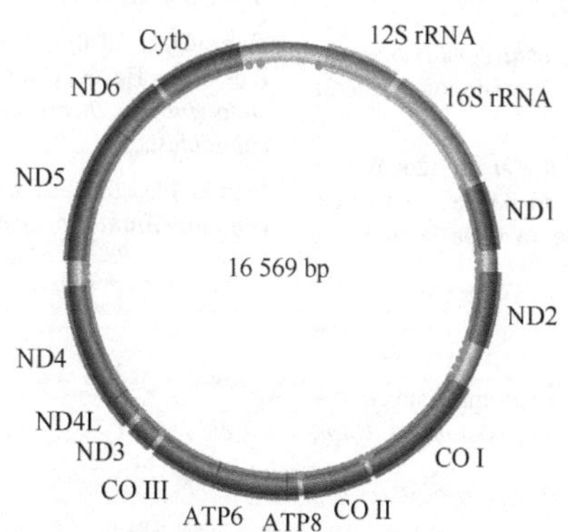

## 拓展阅读


原核生物拟核

**Drlica, K. and Riley, M.** (1990) *The Bacterial Chromosome.* American Society for Microbiology, Washington, DC. *A source of information on all aspects of bacterial DNA.*

**Sinden, R.R. and Pettijohn, D.E.** (1981) Chromosomes in living *Escherichia coli* cells are segregated into domains of supercoiling. *Proc. Natl Acad. Sci. USA* **78:** 224–228.

**White, M.F. and Bell, S.D.** (2002) Holding it all together: chromatin in the Archaea. *Trends Genet.* **18:** 621–626.

多个分离的基因组

**Bentley, S.D. and Parkhill, J.** (2004) Comparative genome structure of prokaryotes. *Annu. Rev. Genet.* **38:** 771–791. *Review of many of the aspects of prokaryotic genomes discussed in this chapter.*

**Fraser, C.M., Casjens, S., Huang, W.M., *et al.*** (1997) Genomic sequence of a Lyme disease spirochaete, *Borrelia burgdorferi. Nature* **390:** 580–586.

**Heidelberg, J.F., Eisen, J.A., Nelson, W.C., *et al.*** (2000) DNA sequence of both chromosomes of the cholera pathogen *Vibrio cholerae. Nature* **406:** 477–483.

**White, O., Eisen, J.A., Heidelberg, J.F., *et al.*** (1999) Genome sequence of the radioresistant bacterium *Deinococcus radiodurans* R1. *Science* **286:** 1571–1577.

基因排布的实例

**Blattner, F.R., Plunkett, G., Bloch, C.A., *et al.*** (1997) The complete genome sequence of *Escherichia coli* K-12. *Science* **277:** 1453–1462.

**Bult, C.J., White, O., Olsen, G.J., *et al.*** (1996) Complete genome sequence of the methanogenic archaeon *Methanococcus jannaschii. Science* **273:** 1058–1073.

**Deckert, G., Warren, P.V., Gaasterland, T., *et al.*** (1998) The complete genome of the hyperthermophile bacterium *Aquifex aeolicus. Nature* **392:** 353–358.

**Parkhill, J., Achtman, M., James, K.D., *et al.*** (2000) Complete genome sequence of a serogroup A strain of *Neisseria meningitidis* Z2491. *Nature* **404:** 502–506.

**Parkhill, J., Wren, B.W., Mungall, K., *et al.*** (2000) The genome sequence of the food-borne pathogen *Campylobacter jejuni* reveals hypervariable sequences. *Nature* **403:** 665–668.

最小基因组内容

**Koonin, E.V.** (2000) How many genes can make a cell: the minimal-gene-set concept. *Annu. Rev. Genomics Hum. Genet.* **1:** 99–116. *Describes the experimental and theoretical work that is being done on the minimal genome.*

物种概念存在的问题

**Alm, R.A., Ling, L.-S.L., Moir, D.T., *et al.*** (1999) Genomic-sequence comparison of two unrelated isolates of the human gastric pathogen *Helicobacter pylori. Nature* **397:** 176–180.

**Boucher, Y., Douady, C.J., Papke, R.T., Walsh, D.A., Boudreau, M.E., Nesbo, C.L., Case, R.J. and Doolittle, W.F.** (2003) Lateral gene transfer and the origins of prokaryotic groups. *Annu. Rev. Genet.* **37:** 283–328.

**Nelson, K.E., Clayton, R.A., Gill, S.R., *et al.*** (1999) Evidence for lateral gene transfer between Archaea and bacteria from genome sequence of *Thermotoga maritima. Nature* **399:** 323–329.

**Ochman, H., Lawrence, J.G. and Groisman, E.A.** (2000) Lateral gene transfer and the nature of bacterial innovation. *Nature* **405:** 299–304.

**Perna, N.T., Plunkett, G., Burland, V., *et al.*** (2001) Genome sequence of enterohaemorrhagic *Escherichia coli* O157:H7. *Nature* **409:** 529–532.

宏基因组学

**Riesenfeld, C.S., Schloss, P.D. and Handelsman, J.** (2004) Metagenomics: genomic analysis of microbial communities. *Annu. Rev. Genet.* **38:** 525–552.

**Venter, J.C., Remington, K., Heidelberg, J.F., *et al.*** (2004) Environmental genome shotgun sequencing of the Sargasso Sea. *Science* **304:** 66–74.

细胞器基因组

**Lang, B.V., Gray, M.W. and Burger, G.** (1999) Mitochondrial genome evolution and the origin of eukaryotes. *Annu. Rev. Genet.* **33:** 351–397.

**Margulis, L.** (1970) *Origin of Eukaryotic Cells.* Yale University Press, New Haven, Connecticut. *The first description of the endosymbiont theory for the origin of mitochondria and chloroplasts.*

**Palmer, J.D.** (1985) Comparative organization of chloroplast genomes. *Annu. Rev. Genet.* **32:** 437–459.

CHAPTER

# 第 9 章 病毒基因组和可移动的遗传元件

## 学习要点

当你阅读完第 9 章之后，应该能够：

- 描述噬菌体和其他类型病毒的衣壳结构类型。
- 概述噬菌体基因组排布方式的多样性。
- 区分裂解性和溶源性感染途径，并能了解各关键步骤的细节。
- 描述真核生物病毒采用的主要复制策略，尤其是病毒逆转录元件。
- 描述卫星 RNA、拟病毒、类病毒和朊病毒的特征。
- 区分保守型转座和复制型转座。
- 详细描述不同类型 LTR 逆转录元件之间的结构及其关系。
- 举例论述 LINE 和 SINE 的关键特征。
- 描述在原核生物中发现的 DNA 转座子的种类。
- 解释为什么“真核生物 DNA 转座子在我们进一步了解转座中具有重要作用”。
- 举例说明植物和果蝇中的 DNA 转座子。

在我们将要学习的几种生物基因组中，病毒是最后一种，也是生命形式最简单的生物。实际上，在生物学术语中，病毒是如此的简单，以至于我们必须思考它们到底算不算是活的生物体。这个疑问的部分原因是病毒的结构与其他各种生命形式不同，它不是细胞；另一个原因是病毒生命周期的自然性质。病毒采用非常极端的方式进行专性寄生：它们只在一个宿主细胞中复制，而且为了复制和表达它们的基因组，它们必须至少部分改变宿主的遗传装置。一些病毒拥有编码其自身 DNA 聚合酶和 RNA 聚合酶的基因，但许多病毒是利用宿主的酶进行基因组复制和转录的。所有病毒都利用宿主的核糖体和翻译装置来合成那些组成它们子代蛋白质衣壳的多肽。这意味着，病毒基因必须能适应宿主的基因系统。因此，病毒对物种是相当特异的，每一类的病毒不能广泛感染不同物种。

在本章中，我们还将学习移动遗传元件，后者占据了真核生物和原核生物基因组中重复序列的很大一部分。我们之所以将这些元件和病毒基因组联系起来，是因为近年来，人们发现至少某些重复序列来自病毒，而且实际上就是丢失了从宿主细胞逃逸能力的病毒基因组。

# 9.1 噬菌体和真核生物病毒的基因组

病毒的种类很广泛，但是遗传学家们关注最多的是感染细菌的病毒。这些病毒统称为噬菌体，自 20 世纪 30 年代以来就得到了广泛深入的研究，当时的早期分子生物学家，尤其是 Max Delbrück，选择噬菌体作为基因研究中普遍采用的模式生物。我们将跟随 Delbrück 的引导，利用噬菌体作为我们学习病毒基因组的切入点。

## 9.1.1 噬菌体基因组

噬菌体由两个部分组成：蛋白质和核酸。蛋白质形成外壳或称**衣壳**（capsid），内部包含核酸基因组。有三种基本的衣壳结构（图 9.1）：

- 二十面体结构，其中各个多肽亚基（**原聚体**，protomer）围绕核酸，排列成一个三维的几何结构。例如，感染大肠杆菌（*Escherichia coli*）的 MS2 噬菌体和感染铜绿假单胞菌（*Pseudomonas aeruginosa*）的 PM2。
- 丝状或螺旋状结构，其中的原聚体以螺旋形式排列，形成一个杆状结构。大肠杆菌噬菌体 M13 就是一个这样的例子。
- 头-尾结构，是包含核酸的二十面体头部，附着到细丝状尾部以及其他有利于核酸进

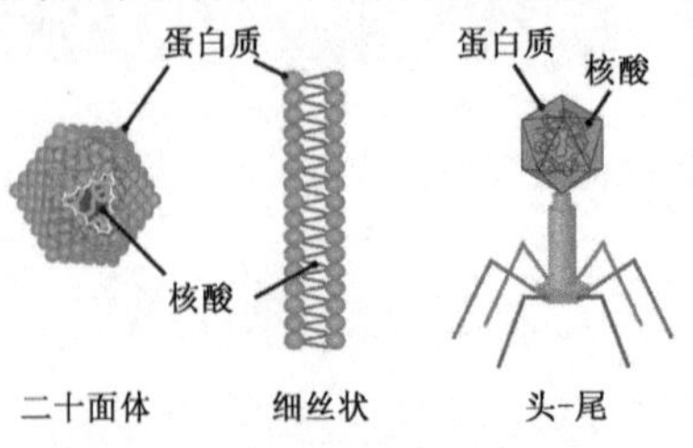


图 9.1 噬菌体表现出来的三种常见衣壳结构类型

入宿主细胞的附加结构的结合体。这是一个很常见的结构，例如，大肠杆菌的噬菌体 T4 和 λ 噬菌体，枯草芽孢杆菌（*Bacillus subtilis*）的噬菌体 SPO1。

## 噬菌体的基因组结构和排布各有不同

在描述噬菌体基因组时，之所以必须使用“核酸”这个术语，是因为它们的一些基因组分子由 RNA 组成。病毒是“生命”的一种形式，这与 Avery 及其同事、Hershey 和 Chase 提出的“遗传物质是 DNA”的观点相矛盾（1.1.1 节）。噬菌体和其他病毒还打破了另外一个规则：它们的基因组，不管是 DNA 或 RNA，可以是单链或双链。如表 9.1 所示，在噬菌体中存在各种不同的基因组结构。在大多数噬菌体中，一个 DNA 或 RNA 分子就包含了整个基因组。然而，并非都是如此，一些 RNA 噬菌体具有**节段基因组**（segmented genome），即它们的基因由几个不同的 RNA 分子携带。噬菌体基因组的大小差异非常大，从最小噬菌体的约 1.6 kb 到大噬菌体的 150 kb 以上（如 T2、T4、T6）。

由于相对比较小，噬菌体基因组是人们在 20 世纪 70 年代末建立快速有效的 DNA 测序方法后，首批进行研究的对象之一。它们的基因数变化范围：从 MS2 的 3 个，到更复杂的头-尾型噬菌体的 200 个以上（表 9.1）。相对较小的噬菌体，其基因组包含的基因数也比较少，但这些基因可以以非常复杂的方式进行组织。例如，噬菌体 ΦX174 采用部分基因重叠的方式，可将“额外”生物信息包装到其基因组中（图 9.2）。这些**重叠基因**（overlapping gene）共用核苷酸序列（如基因 B 完全包含于基因 A 中），但编码不同的基因产物，因为这些转录物可以从不同的起始位置、不同的可读框进行翻译。重叠基因在病毒中并不少见。较大的噬菌体基因组包含的基因较多，反映了这些噬菌体

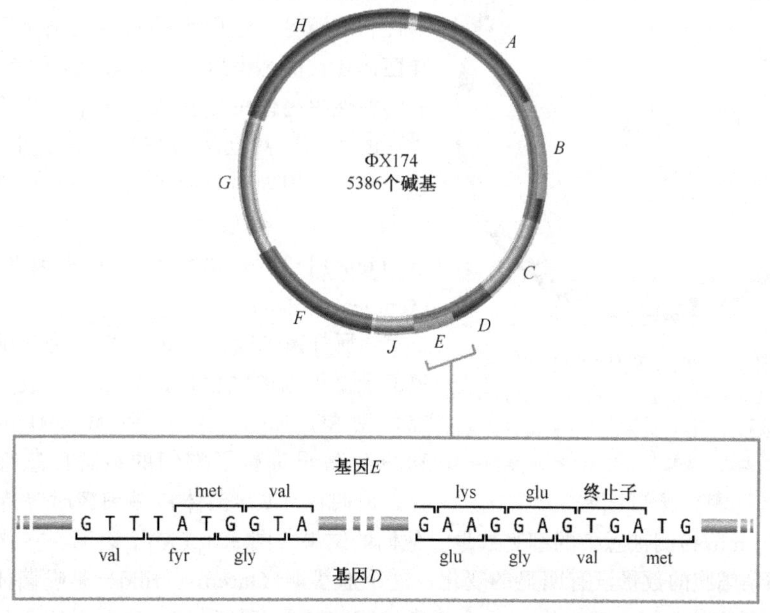


图 9.2 噬菌体 ΦX174 含有重叠基因

基因组由单链 DNA 组成。放大的区域显示基因 *E* 和 *D* 的起始和末端重叠

更为复杂的衣壳结构，而且在感染周期中依赖更多的噬菌体编码的酶。例如，T4 的基因组包括 50 个左右的基因，它们只参与了噬菌体衣壳的构建（图 9.3）。尽管它们自身比较复杂，但是这些大的噬菌体还是需要至少一部分宿主编码的蛋白质和 RNA，以利于它们维持感染周期。

**表 9.1　一些典型噬菌体及其基因组**

| 噬菌体 | 宿主 | 衣壳结构 | 基因组结构 | 基因组大小/kb | 基因数 |
|---|---|---|---|---|---|
| λ | 大肠杆菌 | 头-尾 | 双链线性 DNA | 49.5 | 48 |
| ΦX174 | 大肠杆菌 | 二十面体 | 单链环状 DNA | 5.4 | 11 |
| f6 | 栖菜豆假单胞菌 | 二十面体 | 双链节段线性 DNA | 2.9、4.0、6.4 | 13 |
| M13 | 大肠杆菌 | 细丝状 | 单链环状 DNA | 6.4 | 10 |
| MS2 | 大肠杆菌 | 二十面体 | 单链线性 DNA | 3.6 | 3 |
| PM2 | 铜绿假单胞菌 | 二十面体 | 双链线性 DNA | 10.0 | 约21 |
| SPO1 | 枯草芽孢杆菌 | 头-尾 | 双链线性 DNA | 150 | 100＋ |
| T2,T4,T6 | 大肠杆菌 | 头-尾 | 双链线性 DNA | 166 | 150＋ |
| T7 | 大肠杆菌 | 头-尾 | 双链线性 DNA | 39.9 | 55＋ |

注：列出的基因组结构是指噬菌体衣壳中的基因组；部分基因组可能以不同形式存在于宿主细胞中。

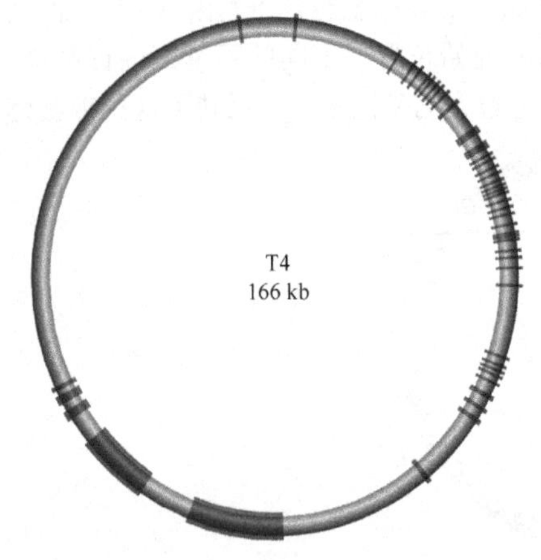


图 9.3　T4 噬菌体的基因组

基因组由双链 DNA 组成，所示为宿主细胞中观察到的环状形式。图中只显示了那些编码噬菌体衣壳成分的基因；省略了大约 100 个其他参与噬菌体生命周期的基因

## 噬菌体基因组的复制策略

噬菌体根据它们的生命周期分为两类：裂解性和溶源性。这两组的基本区别是：裂解性噬菌体在首次感染后不久就杀死它的宿主细胞，而溶源性噬菌体可以在其宿主中静止停留一段很长的时间，甚至经历宿主细胞的多次传代。这两种生活周期各有两种大肠杆菌噬菌体的典型性代表：裂解性［或称**烈性噬菌体**（virulent）］T4 和溶源性［或称**温和噬菌体**（temperate）］λ。

大肠杆菌噬菌体（T1～T7）是分子遗传学家们最早得到的噬菌体，它们已经成为许多研究的对象。Emory Ellis 和 Max Delbrück 于 1939 年最早进行了它们的裂解性感染周期研究，他们在 T4 噬菌体接触细菌时等待 3 min，然后每 60 min 检测被感染的细胞数量。他们的结果［图 9.4（A）］表明，在感染前 22 min 被感染细胞的数量没有明显的变化，这个**潜伏期**（latent peroid）是噬菌体在宿主体内繁殖所需的时间。22 min 以后，感染细胞的数量开始增加，表明对宿主的裂解开始发生，产生的新噬菌体开始感染培养基中的其他细胞。图 9.4（B）中给出了在这个**一步式生长曲线**（one-step growth curve）中发生的分子事件。首先发生的是噬菌体颗

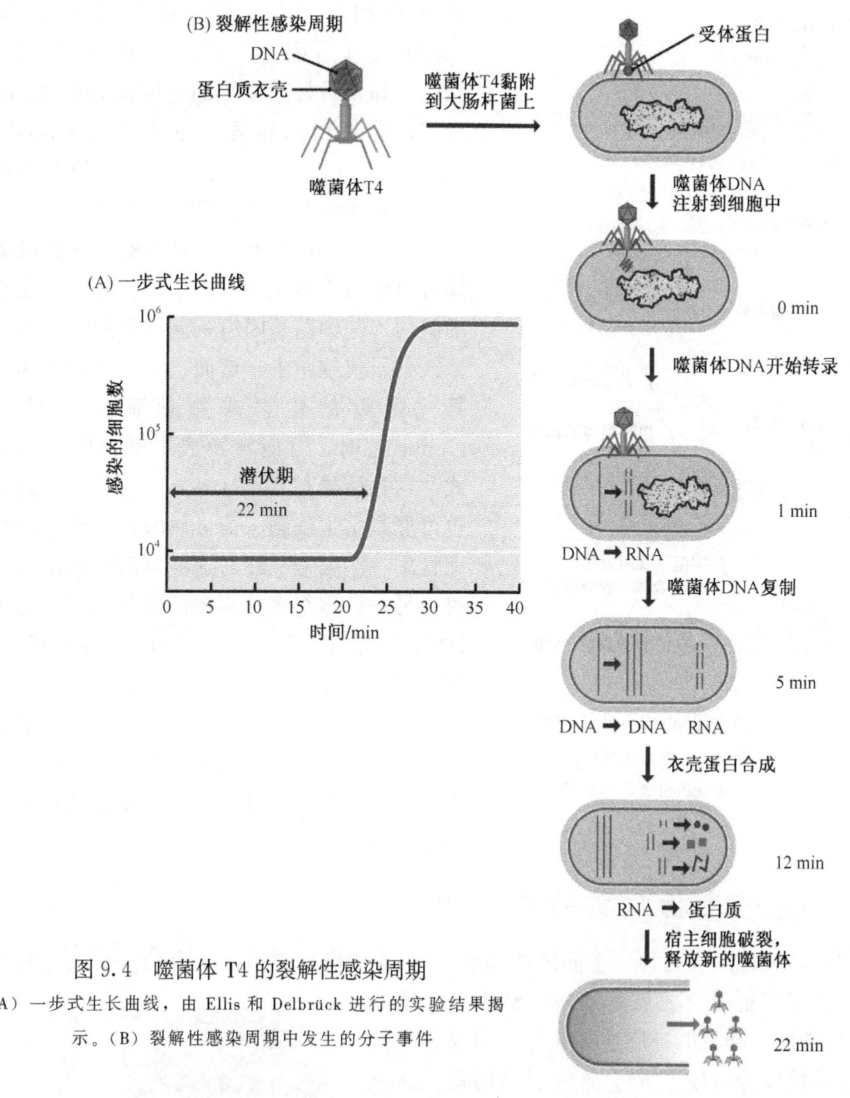


图 9.4 噬菌体 T4 的裂解性感染周期

(A) 一步式生长曲线，由 Ellis 和 Delbrück 进行的实验结果揭示。(B) 裂解性感染周期中发生的分子事件

粒与细菌外表面受体蛋白的结合。不同类型的噬菌体，其受体也不同：例如，T4 的受体蛋白是 OmpC（“Omp” 代表 “膜外蛋白”），是膜外蛋白 porin 的一种，这种蛋白质形成贯穿细胞膜的通道，有利于营养物质的摄取。结合以后，噬菌体通过尾部结构将其基因组注射到细胞中。在噬菌体 DNA 进入后，宿主细胞的 DNA、RNA 和蛋白质的合成立即被终止，噬菌体基因组开始转录。5 min 之内，细菌的 DNA 分子发生解聚，产生的核苷酸被 T4 基因组的复制利用。12 min 之后，新的噬菌体衣壳蛋白开始出现，第一个完整的噬菌体颗粒组装完成。最终，在潜伏期末期，细胞破裂，释放新的噬菌体。一个典型的感染周期每个细胞产生 200～300 个 T4 噬菌体，这些噬菌体可以进一步感染其他细菌。

大多数噬菌体可以完成裂解性感染周期，但是一些噬菌体，如 λ，也能够进行溶源性周期。在 2.2.1 节中，将 λ 噬菌体作为克隆载体时，我们发现噬菌体在溶源性周期中

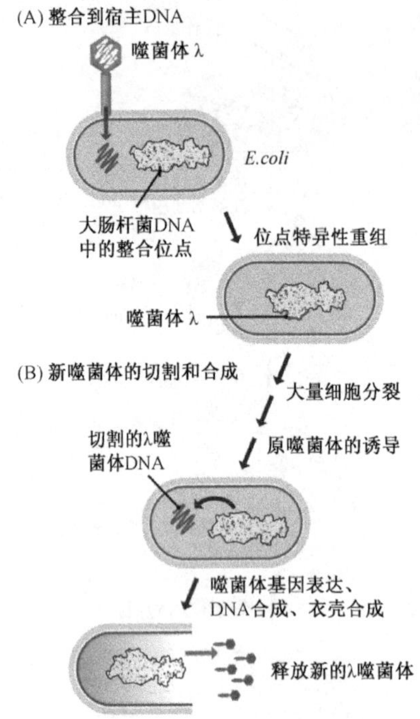


图 9.5　噬菌体λ进行的溶源性感染周期

在诱导以后，感染周期与裂解性模式类似。14.3.1 节介绍了在溶源性过程中λ基因组表达是如何被调控的

整合到宿主 DNA 中，称作**原噬菌体**（prophage）［图 9.5（A）］。整合发生于λ噬菌体和大肠杆菌基因组之间的相同 15 bp 序列，通过**位点特异性重组**（site-specific recombination）（17.2 节）进行。我们应该注意，这意味着λ基因组常常整合到大肠杆菌 DNA 分子中的相同位置。整合的原噬菌体可以停留于宿主 DNA 分子中的多个代次细胞内，随细菌基因组一起被复制，并随之传入到子代细胞中。然而，如果原噬菌体被某种严重的化学或物理刺激物**诱导**（induce）时，可能转换成裂解性的感染模式。这种诱导似乎与 DNA 损伤有关，因此也可能是宿主细胞因为自然因素导致紧急性死亡的一个信号。在对这些刺激物做出反应时，另一种重组事件将噬菌体基因组从宿主 DNA 上切割下来，噬菌体 DNA 开始复制，并合成噬菌体的衣壳蛋白［图 9.5（B）］。最终，细胞破裂，释放新的λ噬菌体。溶源性使噬菌体的生活周期更为复杂，并确保了噬菌体能够采用最佳适应外界条件的特殊的感染策略。

## 9.1.2　真核生物病毒的基因组

真核生物病毒的衣壳为二十面体或丝状。头-尾结构是噬菌体特有的。真核生物病毒的一个显著特征是（尤其是那些以动物为宿主的病毒），它们的衣壳可能被脂质膜包被，形成一个额外的病毒结构成分（图 9.6）。这种膜结构是在新病毒颗粒离开细胞时，从宿主细胞处获得的，并可以随后通过插入病毒特异性的蛋白质进行修饰。

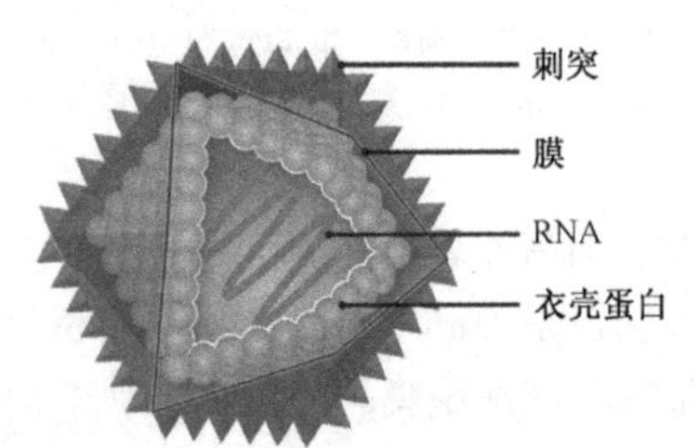


图 9.6　一个真核生物病毒的结构

衣壳被一层脂质膜包被，其中可能结合了另外的病毒蛋白

### 真核生物病毒基因组的结构和复制策略

真核生物病毒基因组的结构有很大的不同（表 9.2）。它们可能是 DNA 或 RNA，单链或双链（或存在部分双链的单链区域），线性或环状，分段的或不分段的。因为目前人们尚不了解的原因，绝大多数植物的病毒都是 RNA 基因组。这些基因组大小涵盖的范围与噬菌体类似，尽管最大的病毒基因组（如痘病毒为 240 kb）比噬菌体基因组要大得多。

**表 9.2　一些典型的真核生物病毒及其基因组**

| 病毒 | 宿主 | 基因组结构 | 基因组大小/kb | 基因数 |
|---|---|---|---|---|
| 腺病毒 | 哺乳动物 | 双链线性 DNA | 36.0 | 30 |
| 乙型肝炎病毒 | 哺乳动物 | 部分双链的环状 DNA | 3.2 | 4 |
| 流感病毒 | 哺乳动物 | 单链节段性线性 RNA | 22.0 | 12 |
| 细小病毒 | 哺乳动物 | 单链线性 DNA | 1.6 | 5 |
| 脊髓灰质炎病毒 | 哺乳动物 | 单链线性 RNA | 7.6 | 8 |
| 呼肠病毒 | 哺乳动物 | 双链节段性线性 RNA | 22.5 | 22 |
| 逆转录病毒 | 哺乳动物、鸟类 | 单链线性 RNA | 6.0～9.0 | 3 |
| SV40 | 猴类 | 双链环状 DNA | 5.0 | 5 |
| 烟草花叶病毒 | 植物 | 单链线性 RNA | 6.4 | 6 |
| 痘苗病毒 | 哺乳动物 | 双链环状 DNA | 240 | 240 |

尽管大多数真核生物病毒只进行裂解性感染周期，少数病毒还是类似噬菌体利用宿主细胞的遗传装置。许多病毒与它们的宿主细胞可以共存很长一段时间，可能是几年，宿主细胞的功能停止直到感染周期结束，然后储存在细胞中的病毒子代被释放出来。其他的病毒具有与大肠杆菌 M13 类似的感染周期（4.1.1 节），持续性合成新的病毒颗粒，然后从细胞中排放出来。长期感染也可以发生于病毒基因组没有整合到宿主 DNA 的情况，但这并不意味着不存在相当于溶源性噬菌体的真核生物病毒。一些 DNA 和 RNA 病毒能整合到它们宿主的基因组中，有时对宿主细胞产生剧烈的影响。**病毒逆转录元件**（virus retroelement）就是整合性真核生物病毒的例子。在它们的复制通路中，包括一个新的步骤，即将 RNA 形式的基因组转换成 DNA。存在两种病毒逆转录元件：**逆转录病毒**（retrovirus），其衣壳包含 RNA 形式的基因组；以及**副逆转录病毒**（pararetrovirus），它们的衣壳包含的基因组由 DNA 组成。Howard Temin 和 David Baltimore 同时于 1970 年确认了病毒逆转录元件将 RNA 转换成 DNA 的能力。在被逆转录病毒感染的细胞中，Temin 和 Baltimore 分离出现在称为**逆转录酶**（reverse transcriptase）的酶，它能以 RNA 为模板合成 DNA（它在基因组实验学研究中被广泛利用，2.1.1 节）。典型的逆转录病毒基因组是一条单链 RNA 分子，长 6000～9000 个核苷酸。在进入细胞以后，基因组被病毒衣壳中携带的一些逆转录酶逆转录成双链的 DNA 分子。该双链 DNA 形式的基因组随后整合到宿主 DNA 中（图 9.7）。与 λ 不同，逆转录病毒基因组与插入位点的宿主 DNA 不具有相似序列。病毒基因组整合到宿主 DNA 中是逆转录病毒基因表达的先决条件。这些基因包括三个：分别称作 *gag*、*pol* 和 *env*（图 9.8）。每个基因都编码**多聚蛋白**（polyprotein），翻译后，蛋白质被切割成 2 个或更多的功能性基因产物。这些产物包括病毒衣壳蛋白（来自 *env*）和逆转录酶（来自 *pol*）。这些蛋白质产物和逆转录病毒基因组的全长 RNA 转录物一起，产生新的病毒颗粒。

在 1983～1984 年，人们发现 AIDS（获得性免疫缺陷综合征）的致病因素就是逆转录病毒。第一个 AIDS 病毒分别由两个研究小组——Luc Montagnier 和 Robert Gallo 分离获得。这个病毒称作人免疫缺陷病毒（或 HIV-1），与大多数传播和 AIDS 发病有

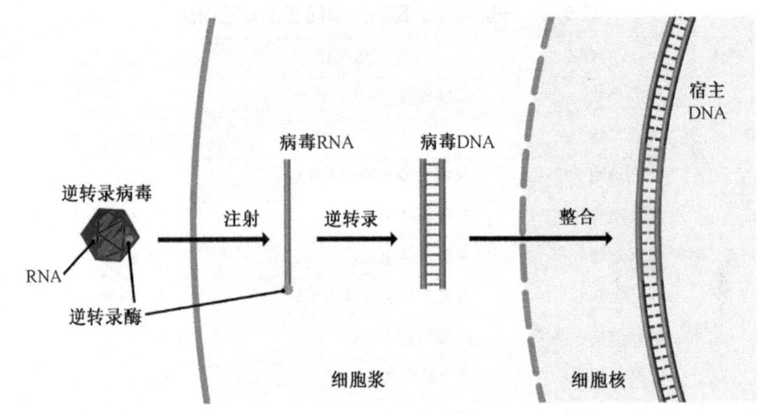


图 9.7 逆转录病毒基因组插入到宿主染色体中

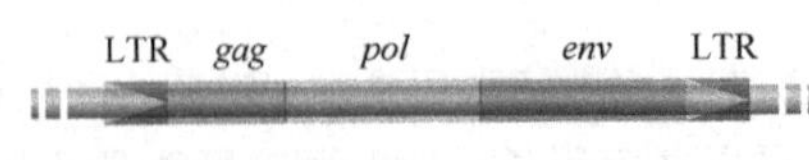


图 9.8 一个逆转录病毒基因组

每个 LTR 是一个长 250～1400 bp 的末端重复序列，在基因组复制中发挥了重要的作用（17.3.2 节）

关。一个相关的病毒——HIV-2，由 Montagnier 在 1985 年发现，它的传播比较少，导致的疾病也相对较轻。HIV 病毒攻击血液循环中特定类型的淋巴细胞，从而抑制宿主的免疫应答。这些淋巴细胞在其表面存在多个拷贝的 CD4 蛋白，而这些蛋白质可作为病毒的受体。一个 HIV 病毒颗粒结合一个 CD4 蛋白，然后通过其脂质包膜与细胞膜融合，进入淋巴细胞。

## 生命边缘的基因组

病毒处于生命和非生命世界的分界线上。在这个分界线的最边缘处（也可能在边界之外）存在多种不同的应该或不应该被分类为基因组的核酸分子。**卫星 RNA**（satellite RNA）或**拟病毒**（virusoid）就是这样的例子。它们是 RNA 分子，长 320～400 个核苷酸，不编码它们自身的衣壳蛋白，而是在辅助病毒衣壳内，从一个细胞移动到另一个细胞。两者之间的区别是，卫星病毒与辅助病毒共用衣壳，而拟病毒 RNA 分子自身可以包装衣壳。它们一般被视作它们的辅助病毒的寄生物，尽管在一些情况下，辅助病毒离开卫星 RNA 或拟病毒时不能复制，提示这种关系中至少有一部分是属于共生关系。卫星 RNA 和拟病毒在植物中也广泛存在，属于更为极端的一类，称**类病毒**（viroid）。它们是 RNA 分子，长 240～375 个核苷酸，不包含基因，也不被包被，以裸 RNA 的形式在细胞间扩散。它们包括一些经济上很重要的病原体，如能减慢柑橘果树生长的柑橘裂皮病类病毒。类病毒和拟病毒分子是环状、单链的，并由宿主或辅助病毒基因组编码的酶类复制。复制过程产生一组从头到尾连接起来的 RNA，包括一些类病毒和拟病毒，这些相连的 RNA 可被自我催化反应切割开，在催化反应中，RNA 起酶的作用（图 9.9）。我们在 12.2.4 节中更详细的学习这些 RNA 酶类。

能在植物细胞中复制的核酸分子可被看作是基因组，即使它们不包含任何基因。但对于**朊病毒**（prion）这种不包含核酸的、感染性、致病性颗粒而言，就不能成立。朊病毒与绵羊和山羊中瘙痒病的发病有关，当它们传染至黄牛时，则导致一种新的称为

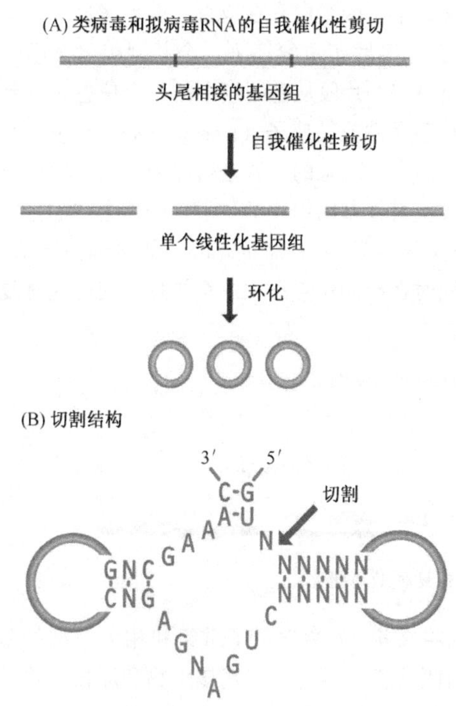


图 9.9 类病毒和拟病毒复制过程中相连的基因组的自我催化剪切

(A) 复制通路。(B) "榔头"结构，在每个切割位点形成，并具有酶活性。N：任何一种核苷酸

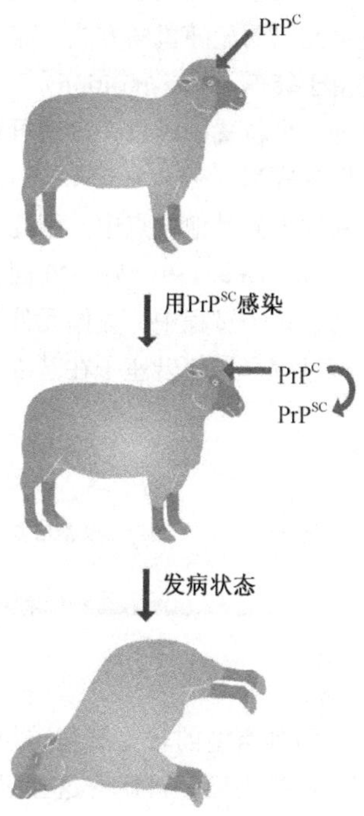


图 9.10 朊病毒的作用模式

一只正常、健康的绵羊在其大脑中存在 $PrP^C$。感染 $PrP^{SC}$分子后，新近合成的 $PrP^C$蛋白都被转换成 $PrP^{SC}$，导致绵羊中的瘙痒病的发生

BSE 的疾病——牛海绵样脑病。它们进一步播散到人类时，是否导致变异型 Creutzfeldt-Jakob 病（CJD）还存在一定争议，但已经被很多生物学家认同。起初，人们认为朊病毒是一种病毒，但是现在明确了它们其实仅由蛋白质组成。朊病毒蛋白的正常形式，称作 $PrP^C$，是由哺乳动物核基因编码的，并在大脑中合成，尽管它的功能还不清楚。$PrP^C$很容易被蛋白酶消化，而 $PrP^{SC}$具有更多的β片层结构，其感染形式能抵抗蛋白酶的消化，在感染组织中形成可见的纤维集聚物。一旦进入一个细胞，$PrP^{SC}$分子能通过一种目前还不清楚的机制，将新合成的 $PrP^C$蛋白转换成感染形式，导致疾病状态。将一个或更多的这些 $PrP^{SC}$蛋白导入其他动物体内时，可以导致新的 $PrP^{SC}$蛋白在动物大脑中积累，传播疾病（图 9.10）。在低等真核生物中也存在性质类似的感染性蛋白质，如酿酒酵母（*Saccharomyces cerevisiae*）中的 Ure3 和 $Psi^+$ 朊病毒。然而，很明确的是，朊病毒是基因产物，而不是遗传物质，尽管它们具有感染性（这也是最初人们对它们产生误解的原因），它们与病毒和亚病毒颗粒（如类病毒和拟病毒）无关。

## 9.2 可移动的遗传元件

在第 7 章和第 8 章，我们了解到真核生物基因组和一部分原核生物基因组中，都包含有全基因组范围或散布的重复序列，其中一些在一个基因组中存在成百上千个拷贝，各重复单元以明显随机的方式分布（7.2.4 节）。对于许多散布重复序列，全基因组分布模式是由于**转座**（transposition）产生的，转座是一个 DNA 片段从基因组中的一个位置移动到另外一个位置的过程。这些可移动的片段称作转座元件或**转座子**（transposon）。其中一些是以**保守型**（conservative）的过程进行移动，它们先在原来的位置进行序列剪切，然后再重新插入到其他位点中。因此保守型转座只会改变其在基因组中的位置，并不会增加它的拷贝数（图 9.11）。另一方面，**复制型转座**子（replicative transposition）能增加拷贝数，因为在这个过程中，原始元件仍保留在原位，同时在新的位点插入一个拷贝。因此这种复制型过程可以使转座子在基因组中的散在位置扩增。

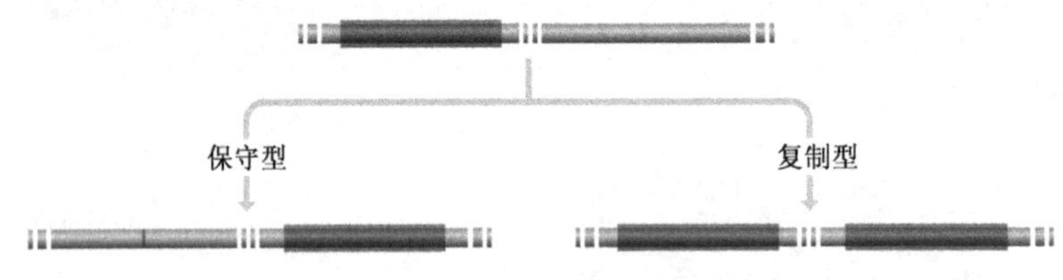


图 9.11　保守型和复制型转座

两种类型的转座都与重组有关，因此我们将在第 17 章学习了重组和相关类型的基因组重排之后，再研究这些过程的细节。我们此处感兴趣的是，真核生物和原核生物基因组中发现的转座元件结构的多样性，以及这些元件和病毒基因组之间的联系。

## 9.2.1　经过 RNA 中间体的转座

复制型转座可以进一步分成两种方式：一种需要经过 RNA 中间体，另一种不需要。有 RNA 中间体参与者称**逆转座**（retrotransposition），首先是通过正常的转录过程，合成转座子的 RNA 拷贝（图 9.12）。该转录物然后再拷贝成 DNA，最初以独立于基因组外的分子存在。最后，该 DNA 拷贝整合到基因组，可能返回到原来的染色体中，也可能进入不同的染色体。最终结果是产生了转座子的两个拷贝，并分布在基因组的不同位置。

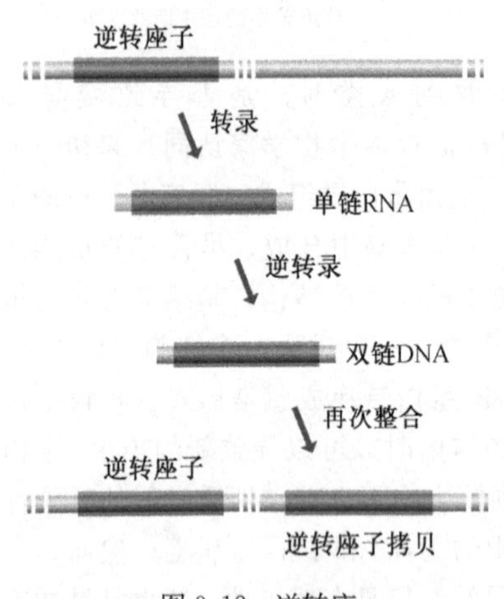


图 9.12　逆转座

与图 7.20 比较，可以看出逆转座过程与加工假基因的形成过程基本相同

如果我们比较逆转座和病毒逆转录元件的复制过程（图 9.7），我们可以发现两个过程非常相似，不同之处是，过程起始的 RNA 分子在逆转座过程中被转录成一个内源性基因组序列，而在病毒逆转录元件复制中是转录成外源性的病毒基因组。这种高度的相似性提示我们这两种元件存在一定的联系。

## 带长末端重复的 RNA 转座酶与病毒逆转录元件有关

RNA 转座子或**逆转录元件**（retroelement）是真核生物基因组的特点，在原核生物中尚未发现。它们可以被大致分为两类：含有**长末端重复序列**（long terminal repeat，LTR）者或不带有者。长末端重复序列在 LTR 元件的 RNA 拷贝被逆转录成双链 DNA 的过程中发挥了重要的作用（17.3.2 节），它在病毒逆转录元件中也含有（图 9.8）。现在已经明确，这些病毒属于一个元件超家族的成员，包括内源性的 LTR 转座子。第一个被发现的内源性元件是酵母的 *Ty* 序列，长 6.3 kb，在酿酒酵母（*Saccharomyces cerevisiae*）基因组中有 25～35 个拷贝。回忆一下，在 7.2.2 节中，我们发现在酵母的 50 kb 片段中就存在一个这样的元件［图 7.15（B）］。酵母基因组还含有 100 个左右额外的 *Ty* 元件的 330 bp LTR 拷贝，这些单独的“delta”序列可能是由同一个 *Ty* 元件的两个 LTR 重组时产生的，此时可能切割了该元件的大部分，只留下一个 LTR（图 9.13）。这个切割时间可能与 *Ty* 元件转座无关，因为后者是在图 9.12 所示的 RNA 介导过程中发生的。

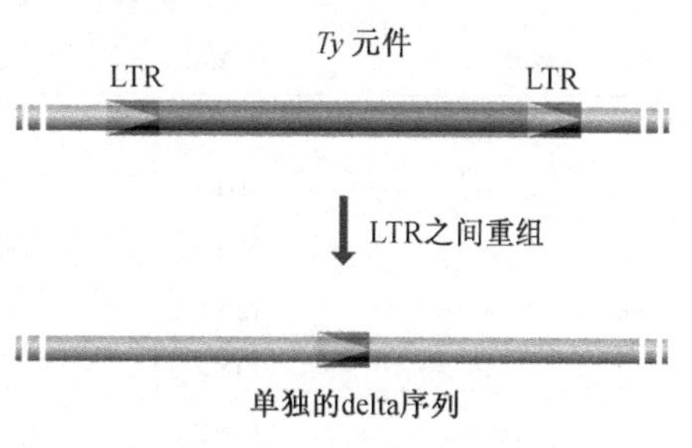


图 9.13　一个 *Ty* 元件的任意一端的 LTR 同源重组都可能产生 delta 序列

在酵母基因组中，存在几种类型的 *Ty* 元件。丰度最高的是 *Ty1*，与果蝇中 *copia* 逆转录元件类似。所以，这些元件现在被称为 *Ty1/copia* 家族。如果我们比较 *Ty1/copia* 逆转录元件和病毒逆转录元件的结构，我们可以观察到明显的家族关系［图 9.14（A）和（B）］。每个 *Ty1/copia* 元件包含两个基因，在酵母中被称作 *TyA* 和 *TyB*，与病毒逆转录元件的 *gag* 和 *pol* 基因类似。值得一提的是，*TyB* 编码的是一个多聚蛋白，包括在 *Ty1/copia* 元件转座中发挥重要作用的逆转录酶。然而，*Ty1/copia* 元件缺乏病毒 *env* 基因（编码病毒衣壳蛋白）的等效基因。这意味着 *Ty1/copia* 逆转录元件不能形成感染性的病毒颗粒，因此也不能从它们的宿主细胞中逃逸出来。然而，它们可以形成病毒样颗粒（VLP），其中含有逆转录元件的 RNA 和 DNA 拷贝，并结合了从 *TyA* 多聚蛋白而来的核心蛋白。相比之下，第二个 LTR 逆转录元件家族的成员，称作 *Ty3/gypsy*（同样也分别是酵母和果蝇中的存在形式），却含有 *env* 的等效基因［图 9.14（c）］，而且它们至少一部分可以形成感染性病毒。尽管它们被归类为内源性转座子，这些感染性元件应该被看作是病毒逆转录元件。

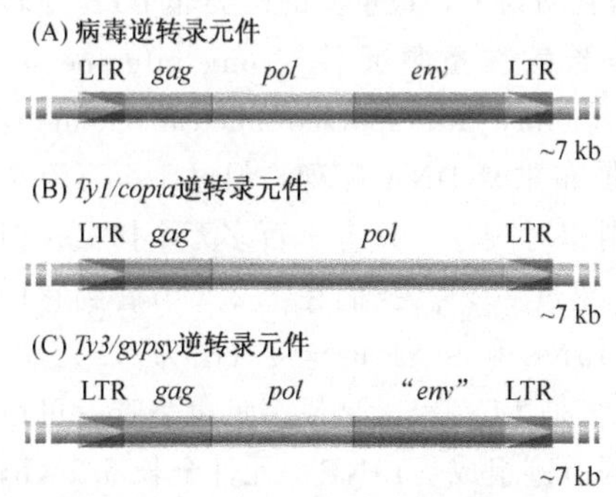


图 9.14　LTR 逆转录元件的基因组结构

LTR 逆转录元件组成了多种真核生物基因组的很大的一部分，在较大的植物基因组中更为明显，尤其是在禾本科植物，如玉米中［图 7.15（D）］。它们也是无脊椎动物和一些脊椎动物基因组的一个重要部分，但在人基因组和其他哺乳动物中，所有 LTR 元件似乎是蜕变的病毒逆转录元件，而不是真正的转座子。这些序列被称作**内源性逆转录病毒**（endogenous retrovirus，ERV），它们的拷贝数约为 240 000，占人基因组的 4.7%（表 9.3）。人 ERV 长 6～11 kb，并有 *gag*、*pol* 和 *env* 基因的拷贝。尽管大多数都含有突变或缺失，使这些基因中一个或多个失活，但人 ERV 的族群 HERV-K 的一些成员却带有功能性序列。比较不同个体基因组中的 HERV-K 元件，结果提示，这些元件中至少一部分是有活性的转座子。但是人 ERV 中大多数是无活性序列，不能进行增殖。

**表 9.3　人基因组中的转座元件**

| 种类 | 家族 | 大约的拷贝数 | 占基因组的比例/% |
|---|---|---|---|
| SINE | Alu | 1 200 000 | 10.7 |
| | MIR | 450 000 | 2.5 |
| | MIR3 | 85 000 | 0.4 |
| LINE | LINE-1 | 600 000 | 17.3 |
| | LINE-2 | 370 000 | 3.3 |
| | LINE-3 | 44 000 | 0.3 |
| LTR 逆转录元件 | ERV | 240 000 | 4.7 |
| | MaLR | 285 000 | 3.8 |
| DNA 转座子 | MER-1 | 213 000 | 1.4 |
| | MER-2 | 68 000 | 1.0 |
| | 其他 | 60 000 | 0.4 |

## 缺乏 LTR 的 RNA 转座子

并非所有 RNA 转座子都有 LTR 元件。在哺乳动物中，最重要的两类非 LTR 逆转录元件类型，或称**逆转座子**（retroposon），是**长散在重复元件**（long interspersed nuclear element，LINE）和**短散在重复元件**（short interspersed nuclear element，SINE）。SINE 是人基因组中拷贝数最多的一种散布重复 DNA 序列，超过 1.7 百万个拷贝，占整个基因组的 14 %（表 9.3）。LINE 则相对较少，只有 1 百多万个拷贝，但因为它们比较长，所以占据的基因组比例更高，超过 20%。我们在 7.2.2 节看到它们在 50 kb 片段中的出现频率，表明了人基因组中 LINE 和 SINE 的丰度（图 7.1.2）。

在人基因组中存在三个 LINE 家族，其中一个是 LINE-1，是最多见也是唯一可以转座的一类，而 LINE-2 和 LINE-3 是由无活性的遗迹组成。LINE-1 元件全长 6.1 kb，包括两个基因，其中一个编码类似于病毒 *pol* 基因产物的多聚蛋白［图 9.15（A）］。没有 LTR，但在 LINE 的 3′端有一系列 A-T 碱基对，即通常被称作 poly（A）的序列［尽管在 DNA 的另外一条链肯定是 poly（T）］。并非所有拷贝的 LINE-1 都是全长，因为 LINE 编码的逆转录酶并非总能将初始 RNA 转录物转录成完整的 DNA 拷贝，也即 LINE 的 3′端可能部分缺失。这种截短事件非常常见，以至于在人基因组中只有 1%的

LINE-1 元件是全长形式，所有拷贝的平均大小只有 900bp。尽管 LINE-1 的转位很罕见，但它在培养细胞中已经被观察到，而且它似乎与一些患者的血友病发生有关，因为 LINE-1 序列一旦移动到凝血因子 VIII 的基因中，将插断这个基因，从而阻止了这一重要血液凝集蛋白的合成。

SINE 比 LINE 短得多，只有 100～400 bp，而且不包含任何基因，这就是说，SINE 不能自己编码逆转录酶［图 9.15（B）］。它们“借用”LINE 合成的逆转录酶。灵长类动物基因组中最常见的 SINE 是 Alu，在人中存在大约 120 万个拷贝数（表 9.3）。一个 Alu 元件由两个等分组成，各含有长约 120 bp 序列，右半边有 31 bp 或 32 bp 插入序列（图 9.16）。小鼠基因组有一个相关的元件——B1，长 130 bp，相当于 Alu 序列的一半。一些 Alu 元件能被激活成为 RNA，为这些元件的增殖提供了机会。

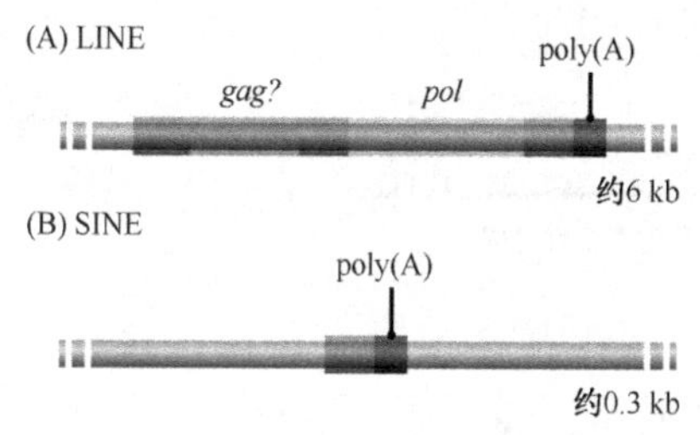


图 9.15　非 LTR 逆转录元件

LINE 和 SINE 都在其 3′端具有 poly（A）序列

图 9.16　Alu 元件的结构

该元件由 2 个等分组成，各长 120 bp，右半边有 31 或 32 bp 插入序列，在 3′端具有 poly（A）尾。2 个等分（除了插入部分外）具有 85%的相似性

Alu 可能是由参与细胞内蛋白质运转的非编码 7SL RNA 基因衍生而来。第一个 Alu 元件可能来自 7SL RNA 分子偶然的逆转录，将其 DNA 拷贝整合到人基因组中。其他的 SINE 可能衍生自 tRNA，和 7SL RNA 一样，它们也由 RNA 聚合酶 III 在真核细胞中转录（11.2.1 节），这提示，由这种聚合酶合成的转录物产生了这些易于在一定时机转变成逆转座子的分子。

## 9.2.2　DNA 转座子

并非所有转座子都需要 RNA 中间体。许多转座子可以以一种更为直接的 DNA→DNA 的方式进行转座。真核生物中，这些 DNA 转座子较逆转座子少见，但它们在遗传学上却有特殊的地位，因为植物 DNA 转座子家族——玉米的 Ac/Ds 转座子元件（DNA），是由 Barbara McClintock 在 20 世纪 50 年代发现的第一个转座元件。基于精密的遗传学实验，她得出这样的结论：一些基因是可以移动的，能从染色体的一个部位转移到另一个部位。但直到 20 世纪 70 年代后期，转座的分子基础才被人们认同。

### 在原核生物基因组中 DNA 转座子更为普遍

DNA 转座子是很多原核生物基因组的重要组成部分。在 8.2.1 节我们讲述了大肠杆菌 50 kb 的 DNA 片段（图 8.7），而位于其中的插入序列 IS1 和 IS186，就是 DNA 转座子的例子，一个大肠杆菌基因组可含有多达 20 种不同类别的 DNA 转座子。多数 IS 序列包含催化转座的**转座酶**（transposase）的一或两个基因［图 9.17（A）］。在每个 IS 元件的每一端，都有一对插入的重复序列，长 9～41 bp（具体长度取决于 IS 的类型)，而且这种元件插入到靶 DNA 以后，能在宿主基因组中产生一对短的（4～13bp）顺向重复序列。IS 元件能以复制型或保守型的机制转座。

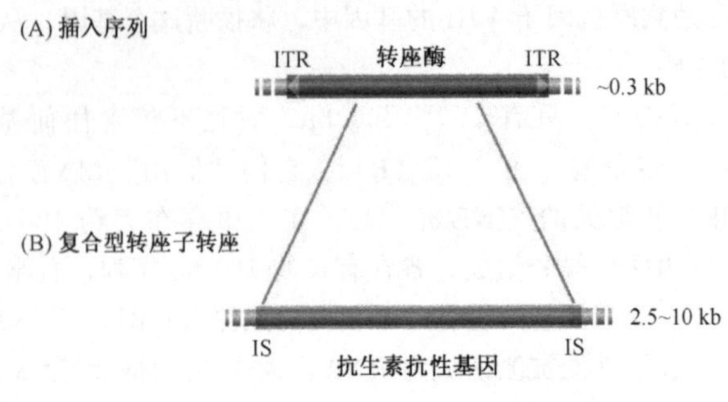


(C) Tn3型转座子

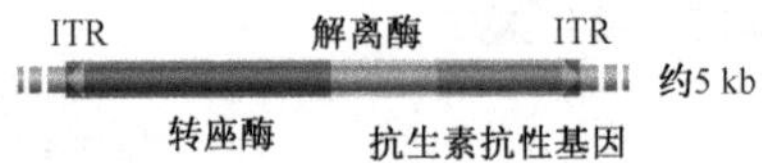


(D) 转座噬菌体

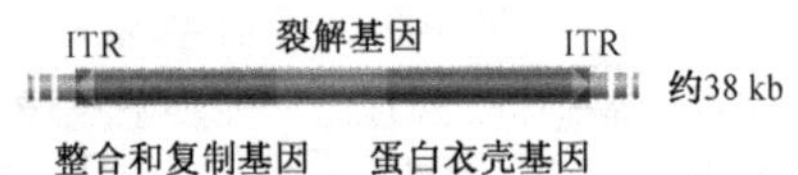


图 9.17　原核生物 DNA 转座子

图示 4 种类型转座子。插入序列、Tn3 型转座子和转座噬菌体两侧连有短的（<50 bp)、末端反向重复（ITR）序列。Tn3 型转座子中的溶解酶基因编码参与转座的蛋白质

IS 元件最初也是在大肠杆菌中发现，第二种 DNA 重要的转座子成员现在了解它是许多原核生物中普遍存在的。这些**复合型转座子**（composite transposon）通常由一对 IS 元件组成，其两端是一段含有一个或多个抗生素抗性基因的 DNA 片段［图 9.17 (B)］。例如，Tn10 携带一个四环素的抗性基因，而 Tn5 和 Tn903 都携带卡那霉素的抗性基因。部分复合型转座子两端的 IS 元件完全相同，而其他的两端元件各不相同。在一些情况下，IS 元件以顺向重复的方向排列，而有时是逆向重复。但这些差异似乎不会影响复合型转座子的转座机制，它们本质上是保守的，由单个或两个 IS 元件编码的转座酶催化。

在原核生物中还存在多种其他类型的 DNA 转座子。大肠杆菌中还有另外两个重要的类型。

- **Tn3 型转座子**（Tn3-type transposon）自身含有转座酶基因，所以不需要两侧的 IS 元件［图 9.17（C)］。Tn3 元件以复制方式转座。
- **转座噬菌体**（transposable phage）是一种细菌病毒，复制型转座是其正常感染周期的一部分［图 9.17（D)］。

## DNA 转座子在真核生物基因组中比较少见

人基因组中含有各种类型的 DNA 转座子，约 350 000 个（表 9.3），全部都含有末端反向重复，而且都含有编码催化转座事件的转座酶基因。然而，这些元件的绝大部分都是无活性的，或者是因为转座酶基因是无功能的，或者是因为转座子的末端序列（为活性转座所必需）出现缺失或突变。

活性 DNA 转座子在植物中更为普遍，包括 Ac/Ds 转座子（由 McClintock 第一次发现），以及 Spm 元件，两者都在玉米中存在。这些植物转座子的一个有趣的特征是，它们在家族中共同发挥作用。例如，Ac 元件编码一个有活性的转座酶，识别 Ac 元件和 Ds 序列。而后者是 Ac 去除了转座酶基因部分的内部缺失形式，也就是说 Ds 元件自身不能合成转座酶，只能通过全长的 Ac 元件合成的转座酶活性来移动（图 9.18）。类似的，全长的 Spm 元件存在相应的缺失形式，通过利用完整元件编码的转座酶发生转座。在玉米的正常生命周期中，Ac 元件的活性表现的很明显，体细胞中的转座导致了基因表达的变化，并显现出来，如玉米粒中出现杂色（图 9.19）。

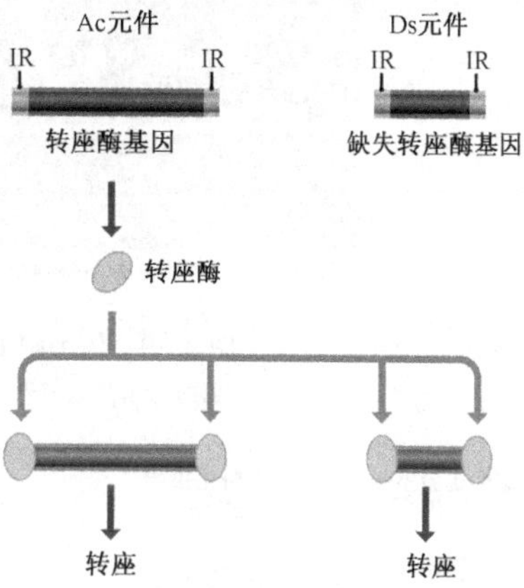

图 9.18　玉米的 Ac/Ds 转座家族

全长的 Ac 元件长 4.2 kb，含有一个功能性转座酶基因。转座酶识别 Ac 序列两端 11 bp 的反向重复（IR），并催化其转座。Ds 元件存在内部缺失，所以不能合成自己的转座酶。但它仍然具有 IR 序列，可以被 Ac 元件合成的转座酶识别。因此，Ds 元件也能发生转座。在玉米基因组中，大约有 10 种不同类型的 Ds 元件，缺失序列大小从 194 bp 到数 kb 不等

意识到玉米基因组含有转座元件后，McClintock 开始深入研究玉米粒表现出不同颜色的遗传基础。P 元件，是黑腹果蝇（*Drosophila melanogaster*）中的一个 DNA 转座子，同样也是在研究一个异常的遗传学事件时被发现的，而这个遗传事件正是由转座产生的。这个事件称作**杂种不育**（hybrid dysgenesis），在实验室品系的雌性黑腹果蝇与野生的雄性果蝇交配中发生。交配所产生的后代是不育的，具有染色体异常并伴随其他遗传功能不良。解释是，野生果蝇基因组中含有失活的 P 元件——典型的 DNA 转座子包含一个转座酶基因，两侧为反向末端重复，而实验室品系的果蝇缺少这些元件。交配以后，从野生果蝇继承的元件在受精卵中恢复活性，转座到新的位点，并导致杂种不育为特征的基因断裂（图 9.20）。还不清楚这种激活究竟是为何发生的，但更有趣的问题是，为什么野生的黑腹果蝇基因组中有 P 元件，而实验室品系却没有。大多数实验室品系都是从 Thoma Hunt Morgan 在大约 90 年前收集的果蝇繁衍而来，并被 Morgan 及其同事用来进行最初的基因图谱实验（3.2.3 节）。似乎那时的野生果蝇缺少 P 元件，而在过去的 90 年中，野生果蝇基因组中出现了这些元件的增殖。野生和实验室品系果蝇不能产生稳定的子代，这意味着这两个群体不符合用来确定生物物种的主要标准——所有个体具有交配、生殖的能力。这也产生了一种很有趣的可能：至少在某些生物中，物种的变异可能是由于不同群体成员基因组中转座元件增殖情况的不同而造成的。

图 9.19 体细胞中发生的转座引起了玉米粒显现杂色

鲜亮颜色的玉米是人们熟知的“印度玉米”。图经 Lena Struwe 允许采用

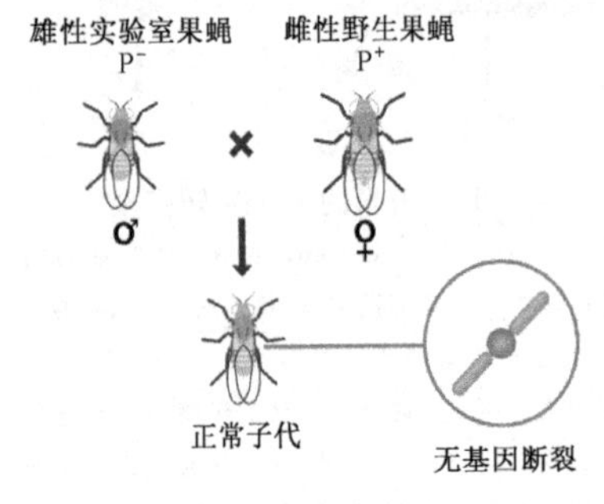


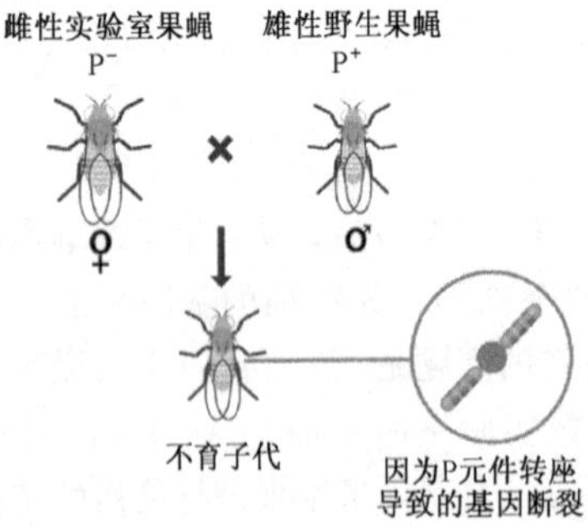


图 9.20 杂种不育

雄性实验室果蝇和雌性野生果蝇能产生正常的后代，但如果雄性是野生果蝇时，后代则是不育的。杂种不育的一个可能解释是，含 P 元件的果蝇（图中用 $P^+$ 表示）的细胞质中含有某种阻止 P 元件转座的阻抑因子。由雌性 $P^+$ 果蝇和雄性 $P^-$ 果蝇交配产生的受精卵，由于含有这种抑制因子，所以子代正常。然而，雄性 $P^+$ 果蝇的精子中没有这种抑制因子，所以雄性 $P^+$ 和雌性 $P^-$ 果蝇的受精卵就缺少该抑制因子，使得 P 元件可以发生转座，并导致子代出现杂种不育

# 总结

早期有关病毒的研究主要集中于噬菌体——感染细菌的病毒。噬菌体由蛋白质和核

酸组成，蛋白质形成一个包围基因组的衣壳。已知存在三种衣壳结构和多种多样的基因组排布，不同的噬菌体可以是单链或双链 DNA 或 RNA 基因组，部分是整个基因组为单个分子，而另一些是节段性基因组。噬菌体存在 2 种截然不同的感染周期。所有噬菌体都可以通过裂解性周期感染，导致新噬菌体的立即合成，通常同时导致宿主细胞死亡。一些噬菌体可以进行溶源性周期，其中噬菌体基因组的一个拷贝可以插入到宿主 DNA 中，并处于静止状态，存在于很多细胞中。真核生物病毒在基因组排布也是多种多样的，但只有两种衣壳结构。大多数真核生物病毒进行裂解性感染周期，但通常不会导致宿主细胞的立即死亡。一些 DNA 和 RNA 病毒可以通过类似于溶源性噬菌体的方式，将它们的基因组整合到真核生物染色体中。病毒逆转录元件，包括 HIV（AIDS 的致病因素），就是整合性 RNA 病毒的例子。卫星 RNA 和拟病毒，是人的不同类型感染性 RNA 分子，它们不包含任何基因而是依赖于其他的病毒来进行传播。类病毒是小的、感染性 RNA 分子，不会被包装，而朊病毒是感染性蛋白质。一些可移动的遗传元件，是可以在基因组中转座，但不能从细胞中逃逸的 DNA 序列，与 RNA 病毒有关。这些元件通过 RNA 中间体的方式进行转座，类似于病毒逆转录元件的感染过程。*Ty1*/*copia* 和 *Ty3*/*gypsy* 逆转录元件以及哺乳动物中的内源性逆转录病毒，是与 RNA 病毒关系最密切的可移动元件。哺乳动物基因组还含有其他类型的 RNA 转座子，称作 LINE 和 SINE，其中大多数都丧失了转座能力。DNA 转座子在其转座过程中，没有使用 RNA 中间体。这些转座子在细菌中比较常见，它们主要与细菌中编码抗生素基因的传播有关。DNA 转座子在真核生物中较为少见，但包括一些重要的例子，如玉米的 Ac/Ds 转座子，它是第一个被深入研究的转座子，以及黑腹果蝇（*Drosophila melanogaster*）中的 P 元件，后者与实验室品系的雌性果蝇与野生雄性果蝇交配后出现的杂种不育有关。

## 选择题

* 奇数问题的答案见附录

9.1* 哪种类型的噬菌体衣壳结构，是由包绕核酸核心的一个特殊结构中排列的多肽亚基和一个有利于进入细胞的细丝状尾组成的？

a．二十面体

b．细丝状

c．头-尾

d．节段性

9.2 哪种类型的噬菌体衣壳结构由在一个螺旋中排布的多肽亚基组成，并形成杆状结构？

a．二十面体

b．细丝状

c．头-尾

d．节段性

9.3* 下列哪种噬菌体生命周期是在首次感染后就很快杀死宿主细胞？

a．裂解性

b．溶源性

c．温和噬菌体

d．原噬菌体

9.4　原噬菌体的定义是：

a．在感染过程中，在宿主细胞内组装的新的噬菌体颗粒。

b．一个不编码其衣壳蛋白的 RNA 分子。

c．一个含 RNA 基因组的噬菌体，RNA 基因组可以在逆转录酶作用下转变成 DNA。

d．整合到宿主细胞中的噬菌体的一种静止状态。

9.5*　真核生物病毒如何获得脂质膜？

a．脂质是由病毒基因编码蛋白质合成的。

b．病毒衣壳在离开宿主细胞时获得脂质膜。

c．病毒衣壳在宿主细胞中组装时获得脂质膜。

d．病毒衣壳在第一次结合宿主细胞时获得脂质膜。

9.6　逆转录酶存在于哪种类型的病毒中？

a．朊病毒

b．原噬菌体

c．逆转录病毒

d．拟病毒

9.7*　下列哪个是不编码自身衣壳蛋白的 RNA 分子，并在辅助病毒的协助下从细胞移动到细胞？

a．朊病毒

b．原噬菌体

c．逆转录病毒

d．拟病毒

9.8　类病毒是如何复制并从一个细胞移动到另一个细胞的，既然它们不含有任何基因，也不被包装？

a．它们在辅助病毒的协助下进行复制，并从一个细胞移动到另一个细胞。

b．它利用宿主细胞的酶进行复制，并在辅助病毒的协助下从一个细胞移动到另一个细胞。

c．它们经由宿主细胞和辅助病毒进行复制，并以裸 RNA 的形式从一个细胞移动到另一个细胞。

d．它们在辅助病毒的协助下进行复制，并以裸 RNA 的形式从一个细胞移动到另一个细胞。

9.9*　朊病毒的定义是，感染性、致病性颗粒：

a．只含有 RNA。

b．只含有 DNA。

c．只含有蛋白质（无核酸）。

d．只有脂质（无核酸）。

9.10　保守型转座具有如下哪项特点？

a．转座子从一个位点被切割，然后插入到不同的位置。

b. 转座子被复制，原始序列保留在原来位置，新的序列插入到不同的位置。

c. 转座子从一个细胞移动到另一个细胞。

d. 因为 DNA 聚合酶的滑动，重复 DNA 序列的复制。

9.11* 下列哪种酶是由 RNA 转座子中的基因编码？

a. DNA 聚合酶

b. RNA 聚合酶

c. 逆转录酶

d. 端粒酶

9.12 下列哪个是缺乏长末端重复序列（LTR），不能合成自身逆转录酶的 RNA 转座子？

a. 逆转录元件

b. 内源性的逆转录病毒（ERV）

c. 长散布重复序列（LINE）

d. 短散布重复序列（SINE）

9.13* Alu RNA 转座子的起源是什么？

a. 它被认为来自于一个逆转录病毒。

b. 它被认为来自于一个蛋白质编码基因。

c. 它被认为来自于一个细胞非编码 RNA 分子。

d. 它被认为来自于 DNA 病毒。

9.14 哪种酶是 DNA 转座子中的基因所编码？

a. DNA 聚合酶

b. RNA 聚合酶

c. 逆转录酶

d. 转座酶

9.15* 第一个发现转座子的研究者，以及他/她研究的相关物种是：

a. David Baltimore 和逆转录病毒。

b. Barbara McClintock 和玉米。

c. Thomas Hunt Morgan 和果蝇。

d. Craig Venter 和人类。

## 简答题

* 奇数问题的答案见附录

9.1* 病毒与细胞有何区别？将病毒视为活的生物体是否合适？

9.2 病毒基因组与细胞基因组有何区别？

9.3* 在一些病毒基因组中发现的重叠基因是指什么？

9.4 在首次感染后，一个裂解性噬菌体花多长时间将一个宿主细胞裂解？T4 噬菌体的裂解性感染周期的时间曲线是什么？

9.5* 讨论噬菌体和真核细胞病毒衣壳的区别。

9.6 讨论逆转录病毒的生命周期。

9.7* 什么是转座子？

9.8 人基因组中 LTR 逆转录元件的特征是什么？

9.9* 讨论人基因组中LTR逆转录元件的性质和类型。

9.10 复合型转座子的一般性质是什么？

9.11* 植物中DNA转座子的重要特征是什么？

9.12 描述果蝇杂种不育的基础。

## 论述题

* 奇数问题的指导见附录

9.1* 在何种程度上，病毒可以看作生命的一种形式？

9.2 小基因组的噬菌体（如ΦX174）能在它们宿主体内非常成功地进行复制。那么为什么其他的噬菌体，如T4却有更大和更复杂的基因组？

9.3* 能在宿主基因组内复制，或与宿主基因组一起复制的遗传元件，对宿主并无益处，有时它们被称作“自私DNA”。请讨论这个概念，尤其是应用于转座子时。

9.4 一些噬菌体，如T4，在感染后能修饰宿主的RNA聚合酶，以使这个聚合酶不再识别大肠杆菌的基因，取而代之的是转录噬菌体基因。这种修饰是如何发生的？

9.5* 为什么LTR逆转录元件有长末端重复序列？

## 图形测试

* 奇数问题的答案见附录

9.1* 确认噬菌体衣壳结构的三种类型。

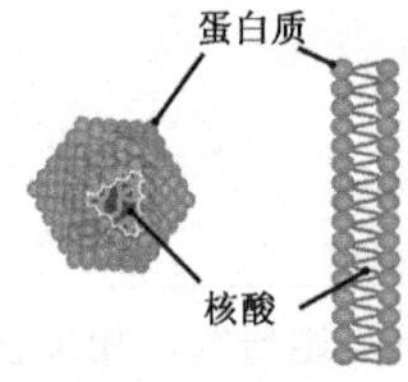

9.2 图中所示为何种噬菌体的生活周期？

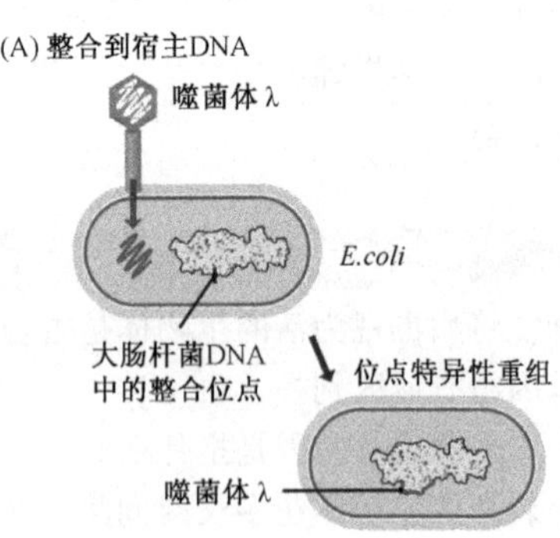

9.3* 图中所示为何种病毒感染？

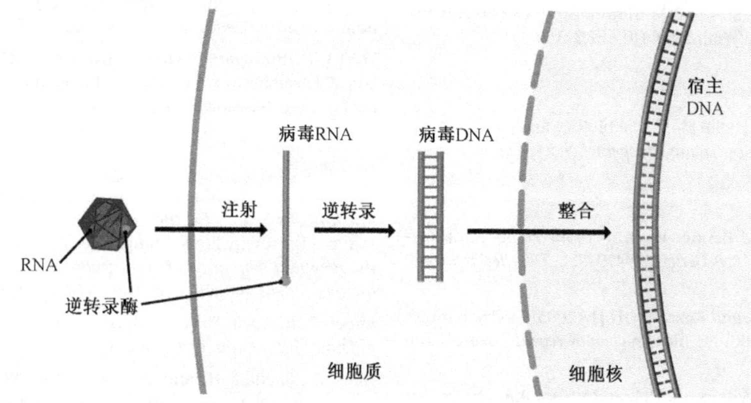


9.4 该图显示了何种病毒的基因组？LTR 序列的功能是什么？

9.5* 写出第一次描述 Ac 和 Ds 元件的研究者的名字。这些元件的区别是什么？

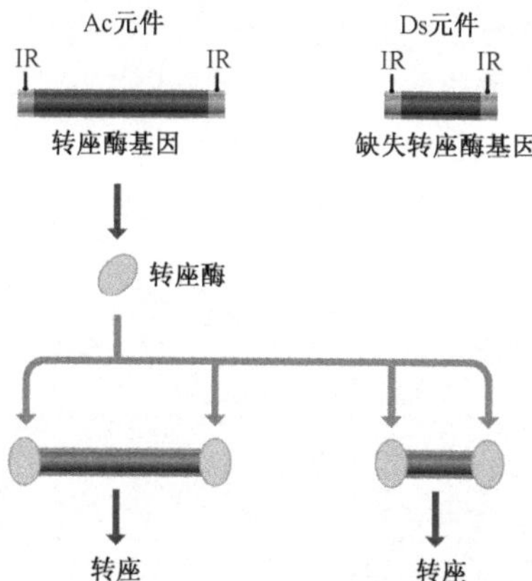


## 拓展阅读


噬菌体遗传学的经典文献

**Delbrück, M.** (1940) The growth of bacteriophage and lysis of the host. *J. Gen. Physiol.* **23:** 643–660.

**Doermann, A.H.** (1952) The intracellular growth of bacteriophage. *J. Gen. Physiol.* **35:** 645–656.

**Ellis, E.L. and Delbrück, M.** (1939) The growth of bacteriophage. *J. Gen. Physiol.* **22:** 365–383.

**Lwoff, A.** (1953) Lysogeny. *Bacteriol. Rev.* **17:** 269–337.

噬菌体基因组序列

**Dunn, J.J. and Studier, F.W.** (1983) Complete nucleotide sequence of bacteriophage T7 DNA and the locations of T7 genetic elements. *J. Mol. Biol.* **166:** 477–535.

**Sanger, F., Air, G.M., Barrell, B.G., Brown, N.L., Coulson, A.R., Fiddes, C.A., Hutchison, C.A., Slocombe, P.M. and Smith, M.** (1977) Nucleotide sequence of bacteriophage ϕX174 DNA. *Nature* **265:** 687–695.

**Sanger, F., Coulson, A.R., Hong, G.F., Hill, D.F. and Petersen, G.B.** (1982) Nucleotide sequence of bacteriophage λ DNA. *J. Mol. Biol.* **162:** 729–773.

真核生物病毒

**Baltimore, D.** (1970) RNA-dependent DNA polymerase in virions of RNA tumour viruses. *Nature* **226:** 1209–1211.

**Dimmock, N.J., Easton, A.J. and Leppard, K.N.** (2001) *An Introduction to Modern Virology*, 5th Edn. Blackwell Scientific Publishers, Oxford. *The best general text on viruses.*

**Temin, H.M. and Mizutani, S.** (1970) RNA-dependent DNA polymerase in virions of Rous sarcoma virus. *Nature*

**226:** 1211–1213.

**Varmus, H. and Brown, P.** (1989) Retroviruses. In: *Mobile DNA* (eds D.E. Berg and M. Howe). American Society for Microbiology, Washington, DC, pp. 3–108.

朊病毒

**Prusiner, S.B.** (1996) Molecular biology and pathogenesis of prion diseases. *Trends Biochem. Sci.* **21:** 482–487.

RNA转座子

**Kumar, A. and Bennetzen, J.L.** (1999) Plant retrotransposons. *Annu. Rev. Genet.* **33:** 479–532. *Detailed review of this subject.*

**Ostertag, E.M. and Kazazian, H.H.** (2005) LINEs in mind. *Nature* **435:** 890–891. *Brief review of recent research into LINEs.*

**Patience, C., Wilkinson, D.A. and Weiss, R.A.** (1997) Our retroviral heritage. *Trends Genet.* **13:** 116–120. *ERVs.*

**Peterson-Burch, B.D., Wright, D.A., Laten, H.M. and Voytas, D.F.** (2000) Retroviruses in plants? *Trends Genet.* **16:** 151–152.

**Song, S.U., Gerasimova, T., Kurkulos, M., Boeke, J.D. and Corces, V.G.** (1994) An env-like protein encoded by a *Drosophila* retroelement: evidence that *gypsy* is an infectious retrovirus. *Genes Dev.* **8:** 2046–2057.

**Volff, J.-N., Bouneau, L., Ozouf-Costaz, C. and Fischer, C.** (2003) Diversity of retrotransposable elements in compact pufferfish genomes. *Trends Genet.* **19:** 674–678.

DNA转座子

**Comfort, N.C.** (2001) *The Tangled Field: Barbara McClintock's Search for the Patterns of Genetic Control.* Harvard University Press, Cambridge, MA. *A biography of the geneticist who discovered transposable elements; for a highly condensed version, see* Trends Genet. **17:** 475–478.

**Engels, W.R.** (1983) The P family of transposable elements in *Drosophila. Annu. Rev. Genet.* **17:** 315–344.

**Gierl, A., Saedler, H. and Peterson, P.A.** (1989) Maize transposable elements. *Annu. Rev. Genet.* **23:** 71–85.

**Kleckner, N.** (1981) Transposable elements in prokaryotes. *Annu. Rev. Genet.* **15:** 341–404.

PART

# 第3篇 基因组如何行使功能



**第3篇——基因组如何行使功能** 这部分内容研究生物信息从基因组传递到转录组和蛋白质组的过程。我们从基因组本身出发，开始研究染色质结构影响基因组表达的整体模式（第10章），然后观察真核生物和原核生物中转录起始复合物的结构，探索这些结构组装的方式（第11章），接着过渡到讲述负责转录组（第12章）和蛋白质组（第13章）的组分合成和加工事件。最后，在第14章，我们探索细胞所采用的各种调节基因组表达策略，这些策略使细胞针对细胞外的环境具备相应的基因组活性，使多细胞生物能适应复杂的发育进程。

CHAPTER

# 第10章 接近基因组

## 学习要点

当你阅读完第10章之后，应该能够：

- 解释染色质结构是如何影响基因组表达的。
- 描述原核生物的细胞核内部结构。
- 分清“组成型异染色质”、“兼性染色质”和“常染色质”的概念。
- 讨论功能域、绝缘子以及基因座控制区等的主要特征，描述我们现阶段认识这些结构的实验依据。
- 具体描述组蛋白乙酰化和去乙酰化是如何发生的，这些修饰如何影响了基因组的表达。
- 描述其他组蛋白的化学修饰，并将此联系到“组蛋白密码”的概念理解。
- 陈述核小体定位对基因组表达具有重要性的原因，详细阐述参与核小体重塑的蛋白质复合体。
- 解释DNA甲基化是如何发生的，描述其在基因组表达沉默中的作用。
- 详细阐述DNA甲基化是如何参与基因组印记和X染色体失活的。

为了让细胞利用包含在其基因组中的各类基因的生物信息（每一个基因代表了一个单独的信息单位），它们都必须被有序地表达。这种有序的表达决定了转录组的组成，这又进一步决定了蛋白质组的性质，确定了细胞所能执行的功能。在《基因组》的第三部分，我们研究从基因组到蛋白质组过程中的生物信息的传递。我们最初的研究都只局限于单个基因，大多只是试管内的裸 DNA。现在，这些实验所获得的基因表达的概念被新的更为复杂的研究所更新了，因为细胞内表达的不是单个基因，而是基因组，这些表达也不是发生在试管里，而是在活细胞内的。

在第 10 章里，我们研究基因组表达。首先研究核环境对利用包含于真核基因组内的生物信息进行表达的影响，能否获取这些信息取决于 DNA 包装成染色质的方式，取决于能够沉默或激活部分或全部染色体的加工方式。然后，在第 11 章描述参与转录起始的事件，并强调 DNA 结合蛋白在基因组表达的早期阶段的重要作用。第 12 章则涉及转录物的合成和随后转变成功能性 RNA 加工过程，而第 13 章则论述了蛋白质组合成的相关事件。读到第 10～13 章的时候，读者会发现，对转录组和蛋白质组组成的调控将会贯穿于基因组表达的全过程，这些调控的线索将会在第 14 章中进行集中描述，我们将揭示基因组活性在分化和发育过程中是如何随着细胞外信号而改变的。

## 10.1 细胞核内部

基因组序列通常由一系列 A、C、G 和 T 表示，或用一个简单的图谱表示（图 7.12）。这使人们倾向于认为基因组整体上很容易被参与基因表达调控的 DNA 结合蛋白接近。然而实际情况却远非如此。位于真核生物细胞核或原核生物类核中的 DNA，结合着很多与基因表达不直接相关的蛋白质，只有它们被替换掉后，RNA 聚合酶和其他参与表达调控的相关蛋白质才能接近 DNA。由于我们对原核基因组的组织形式还不是很清楚（8.1.1 节），因此对这些事件的了解非常有限。但在真核生物中，我们已经开始认识到 DNA 被包装成染色质（7.1.1 节）是如何影响基因组表达的。这是分子生物学中一个令人振奋的领域，组蛋白和其他染色质包装蛋白的研究也证实它们不仅仅是参与构成缠绕 DNA 的结构，而且积极参与了决定在单个细胞内基因组哪一部分表达的过程。此外，关于细胞核内亚结构的新的深入探索也驱动了此领域的许多研究和发现工作，我们将以这一主题开始讲述本章。

### 10.1.1 真核生物细胞核的内部结构

最初借助光学显微镜和电子显微镜对真核细胞的研究未能揭示细胞核的内部结构。这种对核结构认识上的明显缺陷导致了一种认为核内结构相对均一的观点，即通常论及的典型“黑箱”。近年来这种解释已被推翻，我们已经认识到核内具有复杂的结构，并且与其必然行使的不同生化活性相关。实际上，细胞核内与细胞质同样复杂。唯一的不同是，核内不同功能的区域不存在明显的膜结构分隔，所以利用传统的光镜与电镜技术是无法观察到细胞核内的这种功能性分区的。

## 核内部有着高度有序的内部结构

这张修改过的核结构图来源于两种新型显微分析方法。首先，通过特殊方法处理哺乳动物细胞来补充传统的电镜方法。通过浸入温和的非离子型去垢剂（如吐温）溶解细胞膜，随后利用脱氧核糖核酸酶降解核 DNA，然后盐抽提去除碱性的组蛋白，核的亚结构展示为蛋白质与 RNA 纤维组成的复杂网络结构，这称为**核基质**（nuclear matrix）[图 10.1（A）]。核基质充满整个细胞核并包含被为定义为**染色体支架**（chromosome scaffold）的区域，染色体支架在细胞分裂过程中改变结构，导致染色体凝集为有丝分裂中期形式（图 7.4）。

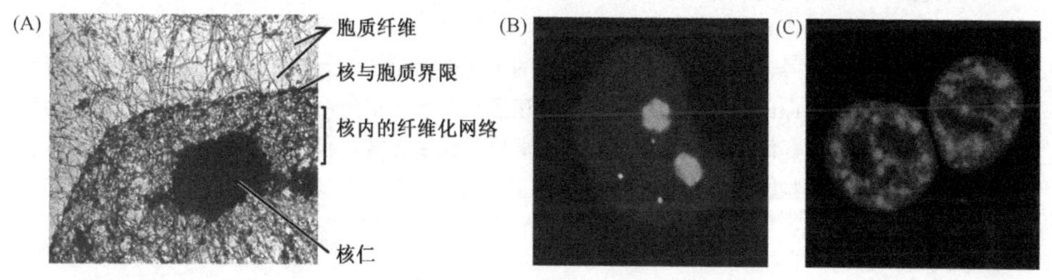


图 10.1　真核生物核内部结构

（A）透射电镜显示体外培养的人 Hela 细胞的核基质。细胞经非离子型去垢剂去除了细胞膜，经脱氧核糖核酸酶消化降解大多数 DNA，以及用铵盐抽提去除了组蛋白及其他染色质相连蛋白。（B）和（C）带有荧光标记蛋白的活细胞核图像（技术注解 10.1）。在（B）中，核仁显示为蓝色，Cajal 小体为黄色。（C）紫色的区域指示与 RNA 剪接相关蛋白质的位置。图（A）经 Penman 等. 授权（*Symp. Quant. Biol.*，46，1013. Copyright 1982 Cold Spring Harbor Laboratory Press）. 图（B）和（C）经 Misteli 授权（*Science*，2001，291，843～847）

第二种新型显微分析技术使用荧光标记来特异地显示核内有特殊生化活性的区域。**核仁**（nucleolus）[图 10.1（B）] 是合成和加工 rRNA 分子的中心。由于其作为核中的一个结构可以被传统的电镜观察到，所以对其认识已有多年历史。利用荧光标记参与 RNA 剪接的蛋白质揭示 RNA 加工定位于核内不同的区域（12.2.2 节），与核仁相比，此活性区域的分布更为广泛而且无明显限定范围 [图 10.1（C）]。其他一些结构，如 Cajal 体 [图 10.1（B）]，可能参与了小核 RNA（snRNA）的合成（12.2.2 节），也可于荧光标记后观察到。

如图 10.1（A）所示，核基质的复杂性可以作为反映核内拥有静态内环境的提示，其中的分子只有从一个位点至另一位点的有限运动。另一种可以显示核内蛋白质运动的显微技术即**光漂白后荧光恢复**（fluorescence recovery after photobleaching，FARP；技术注解 10.1）却揭示事实并非如此。如果核蛋白的运动完全没有阻碍，其迁移并不像我们所预期的那样快速。这种阻碍完全由于核内有大量的 DNA 和 RNA，但蛋白质仍可在大约 1 min 内横穿整个核。因此，与基因组表达有关的蛋白质具有从一个活性位点运动至另一位点的自由，该运动是依据细胞变化的要求进行的。特别是连接型组蛋白，它们与其在基因组中的结合位点持续地发生解离和重新结合（7.1.1 节）。这个发现的重要性在于它突出了组成染色质的 DNA-蛋白质复合物是动态变化的，正如我们将在下一节中看到的，这一性质与基因组表达密切相关。

**技术注解 10.1　光漂白后荧光恢复（FRAP）技术**

**在活细胞核中观察蛋白质流动性**

FRAP 可能是众多揭示亚核结构的创新性显微技术中提供信息最为丰富的技术。这种方法使我们第一次观察到活细胞核中的蛋白质运动，其结果适用于蛋白质动力学生物物理模型的检验。

FRAP 实验的起始点在细胞核中，每个感兴趣的蛋白质拷贝携带一个荧光标记。在体外标记蛋白质，然后将它们再导入细胞核是不可能的，所以通过基因工程改造宿主使荧光标记成为体内合成的蛋白质的一部分。将需要研究的蛋白质基因连接上**绿色荧光蛋白**（green fluorescent protein）的编码基因可达到此目的。标准的克隆技术被用于将修饰的基因插入宿主细胞的基因组，导致重组细胞合成蛋白质的荧光图像，利用荧光显微镜观察细胞，揭示细胞核中标记蛋白质的分布。

为研究蛋白质的流动性，通过暴露于高能激光发出的强聚焦脉冲下使核的一小片区域**漂白**（photobleached）。激光脉冲使暴露区域的荧光信号失活，使这一区域的显微图像呈现空白。这个漂白区域逐渐恢复荧光信号，并不是因为漂白效应的可逆性，而是因为荧光蛋白从细胞核非暴露区域迁移进入漂白区域。漂白区域中荧光信号的快速重现指示标记蛋白的高度流动性，而缓慢的恢复提示蛋白质相对静止。信号恢复的动力学可用来检验经结合常数和流速等生物物理常数推导出的蛋白质动力学理论模型。

## 在核内每一条染色体都有自己的地域

早期认为，在真核细胞核内的染色体是随机分布的。现在我们知道，这种观点是不对的，每一条染色体都占有自己的空间，或**地域**（territory）。这些分布可以用**染色体涂染**（chromosome painting）技术观察到。染色体涂染技术是一种荧光原位杂交（fluorescent *in situ* hybridization，FISH；3.3.2 节）方法，用代表单个染色体不同区域的混合 DNA 作为杂交探针，当用于显示间期核的时候，染色体涂染能显示出每一个染色体所占据的地域(图 10.2)。这些地域占了核内空间的绝大部分，但是被**非染色质区域**（nonchromatin region）分开，非染色质区域中包括了与基因组表达有关的酶以及其他各种蛋白质。

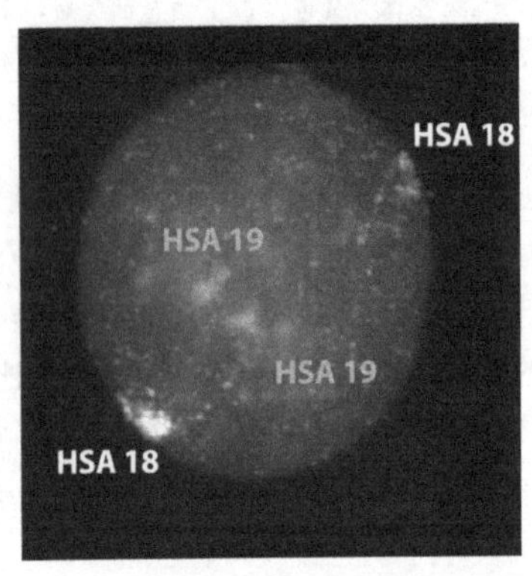


图 10.2　染色体地域

人 18 号染色体和 19 号染色体分别被涂染为绿色和红色。每个染色体在核内都有其单独地域

染色体地域在每个单独细胞核内是相对固定的。这可以从 CENP-B 的实验看出来：CENP-B 蛋白质是着丝粒的成分（7.1.2 节），将它用绿色荧光蛋白标记（技术注解 10.1），这样就可以动态观察它和着丝粒的定位。在细胞周期过程中，每一个着丝粒尽管有偶尔的缓慢运动，但总的来说是保持静止的。虽然染色体地域在每个细胞内是相对静止的，但很多研究表明在细胞分裂之后其相对位置是有变化的，在子代细胞核内表现出不同的分布。在地域定位上，可能还是有些限制的，因为在发生染色体**转位**（translocation）（即一个染色体的一段连到另外一个染色体）时，某些对之间的转位要比其他对更为常见。例如，人第

9 号和第 22 号染色体发生转位，产生一个异常产物，称之为**费城染色体**（Philadelphia chromosome），可以导致慢性髓性白血病（图 10.3）。如此同样的转位反复发生说明在核内这些染色体的交互地域通常是比较接近的。也有证据表明，至少在某些生物体内，某些染色体是比较倾向于占据核周位置的，该地域的基因组表达相对较少，也正是这些染色体包含活性基因较少，如鸡基因组的大染色体（7.1.2 节）。

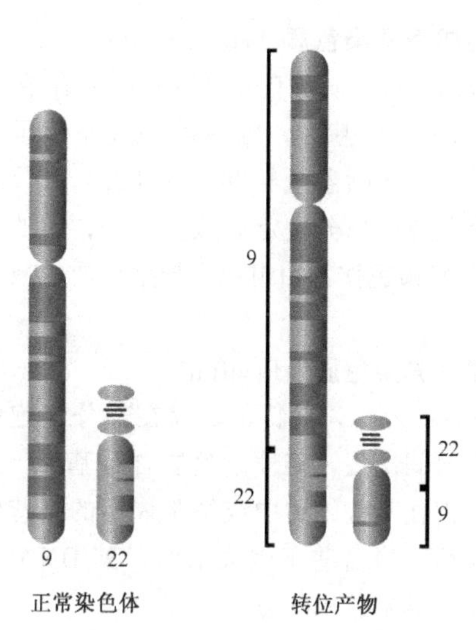


图 10.3　人第 9 号和第 22 号染色体转位产物

左边显示的是人第 9 号和第 22 号染色体，右边是转位产物。费城染色体指的是转位产物中较小的那个，通常缺口会被正确修复，但偶尔的错误修复会在造成杂交产物。可以认为，费城染色体之所以相对高频率地发生，是因为人第 9 号和第 22 号染色体在细胞核内占据了相对接近的地域。人第 9 号染色体的缺口位于 *ABL* 基因，其产物参与了信号通路（14.1.2 节）。转位之后则在这个基因的起点加上了一个新的编码序列，从而生成了一个可以导致细胞转化并产生慢性髓性白血病的异常蛋白质

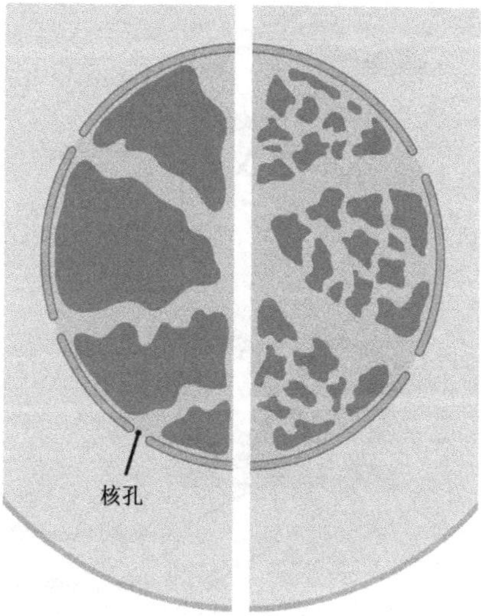

图 10.4　染色体地域

左半图显示了每一个地域形成一个区的原始模型，提示活性基因位于各个地域的表面。右半图显示了通道灌通于地域之中的改进模型

另外一个富有争议的话题是活性基因在每个染色体地域内的定位。人们曾经一度认为，活性基因一般在各个地域的表面，接近非染色质区域，因此可以接近参与基因转录的酶和蛋白质（图 10.4）。现在，这种看法受到了质疑，因为实验表明转录出来的 RNA 既在各个地域的表面，又在其内部。更细致的显微观察发现在染色体各地域之间有隧道贯穿，从而连接了非染色质区域的不同部分，这样转录机器就可以进入这些地域的内部了。

## 10.1.2　染色质区域

在第 7.1.1 节中我们已经知道染色质是真核细胞核中基因组 DNA 和染色体蛋白质形成的复合体。染色质的结构也是多层次的，它存在着以核小体和 30 nm 染色质纤丝（图 7.2 和图 7.3）为主的两种最低包装形式，直至细胞有丝分裂过程中才可见的最高压缩形式即有丝分裂中期染色体。有丝分裂结束后，染色体逐渐松散，以至于不能分辨

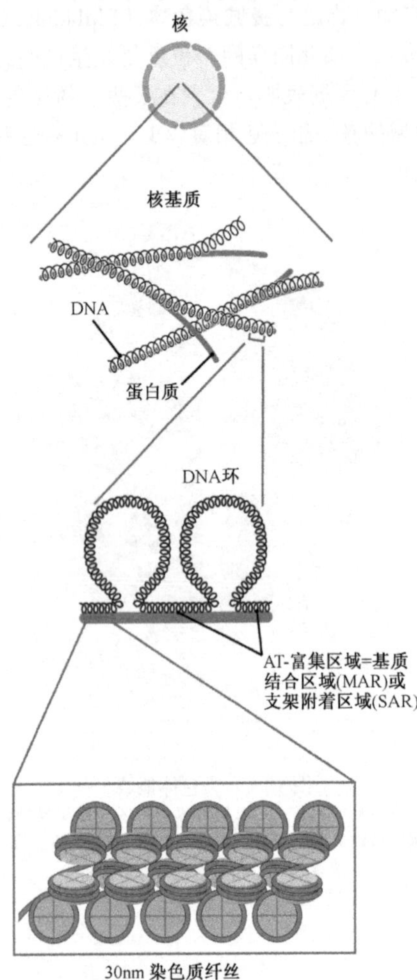


图 10.5 DNA 在细胞核中组织的一种方案

核基质是基于蛋白质的纤维状结构，它的精细组成和在核中的排列还没有描述。一般认为，主要以 30 nm染色质纤丝形式存在的常染色质（图 7.3）通过富含 AT 的称为基质结合区或支架附着区域（MAR 或 SAR）的序列附着在基质上

其各自的单体结构。光学显微镜观察非分裂状态的细胞核时，只能观察到核内是由着色深浅不同区域的混合体组成的。深色区域称为**异染色质**（heterochromatatin），包含相对致密但不如中期染色体结构紧密的结构。异染色质可分为两类：

- **组成型异染色质**（constitutive heterochromatatin）在所有细胞中永久存在，其 DNA 不含基因，因而可一直保持压缩状态。它包括着丝粒和端粒 DNA 以及某些染色体的部分特定区域。例如，人的大部分 Y 染色体都由组成型异染色质组成（图 7.5）。
- **兼性异染色质**（facultative heterochromatatin）无持久性特征，仅在部分细胞的部分时间出现，兼性染色质含有基因，这些基因在某些细胞中或细胞周期的某些阶段失活。当这些基因失活时，其 DNA 就压缩成异染色质状态。

一般认为异染色质的结构是高度致密的，参与基因表达的蛋白质不能接近 DNA。相反，含有活性基因的其他染色体 DNA 区域则相对较疏松，可允许参与表达的蛋白质进入，这些区域叫做**常染色质**（euchromatin），它们在整个细胞核中分散存在。DNA 在常染色质中具体的结构方式还不清楚，但用电子显微镜可以看到许多环状 DNA，它们主要以 30 nm 染色质纤丝的形式存在，长度介于 40～100 kb。这些环通过富含 AT 的 DNA 片段即**基质结合区域**（matrix-associated region，MAR）或叫**支架附着区域**（scaffold attachment region，SAR）与核基质相连（图 10.5）。

连接在核基质结合位点之间的 DNA 环称为**结构域**（structural domain）。表达的基因周围的 DNA 区域可被定义为**功能域**（functional domain）。二者的确切关系是个非常有趣的问题。用脱氧核糖核酸酶 I（DNaseI）处理一段纯化的染色质，可界定功能域的范围。DNaseI 是一种 DNA 结合蛋白，不能接近 DNA 的致密区（图 10.6）。对 DNaseI 敏感的区域会延伸到正在表达的一个或一套基因的两端，虽然我们还不清楚这种结构是 30 nm 纤丝还是串珠样的结构，但这表明该区域染色质形成了较开放的结构［图 7.2

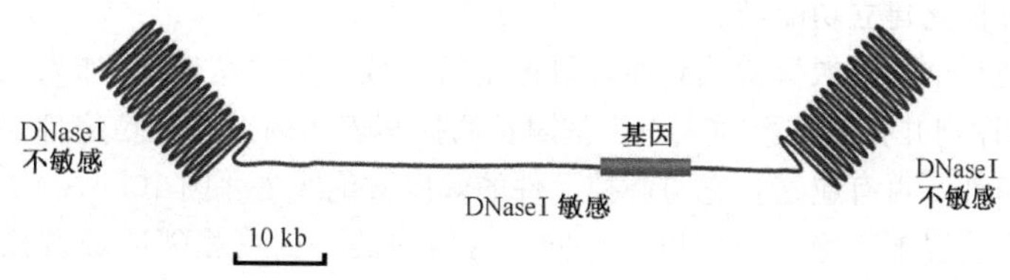


图 10.6 在 DNaseI 敏感区域中的一个功能结构域

(痞)]。直觉告诉我们结构域和功能域之间应该存在对应关系，并且一些标记结构域界限的 MAR 也定位于功能域的边界上。但是，似乎这种对应关系并不是绝对的，因为某些结构域含有的基因并非在同一时间表达，还有一些结构域的边界位于基因的内部。

## 功能域由绝缘子限定

功能域被长 1～2 kb 称为**绝缘子**（insulator）的序列所标记。绝缘子序列首先发现于果蝇中，并也在一系列真核生物中得到确证。其中研究最多的是一对被称作 scs 和 scs′的序列（scs 代表"特异染色质结构"），它们定位于果蝇基因组中两个 *hsp70* 基因的两端（图 10.7）。

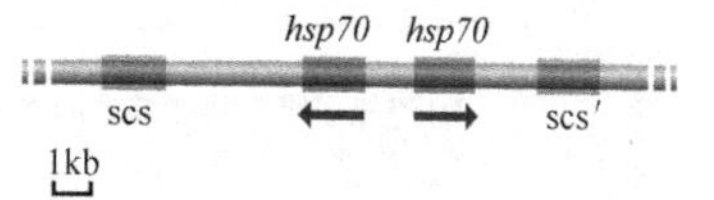


图 10.7 果蝇基因组中的绝缘子序列

本图显示了果蝇基因组中包含两个 *hsp70* 基因区域。绝缘子序列 scs 和 scs′位于基因对的任一端。两个基因下的箭头指示它们位于双螺旋的不同链上，所以转录方向相反

绝缘子具有两个与功能域分界相关的特殊性质。第一个功能是可以克服真核宿主基因克隆实验中的**位置效应**（positional effect）。位置效应是指当一个新基因插入真核生物染色体后基因表达的可变性。这可能是由于插入的随机性造成的，如果基因插入高度包装的染色体区域，基因将失活；当插入开放的染色体区域，基因将表达[图 10.8（A）]。scs 和 scs′序列具有克服位置效应的作用，这在将其置入决定果蝇眼睛颜色基因的任一侧的试验中得到证实。当绝缘子置于基因两侧时，基因插入果蝇的基因组后总是高表达，而不携带绝缘子时基因的表达却会出现位置效应［图 10.8（B)］。因此，结合上述实验及相关实验可推论，绝缘子在插入基因组的新位点时，可对染色质包

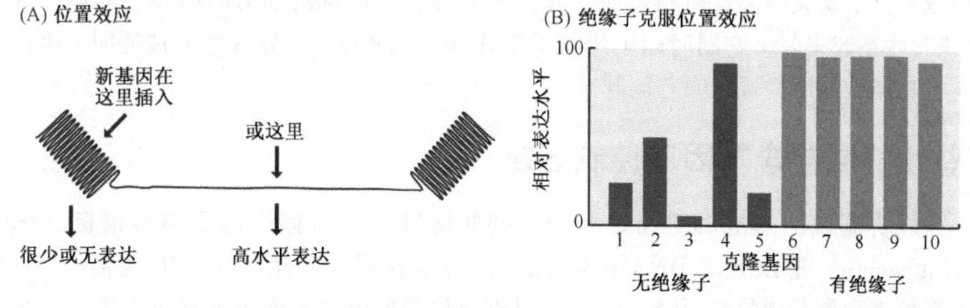


图 10.8 位置效应

（A）插入高度包装的染色体区域的克隆基因将失活，但插入开放染色体的基因会表达。（B）不带有（深色）和带有（浅色）绝缘子的克隆实验结果。当绝缘子序列缺失，克隆基因的表达水平是可变的，取决于是否插入包装的或开放的染色质。当绝缘子位于两侧时，因为绝缘子在插入位点建立了一个功能域，所以表达水平一致升高

装产生修饰并依此建立功能域。

绝缘子使每个功能域保持独立性，阻止相邻区域发生“交谈”。如果从正常位置去除 scs 或 scs′序列并将其重新插入一个基因及调控其表达的上游调控组件之间，则此基因将对调控组件不再有应答：它与调控元件的效应被绝缘了［图 10.9（A）］。这项结果提示，在正常情况下，绝缘子可以阻止同一区域内的基因受相邻区域调控元件的影响［图 10.9（B）］。

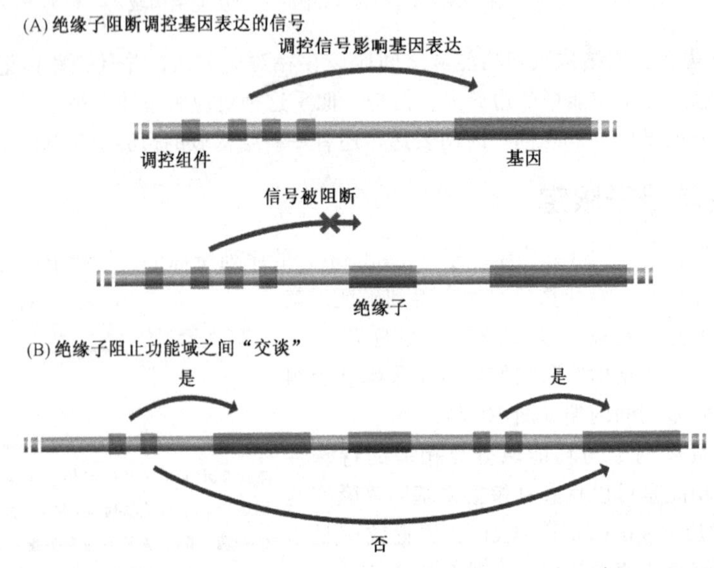


图 10.9　绝缘子维持功能域的独立性

（A）当绝缘子序列位于一个基因和其上游调控组件之间时，可阻止调控信号到达基因。（B）在正常位置，绝缘子阻止功能域之间的“交谈”，所以一个基因的调控组件并不能影响其他不同区域的基因

目前还不清楚绝缘子是如何行使其功能的，但推测功能组分不是绝缘子序列本身，而是诸如在果蝇中特异与绝缘子结合的 SU（Hw）等 DNA 结合蛋白。在与绝缘子结合的同时，这些蛋白质也与核基质相结合，这提示它们可能限定的功能域也是染色质上的结构域。这个诱人的假说可将绝缘子建立开放染色质区域的能力与阻止功能域之间的“交谈”联系起来，但它同时暗示绝缘子包含 MAR 序列，不过这并未被证明。因此还不能将功能域与结构域之间等同起来。

## 某些功能域包含基因座控制区域

开放功能域的形成和维持，至少在某些区域中是由称作**基因座控制区**（locus control region）或 **LCR** 的 DNA 序列完成的。正如绝缘子一样，当 LCR 连接一个新的插入真核生物染色体的基因时，LCR 可以克服位置效应。与绝缘子不同的是，LCR 可以刺激它所在功能域内的基因表达。

LCR 最先发现于人 β-珠蛋白基因（7.2.3 节）的研究中，现在认为它在某些组织或特定发育阶段的许多基因的表达中起作用。珠蛋白基因中的 LCR 位于该基因 60 kb 长功能结构域上游约12 kb的DNA区域中（图10.10）。最先是在对地中海贫血的研究中发现LCR的，地中海贫血是一种由α-或β-珠蛋白缺陷导致的血液病，许多地中海贫血是由珠蛋白基因编码区突变造成的，但也有少数突变位于β-珠蛋白基因簇上游12 kb的区域，即现被称为LCR的区域。LCR区域突变能够导致地中海贫血，这明确证实破坏LCR区域会导致珠蛋白基因表达的缺失。

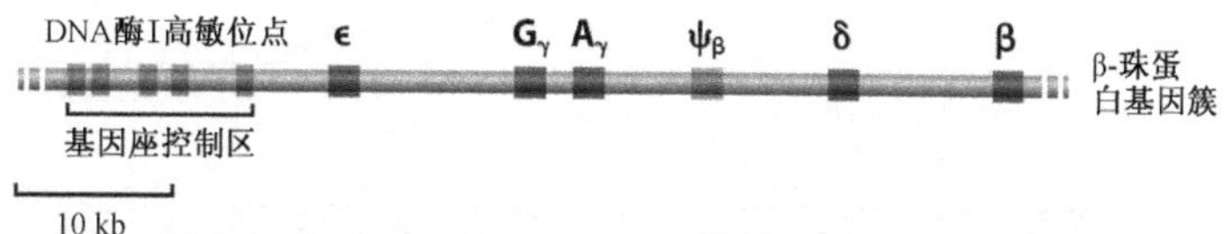


图10.10　DNA酶I高敏位点显示人β-球蛋白基因簇的座位控制区的位置

在β-珠蛋白基因簇起点上游DNA的20 kb范围内有一系列DNA酶I高敏位点，这些位点即标记了基因座控制区的位置。在每个基因紧邻的上游RNA聚合酶附着在DNA上的位置也有其他高敏位点。这些高敏位点是发育阶段特异性出现的，只有在邻近基因活化的发育阶段才能看到。这里显示的60 kb区域代表整个β-珠蛋白功能域。关于β-珠蛋白基因簇表达的发育调控的详细介绍见图7.19

对β-珠蛋白LCR更详细的研究表明它含有5个独立**DNA酶I高敏位点**（DNase I hypersensitive site），这种短DNA区域比功能域的其他部分更容易被DNA酶I切割。一般认为，这些位点与某些发生核小体修饰或缺失的位置相吻合，所以DNA结合蛋白可以接近这些位置。正是这些蛋白质而不是LCR区域的DNA序列真正控制了功能域内部染色质的结构。但是直到现在也不清楚它们是对哪种生化信号发生应答以及如何发生应答的。

DNA酶I高敏位点也出现在β-珠蛋白功能域内每个基因的紧邻上游（图10.10），转录起始复合物在此位置的DNA上组装（11.2.2节）。这些RNA聚合酶结合位点揭示了高敏位点的一个有趣特性：它们并不是功能域中不变的组分。不同类型的β-珠蛋白基因在人发育的不同阶段表达：ε在胚胎早期表达，$G_\gamma$和$A_\gamma$在胎儿期表达，δ和β在成人中表达（图7.19）。只有在基因有活性时，其转录起始复合物组装区域才会出现高敏位点。过去认为这是基因差异表达的结果，换句话说，即当基因不表现出活性时，核小体将覆盖组装位点，而当基因表达时核小体则被推到一边。现在的观点是，核小体存在与否是基因表达的原因，核小体覆盖组装位点时，基因被关闭；而当转录起始复合物接近的位点是开放的时候，基因被打开。

# 10.2　染色质修饰和基因组表达

以上的章节向我们介绍了染色质结构影响基因表达的两条途径（图10.11）：

- 染色体的一个区段所表现出的染色质包装程度决定了位于该区段内的基因是否表达。
- 当一个基因可被其他蛋白质接近时，那么其转录则受在转录起始复合物装配区域的核小体的精确性质和定位的影响。

近年来，对两种类型的染色质修饰的理解上已取得重要进展，在此我们将从影响染色质包装的过程开始论述。

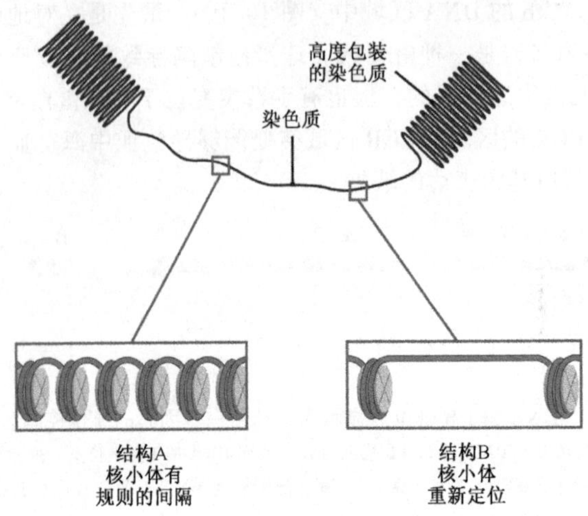


图 10.11　染色质结构影响基因表达的两种方式

在含有可以表达的基因的未包装染色质区域两端有两个较为紧密的片段。在未包装区域内，核小体的定位影响基因表达。左边的核小体，如典型的串珠结构所示，有规则的间隔。右边的核小体定位发生了改变，一小段约 300 bp 的 DNA 暴露出来

## 10.2.1　组蛋白的化学修饰

真核生物基因组的活性主要取决于核小体，不仅因为核小体定位在 DNA 链上，还因为核小体内组蛋白的精确化学结构是决定一段染色质包装程度的主要决定因素。

### 组蛋白乙酰化影响很多核活性包括基因组表达

组蛋白可进行不同类型的修饰，其中研究最为深入的是**组蛋白乙酰化**（histone acetylation）修饰——每个核心组蛋白 N 端的赖氨酸连上乙酰基（图 10.12）。这些经

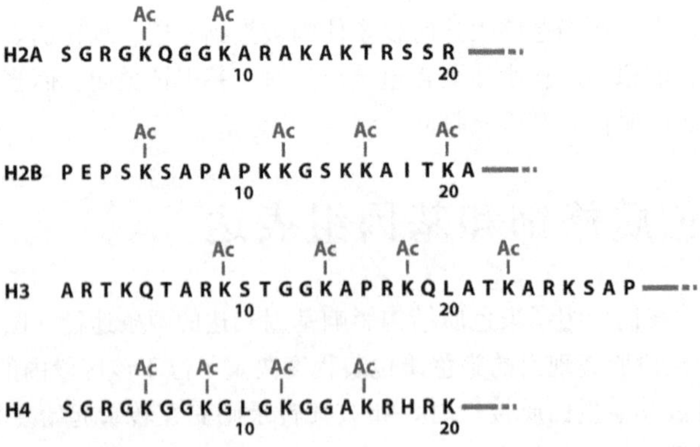

H2A　S G R G K(Ac) Q G G K(Ac) A R A K A K T R S S R ——

H2B　P E P S K(Ac) S A P A P K(Ac) K G S K(Ac) K A I T K(Ac) A ——

H3　A R T K Q T A R K(Ac) S T G G K(Ac) A P R K(Ac) Q L A T K(Ac) A R K S A P ——

H4　S G R G K(Ac) G G K(Ac) G L G K(Ac) G G A K(Ac) R H R K ——

图 10-12　四个核心组蛋白 N 端区域上结合乙酰基因（Ac）的位置。每个序列开始于 N 端的氨基酸

过修饰的 N 端从核小体核心八聚体（图 10.13）伸出突出的尾，它们的乙酰化使组蛋白对 DNA 的亲合力降低，同时使 30 nm 染色质纤丝变得不稳定，降低了核小体之间的相互作用。异染色质中的组蛋白一般不被乙酰化，而功能域中的组蛋白常被乙酰化，这些清楚地表明这种类型的修饰与 DNA 包装相关。

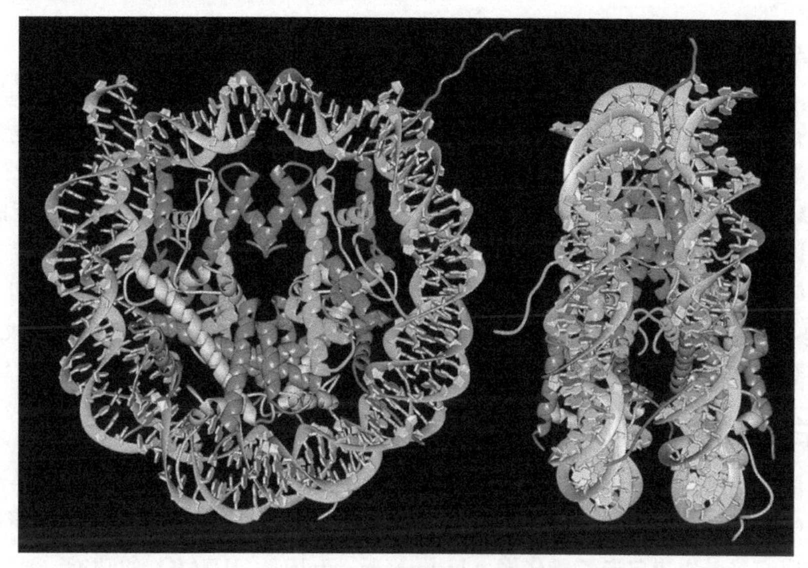

图 10.13　核小体核心八聚体的两种观察结果

左边的视图是从桶状八聚体的顶部往下看，右边的视图是从侧面看。包裹在八聚体周围的 DNA 双螺旋的两条链以棕色和绿色表示。八聚体包含中间两个组蛋白 H3（蓝色）和两个组蛋白 H4（淡绿色）亚基组成的四聚体，它们上、下方为一对 H2A（黄色）和 H2B（红色）。注意从核心八聚体伸出的组蛋白 N 端尾部。经 Luger，*Nature*，389，251～260 许可重印。

组蛋白乙酰化与基因组表达的相关性于 1996 年被发现，当时经过几年的努力，人们终于首次分离出了催化组蛋白添加乙酰基的酶，即**组蛋白乙酰转移酶**（histone acetyltransferase，HAT）。当时已经知道对基因表达有重要影响的一些蛋白质具有 HAT 活性。例如，首先被发现的 HAT 之一，即被称为 p55 的四膜虫蛋白质，与酵母蛋白质 GCN5 具有同源性，而 GCN5 已知可以激活转录起始复合物的装配（11.3.2 节）。类似的，哺乳动物中一种叫做 p300/CBP 的蛋白质在多个基因的激活中都有作用，它是一种组蛋白乙酰转移酶。这些现象以及不同类型的细胞具有不同的组蛋白乙酰化方式都表明，组蛋白乙酰化在基因组表达调控中起重要作用。

单独的 HAT 可以在试管中乙酰化组蛋白，但在完整的核小体中不具备活性，这表明在核中 HAT 几乎不能独立工作，而是形成多蛋白质复合物。例如，酵母 SAGA 和 ADA 复合物，人类 TFTC 复合物。这些复合物是典型的大分子多蛋白质结构，在基因组表达中催化和调节多个步骤。下一章我们将会碰到很多这样的例子。如 SAGA，包含了至少 15 个蛋白质，总分子质量约 180 万，大小约 18 nm×28 nm，而核小体八聚体加上 DNA 仅 11 nm×13 nm，也就是说它比核小体还要大，和 30nm 染色质纤丝相当了。SAGA 复合物包括一系列与 TATA 结合蛋白（TBP）相关的蛋白质，像具有 HAT

活性的 GCN5，在起始基因表达过程中起作用（11.2.3 节），5 个 TBP 相关因子（TAF）辅助 TBP 行使其功能。SAGA 和其他 HAT 复合物都非常复杂，在这些复合物中很多蛋白质在基因表达起始过程中发挥着各自的作用，说明在基因活化的整个过程中，各个单独的事件都是紧密连接的，组蛋白乙酰化是一个完整的部分，却也只是一整个过程的部分。

HAT 蛋白至少有 5 个不同的家族。GCN5 相关的乙酰化酶，或者 GCNT，都是 SAGA、ADA 和 TFTC 的组成成分，它们都和基因转录活化相关，同时也参与损伤 DNA 的修复，尤其是紫外照射引起的双链缺损的修复（16.2.4 节）。另外一类 HAT，称之为 MYST，得名于其同家族的 4 个蛋白质首字母，它们同样参与了转录激活和 DNA 修复，也被揭示参与细胞周期的调控，只不过这可能反映 DNA 修复功能的另一方面，因为基因组广泛受损的时候，细胞周期会停滞（15.3.2 节）。不同的复合物乙酰化不同组蛋白，并且一些复合体可以乙酰化与基因表达相关的其他蛋白质，例如，我们将在 11.2.3 节中论及的通用转录因子 TFIIE 和 TFIIF。因此，HAT 蛋白功能多样，参与了基因组的表达、复制和维持。

## 组蛋白去乙酰化抑制基因组的活化区域

基因活化应该是可逆的，否则被活化的基因将始终保持激活状态。因此，存在一套能去除组蛋白末端的乙酰基团的酶也就不奇怪了，由此来逆转上述的 HAT 的转录激活效应。这是**组蛋白去乙酰化酶**（histone deacetylase，HDAC）的功能。HDAC 活性和基因沉默之间的联系建立于 1996 年，此间第一个被发现的哺乳动物 HDAC 与酵母转录抑制因子 Rpd3 蛋白存在相关性。正如乙酰化与基因活化的关系一样，去乙酰化与基因沉默也同样存在相关性。人们早先认为这两类蛋白质具有不同活性，原来实际上是相关的。这些是在基因和蛋白质功能研究中体现出同源分析价值的优秀范例（5.2.1 节）。

像 HAT 一样，HDAC 被包含在多蛋白质复合体中。哺乳动物 Sin3 复合体是一种至少 7 种蛋白质组成的复合体，包括 HDAC1 和 HDAC2 及其他无去乙酰化活性但对此过程提供了必要辅助功能的蛋白质。辅助蛋白质，如 Sin3 复合体成员 RbAp46 和 RbAp48，它们被认为有助于结合组蛋白。对 RbAp46 和 RbAp48 的最初的认识来自于其与视网膜母细胞瘤蛋白的结合，视网膜母细胞瘤蛋白通过抑制多种不同基因的表达调控细胞增殖，直到需要这些基因的活性时才解除抑制，而在突变时则导致癌症。Sin3 和这个与癌症相关蛋白质之间的联系强有力地证明了基因沉默中去乙酰化反应的重要性。在哺乳动物中其他去乙酰化复合体包括 NuRD，通过一系列的辅助蛋白质与 HDAC1 和 HDAC2 结合；而酵母 Sir2 与其他 HDAC 不同，因为它需要能量。Sir2 的特性表明 HDAC 实际上比以前认识到的更为多样化，可能组蛋白去乙酰化酶还有其他新功能有待发掘。

对 HDAC 复合体的研究开始揭示了基因组活化与沉默不同机制之间的联系。Sin3 与 NuRD 复合体中都含有甲基化 DNA 结合蛋白（10.3.1 节），并且 NuRD 包含与核小体重塑复合物 Swi/Snf 组分非常相似的蛋白质（10.2.2 节）。NuRD 实际上被认为是经典的体外核小体重塑器。进一步的研究必将揭示不同类型的染色体修饰系统之间的其他联系，但实际上这些系统可能仅是一个单一的宏大体系的不同部分。

## 乙酰化不是唯一的组蛋白修饰类型

赖氨酸的乙酰化和去乙酰化是研究最为深入的组蛋白修饰方式，但决不是唯一的类型。已知还有其他三类的共价修饰：

- 组蛋白 H3、H4 的 N 端赖氨酸和精氨酸残基的甲基化。原来认为甲基化都是不可逆的，因此会造成染色质结构的永久性改变。随着赖氨酸和精氨酸去甲基化酶的发现，这种观点受到了挑战，但总的来说，甲基化修饰还是相对长期的。
- H2A、H2B、H3、H4 的 N 端丝氨酸磷酸化。
- H2A 和 H2B 的 C 端赖氨酸的泛素化，就是将常见的叫做**泛素**（ubiquitin）的小分子或称为 **SUMO** 的蛋白质加到赖氨酸上。

像乙酰化一样，这些修饰方式也可以影响染色质结构并对细胞活性具有重要影响。例如，组蛋白 H3 及组蛋白 H1 的磷酸化也与中期染色体的形成相关，并且组蛋白 H2B 的泛素化是泛素调控细胞周期功能的部分体现。组蛋白 H3 的 N 端第 4 与第 9 位赖氨酸残基的甲基化效应尤其有趣。第 9 位赖氨酸的甲基化形成一个 HP1 蛋白的结合位点，而 HP1 蛋白质可引发染色质包装并使基因表达沉默，但在第 4 位赖氨酸加上两个或三个甲基之后，其效应却是相反的，它可促进形成开放的染色质结构，促进基因活化。在β珠蛋白功能域及其他可能位置，第 4 位赖氨酸的甲基化排斥 NuRD 去乙酰化酶，使其不能与组蛋白 H3 结合，确保组蛋白保持乙酰化状态。因此第 4 位赖氨酸甲基化和组蛋白乙酰化这两种修饰类型可能协同作用活化染色质区域。

总的来说，4 个核心组蛋白 N 端和 C 端共有 29 个位点可以被共价修饰(图 10.14)。目前我们对不同组蛋白修饰及不同修饰类型共同作用途径的认识在增长，这提示我们存在一个**组蛋白密码**（histone code），即通过它们化学修饰的形式来确定特定的基因组区域在特定时间被表达，还决定了基因组生物学的其他方面，如损伤位点的修复、基因组复制和细胞周期的协调等。尽管这个概念还有待证实，但很明确的是，基因组内的特异组蛋白修饰的形式与基因活性是紧密相关的。例如，对人第 21、22 号染色体的研究发现，在这些染色体上发生 H3 第 4 位赖氨酸三甲基化以及第 9、14 位赖氨酸乙酰化的区域正好对应着活化基因的转录起始位点（图 10.15）。至于研究染色质修饰的各方面，一个关键的问题是要分清因果关系：组蛋白修饰的形式决定了特定基因的活化，或者仅仅是基因活化的副产物？

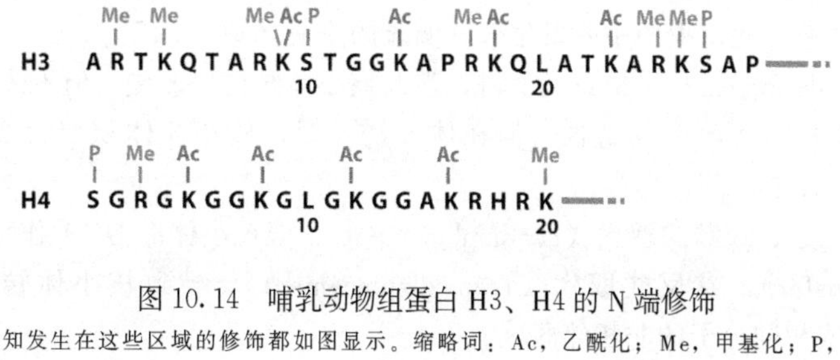

Me Me Me Ac P Ac Me Ac Ac Me Me P

H3 ARTKQTARKSTGGKAPRKQLATKARKSAP

10 20

P Me Ac Ac Ac Ac Me

H4 SGRGKGGKGLGKGGAKRHRK

10 20

图 10.14 哺乳动物组蛋白 H3、H4 的 N 端修饰

所有已知发生在这些区域的修饰都如图显示。缩略词：Ac，乙酰化；Me，甲基化；P，磷酸化

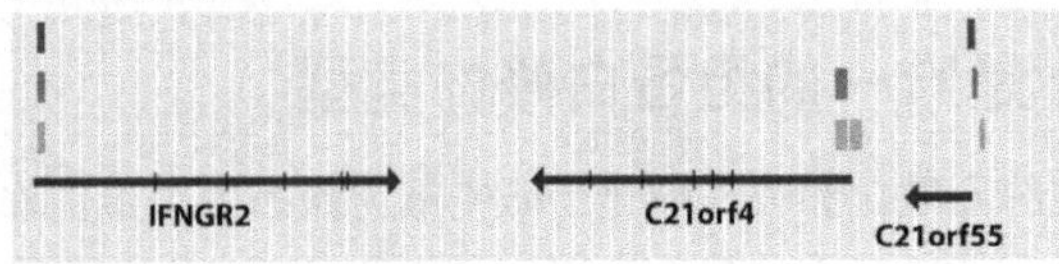


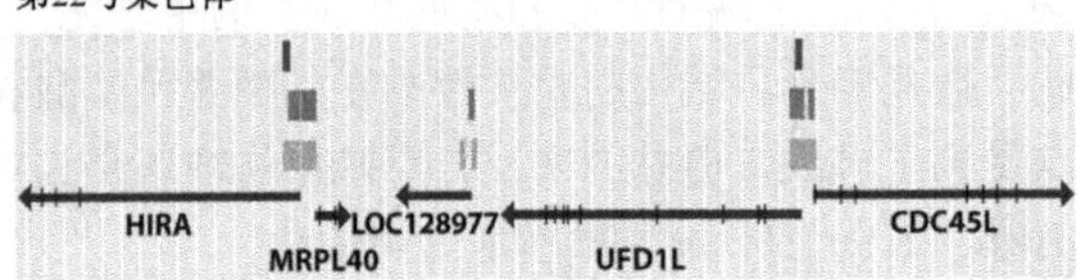


图 10.15　组蛋白修饰的形式与基因活性的关系

如图显示的是人第 21、22 号染色体的片段，每段 100 kb。肺成纤维细胞中，相对已知基因的富含第 4 位赖氨酸双甲基化、三甲基化和第 9、14 位赖氨酸乙酰化的区域被标识。箭头指示了基因转录的方向

## 10.2.2　核小体重塑影响基因组表达

第二种影响基因组表达的染色体修饰类型是**核小体重塑**（nucleosome remodeling）。这个术语指在基因组一个较短区域中核小体的修饰和重新定位，以便于 DNA 结合蛋白能够接近它们的结合位点。当然这并不是对所有基因转录都是必要的，至少在少数情况下，某些蛋白质启动基因表达是通过结合到核小体表面或者结合接头 DNA（组蛋白八聚体之间的 DNA）实现的，并没有影响核小体的定位。在某些情况下，核小体重新定位被明确地证明是基因激活的前提。例如，在黑腹果蝇中，有热刺激的情况下，GAGA 蛋白激活的、帮助其他蛋白折叠的 *hsp70* 基因（13.3.1 节）的转录。激活过程中，伴随着在 *hsp70* 基因上游 DNA 酶 I 高敏位点的形成（10.1.2 节），清楚地说明在这个区域内核小体被移除了，有一段裸露的 DNA 暴露出来（图 10.16）。

图 10.16　*hsp70* 基因的激活伴随着 DNA 酶 I 高敏位点的形成

如图显示核小体，在基因起始的紧接上游，在基因活化的时候，核小体重新定位了

核小体重塑不像乙酰化和前面章节所描述的化学修饰，它并不涉及组蛋白分子的共价修饰。取而代之的是，重塑由能量依赖的过程引发，以减弱核小体和与其结合的 DNA 之间的联系。此过程中主要发生 3 种明显的改变（图 10.17）。

- 重塑（remodeling），从严格意义上讲，涉及核小体结构的改变，但不改变它的位置。目前不清楚其结构改变的特性，但在体外诱导时，核小体体积变为 2 倍，结合的 DNA 对 DNA 酶敏感性提高。
- 滑动（sliding），或**顺式取代**（*cis*-displacement），即核小体沿 DNA 作物理移动。
- 转移（transfer），或**反式取代**（*trans*-displacement），导致核小体转移到第二个 DNA 分子或相同分子的非相邻区域。

负责核小体重塑的蛋白质与 HAT 一起形成一个大的复合体共同发挥作用。Swi/

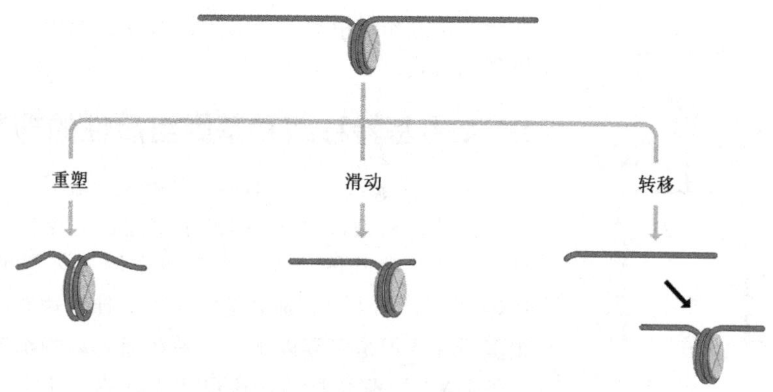


图 10.17　核小体重塑、滑动及移动

[illegible]的家族是复合体中的一种成员，该家族在许多真核细胞生物中包含至少 11 种蛋白质组分。目前，有关 Swi/Snf 家族及其他核小体重构复合体成分在基因组中行使其功能的途径还知之甚少。Swi/Snf 家族中任一组成成分看来都没有 DNA 结合能力，所以复合体必须通过其他的蛋白质募集到它的靶位点。已证实 Swi/Snf 和 HAT 之间存在相互作用，提示核小体重塑可能与组蛋白乙酰化相偶联。这是一个诱人的假说，原因在于它将目前认为是基因组活化中的两个核心反应联系了起来。但这个假说仍存在问题，因为 Swi/Snf 对整个基因组并无全局效应，只在有限数量的部位影响基因表达；在酵母中，只有不超过基因组 6%的基因受其影响。这提示，Swi/Snf 家族主要不是与在整个基因组中起作用的 HAT 有相互作用，而是和其他有限定的靶基因的蛋白质之间存在更重要的相互作用。最有可能的候选者是转录激活因子（11.3.2 节），其中每一个转录激活因子针对有限的一套特异基因，并且其中一些在体外与 Swi/Snf 存在相互作用。

## 10.3　DNA 修饰和基因组表达

通过改变 DNA 本身的化学特性，也可以实现基因组活性的重要改变。这些改变伴随着基因组局部或者整个染色体的半永久性沉默，通常这种修饰状态是在细胞分裂时从亲代继承下来的。这种修饰方式就是 **DNA 甲基化**（DNA methylation）。

### 10.3.1　DNA 甲基化引发的基因组沉默

在真核生物中，染色体 DNA 中的胞嘧啶有时可由 **DNA 甲基转移酶**（DNA methyltransferase），加入一个甲基而转变成 5-甲基胞嘧啶（图 3.29）。胞嘧啶甲基化现象在低等真核生物中较少见，但在脊椎动物基因组中，高达 10%的胞嘧啶都被甲基化，在植物中可高达 30%。甲基化的模式并不是随机的，而是仅限于含有 5′-CG-3′序列的一些拷贝中的胞嘧啶，植物中限于 5′-CNG-3′序列中的胞嘧啶。目前已知两种类型的甲基化活性(图 10.18)，第一类是**维持性甲基化**（maintenance methylation），在基因复制之后负责向新合成的 DNA 链上对应于亲本链甲基化位点的位置添加甲基（16.2.3 节），维持性甲基化可确保两个子代 DNA 分子保持与亲本分子相同的甲基化模式，即甲基化模式在细胞分裂之后被继承了下来。第二类是**从头甲基化**（*de novo* methylation），可

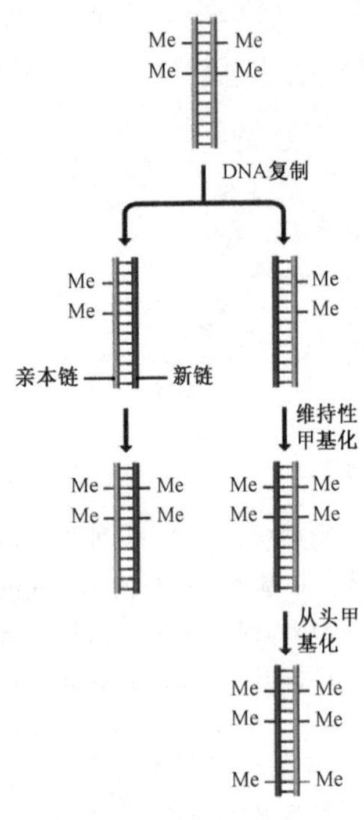


图 10.18　维持性甲基化和从头甲基化

在新的位置添加甲基，从而可以改变基因组局部区域的甲基化模式。

## DNA 甲基转移酶和基因组活性的抑制

DNA 甲基转移酶一直被广泛研究，在各种生物中都是相似的，从细菌（使 DNA 甲基化，避免被自身限制性内切核酸酶降解，并使这些酶作用于入侵的噬菌体 DNA）到，如人等，哺乳动物。尽管针对这些酶开展了很多研究，但是多年以来，似乎在哺乳动物细胞只存在一种 DNA 甲基转移酶，这很让人疑惑。这个酶现在称为 DNA 甲基转移酶 1（Dnmt1），负责维持甲基化，而与从头甲基化无关。因为 Dnmt1 基因敲除的小鼠仍然能够进行从头甲基化，当逆转录病毒感染时，细胞仍然能够将甲基加到病毒基因组 DNA 上。在 20 世纪 90 年代后期，人和小鼠基因组的大多数基因都可以通过表达序列标签的方式查到（3.3.3 节）。通过查询相关数据库，发现了 Dnmt1 的同源基因 Dnmt3a 和 Dnmt3b。现在知道，它们编码了 DNA 从头甲基化酶。这些基因敲除的小鼠无法完成发育过程，Dnmt3b 基因失活的小鼠在出生后几天内死亡，Dnmt3a 缺失的小鼠也只能多活 1～2 周。在死亡前，分析胚胎的 DNA 甲基化水平，结果显示基因敲除的小鼠只有正常小鼠 DNA 甲基化水平的一半（图 10.19），这说明 Dnmt1 介导的维持甲基化仍起着作用，但从头甲基化则已经丧失了，因此在这些小鼠中没有随时间增加 DNA 甲基化的整体水平。

维持性甲基化和从头甲基化都会导致基因活性的抑制。实验显示，通过克隆把甲基化或未甲基化的基因引入细胞，检测它们的表达水平，实验结果表明 DNA 甲基化的基因不表达。当检测染色体 DNA 的甲基化模式时，发现与基因表达的联系也很明显，即具有活性的基因位于非甲基化区域。例如，人类有 40%～50% 的基因位于靠近 CpG 岛（5.1.1 节）的位置，CpG 岛的甲基化状态反映了相邻基因的表达模式。那些在各种组织都有表达的管家基因含有未甲基化的 CpG 岛，而组织特异的基因仅在其表达的组织中才是去甲基化的。值得注意的是，由于甲基化模式在细胞分裂后可被保留，因此确定哪些基因可以表达的信息也遗传到子代细胞中，这样确保了即使组织中细胞被新细胞替换和（或）增加了新细胞，也能保持适当的基因表达模式。

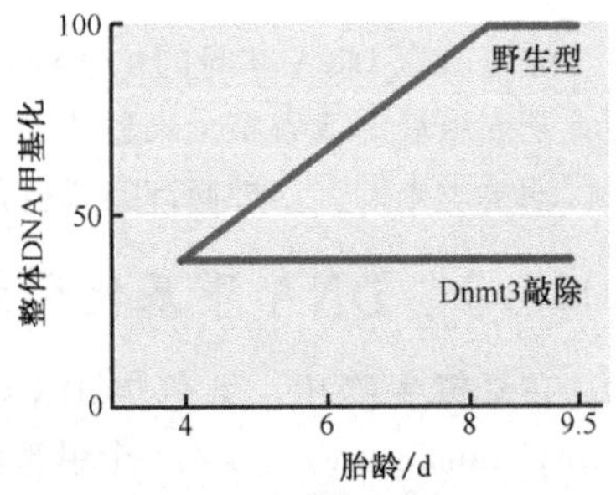


图 10.19　DNA 甲基化酶 Dnmt3a 和 Dnmt3b 是从头甲基化酶的实验依据

上图显示的是正常（野生型）小鼠胚胎和 Dnmt3 基因敲除小鼠的整体 DNA 甲基化水平。在正常胚胎，由于 Dnmt3a 和 Dnmt3b 促进从头 DNA 甲基化，DNA 甲基化水平不断上升，而在基因敲除小鼠胚胎，DNA 甲基化停留在原来水平

人类疾病的研究更加强调了 DNA 甲基化的重要性。ICF 综合征（免疫缺陷、着丝粒不稳定及面部畸形）正如其名称所显示的，具有广泛的表型效应，与不同基因组区域的甲基化不足相关，并且是由 Dnmt3b 基因突变引起的。相反，在某些特定类型的癌症中，改变了表达模式的基因的 CpG 岛经常出现过度甲基化，尽管在这些病例中不正常的甲基化可能是这些疾病状态的结果，而可能不是原因。

甲基化如何影响基因表达许多年来一直是一个谜。现在已知**甲基化 CpG 结合蛋白**（methyl-CpG-binding proteins，MeCP）是 Sin3 和 NuRD 组蛋白去乙酰化酶复合体的组分。这个发现引出一个模型，即甲基化的 CpG 岛是 HDAC 复合物结合的靶位点，此复合物修饰周围的染色质以使相邻基因沉默（图 10.20）。

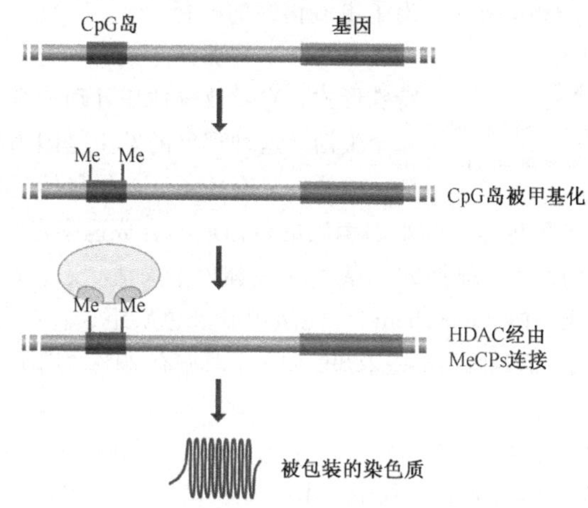


图 10.20 DNA 甲基化和基因组表达之间联系的模型

基因上游 CpG 岛的甲基化提供了一个组蛋白去乙酰化酶复合体（HDAC）中甲基-CpG-结合蛋白（MeCP）组分的识别信号。HDAC 修饰染色体 CpG 岛区域并因此使基因失活。注：CpG 岛的相关位点和大小以及基因没有按比例绘制

## 甲基化参与基因组印记和 X 失活

有关 DNA 甲基化和基因组沉默之间的联系，如果需要的话，两个有趣的被称为**基因组印记**（genomic imprinting）和 **X 失活**（X inactiration）的现象可以提供更多的证据。

基因组印记是一种哺乳动物基因组中相对不很普遍但非常重要的特征：二倍体细胞核中同源染色体上的一对基因中只有一个可以被表达，另一个因甲基化而沉默。这种现象也见于某些昆虫（尽管在黑腹果蝇没有）。成对基因中总是同一个基因被印记并因此失活；对一些基因来说来源于母本，对另一些基因来说来源于父本。在人类和小鼠中已有 60 多个基因显示有印记现象，既包括蛋白质编码基因，也包括功能 RNA 的基因。印记基因在基因组散布，但倾向于成簇分布。比如，人第 15 号染色体有约 2.2 Mb 的区段，包含有至少 10 个印记基因，第 11 号染色体 1 Mb 的区段有 8 个印记基因。

人的一个印记基因的例子是 *Igf2*，它编码一种生长因子，该蛋白质参与细胞间信号通讯（14.1 节）。只有父本基因是活化的（图 10.21），在来源于母本的染色体上，*Igf2* 区域的不同 DNA 片段是甲基化的，阻止该基因拷贝的表达。距离 *Igf2* 约 90 kb

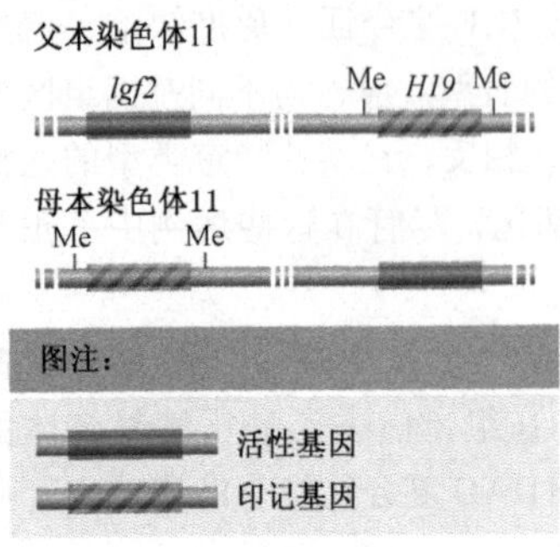


图 10.21　人类第 11 号染色体的一对印记基因

*Igf2* 在从母本遗传的染色体被印记，*H19* 在父本染色体上被印记。此图未按比例绘制：两个基因间大约相距 90 kb

的另外一个印记基因 *H19*，则以不同的方式印记：*H19* 的母本是活化的，而父本是沉默的。基因印记是由**印记控制元件**（imprint control elements）控制的，印记控制元件是在印记基因簇几千碱基内所发现的 DNA 序列，控制了印记区域的甲基化，但其具体机制还没有详细描述过。印记的功能也尚不清楚。一个可能性是在发育中起作用，因为人工培育的单性生殖小鼠，具有两个拷贝的母本基因组，不能正常发育。基于一个种属雄性和雌性之间的进化冲突，也有人提出了更多精细的解释。

X 失活不是那样令人不可思议。这是印记的一种特殊形式，它导致雌性哺乳动物细胞的一条 X 染色体完全失活。这种现象的发生是因为雌性有两条 X 染色体，而雄性只有一条。如果雌性的两条 X 染色体都有活性，那么雌性中由 X 染色体上的基因编码的蛋白质的合成速率可能是雄性的两倍。为了避免这种不利事件的发生，雌性的一条 X 染色体处于失活状态，在核中呈现出一种致密的结构，被称为**巴氏小体**（Barr body），完全由异染色质组成。在失活的染色体上，大多数基因是表达沉默的，但是因为某些未知的原因，其中有 20%“逃避”了这个过程而成为有功能的基因。

失活发生在胚胎发育早期，并由弥散存在于每条 X 染色体上的 X 失活中心（*Xic*）控制。在每个发生 X 染色体失活的细胞中，由一条 X 染色体上的失活中心启动异染色质的形成。异染色质的形成从成核中心开始延伸，直至整个染色体受到影响，只有几个包括小基因簇的短片段仍保持活性。这一过程需几天时间完成，其精确的机制还不清楚，但与一个叫做 *Xist* 的基因有关，尽管不完全依赖于它。*Xist* 处于失活中心，转录出一个 25 kb 的非编码 RNA，当异染色质形成时，这段非编码 RNA 覆盖了染色体，同时，还会发生各种组蛋白修饰。组蛋白 H3 第 9 位赖氨酸被甲基化（10.2.1 节，这种修饰与基因组失活相关），组蛋白 H4 被去乙酰化（和异染色质中一样），组蛋白 H2A 被一个特定的组蛋白 macroH2A1 取代。某些 DNA 序列被 DNA 甲基转移酶 Dnmt3a 催化而高甲基化，尽管这一般发生在失活状态已经形成以后。X 染色体失活是可遗传的，最初发生失活的细胞的所有后代都有同样的现象。

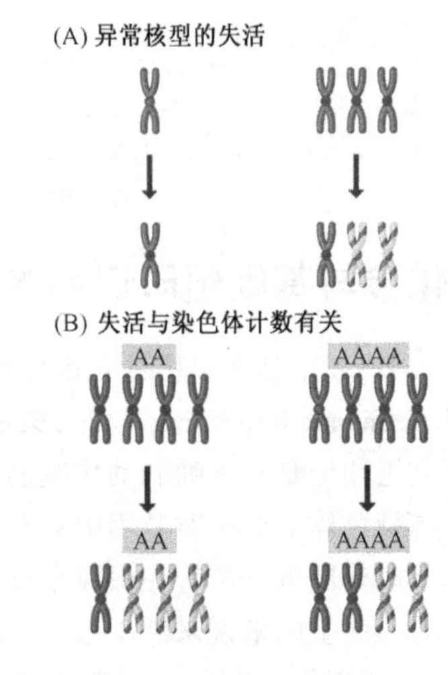


图 10.22　X 失活

(A) 若只有单个 X 染色体，则不发生失活；若有 3 个 X 染色体，则 2 个失活。(B) 有 2 个常染色体（AA）和 4 个 X 染色体的二倍体细胞中，3 个 X 染色体失活；而在四倍体细胞（AAAA），仅仅 2 个染色体失活

在一个正常的雌性二倍体，一个 X 染色体

失活，另外一个保持活性。值得注意的是，即使在性染色体组成不正常的雌性二倍体，也只会有单个X染色体保持活性。比如在有些罕见的例子，只有一个X染色体，则没有失活过程的发生；再比如，有的个体有三个X染色体，则其中两个会失活［图10.22（A）］。这意味着在核内应该存在X染色体计数和适当数目X染色体失活的机制。实际上，这个机制不仅仅计数X染色体，它也计数常染色体，并且将两个数目加以比较。因为如果细胞是二倍体而有4个X染色体，那么3个X染色体将会失活；但如果是4倍体（即有4个X染色体，每个常染色体也各有4个拷贝），则会有2个X染色体失活［图10.22（B）］。细胞如何计数染色体已经困扰细胞遗传学家多年，而且还一直困扰着我们，但是最新的研究表明，在X失活中心，有两个叫做*Tsix*和*Xite*的基因控制这个过程，因为这两个基因任何一个缺失或者过表达都会造成错误数目的染色体失活。

# 总结

核环境对基因组的表达有很重要的影响，真核细胞核内有着高度有序的内部结构，包含复杂的蛋白质和RNA纤维组成的网络，称之为核基质。每个染色体在核内都有自己的地域，各地域之间被非染色质区域分隔开，在非染色质区域有参与基因组表达的酶和其他蛋白质。异染色质是染色质最致密的形式，其中的基因不可接近，无法表达。组成型异染色质是所有细胞的永久特征，不包含任何基因；而兼性异染色质不是一成不变的，其中的基因在某些组织或者在细胞周期的某些阶段失活。更开放的染色质称之为常染色质，组装成环状并连接到核基质，这些环可能代表了基因组内基因形成的功能结构域。每个功能域被一对绝缘子所限制，还有可能被区域内的基因座控制区调控基因表达。在真核生物，核小体看起来是决定基因组活性的首要因素，不仅因为它们在DNA链上定位的性能，还因为包含在核小体内的组蛋白的精确化学结构是决定一段染色质包装程度的主要因素。每个核心组蛋N端的赖氨酸乙酰化往往伴随着基因组区域的激活，而去乙酰化则引起基因组的沉默。组蛋白还可以被甲基化、磷酸化和泛素化修饰，每一种都会对邻近基因的活性起到独特的作用。可能存在一种组蛋白密码，上述各种修饰结合在一起都经由基因组体现出来。核小体重新定位对部分基因，但不是所有基因的表达是必需的。基因组的局部区域还可能被DNA甲基化修饰而沉默，相关的酶可能与组蛋白去乙酰化酶协同作用。甲基化修饰还会引起基因组印记，导致同源染色体上的一对基因有一个失活以及X失活，在雌性细胞核内导致一个X染色体几乎完全失活。

# 选择题

*奇数问题的答案见附录

10.1* 什么是核基质？

a. 组蛋白和DNA的复合体，在整个核内形成一个结构网络。

b. 组成核的均一混合体，包括DNA、RNA和蛋白质。

c. 提供核结构基础的微管。

d. 蛋白质和RNA纤维组成的复杂网络，组成了核结构。

10.2 核仁的功能是什么？

a. 编码蛋白质的基因所在的位置。

b. 在细胞分裂过程中改变结构使染色体致密的染色体支架。

c. 合成和加工 rRNA 分子的场所。

d. 加工 mRNA 分子的场所。

10.3* 下面哪种技术可以用于决定蛋白质在核内的运动?

a. 电镜

b. 光漂白后荧光恢复技术（FRAP）

c. 荧光原位杂交（FISH）

d. 激光共聚焦显微镜

10.4 异染色质应该如何定义?

a. 由异源核苷酸序列组成的染色质。

b. 包括异源蛋白质的染色质。

c. 相对致密、包含无活性基因的染色质。

d. 相对开放、包含活性基因的染色质。

10.5* 下面哪种染色质包括可以表达的基因?

a. 常染色质

b. 兼性异染色质

c. 组成型异染色质

d. 以上都是

10.6 下面哪个是真核 DNA 的区段，包含一个或多个活性基因，能在 DNA 酶Ⅰ处理后被线性化?

a. 常染色质

b. 异染色质

c. 功能域

d. 结构域

10.7* 下面哪个插入基因和其调控区之后会抑制基因表达?

a. 功能域

b. 结构域

c. 绝缘子序列

d. 基因座控制区

10.8 基因座控制区在调节基因表达中起什么作用?

a. DNA 结合蛋白结合到基因座控制区，调节染色质结构。

b. 转录因子结合到基因座控制区，促进基因表达。

c. DNA 结合蛋白结合到基因座控制区，促进 DNA 甲基化。

d. 基因座控制区和核基质相连。

10.9* 组蛋白 N 端哪一种氨基酸可以被乙酰化?

a. 精氨酸

b. 赖氨酸

c. 丝氨酸

d. 酪氨酸

10.10 下面哪一种不是组蛋白修饰类型？

a. 乙酰化

b. ADP-核糖基化

c. 甲基化

d. 磷酸化

10.11* 下面哪种重塑会使核小体移动到其他 DNA 分子？

a. 乙酰化

b. 重构

c. 滑动

d. 转运

10.12 下面哪种 DNA 修饰会导致基因组局部沉默，而且会传递到下一代？

a. 乙酰化

b. 甲基化

c. 磷酸化

d. 泛素化

10.13* DNA 从头甲基化如何定义？

a. 在新的位置把甲基加到 DNA 上，改变基因组的甲基化模式。

b. 把甲基加到新合成的 DNA 链上，确保子代链上含有亲代链上同样的甲基化模式。

c. 把甲基加到基因启动子区，激活基因表达。

d. 把甲基加到绝缘子区，抑制基因表达。

10.14 管家基因的 CpG 岛上的甲基化状态如何？

a. 高甲基化

b. 在某些而不是全部的组织中甲基化

c. 无甲基化

d. 这些基因缺乏 CpG 岛

10.15* 基因组印记什么时候发生？

a. 当 DNA 甲基化模式传到下一代。

b. 当基因由于 DNA 甲基化而异常失活，导致异常表型。

c. 一对基因中只有一个表达，另外一个被甲基化而不表达。

d. 去除 DNA 甲基化，使应该被沉默的基因表达了。

10.16 如果一个二倍体个体由 3 个 X 染色体，那么有几个会失活？

a. 1 个

b. 2 个

c. 3 个

d. 不固定，可以是 1 个或 2 个

## 简答题

*奇数问题的答案见附录

10.1* 哪种显微分析使我们在细胞核的结构组成的认识上进了一大步？

10.2　关于核内的染色体定位，染色体涂染技术显示了什么内容？

10.3*　在染色体某些配对之间会发生高频转位，这能告诉我们一些什么关于核内的染色体分布的信息？

10.4　组成型异染色质和兼性异染色质之间有些什么区别？

10.5*　当一个基因克隆到真核宿主，怎么解释其位置效应？

10.6　什么是绝缘子序列？它们有些什么特征？

10.7*　讨论绝缘子序列和基因座控制区之间的异同点？

10.8　从组蛋白乙酰化酶在完整核小体中活性很低的发现中，我们能得出什么结论？

10.9*　组蛋白去乙酰化酶在基因组表达中起什么作用？

10.10　什么是组蛋白密码？

10.11*　为什么 DNA 酶 I 可以用于研究染色质结构的变化？如果 DNA 易于被 DNA 酶 I 切割，那说明什么问题？

10.12　在 X 失活时，核小体内部发生了些什么变化？

## 论述题

*奇数问题的指导见附录

10.1*　在多大程度上我们可以相信，现代电镜技术构建的核结构图能准确反映核的真实结构，而不是准备细胞用于检测的时候所用方法的伪像？

10.2　在生物学的许多领域，经常很难分清因果。那么如何评价核小体重塑和基因组表达之间的关系：是核小体重塑引起基因组表达的改变，还是核小体重塑只是表达变化之后的效应？

10.3*　探讨和评价组蛋白密码假说。

10.4　维持性甲基化保证两个子代 DNA 分子显示的 DNA 甲基化模式和亲代是一模一样的，换句话说，甲基化模式和其所表达出的基因表达的信息是可以遗传的，染色质结构的其他方面的信息可能也可以通过类似的方式遗传。而孟德尔遗传法则认为遗传是通过基因决定的，那么这些现象对孟德尔遗传法则有什么影响？

10.5*　细胞通过一种什么方式计数核内 X 染色体和常染色体的数目，以确保合适数目的 X 染色体被失活？

## 图形测试

奇数问题的答案见附录

10.1*　如图显示了一个基因可以插入基因组的两个位点，如果插入高度包装的区域或开放染色质区域，我们可以如何预测基因表达水平？

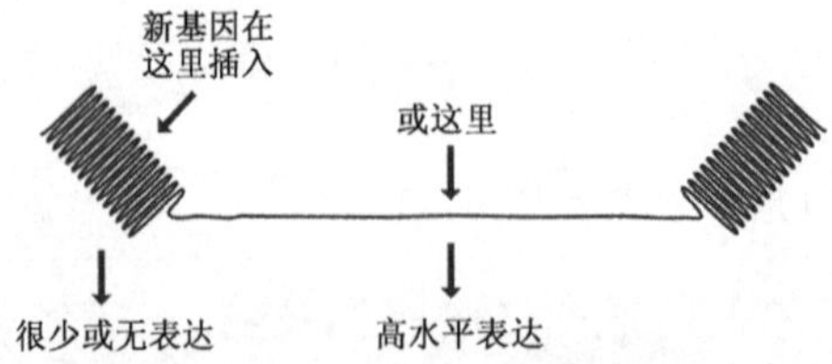

10.2 试讨论：如果将一个连接着绝缘子序列的克隆基因插入基因组，它们是怎样提高基因表达水平的？

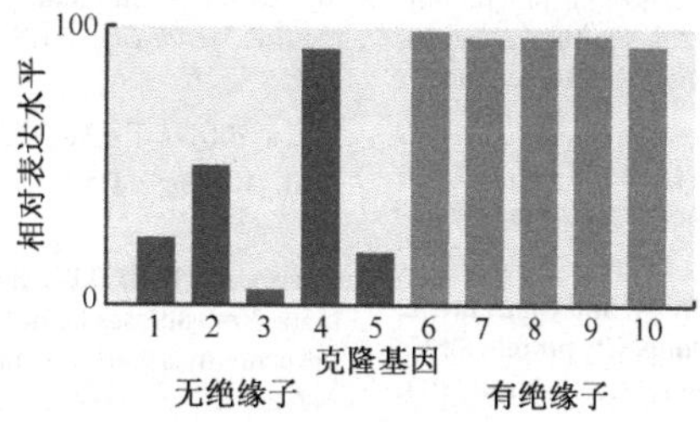


10.3* CpG 岛甲基化如何影响基因表达的？

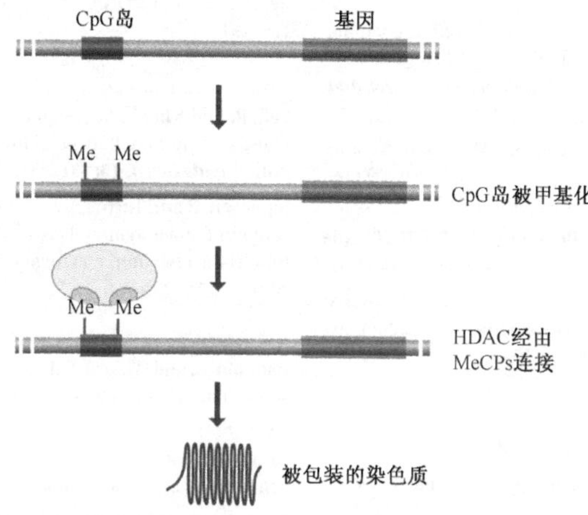


10.4 试讨论：分别从父亲或母亲遗传之后，基因表达模式的差异。

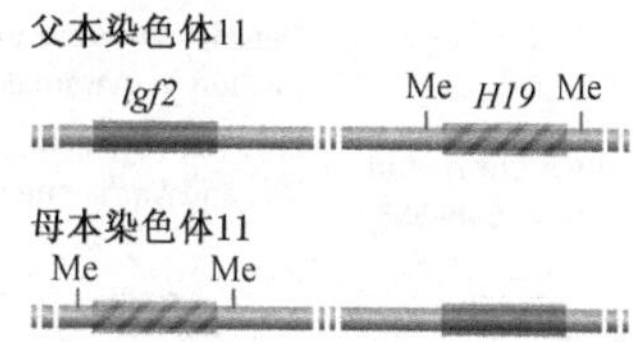


## 拓展阅读


核内部结构

**Gerlich, D., Beaudouin, J., Kalbfuss, B., Daigle, N., Eils, R. and Ellenberg, J.** (2003) Global chromosome positions are transmitted through mitosis in mammalian cells. *Cell* **112:** 751–764.

**Misteli, T.** (2001) Protein dynamics: implications for nuclear architecture and gene expression. *Science* **291:** 843–847.

**Williams, R.R.E.** (2003) Transcription and the territory: the ins and outs of gene positioning. *Trends Genet.* **19:** 298–302. *Chromosome territories.*

染色质结构域

**Bell, A.C., West, A.G. and Felsenfeld, G.** (2001) Insulators and boundaries: versatile regulatory elements in the eukaryotic genome. *Science* **291:** 447–450.

**Gerasimova, T.I., Byrd, K. and Corces, V.G.** (2000) A chromatin insulator determines the nuclear localization of DNA. *Mol. Cell* **6:** 1025–1035.

**Li, Q., Harju, S. and Peterson, K.R.** (1999) Locus control regions: coming of age at a decade plus. *Trends Genet.* **15:** 403–408.

组蛋白共价修饰

**Ahringer, J.** (2000) NuRD and SIN3: histone deacetylase complexes in development. *Trends Genet.* **16:** 351–356.

**Bannister, A.J. and Kouzarides, T.** (2005) Reversing histone methylation. *Nature* **436:** 1103–1106.

**Bernstein, B.E., Kamal, M., Lindblad-Toh, K., *et al.*** (2005) Genomic maps and comparative analysis of histone modifications in human and mouse. *Cell* **120:** 169–181. *Correlates the positions of histone modifications in chromosomes 21 and 22 with gene activity.*

**Carrozza, M.J., Utley, R.T., Workman, J.L. and Côté, J.** (2003) The diverse functions of histone acetyltransferase complexes. *Trends Genet.* **19:** 321–329.

**Imai, S., Armstrong, C.M., Kaeberlein, M. and Guarente, L.** (2000) Transcriptional silencing and longevity protein Sir2 is an NAD-dependent histone deacetylase. *Nature* **403:** 795–800.

**Jenuwein, T. and Allis, C.D.** (2001) Translating the histone code. *Science* **293:** 1074–1080.

**Khorasanizedeh, S.** (2004) The nucleosome: from genomic organization to genomic regulation. *Cell* **116:** 259–272. *Review of histone modification, nucleosome remodeling, and DNA methylation.*

**Lachner, M., O'Carroll, D., Rea, S., Mechtler, K. and Jenuwein, T.** (2001) Methylation of histone H3 lysine 9 creates a binding site for HP1 proteins. *Nature* **410:** 116–120.

**Sims, R.J., Nishioka, K. and Reinberg, D.** (2003) Histone lysine methylation: a signature for chromatin function. *Trends Genet.* **19:** 629–639.

**Strahl, B.D. and Allis, D.** (2000) The language of covalent histone modifications. *Nature* **403:** 41–45.

**Taunton, J., Hassig, C.A. and Schreiber, S.L.** (1996) A mammalian histone deacetylase related to the yeast transcriptional regulator Rpd3p. *Science* **272:** 408–411.

**Timmers, H.T. and Tora, L.** (2005) SAGA unveiled. *Trends Biochem. Sci.* **30:** 7–10.

**Verdin, E., Dequiedt, F. and Kasler, H.G.** (2003) Class II histone deacetylases: versatile regulators. *Trends Genet.* **19:** 286–293.

核小体重构

**Aalfs, J.D. and Kingston, R.E.** (2000) What does 'chromatin remodelling' mean? *Trends Biochem. Sci.* **25:** 548–555. *Stimulating discussion of histone modification and nucleosome remodeling.*

**Sudarsanam, P. and Winston, F.** (2000) The Swi/Snf family: nucleosome-remodeling complexes and transcriptional control. *Trends Genet.* **16:** 345–351.

哺乳动物DNA甲基转移酶的发现

**Bird, A.** (1999) DNA methylation *de novo*. *Science* **286:** 2287–2288.

**Okano, M., Bell, D.W., Haber, D.A. and Li, E.** (1999) DNA methyltransferases Dnmt3a and Dnmt3b are essential for *de novo* methylation and mammalian development. *Cell* **99:** 247–257.

**Xu, G.-L., Bestor, T.H., Bourc'his, D., *et al.*** (1999) Chromosome instability and immunodeficiency syndrome caused by mutations in a DNA methyltransferase gene. *Nature* **402:** 187–191.

印记

**Feil, R. and Khosia, S.** (1999) Genomic imprinting in mammals: an interplay between chromatin and DNA methylation? *Trends Genet.* **15:** 431–434.

**Jeppesen, P. and Turner, B.M.** (1993) The inactive X chromosome in female mammals is distinguished by a lack of histone H4 acetylation, a cytogenetic marker for gene expression. *Cell* **74:** 281–289.

X染色体失活

**Ballabio, A. and Willard, H.F.** (1992) Mammalian X-chromosome inactivation and the XIST gene. *Curr. Opin. Genet. Devel.* **2:** 439–448.

**Brown, C.J. and Greally, J.M.** (2003) A stain upon the silence: genes escaping X inactivation. *Trends Genet.* **19:** 432–438.

**Costanzi, C. and Pehrson, J.R.** (1998) Histone macroH2A1 is concentrated in the inactive X chromosome of female mammals. *Nature* **393:** 599–601.

**Heard, E., Clerc, P. and Avner, P.** (1997) X-chromosome inactivation in mammals. *Annu. Rev. Genet.* **31:** 571–610.

**Lee, J.T.** (2005) Regulation of X-chromosome counting by *Tsix* and *Xite* sequences. *Science* **309:** 768–771.

CHAPTER

# 第11章 转录起始复合物的组装

## 学习要点

当你阅读完第11章之后，应该能够：

- 描述使蛋白质能特异性结合到DNA分子上的关键结构基序。
- 列举用于定位DNA结合蛋白在DNA分子上结合位点的各种技术。
- 讨论在DNA与结合蛋白相互作用中起重要作用的DNA双螺旋的特征，详细描述这种相互作用的化学机制。
- 描述各种真核和原核RNA聚合酶的关键特征，描述它们所识别的启动子序列的结构。
- 具体描述大肠杆菌转录起始复合物是如何组装的，讨论调节这一过程的各种途径，尤其注意区分组成型和调节型控制的机制。
- 详细描述真核生物中RNA聚合酶II转录起始复合物的组装，并概述RNA聚合酶I和III相对应的组装过程。
- 举例描述真核生物启动子区的组件结构。
- 解释真核生物中激活或抑制基因表达的蛋白质是如何影响复合物组装的。
- 探讨我们目前对中介子复合物结构和它们在真核生物转录起始中所起作用的理解。

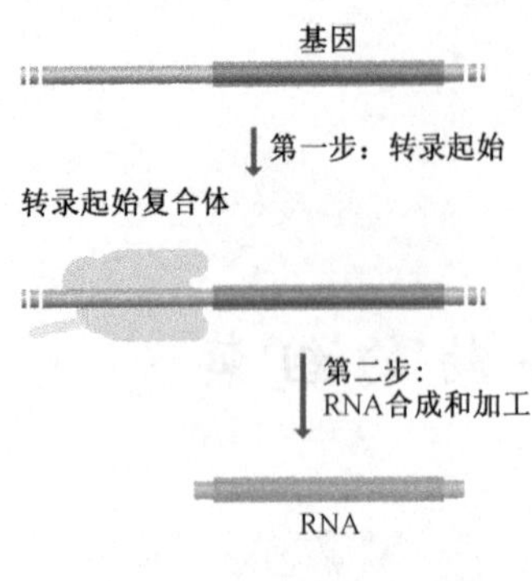


图 11.1 从基因组到转录组过程中的 2 个阶段

基因组表达的最初产物是转录组，即来源于蛋白质编码基因的 RNA 分子的集合，这些基因的生物学信息是细胞在某一特定时期所必需的（图 1.2）。转录组由称之为转录的过程维持着，各基因被拷贝形成 RNA 分子。过去简单地将转录看作是 DNA 变成 RNA 的过程，当然，实际上的确如此，但是我们现在意识到这个从基因组到转录组的过程比过去的这个描述要复杂得多。基因组表达的此部分内容现在可以划分为两个主要的阶段（图 11.1）。

- 转录起始：在基因上游形成包括 RNA 聚合酶及各种辅因子在内的蛋白质复合物，它们随后将基因拷贝为 RNA 转录物，这一步实际上决定基因是否被表达。
- RNA 的合成与加工：该阶段从 RNA 聚合酶离开转录起始区拷贝 RNA 开始，到初始转录物被加工和修饰成为成熟的、在细胞内能执行功能的 RNA 而结束。

本章将论述转录的起始，第 12 章则阐述 RNA 合成与加工。但是，在涉及这些内容之前，我们务必熟悉一些相关的基础知识。在转录过程中起核心作用的成员是 **DNA 结合蛋白**（DNA-binding protein），它们结合到基因组上以执行其生化功能（表 11.1）。组蛋白就是 DNA 结合蛋白的例子，在本章后面的许多部分，当我们讨论原核和真核转录起始复合物的组装时，还会遇到许多其他 DNA 结合蛋白。还有些 DNA 结合蛋白与 DNA 复制、修复及重组相关，另外很多相关蛋白质结合 RNA 而不是 DNA（表 11.1）。许多 DNA 结合蛋白识别特异性的核苷酸序列，主要结合在相应的靶位点，相反，一些 DNA 结合蛋白非特异性地结合在基因组上的不同位置。

**表 11.1 DNA 结合蛋白和 RNA 结合蛋白的功能**

| 功能 | 举例 | 前后参照 |
|---|---|---|
| **DNA 结合蛋白** | | |
| 基因组表达 | | |
| 转录起始 | 真核 TATA 结合蛋白 | 11.2.3 节 |
| | 细菌 RNA 聚合酶 σ 亚基 | 11.2.3 节 |
| RNA 合成 | RNA 聚合酶 | 11.2.1 节 |
| 转录调节 | 真核激活蛋白和阻抑物 | 11.3.2 节 |
| | 细菌阻抑物 | 11.3.1 节 |
| DNA 组装 | 真核组蛋白 | 7.1.1 节 |
| | 细菌类核蛋白 | 8.1.1 节 |
| DNA 重组 | RecA | 17.1.2 节 |
| DNA 修复 | DNA 糖苷酶、DNA 核酸酶 | 16.2.2 节 |
| DNA 复制 | 复制起点识别蛋白 | 15.2.1 节 |
| | DNA 聚合酶和连接酶 | 2.1.1 节、2.1.3 节、15.2.2 节 |
| | 单链结合蛋白 | 15.2.2 节 |

续表

| 功能 | 举例 | 前后参照 |
|---|---|---|
| | DNA 拓扑酶 | 15.1.2 节 |
| 其他 | 原核限制性内切酶 | 2.1.2 节 |
| **RNA 结合蛋白** | | |
| 基因组表达 | | |
| 内含子剪切 | snRNP 蛋白 | 12.2.2 节 |
| mRNA 多聚腺苷化 | CPSF、CstF | 12.2.1 节 |
| mRNA 编辑 | 腺苷脱氨酶 | 12.2.5 节 |
| rRNA 和 tRNA 加工 | 核酸酶 | 12.1.3 节和 12.2.4 节 |
| 翻译 | 氨酰-tRNA 合成酶 | 13.1.1 节 |
| | 翻译因子 | 13.2.2 节、13.2.3 节、13.2.4 节 |
| RNA 降解 | 核酸酶 | 12.1.4 节和 12.2.6 节 |
| 核糖体结构 | 核糖体蛋白 | 13.2.1 节 |

DNA 结合蛋白的作用模式是转录起始的关键，如果不了解它们行使功能的机制，我们将无从理解基因组信息是如何被利用的。因此，我们将花些时间来复习已知的 DNA 结合蛋白的知识以及它们是如何和基因组作用的。

# 11.1 DNA 结合蛋白及其结合位点

我们主要关注的蛋白质是能定位到特定核苷酸序列，并因此能结合 DNA 分子上有限数目的位点的蛋白质，正是这种相互作用在基因组表达中非常的重要。要想以这种特定的方式结合，蛋白质应该能与双螺旋接触，以便识别核苷酸序列，这就要求蛋白质的某些部分深入到螺旋的大沟或小沟［图 1.8（A）和图 1.9］，这样才能**直接读出**（direct readout）序列（11.1.3 节）。这通常伴随着与 DNA 分子表面的更普遍的相互作用，该过程也许仅仅稳定 DNA-蛋白质复合体，也可能获取由双螺旋构象提供的核苷酸序列的间接信息。

## 11.1.1 DNA 结合蛋白的特征

通过诸如 **X 射线晶体学方法**（X-ray crystallography）和**核磁共振光谱**（nuclear magnetic resonance spectroscope，NMR）（技术注解 11.1）方法，很多蛋白质，包括 100 多种 DNA 或者 RNA 结合蛋白的结构已经被解析出来。比较序列特异的 DNA 结合蛋白的结构可以立即发现，这个家族可以根据与 DNA 分子相互作用的蛋白质片段的结构而分为几个不同的群体（表 11.2）。很多蛋白质中都有这些 **DNA 结合基序**（DNA-binding motif），这些蛋白质常来自于差别很大的生物，并且至少其中一些很可能进化了一次以上。我们将详细研究两种基序，**螺旋-转角-螺旋基序**（helix-turn-helix motif）和**锌指**（zinc finger），然后再扼要介绍其他的基序。

## 技术注解 11.1 X 射线晶体学和核磁共振光谱

### 研究蛋白质和蛋白质-核酸复合体结构的方法

一旦得到一个纯的 DNA 或 RNA 结合蛋白以后，确定其本身或与其 DNA 结合位点相结合后的结构便成为可能。这能提供 DNA-蛋白质相互作用的最详细的信息，使得蛋白质的 DNA 结合部分的精细结构得以确定，其与 DNA 螺旋接触的情况也能得以阐明。这个研究领域的核心是两种技术——X 射线晶体学方法（X-ray crystallography）和核磁共振光谱（nuclear magnetic resonance spectroscope，NMR）。

X 射线衍射分析法是一项建立已久的技术，可追溯到 19 世纪末，这个技术是以 **X 射线衍射**（X-ray diffraction）为基础。X 射线波长很短，在 0.01 nm 和 10 nm 之间，是可见光的 1/4000，与化学结构中两个原子间的距离相当。当一束 X 射线射向晶体时，一些 X 射线直接穿过，但另一些被衍射，从晶体中以不同于其进入的角度射出［图 T11.1（A）］。如该晶体由许多相同的分子组成，所有的分子都以规则的方式排列，则不同的 X 射线以相似方式衍射，产生相互干涉重叠的衍射波环。将一个 X 射线敏感的照相胶片置于光路上，可显示出一系列的点［图 T11.1（B）］，即 **X 射线衍射图形**（X-ray diffraction pattern），从中可推导出晶体中分子的结构。这是因为亮点的相对定位提示了分子在晶体中的排列，它们的相对密度提供了该分子结构上的信息。分子越复杂，点数就越多，在各点之间做比较的工作量也越大。因此，除了最简单的分子，一般都需要有计算机的帮

(A) 衍射模式的产生

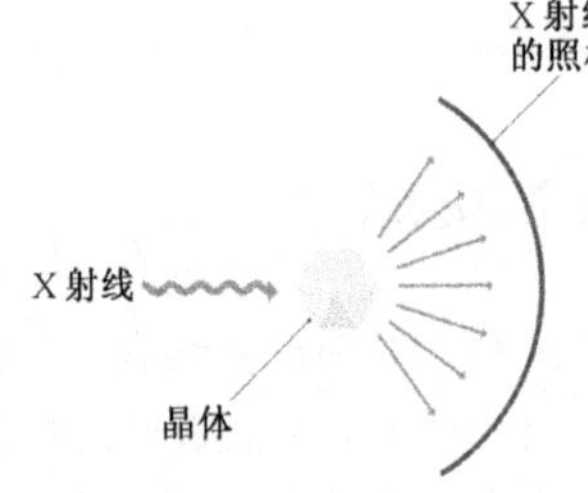


(B) 核糖核酸酶的衍射模式

(C) 核糖核酸酶电子密度图的一部分

(D) 电子密度图的解读——一个2Å分辨率的电子密度图显示了酪氨酸的R基团

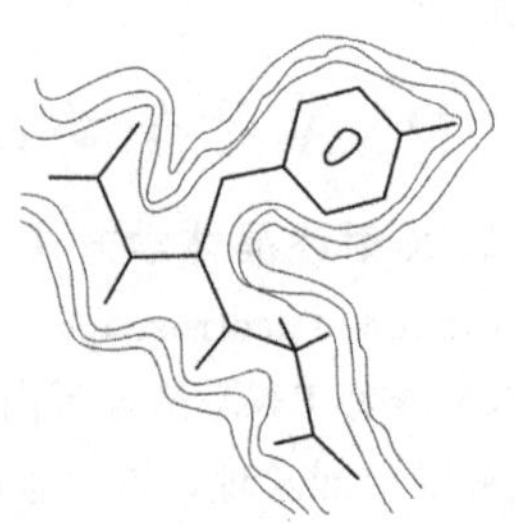

图 T11.1 X 射线晶体分析法

（A）一个通过将一束 X 射线通过所研究分子的晶体获得的 X 射线衍射模式。（B）核糖核酸酶晶体的衍射模式。（C）从这个衍射模式衍生出来的电子密度图的一部分。（D）如果电子密度图有足够高的分辨率，那么就有可能确认各氨基酸的 R 基团，如图示中的酪氨酸

助。如果成功，衍射分析的结果是一张电子密度图［图 T1（C）和（D）］，它可为蛋白质提供一个折叠后多肽的图样，从中可以确定 α-螺旋和 β-片层等结构特征的位置。如果足够详细，多肽链中各个氨基酸的 R 基团也可被鉴定出来，还可确定它们之间的相对方向，从而可推断出蛋白质结构内的氢键和其他化学相互作用。如果运气较好，这些推论可产生出该蛋白质的一个详细的三维模型。

与 X 射线衍射晶体分析法一样，NMR 也是一个建立很久的方法，可以追溯到 20 世纪初期，于 1936 年首次被描述。这个技术的原理是一个带电化学核旋转产生一个磁矩。如果置于外加的电磁场中，这个旋转核可以两种方式取向，分别称为 α 和 β（图 T11.2）。α-取向（与磁场方向平行）有略低的能量。在 NMR 光谱中，能量间距的大小由诱导从 α 到 β 的转变所需的电磁辐射的频率决定，这个数值称为所研究核的共振频率。关键问题是，尽管每种核（如$^{1}$H、$^{13}$C、$^{15}$N）有其自身特定的共振频率，但测出的频率经常与标准值略有不同（一般少于百万分之十），因为这个旋转核附近的电子将在一定程度上将它屏蔽于外加磁场之外。这个**化学位移**（chemical shift，观察到的共振频率与该核的标准值之差）使我们能推导出该核的化学环境，从而提供结构方面的信息。特殊类型的分析（称为 COSY 和 TOCSY）可以鉴定出通过化学键连到这个旋转核上的原子，其他分析（如 NOESY）用来鉴定与此旋转核在空间上邻近但并不与它直接联系的原子。不是所有化学核都适合做 NMR。多数蛋白质的 NMR 研究是$^{1}$H 研究，其目的是鉴定每个氢原子的化学环境以及它的共价连接，并且从这些信息来推断蛋白质的整体结构。这些研究经常由对取代蛋白质的分析所补充，取代蛋白质中至少某些碳原子和（或）氮原子被稀有同位素$^{13}$C 和$^{15}$N 取代，这些取代也能用 NMR 取得好的结果。

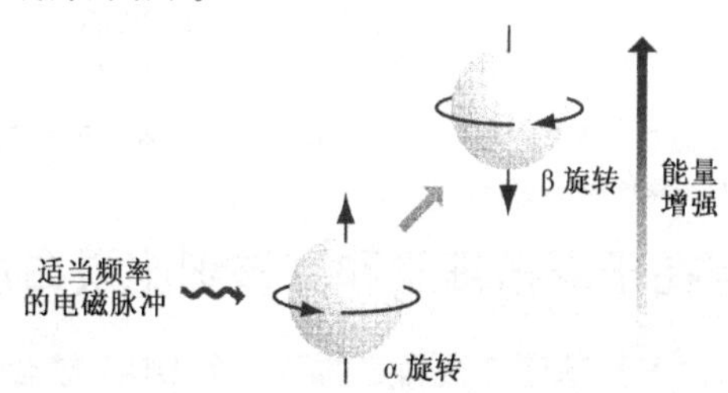


图 T11.2　核磁共振光谱的基础

在一个附加电磁场中，一个旋转核可采取两种方向的任何一种。α 和 β 旋转状态的能量分离由测量诱导 α→β 转变所需要的电磁射线的频率来确定

如果成功，NMR 可以有与 X 射线衍射晶体分析法相当的分辨率，因此能提供蛋白质结构非常详细的信息。NMR 的主要优点是，它能对溶液中的分子进行分析，从而避免了在试图得到用于 X 射线分析的蛋白质晶体时可能出现的问题。如果目的是为了研究蛋白质结构所发生的变化，如蛋白质折叠或要添加底物，则在溶液中研究还能提供更大的灵活性。NMR 的缺点是，它只适用于相对小的蛋白质。这有多种原因，其中之一是需要识别每一个或其他尽可能多的$^{1}$H 或其他所研究核的共振频率，这依赖于不同的核有不同的化学位移以使它们的频率不互相重叠。蛋白质越大，核的数目就越大，频率重叠和结构信息丢失的机会也越大。尽管这限制了 NMR 的应用，但这项技术仍旧很有价值。有很多引起人们兴趣的蛋白质很小，可以通过 NMR 进行研究，而且通过对肽段结构的分析，也可获得重要信息，虽然这些肽段并非完整的蛋白质，但可作为蛋白质的核酸结合等活性的研究模型。

**表 11.2　DNA 结合基序**

| 基序 | 具有这种基序的蛋白质举例 |
|---|---|
| **序列特异性的 DNA 结合基序** | |
| 螺旋-转角-螺旋家族 | |
| 标准的螺旋-转角-螺旋 | 大肠杆菌乳糖阻遏物,色氨酸阻遏物 |
| 同源异形结构域 | 果蝇触角-足蛋白 |
| 配对的同源异形结构域 | 脊椎动物 Pax 转录因子 |
| POU 结构域 | 脊椎动物调节蛋白 Pit-1、Oct-1 和 Oct-2 |
| 翼状螺旋-转角-螺旋 | 高等真核生物的 GABP 调节蛋白 |
| 高迁移率组(HMG)结构域 | 哺乳动物的性别决定蛋白 SRY |
| 锌指家族 | |
| $Cys_2His_2$锌指 | 真核生物转录因子 TFIIIA |
| 多半胱氨酸锌指 | 高等真核生物的类固醇受体家族 |
| 锌双核聚合体 | 酵母 GAL4 转录因子 |
| 碱性结构域 | 酵母 GCN4 转录因子 |
| 带-螺旋-螺旋 | 细菌 MetJ、Arc 和 Mnt 阻遏物 |
| TBP 结构域 | 真核生物的 TATA 结合蛋白 |
| β-桶二聚体 | 乳头瘤病毒 E2 蛋白 |
| Rel 同源结构域(RHB) | 哺乳动物转录因子 NF-κB |
| **非特异性 DNA 结合基序** | |
| 组蛋白折叠 | 真核生物组蛋白 |
| HU/IHF 基序[a] | 细菌 HU 和 ITF 蛋白 |
| 聚合酶裂隙 | DNA 和 RNA 聚合酶 |

a. HU/IHF 基序在细菌 HU 蛋白中是非特异性 DNA 结合基序(HU 蛋白是类核组装蛋白;8.1.1 节),但指导 IHF 蛋白(宿主整合因子)的序列特异性结合(17.2.1 节)。

## 螺旋-转角-螺旋存在于原核细胞和真核细胞蛋白质中

螺旋-转角-螺旋（HTH）基序是被确定的第一个 DNA 结合结构。正如名字所示，这种基序由被 1 个转角隔开的 2 个 α 螺旋组成（图 11.2)。该转角不是随机的构象而是一种特定的结构 **β 转角**（β-turn)，由 4 个氨基酸组成，其中第二个通常是甘氨酸。这个转角与第一个 α 螺旋一起将第二个 α 螺旋以一定方向置于蛋白质的表面，使其可进入 DNA 分子大沟内部。因此，这第二个 α 螺旋是**识别螺旋**（recognition helix)，它与 DNA 发生关键的接触使 DNA 序列能够被直接读取。这个 HTH 结构通常长 20 个氨基酸左右，故只是蛋白质整体的一小部分。蛋白质的某些其他部分与 DNA 分子表面形成接触，主要用来帮助识别螺旋在大沟内的正确位置。

图 11.2　螺旋-转角-螺旋基序
如图显示的是 DNA 双螺旋大沟中的大肠杆菌噬菌体 434 阻遏物的螺旋-转角-螺旋基序（深色）的走向。“N”和“C”分别表示该基序的 N 端和 C 端

很多原核和真核细胞的 DNA 结合蛋白都采用 HTH 基序。细菌中，HTH 基序存在于一些研究最

为深入的调节蛋白中，这些调节蛋白负责打开和关闭单个基因的表达。其中一个例子是**乳糖阻抑物**（lactose repressor），它调控乳糖操纵子的表达（11.3.1 节）。真核细胞的 HTH 蛋白包括许多其 DNA 结合性质对于在发育过程中基因组表达的调节很重要的蛋白质，如**同源异形结构域**（homeodomain）蛋白，其作用我们将在 14.3.4 节分析。同源异形结构域是这些蛋白质都具有的一个扩展的 HTH 基序，由 60 个氨基酸组成，它们形成 4 个 α 螺旋，第 2、3 个螺旋被一个 β 转角分开，第 3 个螺旋是识别螺旋，第 1 个螺旋在小沟内与 DNA 形成接触（图 11.3）。真核生物中发现的其他形式的 HTH 基序包括：

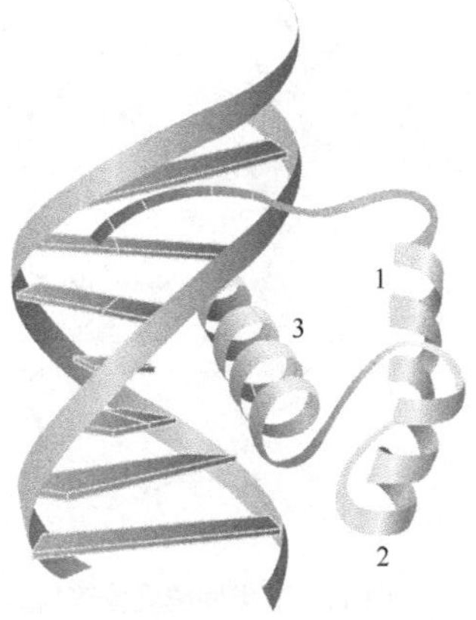

图 11.3　同源异形结构域基序
图示一个典型的同源异形结构域的前三个螺旋，螺旋 3 位于大沟中，螺旋 1 与小沟接触。螺旋 1→3 沿着这个基序按 N→C 方向走行

- **POU 结构域**（POU domain），经常出现于也含有一个同源异形结构域的蛋白质中，两种基序可能通过结合于一个双螺旋的不同区域而共同起作用。名称“POU”来自于最早发现含有这种基序的三个蛋白质名称的首字母。
- **翼状螺旋-转角-螺旋**（winged helix-turn-helix）基序是基本的 HTH 结构的另一种扩展形式，在其 HTH 基序的一侧有第三个 α 螺旋，在另一侧有一个 β 片层。

尽管这些蛋白质（包括原核和真核的）都有一个 HTH 基序，但其识别螺旋与大沟具体相互作用的细节并不完全相同。识别螺旋的长度存在差异，一般来说真核细胞蛋白质的识别螺旋更长一些，大沟中的螺旋方向也不总是一致，蛋白质识别螺旋中与核苷酸相互作用的氨基酸的位置也不同。

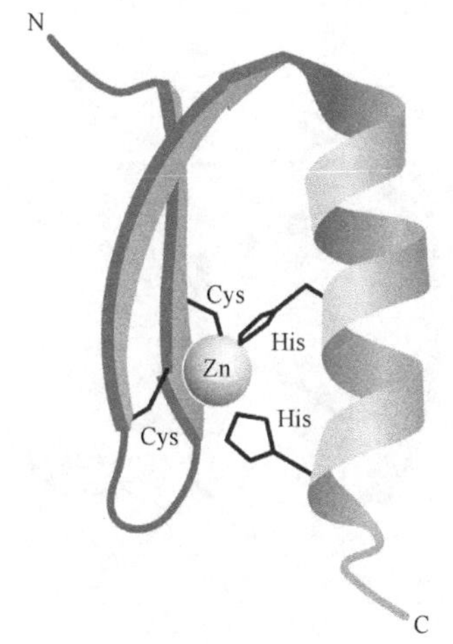


图 11.4　$Cys_2His_2$ 锌指
这个特殊的锌指来自于酵母 SWI5 蛋白。锌原子位于该基序 β 片层内的两个半胱氨酸和 α 螺旋中的两个组氨酸之间。黑色实线表示这些氨基酸的 R 基团。“N”和“C”分别表示该基序的 N 端和 C 端

## 锌指在真核细胞蛋白质中很常见

我们将详细讨论的 DNA 结合基序的第二种类型是锌指，它在原核生物的蛋白质中很少见，但在真核生物中很常见。在典雅线虫（*Caenorhabditis elegans*）的总共 19 000 种蛋白质中大约有 500 多种不同的锌指蛋白，并且据估计，1% 的哺乳动物基因编码锌指蛋白。

锌指至少有 6 种不同的形式。第一个被详细研究的是 **$Cys_2His_2$ 锌指**（$Cys_2His_2$ finger），由 12 个左右氨基酸构成，其中含有 2 个组氨酸和 2 个半胱氨酸，它们形成一段 β 片层随后连接一段 α 螺旋。这两种结构形成了从蛋白质表面伸出的“指状物”，在两个半胱氨酸和两个组氨酸协同作用下，结合了一个锌原子（图 11.4）。α 螺旋是在与大沟接触中

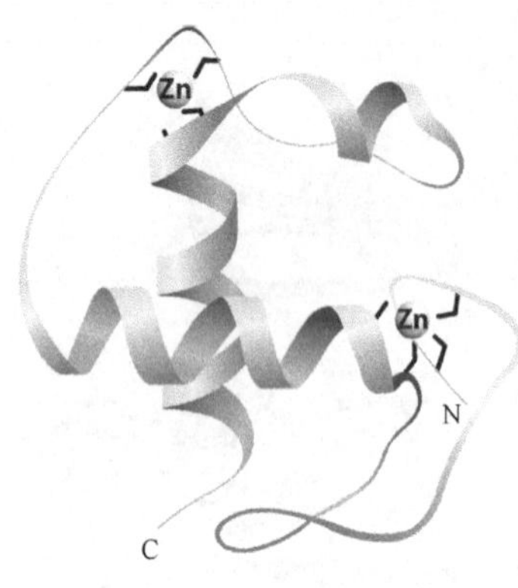


图 11.5 类固醇受体锌指
参与和锌指相互作用的氨基酸的 R 基团表示为黑色实线。"N" 和 "C" 分别表示该基序的 N 端和 C 端

起关键性作用的基序的一部分，其在沟中的定位则取决于β片层和锌原子，β片层与 DNA 的糖-磷酸骨架相互作用，锌原子使片层与螺旋处于相对合适的位置。锌指其他形式间的区别在于锌指的结构，一些缺少片层成分，仅由一个或多个α螺旋组成，锌原子定位的具体方式也不同，如**多半胱氨酸锌指**（multicysteine zinc finger）缺少组氨酸，锌原子与 4 个半胱氨酸相互协调作用。

锌指的一个令人感兴趣的特征是一个蛋白质中有多个拷贝的锌指。一些蛋白质有 2 个、3 个或 4 个锌指，但也有含更多个锌指的例子，如一种蟾蜍蛋白有 37 个锌指。在多数情况下，认为每个锌指与 DNA 分子独立地接触，但有时不同锌指之间的相互关系比较复杂。在一种特殊类型蛋白质即核或类固醇受体家族中，含有 6 个半胱氨酸的两个α螺旋结合两个锌原子协调作用，这一 DNA 结合结构域比标准的锌指结构大（图 11.5），这一基序中的一个α螺旋进入大沟而另一个与其他蛋白质相互作用。

## 其他核酸结合基序

不同蛋白质中发现的其他 DNA 结合基序包括：

- **碱性结构域**（basic domain），其中 DNA 识别结构是含有大量碱性氨基酸（如精氨酸、丝氨酸和苏氨酸）的α螺旋，这种基序的一个特征是只有该蛋白质与 DNA 相互作用时才能形成α螺旋，在未结合状态，螺旋呈无序结构。碱性结构域可见于参与 DNA 转录为 RNA 过程的许多真核蛋白质。
- **带-螺旋-螺旋基序**（ribbon-helix-helix motif），是少数几种不需要α螺旋作为识别结构的序列特异的 DNA 结合基序之一。它是用带（如β片层的两条链）与大沟相互接触（图 11.6）。带-螺旋-螺旋基序发现于细菌中的一些基因调控蛋白。
- **TBP 结构域**（TBP domain），迄今只发现于 TATA 结合蛋白（TATA binding protein）(11.2.3 节)，并因此得名。和带-螺旋-螺旋基序一样，其识别结构是β片层，但它主要与 DNA 分子的小沟而非大沟接触。

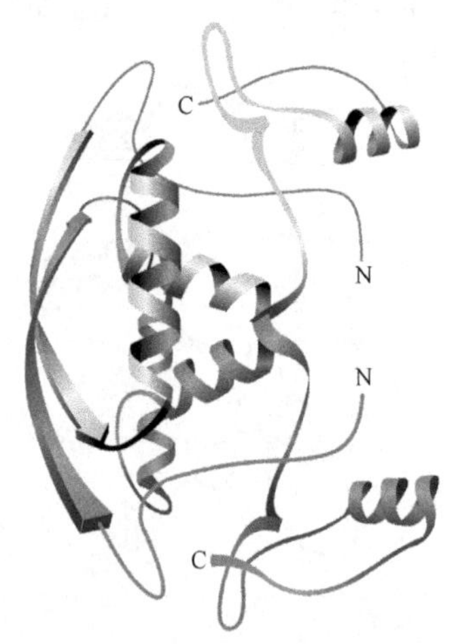


图 11.6 带-螺旋-螺旋基序
图示为大肠杆菌 MetJ 阻抑物的带-螺旋-螺旋基序，这个阻抑物是两个相同蛋白质组成的二聚体，其中一个蛋白质以浅色表示，另一个用深色表示。结构左侧的β链与双螺旋的大沟接触。"N" 和 "C" 分别表示该基序的 N 端和 C 端

RNA 结合蛋白也有与 RNA 分子接触的特异结构域，其中最重要的结构域如下：

- **核糖核蛋白结构域**（ribonucleoprotein domain）：包括 4 个 β 片层，两个 α 螺旋，顺序为 β-α-β-β-α-β，中间的两个 β 片层与 RNA 分子结合。核糖核蛋白结构域是最常见的 RNA 结合基序，已经发现 250 种以上蛋白质有这种基序。
- **双链 RNA 结合结构域**（double-strand RNA binding domain，dsRBD）：类似于 RNP 结构域，但结构是 α-β-β-β-α，其 RNA 结合功能在介于结构末端 β 片层和 α 螺旋之间的部分。由名称可见，这一基序常见于结合双链 RNA 的蛋白质。
- **κ 同源结构域**（κ homology domain）：结构为 β-α-α-β-β-α，结合功能位于 α 螺旋对之间，相对少见，但至少在一个 RNA 结合蛋白中存在。

此外，在某些蛋白质中，DNA 结合的同源异形结构域也可能会有 RNA 结合活性。某个核糖体蛋白利用同源异形结构域类似的结构结合 rRNA，某些同源异形结构域蛋白，例如，黑腹果蝇的 Bicoid 既能结合 DNA，又能结合 RNA（14.3.4 节）。

## 11.1.2 基因组上蛋白质结合位点的定位

关于 DNA 结合蛋白，首先发现的经常不是蛋白质本身的性质而是蛋白质识别的 DNA 序列的特征。这是因为遗传和分子生物学实验（我们将在本章后面讨论）显示，许多参与基因组表达的蛋白质结合于它们所作用基因上游的短 DNA 序列上（图 11.7）。这意味着新发现的基因的序列，假定它不仅包含编码区 DNA 而且包含其上游区域，至少为某些负责这个基因表达的蛋白质提供了结合位点。由此，发展了一些非常有效的方法，能在相关的 DNA 结合蛋白被鉴定之前，就能非常有效地在数千碱基长的 DNA 片段内定位该蛋白质的结合位点。

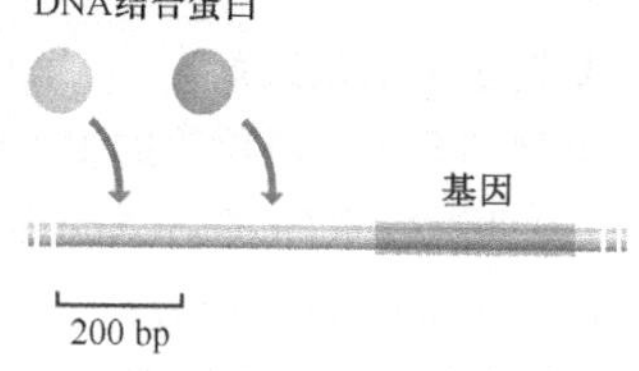

图 11.7 DNA 结合蛋白位点位于基因上游

### 凝胶阻滞实验可鉴定出与蛋白质结合的 DNA 片段

第一种方法利用了“裸露”的 DNA 片段和带有一个结合蛋白的 DNA 片段在电泳特性上的明显差异。我们首先回忆以下事实，由于小片段在凝胶孔样结构中比大片段迁移快，DNA 片段可被分开（技术注解 2.2）。如果一个 DNA 片段上有蛋白质结合，则它通过凝胶时受到阻碍，因此 DNA-蛋白质复合体将在距电泳起始点较近处形成条带（图 11.8），这种方法叫做**凝胶阻滞**（gel retardation）。实际上，这一技术是用含有蛋白质结合位点区域的一系列限制性片段来进行。限制性内切核酸酶水解产物与核蛋白提取物混合（假定研究的是真核细胞），将电泳得到的条带与没有和蛋白质混合的限制性片段的电泳条带比较，从而鉴定出滞后片段。使用核提取物是由于在这个阶段 DNA 结合蛋白通常没有纯化出来。然而，如果能够获得该蛋白质，则用纯化的蛋白质做实验将与用混合的提取物一样容易。

### 保护实验可更精确地分辨结合位点

凝胶阻滞可以给出 DNA 序列中蛋白质结合位点的大致提示，但不能得到很精确的

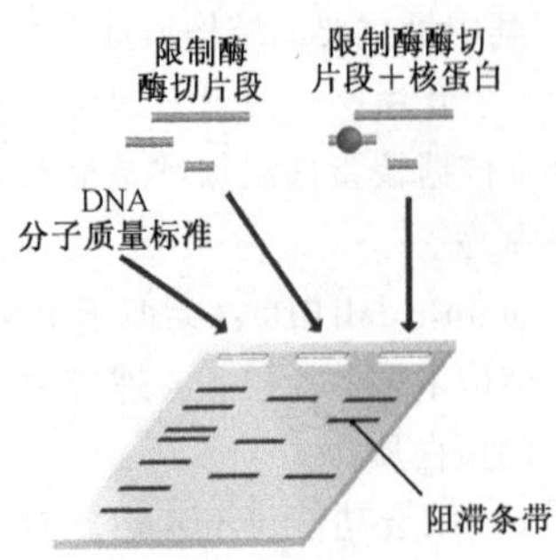


图 11.8 凝胶阻滞分析

将一套限制酶切片段与核提取物混合后，DNA 结合蛋白与这些片段之一结合。DNA 蛋白复合体比“裸”DNA 分子质量大，故在凝胶电泳上泳动较慢。结果是，这个片段的带受到阻滞，而未与核提取物混合的限制酶切片段产生的条带无阻滞现象，将两个条带相比较，可识别出与蛋白质相结合的 DNA 酶切片段

位置。被阻滞的片段长度通常为数百碱基对，而预期的结合位点最多长数十碱基对，所以没能显示阻滞片段上的具体结合位点。而且，如果阻滞片段很长，这一被阻滞的片段可能含有几个蛋白质的不同结合位点。另外，如果被阻滞的限制性片段很小，则结合位点还可能包括邻近片段上的核苷酸，由于本身不能和蛋白质形成一个稳定的复合体，所以不能产生被阻滞的片段。因此阻滞研究是一个起点，还需要采用其他技术以提供更准确的信息。

**修饰保护试验**（modification protection assay）可以弥补凝胶阻滞实验的不足。这些技术的原理是，如果一个 DNA 分子携带一个结合蛋白，那么其部分核苷酸序列会被保护而不能被修饰。有两种进行修饰的方法：

- 用核酸酶处理，可以解除被结合蛋白保护之外的所有磷酸二酯键。
- 暴露于甲基化试剂，如二甲基硫酸，可将甲基加到核苷酸 G 上形成二甲基硫酸盐，而被结合蛋白所保护的 G 则不能被甲基化。

这两种技术的具体操作如图 11.9 和图 11.10 所示。它们都利用一种叫**足迹法**（footprinting）的实验方法。在核酸酶足迹法中，DNA 片段首先标记一个末端，然后与结合蛋白（核提取物或纯化的蛋白质）混合，并用脱氧核糖核酸酶 I（DNaseI）处理。通常 DNaseI 裂解每一个磷酸二酯键，只留下被结合蛋白保护的 DNA 片段。这种方法不是很有用，因为对如此小的片段测序会很困难。用图 11.9 所示的更精细的方法

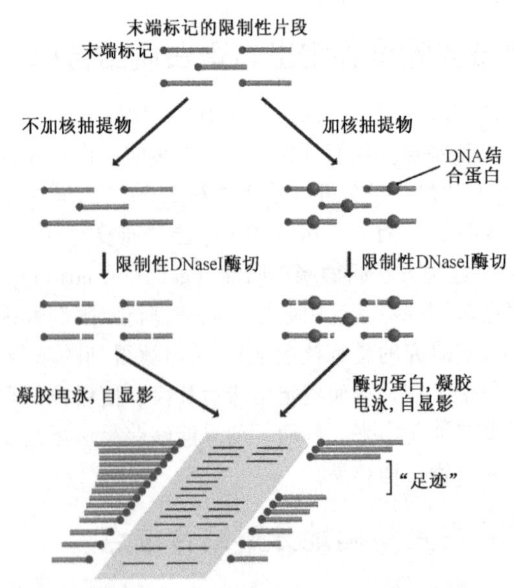


图 11.9 DNaseI 足迹法

这个过程开始用的限制性片段必须只在一端标记。这通常由酶来处理一组较长的限制片段，该酶在片段两端都加标记，然后用第二种限制酶切割这些标记的分子，纯化其中的一组末端片段。DNaseI 处理时需要锰盐的存在，锰盐可诱导 DNaseI 在靶向分子上进行随机双链切割，产生平末端片段

图 11.10 二甲基硫酸(DMS)修饰保护实验
该技术与 DNaseI 足迹法相似。片段经有限的 DMS 处理，而不是用 DNaseI 消化，从而每个片段的一个鸟嘌呤碱基被甲基化，那些被结合蛋白保护起来的鸟嘌呤不能被修饰。去除蛋白质后，用哌啶处理 DNA，哌啶可在修饰过的核苷酸处切开 DNA。为简单起见，图示在这一阶段被切割的双链分子。实际上，DNA 分子仅形成缺口，因为哌啶仅切割修饰过的 DNA 链，而不是对整个分子进行切割。因此，用变性凝胶电泳检测样品，可将两条链分开。放射自显影可显示两条链的大小，其中一条链仅有一端标记，另一条链有哌啶产生的缺口。对照组 DNA 的带型（对照组即未与核提取物混合者）可给出限制性片段中鸟嘌呤的位置，待测样品的带型中见到的足迹显示哪些鸟嘌呤受到了蛋白质保护

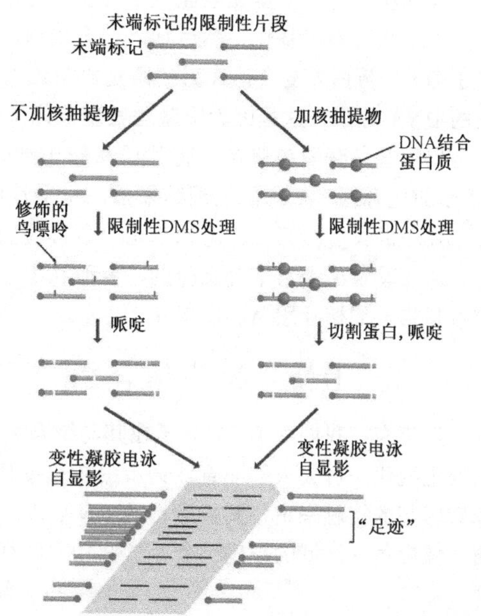


会更快，即在限定条件下用核酸酶处理，如低温和（或）酶量极少，因而平均每个DNA 片段的拷贝受一次“打击”，即在这段长度的 DNA 上只裂解一个磷酸二酯键。尽管每个片段只被切割一次，但对于所有的片段来说，除了被结合蛋白保护的地方以外，所有键都被切断。去除蛋白质，将混合物电泳，观察被标记的片段。这些片段都在一端有一个标记，另一端有一个切割位点。电泳结果产生对应于片段长度仅相差一个核苷酸的条带梯度，这个梯度被一个无标记带的空白区域打断。这个空白区，或“足迹”，就是对应于被保护的磷酸二酯键的位置，也就是结合蛋白在这个DNA 中的位置。

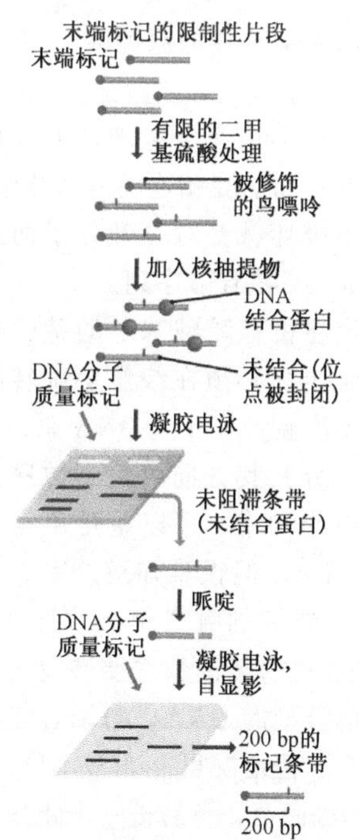


图 11.11 二甲基硫酸（DMS）修饰干扰实验
方法见文中所述。获得只在一端标记的 DNA 的过程的描述见图 11.9 的图例说明

## 利用修饰干扰实验可鉴定出蛋白质结合中心的核苷酸

修饰保护不应与**修饰干扰**（modification interference）相混淆，后者赋予了蛋白质结合研究另外一层意义。修饰干扰的原理是：如果一个对蛋白质结合起关键作用的核苷酸被改变，如加一个甲基，则可能会抑制蛋白质的结合。该类技术之一如图 11.11 所示。用修饰试

剂（在该例中为二甲基硫酸盐）处理一端标记的DNA片段，在限定条件下每个片段仅有一个鸟嘌呤被甲基化，然后加入结合蛋白或核抽提物，将其电泳得到两条带，一条对应于DNA-蛋白质复合体，另一条是没有结合蛋白的DNA。后者含有无法再结合蛋白质的DNA分子，这是因为甲基化处理修饰了一个或多个对结合很关键的鸟苷酸。为了鉴定出哪些鸟苷酸被修饰，将片段从胶中纯化，用哌啶（一种能在甲基鸟嘌呤处断裂DNA的化合物）处理。处理结果是，每个片段被切成两部分，其中之一含有标记。有标记片段的长度由第二轮电泳确定，告诉我们原始片段中哪个（哪些）核苷酸被甲基化了，从而鉴定出参与结合反应的鸟苷酸在DNA序列中的位置。类似的技术可以用来鉴定参与结合的核苷酸A、C与T。

## 11.1.3 DNA和其结合蛋白之间的相互作用

近年来，我们对DNA分子在其与结合蛋白相互作用的过程中所起的作用的理解开始发生变化。过去人们一直认为蛋白质通过其化学基团和绕双螺旋旋转的大沟和小沟间暴露碱基的接触来定位其特异性的DNA结合序列（图1.8）。现在认识到，核酸序列也影响螺旋每一区域的准确构象，这些构象特征代表了DNA序列影响蛋白质结合的另外一种间接方式。

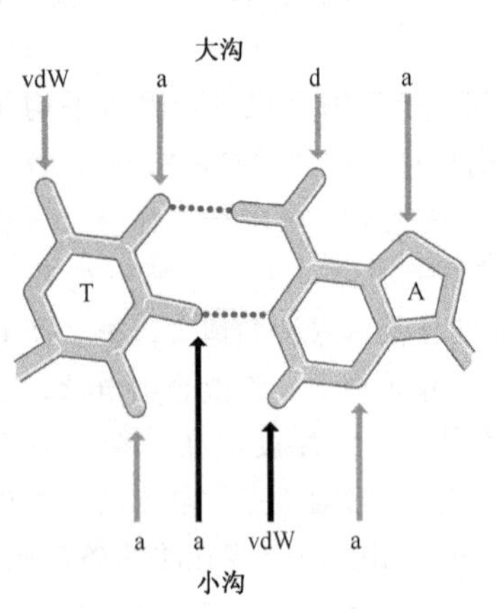


图11.12　B型双螺旋的A-T碱基对的识别

图中大体上显示了A-T碱基配对［图1.8（B）］，通过大沟（上）和小沟（下）接近碱基对，可识别碱基对的化学特征。这些化学特征用箭头表示。大沟中的化学特征是非对称性的，A-T碱基对的方向可被结合蛋白识别。一段时间以来人们一直认为这在小沟中是不可能的，因为人们认为仅有以灰色箭头显示的两种特征存在，并且是对称性的。用这两种特征，结合蛋白可识别A-T碱基对，但不知道螺旋的哪条链上是哪一个核苷酸。以黑色箭头显示的不对称特征直到最近才被发现，这表明事实上可能通过小沟即可得知碱基对的方向。缩写：a，氢键受体；d，氢键供体；vdW，范德华相互作用

### 直接读出核酸序列

Watson和Crick描述的双螺旋结构（1.1.2节）清楚地表明，尽管核苷酸碱基位于DNA分子的内部，但它们不被完全包埋，可以从螺旋外部接触到与嘌呤和嘧啶相连的一些化学基团。因此应该可以不破坏碱基对打开分子而**直接读出**（direct readout）核苷酸序列。

为了与连接在核苷酸碱基上的基团形成化学键，一个结合蛋白必须在绕螺旋旋转的一个或两个沟内形成接触。对B型DNA来说，大沟内碱基的暴露部分及其方向可使多数序列被正确地读取，而在小沟中，可以鉴定出每个碱基对是A-T还是G-C，但很难知道这个碱基对的哪个核苷酸位于螺旋的哪条链上（图11.12）。因此，B型DNA的直接读取主要涉及与大沟的接触。对于其他类型的DNA，与结合蛋白形成接触的信息更少，但情况可能非常不同。例如，A型DNA大沟深而窄，不易被一个蛋白质分子的任何部分穿入（表1.1），因而较浅的小沟可能对序列直接读出起主要作用。对Z型DNA来说，大沟实际上不存在，在螺旋的表面就能一定程度上读出DNA序列。

## 核苷酸序列对螺旋结构有很多间接影响

最初认为细胞中 DNA 分子结构相当一致，主要由 B 型双螺旋构成。一些短片段可能是 A 型，也可能有些 Z 型 DNA 片段，尤其是接近分子末端的地方，但双螺旋的绝大部分是不变的 B 型 DNA。现在我们认识到 DNA 分子有较高的多态性，A 型、B 型、Z 型 DNA 构型和它们的中间态可能在一个 DNA 分子中共存，在分子的不同部分结构不同。这些构象上的变化是序列依赖性的，主要是由于相邻碱基对间的碱基堆积力。碱基堆积力除了与碱基配对一起负责螺旋的稳定性外，还能影响核苷酸内共价键周围的旋转数，从而决定一个特定位点螺旋的构象。邻近的碱基对通过碱基堆积作用影响碱基的旋转能力。这意味着核苷酸序列间接地影响螺旋的整体构象，可能对一个结合蛋白提供结构信息，有助于该蛋白质定位于 DNA 分子上合适的结合位点。现在这仅是一个理论上的可能性，因为尚未鉴定出可以特异性识别非 B 型螺旋的蛋白质，但许多研究者认为螺旋构象有可能在 DNA 和蛋白质相互作用中起一些作用。

构象变化的第二种类型是 **DNA 弯曲**（DNA bending)。这并不是指 DNA 可形成环和超螺旋的天然柔性，而是指在一个局部的位置，核苷酸序列使 DNA 发生弯曲。和其他构象变化一样，DNA 弯曲是序列依赖性的。一个例子是，一个 DNA 分子若有两组或更多组的重复腺苷酸，每组包括 3～5 个 A，各组由 10 或 11 个核苷酸分开，则 DNA 分子会在此腺嘌呤富集区的 3′端弯曲。与螺旋构象一样，尽管经证实在可变位点上蛋白质诱导的弯曲在一些基因的调控上有明显的作用，我们还不知道 DNA 弯曲对蛋白质结合的影响程度（11.3.2 节)。

## DNA 与蛋白质之间的接触

DNA 与结合蛋白之间形成的相互联系是非共价的。在大沟中，核苷酸碱基与蛋白识别结构中的氨基酸 R 基团之间形成氢键，而在小沟中疏水性相互作用更重要。在螺旋的表面，虽然也有一些氢键，但主要的相互作用是发生于核苷酸磷酸部分的负电荷与氨基酸，如赖氨酸和精氨酸，R 基团的正电荷之间的静电力。在某些情况下，在螺旋表面或大沟中的氢键直接发生于 DNA 和蛋白质之间，但有时由水分子介导。在 DNA-蛋白质相互作用这一水平上，每一例都有其独特的特征，以致很难进行规律性的概括，结合的细节必须通过结构研究而不是通过与其他蛋白质的比较得出。

多数识别特异序列的蛋白质也能非特异性地结合于 DNA 分子的其他部位。事实上，有人认为一个细胞中的 DNA 数量很多，而每种结合蛋白的数量很少，故蛋白质在大部分时间（如果不是全部时间）是与 DNA 非特异接触。非特异性和特异性结合形式的差别在于后者在热力学上更加有利。结果是，一个蛋白质可结合到它的特异位点上，尽管它能非特异性地结合于数百万个其他位点。为达到这种热力学上的选择性，特异结合过程必须包含尽可能多的 DNA 与蛋白质的相互接触，这也部分解释了许多 DNA 结合基序的识别结构进化为与螺旋中的大沟恰好适合的原因，这使得 DNA 与蛋白质相互接触的机会最大。还解释了为什么有些 DNA-蛋白质相互作用后，导致一方或另一方产生构象上的变化，这可以进一步增加相互作用表面的互补性，从而能够允许更多的键形成。

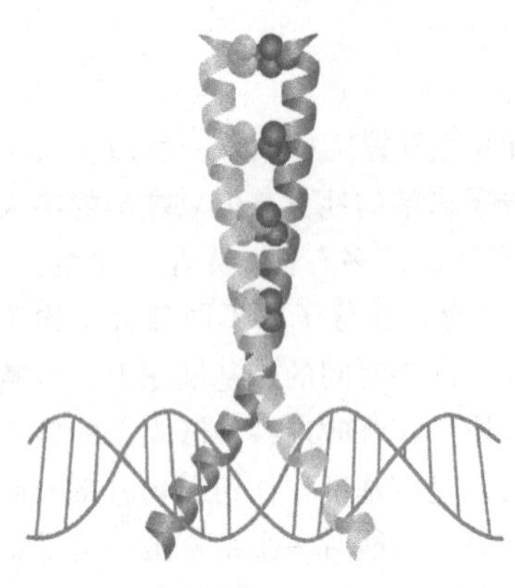

图 11.13 亮氨酸拉链

此为一个 bZIP 型亮氨酸拉链。深色和浅色代表不同蛋白质的组分。每组圆圈表示亮氨酸的 R 基。两个螺旋的亮氨酸相互之间通过疏水作用使两个蛋白质保持在二聚体中。此例中，二聚化螺旋延伸形成一对碱性结构域 DNA 结合基序，图中显示与大沟形成接触

最大限度接触以保证特异性的需要，也是许多 DNA 结合蛋白是二聚体形式即由两个蛋白质相互结合在一起的原因。多数 HTH 蛋白质就是这种情况，许多锌指类型蛋白质也是如此。二聚化使两个蛋白质的 DNA 结合基序都可以接触 DNA 螺旋，可能两者之间有某些程度上的协同性，故形成接触的数目比单体形成接触数目的两倍还多。除了 DNA 结合基序以外，许多蛋白质还包含其他特征性结构域参与蛋白质-蛋白质相互作用以导致二聚体形成。其中之一是**亮氨酸拉链**（leucine zipper），它是一种缠绕得比正常更紧的 α 螺旋，并且在其一侧有一系列亮氨酸，它们可与第二个蛋白质拉链上的亮氨酸相互作用，形成二聚体(图 11.13)。第二种可形成二聚体的结构域称作**螺旋-环-螺旋基序**（helix-loop-helix motif），它不同于螺旋-转折-螺旋 DNA 结合基序，不应与之混淆。

一个有趣的问题是，通过观察一个 DNA 结合基序识别螺旋的结构可以预测其结合蛋白的序列，那么我们能否详细地弄清楚 DNA 结合的特异性。目前，这个问题还困扰着我们，当然我们已经可以对某些类型的锌指的相互作用推导出一些规则。在这些蛋白质中，4 个氨基酸中 3 个在识别螺旋，1 个紧邻识别螺旋，与目标位点的核酸碱基形成严紧的结合，这些结合有时候只有一个氨基酸结合一个碱基，有些却有两个氨基酸结合一个碱基。通过比较不同锌指蛋白识别螺旋上的氨基酸序列和结合位点的核苷酸序列，我们可以确定控制这些相互作用的规律，这样我们就可以预测锌指蛋白结合的核苷酸序列特异性，当然如果识别螺旋上的氨基酸组成不清楚，预测就没那么明确了。

## 11.2 转录起始中 DNA-蛋白质的相互作用

我们已经清楚了 DNA-蛋白质相互作用是了解转录起始的关键，现在可以开始研究转录起始复合物组装的过程。我们将其分为两个阶段：首先将研究与转录起始相关的 DNA-蛋白质相互作用；然后在 11.3 节中将研究起始复合体的组装及其起始转录的能力如何受控于各种针对细胞内外刺激的蛋白质，从而确保正确基因适时转录。

### 11.2.1 RNA 聚合酶

在 1.2.1 节我们已知道负责将 DNA 转录成 RNA 的酶被称为依赖于 DNA 的 RNA 聚合酶。真核细胞基因的转录需要三种不同的 RNA 聚合酶，**RNA 聚合酶 I**（RNA polymerase I)、**RNA 聚合酶 II**（RNA polymerase II）和 **RNA 聚合酶 III**（RNA polymerase III)。每种酶都是多亚基蛋白质（8～12 个亚基），而且分子质量都大于 500kDa。它们的结构很相似，最大的三个亚基尤其相似，一些小亚基也在不止一种酶

中存在。但它们的功能很不相同。每种酶作用于各自特定的基因，不能互相替代（表 11.3）。大部分研究都集中在 RNA 聚合酶 II 上，因为它负责转录编码蛋白质的基因，它还可转录与 RNA 加工有关的小分子核 RNA（small nuclear RNA，snRNA）的基因和编码 miRNA 的基因。RNA 聚合酶 III 转录编码其他小分子 RNA 的基因，如转运 RNA（transfer RNA，tRNA），RNA 聚合酶 I 转录含 28S、5.8S 和 18 S rRNA 基因的多拷贝重复单位。所有这些 RNA 的功能都总结于 1.2.2 节中，并将在第 12 章和第 13 章加以详细讨论。

**表 11.3 三种真核细胞 RNA 聚合酶的功能**

| 聚合酶 | 转录的基因 |
|---|---|
| RNA 聚合酶 I | 28S、5.8S 和 18S 核糖体 RNA(rRNA)基因 |
| RNA 聚合酶 II | 蛋白质编码基因、大部分小核 RNA(snRNA)基因、microRNA(miRNA)基因 |
| RNA 聚合酶 III | 转运 RNA(tRNA)、5 S rRNA、U6-snRNA、小核仁 RNA(snoRNA)、小胞浆 RNA(scRNA)的基因 |

古细菌只含有一种 RNA 聚合酶，与真核生物的 RNA 聚合酶非常相像，但这在原核生物中并不典型，因为细菌的 RNA 聚合酶与真核生物非常不同，由 5 个亚基组成，组分为 $\alpha_2\beta\beta'\sigma$（两个 α 亚基，一个 β 亚基，一个 β′ 亚基和一个 σ 亚基）。其中，α、β 和 β′ 亚基相当于真核生物 RNA 聚合酶的三个最大的亚基，但 σ 亚基不论在结构还是功能上都有其独特的性质，我们将在下一节加以分析。在叶绿体中，有一种 RNA 聚合酶与细菌很相似，说明这些细胞器的细菌起源（8.3.1 节）。然而有趣的是，线粒体的 RNA 聚合酶，只有一个亚基，分子质量 140kDa，与标准细菌的 RNA 聚合酶相比，其与某些噬菌体的 RNA 聚合酶关系更密切。

## 11.2.2 转录起始的识别序列

转录起始复合物必须构建在 DNA 分子的正确位置。这些位置由靶序列标记，并被 RNA 聚合酶本身或 DNA 结合蛋白识别，后者一旦结合到 DNA 上，就可以形成 RNA 聚合酶结合的平台（图 11.14）。

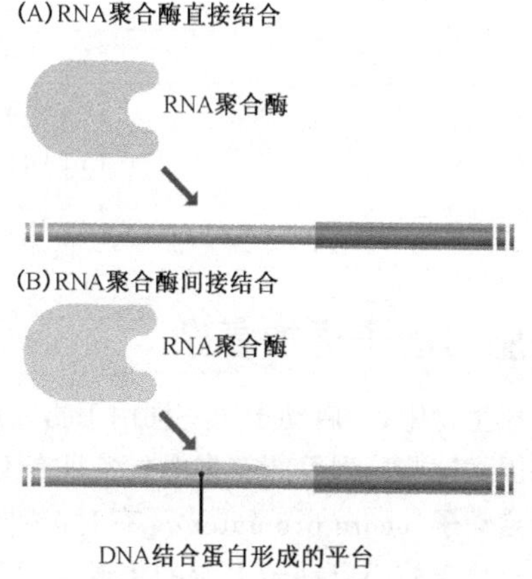


图 11.14 RNA 聚合酶结合到启动子上的两种方式

（A）RNA 聚合酶直接识别启动子，见于细菌。（B）通过 DNA 结合蛋白形成 RNA 聚合酶结合的平台从而识别启动子。这种间接的方式发生于真核生物和古细菌的 RNA 聚合酶中

## 细菌 RNA 聚合酶结合于启动子序列

细菌中 RNA 聚合酶结合的靶序列叫做**启动子**（promoter）。这个术语最先在 1964 年被遗传学家用于描述乳糖操纵子中位于三个基因紧邻上游的区段的功能（图 11.15）。当该位点突变失活后，基因就不能表达：因此这一位点似乎负责启动下游基因的表达。现在我们知道这是由于该位点是负责转录操纵子的 RNA 聚合酶的结合位点。

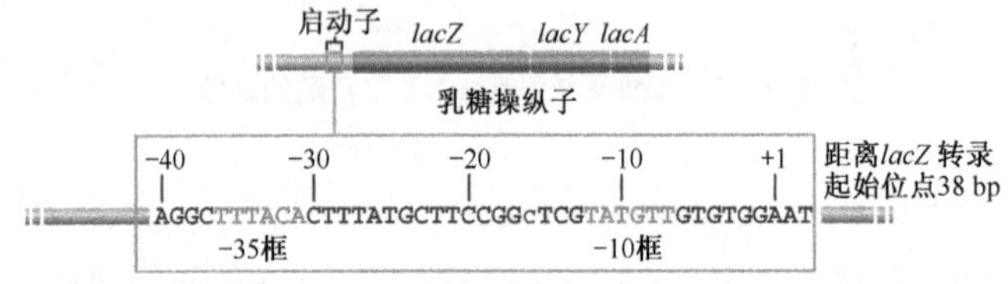


图 11.15 大肠杆菌乳糖操纵子的启动子

启动子位于操纵子中第一个基因 *lacZ* 的立即上游。DNA 序列显示了启动子的 2 个独特序列组分－35 和－10 框的位置。这些序列与一致序列的比较见正文，关于乳糖操纵子的详细介绍见图 8.8（A）

大肠杆菌的启动子序列最早是从对一百多个基因上游区段的比较中获得的。过去一般认为所有基因的启动子序列都是相似的，所以可通过基因上游区段的比较识别出来。分析表明，大肠杆菌启动子由两部分组成，每个长 6 个核苷酸，记作（图 11.15）：

－35 框　　5′-TTGACA-3′

－10 框　　5′-TATAAT-3′

这些是共有序列，因此可用于描述大肠杆菌中所有启动子序列的“平均”情况；但对于每个特定基因可能会稍有不同（表 11.4）。框的名字表明它们相对转录起始位点的位置，转录起始点的核苷酸记作“＋1”，它位于基因编码区起点上游 20～600 个核苷酸。两个框之间的间隔距离非常重要，因为必须确保两个基序位于双螺旋的同一侧，方能促进它们与 RNA 聚合酶上 DNA 结合组分之间的相互作用（11.2.3 节）。

**表 11.4　大肠杆菌启动子序列**

| 启动子 | 序列 | |
|---|---|---|
| | －35 框 | －10 框 |
| 共有序列 | 5′-TTGACA-3′ | 5′-TATAAT-3′ |
| 乳糖操纵子 | 5′-TTTACA-3′ | 5′-TATGTT-3′ |
| 色氨酸操纵子 | 5′-TTGACA-3′ | 5′-TTAACT-3′ |

## 真核细胞启动子更加复杂

在真核生物中，“启动子”一词用于指所有对基因转录起始有重要作用的序列。对于某些基因，这些序列可能有多个，各具有不同功能，不仅包括作为起始复合物组装位点的**核心启动子**（core promoter）[有时也叫做**基本启动子**（basal promoter）]，还包括一个或多个位于核心启动子上游的**上游启动子元件**（upstream promoter element）。核心启动子上起始复合物的组装通常可以在没有上游元件的情况下发生，但效率很低。这表明结合于上游元件的蛋白质中至少有一些是可以“启动”基因表达的转录激活物，也证实了这些序列在“启动子”中的存在。

真核生物的三种 RNA 聚合酶分别识别不同的启动子序列；事实上，是不同启动子间的差异限定了哪些基因可以被哪类聚合酶转录。对于脊椎动物的启动子详述如下(图 11.16)：

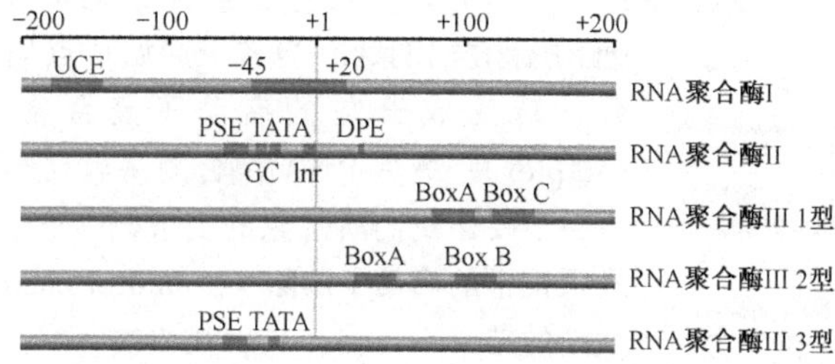


图 11.16 真核启动子的结构

缩写见正文

- RNA 聚合酶 I 启动子由覆盖转录起始位点核苷酸－45～＋20 的核心启动子和上游大约 100 bp 的**上游控制元件**（upstream control element）组成。
- RNA 聚合酶 II 启动子变化较多，可延伸至转录起始位点上游几千个碱基。核心启动子由两部分组成，－25 或 **TATA 框**（TATA box）(共有序列为 5′-TATAWAWAR-3′，其中 W 代表 A 或 T，R 代表 A 或 G）和位于＋1 位核苷酸附近的**起始子序列**（initiator sequence，Inr）(共有序列为 5′-YCANTYY-3′，其中 Y 代表 C 或 T、N 代表任意核苷酸)。RNA 聚合酶 II 转录的某些基因只含有这两种核心启动子组分中的一种，还有一些居然两种组分都不含有。后者称为“裸”基因，虽然它们的转录起始位点不如含有 TATA 和（或）Inr 序列的基因固定，但它们仍然可以被转录。某些基因还有其他的序列，也被看作核心启动子，例如：
- 下游启动子元件（downstream promoter element，DPE，位于＋28～＋32)，序列不固定，因其能结合 TFIID 而被鉴定，TFIID 蛋白质复合体在转录起始中起着重要作用（11.2.3 节）
- TATA 框立即上游的 7 bp GC 富含基序，由 TFIIB 识别，TFIIB 是起始复合体的另一成分。
- 近端序列元件（proximal sequence element，PSE)，位于 RNA 聚合酶转录的 snRNA 基因上游的－45～－60 处。
- 与核引物相同，RNA 聚合酶Ⅱ转录基因有不同的上游引物序列，其功能可见 11.3.2 节。
- RNA 聚合酶 III 启动子不固定，可以分为至少三类。其中两种不太一样，它们位于所转录基因的内部，通常这些序列覆盖 50～100 bp，两侧区域是由一个可变区分开的两个保守序列框组成。另外一类与 RNA 聚合酶 II 启动子非常相似，含有 TATA 框和多个上游启动子元件（有时候包括上面提到的近端序列元件）。有趣的是，这种排列也见于小分子核 RNA 基因家族中的 U6 基因，但该家族的其他成员却由 RNA

聚合酶II负责转录。

## 11.2.3 转录起始复合物的组装

总的来说，我们所讨论的4种RNA聚合酶的转录起始机制是大体相同的(图11.17)。无论是细菌还是三种真核生物的RNA聚合酶都要先直接或通过辅助蛋白与它们的启动子或核心启动子序列结合，然后这种**封闭的启动子复合物**（closed [illegible]）当转录起始位点周围几个碱基对分开时转变成**开放的启动子复合物**（open promoter complex)。最后RNA聚合酶从启动子向下游移动。最后一步要比我们所想象的复杂，以至于有的聚合酶不能进行正常的**启动子清除**（promoter clearance)，从而形成截断的转录物，在合成后很快被降解。真正的转录起始完成应当是建立起可以活跃转录所结合基因的稳定转录复合体。

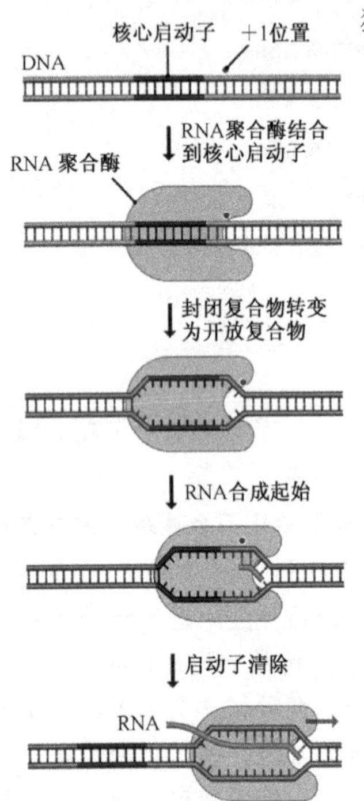


图11.17 转录起始中的事件概述 核心启动子以深色表示，转录起始位点以圆点表示。RNA聚合酶结合后，封闭复合物通过打断DNA双螺旋一短区域内的碱基对，转变为开放复合物。RNA合成开始，但直到聚合酶从启动子区离开才是成功的起始

虽然图11.17中列出的方案总体来说对所有4种RNA聚合酶都是正确的，但它们在细节方面还是有所区别的。我们将首先讨论比较直接的大肠杆菌和其他细菌中发生的事件，然后再介绍真核生物的转录起始。

### 大肠杆菌的转录起始

在大肠杆菌中，启动子和RNA聚合酶之间有直接的联系。聚合酶的序列特异性取决于它的σ亚基，不含有σ亚基的所谓“核心酶”只能非特异地与DNA松散结合。

大肠杆菌启动子的突变研究表明－35框序列的改变可影响RNA聚合酶的结合能力，而－10框的改变影响封闭的启动子复合物向开放形式的转换。这些结果使得我们绘出了如图11.18所示的大肠杆菌转录起始的模型：σ亚基和－35框间的相互作用使聚合酶识别特定启动子形成封闭的启动子复合物，其中RNA聚合酶覆盖－35框上游直至－10框下游大约80个碱基对。然后σ亚基和β′亚基联合作用，使－10框内的碱基对打开使封闭复合物转化为开放复合物。不同启动子的－10框都主要或全部由A-T碱基对组成这一事实支持这一模型，因为A-T只有2个氢键，较3个氢键的G—C更容易分开［图1.8(B)］。

打开螺旋需要聚合酶与非模板链（即不复制成RNA的链）之间的作用，σ亚基仍然在其中起重要作用。然而，σ亚基并不是一直都很重要，因为起始结束后，它很快解离下来，全酶（$\alpha_2\beta\beta'\alpha$）转变为核心酶（$\alpha_2\beta\beta'$）继续延伸转录（12.1.1节）。一开始核心酶覆盖60 bp的DNA，但是延伸起始之后不久，聚合酶再次发生构象变化，“足迹”减少为30～40 bp。

## RNA 聚合酶 II 的转录起始

大肠杆菌中很容易理解的一系列事件在真核生物中是如何发生的呢？对 RNA 聚合酶 II 的研究表明真核生物的转录起始需要更多蛋白质参与，也更为复杂。

大肠杆菌和真核生物转录起始的第一个区别是真核生物的聚合酶不直接识别它们的核心启动子序列。对于由 RNA 聚合酶 II 转录的基因来说，最初的结合是由**通用转录因子**（general transcription factor，GTF）TFIID 完成的，它是由 **TATA 结合蛋白**（TATA-binding protein，TBP）和至少 12 个 **TBP 相关因子**（TBP-associated factor，TAF）形成的复合物。TBP 是序列特异性蛋白质，通过特殊的 TBP 结构域与 DNA 小沟上的 TATA 框相互作用而结合到 DNA 上（11.1.1 节）。对 TBP X 射线晶体学分析表明，TBP 呈鞍形，部分缠绕为双螺旋并形成一个平台提供给转录起始复合物的其他成员在上面组装（图 11.19）。

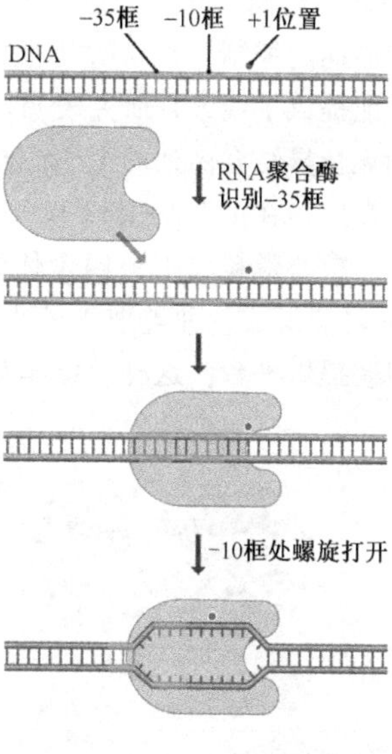

-35框 -10框 +1位置

DNA

RNA聚合酶识别-35框

-10框处螺旋打开

图 11.18 大肠杆菌中的转录起始

大肠杆菌 RNA 聚合酶识别－35 框作为其结合序列。与 DNA 结合后，通过打开富含 AT 的－10 框的碱基对，开始封闭启动子复合物向开放复合物的转变。注意虽然聚合酶以单一结构表示，但是 σ 亚基具有序列特异的 DNA 结合活性，因此由它识别－35框。随后事件使启动子移空（图 11.17）

TAF 协助 TBP 结合到 TATA 框，并可能跳过联合其他**依赖于 TAF 和起始子的辅因子**（TAF-and initiator-dependent cofactor，TIC）参与识别 Inr 序列，尤其对于那些缺乏 TATA 框的启动子。TAF 蛋白很有趣，它们不仅在转录起始中发挥多种作用，而且也在其他事件中参与多蛋白质复合物在基因组上的组装。5 个酵母 TAF 存在于一种我们在 10.2.1 节中讨论过的组蛋白乙酰转移酶复合体 SAGA 中，黑腹果蝇的 TAF1 具有激酶活性，能使组蛋白 H2B 的

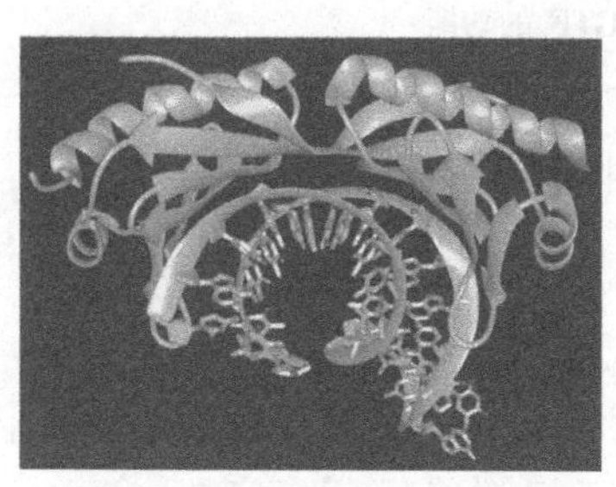

图 11.19 TBP 结合 TATA 框，形成一个起始复合物组装的平台

TBP 二聚体用褐色表示，DNA 为银色，图经宾州大学 SongTan 允许采用

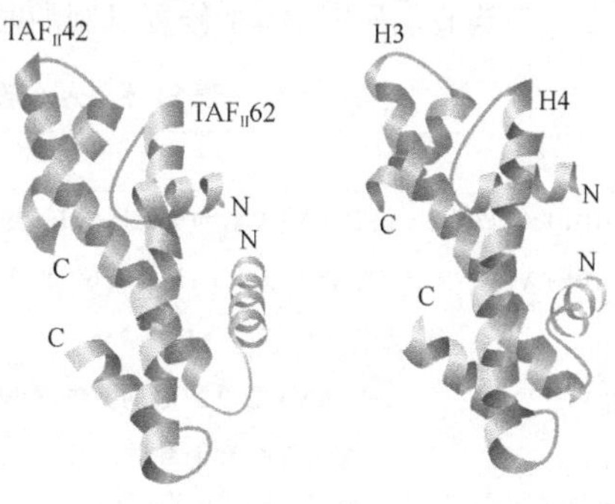


图 11.20 TAFII42/TAFII62 和组蛋白 H3/H4 二聚体

如图显示了两个复合体中两个蛋白质之间形成的组蛋白折叠

33 位丝氨酸磷酸化，激活临近基因的表达（10.2.1 节）。TAF 也参与不同真核生物中细胞周期的控制，在动物发育过程中调节配子的形成。结构分析为 TAF 如何行使丰富的功能提供了线索，研究表明，至少三个 TAF 蛋白含有组蛋白折叠——一种组蛋白典型的无特异结合序列的 DNA 结合结构域（表 11.2），包含一个长的 α 螺旋，两侧两个短 α 螺旋。在由 TAFII42 和 TAFII62 组成的复合体中，两个组蛋白折叠的取向几乎和核小体核心颗粒的中央四聚体的 H3/H4 二聚体一模一样（图 11.20）。据推测，这些 TAF 可能形成一种类似于核小体的 DNA 结合结构，这些“假核小体”为起始复合物的组装提供平台。这种设想非常有创意，但是至于组蛋白和 TAF 之间的相似性是否可以延伸到起始复合物和其 DNA 靶点之间联系上尚有待研究。有些氨基酸对核小体和 DNA 的联结至关重要，而 TAF 正好缺乏这些氨基酸，它们的相似性可能仅仅反应了起始复合物和核小体之间的蛋白质-蛋白质相互作用的一致性，而并不与 DNA 结合直接相关。

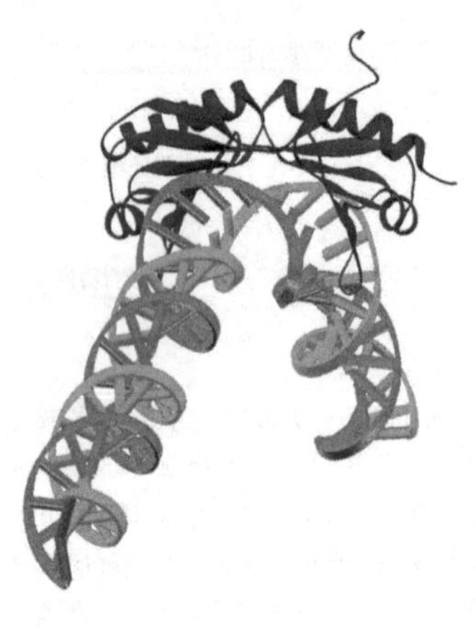

图 11.21　TBP 的结合诱导 DNA 分子形成弯曲

TBP 用深色表示，DNA 用浅色表示。DNA 弯曲打开了小沟，促进了 TFIIB 的结合。图经 Stephan K. Burley 允许采用

TFIID 结合核心启动子后，其他的 GTF 被募集结合上去形成转录前起始复合物（pre-initiation complex，PIC；GTF 的功能简介见表 11.5）。TBP 的结合诱导 TATA 框区段的 DNA 形成 80°的弯曲，使小沟变宽（图 11.21）。这时候 TFIIB 结合到复合体上：通过变宽的小沟，结合 TATA 盒，通过大沟，结合着 TATA 盒紧接上游的 TFIIB 识别结构域（11.2.2 节）。这种结合保证了由 TFIIF 募集的 RNA 聚合酶相对转录起始位点的正确定位。TFIIE 和 TFIIH 加入之后，起始复合物就完整了，TFIIH 具有解旋酶活性，打开 DNA 碱基对，使启动子呈开放结构。TFIIH 是一个有意思的蛋白质，在 DNA 修复过程中也起作用，这些修复有时候伴随着转录过程，在 16.2.2 节当我们研究 DNA 修复机制的时候还会碰到。

**表 11.5　人一般转录因子(GTF)的功能**

| GTF | 功能 |
|---|---|
| TFIID(TBP 成员) | 识别 TATA 盒和可能识别 Inr 序列;形成 TFIIB 结合的平台 |
| TFIID(TAF) | 识别核心启动子;调节 TBP 的结合 |
| TFIIA | 稳定 TBP 和 TAF 的结合 |
| TFIIB | 介导 RNA 聚合酶 II 的募集;影响转录起始位点的选择 |
| TFIIF | RNA 聚合酶 II 的募集 |
| TFIIE | 介导 TFIIH 的募集;不同程度地调节 TFIIH 的活性 |
| TFIIH | 解旋酶活性,负责封闭启动子复合物向开放启动子复合物的转变;可能通过 RNA 聚合酶 II 最大亚基 C 端结构域磷酸化来影响启动子清除 |

起始复合物的激活需要将磷酸基团添加到 RNA 聚合酶 II 最大亚基的 **C 端结构域**

(C-terminal domain，CTD）上。在哺乳动物中，该结构域由 7 个氨基酸序列 Tyr-Ser-Pro-Thr-Ser-Pro-Ser 的 52 次重复形成。在每个重复单元的三个丝氨酸中有两个为磷酸化基团所修饰，引起聚合酶的电荷数发生显著变化。聚合酶一旦磷酸化，就离开前起始复合物开始合成 RNA。磷酸化可能由具有磷酸激酶活性的 TFIIH 完成，也可能是**中介子**（mediator）的作用（11.3.2 节），它介导来自调节不同基因表达的激活蛋白的信号。在聚合酶离开后，至少部分 GTF 离开核心启动子，但是 TFIID、TFIIA 和 TFIIH 仍然留在复合物上，以便无须从头组装整个复合物就能重新起始转录。因此重新起始比最初的起始要快得多，这意味着一旦基因开启，就能相对容易地从启动子起始转录直到出现一系列新信息关停基因为止。

### RNA 聚合酶 I 和 RNA 聚合酶 III 的转录起始

RNA 聚合酶 I 和 RNA 聚合酶 III 启动子的转录起始与 RNA 聚合酶 II 具有相似的过程，但在细节方面不同。它们之间最显著的相似之处是，最初在 RNA 聚合酶 II 前起始复合物中鉴定出来的决定序列特异性的 DNA 结合成分 TBP，也在另两种真核细胞 RNA 聚合酶的转录起始中发挥作用。

RNA 聚合酶 I 起始复合物除了聚合酶本身外，还包括 4 种蛋白质复合体。其中，UBF 是蛋白质同源二聚体，它可与核心启动子及上游控制元件相互作用（图 11.16)。UBF 也与某些 RNA 聚合酶 II 的 TAF 一样，与组蛋白相似，因而可在启动子区域形成类似核小体的结构。第二种蛋白质复合物，在人类叫做 SL1，在小鼠叫 TIF-IB，含有 TBP，它与 UBF 一同指导 RNA 聚合酶 I 和最后两个复合物 TIF-IA 和 TIF-IC 结合到启动子上。最初人们认为起始复合物是逐步建立起来的，但最近的结果表明 RNA 聚合酶 I 在识别启动子之前结合 4 种蛋白质复合体，这一完整的复合体一步结合到 DNA 上。

RNA 聚合酶 III 启动子的结构多种多样（图 11.16），这可由识别这些启动子的过程的非一致性反映出来。不同 RNA 聚合酶 III 启动子的起始需要不同的一套 GTF，但每种起始过程都需要 TFIIIB，其亚基之一是 TBP。对于含有 TATA 序列的 U6 基因的启动子而言，TBP 很可能直接结合到 DNA 上。在其他不含 TATA 序列的 RNA 聚合酶 III 启动子中，TBP 结合是通过一对组装因子 TFIIIA 和 TFIIIC。既然叫做组装因子，就意味着这两个蛋白质仅仅需要用来让 TBP 结合到启动子，对随后 RNA 聚合酶 III 的结合并不是必需的。

## 11.3 转录起始的调控

在接下来的几章中，我们会看到生物体采用多种策略调控各个基因的表达。我们会发现，事实上，从基因到有功能的蛋白质过程中的每一步都受到某种程度的调控。在所有这些调控系统中，转录起始可能是基因表达调控的关键步骤（对细胞的生化性质有最大影响)。这一点很容易理解，转录起始作为基因表达的第一步，应当是“第一级”调控发生的阶段，这个水平上的调控决定表达哪些基因。该途径中的后面步骤可能是对“第二级”调控作出应答，它们的功能不是打开或关闭基因，而是通过细微改变蛋白质

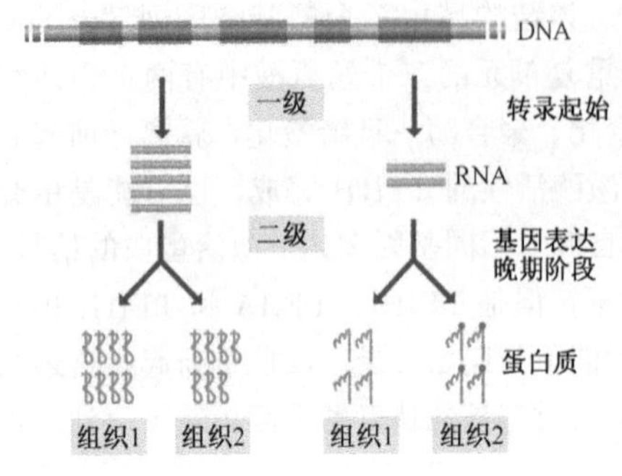


图 11.22 基因调控的一级和二级水平
根据这一方案，基因表达的“一级”调控发生在转录起始水平，这一步决定特定细胞中在特定时间表达哪些基因，并决定开启的基因表达的相对速度。“次级”调控包括转录起始后基因表达途径中的所有步骤，负责调节合成的蛋白质的数量，或通过某种方式，如化学修饰，改变蛋白质的性质

产物合成的速度或可能通过改变蛋白质产物在某些方面的性质来调控基因的表达（图 11.22）。

在第 10 章，我们了解到染色质结构如何通过控制 RNA 聚合酶及其辅助蛋白质能否接近启动子序列而影响基因表达。这只是控制转录起始的一种方式。为了更全面地了解转录起始的调控，我们以细菌为例建立一些普遍原则，然后再看真核生物中的情况。

### 11.3.1 细菌控制转录起始的策略

在大肠杆菌等细菌中，我们发现有两种明显不同的调节转录起始的方法：

- **组成型控制**（constitutive control），依赖于启动子的结构。
- **调节型控制**（regulatory control），依赖于调节蛋白的影响。

## 启动子结构决定转录起始的基础水平

大肠杆菌启动子的共有序列（11.2.2 节）是可变的，在－35 框和－10 框都容许在一定范围内不同的基序（表 11.4）。这些变异体与转录起始点附近及转录单位前 50 个核苷酸左右的特征不十分明确的序列共同影响启动子效率，即每秒内启动的有效起始的数目。有效起始可以使 RNA 聚合酶移出启动子并开始合成全长转录物。启动子序列影响起始过程的具体方式并不清楚，但从我们对转录起始事件的讨论（11.2.3 节）中可以猜测，－35 框的精确序列影响 $\sigma$ 亚基的识别，从而影响 RNA 聚合酶的结合速度；从封闭的启动子复合物向开放的启动子复合物的转换可能依赖于－10 框的序列；起始失败（在进入转录单位内足够远之前即终止）的频率由＋1 位及其邻近下游的核苷酸决定。所有这些仅是我们的猜测，但它是一个合理的“假说”。目前已经清楚的是不同启动子的效率可以相差 1000 倍，最有效的启动子［称为**强启动子**（strong promoter）］指导的有效起始比最弱启动子强 1000 倍。我们将其称作**基础转录起始速度**（basal rate of transcription initiation）不同。

由于一个基因的基础转录起始速度由其启动子序列预先决定，因此在正常情况下，它一般不发生改变。但它可因启动子内关键核苷酸的突变而改变。毫无疑问，这是经常发生的，但细菌不能对此进行控制。可是，细菌能够改变 RNA 聚合酶 $\sigma$ 亚基而决定哪些启动子序列更容易被识别。$\sigma$ 亚基是聚合酶的一个成分，具有序列特异性的 DNA 结合能力（11.2.3 节），因此将它由一种形式替换为另一种形式（只需轻微改变其 DNA 结合基序并因此而改变其序列特异性）也可导致它识别完全不同的启动子。大肠杆菌中的标准 $\sigma$ 亚基叫 $\sigma^{70}$（分子质量为 70 kDa），它识别启动子共同序列，可指导大多数基因的转录。大肠杆菌具有第二个 $\sigma$ 亚基 $\sigma^{32}$，它在细胞热休克后会产生。在热休克过程中，大肠杆菌和其他生物一样，启动特殊蛋白质基因表达以助细胞耐受应激(图 11.23)，这些基因含有特殊的可被 $\sigma^{32}$ 识别的启动子序列。因此细胞可以通过 RNA 聚合酶结构的简单改变，启动一整套不同基因的表达。这一系统在细菌中很普遍，例如，克雷伯肺炎杆菌用 $\sigma^{54}$ 亚基调控与氮固定有关的基因的表达，芽孢杆菌利用不同的 σ 亚基打开或关闭不同基因的表达，从而完成正常生长和芽孢形成之间的转换(14.3.2 节)。

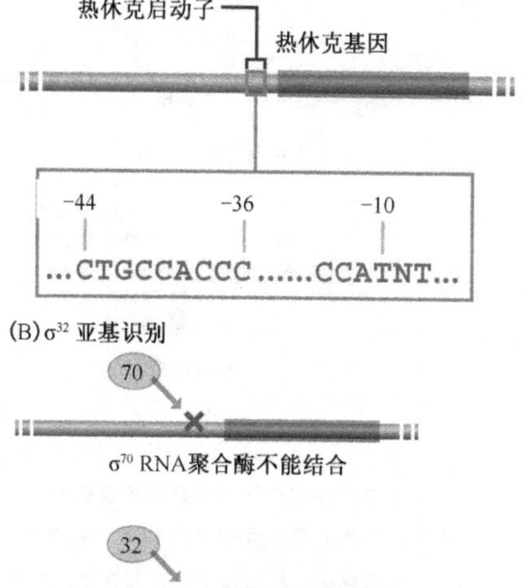


图 11.23 $\sigma^{32}$ 亚基对大肠杆菌热休克基因的识别

(A) 热休克启动子的序列与正常大肠杆菌启动子的不同（与表 11.4 比较）。(B) 热休克启动子不是由含 $\sigma^{70}$ 亚基的正常大肠杆菌聚合酶识别，而是由热休克中活化的 $\sigma^{32}$ RNA 聚合酶识别。缩写：N，任意核苷酸。关于细菌利用新 σ 因子的更多细节参见 14.3.2 节

## 细菌转录起始的调控

启动子结构决定一个细菌基因转录起始的基本水平，但除了更换 σ 亚基之外，启动子结构没有使基因表达对环境变化或细胞的生化需求做出应答的通用措施，因此还需要其他调控机制。

理解细菌转录起始调控的基础是 20 世纪 60 年代早期 Francois Jacob 和 Jacques Monod 及其他遗传学家发现的乳糖操纵子和其他模型系统。我们已经了解到是他们的工作发现了乳糖操纵子的启动子（11.2.2 节），还发现了紧邻启动子的调控操纵子转录起始的**操纵子**(operator) [图 11.24 (A)]。最早的模型揭示了一个 DNA 结合蛋白**乳糖阻抑物**(lactose repressor)，它与操纵子的结合能阻止 RNA 聚合酶靠近 DNA 并结合启动子[图 11.24 (B)]。阻抑物是否与操纵子结合依赖于细胞中是否存在异乳糖，异乳糖是乳糖的异构体，也是乳糖操纵子中三个基因编码的酶的作用底物。异乳糖是乳糖操纵子的**诱导物**（inducer），当细胞中有异乳糖存在时，它与乳糖阻抑物结合，细微改变后者的结构，使其螺旋-转角-螺旋基序不能再将操纵基因识别为 DNA 结合位点，因而异乳糖-阻抑物复合物不能与操纵基因结合，RNA 聚合酶从而可以接近启动子。当乳糖消耗完之后，没有异乳糖结合阻抑物，阻抑物又重新结合到操纵基因上抑制转录。所以操纵子仅在它所编码的酶为细胞所需要时才表达。

乳糖操纵子调控模式通过对控制区的 DNA 测序以及对与操纵基因结合的阻遏物的结构分析而得到了详细验证。阻抑物在乳糖操纵子上有三个潜在结合位点，分别在核苷酸−82 位、+11 位和+412 位，但遗传学实验确定操纵子序列位于+11 位 [图 11.24 (A)]，这是阻抑物所占据的三个位点中唯一能阻止 RNA 聚合酶接近启动子的位点。但是另外两个位点也在抑制过程中起着重要作用，因为去掉任何一个位点或者都去掉的话，会显著影响阻抑物关闭基因表达的能力。阻抑物是四聚体即由 4 个相同的蛋白质组成，它们成对地结合到一个操纵基因上，因此阻抑物可能同时结合 2 或 3 个操纵基因的

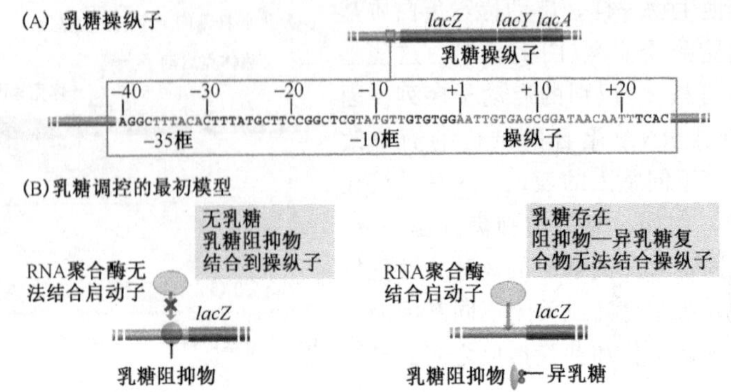


图 11.24 大肠杆菌乳糖操纵子的调控

（A）操纵基因序列位于乳糖操纵子启动子的立即下游。注意：该序列已经对称转换过来，当 5′到 3′读的时候，序列在两条链上是一样的，这使四聚体抑制蛋白质的两个亚基能与单个操纵子序列结合。（B）在乳糖调控的最初模型中，乳糖阻抑物被看作是一个简单的封闭设备，结合于操纵基因阻止 RNA 聚合酶接近启动子，因此操纵子中的三个基因被关闭。这是乳糖不存在时的情况，由于阻抑物偶尔会脱离以允许产生少量转录物，所以转录并未被完全关闭。因为这种转录的基本水平（basal level），细菌总是能拥有操纵子编码的三个酶的少量拷贝［图 8.8（A）］，或许每个酶少于 5 个。这意味着当细菌遇到乳糖时，它能够将少量分子运进细胞，将其裂解为葡萄糖和半乳糖。该反应的一种中间产物是异乳糖，是乳糖的异构体，它通过与阻抑物结合，使后者构象发生改变不再能结合到操纵基因上，从而诱导乳糖操纵子的表达。这使得 RNA 聚合酶能结合到启动子上，转录三个基因。完全诱导时，细胞中存在每种蛋白质产物约 5000 个拷贝。乳糖消耗完后，异乳糖也不再存在，阻抑物重新结合到操纵基因上，操纵子被关闭。操纵子的转录物半衰期少于 3 min，降解后不再合成相应的酶。注意图示中的阻抑物形状和聚合酶结构都是纯示意性的

位点。一种可能是一对亚基结合到−82 位和+412 位，这促进或者稳定了另外一对亚基结合到+11 位。也可能阻抑物结合到操纵基因上并不影响聚合酶与启动子的结合，而是抑制起始的后期步骤，如开放启动子复合物的形成。

乳糖操纵子模型说明了转录起始调控的基本原则：DNA 结合蛋白与其特定识别位点的结合，会影响到转录起始复合物的组装和（或）RNA 聚合酶开始有效合成 RNA 的起始。在其他细菌基因中，可看到该模型有如下几点变化：

- 某些阻抑物不是对诱导物而是对**辅阻抑物**（co-repressor）发生反应。例如，大肠杆菌中的色氨酸操纵子，它编码与色氨酸合成有关的一系列基因［图 8.8（B）］。与乳糖操纵子不同的是，色氨酸操纵子的调控分子不是相关生化途径的底物，而是产物色氨酸本身（图 11.25）。只有色氨酸与色氨酸阻抑物结合后，后者才能结合到操纵子上。因此色氨酸操纵子在色氨酸存在时被关闭，需要色氨酸时再打开。
- 某些 DNA 结合蛋白是**激活蛋白**（activator）而不是转录起始的阻抑物。大肠杆菌中最好的例子是**代谢物活化蛋白**（catabolite activator protein），它与多个操纵子包括乳糖操纵子的上游序列结合，可能通过与 RNA 聚合酶直接联系而增加转录起始效率。代谢物活化蛋白的生物学功能将在 14.1.1 节中加以讨论。
- 同一个阻抑物或者激活蛋白可以控制两个甚至更多启动子，例如，在大肠杆菌中，

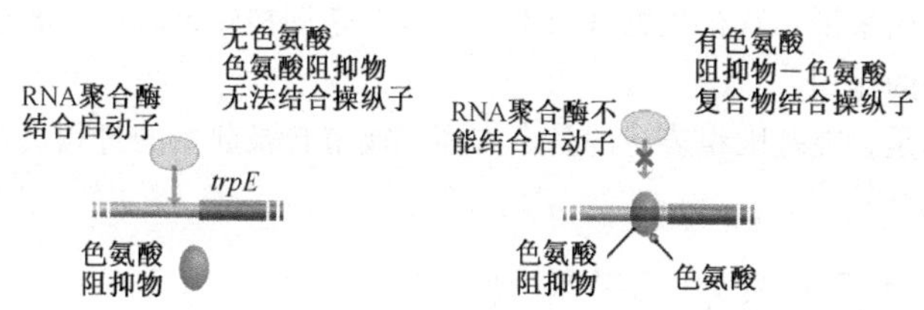


图 11.25 大肠杆菌色氨酸操纵子的调节

调节是通过已介绍的乳糖操纵子相似的阻抑物-操纵子基因系统来进行的。但不同点在于该操纵子被调节分子色氨酸所抑制，而色氨酸是该操纵基因特定生化通路的产物［图 8.8（B）］。当色氨酸存在时，也就是不需要被合成，操纵子由于阻抑物-色氨酸复合物结合于操纵基因而关闭。而色氨酸缺乏时，阻抑物不能结合于操纵基因，操纵子从而得以表达

色氨酸阻抑物控制着色氨酸操纵子，基因 *aroH*（编码合成色氨酸的生化通路中早期步骤的特异的酶）和基因 *trpR*（色氨酸阻抑物自身基因，即只有必要的时候阻抑物蛋白才会被合成）（图 11.26）。

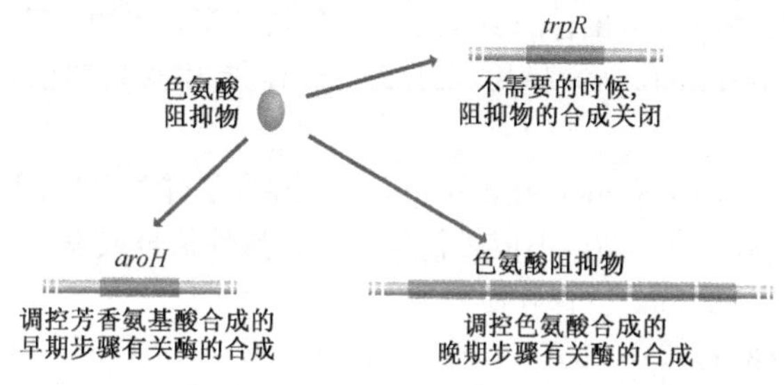


图 11.26 色氨酸阻抑物的多个靶点

- 某些 DNA 结合蛋白识别的 DNA 序列可以单独或协同作用以增强或抑制与它们并不紧密相连的基因的转录。这类**增强子**（enhancer）和**沉默子**（silencer）在细菌中并不常见，但也有几个例子，如作用于大肠杆菌热休克基因的增强子，热休克基因的启动子由 RNA 聚合酶的 $\sigma^{32}$ 亚基识别。由于这类蛋白质与其调控的基因相隔很远，它们只能通过 DNA 成环与 RNA 聚合酶产生接触，其典型特征是一个增强子或沉默子可以调控多个基因的表达。

所有这些基因调控的基本原则不仅适用于细菌，下一章我们将会看到，它们也适用于真核生物。

## 11.3.2 真核生物的转录起始调控

从细菌转录调控的研究中我们主要学到的是，转录起始受识别 RNA 聚合酶结合位点附近的特异序列的 DNA 结合蛋白的影响。这也是真核生物转录调控的基础，但是有两点差异。第一，转录起始的基础速率不同。在细菌中，RNA 聚合酶对其启动子有强亲合力，除了极弱启动子，转录起始的基础速度都较高。但大多数真核细胞基因的情况却相反。RNA 聚合酶 II 和 III 前起始复合物不能高效组装，因此无论启动子多“强”，转录起始基础速率都很低。为获得有效的起始，复合物必须被其他的蛋白质活化。这就

意味着，相对细菌来说，真核生物采取不同的策略来调控转录起始，激活蛋白比抑制蛋白起着更为主要的作用。

第二点不同是，在基因组表达的各个方面，调节转录起始的过程真核生物都要比细菌中更为复杂。

## 真核生物启动子包含的调节模块

真核生物的启动子很明显更复杂，对一个典型的蛋白质编码基因来说，其转录起始要受一系列不同的生化信号影响，这些信号协同作用以确保该基因在合适的水平表达，以使细胞适应内外的主要环境。RNA 聚合酶 II 的启动子可以看作一系列的模块，每一个模块包含一个短序列的核苷酸，作为影响转录起始复合物组装的蛋白质结合位点。RNA 聚合酶 II 转录各种不同的基因（在人类超过 30 000 种），但是其启动子模块却只有有限的几种。因此，一个基因的表达模式不是由一个单一的模块决定的，而是其启动子中模块的综合作用，它们的相对位置可能也会影响。转录起始的程度依赖于在特定的时间结合蛋白占据了哪些模块。

可根据不同方式将 RNA 聚合酶 II 的启动子模块分类，其中一种方案如下。

- **核心启动子**（core promoter）模块（11.2.2 节），其中最重要的是 TATA 框和 Inr 序列。
- **基本启动子元件**（basal promoter element），是存在于许多 RNA 聚合酶 II 启动子中的模块，决定基础转录起始，不应答任何组织特异性信号或发育信号。这些元件包括 **CAAT 框**（CAAT box）（保守序列为 5′-GGCCAATCT-3′），由激活蛋白 NF-1 和 NF-Y 所识别；**GC 框**（GC box）（保守序列为 5′-GGGCGG-3′），由激活蛋白 Sp1 识别；**八聚体模块**（octamer）（保守序列为 5′-ATGCAAAT-3′），由 Oct-1 所识别。
- **应答模块**（response module），在不同基因的上游发现，使转录起始能响应细胞外的一般信号。例如，cAMP 应答模块 CRE（保守序列为 5′-WCGTCA-3′，W 指 A 或 T），由 CREB 激活蛋白识别；热休克模块（保守序列为 5′-CTNGAATNTTCTAGA-3′，其中 N 为任意核苷酸），由 HSP70 和其他激活蛋白识别；血清应答模块（保守序列为 5′-CCWWWWWWGG-3′），由血清应答因子识别。
- **细胞特异性模块**（cell-specific module），定位在仅在一种组织中表达的基因启动子内。例如：红系模块（保守序列为 5′-WGATAR-3′，R 为 A 或 G）是激活蛋白 GATA-1 的结合位点；垂体细胞模块（保守序列为 5′-ATATTCAT-3′）为 Pit-1 所识别；成肌细胞模块（保守序列为 5′-CAACTGAC-3′）由 MyoD 识别；淋巴细胞模块或 κB 位点（保守序列为 5′-GGGACTTTCC-3′）由 NF-κB 识别。注意在淋巴细胞中八聚体模块由组织特异性的激活蛋白 Oct-2 识别。
- **发育调节因子模块**（developmental regulator），介导在特定发育阶段有活性的基因的表达。果蝇中的两个例子是 Bicoid 模块（保守序列为 5′-TCCTAATCCC-3′）和 Antennapedia 模块（保守序列为 5′-TAATAATAATAATAA-3′）（14.3.4 节）。

典型的 RNA 聚合酶 II 启动子的模块结构如图 11.27 所示。与位于基因立即上游区的模块一样，相同的模块和其他模块也能存在增强子中，增强子长为 200～300 个碱基对，定位在靶基因上游或下游较远的地方。沉默子与增强子类似，但是正如其名，该模

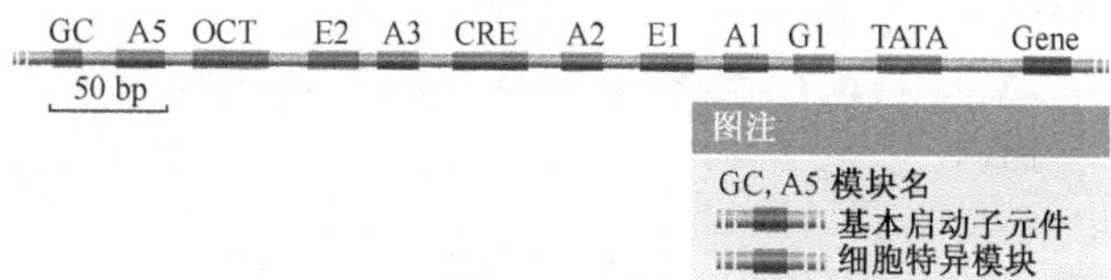


图 11.27　人胰岛素基因的启动子模块结构

块下调而不是增强转录的起始。

在某些基因还有更复杂的一面，它们有**选择性启动子**（alternative promoter），因此可以产生特定基因的不同转录物。如人 dystrophin 基因，因为其表达缺陷会造成遗传性 Duchene 型肌营养不良，所以被广泛研究。dystrophin 基因是人类基因组中最大的基因之一，它长达 2.4 Mb，包含 78 个内含子，至少有 7 个选择性启动子(图 11.28)。其中三个位于基因上游，表达出全长转录物，仅仅第一个外显子不同，这三个启动子分别在皮层组织，肌肉组织和小脑被激活。另外 4 个启动子位于基因内部，表达出较短的转录物，也是组织特异性表达。尽管受同样的增强子和沉默子影响，每个启动子有其自身的模块结构。在发育的不同阶段，选择性启动子也被用来产生相关形式的蛋白质，使单个细胞能合成具有细微生化特性差异的相似蛋白质。由最后一点可以看出，虽然我们通常称之为“选择性启动子”，其实更准确地说，这些“多重启动子”在同一时间也会有多个激活。实际上，在许多基因中这可能是正常的情况。例如，一个全基因组范围的研究揭示，人成纤维细胞中 10 500 个启动子是激活的，但是这些启动子所驱动表达的基因却只有不到 8000 个，说明在这些细胞中许多基因的表达同时由两个或更多的启动子来调节。

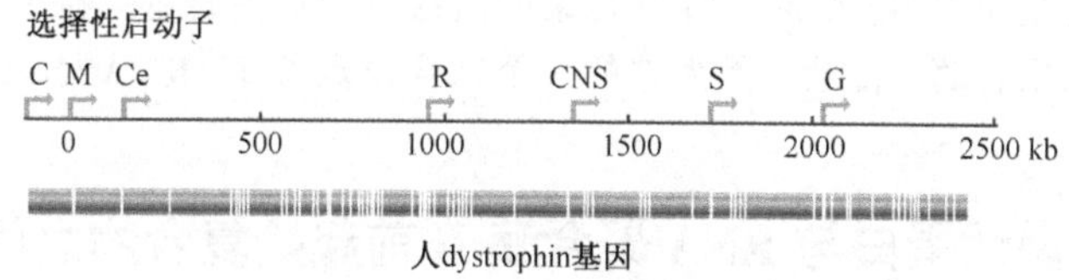


图 11.28　选择性启动子

如图显示的是人 dystrophin 基因 7 个选择性启动子的位置。图中缩略字母表示的是在相应组织中该启动子是活化的：C 为皮层组织，M 为肌肉组织，Ce 为小脑，R 为视觉组织（也指脑和心组织），CNS 为中枢神经系统，S 为 Schwann 细胞，G 指通用的（大多数组织中活化而不止局限于肌肉）

## 真核细胞转录起始的激活蛋白和辅激活蛋白

促进激活转录起始的蛋白质，如果能序列特异性地结合 DNA 则叫做**激活蛋白**（activator），如果不特异地结合 DNA 或通过蛋白质-蛋白质相互作用结合 DNA 则叫做**辅激活蛋白**（coactivator）。有些激活蛋白识别上游启动子元件，只影响与这些元件相连的启动子的转录起始，而另外一些转录因子靶位点位于增强子内部，可同时影响几个基因的转录（图 11.29）。同细菌一样，真核细胞增强子与其调控的基因有一段距离，

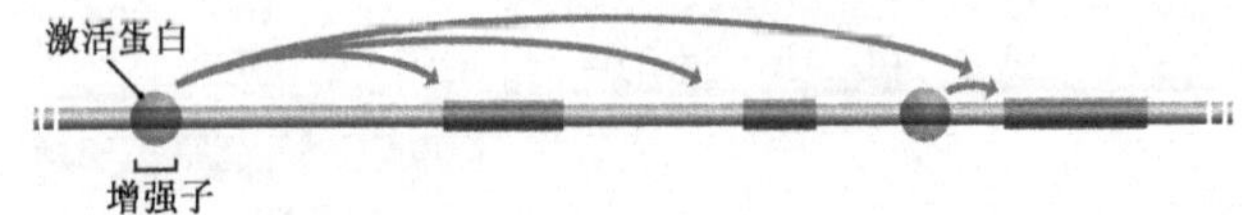


图 11.29 真核生物转录起始激活蛋白

浅色激活蛋白结合到基因上游的调节模块上，仅影响单个基因的转录起始。深色激活蛋白结合到增强子内的位点，影响三个基因转录

但由于在功能结构域的旁边存在隔离子，可阻止结构域内的增强子影响邻近结构域内的基因表达，从而保证真核细胞增强子的靶向特异性（10.1.2 节）。无论激活蛋白是与上游启动子元件还是与更远的增强子结合，它都能稳定前起始复合物。

辅激活蛋白更为广泛，还包括组蛋白乙酰化复合物，如 SAGA（10.2.1 节）和核小体重塑复合物 Swi/Snf（10.2.2 节）。其他被归类为辅激活蛋白的蛋白质通过使 DNA 弯曲和扭曲成特定的形状而影响基因表达，这可能是染色质修饰的前提，也可能使结合在不相邻位点上的蛋白质相互接近，从而使结合因子可在称为**增强体**（enhanceosome）的结构内协同作用。采用这种方式的辅激活蛋白之一是 SRY，它是负责哺乳动物性别决定的主要蛋白质。

激活蛋白在 RNA 聚合酶 II 和 III 的转录起始中起着重要作用，但是我们对它们在 RNA 聚合酶 I 的启动子中的作用了解得不多。RNA 聚合酶 I 很奇特，因为它仅转录一套基因，即含有 28S、5.8S 和 18 S rRNA 序列的多拷贝转录单元（7.2.3 节）。在大多数细胞中这些基因连续表达，但是转录速度随细胞周期而改变，还一定程度上受组织特异性的调节。调节机制还未完全阐明，但最近发现了 RNA 聚合酶 I **终止因子**（termination factor）的一种功能。该因子在小鼠中称为 TTF-1，啤酒酵母中叫 Reb1p，它最先是作为 RNA 聚合酶 II 转录的激活蛋白被发现的。似乎这个终止因子也能激活 RNA 聚合酶 I 转录，因为它的一个结合位点位于 rRNA 转录单位启动子的立即上游。

## 中介子形成激活蛋白与 RNA 聚合酶 II 前起始复合物之间的接触点

传统的激活蛋白结合到上游启动子元件或增强子，其关键特征是它与前起始复合物之间形成的接触点。接触点激活蛋白的部分叫做**激活域**（activation domain）。结构分析表明虽然激活域变化多样，但大部分可归为三类：

- **酸性域**（acidic domain）富含酸性氨基酸（天冬氨酸和谷氨酸），这类激活域最普遍。
- **富含谷氨酰胺的结构域**（glutamine-rich domain）常见于 DNA 结合结构域是同源异形域或 POU 类型的激活蛋白中（11.1.1 节）。
- **富含脯氨酸的结构域**（proline-rich domain）较为少见。

激活蛋白与前起始复合物相互作用的具体方式多年来一直不清楚，因为从不同生物体中获得的结果明显互相矛盾。许多蛋白质-蛋白质相互作用的研究提示不同的激活蛋白和复合物的不同部分直接接触。TBP、各种不同的 TAF、TFIIB、TFIIH 和 RNA 聚合酶 II 都参与不同的相互作用。在酵母中发现了一种叫**中介子**（mediator）的大蛋白质复合物，包括 21 个亚基，形成的结构有不同的头、中、尾结构域，其头部与识别 DNA

序列的激活蛋白形成物理连接，中部和尾部与前起始复合物连接(图 11.30)。这表明信息是通过中介物传导，而不是激活蛋白和前起始复合物之间的直接作用。中介子具有蛋白激酶活性，能够磷酸化 RNA 聚合酶 II 的 CTD，促进启动子的清除，进一步证实了该假说。早期认为中介子直接使 RNA 聚合酶 II 的 CTD 磷酸化，促进启动子的清空而激活转录起始（11.2.3 节）。现在，我们知道具有这种激酶活性的是 Kin28，它是 TFIIH 的一个亚基，有证据表明中介子能促进 Kin28 的激酶活性，但这不是与前起始复合物唯一的相互作用，其调节转录起始的准确方式也还不太清楚。当 TBP 结合 TATA 框的时候，就有中介子存在，并且可以形成部分平台，前起始复合物的剩余部分就构建在上面。更为复杂的是，中介子不仅介导激活蛋白的信号，也介导抑制蛋白的信号，说明它对前起始复合物的作用既有正性的，又有些负性的。

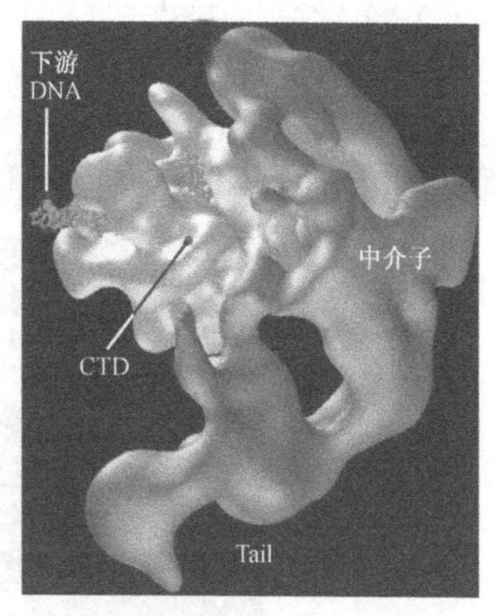


图 11.30　酵母中介子和 RNA 聚合酶 II 前起始复合物之间的相互作用

前起始复合物用白色表示，中介子用橙色表示，Elsevier 授权（*Molecular Cell*，Vol. 10，Davis et al.，'Structure of the yeast RNA Polymerase II Holoenzyme'，409～415，2002）

在高等真核生物中，中介子比酵母中的复合物大，在人类由 30 甚至更多的蛋白质组成。哺乳动物中介子的一个特点是，其蛋白质组成是可变的，因此很可能它有很多的形式，每种形式对应一套不同的激活蛋白，当然可能有重叠。当前的观点倾向认为，中介子是 RNA 聚合酶 II 前起始复合物的必要组分，所有激活蛋白的促进效应都要通过中介子。当然有些激活蛋白绕过中介子，直接作用于前起始复合物的可能性也不能排除。

## 真核细胞转录起始的阻抑物

真核生物转录起始调节的大部分研究都集中在转录激活上，部分是因为 RNA 聚合酶 II 和 III 启动子只产生低水平的基础转录起始，提示在细菌中非常重要的起始抑制（11.3.1 节）似乎不太可能在控制真核细胞转录中有重要作用。这种观点可能并不正确，实际上，已发现了越来越多抑制转录起始的 DNA 结合蛋白，它们结合于上游启动子元件或更远的沉默子中的位点。一些阻抑物通过常见的组蛋白去乙酰化（10.2.1 节）或 DNA 甲基化（10.3.1 节）影响基因组表达，但有些阻抑物对不同的启动子有更特异的作用。例如，酵母阻抑物 Mot1 和 NC2 通过直接结合 TBP 破坏其活性来抑制前起始复合物的组装。Mot1 致使 TBP 从 DNA 上解离，NC2 则阻止复合物在与 DNA 相结合的 TBP 上进一步组装。这两种阻抑物有广谱活性，能使许多基因失活，正如阻抑物 Ssn6-Tup1，它是裂殖酵母的一种主要的基因沉默子，在许多真核生物中有其类似物。

依赖于所处的环境，一些蛋白质既能发挥激活作用也能起抑制作用，这进一步表明真核生物转录抑制的重要性。例如，NC2 抑制含有 TATA 框的启动子的转录起始，但对缺乏 TATA 序列的启动子有激活作用。POU 结构域从中得名的三个蛋白质（11.1.1节）中的第一个蛋白质 Pit1 依赖其结合位点的 DNA 序列激活一些基因而抑制其他基因。结合位点处多出的 2 个核苷酸诱导 Pit1 构象变化，使 Pit1 与另一个蛋白质 N-CoR 相互作用，抑制靶基因的转录（图 11.31）。

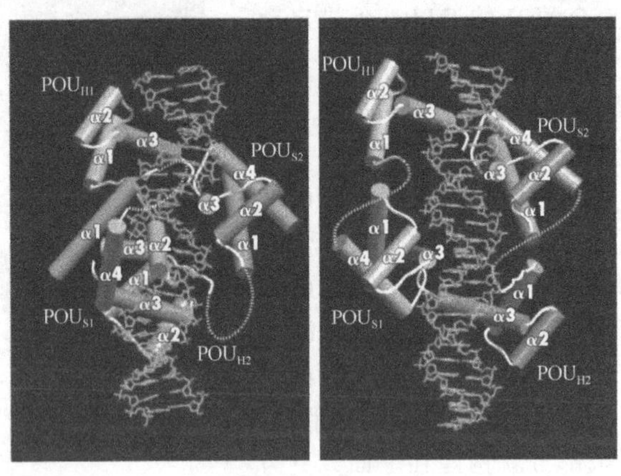


图 11.31　激活蛋白 Pit1 结合到催乳素（左）和生长激素基因（右）上游靶位点时 POU 结构域的构象

Pit1 为二聚体，每个单体含有两个 POU 结构域。一个单体的两个结构域以红色表示，另一个单体的两个结构域以蓝色表示。桶为 α 螺旋，α3 是每个结构域的识别螺旋。注意 Pit1 结合到两个结合位点时，POU 结构域构象上的区别。在生长激素位点处呈现的更开放的结构使 Pit1 二聚体能与 N-CoR 和其他蛋白质相互作用，抑制生长激素基因的转录。因此 Pit1 激活催乳素基因表达，而抑制生长激素基因。Scully 授权（*Science*，290，1127～1131。© 2000 AAAS）

## 激活蛋白和阻抑物活性的控制

各个激活蛋白和阻遏物的活性必须加以控制，才能确保细胞表达一组合适的基因。我们将在第 14 章中继续这个话题，具体讨论基因组的活性是如何根据胞外信号以及在分化和发育过程中受到调控。

有几种方式来调节激活蛋白和阻抑物的活性。一种是通过控制其合成而加以调控，但这不可能实现靶基因表达的快速变化，因为细胞中激活蛋白或阻抑物的积累或不需要时的降解都需要时间。因此，这类调控只适用于维持基因表达的固定模式的激活蛋白或阻抑物，如影响细胞分化和某些发育过程的因子。调节激活蛋白或阻抑物活性的另一种方式是化学修饰，如磷酸化或诱导其构象变化。这些变化比从头合成迅速得多，使细胞能响应诱导基因组表达的瞬时变化的胞外信号。我们将在第 14 章具体阐述不同的调节机制。

# 总结

在转录和基因组活性的其他方面起核心作用的是 DNA 结合蛋白，它们结合到基因组，以执行其生理生化功能。很多 DNA 结合蛋白能通过 DNA 结合结构域，如螺旋-转角-螺旋结构或者锌指结构，结合特异 DNA 序列，它们在 DNA 分子上的结合位点可以通过凝胶阻滞实验确定，还可以通过修饰保护实验或者修饰干扰实验描述得更详细。有些蛋白质可以直接读出 DNA 序列从而识别其结合位点，它们可能和双螺旋的大沟接触，从结合到嘌呤和嘧啶上化学基团的位置即可确定是哪种核苷酸。直接读出可能会受多种间接效应的影响，如核苷酸序列会影响螺旋的构象，包括腺嘌呤富集序列形成的弯曲。很多 DNA 结合蛋白形成二聚体，同时在两个位点与螺旋接触，蛋白质表面的特殊结构（如亮氨酸拉链）帮助形成二聚体。细菌只有一种 RNA 聚合酶，参与基因组内所有基因的转录，但是真核细胞有三种不同的核 RNA 聚合酶，还有一种线粒体内独特的酶。启动子序列标记着转录起始复合物组装的位置，细菌启动子包括两个序列区段，但是真核启动子要复杂得多，它有模块结构，包括起始复合物识别的序列，还包括调节蛋白的结合位点。细菌的 RNA 聚合酶直接结合启动子，但是真核的每一种 RNA 聚合酶都有其辅助蛋白质，以有序的方式组装。成功的起始后 RNA 聚合酶能够实现启动子清空，开始转录过程，转录起始是基因组表达调节中关键的一步。有些细菌能改变 RNA 聚合酶的结构，因此可以识别不同的启动子，促进一套不同的基因表达。细菌特定基因的表达既有激活蛋白又有抑制蛋白控制，在真核生物也是这样，不过激活蛋白显得比抑制蛋白更重要。调节蛋白的结合位点离它们所调控的启动子或近或远。在真核生物中，中介子由多个亚基组成，形成激活蛋白和 RNA 聚合酶的物理桥梁，转录起始复合物的激活一般要通过中介子作用。

## 选择题

* 奇数问题的答案见附录

11.1* 蛋白质怎么能结合 DNA 特异序列？

a. 通过结合糖-磷酸骨架。

b. 通过打开双螺旋，与碱基之间形成连接。

c. 通过组蛋白与碱基相互作用。

d. 通过与双螺旋大沟或小沟中的碱基相互作用。

11.2 下面哪种 DNA 结合结构域主要通过双螺旋的小沟与核苷酸碱基接触？

a. 螺旋-转角-螺旋

b. 锌指

c. 碱性结构域

d. TBP 结构域

11.3* 下面哪种技术是根据在有无蛋白质的情况下凝胶中 DNA 的迁移来确定与 DNA 结合的蛋白质的？

a. 核磁共振光谱

b. 凝胶阻滞

c. 核酸酶保护

d. DNA 足迹法

11.4 修饰干扰实验利用下面哪种技术确定与蛋白质结合的主要核苷酸？

a. DNA-蛋白质复合体用核酸酶处理以降解未受保护的磷酸二酯键。

b. DNA-蛋白质复合体用甲基化试剂处理以破坏结合位点。

c. 在蛋白质结合之前用甲基化试剂处理 DNA。

d. 在 DNA 结合之前用甲基化试剂处理蛋白质。

11.5* 下面哪个 RNA 聚合酶负责真核生物蛋白质编码基因的转录？

a. RNA 聚合酶 I

b. RNA 聚合酶 II

c. RNA 聚合酶 III

d. RNA 聚合酶 IV

11.6 细菌中 RNA 聚合酶 I 的结合位点叫做什么？

a. 起始子

b. 操纵子

c. 启动子

d. 起始密码子

11.7* 细菌 RNA 聚合酶结合启动子的特异性取决于哪个亚基？

a. α

b. β

c. γ

d. σ

11.8 在真核生物中，结合蛋白编码基因的核心启动子的第一个蛋白质复合物是：

a. RNA 聚合酶 II

b. 通用转录因子 TFIIB

c. 通用转录因子 TFIID

d. 通用转录因子 TFIIE

11.9* RNA 聚合酶 II 应该采取下面哪种修饰从而激活前起始复合物？

a. 乙酰化

b. 甲基化

c. 磷酸化

d. 泛素化

11.10 为什么在 RNA 聚合酶 II 启动子重新起始要比第一次原始起始快很多？

a. 所有通用转录因子仍在启动子以促进重新起始。

b. 有些通用转录因子仍在启动子以促进重新起始。

c. 所有通用转录因子都从启动子解离，但是启动子仍然保持暴露，使起始复合物迅速重新组装。

d. 以上都不对。

11.11* 在乳糖操纵子中位于接近启动子的 DNA 序列叫做什么？哪一个调节大肠杆菌的操纵子？

a. 激活物

b. 诱导物

c. 操纵子

d. 阻抑物

11.12 异乳糖在乳糖操纵子表达调控中起什么作用？

a. 激活物

b. 诱导物

c. 操纵子

d. 阻抑物

11.13* 下面哪一个序列模块不是基本启动子元件？

a. CAAT 框

b. GC 框

c. 八聚体模块

d. TATA 框

11.14 下面哪种类型的序列模块使转录应答细胞外的通用信号？

a. 细胞特异性模块

b. 发育调节模块

c. 抑制模块

d. 应答模块

11.15* 下面哪种 DNA 序列可以增加转录起始速率，并可能距离所调节基因上下游几百碱基对？

a. 激活子

b. 增强子

c. 沉默子

d. 终止子

11.16 下面哪种不是激活结构域？

a. 酸性结构域

b. 富含谷氨酰胺的结构域

c. 亮氨酸拉链结构域

d. 富含脯氨酸的结构域

## 简答题

* 奇数问题的答案见附录

11.1* 同源异形结构域如何结合特异 DNA 序列？

11.2 $Cys_2His_2$ 锌指的总体特征是什么？它是如何结合 DNA 的？

11.3* 修饰保护实验的两种方式是什么？

11.4 讨论蛋白质结合 A-、B-和 Z-型 DNA 的碱基的不同方式。

11.5* 描述蛋白质和 DNA 分子之间形成键和相互作用的类型。

11.6 如果将大肠杆菌启动子－10 和－35 的部分移近或者更远，将会发生什么？解释其机制。

11.7* 解释真核启动子中核心元件和上游元件之间作用的差异。

11.8 什么因素控制细菌启动子转录起始的基础效率？

11.9* 异乳糖如何和阻抑物蛋白相互作用异调节乳糖操纵子的转录？

11.10 说说细菌和真核生物中转录调控中相当事件的显著差异。

11.11* 为什么有些基因有选择性或者多重启动子？

11.12 激活蛋白和辅激活蛋白之间的区别有哪些？

## 论述题

*奇数问题的指导见附录

11.1* 利用你DNA芯片和微阵列技术（技术注解3.1）方面的知识，设计一个实验以确定全染色体范围内DNA结合蛋白的结合位点，而不只限于单个基因的上游区域。

11.2 设计一个假说解释为什么真核生物有3个RNA聚合酶，你的假说能够证明吗？

11.3* 大肠杆菌在多大程度上可以作为一个很好的研究真核细胞转录起始调控的模型？用特定的例子说明大肠杆菌的推断对我们研究真核生物相关事件有无帮助。

11.4 大肠杆菌乳糖操纵子转录调控模型是在1961年Francois Jacob和Jacques Monod首先提出的（拓展阅读），他们的工作几乎完全建立在遗传学分析的基础上，试解释他们的工作在多大程度上准确描述了我们现在已知发生的事件。

11.5* 试评价RNA聚合酶II启动子结构的模块概念的准确性和有用性。

## 图形测试

*奇数问题的答案见附录

11.1* 如下图（左）显示了大肠杆菌噬菌体434阻抑物与其所结合DNA的相互作用，请说出该蛋白质中的DNA结合结构域，并描述该结构域是怎样结合DNA的。

11.2 讨论下图（右）所示实验的类型。该实验如何进行？其目的是什么？

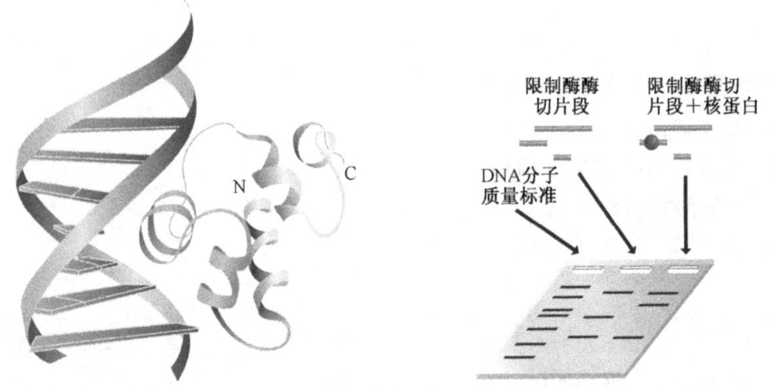


11.3* 如图所示的A-T碱基对的接触位点有什么意义？

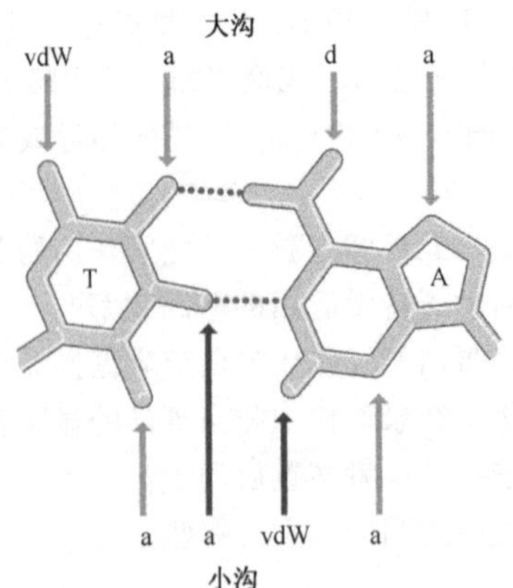

11.4　如图显示了 RNA 结合其启动子的两种机制，确定细菌 RNA 聚合酶采用哪种机制，而真核细胞采用哪种机制？

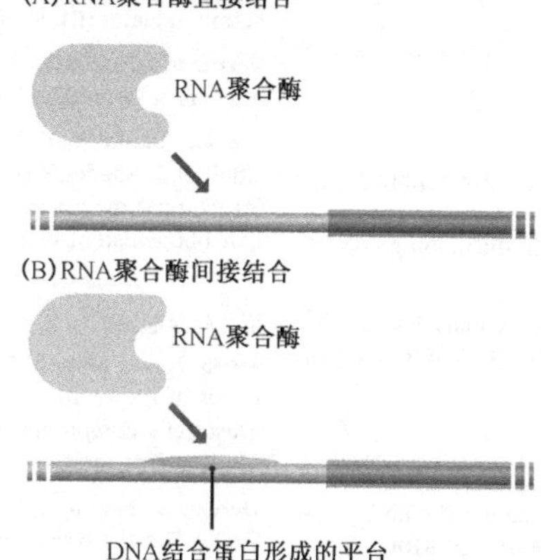


11.5*　讨论如图所示的细菌 RNA 聚合酶结合启动子的过程。

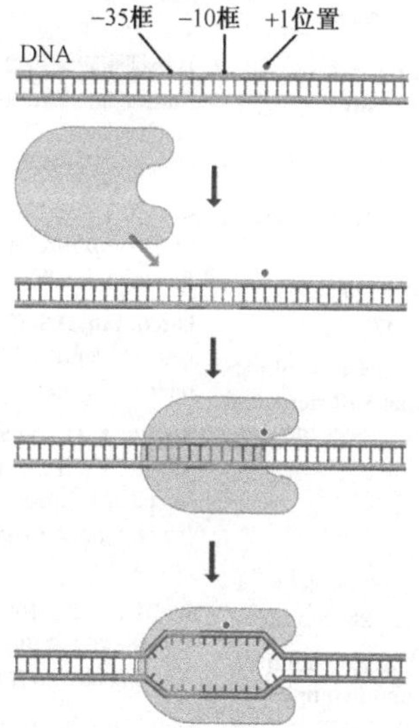


## 拓展阅读


**DNA结合结构域和RNA结合构域**

**Fierro-Monti, I. and Mathews, M.B.** (2000) Proteins binding to duplexed RNA: one motif, multiple functions. *Trends Biochem. Sci.* **25:** 241–246.

**Gangloff, Y.G., Romier, C., Thuault, S., Werten, S. and Davidson, I.** (2001) The histone fold is a key structural motif of transcription factor TFIID. *Trends Biochem. Sci.* **26:** 250–257.

**Harrison, S.C. and Aggarwal, A.K.** (1990) DNA recognition by proteins with the helix-turn-helix motif. *Annu. Rev. Biochem.* **59:** 933–969.

**Herr, W., Sturm, R.A., Clerc, R.G., *et al.*** (1988) The POU domain: a large conserved region in the mammalian *pit*-1, *oct*-1, *oct*-2, and *Caenorhabditis elegans unc*-86 gene products. *Genes Dev.* **2:** 1513–1516.

**Mackay, J.P. and Crossley, M.** (1998) Zinc fingers are sticking together. *Trends Biochem. Sci.* **23:** 1–4.

**研究DNA结合蛋白的方法**

**Galas, D. and Schmitz, A.** (1978) DNase footprinting: a simple method for the detection of protein-DNA binding specificity. *Nucleic Acids Res.* **5:** 3157–3170.

**Garner, M.M. and Revzin, A.** (1981) A gel electrophoretic method for quantifying the binding of proteins to specific DNA regions: application to components of the *Escherichia coli* lactose operon regulatory system. *Nucleic Acids Res.* **9:** 3047–3060. *Gel retardation.*

### DNA和DNA结合蛋白之间的相互作用

**Kielkopf, C.L., White, S., Szewczyk, J.W., Turner, J.M., Baird, E.E., Dervan, P.B. and Rees, D.C.** (1998) A structural basis for recognition of A•T and T•A base pairs in the minor groove of B-DNA. *Science* **282:** 111–115.

**Stormo, G.D. and Fields, D.S.** (1998) Specificity, free energy and information content in protein–DNA interactions. *Trends Biochem. Sci.* **23:** 109–113.

### RNA聚合酶和引物

**Geiduschek, E.P. and Kassavetis, G.A.** (2001) The RNA polymerase III transcription apparatus. *J. Mol. Biol.* **310:** 1–26.

**Kim, T.H., Barrera, L.O., Zheng, M., Qu, C., Singer, M.A., Richmond, T.A., Wu, Y., Green, R.D. and Ren, B.** (2005) A high-resolution map of active promoters in the human genome. *Nature* **436:** 876–880. *Reveals the extent to which alternative promoters are used in the human genome.*

**Russell, J. and Zomerdijk, J.C.B.M.** (2005) RNA-polymerase-I-directed rDNA transcription, life and works. *Trends Biochem. Sci.* **30:** 87–96.

**Seither, P., Iben, S. and Grummt, I.** (1998) Mammalian RNA polymerase I exists as a holoenzyme with associated basal transcription factors. *J. Mol. Biol.* **275:** 43–53.

**Smale, S.T. and Kadonaga, J.T.** (2003) The RNA polymerase II core promoter. *Annu. Rev. Biochem.* **72:** 449–479.

**Young, B.A., Gruber, T.M. and Gross, C.A.** (2004) Minimal machinery of RNA polymerase holoenzyme sufficient for promoter melting. *Science* **303:** 1382–1384. *Probes the fine structure of the bacterial RNA polymerase.*

### 转录起始复合物的组装

**Dieci, G. and Sentenac, A.** (2003) Detours and shortcuts to transcription reinitiation. *Trends Biochem. Sci.* **28:** 202–209.

**Green, M.R.** (2000) TBP-associated factors ($TAF_{II}$s): multiple, selective transcriptional mediators in common complexes. *Trends Biochem. Sci.* **25:** 59–63.

**Kadonaga, J.T.** (2004) Regulation of RNA polymerase II transcription by sequence-specific DNA binding factors. *Cell* **116:** 247–257.

**Kim, T.-K., Ebright, R.H. and Reinberg, D.** (2000) Mechanism of ATP-dependent promoter melting by transcription factor IIH. *Science* **288:** 1418–1421.

**Verrijzer, C.P.** (2001) Transcription factor IID – not so basal after all. *Science* **293:** 2010–2011.

**Xie, X., Kokubo, T., Cohen, S.L., Mirza, U.A., Hoffmann, A., Chait, B.T., Roeder, R.G., Nakatani, Y. and Burley, S.K.** (1996) Structural similarity between TAFs and the heterotetrameric core of the histone octamer. *Nature* **380:** 316–322.

### 细菌转录起始的控制

**Jacob, F. and Monod, J.** (1961) Genetic regulatory mechanisms in the synthesis of proteins. *J. Mol. Biol.* **3:** 318–389. *The original proposal of the operon theory for control of bacterial gene expression.*

**Oehler, S., Eismann, E.R., Krämer, H. and Müller-Hill, B.** (1990) The three operators of the lac operon cooperate in repression. *EMBO J.* **9:** 973–979.

**Schleif, R.** (2000) Regulation of the L-arabinose operon of *Escherichia coli. Trends Genet.* **16:** 559–565. *Gives details of one example of bacterial gene regulation.*

### 真核细胞转录起始的控制

**Hanna-Rose, W. and Hansen, U.** (1996) Active repression mechanisms of eukaryotic transcription repressors. *Trends Genet.* **12:** 229–234.

**Kim, Y.-J. and Lis, J.T.** (2005) Interactions between subunits of *Drosophila* Mediator and activator proteins. *Trends Biochem. Sci.* **30:** 245–249.

**Latchman, D.S.** (2001) Transcription factors: bound to activate or repress. *Trends Biochem. Sci.* **26**: 211–213. *Short review of proteins that combine activation with repression.*

**Scully, K.M., Jacobson, E.M., Jepsen, K., *et al.*** (2000) Allosteric effects of Pit-1 DNA sites on long-term repression in cell type specification. *Science* **290:** 1127–1131. *Describes how Pit-1 acts as an activator of some genes and a repressor of others.*

**Wolffe, A.P.** (1994) Architectural transcription factors. *Science* **264:** 1100–1101. *Proteins such as SRY which introduce bends into DNA.*

CHAPTER

# 第12章 RNA的合成和加工

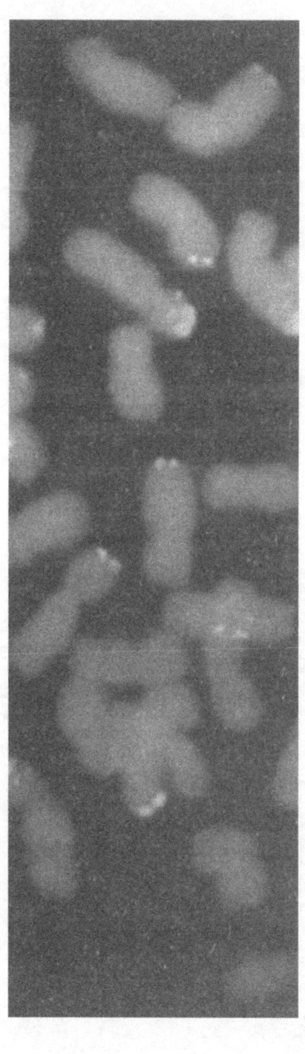



## 学习要点

当你阅读完第12章后，应当能够：

- 描述大肠杆菌内转录延伸和终止过程的细节，并解释它们是怎样被抗终止作用、衰减作用和转录物降解蛋白质调控的。
- 描述细菌功能RNA的加工过程中涉及的切割事件和化学修饰。
- 总结目前关于细菌中RNA降解的知识。
- 说出真核转录延伸和终止的细节，包括真核mRNA加帽和加多聚腺苷酸尾相关的过程。
- 区分不同类型的内含子剪切途径，尤其要详细描述GU-AG内含子的剪切，包括可变剪切和反式剪切的例子。
- 描述真核生物中功能RNA的合成和加工。
- 给出“核酶”的定义，并举出几个核酶的例子。
- 解释真核生物rRNA特定位点的核苷酸是怎样进行化学修饰的。
- 举例说明哺乳动物的mRNA编辑，并且概述发生在其他不同真核生物中更复杂的RNA编辑类型。
- 描述真核生物mRNA的降解机制，重点阐述siRNA和miRNA在RNA沉默中的作用。
- 概述真核RNA由细胞核向胞质转运过程中涉及的事件。

转录起始，即 RNA 聚合酶离开启动子并开始 RNA 分子的合成，仅是基因表达过程的第一步。本章和下一章将追踪这一过程，并讨论如何通过转录和翻译而最终合成蛋白质组的。我们从 RNA 的合成和加工开始，包括组成转录组并决定细胞蛋白质成分的 mRNA，而且包括在基因组表达和细胞生物学中有重要作用的功能性 RNA（1.2.2 节）。原核生物和真核生物的基本过程相似，但在某些细节及基因表达方面有明显的差别，真核生物的这一过程更加复杂。因此，我们先讨论细菌中 RNA 的合成和加工。

# 12.1 细菌 RNA 的合成和加工

由于细菌只有一种 RNA 聚合酶（11.2.1 节），因此所有细菌基因的一般转录机制是相同的。但是不同基因转录物合成的调节机制确有不同。

## 12.1.1 细菌中转录物的合成

模板依赖的 RNA 合成的化学基础如图 12.1 所示。核糖核苷酸被逐个地加到 RNA 转录物的 3′端，核苷酸的特异性由碱基配对的原则决定：A 与 T 或 U 配对；G 与 C 配对。在每一个核苷酸被加入的过程中，加入的核苷酸的 β-和 γ-磷酸被除去，RNA 链 3′端的核苷酸 3′碳上的羟基基团也被除去。

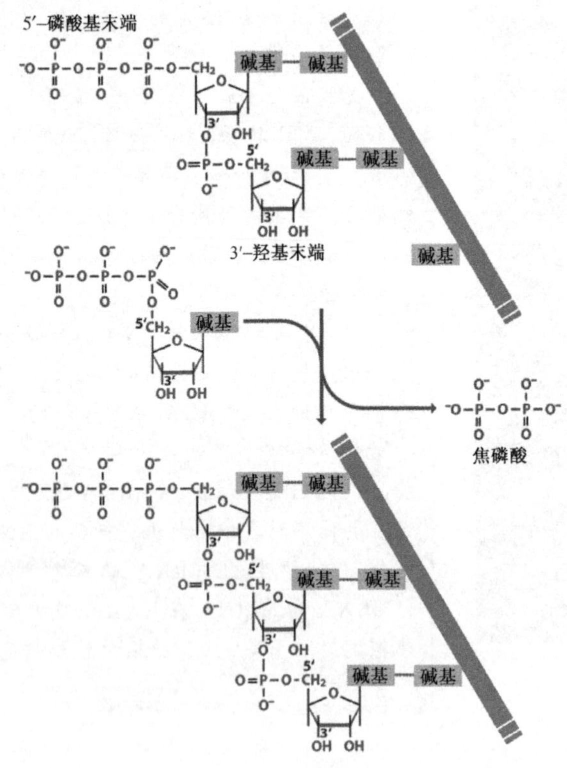


图 12.1 RNA 合成的化学基础

请将这一反应与图 1.6 所示 DNA 的多聚化进行比较

## 转录物通过细菌的 RNA 聚合酶进行延伸

转录延伸阶段的细菌 RNA 聚合酶以四亚基组成的核心酶形式存在，包括两个相对小的（约 35 kDa）α 亚基和相关的 β 和 β′ 亚基各一个（均约 150 kDa）。此时，在转录起始阶段起关键作用的 δ 亚基已离开该复合体（11.2.3 节）。RNA 聚合酶覆盖的模板 DNA 片段长约 30 bp，包含 12～14 bp 的**转录泡**（transcription bubble）。在这个转录泡中，延伸的转录物通过长约 8 个核苷酸的 RNA-DNA 碱基对结合至 DNA 模板链(图 12.2)。

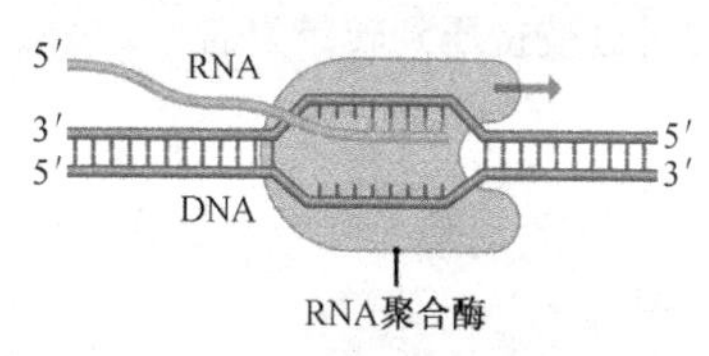


图 12.2 大肠杆菌转录延伸复合物的图示

RNA 聚合酶覆盖一段包括一个 12～14 bp 转录泡的大约 30 bp 的 DNA，产生的 RNA 通过 8 个左右的 RNA-DNA 碱基对与 DNA 模板结合。箭头指示 RNA 聚合酶沿 DNA 模板移动的方向

RNA 聚合酶必须稳定结合 DNA 模板以及 RNA，以防止转录复合体未到基因转录的终点就脱离。然而，这种结合作用亦不能过于牢固，以避免聚合酶不能沿 DNA 模板滑动。为弄清这两个显然相互矛盾的要求是如何达到协调的，科研人员通过 X 射线晶体学研究并结合交联实验探索了聚合酶与 DNA 模板及 RNA 转录物间的相互作用（技术注解 11.1），DNA 或 RNA 与聚合酶间交联形成共价键，借此就可以确认聚合酶中最接近 DNA 和 RNA 的氨基酸。这些交联实验利用了许多结合在合成的 DNA、RNA 上的光活性物质作为标记物。在复合体组装后，用某一脉冲的光波激活这些标记物，于是在聚合酶内的核酸和任何临近标记物氨基酸之间即形成交联。某些标记物能和任何氨基酸形成交联，其他一些则有选择，如仅和赖氨酸交联。交联后，RNA 聚合酶被分解为亚基，再用溴化氰处理各亚基，溴化氰特异地在多肽链的甲硫氨酸残基处切割，产生一系列特定的片段。交联到核苷酸上的片段就能被确认。这些片段含有在完整的转录延伸复合体中一定是临近标记物的氨基酸残基。通过确认尽可能多的交联，就可建立一个详细的图谱（图 12.3）。现在把从交联图谱获得的信息与 X 射线晶体结构学研究得到的数据结合起来构建了一个转录延伸复合体的模型，显示了 DNA 双螺旋和聚合酶中的 RNA

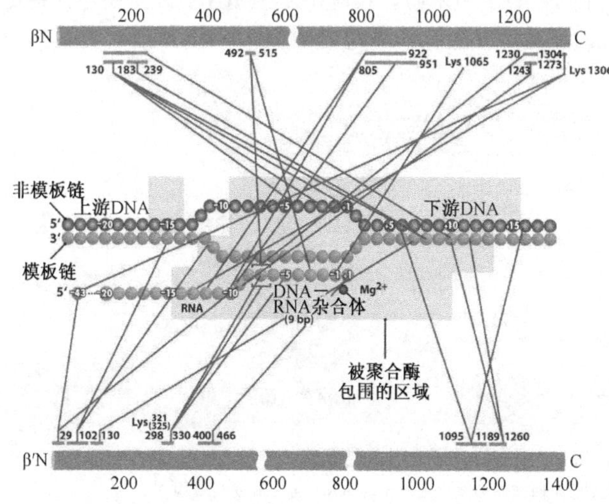


图 12.3 细菌 RNA 聚合酶内的相互作用

RNA 聚合酶的 β 亚基和 β′ 亚基以橙色表示，数字表示根据交联实验确定的与 DNA 或 RNA 相近的氨基酸位置，DNA 或 RNA 与氨基酸之间的交联以粉红色细线表示

转录物不同部位的精确位置(图 12.4)。实验显示，DNA 模板位于β和β′亚基之间，即β′亚基表面的一个凹槽内，RNA 合成的活性位点也在这两个亚基间，而非模板 DNA 链则包纳在β亚基中，远离活性位点，RNA 转录物通过一个由部分β和部分β′亚基构成的通道被挤压到转录复合体之外。

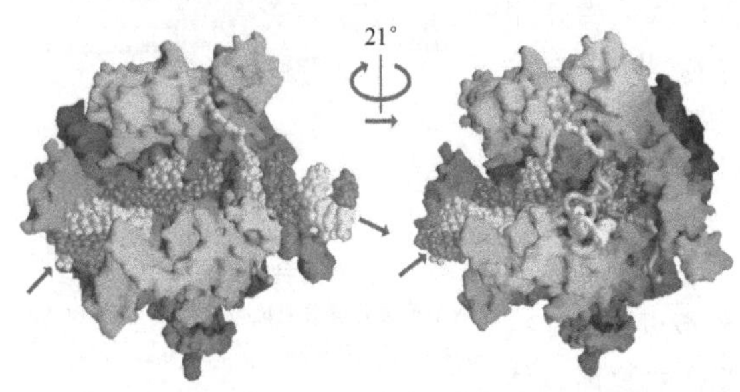


图 12.4 细菌转录延伸复合体模型

RNA 聚合酶的β亚基和β′亚基分别以蓝色（绿色）或者粉红色表示，双螺旋的模板链以红色表示，非模板链以黄色表示，RNA 转录物以金黄色表示。从两个视角可以看出，双螺旋位于β亚基和β′亚基之间，β′亚基表面的凹槽内。箭头指示 DNA 在聚合酶内移动的方向。Korzheva *et al.*，授权（*Science*，289，619～625. © 2000 AAAS）

聚合酶并非以恒定的速率合成转录物。相反，转录是不连续的过程，由快速的延伸过程间隔以短暂的停顿，在停顿时聚合酶的活性位点发生了结构重排。停顿的时间极少超过 6 μs，而且常常伴随着聚合酶沿着模板的**反向移动**（backtracking）。停顿是随机发生的，与模板 DNA 的特征无关。如下面所述，这种停顿在转录的终止中起重要作用，但这是不是此种停顿的唯一功能还不十分清楚。

## 细菌转录的终止

现在认为转录是不连续的过程，聚合酶会有规律地停顿，在继续延伸和脱离模板终止转录之间选择。选择取决于哪一种在热力学上更有利。这一模型强调，终止必然发生在模板上聚合酶解离比继续 RNA 合成更有利的位点。

在细菌中存在两种不同的转录终止机制。大肠杆菌中约半数的转录终止位点对应的模板链的 DNA 序列包含一段反向回文序列，后面连有一系列 A（图 12.5）。这些**固有终止子**（intrinsic terminators）分两步促使聚合酶解离，削弱正在增长的转录物与模板的连接。第一步，当反向回文序列被转录出来时，转录出来的 RNA 折叠成一种稳定的发夹结构，这种 RNA-RNA 配对比通常发生在转录泡内的 DNA-RNA 配对更具热力学

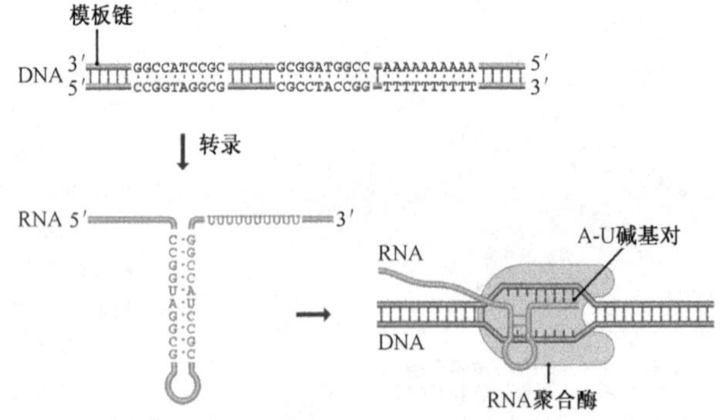


图 12.5 固有终止子介导的转录终止

模板链中的 DNA 反向回文序列转录后产生的 RNA 会形成发夹结构

上的有利性，因而降低了模板和转录物之间的相互作用，有利于解离。第二步，当随后的一系列 A 被转录为 U 后，模板和转录物之间的相互作用进一步被减弱，因为形成的 A-U 碱基对只有两个氢键，而 G-C 配对有三个氢键。最终的结果是终止比延伸更为有利。该模型易于使已知的 DNA-RNA 杂合体特性合理化，不过，交联实验的结果提供了另一种假说：在 RNA 聚合酶 β 亚基的外表面，临近 RNA 从复合体伸出的通道出口点处，有一个翼状结构，固有终止子转录产生 RNA 发夹与此翼状结构相接触（图 12.6）。尽管翼状结构离聚合酶的活性位点很远（6.5 nm），它们之间可以通过 β 亚基的一个 β 折叠片段直接相连。故此，翼状结构的移动会影响活性位点内氨基酸的定位，可能导致 DNA-RNA 碱基对的打开和转录的终止。支持该模型的证据还来自 NusA 蛋白方面的研究，经证实，NusA 蛋白能促进固有终止子介导的终止，它和发夹结构及翼状结构接触，可能使后两者间的接触更为牢固。

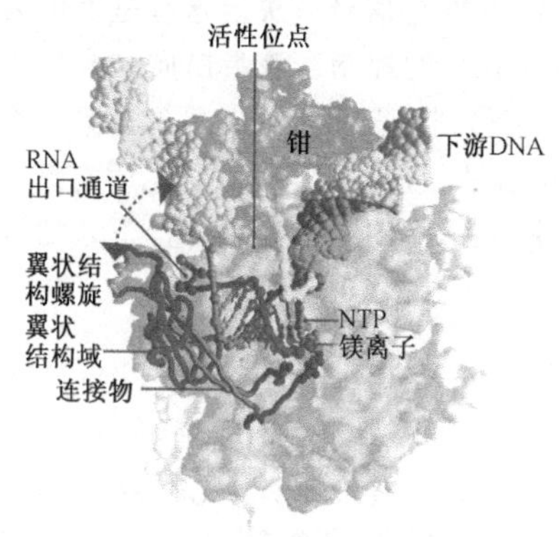


图 12.6 RNA 聚合酶表面的翼状结构能够介导转录终止

终止子区形成的 RNA 发夹结构能够与位于 β 亚基外表面、RNA 出口附近的翼状结构接触。参与组成翼状结构的 β 亚基多肽链用深蓝色表示，β 亚基的其余部分用浅蓝色表示，β′ 亚基用粉红色表示，α 亚基用白色表示，位于活性中心的镁离子用红紫色表示，三磷酸核苷酸底物用绿色表示。注意到尽管翼状结构位于聚合酶的表面，却与活性中心直接相连。因此，RNA 形成的发夹结构与翼状结构之间的相互作用就能够影响到活性中心氨基酸的定位，可能导致 DNA-RNA 之间配对的破裂，以及转录的终止。Toulokhonov *et al*. 授权（*Science*，292，730～733. © 2001 AAAS）

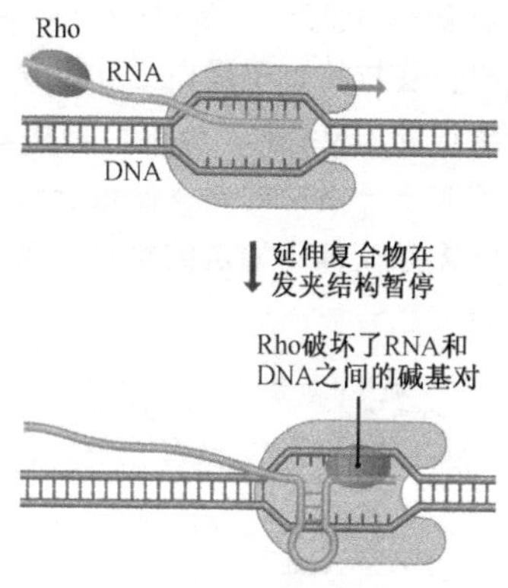


图 12.7 Rho 蛋白依赖性的转录终止

Rho 蛋白是一种解旋酶，它沿着转录出来的 RNA 运动，当聚合酶被一个发夹结构卡住时，Rho 蛋白赶上了聚合酶并打开 DNA-RNA 配对，释放转录产物。注意，此图是一张示意图，并没有反映 Rho 蛋白和 RNA 聚合酶的相对大小

细菌的第二种转录终止信号是 Rho 依赖性（Rho dependent）的。这些信号通常也有固有终止子的发夹结构，但是这种发夹结构不如前者稳定，并且模板中没有一串 A。这种终止需要一个叫做 Rho 蛋白的活性。Rho 可以结合至转录物上，沿着 RNA 向聚合酶移动。如果聚合酶持续合成 RNA，那么聚合酶一直位于 Rho 之前。但当遇到终止信号时，聚合酶停顿下来（图 12.7）。具体作用机制尚不清楚，可能与 RNA 内形成的发

夹环有关。但结果是明确的：Rho 追上 RNA 聚合酶，它是一种**解旋酶**（helicase），可以打开模板和转录物之间的碱基配对，造成转录终止。

## 12.1.2 延伸和终止的选择调控

当停顿的聚合酶在继续延伸和从模板解离终止转录两者之间做选择时，可以受到其他因素的影响吗？答案是肯定的，这是细菌 RNA 转录物合成（与转录起始相对）调节的主要方式。

### 抗终止作用忽略终止信号

第一种调节机制称作**抗终止**（antitermination）。由于这一机制的作用，RNA 聚合酶能够忽略一个终止信号继续延伸至下一个终止信号（图 12.8）。即通过 RNA 聚合酶识别或不识别操纵子末端的一个或多个基因上游的终止信号来决定这些基因的表达与否。抗终止受**抗终止子蛋白**（antiterminator protein）的控制，该蛋白质结合到操纵子开始处附近的 DNA 上，当聚合酶移动通过时，转移到聚合酶上，然后到达第一个终止信号。抗终止子蛋白的存在使聚合酶忽视了终止信号，它可能是通过抵消固有终止子使 RNA-DNA 杂交体不稳定的特性或者通过阻止聚合酶在 Rho 依赖的终止子处的停顿来完成的。

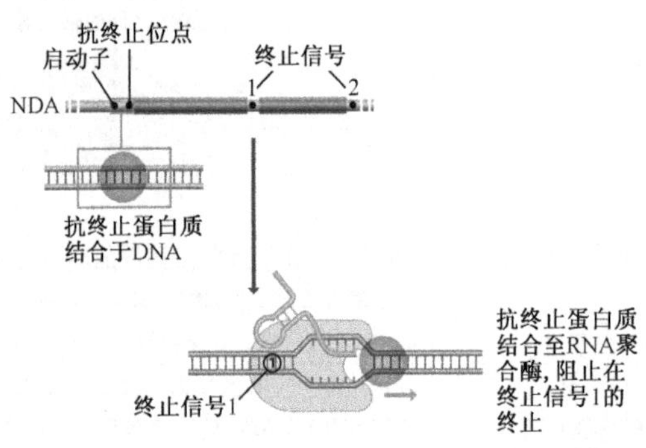


图 12.8 抗终止作用

抗终止蛋白结合于 DNA，当 RNA 聚合酶移动通过时转移至其上，随后使聚合酶通过终止信号 1 继续转录，因此该操纵子内的第二个基因可以被转录出来

尽管抗终止的机制尚不清楚，但抗终止对基因表达的影响尤其在 λ 噬菌体感染周期中的作用已经有详细描述。在进入大肠杆菌细胞后，细菌 RNA 聚合酶立即从 λ 噬菌体的两个启动子 $P_L$、$P_R$ 开始，合成两个“立即早期” mRNA 分子，分别终止于 $t_{L1}$ 和 $t_{R1}$［图 12.9（A）］。从 $P_R$ 转录到 $t_{R1}$ 的 mRNA 编码一种叫做 Cro 的蛋白质，它是 λ 噬菌体感染周期中的一种主要的调节蛋白。另一个 mRNA 分子编码 N 蛋白，它是一个抗终止蛋白。N 蛋白结合至 λ 噬菌体基因组的 *nutL* 和 *nutR* 位点，当 RNA 聚合酶通过时，N 蛋白转移至该酶上。这样 RNA 聚合酶能通过 $t_{L1}$ 和 $t_{R1}$ 终止子继续这些位点下游的转录。这时产生出 mRNA 编码的“延迟早期”蛋白［图 12.9（B）］。因此 N 蛋白控制的抗终止保证了立即早期和延迟早期蛋白在 λ 噬菌体感染周期中的适时合成。注意延迟早期蛋白之一，Q 蛋白，是另一种抗终止蛋白，控制感染周期向晚期阶段的转变。

### 衰减作用导致提前终止

细菌 mRNA 不需要经历任何明显加工：RNA 聚合酶合成的初始转录物本身即是成

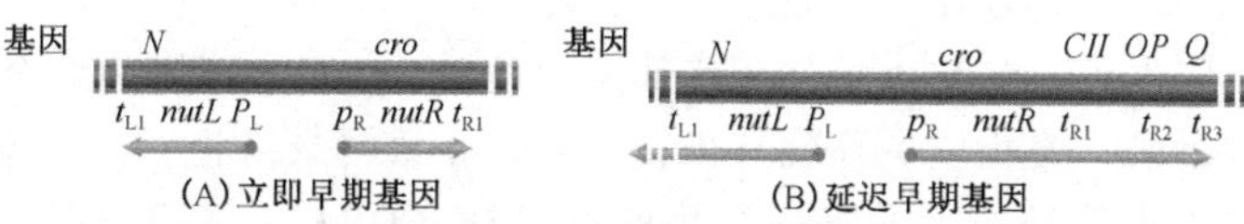


图 12.9 λ噬菌体感染周期中的抗终止作用

熟的 mRNA，而且它通常在转录完成之前就开始翻译（图 12.10）。转录和翻译同时进行为细菌提供了一种特殊的调节方式，**衰减作用**（attenuation），对于细菌 mRNA 合成的调节是至关重要的。

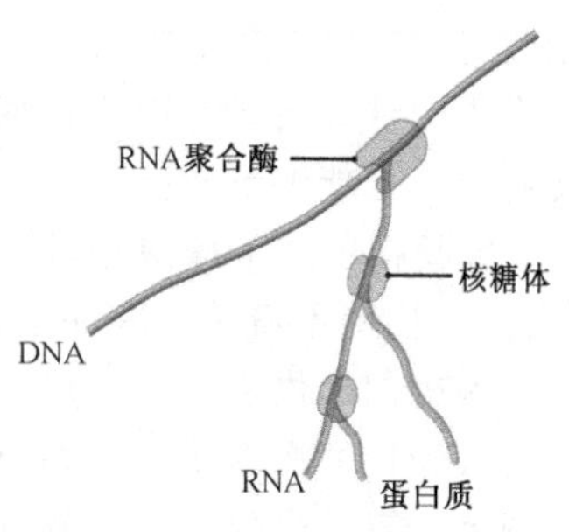


图 12.10 在细菌中，转录和翻译过程常常偶联在一起

衰减作用主要在编码与氨基酸的生物合成相关的酶的操纵子中发挥作用，但也有少数其他情况。大肠杆菌色氨酸操纵子（11.3.1 节）是一个很好的例子。在这个操纵子中，转录起始点和 *trpE* 基因起点间的区域内可以形成两种发夹环。其中较小的发夹环作为终止信号，较大的那个发夹环更靠近转录起始点，也更稳定。因为较大的发夹环和终止发夹环重叠，所以任何时候两个环中只有一个能形成。究竟哪一个发夹环可以形成，取决于它在 RNA 聚合酶和立即结合于 RNA 转录物 5′端的核糖体之间的相对位置（图 12.11）。如果核糖体暂停移动而

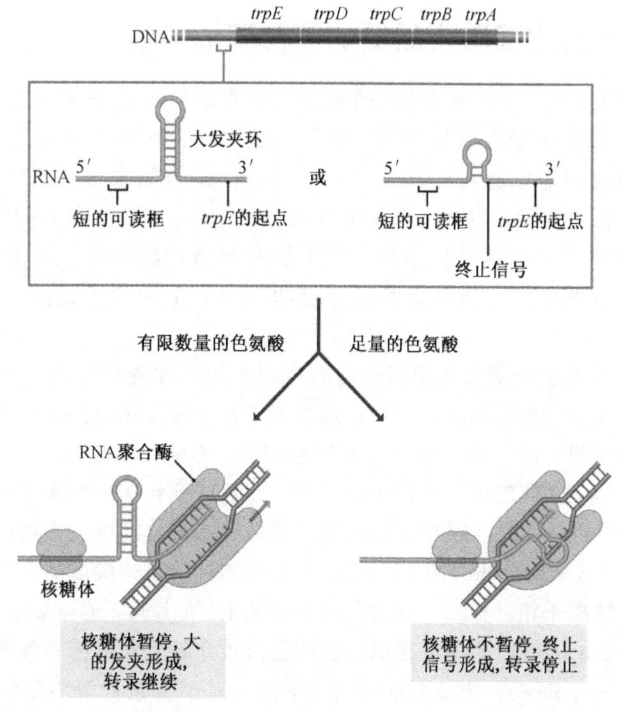


图 12.11 色氨酸操纵子中的衰减作用

跟不上聚合酶，那么就会形成较大的发夹环，转录继续进行。不过，如果核糖体紧跟在聚合酶之后，则本可以参与大发夹环茎部形成的RNA因核糖体的结合而破坏大发夹的形成，这时候，终止发夹环就有机会形成，导致转录终止。核糖体之所以能够停止是由于在终止信号的上游有一个短的可读框（ORF），编码14个氨基酸的短肽，其中包含2个色氨酸。如果游离色氨酸不足，则核糖体会停顿，但聚合酶继续进行转录。由于它的转录物包含编码色氨酸合成的基因拷贝，它的持续转录满足了细胞对这种氨基酸的需要。当色氨酸的量达到一定的水平时，衰减系统将阻止Trp操纵子的继续转录。因为核糖体在产生短肽时不会停止，而是与聚合酶步调一致，使终止信号能够形成。

大肠杆菌Trp操纵子不仅受衰减机制的调节也受阻遏蛋白的调节（11.3.1节）。我们尚不清楚衰减和阻遏是如何共同作用来调节操纵子表达的，但是一般认为阻遏机制提供基本的开启一关闭调节，而衰减机制调节基因表达的精确水平。其他的大肠杆菌操纵子，如编码His、Leu和Thr合成酶的操纵子，仅仅通过衰减机制调节。有意思的是，在别的细菌中，包括枯草芽孢杆菌，Trp操纵子归于没有阻遏系统而完全受衰减机制调节的操纵子类。在这些细菌中，衰减与否不是由核糖体在mRNA上移动的速度决定，而是由一种叫**TRAP**（trp RNA-binding attenuation protein）的RNA结合蛋白介导。当色氨酸存在时，TRAP结合到与大肠杆菌转录物上短ORF相对应的mRNA上（图12.12），这会导致终止信号的形成及转录的终止。

## 转录物降解蛋白能够防止后退的聚合酶被卡住

当停顿的RNA聚合酶沿着DNA模板链短距离回动时则发生后退（12.1.1节），使新合成的转录物的3′端与模板分离。为了防止聚合酶将来卡在这个位置上，RNA分子上与模板分离的部分必须被剪掉（图12.13）。聚合酶本身有RNA剪切的能力，但一般情况下，活性不高，因此RNA很可能会被卡住。GreA和GreB是两种转录物降解因子，这两种因子与其名称不符，并不能实际剪切转录物，而是刺激聚合酶自身的降解活性。这两种蛋白质可能是通过将活性中心中的两个镁离子重新定位而起作用的。

GreA和GreB在防止聚合酶阻滞时起的作用是最近才弄清楚的，目前没有发现它们与任何特异的调节过程有联系。然而，这些因子在发挥作用时的工作方式很有趣，提示它们可能是作为调节信号的介导因子发挥作用的。GreA和GreB的主要组成部分是两个α螺旋，这两个α螺旋由一个转角分隔开，转角序列包含一个天冬氨酸和一个谷氨酸。两个α螺旋组成一个针状结构，通过第二通道（从聚合酶的表面通向复合体内部的活性位点）插入RNA聚合酶（图12.14）。人们猜测针状结构尖端的两个酸性氨基酸与活性中心的一对镁离子相互作用，促进降解分离的RNA片段。GreA和GreB在结构上与另一种称为DksA的蛋白质非常相似，这种蛋白质介导大肠杆菌和其他细菌中的应急反应（stringent response）。当细菌遇到诸如必需氨基酸含量低等不良生长条件时应急反应被激活。为了节约资源，细菌将它的转录水平，尤其是rRNA和tRNA的转录

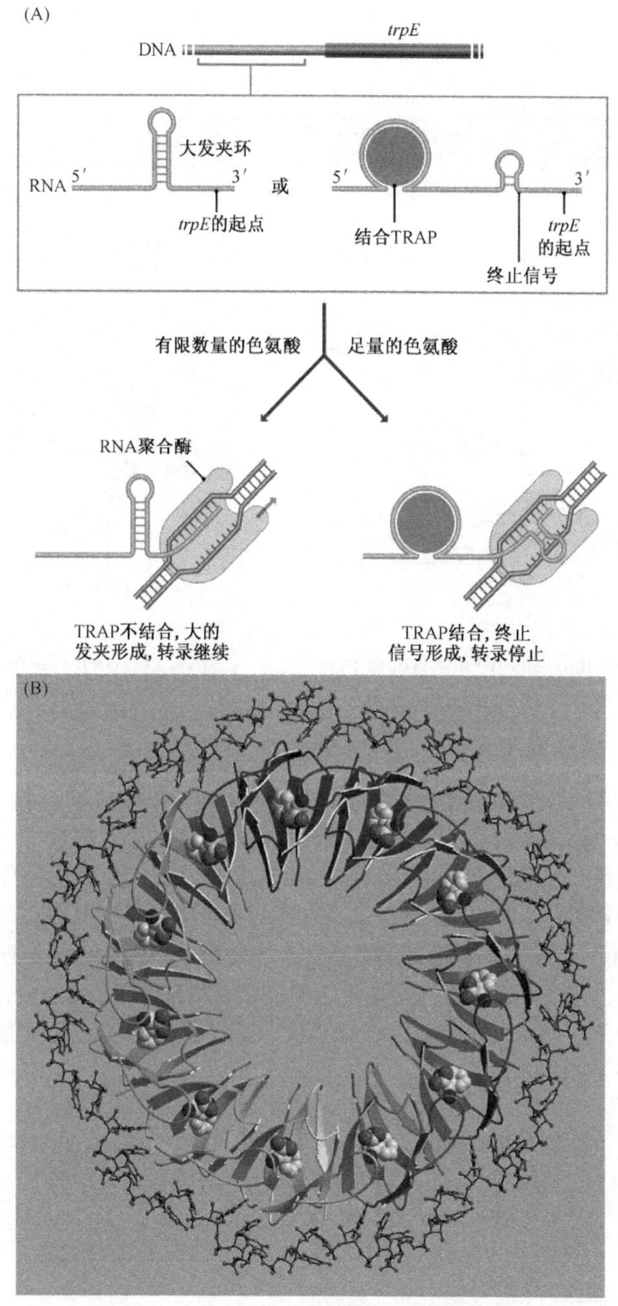


图 12.12　枯草芽孢杆菌中色氨酸操纵子的调节

（A）色氨酸的调节以 TRAP 蛋白为中心，在色氨酸含量高的时候，TRAP 可以结合到转录物的上游，阻止大发夹环结构的形成，允许终止信号的形成。请与图 12.11 相比较（译者注，原文为图 12.12，不过这样不合逻辑，现改为图 12.11）。（B）TRAP-RNA 复合体的结构。TRAP 包含 11 个相同的亚单位，每个亚单位主要由一个 β 片层组成，这些亚单位相互连接在一起形成一个直径为 8 nm 的圆形结构。TRAP 不同亚单位用不同的颜色表示，每个亚单位结合有一个用红-黄-蓝球形结构表示的色氨酸。RNA 分子用球棍结构表示，围绕在 TRAP 复合体的周围。（B）Antson 等授权［（1999），*Nature*，401，235～242］

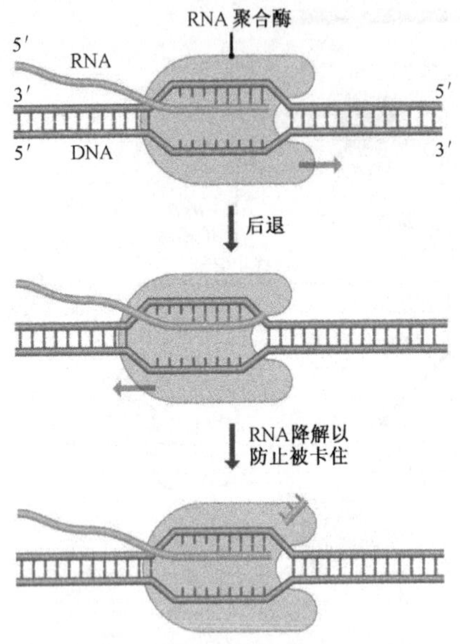


图 12.13　防止后退的 RNA 聚合酶被卡住

后退使一小段新合成的 RNA 分离。有必要将这一段 RNA 降解掉，以防止后退的 RNA 聚合酶被卡住

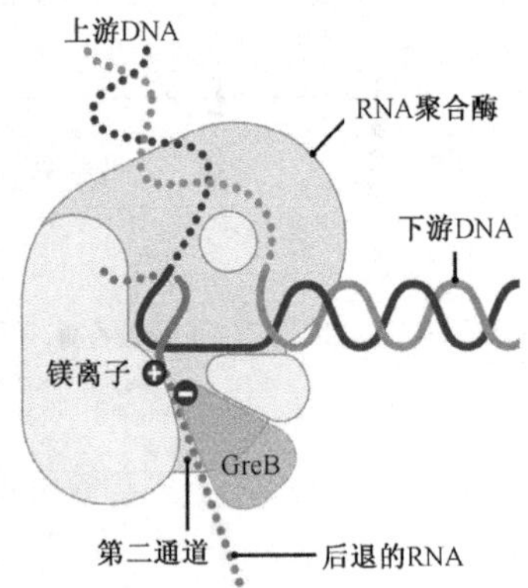


图 12.14　GreB 和细菌 RNA 聚合酶之间的相互作用

水平削减到正常的5%左右。应急反应由两种不常见的称为信号素（alarmones）的核苷酸 ppGpp 和 pppGpp 激活（图 12.15），当发生氨基酸饥饿时，就会由 RelA 蛋白合成。DksA 和它们一起协同工作来关闭转录。上述过程的运行机制如何还停留在猜想的阶段，但是 DksA 和 GreA 和 GreB 机制上的相似性提示，DksA 也像转录物降解因子一样，将它自己的针状结构插入到聚合酶上的第二通道中，利用尖端的两个酸性氨基酸(两个天冬氨酸)，在 DksA 尖端与活性中心的镁离子相互作用来影响转录。一个新近提出的模型为信号素提供了一个直接的作用模式，此设想猜想 ppGpp 可能会进入第二通路，参与镁离子的相互作用。

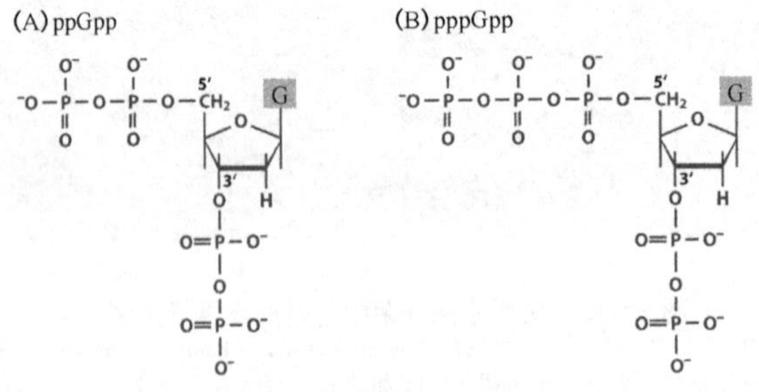


图 12.15　ppGpp 和 pppGpp 的结构

请与图 1.4 所示的标准核苷酸结构相比较

在应急反应中，确切是转录的哪一步受到了抑制还不知道，有些证据指向转录起始阶段的事件，而另外一些结果提示聚合酶停顿才是靶标。无论如何，要点是由于 DksA 在这一过程中的调节作用，提示与之作用方式上非常相似的 GreA 和 GreB 可能也参与其他未知的机制来调节细菌的 RNA 合成。

## 12.1.3 细菌 RNA 的加工

在 1.2.3 节中，我们了解到绝大多数的 RNA 分子都是以前体的形式转录出来，在它们在细胞内行使功能之前都必须经过加工的过程。细菌的 mRNA 是一个例外，蛋白质编码基因的初始转录产物就是有功能的 mRNA，可以立即翻译（图 12.10）。与 mRNA 不同，细菌的 tRNA 和 rRNA 先转录成为 RNA 前体，经过一系列的剪切和化学事件后才变成有功能的 RNA。

### 剪切事件从 tRNA 和 rRNA 前体中释放成熟的 rRNA 和 tRNA

细菌合成三种不同的 rRNA，分别称为 5S rRNA、16S rRNA 和 23S rRNA，它们的名称指明了在沉降分析中测量的分子大小（技术注解 7.1）。编码这三个 rRNA 的基因常常连接成为一个转录单位（这种转录单位常常以多拷贝出现，如在大肠杆菌中有 7 个拷贝），所以前体 rRNA 包含有三种 rRNA，因此需要通过切割来释放成熟的 rRNA。切割是由核糖核酶 III、P 和 F 来进行的，剪切发生在前体 rRNA 不同部分之间的碱基配对而形成的双链区域（图 12.16）。接下来的末端由核糖核酸酶 M16、M23 和 M5 的外切核酸酶活性修剪，从而产生成熟的 rRNA。

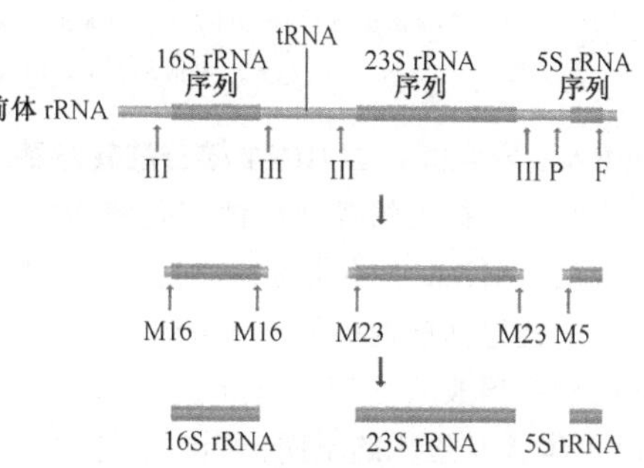


图 12.16 大肠杆菌中前体 rRNA 的加工

注意在前体 rRNA 中，16S 和 23S 之间存在一个 tRNA 序列。此 tRNA 按图 12.17 所示进行加工

tRNA 编码基因散布在细菌基因组中，有些单独存在，有些以串联形式存在于多 tRNA 转录单位中。在某些细菌中，tRNA 基因也掺入 rRNA 基因转录单位中，在大肠杆菌中就是如此，大肠杆菌有 7 个 rRNA 转录单位，在每个转录单位中的 16S 和 23S 之间存在一个或两个 tRNA 基因（图 12.16）。所有的 tRNA 都以大致类似的方式被加工。图 12.17 中所示的是大肠杆菌中的前体 $tRNA^{Tyr}$ 分子。前体 tRNA 中的 tRNA 序列呈三叶草形（图 13.2），两侧各有一个附加的发夹结构。开始，核糖核酸酶 E 或者 F 在 3′端的发夹结构的上游切割，形成一个新的 3′端，然后具有外切酶活性的核糖核酸酶 D，从新的 3′端上切割下 7 个核苷酸，随后暂停，等待核糖核酸酶 P 切除 5′端的发夹结构后再从 3′端移除两个核苷酸，从而产生成熟 tRNA 的 3′端。所有成熟 tRNA 的 3′端都必须是 5′-CCA-3′。$tRNA^{Tyr}$ 的前体 tRNA 中就含有 CCA，而且并没有被核糖核酸酶 D 移除，但在其他一些前体 tRNA 中不存在 CCA 序列，或者虽然存在却被加工移除。当前体的 3′端由称为核糖核酸酶 Z 切割形成时，核糖核酸酶 Z 会将三叶草结构紧邻第一个碱基对的地方切割（图 12.17），因此会切除包含末端 CCA 的序列。当 CCA 缺失时，只能以一种或多种不依赖于模板

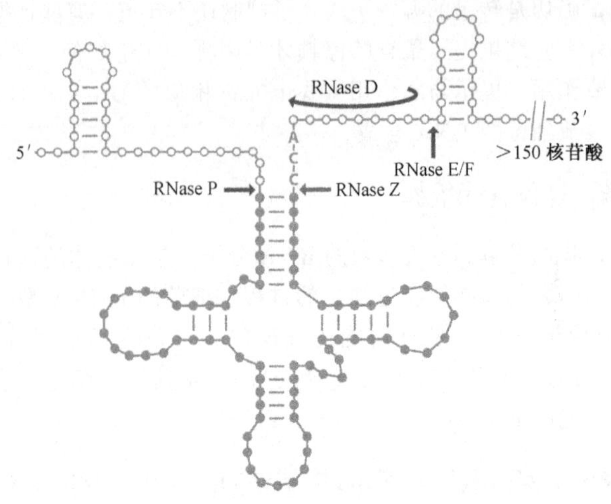


图 12.17　大肠杆菌中前体 tRNA 的加工

图中所示的是 $tRNA^{Tyr}$的加工。其他 tRNA 被 RNase Z 切割后产生的部分以箭头表示。缩写：RNase，RNA 聚合酶

的 RNA 聚合酶，如 **tRNA 核苷酸转移酶**（tRNA nucleotidyltransferase）来添加。

在以上提到的各种核糖核酸酶当中，核糖核酸酶 P 相当特别，因为它的亚基中有一个是由 RNA 而不是蛋白质构成。参与 RNA 加工的酶中，有好几种具有 RNA 亚基，这其中就包括核糖核酸酶 MRP，它是一种与核糖核酸酶 P 合作加工真核细胞 rRNA 前体的核糖核酸酶（12.2.4 节）。这种杂合的蛋白质-RNA 酶可能是 RNA 世界的痕迹，RNA 世界是进化的早期，当时生物学反应是以 RNA 为中心进行的（18.1.1 节）。

## 核苷酸的修饰扩展了 rRNA 和 tRNA 的化学性质

前体 RNA 加工的最后一种类型是对 RNA 上的核苷酸进行化学修饰。rRNA 和 tRNA 都会发生这种修饰。在不同的前体 RNA 可以发生广泛的化学修饰：目前已知超过 50 种（图 12.18）。大部分的化学修饰直接发生在 RNA 中已经存在的核苷酸上，但是辫苷和丫苷例外，它们切除一个完整的核苷酸并以修饰核苷酸代替。

大部分的罕见核苷酸最初是在 tRNA 中发现的，在 tRNA 中大约有 1/10 的核苷酸经过修饰。这些修饰被认为介导酶识别不同的 tRNA（13.1.1 节），从而将氨基酸连接到 tRNA 分子上，修饰还可以增加 tRNA 与密码子之间的相互作用的范围，使一种 tRNA 能够识别一种以上的密码子（13.1.2 节）。我们已经知道了有很多的酶能催化核苷酸修饰，但对于修饰过程是如何进行的知道的相对少得多。人们猜测这些酶是通过 tRNA 内部碱基配对结构的特征来确定合适的待修饰核苷酸。

rRNA 以两种方式进行修饰：将甲基加到核苷酸糖基的 2′-OH 上和将尿嘧啶转变成假尿嘧啶（图 12.18）。在一种 rRNA 的所有拷贝的相同位置上发生相同的修饰，这些被修饰的核苷酸的位置在不同的种属中具有某种程度的相似性，甚至修饰的方式在原核和真核细胞中也很相似，尽管原核细胞 rRNA 的修饰不如真核细胞多见，修饰的功能也不清楚，但是大多数修饰发生在对于这些 RNA 在核糖体中的活性至关重要的部分

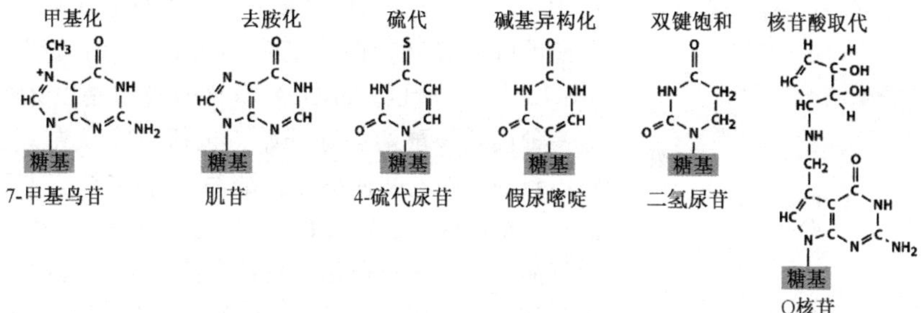


图 12.18　发生在 rRNA 和 tRNA 核苷酸上的化学修饰例举

甲基化是指在碱基或糖上加上一个或多个—$CH_3$基团。脱氨基是指从碱基上去掉一个氨基(—$NH_2$)：次黄嘌呤就是腺嘌呤的脱氨基形式。硫取代是指以硫基替代氧。碱基异构是当碱基环内原子的换位时产生，如尿嘧啶异构为假尿嘧啶。双键饱和是指将双键变为单键，如尿嘧啶双键饱和转变为双氢尿嘧啶。核苷酸取代是指以新的核苷酸取代原有的核苷酸，如 Q 核苷（queosine）

（13.2.1 节）。例如，修饰的核苷酸可能参与由 rRNA 催化的肽键的形成。在真核生物中存在一个复杂的复合体用于 rRNA 的修饰（12.2.5 节），但在细菌中却不存在这一系统。在细菌中，rRNA 的修饰是直接由识别含有待修饰核苷酸 RNA 区域的特定序列和（或）结构的酶来完成的。同一区域的一次修饰常常修饰两个或以上的核苷酸。因此，细菌 rRNA 的修饰很类似于细菌和真核生物中 tRNA 的修饰。

## 12.1.4　细菌 RNA 的降解

到目前为止本章讲述的主要是 RNA 的合成。而 RNA 的降解同样重要，尤其是 mRNA 的降解，因其在细胞内的存在与否决定细胞合成哪些蛋白质。因此，特异性 mRNA 的降解是调节基因组表达的一种强力的（手段）方式。

一条 mRNA 分子降解的速率可以通过它的半衰期来估计。据估算在生物体之间或一种生物内部，mRNA 降解的速率差异较大。细菌 mRNA 通常很快降解，其半衰期一般不超过几分钟，反映了增殖活跃（更新一代约需 20 min）的细菌中蛋白质合成谱的迅速变化。真核细胞 mRNA 的寿命较长，平均来说，酵母 mRNA 的半衰期是 10～20 min，哺乳动物是几个小时。

### 细菌 mRNA 按 3′→5′方向降解

通过研究延长了 mRNA 半衰期的突变菌株，已确认了一批涉及 mRNA 降解的核酸酶及其他 RNA 降解酶。包括：

- 核糖核酸酶 E 和核糖核酸酶 III，在 RNA 分子内形成切口的内切核酸酶。
- 核糖核酸酶 II，按 3′→5′方向去除核苷酸的外切核酸酶。
- PNPase，多核苷磷酸酶，也从 mRNA 的 3′端依次去除核苷酸，但和真正的核酸酶不同的是它需要无机磷酸盐作为辅助底物。

细菌中尚未分离到可按 5′→3′方向降解 RNA 的酶。由此让人猜想细菌中 mRNA 主要的降解过程可能就是从 3′端去除核苷酸。但在通常情况下这似乎不可能，因为绝大多数 mRNA 的 3′端都有发夹结构，即引发转录终止的同一发夹（图 12.5 和

图 12.7)。该发夹结构阻滞了核糖核酸酶 II 和多核苷磷酸酶的降解作用，防止它们向 mRNA 的编码区接近(图 12.19)。所以，mRNA 降解的模型是以 3′端区的被一种内切核酸酶去除开始，包括去除发夹，从而暴露出新的末端，并使核糖核酸酶 II 和多核苷磷酸酶由此进入编码区，破坏 mRNA 的功能活性。多聚腺苷酸化可能起到一部分作用。虽然，poly（A）最初被认为是真核生物 mRNA 的特征（12.2.1 节），但从 1975 年以来已知许多细菌转录物在其存续的某一阶段是有 poly（A）尾的，不过降解的极快。目前，不清楚是否多聚腺苷酸化是发生在某一 mRNA 降解之前的，或者是发生在降解开始后的不同中间阶段。

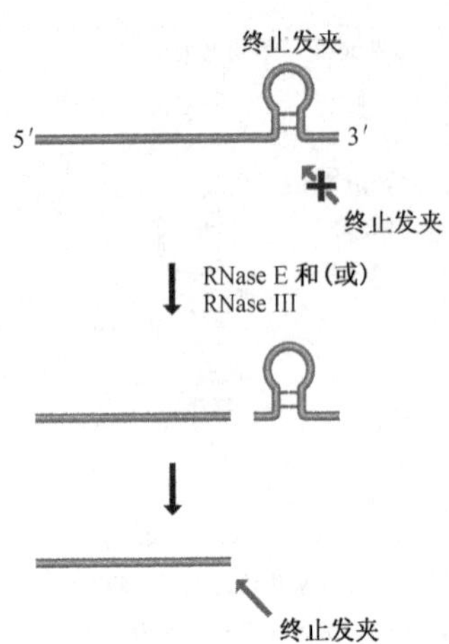


图 12.19　细菌 RNA 的降解

终止发夹阻碍了 RNase II 和 PNPase 的核酸外切酶活性，只有经内切核酸酶活性［RNase E 和（或）RNase III］切去终止发夹后降解才能进行

细胞中，RNase E 和 PNPase 位于一个叫做**降解体**(degradosome）的多蛋白质复合体中，后者的组分还包括一个 RNA 解旋酶，可能通过使 RNA 茎环结构的双链茎部打开而有助于降解。rRNA 的片段时常和降解体共纯化，说明降解体可能涉及 rRNA 和 mRNA 的降解。不过降解体的确切作用尚不清除，而且一部分研究者还怀疑降解体的存在，他们指出那些没有明显参与 mRNA 降解过程中的蛋白质，如参与糖酵解的烯醇酶，似乎亦是降解体的组分。说明降解体可能是从细菌细胞抽提蛋白质时产生的人为假象。在我们的认识中仍有一个难于跨越的屏障，就是降解通过何种途径来确定靶 mRNA 的特异性。我们知道 mRNA 降解有特异性，因为发现在细菌中若干类基因的调控涉及了 mRNA 降解，如大肠杆菌中编码胞体表面菌毛蛋白的 *pap* 操纵子。不幸的是调控过程是如何进行的仍是个谜。

# 12.2　真核细胞 RNA 的合成和加工

原核和真核细胞的转录在最基本的层面上是非常相似的。RNA 聚合反应的化学机制在所有的生物中是相同的。三种真核细胞 RNA 聚合酶中的每一种在结构上都与大肠杆菌的 RNA 聚合酶相似，而且它们的三个最大的亚基相当于细菌酶中的 α、β、β′亚基，这意味着真核细胞 RNA 聚合酶与其模板 DNA 以及 RNA 转录产物之间的结合，就如 X 射线晶体学和交联研究所揭示的，与细菌极为相似（12.1.1 节），并且“转录是通过延伸和终止之间的竞争分步进行的”这一基本原则也同样适用于真核细胞。

## 12.2.1　由 RNA 聚合酶 II 进行真核生物 mRNA 的合成

尽管有这些共同之处，但总起来看，细菌和真核细胞 mRNA 合成的全过程还是存在着很多不同之处。最明显的区别是转录中真核细胞 mRNA 在转录时被加工的程度。在细菌中，蛋白质编码基因的转录物不被加工，原始转录物即是成熟 mRNA。相反，所有的真核细胞 mRNA 都有一个加到 5′端的帽子结构，大部分还有加到 3′端的多聚腺苷酸尾，许多前 mRNA 还包含内含子，因而需进行剪接，另外少数 mRNA 要进行 RNA 编辑。"加帽"的功能已经被了解，但多聚腺苷酸化的原因仍然是个谜。对于剪接和编辑，已经清楚这些事件的成因（前者将阻止 mRNA 翻译的内含子除去，后者改变 mRNA 的编码特性），但这些机制进化的原因尚不清楚。为什么基因首先要有内含子？为什么要编辑 RNA 而不是在 DNA 中编码所需要的序列？

真核细胞 mRNA 边合成边加工，转录一开始即加帽，转录仍在进行时剪接和编辑就开始了，而多聚腺苷酸化是 RNA 聚合酶 II 终止机制固有的一部分。因为有太多不同的事件需要同时描述，所有这些过程放到一起处理易引起混乱，因此我们将把 RNA 编辑放到本章的最后介绍，因为它具有与 rRNA 和 tRNA 加工中的化学修饰相似的方式。我们将在研究了加帽、延伸和多聚化反应之后再讨论有关剪接的问题。

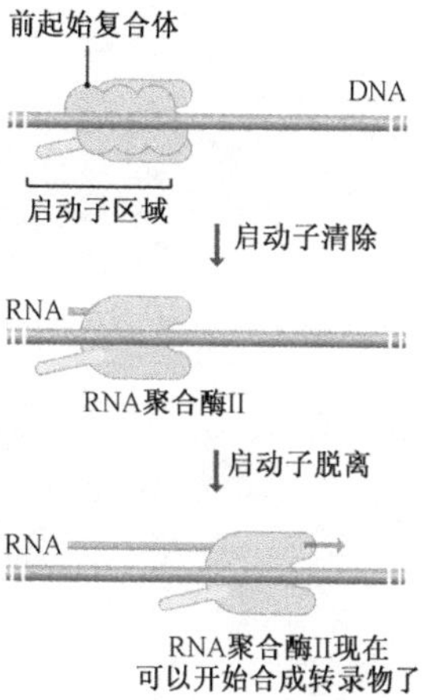

图 12.20　启动子清除与启动子脱离

启动子清除指由前起始复合体向一个已经开始合成 RNA 的复合体过渡；启动子脱离是聚合酶脱离启动子区域开始产生转录物。注意图中仅为示意，并不反映合成转录物的 RNA 聚合酶 II 复合体的形状或亚基组成

## 在转录起始之后，RNA 聚合酶 II 转录物的加帽反应立即发生

虽然，真核生物中 mRNA 编码基因的转录起始阶段最后一步是 RNA 聚合酶 II 的最大亚基 C 端结构域（CTD）发生磷酸化（11.2.3 节），但紧接其后的并非就是延伸的起始。在面对那些区分**"启动子清除"**（promoter clearance）与**"启动子脱离"**（promoter escape）的事件时，还存在一些理解上的灰色地带。启动子清除是指由前起始复合体向一个已经开始合成 RNA 的复合体过渡；启动子脱离是聚合酶脱离启动子区域开始产生转录物（图 12.20）。正、负延伸因子相反的效应会影响聚合酶开始合成有效 RNA 的起始能力。如果负性因子占主导地位，则在聚合酶尚未移动到离转录起点 30 个核苷酸以外时，转录即中断。所以，启动子脱离会成为一个重要的调控点，但是尚不知道此阶段的调控是如何进行的。

成功的启动子脱离同加帽过程是相关联的，加帽会在转录物达到 30 个核苷酸长度以前完成。加帽的第一步是加一个附加的鸟苷酸到 RNA 的 5′端，它不是通过正常的 RNA 聚合反应，而是通过末端核苷酸的 5′三磷酸与 GTP 的三磷酸之间的反应完成。末端核苷酸的 γ-磷酸（最外面的磷酸）和 GTP 的 β 和 γ 磷酸被去除，形成一个 5′-5′键（图 12.21）。该反应被**鸟苷转移酶**（guanylyl transferase）催化。第二步反应是在**鸟苷酸甲基转移酶**（guanine methyltransferase）的催化下将一个甲基加到鸟嘌呤环的 7 位 N 原子上，使鸟嘌呤变成 7-甲基鸟嘌呤。这两种酶与 CTD 有接触，它们可能都是启动子清除时 RNA 聚合酶 II 复合物的内在成分。

这种 7-甲基鸟嘌呤结构叫做 0 型帽子，是酵母中最常见的形式。另外在较高等的真核生物中会发生更多的修饰（图 12.21）。

• 第二个甲基取代第二个核苷酸的 2′—OH 上的 H，称 **1 型帽子**（type 1 cap）。

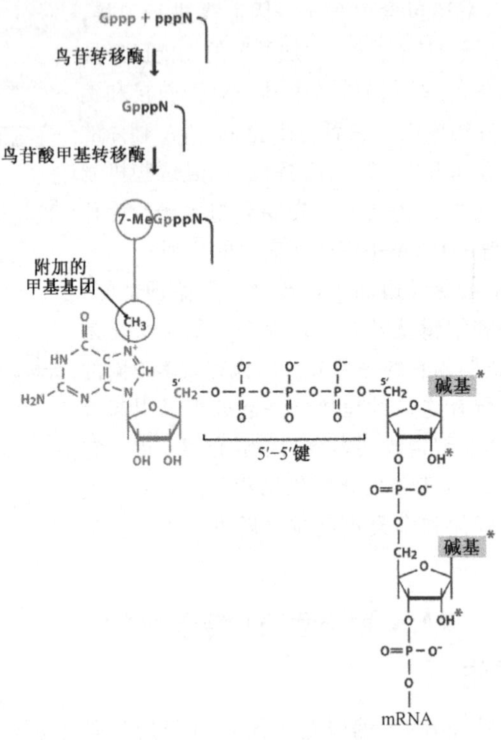


图 12.21 真核 mRNA 加帽

图中上半部分说明的是加帽反应。一个 GTP 分子（Gppp）与 mRNA 的 5′端反应形成一个三磷酸键。然后末端 G 的第 7 位 N 原子被甲基化。下半部分显示的是 0 型帽子的化学结构，星号显示的是在 1 型和 2 型帽子结构中可能发生甲基化的位置

- 如果第二个核苷酸是 A，则甲基可能加到 A 的 6 位 N 原子上。
- 第三个核苷酸的 2′—OH 也可能加上甲基，形成 **2 型帽子**（type 2 cap）。

RNA 聚合酶 II 催化合成的所有 RNA 都以某种方式加帽。这意味着与 mRNA 相同，由该酶转录的 snRNA 也被加帽（表 11.3）。帽子结构对于 snRNA 和 mRNA 从核中运出可能也是重要的（12.2.7 节），但研究得最清楚的是它在 mRNA 翻译中的作用，这一点我们将在 13.2.2 节中介绍。

## 真核细胞 mRNA 的延伸

如上所述，细菌和真核细胞中转录延伸过程基本上是相同的。一个主要的区别是形成的转录物的长度。最长的细菌基因只有几个 kb，在几分钟之内就能被转录，细菌 RNA 聚合酶的转录速度是每分钟几百个核苷酸。相反，尽管真核细胞 RNA 聚合酶 II 每分钟能合成 2000 个核苷酸，但它需要数小时才能转录一个基因，这是因为在许多真核细胞基因中存在多个内含子（12.2.2 节），因而被转录的 DNA 相当长。例如，人 dystrophin 基因的前体 mRNA 长 2400 kb，它的合成需 20 h。

由于真核细胞基因非常长，因而需要转录复合物保持稳定。RNA 聚合酶 II 本身不能满足这一要求。当在体外应用纯化的酶进行催化反应时，因为酶经常在模板上暂停或

有时会完全停止，所以它的聚合速度小于每分钟 300 个核苷酸。在细胞核中聚合酶在通过了启动子之后，与转录起始阶段的转录因子脱离接触，而与一系列的**延伸因子**（elongation factor）结合，这些延伸因子使上述暂停和完全停止减少。已经有 13 种延伸因子研究得比较清楚（表 12.1）。研究者通过突变效应破坏某个因子活性的研究展示了它们的重要性。例如，CSB 的失活，导致以发育缺陷为特征的 Cockayne 综合征，如智力发育迟滞。ELL 的破坏导致急性髓系白血病。

**表 12.1　哺乳动物 RNA 聚合酶 II 作用过程中的延伸因子例举**

| 延伸因子 | 功　能 |
| --- | --- |
| TFIIF、FCSB、ELL、Elongin | 这些因子抑制转录通过链内碱基配对(如发夹环)的位置时发生 RNA 聚合酶 II 的“暂停” |
| TFIIS | 防止“阻留”(延伸的完全停止) |
| FACT | 被认为可通过修饰染色质来协助延伸 |

细菌和真核生物转录延伸的另一个区别是，RNA 聚合酶 II 和其他的真核 RNA 聚合酶必须跨过与正在转录的模板 DNA 相接触的核小体结构。很难想象聚合酶怎样才能通过一个围绕核小体的 DNA 区域延伸转录物（图 7.2）。以某种方式能修饰染色质结构的延伸因子提供了可能解决这一个问题的答案。哺乳动物延伸因子 FACT 被认为能与组蛋白 H2A 和 H2B 相互作用，可能影响核小体定位。还有其他一些因子相关的相互作用也已被基本确认。酵母拥有一个因子叫做**延伸子**（elongator）。因为该因子中的一个亚基具有乙酰转移酶活性，所以它被认为有可能在染色质修饰中起作用。不过，在哺乳动物中尚未发现该因子复合体的类似物。一个引人注目的问题：是否开始转录某个基因的首个聚合酶是“先驱者”，它有一个特殊的延伸因子协助其打开染色质结构，然后标准的聚合酶复合体利用先驱者引起的有利变化完成后续转录。

## mRNA 合成的终止与多聚腺苷酸化同时进行

绝大多数真核细胞 mRNA 的 3′端都有约 250 个腺苷酸。这些腺苷酸并不是由 DNA 编码的，而是通过模板非依赖的 RNA 聚合酶 **poly（A）聚合酶**［poly（A）polymerase］加到转录物上的。这种聚合酶并不直接作用于转录物的 3′端，而是在其内部切割产生一个新的 3′端，然后加上 poly（A）尾。

多聚腺苷酸化的基本特征现已了解。在哺乳动物中多聚腺苷酸化受 mRNA 中的一个 5′-AAUAAA-3′信号序列的指导。这一序列位于多聚腺苷酸化位点上游 10～30 个核苷酸处，其前面经常是由两个核苷酸组成的结构 5′-CA-3′，后面是富含 GU 的 10～20 个核苷酸。Poly（A）信号序列和富含 GU 的区域是两种多亚基蛋白质复合物**切割和多聚腺苷酸化特异因子**（cleavage and polyadenylation specificity factor，CPSF）以及**切割刺激因子**（cleavage stimulation factor，CstF）的结合位点。Poly（A）聚合酶和至少两种其他的蛋白质因子必须与已经结合至 RNA 的 CPSF 和 CstF 相结合，多聚腺苷酸化才能发生（图 12.22）。这些因子包括**多聚腺苷酸结合蛋白**（polyadenylate-binding protein，PADP）（译者注：应为 PABP），它帮助聚合酶添加腺嘌呤，可能对合成的 poly（A）尾的长度有影响，而且可能在 poly（A）尾合成之后的维持过程中发挥作用。

在酵母中转录物的信号序列稍有不同，但是蛋白质复合物与哺乳动物中的类似，而多聚腺苷酸化可能以相似的机制进行。

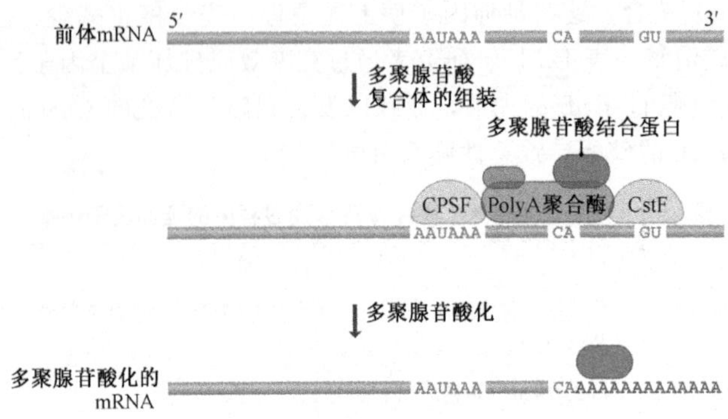


图 12.22 真核 mRNA 的多聚腺苷酸化

这只是个图示，并不说明不同蛋白质复合物的相对大小、形状以及它们的准确定位。如图所示，CPSF 和 CstF 分别结合于 5′-AAUAAA-3′和 GU 富集序列。注意“GU”是指富含 GU 的序列，而不是二核苷酸 5′-GU-3′

多聚腺苷酸化一度被认为是一种“转录后”事件，最近观点认为是它 RNA 聚合酶 II 转录终止机制本身固有的一部分。已知，CPSF 可与 TFIID 相互作用并在转录起始阶段被募集到聚合酶复合体。CPSF 随着 RNA 聚合酶 II 在模板上移动，只要多聚腺苷酸信号序列一被转录，CPSF 就会与之结合，开始多聚腺苷酸反应（图 12.23）。CPSF 和 CstF 都可与聚合酶 CTD 形成接触。据推测，当找到多聚腺苷酸信号序列后，上述的接触会发生变化，而这些变化会使延伸复合体特性改变以便在连续的 RNA 合成后顺利的终止。所以，多聚腺苷酸信号序列一旦转录完成，转录很快就停止了。

即使多聚腺苷酸化可以被看作终止过程固有的一部分，这也并不能解释为什么必须加一个 poly（A）尾到转录物上。对于 poly（A）尾的功能已经研究了多年，但对多种

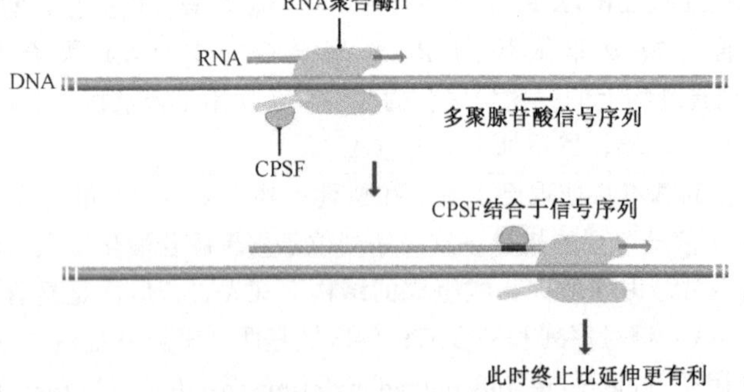


图 12.23 多聚腺苷酸化与 RNA 聚合酶 II 转录终止的联系

图示 CPSF 与 RNA 聚合酶 II 转录延伸复合体结合。只要多聚腺苷酸信号序列一被转录，CPSF 就会与之结合。随即 CPSF 与聚合酶 CTD 接触会发生变化使转录物倾向终止而不是延伸。注意图为示意，并不排除 CstF 也是延伸复合体成员之一的可能性。本图虽然显示了 CPSF 离开复合体以结合多聚腺苷酸信号序列，然而事实上在多聚腺苷酸化过程中它可能保持了与 RNA 聚合酶 II 的接触

假设都没有令人信服的证据。这些假设包括：影响 mRNA 的稳定性，但因为某些稳定的转录物只有很短的 poly（A）尾，所以这一假设的可能性不大。另一种假设是它可能在翻译起始中发挥作用。研究表明在细胞周期中蛋白质合成较少的阶段，poly（A）聚合酶受到抑制。这一发现支持后一假设。

对多聚腺苷酸化作用的最终解释必须考虑到不是所有的真核生物的 mRNA 都包含 poly（A）尾。尽管没有 poly（A）尾的 mRNA 只是一小部分，但其中却包含几个非常重要的成员，最重要的就是组蛋白的 mRNA。和有 poly（A）尾的 mRNA 一样，没有 poly（A）尾的 mRNA 的 3′端是通过在初始转录产物上的特定位点发生切割事件产生的，但是切割信号以及参与的蛋白质都存在显著差异。在这些转录物中存在着两种切割信号，第一种在编码区的下游形成发夹结构［图 12.24（A）］。这个发夹的茎总是由 6 个碱基对组成，环由 4 个核苷酸组成，发夹的空间构象对于成功的切割很重要，但确切的序列可以有很多变化。第二种信号由位于发夹结构下游 12 个核苷酸的 9 核苷酸序列组成（共有序列为 5′-CAAGAAAGA-3′），这一序列和 U7-snRNA 的一部分配对［图 12.24（B）］，U7-snRNA 是小核 RNA 家族的一员，这个家族的成员参与到各种与 RNA 加工有关的反应中，也包括下一节我们将要介绍的内含子剪接。发夹环蛋白对碱基间的配对有稳定作用，切割发生在发夹下游 4 或 5 个核苷酸处。这一切割究竟是如何发生的尚不十分清楚：因为还没有发现此类终止信号活性所需的蛋白质。

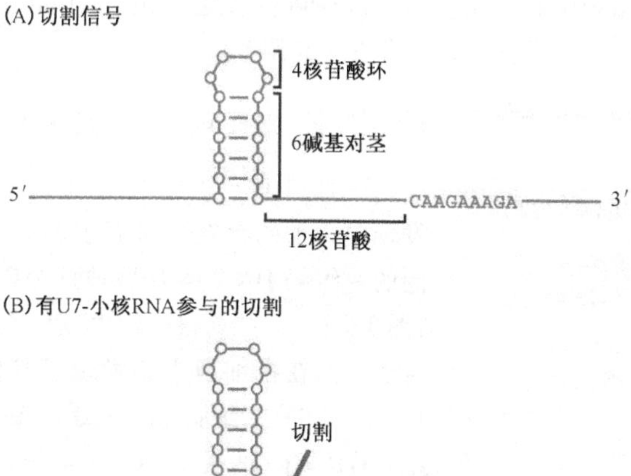


图 12.24　组蛋白 mRNA 3′端的加工

（A）组蛋白 mRNA3′端的结构，图中显示的是发夹环和 9 核苷酸共有序列。（B）共有序列的一部分与 U7-snRNA 的一部分配对，配对被发夹环结合蛋白稳定（图中并未显示），一种未知蛋白质在发夹结构的下游 4 或 5 个核苷酸处切割

## 真核生物 mRNA 合成的调节

当我们研究细菌 mRNA 的合成时，我们发现很多过程是通过调控转录延伸/终止的过程来对基因组的表达水平施加控制的（12.1.2 节）。但是在真核生物中却很难看到相同的机制，以我们目前的观点（11.3.2 节），真核生物的转录调节主要集中在转录的起

始阶段，而不是在 mRNA 合成的延伸和终止阶段。

值得一提的有三种调节机制。首先，一种 RNA 聚合酶 II 延伸因子，称为 TFIIS，虽然它的结构和我们在 12.1.2 中提到的细菌 Gre 蛋白有明显的区别，但它们的作用方式却很相似，都是以针状结构通过第二通道插入 RNA 聚合酶的活性中心。这样 TFIIS 就像 GreA 和 GreB 一样，能够通过降解 RNA 的游离 3′端使被卡住的 RNA 聚合酶重新工作。在 12.1.2 节中我们已指出，尽管到目前为止没有发现 Gre 蛋白的特异性调节功能，但降解游离 RNA 的作用是可能的，此结论也适用于 TFIIS。

第二种对真核生物转录过程中延伸还是终止的调节机制以对 RNA 聚合酶 II 的 CTD 磷酸化状态的调节为中心。在转录起始阶段，CTD 内重复序列中的丝氨酸的磷酸化可以激活聚合酶并促进启动子清除。这提示，一个处于磷酸化状态的 CTD 对于有效的 RNA 合成是必需的（11.2.3 节）。不过已观察到在转录的过程中，CTD 磷酸化状态并不是固定不变的，提示这种状态的改变可能有助于调节转录过程。已经发现几种激酶蛋白可以磷酸化 CTD，至少有三种磷酸酶还可以催化反向的过程，即将 CTD 去磷酸化。因此，在生物中确实存在着能够调节 CTD 磷酸化状态的机制，但是 CTD 磷酸化状态是如何调节转录过程的仍然未知。

最后，有越来越多的证据证明，mRNA 的多聚腺苷酸化也是真核生物中的重要调节机制。很多真核生物基因含有多个加尾信号，这就意味着转录终止可以发生在不同位点，这时转录出的转录物有着相同的编码信息，但是却有不同长度的尾巴。不同的加尾信号可能在不同的组织中起作用，揭示这种**可变加尾**（alternative polyadenylation）可能对基因组表达的组织特异性转录谱有重要的调节作用。

## 12.2.2 核前体 mRNA 的内含子剪切

一直到 1977 年 DNA 测序应用到真核基因时才发现内含子的存在，从而了解到许多基因包含着不同的将编码 DNA 各片段彼此分隔开的“插入序列”（图 12.25）。在真核生物中发现了 7 种不同类型的内含子，而在古细菌中还发现了其他形式内含子（表 12.2）。在真核细胞蛋白质编码基因中发现的两种类型：GU-AG 和 AU-AC 内含子将在本节中予以介绍；其余类型将在以后各节中介绍。

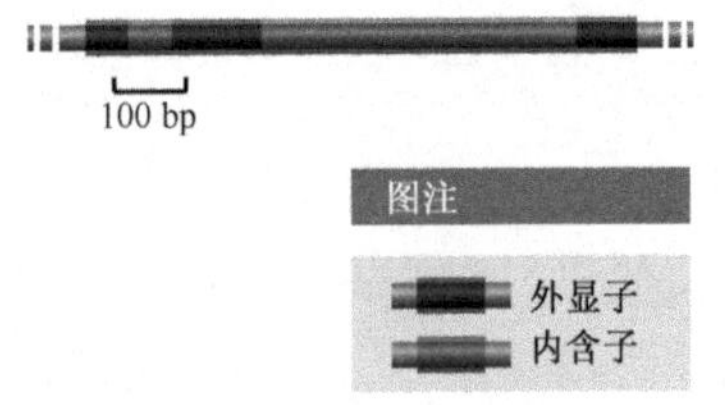


图 12.25　内含子

人 β-珠蛋白基因结构。这一基因长 1423 bp，包含两个内含子，一个长 131 bp，另一个长 851 bp，总共占基因全长的 69%

**表 12.2　内含子的类型**

| 内含子的类型 | 发现的位置 |
| --- | --- |
| GU-AG 内含子 | 真核核前体 mRNA |
| AU-AC 内含子 | 真核核前体 mRNA |
| I 类 | 真核核前体 mRNA，细胞器 RNA 和少数细菌 RNA |
| II 类 | 细胞器 RNA，某些原核 RNA |
| III 类 | 细胞器 RNA |
| 孪生内含子 | 细胞器 RNA |
| 前体 tRNA 内含子 | 真核核前体 tRNA |
| 古细菌内含子 | 多种 RNA |

关于蛋白质编码基因中内含子的分布规律知之甚少，仅知道它们在低等真核生物中不多见：酵母基因组总共6000个基因仅包含239个内含子，而哺乳动物细胞中许多单个基因都包含50个以上的内含子。将相关物种的同一基因进行比较，发现有些内含子位于相同的位置上，但每一物种都有一个或一个以上独特的内含子。这意味着在数百万年的进化中，某些内含子在物种趋异的过程中保持它们原来的位置，而其他内含子在同一时期消失或出现。这些观察为基因组进化提供了依据（18.3.2节）。然而重要的是一个真核前体mRNA分子可以包含很多内含子，可能超过100个，它们在转录物中占相当长的长度（表12.3），这些内含子必须被切除，然后外显子必须按照正确的顺序连接起来，才能形成一个行使功能的成熟mRNA分子。

**表12.3 人类基因中的内含子**

| 基因 | 长度/kb | 内含子的数目 | 内含子所占的比例/% |
|---|---|---|---|
| 胰岛素 | 1.4 | 2 | 69 |
| β-珠蛋白 | 1.4 | 2 | 61 |
| 血清白蛋白 | 18 | 13 | 79 |
| VII型胶原 | 31 | 117 | 72 |
| VIII因子 | 186 | 25 | 95 |
| Dystrophin | 2400 | 78 | 98 |

## 保守的序列基序指明了GU-AG内含子中的关键位点

大多数前体mRNA内含子前端的两个核苷酸为5′-GU-3′，末端两个核苷酸为5′-AG-3′。因此它们被称作“GU-AG”内含子，这一类中的所有成员都以相同的方式进行剪接。内含子发现不久这些保守的基序就被识别了，很快认为它们对剪接过程非常重要。随着数据库中内含子序列的积累，人们认识到GU-AG基序仅仅是位于5′和3′剪接位点的较长共有序列的一部分。在不同类型的真核生物中这些共有序列也不同。在脊椎动物中它们是：

5′剪接位点　　5′-AG↓GUAAGU-3′

3′剪接位点　　5′-PyPyPyPyPyPyNCAG↓-3′

其中“Py”代表两种嘧啶核苷酸（U或C）中的一种，“N”代表任意核苷酸，箭头表示外显子-内含子的边界。5′剪接位点也称**供位**（donor site），3′剪接位点又叫**受位**（acceptor site）。

在某些真核生物中还存在其他的保守序列。如较高等的真核生物中的内含子通常有一个**多聚嘧啶束**（polypyrimidine tract），即位于内含子3′端上游的富含嘧啶的序列（图12.26）。在酵母内含子中这种多聚嘧啶束结构不多见，但它们有一种固定的在较高等的真核生物中不存在的序列5′-UACUAAC-3′，位于3′剪接位点上游18～140 bp；然而酵母中的这一序列在功能上并不等同于多聚嘧啶束，详见后面两节。

## GU-AG内含子剪接途径概述

保守的序列基序指出了GU-AG内含子的重要区域，我们认为这些区域或者作为

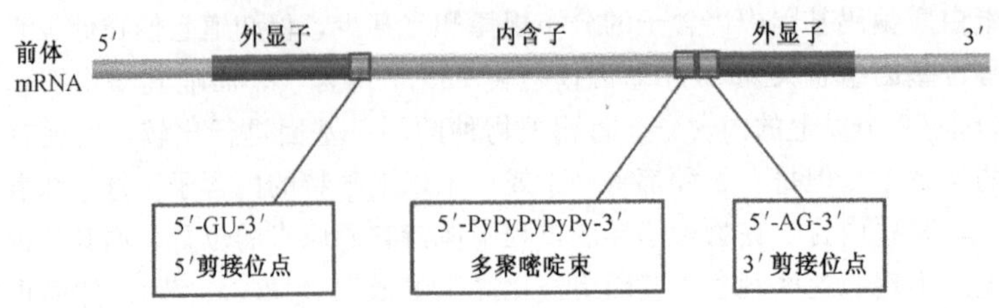


图 12.26 脊椎动物内含子中的保守序列

文中给出了剪接位点周围的更长的共有序列，Py：嘧啶核苷酸（U 或 C）

RNA 结合蛋白的识别序列参与剪接或在剪接中具有其他重要功能。早期的研究一直受到技术方面的限制（尤其是很难建立一种能用来详细研究该过程的无细胞剪接系统），直到 20 世纪 90 年代才有突破。研究结果表明 GU-AG 剪接途径可以分为两步(图 12.27)：

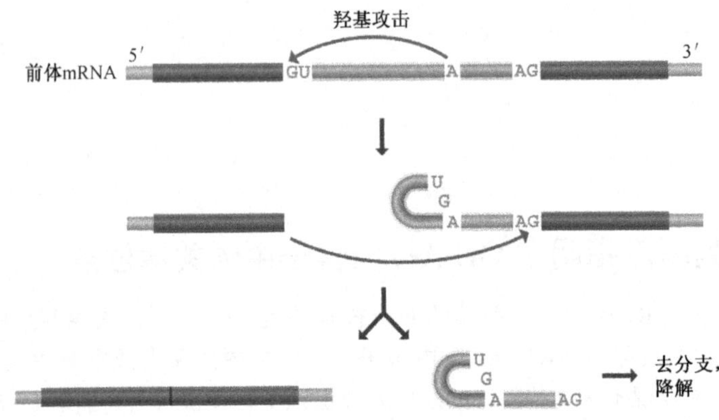


图 12.27 剪接概况

5′剪接位点的切割由内含子中腺苷酸 2′-碳上的羟基引起，导致形成套索状结构，接着上游外显子的 3′—OH 诱导 3′剪接位点的切割，这使两个外显子被连接起来，释放的内含子去分支、降解

- 5′剪接位点的切割　由位于内含子序列内部的一个腺苷酸的 2′-碳上的-OH 基团发起转酯反应。在酵母中这个腺苷酸即是保守的 5′-UACUAAC-3′序列中的最后一个腺苷酸。羟基攻击的结果是 5′剪接位点磷酸二酯键的断裂，同时这个 A 与内含子中的第一个核苷酸（即 5′-GU-3′基序中的 G）形成 5′-2′磷酸二酯键，内含子自身成环，形成**套索**（lariat）结构。
- 3′剪接位点的断裂和外显子的连接　这是第二次转酯反应。由上游外显子末端的 3′-OH 攻击 3′剪接位点的磷酸二酯键，切割后释放呈套索结构的内含子，然后该内含子重又被转变成线性，最后被降解。同时上游外显子的 3′端与新形成的下游外显子的 5′端相连，完成剪接过程。

从化学意义上讲，内含子剪接对于细胞来讲不是很大的挑战，它只是两次转酯反应，不比由单一的酶进行的其他许多生物化学反应复杂。但是为何进化产生一个非常复杂的机制进行剪接呢。困难在于拓扑学问题。首先，剪接位点之间的距离可能是几十个 kb，相当于 mRNA 以线性形式存在时的 10 nm 或更长的长度，因此需要某种方法使两个剪接位点靠近。第二个问题是正确的剪接位点的选择。所有的剪接位点都是类似的，因此如果一个前体 mRNA 包含两个以上的内含子，那么有可能错误的剪接位点被连接，造成**外显子跳跃**（exon skipping），使一个外显子从成熟 mRNA 中丢失［图 12.28（A）]。另外在内含子内部或外显子中也存在**隐蔽剪接位点**（crytic splice site），它们具有与剪接位点的共有序列相似的顺序［图 12.28（B)]。大多数前体 mRNA 中都存在隐蔽剪接位点，剪接装置必须忽略它们。

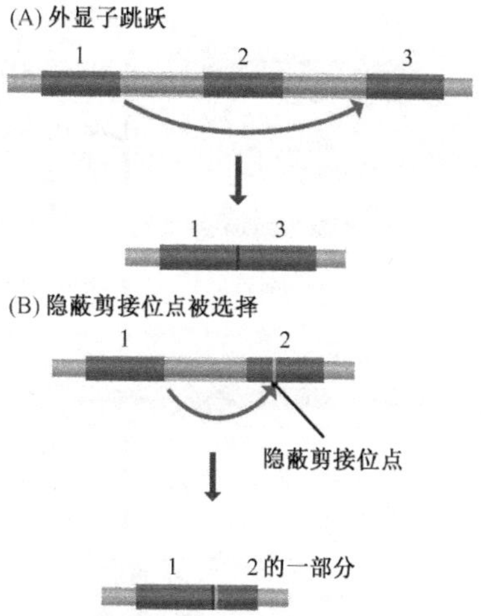

图 12.28　两种异常剪接模式

（A）外显子跳跃的异常剪接导致 mRNA 中一个外显子丢失。(B）当一个隐蔽剪接位点被选择时，mRNA 中某个外显子的一部分可能丢失，而当隐性剪接位点位于内含子中时，则内含子的一个片段会被保留在 mRNA 中

## snRNA 和它们的结合蛋白是剪接装置的中心组分

GU-AG 内含子剪接装置的中心组分是 snRNA，包括 U1、U2、U4、U5、U6。它们是一些小分子［在脊椎动物中，它们的长度介于 106（U6）和 185（U2）个核苷酸之间]，与蛋白质结合形成**小核核糖核蛋白**（small nuclear ribonucleoprotein，snRNP）(图 12.29)，这些 snRNP 和其他蛋白质因子附着到转录物上形成一系列复合物，最终形成一个**剪接体**（spliceosome），真正的剪接反应在剪接体中进行。过程如下(图 12.30)：

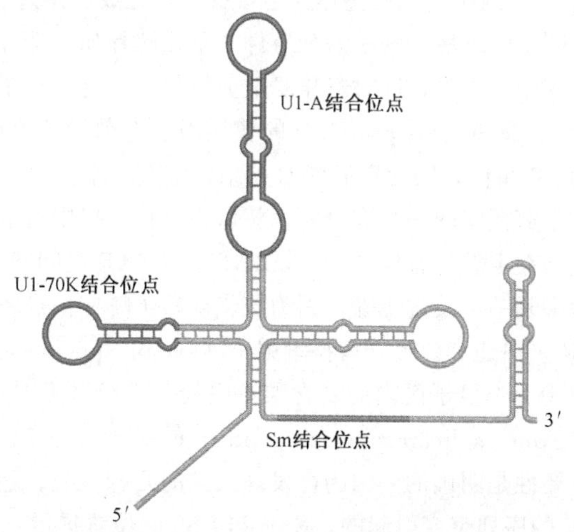


图 12.29　U1-snRNP 的结构

哺乳动物 U1-snRNP 包含 165 nt 的 U1-RNA 及 10 个蛋白质。其中的 3 个（U1-70K、U1-A 和 U1-C）是该种 snRNP 特异的。其余 7 个是 Sm 蛋白，存在于所有涉及剪接的 snRNP 中。U1-RNA 形成如图所示的碱基配对结构。U1-70K，U1-A 蛋白和该结构的两个主要茎环结合，U1-C 通过蛋白质与蛋白质接触来结合。Sm 蛋白结合于 Sm 位点

- **定型复合体**（commitment complex）起始剪接活性。这一复合物由 U1-snRNP 和蛋白质因子 SF1，$U2AF^{35}$ 以及 $U2AF^{65}$ 组成。U1-snRNP 部分通过 RNA-RNA 碱基配

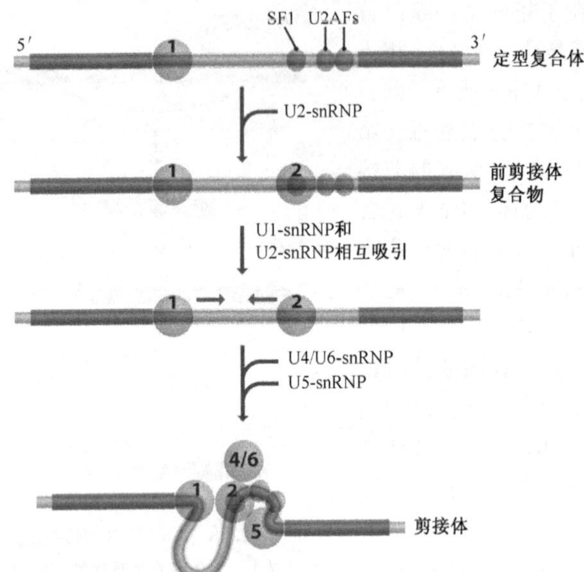


图 12.30 剪接过程中 snRNP 及其相关蛋白质的作用

关于剪接中发生的一系列事件还有若干尚待解决的问题，而且此处的示意图并不完全准确。关键点在于 snRNP 间的相互联系被认为使内含子的 3 个重要的部分，2 个剪接位点和 1 个分子点彼此临近

对结合至 5′剪接位点，后三种蛋白质因子以蛋白质-RNA 作用方式分别结合至分支点、多聚嘧啶束和 3′剪接点。

- **前剪接体复合物**（prespliceosome complex）由定型复合体和 U2-snRNP 组成，后者与分支点结合。在此阶段，U1-snRNP 和 U2-snRNP 相互作用而使 5′剪接点靠近分支点。
- **剪接体**（spliceosome）由 U4/U6-snRNP（单一 snRNP，包含两个 snRNA）和 U5-snRNP 结合到前剪接体复合物上形成。结果是新增的相互作用使 3′剪接点靠近 5′剪接点和分支点。现在内含子的 3 个关键位置相互靠近，然后可能在 U6-snRNP 的催化下发生两次转酯反应作为连接反应，完成剪接过程。

如图 12.30 所示的一系列事件并不能解释如何选择正确的剪接位点，而使外显子在剪接过程中不丢失，同时忽略隐蔽剪接位点。这一点了解得还不太清楚，但已知一系列被称为 **SR 蛋白**（SR protein）的剪接因子在剪接位点的选择中发挥着重要作用。之所以称为 SR 蛋白，因为它们的 C 端结构域有一个富含 Ser（S）和 Arg（R）的区域，当发现它是剪接体的一个成分时，就认为它在剪接中可能发挥作用。它们可能具有多种功能，包括在定型复合体的 U1-snRNP 和 U2AF 之间建立联系。定型复合体的形成在剪接过程中是一个关键步骤，因为该步确认了哪些位点将连接起来。

SR 蛋白还和**外显子剪接增强子**（exonic splicing enhancer，ESE）相互作用，后者是转录物上外显子区内的富含嘌呤序列。我们对于 ESE 以及它们相对的**外显子剪接沉默子**（exonic splicing silencers，ESS）的了解还处在初级阶段，但它们在控制剪接过程中的重要性是明确的。因为已发现人类的几种疾病，包括一种类型的肌营养不良，是由于 ESE 的序列突变引起的。ESE 和 ESS 的位置提示：剪接体的组装不仅仅是内含子内的相互接触驱动的，与相邻的外显子的接触也起了作用。事实上，图 12.30 所示的在一个内含子内的单独定型复合体是不能够组装的，除非一开始就桥连到一个外显子上

(图 12.31)。这个模型较吸引人：不仅说明通过 ESE 或 ESS 与一个 SR 蛋白的相互作用可以影响剪接，而且考虑到了脊椎动物基因内外显子与内含子长度上的不一致。例如，在人类基因组中外显子的平均长度是 145 bp，而内含子为 3365 bp。看来开始组装定型复合体时越过外显子可能比越过长的多的内含子更容易些。

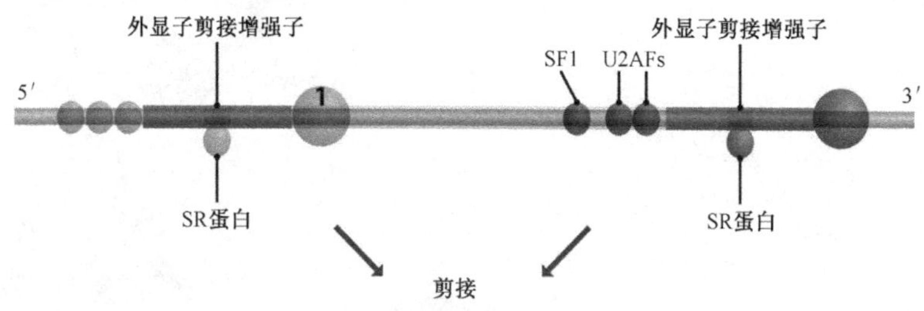


图 12.31 定型复合体组装的另外一个模型

在该模型中，每一个定型复合体（一个深色一个浅色）是建立在一个外显子上的。复合体被带近到一个外显子增强子或抑制子及其结合的 SR 蛋白上。一旦复合体在临近的外显子建立起来，剪接就如图 12.30 所示的途径进行，唯一的差异是产生的剪接体不是衍生于如图 12.30 所示的单个定型复合体，而是由临近的两个复合体组成

关于 SR 蛋白还有最后一点需要说明。SR 蛋白中的一个亚类，叫做 **CTD 结合 SR 样蛋白**（CTD-associated SR-like protein，CASP）或 **SR 样 CTD 结合因子**（SR-like CTD-associated factor，SCAF），可能在剪接体和 RNA 聚合酶 II 转录复合物之间建立联系，从而将转录物的延伸和加工联系到一起。类似于一些多聚腺苷化蛋白（12.2.1 节），这些剪接因子在转录物合成时协同聚合酶一起移动，一旦内含子中的剪接位点被转录出来它们就会附着在合适的位置上。电镜观察显示转录和剪接同时进行；另外剪接因子具有 RNA 聚合酶亲合性这一发现也为上述观察提供了生化基础。

## 可变剪接在许多真核生物中普遍存在

最初发现内含子时，在人们想象中每个基因总是生成相同的 mRNA：换句话说，一个初级转录物只有一种简单的**剪接途径**（splicing pathway）[图 12.32（A）]。但到 20 世纪 80 年代发现这一猜想是错误的，因为发现一些基因可以有两个或更多的可变剪接途径。结果是同一个转录物可以被加工成相关却不同的 mRNA，并指导合成一系列的蛋白质 [图 12.32（B）]。在某些生物，**可变剪接**（alternative splicing）并不常见。啤酒酵母中已知只有三个例子。但在高等真核生物中可变剪接是比较普遍的。这首先是在果蝇的序列草图测定以后明确的，并且发现果蝇比细小的蠕虫拥有的基因还要少（表 7.4）。而事实上果蝇显然具有更大的物理复杂性，这理应被反映于更为多样化的蛋白质组。果蝇基因组内基因的数目与蛋白质组内蛋白质的数目上缺乏一致性，最好的解释是许多基因通过可变剪接形成了多种蛋白质。差不多与此同时，获得首个人类染色体序列后，人们意识到人类仅仅拥有 35 000 个左右基因，而不是按照人类蛋白质组的规模所预测的 80 000～100 000 个基因。目前认为，人类基因组中至少 35%的基因会进行可变剪接："一个基因，一个蛋白质"，这一从 19 世纪 40 年代以来的生物学信条被彻底推翻了。

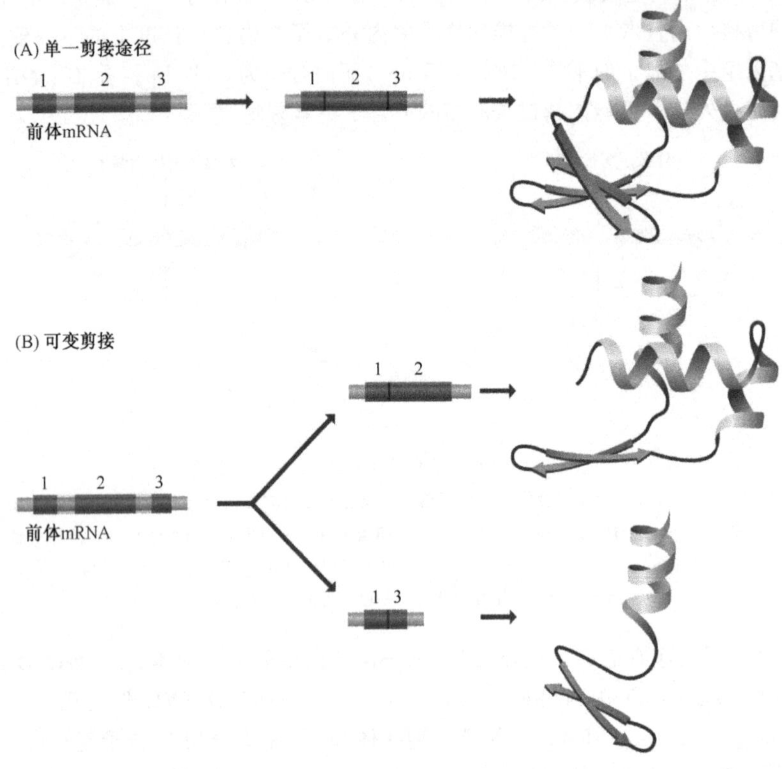


图 12.32　发现可变剪接现象后，每个前体 mRNA 仅仅经历单一性剪接的假说就显得不准确了

现在，可变剪接被看作是基因组表达途径的一个关键创新。有两个例子足以说明其重要性。首先是性别（任何生物体最基本的生物学特性）决定，在果蝇中，性别决定涉及一个可变剪接的级联。该级联的第一个基因是 *sxl*，它的转录物中含有一个可选择的外显子，当其被保留时将形成失活的 SXL 蛋白。在雌性果蝇中这一外显子被跳过，从而形成有功能的 SXL（图 12.33）。SXL 通过将 $U2AF^{65}$ 从它正常的 3′剪接位点驱赶到下游的第二个位点，促进了另一个转录物 *tra* 中隐蔽剪接位点的选择。形成的雌性特异的 TRA 蛋白再参与可变剪接，通过与 SR 蛋白作用形成一个多因子复合物，结合到第三个前体 mRNA（*dsx*）的一个外显子内的某个 ESE 位点，促进 *dsx* 中雌性特异的次要剪接位点的选择。形成的雄性和雌性特异的 DSX 蛋白是果蝇性别决定的首要决定因素。

可变剪接的第二个例子阐明了一些初级转录物形成 mRNA 的多样性。人 *slo* 基因编码的是一个调控钾离子进出细胞的膜蛋白。该基因有 35 个外显子，其中 8 个参与可变剪接（图 12.34）。可变剪接途径涉及 8 个可选外显子的不同组合，最终将产生 500 个不同的 mRNA，各自对应着在功能特性上有轻微差别的一个膜蛋白。这种多样性剪接的生物学结果是什么呢？人 *slo* 基因在内耳表达并决定了耳蜗基膜上毛细胞的声学特征。不同的毛细胞对 20～20 000Hz 间不同的频率声响做出反应，而毛细胞互不相同的声响感受能力部分是由其膜上 Slo 蛋白的特征决定的。所以耳蜗毛细胞内 *slo* 基因的可

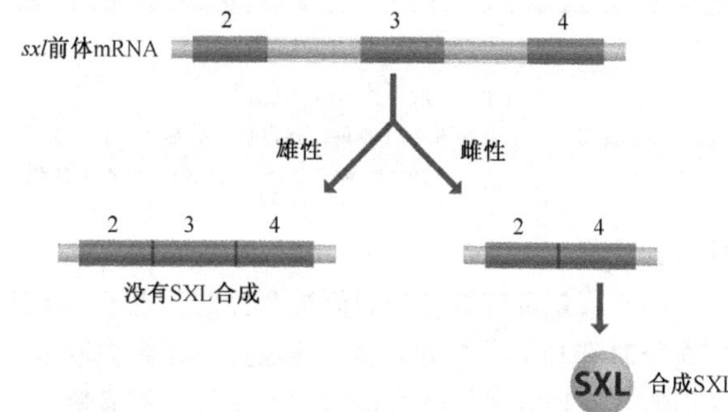


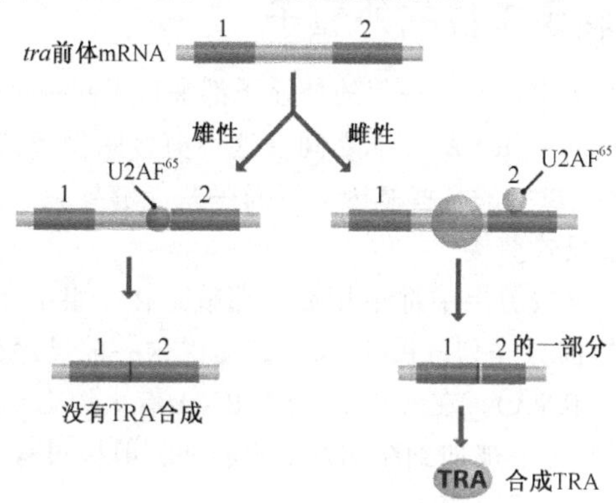


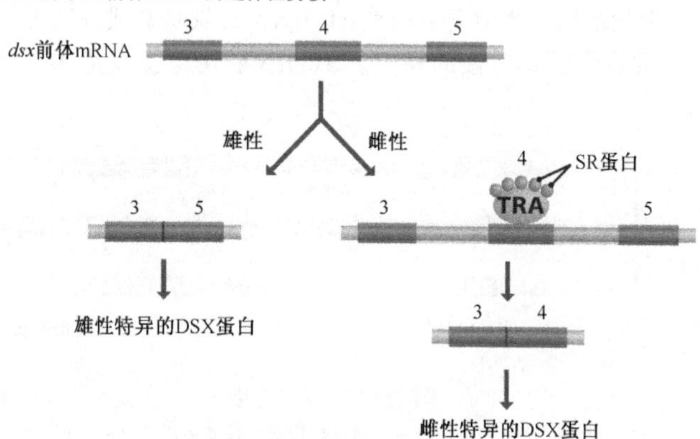


图 12.33 涉及果蝇性别决定的基因在表达过程中的剪接调控

(A) 级联从 *sxl* 前体 mRNA 的性别特异可变剪接开始。在雄性中 mRNA 包括所有的外显子，但这意味着将会产生一个截断的蛋白质，因为在第三个外显子中有一个终止密码子。雌性则因剔除了第三个外显子而获得了全长的、功能性 SXL 蛋白。(B) 在雌性，SXL 蛋白封闭了 *tra* 前 mRNA 第一个内含子的 3′剪接位点。U2AF$^{65}$不能在该点定位，取而代之的是在第二个外显子内的隐性剪接位点剪接。由此产生的 mRNA 编码有功能的 TRA 蛋白。雄性因为没有 SXL 蛋白，所以 3′剪接位点未被封闭，产生的是非功能性 mRNA。(C) 雄性 *dsx* 前 mRNA 的第四个外显子被剔除，产生的 mRNA 编码一个雄性特异的 DSX 蛋白。在雌性，TRA 蛋白使 SR 蛋白与第四个外显子内的外显子剪接增强子的结合更稳固，由此该外显子得以保留，从而产生编码雌性特异的 DSX 蛋白的 mRNA。上述两个版本的 DSX 蛋白是雄性和雌性生理学的第一决定因素。雌性 *dsx* mRNA 以第四个外显子结束，因为在第四、第五外显子之间的内含子没有 5′剪接位点，这意味着第五个外显子不能连到第四个外显子的末端。在雌性，第四个外显子后则是多聚腺苷酸化的位点。注意，图示内含子未按比例绘制

图 12.34　人 *slo* 基因

该基因有 35 个外显子，图中以方盒形表示。其中 8 个（绿色）是可选的外显子，以不同组合形式出现在不同的 mRNA 中。共有 8！=40 320 种可能的剪接途径（40 320 种可能的 mRNA），但在人耳蜗内，仅合成约 500 种

变剪接决定了人类的听觉范围。

到目前为止，我们还不清楚可变剪接是如何被调控的，也不能描述清楚某一特定的转录物面对几个剪接途径时选择其一的过程是怎样的。SR 蛋白联合 ESE 和 ESS 都被认为是参控者，但它们通过何种方式控制剪接位点的选择尚不清楚。

## 反式剪接连接来自不同转录单位的外显子

到目前为止，我们考虑的剪接中，连在一起的外显子都来自于同一个转录物。在少数物种中，剪接也可以发生在不同的 RNA 分子之间。这种剪接叫做**反式剪接**（trans-splicing），一些叶绿体中，秀丽线虫中的某些基因，以及一些能够导致人睡眠疾病的锥虫（脊椎动物寄生虫）中都存在反式剪接。

有一点在目前研究过的所有反式剪接中都很相似，那就是在一组 mRNA 的每个成员的 5′端都存在着一个相同的短前导序列（图 12.35）。提供这一前导序列的是**剪接前导 RNA**（spliced lead RNA，SL RNA）。在线虫中，SL RNA 有大约 100 个核苷酸，其中有一段 22 个核苷酸长度的序列将会被加到靶 RNA 的前端。剪接过程与图 12.27 所示的标准的剪接很相似，区别仅仅在于剪接的前体是不同的 RNA 分子，形成的是一处叉状结构而非套索状结构。稍微复杂的是 SL RNA 能够折叠成一种类似于 snRNA 的碱基配对结构，按照某些反式剪接的模型，SL RNA 在剪接反应中代替 U1-snRNA 起作用。

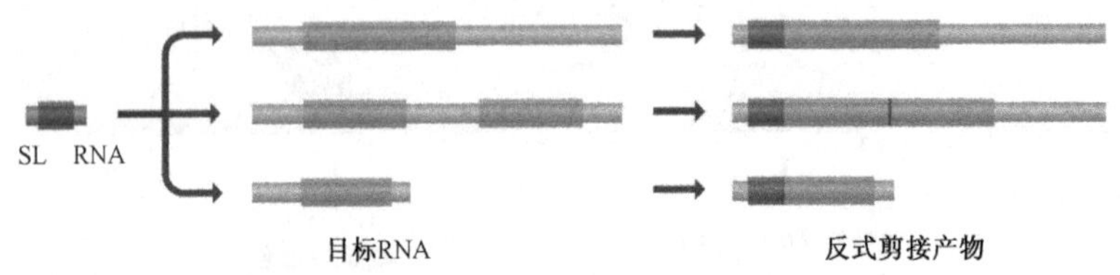


图 12.35　反式剪接

来自于 SL RNA 的前导外显子通过剪接被连接到不同的 RNA 分子上

线虫中的反式剪接还存在另外一种有趣的现象。有些参与反式剪接的转录物里包含两个基因，这两个基因以头尾相接的方式由一个启动子一起转录。如果这两个基因的 mRNA 之一没有发生反式剪接的话，只有上游的基因能够被翻译，正如我们在第 13 章所看到的，翻译真核 mRNA 时，核糖体结合到 mRNA 的 5′端，而当到达终止密码子时，通常会因为核糖体翻译到第一个基因的末端时会遇到终止密码子，从转录物上解离下来。因此，在没有反式剪接的情况下，下游的基因是不可能接触到翻译机器的。反式转录可以产生一个新的 5′端，这样下游的基因就可以被翻译出来（图 12.36）。

## AU-AC 内含子与 GU-AG 相似但是需要一个不同的剪接装置

近年来一个比较令人吃惊的发现是真核细胞前体 mRNA 中的某些内含子不符合 GU-AG 规则，它们的剪接位点有另外的共有序列，称作 **AU-AC 内含子**（AU-AC intron）。到目前为止，已经在人、植物和果蝇等多种生物的大约 20 种基因中发现了这种内含子的存在。

AU-AC 内含子除了在剪接位点有共有序列以外，还有一个保守的分支点序列（并非一成不变）：5′-UCCUUAAC-3′，这一基序中的最后一个 A 参与第一次转酯反应。这表明 AU-AC 内含子有一个显著的特征：它的剪接途径实际上与 GU-AG 内含子相同，但是涉及一套不同的剪接因子。只有 U5-snRNP 是两种内含子的剪接机制中所共有的。U1-snRNP 和 U2-snRNP 被以前发现的功能未知的复合物 U11-snRNP 和 U12-snRNP 所代替，并且已经分离到一种全新的 U4atac/U6atac-snRNP 使得这一剪接模式得以完善。

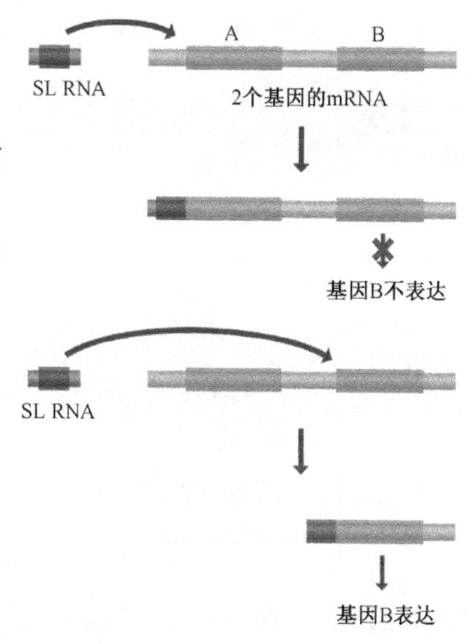


图 12.36　反式剪接介导的基因调节
在图中，前导序列被反式剪接到基因 A 的前面，结果基因 B 不表达，因为核糖体不能通过基因 A 和基因 B 之间的间隔，在图中，前导序列被反式剪接到基因 B 的前面，B 就可以表达了

“多数”和“少数”两种剪接途径并不完全相同，但转录物与 snRNP 以及其他剪接蛋白的相互作用却很类似。这表明 AU-AC 内含子并不是反常的例子，而是可以作为验证 GU-AG 内含子剪接过程中相互作用非常有用的模型。原因是预测的 GU-AG 剪接体中两个成分之间的相互作用，可以通过检验 AU-AC 复合体中相应的成分是否也存在相同的作用而得以验证。如在它的帮助下定义了 GU-AG 剪接体中 U2 和 U6snRNA 之间的碱基配对结构。

## 12.2.3　真核生物中功能 RNA 的合成

总的说来，与我们对 RNA 聚合酶 II 转录延伸和终止过程的了解相比，我们对由聚合酶 I 和 III 催化的转录延伸和终止了解得比较少。三种聚合酶在延伸过程中与模板和转录物的相互作用类似，反映了每种聚合酶的三个最大的亚基结构上的相关性。但也有明显区别：一是转录速率不同，如聚合酶 I 的转录速率是每分钟 20 个核苷酸，明显慢于聚合酶 II，而聚合酶 II 的转录速率是每分钟 2000 个核苷酸；二是聚合酶 I 和 III 催化的转录物都不被加帽。已有多种 RNA 聚合酶 I 或 III 的延伸因子被分离了，包括酵母中编码两个相关的 DNA 解旋酶 SGS1 和 SRS2。SGS1 和 SRS2 编码基因的突变导致 RNA 聚合酶 I 的转录以及 DNA 的复制下降。有趣的是 SGS1 是一对人源蛋白的同源蛋白，而该人源蛋白在生长紊乱 Bloom’s 和 Werner’s 综合征中有缺陷（5.2.1 节）。不过，尚不清楚 SGS1、SRS2 及其他假定的延伸因子究竟是如何参与 RNA 聚合酶 I 和 III 所介导的转录过程的。

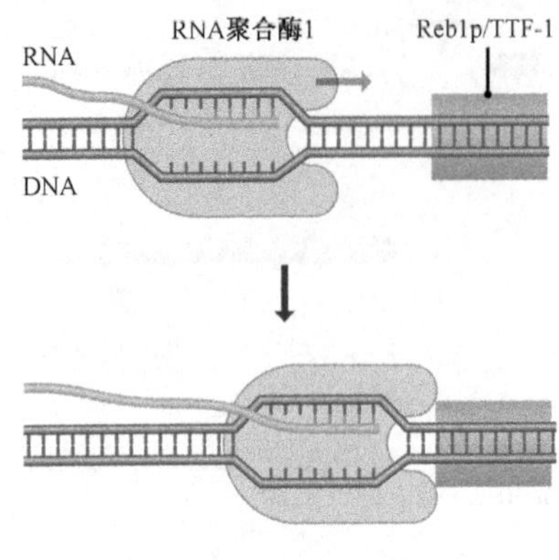


图 12.37　RNA 聚合酶 I 转录终止的一种可能图解

三种聚合酶之间的主要区别在于终止过程。仅聚合酶 II 催化的终止有多聚腺苷酸化（12.2.1 节），其他两种酶没有。聚合酶 I 催化的反应的终止与一种 DNA 结合蛋白有关，它在啤酒酵母中叫做 Reblp，在小鼠中叫做 TTF-I，它与转录终止位点下游 12～20 bp 处的识别序列 DNA 结合（图 12.37）。结合蛋白如何引起终止仍不清楚，但是已经提出了由于 Reb1P/TTF-I 的阻遏作用引起聚合酶停滞的模型。另一种蛋白质 PTRF（聚合酶 I 和转录物释放因子）被认为可以诱导聚合酶和转录物从模板上脱离。对聚合酶 III 的终止过程了解得更少：可能与模板上存在的一串腺苷有关，但聚合酶 III 的终止不涉及发夹环，因此与细菌中的终止不同。

## 12.2.4　真核细胞的前体 rRNA 和前体 tRNA 的剪接

真核细胞中有 4 种 rRNA。其中 5S rRNA 由 RNA 聚合酶 III 转录，不需要加工，其余三种（5.8S、18S 和 28S rRNA）与细菌前体 rRNA 类似，由 RNA 聚合酶 I 从一个转录单元产生前体 rRNA，与细菌前体 rRNA 一样进行切割和末端修剪。需要几种核酸酶，如多功能的**核糖核酸酶 MRP**（ribonuclease MRP）参与，MRP 涉及线粒体 DNA 的复制和细胞周期的控制。编码 tRNA 的基因单独存在，作为多基因转录单位被转录，并以与原核细胞类似的方式被加工（图 12.17）。真核生物与原核生物最大的区别在于真核生物的功能性 RNA 的前体中存在内含子。而且这种内含子与以前描述前体 mRNA 的 GU-AG 和 AU-AC 内含子都不同，因此我们需要花些时间来解释一下。

### 真核前体 rRNA 中的内含子是自催化的

内含子在真核前体 rRNA 中不多见，但已知在微小真核生物，如四膜虫前体 rRNA 中有内含子。这些内含子是 I 类内含子（表 12.2）的成员，在线粒体和叶绿体的基因组也都存在这类内含子。在细菌中也已经发现了一些这样的内含子。例如，太湖念珠藻（cyanobacterium *Anabaena*）的一个 tRNA 基因和大肠杆菌噬菌体 T4 中的胸苷酸合成酶基因都存在这类内含子。

I 类内含子的剪接途径与前体 mRNA 内含子类似，都需要两次转酯反应。但第一步不是由内含子内部的核苷酸介导，而是由一个游离的核苷或核苷酸，即鸟苷或鸟苷单磷酸或二磷酸或三磷酸介导（图 12.38）。这一辅助因子的 3′—OH 攻击 5′剪接位点的磷酸二酯键，进行切割，并将 G 转移到内含子的 5′端。第二步转酯反应为外显子末端的 3′—OH 攻击 3′剪接位点的磷酸二酯键，引起切割、两个外显子相连并释放内含子。释放的内含子是线性的，而不是前体 mRNA 内含子的套索结构，但是这类内含子可能还要经过转酯反应，形成环形产物后降解。

I 类内含子剪接途径的显著特征是它是自我催化的，不需要蛋白质，即 RNA 本身

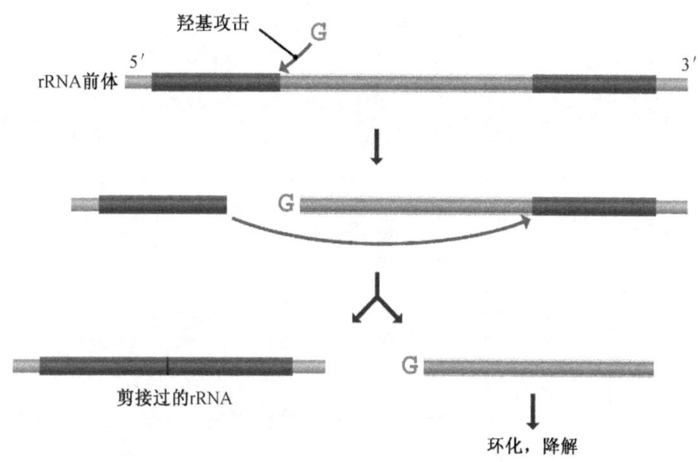


图 12.38 四膜虫（*Tetrahymena*）rRNA 内含子的剪接方式

具有酶的活性。这是发现的 RNA 酶或**核酶**（ribozyme）的第一个例子。它是 20 世纪 80 年代早期发现的。最初这一发现使人们震惊，但是现在已经发现了许多核酶的例子（表 12.4）。I 类内含子的自我剪接活性依赖于 RNA 中的碱基配对结构。这一结构最初是通过比较不同的 I 类内含子，观察到该类内含子中普遍采用的碱基配对组成而发现的。由此提出了包括 9 个主要的碱基配对区域的模型（图 12.39）。最近，它的三维结构已经通过 X 射线晶体得到确认。这一核酶包含一个由两个结构域构成的催化核心，每个结构域由两个碱基配对的区域构成，剪接位点由于二级结构中其他两部分的相互作用而靠近。尽管仅有这种 RNA 结构对剪接就已足够，但也可能通过结合一些非催化蛋白质因子而使核酶的稳定性增加。对细胞器基因中的 I 类内含子，人们早就猜测到这一点，因为许多细胞器基因都包含一个可读框，它编码可能在剪接中发挥作用的称为**成熟酶**（maturase）的蛋白质。

**表 12.4 核酶**

| 核酶 | 描 述 |
|---|---|
| 自我剪接的内含子 | I、II 和 III 类内含子通过自我催化进行剪接。越来越多的证据表明 GU-AG 内含子的剪接途径中至少包含几个 snRNA 催化的步骤 |
| 核糖核酸酶 P | 该酶由一个 RNA 亚单位和一个蛋白质亚单位组成，产生细菌 tRNA 的 5′端（12.1.3 节），其催化活性在于 RNA |
| 核糖 RNA | 蛋白质合成过程中肽键形成所需要的肽酰转移酶活性与核糖体大亚基的 23S rRNA 有关（13.2.3 节） |
| $tRNA^{Phe}$ | 在二价铅离子存在的条件下进行自我催化的切割 |
| 病毒基因组 | 某些病毒 RNA 基因组的复制涉及新合成的头尾相连的基因组链的自我催化的切割。例如，植物类病毒和拟病毒（9.1.2 节）以及动物的 δ 型肝炎病毒。这些病毒都具有自我切割活性，这一活性是由许多不同的碱基配对结构完成的。包括一个研究得很好的例子称作**锤头结构**（hammerhead）（图 9.9） |

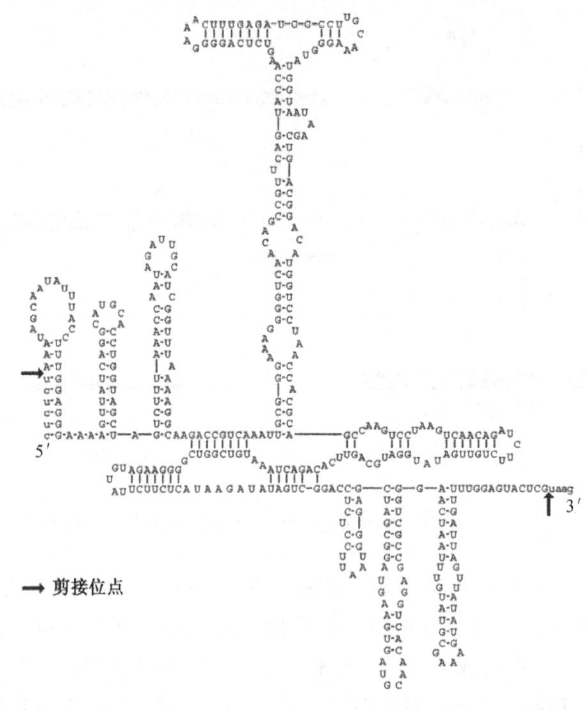


图 12.39　四膜虫（*Tetrahymena*）rRNA 内含子的碱基配对结构

该内含子序列以大写字母表示，外显子则以小写字母表示。附加的相互作用使内含子折叠成三维结构致使两个剪接位点靠在一起

## 真核前体 tRNA 中的内含子的去除

tRNA 内含子在低等真核生物中较为常见，在脊椎动物中较少，在人类全部 tRNA 基因中，只 6%存在内含子。前体 tRNA 中的内含子有 14～60 个核苷酸长，通常位于转录物相同的位置上，即在成熟 tRNA 序列中的反密码子环内，反密码子下游一个核苷酸处。内含子的序列多种多样，但都包含一段与反密码子及其周围一或两个核苷酸互补的序列。这一段互补的序列形成一个短茎位于未剪接的前体 tRNA 上两个环之间（图 12.40）。

与所有其他真核的内含子类型不同，前体 tRNA 的剪接不涉及转酯反应。相反，两个剪接位点被核糖核酸酶切割，这个酶由 4 个不相同的亚基组成，其中一个亚基根据内含子配对形成的结构来判断在哪一个 RNA 位置切割，上下游的切割由另外两个亚基进行，产生一个环磷酸结构结合于上游外显子的 3′端，结合于下游外显子 5′端的是一个羟基（图 12.40）。环磷酸由磷酸二酯酶转换为 3′羟基，而 5′羟基被激酶转换为 5′磷酸。这两个末端由于 tRNA 序列本身的碱基配对而相互靠近，然后由 RNA 连接酶连接起来。磷酸二酯酶、激酶和连接酶的活性都是同一个蛋白质提供的。

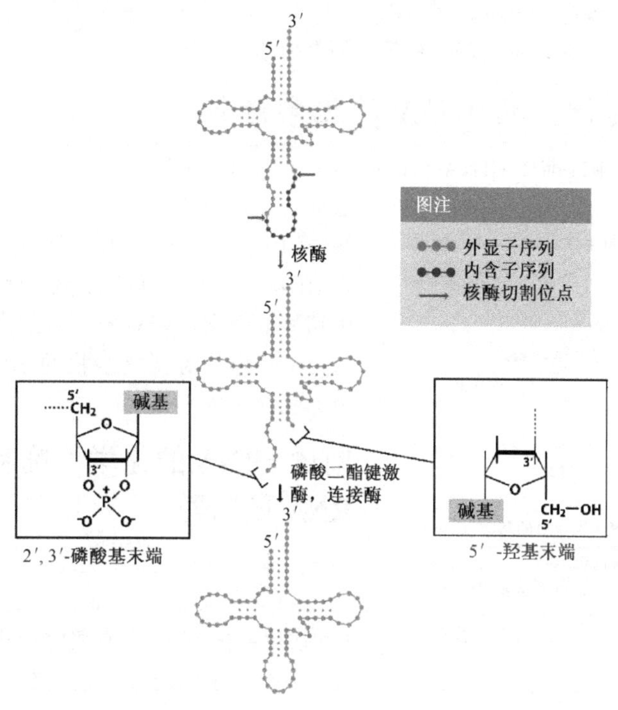


图 12.40 酿酒酵母（*Saccharomyces cerevisiae*）前体 $tRNA^{Tyr}$ 的剪接

## 其他类型的内含子

有 8 种不同类型的内含子（表 12.2）。本章中描述了 4 种类型：核前体 mRNA 的 GU-AG 和 AU-AC 内含子，自我剪接的 I 类内含子以及真核细胞前体 tRNA 基因的内含子。下面详细介绍一下另外 4 种类型的内含子：

- **II 类内含子**（Group II intron）在真菌和植物的细胞器基因组中发现，在前体 mRNA 和前体 tRNA 中都有发现。少数在原核细胞中发现。II 类内含子有特征性的二级结构，也进行自我剪接，但它们与 I 类内含子不同。它的二级结构不同，剪接机制与前体 mRNA 内含子类似，也是由内部 A 的—OH 进行第一个转酯反应，然后内含子被转变成一种套索结构。这些相似性表明 II 类内含子和前体 mRNA 可能有共同的进化起源（18.3.2 节）。有些 II 类内含子是可移动元件，可通过一种名为**逆回归**（retrohoming）的过程转座，此时，被切割下来的内含子，也就是小一段 RNA 分子，不用转变成 DNA 就直接插入到细胞器的基因组中。
- **III 类内含子**（Group III intron）也在细胞器基因组中发现，通过与 II 类内含子相似的机制进行自我剪接，但该类内含子更小并且有特征性的二级结构，它与 II 类内含子的相似再一次揭示了二者在进化上的相关关系。
- **孪生内含子**（twintron）由两个以上的 II 类和（或）III 类内含子组成。最简单的孪生内含子由一个内含子位于另一个内含子之内形成，但较复杂的孪生内含子包含多个嵌套的内含子。组成孪生内含子的单个内含子通常以特定的顺序进行剪接。

• **古内含子**（archaeal intron）在 tRNA 和 rRNA 中存在。它们的剪接由一种与真核细胞前体 tRNA 剪接过程中的核糖核酸酶类似的酶切割。

## 12.2.5 真核生物 RNA 的化学修饰

真核细胞的前体 tRNA 和前体 rRNA 和原核细胞一样经历了相同类型的化学修饰（12.1.3 节）。就 tRNA 而言，执行化学修饰的酶直接利用 tRNA 分子配对形成的结构在 tRNA 分子上定位到正确的核苷酸，就如同内切核酶酶利用配对形成的结构作为指针切割内含子一样。对真核生物的 rRNA 前体来说，情况就有一些不一样了。

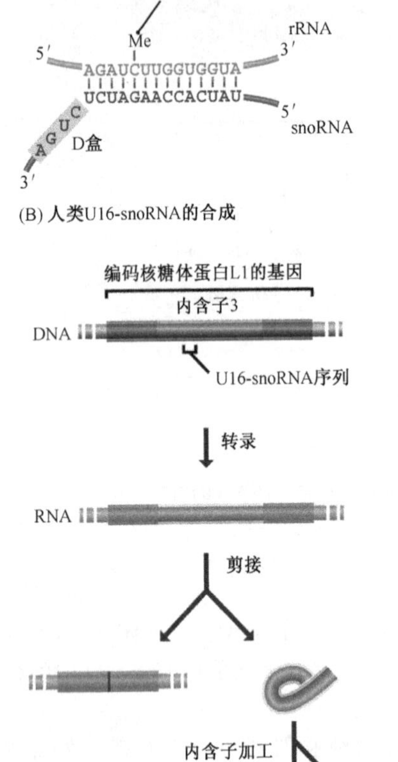


图 12.41 snoRNA 介导的 rRNA 甲基化

(A) 此处显示的是由 U24-snoRNA 介导的发生在酵母 25S rRNA（相当于脊椎动物的 28S rRNA）第 1436 位的胞嘧啶上的甲基化。snoRNA 的 D 盒结构已经被突出显示。通常在离 D 盒 5 个碱基对的位点会发生甲基化。注意在 rRNA 和 snoRNA 之间的相互作用中有一个不寻常的 G-U 碱基配对，这在 RNA 多聚核苷酸链中是允许的。(B) 许多 snoRNA 是有内含子 RNA 合成来的，如此处的 U16 snoRNA 是编码核糖体蛋白 L1 的基因中第三个内含子内的一段序列特异转录而来的

### 前体 rRNA 的化学修饰利用小分子 RNA 做向导

仅仅通过直觉很难想象 rRNA 修饰的特异性是如何保证的。例如，人前体 rRNA 进行 106 次甲基化和 95 次假尿嘧啶化，每一种变化都有一个特定的位置，但没有发现修饰酶的靶序列的明显的相似性作为参照。对于 rRNA 的修饰研究进展缓慢，突破性的进展是发现真核细胞中叫做 snoRNA 的短 RNA 参与这一修饰过程。这些 snoRNA 分子长 70～100 个核苷酸，位于 rRNA 加工发生的场所即核仁中。最初发现 snoRNA 通过与相关区域进行碱基配对定位于前体 rRNA 必须被甲基化的位置。这种碱基配对不涉及 snoRNA 的全长，而仅仅是几个核苷酸，但这些核苷酸总是位于一个保守的称为序列 D 盒的直接上游［图 12.41（A)]，含有被修饰的核苷酸。因而推测 D 盒可能是甲基化酶的识别信号，指导甲基化酶作用于正确的核苷酸碱基距离 D 盒为 5 个核苷酸。在这些关于甲基化的最初发现之后，又发现 snoRNA 的另一家族在尿嘧啶向假尿嘧啶的转换中起同样的指导作用。这类 snoRNA 没有 D 盒结构，但有能被修饰酶识别的多个保守基序，每个基序都能与靶位点碱基配对，限定哪些核苷酸将被修饰。

这意味着除了某些紧密相连的位点可能只需要一种 snoRNA 的作用，前体 rRNA 的每一个被修饰的位点都有一种与之对应的不同的

snoRNA，所以推测细胞内必须有几百个 snoRNA。起初认为这是不可能的，因为只有极少数的 snoRNA 基因得到定位。后来发现仅一部分 snoRNA 是从它们标准的基因转录而来，而大多数是由其他基因内含子中的序列编码的，剪接后通过切割内含子将 snoRNA 释放出来［图 12.41（B）］。

## RNA 编辑

由于 rRNA 和 tRNA 是非编码的 RNA，对核苷酸的化学修饰仅影响分子的结构特征，也许还有分子的催化活性。mRNA 则不同，化学修饰有可能改变转录物的编码特性，导致编码的氨基酸序列的改变。这就是 **RNA 编辑**（RNA editing）。RNA 编辑的一个非常有名的例子是人载脂蛋白 B 的 mRNA，这个基因编码 4563 个氨基酸的多肽，叫做载脂蛋白-B100，由肝细胞合成并分泌进入血流，负责脂类的运输。一种相关的蛋白质载脂蛋白 B48 由小肠细胞产生，这种蛋白质仅长 2153 个氨基酸，是由编码全长人载脂蛋白的 mRNA 经过编辑后的产物翻译形成的（图 12.42）。在小肠细胞中，这种 mRNA 上的 C 脱氨基成为 U，使编码 Glu 的 CAA 密码子转变成 UAA，引起翻译终止，形成截短的蛋白质。脱氨基过程由一种 RNA 结合酶与一系列辅助蛋白质因子共同结合至 mRNA 修饰位点相邻下游的序列完成。

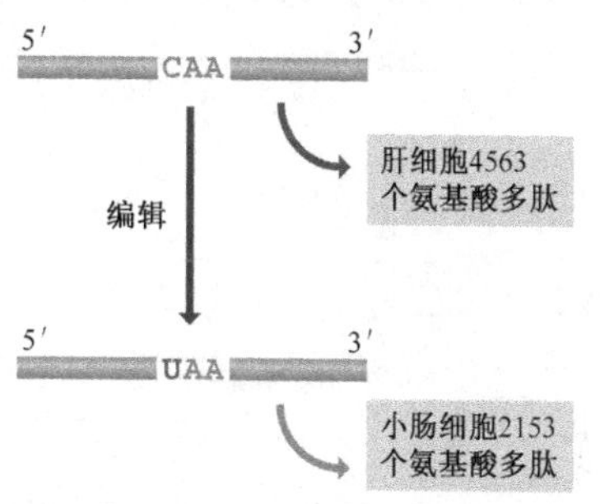


图 12.42　人载脂蛋白 B mRNA 的编辑

胞嘧啶向尿嘧啶的转变产生了一个新的终止密码子，导致在小肠细胞中合成的载脂蛋白 B 是一种截短了的形式

尽管 RNA 编辑并不常见，但确实发生在多种不同的生物中，并且包括多种不同的核苷酸变化（表 12.5）。某些编辑事件对生物体有重大影响：人类抗体多样性的产生部分有赖于 RNA 编辑（14.2.1 节），还如 HIV-1 感染周期的调控也涉及 RNA 编辑。最为有趣的是腺嘌呤脱氨基变换为次黄嘌呤的一类编辑，催化该反应的酶叫 **“作用于 RNA 的腺嘌呤脱氨酶”**（adenosine deaminases acting on RNA，ADAR）。这些酶的靶 mRNA 在有限的几个位点被可变地编辑。编辑的位点显然是由前体 mRNA 上的由修饰位点和临近的内含子序列通过碱基配对形成的双链片段来确定的。例如，在哺乳动物谷氨酸受体 mRNA 的加工过程中就有该种类型的 RNA 编辑。有证据证明 ADAR 编辑与 RNA 的合成有关，因为内含子的某些核苷酸也被编辑了（这证明编辑发生在内含子被剪接之前），并且如果对 RNA 聚合酶 II 的 CTD 进行人为的修饰，编辑的效率也会降低。

**表 12.5　哺乳动物 RNA 编辑举例**

| 组织 | 靶 RNA | 变化 | 影响 |
|---|---|---|---|
| 小肠 | 载脂蛋白 B mRNA | C→U | Glu 密码子转变为终止密码子 |
| 肌肉 | α-半乳糖苷酶 mRNA | U→A | Phe 密码子转变为 Try 密码子 |
| 睾丸、肿瘤 | Wilms 肿瘤-1mRNA | U→C | Leu 密码子转变为 Pro 密码子 |
| 肿瘤 | 1-型神经纤维瘤 mRNA | C→U | Arg 密码子转变为终止密码子 |
| B 淋巴细胞 | 免疫球蛋白 mRNA | 多种多样 | 抗体多样性相关 |
| HIV-感染细胞 | HIV-1 转录物 | G→A，C→U | 涉及 HIV-1 感染周期的调控 |
| 脑 | 谷氨酸受体 mRNA | A→I | 在不同的位置导致不同的密码子变化 |

与可变编辑相比，ADAR催化的第二种修饰可使靶分子广泛的脱氨基，超过50%的腺嘌呤转变为次黄嘌呤。目前认为过度编辑主要发生在病毒RNA，而且是随机的发生，这些RNA采取的碱基配对结构偶然的模拟了ADAR的底物。也许，这种现象在编辑性病毒导致的疾病病因学中有生理学上的重要性。证据是持续性麻疹感染（作为更为常见的短期麻疹感染的对立面）相关的病毒RNA发生了过度编辑。

上文的RNA编辑都比较直接，仅导致一个或有限数目的核苷酸发生变化。另外，尚有一些更为复杂的RNA编辑类型。

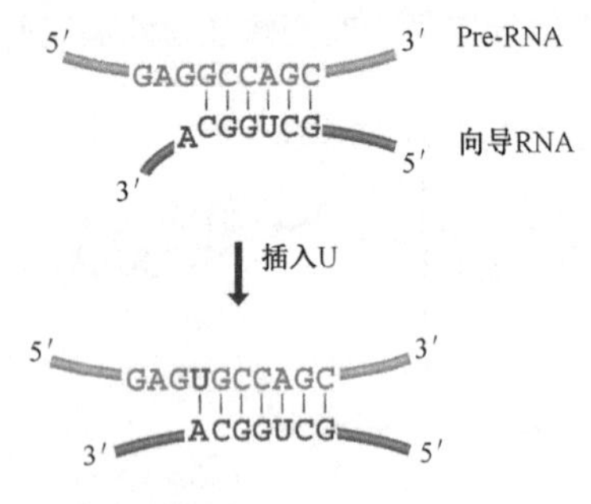

图12.43　全编辑中向导RNA的作用

- **全编辑**（pan-editing）即在节略（abbreviated）的RNA中广泛地插入核苷酸以产生功能性分子。它在锥虫的线粒体中尤其常见。锥虫线粒体中许多转录的RNA被称作**隐藏基因**（cryptogene），其序列中缺乏许多成熟RNA中存在的核苷酸。这些隐藏基因转录出的前体-RNA在短的**指导RNA**（guide RNA）所确定的位点加入多个U。指导RNA是一些能与前体-RNA配对的短RNA。它在将插入U的位点相应处有多个A（图12.43）。
- **插入编辑**（insertional editing）是一种不太常见的编辑，见于某些病毒RNA。例如，副黏病毒paramyxovirus P基因由于G在mRNA的某些特定位点插入可以产生至少两种不同的蛋白质。它们的插入不是由指导RNA决定，而是在mRNA合成过程中由RNA聚合酶加上去的。
- **多聚腺苷酸化编辑**（polyadenylation editing）：见于多种动物细胞线粒体mRNA，从人类线粒体基因组转录而来的mRNA中有5条末端为U或UA而不是三种终止密码子之一（在人线粒体遗传密码中为UAA，UAG）。多聚腺苷酸化将末端的U或UA转变成UAAAA…，因此产生一个终止密码子。这只是进化产生的使脊椎动物的线粒体基因组尽可能小的特征之一。

## 12.2.6　真核生物RNA的降解

真核生物的mRNA生存周期长于原核生物中的mRNA，在酵母中，mRNA的半衰期是10～20 min，哺乳动物的有几个小时。在一个细胞内mRNA的半衰期也有很大不同：酵母中有些mRNA半衰期只有1 min，而其他的可能长至35 min。这些观察结果向我们提出了两个问题：mRNA降解是如何进行的？这一过程又受到哪些因素调节？

### 真核生物有多种RNA降解机制

在真核生物中，有关mRNA降解的认识大多数来自酵母。至少有4种途径已被确认。其中之一涉及一个叫做**外切酶体**（exosome）的多蛋白质复合体，它含有细菌降解体相关的核酸酶并按3′→5′方向降解转录物。外切酶体可能也存在于哺乳动物细胞内而且显然很重要，但就是研究得不够深入。或许，本质上它们的作用并非在于mRNA降解，而是监测多聚腺苷酸化并保证转录物离开核时有一个合适的

poly (A) 尾。

我们对另外两种真核生物 mRNA 降解的途径了解的多一点。一种是**去腺苷酸化依赖性去帽途径**（deadenylation-dependent decapping）(图 12.44)。可能是通过外切酶切割或通过稳定尾部的多聚腺苷酸结合蛋白的丢失引发 poly (A) 尾的去除（12.2.1 节），然后 5′端帽子被去帽酶 Dcp1p 切割，去帽防止该 mRNA 被翻译(13.2.2 节)，从而迅速结束 mRNA 的功能周期。然后，外切酶迅速从 mRNA 的 5′端进行消化。某一个 mRNA 是否被降解取决于 Dcp1p 接近帽结构的能力，而这又取决于翻译起始相关蛋白质与帽结构的结合（13.2.2 节）。至少在酵母，mRNA 的降解还受到转录物内叫做**不稳定元件**（instability element）的序列影响。这些序列的重要性已被实验证实，即某一个不稳定元件被人为去除将导致翻译的增加和相应 mRNA 的降解减少。

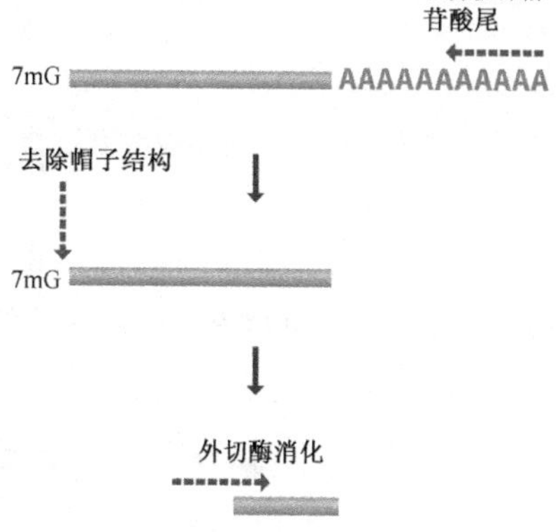


图 12.44　去腺苷酸化依赖性去帽途径的 mRNA 的降解

第二种研究的较成熟的真核 mRNA 降解体系叫**无义介导的 RNA 降解**（nonsense-mediated RNA decay，NMD）或者叫 **mRNA 监督**（mRNA surveillance）。前一个命名提供了其功能线索，因为在分子生物学的术语中一个“无义”序列是终止密码子之意。NMD 使含有错误位置终止子的 mRNA 特异性降解，可能是该基因发生了突变或是错误剪接的结果。错误的编码被认为是由**监督**机制检测到的，相关的蛋白质复合体扫描 mRNA 并通过某一途径分辨出位于转录物编码区末端的正确终止密码子和错误位点的终止密码子［图 12.45 (A)］。该模型在概念上还存在某些难点，因为很难想象监督复合体是如何区别正确的与错误的终止密码子的。目前的假说是建立在如下事实上的：只要将转录物改造成在正常终止密码子的下游存在一个内含子与外显子的边界，则该终止密码子就会被视为异常［图 12.45 (B)］。正确的终止密码子通常位于最后一个内含子的下游，所以监督复合体的酶可能把边界视为定向的位点以便辨别出正确的终止密码子。还有其他解释，但注重点不是放在终止密码子的位置，而是对比发生在提前终止密码子与正确终止密码子处的翻译终止事件的精确性质。不管机制如何，错误终止密码子的确认将导致转录物的去帽（不同于涉及去腺苷酸化依赖性去帽过程的蛋白质）和 5′→3′方向外切核酸酶介导的降解，而不需预先去除 poly (A) 尾。虽然 NMD 最初被认为是降解因突变或错误剪接而形成的非正常 mRNA 的，但是已有证据表明 NMD 途径也参与了正常 mRNA 的降解。不过，NMD 可能并不是用来控制任何一个基因过表达的途径。

## RNA 沉默最初是作为一种破坏入侵的病毒 RNA 的机制而被发现的

上面所描述的系统是代表真核生物内源性 mRNA 受控降解的过程。人们早就知道真核生物还具有其他的 RNA 降解机制，大部分涉及保护细胞免遭异种 RNA（诸如病毒基因组）的侵袭。比如，以前称为 **RNA 沉默**（RNA silencing）通过它的另一名称

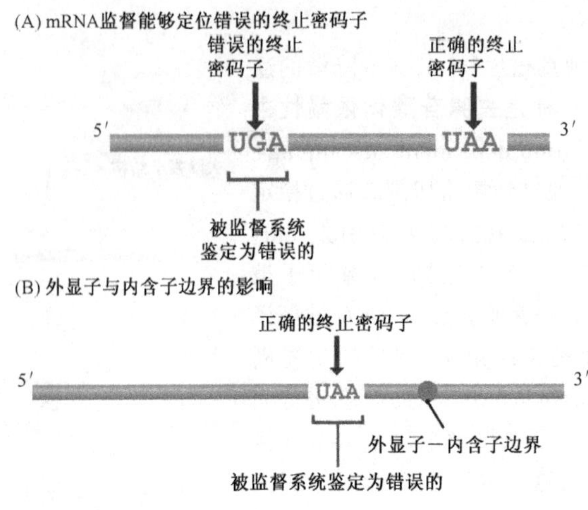


图 12.45 mRNA 监督

**RNA 干扰**（RNA interference）已被我们所熟悉，因为 RNA 干扰已被基因组研究者作为失活某一种选定基因来研究其功能的方法（5.2.2 节）。

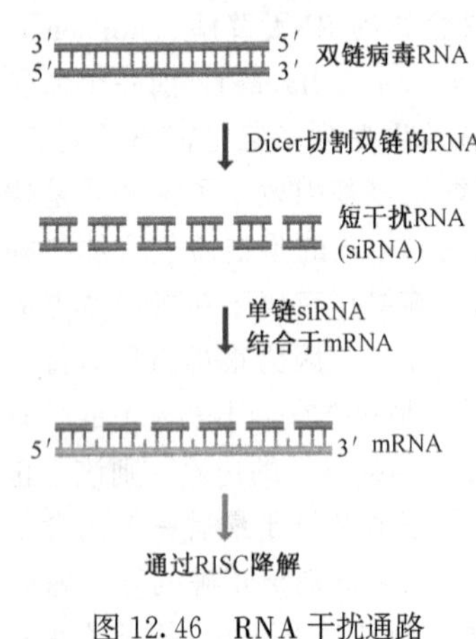


图 12.46 RNA 干扰通路

RNA 干扰的靶标必须是双链，包括了病毒基因组而将细胞 mRNA 排除在外，很多病毒的基因组原来就是双链的 RNA 或者在复制的过程中以双链 RNA 作为中介（9.1.2 节）。双链由 RNA 结合蛋白识别，从而形成 Dicer 核酸酶的结合位点，Dicer 将双链 RNA 切割为长度为 21～28 个碱基的**短干扰 RNA**（short interfering RNA，siRNA；图 12.46）。这将使病毒基因组失活，但如果病毒基因已经发生了转录结果如何呢？一旦转录发生，那么病毒的危害就已开始，RNA 干扰机制似乎就不能保护细胞免遭损害。近年来最大的发现之一揭示了干扰过程的第二阶段特异性地直接作用于在病毒 mRNA。由切割病毒基因组而来的 siRNA 被分离为单链，然后各个 siRNA 的单链通过碱基配对结合到存在于细胞中的任一病毒 mRNA 上。所形成的双链区将成为 **RNA 诱导沉默复合体**（RNA induced silencing complex，RISC）组装的靶位点，RISC 包含有 Argonaut 家族中的一个 RNA 结合蛋白和一个核酸酶（这个核酸酶也可能就是 Argonuat 本身），RISC 裂解并沉默 mRNA。

20 世纪 90 年代晚期，对线虫的研究工作对 RNA 干扰内在的分子机制进行了初步的描述。此后，发现在几乎所有的真核生物中都存在 RNA 干扰，只有酿酒酵母等少数例外，同时发现 RNA 干扰与许多事件有关，包括以前认为无关的 RNA 降解。举例来说，某些类型的转座元件在移动的过程中需要双链 RNA 的介导，这种双链 RNA 即可被目前已知为 RNA 干扰的过程降解。这是真核生物防止转座元件在基因组内大规模增殖的一种手段。基因工程学家以前曾疑惑为什么在有些生物，尤其是植物中，通过分子克隆导入的新基因会被沉默。我们现在知道，这种沉默是由于新转入的基因偶然插入某个启动子上游，这个启动子可以指导合成转基因的部分或全部反义 RNA，反义 RNA 和所转基因的自身启动子产生的有意义的 mRNA 形成双链，引发 RNA 干扰（图 12.47）。在不同的生物中存在着各种各样的现象，如压制、共抑制、转录后基因沉默，现在知道它们不过是 RNA 干扰的不同表现。

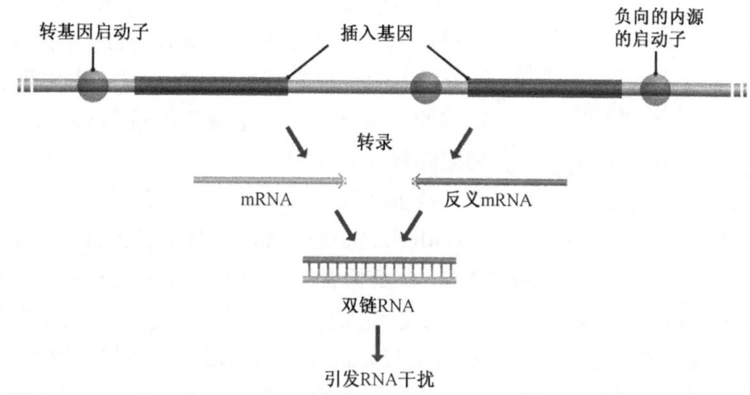


图 12.47　RNA 干扰现象解释了为什么某些转基因会失活

为了表示清楚，图中将 mRNA 和反义 RNA 表示为从转基因的不同拷贝中转录出来。它们当然可以分别在它自身携带的启动子和内源性启动子的指导下从同一个转基因中转录出来

## microRNA 通过降解特异性的 RNA 调节基因组的表达水平

在很多物种中，发现有不止一种的 Dicer 酶。比如在果蝇中存在着两种相关的 Dicer 酶，在拟南芥中有四种。多重性略有差别的 Dicer 酶提醒我们，可能存在着另一不同的降解过程，这种降解过程可能与上述的 RNA 干扰相关，也可能显著不同。事实证明，在果蝇中的第二种 Dicer 酶并非作用于如图 12.46 所示的双链 RNA，而是作用于由果蝇的基因组编码，并由 RNA 聚合酶 II 转录的 **microRNA**（miRNA）。microRNA 在最早被合成为叫做折回 RNA 的前体，这个名称意味着这些 RNA 形成链内的碱基配对，形成一个或者多个内部的发夹结构（图 12.48）。在核仁内，这些折回 RNA 被 Drosha 酶切割成单个的发夹结构，再被运输到细胞质中。双链 RNA 茎部刺激了 RNA 干扰通路，由果蝇中的第二种 Dicer 酶将其切割成为 21 个核苷酸左右的 microRNA。每个 microRNA 都与细胞的某个 mRNA 部分互补，因此与靶标配对，组装成

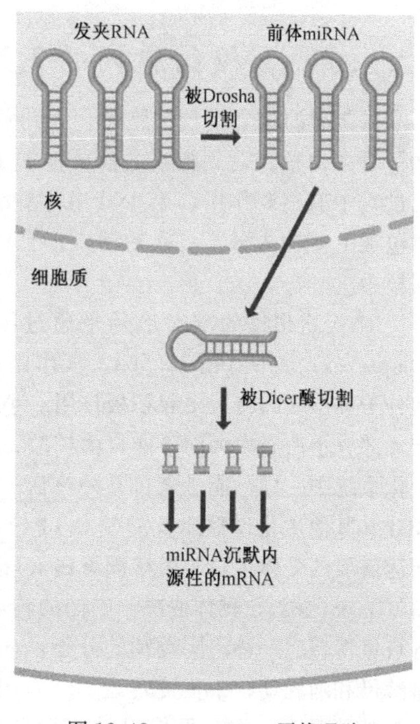


图 12.48　microRNA 干扰通路

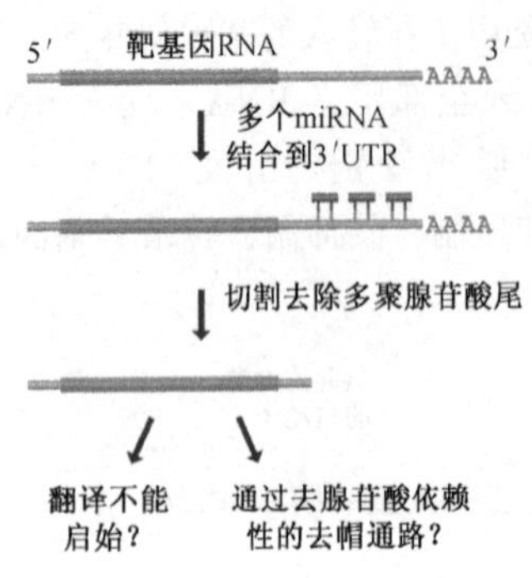


图 12.49 RNA 的靶位点常常位于目标基因的 3′非翻译区

一个 micro-核糖核蛋白复合体（miRNP），在功能上与 RISC 相同，并包含大量相同的蛋白质。导致 mRNA 的降解。microRNA 常常结合于靶标 mRNA 的 3′非编码区，有时会有多个结合位点（图 12.49）。miRNP 导致的降解并不会破坏编码区，却导致 mRNA 的多聚腺苷酸尾脱离。因为多聚腺苷酸尾与翻译的起始有关（13.2.2 节），所以可能会干扰翻译的起始。也可能它指导 mRNA 进入去多聚腺苷酸化依赖的去帽过程。无论确切的过程如何，miRNP 的切割降解导致 mRNA 沉默。

线虫中的 *lin-4* 和 *let-7* 基因是最早被发现的 microRNA 沉默通路，这两个基因编码的折回 RNA 经过 Dicer 的加工后都产生 microRNA。突变两者之一会导致线虫的发育出现缺陷，说明这种 RNA 降解途径不是简单地去除不想要或存在潜在危害的基因，而是在基因组的表达上发挥重要的调节作用。对线虫后续的分析发现 microRNA 参与多种生物学过程，如细胞死亡，神经元细胞类型的特化以及脂肪的存储等，这些都支持上述的观点。基因组分析表明，绝大多数动物都有能力合成100～200 种或更多种 microRNA。尽管到目前为止，只发现了少数 microRNA 的靶基因，但 microRNA 系统无疑是基因组调节广泛而重要的一个方面。此前，人们研究基因组表达调节主要局限于蛋白质的调节作用，当发现 RNA 也同样具有重要的调节作用后，导致人们在细胞蛋白质组组成调控的观念上发生了重大的转变。

## 12.2.7 真核细胞内的 RNA 转运

在典型的哺乳动物细胞中，大约总 RNA 的 14%位于核中。这部分核内 RNA 的 80%是在由核转运到胞浆之前要被加工。另外 20%是 snRNA 和 snoRNA，它们在加工过程中有重要作用，至少其中一些分子在被运回核中以前已存在于胞浆并在胞浆中包被上蛋白质分子。换句话说，真核 RNA 被不停地从核转运到胞浆并可能再度返回核中。

RNA 进出核的唯一途径是通过覆盖于核膜上的众多**核孔复合体**（nuclear pore complexes）之一（图 12.50）。核孔复合体初看来有些像膜上的一个洞，现在它被认为在分子进出核的转运中起积极作用。小分子可以不受阻碍的通过核孔复合体，但 RNA 及大部分蛋白质太大而不能自由扩散，所以必须通过一种能量依赖的过程转运。和其他生化系统中一样，能量来自某种核苷三磷酸中高能磷酸键的水解，这里是 GTP 转变为 GDP（其他生化过程涉及的是 ATP→ADP）。能量的生成由叫做 Ran 的蛋白质负责。转运需要的受体蛋白叫做**核周蛋白**（karyopherins）或**输出蛋白**（exportins）和**输入蛋白**（importins），具体取决于它们的转运活性方向。人类至少有 20 种不同的核周蛋白，各自负责转运一种不同类别的分子：mRNA，rRNA 等。例如，输出蛋白-t，已被证实是酵母和哺乳动物中负责转运 tRNA 出核的核周蛋白。tRNA 直接被输出蛋白-t 识别，但其他类型的 RNA 可能是被蛋白质特异的核周蛋白转运出核的——它们识别的是

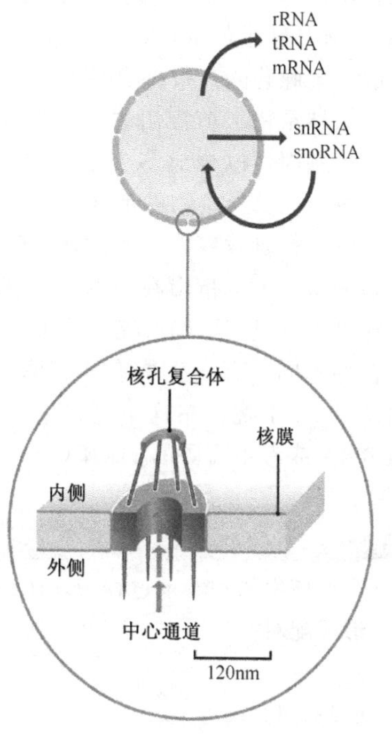


图 12.50　真核生物的 RNA 必须通过核孔复合体转运

在真核细胞中，rRNA、tRNA 和 mRNA 从核向胞浆运输，这些分子在胞浆中行使它们的细胞功能。至少有一部分的 snRNA 和 snoRNA 也被转运到胞浆中，在包被上蛋白后才回到核内行使加工 RNA 的功能。核孔不仅仅是核膜中的一个孔洞，它是由一个环镶嵌在核孔中形成的由蛋白成分组成的结构，向胞核和胞浆中呈放射状分布。本图未显示中央通道复合体，一种 12 kDa 的蛋白被认为位于连接胞浆与核质的通道内。人们认为在一个动物细胞中，细胞核表面大约有 3000 个核孔

RNA 结合的蛋白质而不是 RNA 自身。这同样适合于 snRNA 从胞浆中被转运入核的过程，该过程用到了蛋白质转运途径之一的一个组分——输入蛋白 β。

剪接过程的完成引发 mRNA 的出核，并可能是通过酵母中称为 Yralp 的蛋白质和动物中称为 Aly 的蛋白质的作用。一旦到核外，就有一套机制确定 mRNA 被转运到它们在细胞中的恰当位置。尚不清楚细胞内蛋白质的定位多大程度归因于 mRNA 在特定的位点翻译，多大程度是归因于其在被合成后的位移。但至少清楚，某些 mRNA 在限定的空间进行翻译。例如，那些编码最终要被转运进线粒体的蛋白质的 mRNA 是被位于线粒体表面的核糖体翻译的。初步认为，蛋白质“地址标签”贴到 mRNA 上，以便它们出核以后被导向正确的位置，但我们对该过程知之甚少。

# 总结

结构研究开始揭示了在转录的延伸阶段，RNA 聚合酶、模板 DNA 和 RNA 转录物之间确切的相互作用。RNA 聚合酶并非匀速地合成 RNA。相反，合成是不连续的，有快速的延伸阶段，间隔有短暂的停顿，在停顿时，RNA 聚合酶发生轻微的结构重排。细菌的转录终止有两种方式，其中一种需要辅助蛋白 Rho。细菌有多种机制可以对转录终止进行调节，一种是通读转录终止信号，下游的序列被转录，这是 λ 基因组表达的关键；另一种是当基因产物不需要时，可以在基因或操纵子转录之前使转录终止。在大肠杆菌中核糖体 RNA 和转运 RNA 起初都是作为前体转录出来，进行切割和修剪后才释放出有功能的 RNA 分子。这些 RNA 分子同时也在不同的位点

上受到化学修饰。有多种酶参与细菌有控制的 RNA 降解途径。在真核生物中，由 RNA 聚合酶Ⅱ转录的 mRNA 会在 5′端加上 7-甲基化鸟苷酸帽子，3′端加上一系列的腺苷酸的多聚腺苷酸。很多真核基因的前体 mRNA 包含内含子，内含子通过一个复杂的过程从转录物上剪接出去，此过程涉及小核糖核蛋白在剪接体中的作用。可变剪接使一个基因可以合成多个蛋白质，在多种生物学过程中有重要作用，如在果蝇中的性别决定。真核生物的前体 rRNA 和前体 tRNA 也包含内含子。前体 rRNA 中的内含子可以进行自我剪接，因此是核酶的例子。在真核生物中，小核仁 RNA 作为向导结合到 rRNA 上，指出在哪些位点需要进行化学修饰。mRNA 的化学修饰较为少见，但却可以造成编码的改变，比如在哺乳动物中，在肝脏和肠中合成的载脂蛋白 B 之间存在的不同。真核生物有多种降解 RNA 的机制，其中有一个叫做 RNA 沉默，或者叫做 RNA 干扰，在这个过程中，小干扰 RNA 或者 microRNA 降解并沉默入侵的病毒 RNA 或者不需要的 mRNA。

## 选择题

*奇数问题的答案见附录

12.1* 在原核生物的转录过程中，DNA 模板与 RNA 转录产物之间大约有多少个碱基形成配对？

a. 8

b. 12～14

c. 30

d. 整个 RNA 分子都与模板保持配对关系直到转录结束。

12.2 哪个因素是决定细菌 RNA 聚合酶继续转录或终止转录的最重要因素？

a. 核苷酸的浓度。

b. 聚合酶的结构。

c. 终止子序列的甲基化。

d. 热动力学事件。

12.3* Rho 蛋白在转录终止过程中的作用是什么？

a. 它是一种解旋酶，能够打开模板与转录产物之间的碱基配对。

b. 它是一种 DNA 结合蛋白，能够阻止 RNA 聚合酶沿着模板移动。

c. 它是 RNA 聚合酶的一个亚基，能够结合于 RNA 的发夹结构，使转录暂停。

d. 它是一种核酸酶，能降解转录产物的 3′端。

12.4 抗终止作用参与调节下面哪些单位的转录过程？

a. 编码氨基酸的生物合成相关酶的操纵子，调节过程依赖于该氨基酸的浓度。

b. 编码分解代谢相关酶的操纵子，调节过程依赖于代谢产物的浓度。

c. 位于操纵子上游的基因。

d. 位于操纵子下游的基因。

12.5* 哪些是大肠杆菌应急反应中的主要转录改变？

a. 大部分基因的转录速率提高。

b. 只有编码氨基酸合成有关酶的操纵子的转录速率提高。

c. 大部分基因的转录速率降低。

d. 只有编码氨基酸合成有关酶的操纵子的转录速率降低。

12.6 下列哪些不被认为是 tRNA 被化学修饰的原因？

a. 使核糖核酸之间的配对更强。

b. 帮助氨酰-tRNA 合成酶识别不同的 tRNA 分子。

c. 使更多类型的反应可以发生在 tRNA 和密码子之间。

d. 使一种 tRNA 可以识别不止一种密码子。

12.7* 真核生物中的启动子脱离与哪些因素有关？

a. RNA 聚合酶从起始复合物转变为合成 RNA 状态。

b. RNA 聚合酶离开启动子开始转录。

c. RNA 聚合酶从起始复合物脱离，因此不进行转录。

d. 使 RNA 聚合酶从模板脱离，从而终止转录。

12.8 在剪接 GU-AG 内含子时，套索结构是如何形成的？

a. 在剪接位点的 5′端切割之后，在 5′端核苷酸和 3′端核苷酸的 2′碳原子之间形成磷酸二酯键。

b. 在剪接位点的 5′端切割之后，在 5′端核苷酸和内部的一个腺苷酸的 2′碳原子之间形成磷酸二酯键。

c. 在剪接位点的 3′端切割之后，在 5′端核苷酸和 5′端核苷酸的 2′碳原子之间形成磷酸二酯键。

d. 在剪接位点的 3′端切割之后，在 5′端核苷酸和内部的一个腺苷酸的 2′碳原子之间形成磷酸二酯键。

12.9* 什么是隐蔽剪接位点？

a. 在某些细胞中使用，在另一些细胞内不使用的位点。

b. 始终使用的位点。

c. 在可变剪接中使用的位点，导致在某些 mRNA 分子中外显子可以被移除。

d. 在内含子或外显子中非常类似于剪接信号的序列，但它们不是真正的剪接位点。

12.10 下面哪些论述正确地描述了反式剪接过程？

a. 一个转录物内部的外显子顺序被重排，从而产生了一个新的 mRNA。

b. 某些转录物内部的外显子被删除。

c. mRNA 转录物内部的内含子序列没有被剪接，被翻译成蛋白质。

d. 不同转录物的外显子连接在一起。

12.11* I 型内含子很特别，是因为：

a. 它们由外部的 RNA 分子剪接，不需要蛋白质的参与。

b. 它们由蛋白质剪接，不需要外部的 RNA 分子。

c. 它们是自催化的。

d. 它们只出现在线粒体和叶绿体的基因组中。

12.12 真核生物 rRNA 分子的化学修饰发生在：

a. 细胞质

b. 内质网

c. 核膜

d. 核仁

12.13* 下列哪个是 RNA 编辑的例子？

a. 从 RNA 转录物中去除内含子。

b. 通过核酸酶降解。

c. 修改了一个 RNA 分子的核苷酸序列。

d. 为 RNA 转录物进行 5′加帽。

12.14 无义 RNA 介导的降解（NMD）是一种利用何种特性来降解真核生物的 mRNA 分子的？

a. NMD 可以降解终止密码子位置错误的 mRNA。

b. NMD 可以降解无功能的蛋白质。

c. NMD 可以降解不含起始密码子的 mRNA。

d. NMD 可以降解不含终止密码子的 mRNA。

12.15* 下面哪些描述了 RNA 干扰？

a. 反义 RNA 分子阻滞了 mRNA 分子的翻译。

b. 双链的 RNA 分子与蛋白质结合，自身的翻译被阻滞。

c. 双链的 RNA 分子被核酸酶切割成为小干扰 RNA 分子。

d. 小干扰 RNA 分子结合与核糖体上，防止病毒 mRNA 翻译。

12.16 RNA 分子是如何转运出核的？

a. 通过核膜被动扩散。

b. 以一种不需要能量的过程通过核孔出核。

c. 以一种需要能量的过程通过核孔出核。

d. 以核膜上与内质网相边的孔道出核。

## 简答题

* 奇数问题的答案见附录

12.1* 概述大肠杆菌中 Rho 蛋白依赖的转录终止过程。

12.2 抗终止蛋白是如何阻止 RNA 聚合酶在终止信号处解离的？

12.3* 为什么在真核生物中不存在衰减作用？

12.4 在转录色氨酸操纵子 *trpE* 的上游区域时可以形成两种不同的发夹结构，说出是哪些因素决定形成哪种发夹结构，这些发夹结构是如何调节色氨酸操纵子转录的？

12.5* 在大肠杆菌中，是如何从前体 tRNA 加工出成熟的 tRNA？哪些酶参与了这一过程？

12.6 为什么 RNA 降解在基因组表达的调节上有重要的作用？

12.7* 如果使转录终止的发夹结构仍然存在的话，那么外切核酸酶能从 mRNA 的 3′端降解吗？这些发夹结构是如何阻滞这些外切核酸酶的活性的？

12.8 真核细胞中常见的发生于蛋白质编码基因转录物的修饰是什么？

12.9* 0 型帽子结构是如何加到真核生物的 mRNA 上的？

12.10 讨论像人类 *slo* 之类的基因是如何产生出数以百计不同的 mRNA 分子的？

12.11* 小核仁 RNA（snoRNA）在真核细胞的 rRNA 前体的修饰过程中起什么样的作用？

12.12　microRNA 能够调节真核基因组表达，这一点是如何通过结合 mRNA 的 3′非翻译末端做到的？

## 论述题

* 奇数问题的指导见附录

12.1*　“现在认为转录是不连续的过程，聚合酶会有规律地停顿，在继续延伸和脱离模板终止转录之间选择。选择取决于哪一种在热力学上更有利。”评价这种源于转录的观点。

12.2　对于 AU-AC 内含子的研究在多大的程度上为 GU-AG 内含子的剪接过程提供了线索？

12.3*　不连续基因（即包含内含子的基因）在高等生物中是普遍现象，但在细菌中基本不存在。讨论可能的原因。

12.4　讨论 RNA 编辑现象发现后提出了哪些问题？

12.5*　核酶的存在被认为是 RNA 进化早于蛋白质的证据，由此可以推出，在进化的最早期，所有的酶都是由 RNA 构成。如果这一假说是正确的，解释一下为什么有些核酶能够保存至今？

## 图形测试

* 奇数问题的答案见附录

12.1*　讨论细菌中在固有终止子处转录终止的机制。

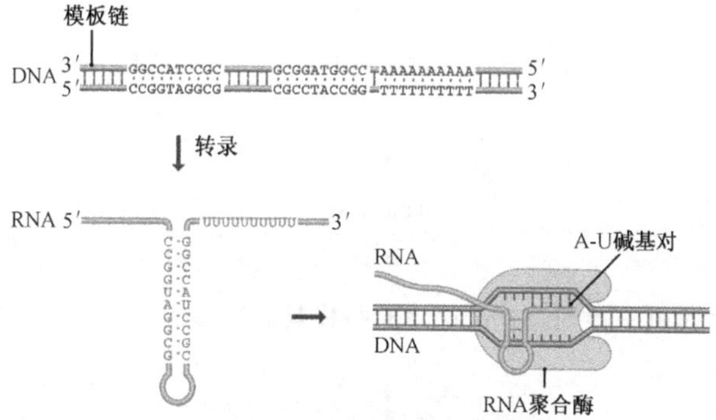


12.2　讨论真核细胞中 mRNA 加尾的机制。

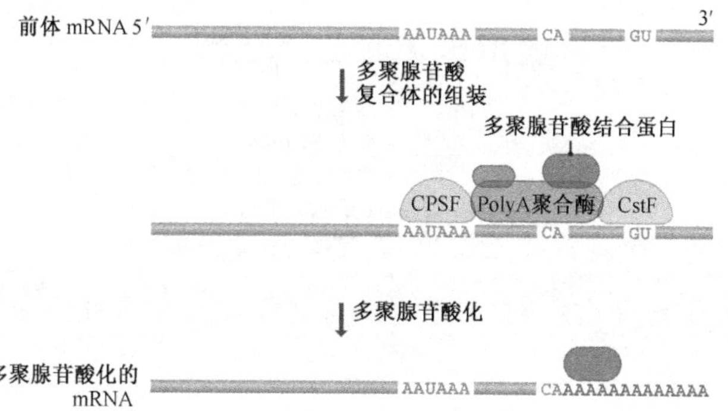

12.3* 讨论如图所示的内含子剪接过程。

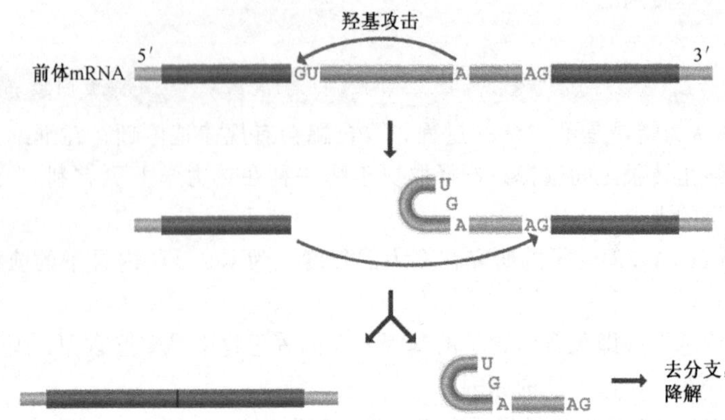


12.4 讨论真核细胞 mRNA 降解过程中的去腺苷酸通路。在哪一点真核细胞 mRNA 停止翻译？

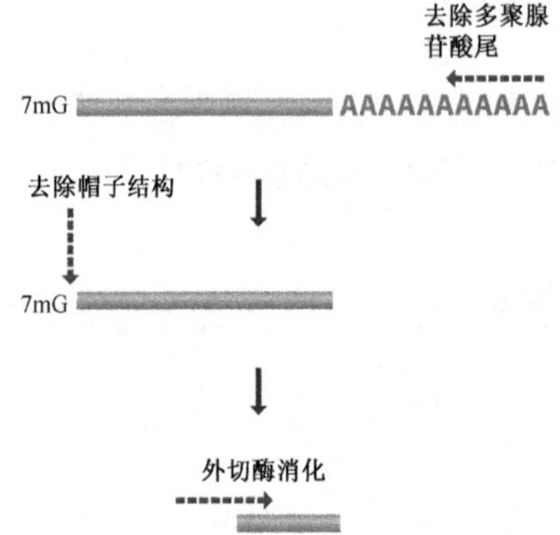


12.5* 说出图示是哪一个通路并讨论该通路物具体过程。

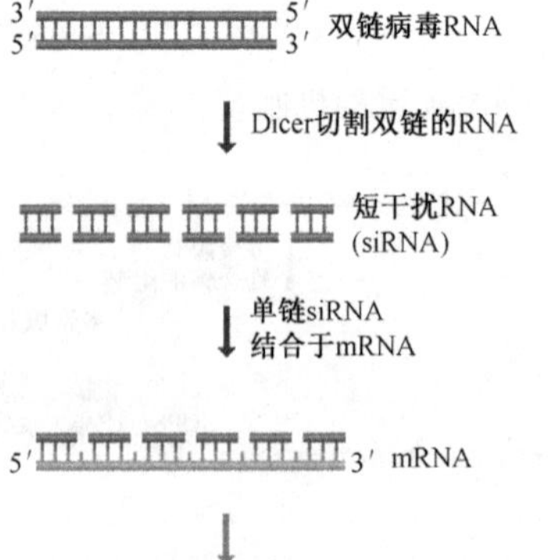

# 拓展阅读


### 细菌RNA聚合酶进行的RNA合成

**Klug, A.** (2001) A marvellous machine for making messages. *Science* **292:** 1844–1846.

**Korzheva, N., Mustaev, A., Kozlov, M., Malhotra, A., Nikiforov, V., Goldfarb, A. and Darst, S.A.** (2000) A structural model of transcription elongation. *Science* **289:** 619–625.

**Toulokhonov, I., Artsimovitch, I. and Landick, R.** (2001) Allosteric control of RNA polymerase by a site that contacts nascent RNA hairpins. *Science* **292:** 730–733. *A model for termination of transcription.*

### 细菌中mRNA合成的调控

**Henkin, T.M.** (1996) Control of transcription termination in prokaryotes. *Annu. Rev. Genet.* **30:** 35–57. *A detailed account of antitermination and attenuation.*

**Losick, R.L. and Sonenshein, A.L.** (2001) Turning gene regulation on its head. *Science* **293:** 2018–2019. *Describes the attenuation systems at the tryptophan operons of* E. coli *and* B. subtilis.

**Nickels, B.E. and Hochschild, A.** (2004) Regulation of RNA polymerase through the secondary channel. *Cell* **118:** 281–284. *The mode of action of transcript cleavage proteins.*

### 真核mRNA的合成与加工

**Arndt, K.M. and Kane, C.M.** (2003) Running with RNA polymerase: eukaryotic transcript elongation. *Trends Genet.* **19:** 543–550. *Includes details of the roles of elongation factors.*

**Conaway, J.W., Shilatifard, A., Dvir, A. and Conaway, R.C.** (2000) Control of elongation by RNA polymerase II. *Trends Biochem. Sci.* **25:** 375–380.

**Conaway, R.C., Kong, S.E. and Conaway, J.W.** (2003) TFIIS and GreB: two like-minded transcription elongation factors with sticky fingers. *Cell* **114:** 272–273. *A eukaryotic transcript cleavage protein.*

**Cougot, N., van Dijk, E., Babajko, S. and Seeraphin, B.** (2004) 'Cap-tabolism'. *Trends Biochem. Sci.* **29:** 436–444. *mRNA capping.*

**Manley, J.L. and Takagaki, Y.** (1996) The end of the message – another link between yeast and mammals. *Science* **274:** 1481–1482. *Polyadenylation.*

**Proudfoot, N.** (2000) Connecting transcription to messenger RNA processing. *Trends Biochem. Sci.* **25:** 290–293.

**Shilatifard, A., Conaway, R.C. and Conaway, J.W.** (2003) The RNA polymerase II elongation complex. *Annu. Rev. Biochem.* **72:** 693–716. *Includes details of elongation factors.*

**Studitsky, V.M., Walter, W., Kireeva, M., Kashlev, M. and Felsenfeld, G.** (2004) Chromatin remodeling by RNA polymerases. *Trends Biochem. Sci.* **29:** 127–135. *Possible ways by which RNA polymerases deal with nucleosomes attached to the DNA being transcribed.*

### mRNA前体的剪接

**Black, D.L.** (2003) Mechanisms of alternative pre-messenger RNA splicing. *Annu. Rev. Biochem.* **72:** 291–336.

**Blencowe, B.J.** (2000) Exonic splicing enhancers: mechanism of action, diversity and role in human genetic diseases. *Trends Biochem. Sci.* **25:** 106–110.

**Corden, J.L. and Patturajan, M.** (1997) A CTD function linking transcription to splicing. *Trends Biochem. Sci.* **22:** 413–416.

**Graveley, B.R.** (2001) Alternative splicing: increasing diversity in the proteomic world. *Trends Genet.* **17:** 100–107.

**Stetefeld, J. and Ruegg, M.A.** (2005) Structural and functional diversity generated by alternative mRNA splicing. *Trends Biochem. Sci.* **30:** 515–521.

**Tarn, W.-Y. and Steitz, J.A.** (1997) Pre-mRNA splicing: the discovery of a new spliceosome doubles the challenge. *Trends Biochem. Sci.* **22:** 132–137. *AU–AC introns.*

**Valcärcel, J. and Green, M.R.** (1996) The SR protein family: pleiotropic functions in pre-mRNA splicing. *Trends Biochem. Sci.* **21:** 296–301.

### 其他类型的内含子

**Burke, J.M., Belfort, M., Cech, T.R., Davies, R.W., Schweyen, R.J., Shub, D.A., Szostak, J.W. and Tabak, H.F.** (1987) Structural conventions for Group I introns. *Nucleic Acids Res.* **15:** 7217–7221. *The nomenclature for the two-dimensional representation of the Group I intron structure.*

**Cech, T.R.** (1990) Self-splicing of group I introns. *Annu. Rev. Biochem.* **59:** 543–568. *Written by one of the discoverers of autocatalytic RNA.*

**Copertino, D.W. and Hallick, R.B.** (1993) Group II and Group III introns of twintrons: potential relationships with nuclear pre-mRNA introns. *Trends Biochem. Sci.* **18:** 467–471.

**Lambowitx, A.M. and Zimmerly, S.** (2004) Mobile Group II introns. *Annu. Rev. Genet.* **38:** 1–35.

**Lykke-Andersen, J., Aagaard, C., Semionenkov, M. and Garrett, R.A.** (1997) Archaeal introns: splicing, intercellular mobility and evolution. *Trends Biochem. Sci.* **22:** 326–331.

### I型和III型RNA聚合酶进行的转录

**Geiduschek, E.P. and Kassavetis, G.A.** (2001) The RNA polymerase III transcription apparatus. *J. Mol. Biol.* **310:** 1–26.

**Reeder, R.H. and Lang, W.H.** (1997) Terminating transcription in eukaryotes: lessons learned from RNA polymerase I. *Trends Biochem. Sci.* **22:** 473–477.

**Russell, J. and Zomerdijk, J.C.B.M.** (2005) RNA-polymerase-I-directed rDNA transcription, life and works. *Trends Biochem. Sci.* **30:** 87–96.

### 细菌和真核生物中功能性RNA的加工

**Tollervey, D.** (1996) Small nucleolar RNAs guide ribosomal RNA methylation. *Science* **273:** 1056–1057.

**Venema, J. and Tollervey, D.** (1999) Ribosome synthesis in *Saccharomyces cerevisiae. Annu. Rev. Genet.* **33:** 261–311. *Extensive details on rRNA processing.*

### RNA编辑

**Bass, B.L.** (1997) RNA editing and hypermutation by adenosine deamination. *Trends Biochem. Sci.* **22:** 157–162.

**Bourara, K., Litvak, S. and Araya, A.** (2000) Generation of G-to-A and C-to-U changes in HIV-1 transcripts by RNA editing. *Science* **289:** 1564–1566.

**Gott, J.M. and Emeson, R.B.** (2000) Functions and mechanisms of RNA editing. *Annu. Rev. Genet.* **34:** 499–531.

**Stuart, K.D., Schnaufer, A., Ernst, N.L. and Panigrahi, A.K.** (2005) Complex management: RNA editing in trypanosomes. *Trends Biochem. Sci.* **30:** 97–105.

### 细菌和真核生物中的RNA降解

**Carpousis, A.J., Vanzo, N.F. and Raynal, L.C.** (1999) mRNA degradation: a tale of poly(A) and multiprotein machines. *Trends Genet.* **15:** 24–28.

**Coller, J. and Parker, R.** (2004) Eukaryotic mRNA decapping. *Annu. Rev. Biochem.* **73:** 861–890.

**Hilleren, P., McCarthy, T., Rosbach, M., Parker, R. and Jensen, T.H.** (2001) Quality control of mRNA 3′-end processing is linked to the nuclear exosome. *Nature* **413:** 538–542.

**Singh, G. and Lykke-Andersen, J.** (2003) New insights into the formation of active nonsense-mediated decav complexes. *Trends Biochem. Sci.* **28:** 464–466.

### RNA沉默

**Mello, C.C. and Conte, D.** (2004) Revealing the world of RNA interference. *Nature* **431:** 338–342.

**Sontheimer, E.J. and Carthew, R.W.** (2005) Silence from within: endogenous siRNAs and miRNAs. *Cell* **122:** 9–12.

**Zamore, P.D. and Haley, B.** (2005) Ribo-genome: the big world of small RNAs. *Science* **309:** 1519–1524.

### RNA转运

**Fahrenkrog, B., Köser, J. and Aebi, U.** (2004) The nuclear pore complex: a jack of all trades. *Trends Biochem. Sci.* **29:** 175–182.

**Nigg, E.A.** (1997) Nucleocytoplasmic transport: signals, mechanisms and regulation. *Nature* **386:** 779–787.

**Weis, K.** (1998) Importins and exportins: how to get in and out of the nucleus. *Trends Biochem. Sci.* **23:** 185–189.

CHAPTER

# 第13章 蛋白质组的合成与加工

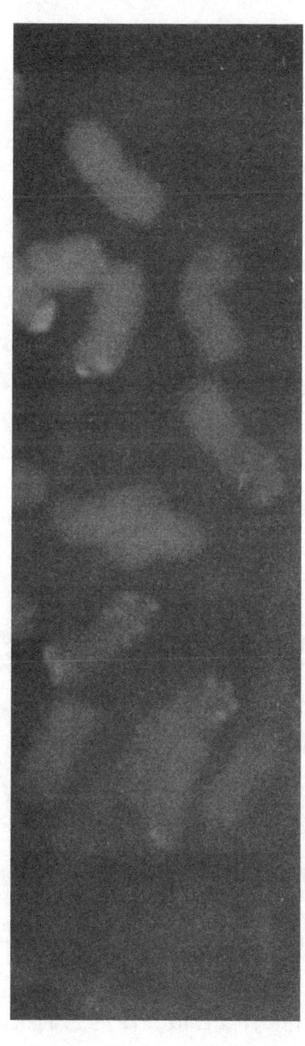



## 学习要点

当你阅读完第13章之后，应该能够：

- 画出 tRNA 的一般结构，并解释该结构如何使 tRNA 在蛋白质合成中发挥物理和信息性作用。
- 描述氨基酸如何与 tRNA 结合，并概述确保氨基酸和 tRNA 正确结合的过程。
- 解释密码子如何与反密码子相互作用，并讨论密码子摆动对这种作用的影响。
- 概述核糖体结构研究中采用的技术，并总结这些研究结果的信息。
- 详细描述细菌和真核生物中的翻译过程，重点关注各种翻译因子的作用。
- 描述得出“肽基转移酶是一种核酶”结论的实验证据。
- 解释翻译是如何被调控的，并概述其中的异常事件，如在延伸阶段可能发生的移码。
- 解释为什么蛋白质翻译后修饰是基因组表达过程的重要成分，并描述蛋白质折叠与蛋白质酶解和化学修饰以及蛋白质内含肽剪接的关键特性。
- 描述细菌和真核生物中负责蛋白质降解的主要过程。

基因组表达的最终结果是蛋白质组，即活细胞合成的功能性蛋白质的合集。蛋白质组中各种蛋白质类型及其相对丰度，代表了新蛋白质合成和已有蛋白质降解之间的平衡。化学修饰及其他加工作用也能改变蛋白质组的生化功能。合成、降解和修饰/加工共同作用使蛋白质组可以满足细胞的变化需求，并对外界刺激作出反应。

本章我们将学习蛋白质组成分的合成、加工和降解。为了理解蛋白质的合成，我们将首先学习 tRNA 在解读遗传密码中的作用，以及核糖体中发生的、最终使氨基酸聚合成多肽的事件。核糖体事件有时被认为是单个基因表达的最终阶段，但刚合成的多肽要在折叠以后才有活性，并可能必须经历切割和化学修饰才能发挥功能。我们将在 13.3 节学习这些加工事件。在本章的最后，我们将学习细胞如何降解不再需要的蛋白质。

# 13.1 tRNA 在蛋白质合成中的作用

tRNA 在翻译中起关键作用。1956 年 Francis Crick 预言了它们的存在，作为接头分子，它们连接 mRNA 和合成中的多肽。这既是一种物理连接，tRNA 结合到 mRNA 和延伸中的多肽上；同时又是一种信息连接，通过 mRNA 中核苷酸序列的遗传密码，tRNA 确保合成中的多肽具有对应的氨基酸序列（图 13.1）。为了理解 tRNA 如何发挥这种双重作用，我们必须先研究**氨酰化**（aminoacylation），在此过程中正确的氨基酸与对应的 tRNA 相连接，以及**密码子-反密码子识别**（codon-anticodon recognition），即 tRNA 和 mRNA 之间的相互作用。

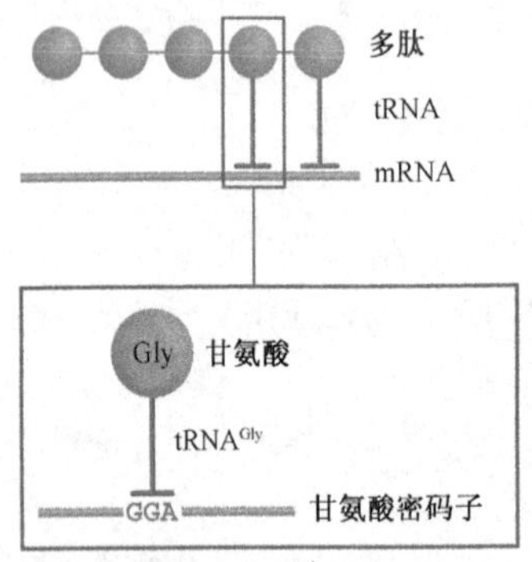


图 13.1 tRNA 在翻译中的接头作用

上图显示了 tRNA 的物理作用，即在多肽和 mRNA 之间形成连接。下图显示了信息连接，即 tRNA 携带由三联体密码子限定的氨基酸，并与密码子结合

## 13.1.1 氨酰化：将氨基酸连接到 tRNA 上

细菌含有 30～45 种不同的 tRNA，真核生物则多达 50 种。因为遗传密码仅指定 20 种氨基酸，这意味着所有生物中至少存在部分**同工 tRNA**（isoaccepting tRNA），即对应相同氨基酸的不同 tRNA。描述 tRNA 的术语中，用氨基酸特异性的上标再加数字后缀，如 1、2 等，表示，以区分不同的同工 tRNA，例如，两种对应甘氨酸的 tRNA 表示为 $tRNA^{Gly1}$ 和 $tRNA^{Gly2}$。

### 所有 tRNA 都具有相似的结构

最小的 tRNA 只有 74 个核苷酸，而最大的也很少超过 90 个核苷酸。因为它们很小，且可以纯化出单一种类的 tRNA，所以它们是最早被测序的核酸之一，早在 1965 年纽约康奈尔大学 Robert Holley 及其同事就已对其进行了测序。测序结果发现了一些意料之外的特征：除标准 RNA 核苷酸（A、C、G 和 U）之外，tRNA 还含有一些被修饰的核苷酸，每种 tRNA 中含有 5～10 个，已发现共 50 种以上的修饰类型（12.1.3 节）。

第一个被测序的 tRNA 分子是酿酒酵母（*Saccharomyces cerevisiae*）的 $tRNA^{Ala}$，结果表明，这个分子可形成多种碱基配对的二级结构。随着越来越多的 tRNA 被测序，逐渐清楚所有 tRNA 都可以形成一种特定的结构，即**三叶草**（cloverleaf）结构(图 13.2)，具有如下的特征：

- **受体臂**（acceptor arm），由分子 5′端和 3′端之间的 7 个碱基对组成。氨基酸连接到 tRNA3′端，即 tRNA 都具有的 CCA 末端序列的腺苷酸上（12.1.3 节）。
- **D 臂**（D arm），因其结构中始终存在修饰核苷二氢尿嘧啶而得名（图 12.18）。
- **反密码子臂**（anticodon arm），含有反密码子三联体核苷酸，在翻译时与 mRNA 进行碱基配对。
- **V 环**（V loop），在 I 类 tRNA 中含 3～5 个核苷酸，在 II 类 tRNA 中含 13～21 个核苷酸。
- **TψC 臂**（TψC arm），因其序列中总含有胸腺嘧啶-假尿嘧啶-胞嘧啶序列而得名。

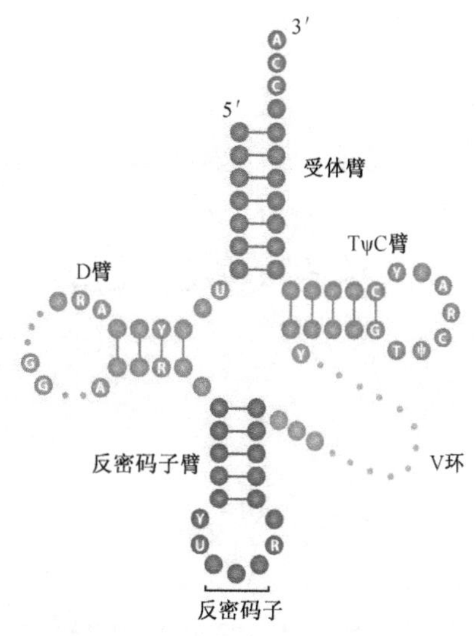


图 13.2 tRNA 的三叶草结构

tRNA 以传统的三叶草结构表示，不同组分都作了标记，并指出了恒定核苷酸（A、C、G、T、U、Ψ，其中 Ψ 是假尿嘧啶）和半恒定核苷酸（缩写：R，嘌呤；Y，嘧啶）。用较小点表示并非所有 tRNA 中都存在的可选核苷酸。标准编号体系将 5′端定为 1 位，3′端定为 76 位；其中包括部分而非全部的可选核苷酸。恒定和半恒定核苷酸位于第 8、11、14、15、18、19、21、24、32、33、37、48、53、54、55、56、57、58、60、61、74、75 和 76 位。反密码子核苷酸位于第 34、35 和 36 位

几乎所有 tRNA 都可以形成三叶草结构，主要的例外是脊椎动物线粒体所使用的 tRNA，它由线粒体基因组编码，有时缺失部分结构，如人线粒体 $tRNA^{Ser}$ 就没有 D 臂。除了保守的二级结构以外，tRNA 某些部位的核苷酸完全恒定（总是同一个核苷酸）或半恒定（总是嘌呤或总是嘧啶），而且修饰核苷酸的位置也几乎总是相同。

很多恒定核苷酸的位置对于 tRNA 的三级结构很重要。X 射线晶体学研究显示，D 环和 TΨC 环的核苷酸形成碱基配对，使 tRNA 折叠成紧密的 L 型结构(图 13.3)。L 型结构的每个臂长约 7 nm，直径约为2 nm，氨基酸结合位点位于一条臂末端，反密码子位于另一条臂的末端。这种附加的碱基配对意味着碱基堆积力（1.1.2 节）从 tRNA 的一端到另一端基本上是连续的，从而保证了结构的稳定性。

## 氨酰 tRNA 合成酶将氨基酸连到 tRNA 上

tRNA 的氨酰化（分子生物学中称之为“负载”）由称为**氨酰-tRNA 合成酶**（aminoacyl-tRNA synthetase）的一组酶催化完成。氨酰化反应分两步进行。氨基酸首先和 ATP 反应形成活化的氨基酸中间体，然后这个氨基酸被转到 tRNA 的 3′端，在氨基酸的—COOH基团与 tRNA 最后一个核苷酸（总是 A）糖基 2′或 3′碳原子的—OH 基团之间形成连接（图 13.4）。

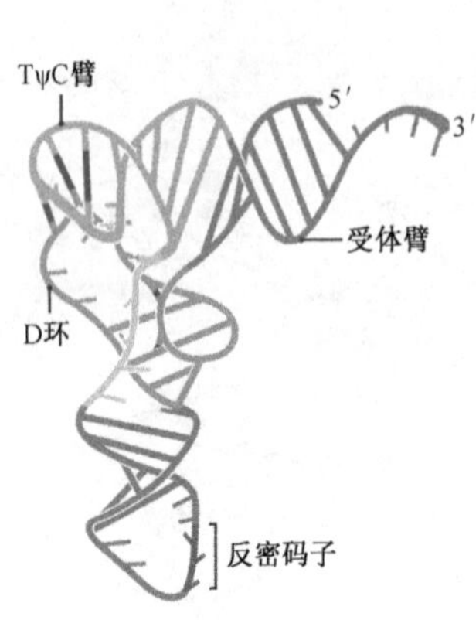


图 13.3　tRNA 的三维结构

用黑色表示主要位于 D 环和 TψC 环之间的附加碱基配对，它将图 13.2 所示的三叶草结构折叠为这种 L 形构型。V 环也可与 D 臂形成相互作用，这取决于其序列，图中用黑线表示

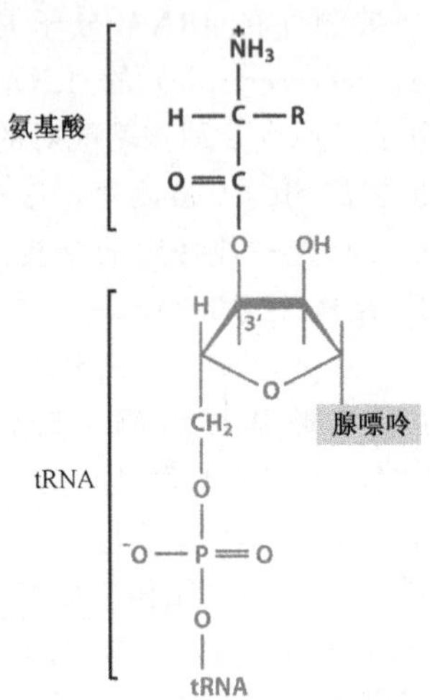


图 13.4　tRNA 的氨酰化

图示为 II 类氨酰-tRNA 合成酶催化的氨酰化结果，氨基酸通过其—COOH 基团与 tRNA 末端核苷酸的 3′—OH 相连。I 类氨酰 tRNA 合成酶将氨基酸连到 2′—OH 基团上

除了少数特例外，生物体有 20 种氨酰-tRNA 合成酶，每种各对应一种氨基酸，这意味着一组同工 tRNA 被同一种酶氨酰化。尽管对于各个氨基酸的基本化学反应相同，但这 20 种氨酰-tRNA 合成酶可分为 2 个不同的组，I 类和 II 类，二者间有几个重要的区别（表 13.1），其中最主要的差别是 I 类酶将氨基酸连到 tRNA 末端核苷酸的 2′—OH 基团，而 II 类酶将氨基酸连到 3′—OH 基团。

**表 13.1　氨酰-tRNA 合成酶的特征**

| 特征 | I 类酶 | II 类酶 |
|---|---|---|
| 酶活性位点的结构 | 平行 β 片层 | 反平行 β 片层 |
| 与 tRNA 的相互作用 | 受体臂的小沟 | 受体臂的大沟 |
| 结合 tRNA 的取向 | V 环背向酶 | V 环面向酶 |
| 氨基酸结合 | 结合到 tRNA 末端核苷酸的 2′-OH | 结合到 tRNA 末端核苷酸的 3′-OH |
| 酶 | Arg、Cys、Gln、Glu、Ile、Leu、Lys*、Met、Trp、Tyr、Val | Ala、Asn、Asp、Gly、His、Lys*、Phe、Pro、Thr、Ser |

* 在某些古生菌和细菌中赖氨酸的氨酰 tRNA 合成酶是 I 类酶，在所有其他生物中是 II 类酶。

氨酰化反应必须准确进行。如果在蛋白质合成时遵循遗传密码准则，正确的氨基酸就一定要与正确的 tRNA 相连。氨酰-tRNA 合成酶和 tRNA 之间有广泛的相互作用，相互作用区覆盖大约 25 $nm^2$ 的表面积，包括 tRNA 的受体臂和反密码子环，以及 D 臂和 TψC 臂的几个核苷酸，因此氨酰-tRNA 合成酶对其 tRNA 有很高的忠实性。酶和氨基酸间的相互作用也是必然的，由于氨基酸比 tRNA 小得多，这种作用相对较少，并且由于几对氨基酸结构相似，这就给特异性带来了更大的问题。对大多数氨基酸而言发生率非常低，但对难以区分的类似氨基酸（如异亮氨酸和缬氨酸）而言错误有可能发生，在每 80 个氨酰化反应中就有一个会出错。多数错误能被氨酰-tRNA 合成酶本身纠正，这是一个不同于氨酰化反应的编辑过程，它涉及这些酶与 tRNA 的不同接触方式。

在大多数生物体中，氨酰化通过上述过程完成，但也观察到一些异常事件。这些事件包括氨酰-tRNA 合成酶将不正确的氨基酸连接到 tRNA 上，这个氨基酸随即通过另一个化学反应转化为正确的氨基酸。这一现象在巨大芽孢杆菌（*Bacillus megaterium*）谷氨酰胺-$tRNA^{Gln}$的合成（谷氨酰胺与其 tRNA 相连）中首次发现。这个氨酰化反应由负责谷氨酸-$tRNA^{Glu}$ 合成的酶催化，先将一个谷氨酸连到 $tRNA^{Gln}$ 上[图 13.5（A)]，这个谷氨酸再通过另一种酶的转氨基反应而转变成谷氨酰胺。很多其他细菌（尽管不是大肠杆菌）和古生菌也存在这一现象。一些古生菌还通过转氨基反应从天冬氨酸-$tRNA^{Asn}$合成天冬酰胺-$tRNA^{Asn}$。在上述两个例子中，由修饰过程合成的氨基酸是遗传密码对应的 20 种氨基酸之一。还有两个例子，其中修饰导致产生稀有氨基酸。第一个例子是甲硫氨酸转变成 N-甲酰甲硫氨酸［图 13.5（B)]，产生用于细菌翻译起始的特殊 tRNA（13.2.2 节），第二个例子在原核和真核生物中都可见到，导致合成硒代半胱氨酸，由某些 5′-UGA-3′密码子在特定环境中决定（1.3.2 节）。这些密码子由特殊的

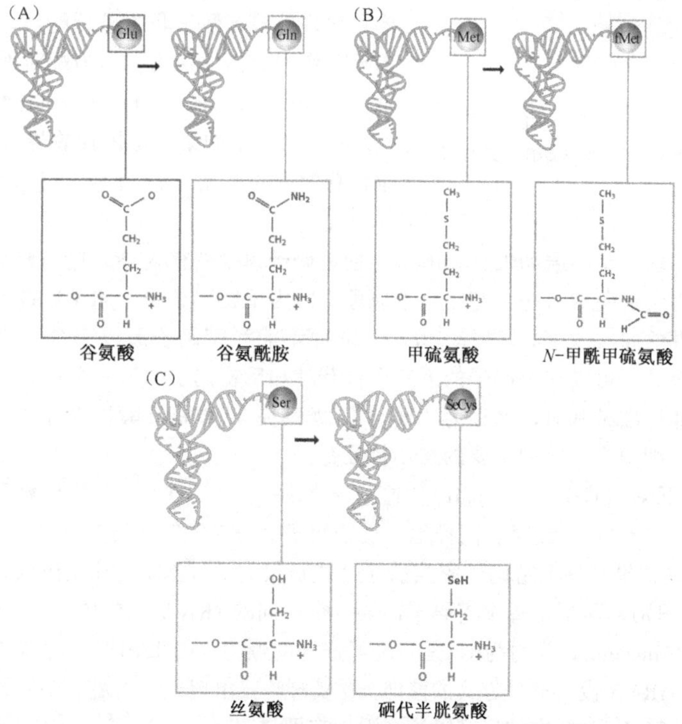


图 13.5　稀有类型的氨酰化

(A) 在一些细菌中，$tRNA^{Gln}$被谷氨酸氨酰化，随之通过转氨基反应转化为谷氨酰胺。(B) 在细菌中用于翻译起始的特殊 tRNA 被甲硫氨酸氨酰化，随后转变为 *N*-甲酰甲硫氨酸。(C) 多种生物中的 $tRNA^{SeCys}$都先被丝氨酸氨酰化

tRNA^SeCys^识别，但氨酰-tRNA 合成酶不能将硒代半胱氨酸与该 tRNA 连接。丝氨酰-tRNA 合成酶将该 tRNA 与丝氨酸连接，然后由—SeH 取代丝氨酸的—OH 进行修饰，从而产生硒代半胱氨酸［图 13.5（C）］。在古生菌中发现了第二个背景依赖性的密码子重新指配，古生菌中偶尔利用 5′-UAG-3′编码吡咯赖氨酸（1.3.2 节）。这与已负载 tRNA 的修饰无关，而是存在一个特异性的氨酰-tRNA 合成酶，直接将吡咯赖氨酸连接到 tRNA^pLys^上。

## 13.1.2 密码子-反密码子相互作用：tRNA 与 mRNA 相连接

氨酰化代表 tRNA 特异性的第一个层次。第二个层次是 tRNA 的反密码子和待翻译 mRNA 相互作用的特异性。这个特异性确保蛋白质合成遵循遗传密码的规则(图 1.20)。

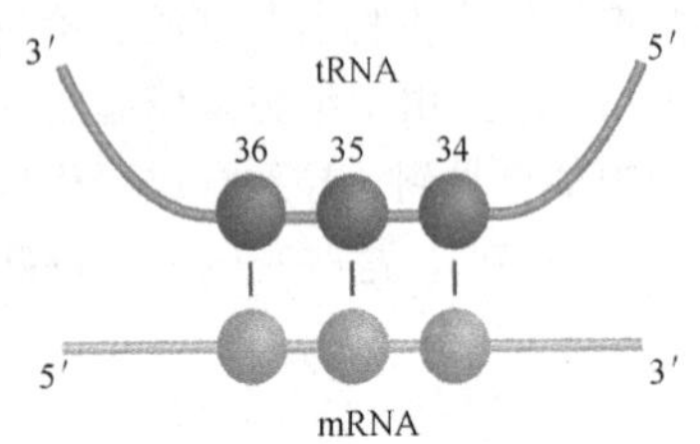


图 13.6 密码子和反密码子的相互作用
数字表示 tRNA 中核苷酸的位置（图 13.2）

原则上，密码子-反密码子识别是 tRNA 的反密码子和 mRNA 的密码子之间碱基配对的直接过程（图 13.6）。氨酰化的特异性确保 tRNA 携带与其配对的密码子编码的氨基酸，同时核糖体只允许单核苷酸三联体进行配对，从而控制它们相互作用的拓扑结构。因为配对的多核苷酸总是反向平行的，并且 mRNA 的阅读方向是 5′→3′，所以密码子的第一位核苷酸与 tRNA 的第 36 位核苷酸配对，第二位与第 35 位，第三位与第 34 位配对。

实际上，密码子的**摆动性**（wobble）使密码子识别变得复杂。这是最早由 Crick 提出，且随后得到证明的另一个基因表达原理。因为反密码子位于 RNA 的环上，核苷酸三联体有轻度弯曲（图 13.2 和图 13.3），故而不能和密码子形成完全一致的匹配。由此导致的结果是，可以在密码子的第三个核苷酸和反密码子的第一个核苷酸（即 34 位）间形成一个非标准碱基对，这称为“摆动”。尤其在 34 位核苷酸被修饰时，可能有一些不同的配对。细菌中，两种主要的摆动特征是：

- **G-U 碱基配对**（G-U base pair）。这意味着序列为 3′-XXG-5′的反密码子可与 5′-XXC-3′和 5′-XXU-3′配对。同样地，反密码子 3′-XXU-5′可与 5′-XXA-3′和 5′-XXG-3′配对。其结果是一个密码子家族的 4 个成员（如 5′-GCN-3′都编码丙氨酸）可被 2 种 tRNA 识别，而不是每个密码子需要一个不同的 tRNA［图 13.7（A）］。
- **次黄嘌呤**（inosine），简写为 I，是一种经修饰的嘌呤（图 12.18），可与 A、C 和 U 配对。因为 mRNA 没有这种方式的修饰，次黄嘌呤仅出现于 tRNA。三联体 3′-UAI-5′有时被用做 tRNA^Ile^分子中的反密码子，因为它可与 5′-AUA-3′、5′-AUC-3′和 5′-AUU-3′配对［图 13.7（B）］，后者形成了标准遗传密码中编码这个氨基酸的 3 密码子家族。

摆动使一个 tRNA 可识别 2 个或 3 个密码子，从而减少了细胞中所需 tRNA 的数量。这样，细菌可以用少至 30 个 tRNA 来解码其 mRNA。真核生物也存在摆动，但更加严格。作为相当典型的高等真核生物，人类基因组有 48 个 tRNA。预计其中 16 个利

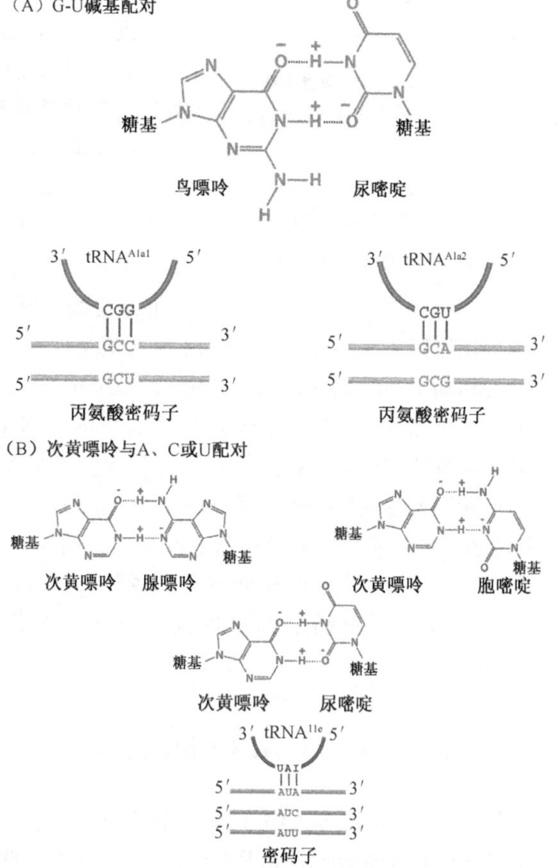


图 13.7 细菌中摆动性的两个例子

（A）含 G-U 碱基配对的摆动使丙氨酸的四密码子家族仅需两个 tRNA 解码。注意含 G-U 的摆动也可使一个对应两种氨基酸的四密码子家族得到准确解码。例如，反密码子 3′-AAG-5′可解码 5′-UUC-3′和 5′-UUU-3′，二者都编码苯丙氨酸（图 1.20），反密码子 3′-AAU-5′可解码该家族的另外两个成员 5′-UUA-3′和 5′-UUG-3′，两者都编码亮氨酸。（B）次黄嘌呤可与 A、C 或 U 配对，意味着一个 tRNA 可解码异亮氨酸的所有三个密码子。点状虚线表示氢键；缩写：I，次黄嘌呤

用摆动分别识别 2 种密码子，其余 32 个特异性对应单个三联体（图 13.8）。与细菌摆动相比，其区别性的特征是：

| 密码子 | 氨基酸 | 密码子 | 氨基酸 | 密码子 | 氨基酸 | 密码子 | 氨基酸 |
|---|---|---|---|---|---|---|---|
| UUU | phe | UCU | ser | UAU | tyr | UGU | cys |
| UUC | | UCC | | UAC | | UGC | |
| UUA | leu | UCA | | UAA | stop | UGA | stop |
| UUG | | UCG | | UAG | | UGG | trp |
| CUU | leu | CCU | pro | CAU | his | CGU | arg |
| CUC | | CCC | | CAC | | CGC | |
| CUA | | CCA | | CAA | gln | CGA | |
| CUG | | CCG | | CAG | | CGG | |
| AUU | ile | ACU | thr | AAU | asn | AGU | ser |
| AUC | | ACC | | AAC | | AGC | |
| AUA | | ACA | | AAA | lys | AGA | arg |
| AUG | met | ACG | | AAG | | AGG | |
| GUU | val | GCU | ala | GAU | asp | GGU | gly |
| GUC | | GCC | | GAC | | GGC | |
| GUA | | GCA | | GAA | glu | GGA | |
| GUG | | GCG | | GAG | | GGG | |

图注

G-U摆动

I摆动

图 13.8 解码人类基因组时摆动性预测表

预测由单个 tRNA 通过 G-U 摆动解码的密码子对用//表示，预测由次黄嘌呤摆动解码的碱基对用浅色表示。没有突出标示的密码子有自己独立的 tRNA。预测主要根据位于人类基因组序列草图上 tRNA 的反密码子序列分析而得。此处显示的分析表明，人细胞中有 45 个 tRNA，其中 16 个对应摆动碱基对，29 个是单独的。实际上，存在 48 个 tRNA。这是因为被认为由摆动碱基配对解码的三个密码子（5′-AAU-3′、5′-AUC-3′和 5′-UAU-3′），尽管以低丰度存在，也有它们自己单独的 tRNA

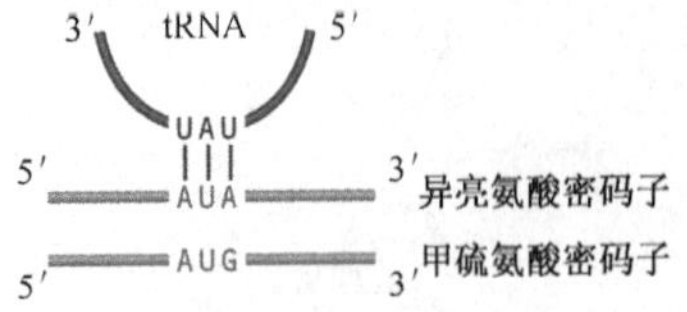


图 13.9　具有反密码子 3′-UAU-5′ 的 tRNA 能够解读异亮氨酸密码子 5′-AUA-3′和甲硫氨酸密码子

- 8 个 tRNA 能利用 G U 摆动，而且这种摆动都涉及序列为 3′-XXG-5′的反密码子。反密码子序列为 3′-XXU-5′时，真核生物不使用 G-U 摆动，可能因为这会导致具有反密码子 3′-UAU-5′的 $tRNA^{Ile}$ 阅读甲硫氨酸密码子 5′-AUG-3′（图 13.9）。因此真核生物可以通过这种方式防止这种摆动的发生。
- 另有 8 种人 tRNA 的反密码子含次黄嘌呤（3′-XXI-5′），但它们只解码 5′-XXC-3′和 5′-XXU-3′。I 和 A 之间的碱基配对较弱，这意味着 5′-XXA-3′不能被反密码子 3′-XXI-5′有效识别。为避免这种无效性，在人 tRNA 每种涉及次黄嘌呤的摆动中，5′-XXA-3′密码子由独立的 tRNA 识别。然而需要注意，独立 tRNA 识别不能排除 5′-XXA-3′也被含 3′-XXI-5′的 tRNA 解码，尽管这种识别效率低下。这并不影响遗传密码的特异性，因为与次黄嘌呤有关的摆动，仅限于所有 4 个三联体对应相同氨基酸密码子的家族中（图 13.8）。

其他遗传系统使用更加极端的摆动形式。例如，人线粒体只使用 22 种 tRNA。其中有些 tRNA 其摆动位置的核苷酸几乎多余，因为它可与任何核苷酸碱基配对，使一个家族中所有 4 种密码子都可由同一种 tRNA 识别。这种现象被称为**超摆动性**（superwobble）。

# 13.2　核糖体在蛋白质合成中的作用

一个大肠杆菌细胞含大约 20 000 个核糖体，它们散布于胞浆中。平均来说，人类细胞应该含有更多核糖体（尚无人计数过），其中一些游离于胞浆中，另一些附着在内质网的外表面。内质网是贯穿细胞中，由管和泡组成的膜性网络。起初，人们认为核糖体在蛋白质合成中是被动的参与者，仅仅是提供翻译事件进行地点的结构。这些年来，该观点已经改变，现在认为核糖体在蛋白质合成中有两个主动作用：

- 核糖体通过将 mRNA、氨酰 tRNA 和相关蛋白质因子放置在相互之间的适当位置来协调蛋白质合成。
- 核糖体的组分，包括 rRNA，至少催化了翻译过程中的一部分化学反应。

为理解核糖体如何行使这些功能，我们将首先学习细菌和真核生物中核糖体的结构特征，然后学习这两类生物体中蛋白质合成的具体机制。

## 13.2.1　核糖体结构

过去 50 年来，随着运用越来越强大的方法进行研究，我们对核糖体结构的认识也逐渐增多。在 20 世纪早期核糖体首次被发现，表现为光学显微镜几乎不能分辨的微小颗粒，因而曾称作“微体”。在 20 世纪 40～50 年代，第一张电子显微图片显示，细菌的核糖体呈卵形，大小为 29 nm×21 nm，比真核细胞的核糖体小。真核细胞核糖体依种属不同大小略有不同，平均约为 32 nm×22 nm。20 世纪 50 年代中期发现，核糖体是蛋白质合成的场所，促进了对这些颗粒结构进行更为细致的研究。

## 用超速离心测量核糖体的大小及其组成分析

对核糖体精细结构的最初认识不是来自电子显微镜的观察，而是通过超速离心后分析其组成得到的（技术注解 7.1）。真核细胞完整核糖体的沉降系数是 80S，细菌是 70S，它们都可以被分为更小的组分（图 13.10）：

- 每个核糖体都由 2 个亚基组成。真核细胞中这些亚基分别为 60S 和 40S，细菌中是 50S 和 30S。注意：沉降系数不是加和性的，因为它们不仅取决于质量，还取决于形状。完整核糖体的 S 值小于其两个亚基之和是完全可以接受的。
- 真核细胞核糖体大亚基含 3 种 rRNA（28S，5.8S 和 5S rRNA），细菌大亚基仅含 2 种（23S 和 5S rRNA）。在细菌中，真核细胞 5.8S rRNA 对应的部分包含在 23S rRNA 中。
- 2 类生物中，小亚基均只包含一种 rRNA，真核细胞中为 18S rRNA，细菌中为 16S rRNA。
- 2 个亚基都含有多种**核糖体蛋白**（ribosomal protein），其具体数量见图 13.10。小亚基的核糖体蛋白称为 S1、S2 等，大亚基的称为 L1、L2 等。除了 L7 和 L12 以二聚体形式存在外，每个核糖体中的每种蛋白质只有一个。

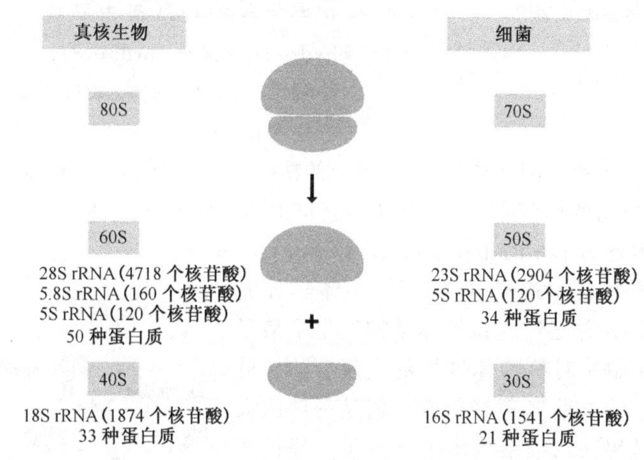


图 13.10　真核生物和细菌核糖体的组成

图示之细节是“典型”的真核核糖体和大肠杆菌核糖体。不同物种间的差异主要在于核糖体蛋白质数量的差异

## 探究核糖体的精细结构

在弄清了真核细胞和细菌核糖体的基本构成之后，人们的注意力就集中在这些不同的 rRNA 和蛋白质是如何组装在一起的问题上。最初的 rRNA 序列提供了重要的信息，对它们的比较鉴定出了通过碱基配对形成复杂二级结构的保守区域（图 13.11）。这提示 rRNA 提供了一个核糖体内部的“脚手架”，蛋白质可附着在上面。这种解释低估了 rRNA 在蛋白质合成中的主动作用，但它为进一步研究提供了有用的基础。

接下来的很多研究集中在细菌核糖体上，它比真核细胞的核糖体小，而且可以从液体培养基中生长到高密度的细胞提取物中大量得到。一些技术已应用于研究细菌核糖

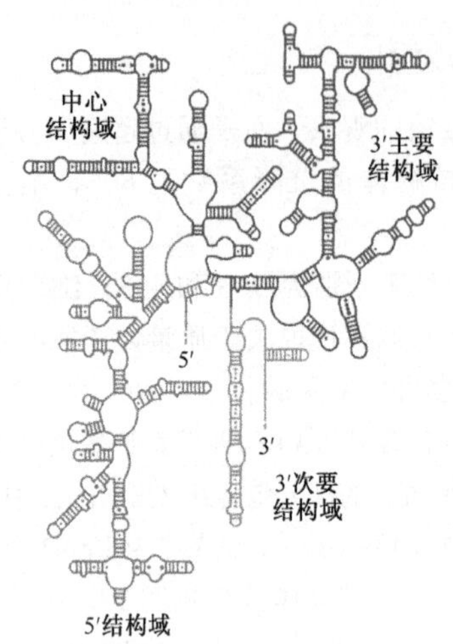


图 13.11　大肠杆菌 16S rRNA 的碱基配对结构

图例中，标准碱基配对（G-C、A-U）以杠表示，非标准碱基配对（如 G-U）以点表示

体，包括：

- **核酸酶保护实验**（nuclease protection experiment）（7.1.1 节），可鉴定出 RNA 和蛋白质间的接触。
- **蛋白质-蛋白质交联**（protein-protein cross-linking），鉴定核糖体中位置邻近的蛋白质对和蛋白质群。
- **电子显微镜技术**（electron microscopy）越来越精密，可以更详细的分辨核糖体的整体结构。例如，应用诸如**免疫电镜**（immunoelectron microscopy）等新技术，在观察前先用某种核糖体蛋白的特异抗体标记核糖体，从而可以对这些蛋白质在核糖体表面的位置进行定位。
- **位点特异的羟基自由基检测**（site-directed hydroxyl radical probing），二价铁离子可产生羟基自由基，而羟基自由基可裂解自由基产生部位 1nm 以内的 RNA 磷酸二酯键。这个技术曾用于大肠杆菌核糖体的 S5 蛋白的精确定位。用 Fe（II）标记 S5 内的不同氨基酸，在重组的核糖体中诱导产生羟基自由基。从 16 S rRNA 被切断的部位可推测 S5 蛋白附近 rRNA 的拓扑结构(图 13.12)。

近些年，这些技术逐渐被 X 射线晶体学补充(技术注解 11.1)，并已经对核糖体结构产生了最激动人心的深入了解。对核糖体这样的大复合体，分析由其晶体产生的大量 X 射线衍射数据是一项巨大的任务，尤其是想在精细结构水平获得足以提供核糖体工作方式的信息。人们已经克服了这项挑战，并推导出了如下一些结构：与 rRNA 片段结合的核糖体蛋白的结构，大小亚基的结构，以及与 mRNA 和 tRNA 结合的细菌核糖体的完整结构。随着核糖体结构的阐明（图 13.13），新近信息的大量获取对理解翻译过程有重要影响。

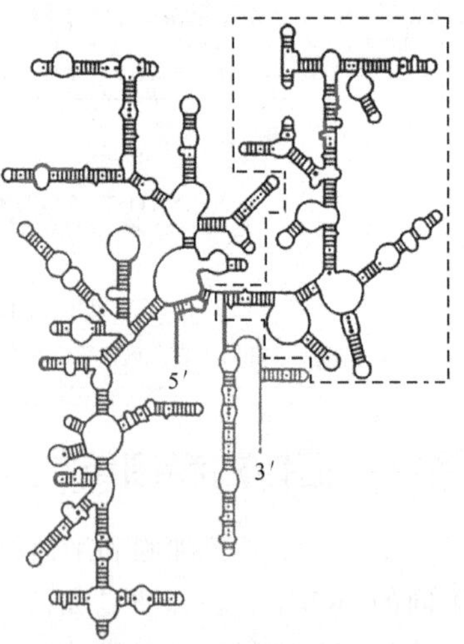


图 13.12　大肠杆菌 16S rRNA 中与核糖体蛋白 S5 形成接触的位置

该核糖体蛋白接触位点（以虚线框显示）的分布强调了 rRNA 碱基配对的二级结构在核糖体三维结构中进一步折叠的程度

## 13.2.2　翻译起始

尽管细菌和真核细胞的核糖体结构相似，这两种生物中的翻译方式仍有明显不同。最重要的差别出现于翻译的第一阶段，即核糖体在 mRNA 起始密码子上游位置的组装。

## 细菌的翻译起始需要内部核糖体结合位点

细菌和真核生物翻译起始的主要差别在于，细菌的翻译起始复合体直接建立在起始密码子上，即蛋白质合成准备开始的位置。而真核生物，正如我们在下一节将看到的那样，用相对间接的过程来定位起始位点。

在不参与蛋白质合成时，核糖体解离为亚基形式存在于胞浆中，等待新一轮翻译时使用。细菌中，翻译过程开始于核糖体小亚基与翻译**起始因子**（initiation factor）IF-3（表 13.2）一同结合到**核糖体结合位点**（ribosome binding site，也称为 **Shine-Dalgarno 序列**）上。这是一段短的靶序列，在大肠杆菌中共有序列为 5′-AGGAGGU-3′（表 13.3），位于翻译开始的起始密码子上游 3～10 个核苷酸处（图 13.14）。核糖体结合位点与小亚基 16S rRNA 的 3′端的一段区域互补，两者之间的碱基配对参与了小亚基与 mRNA 的结合。

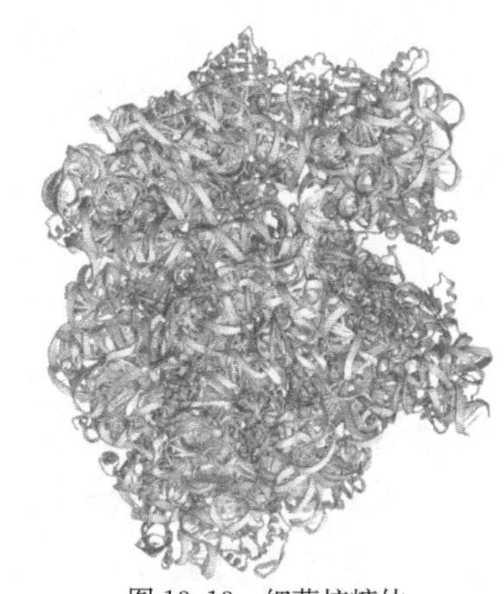

图 13.13 细菌核糖体

该图显示了嗜热细菌（*Thermus thermophilus*）的核糖体。小亚基位于顶端，16S rRNA 用浅蓝色表示，小亚基核糖体蛋白用深蓝色表示。大亚基 rRNA 为灰色，而蛋白质为紫色。金色区域是 A 位点（13.2.3 节），即在蛋白质合成过程中氨酰 tRNA 进入核糖体的位点。该位点和大多数蛋白质合成的实际发生区域，位于 2 个亚基的裂隙中。Elsevier 授权（*Trends Biochem. Sci.*，26，Mathews and Pe'ery，The machine that decodes the Genome. 585～587，2001）

**表 13.2 细菌和真核生物中翻译因子的功能**

| 因子 | 功 能 |
|---|---|
| **细菌** | |
| IF-1 | 不清楚；X 射线晶体衍射研究发现，IF-1 的结合封闭了 A 位点，因此它的功能可能是阻止 tRNA 提前进入 A 位点。另外一种可能是 IF-1 可引起构象改变，为小亚基与大亚基的结合做好准备 |
| IF-2 | 指引起始 $tRNA^{Met}$ 到起始复合物的正确位置 |
| IF-3 | 防止核糖体的大小亚基过早重新结合 |
| **真核生物** | |
| eIF-1 | 前起始复合体组分 |
| eIF-1A | 前起始复合体组分 |
| eIF-2 | 与前起始复合体的三元复合体组分中的起始 $tRNA^{Met}$ 结合；eIF-2 磷酸化导致翻译的整体抑制 |
| eIF-2B | eIF2-GTP 复合物的再生 |
| eIF-3 | 前起始复合体组分；与 eIF-4G 直接接触从而与帽结合复合体形成连接 |
| eIF-4A | 帽结合复合体组分；通过破坏 mRNA 分子内的碱基配对，帮助扫描解旋酶 |
| eIF-4B | 帮助扫描，可能充当解旋酶破坏 mRNA 分子内的碱基配对 |
| eIF-4E | 帽结合复合体组分，可能是 mRNA 5′端直接与帽结构接触的组分 |
| eIF-4F | 帽结合复合体，包含 eIF-4A、eIF-4E 和 eIF-4G，形成与 mRNA 5′端的帽结构初步接触 |
| eIF-4G | 帽结合复合体组分，在帽结合复合体和前起始复合体中的 eIF-3 间形成桥连接触；至少在某些生物中，eIF-4G 通过多聚腺苷酸结合蛋白也与 poly(A)尾形成连接 |
| eIF-4H | 在哺乳动物中，以类似 eIF-4B 的方式协助扫描 |
| eIF-5 | 起始结束后，帮助其他起始因子的释放 |
| eIF-6 | 与核糖体大亚基结合；防止大亚基与细胞浆中的小亚基结合 |

**表 13.3　大肠杆菌核糖体结合顺序举例**

| 基因 | 编码蛋白 | 核糖体结合顺序 | 起始密码子前的核苷酸数 |
|---|---|---|---|
| 大肠杆菌的共有序列 | — | 5′-AGGAGGU-3′ | 3～10 |
| 乳糖操纵子 | 乳糖利用酶 | 5′-AGGA-3′ | 7 |
| *galE* | 己糖-1-磷酸尿苷酰转移酶 | 5′-GGAG-3′ | 6 |
| *rplJ* | 核糖体蛋白 L10 | 5′-AGGAG-3′ | 8 |

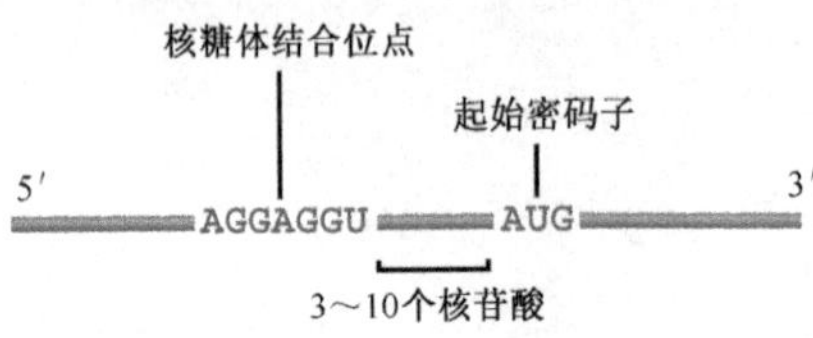


图 13.14　细菌翻译中的核糖体结合位点
在大肠杆菌中，核糖体结合位点的一致序列为 5′-AGGAGGU-3′，位于起始密码子上游第 3 与第 10 位核苷酸之间

通过与核糖体结合位点的结合，核糖体小亚基定位于起始密码子上（图 13.15）。这个密码子通常是 5′-AUG-3′，编码甲硫氨酸，但有时也用 5′-GUG-3′和 5′-UUG-3′。这三种密码子都可被同一个起始 tRNA 所识别，后两种是通过摆动作用完成的。这个起始 tRNA 先由甲硫氨酸氨酰化，然后通过修饰使甲硫氨酸转变为 *N*-甲酰甲硫氨酸（图 13.15）。修饰反应将一个甲酰基（—COH）连接到氨基上，使得起始甲硫氨酰中只有羧基是游离的，可以参与肽键形成。这就保证了多肽合成只能按 N→C 方向进行。起始 $tRNA^{Met}$ 由第 2 个起始因子 IF-2 与一分子 GTP 一起带到核糖体的小亚基，GTP 负责提供起始阶段最后一步所需的能量。注意 $tRNA^{Met}$ 只能识别起始密码子；它不能在翻译延伸阶段进入完整的核糖体，内部的 5′-AUG-3′密码子由携带非修饰甲硫氨酸的另一种 $tRNA^{Met}$ 识别。这些 tRNA 之间的区别似乎决定了起始分子的 2 个独有特征。第一，与所有其他测序过的细菌 tRNA 不同，起始 tRNA 在协助它与小亚基结合的反密码子茎上存在至少 3 个 G-C 碱基配对。第二，5′核苷酸，在大多数 tRNA 中形成受体臂的第一个碱基对(图 13.2)，而在起始 tRNA 上是未配对的。这些独有特征是酶类催化结合甲硫氨酸转化成 *N*-甲酰甲硫氨酸的信号，也可能防止了起始 tRNA 在延伸阶段进入核糖体。

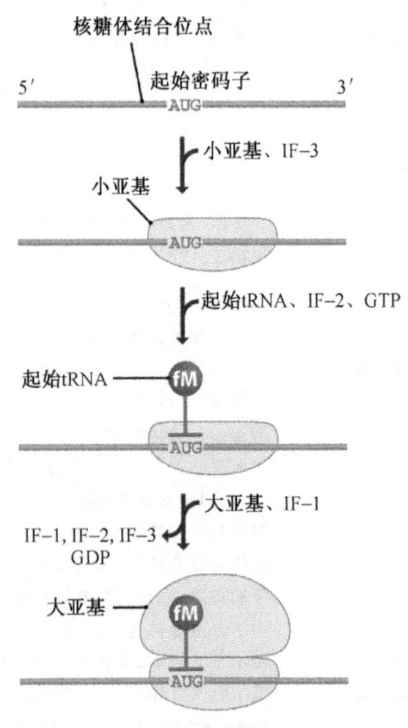


图 13.15　大肠杆菌的翻译起始
注意：起始复合体的不同组分并非按比例表示。缩写：fM，*N*-甲酰甲硫氨酸

IF-1 结合到起始复合体后，随即进行起始阶段的收尾工作。IF-1 的确切功能还不清楚（表 13.2)，但它可能诱导了起始复合体的构象改变，供大亚基结合。大亚基的结合需要能量，由结合的 GTP 水解产生，并导致起始因子的释放。

## 真核细胞的翻译起始由帽子结构和 poly（A）尾介导

仅一小部分真核 mRNA 有内部核糖体结合位点。对于大多数 mRNA，核糖体小亚基首先结合在 mRNA 的 5′端，然后沿着序列进行**扫描**（scan），直至找到起始密码子。该过程需要多种起始因子，且对所有这些因子的功能仍不太清楚（表 13.2）。具体步骤见下文（图 13.16）。

第一步包括**前起始复合体**（pre-initiation complex）的组装。前起始复合体包括核糖体 40S 亚基，由与起始 $tRNA^{Met}$ 结合的真核细胞起始因子 eIF-2 及一个 GTP 分子组成的三元复合体，以及另外三种起始因子 eIF-1、eIF-1A 和 eIF-3。和细菌中一样，起始 tRNA 不同于识别内部 5′-AUG-3′密码子的正常 $tRNA^{Met}$。但与细菌不同的是，它氨酰化正常的甲硫氨酸，而不是其甲酰化形式。

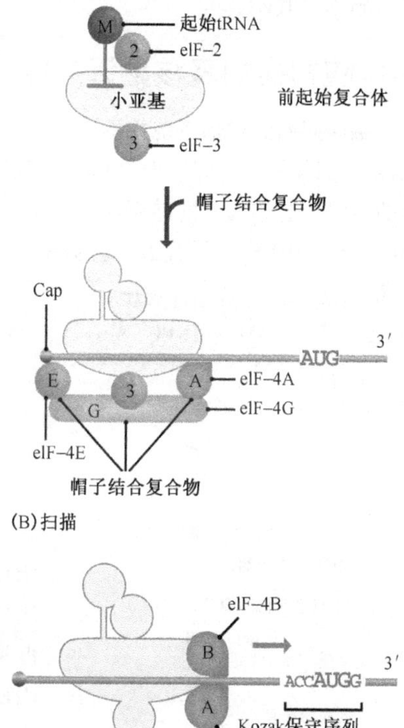


图 13.16 真核生物的翻译起始

（A）前起始复合体的组成及其与 mRNA 的连接。为简洁明了起见，省略了几种具体功能未知的蛋白质。复合体的整体构型未知。（B）前起始复合体沿 mRNA 扫描，直至遇到起始密码子，后者因其定位在 Kozak 共有序列中而被识别。扫描由 eIF-4A 和 eIF-4B 协助，它们被认为具有解旋酶活性。eIF-3 很可能在扫描中与前起始复合体结合，如图中所示。现在还不清楚 eIF-4E 和 eIF-4G 是否在这个阶段也保持与复合体的结合。注意：扫描是一个能量依赖性过程，需要 ATP 的水解。缩写：M，甲硫氨酸

组装后，前起始复合体结合定位于 mRNA 的 5′端。这一步需要**帽子结合复合体**（capbinding complex，有时称为 eIF-4F），包括起始因子 eIF-4A、eIF-4E 和 eIF-4G。与帽子接触可能是由 eIF-4E 单独完成（图 13.16）或者可能涉及与帽子结合复合体更广泛的相互作用。eIF-4E 结合于帽子，eIF-3 结合于前起始复合体，而因子 eIF-4G 起二者之间桥梁的作用。其结果是前起始复合体结合于 mRNA 的 5′区。前起始复合体与 mRNA 的结合也受 3′端 poly（A）的影响。这种作用被认为由 poly（A）结合蛋白（PADP）（译者注：应为 PABP，下同）介导，它与 poly（A）尾结合（12.2.1 节）。有证据显示，在酵母和植物中 PADP 可与 eIF-4G 结合，这种结合需要 mRNA 自身弯曲。对于人工去帽的 mRNA，PADP 相互作用足以将前起始复合体结合到 mRNA 的 5′端，但正常情况下，帽结构和 poly（A）尾可能一起发挥作用。poly（A）尾具有重要的调节作用，因为尾巴的长度似乎与特定 mRNA 的起始程度相关。

**起始复合体**（initiation complex）连到 mRNA5′端之后，需要沿着 mRNA 分子扫描并找到起始密码子。真核 mRNA 的引导区长度可为数十或数百个核苷酸，并且常含有能形成发夹和其他碱基配对结构的区域。这些结构

可能被 eIF-4A 和 eIF-4B 联合去除。eIF-4A，可能还包括 eIF-4B，具有解旋酶活性，故能打开 mRNA 分子内的碱基对，使起始复合物能够顺利通过［图 13.16（B）］。起始密码子，在真核细胞中通常是 5′-AUG-3′，它包含在一段短的共有序列 5′-ACCAUGG-3′中，因而可被识别，这个序列称为 **Kozak 保守序列**（Kozak consensus）。

一旦起始复合体定位于起始密码子上，核糖体的大亚基就结合上来。如同在细菌中一样，这个过程需要 GTP 的水解，并导致起始因子的释放。这一阶段有最后两个起始因子的参与：eIF-5，辅助其他因子的释放；eIF-6，结合游离的大亚基，以防止其与胞浆中的小亚基结合。

## 不伴随扫描的真核翻译起始

翻译起始的扫描系统并不适用于所有真核 mRNA。这首先发现于小 RNA 病毒中，小 RNA 病毒是一类基因组为 RNA 的病毒，包括人脊髓灰质炎病毒和鼻病毒，后者是普通感冒的病因。这些病毒的转录物不加帽，而是存在**内部核糖体进入位点**（internal ribosome entry site，IRES），尽管 IRES 的序列和其相对于起始密码子的位置比细菌中的变化性更大，但其功能与细菌的核糖体结合位点相似。这些转录物上 IRES 的存在，意味着小 RNA 病毒可通过使帽结合复合体失活，阻断宿主细胞的蛋白质合成，同时并不影响其自身转录物的翻译，尽管这不是所有小 RNA 病毒感染策略中的一个常规部分。

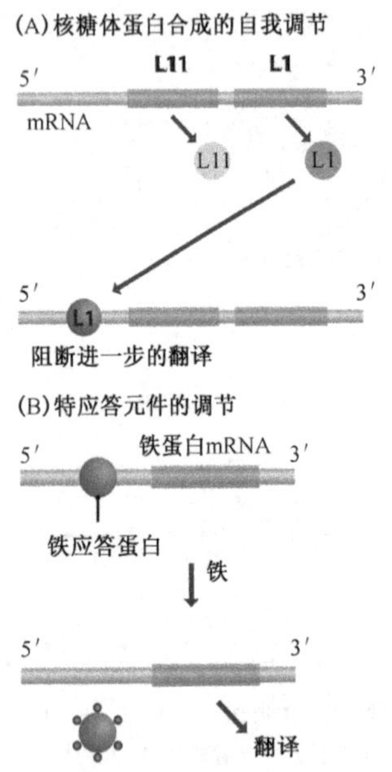


图 13.17　翻译起始的转录特异性调节　（A）细菌中核糖体蛋白合成的调节。大肠杆菌 L11 操纵子被转录为带有 L11 和 L1 核糖体蛋白基因拷贝的 mRNA。当 23S rRNA 分子上的 L1 结合位点被填充满时，L1 与 mRNA 的 5′非翻译区结合，阻止进一步的翻译起始。（B）哺乳动物中铁蛋白合成的调节。当铁缺乏时，铁应答蛋白与铁蛋白 mRNA 的 5′非翻译区结合，阻止铁蛋白的合成

值得注意的是，宿主核糖体识别 IRES 并不需要病毒蛋白。换句话说，正常真核细胞具有使之经 IRES 途径起始翻译的蛋白质和（或）其他因子。IRES 的多变性，使得它难以通过观察 DNA 序列而得到鉴定，但现在已清楚一些核基因转录物具有 IRES，而且它们至少是在某些情况下，通过其 IRES 而不是扫描的方式进行翻译。如哺乳动物免疫球蛋白重链结合蛋白和果蝇触角足蛋白的 mRNA（14.3.4 节）。在细胞处于外界压力，如处于热、辐射或低氧条件时翻译的几种蛋白质产物，在其 mRNA 中也发现 IRES。这些条件下，帽依赖的翻译整体被抑制（如下节所述）。这些“存活”mRNA 上 IRES 的存在，可以保证在需要这些蛋白质产物时优先得到翻译。

## 翻译起始的调节

翻译起始是蛋白质合成的重要调控点，此阶段有两种不同类型的调节机制。第一种是**整体调节**（global regulation），涉及蛋白质合成量的一般性改变，所有通过帽子机制翻译的 mRNA 受影响程度相

似。真核生物中这通常由 eIF-2 的磷酸化实现，eIF-2 需要 GTP 运输起始 tRNA 到核糖体小亚基上，通过阻止 eIF-2 与 GTP 分子结合从而抑制翻译起始。在压力，如热休克时发生 eIF-2 磷酸化，这时整体蛋白质合成水平降低，IRES 介导的翻译占据主导地位。

**转录物特异性调节**（transcript-specific regulation）的机制是作用于单个转录物或一小组编码相关蛋白质的转录物。最常引用的转录物特异性调节例子是有关大肠杆菌核糖体蛋白基因的操纵子［图 13.17（A）］。每个操纵子转录的 mRNA 的前导区含有一段序列，作为由该操纵子编码的其中一种蛋白质的结合位点。该蛋白质合成时，可以结合到核糖体 RNA 的位置上，或者结合到 mRNA 的前导区。如果细胞中有游离的 rRNA，则优先结合 rRNA。一旦所有游离 rRNA 都已组装成核糖体，核糖体蛋白就结合到其 mRNA 上，阻断翻译起始，并因此关闭由该 mRNA 编码的核糖体蛋白的进一步合成。其他 mRNA 通过类似的机制确保了各个核糖体蛋白的合成与细胞中游离 rRNA 的量相协调。其他的一些有 RNA 结合能力的蛋白质，如一些氨酰-tRNA 合成酶，也采用与核糖体蛋白类似的方式进行转录物特异性调节。

另一个转录物特异性调节的例子发生于哺乳动物中，与铁蛋白（一种贮铁蛋白）的 mRNA 有关［图 13.17（B）］。铁缺乏时，铁蛋白合成被结合到铁蛋白 mRNA 前导区上**铁应答元件**（iron-response element）的蛋白质抑制。结合蛋白阻止核糖体沿 mRNA 扫描，寻找起始密码子。存在铁时，结合蛋白解离并翻译 mRNA。有趣的是，相关蛋白质（参与吸收铁的转铁蛋白受体）的 mRNA 也有铁应答元件，但存在铁时结合蛋白的解离并不导致其 mRNA 的翻译而是使其降解。这是符合逻辑的，因为当细胞中存在铁时，就很少需要从外向内运输铁，因此就很少需要转铁蛋白受体活性。

一些细菌 mRNA 的翻译起始也受到短 RNA 的调节，短 RNA 通过与 mRNA 上的识别序列结合发挥作用。这种方式并不总是导致翻译的中止，因为一些短 RNA 可以激活一个或多个靶 mRNA 的翻译。其中一个例子是一种称为 OxyS 的大肠杆菌 RNA，它长 109 个核苷酸，调节 40 种左右 mRNA 的翻译。氧化应激或导致细胞氧化损伤的活性氧化合物存在时，能激活 OxyS 的合成。一旦合成后，OxyS 就启动一些 mRNA 的翻译，这些 mRNA 的表达产物帮助保护细菌免遭氧化损伤，同时关闭其他一些 mRNA 的翻译，后者的产物能使细胞在这些环境下的情况恶化。目前，人们描述了由 OxyS 和其他短的、调节性 RNA 结合到它们靶 mRNA 形成的结构，但这些并没有对我们了解这个调节过程是如何介导的提供任何实质性的信息，尤其是在被抑制的 mRNA 上形成的结构，人们推测它可能是阻止核糖体小亚基接近 mRNA 而发挥作用，这与翻译过程中被激活 mRNA 上形成的结构没有明显的不同。

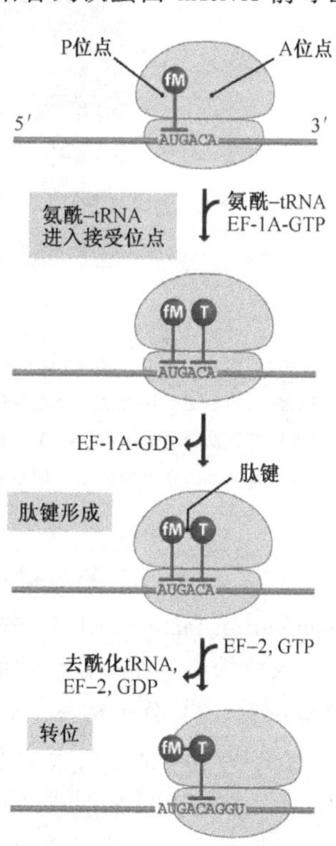


图 13.18　翻译的延伸

本图所示为大肠杆菌一个延伸循环中发生的事件。有关真核生物翻译的细节详见正文。缩写：fM，*N*-甲酰甲硫氨酸；T，苏氨酸

## 13.2.3 翻译的延伸阶段

细菌和真核生物翻译的主要区别出现在翻译起始阶段；而两种生物体中核糖体大亚基与起始复合体结合后的事件相似。因此我们可以一起讨论：主要阐述细菌中发生的事件，并在适当的地方指出真核翻译的不同特征。

### 细菌和真核生物中的翻译延伸

大亚基的结合将产生两个可结合氨酰-tRNA 的位点。第一个 **P** 或**肽位点**（peptide site）已被起始 tRNA$^{\text{Met}}$ 占据，负载 *N*-甲酰甲硫氨酸或甲硫氨酸，并与起始密码子碱基配对。第二个位点 **A** 或**氨酰位点**（aminoacyl site）覆盖可读框的第二个密码子（图 13.18）。X 射线晶体衍射的结构显示，这些位点位于核糖体大小亚基之间的腔隙中，密码子-反密码子相互作用与小亚基有关，tRNA 的氨酰端与大亚基相结合(图 13.19)。

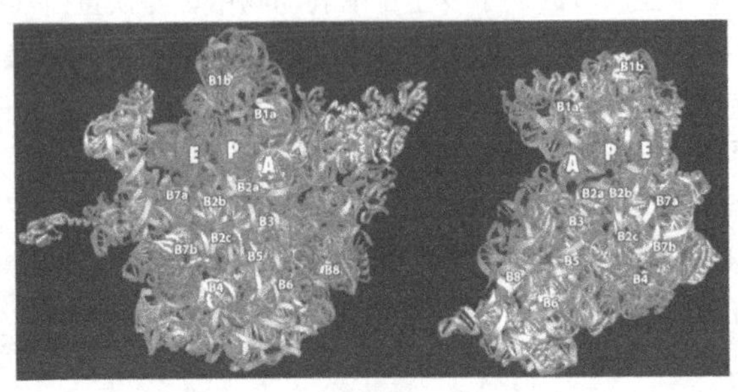


图 13.19　核糖体中的重要位点

左侧的结构是极端嗜热菌（*Thermus thermophilus*）核糖体的大亚基，右侧的为小亚基。这是两个亚基相互接触表面的俯视图，当把这两个亚基放到一起时便形成完整的核糖体。图中标出了 A、P、E 位点，每一个位点都被用红色或橙色表示的 tRNA 占据。每个 tRNA 的主要部分都插入到大亚基中，仅露出与小亚基相连的反密码子臂和环。在核糖体亚基间发挥重要桥连接触作用的部位用 B1a 等表示。Yusupov 等. 授权（*Science*, 292，883～896。© 2001 AAAS）

A 位点被适当的氨酰-tRNA 填充，在大肠杆菌中氨酰-tRNA 是由**延伸因子**（elongation factor）EF-1A 携带入 A 位的，并保证只有携带正确氨基酸的 tRNA 才可以进入核糖体，而错误装载的 tRNA 被排斥在该位点以外。EF-1A 是一种 G 蛋白，即它与一个 GTP 分子结合，而水解 GTP 可释放能量。真核细胞中的相应因子称为 eEF-1，它是一个四亚基的复合体：eEF-1a，eEF-1b，eEF-1d，eEF-1g（表 13.4）。其中 eIF-1a 至少存在两种形式，eEF-1a1 和 eEF-1a2，两种形式很相似，很可能在不同组织中起相同作用。A 位点内 tRNA、mRNA 和 16S rRNA 之间的特异性接触，保证了只有正确的 tRNA 才被接受。这些接触可以区分形成所有三个碱基配对以及存在一个或多个错配时的密码子-反密码子相互作用，后者发出存在错误 tRNA 的信号。这可能只是确保翻译过程精确性的一系列措施中的一部分。

**表 13.4　细菌和原核生物中翻译的延伸因子**

| 因子 | 功　能 |
|---|---|
| **细菌** | |
| EF-1A | 指引下一个 tRNA 到核糖体中的正确位置 |
| EF-1B | 当 EF-Tu 获得其结合 GTP 分子产生的能量后再生 EF-Tu |
| EF-2 | 介导转位 |
| **真核生物** | |
| eEF-1 | 4 个亚基的复合物(eEF-1a、eEF-1b、eEF-1d 和 eEF-1g)；指引下一个 tRNA 到核糖体的正确位点 |
| eEF-2 | 介导转位 |

注：细菌的延伸因子最近被重新命名。EF-1A、EF-1B、EF-2 对应的早期命名分别是 EF-Tu，EF-Ts 和 EF-G。

氨酰-tRNA 进入 A 位后，两个氨基酸之间形成肽键。这个过程有**肽基转移酶**（peptidyl transferase）的参与，它释放出起始 $tRNA^{Met}$ 中的氨基酸，并在这个氨基酸和与第二个 tRNA 相连的氨基酸间形成肽键。这个反应是能量依赖性的，需要与 EF-1A（真核中为 eEF-1）相连的 GTP 水解。GTP 水解后 EF-1A 失活，并从核糖体中释放，然后由 EF-1B 再生。真核细胞中 EF-1B 的对应物尚未发现，而 eEF-1 的某一个亚基可能具有这种再生能力。

现在对应于可读框前两个密码子的二肽已经连到了 A 位点的 tRNA 上。下一步是**转位**（translocation），其中有三个事件同时发生（图 13.18），其中，核糖体移动三个核苷酸，使下一个密码子进入 A 位点。这使得二肽-tRNA 从 A 位点移至 P 位点，然后再转换去乙酰化的 tRNA。在真核细胞中，去乙酰化 tRNA 直接从核糖体释放，但在细菌中，P 位点的去乙酰化 tRNA 移到第三个位置，即 **E** 位点或称**出口位点**（exit site）。最初人们认为此位点仅仅是核糖体上一个简单的出口点，但现在知道，它对保证核糖体沿着 mRNA 每三个核苷酸的精确移位是非常重要的，这样就保证了核糖体读码框的正确性。

转位需要水解 1 分子 GTP，由细菌中的 EF-2 或真核细胞中的 eEF-2 所介导。电镜观察不同转位中间相的核糖体结构提示，两个亚基向相反方向轻微旋转，打开两者之间的空间并使核糖体沿 mRNA 滑动。转位导致 A 位点空出，使新的氨酰-tRNA 可以进入。这样，延伸循环重复进行，直到可读框末端。

## 肽基转移酶是一种核酶

肽基转移酶活性为翻译过程中合成肽键所需，迄今为止，我们还未分离到一个有肽基转移酶活性的核糖体相关蛋白质。现在已清楚了不成功的原因（至少在细菌中是如此）：酶活性由 23S rRNA 的一部分决定，因此这也是核酶的另外一个例子（12.2.4 节）。

在 20 世纪 80 年代早期，当 rRNA 的碱基配对结构（图 13.11）首次被确定时，人们尚未听说过一个 RNA 分子可能具有酶活性的假说，直到 1982～1986 年，才有关于核酶的突破性发现。最初认为核糖体 RNA 在核糖体中只起结构性作用，其碱基配对的构象被看成是核糖体的重要组分蛋白质结合的骨架。20 世纪 80 年代末期，当鉴定产生核糖体的主要催化活性即肽键合成活性的蛋白质遇到困难时，才对这一解释提出了疑问。现在已经确立了核酶的存在，分子生物学家开始认真地考虑 rRNA 可能在蛋白质合成中也发挥了酶的作用这一可能性。为了验证这种假说，我们必须了解核糖体中肽基转移酶活性的精确定位。过去几年中，抗生素和其他蛋白质合成抑制剂在研究核糖体功能时发挥了重要作用。1995 年，人们合成了一种名为 CCdA-磷酸-嘌呤霉素的新型抑制剂，这种化合物是中间体结构的类似物，这种中间体结构是在蛋白质合成过程中两个氨基酸通过肽键连接而成。CCdA-磷酸-嘌呤霉素与细菌核糖体紧密结合，而且由于其结构的特殊性，该结合位点必须准确定位于功能性核糖体中肽键形成的位置。X 射线晶体衍射已明确揭示，CCdA-磷酸-嘌呤霉素结合于大亚基。其位置位于亚基内的深底部，与大亚基的 23S rRNA 紧密相连，与 L2、L4 和 L10 距离略远（图 13.20）。在原子水平，1～2 nm 是一个很大的距离，很难想象肽键合成能由这 4 种蛋白质中的任何一个催化。所以，CCdA-磷酸-嘌呤霉素的位置也为肽基转移酶是一种核酶提供了令人信服的证据。

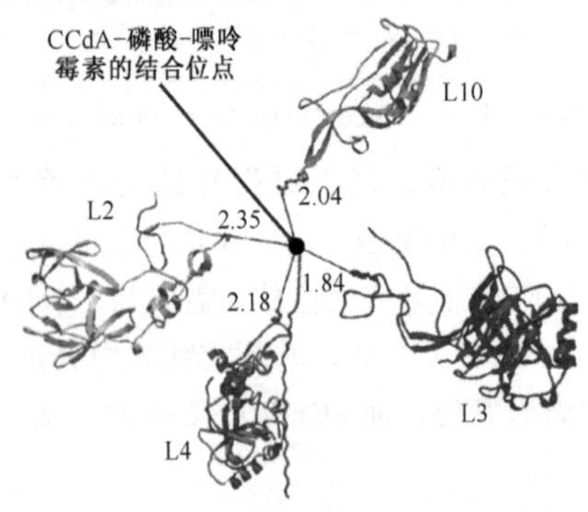


图 13.20　在细菌核糖体大亚基中的 CCdA-磷酸-嘌呤霉素分子

图中显示了核糖体蛋白 L2、L3、L4 和 L10 部分结构。图中显示了 CCdA-磷酸-嘌呤霉素分子（用一个黑点表示）与各个蛋白质之间的距离（单位：nm）

现在，人们已经获得了这些证据：研究者们正在继续探寻在肽键形成中，究竟 rRNA 骨架是如何发挥核酶作用的。人们的注意力首先集中在大肠杆菌 23S rRNA 第 2451 位腺苷酸上，因为这个腺苷酸与其他核苷酸相比，具有不寻常的电荷特性。有人提出假说认为，这个腺苷酸与附近的第 2447 位鸟苷酸之间的相互作用是蛋白质合成的关键。但是突变研究使这种模型遭受质疑：研究发现，尽管将 A2451 替换为尿嘧啶使肽键合成的速率下降了 99%，但 A2451 和 G2447 都可以被其他的核苷酸替换，而不产生任何的影响。因此，人们的注意力现在转移到 23S rRNA 活性位点附近的其他区域上。

## 移码和其他延伸中的例外事件

直接按 mRNA 密码子的顺序进行翻译，这可以被看作是蛋白质合成的标准方式。人们发现了越来越多的例外延伸事件。其中之一是**移码**（frameshifting），它在核糖体暂停于 mRNA 的中部时发生，它可以向后移一个核苷酸，或更少见地向前移一个核苷酸，然后继续翻译。结果是，暂停后所读的密码子与前面的密码子组不连续，处于不同的可读框［图 13.21（A）］。

自发性移码能随机发生，而且因为移码后合成多肽的氨基酸序列不正确，所以是有害的。但并非所有移码都是自发性发生，一些 mRNA 利用**程序性移码**（programmed frameshifting）诱导核糖体在其转录物的某个特定位点改变可读框。从细菌到人类，甚至包括一些病毒基因组的表达中，所有类型的生物都存在程序性移码。其中一例就发生于大肠杆菌 DNA 聚合酶 III 的合成中（15.2.2 节）。DNA 聚合酶 III 是参与 DNA 复制

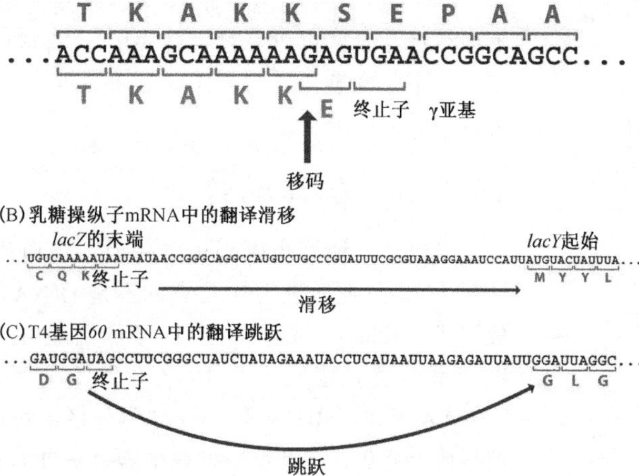


图 13.21 大肠杆菌中三种罕见的翻译延伸事件

（A）翻译 *dnaX* mRNA 时的程序性移码。在合成 γ 亚基时，紧接着编码两个赖氨酸的一系列 A 之后，核糖体后移一个核苷酸。核糖体将一个谷氨酸插入到多肽中，然后遇到一个终止密码子。（B）乳糖操纵子 mRNA 的 *lacZ* 和 *lacY* 基因间的滑移。（C）翻译 T4 基因 *60* mRNA 的翻译跳跃包括在两个甘氨酸密码子之间的跳跃。氨基酸的单字母缩写见表 1.2

的主要酶，它的两个亚基 γ 和 τ 由同一个基因 *dnaX* 编码。τ 亚基是 *dnaX* mRNA 的全长翻译产物，γ 亚基则是其缩短形式。γ 的合成与 *dnaX* mRNA 中间的移码有关，核糖体移码后立刻遇到终止密码子，故产生出一个翻译产物的截短形式 γ。据推测，移码由 *dnaX* mRNA 的三个特征所诱导：

- 紧接于移码位置之后的一个发夹环，它使核糖体停顿下来。
- 位于移码位置的立即上游，存在与核糖体结合位点相似的一段序列，被认为可与 16S rRNA 碱基配对（和真正的核糖体结合位点一样），再次引起核糖体停顿。
- 移码位置处的密码子 5′-AAG-3′。在解码 5′-AAG-3′的 $tRNA^{Lys}$ 的摆动位置存在一个修饰核苷酸，这意味着此处密码子-反密码子相互作用较弱，从而使移码得以发生。

一个类似的现象——翻译**滑移**（slippage），使一个核糖体可以翻译出包含两个或更多基因拷贝的 mRNA［图 13.21（B)］。这意味着，例如，单个核糖体可以合成由大肠杆菌色氨酸操纵子转录的 mRNA 编码的 5 个蛋白质中的任何一个［图 8.8（B)］。当核糖体到达一系列密码子的末端时，它释放出刚合成的蛋白质，滑动到下一个起始密码子，并开始下一个蛋白质的合成。更为极端的滑移形式是**翻译跳跃**（translational bypassing）其转录物的很大一部分，可能几十个碱基对被跳过，跳跃之后继续原来蛋白质的延伸［图 13.21（C)］。跳跃的开始和终止都发生于两个相同密码子或因摆动而由同一 tRNA 翻译的两个密码子之间。这提示，跳跃受到与延伸多肽链结合的 tRNA 的控制，当核糖体前进时，tRNA 扫描 mRNA，在达到可以配对的新

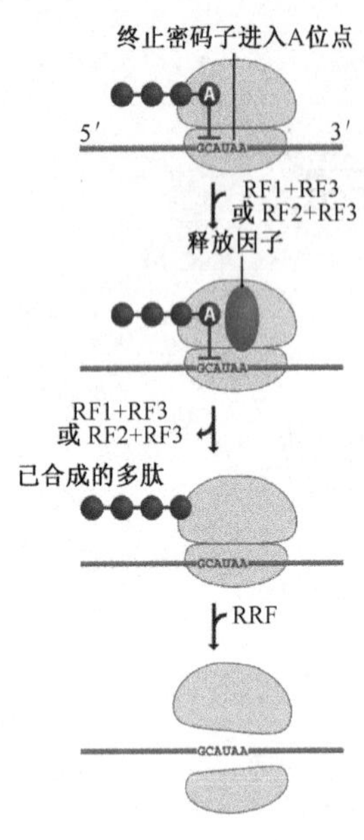


图 13.22　翻译终止

图示大肠杆菌中的终止反应。与真核生物的不同之处，详见正文。“A”代表丙氨酸。缩写：RF，释放因子；RRF，核糖体循环因子

密码子时，即停止跳跃。大肠杆菌翻译 T4 噬菌体基因 *60*（它编码了 DNA 拓扑异构酶的一个亚基）的 mRNA 时发生了 44 个核苷酸的翻译跳跃。很多其他细菌中也已发现类似事件。跳跃可以导致一种 mRNA 合成两种不同的蛋白质，一个正常翻译，另一个由跳跃产生，但还不知道这是否属于它的一般性功能。

### 13.2.4　翻译的终止

当遇到三种终止密码子之一时，蛋白质合成即告结束（图 13.22）。此时进入 A 位点的不是 tRNA，而是蛋白质**释放因子**（release factor，表 13.5）。细菌有三种释放因子：RF-1 识别终止密码子 5′-UAA-3′和 5′-UAG-3′，RF2 识别 5′-UAA-3′和 5′-UGA-3′，RF-3 引起终止后 RF-1 和 RF-2 从核糖体上释放，在此反应过程中需要来自 GTP 水解的能量。真核细胞只有两种释放因子：eRF-1，识别三种终止密码子；eRF-3，可能具有与 RF-3 相同的作用，但还没有得到验证。eRF-1 的结构已由 X 射线晶体衍射解析，结果显示，该蛋白质形状与 tRNA 非常相似（图 13.23）。由此生成另一个模型：到达终止密码子时，释放因子模拟 tRNA 的结构进入 A 位点。这个模型很有说服力，但其他的研究提示，释放因子在与核糖体结合时表现出不同的构象，而这个构象与 tRNA 结构的相似性较低。

**表 13.5　细菌和原核生物翻译的释放和核糖体再循环因子**

| 因子 | 功　能 |
|---|---|
| **细菌** | |
| RF-1 | 识别终止密码子 5′-UAA-3′和 5′-UAG-3′ |
| RF-2 | 识别终止密码子 5′-UAA-3′和 5′-UGA-3′ |
| RF-3 | 终止后刺激 RF-1 和 RF-2 从核糖体解离 |
| RRF | 负责翻译终止后核糖体亚基的解离 |
| **真核生物** | |
| eRF-1 | 识别终止密码子 |
| eRF-3 | 终止后可能刺激 eRF-1 从核糖体解离，翻译终止后可能引起核糖体亚基解离 |

释放因子终止翻译，但它们似乎与核糖体亚基的解离无关，至少在细菌中如此。这就是另一类称为**核糖体循环因子**（ribosome recycling factor，RRF）的蛋白质的功能，它同 eRF-1 一样，具有 tRNA 样结构。RRF 可能进入 P 或 A 位点并“解开”核糖体（图 13.22）。解离需要的能量来自延伸因子 EF-2 从 GTP 释放的能量，同时也需要起始因子 IF-3 以防止亚基的重新结合。RRF 在真核生物中的对应物还没有被发现，这可能是 eRF-3 的一种功能。解离的核糖体亚基进入细胞质中，直到下一轮翻译中再次使用。

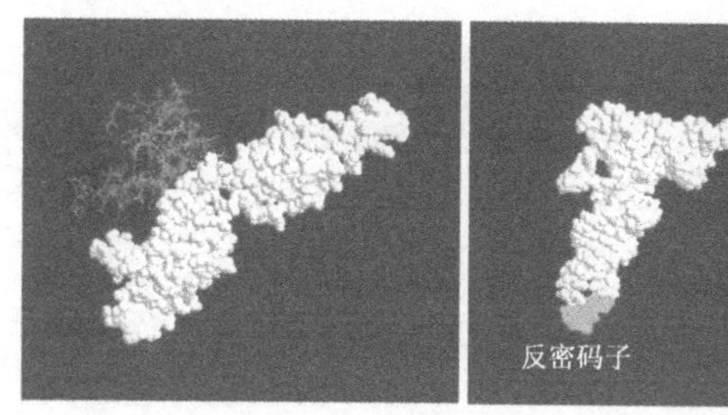


图 13.23　真核释放因子 eRF-1 的结构与 tRNA 相似

左图为 eRF-1，右图为 tRNA。eRF-1 与 tRNA 相似的部分用白色表示。eRF-1 的紫色部分与第二个真核释放因子 eRF-3 相互作用。Elsevier 授权（Kisselev and Buckingham，*Trends Biochem. Sci.*，25，561～566，2000）

### 13.2.5　古生菌中的翻译

上面叙述的内容是指在细菌和真核生物中的翻译事件。我们不应该忽略第二组原核生物——古生菌，因此，在继续深入之前，我们先简要回顾一下我们对这些生物中翻译的了解情况。

在很多方面，古生菌的翻译与真核细胞中发生的相应事件更相像，而并非像细菌中那样。一个显著的例外是，古生菌核糖体沉降系数为 70S，与细菌核糖体大小接近，而且和细菌核糖体一样，包含 23S，16S 和 5S rRNA。这种表面的相似具有一定欺骗性，因为古生菌 rRNA 碱基配对形成的二级结构与细菌的相应结构明显不同。这些结构与真核中的也不同，但结合 rRNA 的核糖体蛋白与真核蛋白质同源。

古生菌 mRNA 有帽子结构，并被多聚腺苷酰化，其翻译起始被认为与真核生物 mRNA 相似，涉及一个扫描过程。古生菌 tRNA 显示一些特征，包括在三叶草结构中所谓的 TψC 臂上缺少胸腺嘧啶，在多个位点存在，这种现象既未在细菌中发现，也未在真核生物的修饰性核苷酸中发现。由起始 tRNA 携带的甲硫氨酸不是 *N*-甲酰化的，而起始和延伸因子与真核生物相似。

## 13.3　蛋白质翻译后加工

翻译不是基因组表达的最后一步。从核糖体中出来的多肽没有活性，在细胞中执行其功能之前必须进行下列 4 种中至少第一种方式的翻译后加工（图 13.24）：

- **蛋白质折叠**（protein folding）。多肽在折叠成正确的三级结构后才有活性。
- **蛋白质水解切割**（proteolytic cleavage）。一些蛋白质通过**蛋白酶**（protease）催化的切割反应被加工。这些切割反应可能从多肽的两端或一端去除一段，产生截短形式的蛋白质，或者可能将多肽切成一些不同的片段，所有或部分片段具有活性。
- **化学修饰**（chemical modification）。多肽中的单个氨基酸可通过连接新的化学基团而被修饰。
- **内含肽剪接**（intein splicing）。**内含肽**（intein）是一些蛋白质中的插入序列，类似于 mRNA 中的内含子。必须将它们去除并将**外显肽**（extein）互相连接，蛋白质才会有活性。

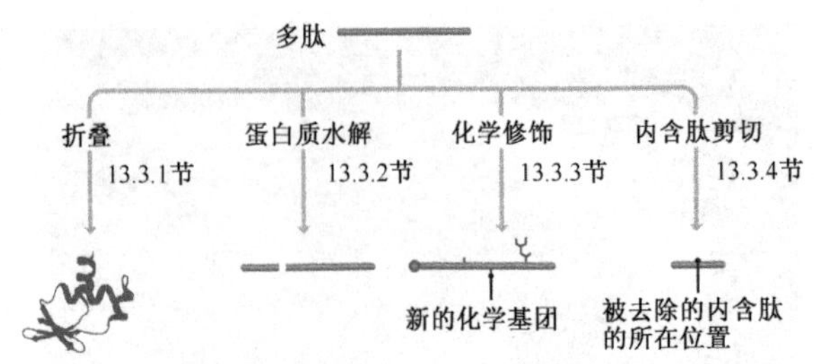


图 13.24　4 种翻译后加工过程的示意图

并非各种事件在所有生物体中都会发生

这些不同类型的加工往往同时发生，多肽进行折叠的同时可以被切割和修饰。切割、修饰和（或）剪接可能对多肽采取正确的三维构象是必需的，因为正确的三维构象部分依赖于分子中不同化学基团的相对位置。另外，切割或化学修饰也可能发生于蛋白质折叠之后，这也许是将已折叠成型但无活性的蛋白质转化为活性形式的一种调节机制。

## 13.3.1　蛋白质折叠

我们记得在 1.3.1 节中曾提及蛋白质的折叠，那时我们研究了蛋白质结构的 4 个层次（一级、二级、三级和四级），并已知道一条多肽采取正确的三级结构所需的全部信息都包含在其氨基酸顺序中。这是分子生物学的一个中心原则。因此，我们必须先学习一下实验学的基础，并思考新近翻译出来的多肽在折叠过程中，如何利用其氨基酸顺序所包含的信息。

### 不是所有的蛋白质都可在试管中自发折叠

将多肽折叠成正确的三级结构所需的所有信息包含于其氨基酸顺序，这一观念源于 20 世纪 60 年代用核糖核酸酶所做的实验。核糖核酸酶是一种小蛋白质，长度仅为 124 个氨基酸，含有 4 个二硫键，其三级结构主要由 β 片层所构成，只有很少量的 α 螺旋。利用从牛胰腺中纯化并重悬于缓冲液中的核糖核酸酶，人们研究了它的折叠过程。加入尿素这种破坏氢键的化合物后，可以降低酶的活性（通过检测其切割 RNA 的能力来衡量），并使溶液黏性增加（图 13.25），表明这个蛋白质由于去折叠，被**变性**（denaturation）成一个无结构的多肽链。关键的现象是，透析去除尿素后，黏度降低，酶恢复活性。结论是当变性剂（此例中为尿素）去除后，蛋白质可自发性再折叠。在这些初步实验中，4 个二硫键因为不被尿素破坏，始终保持完整，但

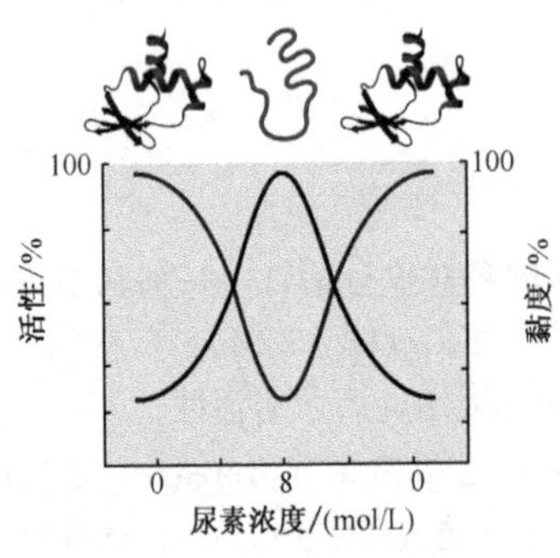


图 13.25　小蛋白质的变性与自发复性

当尿素浓度增至 8 mol/L 时，蛋白质通过去折叠变性；其活性降低，溶液的黏度加大。当尿素被透析去除后，这个小蛋白质重新采取折叠构象，该蛋白质的活性重新恢复到原来的水平，并且溶液的黏度降低

在用尿素处理同时加入可破坏二硫键的还原剂时，也得出同样结果：复性后活性得到恢复。这表明，二硫键对蛋白质的折叠能力是不重要的，它们只是稳定已经形成的三级结构。

对核糖核酸酶和其他小蛋白质自发折叠途径进行更详细的研究，产生了对这一过程通用的两步描述：

- 在变性剂去除后的数毫秒内，二级结构基序即沿多肽链形成。蛋白质形成紧密但非折叠的结构，将其疏水基团置于内部，与水隔离。
- 在随后的数秒或数分钟内，二级结构基序之间相互作用，通常经过一系列中间体构象，三级结构逐渐成形。换句话说，蛋白质遵循**折叠途径**（folding pathway）。然而，蛋白质可能有不止一种途径达到其正确折叠结构。这些途径也可能有分支，蛋白质可能改变方向导致不正确的结构。如果错误结构不够稳定，可能发生部分或完全性解开，是蛋白质有机会再次选择通向正确构象的有效途径（图 13.26）。

图 13.26　错误折叠的蛋白质可能重新折叠成正确的构象

黑色箭头表示正确的折叠途径，使左侧未折叠的蛋白质成为右侧的活性蛋白质。浅色箭头指示的为错误折叠的构象，但这种构象不稳定并能部分性解开，回到其正确折叠途径并最终恢复其活性构象

多年来，人们或多或少地认为所有蛋白质都会在试管中自动折叠，但实验证明，只有结构不太复杂的较小蛋白质有这种能力。似乎有两种因素妨碍大蛋白质的自发性折叠。其中之一为，变性剂去除后，它们有形成不溶性聚集体的趋势：在一般折叠途径的第一步，多肽试图避免其疏水基团与水接触，这时多肽会形成相互纠缠的网络。实验中，这可通过使用低稀释度的蛋白质来避免，但细胞无法采取这种方式防止未折叠的蛋白质聚集。妨碍折叠的第二个因素是，大蛋白质倾向于陷入折叠途径中无成效的支路，形成一个非正确的折叠但又太稳定而不能有效去折叠的中间体。另外，体外折叠（如核酸酶研究）与细胞内蛋白质折叠的相关性也有问题，因为细胞中蛋白质可能在它合成结束前就开始折叠。如果多肽仅合成一部分就开始折叠，则其后进入不正确的折叠途径支路的可能性也会增大。这些问题促使人们开始进行活细胞中折叠过程的研究。

## 细胞中分子伴侣辅助蛋白质的折叠

我们现在对细胞内蛋白质折叠的大多数认识，是基于发现了能帮助其他蛋白质折叠的蛋白质。这些蛋白质称为**分子伴侣**（molecular chaperone），并且在大肠杆菌中得到了很详细的研究，但已清楚真核生物和古生菌都有相应的蛋白质，尽管它们的某些作用细节有所不同。

大肠杆菌中的分子伴侣可分为两类：

- **Hsp70 伴侣**（Hsp70 chaperone），包括蛋白质 Hsp70（由基因 *dnaK* 编码，有时可称作 DnaK 蛋白），Hsp40（由基因 *dnaJ* 编码）和 GrpE。

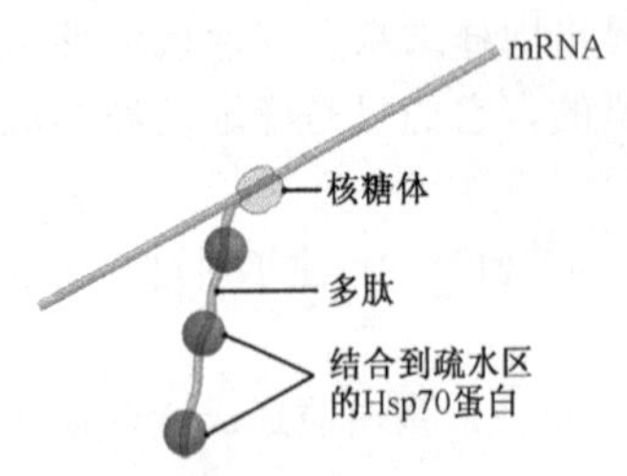


图 13.27 Hsp70 伴侣系统

分子伴侣 Hsp70 与未折叠多肽（包括那些仍在翻译的多肽）的疏水区相结合，并使该蛋白质保持开放构象，直至其即将折叠

• **分子伴素**（chaperonin），它在细菌和真核生物中的主要形式为 GroEL/GroES 复合体，以及只存在于真核生物的 TRiC。

分子伴侣并不决定一个蛋白质的三级结构，它们只是帮助蛋白质发现它们的正确结构。这两种分子伴侣通过不同的方式做到这一点。Hsp70 家族成员结合于蛋白质的疏水区，包括尚在进行翻译的蛋白质（图 13.27）。它们在蛋白质合成结束后准备折叠之前，使这个蛋白质保持一个开放的构象，从而防止蛋白质的聚集。具体这是如何完成的还不清楚，但跟 Hsp70 蛋白的反复结合-去解离有关，每次循环都需要 ATP 水解提供的能量。Hsp70 蛋白在结合靶多肽的同时，还具有 ATP 酶活性，因此可以释放此过程所需的能量，但它必须在 Hsp40 和 GrpE 的协助下才能有效地发挥功能。Hsp40 刺激 Hsp70 的 ATP 酶活性，而 GrpE 从 ADP 分子（每次能量释放后，ATP 转变成的分子）上将这个复合物移走，使新的循环再次开始。Hsp70 分子伴侣也参与其他一些需要将蛋白质疏水区保护起来的过程，如跨膜运输和被热刺激破坏的蛋白质解聚。

分子伴素以另一种不同的方式发挥作用。GroEL 和 GroES 形成一个多亚基结构，看起来像一个具有中心空腔的中空子弹（图 13.28）。一个简单未折叠的蛋白质进入空腔，出来时即成为折叠形式。其机制尚不清楚，但推测 GroEL/GroES 作为笼子可防止未折叠的蛋白质与其他蛋白质聚集，而且空腔的内表面从疏水性渐变成亲水性，这种方式可以促使疏水性氨基酸被包埋进蛋白质内部。这并不是唯一的假设。另一些研究者认为空腔将错误折叠的蛋白质解开，并将这些解开的蛋白质送回胞浆，这样它们就能有第二次机会来形成其正确的三级结构。

图 13.28 GroEL/GroES 分子伴素

左侧为俯视图，右侧为侧面图。1Å 相当于 0.1 nm。该结构的 GroES 部分由 7 个相同的蛋白质亚基组成，用金色表示。GroEL 部分由 14 个相同的蛋白质组成，排列成为 2 个环（分别以红色和绿色标示），每个环包括 7 个亚基。主要入口是通过右图所示结构的底部进入中间空腔。Xu 等授权（*Nature*，388，741～750，1997）

尽管人们已经在真核生物中找到与 Hsp70 家族分子伴侣和 GroEL/GroES 分子伴素对应的蛋白质，但看起来，真核生物的蛋白质折叠更多地依赖于 Hsp70 蛋白的作用。细菌中也可能如此，尽管 GroEL/GroES 分子伴素在代谢酶以及参与转录和翻译的蛋白质折叠中起主要作用。

## 13.3.2 蛋白质水解切割的加工

在蛋白质翻译后加工过程中，蛋白质水解切割有两种功能（图 13.29）：

- 用于从多肽的 N 端和（或）C 端区域去除一小段，产生一个可折叠成活性蛋白质的截短分子。
- 用于将**多蛋白**（polyprotein）切割成数个片段，所有或部分片段是活性蛋白质。

这些加工常见于真核生物，在细菌中比较少见。

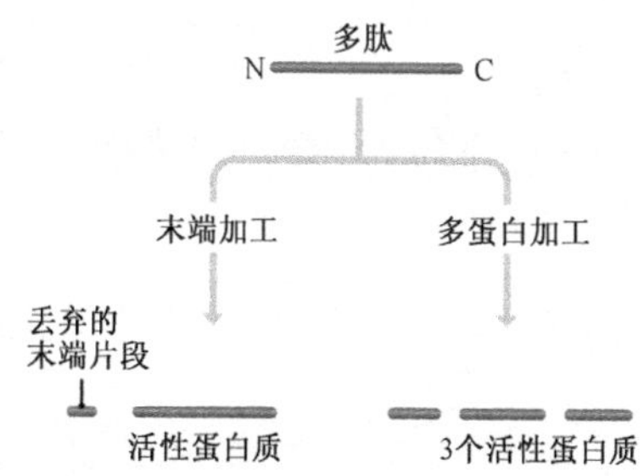


图 13.29 蛋白质水解切割加工
左侧为蛋白质通过去除 N 端片段进行的加工。C 端加工也发生于一些蛋白质中。右侧为一个多蛋白加工成三种不同的蛋白质。并非所有的蛋白质都会发生水解切割

### 多肽末端的切割

切割加工对于某些分泌型多肽较为普遍，这些蛋白质的生化活性可能对产生它的细胞有害。一个例子是蜂毒肽，它是蜜蜂毒液中含量最丰富的蛋白质，是蜂刺刺入人或动物之后导致细胞裂解的原因。蜂毒肽可裂解动物细胞也可裂解蜜蜂的细胞，因此必须先以无活性前体形式合成。该前体为前蜂毒肽，在其 N 端多出 22 个氨基酸。这段前导序列由胞外蛋白酶在 11 个位点切割而被去除，释放出有活性的毒液蛋白。这个蛋白酶不能裂解活性部位内的序列，因为其作用模式是释放 X-Y 二肽，其中 X 是丙氨酸、天冬氨酸或谷氨酸，Y 是丙氨酸或脯氨酸，活性序列中没有这些基序（图 13.30）。

图 13.30 蜜蜂毒液中前蜂毒肽的加工
箭头示切割位点

相似的加工类型见于胰岛素，胰岛素是由脊椎动物胰腺的郎格汉斯细胞岛产生的蛋白质，负责控制血糖水平。胰岛素先被合成为前胰岛素原，长度为 105 个氨基酸（图 13.31）。加工过程包括：去除前面的 24 个氨基酸，产生胰岛素原，然后再切割两次，除去中间的一个片段，产生蛋白质的两个活性部分 A 链和 B 链，两者再通过两个二硫键相连，形成成熟的胰岛素。被去除的第一个片段即 N 端的 24 个氨基酸为**信号肽**（signal peptide），是一段高度疏水的氨基酸，它将前体蛋白结合到膜上，然后该蛋白质跨膜被分泌到细胞外。信号肽通常见于真核和原核生物中的膜结合和（或）跨膜蛋白。

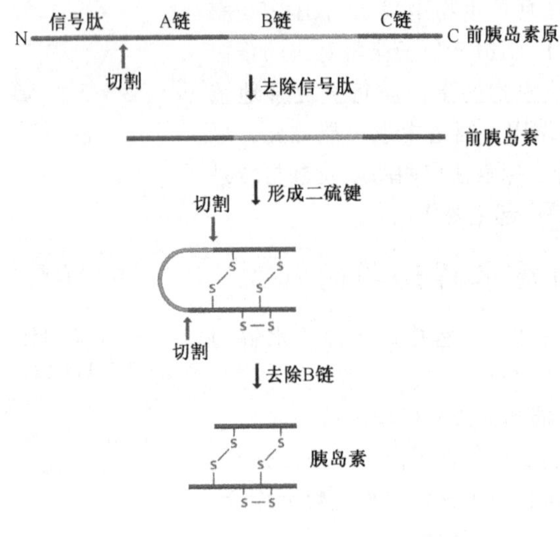


图 13.31　前胰岛素原的加工

## 多蛋白的水解加工

在图 13.30 和图 13.31 的例子中，水解加工产生一个成熟的蛋白质。但事实上并不都是如此。一些蛋白质在合成之初是一种多蛋白，即含有一系列头尾相连的成熟蛋白质的长多肽链。多蛋白的切割将把各个蛋白质释放出来，这些被释放出的蛋白质可能具有各自不同的功能。

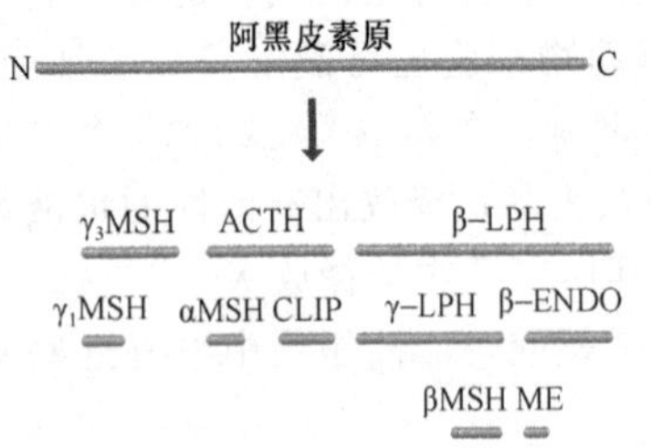


图 13.32　多蛋白阿黑皮素原的加工
缩写：ACTH，促肾上腺皮质激素；CLIP，促肾上腺皮质激素样中间叶蛋白；ENDO，内啡肽；LPH，促脂素；ME，脑啡肽；MSH，促黑素

在真核生物中，多蛋白并不罕见。几种感染真核细胞的病毒用这种方式减少其基因组的大小，一个只含有一个启动子和一个终止子的多蛋白基因比一连串的独立基因所占空间小。多蛋白还参与了脊椎动物中肽类激素的合成。例如，在腺垂体中合成的阿黑皮素原多蛋白，它包含了至少 10 种不同的肽类激素。这些激素经过多蛋白的水解切割而释放出来（图 13.32），但因为这些肽序列之间有重叠，所以并非所有激素都同时产生，在不同细胞中的具体切割模式是不同的。

## 13.3.3　化学修饰加工

基因组可以编码 22 种不同的氨基酸：20 种由标准遗传密码子指定，硒代半胱氨酸和吡咯赖氨酸（至少在古生菌中）则是不同情况下分别通过重排 5′-UGA-3′和 5′-UAG-3′密码子插入多肽中（1.3.2 节）。由于蛋白质的翻译后化学修饰，显著增加了很多不同的氨基酸种类。较简单的修饰类型可在所有生物中发生，较复杂的修饰（尤其是糖基化）在细菌中较少见。

最简单的化学修饰类型，是在氨基酸侧链或多肽的末端氨基酸的氨基或羧基上添加一个小化学基团（如乙酰基、甲基或磷酸基团；表 13.6）。已报道，在不同的蛋白质中有 150 多种不同的修饰氨基酸，每种修饰都是以高度特异的方式完成的，每个蛋白质拷贝的同一氨基酸都是以同一种方式修饰，如图 13.33 所示，组蛋白 H3 的修饰。这个例子提醒我们，化学修饰往往在决定靶蛋白的精确生物化学活性上起了重要作用：我们已在 10.2.1 节了解到，H3 和其他组蛋白的乙酰化和甲基化是如何对染色质的结构产生重要影响，并进一步影响基因组表达的。其他类型的化学修饰也有重要的调节作用，如磷酸化，它被用来激活参与信号传导的多种蛋白质（14.1.2 节）。

**表 13.6 翻译后化学修饰举例**

| 修饰 | 被修饰的氨基酸 | 蛋白质举例 |
|---|---|---|
| **加小化学基团** | | |
| 乙酰化 | 赖氨酸 | 组蛋白 |
| 甲基化 | 赖氨酸 | 组蛋白 |
| 磷酸化 | 丝氨酸、苏氨酸、酪氨酸 | 参与信号转导的一些蛋白质 |
| 羟基化 | 脯氨酸、赖氨酸 | 胶原 |
| N-甲酰化 | N 端甘氨酸 | 蜂毒肽 |
| **添加糖侧链** | | |
| *O*-连接糖基化 | 丝氨酸、苏氨酸 | 很多膜蛋白和分泌蛋白 |
| *N*-连接糖基化 | 天冬酰胺 | 很多膜蛋白和分泌蛋白 |
| **添加脂类侧链** | | |
| 脂酰化反应 | 丝氨酸、苏氨酸、半胱氨酸 | 很多膜蛋白 |
| *N*-肉豆蔻酰化 | N 端甘氨酸 | 参与信号转导的一些蛋白激酶 |
| **添加生物素** | | |
| 生物素化 | 赖氨酸 | 多种羧化酶 |

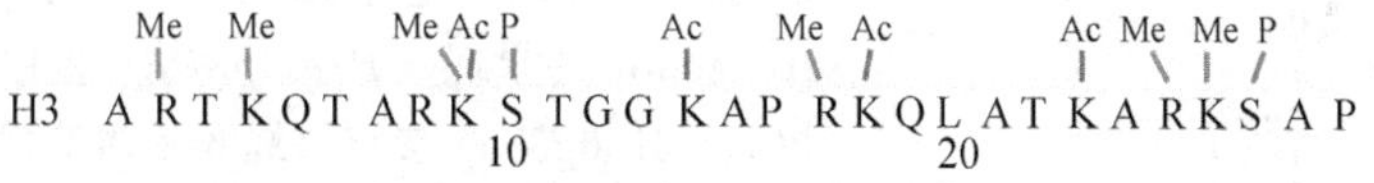

```
      Me  Me      Me Ac P      Ac     Me  Ac       Ac Me  Me P
H3  A R T K Q T A R K S T G G K A P R K Q L A T K A R K S A P
                        10                  20
```

图 13.33 哺乳动物组蛋白 H3 的翻译后化学修饰

图中列出了所有已知的组蛋白 H3 在这个区域的修饰。缩写：Ac，乙酰化；Me，甲基化；P，磷酸化

更复杂的修饰类型是**糖基化**（glycosylation），即将大的糖基侧链连到多肽链上。有两大类型的糖基化（图 13.34）：

- ***O*-连接的糖基化**（*O*-linked glycosylation）是将一个糖侧链通过丝氨酸或苏氨酸的羟基连在蛋白质上。
- ***N*-连接的糖基化**（*N*-linked glycosylation）是将一个糖侧链连到天冬酰胺侧链的氨基上。

糖基化可使蛋白质连接上由 10～20 个不同类型糖单位的分支网络组成的庞大结构。这些侧链将蛋白质导向细胞内的特定位置，并决定血液循环中蛋白质的稳定性。另一种类型的大规模修饰，包括将长链脂分子连到丝氨酸或半胱氨酸上。这个过程叫**酰基化**（acylation），发生于许多膜结合蛋白质中。较少见的一种修饰是**生物素化**（biotinylation），生物素分子与少部分酶连接，催化有机酸（如乙酸和丙酸）的羧基化。

## 13.3.4 内含肽

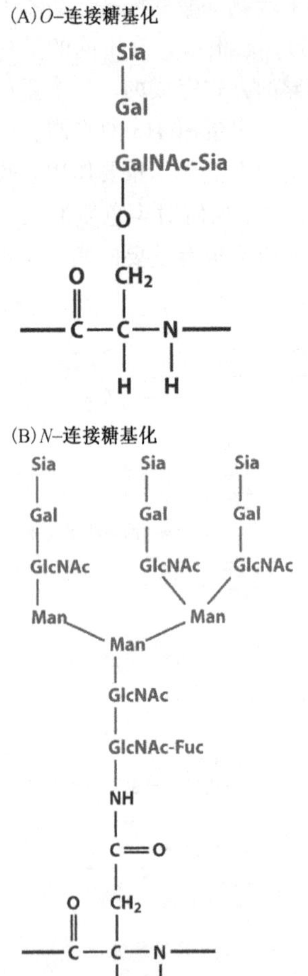


图 13.34 糖基化

（A）*O*-连接糖基化，所示结构可见于一些糖蛋白中，此处所示的糖基连接于丝氨酸，但糖基也可连于苏氨酸上。（B）*N*-连接糖基化通常产生比 *O*-连接糖基化更大的糖结构。此图是一个复杂的多糖连于天冬酰胺的典型例子。缩写：Fuc，岩藻糖；Gal，半乳糖；GalNAc，*N*-乙酰半乳糖胺；GlcNAc，*N*-乙酰葡萄糖胺；Man，甘露糖；Sia，唾液酸

我们要讨论的最后一类翻译后加工是内含肽剪接，它是一种类似于更常见的前体 RNA 中内含子剪接的蛋白质修饰。内含肽是翻译后很快被去除的蛋白质内部片段，从而使两个外部片段或外显肽连到一起（图 13.35）。第一个内含肽于 1990 年在酿酒酵母（*S. cerevisiae*）中发现。迄今为止，仅有 100 个内含肽被证实。尽管内含肽很少，但却分布广泛。多数在细菌和古生菌中，但低等真核生物中也已发现。有几个例子表明，单个蛋白质中可以含有一个以上的内含肽。

多数内含肽长度约 150 个氨基酸，如同前体 mRNA 内含子（12.2.2 节）一样，内含肽剪接位点的序列在多数已知例子中都是相似的。尤其是，下游外显肽的第一个氨基酸是半胱氨酸、丝氨酸或苏氨酸。内含肽序列中的其他几个氨基酸也是保守的，这些保守的氨基酸参与剪接过程，剪接是由内含肽本身自我催化的。

最近，人们发现了内含肽的两个有趣特征。第一个是在用 X 射线晶体衍射测定两个内含肽的结构时发现的。这些结构在某些方面与一种叫 Hedgehog 的果蝇（*Drosophila*）蛋白质的结构很相似。Hedgehog 参与果蝇胚胎体节发育，是一个自我加工的蛋白质，可将自身切割成两部分，Hedgehog 蛋白催化自身切割的部分与内含肽在结构上存在相似性。它们有可能是同一个蛋白质结构进化了两次，也可能内含肽和 Hedgehog 在以前进化的某个阶段有联系。

第二个有趣的特征是，对一些内含肽而言，切除的片段是一个序列特异性的内切核酸酶。在一个编码无内含肽的蛋白质的基因中，内含肽能切割其插入位点相对应的 DNA（图 13.36）。如果细胞中还存在一个编码具有内含肽的蛋白质的基因时，编码这个内含肽的 DNA 序列可以跳跃到切割位点，将这个无内含肽的基因转变为一个有内含肽的基因，该过程称为**内含肽安置**（intein homing）。一些 I 类内含子（12.2.4 节）也发生此类事件，它们编码的蛋白质指导**内含子安置**（intron homing）。内含肽和 I 类内含子的转移也可能发生在不同细胞甚至物种之间。这被认为是一种**自私 DNA**（selfish DNA）扩增的机制（18.3 节）。

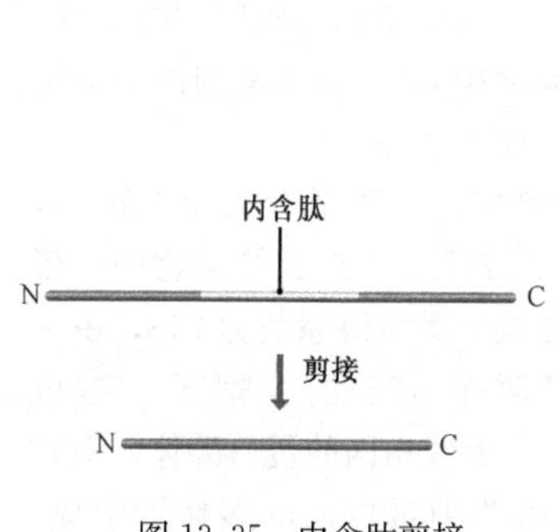

图 13.35　内含肽剪接

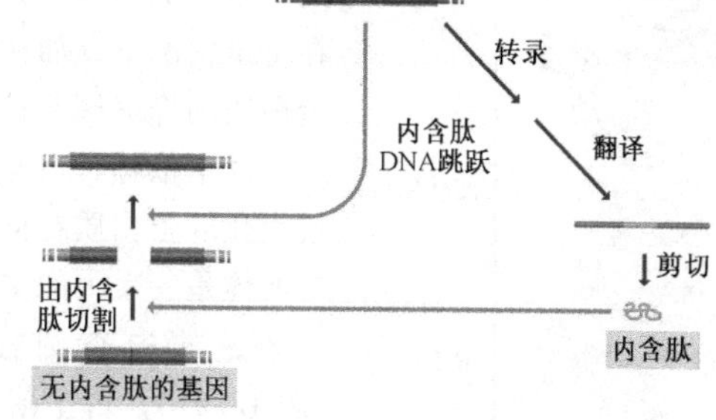

图 13.36　内含肽安置

该细胞中，有内含肽的基因是杂合子，包括一个带有内含肽的等位基因和一个不带内含肽的等位基因。蛋白质剪接后，内含肽在适当位置切开无内含肽的基因，使一个拷贝的内含肽 DNA 序列跳入该基因中，从而将该基因转化为带内含肽的形式

# 13.4　蛋白质降解

迄今为止，我们在本章研究的蛋白质合成和加工都是产生新的活性蛋白质，它们在细胞蛋白质组中占据了一席之地。这些蛋白质替代已存在但工作寿命已到尽头的蛋白质，或对细胞的需求变化产生应答，以提供新的蛋白质功能。“细胞蛋白质组可随时间变化”这一概念意味着，不仅需要从头合成新蛋白质，而且需要去除不再需要的蛋白质。这种去除必须具有高度选择性，使得只有合适的蛋白质被降解，而且必须快速，以适应特定条件下的突然变化，如在细胞周期的关键过渡期。

多年以来，蛋白质降解都不是热门的话题，直到 20 世纪 90 年代取得了真正的进展，人们了解到特异性蛋白质水解如何与细胞周期和分化等过程相联系。即便是现在，我们的认识主要集中于对一般性蛋白质降解途径的描述，而对这个途径的调节和靶向特异性蛋白质的机制了解得较少。似乎有些不同类型的降解途径，它们的相互联系尚不清楚。细菌中尤其如此，似乎有一系列蛋白酶共同作用参与调节蛋白质的降解。在真核生物中，降解大多与一种**泛素**（ubiquitin）和**蛋白酶体**（proteasome）的体系有关。

1975 年，一个含量丰富的 76 个氨基酸的蛋白质被发现参与了兔细胞能量依赖性蛋白质水解反应，这首次建立了泛素和蛋白质降解间的联系。随后的研究鉴定出了该系列的三种酶，它们将泛素分子单个或成串地连接到待降解蛋白质的赖氨酸上。还存在一些泛素样蛋白，如 SUMO，它以和泛素相同的途径发挥作用。一个蛋白质是否被泛素化，取决于它是否存在作为降解敏感性信号的氨基酸基序。这些信号尚未完全确定，但现认为在酿酒酵母中至少有 10 种不同的类型，包括：

- ***N*-降解元**（*N*-degron），存在于蛋白质 N 端的一个序列元件。
- **PEST 序列**（PEST sequence），是内部序列，富含脯氨酸（P）、谷氨酸（E）、丝氨酸（S）和苏氨酸（T）。

这些序列是其所在蛋白质的永久特征，故不能是直接的“降解信号”，否则这些蛋

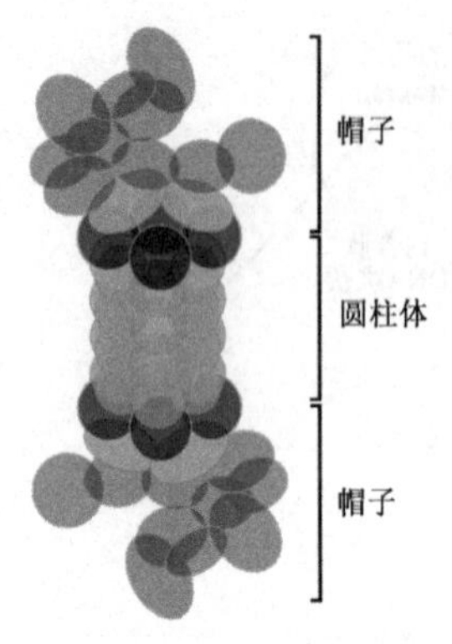


图 13.37　真核生物的蛋白酶体
形成两个帽子结构的蛋白质成分分别以黑色和深灰色标示，形成圆柱状体的蛋白质以浅灰色标示

白质就会在合成之后被立即降解。但它们必须决定蛋白质对降解的敏感性，以及这个蛋白质在细胞中的稳定性。在特定情况下（如在细胞周期中），这些信息如何与特定蛋白质的降解调节相关联，尚不清楚。

泛素依赖性降解途径中的第二种成分是蛋白酶体，泛素化的蛋白质在此结构中被降解。在真核生物中，蛋白酶体是一个大的多亚基结构，其沉降系数为 26S，由一个 20S 的中空圆柱体和两个 19S 的“帽子”组成(图 13.37)。古生菌也有大小大致相同的蛋白酶体，但它们不如真核生物复杂，仅由两种蛋白质的多拷贝组成，而真核生物蛋白酶体包括 14 种不同的蛋白质亚基。蛋白酶体内空腔的入口狭窄，蛋白质必须先经过折叠才能进入。这可能是一个能量依赖的过程，可能有类似于分子伴素的结构（13.3.1 节）参与，但这里的分子伴素具有去折叠而不是折叠活性。去折叠后，该蛋白质可进入蛋白酶体，在其中被裂解成长度为 4～10 个氨基酸的短肽。片段释放回胞浆后，再降解成单个氨基酸，这些氨基酸在蛋白质合成中可被重新利用。

# 总结

基因组表达的最终结果是蛋白质组，后者是由一个活细胞合成的功能性蛋白质的合集。不同蛋白质的性质和相对丰度是新蛋白质合成和已有蛋白质降解之间的平衡。转移 RNA 在蛋白质合成中起到了中枢性的作用，在待翻译 mRNA 和待合成多肽之间架起了物理和信息连接，扮演了接头分子的角色。实际上，所有 RNA 都折叠成相同的碱基配对结构，其代表性的二级结构是“三叶草”。氨酰-tRNA 合成酶将正确的氨基酸黏附到的 tRNA 的 3′端。氨酰化是一个很精确的过程，因为每一个氨酰-tRNA 合成酶对其 tRNA 和氨基酸都有很高的忠实性，而且因为还存在一种很深奥的机制检查正确的氨基酸被黏附到正确的 tRNA 上。密码子-反密码子的相互作用确保了遵守遗传密码子的规则。尽管密码子有 61 个三联体来指定氨基酸，大多数细胞的 tRNA 数目比这少，因为单个 tRNA 能通过称作“摆动”的过程阅读 2 个或更多的密码子。通过包括 X 射线衍射晶体学在内的不同技术，人们对核糖体结构的了解越来越详细。细菌中的翻译起始与核糖体小亚基识别 mRNA 上的内部结合位点有关，后者是位于起始密码子上游的几个核苷酸。在真核生物中，只有很少的 mRNA 具有内部结合位点，最普遍的过程包括核糖体小亚基与 mRNA 的 5′帽子结构结合，然后沿着 mRNA 扫描以发现起始密码子。目前已知翻译起始的调节方式可以有很多种，可以是普遍性的也可以是某些转录物特异性的。核糖体大亚基掺入到起始复合物启动翻译的延伸阶段。延伸过程的中枢性事件是肽键合成。肽键的形成由转肽酶催化，后者具有位于 rRNA 分子内部的酶活性，起到了一个核酶的作用。异常的延伸事件包括可读框的程序性变化和翻译跳跃，导致 mRNA 后续片段被核糖体跳过。翻译的终止包括几种特异性蛋白质在到达终止密码子时，进入核糖体。新合成的多肽必须折叠成正确的三级结构，还可能经水解切割和（或）化学修饰进行加工。少部分蛋白质带有称作内含肽的插入序列，后者必须经过蛋白质剪切去掉。真核生物中的蛋白质降解，包括靶蛋白泛素化及其随后在蛋白酶体中的降解。

## 选择题

*奇数问题的答案见附录

13.1* 下列哪项是同工 tRNA 分子的定义？

a. 可以和编码相同氨基酸的不同密码子相互作用的一个 tRNA 分子。

b. 相同氨基酸特异性的不同 tRNA 分子。

c. 识别相同密码子的不同 tRNA 分子。

d. tRNA 分子可以与不同氨基酸氨酰化。

13.2 下列有关氨酰-tRNA 合成酶的叙述中，哪项是正确的？

a. 每个氨酰-tRNA 合成酶能将一个氨基酸催化到一个 tRNA 分子上。

b. 每个氨酰-tRNA 合成酶能将一个氨基酸催化到一个或更多的 tRNA 分子上。

c. 每个氨酰-tRNA 合成酶能将一个或更多的氨基酸催化到单个 tRNA 上。

d. 每个氨酰-tRNA 合成酶能将一个或更多的氨基酸催化到一个或更多的 tRNA 上。

13.3* 密码子-反密码子相互作用的发生形式是：

a. 共价键

b. 静电相互作用

c. 氢键

d. 疏水性作用

13.4 密码子和反密码子间的摆动发生于：

a. 密码子的第一个核苷酸和反密码子的第一个核苷酸。

b. 密码子的第一个核苷酸和反密码子的第三个核苷酸。

c. 密码子的第三个核苷酸和反密码子的第一个核苷酸。

d. 密码子的第三个核苷酸和反密码子的第三个核苷酸。

13.5* 摆动是由以下原因造成的，除了：

a. 反密码子位于 tRNA 分子的环结构中，未能与密码子排列一致。

b. tRNA 分子中的次黄嘌呤核苷可以和 mRNA 中的 A、C 和 U 发生碱基配对。

c. mRNA 分子中的次黄嘌呤核苷可以和 tRNA 中的 A、C 和 U 发生碱基配对。

d. 鸟嘌呤可以和尿嘧啶发生碱基配对。

13.6 细菌中，翻译起始的第一个步骤是什么？

a. 核糖体小亚基与 mRNA 的 5′帽子结合，并沿着 mRNA 寻找起始密码子。

b. 核糖体大亚基与 mRNA 分子上的核糖体结合位点结合。

c. 核糖体结合到 mRNA 分子上的起始密码子。

d. 核糖体小亚基与 mRNA 分子上的核糖体结合位点结合。

13.7* 细菌中，甲酰基团结合到起始甲硫氨酸上有什么功能？

a. 随着翻译的起始，它将起始 tRNA 连接到核糖体大亚基上。

b. 它结合了起始复合物组装所需的 GTP 分子。

c. 它阻断了甲硫氨酸的氨基，确保了蛋白质的合成是按照 N→C 的方向发生。

d. 它阻断了甲硫氨酸的侧链，以使后者不与起始因子 IF-3 相互作用。

13.8 真核生物中翻译起始的一般机制是什么？

a. 核糖体小亚基与 mRNA 的 5′帽子结合，并沿着 mRNA 寻找起始密码子。

b. 核糖体大亚基与 mRNA 的 5′帽子结合，并沿着 mRNA 寻找起始密码子。

c. 核糖体结合 mRNA 分子上的起始密码子。

d. 核糖体小亚基与 mRNA 分子上的核糖体结合位点结合。

13.9* 起始因子 eIF-6 的功能是什么？

a. 它结合起始 $tRNA^{Met}$ 和前起始复合物组装所需的 GTP。

b. 它起到前起始复合物和 mRNA 的 5′帽子之间的桥接作用。

c. 在核糖体聚集在起始密码子时，它释放了其他的起始因子。

d. 它防止大亚基与胞浆中的小亚基相互作用。

13.10 延伸因子 EF-1A 的功能是什么？

a. 它催化肽键的形成。

b. 它确保了正确的氨酰-tRNA 进入核糖体。

c. 它防止 tRNA 分子在肽键形成前就离开核糖体。

d. 它水解 GTP，协助核糖体沿着 mRNA 定位。

13.11* 在翻译过程中，移码是如何发生的？

a. 核糖体翻译了一个含有额外或缺失的核苷酸的 mRNA。

b. 核糖体在 mRNA 翻译过程中，跳过了一个密码子。

c. 核糖体在翻译中暂停，并向后或向前移动一个核苷酸，然后继续翻译。

d. 核糖体在通常编码一个氨基酸的密码子处翻译终止。

13.12 蛋白质合成是如何终止的？

a. 释放的一个因子识别终止密码子并进入 A 位点。

b. 终止密码子的 tRNA 进入 A 位点。

c. 终止密码子的 tRNA 进入 P 位点。

d. 核糖体在终止密码子处停止，并促使蛋白质从 tRNA 上释放。

13.13* 下列哪项不是解释“为什么在翻译过程中折叠以及后续变性中需要蛋白质的协助”的原因？

a. 变性后，因为不能在水中保护它们的疏水基团，所以蛋白质可能形成不溶性的集聚物。

b. 变性后，蛋白质形成一种不正确的折叠，但处于稳定的状态。

c. 在翻译过程中，部分翻译的蛋白质是一种随机的卷曲，不能折叠成特定的构象。

d. 在翻译过程中，部分翻译的蛋白质可能在整个蛋白质合成完成之前就开始不正确的折叠。

13.14 下列哪一项不是蛋白质折叠的伴侣分子的功能？

a. 分子伴侣协助蛋白质达到正确的结构。

b. 分子伴侣是蛋白质的三级结构特异化。

c. 分子伴侣可以稳定部分折叠的蛋白质，并防止它们与其他蛋白质集聚。

d. 分子伴侣能保护蛋白质暴露的疏水区。

13.15* 下列哪项不是蛋白质翻译后化学修饰的例子？

a. 糖基化

b. 甲基化

c. 磷酸化

d. 蛋白质水解

13.16 什么是内含肽？

a. 经蛋白质水解产生的外部或内部蛋白质片段，导致蛋白质失活。

b. 由蛋白连接酶催化，加到其他蛋白质上的蛋白质外部片段。

c. 蛋白质的内部片段，在翻译后被移除，并于外部的片段连接在一起。

d. 蛋白质的外部片段，与插入膜中的脂质共价结合。

## 简答题

*奇数问题的答案见附录

13.1* tRNA 分子是如何发挥翻译中 mRNA 和合成蛋白质之间的物理和信息性连接作用的？

13.2 简单描述导致氨基酸结合到 tRNA 分子上的两步反应。

13.3* 如果氨酰-tRNA 合成酶将错误的氨基酸连接到 tRNA 分子上，结果会如何（如用异亮氨酸氨酰化了针对缬氨酸的 tRNA）？

13.4 在蛋白质合成中，核糖体的两大活性作用是什么？

13.5* 列举在真核生物翻译起始第一步中，组装的前起始复合物中存在的分子。

13.6 人们认为 poly（A）尾在真核生物翻译起始中发挥了什么样的作用？

13.7* 在应对，如热休克的应激反应中，真核细胞是如何做到快速终止翻译的？

13.8 在 mRNA 翻译时，*dnax*mRNA 的什么特征导致其诱导出现程序性可读框偏移？

13.9* 在小蛋白质重新折叠的过程中，发生的两步反应是什么？

13.10 讨论 Hsp70 分子伴侣和 GroEL/GroES 分子伴素发挥功能的不同方式。

13.11* 内含肽是如何从蛋白质中被去除的？

13.12 描述酶将泛素分子添加到欲降解靶蛋白上时识别的两个信号。经这种方式泛素化的蛋白质会怎么样？

## 论述题

*奇数问题的指导见附录

13.1* 为什么存在两类氨酰-tRNA 合成酶？

13.2 在人线粒体中，蛋白质合成只需要 22 种不同的 tRNA。这对该系统中密码子-反密码子相互作用的管理规则有何提示？

13.3* 遗传密码子有可能是如何起源的？

13.4 大多数物种在其基因中表现出截然不同的密码子偏好。例如，脯氨酸的 4 个密码子中，只有 2 个（CCU 和 CCA）在酿酒酵母（*Saccharomyces cerevisiae*）中是常用的，而 CCC 和 CCG 就很少见。这提示，一个含有多个不偏好密码子的基因可能以相对缓慢的速度进行表达。请解释产生这种想法的理论依据，并讨论由此衍生出的结论。

13.5* 研究核糖体结构对人们理解蛋白质合成的具体过程，有多大程度上的价值？

## 图形测试

* 奇数问题的答案见附录

13.1* 次黄嘌呤核苷可能位于 tRNA 反密码子中的哪个位点？如果次黄嘌呤核苷存在，它的功能是什么？

13.2 描述大肠杆菌中的翻译起始。

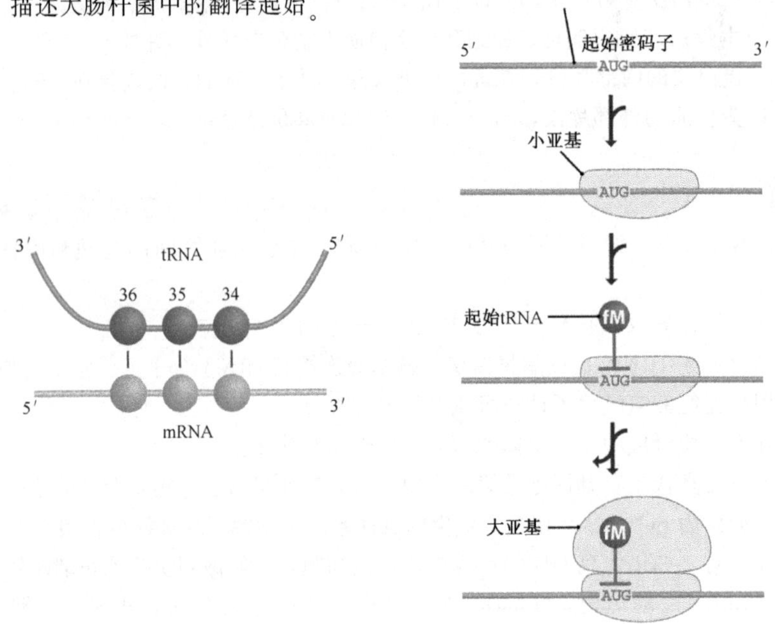


13.3* 该图显示了大肠杆菌中，CCdA-磷酸化-嘌呤分子（黑点）与核糖体大亚基中最近的蛋白质之间的距离。这幅图揭示了在核糖体中有关肽键形成的哪些信息？

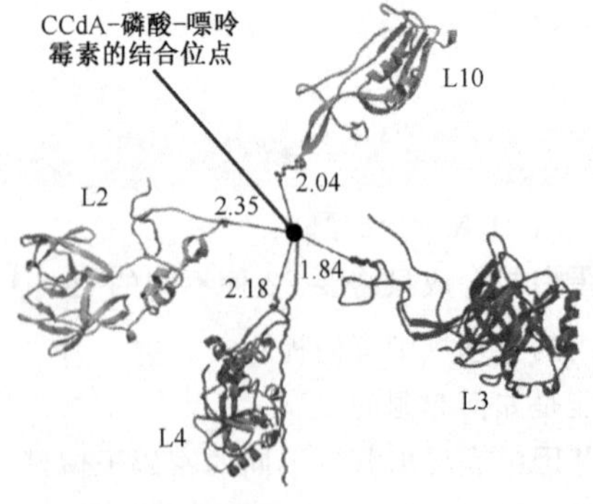


13.4 讨论蛋白质的活性是如何取决于翻译后事件的。

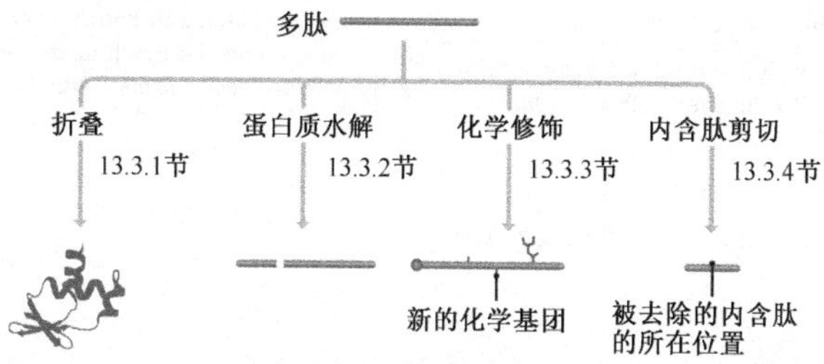


## 拓展阅读


### tRNA的结构和功能

**Clark, B.F.C.** (2001) The crystallization and structural determination of tRNA. *Trends Biochem. Sci.* **26:** 511–514.

**Hale, S.P., Auld, D.S., Schmidt, E. and Schimmel, P.** (1997) Discrete determinants in transfer RNA for editing and aminoacylation. *Science* **276:** 1250–1252. *Ensuring the accuracy of aminoacylation.*

**Ibba, M. and Söll, D.** (2000) Aminoacyl-tRNA synthetases. *Annu. Rev. Biochem.* **69:** 617–650.

**Percudani, R.** (2001) Restricted wobble rules for eukaryotic genomes. *Trends Genet.* **17:** 133–135.

### 核糖体结构的探索

**Ban, N., Nissen, P., Hansen, J., Moore, P.B. and Steitz, T.A.** (2000) The complete atomic structure of the large ribosomal subunit at 2.4 Å resolution. *Science* **289:** 905–920.

**Heilek, G.M. and Noller, H.F.** (1996) Site-directed hydroxyl radical probing of the rRNA neighborhood of ribosomal protein S5. *Science* **272:** 1659–1662.

**Moore, P.B. and Steitz, T.A.** (2003) The structural basis of large ribosome subunit function. *Annu. Rev. Biochem.* **72:** 813–850.

**Wimberly, B.T., Brodersen, D.E., Clemons, W.M., Morgan-Warren, R.J., Carter, A.P., Vonrhein, C., Hartsch, T. and Ramakrishnan, V.** (2000) Structure of the 30S ribosomal subunit. *Nature* **407:** 327–339.

**Yusupov, M.M., Yusupova, G.Z., Baucom, A., Lieberman, K., Earnest, T.N., Cate, J.H. and Noller, H.F.** (2001) Crystal structure of the ribosome at 5.5 Å resolution. *Science* **292:** 883–896.

### 蛋白质合成的机制

**Andersen, G.R., Nissen, P. and Nyborg, J.** (2003) Elongation factors in protein biosynthesis. *Trends Biochem. Sci.* **28:** 434–441.

**Frank, J. and Agarwal, R.K.** (2000) A ratchet-like inter-subunit reorganization of the ribosome during translocation. *Nature* **406:** 318–322.

**Ibba, M. and Söll, D.** (1999) Quality control mechanisms during translation. *Science* **286:** 1893–1897.

**Kapp, L.D. and Lorsch, J.R.** (2004) The molecular mechanics of eukaryotic translation. *Annu. Rev. Biochem.* **73:** 657–704.

**McCarthy, J.E.G.** (1998) Posttranscriptional control of gene expression in yeast. *Microbiol. Mol. Biol. Rev.* **62:** 1492–1553. *Detailed review of translation and its control in yeast.*

**Nakamura, Y. and Ito, K.** (2003) Making sense of mimic in translation termination. *Trends Biochem. Sci.* **28:** 99–105. *The mode of action of release and ribosome recycling factors.*

**Rodnina, M.V. and Wintermeyer, W.** (2001) Ribosome fidelity: tRNA discrimination, proofreading and induced fit. *Trends Biochem. Sci.* **26:** 124–130.

### 转肽酶是一种核酶

**Nissen, P., Hansen, J., Ban, N., Moore, P.B. and Steitz, T.A.** (2000) The structural basis of ribosome activity in peptide bond synthesis. *Science* **289:** 920–930.

**Polacek, N., Gaynor, M., Yassin, A. and Mankin, A.S.** (2001) Ribosomal peptidyl transferase can withstand mutations at the putative catalytic nucleotide. *Nature* **411:** 498–501.

**Steitz, T.A. and Moore, P.B.** (2003) RNA, the first macromolecular catalyst: the ribosome is a ribozyme. *Trends Biochem. Sci.* **28:** 411–418.

### 翻译中的异常事件

**Farabaugh, P.J.** (1996) Programmed translational frameshifting. *Annu. Rev. Genet.* **30:** 507–528.

**Herr, A.J., Atkins, J.F. and Gesteland, R.F.** (2000) Coupling of open reading frames by translational bypassing. *Annu. Rev. Biochem.* **69:** 343–372.

### 蛋白质折叠

**Anfinsen, C.B.** (1973) Principles that govern the folding of protein chains. *Science* **181:** 223–230. *The first experiments on protein folding.*

**Daggett, V. and Fersht, A.R.** (2003) Is there a unifying mechanism for protein folding? *Trends Biochem. Sci.* **28:** 18–25.

**Frydman, J.** (2001) Folding of newly translated proteins *in vivo*: the role of molecular chaperones. *Annu. Rev. Biochem.* **70:** 603–649.

**Xu, Z., Horwich, A.L. and Sigler, P.B.** (1997) The crystal structure of the asymmetric GroEL-GroES-$(ADP)_7$ chaperonin complex. *Nature* **388:** 741–750.

### 蛋白质加工和修饰

**Chapman-Smith, A. and Cronan, J.E.** (1999) The enzymatic biotinylation of proteins: a post-translational modification of exceptional specificity. *Trends. Biochem. Sci.* **24:** 359–363.

**Drickamer, K. and Taylor, M.E.** (1998) Evolving views of protein glycosylation. *Trends Biochem. Sci.* **23:** 321–324.

**Paulus, H.** (2000) Protein splicing and related forms of protein autoprocessing. *Annu. Rev. Biochem.* **69:** 447–496.

蛋白质降解

**Varshavsky, A.** (1997) The ubiquitin system. *Trends Biochem. Sci.* **22:** 383–387.

**Voges, D., Zwickl, P. and Baumeister, W.** (1999) The 26S proteasome: a molecular machine designed for controlled proteolysis. *Annu. Rev. Biochem.* **68:** 1015–1068.

CHAPTER

# 第14章 基因组活性的调控

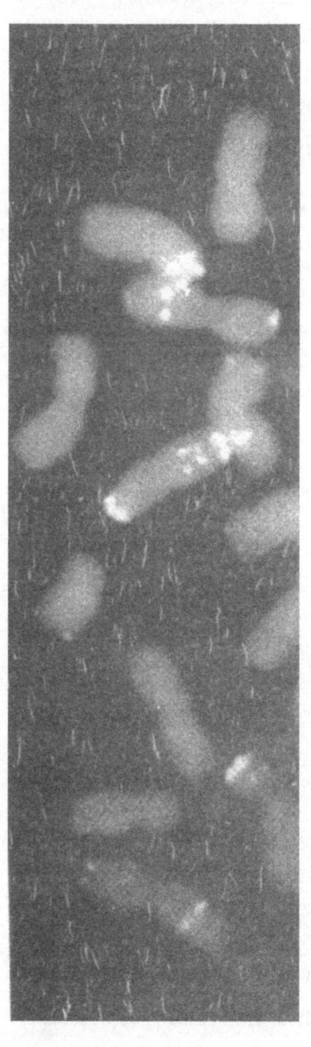



## 学习要点

当你阅读完第14章之后，应该能够：

- 区别分化与发育，概括在这两种过程中基因组的表达是如何调控的。
- 举例描述胞外信号化合物，如乳铁蛋白和类固醇类激素造成基因组活性瞬时变化的不同途径。
- 详细描述细菌的代谢抑制。
- 讨论信号从细胞表面受体传递到基因组的不同途径。
- 举例描述造成基因组活性永久性和半永久性变化的不同途径，明确涉及基因组重排、染色体结构变化与反馈环过程之间的区别。
- 讨论λ噬菌体的溶原性感染周期和枯草杆菌芽孢（*Bacillus subtilis*）形成方面的研究给我们提供了哪些分化和发育相关的基本信息。
- 解释为什么秀丽隐杆线虫（*Caenorhabditis elegans*）是一种有用的模式生物，描述在线虫的阴门发育的过程中细胞命运是如何确定的。
- 描述黑腹果蝇（*Drosophila melanogaster*）胚胎形成过程中的遗传学事件。
- 讨论黑腹果蝇、脊椎动物和植物中同源异形基因的功能。

我们已经阐述了基因组的表达决定蛋白质组内容的途径，反过来蛋白质组又决定了细胞的生化特征。没有一种生物的生化特征是完全恒定的。即使最简单的单细胞生物在环境变化时也能改变它们的蛋白质组，从而使它们的生化能力可以与其可获得的营养物质以及主要物理化学条件不断地保持协调。多细胞生物的细胞对胞外环境的变化也同样做出应答，二者唯一的区别在于多细胞生物的主要刺激物包括激素、生长因子和营养。由此引发的基因组活性的瞬时变化能够使蛋白质组不断地被重塑，以满足外部环境对细胞的要求（图 14.1）。基因组活性的其他变化是永久性的，或至少半永久性的，从而不可逆地改变细胞的生化特征。这些变化导致细胞的**分化**（differentiation），即细胞具有特定的生理功能。许多单细胞生物能发生分化，一个例子就是细菌，如杆菌（*Bacillus*）的芽孢生成细胞的产生，但我们更多地是将分化与多细胞生物联系起来。多细胞生物是由不同类型的特化细胞（人类有 250 多种）来组成组织和器官的，这些复杂的多细胞结构和生物体整体的装配需要不同细胞的基因组活性的协调。这种协调包括瞬时和永久的变化，而且在生物体的**发育**（development）过程中必须持续很长时间。

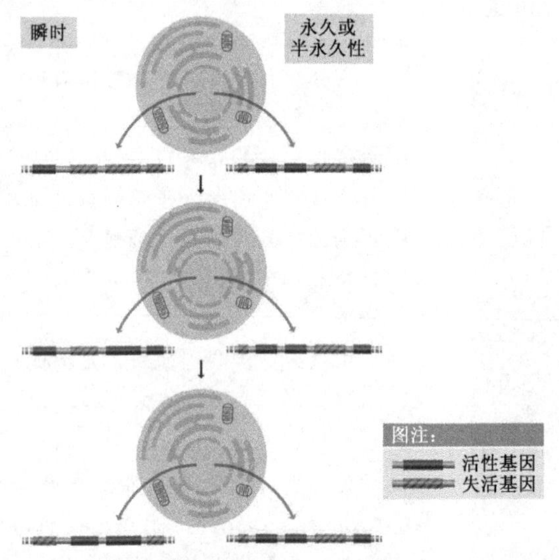


图 14.1　基因组活性的两种调节方式

左边的一套基因受瞬时调控，由胞外环境的变化决定是否表达。右边的基因发生了表达谱的永久或半永久性的变化，使同样的三个基因持续表达

在单个基因的表达途径中，有很多步骤可以进行调节（表 14.1），在第 10～13 章中列举了不同机制生物学功能的例子。这一章的目的不是重述这些基因特异的调控系统，而是解释基因组作为一个整体其活性是如何调节的。这样做时，我们必须记住生物界的多样性和个体基因组中基因数量的庞大性，因此，我们有理由认为任何可能进化形成的调控基因表达的机制都有可能已经发挥了作用。因此，我们可以在基因表达途径中的每一个环节举出调节的例子是很自然的。但是所有这些调控点在对基因组整体的活性进行调节时有同等的重要性吗？目前的观点是并非如此。我们的理解只是基于对几个生

物体有限数量的基因研究的基础上，因而可能会不全面，但是对基因组表达的关键性调控，即决定哪些基因表达和哪些基因不表达，看起来是在转录起始的水平上。对于大多数基因来说，随后的步骤进行的调控是调节表达，而不是作为基因开与关的主要决定因素起作用（图 11.22）。因此，我们在这一章中讨论的主要但不是全部内容是通过决定哪些基因可以转录及哪些基因沉默的机制来实现的基因组活性的调控。我们将阐述两个问题：引起基因组活性瞬时变化和永久变化的方式，以及这些变化在时空上相互联系从而形成发育途径的方式。

**表 14.1　基因表达途径中可进行调控的步骤举例**

| 步骤 | 调控举例 | 参考 |
|---|---|---|
| **转录** | | |
| 基因的开放性 | 位点控制区决定包含基因的区域的染色质结构 | 10.1.2 节 |
| | 组蛋白修饰影响染色质结构，决定哪一个基因是开放的 | 10.2.1 节 |
| | 核小体的定位控制 RNA 聚合酶和转录因子接近启动子区 | 10.2.2 节 |
| | DNA 甲基化使基因组区域沉默 | 10.3.1 节 |
| 转录起始 | 有效起始受转录激活因子、抑制因子和其他控制系统的影响 | 11.3 节 |
| RNA 合成 | 原核细胞利用抗终止和衰减作用控制各转录物的数量和性质 | 12.1.2 节 |
| **真核 mRNA 加工** | | |
| 加帽 | 一些动物将加帽作为卵成熟期调节蛋白合成的一种方式 | |
| 多聚腺苷酰化 | 多个多聚腺苷酰化位点控制拟南芥（*Arabidopsis*）的开花 | |
| | 果蝇（*Drosophila*）卵受精后，*bicoid* mRNA 的 poly（A）尾延长，激活翻译 | 14.3.4 节 |
| 剪接 | 可变剪接位点的选择控制果蝇的性别决定 | 12.2.2 节 |
| 化学修饰 | 载脂蛋白-B mRNA 的 RNA 编辑形成了这种蛋白质在肝和肠中的特殊形式 | 12.2.5 节 |
| mRNA 降解 | microRNA 控制细胞死亡、神经元细胞类型特异性，控制线虫（*Caenorhabditis elegans*）的脂肪储存以及其他真核生物的各种过程 | 12.2.6 和 |
| | 铁控制铁转运受体 mRNA 的降解 | 13.2.2 节 |
| **蛋白质合成和加工** | | |
| 翻译起始 | eIF-2 的磷酸化使真核生物中的翻译起始普遍降低 | 13.2.2 节 |
| | 细菌中的核糖体蛋白通过调节其 mRNA 与核糖体的结合来控制自身的合成 | 13.2.2 节 |
| | 在一些真核生物中，铁控制核糖体在铁蛋白 mRNA 上的搜索 | 13.2.2 节 |
| 蛋白质合成 | 移码使大肠杆菌的 *dnaX* 基因能够翻译 DNA 聚合酶 III 的两个亚基 | 13.2.3 节 |
| 切割事件 | 多蛋白质的可变切割途径可形成组织特异的蛋白质产物 | 13.3.2 节 |
| 化学修饰 | 许多参与信号转导的蛋白质可被磷酸化激活 | 14.1.2 节 |

# 14.1　基因组活性的瞬时变化

基因组活性的瞬时变化主要在细胞对外界刺激应答时发生。对于单细胞生物来说，最重要的外界刺激与营养物质的可获得性有关。这些细胞生活在变化的环境中，环境中营养物质的成分和相对量随时间而改变。因此单细胞生物的基因组包括吸收和利用一系列营养物质的基因，营养物质的改变将导致基因组活性的变化，因此在任何时刻，只有那些利用可得到的营养物质的基因才表达。多细胞生物的大多数细胞生活在变化较少的环境中，但是该环境的维持需要不同细胞活性的协调。因此对于这些细胞来说，主要的

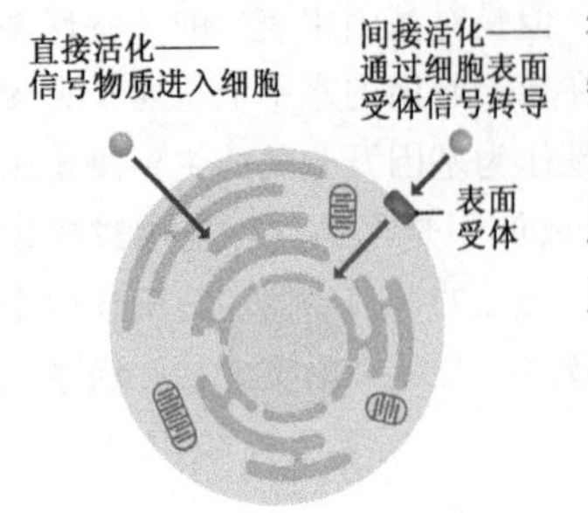

图 14.2　胞外信号复合物影响细胞内正在发生事件的两种途径

外界刺激是激素、生长因子和有关的化合物，它们在生物体内传递信号，并引起基因组活性的协调性变化。

营养物质、激素、生长因子或其他代表外界刺激的胞外化合物必须影响细胞内的事件，才能对基因组活性产生影响。它们通过两种方式起作用（图 14.2）：

- 直接方式，作为一种信号物质，可被运输穿过细胞膜并进入细胞。
- 间接方式，通过与细胞表面受体结合，受体可将信号传入细胞。

直接或间接的信号转导是细胞生物学的一个主要研究领域，其注意力更多集中于它与导致癌症的异常生化活性的关系。我们已经发现了许多直接和间接信号转导的例子，其中一些在很多生物体中有普遍的重要性，而另一些只限于几个物种。我们将在本章的第一部分讨论这些信号通路。

## 14.1.1　通过细胞外信号化合物的进入进行的信号传递

在信号传递的直接方式中，代表外界刺激的胞外化合物穿过细胞膜进入细胞。随后，信号物质可以通过以下三种方式影响基因组活性（图 14.3）。

- 如果信号化合物是一个蛋白质分子，那么它可以像我们在第 10～13 章中遇到的各种蛋白质因子一样而起作用，例如，激活或抑制转录起始复合物的组装（11.3 节），或与剪接增强子或抑制子相互作用（12.2.2 节）。
- 信号化合物能影响一个已知蛋白质因子的活性。这样的一个信号化合物不一定是一个蛋白质分子：从理论上讲，它可以是任何一种化合物。
- 信号化合物能通过一个或多个中间分子影响一个已知的蛋白质分子的活性，而不是直接与其相互作用。

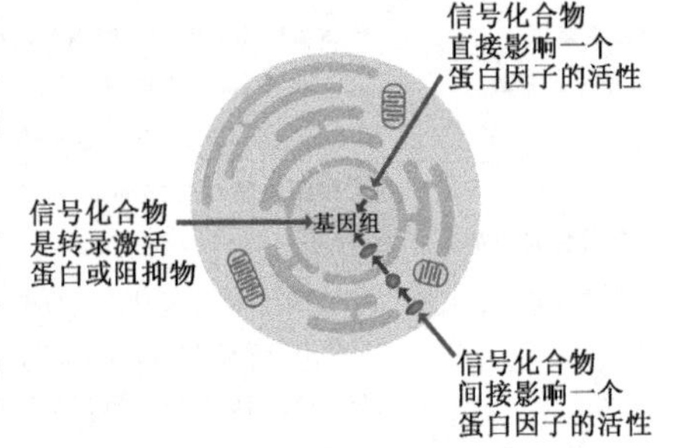

图 14.3　胞外信号化合物进入细胞后影响基因组活性的三种途径

下面举例描述这三种作用模式。

### 乳铁蛋白是一个可以作为转录激活因子的胞外信号蛋白

如果进入细胞的胞外信号化合物是具有适当性质的蛋白质分子，那么它可以在基因组表达途径中的某一阶段作为激活因子或抑制因子而直接影响其靶基因的活性。这看起来是调控基因组活性的一个很具有吸引力而且很直接的途径，但这并不是一个普遍的机制。其原因不清楚，但可能至少部分与设计这样一个蛋白质的难度有关：这个蛋白质必须既具有有效地跨膜运输所需要的疏水性，又具有通过水相的细胞质从而到达核或核糖体上蛋白质的作用位点所需要的亲水性。

乳铁蛋白是以上述方式起作用的信号化合物的一个非常清楚的例子。乳铁蛋白是主要存在于牛奶中的一种哺乳动物蛋白质，其次分布在血液中。乳铁蛋白是一个转录激活因子（11.3.2 节），其特定功能很难确定，但似乎在身体防御微生物的侵袭方面起作用。如它的名字所示，乳铁蛋白能够结合铁离子。现在认为，至少其部分保护作用来源于它能够减少牛奶中游离铁离子的浓度，从而使入侵的微生物缺少这一必要的辅助因子。因此，看起来乳铁蛋白不可能在基因组的表达中起作用。但从 20 世纪 80 年代初期起研究人员就已认识到乳铁蛋白具有多种功能，如乳铁蛋白可结合 DNA，这一特性与乳铁蛋白的第二个功能——刺激参与免疫应答的血细胞有关。1992 年人们发现乳铁蛋白可被免疫细胞吸收入核，并与基因组结合。随后又发现这种 DNA 结合是序列特异的，并且导致基因的活化，这表明乳铁蛋白是一个真正的转录激活因子。

## 一些进入细胞的信号物质直接影响已经存在的调节蛋白的活性

虽然进入细胞的信号物质只有少数能自身作为基因组表达的激活因子或抑制因子，但是许多信号可直接影响细胞中已经存在的转录因子的活性。我们在 11.3.1 节中研究大肠杆菌（*Escherichia coli*）的乳糖操纵子时曾遇到过这种调控类型的一个例子。这一操纵子对胞外乳糖的水平作出应答，乳糖作为信号分子进入细胞，转化成异乳糖异构体后，影响乳糖阻遏物的 DNA 结合活性，从而决定乳糖操纵子能否转录（图 11.24）。许多其他编码糖利用基因的细菌操纵子也受这种方式的调控。

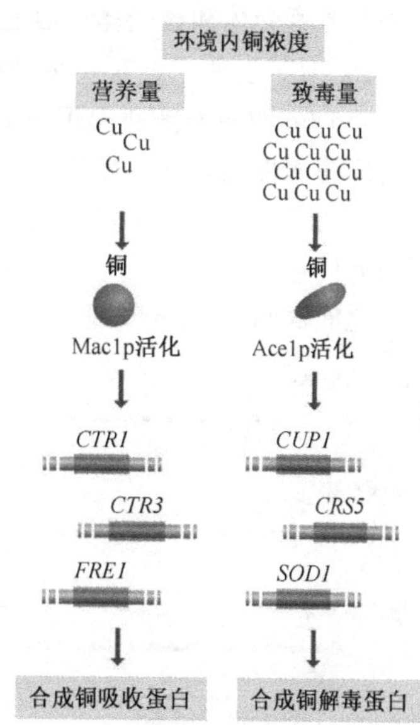


图 14.4　啤酒酵母中铜离子调控的基因表达
因为酵母细胞的几个酶（如细胞色素 c 氧化酶和酪氨酸酶）是含铜离子的金属蛋白，所以它需要少量的铜，但过多的铜对细胞有毒性。当铜的水平低时，Mac1p 转录因子与铜结合后活化，开启负责铜吸收的基因表达。当铜的水平过高时，另一个转录因子 Ace1p 被活化，开启另一套基因的表达，这些基因编码的蛋白质参与铜的解毒

与转录因子的直接作用也是真核生物基因组活性调控的一个普遍方式。维持细胞内金属离子含量保持在适当水平的控制系统就是一个很好的例子。细胞需要铜和锌等金属离子作为生化反应的辅助因子，但如果这些金属在细胞内的积累超过了一定量，就会对细胞产生毒性。因此它们的吸收必须受到严格的控制，以使细胞在环境缺乏金属化合物时仍含有足够的金属离子，而当环境中金属离子浓度过高时，又不过度积累。这里通过啤酒酵母（*Saccharomyces cerevisiae*）中的铜离子控制系统来说明生物使用的策略。这种酵母有两种铜离子依赖的转录因子——Mac1p 和 Ace1p。这两种因子都与铜离子结合，结合可以诱导两种因子的构象变化，激活该因子使其刺激靶基因表达（图 14.4）。Mac1p 的靶基因编码铜吸收蛋白，而 Ace1p 的靶基因则编码参与铜解毒的蛋白质，如超氧化物歧化酶。这两种转录因子活化之间的平衡保证了胞内铜离子浓度保持在一个可接受的水平。

转录激活因子也是**类固醇激素**（steroid hormones）的靶蛋白，类固醇激素协调高等真核生物细胞的许多生理活动，它们包括性激素（女性发育所需的雌激素，男性发育所需的雄激素），糖皮质激素和盐皮质激素。类固醇激素是信号化合物，类固醇激素是疏水性的，因此容易穿过细胞膜。一旦进入细胞，每种激素结合到一种特定的通常定位于胞质中的**类固醇受体**（steroid receptor）上，然后活化的受体迁移至核，与靶基因上游的**激素应答元件**（hormone response element）结合，一旦结合，该受体就相当于一个转录激活因子。每个受体的应答元件位于50～100个基因的上游，一般在增强子内，所以，一种类固醇激素可以诱导细胞大规模的生化性质的变化。所有类固醇激素受体的结构是相似的，不仅仅在DNA结合结构域上相似，而且它们蛋白质结构的其他部分也相似（图14.5）。对这些相似性的识别使人们鉴定了许多已知的和未证实的类固醇受体，后者的激素配体和在细胞内的功能还不明确。结构相似性还揭示了另一组受体蛋白即**核受体超家族**（nuclear receptor superfamily），虽然与它们作用的激素不是类固醇本身，但它们和类固醇受体属于同一大类。如它们名字所示，这些受体定位于核中而不是细胞质中，包括能够控制骨骼发育的维生素 $D_3$ 的受体，以及促进从蝌蚪到青蛙形态改变的甲状腺素受体。

类固醇激素受体和核受体一般是二聚体，每个亚基都有一种这类蛋白质典型的特别的锌指（图11.5）。每个锌指识别并结合其应答元件中的6 bp的序列。对大多数类固醇受体而言，6 bp的序列排列为正向或反向重复序列，之间以0～4 bp间隔（图14.6）。核受体的应答元件也差不多是这样，但是识别序列几乎总是正向重复序列。间隔序列的存在仅仅是为了确保识别序列之间的距离适合受体蛋白的锌指的取向。这意味着不同的受体蛋白有同样的锌指，但是却可以识别不同应答元件，其特异性依赖于锌指的取向和识别序列之间的间隔。

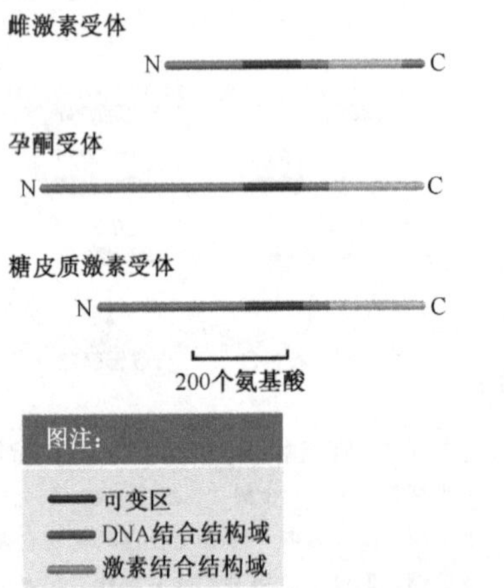


图14.5　所有类固醇激素受体结构上是相似的
比较三种受体蛋白，每种显示的是未折叠的多肽，比对两个保守的功能结构域。所有类固醇激素受体的DNA结合结构域是非常相似的，氨基酸序列上有50%～90%的一致性。激素结合结构域（11.3.2节）没有那么保守，有20%～60%的一致性。激活结构域位于N端和DNA结合结构域之间，但是这一区域在不同的受体之间序列相似性很小

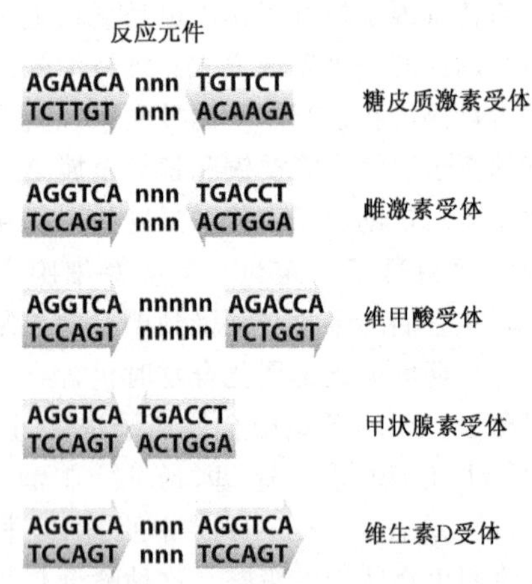


图14.6　典型类固醇激素受体和核受体的应答元件序列
维甲酸受体与众不同，其6 bp的序列不是完全重复且被超过4个以上的核苷酸隔开

## 一些进入细胞的信号物质间接影响基因组活性

信号分子和参与基因组表达的蛋白质因子之间的联系并不一定像我们在前面章节描述的那样直接。信号分子也能通过一个或多个中间分子间接影响基因组的活性。细菌中的**代谢物阻遏**（catabolite repression）系统即是一个例子，当培养基中存在葡萄糖以外的其他糖类时，由胞内和胞外的葡萄糖水平决定利用其他糖类的操纵子是否启动。

这一现象是Jacques Monod在1941年发现的，他提出当给大肠杆菌或枯草芽孢杆菌提供糖的混合物时，其中一种将被优先利用，只有当第一种糖消耗完以后，细菌才开始利用

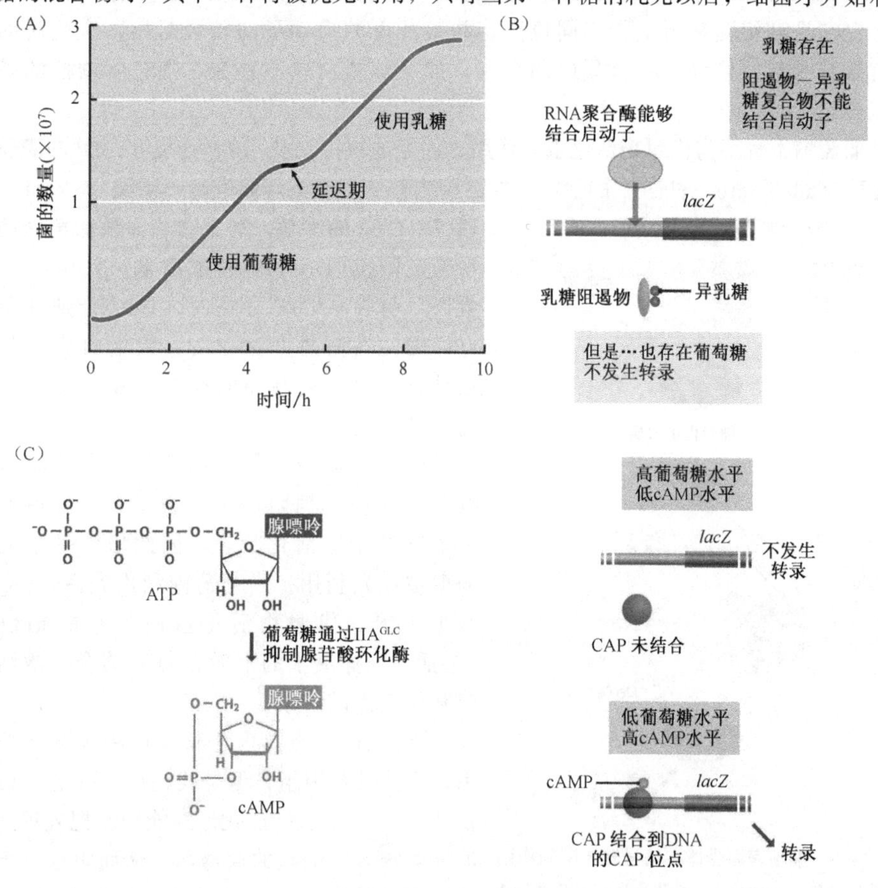


图 14.7　分解代谢物阻遏

（A）一个典型的二度生长曲线，是大肠杆菌在含有葡萄糖和乳糖混合物的培养基上生长时形成的。在最初的几个小时，细菌进行指数分裂，利用葡萄糖作为唯一的碳源和能源。当葡萄糖耗尽后，出现一个短暂的延迟期，此时 *lac* 基因开启，然后细胞利用乳糖再次进入指数生长。（B）葡萄糖的作用优先于乳糖阻遏物。如果乳糖存在，则阻遏物离开操纵子，因此乳糖操纵子可被转录。但是如果葡萄糖也存在，操纵子则保持沉默。图 11.24（B）详细地介绍了乳糖阻遏物如何控制乳糖操纵子的表达。（C）葡萄糖通过控制腺苷酸环化酶的活性来调节细胞中 cAMP 的含量，以对乳糖操纵子和其他靶基因进行调控。代谢物活化蛋白（CAP）只有在 cAMP 存在时，才能结合到它的 DNA 结合位点上。如果葡萄糖存在，cAMP 的水平较低，因此 CAP 不能与 DNA 结合，不能活化 RNA 聚合酶。一旦葡萄糖耗尽，则 cAMP 水平升高，使 CAP 能够结合到 DNA 上，激活乳糖操纵子和其他靶基因的转录

第二种糖。Monod使用了一个法语词来描述这个现象：**二度生长**（diauxie）。一种引起二度生长的糖的组合是葡萄糖和乳糖，葡萄糖在乳糖之前被利用［图14.7（A）］。大约在20年以后，对乳糖操纵子有了深入的了解（11.3.1节），发现葡萄糖和乳糖之间的二度生长必然包含一个机制，即葡萄糖的存在能抑制乳糖对其操纵子的正常诱导效应。乳糖和葡萄糖共同存在时，即使混合物中的一些乳糖能转化成异乳糖结合到乳糖阻遏物上，乳糖操纵子也是关闭的，因此在正常条件下，该操纵子不能被转录［图14.7（B）］。

对二度生长的解释是，葡萄糖作为信号分子，通过间接影响**代谢物活化蛋白**（catabolite activator protein）抑制乳糖操纵子和其他糖利用操纵子的表达。代谢物活化蛋白结合到细菌基因组的不同位点，并激活下游启动子的转录起始。这些启动子的有效转录起始依赖于结合蛋白的存在，如果该蛋白质不存在，则它所调控的基因不能转录。

葡萄糖本身不与代谢物活化蛋白作用，而是通过抑制从ATP合成cAMP的**腺苷酸环化酶**（adenylate cyclase）的活性，控制胞内修饰核苷酸**环腺嘌呤一磷酸**［cAMP；图14.7（C）］的水平，这意味着如果葡萄糖的水平高，则胞内cAMP的浓度低。代谢物活化蛋白只有在cAMP存在时才能结合到其靶位点，因此当葡萄糖存在时，该蛋白质不与靶点结合，因而它调控的操纵子是关闭的。在葡萄糖和乳糖同时存在下的二度生长的特殊情况中，葡萄糖对代谢物活化蛋白的间接影响是指即使乳糖阻遏物不被结合，乳糖操纵子依然处于非活化状态，因此培养基中的葡萄糖被优先利用。当葡萄糖利用完后，cAMP水平上升，代谢物活化蛋白与它的靶位点（包括乳糖操纵子的上游位点）结合，激活乳糖利用基因的转录。

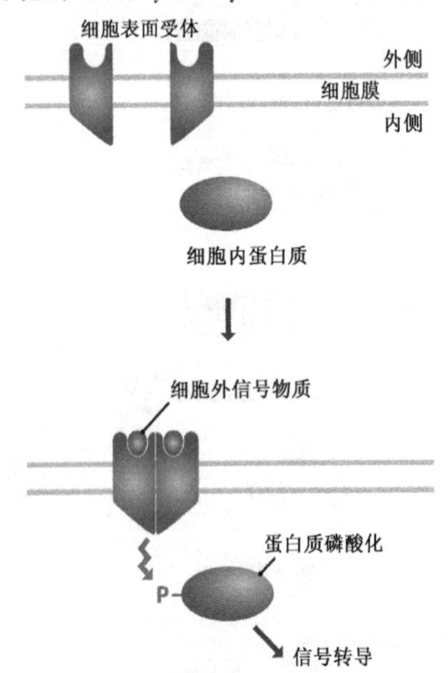


图14.8 细胞表面受体在信号转导中的作用
胞外信号物质与受体蛋白外表面的结合使受体蛋白发生构象变化，通常引起二聚化，导致胞内蛋白质的活化，如通过磷酸化活化。如文中所述，发生在这一起始蛋白质活化“下游”的事件是多样的。“P”代表磷酸基团，$PO_3^{2-}$

蛋白$IIA^{Glc}$在二度生长反应中也起次要作用，不涉及基因组，但是我们应该注意它的完整性。$IIA^{Glc}$的去磷酸化形式能抑制把乳糖及其他糖类转运入细胞的通透酶，从而阻止乳糖及其他糖类的摄取，而乳糖的通透酶由*lacY*编码，*lacY*是乳糖操纵子的第二个基因［图8.8（A）］。因此，葡萄糖存在会带来两种效应：关闭利用其他糖类的操纵子和阻止这些糖类的摄取。

## 14.1.2 细胞表面受体介导的信号转导

许多胞外信号物质因为亲水性太强而不能穿过脂膜进入细胞，而细胞又缺乏一种专门的吸收它们的转运机制。为了影响基因组的活性，这些信号物质必须结合到可将信号传入细胞的细胞表面受体上。这些受体是跨膜蛋白，在细胞外表面有信号物质的结合位点。信号物质的结合导致受体的构象变化，通常这种构象变化是二聚化，细胞膜的液态性质使膜蛋白能有限度地移动，使二聚体的亚基随着细胞外信号的有无而结合或者解离（图 14.8）。构象变化引发细胞内的生化事件，例如，很多受体蛋白的胞内部分有激酶活性，所以当二聚体的亚基聚在一起时，它们就相互磷酸化。这种生化事件，不管是相互磷酸化还是其他反应，都是**信号转导**（signal transduction）途径的胞内阶段的第一步。

已经发现了几种类型的细胞表面受体（表 14.2），由它们起始的胞内事件是多种多样的，每一种都有许多变化，并非所有事件都特异地参与基因组活性的调节。有三个例子将帮助我们理解此系统的复杂性。

**表 14.2　参与真核细胞信号传递的细胞表面受体蛋白**

| 受体类型 | 描　述 | 信　号 |
|---|---|---|
| G 蛋白偶联受体 | 活化胞内 G 蛋白，G 蛋白与 GTP 结合，并通过伴随着能量释放的这一 GTP 向 GDP 的转变来调节生化活性 | 多种：肾上腺素、肽类（如 glucagen）、蛋白激素、增味剂、光 |
| 酪氨酸激酶 | 通过酪氨酸磷酸化以活化胞内蛋白 | 激素（如胰岛素）、多种生长因子 |
| 酪氨酸激酶相关受体 | 与酪氨酸激酶受体相似，但间接活化胞内蛋白（如正文中对 STAT 的描述） | 激素、生长因子 |
| 丝氨酸-苏氨酸激酶 | 通过丝氨酸和（或）苏氨酸磷酸化以活化胞内蛋白质 | 激素、生长因子 |
| 离子通道 | 通过调节离子和其他小分子进出细胞以控制细胞内的活动 | 化学刺激（如谷氨酸）、电荷 |

## 受体与基因组之间的一步信号转导

在一些信号转导系统中，细胞表面受体被胞外信号结合激活导致影响基因组活性蛋白的直接活化。这是胞外信号转导引起基因组应答的最简单的系统。

白细胞介素和干扰素等许多细胞因子利用这一直接的系统控制细胞生长和分裂。这些细胞因子都是胞外的信号多肽，它们与其细胞表面受体的结合导致一种转录因子**STAT**（signal transducer and activator of transcription）的活化，使其靠近 C 端的一个酪氨酸发生磷酸化。如果细胞表面受体是酪氨酸激酶家族的成员（表 14.2），则它能直接激活 STAT［图 14.9（A）］。如果它是一个酪氨酸激酶相关受体，那么它自身没有磷酸化 STAT 或其他的胞内蛋白质的能力，但是可通过中间物 **Janus 激酶**（JAK）起作用。信号分子与酪氨酸激酶相关受体的结合引起受体的构象变化，通常是诱导形成二聚体。这一变化引起与该受体相联系的 JAK 的自身磷酸化，随后 JAK 使 STAT 发生磷酸化［图 14.9（B）］。

迄今为止在哺乳动物中已经发现了 7 种 STAT，其中三种（STAT2、4 和 6）是专门针对一种或两种胞外细胞因子的，其他的则不具有特异性，可被几种不同的白细胞介素和干扰素活化。识别是通过细胞表面的受体来完成的：一个特定的受体仅结合一种类型的细胞因子，而且大多数细胞只有一种或几种类型的受体。因此即使胞内的信号转导过程只涉及有限数量的 STAT，不同的细胞对特定的细胞因子也有不同的应答方式。

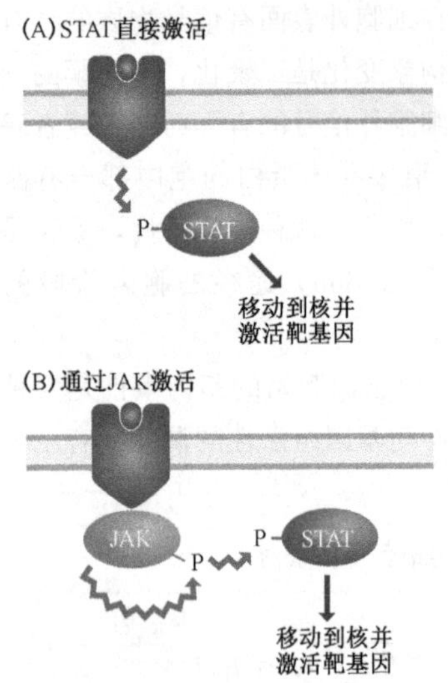


图 14.9 STAT参与的信号转导

（A）如果受体是酪氨酸激酶家族的成员，则能直接激活 STAT。（B）如果受体是酪氨酸激酶相关类型，则需通过 JAK 发生作用，JAK 与胞外信号结合后发生自身磷酸化，然后激活 STAT。注意 JAK 的活化通常包括二聚化的过程，胞外信号诱导 JAK 的两个亚基结合，产生的 JAK 形式有磷酸化活性。二聚化对 STAT 的活化也是必不可少的，磷酸化使两个 STAT（不一定是同一类型）形成一个二聚体，这是该转录因子的有活性的形式。“P”代表一个磷酸基团，$PO_3^{2-}$

主要通过使用纯化的 STAT 和已知序列的寡核苷酸进行的研究表明，STAT 的 DNA 结合位点的一致序列是 5′-TTN$_{5\text{-}6}$ AA-3′。STAT 蛋白的 DNA 结合结构域由一个桶状的 β 片层结构形成的三个环组成，虽然它与 NK-κB 和 Rel 转录因子的 DNA 结合结构域相似，但这是一种不寻常的 DNA 结合结构域类型，在其他类型的蛋白质中尚未发现与它十分一致的形式。与 NK-κB 和 Rel 的相似仅指结构域三维结构的相似，而蛋白质整体的氨基酸顺序的一致性却很小。许多靶基因能被 STAT 激活，但是整个基因组的应答受其他与 STAT 相互作用并在特定情况下影响基因开启的蛋白质的调节。因为 STAT 介导的细胞过程（生长和分裂）本身就很复杂，所以其复杂性是完全可以预料的，我们预测这些过程的变化需要蛋白质组的广泛重建，从而大规模改变基因组活性。

## 受体和基因组之间的多步骤信号转导

细胞表面受体直接或通过与受体相关的 JAK 激活转录因子这一系统是比较简单的。与之不同，更为普遍的信号转导方式是受体作为最终使一个或多个转录因子激活或失活的一系列步骤中的第一步。在不同的生物中已经发现了许多这样的**级联**（cascade）途径。哺乳动物中较为重要的级联途径是：

- MAP（有丝分裂原活化蛋白）**激酶系统**（MAP kinase system）（图 14.10），主要对有丝分裂原产生应答，有丝分裂原是与细胞因子有相似效应的一种胞外信号物质，但其作用是特异刺激细胞分裂。信号物质的结合使有丝分裂原受体二聚化，两个亚基的胞内部分相互磷酸化（图 14.8），促使多种胞浆蛋白与受体在膜的内侧结合，包括 Raf 这种蛋白激酶，它与细胞膜结合后被活化。Raf 起始一个磷酸化级联反应，它通过磷酸化使 Mek 活化，Mek 再磷酸化 MAP 激酶。活化的 MAP 激酶进入细胞核，并在核内再次通过磷酸化反应激活一系列转录因子。MAP 激酶还磷酸化另一种蛋白激酶 Rsk，后者可磷酸化并激活另一套转录因子。该途径有一定的灵活性，用其他相关的蛋白质替代 MAP 激酶途径中的一个或多个蛋白质后，由于这些相关蛋白质的特异性有少许不同，因而可激活另一套不同的转录因子。MAP 激酶途径是脊椎动物细胞使用的，在其他的生物体中已经发现了使用类似于哺乳动物细胞中的中间体的途径（14.2.1 节和 14.3.3 节）。
- **Ras 系统**（Ras system）是以 Ras 蛋白为中心的，在哺乳动物细胞中已知有三种 Ras 蛋白（H-Ras、K-Ras 和 N-Ras），还有一些相似蛋白质，如 Rac 和 Rho。这些蛋白质参与了细胞生长和分化的调节，而且与这一类的许多蛋白质一样，当其功能紊乱时，可导致癌症。Ras家族蛋白不只限于哺乳动物，在其他的真核生物，如果蝇中也已发现。Ras蛋白是信号转导途径中的中间物，这一途径通过酪氨酸激酶受体的自身磷酸化起始对胞外信号的应答。磷酸化的受体可与分别负责Ras蛋白激活和失活的**鸟苷酸释放蛋白**（guanine nucleotide releasing protein，GNRP）和**GTP酶活化蛋白**（GTPase activating protein，GAP）形成蛋白质-蛋白质复合物（图14.11）。因此，胞外信号可控制Ras介导的信号转导的开或关，这取决于信号的性质和细胞中有活性的GNRP和GAP的相对量。Ras激活后，再活化Raf，因此，实际上Ras提供了进入MAP激酶途径的另一个进入点，但这可能不是Ras的唯一功能，它也可能通过第二信使激活参与信号转导的蛋白质（在下一节有描述）。

- **SAP**（应激激活蛋白）**激酶系统**（SAP kinase system）是细胞受到紫外辐射和与炎症有关的生长因子等应激相关信号刺激时诱导的一种系统。具体的途径还不清楚，虽然它激活的是另一套不同的转录因子，但此途径与MAP激酶系统非常相似。

这些级联通路中的每一步都涉及两个蛋白质之间的物理相互作用，一般导致下游成员的磷酸化，而磷酸化又激活下游蛋白质，使它能与级联中的下一个蛋白质相联系。这些相互作用一般有特殊的蛋白质-蛋白质连接结构域，如SH2和SH3，它们结合“伙伴”蛋白质的受体结构域。受体结构域含有一个或多个酪氨酸，如果要锚定蛋白质，它们必须磷酸化。因此含有受体结构域的上游蛋白质的磷酸化状态决定了该蛋白质能否结合下游的蛋白质，以放大信号(图14.12)。

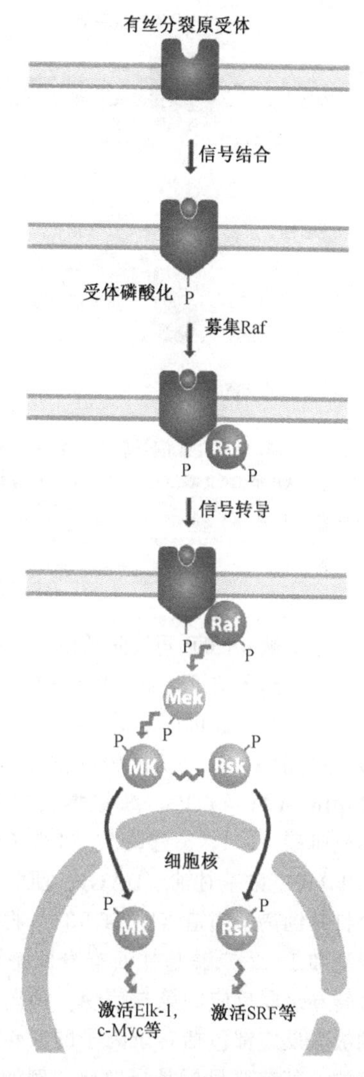


图14.10　MAP激酶途径的信号转导
“MK”是MAP激酶，“P”代表一个磷酸基团，$PO_3^{2-}$。Elk-1、c-Myc和SRF（血清应答因子）是在途径终点被激活的转录因子

## 通过第二信使的信号转导

一些信号转导级联途径不是直接将胞外信号传至基因组，而是利用一种更为间接的方式影响转录因子的活性。这一间接方式是通过**第二信使**（second messenger）实现的，第二信使是专一性较差的胞内信号物质，可将来自一个细胞表面受体的信号向几个方向转导，因而对一个信号产生多种细胞活动，并不仅仅是转录。

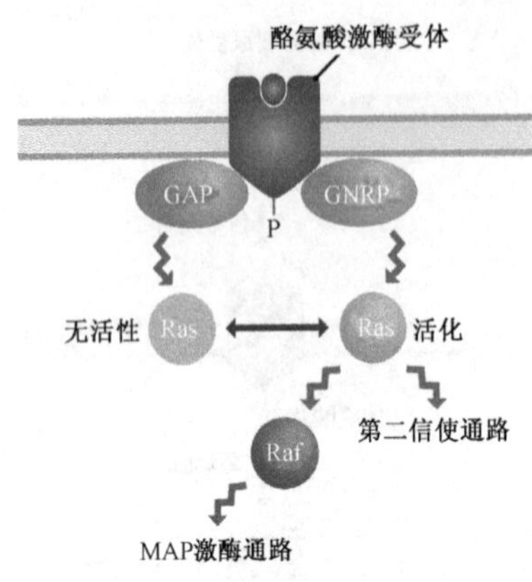


图 14.11 Ras 信号转导系统

缩写：GAP 是 GAP 酶活化蛋白；GNRP 是鸟苷酸释放蛋白；"P" 代表一个磷酸基团 $PO_3^{2-}$

在 14.1.1 节，我们已经认识到细菌细胞中葡萄糖是如何通过影响 cAMP 水平来调节代谢物活化蛋白的（图 14.7）。在真核细胞中环核苷酸也是重要的第二信使。一些细胞表面受体有鸟苷酸环化酶活性，因而可将 GTP 转化成 cGMP，但是这一家族中的大多数受体是通过影响胞质中的环化酶和去环化酶的活性间接起作用。这些环化酶和去环化酶决定了细胞中 cGMP 和 cAMP 水平，反过来，细胞中 cGMP 和 cAMP 水平控制着其他许多酶的活性。后者包括蛋白激酶 A，它受 cAMP 的激活。蛋白激酶 A 的功能之一是磷酸化并激活转录因子 CREB，这是通过与另一种因子 p300/CBP 相互作用来影响许多基因活性的几种蛋白质之一。p300/CBP 能修饰组蛋白，从而影响核小体的定位和染色质结构（10.2.1 节和 10.2.2 节）。

除了被 cAMP 间接激活以外，p300/CBP 还对另一种第二信使钙离子产生应答。细胞中的钙离子浓度远低于胞外的浓度，因此细胞膜上打开钙离子通道的蛋白质允许钙离子进入细胞。这可由激活酪氨酸激酶受体的胞外信号诱导，而活化的酪氨酸激酶受体又激活磷酯酶，使之切割磷酯酰肌醇-4，5-二磷酸 [PtdIns（4，5）$P_2$，细胞膜内层的一种组分]，形成肌醇-1，4，5-三磷酸 [Ins（1，4，5）$P_3$] 和 1，2-二酰基甘油（DAG）。肌醇-1，4，5-三磷酸打开钙离子通道（图 14.13）。肌醇-1，4，5-三磷酸和 1，2-二酰基甘油本身即是可起始其他信号转导级联反应的第二信使。钙离子和脂类诱导的级联反应都包括转录因子的活化，但仅仅是间接的：其首要目标是蛋白质。例如，钙离子结合并激活钙调蛋白，钙调蛋白可对多种酶，如蛋白激酶、ATP 酶、磷酯酶和核苷酸环化酶等进行调节。

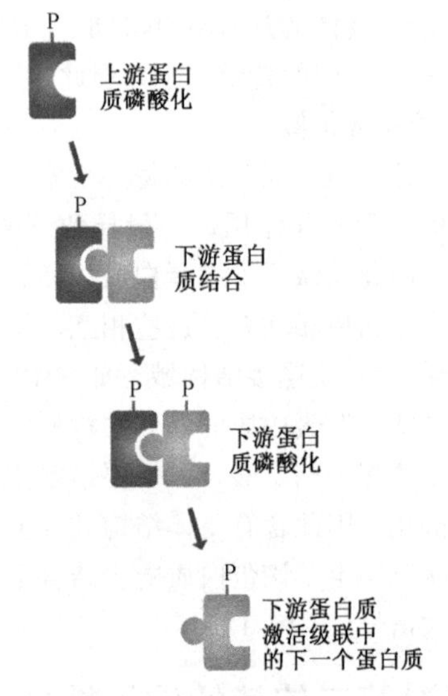


图 14.12 信号级联中蛋白质相互作用的模式

上游蛋白质磷酸化，因此能结合下游蛋白质，然后导致下游蛋白质的受体结构域磷酸化，信号放大。"P" 代表一个磷酸基团 $PO_3^{2-}$

## 阐明一个信号转导途径

细胞生物学家是怎样阐明信号转导通路的复杂性的呢？为了回答这个问题，我们来看看最新的转化生长因子 β（TGF-β）激活的信号通路。转化生长因子 β（TGF-β）是最重要的胞外信号物质之一，它是约 30 种控制脊椎动物中细胞分裂和分化等过程的相关多肽组成的家族。

[illegible]β的细胞表面受体是能激活细胞内多种靶蛋白的丝氨酸-苏氨酸激酶（表 14.2），由 TGF-β结合引发的信号转导过程包含一套称为 SMAD 家族的蛋白质，SMAD 是“SMA/MAD 相关的”的缩写，分别对应于该家族中最早被分离的黑腹果蝇（*Drosophila melanogaster*）和秀丽隐杆线虫（*Caenorhabditis elegans*）中的这类蛋白质。

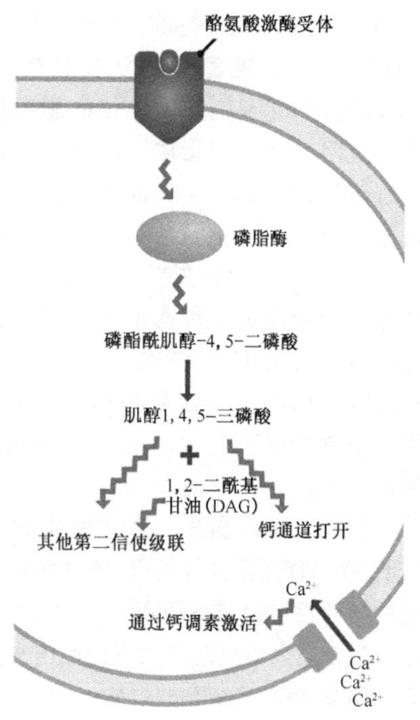


图 14.13　钙第二信使系统的诱导

缩写：DAG，1，2-二酰基甘油（DAG）；Ins（1，4，5）$P_3$，肌醇 1，4，5-三磷酸；PtdIns（4，5）$P_2$，磷酯酰肌醇-4，5-二磷酸

起初，在脊椎动物细胞中发现了 5 种 SMAD 蛋白。其中的 4 种（Smad1、Smad2、Smad3 和 Smad5）叫做受体调节的 SMAD，因为它们直接结合细胞表面受体。每一种 SMAD 与特异类型的某一类丝氨酸-苏氨酸受体结合，并因此对 TGF-β家族的不同成员产生应答。胞外信号的结合诱导受体磷酸化它的 SMAD，随后 SMAD 与 Smad4 结合，移至细胞核，并通过与 DNA 结合蛋白相互作用激活一套靶基因［图 14.14（A）］。因此 SMAD4 是一个辅助中介因子，参与其他 4 个 SMAD 蛋白信号通路。SMAD 系统是受体和基因组之间只有一步信号转导的又一个例子，与前面提到的 STAT 通路相似。

对 SMAD 途径的这一认识因发现了另一些不符合这个途径的 SMAD 蛋白——smad6 和 Smad7 而变得复杂。Smad6 和 Smad7 蛋白缺少 Ser-X-Ser（这里 X 代表 Val 或 Met）氨基酸序列，这个氨基酸序列存在于能够被受体磷酸化的 Smad1、Smad2、Smad3 和 Smad5 的 C 端。因而，很显然 Smad6 和 Smad7 蛋白不能对胞外信号与受体蛋白的结合做出直接的应答。它们是类似于 Smad4 的辅助中介因子，还是在 TGF-β信号转导中具有其他功能呢?

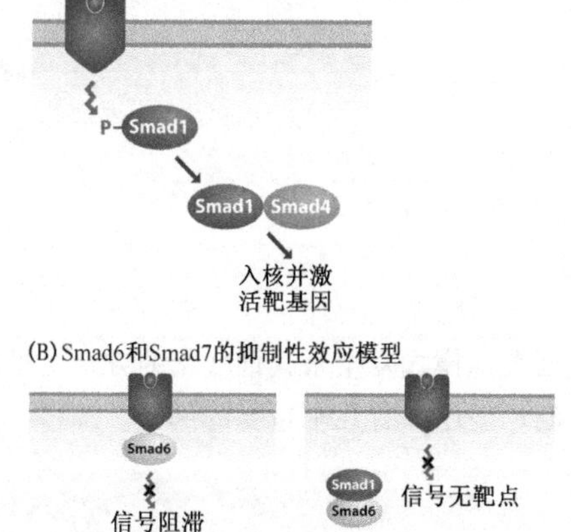


图 14.14　阐明 SMAD 信号通路

（A）信号通路简介：Smad1 被 TGF-β 受体活化，同样的通路适用于 Smad2、Smad3、Smad5。（B）图示 Smad6 和 Smad7 的抑制性效应的两个模型

认识 Smad6 和 Smad7 功能的第一步是要看这些蛋白质的过量表达对 TGF-β信号转导产生的影响。将 SMAD 基因连到一个强启动子的下游，再利用克隆技术将该基因引入培养细胞，便可实现过表达。我们发现正常条件下被 TGF-β开启的基因在过量表达 Smad6 或 Smad7 的细胞中对胞外信号不再产生应答。这一结果首先提示 Smad6 和 Smad7 对 TGF-β途径有抑制作用。

已经提出了两种模型来解释抑制性的

SMAD 蛋白，如 Smad6 和 Smad7 蛋白，是如何抑制 TGF-β 途径的［图 14.14 (B)］。第一个模型是建立在这样一个基础之上的：在细胞提取物中，Smad6 和 Smad7 蛋白与细胞表面受体的胞内区相互作用。这个模型假设 Smad6 和 Smad7 蛋白通过阻止活化的受体磷酸化其他的 SMAD 蛋白抑制信号转导。这个模型可能解释过表达的 Smad6 和 Smad7 蛋白的抑制作用，但在正常细胞中，没有足够数量的这些蛋白质来完全阻止细胞表面受体。因而，人们提出了另一个模型，在这个模型中，抑制性 SMAD 蛋白结合一个或多个其他的 SMAD 蛋白，将这些蛋白质从信号转导途径中除去，因而阻止了信号的转导。有一个很有力的证据是，此类相互作用能够解释 Smad6 蛋白对 Smad1 的抑制效应。酵母双杂交研究（6.2.2 节）表明，Smad6 蛋白与 Smad1 蛋白相互作用，而且 Smad1 蛋白结合 Smad6 蛋白后就不能再影响正常情况下它激活的转录活化，即使当 smad1 被细胞表面受体磷酸化后同样如此。

无论 Smad6 和 Smad7 蛋白抑制活性的机理是什么，这些抑制性 SMAD 蛋白的发现表明 SMAD 途径介导的 TGF-β 信号转导比最初设想的复杂得多。受体调节的 SMAD 蛋白的活性可以被 Smad6 和 Smad7 蛋白的抑制效应调节，而不是全有或全无的反应。这些蛋白质大概对尚未发现的胞内和（或）细胞间的信号做出应答，以便以一种合适的方式调节 TGF-β 结合的效应。

## 14.2 基因组活性的永久性和半永久性变化

根据定义，基因组活性的瞬时变化是可逆的，当外界刺激去除或被一种相反的刺激所代替时，基因表达形式可回复到它的原先状态。与之相反，导致细胞分化的基因组活性的永久性和半永久性变化必须维持较长的时期，理想状态应该是即使开始诱导的刺激消失，这种变化也依旧维持。因此我们推测引起这些较长时间变化的调控机制还包括了除转录激活和抑制因子活性调节之外的其他系统。这一推测是正确的，我们将看到以下三种机制：

- 基因组物理重排引起的变化。
- 染色质结构导致的变化。
- 反馈环维持的变化。

### 14.2.1 基因组重排

基因组物理结构的改变是一种明显能引起基因表达模式发生永久性变化的方式，虽然有些剧烈。这种方式不是基因组调节的常用机制，但已知有几个重要的例子。

#### 酵母交配型由基因转换决定

交配型相当于酵母和其他的真核微生物的性别。因为这些生物主要通过营养型细胞分裂方式繁殖，因而有可能来自一个或几个祖先细胞的一个群体，由于其大部分或所有的细胞都是同一种交配型，因此不能进行有性繁殖。为了避免这一问题，细胞能通过称为**交配型转换**（mating-type switching）的过程改变性别。

啤酒酵母的两种交配型称作 a 和 α，每种交配型分泌一种短的多肽信息素（a 型 12 个氨基酸，α 型 13 个氨基酸），这种信息素结合对应交配型的细胞表面受体，信息素的结合启动 MAP 激酶信号转导通路（图 14.10），从而改变细胞内的基因组表达模式，导致微妙的形态和生理变化，把它们转变成配子，可以参与性繁殖。两种对应交配型的单倍体细胞株混合在一起，就能促进配子的形成，后者融合产生二倍体合子。然后合子发生减数分裂，产生一个包含在一种叫做子囊结构中的四分体单倍体子囊孢子。子囊破裂以后就释放出子囊孢子，后者接着通过有丝分裂产生新的单倍体营养型细胞(图 14.15)。

交配型由定位于 3 号染色体上的 MAT 基因决定。这一基因有两个等位基因，MATa 和 *MATα*，单倍体酵母细胞表现哪一种交配型取决于它含有哪一个等位基因。在 3 号染色体的其他位置有另外两个类似 *MAT* 的基因，称为 *HMLα* 和 *HMRa*（图 14.16）。这两个基因的序列分别与 *MATα* 和 *MATa* 相同，但是由于在这两个基因的上游都有一个沉默子，抑制了它们的转录起始，故都不表达。这两个基因叫做"沉默交配型盒"。它们的沉默涉及蛋白质 Sir，后者中有若干成员具有组蛋白去乙酰化酶活性（10.2.1 节），说明沉默涉及 HMLα 和 HMRa 区域的染色质结构转换。

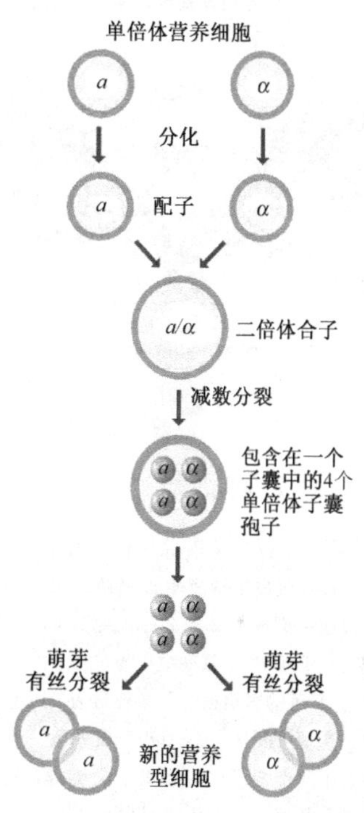

图 14.15　啤酒酵母的生命周期

交配型转变由 HO 内切核酸酶在 MAT 基因内的 24 bp 序列处产生一个双链切口开始。这一切割反应使**基因转换**（gene conversion）能够发生。我们将在 17.1.1 节详细地讨论基因转换，这里我们所感兴趣的是内切核酸酶产生的一个游离 3′端能以两个沉默盒中的一个为模板通过 DNA 合成进行延伸（图 14.16）。随后新合成的 DNA 替代 *MAT* 位点原来的 DNA。通常被选作模板的沉默盒是不同于原先存在于 *MAT* 处的等位基因，因此新合成的链的替代使 *MAT* 基因由 *MATa* 转变为 *MATα*，或反之，这就导致了交配型的转换。

MAT 基因编码一种与转录因子 MCM1 相互作用的调节蛋白，决定 MCM1 激活哪一套基因。MATa 和 MATα 的基因产物对 MCM1 产生不同的影响，因而产生了不同的等位基因特异的基因表达形式。这些表达形式维持在一种半永久状态，直至发生另一个 MAT 基因的转换。

## 基因组重排是免疫球蛋白和 T 细胞受体多样性的原因

在脊椎动物中，有两个利用 DNA 重排获得基因组活性永久性变化的著名例子。这

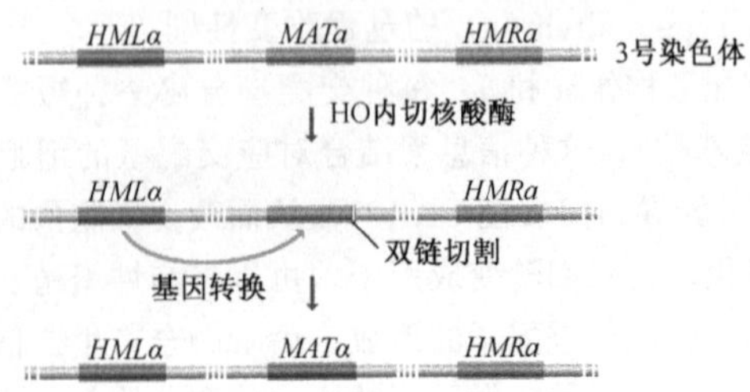


图 14.16 酵母中的交配型转换

在这个例子中，酵母开始是交配型 a，HO 内切核酸酶切割 *MATa* 位点，并通过 *HMLα* 位点引发基因转换。其结果是交配型转变为 α。基因转换的详细分子基础见 17.1.1 节

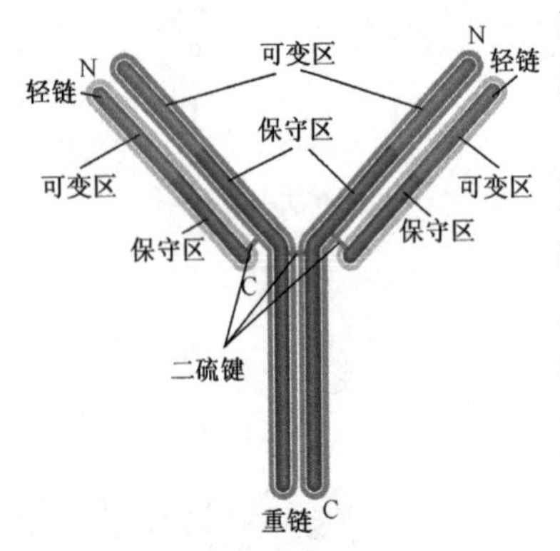


图 14.17 免疫球蛋白的结构

每个免疫球蛋白由两条重链和两条轻链通过二硫键连接而成。每条重链长度为 446 个氨基酸，在 1～108 个氨基酸处为可变区（红色显示），后面为恒定区。每条轻链有 214 个氨基酸，N 端可变区也是 108 个氨基酸。在每条链的不同部分之间也形成了二硫键；这些二硫键和其他相互作用将蛋白质折叠成更复杂的三维结构

两个例子非常相似，分别负责产生免疫球蛋白和 T 细胞受体的多样性。

免疫球蛋白和 T 细胞受体是分别由 B 淋巴细胞和 T 淋巴细胞合成的蛋白质。这两类蛋白质都结合到细胞的外表面，而且免疫球蛋白还可释放到血液中。这些蛋白质通过结合细菌、病毒和其他对细胞不利的物质来保护机体免受这些**抗原**（antigen）的侵袭。一种生物在一生中能遇到大量的抗原，这就意味着免疫系统必须能够合成同等多的免疫球蛋白和 T-细胞表面受体。实际上，人能够制造大约 $10^8$ 种不同的免疫球蛋白和 T 细胞受体蛋白，但是人的基因组中仅有 $3.5\times10^4$ 个基因，那这些蛋白质是从哪儿来的呢？

为了理解这个问题，我们要看一下一个典型的免疫球蛋白的结构。每一个免疫球蛋白是通过二硫键连接的 4 个多肽的四聚体（图 14.17），有两条长的“重”链和两条短的“轻”链。比较不同重链的序列发现，它们之间的不同主要在于这些多肽的 N 端区域，而其 C 端是非常相似的，或者说是“恒定”的。轻链中也存在同样的情况，只是轻链有 κ 和 λ 两个家族，二者的恒定区序列不同。

在人的基因组中，不存在编码免疫球蛋白重链和轻链多肽的完整基因。相反，这些蛋白质是由基因片段编码的。编码重链的基因片段位于 14 号染色体，在 14 号染色体上有 11 个 $C_H$ 基因片段，在 $C_H$ 基因片段之前有 123～129 个 $V_H$ 基因片段，27 个 $D_H$ 基因片段和 9 个 $J_H$ 基因片段。这三种基因片段分别编码重链可变区的 V（可变）、D（多样）和 J（连接）组分（表 14.3，图 14.18）。整个重链基因座伸展几百万个碱基对。在 2 号染色体的（κ 座位）和 22 号染色体的（λ 座位）轻链基因座也见到相似的排列，唯一的不同是轻链没有 D 片段（表 14.3）。

**表 14.3 人基因组中的免疫球蛋白基因片段**

| 组分 | 位点 | 染色体 | 基因片段的数量 | | | |
|---|---|---|---|---|---|---|
| | | | V | D | J | C |
| 重链 | *IGH* | 14 | 123～129 | 27 | 9 | 11 |
| κ轻链 | *IGK* | 2 | 76 | 0 | 5 | 1 |
| λ轻链 | *IGL* | 22 | 70 或 71 | 0 | 7～11 | 7～11 |

注：一些数目有变化，因为人类基因型有差异，不清楚所有这些基因片段是否都有功能，有些可能是假基因。

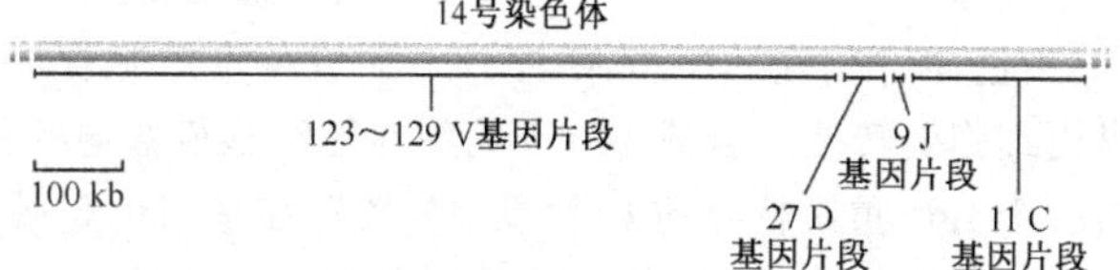


图 14.18 人 IGH（免疫球蛋白重链）基因座在 14 号染色体上的组织

B 细胞早期发育阶段，基因组中的免疫球蛋白基因位点发生重排。在重链基因位点，重排使一个 $V_H$ 和一个 $D_H$ 基因片段相连，这一 V-D 组合再与 $J_H$ 基因片段相连（图 14.19）。这种重排是一种不同寻常的重组，催化反应的是一对叫做 RAG1 和 RAG2 的蛋白质，作用于断裂和重新连接反应发生的位置，这种反应连接了一系列 8 bp 或者 9 bp的保守序列标记的基因片段，结果是生成有一个完整的可读框的外显子，编码含有特异的 $V_H$、$D_H$ 和 $J_H$ 的免疫球蛋白。在转录过程中，通过剪接这个外显子连至一个 $C_H$ 基因片段上，便形成了一个完整的重链 mRNA，翻译成免疫球蛋白，特异地对应于一个淋巴细胞。一系列相似的 DNA 重排使淋巴细胞在 κ 和 λ 位点构建生成轻链 V-J 外显子，同样地，当合成 mRNA 时通过剪接加上轻链 C 片段的外显子。

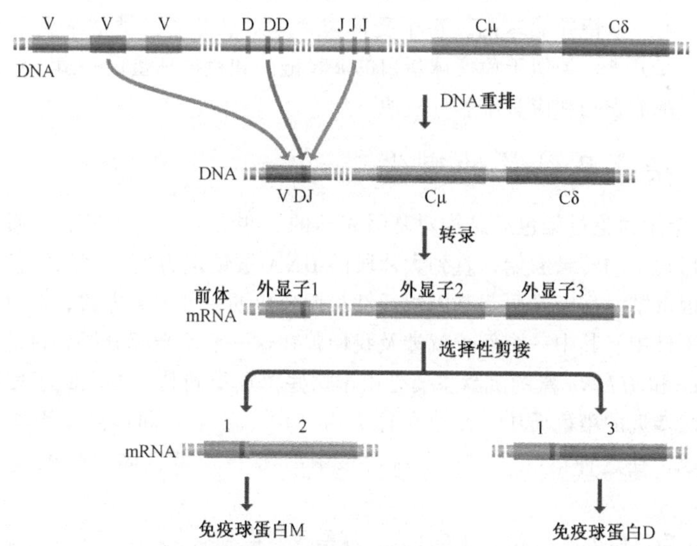


图 14.19 特异免疫球蛋白的合成

重链基因座的 DNA 重排将 V、D、J 连接起来，然后通过 mRNA 间接和 C 片段连接。在未成熟 B 细胞，V-D-J 外显子与 $C_\mu$外显子（第二外显子）连接，产生 M 类特异的免疫球蛋白的 mRNA。在 B 细胞发育早期，通过选择性剪接，V-D-J 外显子与 $C_\delta$外显子连接，产生 D 类免疫球蛋白。两种类型的免疫球蛋白都结合到细胞膜

尽管叫做保守区，其实在每个免疫球蛋白中它并不是相同的，其小的差异导致有5种不同种类的免疫球蛋白——IgA、IgD、IgE、IgG和IgM，每一种都在免疫系统中发挥着各自特殊的作用。早期，每个B细胞合成IgM，其$C_H$片段由在其5′端$C_H$片段簇的$C_\mu$序列特异地决定。如图14.19所示，发育后期，不成熟的细胞也会合成一些IgD蛋白，利用簇中的第二个$C_H$序列，通过选择性剪接，这个序列的外显子连接到V-D-J片段。以后当B细胞成熟了，有些B细胞进行第二种类型的**类型转换**（class switching），导致淋巴细胞合成免疫球蛋白的完全转变。这种类型转换需要新的重组事件，沿着该区域与$C_H$片段之间的染色体“删除”$C_\mu$和$C_\delta$序列，形成免疫细胞合成的特异免疫球蛋白。例如，如果淋巴细胞要转变为合成IgG（成熟淋巴细胞最普遍的免疫球蛋白类型）则“删除”将会将一个IgG重链特异的$C_\gamma$片段“放置”在基因簇5′端（图14.20）。因此，类型转换是B淋巴细胞发育过程中基因组重排的又一个例子，其机制有别于V-D-J连接，重组不需要RAG蛋白。

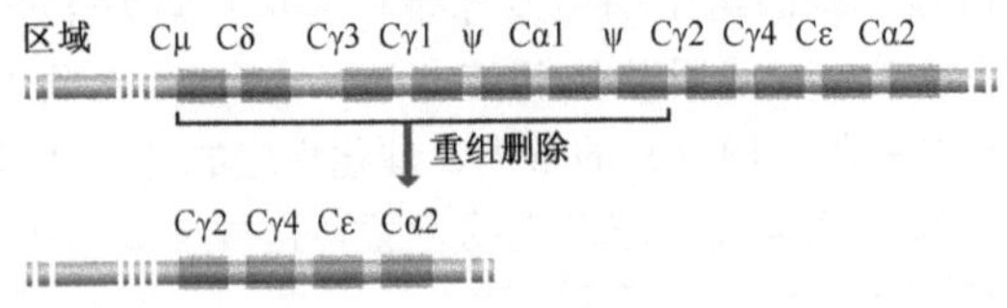


图14.20　免疫球蛋白类型转换

在这个例子中，几个$C_\mu$片段删除，临近Q区域J插入$C_{\gamma 2}$片段。因此该B细胞将合成IgG分子，由细胞分泌出来。用Ψ标记的两个片段是假基因

T细胞受体的多样性建立在相似的重排基础上，即以不同的方式连接V、D、J和C基因片段产生细胞特异的基因。每个受体包含一对β分子，类似于免疫球蛋白的重链；还有两个α分子，类似于免疫球蛋白的κ轻链。和免疫球蛋白一道，细胞膜内的T细胞受体使细胞能识别和应答细胞外抗原。

## 14.2.2　染色质结构的变化

在10.2节中讨论过染色质结构对基因表达的一些影响。这些影响从通过核小体定位调节单个启动子的转录起始，直到大片段的DNA被锁定为更有序的染色质结构时所表现出的基因沉默。后者是引起基因组活性长期变化的一种重要方式，而且存在于许多重要的调控事件中。其中一个例子就涉及我们曾在这一节前半部分提到过的酵母交配型位点，*HMLα*和*HMRa*盒的沉默主要是由于这些位点受到其上游沉默子序列的影响而被埋藏于无法接近的染色质中。X染色体失活（10.3.1节）同样涉及无法接近的染色质结构的形成，在这种情况下，一个雌性核中的两个X染色体之一的整个染色体将失活。

另外一个染色质沉默的例子值得注意，就是我们将在本章后半部分研究果蝇的发育过程时会再次遇到的多梳（polycomb）基因家族，包括约30个基因，这些基因编码的蛋白质结合到称为多梳应答元件（polycomb response element）的DNA序列上，并诱导形成异染色质，这种染色质的凝缩形式阻碍了它所包含的基因的转录（图14.21）。每个应答元件大约长10 kb，但好像不包含特异的多梳蛋白结合位点，即多梳蛋白结合有其他蛋白质

作为中介。起中介作用的一个候选蛋白质是非多梳蛋白 DSP1（dorsal switch protein1），结合多梳应答元件核心区域的序列 5′-GAAAA-3′。在实验系统中，这些序列突变即阻碍 DSP1 的结合，也妨碍了多梳蛋白的募集。无论机制如何，多梳蛋白的结合会导致周围异染色质的成核，异染色质将向两个方向沿着 DNA 扩展几万碱基的长度。

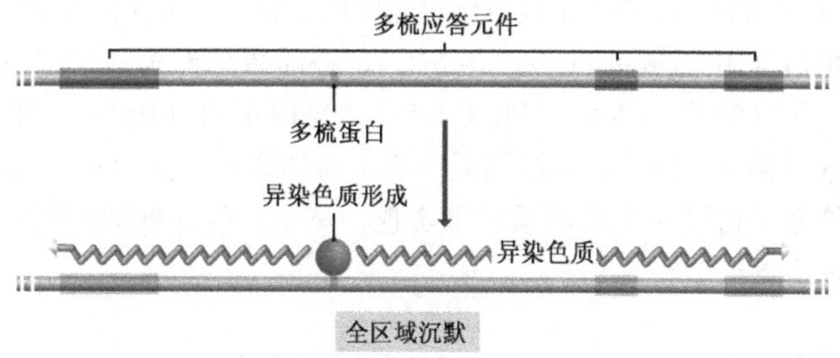


图 14.21　多梳蛋白通过引发异染色质形成使果蝇基因组的某些区段沉默

注意：此图未画出多梳蛋白通过其他蛋白质结合其应答元件

如我们在 14.3.4 节将要看到的一样，这些沉默的区域包括特化果蝇身体各部分发育的同源异形基因。因为身体的一个特定位置只能有一个身体部分，因此一个细胞只表达正确的同源异形基因是很重要的。这可由多梳基因的作用来保证，它可使必须关闭的同源异形基因永远沉默。然而，多梳蛋白并不决定哪个基因被沉默。在多梳蛋白结合到应答元件之前，这些基因已经被抑制，因此多梳蛋白的作用是维持基因沉默，而不是起始。重要的一点是，由多梳基因诱导形成的异染色质是可遗传的，分裂后，两个新细胞仍保留亲代细胞中建立起来的异染色质。因此对基因组活性的这种调节不仅在单个细胞中是永久性的，在细胞系中也是永久性的。

三胸蛋白（trithorax）和多梳蛋白作用方式相似，但效应相反。它们维持所活化基因区域的染色质状态开放，其靶点包括在不同的身体部分被多梳蛋白所沉默的同样的同源异形基因。三胸蛋白和多梳蛋白作用方式密切相关，因为有证据表明，三胸蛋白通过叫做 GAGA 的中介蛋白质结合到它们的靶位点，GAGA 可以结合多梳应答元件内部的序列。有些突变同时破坏了三胸蛋白和多梳蛋白的活性，说明两个系统有共同的组分。

## 14.2.3　基因组的反馈环调节

我们将要考虑的引起基因组活性长期变化的最后一个机制是反馈环的应用。在这个系统中，一个调节蛋白激活其自身的转录，这样一旦它的基因被开启，就可持续表达（图 14.22）。已经了解许多这种反馈环调节的例子，包括：

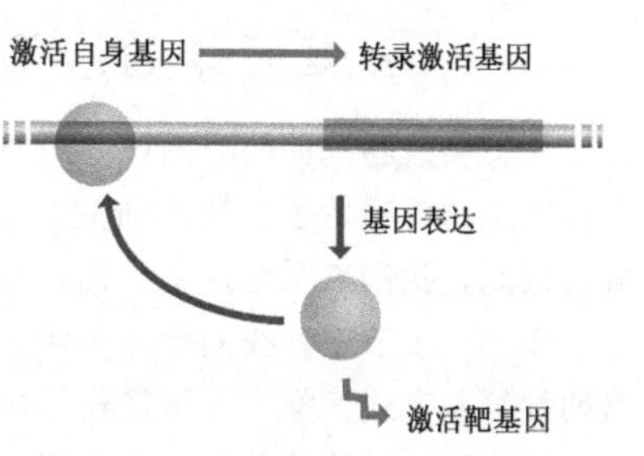


图 14.22　基因表达的反馈调节

- **MyoD 转录因子**（MyoD transcription activator），参与肌肉发育过程，是脊椎动物细胞分化过程中了解最清楚的因子之一。当一个细胞开始表达 *myoD* 基因时，这个细胞就趋向于成为一个肌肉细胞。这个基因的产物是一个转录因子，激活许多其他编码肌肉特异蛋白质（如肌动蛋白和肌球蛋白）的基因的表达，该转录因子还间接影响肌肉细胞的一个主要特征：缺乏正常的细胞周期，细胞停滞在 $G_1$ 期（15.3.1 节）。MyoD 蛋白也可结合到 *myoD* 基因的上游，保证其自身的基因能持续表达。这一正反馈环的作用是使细胞不断合成肌肉细胞特异的蛋白质，保持为肌肉细胞。细胞分裂伴随着 MyoD 传至子代细胞，以确保子代细胞也是肌肉细胞，因而分化状态是可遗传的。

- **果蝇的变形蛋白**（Deformed of *Drosophila*），是同源异形选择基因编码的几个蛋白质之一，负责果蝇的体节特性（14.3.4 节）。变形蛋白（Dfd）负责头部体节的特性。为执行这一功能，Dfd 必须在相关细胞中持续表达，这可通过 Dfd 结合到 *Dfd* 基因上游的增强子这样一个反馈系统来实现。至少一些脊椎动物的同源异形选择基因也利用反馈自动调节。

# 14.3　发育过程中基因组活性的调节

多细胞真核生物的发育过程是从一个受精卵开始，并以生物体的成体形式结束。在这之间存在着一系列复杂的遗传、细胞和生理事件，这些事件必须按照正确的顺序在适当的细胞中并在合适的时间发生，才能保证发育途径顺利地完成。人的发育过程使人的 $10^{13}$ 个细胞分化为大约 250 种特化类型的细胞，并且单个细胞的活动与每一个其他细胞保持协调。如此复杂的发育过程，即使是用现代分子生物学最有效的手段，也可能是难以研究透彻的。但在最近几年中，对这一过程的认识有了明显的进展。对这一过程的研究围绕着三个指导原则：

- 描述和理解引起某一类型细胞分化的遗传和生化事件是可能的，这意味着我们能够认识特定组织甚至复杂的身体各部分的构建过程。
- 协调不同细胞事件的信号转导过程是可以研究的，我们在 14.1 节已看到，在分子水平对这些信号系统的描述已经开始。
- 不同生物体的发育过程之间有相似性和平行性，这反映了共同的进化起源。它意味着与人类发育有关的信息可通过研究模式生物的相对简单的发育途径而获得。

发育生物学包括遗传学、分子生物学、细胞生物学、生理学、生物化学和系统生物学。我们关心的只是基因组在发育中的作用，因此不会从各个方面对发育过程进行广泛研究，而是集中于复杂性依次升高的 4 个模式系统以研究发育过程中基因组活性变化的类型。

## 14.3.1　λ 噬菌体的溶源周期

从感染大肠杆菌的噬菌体开始研究发育中基因组表达好像有些奇怪，但分子生物学家确实从这里开始了长期的研究，直到今天揭示了人和其他脊椎动物发育的基因组基础。因此，我们来看看这个从相对简单到复杂的过程。

在 9.1.1 节中，我们学习了像 λ 噬菌体这样的溶源性噬菌体在感染宿主细胞以后，有两种复制方式。除了裂解途径［初次感染细胞以后很快（对 λ 噬菌体来说为 45 min）组装形成新的噬菌体并释放出细胞］以外，这些噬菌体也会采取溶源途径，即将噬菌体 DNA 插入到宿主染色体。整合的原噬菌体在细菌传代多次仍保持沉寂，直到有化学或

物理刺激使 DNA 损害，诱导 λ 基因组切割出来，快速组装成噬菌体并裂解宿主细胞（图 9.4 和图 9.5）

## λ 噬菌体应该在裂解和溶源当中作出选择

像 λ 噬菌体这样的噬菌体能有溶源感染周期让我们想起三个问题：噬菌体是怎样“决定”选择裂解途径还是溶源周期？溶源是怎样维持的？原噬菌体是怎么诱导而打破溶源的？因为我们已经掌握了 λ 感染过程中基因组表达的大量知识，所以对这些问题我们能给出非常详细、复杂的答案。

裂解感染周期的第一步是表达两个 λ 立即早期基因（immediate early gene），我们把它们叫做 *N* 和 *cro*，分别由 $P_L$ 和 $P_R$ 两个启动子转录［图 14.23（A）］。蛋白 N 是抗终止子，使宿主 RNA 聚合酶越过终止信号，一直转录到 *N* 和 *cro* 编码序列的立即下游转录延迟早期基因（delayed early gene）（图 12.9），这些基因包括 *c*II 和 *c*III，它们一起激活第三个启动子 $P_{RM}$，导致 *c*I 的转录。*c*I 是一个重要基因，它编码 λ 阻遏蛋白，是关闭裂解周期、维持溶源的关键开关。阻遏物分别结合 $P_L$ 和 $P_R$ 临近的操纵子 $O_L$ 和 $O_R$［图 14.23（B）］，因此，几乎全 λ 基因组都被沉默了，因为 $P_L$ 和 $P_R$ 不仅调控立即早期和延迟早期基因的转录，而且控制晚期基因的转录，而新噬菌体的组装和宿主细胞的裂解需要晚期基因编码的蛋白质。*int* 是众多维持活化的基因之一，由其自身的启动子转录，这个基因编码的整合酶蛋白催化位点特异的重组，使 λDNA 插入宿主基因组。因为 *c*I 基因持续表达，尽管水平很低，但是细胞内 cI 阻遏蛋白的量总是足以关闭 $P_L$ 和 $P_R$，所以溶源可以维持数个细胞分裂周期。*c*I 之所以可以持续表达是因为当 cI 阻遏蛋白结合在 $O_R$ 的时候，不仅阻止了 $P_R$ 的转录，而且促进了其自身启动子 $P_{RM}$ 的转录。因此 cI 阻遏蛋白的双重作用是溶源的关键。

(A) 合成立即早期基因转录本

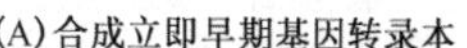


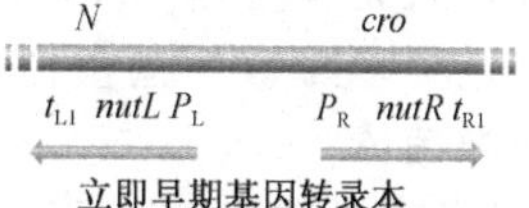


(B) cI阻遏蛋白的作用

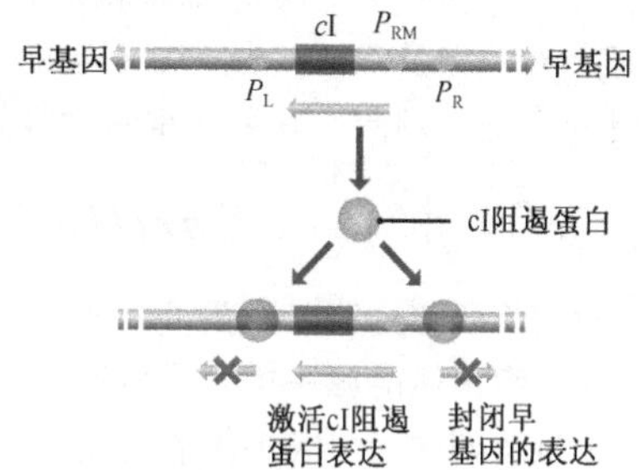


(C) Cro阻遏蛋白的作用

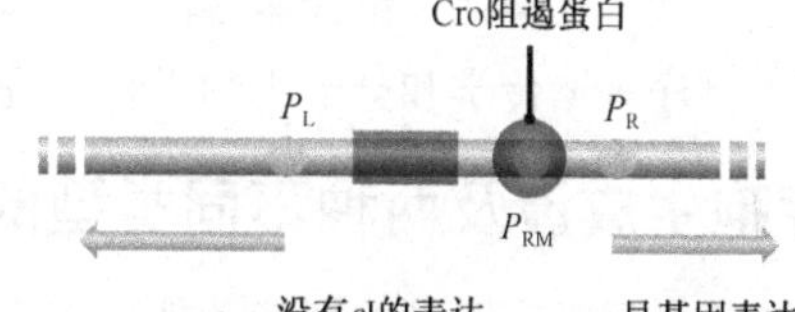


图 14.23　λ 噬菌体选择裂解途径或溶源途径的遗传学基础

*c*I 一旦表达，阻遏蛋白就会阻止进入裂解循环，确保建立和维持溶源。但是 λ 噬菌体并不总是进入溶源周期，有些时候，感染之后马上就裂解宿主细胞。这是立即早期基因 *cro* 的活性造成的，*cro* 编码一个阻遏蛋白，抑制了 *c*I 的转录［图 14.23（C）］。因此，裂解还是溶源由 cI 和 cro 之间竞争的结果决定。如果 cI 阻遏蛋白比 Cro 阻遏蛋白合成更快，则基因组表达受到抑制，开始溶源途径。然而，如果 *cro*“胜出”，那么 Cro 阻遏蛋白抑制 *c*I 的表达，这样合成的 cI 阻遏蛋白不足以抑制基因组表达，这样噬菌体进入裂解感染周期。决定看起来是随机的，依赖于导致 cI 或者 Cro 阻遏蛋白在细胞内

最快积累的几率事件，但是环境条件会有一定影响。例如，生长在高营养的培养基里，平衡将偏向裂解循环，可能当宿主增殖的时候，有利于产生新的噬菌体。产生偏向主要是由于激活了蛋白酶，降解了 cII 蛋白，降低了 *c*II-*c*III 联合激活 *c*I 阻遏基因转录的能力。

如果噬菌体进入溶源周期，只要 cI 阻遏蛋白结合操纵子 $O_L$ 和 $O_R$，这种状态会一直维持着。如果活化的 cI 阻遏蛋白下降到一定水平，原噬菌体会因此被诱导。这可能偶然会发生，导致自发诱导，或者因物理化学刺激而诱导。这些刺激激活大肠杆菌的通用保护机制——**SOS 反应**（SOS response）。部分 SOS 反应是表达大肠杆菌基因 *recA*，其产物切割 cI 阻遏蛋白为两半而使其失活，因此激活早期基因的表达，使噬菌体进入裂解循环。cI 阻遏蛋白的失活也意味着 *c*I 的转录不再被刺激，避免了通过合成更多的 cI 阻遏蛋白来重建溶源的可能。因此 cI 阻遏蛋白的失活导致诱导形成原噬菌体。

我们从这个模型系统中学到了什么呢?

- 简单的遗传开关能决定细胞采取哪一条发育途径。
- 遗传开关涉及激活或者抑制不同的启动子。
- 针对合适的刺激，有可能重新“规划”发育途径，转向另外一条通路。

## 14.3.2 杆菌（*Bacillus*）的芽孢形成

我们将研究的第二个发育途径是枯草芽孢杆菌（*Bacillus subtilis*）芽孢的形成过程。和 λ 噬菌体溶源一样，严格地讲，这一过程不属于发育途径，只是一种细胞分化，但这个过程阐明了研究多细胞生物中真正的发育过程时必须涉及的两个基本问题，即基因组活性随时间的一系列变化是如何被调控的，以及信号转导如何使不同细胞间的活动得到协调。杆菌作为模式系统的优点在于它在实验室中易培养，且易于通过突变分析和基因测序等遗传学和分子生物学技术进行研究。

### 芽孢生成涉及两种不同类型的细胞的协调反应

杆菌属是在不利的环境条件下产生内生芽孢的几个细菌属之一。这些芽孢对物理和化学条件有高度抗性，能存活几十年甚至上百年。炭疽芽孢杆菌产生的炭疽芽孢引起感染的可能性是考古学家挖掘人和动物遗迹时所必须着重加以考虑的。芽孢的抗性是由于许多化学物质都不能通透芽孢外壳的特化结构，以及能够阻碍 DNA 和其他多聚体的分解，从而能使芽孢活过一个长的休眠期的生化变化。

在实验室中，芽孢形成通常是由营养物质缺乏引起的，它使细菌放弃了正常的在细胞中心形成横壁或隔片的细胞分裂的营养性繁殖方式，而是形成了一个不同寻常的隔片，它比正常的隔片细，存在于细胞的一端（图 14.24）。这样便产生了两个细胞小区，较小的称为前孢子，较大的称为母细胞。随着芽孢形成过程的进行，前孢子被母细胞完全吞入。随后这两个细胞开始了不同但协调的分化途径，前孢子发生的生化变化能使其处于休眠状态，母细胞则在芽孢周围形成抗性外壳并最终死亡。

### 在芽孢形成过程中，特异 σ 亚基控制基因组活性

芽孢形成过程中基因组活性的变化主要是由特异的 σ 亚基的合成来控制的，σ 亚基

可改变杆菌 RNA 聚合酶的启动子特异性。σ 亚基是 RNA 聚合酶中负责识别细菌启动子序列的部分，用一个具有不同 DNA 结合特异性的 σ 亚基代替另一个，可使一套不同的基因得以转录（11.3.1 节）。我们已经讨论过大肠杆菌如何使用这一简单的控制系统对热应激产生应答（图 11.23）。在芽孢形成过程中，它同样是改变基因组活性的关键。

标准的枯草芽孢杆菌 σ 亚基是 $\sigma^A$ 和 $\sigma^H$，这两个亚基在营养细胞中合成，并使 RNA 聚合酶能识别为维持正常的细胞生长和分裂所需转录的所有基因的启动子。在前孢子和母细胞中，这些亚基分别被 $\sigma^F$ 和 $\sigma^E$ 所代替，$\sigma^F$ 和 $\sigma^E$ 识别不同的启动子序列，从而引起了基因表达模式的较大变化，使母细胞从营养生长转向芽孢形成。这个过程主要是由一种在营养细胞中以非活性形式存在的 SpoOA 蛋白决定的。SpoOA 蛋白通过蛋白激酶的级联磷酸化被激活，这些蛋白激酶对表明营养物缺乏等环境应激的不同胞外信号产生应答。最初的应答是由于三个叫做 KinA、KinB 和 KinC 的激酶，它们自身磷酸化然后依次把磷酸基团由 SpoOF 和 SpoOB 传递到 SpoOA（图 14.25）。活化的 SpoOA 蛋白是一种转录因子，调节营养细胞中由营养型 RNA 聚合酶转录故能被正常的 $\sigma^A$ 和 $\sigma^H$ 亚基识别的各种基因的表达。被开启的基因包括编码 $\sigma^F$ 和 $\sigma^E$ 的基因，从而使细胞转向前孢子和母细胞的分化过程(图 14.26)。

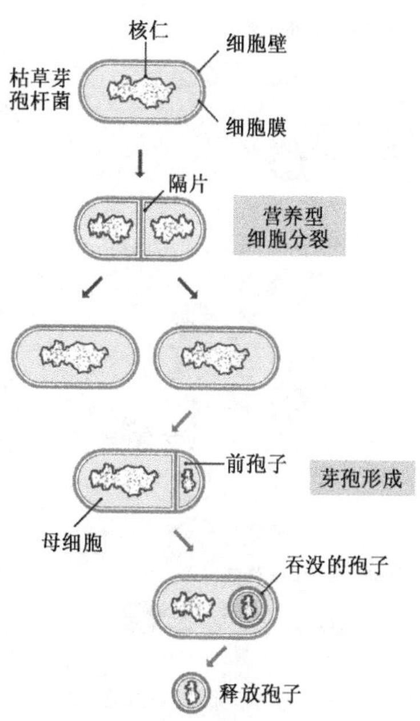


图 14.24 枯草芽孢杆菌的芽孢形成过程

图上方显示的是正常的细胞分裂的营养性繁殖方式，包括细菌中央隔片的形成，以及最终形成 2 个相同的子细胞。图中下面部分显示了芽孢形成过程，在这个过程中，隔片在靠近细胞一端的位置形成，导致形成大小不同的母细胞和前孢子。最终母细胞完全吞没前孢子，最后释放出成熟的有抗性的芽孢

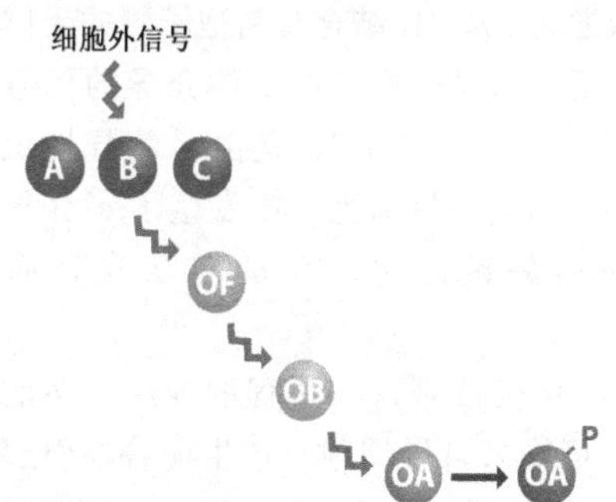


图 14.25 SpoOA 激活的磷酸化级联反应

缩略语：A，KinA；B，KinB；C，KinC；OF，SpoOF；OB，SpoOB；OA，SpoOA；“P”代表一个磷酸基团 $PO_3^{2-}$

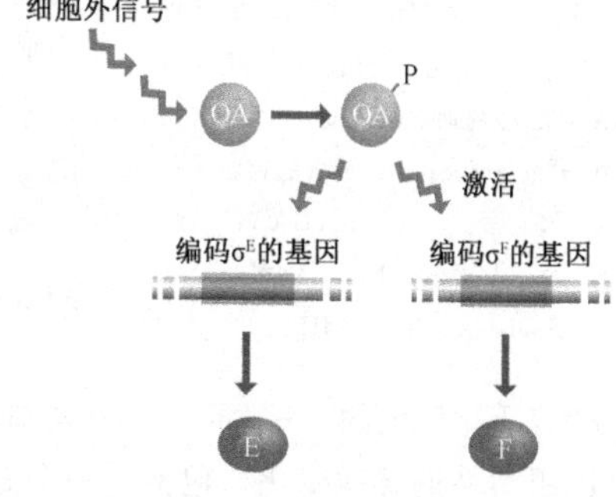


图 14.26 杆菌芽孢形成过程中 SpoOA 的作用

SpoOA 在应答胞外环境应激信号时被磷酸化。它是一个转录因子，可激活负责编码 RNA 聚合酶亚基 $\sigma^E$ 和 $\sigma^F$ 的基因。缩写：E，$\sigma^E$ 亚基；F，$\sigma^F$ 亚基；OA，SpoOA；“P”代表一个磷酸基团 $PO_3^{2-}$

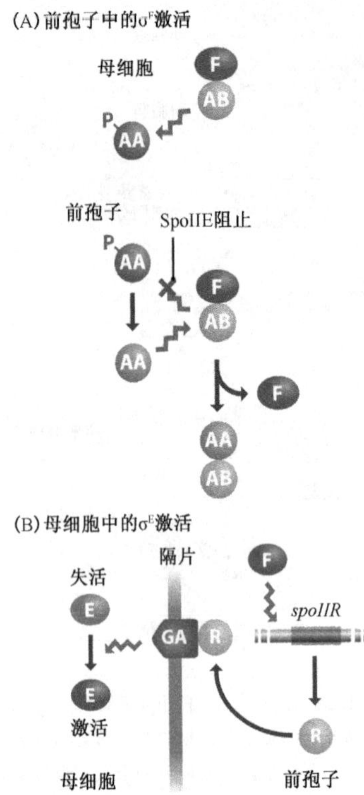


图 14.27 杆菌芽孢形成过程中前孢子和母细胞特异的 σ 亚基的活化

(A) 在母细胞中，因为与 SpoIIAB 结合，$\sigma^F$是无活性的，SpoIIAB 使 SpoIIAA 磷酸化，阻止后者释放 $\sigma^F$。前孢子中的 $\sigma^F$通过从它与 SpoAB 形成的复合物中释放出来而被激活，这一过程受膜结合的 SpoIIE 浓度的间接影响。(B) 在母细胞中，$\sigma^E$通过 SpoIIGA 对之切割而激活，这一过程需要前孢子中 $\sigma^F$依赖的 SpoIIR 蛋白的存在。详见正文。缩写：AA，SpoIIAA；AB，SpoIIAB；E，$\sigma^E$亚基；F，$\sigma^F$亚基；GA，SpoIIGA；R，SpoIIR

起初，2 个分化细胞的每一个中都有 $\sigma^F$ 和 $\sigma^E$，但这并非是我们所希望的。因为 $\sigma^F$ 是前孢子特异的，因此应该只在这一种细胞中有活性，而 $\sigma^E$ 是母细胞特异的。所以需要一种方式使正确的亚基在其相应的细胞中被激活或失活。这可通过以下过程实现（图 14.27）。

- $\sigma^F$ 通过从与另一种蛋白质 SpoIIAB 形成的复合物中释放出来而被激活，这个过程受第三种蛋白质——SpoIIAA 的调控。SpoIIAA 在去磷酸化时，也可与 SpoIIAB 结合并防止后者与 $\sigma^F$ 结合。如果 SpoIIAA 去磷酸化，则 $\sigma^F$ 被释放并活化。当 SpoIIAA 被磷酸化时，$\sigma^F$ 仍与 SpoIIAB 结合，因此处于失活状态。在母细胞中，SpoIIAB 磷酸化 SpoIIAA，使 $\sigma^F$ 保持在结合失活状态。但在前孢子中，SpoIIAB 对 SpoIIAA 的磷酸化作用受到另一种蛋白质 SpoIIE 的拮抗，因此 $\sigma^F$ 被释放并成为活性状态。SpoIIE 在前孢子中能拮抗 SpoIIAB 的作用，而在母细胞中却不能起作用，这是由于 SpoIIE 分子结合在隔片表面的膜上，虽然前孢子比母细胞体积小许多，但隔片表面积相似，所以前孢子中 SpoIIE 的浓度较大，使之能拮抗 SpoIIAB 的作用。
- $\sigma^E$ 通过一种前体蛋白的切割被激活。进行这种切割反应的蛋白酶是 SpoIIGA 蛋白，它横跨于前孢子和母细胞之间的隔片上。在隔片母细胞侧的蛋白酶结构域通过 SpoIIR 结合至前孢子侧的受体结构域而被激活。这是个典型的受体介导的信号转导系统（14.1.2 节）。SpoIIR 是由 $\sigma^F$ 特异性识别启动子之一，因此一旦前孢子中发生了 $\sigma^F$ 介导的转录，则蛋白酶被活化，前 $\sigma^E$ 转变为有活性的 $\sigma^E$。

$\sigma^F$ 和 $\sigma^E$ 的活化仅仅是这一过程的开始。在前孢子中，$\sigma^F$ 被活化后大约 1 h，$\sigma^F$ 对一个未知信号（可能来自母细胞）产生应答，引起芽孢中基因组活性的轻微变化，包括另一个 σ 亚基 $\sigma^G$ 的基因的转录，该 σ 亚基识别芽孢分化后期所要转录基因的上游启动子，其中的一个蛋白质是 SpoIVB，它激活另一个与隔片结合的蛋白酶，SpoIVF（图 14.28）。然后 SpoIVF 活化另一个母细胞 σ 亚基 $\sigma^K$。$\sigma^K$ 由 $\sigma^E$ 识别转录的一个基因编码，从前孢子中接收到活化信号之前 $\sigma^K$ 在母细胞中一直保持非活性状态。$\sigma^K$ 指导母细胞分化后期所需基因的转录。

总结一下杆菌芽孢形成过程的主要特征：

- 主要的蛋白质 SpoOA，对外界刺激产生应答，通过级联磷酸化事件决定是否形成芽孢及何时形成。
- 前孢子和母细胞中 σ 亚基级联，引起两个细胞中时间依赖的基因组活性的变化。
- 细胞-细胞间的信号转导，确保前孢子和母细胞中事件的协调。

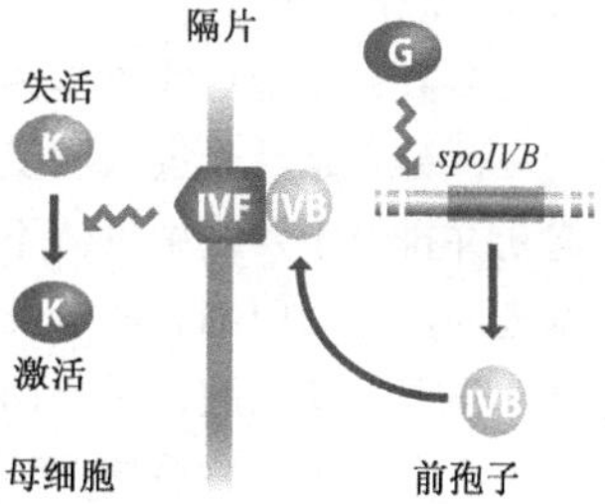

图 14.28　杆菌芽孢形成过程中 $\sigma^K$ 的活化

注意图示与 $\sigma^E$ 的活化过程极为相似［图 14.27（B）］。缩写：G，$\sigma^G$ 亚基；K，$\sigma^K$ 亚基；IVB，SpoIVB；IVF，SpoIVF

### 14.3.3　秀丽隐杆线虫（*Caenorhabditis elegans*）的阴门发育

枯草芽孢杆菌是一种单细胞生物，而且虽然芽孢形成过程包括了两种细胞类型的协调分化，但它与多细胞生物的发育过程仍无法相比。虽然芽孢形成过程对许多在多细胞生物发育中基因组活性调节的普遍方法给出了提示，但并未揭示所期望的特定事件，因此我们需要看一下简单的多细胞真核生物的发育。

## 秀丽隐杆线虫是多细胞真核生物发育的一个模型

对秀丽隐杆线虫（图 14.29）的研究是 Sydney Brenner 从 20 世纪 60 年代开始的，目的是利用这一微小的线虫作为多细胞真核生物发育的简单模型。秀丽隐杆线虫在实验室中易于生长，传代时间短，虽然需要以天计数，但仍适合进行遗传学分析。因为虫体在生命周期的所有阶段都是透明的，因而不需将虫子杀死便可进行内部的观察。这一点很重要，因为它使研究者能在细胞水平上跟踪线虫的整个发育过程。从受精卵至成虫过程中的每次细胞分裂都已被绘制成图表，而且已鉴定了细胞分化所发生的每个位点。除此之外，组成线虫神经系统的 302 个细胞的完整连接图谱也已绘制完成。

图 14.29　秀丽隐杆线虫

该显微照片显示的是一个大约 1 mm 长的两性成虫。阴门是位于虫体下部大约 1/2 处的一个小的突出物。在虫体内部，阴门的两侧区域均可看到卵细胞。Kendrew J. 授权（*The Encyclopedia of Molecular Biology*，© 1994 Blackwell Publishing）

秀丽隐杆线虫的基因组相对较小，仅仅 97 Mb（表 7.2），而且其全序列已知。运用第 5 章中描述的各种方法对序列的分析已经开始对未知的基因赋予功能，并建立基因组活性与发育途径之间的联系。现在的目标是对秀丽隐杆线虫的发育有一个完整的遗传学描述，这在不远的将来能够实现。

## 秀丽隐杆线虫阴门发育过程中细胞命运的决定

秀丽隐杆线虫作为研究工具的一个主要原因是它的发育基本是不变的：细胞分裂和分化的模式在每个个体中都是完全相同的，这似乎在很大程度上取决于诱导每个细胞按照正确途径发育的细胞-细胞间的信号传递过程。为了阐明这个问题我们将看一下秀丽隐杆线虫阴门的发育。

大多数秀丽隐杆线虫是两性的，即同时具有雄性和雌性的性器官。阴门是雌性性器官的一部分，是精子进入和受精卵形成的管道。成虫的阴门由 22 个细胞组成，是由三个起初并排位于发育中虫体下表面的祖先细胞分裂产生的（图 14.30）。每一个祖先细胞都进入产生阴门细胞的分化途径。中心细胞称为 P6. p，采取“初级阴门细胞命运”，分裂产生 8 个新细胞；另外两个细胞 P5. p 和 P7. p，采取“次级阴门细胞命运”，各分裂产生 7 个细胞，然后这 22 个细胞重新组织位置，构建形成阴门。

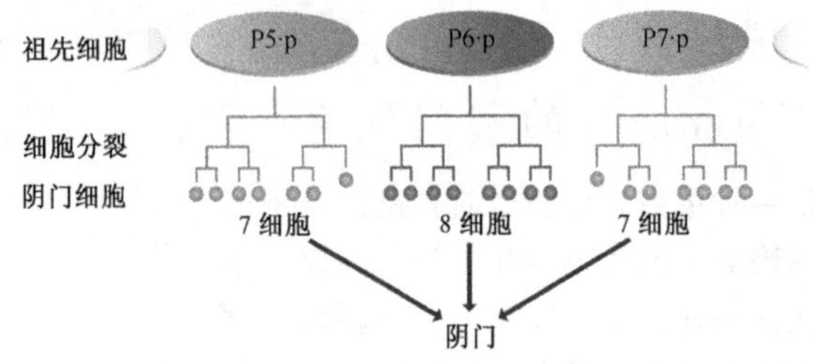


图 14.30　秀丽隐杆线虫中形成阴门细胞的细胞分裂

三个祖先细胞以一种程序化的方式分裂产生 22 个子细胞，这些子细胞重新定位形成阴门

阴门发育的一个关键问题是它必须处在相对于生殖腺的正确的位置上。生殖腺是含有卵细胞的结构。如果阴门在错误的位置发育，则生殖腺将不会接受精子，卵细胞就不能受精。阴门祖先细胞发育所需的位置信息可由生殖腺中的一个锚细胞提供（图 14.31）。锚细胞的重要性已通过人为破坏线虫胚胎锚细胞的实验得到证实。当锚细胞不存在时，阴门不能发育。其机理是锚细胞分泌一种胞外信号物质，以诱导 P5. p，P6. p 和 P7. p 分化。这种信号物质是 LIN-3 蛋白，由 *lin*-3 基因编码。

为什么 P6. p 采用初级细胞命运，而 P5. p 和 P7. p 采用次级细胞命运？这有两种可能性。一是 LIN-3 形成一个浓度梯度，因此它对离它最近的细胞 P6. p 和与之距离较远的 P5. p 和 P7. p 细胞所产生的作用是不同的（图 14.31）。支持这一观点的证据来自对离体细胞的研究，当离体细胞暴露于低水平的 LIN-3 中时，它们将采用次级细胞命运。另一种观点认为使 P5. p 和 P7. p 接受次级命运的信号可能不是直接来自锚细胞，而是来自 P6. p 细胞合成的另一种胞外信号分子，该分子在 P6. p 中的合成可因 LIN-3 激活而开启。对一些突变体的异常特征的研究为这一假说提供了一些证据。在这些突变体中，有三个以上的细胞参与了阴门的发育，而且不止包含一个初级细胞，但在每个初级细胞周围，都固定地有两个次级细胞。这表明在活体中，次级细胞命运的采用依赖于邻近的初级细胞的存在。

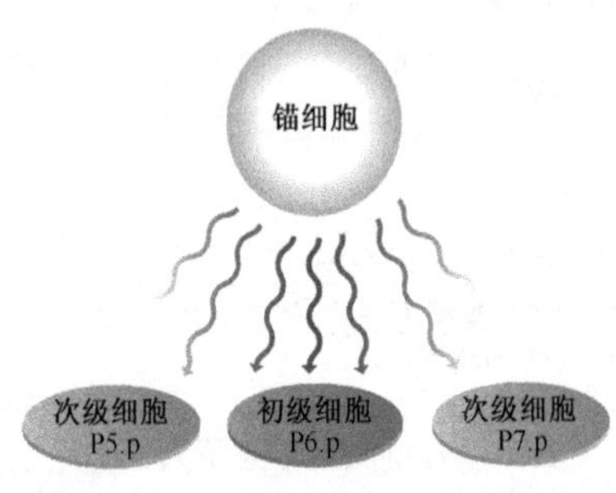


图 14.31　秀丽隐杆线虫阴门发育过程中锚细胞在决定细胞命运中的作用的假设

现认为锚细胞释放的信号物质 LIN-3 使离锚细胞最近的细胞 P6. p 服从初级阴门细胞命运。而 P5. p 和 P7. p 与锚细胞距离相对较远，因此所接触到的 LIN-3 的浓度较低，因而形成次级阴门细胞。如文中所述，有证据表明次级细胞的形成也受初级阴门细胞释放信号的影响

秀丽隐杆线虫的阴门发育还有其他有指导意义的特征。首先是使 P6.p 按照初级细胞命运发育的信号加工过程与脊椎动物中的 MAP 激酶信号转导系统有许多相似之处（图 14.10）。LIN-3 的细胞表面受体是一种叫做 LET-23 的蛋白激酶。与 LIN-3 结合后 LET-23 被激活，起始一系列的胞内反应，使一种类似 MAP 激酶的蛋白质被活化，后者再激活一系列转录因子。不幸的是至今还未在初级或次级阴门祖先细胞中找到被开启的靶基因，但对这一系统的研究已经开始了。

另一个值得注意的特征是阴门祖先细胞除了受到锚细胞的活化信号 LIN-3 的调节外，还受到另一种真皮细胞分泌的信号物质的失活作用的影响。真皮细胞围绕着大部分虫体形成一个有多个核的鞘。真皮细胞分泌的这种信号物质的阻遏作用被诱导 P5.p、P6.p 和 P7.p 分化的阳性信号所拮抗，但抑制了另外三种邻近细胞 P3.p、P4.p 和 P8.p 的不必要的分化。如果阻遏信号功能紊乱，则这三种细胞也参与阴门的发育，这种情况可见于一种突变线虫，形成突变体。

总之，秀丽隐杆线虫阴门发育过程中的一般概念是：

- 在多细胞生物中，位置信息是很重要的，正确的结构必须在恰当的位置发育。
- 少数祖先细胞的分化能导致一个多细胞结构的构建。
- 细胞-细胞间的信号传递，可利用浓度梯度以诱导相对于产生信号的细胞的不同位置的细胞产生不同的应答。
- 细胞可能受到竞争性信号的影响，即一个信号告诉细胞去做一件事，而另一个信号告诉细胞去做相反的事情。

### 14.3.4 黑腹果蝇的发育

我们将要研究发育过程的最后一个生物是黑腹果蝇（*Drosophila melanogaster*）。对果蝇（*Drosophila*）的实验历史可追溯到 1910 年，摩尔根第一次将这种生物作为遗传学研究的模型系统。对摩尔根来说，果蝇的优点在于体积小，因此一次实验可研究大量的果蝇；营养需求低（果蝇喜欢香蕉），自然群体中存在的偶然变异具有易于识别的遗传特征，如眼睛颜色异常。摩尔根不知道果蝇还有其他的优点，如基因组小（180 Mb；表 7.2），而且果蝇唾液腺中的“巨大”染色体有助于基因的分离。巨大染色体是由同一个 DNA 分子的多拷贝横向排列组成，表现出与每条染色体的物理图谱相关的带型，因而可找出我们要找的基因的位置。但摩尔根确实预见到了果蝇会成为发育研究的一种重要生物，他同我们今天一样，对发育研究充满了兴趣。

果蝇对于加深我们对发育的理解所做出的主要贡献是它解释了一个未分化的胚胎如何获得位置信息，最终使身体的各个复杂组分在正确位置构建成成虫。虽然果蝇胚胎的组织在某些方面很不寻常（如我们将要在下节中看到的），但经证明果蝇用于规定其机体模式的遗传机制与包括人类在内的其他生物相似。因此由果蝇研究所获得的知识指导人们进入了人的发育的研究领域，而对人的发育的研究长期以来被认为是不可能进入的领域。为了进行这方面的研究，我们必须从发育的果蝇胚胎中所发生的事件开始。

## 母体基因建立了果蝇胚胎中的蛋白质梯度

果蝇早期胚胎的不寻常特征是它不像大多数生物那样由许多细胞组成，而是一个由大量细胞质和多个细胞核形成的**合胞体**（syncytium）（图 14.32）。这种结构一直维持到核连续分裂产生约 1500 个核为止。然后才围绕合胞体外侧开始出现单个的单核细胞，并形成囊胚层结构。在到达囊胚层阶段之前，位置信息就已经开始建立了。

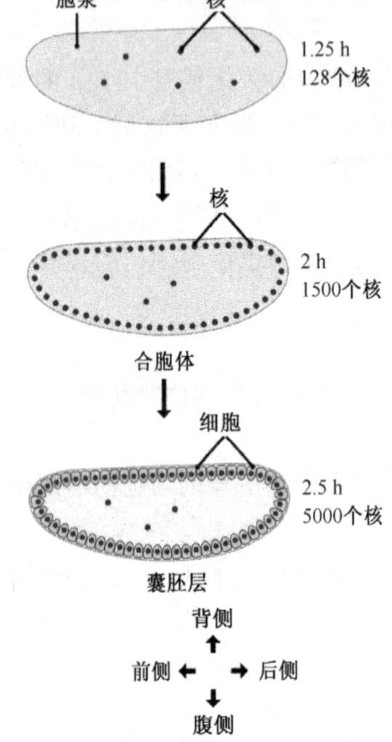


图 14.32 果蝇胚胎的早期发育

开始，胚胎是一个细胞核数目逐渐增加的合胞体。大约 2 h 以后，这些核迁移至胚胎的 4 周，再在 30 min 之内，开始构建细胞。胚胎的长度大约为 500 μm，直径为 170 μm

最初胚胎所需的位置信息是哪端是前，哪端是后，以及哪端是上（背），哪端是下（腹）。这些信息是由合胞体内建立起来的蛋白质浓度梯度提供的。大量的这些蛋白质不是由胚胎中的基因合成，而是由母体注入胚胎中的 mRNA 翻译而来，对应的基因叫做**母体效应基因**（maternal effect genes）。为了弄清这些基因是如何工作的，我们将看一下参与决定前后轴的 4 个蛋白质之一的 Bicoid 的合成。

*Bicoid* 基因在与卵细胞相接触的母体滋养细胞中转录，其 mRNA 注入未受精的卵细胞的前端。这个位置通过卵细胞在卵巢中的方向来决定。*bicoid* mRNA 停留在卵细胞的前端区域，并通过 3′非翻译区与细胞骨架相连。它并不立即翻译，据推测可能是因为它的 poly（A）尾太短。可能卵细胞受精后，通过卵细胞中基因合成的三种蛋白质 Cortex、Grauzone 和 Staufen 的联合作用使 poly（A）尾巴延伸，*bicoid* mRNA 便可进行翻译。然后，Bicoid 蛋白在合胞体中扩散，建立起浓度梯度，前端最高，后端最低（图 14.33）。

三个其他的母体效应基因产物，Hunchback、Nanos 和 Caudal 也参与了前后端浓度梯度的建立。这三种蛋白质以 mRNA 形式注入未受精卵细胞的前端。*nanos* mRNA 被运输至卵细胞的后端，与细胞骨架相结合等待翻译。*hunchback* 和 *caudal* mRNA 在细胞质中均匀分布，但随后它们的蛋白质就通过 Bicoid 和 Nanos 的作用形成梯度：

- Bicoid 激活胚胎核中的 *hunchback* 基因，补充了前端 *hunckback* mRNA，而阻遏母体 *caucal* mRNA 的翻译，提高了前端 Hunchback 蛋白的浓度，降低了 Caudal 的浓度。
- Nanos 阻遏 *hunchback* mRNA 的翻译，进一步增

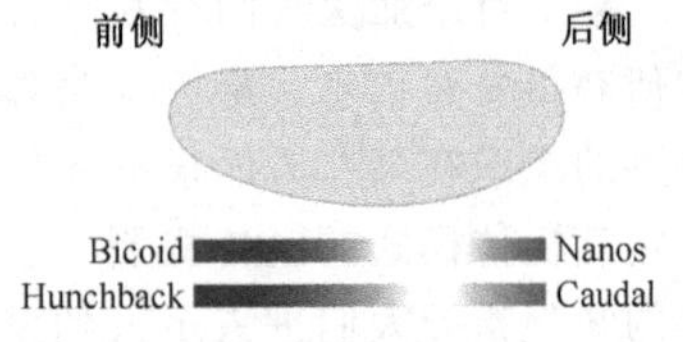


图 14.33 果蝇胚胎前后轴的建立

如文中所述，前后轴是由 Bicoid、Nanos、Caudal 和 Hunchback 蛋白的梯度建立起来的

大了 Hunchback 蛋白的前后端梯度。

最终的结果是形成了一个蛋白质梯度，Bicoid 和 Hunchback 在前端的浓度高，而 Nanos 和 Caudal 在后端的浓度高（图 14.33）。这一梯度还由另一个母体效应基因产物 Torso 蛋白补充，Torso 蛋白聚集在最前端和最后端。相似的事件导致背部至腹部的浓度梯度，主要由 Dorsal 蛋白决定。

## 基因表达级联将位置信息转化为分节模式

果蝇成虫的身体模式与幼虫的一样，是由一系列的体节组成，每个体节都有不同的结构功能。最清楚的是胸部和腹部，胸部有三个体节，每个体节有一对腿，腹部有 8 个体节。头部也有体节，但不易看到（图 14.34）。因此胚胎发育的目标是形成一个有正确分节模式的幼虫。

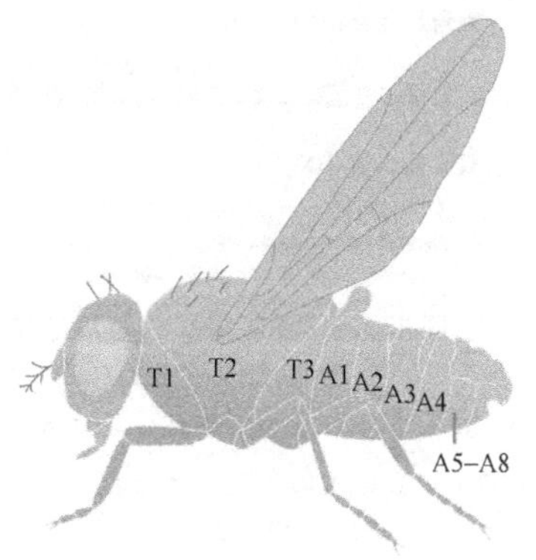


图 14.34 黑腹果蝇成虫的分节模式

注意头部也是分节的，但它的模式不易从果蝇成虫的形态上辨别

母体效应基因产物在胚胎中建立起来的浓度梯度是形成分节模式的第一步，这些梯度为胚胎内部提供了一个基础量的位置信息，使合胞体的每个位点都具有由不同的母体效应基因产物的相对量决定的独特的化学信号。**缺口基因**（gap gene）的表达使位置信息更精确。三个前后端梯度蛋白质 Bicoid、Hunchback 和 Caudal 都是转录因子，它们激活位于胚胎内侧细胞核中的缺口基因的转录（图 14.32）。在一个特定的细胞核中表达的缺口基因由梯度蛋白质的相对浓度决定，因此依赖于该细胞核沿前后轴的位置。一些缺口基因被 Bicoid、Hunback 和 Caudal 直接激活，如 *buttonhead*、*empty spiracles* 和 *orthodenticle* 都被 Bicoid 激活。还有一些缺口基因被间接激活，如 *hucklebein* 和 *tailless* 的激活依赖于 Torso 激活的转录因子。另外还存在阻遏效应（如 *knirps* 被 Bicoid 阻遏），而且缺口基因产物以不同的方式调节其自身的表达。这种复杂的相互作用形成了胚胎中由缺口基因产物的相对浓度携带的更精确的位置信息（图 14.35）。

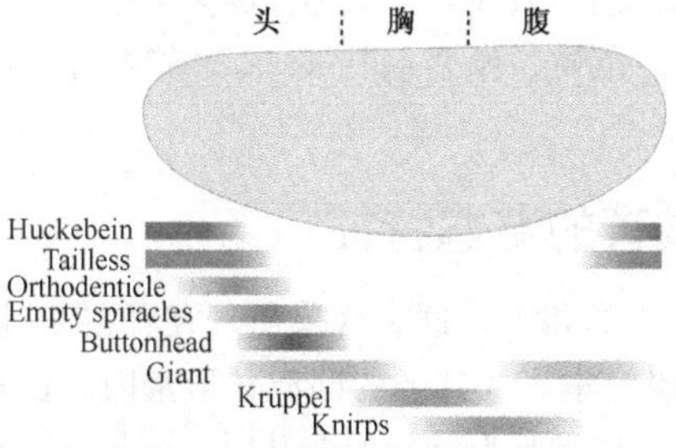

头 胸 腹

Huckebein
Tailless
Orthodenticle
Empty spiracles
Buttonhead
Giant
Krüppel
Knirps

图 14.35 缺口基因产物在黑腹果蝇胚胎发育过程中的传递位置信息的功能

每个缺口基因产物的浓度梯度用不同的柱表示。图中显示了胚胎中形成成虫头、胸和腹的部分

下一个被激活的基因是**奇偶基因**（pair-rule gene），由它建立基本的分节模式。奇偶基因的转录取决于缺口基因产物的相对浓度，在开始有核膜包围的细胞核中进行。因此，奇偶基因产物不在合胞体内扩散，而是定位在表达它们的细胞内，因此胚胎可被看作是由一系列条带组成的，每个条带由表达一个特定的奇偶基因的一组细胞组成。在进一步的基因活化过程中，**体节极性基因**（segment polarity gene）开启，对最终成为幼虫体节的条带的大小和精确位置做进一步的规定。逐渐地，我们

使母体效应梯度的不精确的位置信息转变为非常确定的分节模式。

## 分节特征由同源异形选择基因决定

成对基因和分节极性基因负责建立胚胎的分节模式，但并不决定单个体节的特征。单个体节的特征是由**同源异形选择基因**（homeotic selector gene）决定的。这些基因最初是因为它们的突变能引起成体蝇的外形改变而被发现的。例如，*antennapedia* 突变使通常形成触角的头部体节转变为形成腿的体节。因此，突变的果蝇在其触角位置形成一对腿。早期的遗传学家们被这些奇怪的现象所吸引，并在 20 世纪最初几十年收集了许多同源异形突变体（homeotic mutant）。

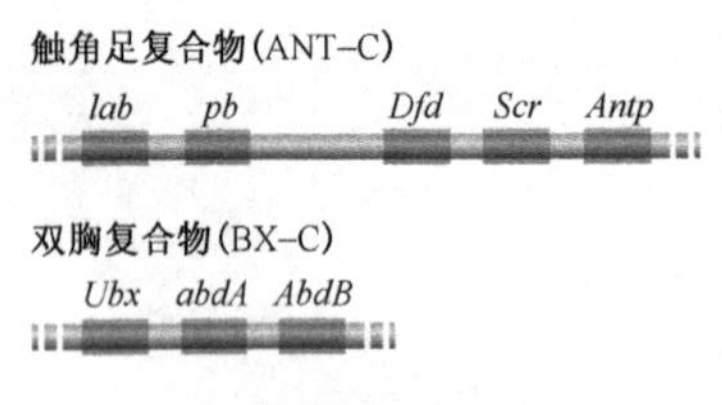


图 14.36　黑腹果蝇的触角足和双胸基因复合物

这两种复合物都定位于果蝇的 3 号染色体上，ANT-C 位于 BX-C 的上游。虽然这意味着它们从右向左转录，但通常基因都是按如图所示的顺序来表示。图示并不反映这些基因的实际长度。基因的全名如下：*lab*，*labial palps*；*pb*，*proboscipedia*；*Dfd*，*Deformed*；*Scr*，*Sex combs reduced*；*Antp*，*Antennapedia*；*Ubx*，*Ultrabithorax*；*abdA*，*abdominalA*；*AbdB*，*AbdominalB*。在 ANT-C 中，非选择基因 zerknüllt 和 *bicoid* 位于 *pb* 和 *Dfd* 之间，*fushi tarazu* 位于 *Scr* 和 *Antp* 之间

同源异形突变遗传图表明选择基因在 3 号染色体形成 2 个基因簇，分别称为触角足复合物（ANT-C）以及双胸复合物（BX-C），前者包括了参与决定头部和胸部体节的基因，后者包括决定腹部体节的基因（图 14.36）。一些其他的非选择发育基因也位于 ANT-C，如 *bicoid*。ANT-C 和 BX-C 基因簇有一个有趣的特征：基因的顺序与果蝇中体节的顺序对应，ANT-C 中的第一个基因是 *labial palps*，控制果蝇的最前端体节，BX-C 中的最后一个基因是 *abdomenB*，决定最后端体节的形成。

正确的选择基因在每个体节中的表达是因为它们的激活对应于缺口和奇偶基因产物分布代表的位置信息。选择基因产物本身是转录因子，它们的螺旋-转角-螺旋 DNA 结合结构都有一个同源异形结构域（11.1.1 节）。每个转录因子可能与一种共激活物，如 Extradenticle（附肢发育相关蛋白质）结合，开启特定体节发育起始所需的一套基因。分化状态的维持一方面依靠每个选择基因产物对其他选择基因表达的阻遏效应，另外还依靠多梳基因，将特定的细胞中不表达的选择基因构建成失活的染色质，像我们在 14.2.2 节中看到的那样。

## 同源异形选择基因是高等真核生物发育的普遍特征

不同的果蝇选择基因的同源异形结构域有惊人的相似，这一现象使研究者在 20 世纪 80 年代就开始利用同源异形结构域作为杂交探针来寻找其他的同源异形基因。首先通过搜索果蝇基因组，分离了几个以前未知的带有同源异形结构域的基因。这些基因已被证实不是选择基因，而是编码参与发育过程的转录因子的其他类型的基因。其中包括奇偶基因 *even-skipped* 和 *fushi tarazu* 以及分节极性基因 *engrailed*。

真正令人兴奋的是，在探测其他生物基因组的时候，发现同源异形结构域在包括人在内的大量动物的基因中存在。而更没有想到的是，其中的一些同源异形基因是同源异

形选择基因，以与 ANT-C 和 BX-C 相似的方式组织成基因簇，而且这些基因与果蝇中的相应基因有相同的功能，即特化身体模式的构建。例如，鼠 HoxC8 基因突变导致多出一对肋骨，因为腰椎（正常时在下后方）转变成了胸椎（此处长出肋骨）。其他动物 Hox 突变导致下肢畸形，如下肢缺足，手脚多指。

我们将果蝇中的选择基因簇 ANT-C 和 BX-C 看作是一个复合体的两个部分，通常用同源异形基因复合体或 HOM-C 来表示。在脊椎动物中，有 4 个同源异形基因簇，分别称为 HoxA、HoxB、HoxC 和 HoxD。将这 4 个基因簇互相比对并且与 HOM-C 比对发现（图 14.37），在相对应的位置上，基因很相似。因此同源异形选择基因簇的进化史可从昆虫追踪到人类（18.2.1 节）。脊椎动物基因簇中的基因指定了身体结构的发育，而且与果蝇相同，基因的顺序反映了成体中这些结构的顺序。从小鼠中控制神经系统发育的 HoxB 基因簇可清楚地看到这一点（图 14.38）。在这个基础上，我们得出的一个重要结论是，果蝇和其他“简单”真核生物的发育过程与人和其他“复杂”生物体中的过程相似。果蝇的研究与人类发育直接相关这一发现拓展了将来的研究领域。

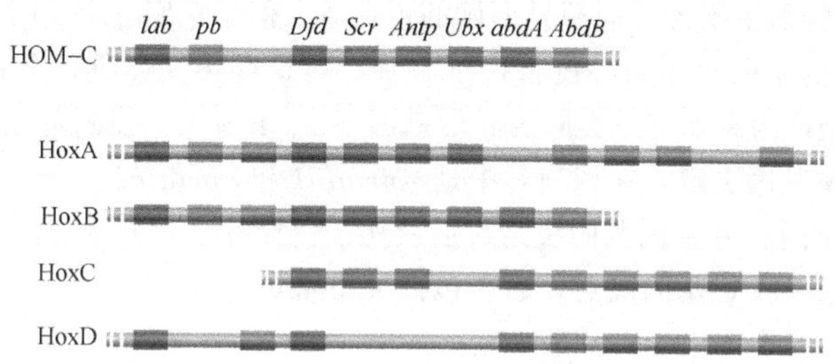


图 14.37　果蝇中的 HOM-C 基因复合体与脊椎动物的 4 个 Hox 基因簇之间的比较

编码结构和功能相关的蛋白质的基因用彩色表示。关于 Hox 基因簇的进化在 18.2.1 节中有更为详细的介绍。图示并不反映基因的实际长度。HOM-C 复合体中基因的名字如下：*lab*，*labial palps*；*pb*，*proboscipedia*；*Dfd*，*Deformed*；*Scr*，*Sex combs reduced*；*Antp*，*Antennapedia*；*Ubx*，*Ultrabithorax*；*abdA*，*abdominal A*；*AbdB*，*AbdominalB*

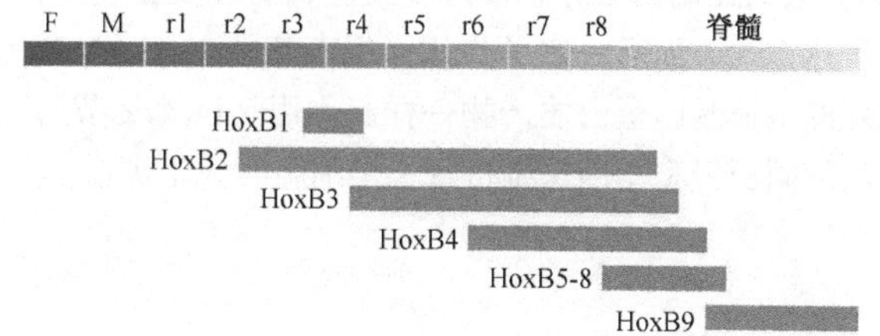


图 14.38　由 HoxB 基因簇中的选择基因指定的小鼠神经系统的特化

神经系统以图解形式表示，每个 HoxB 基因指定位置（HoxB1 到 HoxB9）。神经系统的组分是：F，前脑；M，中脑；r1-r8，菱脑节 1-8，随后是脊髓。菱脑节是发育中看到的后脑的体节

## 同源异形基因也调节植物发育

果蝇作为发育模型系统的价值甚至超过了脊椎动物。植物的发育过程在大多数方面都与果蝇和其他动物的发育很不相同，但是在遗传学水平上，二者有一定的相似性，使

得从果蝇发育中所获得的知识对植物中相关的研究有一定的价值。尤其是对以有限的同源异形选择基因来控制果蝇身体模式的认识促使人们提出了植物发育的模型，即假设花的结构也由少量的同源异形基因决定。

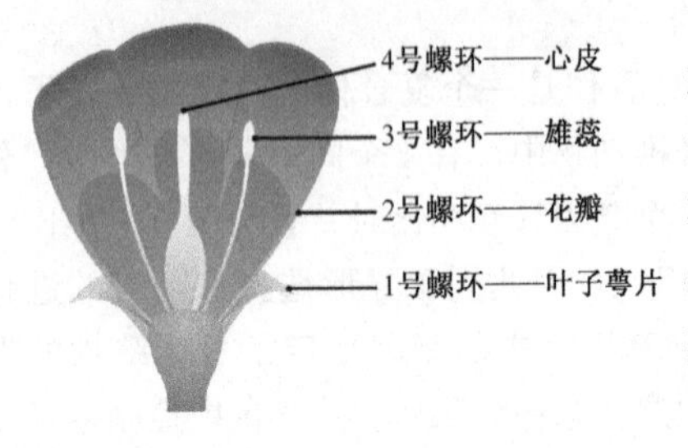


图 14.39 花由 4 个同心螺环构成

所有的花按相似的方式构建，由 4 个同心螺环组成，每个环构成了一个不同的花的器官（图 14.39）。最外层的 1 号螺环含有经过修饰的叶子萼片，在早期发育中包裹和保护芽。2 号螺环有特征性的花瓣。内部是 3 号螺环（雄蕊，雄性生殖器官）和 4 号螺环（心皮，雌性生殖器官）。

植物发育的大部分研究是用金鱼草（*Antirrhinum*）和拟南芥（*Arabidopsis thaliana*）进行的，后者被作为一个模式生物，部分原因是其基因组只有 125 Mb（表 7.2），是目前已知的基因组最小的开花植物之一。虽然这些植物似乎不含有同源异形域的蛋白质，但是它们有突变时可使花的结构发生同源异形改变的基因，如用心皮替代了萼片。对这些突变体进行分析提出了“ABC 模型”，这个模型认为有如下三类同源异形基因（A、B 和 C）控制着花的发育：

- 螺环 1 由 A 型基因决定：在拟南芥中是 *apetala1* 和 *apetala2*。
- 螺环 2 由 A 基因和 B 基因共同决定，后者例子包括 *apetala3* 和 *pistillata*。
- 螺环 3 由 B 基因和 C 基因决定，后者包括 *agamous*。
- 螺环 4 通过 C 基因作用于自身来决定。

如我们通过对果蝇的研究所预期的那样，A、B 和 C 同源异形基因产物都是转录激活因子。除去 APETALA2 蛋白外，全部都有相同的 DNA 结合结构域，即 **MADS 盒**（MADA box）。MADS 盒也在参与植物发育的其他蛋白质中发现，包括 SEPALLATA 1、SEPALLATA 2 和 SEPALLATA 3，它们在确定花的详细结构方面与 A、B 和 C 蛋白质一起发挥作用。花发育系统的其他成员包括至少一个主要的基因，在金鱼草中叫 *floricaula*，在拟南芥中叫 *leafy*。它们控制由营养生长向生殖生长的转变，起始花的发育，而且在确定同源异型基因的表达方式方面起一定的作用。拟南芥中也有一个基因叫 *curly leaf*，其蛋白质产物就像果蝇的多梳基因蛋白质产物一样起作用（14.2.2 节），通过抑制那些在一个特定的螺环中失活的同源异型基因来维持每一个细胞的分化状态。

# 总结

对特定基因表达通路的调节有很多步骤，但是关键的控制机制在转录起始阶段。基因组表达模式的瞬间变化主要是应答外部刺激，影响特定基因的转录。有些细胞外信号物质进入细胞，直接影响转录，在哺乳动物中一个例子就是乳铁蛋白。类固醇激素也进入细胞，但是通过受体蛋白影响基因组表达，受体蛋白作为转录激活因子。在细菌中有代谢抑制，葡萄糖影响糖利用相关的多个基因的表达，因其间接控制着细胞内 cAMP 的水平，cAMP 又反过来影响叫做代谢激活蛋白的转录激活因子的活性。其他的信号通路由细胞表面受体介导，很多受体由于应答细胞外信号而发生二聚化，打开通向基因组的信号转导通路。MAP 激酶通路就是这样一个例子，但还有其他几个通路，包括转录激活因子 STAT 通路。有些信号转导通路利用第二信使，如环核苷酸和钙离子，影响包括基因组表达在内的诸多细胞活性。基因组表达的永久性和半永久性改变也可以由基因组重排导致，酵母交配型转换、哺乳动物免疫球蛋白和 T 细胞受体多样性的产生就是这样。永久性和半永久性改变也可能由某些蛋白质产生，如黑腹果蝇的多梳蛋白，在应该被沉默的染色体区段诱导形成异染色质。利用相对简单的生物，如细菌、秀丽隐杆线虫和黑腹果蝇来作为模型系统的研究帮助我们理解了发育的遗传学基础。λ 噬菌体的溶源感染周期揭示了简单的遗传开关能决定两条发育通路中选择哪一条，枯草杆菌芽孢形成的研究告诉我们基因组表达时间依赖性的变化是怎么发生的，细胞-细胞之间的信号怎么能调节分化通路。秀丽隐杆线虫阴门发育的研究揭示了细胞命运决定的机制。对发育遗传学贡献最大的是果蝇的胚胎学，揭示复杂的身体模式怎样由特定基因组表达模式决定的，还揭示了同源异形选择基因不仅控制果蝇的发育过程，在脊椎动物和植物中也有其作用。

## 选择题

* 奇数问题的答案见附录

14.1* 分化指的是什么？

a. 基因组改变而不改变细胞的蛋白质组。

b. 细胞应对细胞外因子产生的基因组活性的瞬时变化。

c. 细胞生命过程中一系列协调性的变化。

d. 细胞采取的特化的生理功能。

14.2 基因组表达调节的最重要的控制点是什么？

a. 转录起始

b. 转录物加工

c. 翻译起始

d. 蛋白质和 RNA 分子降解

14.3* 下面哪一个不是信号物质进入细胞之后影响基因组表达的机制？

a. 有些信号分子甲基化 DNA 序列使特异基因沉默。

b. 有些信号分子是作为基因组表达的调节蛋白。

c. 有些信号分子直接影响细胞内调节蛋白的活性。

d. 有些信号分子通过中介分子间接影响细胞内调节蛋白的活性。

14.4 在应答细胞内，类固醇激素，如雌激素如何调节基因组表达？

a. 结合增强子序列。

b. 结合胞质内受体，然后迁移入核，结合 DNA 而调节基因组表达。

c. 结合核内受体，激活后结合 DNA 而调节基因组表达。

d. 结合细胞膜上的受体，通过信号通路转导入核。

14.5* 哪种类型的转导通路涉及 STAT？

a. 受体和基因组之间只有一步的信号通路。

b. 受体和基因组之间多步的信号通路。

c. 利用第二信使转导信号到基因组的通路。

d. 激活受体然后入核从而调节基因组表的信号通路。

14.6 最常见的激活信号通路蛋白的共价修饰类型是什么？

a. 乙酰化

b. 糖基化

c. 甲基化

d. 磷酸化

14.7* 什么是第二信使分子？

a. 起始信号通路的激素。

b. 结合激素而激活信号通路的受体。

c. 转导细胞内信号的内部分子。

d. 信号通路末期的转录激活因子。

14.8 酵母的交配型转换是下面哪一个过程的例子？

a. 选择性剪接。

b. 反馈环的变化。

c. DNA 甲基化模式的改变。

d. 基因组物理重排的改变。

14.9* B 细胞从产生免疫球蛋白 IgM 或 IgD 转变到产生 IgG 发生了哪些变化？

a. 伴随 RNA 转录物的选择性剪接。

b. 是蛋白质组的变化，IgM 或 IgD 恒定区发生蛋白质水解，从 IgG 蛋白上移去。

c. 是基因组的变化，编码 IgM 或 IgD 恒定区的基因被蛋白 RAG1 和 RAG2 删除。

d. 是基因组的变化，编码 IgM 或 IgD 恒定区的基因不依赖于 RAG 蛋白而删除。

14.10 果蝇多梳蛋白通过哪种方式起作用？

a. 压缩染色质而诱导基因沉默，沉默传递到子代细胞。

b. 压缩染色质而维持基因沉默，沉默传递到子代细胞。

c. 压缩染色质而诱导基因沉默，沉默不传递到子代细胞。

d. 压缩染色质而维持基因沉默，沉默不传递到子代细胞。

14.11* 反馈环通过哪种机制引起基因组表达的长时间变化？

a. 调节蛋白激活自身转录，因此可以持续表达。

b. 调节蛋白抑制自身转录，因此可以永久沉默。

c. 调节蛋白激活另一蛋白质，而该蛋白质促进该调节蛋白的表达。

d. 以上都是。

14.12 杆菌激活的芽孢形成通路是怎样的？

a. 营养缺乏信号激活编码 SpoOA 蛋白的基因表达。

b. 营养缺乏信号通过水解切割而激活 SpoOA 蛋白。

c. 营养缺乏信号通过乙酰化而激活 SpoOA 蛋白。

d. 营养缺乏信号通过磷酸化而激活 SpoOA 蛋白。

14.13* 什么阻止了线虫阴门祖细胞附近的细胞分化成为阴门细胞？

a. 这些细胞离锚细胞太远而不能接受 LIN-3 信号。

b. 这些细胞不能结合和应答 LIN-3 信号。

c. 这些细胞接收从皮下细胞的信号物质而使 LIN-3 信号失活。

d. 这些细胞使应答 LIN-3 信号的染色质区域变致密。

14.14 什么是果蝇胚胎的合胞体结构?

a. 未分化细胞的高度致密团块。

b. 包含浓度梯度的发育蛋白的矩形结构。

c. 胞浆和多核的团块。

d. 有丝分裂和减数分裂产生的二倍体和单倍体细胞混合物。

14.15* 哪个果蝇基因决定果蝇幼体节段特征?

a. gap 基因

b. pair-rule 基因

c. 节段极性基因

d. 同源异形选择基因

14.16 如果拟南芥的 B 型基因发生失去功能的突变，花螺旋的组成将变成什么样（从 1 号螺旋到 4 号螺旋)?

a. 叶子萼片-花瓣-雄蕊-心皮。

b. 叶子萼片-叶子萼片-雄蕊-心皮。

c. 叶子萼片-叶子萼片-心皮-心皮。

d. 花瓣-花瓣-雄蕊-雄蕊。

## 简答题

* 奇数问题的答案见附录

14.1* 简述分化和发育的区别，描述这些区别的基础。

14.2 为什么营养环境的变化在单细胞生物比在多细胞生物中造成基因组活性更大的变化?

14.3* 解释大肠杆菌葡萄糖转运和 cAMP 水平的关系。

14.4 如果受体不是酪氨酸激酶，STAT 蛋白如何磷酸化?

14.5* MAP 激酶怎样起作用以调节基因组表达的?

14.6 Ras 蛋白在信号通路中怎样起作用的?

14.7* B 细胞类型转换的基础是什么?

14.8 肌肉细胞如何维持分化为肌肉细胞?

14.9* 杆菌芽孢形成的过程中，$\sigma^E$ 亚基和 $\sigma^F$ 亚基都在前芽孢和母细胞中。在前芽孢中 $\sigma^F$ 是如何激活的?

14.10 线虫的锚细胞是如何诱导阴门祖细胞分化成阴门细胞的? 为什么收到锚细胞的信号之后阴门祖细胞会有不同的分化通路?

14.11* 在果蝇胚胎的合胞体中，Bicoid 蛋白的浓度梯度是怎样建立起来的?

14.12 果蝇 *ANT-C* 基因复合体和小鼠 *Hox* 基因的突变如何给研究者提供这些基因功能的信息的?

## 论述题

* 奇数问题的指导见附录

14.1* 描述信号转导的研究对我们癌症异常生化活性的理解的提高。

14.2 探讨通过第二信使的信号转导对基因组活性调节的影响。

14.3* 秀丽隐杆线虫和黑腹果蝇是高等真核生物的发育研究的理想模式生物吗？

14.4 用模式生物研究高等真核生物的发育有什么价值吗？

14.5* 高等真核生物的发育理想模式生物的关键特点是什么？

## 图形测试

奇数问题的答案见附录

14.1* 如下图（左）显示的是当大肠杆菌生长在含有两种糖的培养基里，细胞在利用乳糖之前先利用葡萄糖，用什么术语描述这种现象？解释这个过程的机制。

14.2 如下图（右）描绘了 *MAT* 基因座从 *MATa* 基因型转变为 *MATα* 基因型，用什么术语描述这个转变？这个转变的机制是什么？

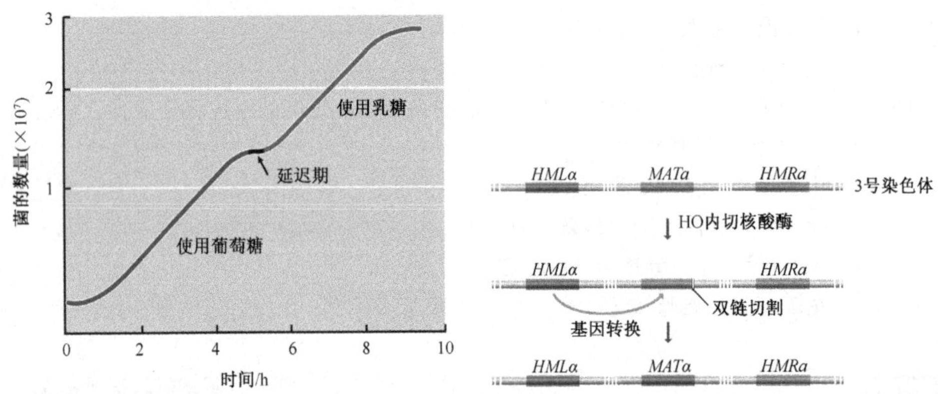


14.3* 讨论 B 细胞产生免疫球蛋白多样性的过程。

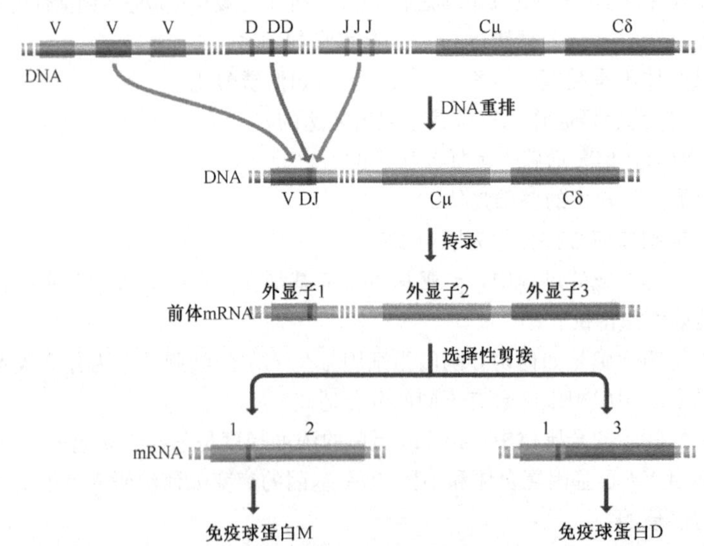


14.4 如图显示果蝇胚胎发育过程中蛋白质的分布。这些蛋白质有哪些类型的基因编码？哪些蛋白质调节这些基因的表达？

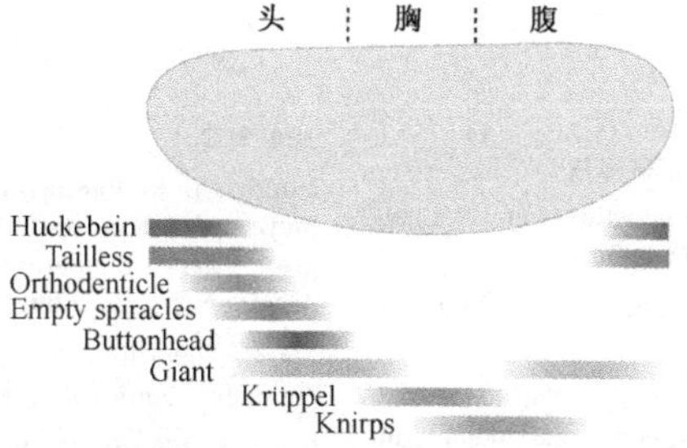


# 拓展阅读


细胞外信号物质进入细胞

**He, J. and Furmanski, P.** (1995) Sequence specificity and transcriptional activation in the binding of lactoferrin to DNA. *Nature* **373:** 721–724.

**Tsai, M.-J. and O'Malley, B.W.** (1994) Molecular mechanisms of action of steroid/thyroid receptor superfamily members. *Annu. Rev. Biochem.* **63:** 451–486.

**Winge, D.R., Jensen, L.T. and Srinivasan, C.** (1998) Metal ion regulation of gene expression in yeast. *Curr. Opin. Chem. Biol.* **2:** 216–221.

通过细胞表面受体的信号转导

**Horvath, C.M.** (2000) STAT proteins and transcriptional responses to extracellular signals. *Trends Biochem. Sci.* **25:** 496–502.

**Karin, M. and Hunter, T.** (1995) Transcriptional control by protein phosphorylation: signal transmission from the cell surface to the nucleus. *Curr. Biol.* **5:** 747–757.

**Maruta, H. and Burgess, A.W.** (1994) Regulation of the Ras signaling network. *Bioessays* **16:** 489–496.

**Robinson, M.J. and Cobb, M.H.** (1997) Mitogen-activated kinase pathways. *Curr. Opin. Cell Biol.* **9:** 180–186.

**Schlessinger, J.** (1993) How receptor tyrosine kinases activate Ras. *Trends Biochem. Sci.* **18:** 273–275.

**Spiegel, S., Foster, D. and Kolesnick, R.** (1996) Signal transduction through lipid second messengers. *Curr. Opin. Cell Biol.* **8:** 159–167.

**Whitman, M.** (1998) Feedback from inhibitory SMADs. *Nature* **389:** 549–551.

基因组重排

**Alt, F.W., Blackwell, T.K. and Yancopoulos, G.D.** (1987) Development of the primary antibody repertoire. *Science* **238:** 1079–1087. *Generation of immunoglobulin diversity.*

**Nasmyth, K. and Shore, D.** (1987) Transcriptional regulation in the yeast life cycle. *Science* **237:** 1162–1170. *Yeast mating-type switching.*

多梳蛋白

**Chan, C.S., Rastelli, L. and Pirrotta, V.** (1994) A Polycomb response element in the Ubx gene that determines an epigenetically inherited state of repression. *EMBO J.* **13:** 2553–2564.

**Déjardin, J., Rappailles, A., Cuvier, O., Grimaud, C., Decoville, M., Locker, D. and Cavalli, G.** (2005) Recruitment of *Drosophila* Polycomb group proteins to chromatin by DSP1. *Nature* **434:** 533–538.

反馈环

**Popperl, H., Bienz, M., Studer, M., Chan, S.K., Aparicio, S., Brenner, S., Mann, R.S. and Krumlauf, R.** (1995) Segmental expression of HoxB-1 is controlled by a highly conserved autoregulatory loop dependent upon exd/pbx. *Cell* **81:** 1031–1042.

**Regulski, M., Dessain, S., McGinnis, N. and McGinnis, W.** (1991) High affinity binding sites for the Deformed protein are required for the function of an autoregulatory enhancer of the *deformed* gene. *Genes Devel.* **5:** 278–286.

**Sporulation in *B. subtilis***

**Errington, J.** (1996) Determination of cell fate in *Bacillus subtilis. Trends Genet.* **12:** 31–34.

**Sonenshein, A.L.** (2000) Control of sporulation initiation in *Bacillus subtilis. Curr. Opin. Microbiol.* **3:** 561–566.

**Stragier, P. and Losick, R.** (1996) Molecular genetics of sporulation in *Bacillus subtilis. Annu. Rev. Genet.* **30:** 297–341.

线虫阴门发育

**Aroian, R.V., Koga, M., Mendel, J.E., Ohshima, Y. and Sternberg, P.W.** (1990) The *let-23* gene necessary for *Caenorhabditis elegans* vulval induction encodes a tyrosine kinase of the EGF receptor subfamily. *Nature* **348:** 693–699.

**Katz, W.S., Hill, R.J., Clandinin, T.R. and Sternberg, P.W.** (1995) Different levels of the *C. elegans* growth factor LIN-3 promote distinct vulval precursor fates. *Cell* **82:** 297–307.

**Kornfeld, K.** (1997) Vulval development in *Caenorhabditis elegans. Trends Genet.* **13:** 55–61.

**Labouesse, M. and Mango, S.E.** (1999) Patterning the *C. elegans* embryo: moving beyond the cell lineage. *Trends Genet.* **15:** 307–313. *Reviews the developmental pathways of* C. elegans.

**Sharma-Kishore, R., White, J.G., Southgate, E. and Podbilewicz, B.** (1999) Formation of the vulva in

*Caenorhabditis elegans*: a paradigm for organogenesis. *Development* **126:** 691–699.

果蝇胚胎形成和脊椎动物的同源异形选择基因

**Ingham, P.W.** (1988) The molecular genetics of embryo pattern formation in *Drosophila. Nature* **335:** 25–34.

**Krumlauf, R.** (1994) Hox genes in vertebrate development. *Cell* **78:** 191–201.

**Maconochie, M., Nonchev, S., Morrison, A. and Krumlauf, R.** (1996) Paralogous Hox genes: function and regulation. *Annu. Rev. Genet.* **30:** 529–556. *Describes homeotic selector genes in vertebrates.*

**Mahowald, A.P. and Hardy, P.A.** (1985) Genetics of *Drosophila* embryogenesis. *Annu. Rev. Genet.* **19:** 149–177.

植物发育

**Goodrich, J., Puangsomlee, P., Martin, M., Long, D., Meyerowitz, E.M. and Coupland, G.** (1997) A Polycomb-group gene regulates homeotic gene expression in *Arabidopsis. Nature* **386:** 44–51.

**Ma, H.** (1998) To be, or not to be, a flower – control of floral meristem identity. *Trends Genet.* **14:** 26–32.

**Parcy, F., Nilsson, O., Busch, M.A., Lee, I. and Weigel, D.** (1998) A genetic framework for floral patterning. *Nature* **395:** 561–566.

PART

# 第4篇 基因组如何复制及进化



**第4篇——基因组如何复制及进化**　将复制、突变和重组同基因组随时间缓慢进化联系在一起。我们首先仔细探究基因组作为复制（第15章）、突变和修复（第16章）和重组（第17章）基础的分子过程，再进一步探究在整个进化的时间长河里，这些过程通过哪些方式来影响基因组的结构和遗传内容（第18章）。最后，第19章将讲解分子系统发生学如何利用基因组中的进化信息来研究问题，例如，人类和其他灵长类动物的联系，艾滋病的起源，以及人类从自己的发源地非洲到遍布全球过程中迁徙的路线。

CHAPTER

# 第15章 基因组复制

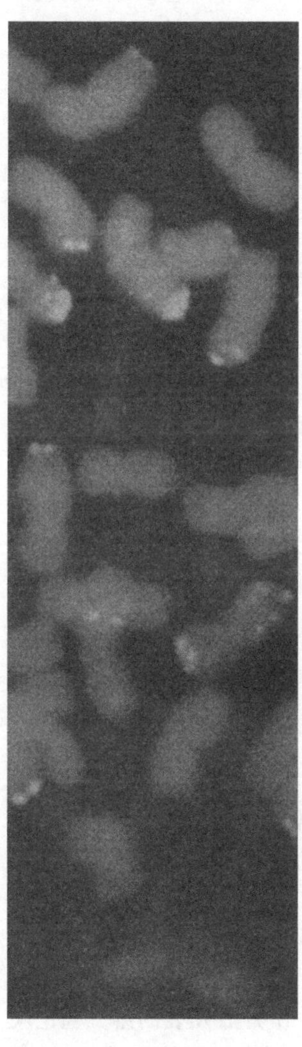

15.1　拓扑学问题
15.2　复制过程
15.3　真核生物基因组复制的调控

## 学习要点

当你阅读完第15章之后，应该能够：

- 说明拓扑学问题是什么，解释DNA拓扑异构酶是如何解决这个问题的
- 描述可以证明DNA复制是以半保留方式进行的关键实验
- 概述基因组复制的转换和滚环模型
- 讨论在细菌、酵母和哺乳动物中复制分别是如何起始的
- 描述细菌和真核DNA合成酶各自的主要特征
- 解释为什么DNA分子的前导链和滞后链必须以不同的过程进行复制
- 详细描述在细菌复制叉发生的事件，指出这些事件与真核复制的区别
- 解释真核生物中端粒酶如何维持染色体DNA分子的末端，并评述端粒长度细胞衰老和癌症之间可能的联系
- 描述基因组复制如何同细胞周期相协调

基因组的最主要功能是确定其所在细胞的生物化学特征。我们看到基因组通过协调不同基因以及不同基因群的表达以维持一个蛋白质组，而该蛋白质组的每个蛋白质组分执行并调节细胞的生化活动。为了可以持续不断的执行这一功能，基因组必须在细胞的每次分裂都要进行复制。这就意味着细胞的整个 DNA 在细胞周期的特定阶段必须进行拷贝，产生的 DNA 分子必须分配到子代细胞中以保证每个细胞都得到一套完整的基因组拷贝。我们在这个章节将详细地讨论这个过程，这一过程扩展到分子生物学、生物化学和细胞生物学之间的交汇点。

自从 1953 年 Watson 和 Crick 发现 DNA 分子的双螺旋结构以来，基因组复制就开始被研究。从那时起的这么多年里，研究工作受到三个相连但又独立的阶段所驱动。

- 在 1953～1958 年的这段时间里，拓扑学问题是最为关注的问题。这个问题产生于需要打开双螺旋，为它的两条多聚核苷酸链制造拷贝（图 15.1）。这一阶段主要是 20 世纪 50 年代中期，因为这个问题是当时接受双螺旋为 DNA 正确结构的主要障碍。不过直到 1958 年，Matthaw Meselson 和 Franklin Stahl 证明尽管存在理解上的困难，但是在大肠杆菌中 DNA 的复制确实按照双螺旋预测的方式进行。**Meselson-Stahl 实验**使基因组复制的研究得以向前推进，直到 20 世纪 80 年代 **DNA 拓扑异构酶**作用原理首次被揭示，拓扑学问题才得到解决。
- 从 1958 年开始，人们对复制的过程进行了重点研究。在 20 世纪 60 年代，大肠杆菌中复制相关的酶和蛋白质被分离出来并对它们的功能进行了鉴定，在接下来的几年里，对于理解真核基因组复制过程的细节问题也取得了相似的进展。目前，相关工作仍在进行之中，主要集中在诸如复制起始和复制叉活性蛋白的精确作用方式等问题上。
- 基因组复制的调节，特别是在细胞周期中的调节，已成为近几年研究的主要领域。此项研究已证明复制起始是基因组复制的关键调控点，并开始研究复制是如何与细胞周期保持同步，以保证细胞分裂时可获得复制后的子代基因组。

我们将依次讨论以上列举的有关基因组复制的三项论题。

## 15.1 拓扑学问题

在 Watson 和 Crick 发表在 *Nature* 杂志上宣布发现 DNA 双螺旋结构的论文中，他们做出分子生物学中最为著名的陈述“我们已经注意到：我们假设的特异配对方式提示了遗传物质可能的复制机制”。

他们所指的这种配对过程是指双螺旋结构中的每一条链均可以作为合成第二条互补链的模板，其结果就使两条子代双螺旋与亲本保持一致（图 15.1）。这一模型几乎已经包含在 DNA 双螺旋结构中，但是正如在 Watson 和 Crick 一个月后发表的第二篇论文中所提到的，它还存在一些问题。在这篇论文中进一步具体描述了推测的复制过程，同时也指出了由此产生的解开双螺旋结构的困难。这些困难中最细微的方面在于子代分子可能会缠绕在一起。更重要的是在整个解链过程中伴随着链的旋转：双螺旋中每 10 个 bp 形成一周，以人的 1 号染色体 DNA 复制为例，1 号染色体长约 250Mb，复制时染色体 DNA 就需旋转 2500 万次。在有限的细胞核空间内，这似乎是难以想象的，但是从物理学角度考虑，线性 DNA 的解螺旋并非不可能。相比之下，像细菌或噬菌体基因组这样的环状双链分子，因为没有游离的末端，就不可能以此种方式解螺旋，当然也就不可能按 Watson-Crick 模式复制。因此，寻找此难题的答案成为 20 世纪 50 年代分子生物学的重中之重。

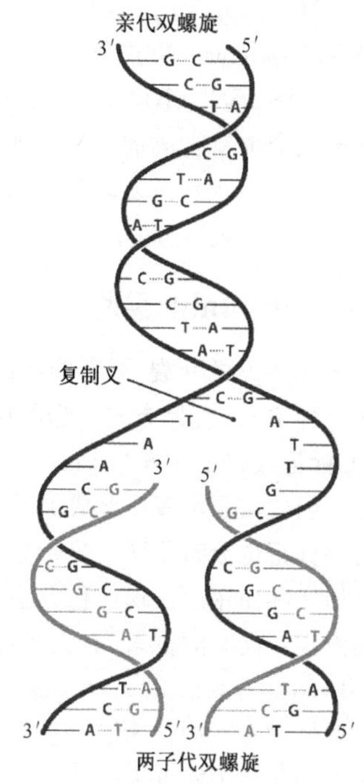


图 15.1　Watson 和 Crick 预测的 DNA 复制模型

亲代双螺旋的多聚核苷酸由黑色表示。都作为 DNA 新链（由浅色表示）合成的模板。这些新链同模板链以碱基配对的方式决定其序列。拓扑学问题的产生是因为亲代螺旋的两条多聚核苷酸链不能轻易地被拉开；螺旋必须通过某种方式来解旋

### 15.1.1　Watson-Crick 复制理论的实验依据

以 Max Delbrück 为代表的一些分子生物学家认为拓扑结构问题非常重要，因此最初难以接受双螺旋结构作为 DNA 正确结构。其中的困难在于双螺旋结构是**绞旋线**（plectonemic）性质的，这种拓扑结构在未解螺旋的情况下不能分开缠绕的双链。而如果双螺旋呈**平行线**（paranemic）性，此问题就迎刃而解了，因为这就意味着不需要分子解螺旋，只要朝向一边移动，双链就可以被分开。有人提出，双螺旋可以通过与双螺旋自身方向相反的超螺旋转动而变成平行结构；或者在同一 DNA 分子中，Watson 与 Crick 提出的右手螺旋可以通过等长的左手螺旋达到平衡。或许双链 DNA 分子根本就不是螺旋，而是并列的飘带结构，这一观点在 20 世纪 70 年代末重新被提出，但是却遭到了 Crick 和他同事们的反驳。每种解决拓扑问题的设想方案都因各种原因被否定，因为它们都要求双螺旋结构模型的改变，而这些改变与 X 射线衍射结果或与 DNA 结构有关的其他的实验数据不符。

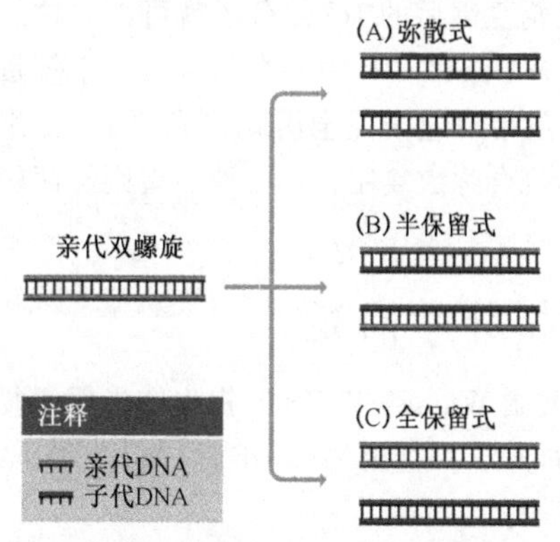


图 15.2　DNA 复制的三种可能途径

为清楚显示，DNA 分子使用梯状而非双螺旋表示

解决拓扑问题真正的进展始于 1954 年，Delbrück 提出双螺旋结构的两条链以“断裂-再连接”模式相互分开。按这种模式，两条链的分开不是靠分子旋转解开双螺旋，而是通过其中一条链断裂，经断裂处的缺口绕过第二条链，而后第一条链又重新连接上。事实上这一假说与拓扑结构问题正确的解决方式十分接近，这也正是 DNA 拓扑异构酶作用的方式之一［图 15.2（A）］。可惜 Delbrück 试图将“断裂-再连接”模式和复制过程中的 DNA 合成相结合，反而使这一理论过于复杂。在此基础上他提出了 DNA 复制的另一模式，按此模式，每一条子代多聚核苷

酸分子都由部分亲代 DNA 和部分新合成的子代 DNA 组成［图 15.2（A）］。这种**弥散复制**（dispersive）方式与 Watson 和 Crick 提出的**半保留复制**（semiconservative）方式相对立［图 15.2（B）］。第三种可能性是**全保留复制**（conservative），即一个子代双螺旋分子完全由新合成的 DNA 组成，而另一条则完全由两条亲代 DNA 组成［图 15.2（C）］。这种全保留的复制模式似乎难于设想和描绘，但是这种方式能使复制过程无须解开亲代双螺旋就可完成。

## Meselson-Stahl 实验

Delbrück 的断裂-再连接理论非常重要，它促使人们设计实验去证实图 15.2 所罗列的三种 DNA 复制方式。当时放射性同位素刚刚被引入到分子生物学领域，将之用于 DNA 标记（技术注解 2.1），可以区分亲代多聚核苷酸链与新合成的 DNA。上述每一种复制模式均预示着新合成 DNA 的不同分布。经两轮或多轮复制后，双螺旋分子中的放射性标记也分布不同，分析分子中的放射性标记的含量就能确定活细胞进行复制的方式。但实际使用后发现这种方法很难提供一个明确的结果，主要是掺入同位素的量难以准确测定，同时同位素 $^{32}P$ 迅速衰变也使分析更加复杂。

1958 年，Matthew Meselson 和 Franklin Stahl 未采用放射性标记，而是通过氮的非放射性“重”同位素 $^{15}N$ 进行实验，取得了重大突破。标记了 $^{15}N$ 的 DNA 分子较未标记的分子浮力密度大，所以可以通过密度梯度离心来分析复制的双螺旋链（技术注解 7.1）。Meselson 和 Stahl 首先用含有 $^{15}NH_4Cl$ 的培养基培养大肠杆菌，这样它们的 DNA 分子就会含有重氮。随后再把这些细胞转到正常培养基中，经过 20min 和 40min，即相当于 1 个和 2 个细胞分裂期，提取样品中的 DNA，采用密度梯度离心的方法进行检测［图 15.3（A）］。经过一轮 DNA 复制，在正常氮环境下新合成的子代分子在梯度离心中只形成一条带，这表明每个 DNA 双螺旋中含有等量的新合成的 DNA 和亲代 DNA。这一结果立刻就排除了全保留复制方式，因为若按全保留复制方式，一轮复制后将形成两个条带［图 15.3（B）］。但是这一结果不能区分 Delbrück 提出的弥散复制和 Watson、Crick 提出的半保留复制。而检测第二轮复制后的 DNA 分子就可以对这二者进行区别。这时再采用密度梯度离心得到两个 DNA 条带，其中一个条带对应于等量的新合成的与原有 DNA 组成的杂合体，而另一个条带对应于完全由新合成的 DNA 组成的分子。这种结果与半保留复制方式吻合，而不符合弥散复制，如按照后者则经两轮复制以后，所有分子仍为杂合体。

## 15.1.2 DNA 拓扑异构酶解决了拓扑学问题

Meselson-Stahl 实验证实，活细胞 DNA 复制遵循 Watson 和 Crick 提出的半保留复制方式，表明细胞必须有一种解决拓扑结构问题的方法。直至约 25 年后认识了 DNA 拓扑异构酶的作用，分子生物学家才解决了这一难题。

DNA 拓扑异构酶是一组催化断裂-再连接反应的酶，这种反应类似于 Delbrück 所提出的理论，但并不完全相同。目前已鉴定的 DNA 拓扑异构酶有两类（表 15.1）。

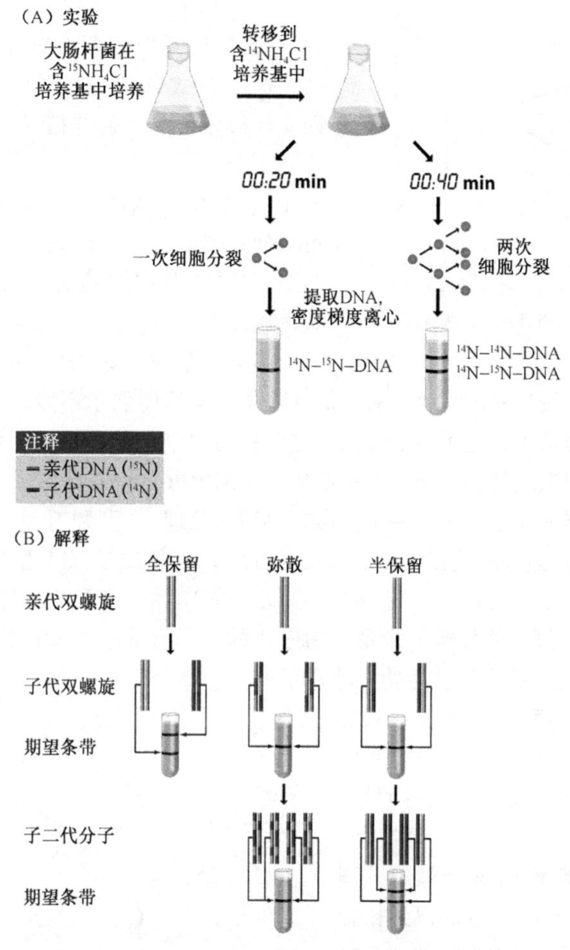


图 15.3 Meselson-Stahl 实验

(A) Meselson-Stahl 实验操作：在含有$^{15}NH_4Cl$（用氮的重同位素标记的氯化铵）的培养基中培养大肠杆菌。然后将细菌转移到正常培养基中（含$^{14}NH_4Cl$），分别在 20min（一次细胞分裂）和 40min（两次细胞分裂）后取样，并从样品中提取 DNA 进行密度梯度离心分析。20min 后的 DNA 样品具有相似的$^{15}N$、$^{14}N$ 的含量；而 40min 后的样品就能看到两条带，一条相当于$^{14}N$-$^{15}N$-DNA 杂交带，另一个 DNA 分子完全由$^{14}N$ 组成。(B) 根据 DNA 复制三种可能的方式所推测的实验结果。20min 后所看到的带形排除全保留复制方式。因为按这种理论，经过一轮复制，应该得到两种不同的双螺旋，一种只含有$^{15}N$，而另一种只含有$^{14}N$。20min 后实际见到的$^{14}N$-$^{15}N$-DNA 杂交带与弥散复制和半保留复制一致。但 40min 后所见到的两条带就只与半保留复制一致。而弥散复制在两轮复制后仍应生成$^{14}N$-$^{15}N$ 杂交分子，而半保留复制在这个阶段所合成的分子包括两个完全由$^{14}N$-DNA 所组成的分子

**表 15.1 DNA 拓扑异构酶**

| 类型 | 底物 | 举 例 |
|---|---|---|
| I 型 | 单链 DNA | 大肠杆菌拓扑异构酶 I 和 III；酵母和人的拓扑异构酶 III；古细菌逆回旋酶；真核拓扑异构酶 I |
| II 型 | 双链 DNA | 大肠杆菌拓扑异构酶 II(DNA 回旋酶)和 IV；真核拓扑异构酶 II |

- I 型拓扑异构酶（Type I topoisomerase）能够在一条多聚核苷酸链上引入一个断裂

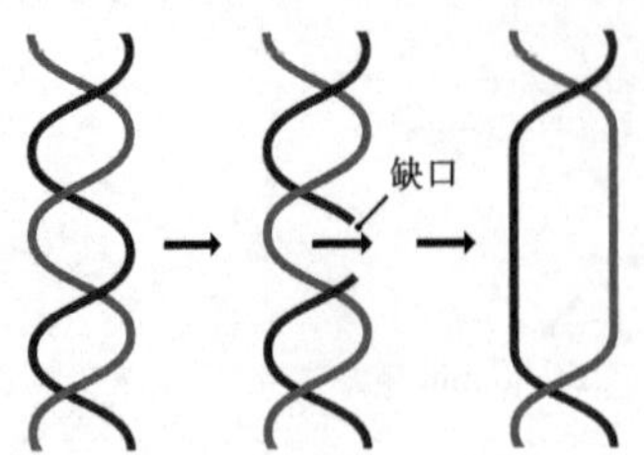


图 15.4 I型拓扑异构酶作用模式

I型拓扑异构酶在 DNA 分子的一条链上制造一个缺口，使完好的那条链通过缺口，然后修复缺口

点，通过所形成的缺口绕过第二条链（图 15.4），然后断裂的两个末端再被重新连接起来。这一模式使得连环数（linking number，即在环形分子中两条链相互缠绕的次数）每次改变 1 个。

• II 型拓扑异构酶（Type II topoisomerase）可以使双螺旋的两条链均发生断裂，从而形成一个“门”，双螺旋的另一段由此通过。连环数每次改变 2 个。

断裂一条或两条 DNA 的方式似乎是解决拓扑学问题一种比较激烈的方式，有可能导致拓扑异构酶偶尔不能将 DNA 进行重连而使染色体断裂成为两段。这种可能性因为这两种酶的作用方式而被大大降低。每条多聚核苷酸的一个切割末端都会和酶活性中心的一个酪氨酸进行共价结合，保证多聚核苷酸的这个末端被牢牢地固定，另外一个自由末端则被处理。I 型和 II 型拓扑异构酶依据其精确的多聚核苷酸-酪氨酸连接的化学结构进行分类：在 IA 和 IIA 型酶中，这种连接包括一个结合于断裂多聚核苷酸 5′端的磷酸基团；在 IB 和 IIB 酶中，连接是通过 3′端磷酸基团实现的。A 和 B 两种酶可能是分别进化的。所有这些类型的酶在真核生物中都存在，不过 IB 和 IIB 酶在原核生物中非常罕见。

DNA 拓扑异构酶本身不解开双螺旋。它们是通过减小复制叉行进过程中产生的过度扭转而解决拓扑结构问题。这使 DNA 分子在无须旋转的情况下，两条链能够拉向两侧而解开螺旋（图 15.5）。我们越来越清楚地认识到拓扑异构酶不仅在复制过程中具有解开双螺旋拓扑结构的活性，在转录、重组和其他导致双螺旋产生过紧或过松的螺旋过程中也可以发挥类似的作用。在真核生物中，拓扑异构酶也是形成细胞核基质（弥散于核的类似脚手架的网状结构）的主要成分（10.1.1 节），能够维持染色质的结构，并且在染色体分裂时解离 DNA 分子。大多数的拓扑异构酶只能松弛 DNA 结构，但是原核生物中的 II 型酶，如细菌中的 DNA 回旋酶和古细菌的逆回旋酶，能够进行逆向反应，即在 DNA 分子中引入超螺旋。

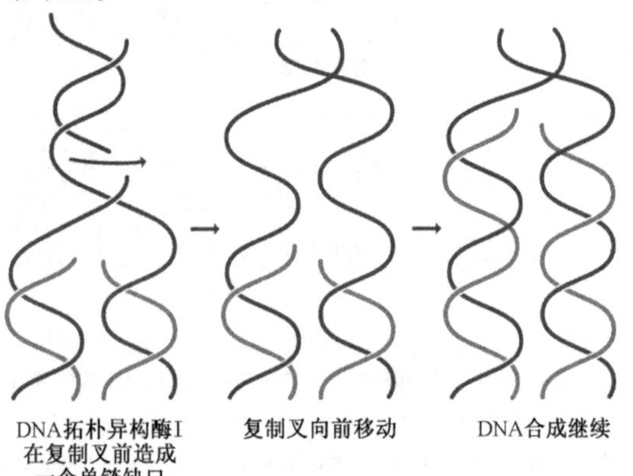


图 15.5 解旋双螺旋

复制过程中，DNA 拓扑异构酶将双螺旋“解旋”。所以复制叉就可以沿分子继续前进而不需要转动螺旋

## 15.1.3 以半保留模式为主体的不同复制形式

迄今所知的 DNA 复制方式均无一例外地符合半保留复制模型，但是在基本模式下也有一些变化。通过复制叉进行 DNA 复制（图 15.1），是真核生物染色体 DNA 分子和原核生物的环形基因组采用的主要复制方式；但是，有的小环形分子，如人的线粒体

基因组（8.3.2 节）就采用一种略有不同的复制方式——**替代复制**（displacement replication）。这些分子中，复制起始位点由 **D 环**（D-loop）标记，D 环是一段大约 500bp 的区域，在这里 DNA 双链因为一段 RNA 分子同一条 DNA 的配对结合而被打开（图 15.6）。RNA 分子作为其中一条子代多聚核苷酸分子链的合成起始点。这条多聚核苷酸链通过连续复制螺旋中的一条链而完成合成，紧接着第二条链被替换，并在第一个子代基因组合完成后进行复制。

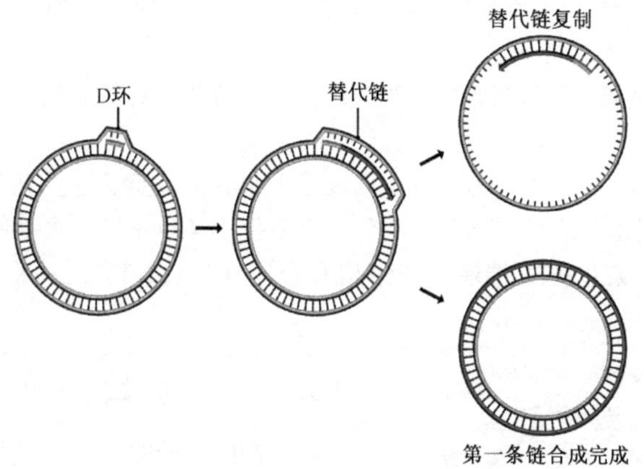


图 15.6 替代复制

D 环包括一段小 RNA 分子用于引导 DNA 合成（15.2.2 节）。完成第一条链的合成后，第二条 RNA 引物结合替代链并开始该链的复制。本图中新合成 DNA 如深色所示

人线粒体 DNA 进行替代复制的优势并不明显。相比之下，另一种称为**滚环复制**（rolling circle replication）的独特取代过程可以十分有效的快速完成多拷贝环状基因组复制。滚环复制被 λ 噬菌体及其他噬菌体采用。复制起始于一条亲代多核苷酸链上的一个切口，所形成的游离的 3′端就可以延伸取代 5′端的多核苷酸。连续合成的 DNA 围绕基因组一周，再继续合成直至形成一系列首尾相连的基因组（图 15.7）。但所形成的基因组是单链线性的，于是互补链合成后，在基因组之间的连接点进行切割，环化所生成的片段，就形成了双链环形分子。

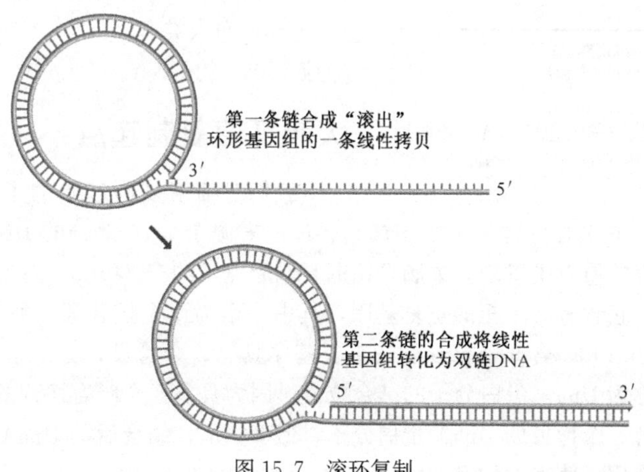


图 15.7 滚环复制

# 15.2 复制过程

像分子生物学中的许多过程一样，我们习惯上将复制分为三个阶段，即起始、延伸、终止。

- **起始**（initiation）（15.2.1 节）包括 DNA 复制起始位点的识别。
- **延伸**（elongation）（15.2.2 节）涉及在复制叉处发生的一系列过程，即亲代多聚核苷酸被复制。
- **终止**（termination）（15.2.3 节）对其认识尚不清楚，总的说来，发生在亲代分子复制完成时。

除了以上三个复制阶段，另外一个问题也值得我们注意。这关系到对复制过程的局限性，若得不到纠正，这种局限就会导致线性双链 DNA 分子每次复制后缩短。而这个问题的解决，涉及染色体末端端粒的结构和合成（7.1.2 节），这将在 15.2.4 节进行阐述。

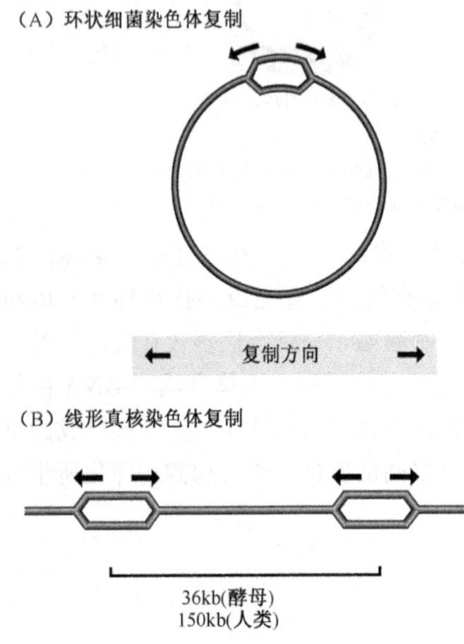


图 15.8　环状细菌染色体（A）和线形真核染色体（B）复制

## 15.2.1　基因组复制起始

复制的起始并非一个随机的过程，它总是从 DNA 分子上同一个或多个位置开始的，这些位点被称为**复制起点**（origin of replication）。一旦复制开始，基因组中就形成两个复制叉，沿着 DNA 分子向相反的方向进行，因此复制是双向的（图 15.8）。而环形的细菌基因组只有单一的复制起点，这就意味着每一个复制叉要复制几千 kb 的 DNA。这种情况和真核生物的染色体不同。真核细胞基因组具有多个复制起点，其复制叉的行程要短得多，如酿酒酵母就约有 332 个复制起点，每一个起点对应 36kb；而人类有 20 000 个起点，每个起点对应 150kb 的 DNA。

### 大肠杆菌复制起点

我们对细菌复制起始的了解远多于真核细胞。大肠杆菌中的复制起点称为 *oriC*。通过把来源于 *oriC* 部分的 DNA 片段转入本身缺乏起始位点的质粒中发现，大肠杆菌的复制起点长约有 245bp。对这一段片段进行序列分析发现，它含有 2 个短的重复基序，其中一个为 9 个核苷酸，另一个为 23 个核苷酸［图 15.9（A）］。含 9 个核苷酸的重复基序具有 5 个拷贝，分散于整个 *oriC* 的范围内，它是被称为 DnaA 蛋白分子的结合位点。因为具备 5 个结合序列的拷贝，所以可以认为应该结合 5 个拷贝的 DnaA 蛋白分子。但事实上，结合后的 DnaA 蛋白同未结合的蛋白质相互作用，使得大约有 23 个 DnaA 蛋白结合在复制起始区。这种结合只发生在负超螺旋的 DNA 分子上，而负超螺旋是大肠杆菌染色体的正常存在状态（8.1.1 节）。

DnaA 蛋白结合导致双螺旋在串联排列的 3 个富含 AT 的 13 个核苷酸重复序列处解开（“熔解”），此区域位于 *oriC* 序列的一端［图 15.9（B）］。DnaA 蛋白作用的确切机制还不清楚，但似乎并不具有断裂碱基对所必需的酶活性，因而推测螺旋解开是 DnaA 结合后产生的扭转张力的结果。较理想的一种模型设想 DnaA 蛋白可以形成一种管状（barrel-like）的结构，双螺旋缠绕于周围。HU 是一种在大肠杆菌中含量最为丰富的 DNA 包装蛋白，对解开螺旋有促进作用（8.1.1 节）。

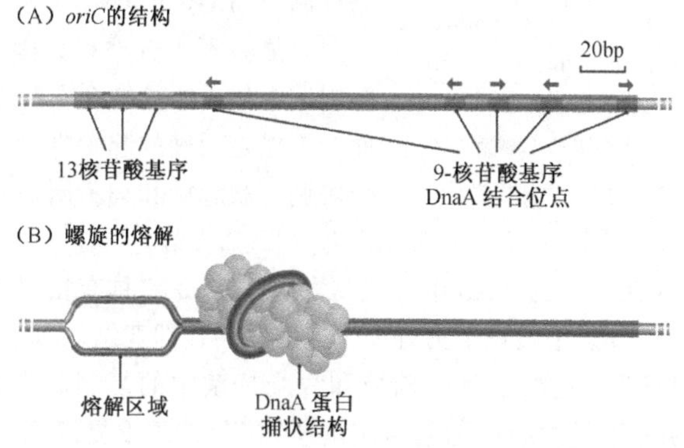


图 15.9　大肠杆菌复制起点

（A）大肠杆菌复制起点即 *oriC*，长约 245bp，包括 3 个 13 核苷酸的重复基序，共同序列为 5′-GATCTNTTNTTTT-3′，这里的 N 代表任何核苷酸，5 个拷贝的 9 核苷酸重复基序，共同序列 $5'\text{-TT}^{A}_{T}\ \text{T}^{A}_{C}\ \text{CA}^{A}_{C}\ \text{A-3}'$。这 13 核苷酸的重复基序顺式重复地依次排列于 *oriC* 的一端。而 9 核苷酸序列以顺式或反式重复的形式位于 *oriC* 的不同位置，这其中的三个重复序列，即从 *oriC* 左手末端数过来的第 1、3、5 个重复序列，被认为是 DnaA 结合的主要位置；另两个为次要位置。在所有的细菌中，复制起点在结构上相同并且重复序列也没有大的改变。（B）DnaA 蛋白与 *oriC* 结合模型，这种结合导致在 AT 富集的 13 核苷酸序列处的双螺旋解开

双螺旋的打开启动了一系列事件，从而在解开区域的两端形成新的复制叉。第一步是引发前复合物（proriming complex）结合到这两个位点。每个引发前复合物最初包含 12 个蛋白分子：6 个 DnaB 和 6 个 DnaC，DnaC 的作用是过渡性的，很快便从复合物中释放出来，其功能可能仅仅是帮助 DnaB 结合。DnaB 是**解旋酶**（helicase），其作用是打开碱基对（15.2.2 节）。DnaB 可以增加复制起始处的单链区，使 DNA 复制延伸阶段所需要的酶得以结合。这也意味着大肠杆菌复制起始阶段的结束，复制叉离开起点向前延伸，DNA 复制开始。

## 酵母的复制起点也已被清楚确认

揭示大肠杆菌 *oriC* 序列的技术，包括将 DNA 片段转入无复制功能的质粒的技术，同样用于鉴定酿酒酵母复制起点的研究中。用这种方法鉴定出的起点被命名为**自主复制序列**（autonomously replicating sequence，ARS）。典型的酵母 ARS 比大肠杆菌的复制起点短，通常不足 200bp，但是它同大肠杆菌一样包括不同的功能区域，并且在不同的

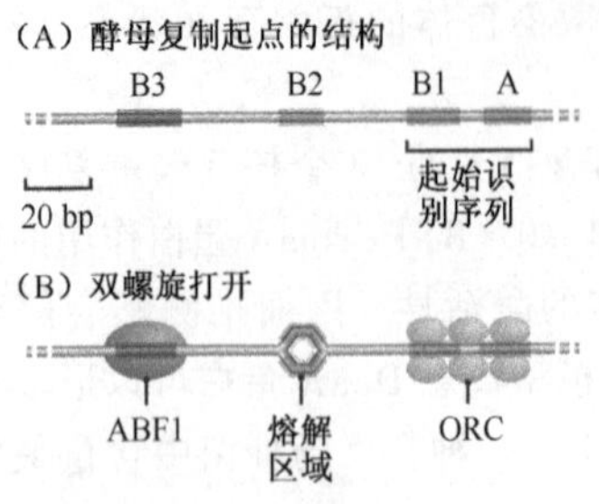


图 15.10 酵母复制起点的结构

(A) ARS1，一种自主复制序列，可作为酿酒酵母的复制起点。功能序列 A、B1、B2、B3 的相对位置在图中标明。(B) 由于 ARS 结合蛋白 1（ABF1）结合 B3 亚结构域，B2 亚结构域的双螺旋结构解开。复制起点复合物蛋白（ORC）与亚结构域 A 和 B1 永久性结合

ARS 中这些“亚结构域”具有相似的序列［图 15.10（A）］。目前已发现了 4 个亚结构域，其中的两个亚结构 A 和 B1 构成**起始识别序列**（origin recognition sequence），总长度约 40 bp，是**起始识别复合物**（origin recognition complex，ORC）结合的部位，而起始识别复合物是一组结合于复制起点上的 6 个蛋白质［图 15.10（B）］。人们开始认为 ORC 是与大肠杆菌 DnaA 蛋白对应的酵母蛋白，但是这种解释可能并不十分严格，因为 ORC 在整个细胞周期中似乎始终结合在酵母起始位点上。因此，不像是明确的起始蛋白，它更像复制起点与协调复制起始和细胞周期的调节信号之间的中介（15.3.1 节）。

因此，我们还应在酵母的 ARS 中寻找与大肠杆菌 *oriC* 具有相同功能的序列。这使得我们在典型的酵母 ARS 中发现了另外 2 个保守序列，即亚结构域 B2 和 B3［图 15.10（A）］。现有的认识表明，这两个亚结构域和大肠杆菌中的复制起点具有相似的作用。亚结构域 B2 看起来相当于大肠杆菌起点中的 13 核苷酸的重复序列，处于双螺旋两条链中最先解开的位置上，通过一种 DNA 结合蛋白——ARS 结合因子 1（ABF1）结合于 B3 亚结构域上，产生扭转张力，导致链的解开［图 15.10（B）］。与大肠杆菌一样，酵母复制起点螺旋解开后，解旋酶及其他与复制有关的酶结合到 DNA 上完成起始过程，然后使复制叉沿着 DNA 向前延伸，详见 15.2.2 节所述。

## 确认高等生物的复制起点比较困难

鉴定人类及其他高等真核生物复制起点的尝试迄今仍无太大进展。通过各种生化方法对**起始区域**（initiation region）（染色体 DNA 上复制开始的部位）进行研究，如在标记核苷酸存在的前提下启动复制，然后终止此反应，纯化新合成的 DNA，并确定这些新合成的链在基因组中的位置。这些实验表明，在哺乳动物染色体上存在一些复制起始的特定部位，但一些研究人员对这些区域上是否存在与酵母的 ARS 等同的复制起点表示怀疑。其中一个假说认为复制是由细胞核中特定位置的蛋白质结构启动的，而染色体上的复制起始区只不过是在核的三维空间中与这些蛋白质结构相近的一些 DNA 片段。

由于将哺乳动物的复制起始区域转入复制缺陷型质粒后未能重建复制能力，人们从而产生了对哺乳动物复制起点的怀疑。这些实验并不具有结论性的意义，因为已经认识到哺乳动物的起点可能太长而无法完整克隆于质粒中，或者它必须通过染色体 DNA 远距离的激活才具有功能。人类起始位点处约 8kb 的片段被转入猴的基因组中，研究获得了突破，因为这时尽管去除了人的细胞核中任何假定的起始蛋白结构，但它仍能指导复制。分析转入的起始区发现有些复制起始高频率发生的基本位点，在整个 8kb 的区域中，这些位点附近还存在一些复制发生频率较低的次级位点。除此以外，还可以通过观察缺失区域对复制起始频率的影响来研究复制起始区的不同功能域。

人类基因组事实上确实具有与酵母等效的复制起点，因此产生了这样的问题：哺乳动物是否具有像酵母一样的 ORC。答案应该是肯定的。因为在高等真核生物中鉴定出多个基因，其蛋白质产物具有与酵母的 ORC 蛋白相似的序列，并且现已证实其中某些能替换酵母中相应的 ORC 蛋白。这些结果表明，酵母的复制起始对于研究哺乳动物中的复制起始是一个很好的模式。这一结论非常适用于对复制起始调控的研究，我们在 15.3 节中将看到这一点。

### 15.2.2 复制的延伸阶段

一旦复制起始，复制叉就沿着 DNA 分子前进，进行基因组复制的中心活动，即合成与亲代多聚核苷酸互补的两条新 DNA 链。在化学水平上，复制时模板依赖性的 DNA 合成（图 15.11）与转录时模板依赖性的 RNA 合成非常相似（图 12.1）。这种相似性容易误导我们认为两者雷同，但这两个过程的机理事实上大相径庭。以下两个因素使复制更为复杂，而转录则不存在这些问题：

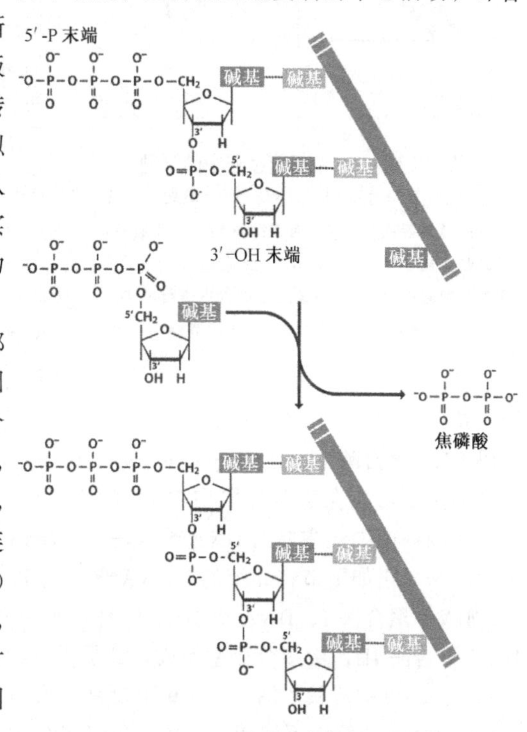


图 15.11 模板依赖的 DNA 合成

同图 12.1 中模板依赖的 RNA 合成进行比较

- 在 DNA 复制时，双螺旋的两条链都必须被拷贝。如 1.1.2 节所述，因为 DNA 聚合酶只能从 5′→3′方向合成 DNA，这使复制变得非常复杂，这也意味着亲代双螺旋中的一条链，即**前导链**（leading strand），可以连续复制；而**滞后链**（lagging strand）的复制就只能以非连续方式进行，即当一系列的短片段合成以后，才被连接起来形成完整的子链（图 15.12）。
- 模板依赖性 DNA 聚合酶不能在单股 DNA 分子上启动 DNA 的合成，它必须有一个短的双链区为酶提供一个能添加新核苷酸的 3′端。这就意味着需要**引物**（primer），即在前导链启动互补链合成时所需的一个片段；在滞后链启动每个不连续 DNA 片段合成时也都需要的一个片段（图 15.12）。

在解决这两个问题以前，让我们先看一看 DNA 聚合酶本身。

## 细菌和真核生物中的 DNA 聚合酶

如图 15.11 所示，DNA 聚合酶催化的主要化学反应是 5′→3′方向合成 DNA 多聚核苷酸。如在 2.1.1 节中所学习到的，有些 DNA 聚合酶除此以外至少还具有一种外切核酸酶活性，即这些酶既能合成又能降解多聚核苷酸（图 2.7）。

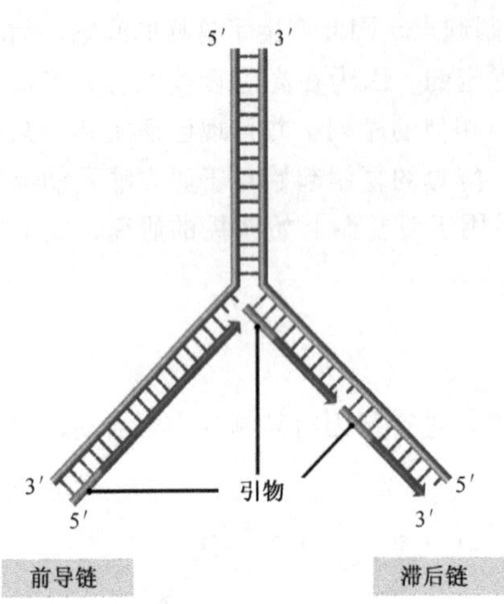


图 15.12 DNA 复制过程中的难题

双链 DNA 复制过程中必须解决两个难题。首先，只有前导链能从 5′→3′方向连续复制，而滞后链的复制是非连续的。其次，DNA 合成起始需要引物。无论是细胞中 DNA 合成还是在试管中进行的 DNA 合成实验均是如此（2.1.1 节）

- 许多细菌和真核生物的模板依赖性 DNA 聚合酶具有 3′→5′核酸外切酶活性（表 15.2）。这一活性使酶能够从刚合成链的 3′端切下核苷酸。这可以看作**校正**（proofreading）活性，其作用是纠正在链合成中偶发的碱基错配（16.1.1 节）。
- 5′→3′外切核酸酶活性则少见得多。其功能主要是在复制过程中从聚合酶合成的链中去除一部分已与模板结合的多聚核苷酸，这一功能主要存在于细菌 DNA 复制期间滞后链合成时产生的不连续 DNA 片段的连接过程中（图 15.18）。

寻找 DNA 聚合酶的研究开始于 20 世纪 50 年代中期，当时已经意识到 DNA 合成是基因复制的中心环节。Arthur Kornberg 在 1957 年分离出 **DNA 聚合酶 I**（DNA polymerase I），那时认为细菌可能只有这一种 DNA 聚合酶，并普遍认为它是主要的 DNA 聚合酶。但人们发现在大肠杆菌中将编码 DNA 聚合酶 I 的基因 *polA* 失活后，细胞并未死亡（因为细胞仍能复制基因组），特别是后来又通过失活编码 **DNA 聚合酶 II**（DNA polymerase II）的 *polB* 基因，得到同样结果，现在我们知道它的主要功能在于参与损伤 DNA 的修复而不是基因组复制（16.2 节）。直到 1972 年，大肠杆菌中最主要的 DNA 聚合酶——**DNA 聚合酶 III**（DNA polymerase III）才被分离出来。正如下节将介绍的，DNA 聚合酶 I、DNA 聚合酶 III 均参与 DNA 复制。

DNA 聚合酶 I、DNA 聚合酶 II 是单独一条多肽链，而主要的 DNA 聚合酶——DNA 聚合酶 III，由多个亚基构成，分子质量约为 900kDa（表 15.2）。其中 3 个主要的亚基 α、ε、θ 构成核心酶。α 亚基主要具有聚合酶活性；ε 亚基具有 3′→5′外切核酸酶活性；θ 亚基功能尚不清楚，它可能仅仅起结构上的作用，使两个核心亚基以及其他各种辅助亚基装配到一起。辅助亚基包括 τ、γ，二者都是由编码 γ 的同一基因移码合成（13.2.3 节）。辅助亚基还有 β 亚基，充当“滑动夹”的作用，使聚合酶复合物紧紧与模板结合。其他辅助亚基还包括 δ、δ′、χ和 ψ。

真核生物至少有 9 种 DNA 聚合酶，在哺乳动物中分别以 α、β、γ、δ 等希腊字母来区别。但这种命名容易与大肠杆菌的 DNA 聚合酶 III 的亚基混淆。主要的复制酶是 **DNA 聚合酶** δ(DNA polymerase δ)（表 15.2），具有两个亚基（有的研究人员认为是三个），需要与一种被称为**增殖细胞核抗原**（proliferating cell nuclear antigen，PCNA）的辅助蛋白共同起作用。PCNA 的功能相当于大肠杆菌中 DNA 聚合酶 III 的 β 亚基，也能使酶与模板紧密结合。**DNA 聚合酶 a**(DNA polymerase a) 在 DNA 合成中也具有重要功能，是真核细胞中引发复制的酶［图 15.13 (B)］。尽管 **DNA 聚合酶** γ(DNA polymerase γ) 由核基因所编码，却主管线粒体基因组复制。

表 15.2　参与细菌和真核生物复制中的 DNA 聚合酶

| 酶 | 亚单位 | 外切酶活性 | | 功能 |
|---|---|---|---|---|
| | | 3′-5′ | 5′-3′ | |
| 细菌 DNA 聚合酶 | | | | |
| DNA 聚合酶 I | 1 | 有 | 有 | DNA 修复与复制 |
| DNA 聚合酶 III | 至少 10 | 有 | 无 | 主要的复制酶 |
| 真核生物 DNA 聚合酶 | | | | |
| DNA 聚合酶 α | 4 | 无 | 无 | 引发复制 |
| DNA 聚合酶 γ | 2 | 有 | 无 | 线粒体 DNA 复制 |
| DNA 聚合酶 δ | 2 或 3 | 有 | 无 | 主要的复制酶 |
| DNA 聚合酶 κ | 1 | ? | ? | 有助于黏附蛋白的附着，后者在核分裂后期之前使姐妹染色体保持在一起（15.2.3 节） |

注：细菌和真核生物还有其他主要与修复损伤 DNA 有关的 DNA 聚合酶，包括大肠杆菌的 DNA 聚合酶Ⅱ、Ⅳ和Ⅴ，真核生物 DNA 聚合酶 β、ζ、η、θ 和 ι。修复过程在 16.2 节中叙述。

## 非连续链的合成和引物的问题

DNA 聚合酶限制合成 DNA 多聚核苷酸只能从 5′→3′方向，这就意味着亲代分子的滞后链必须以非连续方式合成（图 15.12）。按这种模式，滞后链最初的复制产物是一些短的多聚核苷酸片段，这些片段于 1969 年首先在大肠杆菌中分离出来，被称为**冈崎片段**（Okazaki fragment）。在细菌中，冈崎片段长约 1000～2000 个核苷酸，但在真核生物中相应片段的长度就短得多，可能少于 200 个核苷酸，这一有趣的现象可能表明每一轮非连续合成的 DNA 相当一个核小体（140～150bp 缠绕的核心小体以及 50～70bp 的连接 DNA；7.1.1 节）。

如图 15.12 所示，第二个难题在于启动每条新的多聚核苷酸合成时需要引物。目前对于 DNA 聚合酶不能在单链模板上起始合成的原因还不十分清楚，也许与保证复制准确性的校对功能有关。如 16.1.1 节所述，在多聚核苷酸的合成过程中，当延伸的 3′端出现碱基错配时，可被 DNA 聚合酶 3′→5′外切核酸酶活性清除。这就意味着 DNA 聚合酶 3′→5′外切核酸酶活性必须比 5′→3′聚合酶活性强才能行使校对功能，即 DNA 聚合酶只有在多聚核苷酸的 3′端碱基正确配对的条件下才能有效延伸核苷酸链。这可能就是为什么只有单链模板时不能被 DNA 聚合酶利用而起始复制的原因，因为此单链模板被认定为没有配对的 3′端核苷酸。

不论原因到底为何，DNA 复制中必须有引物，而这并不是一个太大的问题，因为尽管 DNA 聚合酶不能作用于单纯的单链模板，但 RNA 聚合酶却可以，所以 DNA 复制引物由 RNA 构成。在细菌中，引物合成依靠**引发酶**（primase），它是一种与转录酶不相关的特殊的 RNA 聚合酶，每个引物长为 4～15 个核苷酸，大多数以 5′-AG-3′序列起始。一旦引物合成，就由 DNA 聚合酶 III 继续进行链的合成［图 15.13（A）］。在真核细胞中，这种情况稍微有些复杂，因为引发酶与 DNA 聚合酶 α 紧密结合，并能协助该酶合成新的多核苷酸链的头几个核苷酸。引发酶合成长 8～12 个核苷酸的 RNA 引物，然后将之移交给 DNA 聚合酶 α，后者在 RNA 上再加上约 20 个 DNA 核苷酸。其中常常会有一些核糖核苷酸的掺入，但不清楚是 DNA 聚合酶 α 还是引发酶的间歇活性使然。当 RNA-DNA 引物合成结束后，则由主要的复制酶 DNA 聚合酶 δ 取代持续合成 DNA［图 15.13（B）］。

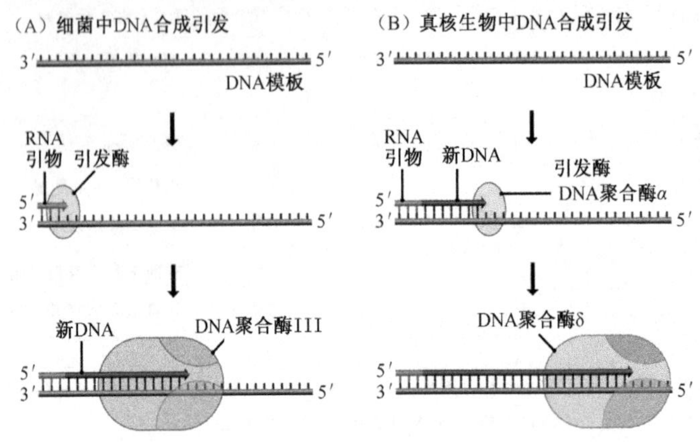


图 15.13　DNA 合成引发。（A）细菌，（B）真核生物

真核生物中引发酶与 DNA 聚合酶 α 形成复合物，图示其合成 RNA 引物及其后的几个 DNA 核苷酸

前导链只需在复制起点引发一次，因为一旦引物合成，前导链就可连续复制直至结束；而就滞后链来说，引物合成是个重复过程，因为每开始合成一个新的冈崎片段就需要一段引物。在大肠杆菌中，冈崎片段长度约为 1000～2000 个核苷酸，每次基因组复制大约需要合成 4000 次引物。在真核生物中，冈崎片段短得多，因此引物合成也频繁得多。

## 细菌复制叉处发生的反应

我们已经讨论了非连续链合成中的复杂性及引发复制方面的问题，进一步将研究 DNA 复制延伸阶段在复制叉处发生的组合性事件。

在 15.2.1 节中，我们已经确认了 DnaB 解旋酶首先与模板结合，然后复制起点的解链区扩展，这代表着大肠杆菌复制起始阶段的结束。在很大程度上，起始和延伸阶段的划分是人为的，因为这两个过程本身是连续的。在解旋酶结合到起点以后就形成引发前复合物，然后引发酶结合，形成**引发小体**（primosome），从而启动前导链的复制。为了复制模板，DNA 聚合酶 III 需要 RNA 引物的合成。

DnaB 是大肠杆菌中与 DNA 复制有关的主要解旋酶，但它不是细菌所具有的唯一的解旋酶。事实上，至少存在 11 种解旋酶，这也反映出不仅在复制过程中需要 DNA 解旋，在许多其他的过程（如转录、重组、DNA 修复）中也同样需要。典型的解旋酶作用模式还不清楚，目前认为这些酶结合于单链而并非双链 DNA 上，并且可以从 5′→3′或 3′→5′方向沿多聚核苷酸链迁移，不同的迁移方向取决于解旋酶的种类。解旋酶所引起的碱基断裂需要 ATP 水解所产生的能量。根据这一模式，单独的 DnaB 可以沿滞后链移动（DnaB 是 5′→3′解旋酶），解开螺旋并形成复制叉，解螺旋过程中所产生的扭转张力则由拓扑异构酶解除（图 15.14）。尽管这一模式并未指出在大肠杆菌中参与

DNA 复制的另外两种解旋酶的功能，但它已非常接近事实。PriA 和 Rep 都是 3′→5′解旋酶，它们可能通过沿前导链移动，作为 DnaB 活性的补充，但是它们的作用可能比 DnaB 小。事实上，在 DNA 复制过程中，Rep 可能仅参与 λ 噬菌体和其他一些大肠杆菌噬菌体的滚环复制过程（15.1.3 节）。

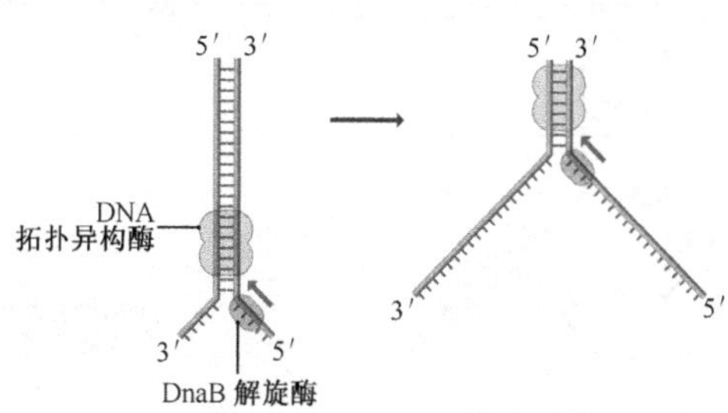


图 15.14　在大肠杆菌 DNA 复制过程中 DnaB 解旋酶的作用

DnaB 是一种 5′→ 3′解旋酶，能够沿后滞链移动，同时使碱基对断裂。它与 DNA 拓扑异构酶共同作用解开双螺旋。为避免混淆，与 DnaB 结合的引发酶在图中未显示。

单股 DNA 分子具有“黏性”，因此两条由解旋酶解开的多聚核苷酸链在酶离开以后，只要有可能就会很快重新形成碱基对。单链 DNA 也对核酸酶高度敏感，如果未加保护，会很快降解。为阻止这一现象的发生，缺乏酶活性的**单链结合蛋白**（single-strand binding protein，SSB）会结合到多聚核苷酸上从而防止两条链重新结合及降解［图 15.15（A)］。大肠杆菌的 SSB 是由 4 个相同的亚基构成，与真核生物主要的 SSB——称为**复制蛋白 A**（replication protein A，RPA）可能有相似的作用，通过一系列 SSB 在链上并行排列形成通道从而关闭多聚核苷酸［图 15.15（B)］。当复制复合物开始复制时，SSB 必须与单链分离，这是由另一套被称为**复制介导蛋白**（replication mediator protein，RMP）来完成的。同解旋酶一样，SSB 在不同的解螺旋过程中有不同的功能。

当前导链复制 1000～2000 个核苷酸后，滞后链的第一轮非连续复制就开始了。先由引发小体中与 DnaB 解旋酶相结合的引发酶合成 RNA 引物，再由 DNA 聚合酶 III 延伸（图 15.16）。这种 DNA 聚合酶 III 复合物与合成前导链的 DNA 聚合酶 III 复合物一样，由两个拷贝的聚合酶通过一对 τ 亚基结合到一起。事实上，它并非两个完整的酶，因为它只具有一个拷贝的 γ **复合物**（γ complex)，包括 γ 亚基及与之结合的 δ、δ′、χ和 ψ。γ 复合物（有时候被称为“夹子装载器”）的主要功能是与 β 亚基（“滑动夹”）相互作用，从而控制酶在模板上的结合与脱离，这一功能在滞后链的复制中非常重要。因为在冈崎片段的起始处与终止处，酶要不停地结合与脱离。有些模式将 DNA 聚合酶 III 复合物中的两个酶置于两个相反的方位，反映了 DNA 合成向相反的方向进行，前导链的酶朝向复制叉，滞后链的酶则远离复制叉。然而这一对酶更可能是朝向相同的方向，滞后链形成一个回环，这样 DNA 合成就平行进行，即聚合酶复合物与复制叉一起向前延伸（图 15.17）。

(A) SSB结合未成对的多聚核苷酸

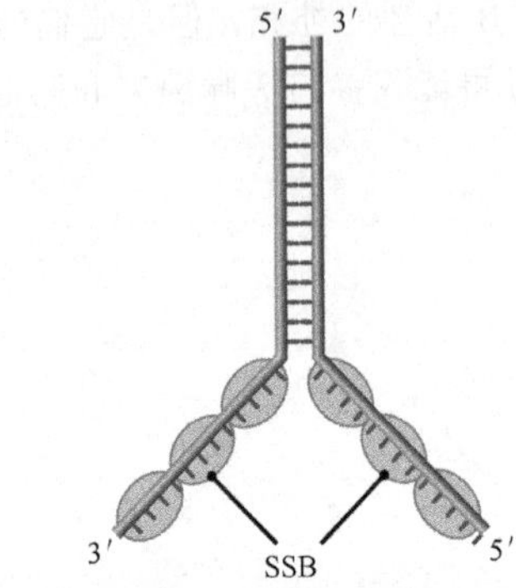


(B) RPA(一种真核SSB)的晶体结构

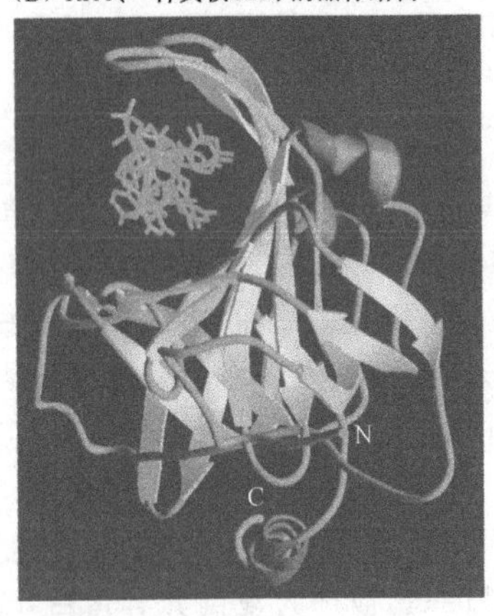


图 15.15 DNA 复制中单链结合蛋白(SSB)的作用

(A) SSB 可以与由解旋酶所产生的未配对的多聚核苷酸结合，从而阻止与其他链发生配对并能防止单链特异的核酸酶的降解。(B) 真核生物的 SSB(称为 RPA)的晶体结构。这种蛋白质所含有的 β 片层结构形成 DNA(以深橙色显示，从末端观察)可以结合的孔道。经 Bochkarev 等许可复制，*Nature* 385，176-181

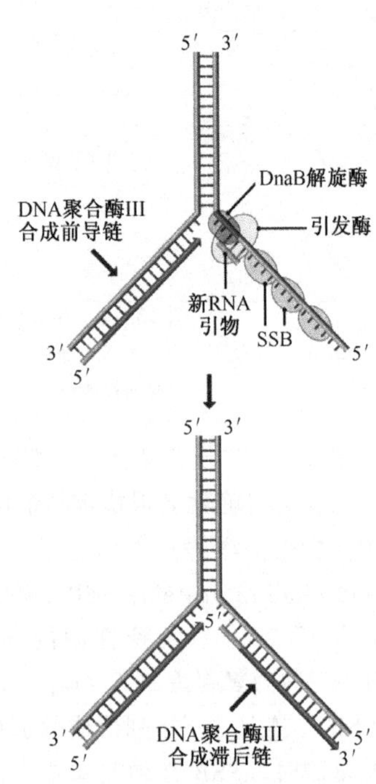


图 15.16 在大肠杆菌 DNA 复制中滞后链的引发和合成

DNA 聚合酶 III 二聚体与引物小体结合称为**复制体**(replisome)，然后该复合物沿亲代 DNA 向前延伸行使主要的复制功能。复制体通过后，必须将单个冈崎片段连接起来才能完成复制。而要将这些连接部位具有 RNA 引物的相邻冈崎片段相互连接起来并非易事(图 15.18)。由表 15.2 可见这种引物不能由 DNA 聚合酶 III 去除，因为它缺乏所需要的 5′→3′外切核酸酶活性。在这些部位，DNA 聚合酶 III 从滞后链上释放下来，取而代之的是 DNA 聚合酶 I，它具备 5′→3′外切酶活性，能够切除引物，通常也包括冈崎片段的 DNA 起始部分，然后在模板暴露区延伸片段，最后末端由 DNA 构成的两个冈崎片段靠到了一起，所需要完成的只是由 **DNA 连接酶**(DNA ligase)形成磷酸二酯键，将两个片段连接起来，从而完成滞后链的复制。

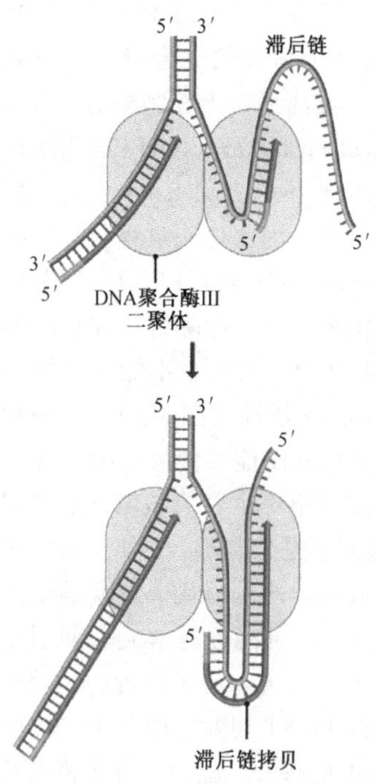


图 15.17 DNA 前导链和滞后链平行合成的模型，在其中 DNA 聚合酶 III 形成二聚体

如图所示，滞后链通过 DNA 聚合酶 III 形成环状结构，这样当聚合酶二聚体沿 DNA 分子进行复制时，前导链和滞后链可以同时复制。DNA 聚合酶 III 二聚体构成并非完全一样，因为只含有一个 γ 复合体

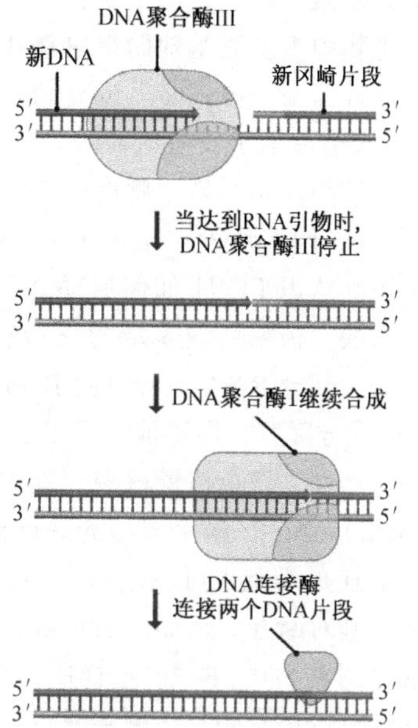


图 15.18 大肠杆菌 DNA 复制过程中，相邻的冈崎片段相互连接时发生的事件

DNA 聚合酶 III 不具有 5′→3′外切核酸酶活性，当它到达下一个冈崎片段末端时就停止 DNA 合成。这时，DNA 合成由具有 5′→3′外切核酸酶活性的 DNA 聚合酶 I 继续，并与 RNaseH 共同作用去除 RNA 引物，代之以 DNA。DNA 聚合酶 I 脱离模板前同样也取代部分冈崎片段 DNA，遗留一个磷酸二酯键。这个磷酸二酯键由 DNA 连接酶连接，从而完成复制过程

## 真核复制叉：与细菌复制方式的差异

细菌与真核生物 DNA 复制全过程大致相同，只是细节上有所差异。尽管在已发现的几种真核生物的解旋酶中，还未确定究竟是哪种解旋酶在 DNA 复制的解旋中起主要作用，但是真核生物复制叉的前进主要依赖于解旋酶的作用。解开的多聚核苷酸也是通过单链结合蛋白防止单链再结合，真核生物中起主要作用的一种蛋白质是复制蛋白 A (RPA)。

在研究引发 DNA 合成的方式时，我们开始注意到真核生物复制过程中的特殊性。如上所述，真核生物 DNA 聚合酶 a 与引发酶相协作，能在前导链及每个冈崎片段的起始处都形成 RNA-DNA 引物。但 DNA 聚合酶 a 本身并不能进行长片段的 DNA 合成，可能是由于它缺乏相当于大肠杆菌聚合酶 III 的 β 亚基或真核生物 DNA 聚合酶 δ 的辅助蛋白 PCNA 所具有的滑动夹的稳定作用，这就意味着尽管 DNA 聚合酶 α 能使引物延伸约 20 个 DNA 核苷酸，它还是将被主要的复制酶——DNA 聚合酶 δ 取代 [图 15.13 (B)]。

在真核生物中，合成复制前导链或滞后链的 DNA 聚合酶不会象大肠杆菌的 DNA 聚合酶 III 一样在复制中形成二聚体复合物，相反，这两个拷贝的聚合酶保持分离状态。在大肠杆菌聚合酶中，由 $\gamma$ 复合物所承担的功能——在滞后链上控制酶的结合与脱离，在真核生物中由多亚基辅助蛋白**复制因子 C**（replication factor C，RFC）来承担。

同在大肠杆菌中一样，滞后链复制完成也需要从冈崎片段中去除 RNA 引物，而真核生物 DNA 聚合酶似乎没有所需的 $5'\rightarrow3'$ 外切核酸酶活性，因此这一过程与细菌细胞不同。这里起核心作用的是**“侧翼内切核酸酶”**（flap endonuclease）FEN1（以前称为 MF1），它与位于冈崎片段 3′端的 DNA 聚合酶 $\delta$ 复合物相结合，能降解相邻片段的 5′端引物。要正确认识 FEN1 如何启动对引物的降解非常复杂，因为它不能从引物的 5′端去除核糖核酸。核糖核酸 5′端的三磷酸基团会阻止 FEN1 活性（图 15.19）。一种可能性是引物的大部分 RNA 成分可由 RNaseH 酶切除。RNaseH 能够使 RNA-DNA 杂合链中 RNA 的成分降解，但不能切开最后一个核糖核苷酸与第一个脱氧核糖核酸之间的磷酸二酯键。然而，这个核糖核酸 5′端中只有单个磷酸而不是三磷酸，因此可被 FEN1 切除［图 15.20（A）］。这个模型的缺点在于过于强调 RNaseH 的作用，而实验证据表明缺乏 RNaseH 的细胞也可以进行滞后链的复制。另外一种可能性是解旋酶使引物与模板之间的碱基对断开，从而使引物被 DNA 聚合酶 $\delta$ 推向一边，使相邻近的冈崎片段进入暴露区［图 15.20（B）］。这样所形成的侧翼就能被 FEN1 切除，因为 FEN1 的内切核酸酶活性可以切开侧支与碱基配对片段之间分支点上的磷酸二酯键。这个模型认为 RNA 引物和所有 DNA 聚合酶 $\delta$ 初始合成的 DNA 都可能被去除。因为 DNA 聚合酶 $\alpha$ 没有 $5'\rightarrow3'$ 的校对活性而导致所合成 DNA 具有较高的错误概率，所以这种说法更加具有吸引力（表 15.2）。FEN1 将这一区域作为侧翼的部分进行剪切，随后被 DNA 聚合酶 $\delta$（具有校对活性，可以依据模板合成高度精确的拷贝）重新合成，这样阻止了可能因 DNA 聚合酶 $\alpha$ 产生的错误成为子代双螺旋中永久的特征。

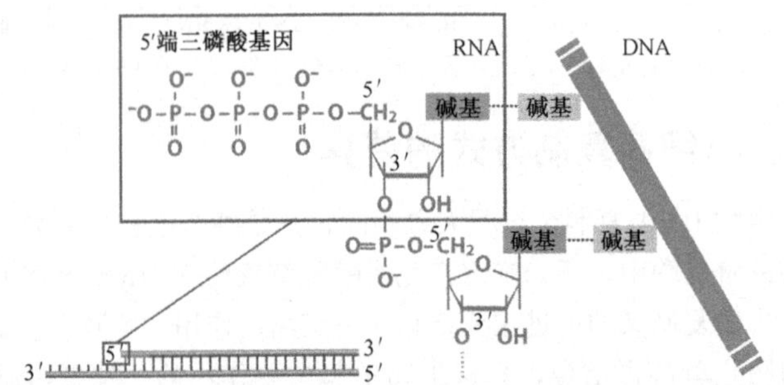


图 15.19 “侧翼核酸内切酶”FEN1 不能引发引物的降解，因为其活性受到引物 5′端三磷酸基团的抑制

细菌与真核生物复制的最后一个区别是真核细胞中没有复制小体。相反，在真核细胞中，与复制相关的酶与蛋白质在核中形成很大的结构，每个结构都含有成百上千的复制复合物。由于与核基质相结合，这种结构是不可移动的，所复制的 DNA 分子则穿过这些复合物。这样的结构被称为**复制工厂**（replication factory）。事实上，这也可能是某些细菌基因组复制过程的特征。

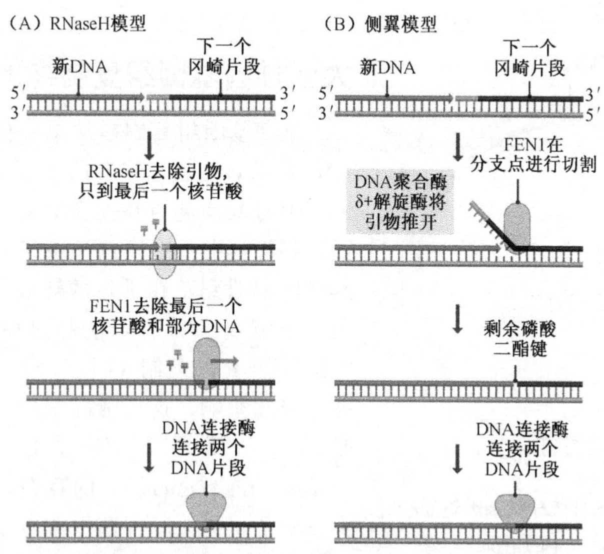


图 15.20　在真核生物中完成后滞链合成的两种方法

新 DNA（黑色）由 DNA 聚合酶 δ 合成。此图中，为清楚起见，DNA 聚合酶 δ 没有显示

## 古细菌基因组复制

有关古细菌 DNA 复制的直接信息我们知之甚少，大多数信息是通过查寻一些基因的 DNA 序列而推断出来的。这些基因序列编码一些与细菌或真核生物复制中涉及的蛋白质相类似的蛋白质。有人起初试图通过查寻已在细菌或真核生物复制起点中发现的复制起点序列基序来定位古细菌基因组的复制起点，但没有成功。随后，通过对每个古细菌基因组不同部分的 4 核苷酸出现的频率进行统计学分析鉴定了一些物种的可能复制起点，鉴定的基本原则是这些频率可能明显不同于复制起点的两侧序列，这与细菌中的情况类似。例如，通过核苷酸频率分析鉴定的嗜热球菌（*Pyrococcus abyssi*）的可能复制起点位于基因组最早复制的区域，因此可能是真正的复制起点。

大部分在复制延伸阶段所涉及的蛋白质序列，正像它们的基因所预示的那样，是与真核生物的对应蛋白质类似，特别是古细菌似乎具有与真核的 RFC 和 PCNA 同源的蛋白质。古细菌的 DNA 聚合酶也十分有趣，因为决定 DNA 合成的亚基与真核 DNA 合成酶 δ 中相应的亚基类似，而具有校对功能的蛋白质与大肠杆菌中 DNA 聚合酶 III 的 ε 亚基同源。

## 15.2.3　复制终止

复制叉沿线性基因组或环状基因组前进，除非与正在进行的转录相遇，一般不会受阻。DNA 合成的速率约为 RNA 合成速度的 5 倍，因此复制复合物能够轻易超过 RNA 聚合酶，但这种情况可能不会发生。相反，人们认为复制叉会停顿在 RNA 聚合酶后面，当转录完成后，复制才得以继续。

最终复制叉到达分子末端或遇到另一个相反方向移动的复制叉，接下来就是 DNA

复制中了解最少的部分。

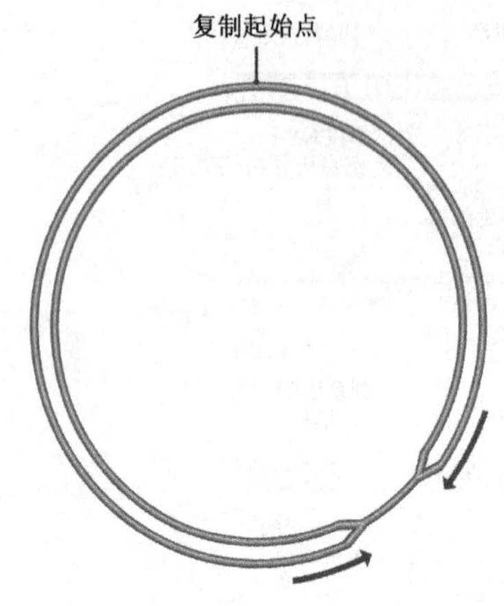


图 15.21 在大肠杆菌环状基因组复制时不允许发生的情况

其中一个复制叉已经通过了一般距离的中点位置。由于 Tus 蛋白的作用，这种情况在大肠杆菌 DNA 复制中不会发生［图 15.22（B）］

## 大肠杆菌基因组复制终止于特定区域

细菌基因组复制是从单一位点双向进行的(图 15.8)，这就意味着两个复制叉会在基因组图谱上与复制起点在完全对称的位置相遇。然而，如果其中一个复制叉由于在其必须复制的延伸区中遇到正在进行的转录而被延迟，那么另一个复制叉就有可能越过中点并在基因组“另一侧”继续复制（图 15.21）。子代分子可能并不受此影响，这种情况未能发生的原因却不是那么显而易见，不过由于**终止子序列**(terminator sequence）的存在，这种情况就不会发生了。在大肠杆菌中鉴定了 6 种这样的终止序列［图 15.22（A)］，每一种序列都是序列特异性 DNA 结合蛋白 Tus 的识别位点。

Tus 的作用方式与众不同。在 Tus 结合于终止序列上后，只允许复制叉向一个方向通过，而阻止其向相反方向前进。这种方向性是由 Tus 蛋白在双螺旋上的定向所决定的：当从某一个方向靠近时，Tus 蛋白阻碍负责复制叉前进的 DnaB 解旋酶的通过，因为解旋酶面对一个难以穿透的β串“墙面”；但是当 DnaB 从另一方向靠近 Tus 蛋白时，可能由于双螺旋解链作用对 Tus 产生的影响，DnaB 能破坏 Tus 蛋白的结构，从而复制叉得以通过［图 15.22（B)］。

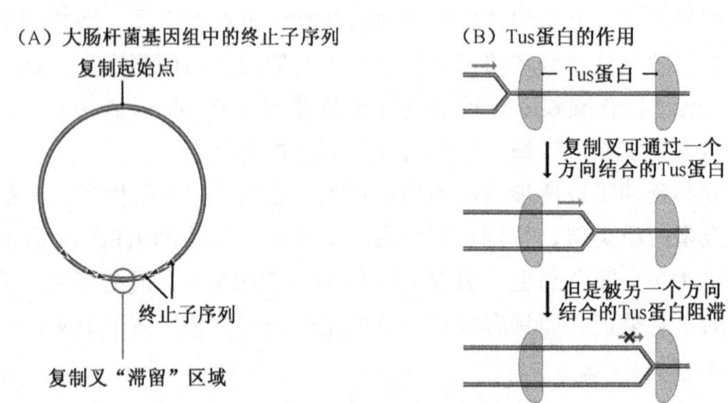


图 15.22 大肠杆菌中终止子序列的作用

(A）图中显示了大肠杆菌基因组中 6 个终止子序列的位置，箭头方向显示复制叉所能通过的终止子序列的方向。(B）Tus 蛋白的结合，使复制叉能从一个方向通过，但从另一方向则不能。本图显示了左侧的 Tus 结合后，由于 DnaB 解螺旋酶能破坏 Tus，从而使复制叉前进通过 Tus；但将被第二个 Tus 所阻止，因为这时复制叉将面对 Tus 的β折叠链所形成的不可穿透的墙

终止序列的指向以及 Tus 蛋白的结合，使得大肠杆菌基因组中的两个复制叉均终

止在一个基因组中复制起点对面的较短的区域［图 15.22（A）］，这也就保证了终止总是发生在同一位点或其附近。两个复制叉相遇时所发生的具体事件尚不知道，但此后必然有复制小体以自发或被调控的方式脱离。结果就形成两个相互连接的子代分子，它们再由拓扑异构酶Ⅳ分开。

## 对真核生物复制终止知之甚少

至今为止，真核细胞中尚未发现与细菌终止位点等同的序列或者是与 Tus 相似的蛋白质。在真核细胞中，复制叉很可能在随机位点相遇，而复制的终止仅仅是新合成的多聚核苷酸的末端相互连接。我们确实知道复制复合物并不解体，因为复制工厂是细胞核的永久性特征。

对于真核细胞，我们所关注的不是复制叉相遇时的分子事件，而是集中于真核细胞核中合成的子代 DNA 分子如何避免相互缠绕这一难题上。尽管 DNA 拓扑异构酶具有解开 DNA 分子缠绕的功能，但是一般都认为保持较低水平的缠绕，可以避免由拓扑异构酶催化的大范围的断裂-再连接反应（图 15.4）。现已有多种假设提出以解决这一问题。其中之一认为真核基因组并非随机包装在核里（10.1.1 节），而是有序地位于有限数目的复制工厂附近，并且每一个复制工厂只需复制一段 DNA 分子，从而使子代分子有序排列而避免缠绕。起先，子代分子通过**黏附蛋白**（cohesin）结合在一起。后者在复制叉通过后即结合到 DNA 分子上，这一过程需要 DNA 聚合酶 κ 的参与。DNA 聚合酶 κ 依然是一个谜一般的酶，对于 DNA 复制很重要，但其已知的作用明显与 DNA 聚合酶活性无关。黏附蛋白维持了姐妹染色体的并列，直到细胞分裂后期时，切割蛋白将其切割，才使子代染色体分开（图 15.23）。

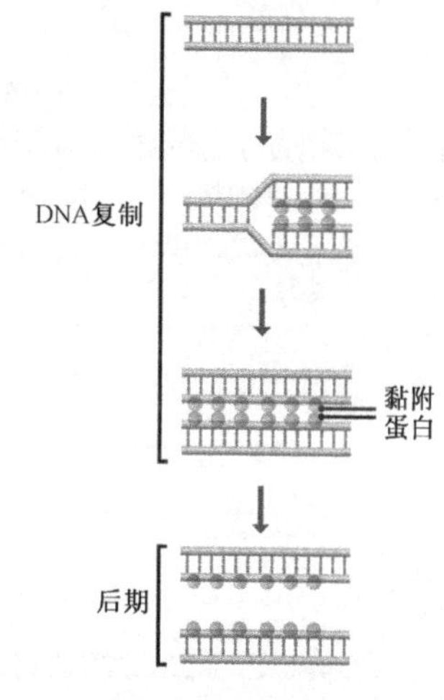


图 15.23　黏附蛋白

黏附蛋白在复制叉通过后立即结合于子代染色体上并使之相连直到分裂后期。在分裂后期，黏附蛋白被切割，使复制的染色体在分配进入子代细胞核前分离（图 3.15）

# 15.2.4　线性 DNA 分子的末端维持

这是我们在复制过程中必须考虑的最后一个问题。这一问题关系到随着 DNA 的连续复制，必须采取措施以避免线性双链分子的末端越来越短。变短的原因主要有两个。

- 在滞后链复制过程中，最后一个冈崎片段可能无法合成引物，因为引物的天然位置超出了模板末端，因此滞后链的 3′端可能无法复制［图 15.24（A）］。这个冈崎片段的缺失就意味着滞后链的复制产物较它本身短。如果在下一轮复制中以保持这一长度的拷贝充当亲本，那么其子代分子就比它的祖代链短。
- 如果最后一个冈崎片段的引物位于滞后链的 3′端，那么变短仍会发生，只是程度较小。末端的 RNA 引物不能通过标准过程切除转变成 DNA［图 15.24（B）］，原因在于这种引物被取代的方法（细菌如图 15.18；真核生物如图 15.19）需要邻近的冈崎片段 3′端的延伸，而这种邻近冈崎片段不可能存在于分子的最末端。

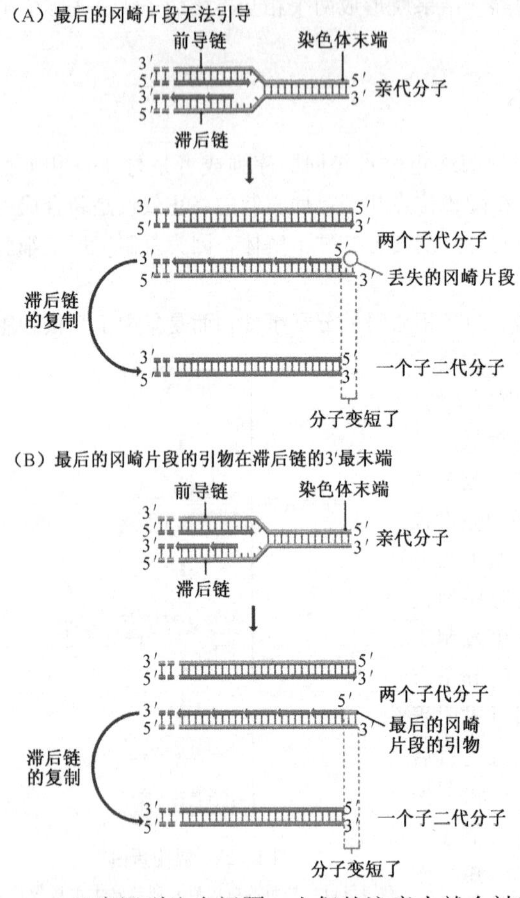


图 15.24 DNA 复制后，线性 DNA 分子变短的两个原因

在两个示例中，亲代分子以通常的方式进行复制。前导链可形成完整的拷贝，而（A）滞后链不完整，这是因为滞后链的最后一个冈崎片段未合成。滞后链的冈崎片段的引物合成通常应在间隔 200bp 的位置上。如果一个冈崎片段的合成发生在距离滞后链 3′端不足 200bp，那么就没有足够的空间引发另一次合成，因此滞后链最后的片段就不能复制，所产生的子代分子具有突出的 3′端，当它复制时，合成的下一代分子就比原来的亲代分子短。在（B）中，最后一个冈崎片段位于滞后链的 3′端，由于无法在滞后链的末端再延伸出一段冈崎片段，故其 RNA 引物不能转为 DNA。引物 RNA 是否能在整个细胞周期中存在，它能否在下一轮 DNA 复制中转为 DNA，都还不清楚。如果不能，则其中一条下一代分子会短于其亲本链

一旦意识到这个问题，人们的注意力就会被引向端粒-真核生物染色体末端不同寻常的 DNA 序列。我们在 7.1.2 节已经看到端粒 DNA 由一种微卫星序列组成，在大多数高等真核生物中这种微卫星序列含有多个拷贝的短重复基序 5′-TTAGGG-3′，在每条染色体的末端随机地重复上百次，因此解决末端缩短问题的答案就在于端粒 DNA 的合成。

## 端粒 DNA 由端粒酶合成

大部分端粒 DNA 在 DNA 复制中以正常方式被复制，但这并不是它合成的唯一方法。为弥补复制过程的局限性，端粒也可以由**端粒酶**（telomerase）所催化的独立反应延伸。端粒酶是一种由蛋白质和 RNA 组成的不同寻常的酶。在人类的端粒酶中，RNA 长度为 450 个核苷酸，它的 5′端具有 5′-CUAACCCUAAC-3′序列，其核心区域与人类端粒中重复序列 5′-TTAGGG-3′反向互补。这使得端粒酶以图 15.25 所示的机制来延伸端粒 DNA。在此机制中，端粒酶的 RNA 作为每一次延伸的模板，而 DNA 的合成则通过酶中的蛋白质组分完成，因此这种酶是一种逆转录酶。这一模式的正确性可以通过端

粒的重复序列和其他物种中端粒酶 RNA 的比较来证实（表 15.3）。在我们所能见到的所有生物体中，端粒酶中的 RNA 都包含一个能够复制出存在于生物体端粒的重复基序的序列。另一个有趣的现象就是在所有生物体中，由端粒酶合成的链都是 G 核苷酸占优势，于是被称为富 G（G-rich）链。

端粒酶只能合成富 G 链，目前还不清楚另一条多聚核苷酸链，即富 C 链如何合成。有人设想当富 G 链足够长时，引发酶-DNA 聚合酶 α 复合体就能结合于其末端，以正常方式启动合成 DNA 的互补链（图 15.26）。然而矛盾之处在于，由于这需要一个新的 RNA 引物，那么含富 C 的链就应比富 G 链短。但是，比较子代分子与亲代分子，我们发现它们的染色体 DNA 全长并未变短。

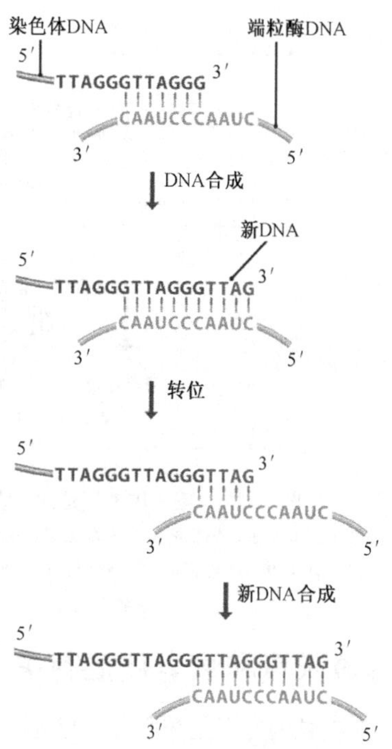


图 15.25　人类染色体末端的延伸由端粒酶完成

图中显示人染色体 DNA 分子 3′端。人端粒是由 5′-TTAGGG-3′端粒基序重复组成。端粒酶 RNA 与 DNA 分子末端进行碱基配对并使多聚核苷酸延伸一小段，其长度可能由端粒酶 RNA 的茎环结构所决定。端粒酶 RNA 沿 DNA 多聚核苷酸转移到另一个新的不远的碱基配对处，将 DNA 分子再延伸几个核苷酸。这一过程不断重复直至染色体末端足够长

端粒酶的活性必须进行非常小心的调控以保证每条染色体末端延伸适当的长度。TRF1 蛋白是整个调控机制中的一个组成部分，它结合在端粒的重复序列上（7.1.2 节）。TRF1 促进折叠的染色质结构的形成，以此来阻止端粒酶接触染色体的末端。当端粒缩短时，结合的 TRF1 蛋白的数量下降，染色质结构打开，从而使端粒酶可以接近染色体的末端并延伸端粒。当端粒延伸后，TRF 蛋白重新结合并促使染色质恢复到紧密折叠状态从而再次将端粒酶驱赶以远离染色体的末端。其实，TRF1 蛋白参与到调节某染色体末端处端粒酶活性的负反馈环路。在哺乳动物细胞里，闭合的染色质结构可能会包含有“t-环”的形成，即端粒的 3′自由端会弯曲回来插入已有的双螺旋，并与 C 富集链的互补序列形成碱基配对（图 15.27）。在人类中，这个反应由第二种端粒结合蛋白 TRF2 催化，它可能是染色体末端不需要进行延伸的另外一种稳定方式。

**表 15.3　在不同生物中，端粒重复序列及端粒酶 RNA**

| 物种 | 端粒重复序列 | 端粒酶 RNA 的模板序列 |
|---|---|---|
| 人 | 5′-TTAGGG-3′ | 5′-CUAACCCUAAC-3′ |
| 尖毛虫 | 5′-TTTTGGGG-3′ | 5′-CAAAACCCCAAAACC-3′ |
| 四膜虫 | 5′-TTGGGG-3′ | 5′-CAACCCCAA-3′ |

注：尖毛虫和四膜虫对于研究端粒是非常有用的原生动物。因为在一定进化阶段，它们的染色体断裂为小片段，每个片段中都有端粒存在。这两种原生物的细胞中含有许多端粒。

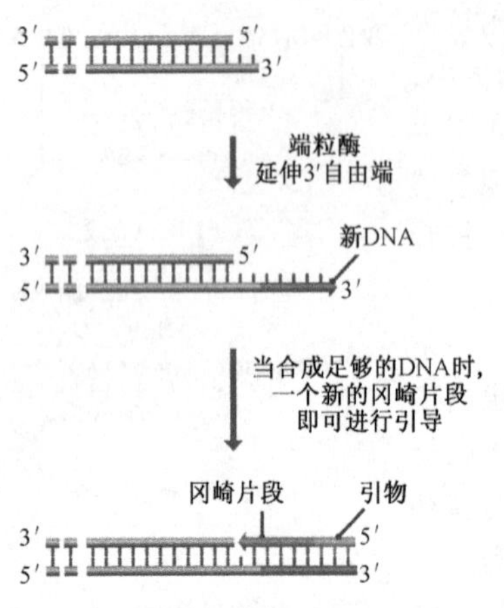


图 15.26　染色体末端延伸过程的完成

如图 15.25 所示，端粒酶延伸 3′端足够长度后，一个新的冈崎片段会被引发、合成，使 3′延伸的片段转变成为一个完整的双链末端

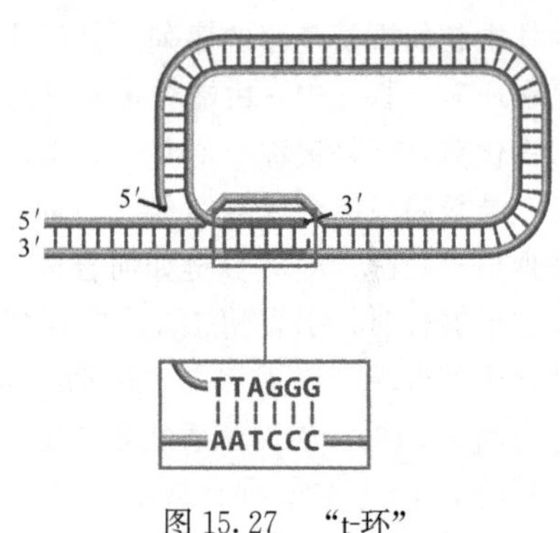


图 15.27　“t-环”

当端粒的 3′自由端形成回环并插入 DNA 双螺旋时形成

## 端粒长度和衰老癌症有关

端粒酶并不是在所有的哺乳动物细胞中都处于活化状态，这可能令人惊讶。该酶在胚胎早期是有功能的，出生后则只在生殖与干细胞（stem cell）中有活性。后者是前体细胞，在一个有机体中终生能持续分裂，产生新的细胞以维持组织器官的正常功能。研究最透彻的当属骨髓中生成新的血液细胞的造血干细胞。

缺乏端粒酶活性的细胞每次分裂都会导致染色体缩短。最终，经过多次细胞分裂，染色体末端严重短缺会使一些重要基因丢失，但这看起来并非导致缺乏端粒酶活性细胞发生缺陷的主要原因。更重要的因素在于，在每一个染色体末端需要一个蛋白质“帽”，以避免 DNA 修复酶将染色体末端与染色体意外断裂形成的无帽断端连接（16.2.4 节）。那些形成保护帽的蛋白质，如人类的 TRF2，可识别端粒的重复序列并与之结合，故此端粒丢失后，这些蛋白质将失去其附着点。如果缺乏这些蛋白质，修复酶就会在缩短但仍完整的染色体末端形成不正确的连接，这可能是端粒缩短导致细胞周期破坏的潜在原因。

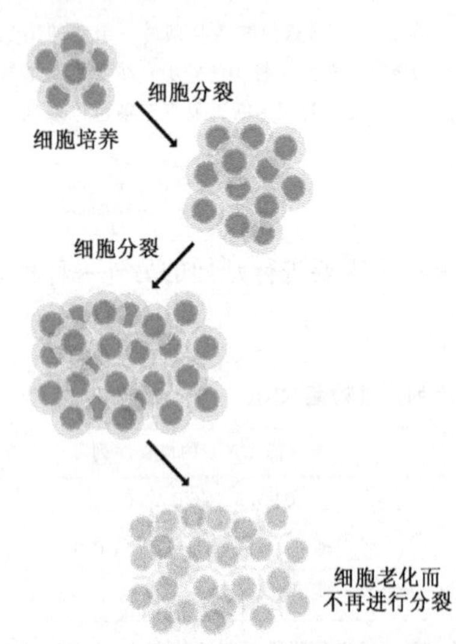


图 15.28　培养细胞经多次分裂后会老化

端粒的缩短也会导致细胞系的终结。多年以来，生物学家一直试图将此过程与细胞衰老联系起来，后者源于细胞培养中的现象。所有常规的培养细胞都有一个有限的生命周期，经过一定次数的分裂，细胞进入到衰老状态，此时它们仍然存活但不能再分裂（图 15.28）。对于某些哺乳动物细胞株，尤其是成纤维细胞

(结缔组织细胞)，通过细胞工程的方法使之合成有活性的端粒酶，能够延迟其衰老。这些试验表明了端粒缩短与衰老间存在清楚的关系，但其关联的确切性尚有疑问，任何从细胞衰老向组织衰老的推断都充满困难。

并非所有的细胞系都表现为衰老。癌细胞在培养中能够持续分裂，它们的不死性常被看作类似于整体器官上肿瘤的生长。多种类型的癌变、衰老的丧失与端粒酶的激活有关，有时通过多次细胞分裂端粒的长度仍能维持，但经常因为端粒酶过度活化使端粒长度增加。端粒酶的活化是癌的原因还是结果并不清楚，尽管前者看起来可能性更高，因为至少有一种类型的肿瘤——先天性角化不良的发生，明显是编码人端粒酶中 RNA 成分的基因的突变引起的。这一问题对于认识癌症的病源学十分重要，但对治疗则关系不大，中心问题在于端粒酶能否作为开发对抗癌症药物的药靶。只有当端粒酶的活化是癌变的结果时，这样的治疗才可能成功，因为通过药物使之失活会诱导癌细胞的老化，因此阻止其增生。

### 果蝇的端粒

将端粒酶蛋白亚单位的氨基酸序列同其他逆转录酶的序列进行比较，我们发现端粒酶与被称作逆转座子的非 LTR 的逆转录元件编码的逆转录酶具有最高的相似性(9.2.1 节)。如果把这个现象同果蝇不同寻常的端粒结构结合起来考虑会非常有意思。这些端粒不像绝大多数其他物种的端粒一样由短重复序列构成，而是由大于 6kb 或 10kb 的长串联序列构成。这些重复序列正是果蝇两个被称作 *HeT-A* 和 *TART* 逆转座子的全长拷贝，它们与人的 LINE-1 相关。目前还不知道这些端粒是如何维持，不过普遍认为其过程同端粒酶的作用方式类似，其 RNA 模板由 *TART* 编码的逆转录酶拷贝的端粒逆转座子转录得到（*HeT-A* 没有逆转录酶基因)。

果蝇端粒特殊的结构可能只是自然界的一次偶然事件。不过，正如端粒酶与逆转座子的逆转录酶之间相似性给我们的提示，我们不能排除一种很有吸引力的可能，即其他物种的端粒是已经降解的逆转座子。

# 15.3 真核生物基因组复制的调控

真核细胞中，基因组复制在两个水平进行调控：

- 复制与细胞周期协调，因此在细胞分裂时，产生两个拷贝的基因组；
- 复制本身在特定条件下可以受到抑制，如 DNA 有损伤必须在复制完成前得到修复。

这些调控机制是我们本章讨论的最后问题。

## 15.3.1 基因复制与细胞分裂的协调

**细胞周期** (cell cycle) 这一概念来自早期细胞生物学家在光学显微镜下的研究。他们观察到分裂的细胞不断重复有丝分裂的循环（图 3.15)，即核与细胞分裂及分裂间期的循环。后者是指在光学显微镜下变化相对较小的时期。曾经认为染色体分裂发生于间期，但是当 DNA 被确定为遗传物质后，分裂间期则被认为是基因组进行复制的重要时期，这一认识将细胞周期重新阐释为一个四阶段过程（图 15.29)，这四个阶段包括：

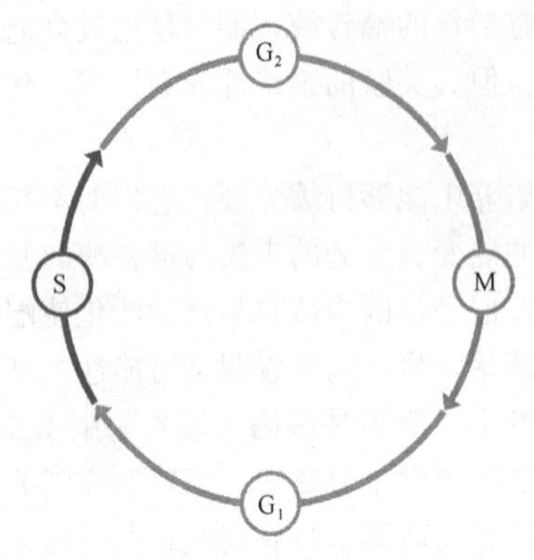

图 15.29　细胞周期

在不同的细胞中细胞周期的每一阶段时间长度有所变化。缩写：$G_1$、$G_2$，间隙期；M，分裂期；S，合成期

- **有丝分裂期**（M 期，M phase），指核和细胞分裂的阶段；
- **间隙 1 期**（$G_1$ 期，$G_1$ phase），转录、翻译及其他细胞活动发生的间隙期；
- **合成期**（S 期，S phase），基因组复制期；
- **间隙 2 期**（$G_2$ 期，$G_2$ phase），第二个间隙期；

S 与 M 期必须协调，这一点非常重要，因为只有这样，基因组才能在有丝分裂前完全复制并且只复制一次。在进入 S 期与 M 期的前一瞬间被认为是重要的**细胞周期检查点**（cell cycle checkpoint）。因此，如果涉及细胞周期调控的重要基因发生突变，或者细胞受损，如 DNA 遭到广泛的破坏，细胞周期就可以停止在这两个检查点的任何一处。对基因组复制和有丝分裂协调性的认识就集中到这两个检查点上，尤其是前 S 检查点，即复制的即时前期。

## 复制前复合物的形成能够启动基因组复制

对酿酒酵母的研究使我们提出一个对 S 期时相进行控制的模式：基因组复制需要在复制起始点构建**复制前复合物**（pre-replication complexs，pre-RC），这些复制前复合物在复制进行过程中转变成**复制后复合物**（post-RC），而后者不能启动复制，这样就阻止细胞在有丝分裂前再次复制基因组。ORC 是结合在酵母一个起始点的 A、B 结构域上的 6 个蛋白质的复合物［图 15.10（B)］，因为它在整个细胞周期中都存在于复制起点，因此认为 ORC 是一个复制前复合物的早期成员，但可能不是核心成员。相反，ORC 被认为是构建复制前复合物的一个“着陆垫”。

有多种蛋白质被认为是复制前复合物组分。第一种为 Cdc6p，它首先在酵母中被鉴定，后来在高等真核生物中发现有同源蛋白质存在。当酵母细胞进入分裂期，Cdc6p 在 $G_2$ 末期合成，在 $G_1$ 早期与染色质相结合；而当复制开始时，在 $G_1$ 末期消失（图 15.30）。有实验证实该蛋白质与复制前复合物有关。编码 Cdc6p 的基因被抑制，将导致复制前复合物缺乏；当 Cdc6p 过表达时，基因组就会在有丝分裂间期大量复制。目前，还有生化证据表明，Cdc6p 和酵母 ORC 可直接相互作用。

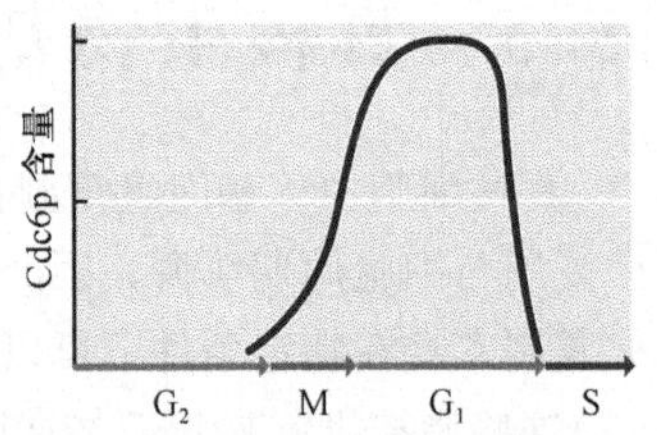

图 15.30　该图显示细胞周期不同阶段，细胞核中 Cdc6p 的含量

复制前复合物的第二种成分是一组被称为**复制许可因子**（replication licensing factor，RLF）的蛋白质。像 Cdc6p 一样，这组蛋白质首先也是在酵母中发现的（MCM 蛋白家族），后来又在高等真核生物中发现其同源蛋白质。RLF 在 M 末期与染色质相结合，保持这种状态直至 S 期开始，复制开始时它逐渐从 DNA 上脱落下来。RLF 从

DNA 上脱落可能是复制前复合物转换为复制后复合物的关键事件，从而阻止在又一轮复制已经启动的复制起点重新起始复制。

## 复制前复合物装配的调节

对复制前复合物成分的鉴定使我们对基因组复制起始的认识又进了一步，但是仍未回答复制如何与细胞周期中的其他事件相互协调。细胞周期的调控是一个复杂的过程，主要是通过蛋白激酶的介导实现的，蛋白激酶可以磷酸化并活化在细胞周期中有特异功能的酶和其他蛋白质。在整个细胞周期中，细胞核中均存在相同的蛋白激酶，因此它们本身必须受到调控。这种调控，一部分通过在细胞周期中含量不断变化的**周期素**(cyclin) 蛋白实现，一部分通过能够激活周期素依赖性激酶的其他蛋白激酶实现，此外，有些还可以借助抑制蛋白的作用。甚至在我们开始寻找复制前复合物装配的调节因子前，我们就可以预见这一调控系统十分复杂。

许多周期素都与 DNA 复制激活以及在复制结束后阻止复制前复合物再装配有关。其中包括有丝分裂周期素，它的主要功能最初被认为是激活有丝分裂，但同样可以抑制基因组复制。如果这些周期素的功能被抑制，例如，通过过量表达抑制其活性的蛋白质，那么细胞就不能进入 M 期而重复进行 DNA 复制；还有一些特异的 S 期周期素，例如，酿酒酵母中的 Clb5p 和 Clb6p，它们的失活能延缓或阻止基因组复制。还有其他的一些周期素，它们在 $G_2$ 期激活，并且在基因组复制后、细胞分裂前阻止复制前复合物装配（图 15.31)。

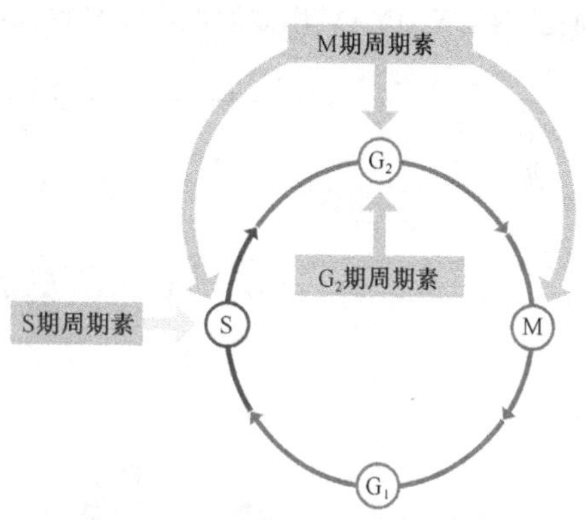


图 15.31　与 DNA 复制调控有关的细胞周期素在细胞周期中的调控点

除了这些周期素依赖性控制系统，DNA 复制还受到周期素非依赖的蛋白激酶的调节，如在酵母和哺乳动物等多种生物体中发现的 Cdc7p-Dbf4p。这种激酶所活化的蛋白质尚未发现，而不同的实验表明 RLF 和 ORC 都是其靶蛋白。不管机制如何，Cdc7p-Dbf4p 的活性对复制是必需的，若仅靠周期素依赖性过程不足以使细胞进入 S 期。

### 15.3.2　S 期间调控

$G_1$-S 转换的调控可以被认为是影响基因组复制的主要调控过程，但不是唯一一个。S 期间发生的一些特殊事件也会受到调控。

## 早期与晚期复制起点

所有复制起始点的复制起始不是都在同一时刻发生，而“起点点火”(origin firing) 也不是一个完全随机的过程。部分基因组在 S 期较早进行复制而其余的则晚些进行，每一次细胞分裂可以包括不同细胞的一次分裂，也包括同一细胞的多次分裂。基本的情况是活跃转录的基因和着丝粒周围最先复制，端粒和基因组的非转录区域晚些复制。早先点火的起始位点通常是组织特异性的，因而可以反映某一特定细胞内基因组的表达情况。

基因组复制的这些特点仅仅是从少数几个复制起点推断出来的，不过这些特征已经得到一些微阵列技术研究结果的有力补充。微阵列分析建立在杂交探测的基础上。因此，应用该方法去研究基因组的复制模式，必须设计一种方法以分离已复制和未复制的DNA，使其中之一可用于制备杂交探针。例如，如果我们从刚进入S期的细胞中获得了已复制DNA的样品，则这些DNA可用于探测微阵列以确定那些在早期已经复制的基因。我们从稍晚一些S期的细胞中获得第二套探针，就可以确认接下来复制的一系列基因，依此类推。对于酿酒酵母而言，这些探针可以通过以下方法获得：在重氮中培养酵母细胞，之后将细胞转入正常培养基，使之进入S期。提取DNA，用限制性内切核酸酶处理，通过密度梯度离心将之分层（图 15.32）。可得到两条带，一条为$^{15}$N-$^{15}$N-DNA片段，来自于未复制的基因组成分；另一条为来自于已复制区段的$^{14}$N-$^{15}$N-DNA。纯化$^{14}$N-$^{15}$N-DNA，用放射性或发光物标记，即可用于微阵列。

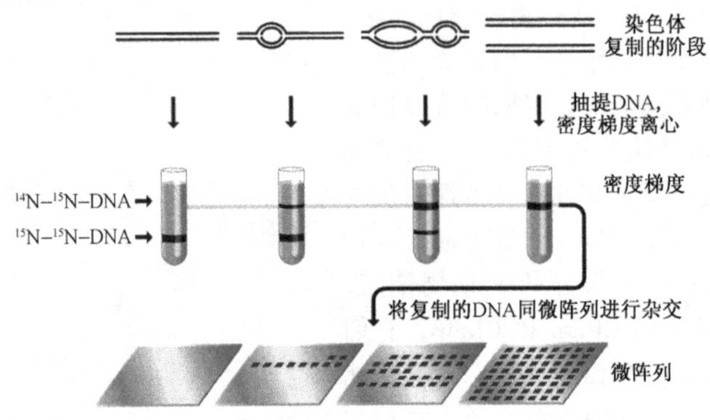


图 15.32 酿酒酵母复制起始点点火的微阵列分析

此项分析简单但信息量显著。图 15.33（A）显示了第6号染色体上复制起点“点火”的动力学，并确认染色体短臂的中段为该染色体的启动区。与之前的实验一致，着丝粒（以$x$轴上的圆圈表示）在S早期复制，而端粒在最晚期复制。我们还应注意到两个端粒几乎同时复制。这一现象适用于所有的酵母染色体，但并非所有的染色体同时完成其复制。一些染色体，如11号与15号染色体在S早期复制完毕；另一些染色体，如8号与9号染色体在S晚期才完成复制。这种时间上的差异与染色体的长度无关，而恰恰表明了染色体复制的动力学变化。图 15.33（B）着重说明了此点，图示S期开始后15min，15号染色体上的绝大多数复制起点已被激活，而此时12号染色体的复制才刚刚开始。微阵列分析也能够推断出单个复制叉的迁移速率，后者也显示出差异性。复制叉平均速率是每分钟2.9kb，但一些复制叉运动则快得多，最活跃者可达每分钟11kb。

理解究竟是什么因素使确定复制起点的“点火”时间十分困难。这不仅取决于起点的序列，因为将DNA片段从正常位置转移到同一染色体的其他位置，或不同染色体，均会导致起点“点火”时间发生变化。这种位置效应可能与染色质的组织结构有关，并受到某些结构，如控制DNA包装的位点调控区的影响（10.1.2节）。复制起点在细胞核中的位置可能也很重要，因为在S期同一阶段活化的复制起点看起来是成簇聚集在一

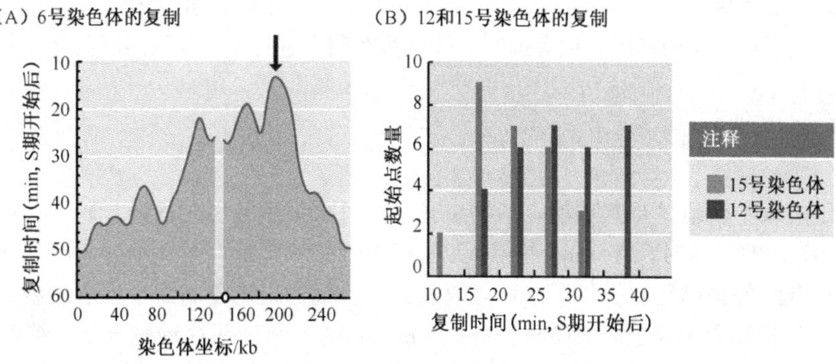


图 15.33 酿酒酵母起点点火的动力学

(A) 6 号染色体上不同区域起始点点火的时间。箭头所指为染色体复制起始位点，$x$ 轴上的圆圈表示着丝粒。空白区域为染色体上无法进行检测的部分。(B) 12 号和 15 号染色体复制动力学比较

起的——至少在哺乳动物中是如此。

## S 期的检查点

有关基因组复制调节的最后一部分是 S 期检查点的作用。酵母细胞对于 DNA 损伤时的反应之一就是 DNA 复制过程的减慢或完全停止，这一发现导致了对这些检查点的确认。复制过程的抑制与一些基因的活化有关，这些基因的产物参与 DNA 修复（16.2 节）。

当进入 S 期时，周期素依赖性激酶参与了 S 期检查点的调节，这些酶会对由复制叉相关蛋白质发出的损伤信号产生应答。一些复制叉蛋白，包括增殖细胞核抗原 PCNA 成分和辅助蛋白 RFC 也最初被认为在损伤检测中起作用，不过这几个与 DNA 合成相关的蛋白质可能在 DNA 损伤检测中不起作用。对损伤敏感的 RFC 相比较标准 RFC 具有不同的亚单位组成。最早被鉴定为 PCNA 同源物的敏感蛋白是一个完全不同的蛋白质（9-1-1 复合体），它具有 PCNA 类似的结构并可能以类似的方式与 DNA 双螺旋发生相互作用。来自这些蛋白质的信号经过蛋白激酶，如 ATM、ATR、Chk1 和 Chk2 的介导引起相应的细胞应答（图 15.34）。复制过程的停止可能因为通常发生在 S 晚期对活化的复制起点“点火”的抑制或复制叉延伸的减慢。如果损伤不严重，就会激活 DNA 修复系统（16.2 节）；否则，细胞也可转而进入程序性细胞死亡，即**凋亡途径**（apoptosis），这是一种由 DNA 损伤引起的单个体细胞死亡现象，与允许细胞复制已变异的 DNA，进而可能引发肿瘤与癌性增生相比更为安全。在哺乳动物中，诱导细胞周期停滞的中心成分是 P53 蛋白。它属于抑癌蛋白，因为当此蛋白缺陷时，基因组受损的细胞可以逃过 S 期

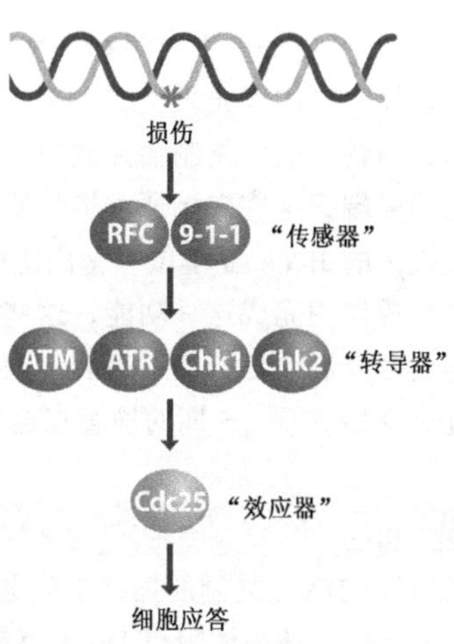


图 15.34 引发 DNA 损伤相应细胞应答的集联事件

检查点，可能增生为癌。P53 是一个序列特异 DNA 结合蛋白，可以激活一些与细胞周期停滞及凋亡直接相关的基因，或者抑制另外一些在凋亡进程中必须被阻断的基因的表达。

# 总结

为了持续不断地执行其功能，基因组必须在每次细胞分裂时进行复制。早在首次宣布发现 DNA 的结构时，Watson 和 Crick 就指出维持双螺旋两条链结合的碱基配对为每条多聚核苷酸的精确复制提供了一种有效的方式。他们提出复制的半保留模型，每条亲本链作为其互补子代链合成的模板。Meselson-Stahl 实验证明这种解释是正确的，不过在研究双螺旋的两条链，特别是在几乎不可能自由旋转的环形分子中是如何分离的时候，还存在许多没有解决的问题。DNA 拓扑异构酶的发现解决了这一问题，它可以通过重复断裂并重新连接一条或两条多聚核苷酸链来打开 DNA 双螺旋。目前还没有发现半保留复制以外的复制方式，尽管半保留也存在不同的具体形式，如替换复制和滚环复制。基因组复制的起始发生在一些不连续的起始位点，细菌和酵母中的这些位点都得到了很好的研究，而高等真核生物的起始位点还存在很多未知的地方。一旦复制开始，一对复制叉会沿着 DNA 分子向不同的方向移动。DNA 聚合酶只能沿 5′→3′方向合成 DNA，这也就意味着虽然有一条链（前导链），可以以连续的方式进行复制，而第二条链（滞后链）必须以短片段的形式进行复制。这些片段被称为冈崎片段。DNA 合成必须由 RNA 聚合酶进行引导，并且双螺旋必须打开，解旋酶和单链结合蛋白可以稳定单链分子。复制复合体（细菌中称之为复制体）包括 DNA 聚合酶和一些辅助蛋白（如滑动夹），可以保证聚合酶和 DNA 之间的结合并且保证聚合酶还可以沿 DNA 移动。细菌染色体复制的终止发生在一些特定的区域，而真核基因组复制终止的区域还存在很多未知的问题。因为复制会导致端粒的逐渐缩短，所以真核染色体需要特殊的过程来维持它们的末端。这些末端通过端粒酶进行延伸，端粒酶具有一个可以充当新端粒重复序列合成模板的 RNA 亚单位。基因组的复制必须和细胞周期进行协调。一系列的调节蛋白共同发挥作用完成这一功能，这些蛋白质中很多只在特定的细胞周期阶段具有活性。复制起始时复制前复合物的组装是确保每次细胞周期中基因组只复制一次的关键步骤。一旦复制开始进行，S 期的检查点会对 DNA 损伤产生应答以阻止或终止基因组复制。

## 选择题

* 奇数问题的答案见附录

15.1* DNA 复制的拓扑学问题涉及下面哪个？

- a. 核小体阻碍 DNA 复制位点。
- b. 滞后链 DNA 合成的困难。
- c. 双螺旋的解旋和 DNA 的旋转。
- d. DNA 复制同细胞周期的同步。

15.2 哪一词汇描述了可阻止双螺旋的分离而不进行解旋的拓扑结构重排？

- a. Helinemic
- b. 平行线
- c. 绞旋线

d. Toponemic

15.3* 哪位科学家最先提出“断裂-再连接”模型用以解决 DNA 复制的拓扑学问题？

a. Dlbrück

b. Kornberg

c. Meselson 和 Stahl

d. Watson 和 Crick

15.4 下面哪项是大肠杆菌 DNA 回旋酶的功能？

a. 消除 DNA 复制过程中产生的基因组过度螺旋。

b. 消除转录过程中产生的基因组过度螺旋。

c. 向 DNA 分子中介导超螺旋。

d. 以上所有。

15.5* 哪一类型的 DNA 分子使用滚环复制方式进行复制？

a. 细菌基因组

b. 部分噬菌体基因组（如 λ 噬菌体）

c. 线粒体基因组

d. 酵母基因组

15.6 DNA 复制起始的位点被称之为：

a. 增强子

b. 起始子

c. 复制起始点

d. 启动子

15.7* DNA 合成中引物的作用是什么？

a. 为下一个核苷酸的加入提供 5′-磷酸基团。

b. 为 DNA 合成提供一个可以水解放能的 5′-磷酸基团。

c. 为下一个核苷酸的加入提供一个 3′-羟基。

d. 为 DNA 链合成提供核苷酸。

15.8 在 DNA 合成中下面哪种 DNA 聚合酶的活性被用来校对？

a. 3′→5′外切核酸酶

b. 5′→3′外切核酸酶

c. 单链内切核酸酶

d. 双链内切核酸酶

15.9* 什么是冈崎片段？

a. DNA 前导链上合成的短片段多聚核苷酸。

b. DNA 滞后链上合成的短片段多聚核苷酸。

c. 滞后链上合成用于 DNA 合成的引物。

d. DNA 聚合酶的蛋白水解片段。

15.10 哪个蛋白质可阻止复制叉处单链 DNA 分子的降解或重结合？

a. 解旋酶

b. 引导酶

c. 单链结合蛋白

d. 拓扑异构酶

15.11* 细菌中，下列哪个酶可以去除在滞后链每条冈崎片段起始处的RNA引物？

a. DNA聚合酶I

b. DNA聚合酶III

c. DNA连接酶

d. RNase H

15.12 大肠杆菌中，哪个蛋白质在DNA复制结束后结合在一起的姐妹染色体的分离中发挥作用？

a. DnaB

b. DNA聚合酶

c. 拓扑异构酶IV

d. Tus

15.13* 下面关于端粒酶的判断哪条是正确的？

a. 端粒酶是一种RNA依赖的DNA聚合酶。

b. 端粒酶是一种RNA依赖的RNA聚合酶。

c. 端粒酶是一种DNA依赖的DNA聚合酶。

d. 端粒酶是一种DNA依赖的RNA聚合酶。

15.14 果蝇中的端粒类似下列哪种序列？

a. 着丝粒

b. 微卫星

c. 逆转座子

d. DNA转座子

15.15* 在细胞周期的哪个期DNA复制进行？

a. M

b. $G_1$

c. S

d. $G_2$

15.16 哪项技术被用于研究基因组不同区域复制起始时间？

a. 荧光原位杂交

b. 质谱

c. 微阵列分析

d. PCR

## 简答题

* 奇数问题的答案见附录

15.1* 在Meselson-Stahl实验前，我们不知道DNA复制是“弥散性”、“半保留”或“全保留”的。描述经这几种不同方式复制后子代分子中DNA组分的区别。

15.2 描述DNA分子替代复制的机制。

15.3* 描述滚环复制过程的机制。
15.4 DnaA 蛋白结合在大肠杆菌复制起始点的什么位置？如何结合？
15.5* 大肠杆菌中复制起始点的复制叉如何起始？
15.6 大肠杆菌 DNA 聚合酶 III 的亚基 a、β 和 ε 的功能分别是什么？
15.7* 描述一下真核前导链合成中起作用的三个关键的酶。
15.8 对于大肠杆菌基因组复制的终止我们都知道些什么？这个过程中包括哪些蛋白质和序列？
15.9* 真核生物中，为什么在连续几轮 DNA 复制后线性染色体的末端会变短？
15.10 真核细胞中端粒酶的活性如何调节？
15.11* 酵母 Cdc6p 的表达如何变化以影响基因组复制的调控？
15.12 真核基因组不同部分复制时间点的基本情况如何？

## 论述题

* 奇数问题的指导见附录

15.1* 讨论为什么即使在 Meselson-Stahl 实验前 DNA 复制的半保留模型就最受人们推崇？
15.2 评价目前哺乳动物复制起始点研究的现状。
15.3* 写一份关于"DNA 解旋酶"的延伸报告。
15.4 目前我们对真核基因组复制的了解还局限在发生在复制叉的一些事件。下一个挑战将是把以 DNA 为中心的复制研究转移到研究在细胞核内复制是如何组织的问题上，例如，复制工厂的地位和可以避免子代分子纠缠的一些过程。设计一套研究上述一个或多个问题的实验方案。
15.5* 进一步寻找端粒及细胞衰老和癌症之间的关系。

## 图形测试

* 奇数问题的答案见附录

15.1* 这张图所示的 DNA 复制类型是什么？讨论 DNA 利用这套系统进行复制的过程。

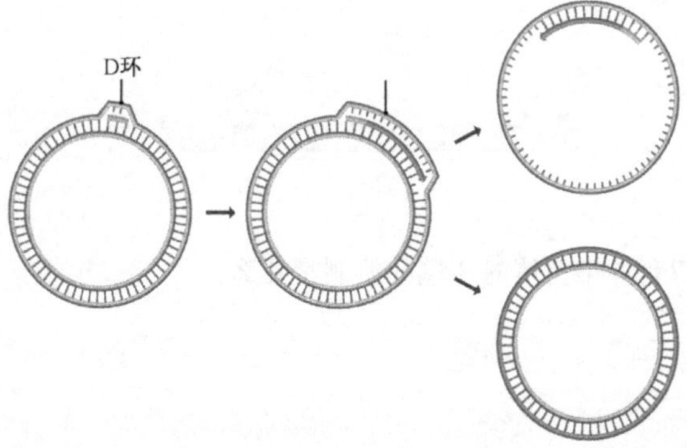

15.2　DNA 聚合酶进行 DNA 复制时会产生哪两个复杂情况？

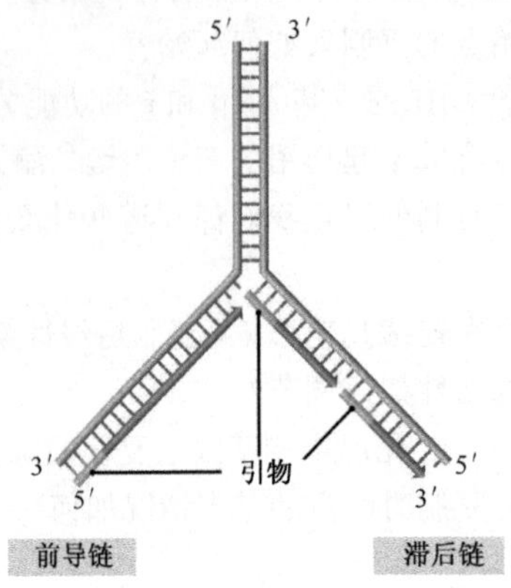


15.3* 讨论大肠杆菌中 DNA 滞后链进行复制时，临近的冈崎片段结合到一起的机制。

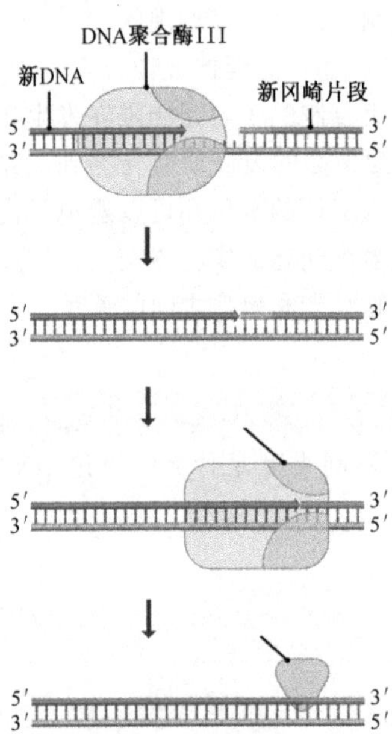


15.4　端粒酶可以延伸染色体的 3′端的机制是什么？

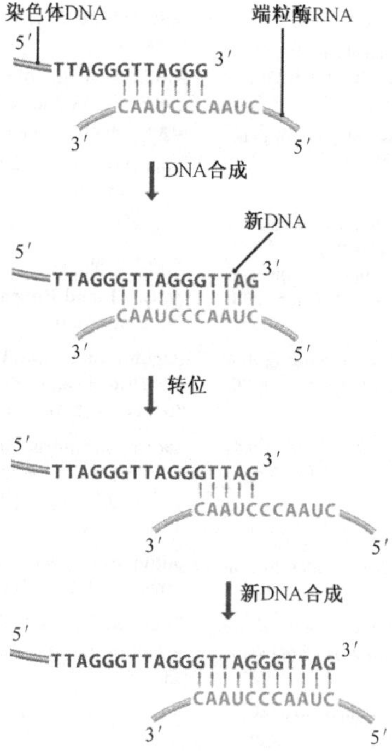


## 拓展阅读


### 基因组复制的研究历史

**Crick, F.H.C., Wang, J.C. and Bauer, W.R.** (1979) Is DNA really a double helix? *J. Mol. Biol.* **129:** 449–461. *Crick's response to suggestions that DNA has a side-by-side rather than helical conformation.*

**Holmes, F.L.** (1998) The DNA replication problem, 1953–1958. *Trends Biochem. Sci.* **23:** 117–120.

**Kornberg, A.** (1989) *For the Love of Enzymes: The Odyssey of a Biochemist.* Harvard University Press, Boston, Massachusetts. *A fascinating autobiography by the discoverer of DNA polymerase.*

**Meselson, M. and Stahl, F.** (1958) The replication of DNA in *Escherichia coli. Proc. Natl Acad. Sci. USA* **44:** 671–682. *The Meselson–Stahl experiment.*

**Okazaki, T. and Okazaki, R.** (1969) Mechanisms of DNA chain growth. *Proc. Natl Acad. Sci. USA* **64:** 1242–1248. *The discovery of Okazaki fragments.*

**Rodley, G.A., Scobie, R.S., Bates, R.H.T. and Lewitt, R.M.** (1976) A possible conformation for double-stranded polynucleotides. *Proc. Natl Acad. Sci. USA* **73:** 2959–2963. *A side-by-side model for DNA structure.*

**Watson, J.D. and Crick, F.H.C.** (1953) Genetical implications of the structure of deoxyribonucleic acid. *Nature* **171:** 964–967. *Describes possible processes for DNA replication, shortly after discovery of the double helix.*

### DNA拓扑异构酶

**Berger, J.M., Gamblin, S.J., Harrison, S.C. and Wang, J.C.** (1996) Structure and mechanism of DNA topoisomerase II. *Nature* **379:** 225–232 and **380:** 179.

**Champoux, J.J.** (2001) DNA topoisomerases: structure, function, and mechanism. *Annu. Rev. Biochem.* **70:** 369–413.

**Stewart, L., Redinbo, M.R., Qiu, X., Hol, W.G.J. and Champoux, J.J.** (1998) A model for the mechanism of human topoisomerase I. *Science* **279:** 1534–1541.

### 复制起始

**Aladjem, M.I., Rodewald, L.W., Kolman, J.L. and Wahl, G.M.** (1998) Genetic dissection of a mammalian replicator in the human β-globin locus. *Science* **281:** 1005–1009.

**Diffley, J.F.X. and Cocker, J.H.** (1992) Protein–DNA interactions at a yeast replication origin. *Nature* **357:** 169–172.

**Gilbert, D.M.** (2001) Making sense of eukaryotic replication origins. *Science* **294:** 96–100.

### DNA聚合酶和复制叉事件

**Bochkarev, A., Pfuetzner, R.A., Edwards, A.M. and Frappier, L.** (1997) Structure of the single-stranded-DNA-binding domain of replication protein A bound to DNA. *Nature* **385:** 176–181.

**Hübscher, U., Nasheuer, H.-P. and Syväoja, J.E.** (2000) Eukaryotic DNA polymerases: a growing family. *Trends Biochem. Sci.* **25:** 143–147.

**Johnson, A. and O'Donnell, M.** (2005) Cellnlar DNA replicases: components and dynamics at the replication fork.

*Annu. Rev. Biochem.* **74:** 283–315. *Details of replication in bacteria and eukaryotes.*

**Lemon, K.P. and Grossman, A.D.** (1998) Localization of bacterial DNA polymerase: evidence for a factory model of replication. *Science* **282:** 1516–1519.

**Liu, Y., Kao, H.I. and Bambara, R.A.** (2004) Flap endonuclease I: a central component of DNA metabolism. *Annu. Rev. Biochem.* **73:** 589–615.

**Myllykallio, H., Lopez, P., López-Garcia, P., Heilig, R., Saurin, W., Zivanovic, Y., Philippe, H. and Forterre, P.** (2000) Bacterial mode of replication with eukaryotic-like machinery in a hyperthermophilic archaeon. *Science* **288:** 2212–2215.

**Soultanas, P. and Wigley, D.B.** (2001) Unwinding the 'Gordian knot' of helicase action. *Trends Biochem. Sci.* **26:** 47–54.

**Trakselis, M.A. and Bell, S.D.** (2004) The loader of the rings. *Nature* **429:** 708–709. *The sliding clamp and clamp loader.*

端粒

**Blackburn, E.H.** (2000) Telomere states and cell fates. *Nature* **408:** 53–56.

**Cech, T.R.** (2004) Beginning to understand the end of the chromosome. *Cell* **116:** 273–279. *Reviews all aspects of telomerase.*

**McEachern, M.J., Krauskopf, A. and Blackburn, E.H.** (2000) Telomeres and their control. *Annu. Rev. Genet.* **34:** 331–358. *Describes the processes involved in regulation of telomere length.*

**Pardue, M.-L. and DeBaryshe, P.G.** (2003) Retrotransposons provide an evolutionarily robust non-telomerase mechanism to maintain telomeres. *Annu. Rev. Genet.* **37:** 485–511.

**Smogorzewska, A. and de Lange, T.** (2004) Regulation of telomerase by telomeric proteins. *Annu. Rev. Biochem.* **73:** 177–208.

基因组复制控制

**Kelly, T.J. and Brown, G.W.** (2000) Regulation of chromosome replication. *Annu. Rev. Biochem.* **69:** 829–880.

**Raghuraman, M.K., Winzeler, E.A., Collingwood, D., *et al.*** (2001) Replication dynamics of the yeast genome. *Science* **294:** 115–121. *Microarray studies of origin firing.*

**Sancar, A., Lindsey-Boltz, L.A., Ünsal-Kaçmaz, K. and Linn, S.** (2004) Molecular mechanisms of mammalian DNA repair and the DNA damage checkpoints. *Annu. Rev. Biochem.* **73:** 39–85.

**Stillman, B.** (1996) Cell cycle control of DNA replication. *Science* **274:** 1659–1664.

**Zhou, B.-B.S. and Elledge, S.J.** (2000) The DNA damage response: putting checkpoints in perspective. *Nature* **408:** 433–439.

CHAPTER

# 第16章 突变和DNA修复

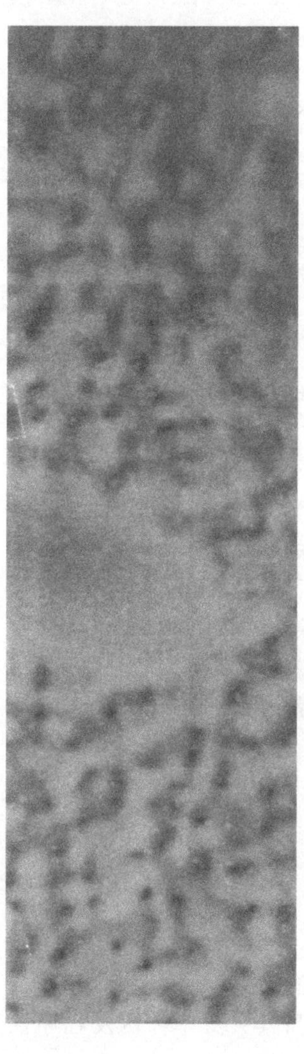



## 学习要点

当你阅读完第16章之后，应该能够：

- 明确"突变"的定义以及那些用于表示不同类型突变的术语的定义。
- 举例说明复制中的自发错误如何引起突变。
- 举例说明化学和物理诱变剂，概述它们引起DNA发生哪些变化。
- 举例说明发生在基因组编码区和非编码区的突变会有什么效应。
- 描述突变对多细胞生物可能的影响。
- 列举并描述突变对微生物的各种影响。
- 讨论高频突变和程序性突变的生物学意义。
- 区分不同种类的DNA修复机制。
- 分别详细描述直接修复、碱基和核苷酸切除修复以及错配修复时发生的分子事件。
- 描述单链和双链DNA断裂如何进行修复。
- 概述基因组复制过程中如何避开DNA损伤。
- 总结DNA修复和人类疾病之间的联系。

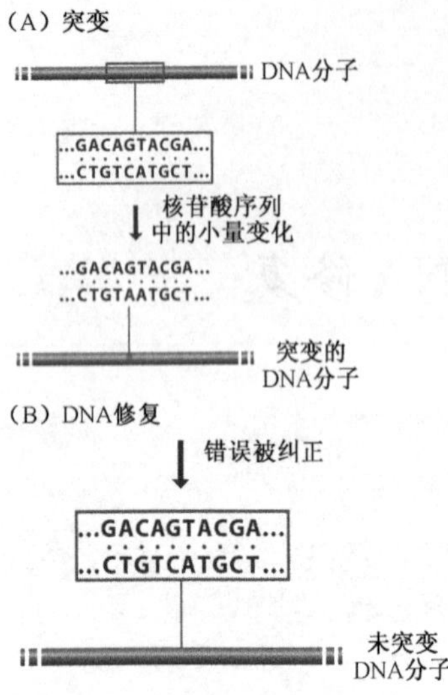


图 16.1 突变和DNA修复

(A) 突变是 DNA 分子核苷酸序列的小规模改变。图示一个点突变，但如文中所述，还存在其他类型的突变。(B) DNA 修复纠正复制中的错误以及由致突变活性导致的突变

基因组是随时间变化的动态物质，其变化是由**突变**（mutation）导致的小范围序列改变累加的结果（16.1 节）。**突变**（mutation）是基因组小范围的核苷酸序列的改变［图 16.1（A）］。许多突变是单个核苷酸替换的**点突变**（point mutation）（也称为简单突变或单一位点突变）。点突变分为两类：**转换**（transition）是嘌呤到嘌呤或嘧啶到嘧啶的改变（A→G，G → A，C → T 或 T → C）；**颠换**（transversion）是嘌呤到嘧啶或嘧啶到嘌呤的改变（A→C，A→T，G→C，G→T，C→A，C→G，T→A 或 T→G）。其他的突变则由一个或几个核苷酸的**插入**（insert）或**缺失**（deletion）造成。

突变来源于 DNA 复制的错误或**诱变剂**（mutagen）的破坏作用。这些化学或辐射诱变剂能与 DNA 作用，并改变个别核苷酸的结构。所有的细胞都具有 **DNA 修复**（DNA repair）**酶**，以尽可能减少突变的发生（16.2 节）。这些酶通过两种方式发挥作用：一种是复制前作用的，在 DNA 中查找结构异常的核苷酸，在复制发生前予以替换；另一种是复制后作用的，核查新合成的 DNA 并校正错误［图 16.1（B）］。因此突变又可定义为 DNA 修复的缺陷。

突变对其发生的细胞有十分显著的影响，一个关键基因的突变可能导致蛋白质缺陷从而引起细胞的死亡。其他的突变可能对细胞表型带来一些不明显的影响，甚至没有任何影响。正如我们将在第 18 章所看到的，所有非致死性的突变和重组事件都有促进基因组进化的潜在作用，但前提是，当生物体繁殖时，这些突变必须得以遗传。对于单细胞生物，如细菌或酵母，所有非致死的不可逆的基因组改变都被其子细胞继承，并成为最初发生改变的细胞后代的永久特征。在多细胞生物中，只有那些发生于生殖细胞的改变才与基因组进化相关。体细胞基因组的改变在进化上意义并不重要，但如果产生了影响机体健康的有害表型，就具有了生物学意义。

# 16.1 突变

对于突变，我们需要考虑的问题是：它们如何发生；它们对基因组及基因组所在生物体有何影响；一个细胞在一定条件下是否有可能提高其突变率和诱发程序性突变。

## 16.1.1 突变的起因

突变以两种方式发生：

- 某些突变是复制中的**自发**（spontaneous）错误，这些错误逃避了在复制叉上合成新

多聚核苷酸的 DNA 聚合酶的校正作用（15.2.2 节）。这些突变称为**错配**（mismatch），因为按碱基配对原则，子代多聚核苷酸突变位置上插入的核苷酸与模板 DNA 对应位置上的核苷酸并不配对［图 16.2（A）］。若此次错配在子代双螺旋中得以保存，则经第二轮 DNA 复制将产生一个携带该突变的永久性双链版本的子二代分子。

- 其他突变的产生是由于诱变剂与亲代 DNA 反应，造成了结构改变并影响了发生改变的核苷酸的碱基配对能力。通常这种改变仅影响亲代双螺旋中的一条链，故仅一个子代分子携有该变异，而经下一轮复制产生的子二代分子中，将有两个分子携带该变异［图 16.2（B）］。

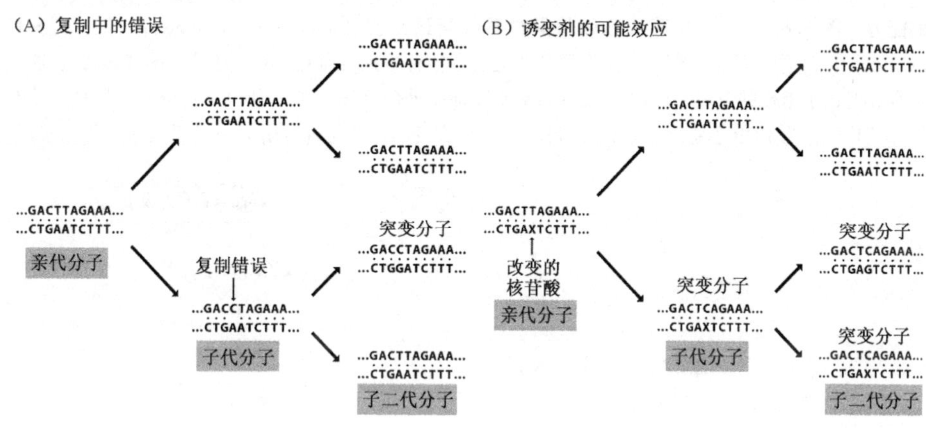


图 16.2　突变的例子

（A）复制中的错误导致子代双螺旋中的一处错配，这里是由模板 DNA 的一个 A 的错误拷贝而导致 T→C 的改变。错配分子自身复制时，产生一个具有正确序列的双螺旋和一个含有突变序列的双螺旋。（B）诱变剂改变了亲代分子的下面一条链中 A 的结构，形成不能与另一链中的 T 碱基配对的核苷酸 X，结果造成一个错配。亲代分子复制时，X 与 C 碱基配对，形成一个突变的子代分子。该子代分子复制时，两个子二代就继承了该突变

## 技术注解 16.1　突变的检测

### 检测 DNA 分子中突变的快速方法

许多遗传病是由造成基因产物被修饰或灭活的点突变引起的。检测这些突变的方法在两种情况下十分重要。首先，当确定了一个与某种遗传病有关的新基因时，有必要从不同个体检测该基因的多种形式，以确认与疾病状态相关的突变。其次，当确定了一个致病突变后，就需要高通量的方法来帮助临床医生筛检很多 DNA 样品，以确认那些带有该突变、有发病或传至其子女的风险的个体。

任何突变都可用 DNA 测序确定，但测序相对缓慢且不适于大量样品的筛检。DNA 芯片技术也是一种选择（技术注解 3.1），但不能广泛应用。因此，一些“低技术”方法应运而生。这些方法可分为两类：无须预先知道突变位置信息的**突变扫描**（mutation scanning）技术，以及确定一个特定突变是否存在的**突变筛查**（mutation screening）技术。

大部分扫描技术涉及对由待检单链 DNA 与序列未突变的对照 DNA 互补链构成的异源双螺旋（heteroduplex）的分析（图 T16.1）。如果待检 DNA 含有一个突变，则异源双螺旋中将存在一个未

形成碱基对的单一错配位点。可用多种技术检测这种错配的存在与否。

- **电泳**（electrophoresis）或**高效液相色谱**（high-performance liquid chromatography，HPLC）可通过确定错配杂交链与完全配对的双链在聚丙烯酰胺凝胶或 HPLC 柱中迁移率的不同检测出错配。该方法可确定一个错配是否存在，而不提供突变在待检 DNA 中的位置信息。
- 在错配位点**裂断**（cleavage）异源双螺旋，而后通过凝胶电泳可确定错配的位置。若异源双螺旋保持完整，则没有错配存在；若断裂，则含有一个错配，裂断产物的大小表明了待检 DNA 的突变位置。裂断可通过能剪切双链 DNA 中单链区的酶或其他化学物质来实现；如果杂交体是由对照 DNA 与待检 DNA 的 RNA 形式形成的话，也可使用单链特异性核糖核酸酶，如 S1 来检测（图 5.14）。

大部分检测特异突变的筛检方法正是利用了寡核苷酸能区分仅一个核苷酸差异的靶 DNA 序列的能力［图 3.8（A）］。在**等位基因特异性寡核苷酸杂交**［allele-specific oligonucleotide（ASO）hybridization］中，就使用仅能与突变序列杂交的寡核苷酸探针筛检 DNA 样品（图 T16.2）。这是个有效但过于繁琐的方法。DNA 一般通过对临床样品进行 PCR 获得，所以更快速的选择是用诊断性寡核苷酸作为 PCR 引物之一，这样待检 DNA 中突变的存在与否可用 PCR 产物合成与否来显示。

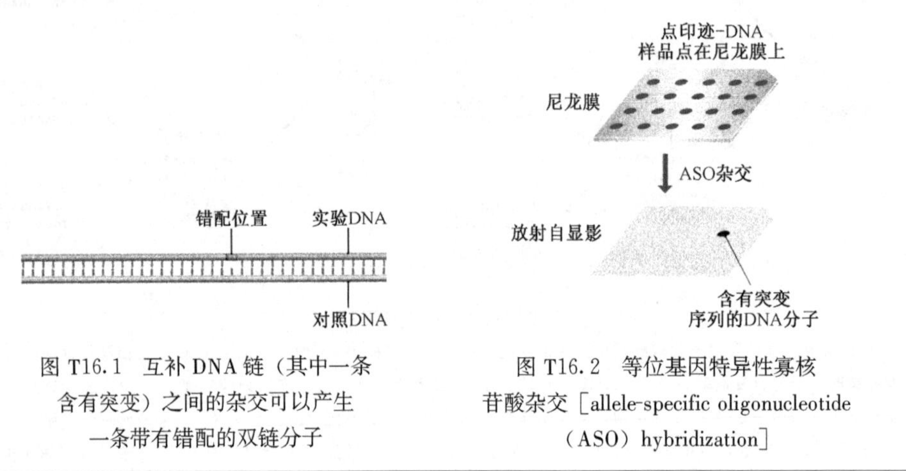


图 T16.1　互补 DNA 链（其中一条含有突变）之间的杂交可以产生一条带有错配的双链分子

图 T16.2　等位基因特异性寡核苷酸杂交［allele-specific oligonucleotide（ASO）hybridization］

## 复制中的错误是点突变的来源之一

若完全按照化学反应来考虑，碱基互补配对并非十分精确。还没有人发明一种方法可以在没有任何酶的参与下完成模板依赖的 DNA 合成，不过，如果能够在试管内作为一个化学反应完成此过程，则所得多聚核苷酸中每 100 个位点将有 5～10 个可能发生点突变。这意味着 5%～10% 的错误率，这样的概率在基因组复制中是根本不能被接受的。因此催化 DNA 复制的模板依赖性 DNA 聚合酶必须将反应的精确度提高几个数量级。这种改善通常有两种方式：

- DNA 聚合酶对核苷酸的选择过程可极大地提高模板依赖的 DNA 合成的准确性［图 16.3（A）］。这一选择过程可能发生在聚合反应的三个不同阶段，来识别出现的错误核苷酸。包括在核苷酸开始结合 DNA 聚合酶时，转移至酶的活性部位时，以及被连接至所合成多聚核苷酸的 3′端时。
- 如果 DNA 聚合酶具备 3′→5′外切核酸酶活性，它就能够去除逃避了碱基选择过程并连至新生多聚核苷酸的 3′端的错误核苷酸［图 2.7（B）］，这样 DNA 合成的准确性将进一步提高，称为校正（proofreading）(15.2.2节)。但这一命名欠妥，因为它并非一种主动校对的机制。实际上，多聚核苷酸合成的每一步都应被看作是酶的聚合活性与外切活性的竞争过程。通常以聚合作用为主，因为它的活性比外切作用的更高，至少在3′端的核苷酸与模板的碱基配对时是这样的。但如果末端核苷酸不能配对，则聚合效率降低，聚合过程的停顿使外切核酸酶活性占优势从而去除错误的核苷酸［图16.3（B)］。

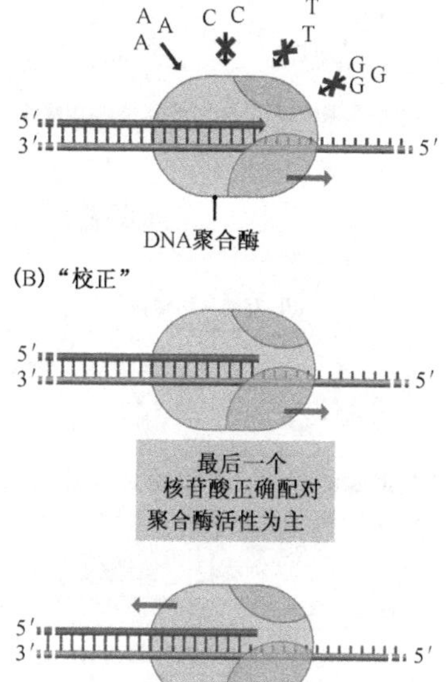


图16.3　确保DNA复制精确性的机制
(A) DNA聚合酶自动选择正确的核苷酸插入每个位点。(B) 如果聚合酶具有3′→5′外切核酸酶活性，出现的错误可被"校正"所修正。若插入的最后一个核苷酸与模板碱基配对，则以聚合酶活性为主，但如果末端的核苷酸不能形成碱基配对，则更倾向于外切核酸酶活性

大肠杆菌能以$1/10^7$的错误率合成DNA。有趣的是，这些错误并不是平均分布于两个子代DNA分子，往往滞后链的错误率是前导链的20倍。这种不对称性可能表明，仅在滞后链的复制(15.2.2节)中起作用的DNA聚合酶I的碱基选择和校正活性的效率要低于主要的复制酶——DNA聚合酶III。

并非DNA合成中的所有错误都可归因于聚合酶：有时即使酶加上了与模板碱基匹配的"正确"核苷酸，错误仍然出现。这是因为每个核苷酸碱基可表现为两种**互变异构体**（tautomer）中的一种，这些互变异构体处于动态平衡中。例如，胸腺嘧啶存在两种互变异构体——酮式和烯醇式，每个分子随时从一种转变为另一种。平衡更倾向于酮式，但偶尔在复制叉到达的关键时刻模板DNA中出现烯醇式胸腺嘧啶。这将导致一次"错误"，因为烯醇式胸腺嘧啶与G而不是A配对(图16.4)。同样的问题可出现在腺嘌呤和鸟嘌呤中，腺嘌呤的稀有亚氨基互变异构体优先与C配对，烯醇式鸟嘌呤优先与T配对。复制完成后，稀有互变异构体必将逆转为其常见形式，造成子代双螺旋中的一个错配。

如上所述，大肠杆菌中DNA合成错误率为$1/10^7$。但大肠杆菌基因组复制的总体错误率仅有$1/10^{10}$～$1/10^{11}$，这种相对于聚合酶错误率的改进归功于错配修复系统(16.2.3节)。它扫描新复制的DNA，寻找碱基未配对的位点，然后校正复制酶所犯的少量错误。这意味着，大肠杆菌基因组平均每拷贝2000次才出现一次未校正的复制错误。

## 复制错误还可造成插入或缺失突变

并非所有的复制错误都是点突变。异常复制亦可造成合成的多聚核苷酸中插入少量多余核苷酸或模板中部分核苷酸未被拷贝。插入与缺失若出现在编码区，可导致**移码**

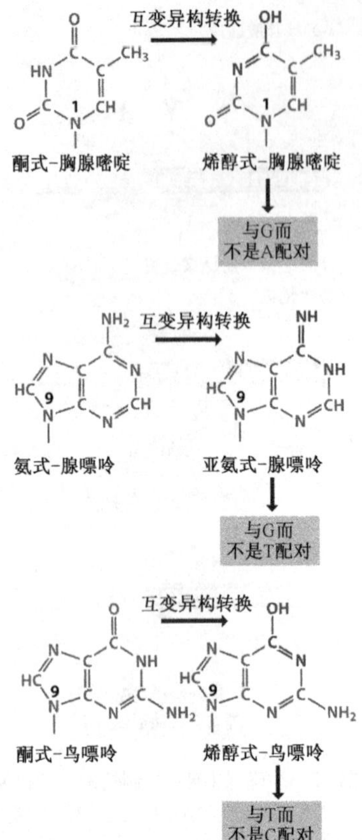


图 16.4　互变异构现象对碱基配对的影响
在这三个例子中，碱基的两个互变异构形式具有不同的配对特性。胞嘧啶也有氨基和亚氨基互变异构体，但都与 G 配对

(frameshift）突变从而改变由基因决定的用于蛋白质翻译的读码框（图 16.12）。不过，用移码来描述所有插入和缺失是欠准确的，因为当以 3 或 3 的整数倍核苷酸插入或缺失时，仅是添加或去除一些密码子或者间隔开原来相邻密码子而不影响读码框。同时，许多插入或缺失发生在读码框外，即基因组基因间的区域。

插入和缺失可影响基因组的任何部分，当模板 DNA 含有短重复序列时发生尤为普遍，例如，在微卫星 DNA 中就是这样（3.2.2 节）。这是因为重复序列可诱发**复制滑移**（replication slippage)，即模板链及其拷贝发生相对移动，使部分模板被重复复制或者被遗漏。其结果是新的多聚核苷酸拥有多一些或少一些重复单位（图 16.5）。这就是为何微卫星序列如此多变的主要原因，复制滑移不时地在业已存在的等位基因群体中产生新的长度不同的变异体。

复制滑移亦可能与近年发现的人类**三核苷酸重复序列扩增疾病**（trinucleotide repeat expansion disease）有关。这些神经退行性疾病是由于相对较短的三核苷酸重复序列延长为正常长度的两倍或多倍而造成的。例如，人类 *HD* 基因含有串联重复 6～35 次的 5′-CAG-3′序列，编码蛋白质产物中的多聚谷氨酰胺。在亨廷顿病中，这些重复序列扩增至36～121 个拷贝，增

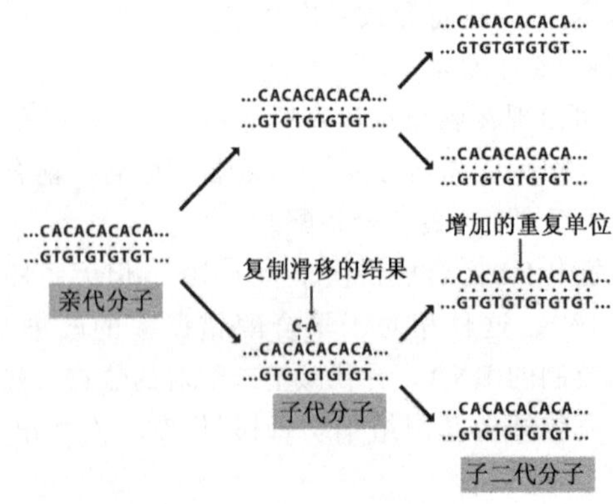


图 16.5　复制滑移
上图示一个 5 单位 CA 微卫星重复序列的复制。滑移出现在亲代分子复制过程中，在一个子代分子的新合成多聚核苷酸中添加了一个重复单位。子代分子复制时产生了一个子二代分子，其微卫星序列较其原亲本多出一个重复单位

加了多聚谷氨酰胺的长度，造成蛋白质功能障碍。另有其他几种人类疾病也是由多聚谷氨酰胺编码基因的扩增造成的（表16.1）。一些与智力缺陷有关的疾病是由于基因前导区的三核苷酸扩增，产生了染色体容易断裂的**脆性位点**（fragile site），亦有波及内含子或下游非翻译区的扩增情况。

**表16.1 人类三核苷酸重复序列扩增的例子**

| 位点 | 重复序列 | | 相关疾病 |
|---|---|---|---|
| | 正常 | 突变 | |
| **聚谷氨酰胺扩增（都位于基因编码区）** | | | |
| *HD* | $(CAG)_{6\text{-}35}$ | $(CAG)_{36\text{-}121}$ | 亨廷顿病 |
| *AR* | $(CAG)_{9\text{-}36}$ | $(CAG)_{38\text{-}62}$ | 脊髓及球肌萎缩 |
| *DRPLA* | $(CAG)_{6\text{-}35}$ | $(CAG)_{49\text{-}88}$ | Dentatoribral-pallidoluysian 萎缩 |
| *SCA1* | $(CAG)_{6\text{-}44}$ | $(CAG)_{39\text{-}82}$ | Ⅰ型脊髓小脑共济失调 |
| *SCA3* | $(CAG)_{12\text{-}40}$ | $(CAG)_{55\text{-}84}$ | Machado-Joseph 病 |
| **脆性位点扩增（可能均位于基因的非翻译前导区）** | | | |
| *FRM1* | $(CGG)_{6\text{-}53}$ | $(CGG)_{60\text{-}230以上}$ | 脆性X综合征 |
| *FRM2* | $(GCC)_{6\text{-}35}$ | $(GCC)_{61\text{-}200以上}$ | 脆性XE智力发育迟缓 |
| **其他扩增（发生位置见表后注释）** | | | |
| *DMPK* | $(CTG)_{5\text{-}37}$ | $(CTG)_{50\text{-}3000}$ | 肌强直性营养不良 |
| *X25* | (GAA)7-34 | $(GAA)_{34\text{-}200以上}$ | 弗里德赖希氏共济失调 |

注：*DMPK*和*X25*扩增分别位于其基因的尾部及内含子区，被认为可影响RNA加工过程。也有一些致病突变涉及更长序列的扩增，如进行性肌阵挛性癫痫是由位于*EPM1*位点启动子区的$(CCCCGCCCCGCG)_{2\text{-}3}$到$(CCCCGCCCCGCG)_{>12}$的扩增造成的。

三联体扩增是如何发生的还不很清楚。插入的长度较通常的复制滑移（如微卫星序列中所见到的复制滑移）大很多，一旦扩增达到一定长度，在以后的复制中似乎就更易继续扩增，从而使后代的病情进一步加重。观察发现，发生扩增的三核苷酸序列数量有限，所有这些序列富含GC，有可能形成稳定的二级结构，在此基础上提出一种可能，即扩增与DNA中发夹环的形成有关。还有证据表明至少一个三联体扩增区域——弗里德赖希氏共济失调（Friedreich's ataxia）——能形成三螺旋结构。对酵母中类似的三联体扩增的研究表明，这种情况在*RAD*27基因失活后更为普遍。这是一个有趣的结果，因为酵母中的*RAD*27是哺乳动物编码FEN1的对应基因，FEN1是与冈崎片段的加工有关的蛋白质（15.2.2节）。这可能表明三核苷酸重复序列扩增是由滞后链的合成异常造成的。

## 变异也可由物理和化学诱变剂造成

很多环境中自然存在的化学物质具有致突变特性，近年来人类的工业活动产生了更多其他诱变剂。物理因素，如辐射，也有致突变性。大部分生物都或多或少地暴露在这些诱变剂中，结果其基因组受到损害。

“诱变剂”的定义是一种导致突变的化学或物理因素。该定义的重要性在于，它将诱变剂同其他以非致突变方式导致细胞损害的环境因素区分开来（表 16.2）。这些类型间互有重叠（如一些诱变剂亦是致癌原），但每类因素有其独特的生物学作用。诱变剂的定义也将真正的诱变剂同那些损伤 DNA 而不造成突变（如导致 DNA 分子断裂）的其他因素区分开来。这种类型的损伤可阻碍复制，造成细胞死亡，但不是严格意义上的突变，因此这类诱因不是诱变剂。

**表 16.2　造成活细胞损伤的环境因素的分类**

| 因素 | 对活细胞的影响 |
|---|---|
| 致癌剂 | 导致癌症——真核细胞的癌性转化 |
| 断裂剂 | 导致染色体的断裂 |
| 诱变剂 | 导致突变 |
| 致瘤剂 | 诱导肿瘤形成 |
| 致畸剂 | 造成发育畸形 |

诱变剂以三种不同的方式导致突变。

- 某些诱变剂作为碱基类似物，当复制叉上新生 DNA 合成时被错误地当作底物。
- 某些诱变剂直接与 DNA 反应，造成结构改变，导致 DNA 复制时模板链的错误复制。这些结构变化是多种多样的，在分别介绍诱变剂时，我们将会看到这一点。
- 某些诱变剂间接作用于 DNA。它们自身不影响 DNA 结构，而是使细胞合成诸如过氧化物等可直接致突变的化学物质。

诱变剂的范围极广，很难做一个全面的分类，所以我们将仅限于研究最常见的类型。其中化学诱变剂有以下几类。

- **碱基类似物**（base analog）是那些与标准碱基非常类似的嘌呤或嘧啶碱基，在细胞合成核苷酸时能够掺入。基因组复制时这些异常的核苷酸则可作为 DNA 合成的底物。例如，**5-溴尿嘧啶**［5-bU；图 16.6（A）］具有与胸腺嘧啶相同的碱基配对特性，含该碱基的核苷酸可加入到子代多聚核苷酸链中与模板链 A 相配对的位点上。5-bU 的两种互变异构体间的平衡与胸腺嘧啶相比更倾向于罕见的烯醇式，从而形成了其致突变效应。这意味着在下一轮复制中，聚合酶有更大机会遇到与 G 而非 A 配对［图 16.6（B）］的烯醇式 5-bU（类似于烯醇式胸腺嘧啶），从而造成一个点突变［图 16.6（C）］。**2-氨基嘌呤**（2-aminopurine）的作用类似，它是腺嘌呤的一个类似物，具有一个与胸腺嘧啶配对的氨基互变体以及一个与胞嘧啶配对的亚氨基互变体，其亚氨基形式比亚氨基腺嘌呤出现机会多，从而诱发 DNA 复制时 T 到 C 的转换。
- **脱氨剂**（deaminating agent）也可造成点突变。在基因组 DNA 分子中自发发生一定数量的碱基脱氨作用（去除一个氨基基团），某些化学物质可提高其发生率，诸如亚硝酸可作用于腺嘌呤、胞嘧啶与鸟嘌呤并将其脱氨基（胸腺嘧啶无氨基，故不能脱氨），而亚硫酸氢钠仅作用于胞嘧啶。鸟嘌呤的脱氨基无致突变性，因为所形成的黄嘌呤碱基若出现在模板多聚核苷酸中会阻碍复制。腺嘌呤脱氨基得到与 C 而非 T 配对的次黄嘌呤（图 16.7），胞嘧啶脱氨基得到与 A 而非 G 配对的尿嘧啶。因此，这两种碱基的脱氨在模板链拷贝时导致点突变。
- **烷化剂**（alkylating agent）是第三类造成点突变的诱变剂。**甲基磺酸乙酯**（EMS）

(A) 5-溴尿嘧啶

(B) 5-溴尿嘧啶的碱基配对

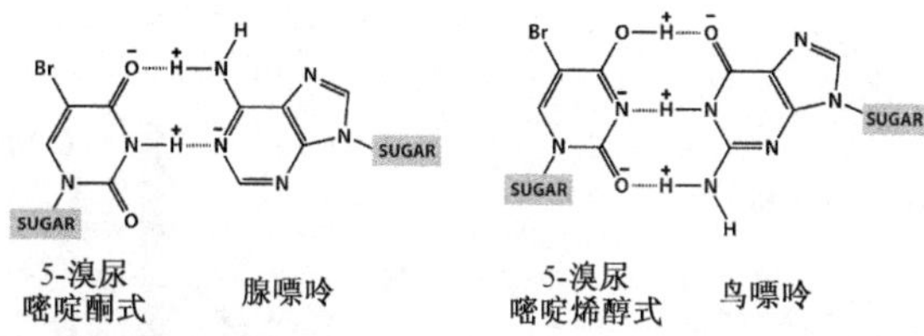


(C) 5-溴尿嘧啶的诱变效应

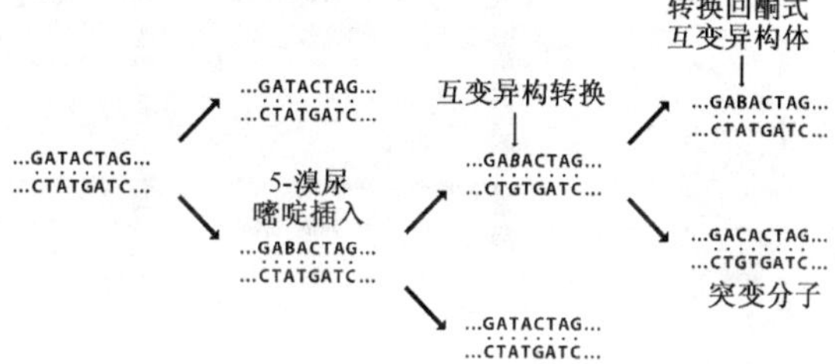


图 16.6　5-溴尿嘧啶及其诱变效应

和二甲基亚硝胺之类的化学物质向 DNA 分子中的核苷酸上添加烷基，这与大气及亚硝酸盐代谢产物中存在的甲基卤化物之类的甲基化物质类似。烷基化的影响取决于核苷酸被修饰的位点及所添加烷基基团的类型。例如，甲基化常造成修饰后核苷酸碱基配对特性的改变，因而导致点突变。其他烷基化方式可通过在 DNA 分子两链间形成交联或添加大的烷基基团阻碍复制复合物的前进来阻碍复制。

- **嵌入剂**（intercalating agent）通常与插入突变有关。这类诱变剂最知名的是**溴化乙锭**（ethidium bromide），它能在紫外辐射下发出荧光，因而用于琼脂糖凝胶电泳后 DNA 区带位置的显示（技术注解 2.2）。溴化乙锭及其他嵌入剂均是扁平分子，可滑入双螺旋碱基对之间，轻微解开螺旋而使相邻碱基对间距扩大（图 16.8）。

腺嘌呤　脱氨基　次黄嘌呤

图 16.7　次黄嘌呤是腺嘌呤的去氨基形式

含有次黄嘌呤的核苷被称为次黄嘌呤核苷（图 12.18）

最重要的几类物理诱变剂是：

- 波长 260nm 的**紫外辐射**（UV radiation）诱发相邻嘧啶碱基的二聚化，尤其当两个碱基都是胸腺嘧啶时［图 16.9（A）］，形成**环丁二聚体**（cyclobutyl dimer）。其他嘧啶组合也形成二聚体，发生频率的次序为 5′-CT-3′＞5′-TC-3′＞5′-CC-3′。嘌呤二聚体很少见。UV 诱导的二聚化在该链被拷贝时常造成一次缺失突变。另外一类 UV 诱导的**光产物**（photoproduct）是（6-4）损伤［（6-4）lesion］，即相邻嘧啶的 4 位和 6 位碳原子发生共价交联［图 16.9（B）］。

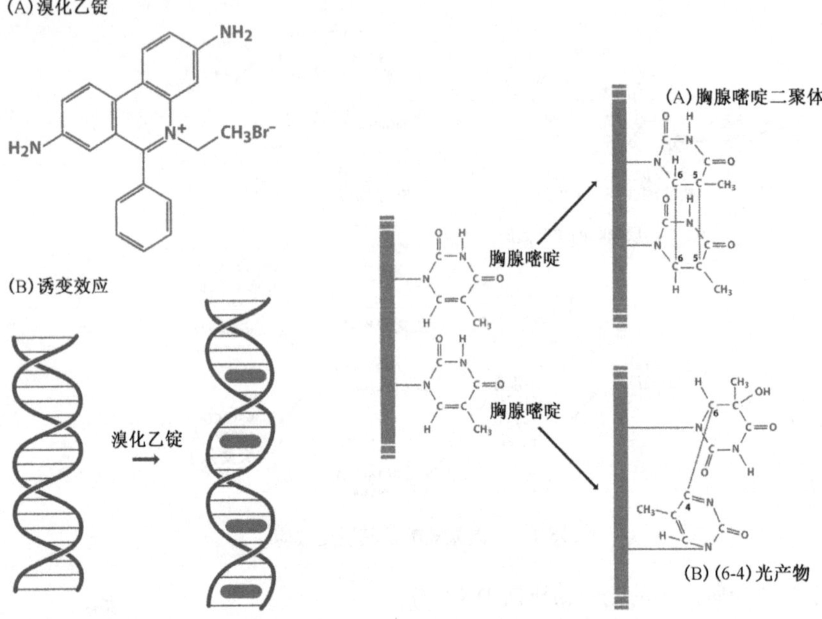


图 16.8　溴化乙锭的致突变作用

（A）溴化乙锭是一种扁平形分子可嵌入双螺旋碱基对之间。（B）嵌入螺旋中的溴化乙锭分子，侧面观。注意嵌入造成相邻碱基对间距离的增大

图 16.9　UV 辐射诱导的光产物

图示含有两个相邻的胸腺嘧啶碱基的一段多聚核苷酸。（A）一个胸腺嘧啶二聚体含有两个 UV 诱导的共价键，一个在 6 位连接碳原子，另一个在 5 位连接碳原子。（B）（6-4）损伤指 4 位碳原子与相邻核苷酸 6 位碳原子之间形成共价键

- 根据辐射种类与强度的不同，**电离辐射**（ionizing radiation）对 DNA 有多种影响。点突变、插入和（或）缺失突变均可能发生，亦有可能发生更严重的阻碍基因组复制的 DNA 损伤。某些类型的电离辐射直接作用于 DNA，而其他则通过在细胞内激发形成诸如过氧化物类的反应分子而间接起作用。
- 加热（heat）促使核苷酸中连接碱基与糖组分的 β-*N*-糖苷键发生水解断裂［图 16.10（A）］。这更常见于嘌呤而非嘧啶，造成一个无嘌呤/无嘧啶（AP，apurinic/apyrimidinic）或**无碱基位点**（baseless site）。余下的糖-磷酸连接不稳定，很快降解，若是双链 DNA 分子则留下一个缺口［图 16.10（B）］。该反应正常情况下不致突变，因为细胞有修复缺口的有效系统（16.2.2 节），可以保证修复每个人体细胞中每天产生的 10 000 个 AP 位点。不过，一定条件下，缺口确实可以导致突变，例

如，在大肠杆菌中，SOS 应答激活后，不管另一条链是何种核苷酸，缺口都以 A 填补（16.2.5 节）

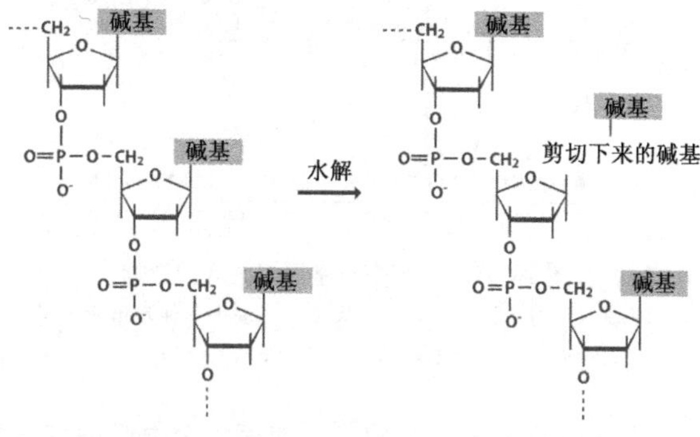


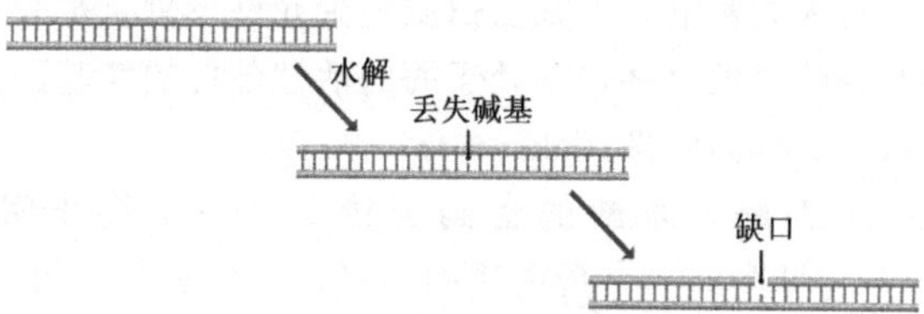


图 16.10　热致突变作用

（A）热诱导 β-N-糖苷键的水解造成多聚核苷酸中的一个无碱基位点。（B）热诱导的水解对双链 DNA 分子的影响模式图。无碱基位点不稳定，降解后在一条链上造成一个缺口

## 16.1.2　突变的影响

考虑突变的影响时，我们必须区分突变对基因组功能的直接影响及其对生物体表型的间接影响。直接影响相对容易评估，因为我们可以运用基因结构与表达的知识来推测突变对基因组功能的影响。间接影响较为复杂，因为这涉及突变生物体的表型，如 5.2.2 节所述，通常很难将表型与单独基因的活性联系起来。

### 突变对基因组的影响

很多由突变引起的核苷酸序列改变对基因组功能没有影响。这些**沉默突变**（silent mutation）实际包括所有那些出现在基因之间的 DNA 及基因非编码区和基因相关序列的突变。换句话说，约 98.5%的人类基因组可以突变而无显著影响。

基因编码区的突变要重要得多。首先，我们将看一看改变三联密码子序列的点突变。一个这类突变可能有以下四种效应中的一种（图 16.11）。

- 它可能造成一个**同义**（synonymous）改变，新密码子与未突变密码子编码同样的氨基酸。同义突变是沉默突变，因为它对于基因组的编码功能没有影响，突变基因与未突变基因编码完全相同的蛋白质。
- 它可能造成一个**非同义**（nonsynonymous）改变，突变改变了密码子，从而编码一

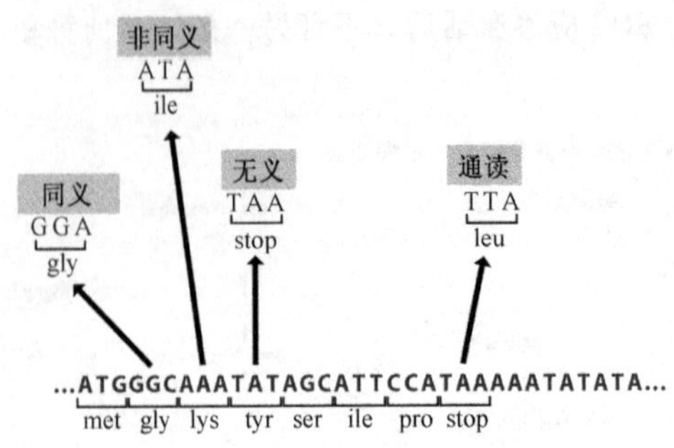


图 16.11　点突变对基因编码区的影响

如文中所述，图示点突变的四种不同影响。通读突变造成基因延伸超出所示序列终点，突变形成亮氨酸密码子，后面是 AAA=lys、TAT=tyr 及 ATA=ile。遗传密码见图 1.20

个不同的氨基酸。因而突变基因编码的蛋白质有一个氨基酸的改变，这通常对蛋白质的生物学行为没有太大影响。多数蛋白质至少允许少量氨基酸的改变而对其在细胞内的功能无明显影响，但有些，如处于酶的活性部位的氨基酸的改变，则有较大的影响。非同义改变又称为**错义**（missense）突变。

- 突变有可能将一个编码氨基酸的密码子转变为一个终止密码子。这是**无义**（nonsense）突变，它可造成一个蛋白质的缩短，因为 mRNA 的翻译停止在新的终止密码子而不能到达在下游的正确终止密码子。无义突变对蛋白质活性的影响取决于失去了多少多肽。影响通常是巨大的，蛋白质往往没有功能。
- 突变可将终止密码子转变为一个编码氨基酸的密码子，造成终止信号的**通读**（readthrough），因而蛋白质 C 端额外延长了一系列氨基酸。多数蛋白质可允许有短的延伸片段而不影响其功能，但长的延伸片段有可能影响蛋白质的折叠，造成活性的下降。

缺失与插入突变对于基因的编码能力也有不同影响（图 16.12）。如果缺失或插入的核苷酸数目是 3 或 3 的整数倍，则去除或添加了一个或多个密码子，氨基酸的丢失或增加对所编码的蛋白质的影响不同。这类缺失或插入常常无关紧要，但如果酶活性部位相关的氨基酸丢失，或氨基酸的插入破坏了蛋白质中重要的二级结构，就会产生影响。另外，如果缺失或插入的核苷酸数目不是 3 或 3 的整数倍，则出现移码突变，所有突变下游的密码子使用与未突变基因不同的读码框。通常这对于蛋白质功能产生重大影响，因为或多或少突变多肽部分的氨基酸序列与正常多肽截然不同。

要概括发生在基因组编码区以外的突变的影响就不那么容易了。任何一个蛋白质结合位点都可以发生点突变、插入或缺失突变，从而改变与 DNA-蛋白质相互作用的核苷酸的种类或相对位置。因而这些突变有使启动子或调节序列失活的潜在作用，对基因表达产生可预测的影响（图 16.13；11.2 节和 11.3 节）。可以想象，改变、删除或中断结合蛋白质识别序列的突变可使复制起点失去功能（15.2.1 节），但这种可能性没有得到很好的证明。关于影响核小体位置的突变对基因表达的潜在作用也知之甚少（10.2.2 节）。

一个研究较多的领域是出现于内含子或内含子-外显子交界区的突变。在这些区域，

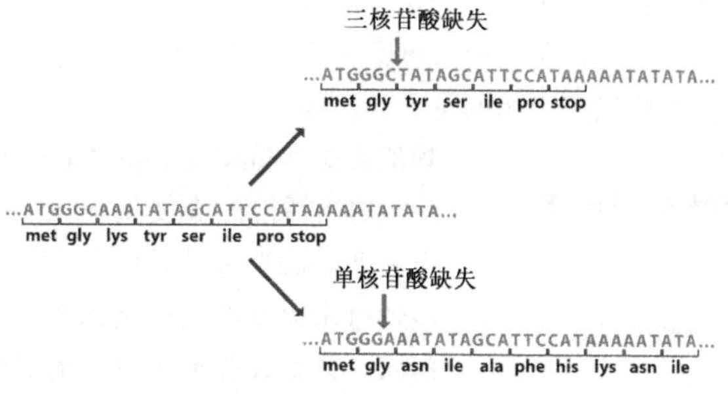


图 16.12 缺失突变

上面的序列中，组成一个密码子的三个核苷酸缺失，这使蛋白质产物缩短了一个氨基酸，但不影响其余序列。下面的片段只有一个核苷酸缺失，这造成一个移码突变，所有缺失下游的密码子都被改变，包括现在被通读的终止密码子。注意，如果一个三核苷酸缺失的是相邻两个密码子的部分核苷酸，则结果较图示更为复杂。例如，假设从编码 Met-Gly-Lys-Tyr 的序列…ATGGGCAAATAT…中去除三核苷酸 GCA，新序列为…ATGGAATAT…，编码 Met-Glu-Tyr。两个氨基酸被另一个不同的氨基酸取代

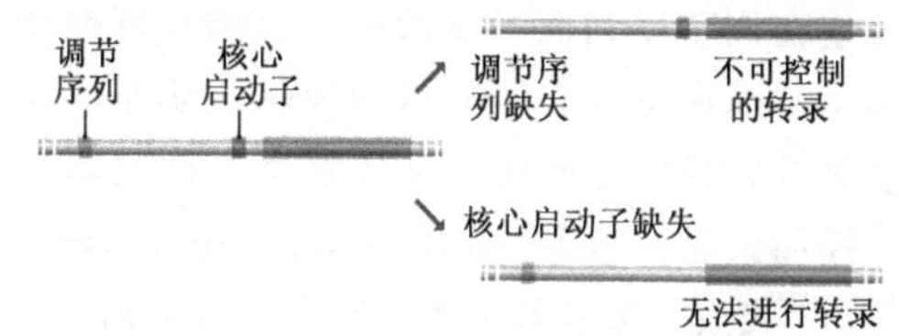


图 16.13 出现在基因上游区域的缺失突变的两个可能影响

如果改变的核苷酸与各类内含子拼接时出现的 RNA-蛋白质相互作用、RNA-RNA 相互作用（12.2.2 节和 12.2.4 节）有关时，单点突变也是重要的。例如，对于一个 GU-AG 内含子的 5′拼接点，其 DNA 拷贝的 G 或 T 的突变，或 3′拼接点 A 或 G 的突变，都将破坏拼接，因为正确的内含子-外显子交界将不再被识别。这可能意味着内含子不能从 mRNA 前体中去除，但作为替代，更有可能使用一个隐性拼接位点［图 12.28(B)］。亦有可能内含子或外显子中的突变造成一个新的隐性拼接位点而掩盖了未突变的真正拼接点。两类情况造成同样的结果，重新定位活性拼接位点，导致错误拼接。这可能删除或添加新的氨基酸到蛋白质产物中去，或造成移码。有几类β-地中海贫血症就是由于β-珠蛋白转录产物加工过程中使用突变产生的隐性拼接位点而造成的。

## 突变对多细胞生物的影响

现在我们转向突变对生物体的间接影响，先看一下像人类这样的多细胞二倍体真核生物。我们首先通过与生殖细胞的比较，查看一个同样的突变对于体细胞的相对重要性。因为体细胞不将其基因组拷贝传给下一代，所以体细胞的突变仅对于其所在机体是重要的，没有潜在的进化意义。实际上即使造成细胞死亡，大部分体细胞突变也没有大的影响，因为同一组织中有很多其他相同的细胞，一个细胞的损失没有实质性的影响。例外情况是当突变造成了细胞某种有损机体的功能异常时，例如，诱发肿瘤形成或其他致癌性活动。

生殖细胞中的突变更为重要，因为它可以传至下一代成员，并存在于继承突变的个体的所有细胞中。多数突变，包括所有沉默突变以及很多编码区的突变，对于机体的表型并无实质性影响。那些确有影响的可分为两类。

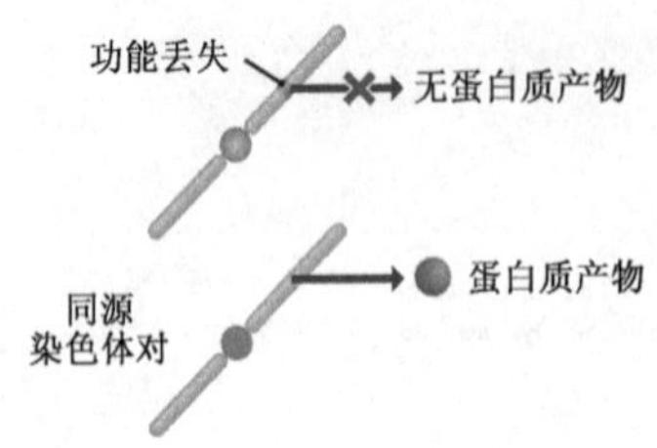


图 16.14　功能丢失突变通常是隐性的，因为另一染色体拷贝上存在该基因有功能的形式

- **功能丢失**（loss-of-function）通常是一个减弱或消除蛋白质活性的突变所造成的结果。多数功能丢失突变是隐性性状，因为杂合子中，第二条染色体带有未突变的同一基因用于编码功能完全的蛋白质，其存在弥补了突变的影响（图 16.14）。存在一些例外，即功能丢失突变是显性的，例如，**单倍体不足**（haploinsufficiency），机体不能承受杂合子中约 50%蛋白质活性的下降。这可以解释人类的一些遗传病，如马凡氏综合征，它起因于称为原纤维蛋白的结缔组织蛋白质的基因突变。
- **功能获得**（gain-of-function）突变要少见得多。这种突变赋予了蛋白质异常活性。很多功能获得性突变发生在调节序列而不是编码区，因而可产生多种后果。例如，突变可能导致一个或多个基因在不应表达的组织表达，从而使这些组织获得了正常情况下不具有的功能。另外，突变可造成一个或多个与控制细胞周期有关的基因的过表达，使细胞分裂失控而致癌。基于其本身特点，功能获得性突变通常是显性的。

考虑突变对多细胞生物表型的影响就更为复杂了。并非所有突变都即刻对机体产生影响，一些是**延迟发生**（delayed onset）的影响，仅在个体生命的后期产生表型改变。其他的在有些个体中表现为**非外显**（nonpenetrance），即使个体有一个显性突变或是隐性纯合也不表现出来。对于人类，这些因素使得通过家系分析（3.2.4 节）来描绘致病突变变得更为复杂，因为它们给携带突变等位基因的家系成员的确认增添了不确定性。

## 突变对微生物的影响

细菌与酵母等微生物中的突变也可以描述为功能丢失或功能获得，但对于微生物，这既不是常规的也不是最有用的分类方案。相反，基于突变细胞在各种培养基上的生长特性，通常用更细致的表型描述进行分类。因而大多数突变可归为以下四类中的一种。

- **营养缺陷型**（auxotroph）是只有提供了某种营养才能生长的细胞，这种营养对未突变个体来说并不需要。例如，在由色氨酸操纵子的 5 个基因所编码的酶的作用下，正常大肠杆菌自己制造色氨酸［图 8.8（B)］。如果这些基因中有一个突变而使蛋白质产物失活，则细胞就不能再制造色氨酸，成为色氨酸营养缺陷型。它不能在没有色氨酸的培养基上生长，只有将该氨基酸作为一种营养成分提供到培养基中它才能生长（图 16.15）。未突变细菌称为**原养型**（prototroph），它不需要在培养基中补加额外的营养。
- **条件致死型**（conditional-lethal）突变体不能耐受特定的生长条件，即在**许可条件**（permissive condition）下，它们看上去完全正常，但转至**限制性条**（restrictive condition）时，突变体的表型就显现出来。**温度敏感型**（temperature-sensitive）突变体是条件致死型的典型例子。温度敏感型突变体低温下同野生型细胞一样，但当

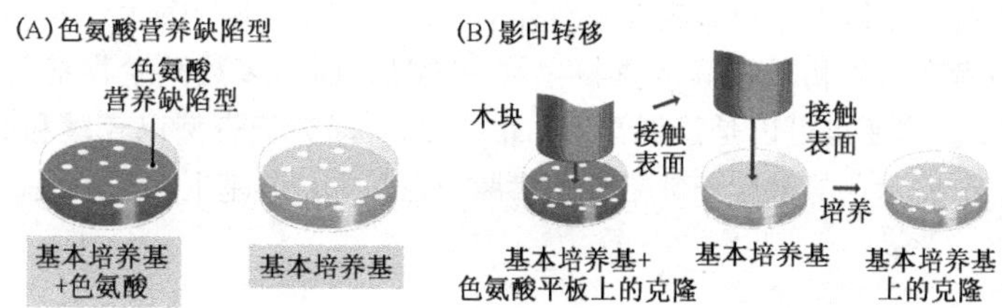


图 16.15 色氨酸营养缺陷型突变体

(A) 图示两个 Petri-dish 培养板，都只含有提供细菌生长基本营养需求（氮源、碳源和能源及某些盐类）的基本培养基。左边的培养基补充了色氨酸而右边的没有补充。未突变细菌及色氨酸营养缺陷型能够在左边的平板上生长，营养缺陷型生长是因为培养基提供了它们不能自身制造的色氨酸。色氨酸营养缺陷型不能在右边的平板上生长，因为它不含色氨酸。(B) 为了确定色氨酸营养缺陷型，可使菌落首先在基本培养基＋色氨酸平板上生长，然后通过影印转移至基本培养基平板。接种后，菌落在基本培养基平板上出现的位置与含色氨酸的培养基相同，只是色氨酸营养缺陷型不能生长。由此可以确定色氨酸营养缺陷型细菌并在基本培养基＋色氨酸平板上恢复生长

温度超过一定阈值，就表现出其突变体表型，阈值因突变体而不同。这通常是因为突变降低了蛋白质的稳定性，当温度升高时，蛋白质去折叠而失活。

- **抑制物抗性型**（inhibitor-resistant）突变体能抵抗抗生素或其他抑制物的毒性作用。对这类突变体在分子水平上有多种解释。某些情况下，突变改变了抑制物靶蛋白的结构，使抑制物不能再与该蛋白质结合而影响其功能。这是大肠杆菌链霉素抗性的基础，该抗性起因于导致核糖体蛋白 S12 结构改变的突变。另一种情况可能是突变改变了与抑制物进入细胞有关的转运蛋白的特性，这常是对有毒金属产生抗性的方式。
- **调节型**（regulatory）突变体的启动子和其他调节序列存在缺陷。这一类包括**组成型**（constitutive）突变体，它使一些基因持续表达，而这些基因在正常情况下应该根据不同条件进行表达的启动和关闭。例如，乳糖操纵子操纵序列的突变（11.3.1 节）能阻止抑制物的结合而导致乳糖操纵子的持续表达，尽管乳糖缺乏时，基因应当是关闭的（图 16.16）。

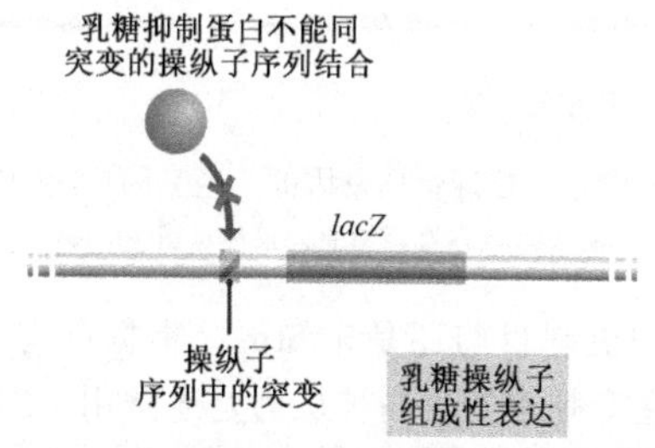


图 16.16 乳糖操纵子中组成型突变的影响

操纵子序列被突变所改变，乳糖抑制物不能再与之结合，结果即使培养基中没有乳糖，乳糖操纵子也持续表达。这不是组成型 *lac* 突变体唯一的表现形式。例如，突变可发生在编码乳糖抑制物的基因，改变抑制物蛋白质的三级结构，从而破坏了其 DNA 结合基序，即使操纵子序列没有突变，也不再能识别它。有关乳糖抑制物及其对乳糖操纵子表达的调节作用的详细内容见图 11.24

除了这四种类型以外，很多突变是致死的，导致突变细胞的死亡，其他的一些突变没有效应。后者在微生物较在高等真核生物中少见，因为多数微生物基因组的非编码DNA相对很少。突变也可以是**渗漏型**（leaky）的，即突变表型以较缓和的方式表达。例如，图16.15所示色氨酸营养缺陷型的渗漏型在基本培养基上生长缓慢，而并非不能生长。

## 16.1.3 高频突变及程序性突变的可能性

细胞是否有可能以增加基因组中突变发生率或将突变指向特定基因的方式主动控制突变呢？初看上去，可能这两种情况都与已被接受的突变随机出现的常识相矛盾。突变的随机性是生物学中一个重要的概念，它是达尔文进化论的前提条件，因为达尔文进化论认为生物体性状的改变是随机发生的，不受机体所在环境的影响。相反，早在一个世纪前即被生物学家所驳斥的拉马克进化理论则认为机体需要发生变化以适应周围环境。达尔文的观点需要突变随机发生，而拉马克的进化理论要求突变是针对周围环境而产生。

**高频突变**（hypermutation）与**程序性突变**（programmed mutation）乍看上去就是违背随机法则的条件下发生的两种现象。

### 高频突变是非正常DNA修复的结果

当细胞允许增加自身基因组中突变的发生率时就发生了高频突变。我们已知几个高频突变的例子，其中一个例子就是包括人在内的脊椎动物能利用这种机制产生各种免疫球蛋白。我们在14.2.1节讨论过，基因组重排造成了免疫球蛋白重链及轻链基因的V、D、J与H片段的连接（图14.19）。完整的免疫球蛋白基因装配完成后，V基因片段的高频突变进一步增加了其多样性（图16.17），这些片段的突变率比基因组其他部分的背景突变率大6～7个数量级。

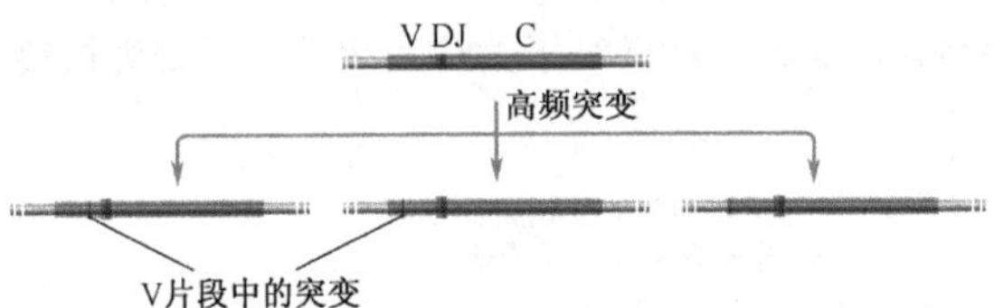


图16.17 完整免疫球蛋白基因的V区基因片段的高频突变

免疫球蛋白基因组装的描述见图14.19

V基因片段高频突变的机制目前还是未知的，根据已有的实验数据，人们提出了几种可能的模型。首先，突变频率的提高被认为是通常用于纠正复制错误的错配修复系统的异常行为所导致（16.2.3节）。在基因组的其他位置，错配修复通过寻找子代链中的错配并替换其核苷酸来进行修复，因为子代链是刚刚合成的，所以它才可能存在错误。而在V基因片段中，一般认为修复系统可以改变亲代链中的核苷酸，从而使突变得以稳定下去［图16.18（A）］。最近，有人发现胞嘧啶脱氨酶和尿嘧啶-DNA糖基化酶对于V基因片段的高频突变是必须的。这一发现也产生了一种观点，认为高频突变是因为一些胞嘧啶转变为尿嘧啶（通过脱氨酶）进而尿嘧啶又被从基因组中切除（通过糖基化酶）产生 AP 位点导致的结果［图 16.18（B）］。这同碱基删除修复过程的前几个步骤很类似（16.2.2 节），即因脱氨基诱变剂而产生的尿嘧啶被尿嘧啶-DNA 糖基化酶切除。在碱基切除修复中，AP 位点会被 DNA 聚合酶 β 填充以恢复原始的序列，不过高频突变中的 AP 位点则不被修复。这也就意味着在下一轮的复制中，4 种碱基中的任何一个都有可能插入子代链中对应 AP 位点的位置——图 16.18（B）中以 T 作为一个例子。再下一轮的复制将稳定这一突变。

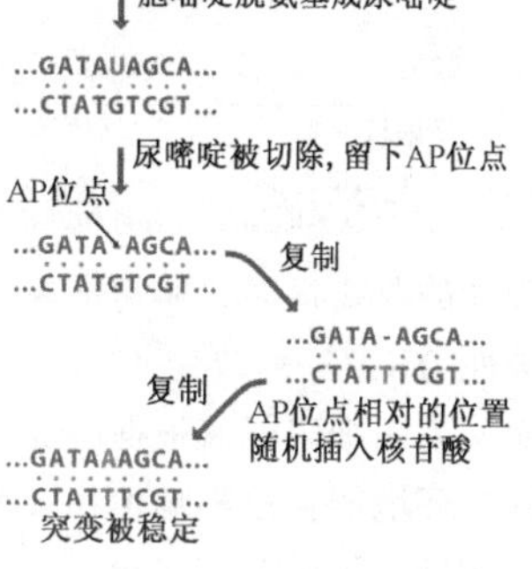


图 16.18　两种可能引起 V 基因片段高频突变的方式

## 程序性突变好像支持拉马克的进化理论

由于正常 DNA 的修复过程改变而造成的突变率的明显提高与突变的随机性法则并不矛盾。但 1988 年的一篇报道提出了一些难题，该文指出大肠杆菌能将突变限定于某些基因，在细菌所处环境条件下这些基因的突变是有益的。

细菌中突变的随机性首先为 Luria 和 Delbrük 于 1943 年所证实。他们在不同的烧瓶中作了一系列大肠杆菌培养，然后分别加入 T1 噬菌体。多数细菌被噬菌体杀死，但少数 T1-抗性突变体得以存活。通过感染 T1 后不久就将培养样品铺琼脂平板确认这些抗性突变体。如果噬菌体加入前，培养瓶中造成 T1 抵抗的突变是随机发生的，每个培养瓶中应含有不同数目的抗性突变体，其数目取决于生长期第一个突变细胞出现的早晚（图 16.19）。到生长期末，那些出现早的将分裂多次，在培养基中产生大量的抗性后代，而那些出现晚的仅产生少量后代。因而一些培养基将含有很多 T1-抗性细胞，而其他的将含有很少。然而，如果只有当 T1 噬菌体加入时抗性菌才通过适应性突变产生，则所有培养基中含有数量相近的突变体。Luria 和 Delbrük 发现他们的各个培养基中含有不同数量的 T1 抗性菌，因此，他们认为突变的发生是随机的而不是作为对 T1 噬菌体的适应性应答。

通过研究大肠杆菌菌株 *lacZ* 基因中的无义突变，有人提出，Luria 和 Delbrük 的结论对大肠杆菌的突变可能并非普遍正确。*LacZ* 中终止密码子的存在表明这些细胞不能合成有功能的 β-半乳糖苷酶，故不能利用乳糖作为碳源与能源，因此它们是乳糖营养缺陷型。这不一定是一个永久状态，因为细胞可以发生突变使终止密码子重新变为一个编码一种氨基酸的密码子。这些新的突变体将能够制造 β-半乳糖苷酶，利用所能获得的乳糖。按 Luria 和 Delbrük 的观点，这样的突变应随机出现，不应受培养基中乳糖的影响。然而，实验结果显示，当乳糖营养缺陷型置于乳糖作为唯一糖分的基本培养基时，环境要求细菌只有突变为乳糖原养型才能生存，则出现的乳糖原养型的数目比按突变随

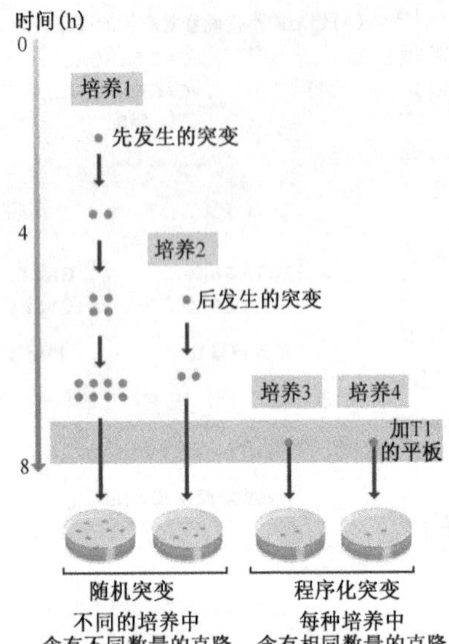


图 16.19 随机突变和程序性突变
Luria 和 Delbrük 的实验结果如左，在大肠杆菌生长的过程中，带来 T1 噬菌体抗性的突变在不同的时间随机发生，这意味着当噬菌体加入时，每种培养中含有不同数量的抗性细胞。在程序性突变的情况下（如右所示），T1 噬菌体抗性的细菌是在应答噬菌体的加入后才获得抗性的，所以每块平板上应该具有类似数量的克隆

机出现所预计的要高很多。换句话说，一些细胞适应性地突变并获得了为耐受选择压力所需的特异性 DNA 序列改变。

这些实验表明细菌能够根据所面对的选择压力来设计其突变。换句话说，如拉马克指出的那样，环境能直接影响生物表型，而并非是达尔文所假定的随机过程。这一结论的含义过于激进，无怪乎该实验引起了大量的争议，以试图发现实验设计的缺陷或结果的另外可能解释。由原 *lacZ* 实验体系衍生的一些实验体系已经证明结果是可信的，并且在其他一些细菌里也发现相似的事件。已经有人对基于基因扩增而非选择性突变的模型进行了测试，并注意到重组事件，如插入元件的转位，可能参与了程序性突变的产生。

## 16.2 DNA 修复

从基因组每天所受到的数以千计的损伤以及复制时出现的错误来看，细胞具有有效的修复系统是必须的。没有这些修复系统，在关键基因因 DNA 损伤而失活之前，基因组维持细胞的基本功能不超过几个小时。与此类似，细胞系将高速积累复制错误，以至几次细胞分裂之后，基因组将失去功能。

多数细胞具有 4 类不同的 DNA 修复系统（图 16.20）。

- **直接修复**（direct repair）（16.2.1 节），顾名思义，直接作用于受损核苷酸，将之恢复为原来的结构。
- **切除修复**（excision repair）（16.2.2 节），先切除一段含有损伤部位的多核苷酸，然后利用 DNA 多聚酶重新合成正确的核苷酸序列。
- **错配修复**（mismatch repair）（16.2.3 节），修正复制错误时，也是通过切除含有异常核苷酸的 DNA 单链区段，再修复所造成的缺口。
- **非同源末端连接**（nonhomologous end-joining）（16.2.4 节）用于双链断裂的修补。

大部分生物具有能使它们在基因组修复之前就复制损伤区域的体系。我们将在16.2.5节讨论这种体系，在16.2.6节我们将探讨由于人类DNA修复过程缺陷而导致的疾病。

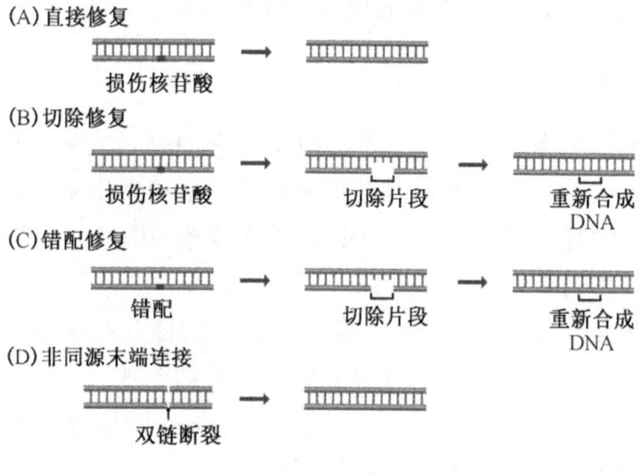


图16.20 四类DNA修复系统

### 16.2.1 直接修复系统填补缺口并纠正某些类型的核苷酸修饰

绝大多数由化学或物理诱变剂（16.1.1节）造成的各种类型的DNA损伤仅能通过切除损伤核苷酸然后重新合成新的DNA片段而修复，如图16.20（B）所示。有少数几种DNA损伤能够直接被修复。

- 如果切口两端核苷酸的5′-磷酸和3′-羟基没有损伤，只是磷酸二酯键的断裂，则切口（nick）可被DNA连接酶修复（图16.21）。电离辐射所造成的切口常是这种情况。
- 某些类型的**烷基化**（alkylation）损伤是可以被一些酶直接逆转的，这些酶可以将烷基从核苷酸转移到自身肽链上。已知多种不同生物中存在这种功能的酶，包括大肠杆菌中的**Ada酶**（Ada enzyme），它与细菌DNA损伤所激活的适应性过程有关。Ada能去除结合于胸腺嘧啶4位氧原子和鸟嘌呤6位氧原子的烷基，亦能修复甲基化的磷酸二酯键。其他烷基化修复酶有更严格的特异性，例如，人类**MGMT**（$O^6$-甲基化鸟嘌呤-DNA甲基转移酶），顾名思义，它仅能去除鸟嘌呤6位的烷基。

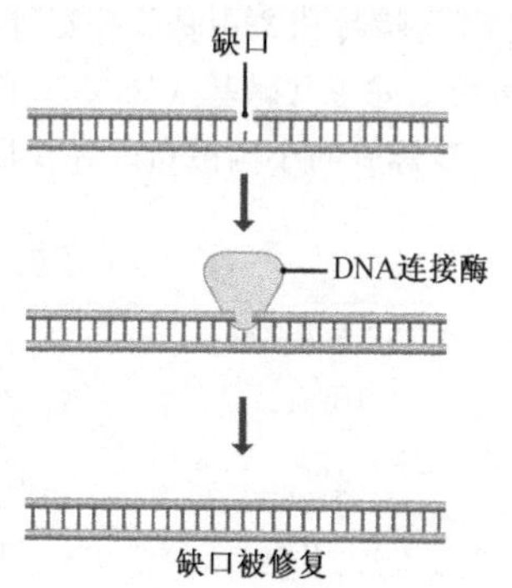


图16.21 DNA连接酶对缺口的修复

- **环丁二聚体**（cyclobutyl dimmer）由称为**光复活**（photoreactivation）的光依赖性直接修复系统所修复。在大肠杆菌中该过程需要**DNA光解酶**（DNA photolyase）（更确切的名字是脱氧核糖二嘧啶光解酶）。受到波长300～500nm的光激发时，酶结合环丁二聚体并将其转化为原来的单体核苷酸。光复活是一种广泛但不普遍存在的修复类型，已知它存在于很多但并非所有的细菌中，也存在于很少的真核生物中，包括一些脊椎动物，但人类和其他哺乳动物却没有。一种类似的光复活与（6-4）**光化物光解酶**［(6-4) photoproduct photolyase］有关，进行（6-4）损伤的修复。大肠杆菌与人类中都没有这种酶，但在其他很多生物中存在。

### 16.2.2 切除修复

上面介绍的直接损伤修复类型很重要，但是，它们仅是大多数生物 DNA 修复机制中的次要组成部分。这一点在人类基因组序列草图中也体现出来，即仅包含一个编码参与直接修复的蛋白质的基因（*MGMT* 基因），而至少有 40 多个参与切除修复通路的基因。这些通路可以分为两类。

- **碱基切除修复**（base excision repair）指除去受损的核苷酸碱基，在产生的 AP 位点周围切除一小段多聚核苷酸，并以 DNA 聚合酶重新合成。
- **核苷酸切除修复**（nucleotide excision repair）与碱基切除修复类似，但之前并不去除受损碱基，可作用于更严重的 DNA 受损区。

我们将依次讨论这些通路。

#### 碱基切除可修复多种类型的损伤核苷酸

在先去除受损的一个或多个核苷酸再合成 DNA 填补所致缺口的多种修复系统中，碱基切除是最基本的一种。它用来修复众多受损相对较轻的被修饰的核苷酸碱基，如暴露于烷基化试剂或粒子放射的碱基（16.1.1 节）。该过程由裂解受损碱基与核苷酸的糖基之间的β-*N*-糖苷键的 **DNA 糖基化酶**（DNA glycosylase）所引发［图 16.22（A）］。每种 DNA 糖基化酶具备有限的特异性（表 16.3），细胞所含糖基化酶的特异性决定了可经碱基切除途径修复的受损碱基的范围。大多数生物能处理尿嘧啶（去氨基胞嘧啶）及次黄嘌呤等脱氨基碱基，5-羟基胞嘧啶和胸腺嘧啶乙二醇等氧化产物，3-甲基腺嘌呤、7-甲基鸟嘌呤和 2-甲基胞嘧啶等甲基化碱基。其他 DNA 糖基化酶作为错配修复系统的一部分可去除正常碱基（16.2.3 节）。大多数参与切除修复的 DNA 糖基化酶被认为是沿着 DNA 双螺旋的小沟散布以寻找损伤的核苷酸，但也可能有一些与复制酶偶联。

**表 16.3 DNA 糖基化酶的几个例子**

| DNA 糖基化酶 | 特异性 |
|---|---|
| MBD4 | 尿嘧啶 |
| MPG | 乙烯腺苷嘌呤，次黄嘌呤，3-甲基腺嘌呤 |
| NTH1 | 胞嘧啶乙二醇，二氢尿嘧啶，甲酰胺嘧啶，胸腺嘧啶乙二醇 |
| OGG1 | 甲酰胺嘧啶，8-氧鸟嘌呤 |
| SMUG1 | 尿嘧啶 |
| TDG | 乙烯胞嘧啶，尿嘧啶 |
| UNG | 尿嘧啶，5-羟尿嘧啶 |

DNA 糖基化酶去除受损碱基时首先将该结构“弹出”螺旋然后使之与多聚核苷酸

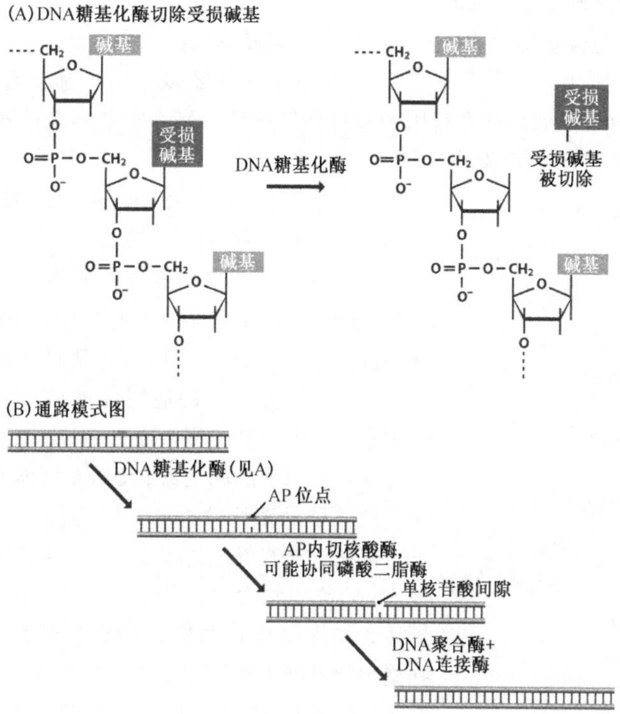

图 16.22　碱基切除修复

（A）利用 DNA 糖基化酶切除受损核苷酸。（B）碱基切除修复途径的模式图。该途径的另外形式见文中所述

脱离。这就产生了一个 AP 位点或称无碱基位点，并在修复途径第二步转化为一个单核苷酸缺口 [图 16.22（B）]。这一步可以多种方式实现。标准方式是利用一种 **AP 核酸内切酶**（AP endonuclease），如大肠杆菌核酸外切酶Ⅲ或核酸内切酶Ⅳ或人的 APE1，在 AP 位点 5′端切断磷酸二酯键。某些 AP 核酸内切酶也能从 AP 位点除去糖基，即去除受损核苷酸的所有剩余部分，而其他核酸内切酶没有这种能力，所以它们与一种独立的**磷酸二酯酶**（phosphodiesterase）配合发挥作用。将 AP 位点转化为一个缺口的另一途径利用了某些 DNA 糖基化酶的内切酶活性，在 AP 位点的 3′端剪切，这步反应可能与去除受损碱基同时发生，随后磷酸二酯酶再除去糖基。

DNA 聚合酶利用 DNA 分子另一链中未受损核苷酸填补单核苷酸缺口，以保证正确核苷酸的插入。在大肠杆菌由 DNA 聚合酶Ⅰ填补空缺，在哺乳类中是由 DNA 聚合酶 β 填补空缺（表 15.2）。酵母与其他生物不同，它是用其主要 DNA 复制酶——DNA 聚合酶 δ 来实现这一目的。空缺填补后，最后的磷酸二酯键由 DNA 连接酶形成。

## 核苷酸切除修复用于校正更为严重的损伤

核苷酸切除修复较碱基切除系统适用性更广，能处理更严重的损伤形式，如链内交联和巨大化学基团修饰的碱基。它也能通过**暗修复**（dark repair）过程校正环丁二聚体，为那些不具有光复活系统的生物（如人类）提供了一种修复这些二聚体的途径。

在核苷酸切除修复中，含有受损核苷酸的一段单链 DNA 被切除并以新的 DNA 取代。因此该过程与碱基切除修复类似，只是之前没有选择性去除碱基的过程并且被切除的多聚核苷酸片段更长。关于核苷酸切除修复研究最多的例子是大肠杆菌的**短修补**（short patch）过程，如此称谓是因为经过剪切而后“修补”的多聚核苷酸区域相对短小，长度通常为 12 个核苷酸。

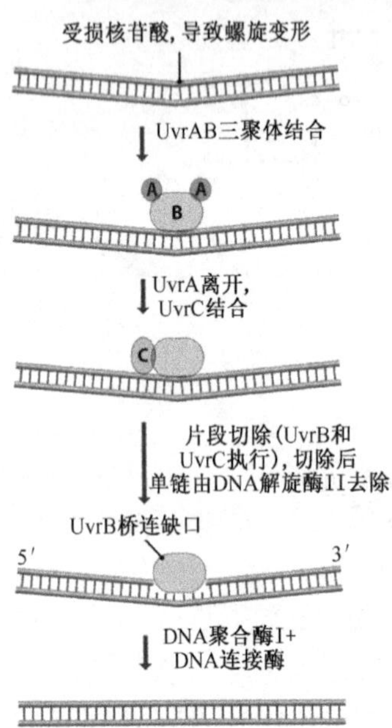


图 16.23 大肠杆菌中的短片段核苷酸切除修复

所示为受损核苷酸螺旋扭曲，这被认为是启动短修补过程的 UvrAB 三聚体的识别信号之一。该修复途径的细节见文中所述。缩写：A，UvrA；B，UvrB；C，UvrC

短修补是由一种称为 **UvrABC 内切核酸酶**（UvrABC endonuclease）有时又被称为“核酸剪切酶（excinuclease)”的多酶复合物所激发的。该过程第一阶段，两个 UvrA 和一个 UvrB 组成的蛋白质三聚体在受损位点结合于 DNA。尚不清楚复合物是如何识别位点的，但该过程较广的适用性提示，该复合物并非直接识别损伤的个别类型，而是寻找 DNA 损伤的更普遍的特征，如双螺旋的变形。UvrA 可能是复合体中与损伤定位关系最密切的组分，因为位点一旦被识别，它马上解离，并在修复过程中不再起作用。UvrA 的脱离使 UvrC 得以结合（图 16.23）并形成一个 UvrBC 二聚体，在受损位点两侧剪切聚核苷酸。一般由 UvrB 在受损核苷酸下游第 5 个磷酸二酯键形成第一个切点，由 UvrC 在上游第 8 个磷酸二酯键形成第 2 个切点，剪切 12 个核苷酸。切点的选择有一定多样性，尤其是 UvrB 切点的位置。剪切片段以一个完整寡聚核苷酸的形式被 DNA 解旋酶 II（DNA helicase II）去除，推测 DNA 解旋酶Ⅱ是通过打开片段与另一链结合的碱基对来使其脱离的。UvrC 亦在该阶段解离，但 UvrB 原地不动，填补剪切造成的空隙，可能是为防止被暴露的单链区碱基自我配对，或是为防止该链受损，还有可能是将 DNA 聚合酶导向需要修补的位点。同碱基切除修复一样，缺口由 DNA 聚合酶Ⅰ填补，最后的磷酸二酯键由 DNA 连接酶合成。

大肠杆菌还有一个包括 Uvr 蛋白的**长修补**（long patch）核苷酸剪切修复系统，但不同点在于剪切掉的 DNA 片段长度可达 2kb。长修补修复研究较少，对其过程了解不多，但认为它作用于更广泛的损伤，可能是那些一组核苷酸而不仅是单个碱基被修饰的区域。真核生物的核苷酸剪切修复过程，也称为“长修补”，但仅造成 DNA 上 24～29 个核苷酸的替代。实际上，真核生物中没有“短修补”系统，该命名用于区别碱基切除修复。该系统比大肠杆菌中复杂而且相关的酶并不是 Uvr 的同源蛋白质。在人类中至少包括 16 种蛋白质，下游切点与大肠杆菌中位置相同——第 5 个磷酸二酯键，但上游切点位置更远，造成更长的剪切片段。两个切点都是由特异性地于单双链交界点攻击单链 DNA 的内切酶形成，提示剪切前受损区周围的 DNA 已被解链，有人推测是解旋酶的作用（图 16.24)。这一活性至少部分是由 TFIIH（RNA 聚合酶Ⅱ起始复合物成分之一）完成的（表 11.5）。最初推测 TFIIH 只是在细胞内有双重作用，在转录与修复两方面单独发挥功能，但现在认为在这两个过程之间存在更直接的联系。**转录偶联修复**（transcription-coupled repair）的发现支持这一观点，它修复正在高效转录的基因模板链的一些损伤。最先发现的转录偶联修复是一种改进的核苷酸切除修复，但现在知道碱基切除修复也和转录偶联。这些发现并不意味着基因组的非转录区不被修复。切除修复过程保护整个基因组免受损伤，但存在特殊机制指导正在转录的基因的修复过程也是完全符合逻辑的。因为这些基因的模板链含有基因组的生物信息，维持其完整性是修复系统最需优先解决的。

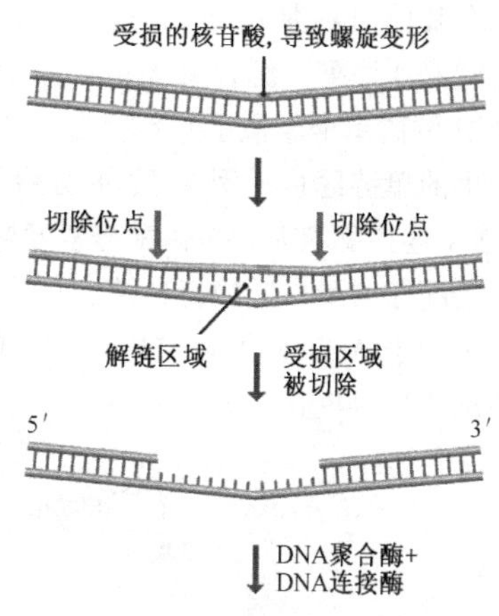


图 16.24 真核细胞中核苷酸切除修复模式图

内切核酸酶通过在 DNA 分子单、双链交界区特异性剪切以去除受损区域。如图所示，认为 DNA 可能通过 TFIIH 的解旋酶活性使受损核苷酸两侧解链

## 16.2.3 错配修复：校正复制错误

到现在为止，我们所看到的每个修复系统（直接修复、碱基切除修复和核苷酸切除修复）都是识别并作用于诱变剂所致的损伤。这意味着这些修复系统寻找异常的化学结构，如修饰后的核苷酸、环丁二聚体和链内交联。它们不能校正复制错误造成的错配，因为错配核苷酸各方面都没有异常，它只是正常的 A、C、G 或 T 插入到错误位置上。因为这些核苷酸同其他核苷酸一样，修正复制错误的错配修复系统必须检测亲子链间碱基配对的消失，而不是错配核苷酸本身。一旦发现一个错配，修复系统就切除部分子链并以一种同碱基与核苷酸切除修复相似的方式填充缺口。

以上描述的过程留下一个重要而未解答的问题。修复一定要发生在子代多聚核苷酸链上，因为就是在这条新合成的链上出现了错误，而亲代多聚核苷酸链有正确的序列。修复过程如何能正确区分两条核苷酸链呢？在大肠杆菌中，由于这一阶段子链是未甲基化的，因此能与完成了甲基化的亲代多聚核苷酸链区分。大肠杆菌 DNA 甲基化是因为存在将序列 5′-GATC-3′中的腺苷酸转化为 6-甲基腺苷酸的 **DNA 腺苷酸甲基化酶**（DNA adenine methylase，Dam）和将 5′-CCAGG-3′及 5′-CCTGG-3′中的胞嘧啶转化为 5-甲基胞嘧啶的 **DNA 胞嘧啶甲基化酶**（Dcm）。这些甲基化无致突变性，修饰后的与未修饰的核苷酸有同样的碱基配对特性。在 DNA 复制与子链甲基化间有一段延迟，正是利用这一时机，修复系统扫描 DNA 寻找错配并对未甲基化的子链进行必要的校正（图 16.25）。

大肠杆菌至少有三种错配修复系统，称为“长修补（long patch）”、“短修补（short patch）”及“超短修补（very short patch）”，其命名表明了切除并再合成的片段的相对长度。长修补系统可取代 1kb 或更长的 DNA，且需要 MutH、MutL、MutS 蛋白及我们在核苷酸剪切修复中所讲到的 DNA 解旋酶 II。MutS 识别错配，MutH 通过结合未甲基化 5′-GATC-3′序列分辨两链（图 16.26）。MutL 的作用尚不清楚，它可能配合其他两种蛋白质的作用，这样 MutH 仅在 MutS 识别的错配位点附近结合 5′-GATC-3′序列。结合后 MutH 剪切紧靠甲基化序列中 G 上游的磷酸二酯键，DNA 解旋酶 II 解离单链。似乎并不存在一个在错配区下游剪切 DNA 链的酶；相反，解旋酶解离产生的单链区由一种核酸外切酶降解并直至超出错配区。缺口由 DNA 聚合酶 I 和 DNA 连接酶填充。短错配修复及超短错配修复过程与长修复系统类似，其区别在于识别错配区的蛋白质的特异性。短修复系统切除长度小于 10 个核苷酸片段，在 MutY 识别了一个 A-G 或 A-C 错配时开始作用。超短修复系统校正由 Vsr 核酸内切酶识别 G-T 错配并加以校正。

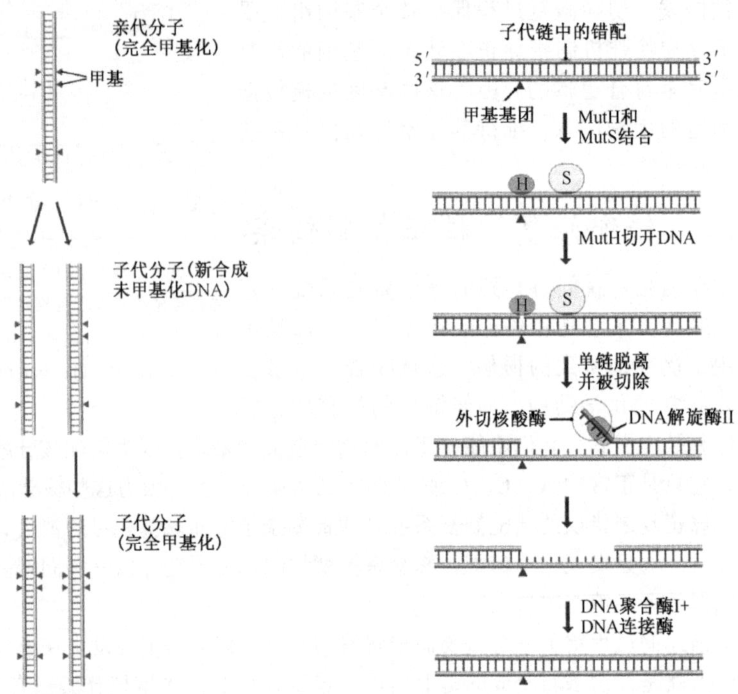


图 16.25 大肠杆菌中新合成 DNA 的甲基化并不在复制后立即出现，这为错配修复蛋白识别子链并校正复制错误提供了机会

图 16.26 大肠杆菌中的长片段错配修复
缩写：H，MutH；S，MutS

真核细胞具有大肠杆菌 MutS 和 MutL 蛋白的同源物，其错配修复过程可能以相似的方式进行。区别之一在于缺少 MutH 的同源物，说明真核细胞可能不是用甲基化来区别子代和亲代多聚核苷酸。在哺乳类细胞的错配修复中曾提到过存在甲基化，但一些真核生物包括果蝇或酵母的 DNA，并未广泛甲基化，因而这些生物被认为一定是用另一种方法。一种可能是修复酶与复制复合体的联合作用，这样修复与 DNA 合成相偶联；另一种可能是利用标记母链的单链结合蛋白。

## 16.2.4 双链 DNA 断裂的修复

双链 DNA 分子中一条链的断裂，例如，因某些氧化损伤产生的单链断裂，并不能给细胞带来严重的后果，因为双螺旋仍保持全面的完整性。PARP1 蛋白包裹暴露的单链 DNA，可以保护这条完整的链不被打断并防止它参与一些不必要的重组。这个缺口会被切除修复通路中的一些酶进行填充（图 16.27）。

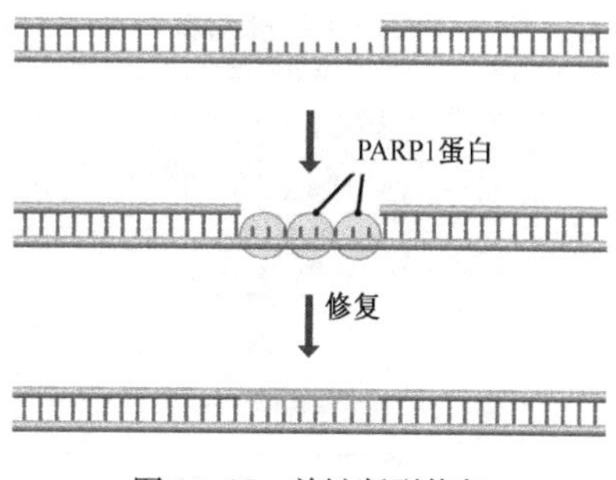

图 16.27 单链断裂修复

双链的断裂更为严重，因为它将原来的双螺旋变成了两个独立的片段，如果要修复断裂，必须将它们再放在一起，并且还必须保护好两个断裂的末端，防止进一步降解，否则会在修复的断裂点处产生缺失突变。修复过程还必须保证将正确的末端连接起来，如果在核中有两条染色体发生断裂，必须将断裂片段正确地匹配并连接起来，才能恢复原来结构。对小鼠细胞的研究发现要得到这样的结果很困难，如果有两条染色体断裂，常常会因为错误修复而产生杂交结构。即使只有一条染色体断裂，也可能将天然的染色体末端当作断裂的末端进行错误修复。这种错误不是未知的，虽然存在特异的端粒体结合蛋白标记染色体的天然末端（7.1.2 节）。

双链断裂可以由暴露于电离辐射和一些化学诱变剂造成，也可以发生在 DNA 复制过程中。大多数生物都有两条独立的通路用来修复双链断裂。第一条包括同源重组，我们将在解决了第 17 章同源重组基本通路问题后再来讨论。第二套系统就是**非同源末端连接**（non-homologous end joining，NHEJ）。非同源末端连接的研究进展得益于对人类突变细胞株的研究，后者鉴定了数套参与到非同源末端连接的基因。这些基因可以组成一个多组分的蛋白质复合物用以引导 DNA 连接酶到断裂处［图 16.28（A）］。这个复合物中包括两个拷贝的 Ku 蛋白，每个拷贝都结合一个断裂的 DNA 末端。Ku 蛋白只能结合切断的末端，而不能结合 DNA 分子的中间部分，因为 DNA 分子必须适合 Ku 蛋白两个亚基相互结合形成的一个环［图 16.28（B）］。两个 Ku 蛋白之间也存在亲和力，这就保证了 DNA 分子的两个末端可被带到十分接近的位置。Ku 协同 DNA-PKcs 蛋白激酶结合 DNA，后者可以激活第三个蛋白质 XRCC4，它可以和 DNA 连接酶 IV 相互作用，引导这个修复蛋白到双链断裂处。

非同源末端连接最初被认为只存在于真核细胞中，不过通过对蛋白质数据库的检索已经发现细菌的哺乳动物 Ku 蛋白的同源物，并且实验结果已经证实这些同源物可以同细菌的连接酶协同以一种简化的方式修复双链断裂。

## 16.2.5 在基因组复制时绕过 DNA 损伤

如果基因组的一个区域存在广泛的损伤，修复过程将会无能为力。细胞要面对一个严酷的选择，即死亡还是试图复制损伤区域，即使这种复制可能倾向于错误并导致突变的子代分子。在面对如此选择时，大肠杆菌无一例外的选择第二条路，诱导一个或多个应急途径，绕过主要损伤位点。

### SOS 应答是复制受损基因组的一种应急措施

研究最多的迂回途径是 **SOS 应答**（SOS response），使大肠杆菌细胞能复制其

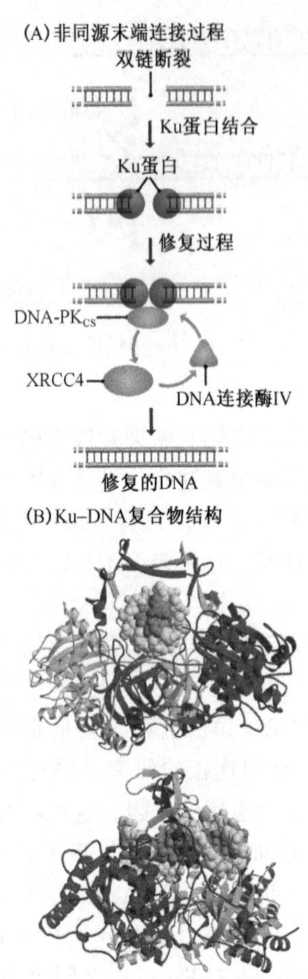


图 16.28　人类的非同源末端连接

(A) 修复过程。图中 NHEJ 过程中的其他蛋白质没有表示。包括蛋白激酶 ATM 和 ATR (15.3.2 节)，它们的主要功能是传导信号，报告细胞双链断裂已经发生，细胞周期阻滞直至断裂修复。如果细胞携带一条断裂的染色体进入有丝分裂，那么这条染色体的一部分会丢失，因为只能有一个片段拥有着丝粒，而着丝粒对于分裂后期染色体在子代细胞核内的分布十分必要。(B) Ku-DNA 复合物的结构。上边是 DNA 双螺旋断裂末端的俯视图，诱变是侧面观，DNA 分子的断裂末端位于上边。Ku 是一个有 Ku70 和 Ku80 两个亚单位组成的异源二聚体，70 和 80 分别表示分子质量，单位 kDa。Ku70 用红色标识，Ku80 用黄色标识。DNA 分子用灰色标识。经 [Walker 等授权后重印，(2001) *Nature*, 412, 607-614]

DNA，即使模板多核苷酸存在 AP 位点和(或) 环丁基二聚体以及其他由于受到化学诱变剂或紫外辐射产生的光化产物，而这些情况下，正常的复制复合物一般是会被阻断或至少是延迟的。绕过这些位点需要建立一个**“突变复合体”**(mutasome)，它包含 $UmuD'_2C$ 复合物 (也称为 DNA 聚合酶Ⅴ，一个由两个 UmuD′蛋白和一个拷贝的 UmuC 组成的三聚体) 和一些多拷贝的 **RecA 蛋白** (RecA protein)。RecA 蛋白是单链 DNA 结合蛋白，在本系统中能包裹受损伤的单链，使 $UmuD'_2C$ 复合物取代 DNA 聚合酶 III 并进行错误倾向的 DNA 合成，直至通过损伤区域，DNA 聚合酶 III 能再次接替合成 DNA (图 16.29)。

除了作为单链结合蛋白以促进突变复合体的迂回过程，RecA 还有第二个功能，即作为整个 SOS 应答的一个激活蛋白。该蛋白质可以被显示存在严重 DNA 损伤的化学信号 (尚未鉴定) 刺激。RecA 蛋白随之做出应答，它直接或间接地裂解许多靶蛋白，包括 UmuD，剪切可以使该蛋白质转变为活性状态 UmuD′并起始突变复合体修复过程。RecA 还会裂解一个叫做 LexA 的抑制蛋白，启动或增加许多一般为 LexA 所抑制的基因表达，这些基因包括 *recA* 基因自身 (导致 RecA 合成量 50 倍的提高) 和其他一些包括在 DNA 修复通路中的基因。RecA 蛋白还可以剪切 λ 噬菌体的 *c*I 抑制蛋白，因此如果基因组中存在整合的 λ 原噬菌体，它就可以被激活并逃离这艘即将沉没的“大船”(14.3.1 节)。

刚开始，SOS 应答被认为是最后的最佳选择，使细菌能复制 DNA 并在不利环境下生存。然而生存的代价是突变率的增加，因为“突变体”不能修复损伤，它仅仅是使损伤区的多聚核苷酸能被复制。当其在模板 DNA 上遇到一个损伤位点时，聚合酶或多或少会以随机方式选择一个核苷酸，尽管有时倾向于在 AP 位点的配对处放置一个

A，结果使复制过程的出错率增加。增加突变率也被认为是SOS应答的一个目的，突变在某种程度上是对DNA损伤的有利应答，但这种观点仍存在争议。

一段时间以来，SOS应答被认为是细菌迂回忽略损伤的唯一途径，但我们现在认为至少存在两种其他大肠杆菌聚合酶在不同类型的损伤中以相似方式起作用。它们是DNA聚合酶II，能忽略结合致诱变的化学物，如N-2-乙酰氨基芴的核苷酸；DNA聚合酶Ⅳ（也称为DinB），能使复制忽略含有2个多核苷酸损伤的亲代DNA模板区域。真核细胞中也发现了忽略损伤的聚合酶，包括DNA聚合酶ε和η，能忽略环丁基二聚体和DNA聚合酶ι及ξ，能协同作用使复制通过光化产物和AP位点。

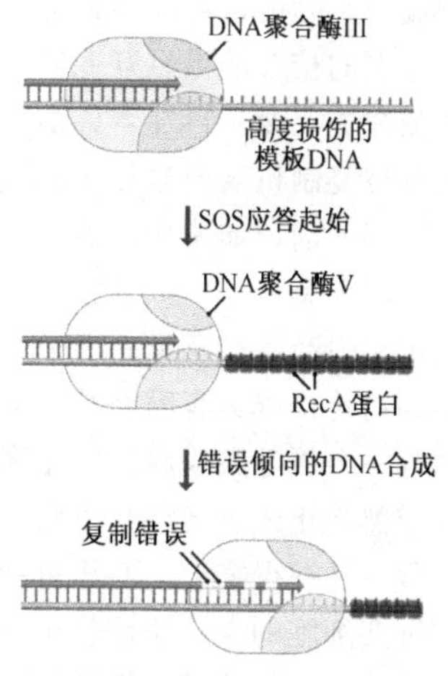

图16.29　大肠杆菌中的SOS应答

## 16.2.6　DNA修复缺陷造成的人类疾病（包括癌症）

从人类由于某个修复途径的缺陷而导致的遗传疾病的数目和严重性可以看出DNA修复的重要性。最好的例证是着色性干皮病（xeroderma pigmentosum），它是由于参与核苷酸切除修复的几个蛋白质基因中任意一个的突变引起的。核苷酸切除修复是人类细胞修复环丁基二聚体和其他光产物的唯一途径，无怪乎着色性干皮病患者的症状包括对紫外线超敏感，暴露于阳光下的患者的突变比常人更多，并常常导致皮肤癌。毛发硫营养障碍症（trichothiodystrophy）也是由于核苷酸切除修复缺陷导致的，尽管不涉及癌症，但却是导致患者皮肤及神经系统异常的更复杂的疾病。

一些疾病和转录偶联的核苷酸切除修复缺陷相关。这些疾病包括：乳腺癌和卵巢癌，*BRCA1*基因使人对上述两种癌症易感，有证据表明它编码一个至少间接和转录偶联修复相关的蛋白质；科凯恩（Cockayne）综合征，一种复杂的生长和神经疾病，也存在关联。转录偶联修复的缺失还引起人类患上一种癌症易感综合征，称为HNPCC（非遗传息肉结肠直肠癌），虽然最初这种疾病被认为是错配修复缺陷造成的。毛细管扩张失调症（ataxia telangiectasia）是对电离辐射敏感的综合征，是由于参与损伤检测过程的*ATX*基因缺失引起的。其他与DNA修复崩溃相关的综合征包括布卢姆（Bloom's）综合征和沃纳（Werner's）综合征（是由于在NHEJ中发挥作用的一个DNA解旋酶失活造成的）；Fancoli's贫血症患者对化学物敏感，从而导致DNA内的交联，其具体生化基础不明；脊髓小脑性共济失调，由修复单链断裂通路缺陷造成。

# 总结

突变是指DNA分子中核苷酸序列的变化，包括只改变单一核苷酸的点突变和一个或几个连续核苷酸的插入或缺失。尽管DNA聚合酶具有核苷酸选择性和校正活性可以保证很高的精确度，突变还是可以由DNA复制中的错误产生。这些检查机制无法发现模板中存在的核苷酸稀有互变异构形式。第二种称之为“滑移”的复制错误可以导致插入突变或缺失突变。存在着许多可以导致突变的化学和物理因素。一些化合物作为碱基类似物在被复制机器误当作正确碱基后引起突变。脱氨基和烷基化试剂直接攻击DNA分子，而嵌入剂，如溴化乙锭，则可以插入到碱基对之间，当DNA螺旋进行复制时引起插入或缺失突变。UV辐射可以导致相邻的核苷酸连接到一起形成二聚体，电离辐射和热都可以引起各种不同的损伤。在某一个基因内，点突变可能不会影响蛋白质的编码，因为遗传密码具有简并性，但是部分突变可能会改变编码的方式从而导致密码子翻译成另外一个氨基酸或成为终止密码子。插入和缺失可能引起移码突变，进而导致蛋白质提前成熟终止或正确终止密码子的通读。任何的突变都可能导致功能丢失突变，少量可以导致功能获得突变，甚至可能产生癌变。在细菌内，突变可能会引起某种营养缺陷型，即突变细胞的生长相比较于野生型细胞需要添加额外的生长成分，或者导致对抗生素或其他抑制剂的抗性。细胞在某些环境下可以提高突变频率或对环境应答的程序性突变等是否存在的可能性问题目前还在激烈的争论中。所有具有DNA修复系统的细胞可以纠正许多突变。直接修复系统虽不常见，但是已知它可以纠正包括去除UV诱导核苷酸二聚体在内的一些碱基损伤。切除修复包括去除一段含有损伤位点的多聚核苷酸，紧接着由DNA聚合酶合成一段正确的序列。错配修复同样通过切除一段含有突变的DNA片段并修复这段间隙来纠正复制中的错误。非同源末端连接用于修复双链断裂。还存在一些DNA复制时绕过DNA损伤的机制，这些机制很多是作为基因组受到严重损伤时的应急系统。

## 选择题

*奇数问题的答案见附录

16.1* 下面哪项描述是错误的？

a. 突变是指基因组中一小段区域内核苷酸序列的变化。

b. 所有的突变都是由于环境因素造成的。

c. 许多的突变是可以修复的。

d. 一些突变是由复制中的错误造成的。

16.2 下面哪种情况会导致一个核苷酸被另外一个取代？

a. 缺失突变

b. 插入突变

c. 点突变

d. 转位

16.3* 自发突变可以由下面哪种情况产生？

a. 化学诱变剂

b. DNA复制错误

c. 热

d. 辐射

16.4 校正如何能提高基因组复制的精确度？

a. 当最前面的核苷酸结合到DNA聚合酶时，该酶可以区分错误的核苷酸。

b. DNA 聚合酶的 5′→3′外切酶活性可以去除新合成多聚核苷酸末端的错误核苷酸。

c. 当 3′端的核苷酸和模板 DNA 不能进行配对时，DNA 聚合酶的外切酶活性可以将其去除。

d. 以上所有。

16.5* 下面哪条是基因组复制错误的通常原因？

a. 在复制叉形成 G-U 配对。

b. 基因组的复制区域同时正在进行转录。

c. 模板 DNA 中存在核苷酸的互变异构变化。

d. 正在复制的 DNA 周围存在核小体。

16.6 下面哪种情况可以因为复制滑移造成？

a. 微卫星

b. 小卫星

c. 逆转座子

d. DNA 转座子

16.7* 基因组复制过程中哪种化学试剂会通过 DNA 聚合酶插入到基因组中？

a. 烷化剂

b. 碱基类似物

c. 脱氨剂

d. 嵌入剂

16.8 紫外辐射可能导致哪种 DNA 损伤？

a. 环丁二聚体

b. AP（无嘌呤/无嘧啶）位点

c. 碱基脱氨

d. 碱基互变异构

16.9* 哪种突变可以将一个编码氨基酸的密码子转变为终止密码子？

a. 无义突变

b. 非同义突变

c. 通读

d. 同义突变

16.10 哪种是营养缺陷型突变体？

a. 可以在基本培养基上生长的突变体。

b. 需要抗生素生长的突变体。

c. 需要野生型生物体不需要的营养成分才能生长的突变体。

d. 可以在限制温度下生长的突变体。

16.11* 大肠杆菌利用直接修复系统不能修复的 DNA 损伤是？

a. 烷基化碱基

b. AP 位点

c. 环丁二聚体

d. 丢失了磷酸二酯键

16.12 下面哪条描述的是核苷酸切除修复？

a. 含有损伤核苷酸的双链 DNA 区域被去除，同时由新 DNA 替换。

b. 单一受损的核苷酸被切除并由新的核苷酸取代。

c. 单一受损的碱基被切除并由新的核苷酸取代。

d. 含有损伤核苷酸的单链 DNA 区域被去除，同时由新 DNA 替换。

16.13* 下面哪项是错配修复的特点？

a. 修饰后的核苷酸被识别。

b. 环丁二聚体被切除。

c. 亲代链和新合成的子代链被区分开。

d. 正确的读码框被鉴定。

16.14 大肠杆菌中亲代链和新合成的子代链之间是如何区分的？

a. 子代链一合成好即被甲基化。

b. 子代链不被迅速甲基化。

c. 子代链不能迅速和核小体蛋白结合。

d. 子代链包含用于起始 DNA 合成的 RNA 引物中的核糖核酸。

16.15* 大肠杆菌细胞如何在 SOS 应答中复制受损 DNA？

a. DNA 的损伤区域从基因组中去除。

b. 在损伤位点核苷酸随机插入。

c. 在损伤修复前所有的 DNA 合成停止。

d. mRNA 通过重组插入到 DNA 的受损区域。

## 简答题

*奇数问题的答案见附录

16.1* 基因组中突变产生的机制是什么？

16.2 复制前 DNA 修复和复制后 DNA 修复系统有什么区别？

16.3* DNA 聚合酶在 DNA 合成过程中如何选择正确的核苷酸？

16.4 碱基类似物 2-氨基嘌呤如何在 DNA 中制造突变？

16.5* 热如何影响 DNA 的结构？热诱导的 DNA 损伤如何普遍存在？这些损伤的影响是什么？

16.6 非编码 DNA 序列中的突变如何影响基因组的表达？

16.7* 人类中，家族性高胆固醇血症是由于一个编码脂蛋白 B-100 的 LDL 受体结合结构域的基因发生了功能丢失突变，并进行显性遗传，为什么？

16.8 如何利用条件致死突变来鉴定或描述微生物中重要的基因产物？

16.9* 人类免疫球蛋白基因 V 区高频突变的基础是什么？

16.10 碱基切除修复的步骤是什么？

16.11* 非同源末端连接系统修复 DNA 双链断裂的过程如何？

16.12 大肠杆菌中 LexA 蛋白在 SOS 应答中的作用是什么？

## 论述题

* 奇数问题答案的指导见附录

16.1* 解释为什么嘌呤到嘌呤或嘧啶到嘧啶的点突变叫做转换，而嘌呤到嘧啶或嘧啶到嘌呤的改变叫做颠换。

16.2 大量突变中转换和颠换的预计比例应该是多少？

16.3* 了解更多关于三核苷酸扩增的疾病的知识，包括试图对三核苷酸扩增产生疾病机理进行解释的假说。

16.4 评价程序性突变的证据？

16.5* 耐辐射奇球菌（*Deinococcus radiodurans*）对放射和其他物理和化学诱变剂有较高的抗性。讨论它的特殊特点如何在其基因组序列中体现出来。

## 图形测试

* 奇数问题的答案见附录

16.1* 本图中是哪种突变（箭头所指处）？这种突变的原因是什么？

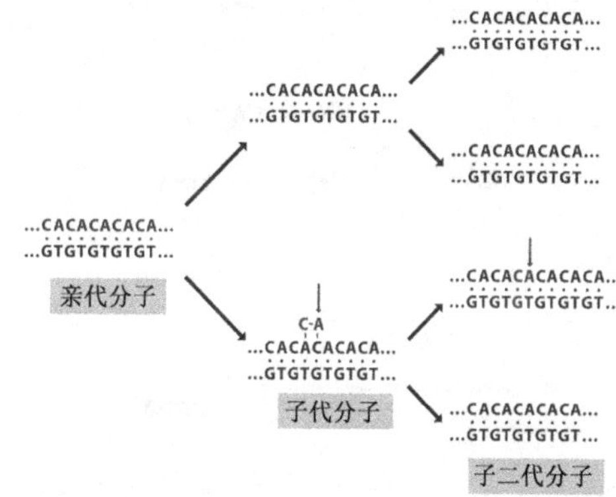


16.2 讨论本图中不同类型突变的潜在影响。

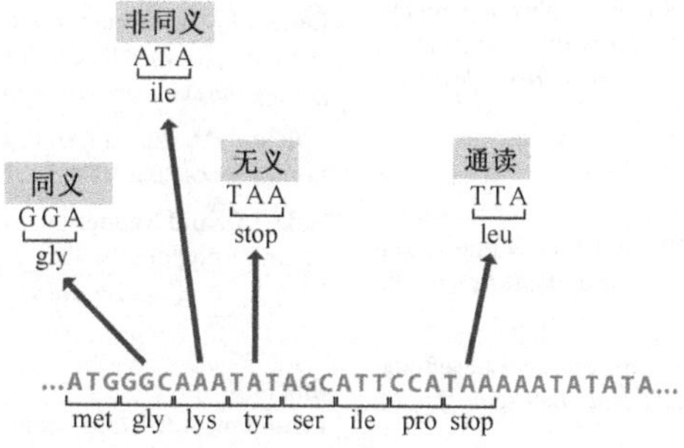


16.3* 从 DNA 上将损伤碱基切除的酶是什么？碱基被切除后，哪条通路用来修复 DNA？

碱基
损伤碱基
碱基
→
碱基
损伤碱基
损伤碱基被切除
碱基

16.4　本图中列举的是哪种 DNA 复制的模型？这种情况一般什么时候发生？

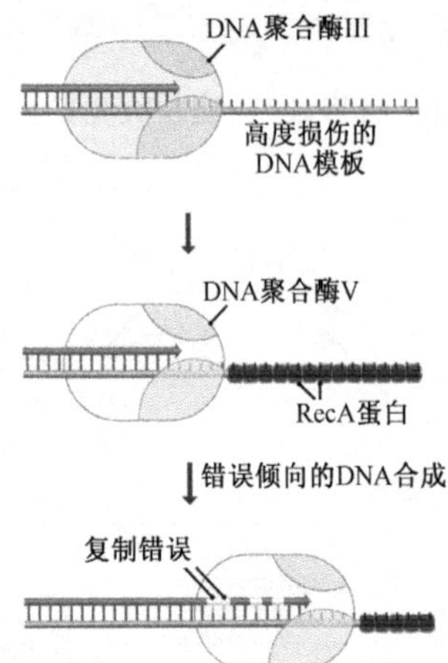


## 拓展阅读


### 突变的原因

**Kunkel, T.A. and Bebenek, K.** (2000) DNA replication fidelity. *Annu. Rev. Biochem.* **69:** 497–529. *Covers the processes that ensure that the minimum number of errors are made during DNA replication.*

### 三核苷酸重复序列扩增疾病

**Ashley, C.T. and Warren, S.T.** (1995) Trinucleotide repeat expansion and human disease. *Annu. Rev. Genet.* **29:** 703–728.

**Perutz, M.F.** (1999) Glutamine repeats and neurodegenerative diseases: molecular aspects. *Trends Biochem. Sci.* **24:** 58–63.

**Sutherland, G.R., Baker, E. and Richards, R.I.** (1998) Fragile sites still breaking. *Trends Genet.* **14:** 501–506.

### 高频突变和程序性突变

**Andersson, D.I., Slechta, E.S. and Roth, J.R.** (1998) Evidence that gene amplification underlies adaptive mutability of the bacterial *lac* operon. *Science* **282:** 1133–1135.

**Cairns, J., Overbaugh, J. and Miller, S.** (1988) The origin of mutants. *Nature* **335:** 142–145. *The original experiments suggesting that bacteria can program mutations.*

**Chicurel, M.** (2001) Can organisms speed their own mutation? *Science* **292:** 1824–1827.

**Nola, J.D. and Neuberger, M.S.** (2002) Altering the pathway of immunoglobulin hypermutation by inhibiting uracil-DNA glycosylase. *Nature* **419:** 43–48.

### 切除修复

**Lehmann, A.R.** (1995) Nucleotide excision repair and the link with transcription. *Trends Biochem. Sci.* **20:** 402–405.

**Seeberg, E., Eide, L. and Bjørås, M.** (1995) The base excision repair pathway. *Trends Biochem. Sci.* **20:** 391–397.

### 错配修复

**Kolodner, R.D.** (1995) Mismatch repair: mechanisms and

relationship to cancer susceptibility. *Trends Biochem. Sci.* **20:** 397–401.

**Kunkel, T.A. and Erie, D.A.** (2005) DNA mismatch repair. *Annu. Rev. Biochem.* **74:** 681–710.

**Shannon, M. and Weigert, M.** (1998) Fixing mismatches. *Science* **279:** 1159–1160.

### DNA断裂修复

**Critchlow, S.E. and Jackson, S.P.** (1998) DNA end-joining: from yeast to man. *Trends Biochem. Sci.* **23:** 394–398.

**Walker, J.R., Corpina, R.A. and Goldberg, J.** (2001) Structure of the Ku heterodimer bound to DNA and its implications for double-strand break repair. *Nature* **412:** 607–614.

**Wilson, T.E., Topper, L.M. and Palmbos, P.L.** (2003) Non-homologous end-joining: bacteria join the chromosome breakdance. *Trends Biochem. Sci.* **28:** 62–66. *Evidence for NHEJ in bacteria.*

### 绕过DNA损伤

**Hanaoka, F.** (2001) SOS polymerases. *Nature* **409:** 33–34.

**Johnson, R.E., Prakash, S. and Prakash, L.** (1999) Efficient bypass of a thymine-thymine dimer by yeast DNA polymerase, Polε. *Science* **283:** 1001–1004.

**Johnson, R.E., Washington, M.T., Haracska, L., Prakash, S. and Prakash, L.** (2000) Eukaryotic polymerases ι and ζ act sequentially to bypass DNA lesions. *Nature* **406:** 1015–1019.

**Sutton, M.D., Smith, B.T., Godoy, V.G. and Walker, G.C.** (2000) The SOS response: recent insights into *umuDC*-dependent mutagenesis and DNA damage tolerance. *Annu. Rev. Genet.* **34:** 479–497.

### 修复和疾病

**Gowen, L.C., Avrutskaya, A.V., Latour, A.M., Koller, B.H. and Leadon, S.A.** (1998) BRCA1 required for transcription-coupled repair of oxidative DNA damage. *Science* **281:** 1009–1012.

**Hanawalt, P.C.** (2000) The bases for Cockayne syndrome. *Nature* **405:** 415–416.

CHAPTER

# 第17章 重　　组

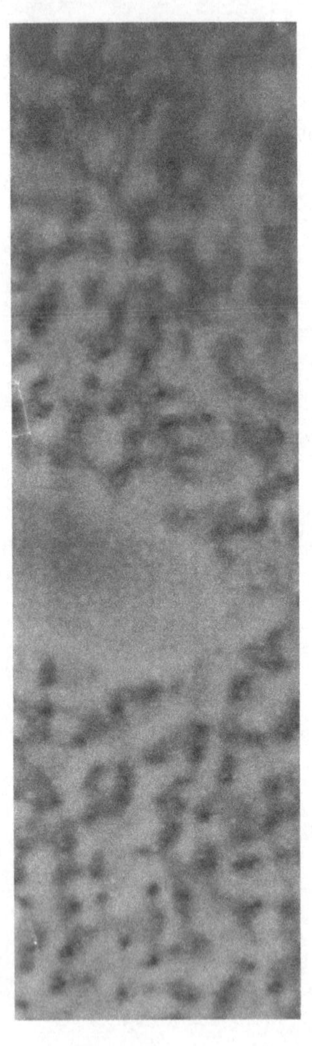



## 学习要点

当你阅读完第 17 章之后，应该能够：

- 描述并区分各种同源重组模型。
- 详细了解大肠杆菌同源重组中的 RecBCD 通路。
- 总结大肠杆菌中 RecE 和 RecF 通路的主要特点，并说出那些参与到真核生物同源重组中的蛋白质的名称和功能。
- 描述同源重组如何修复 DNA 断裂。
- 详细了解λ噬菌体的溶原感染周期中位点特异性重组的作用，并解释为什么位点特异性重组对于遗传改良农作物十分重要。
- 列举 DNA 转座子保守转座和复制转座的 Shapiro 模型。
- 描述 LTR 逆转录元件的转座通路。
- 重点描述细胞降低转座有害影响的可能方式。

**重组**（recombination）最初被遗传学家用来形容减数分裂过程中同源染色体对之间互换的结果。互换可以使子代染色体具有和其父本染色体不同的等位基因组合（3.3.2 节）。在 20 世纪 60 年代，有人提出用于解释互换分子机制的模型，同时人们意识到分子重组的关键是 DNA 分子的断裂和再连接。生物学家现在使用“重组”来定义各种包括多聚核苷酸断裂和再连接过程。其中包括：

- **同源重组**（homologous recombination），也叫**一般性重组**（general recombination，generalized recombination），发生在具有高度序列同源性的 DNA 片段之间。这些片段可能处在不同的染色体上，或者也可以是同一染色体的不同部分［图 17.1（A）］。同源重组负责减数分裂中的互换，本章中将首先学习，不过我们认为它在细胞中的首要作用还是 DNA 修复。
- **位点特异性重组**（site-specific recombination），发生在只含有很短的序列相似性的 DNA 分子之间，这种相似性甚至可能只是几个碱基［图 17.1（B)］。位点特异性重组主要负责如 λ 噬菌体之类的噬菌体基因组插入细菌染色体。
- **转座**（transposition），导致 DNA 片段从基因组的一个位置转移到另外一个位置［图 17.1（C)］。

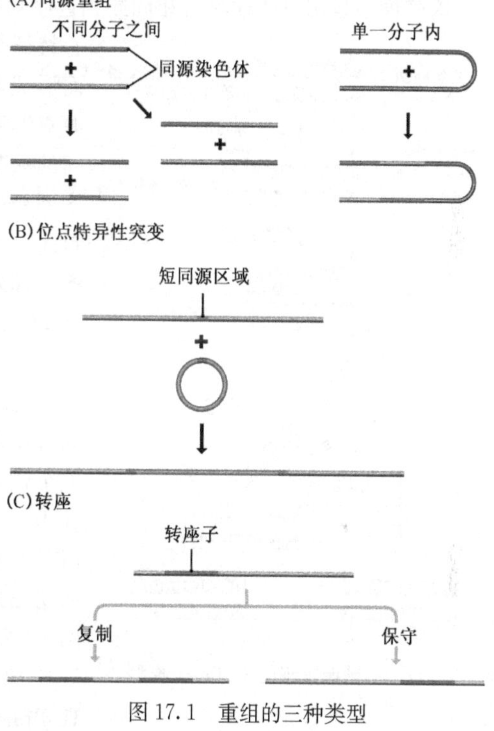

图 17.1　重组的三种类型

许多以前我们学过的事件，包括酵母的接合型转换（图 14.16）和免疫球蛋白基因的构建（图 14.19），都是重组的结果。

如果离开了重组，基因组可以保持一个相对稳定的结构，很少发生变化。那么一段长时间内，突变的逐渐积累可以导致基因组核苷酸序列的小量变化，但是作为重组职责的长片段重建就不会发生，这样基因组的进化潜能将大大受到限制。

# 17.1　同源重组

同源重组的研究给分子生物学家们带来了两大挑战，到目前为止都没有得到完整的答复。最大的挑战是需要描述一系列的相互作用，包括重组过程中多聚核苷酸的断裂和再连接。这一部分工作提出的同源重组的模型将在 17.1.1 节中讨论。第二个挑战是因为重组同许多其他包含有 DNA 的细胞内过程（如转录和复制）一样需要通过各种酶类和蛋白质来执行功能并进行调控。生化研究提示存在一系列相关的重组通路，这些将在 17.1.2 节中讨论。对这些通路的研究使人们认识到同源重组是好几类重要的 DNA 修复机制的基础，这种修复功能对细胞（尤其是细菌）而言，其重要性远远大于同源重组在染色体互换中的作用。我们将在17.1.3节中讨论这些修复过程。

## 17.1.1 同源重组的模型

在20世纪60～70年代，Robin Holliday、Matthew Meselson和他们的同事在对同源重组的研究上取得了大量的突破。这些工作最终使我们得到了一系列用于解释DNA分子断裂和再连接如何导致染色体片段交换的模型。所以，我们从讨论这些模型开始对同源重组的学习。

### 同源重组的Holliday模型和Meselson-Radding模型

这些模型是用以描述具有相同或相近序列的两条同源双链分子间的重组。模型的核心特征是两条同源分子之间交换多聚核苷酸片段而形成**异源双链**（heteroduplex）（图17.2）。异源双链开始由每条转移链与接受它的聚核苷酸链间的碱基配对所稳定，该碱基配对因两分子间的序列相似性而发生。然后，缺口由DNA连接酶封闭，形成一个Holliday结构。该结构是动态的，如果两螺旋以同样的方向旋转，则可能发生导致长片段DNA交换的**分支迁移**（branch migration）。

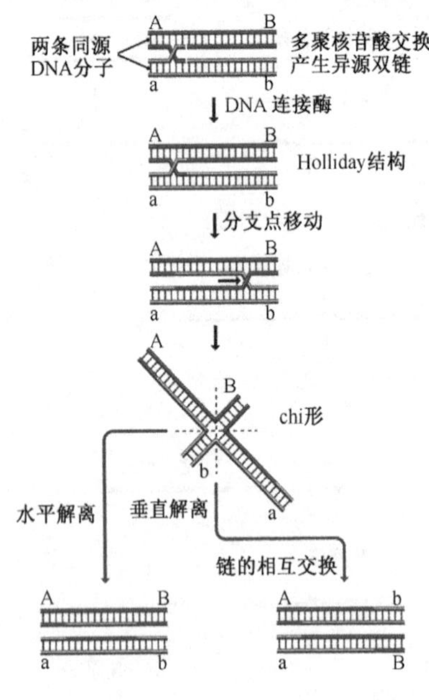

图17.2 同源重组的Holliday模型

通过分支点的断裂，Holliday结构分离或解离（resolution）而成为单个的双链分子。这是整个过程的关键，因为剪切可以任一方向发生，Holliday结构的X型三维构象**chi结构**（chi form）清楚地提示了这一点（图17.2）。这两种剪切结果非常不同。如果剪切以左-右方向跨过图17.2所示chi结构，则所发生的只是小片段多聚核苷酸在两个分子间的转移，片段大小因Holliday结构分支移动距离而不同。而上下方向的剪切造成**交互链交换**（reciprocal strand exchange），双链DNA在两分子间转移，从而使一个分子的末端与另一分子的末端进行互换。这是交换过程中所看到的DNA转移。

到此为止，我们忽视了Holliday结构的一个方面，这就是两条双链分子在过程开始相互作用时产生异源双链的方式。按最初的模式，两个分子并排对齐，每个螺旋的对应部位出现单链切口。这产生了能够交换并形成异源双链的游离单链末端［图17.3（A）］。该模型受到了批评，因为它没有提出保证切口恰恰出现在两条分子同一位置的机理。Maselson-Radding修正给出了一个更令人满意的方案，单链切口仅出现在一个双螺旋上，形成的游离端在同源位点“侵入”未打开的双螺旋并取代其中一条链，形成一个**D环**（D-loop）［图17.3（B）］。而后在被取代链的单链与碱基配对区连接处进行剪切形成了异源双链。

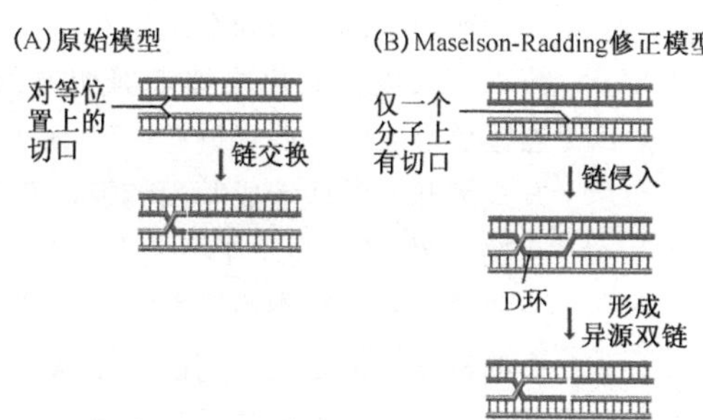


图 17.3　同源重组启动的两个模式

（A）按同源重组原有模式启动。（B）Meselson-Radding 修正模型提出了异源双链形成的更合理的解释

## 同源重组中的双链断裂模型

同源重组的 Holliday 模型，不管是其最初的模型还是 Meselson 和 Radding 修改后的模型，虽然可以解释所有生物中重组的大部分结果，但仍存在一些不足，这推动了其他替代模型的发展。特别是 Holliday 模型不能解释**基因转换**（gene conversion）—— 一种首先在酵母和真菌中阐明，而目前认为亦存在于许多真核生物中的现象。在酵母中，一对配子的融合生成一个合子，该合子产生一个子囊，含有 4 个单倍体孢子，它们的基因型能分别被检测出来（图 14.15）。如果配子在特定位点具有不同的等位基因，则正常情况下两个孢子表现一种基因型，另两个表现另一种基因型，但有时这种预期的 2∶2 分离方式被意外的 3∶1 比例所取代（图 17.4）。这称为基因转换，因为该比例只能解释为等位基因之一从一种“转换”为另一种，因而推测这种转换是通过配子融合后减数分裂过程中发生的重组来实现的。

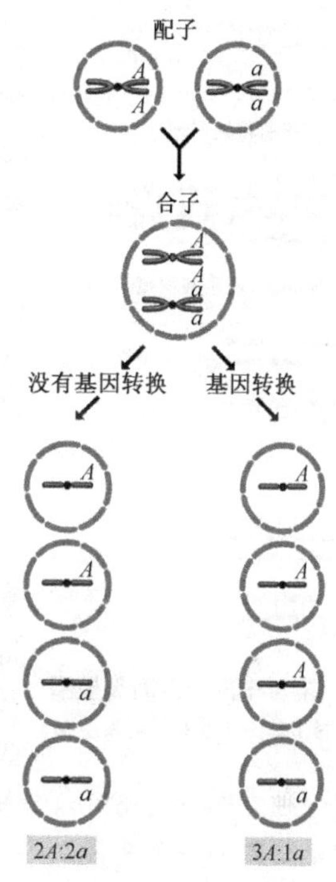


图 17.4　基因转换

一个配子含有等位基因 $A$，另一个含有等位基因 $a$。它们融合成一个合子，产生处于同一子囊的 4 个单倍体孢子。正常情况下，两个孢子含有等位基因 $A$，两个含有等位基因 $a$，但如果发生基因转换，该比例可能改变，如图示那样可能是 $3A:1a$

双链断裂（DSB）模型可以解释重组过程中发生的基因转换。它不像 Maselson-Radding 模式那样以一个单链切口开始，而起始于一个双链剪切，将重组的一方断为两个片段（图 17.5）。双链被切开后，两个半截分子中有一条链被截短，所以每个末端都具有一个 3′ 的突出端。其中一个突出端以 Maselson-Radding 模式类似的方式侵入到同源 DNA 分子中，如果侵入链被 DNA 聚合酶延长，则形成一个能沿异源双链移动的 Holliday 连接。为完成异源双链，Holliday 连接中未涉及的另一断裂的链也被延长。注意这里所有的 DNA 合成是延长双链被剪切的一方，而将未剪切的一方的对应区域作为模板。这是基

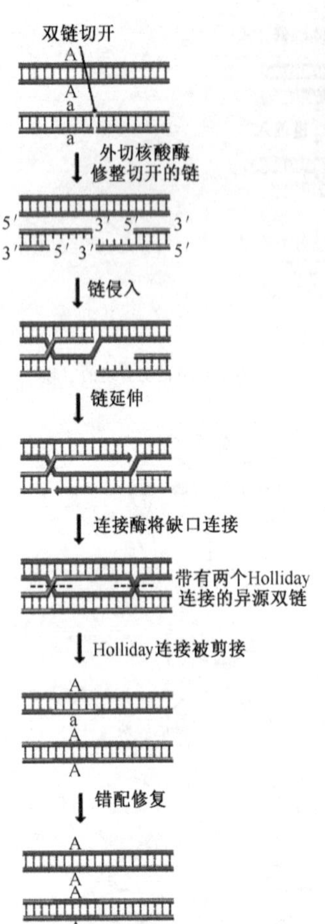

图 17.5 酵母中的双链断裂模型
该模型解释了基因转换是如何发生的

因转换的基础，因为它意味着被外切核酸酶从剪切方去掉的多聚核苷酸片段被未剪切方的 DNA 拷贝所取代。连接后形成的异源双链有一对 Holliday 结构，可以多种方式解开，某些造成基因转换，其他形成标准的交互链互换。图 17.5 显示了一个造成基因转换的例子。

尽管双链断裂模型最初只是用来解释酵母中基因转换的机制，但是现在它已经被认为至少是各种生物体内同源重组发生的一种近似情况。这个模型得到广泛接受主要有两个原因。首先，1989 年发现在植物细胞中减数分裂时染色体发生双链断裂的概率比一般情况高 100～1000 倍。双链断裂是减数分裂一个重要组成部分的事实使得双链断裂模型相比较于另外那几个强调单链断裂的模型更受推崇。第二个重要原因是发现双链断裂是同源重组在 DNA 修复中发挥功能的实现方式，尤其是修复 DNA 复制过程中发生的双链断裂。Holliday 模型和 Maselson-Radding 模型都不能解释同源重组的这一功能，而双链断裂模型中则包含了对双链断裂修复的解释。我们在 17.1.3 节中会继续讨论同源重组在 DNA 修复中的作用。

## 17.1.2 同源重组的生物化学

同源重组发生在所有的生物体内，不过同分子生物学的许多领域一样，其初始研究进展是在大肠杆菌中获得的。突变研究已经鉴定了大量的大肠杆菌基因，这些基因一旦发生失活将导致同源重组缺陷，这就意味着这些基因的蛋白质产物以某种方式参与此过程。目前已经发现了三个独立的重组系统，分别是 RecBCD、RecE 和 RecF 途径，其中 RecBCD 显然是细菌中最重要的一个途径。

### 大肠杆菌中的 RecBCD 通路

在 RecBCD 途径中，重组由具有核酸酶和解旋酶活性的 **RecBCD 酶**（RecBCD enzyme）启动，如其名字，这个酶由三个不同的蛋白质组成，其中 RecB 和 RecD 是解旋酶。为了起始同源重组，一个拷贝的 RecBCD 结合到双链断裂的染色体的自由末端。DNA 从两端开始解旋，其中 RecB 沿 3′→5′方向移动，RecD 沿另外一条链 5′→3′方向移动。RecB 除了解旋酶活性外还具有 3′→5′的外切核酸酶活性，因此可以降解它随之移动的链——具有自由 3′端的一条链（图 17.6）。

RecBCD 沿 DNA 分子以大约每秒 1kb 的速度前进直到它到达第一个具有 5′-GCTGGTGG-3′8 核苷酸共有序列的 **chi 位点**（chi site），它在大肠杆菌 DNA 中出现的概率大约是每 6kb 一次。在 chi 位点，RecBCD 的构象发生变化，RecD 解旋酶分离，同时 RecBCD 复合物移动的速度减慢，大约为初始速度的一半。下一步如何进行目前还不清楚，不过根据最新的模型，构象的改变同样降低或完全抑制了 RecB 的 3′→5′外切核酸酶活性，这时 RecB 会在 DNA 另外一条链上靠近 chi 位点的位置造成一个内切核酸酶切口（图 17.6）。无论具体机制如何，其结果是 RecBCD 造成一个具有 3′突出端的双链分子，这个同双链断裂模型的设想完全一样（图 17.5 第二条）。

下一步是建立异源双链。这一步由 RecA 蛋白调控，它可以形成蛋白质包裹的 DNA 纤丝，从而能够插入到完整的 DNA 双螺旋中形成 D 环（图 17.7）。D 环形成的中间状态是**三螺旋**（triplex）结构（图 17.5 第三条），即侵入的多聚核苷酸躺在完整双螺旋的大沟内并与其接触的碱基形成氢键而产生三链 DNA 螺旋。

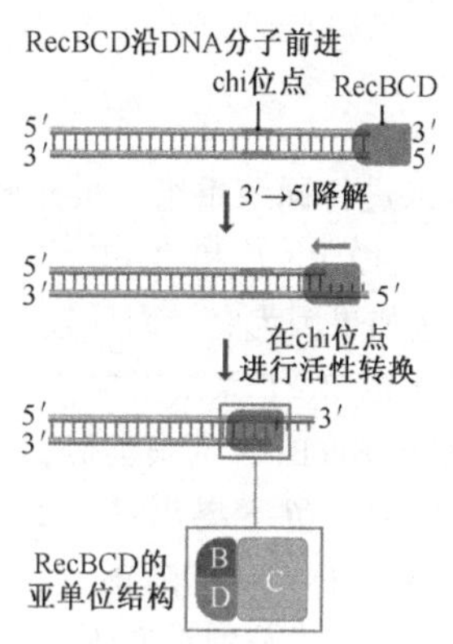


图 17.6 大肠杆菌同源重组中的 RecBCD 通路
这些步骤都是负责图 17.5 所示同源重组双链断裂模型中的第一步

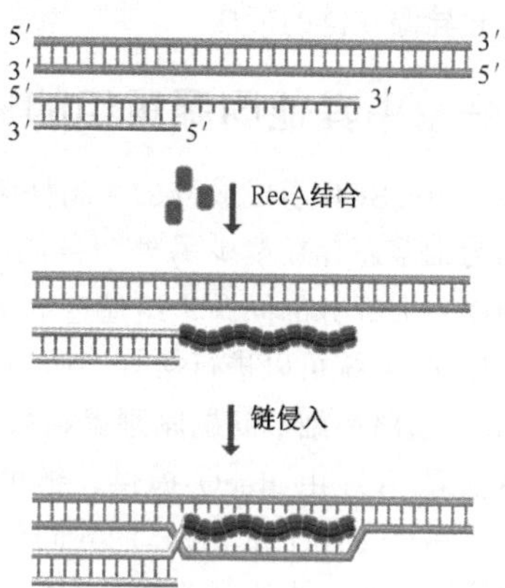


图 17.7 大肠杆菌同源重组过程中 RecA 蛋白在 D 环形成中的作用

分支迁移由结合到 Holliday 结构分支点上的 RuvA 和 RuvB 蛋白催化，这两个蛋白质都结合于 3′突出端侵入形成的异源双链的分支点。X 射线晶体衍射图像研究表明，4 分子 RuvA 直接结合到分支上形成一个核心，两个 RuvB 环（每个包含 8 个蛋白质）分别结合到该核心的一侧上（图 17.8）。所形成的结构可能作为一个“分子马达”按需要的方式旋转螺旋，从而使分支点移动。分支迁移似乎不是一个随机过程，而是优先停留在序列 5′-（A/T）TT（G/C）-3′ 上［其中（A/T）等表示该位置可以是两者中任意一个］。这一序列频繁出现在大肠杆菌基因组中，所以推测转移并不停留在它所遇到的第一个该基序上。当分支迁移结束时，RuvAB 复合体脱离并被两分子 RuvC 蛋白替代（图 17.8），RuvC 蛋白催化断裂反应，解离 Holliday 结构。切点位于识别序列的第二个 T 与 G/C 之间。

值得注意的是，上述的解释并没有提到 RecC 蛋白在 RecBCD 通路同源重组中的作用。其实，RecC 是个很神秘的蛋白质，因为它的氨基酸序列和其他任何大肠杆菌的蛋白质都不一样。最近的 X 射线晶体结构研究发现 RecC 的四级结构类似解旋酶 SF1 家族的结构。虽然 RecC 可以和 DNA 分子结合，却缺失处于解旋酶活性中心的那些氨基酸。RecC 似乎没有保留任何的解旋酶活性，从而不可能帮助 RecB 和 RecD 进行双螺旋的解旋，不过 RecC 有可能具有扫描功能，负责识别 chi 位点并起始 RecBCD 构象的变化，

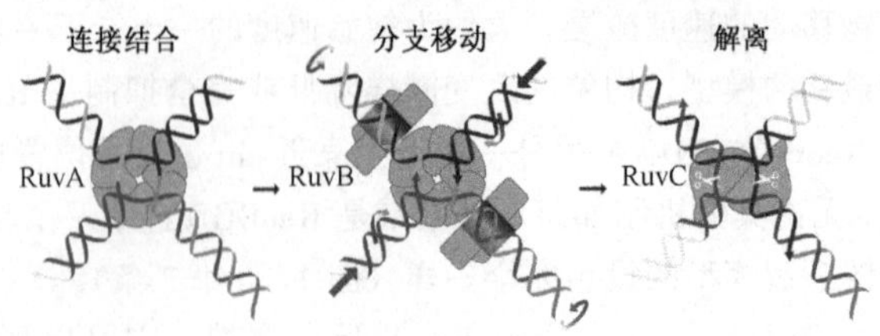


图 17.8　大肠杆菌同源重组过程中 Ruv 蛋白的作用

4 拷贝的 RuvA 结合在 Holliday 连接处，两侧带有两个 RuvB 环从而引发分支移动。当 RuvAB 离开后，两个 RuvC 蛋白结合到连接处，它们结合的方向决定解离 Holliday 结构时切口的方向

最终引起异源双链的形成。

## 大肠杆菌中其他同源重组的通路

缺失 RecBCD 组成成分的大肠杆菌突变株同样可以进行同源重组，虽然效率较低。这是因为细菌还存在至少另外两条同源重组的通路，叫做 RecE 和 RecF。在正常的大肠杆菌中，大部分的同源重组通过 RecBCD 发生，不过如果因为突变而导致这条通路的失活，RecE 系统可以进行接管，而当 RecE 也失活时则由 RecF 系统来顶替。

RecF 通路的细节问题刚刚得到揭示，其基本机制和 RecBCD 的很类似。RecF 通路中的解旋酶活性由 RecQ 提供，链的 5′端由 RecJ 切除，留下突出的 3′端在 RecF、RecJ、RecO、RecQ 和 RecR 的共同作用下由 RecA 包裹。RecBCD 和 RecF 通路中的成分间存在互换性，有人认为缺少在标准过程一个或几个其他成分的突变体中时，一种杂合系统发挥作用。不过，它们之间也存在着区别，RecBCD 通路只能在大肠杆菌基因组中分布的 chi 位点处进行重组，而 RecF 只能在一对质粒之间诱导重组。RecF 也是负责对因严重损伤的 DNA 复制产生的单链缺口进行重组修复的首选通路（17.1.3 节）。对 RecE 通路的研究更少，不过有迹象表明它和 RecF 系统存在很多重叠，RecJ、RecO、RecQ 和 RecF 本身在两条通路中是通用的。

除了 RecBCD、RecE 和 RecF 用以建立异源双链结构，大肠杆菌还有其他的方式来执行分支移动步骤。缺失 RuvA 或 RuvB 的突变体同样可以进行同源重组，因为 RuvAB 的功能同样可以由名叫 RecG 的解旋酶来执行。目前还不清楚 RuvAB 同 RecG 之间是一种简单的互换关系还是它们在各自特异的重组通路中发挥作用。RuvC 的突变体同样可以进行同源重组，提示大肠杆菌利用其他蛋白质来打开 Holliday 结构，不过这些蛋白质尚未得到鉴定。

## 真核生物中的同源重组通路

同源重组的双链断裂模型被认为不仅仅适用于大肠杆菌，而且适用于所有的生物体——可回想它最初是用来解释酿酒酵母中基因互换的（17.1.1 节）。所有生物体进行该过程发生的生化事件也应该是类似的，在酵母中已经鉴定了大量蛋白质，它们执行如同大肠杆菌中 RecBCD 通路里各个蛋白质的功能。特别是两个叫做 RAD51 和 DMC1 的酵母蛋白质，它们是大肠杆菌 RecA 的同源物。尽管有人认为 RAD51 和 DMC1 有各自的作用，不过它们在许多的重组事件中一起发挥功能。得出这个结论是因为我们发现缺失其中某一个蛋白质的突变体具有和缺失另外一个的突变体类似的表型，同时这两个蛋白质在进行减数分裂的细胞核中存在共定位。有趣的是酿酒酵母基因组中存在大约100个重组热点（3.2.3节），提示可能存在类似大肠杆菌中chi位点的序列，虽然它们可能密度更低——大肠杆菌中每6kb存在一个拷贝而酵母基因组中每40kb存在一个拷贝。RAD51和DMC1的同源物已经在其他真核生物中发现，其中包括人类。

真核生物中同源重组的一个难题在于Holliday结构是通过什么机制解离的？因为长期以来人们试图寻找大肠杆菌RuvC的同源蛋白质却一直没有找到。起初RuvC也不是广泛存在于所有的细菌中，其中一些物种似乎使用一种完全不同的核酸酶来解离Holliday结构。在古生菌中，Hjc蛋白被认为执行相同的功能，因为虽然Hjc和RuvC并不存在序列上的同源性，但是生化实验确实发现它结合在Holliday结构上。一些和Hjc存在结构相似性的真核蛋白质得到鉴定，包括酵母的RAD51C和人类的Mus81，其中前者是RAD51多基因家族的成员。也有人提出由解旋酶和拓扑异构酶活性共同参与来解离Holliday结构，这些模型认为RuvC的直接类似物在真核生物中不一定是必需的。

## 17.1.3 同源重组和DNA修复

遗传学家们对交换作为有性生殖中心特征的关注毫无疑问地使同源重组的早期研究偏向于探究减数分裂过程中发生的事件。当缺失RecBCD和其他重组通路组分的大肠杆菌突变体得到研究并发现其存在DNA修复缺陷时，同源重组的另外一个功能才受到注意。如今我们相信同源重组的首要功能是**复制后修复**（postreplecative repair），而它在交换中的作用对大多数细胞而言只能排在第二位。

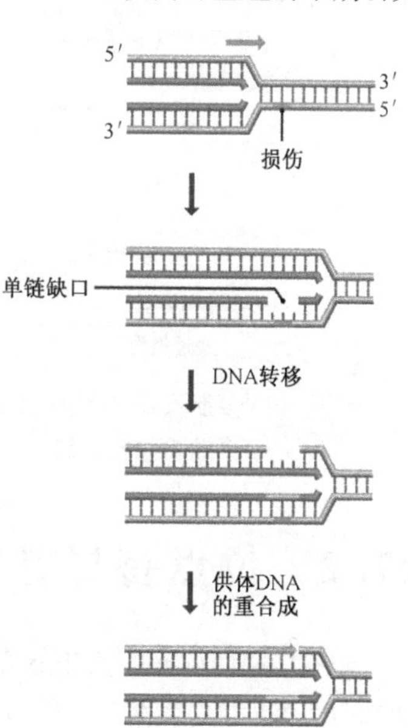

图17.9　大肠杆菌中RecF通路进行单链缺口修复

当复制过程出现异常从而导致子代DNA分子产生断裂时就会发生复制后修复。当复制机器试图复制一段受到严重损伤，特别是存在环丁二聚体的DNA片段时这种异常就可能出现。当遇到环丁二聚体时，模板链不能进行复制，DNA聚合酶只能简单地跳过这个地方并在靠近它的非损伤区域重新开始复制。如此就会导致一条子代分子存在缺口（图17.9）。修复这种缺口的一种方式就是通过进行重组将另外一条子代双螺旋中来自亲代的多聚核苷酸的相同片段转移过来。而第二条双螺旋中的缺口由DNA聚合酶利用双螺旋中未损伤的子代多聚核苷酸作为模板进行重新填补。在大肠杆菌中，这种单链缺口修复需要通过RecF重组通路。

如果子代的分子不能绕过损伤位点，那么它会选择终止，而不会留缺口（图17.10）。有多种方法可以修复这个缺口。一种可能是复制叉停止并倒转一小段距离，这样子代多聚核苷酸之间可以形成一个双螺旋。没有完成的多聚核苷酸由DNA聚合酶利用没有损伤的子代链作为模板进行延伸。复制叉再次向前延伸，过程和同源重组的分支移动步骤相同。这样损伤位点被绕过，复制继续进行。

如果正在复制的亲代多聚核苷酸一条链含有一个单链切口则会发生更严重的异常。复制的过程会导致一个子代双螺旋中产生一个双链断裂，复制叉丢失（图 17.11）。这个断裂可以通过断裂末端和第二条未损伤分子形成同源重组进行修复。如图 17.11 的模式所示，双链断裂的多聚核苷酸通过利用另外一条亲代链作为模板进行的链交换反应而得以修复。Holliday 结构解离后的分支移动使复制叉得以恢复。

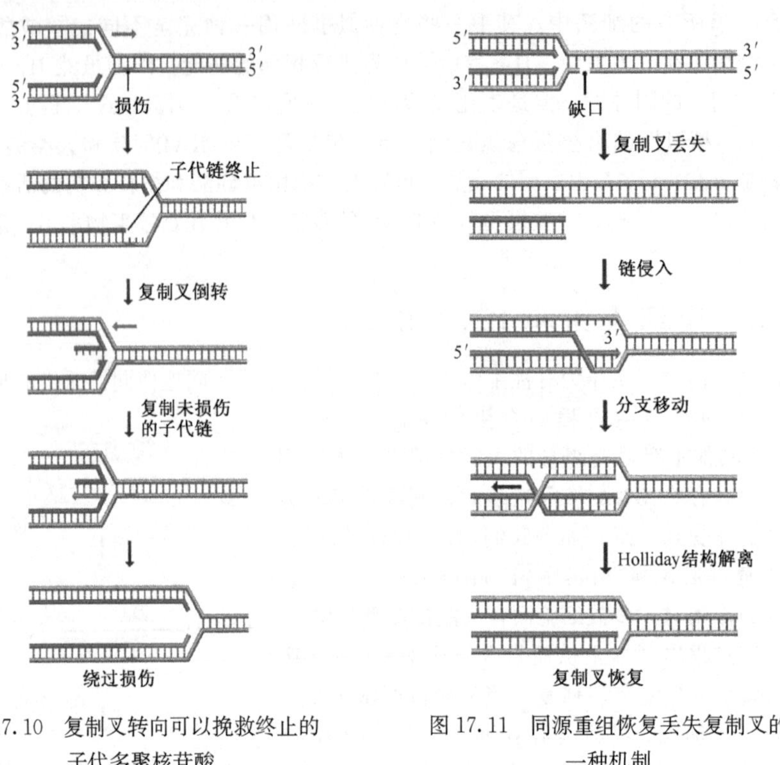


图 17.10 复制叉转向可以挽救终止的子代多聚核苷酸

图 17.11 同源重组恢复丢失复制叉的一种机制

# 17.2 位点特异性重组

一段广泛同源的区域并不是重组的必要前提，该过程亦能由两个只具有很短的相同序列的 DNA 分子引发。这称为**位点特异性重组**（site-specific recombination），因其在 λ 噬菌体的感染周期中的作用而得到了深入的研究。

## 17.2.1 λDNA 整合到大肠杆菌基因组中

λ 噬菌体将其 DNA 注入大肠杆菌细胞后，可有两种感染途径（14.3.1 节）。其一为裂解途径，即 λ 衣壳蛋白迅速合成，伴随 λ 基因组复制，初次感染约 45min 内造成细菌的死亡及新生噬菌体颗粒的释放。其二是溶原途径，与裂解途径相反，新生噬菌体颗粒并不立即出现，细菌正常分裂，可能分裂多次，噬菌体以休眠方式存在，称为原噬菌体。最后，可能作为 DNA 损伤或其他触发性刺激的结果，噬菌体再次激活。

在溶原状态时，λ 噬菌体基因组整合到大肠杆菌染色体中。因而每次大肠杆菌 DNA 复制时，它都被复制，并传递给子细胞，就像标准的细菌基因组的一部分一样。整合通过 *att* 位点，λ 基因组中 *attP* 位点和大肠杆菌基因组中的 *attB* 位点之间的特异性重组进行，每个结合位点中心有一个相同的 15bp 序列，被称为 O（图 17.12），细菌基因组中的可变旁侧序列被称为 B 和 B′，而噬菌体 DNA 中的可变旁侧序列被称为 P 和 P′。B 和 B′很多，只有 4bp，意味着 *attB* 覆盖 23bp，不过 P 和 P′长得多，整个 *attP* 序列覆盖 250bp。核心序列的突变无疑会导致 *att* 位点的失活，这样它就无法参加重组，不过旁侧序列的突变则不会带来这样严重的后果，只会降低重组的效率。如果大肠杆菌基因组中的 *attB* 位点失活，λ 基因组会插入同真正 *attB* 位点具有部分序列特异性的第二个位点。如果使用第二位点插入，溶原途径的概率会大大降低，整合概率低于未突变大肠杆菌细胞的 0.01%。

图 17.12　λ 噬菌体和大肠杆菌基因组中 *att* 位点的核心序列

灰线表示噬菌体基因组整合和切除时 *att* 位点的交错切口

因为这是两个环状分子间的重组，结果形成一个大环，换句话说，λDNA 整合进细菌基因组（图 17.13）。该重组过程由一种称为**整合酶**（integrase）的特异性Ⅰ型拓扑异构酶（15.1.2 节）催化，它是存在于细菌、古生菌与酵母中的**重组酶**（recombinase）大家族中的一员。*AttP* 位点中至少存在 4 个整合酶的结合位点，也至少有 3 个第二个蛋白质整合宿主因子（IHF）的结合位点。这些蛋白质包裹噬菌体结合位点。该酶在 λ 噬菌体和细菌 *att* 位点的对应位置进行交错双链剪切，然后两个短的单链突出端在 DNA 分子间交换，产生一个 Holliday 接点，并在断裂前沿异源双链移动若干碱基对。断裂若以适当的方向进行，就会以 λDNA 插入大肠杆菌基因组的方式解开 Holliday 结构。

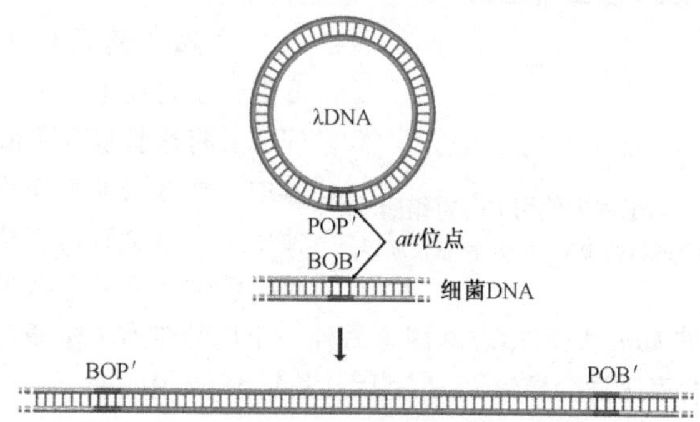


图 17.13　λ 基因组整合到大肠杆菌的染色体 DNA 中

λ 和大肠杆菌的 DNA 都具有一个拷贝的 *att* 位点，每个都包括一个相同的核心序列称为“O”，旁侧序列为 P 和 P′（噬菌体的 *att* 位点）或 B 和 B′（细菌 *att* 位点）。O 区的重组是 λ 基因组插入细菌的 DNA 中整合造成了结合位点的一个杂交形式，现在被称作 *attR*（具有 BOP′的结构）和 *attL*（具有 *POB*′结构）。现在存在于同一个分子中的两个 *att* 位点之间发生第二次位点特异性重组逆转原始过程并释放出 λDNA。重组过程由整合酶完成，不过还涉及另一个由 λ 的 *xis* 基因编码的蛋白质“剪切酶”（而不是 IHF）的协同作用。Xis 和 IHF 在剪切和整合中的功能可能不一样，而且不能认为这两种蛋白质在这两个过程中发挥同等作用。关键一点在于剪切酶和整合酶的协同作用可以将 *attR* 和 *attL* 位点拉到一起从而进行分子内重组，将 λ 基因组切除。剪切后，λ 基因组进入感染的裂解途径，开始指导新噬菌体的合成。

### 17.2.2 位点特异性重组协助遗传工程

λ 基因组的插入和切除是噬菌体用来建立溶源状态的典型方式，不过在某些噬菌体中其分子过程比 λ 噬菌体简单得多。例如，噬菌体 P1 基因组的插入和切除只需要一个酶——Cre 重组酶，Cre 识别 34bp 的目标序列称为 *loxB* 和 *loxP*，这两个序列完全一样，没有类似 B 和 B′的旁侧序列。

P1 系统的简单性使它在需要位点特异性重组的遗传工程项目中得到使用，其中一项重要的应用是在构建遗传修饰作物技术中。遗传修饰植物引起广泛讨论的一个问题是植物克隆载体中使用的标志基因可能具有危害。大多数的植物载体携带一个卡那霉素抗性的基因（图 2.27），可以使转基因植物在克隆过程中得到鉴定。*kan*$^R$ 基因来自细菌，可以编码新霉素磷酸转移酶 II。这个基因和它的产物存在于所有的基因工程植物细胞中。新霉素磷酸转移酶 II 对人类毒性的担忧已经在动物试验中消除，不过人们仍然担心含有 *kan*$^R$ 基因的遗传修饰食物会将这个基因转移给人体内的细菌，使它们具有对卡那霉素和类似抗生素的抗性，而且这些 *kan*$^R$ 基因还有可能传递给环境中的其他生物从而有可能导致对生态环境的破坏。

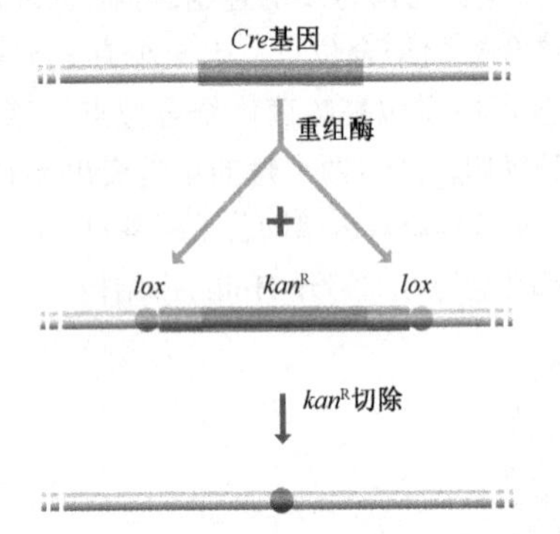

图 17.14 植物基因工程中使用 Cre 重组酶

*Cre* 基因表达产物用于从植物 DNA 中切除 *kan*$^R$ 基因

对 *kan*$^R$ 基因和其他标志基因的担心促使生物技术专家们开始尝试在转化完成后将这些基因从植物 DNA 中删除。其中一种方法就是使用 Cre 重组酶。在使用这个系统时，在植物中转化入两个克隆载体，第一个携带目的基因和两端带有 *lox* 目标序列的 *kan*$^R$ 稳定标志基因，另外一个质粒带有 Cre 重组酶基因。在完成转化后，*Cre* 基因的表达就会导致 *kan*$^R$ 基因从植物 DNA 中切除（图 17.14）。

## 17.3 转座

转座不是一种重组类型，而是一个利用重组的过程，其结果是将 DNA 片段从基因组的一个位置转移到另一位置。转座的一个特征是转移片段两端具有一对短正向重复序列（图 17.15），这是在转座过程中形成的。

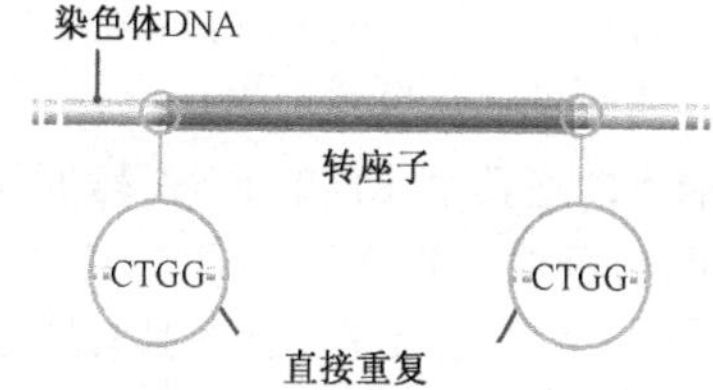


图 17.15　整合后的转座元件两侧是短同向重复序列

这一特定转座子两侧是 4 核苷酸重复序列 5′-CTGG-3′。其他转座子具有不同的同向重复序列

在 9.2 节，我们介绍了真核及原核生物中的各种转座元件，根据转座机制，可将它们粗略分为三类。

- 复制型转座的 DNA 转座子，其原有转座子拷贝依然存在，一个新拷贝出现在基因组的其他位置（图 17.16）。
- 保守型转座的 DNA 转座子，通过剪切-粘贴过程，原有转座子移至新位点。
- 逆转录元件，其所有转座通过 RNA 介导。

现在我们将看一看与三类转座有关的重组事件。

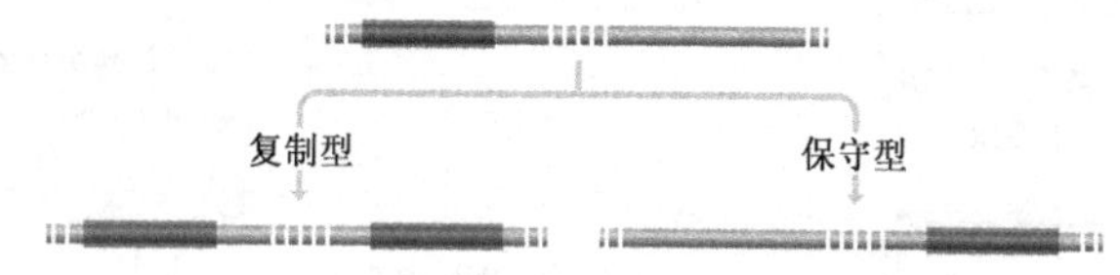


图 17.16　复制型转座与保守型转座

DNA 转座子可通过复制或保守途径转座（某些可通过两种途径）。逆转录元件通过 RNA 中介复制转座

## 17.3.1　DNA 转座子的复制型和保守型转座

多年来人们提出了多个复制型和保守型转座的模型，但多数是对最初由 Shapiro（1979）提出模型的修改。按照这一模型，一个细菌元件，如 Tn3 转座子或可转座的噬菌体（9.2.2 节）的复制型转座，由一个或多个内切核酸酶引发，这些内切核酸酶在转座子两端和元件的新拷贝插入的靶位点上产生单链切点（图 17.17）。靶位点的两切点间隔少量碱基对，故断裂的双链分子具有短的 5′突出。

这些 5′突出与转座子两侧的游离 3′端连接形成一个杂合分子，原来的两个 DNA 分子，即含有转座子的和含有靶位点的两个分子，由转座元件连接在一起，两侧形成一对复制叉样的结构。DNA 在复制叉处合成，从而拷贝该转座元件，并将初始杂合体转化为一个**共联体**（cointegrate），其中原来两 DNA 分子仍相互连接。两转座子拷贝之间的同源重组将共联体解偶联，仍带有其转座子拷贝的原 DNA 分子与现在含有一个转座子拷贝的靶分子分开，从而发生了复制型转座。

对上述过程的适当修改可将转座方式从复制型变为保守型（图 17.17）。杂合体结构通过在转座子两端产生另外的单链切口转变为两条分离的 DNA 分子，而不是通过 DNA 合成。这样将转座子从其原来所在分子切除，“粘贴”在靶 DNA 上。

## 17.3.2　逆转录元件的转座

从人类角度看，最重要的逆转录元件是逆转录病毒，包括引起艾滋病的人类免疫缺陷病毒及各种其他致病类型。我们所说的逆转座多数情况下特指逆转录病毒，尽管我们也认为其他逆转录元件，如 *Ty1/copia* 和 *Ty3/gypsy* 家族有类似的转座方式 。这些机制不包括重组过程，不过为方便起见，这里我们将它们放在一起考虑。

逆转座的第一步是合成插入的逆转录元件的 RNA 拷贝（图 17.18）。元件 5′端的长末端重复序列（long terminal repeat，LTR）含有 TATA 序列，可作为 RNA 聚合酶 II 进行转录的启动子（11.2.2 节），某些逆转录元件还具有增强子序列（11.3 节）以调节转录次数。转录持续进行到元件全长，直到 3′LTR 的多聚腺苷酸序列（12.2.1 节）。

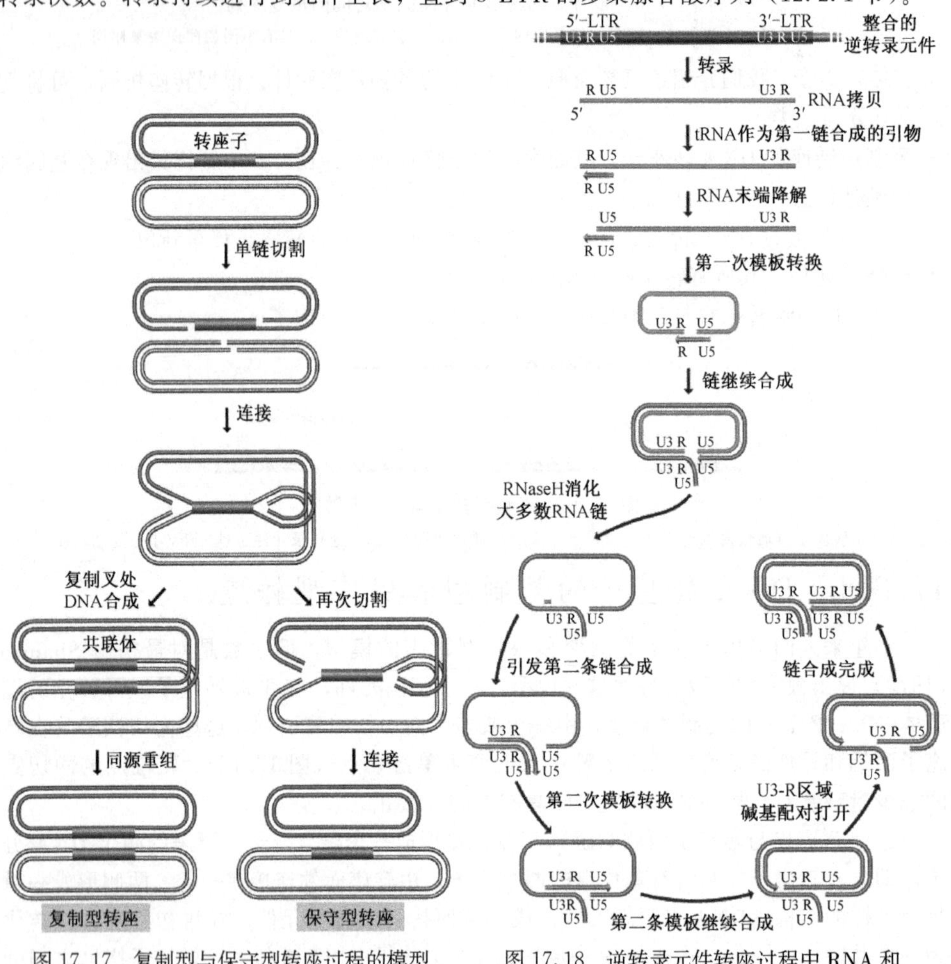


图 17.17 复制型与保守型转座过程的模型

图 17.18 逆转录元件转座过程中 RNA 和 DNA 复制

图示一个整合后的逆转录元件是如何被拷贝成一个游离的双链 DNA 的。第一步是 RNA 拷贝的合成，然后经过一系列过程，包括两次模板转换，转变成为双链 DNA，如文中所述

转录产物可以作为 RNA 依赖的 DNA 合成反应的模板，该反应由逆转录元件的 *pol* 基因所编码的逆转录酶催化（图 9.14）。因为这是 DNA 的合成，需要一个引物（15.2.2 节），与 DNA 复制一样，引物是 RNA 而不是 DNA。在基因组复制时，引物

是由聚合酶从头合成的（图 15.13），但逆转录元件不编码 RNA 聚合酶，因而不能以这种方式产生引物，而是利用细胞中的某一 tRNA 分子作为引物，用哪一种 tRNA 取决于逆转录元件。*Ty1/copia* 家族总是利用 $tRNA^{Met}$，但其他逆转录元件利用不同的 tRNA。

tRNA 引物与 5′LTR 中的某一位点退火（图 17.18）。初看上去，这对于引物位点来讲是一个奇怪的位置，因为这意味着 DNA 合成向着远离逆转录元件中心区的方向，结果只合成部分 5′LTR 的一短段拷贝。实际上，当 DNA 拷贝延伸至 LTR 末端时，部分 RNA 降解，形成的 DNA 突出端与逆转录元件的 3′LTR 重新退火结合，作为长末端重复序列，3′LTR 与 5′LTR 序列相同，因而能与 DNA 拷贝的碱基配对。然后 DNA 合成沿转录产物继续进行，最终置换 tRNA 引物。注意，终产物是包括引物位点在内的全长模板的 DNA 拷贝。从效果上看，模板转换（template switching）是逆转录元件用于解决“末端缩短”问题的策略，在染色体 DNA 中同样的问题是通过端粒合成解决的（15.2.4 节）。

DNA 第一链的合成形成了一个 DNA-RNA 杂交体。*pol* 基因另一部分所编码的 RNaseH 降解部分 RNA。未降解的 RNA 通常只是结合于毗邻 3′LTR 的一段短聚嘌呤序列的单一片段，又作为合成 DNA 第二链的引物，反应由逆转录酶催化。逆转录酶既可作为依赖 RNA 的 DNA 聚合酶，又可作为依赖 DNA 的 DNA 聚合酶发挥作用。同 DNA 第一链合成一样，第二链合成开始只形成了 LTR 的 DNA 拷贝，但向分子另一端的第二次模板转换使 DNA 拷贝得以扩增全长。这又为第一链的进一步延长制造了模板，因此最终的双链 DNA 是逆转录元件内部区及两端 LTR 的完整拷贝。

现在所剩下的只是逆转录元件新拷贝插入基因组的过程。原来认为插入是随机发生的，但现在看来尽管没有特异序列作为靶位点，整合还是优先发生于某些特定位点。插入过程包括由整合酶（由 *pol* 基因另一部分编码）从双链逆转录元件 3′端去除两个核苷酸。整合酶还在基因组 DNA 上进行交错剪切，使逆转座子与整合位点都具有 5′突出（图 17.19）。这些突出端可能不具备互补序列，但似乎仍以某种方式相互作用，从而使逆转录元件插入到基因组 DNA 中。这种相互作用导致逆转录元件突出端的消失及剩余缺口的填补，这意味着整合位点被复制成一对正向重复序列，在插入的逆转录元件两侧各有一个。

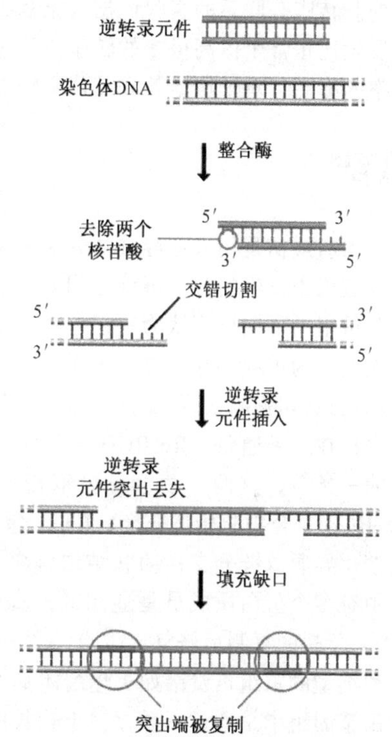


图 17.19 逆转录元件的 DNA 拷贝整合到宿主基因组中

逆转录元件在基因组中的整合产生了插入序列两侧的 4 核苷酸正向重复序列。在逆转录病毒中，转座途径的这个阶段需要整合酶，参与 NHEJ 的 DNA-$PK_{CS}$蛋白激酶和 Ku 蛋白（16.2.4 节）

### 17.3.3 细胞如何将转座的有害影响降低到最小?

转座对基因组可能产生一些有害的影响。这些影响还不仅仅是因为转座元件插入到某一基因编码区域中的新位置而破坏基因活性。有些元件,尤其是逆转座子,包含启动子和增强子序列,这些序列会改变临近基因的表达模式,而且转座常常引起双链断裂,如同 16.2.4 节所说,这种断裂对基因组的完整性具有严重破坏作用。散在的重复序列在哺乳动物基因组中占有差不多一半的比例,在某些植物基因组中也占有很大比例,这些序列中部分是可以移动的。所以在这些基因组中应该存在限制转座元件移动的机制。

阻止 DNA 转座子和逆转录元件转座的一种方法是将它们的 DNA 序列甲基化——甲基化是沉默基因组序列的常用方式(10.3.1 节)。许多转座元件的序列确实是高甲基化的(人类基因组中 90%的甲基化胞嘧啶定位于散在重复序列中),不过证明这一现象和抑制转座有联系的实验证据很难拿到。目前已经发现甲基化系统缺陷的拟南芥突变体会发生比正常个体高得多的转座,不过可能并不是植物中所有转座子都会引起转座现象频率的提高。对于拟南芥和其他生物体中甲基化作用的研究正在深入进行中。

## 总结

重组最初是用来形容减数分裂过程中同源染色体对之间互换的结果。它也用来描述这一过程中发生的分子事件。同源重组发生在具有高度序列同源性的 DNA 片段之间。同源重组的早期模型认为重组过程起始于双链分子上发生的一个或两个切口,不过现在的观点认为重组的起点是这些分子中的一个发生了双链断裂处。链交换形成异源双链(最后由剪切解离),可能导致 DNA 片段的交换或基因互换。大肠杆菌的同源重组过程至少存在三条通路。RecBCD 通路是研究得最清楚的,其过程包括一对解旋酶打开重组中的一条链,这两个酶会结合双链断裂处并沿分子移动。在称为 chi 位点的识别区 RecBCD 复合物起始链交换,RecA 蛋白在新链侵入已有双螺旋中起关键作用。Ruv 蛋白催化异源双链分支移动和结构解离。RecE 和 RecF 通路以类似方式进行,这三套系统中有多个蛋白质成员是通用的。真核生物中也发现了同样的蛋白质。同源重组负责 DNA 断裂的复制后修复。位点特异性重组不需要发生重组的分子间存在长同源片段。这种类型的重组负责诸如 λ 噬菌体基因组插入到宿主的基因组中。λ 基因组整合到大肠杆菌基因组中是通过一对存在于较长的 *att* 位点中的一对 15 核苷酸序列发生重组实现的。整合过程需要 λ 基因组编码的整合酶和大肠杆菌编码的整合宿主因子。切除需要整合酶和一个剪切酶蛋白。DNA 转座子通过重组进行转座。这一过程可以是复制型或保守型,其过程需要一系列由 Shapiro 在 1979 年描述的分子事件。逆转录元件通过一段由亲代转座子转录而成的 RNA 介导发生。当复制成双链 DNA 后,逆转录元件会重新插入宿主染色体中。

## 选择题

*奇数问题的答案见附录

17.1* 下面哪条是位点特异性重组的例子?

a. 减数分裂中的互换。

b. 基因转换。

c. λ 噬菌体基因组整合到大肠杆菌基因组中。

d. 转座子插入到基因组中的新位点。

17.2　哪种类型的 DNA 交换发生在减数分裂的互换中？

a. 单链交换

b. 交互链交换

c. 整合链交换

d. 复制链交换

17.3* Meselson-Radding 模型如何解释在同源重组开始时两个 DNA 分子怎样相互作用的？

a. 每个分子的对等位置出现单链切口。

b. 特异的拓扑异构酶在两条 DNA 分子上制造一个单链断裂。

c. 两条 DNA 分子不断裂就开始重组。

d. 一条分子产生一个单链切口，由此得到的自由末端侵入另外的分子并取代其中的一条链。

17.4　基因转换发生在：

a. 减数分裂中，一个等位基因被另外一个取代。

b. 减数分裂中，等位基因预期的 2∶2 变成 4∶0。

c. 减数分裂中，等位基因预期的 2∶2 变成 3∶1。

d. 以上所有。

17.5* 在大肠杆菌中由 RecBCD 调节的同源重组中，chi 位点发生了什么？

a. 在这里 RecBCD 结合 DNA 起始重组。

b. 这是酶在 DNA 分子上制造双链断裂的位点。

c. 这是酶的解旋酶活性开始降解 DNA 的位点。

d. 这是分支转移终止的位点。

17.6　大肠杆菌的同源重组过程中什么酶催化分支移动？

a. RecA

b. RecBCD

c. RuvA 和 RuvB

d. 拓扑异构酶 IIB

17.7* 同源重组的首要功能是什么？

a. 减数分裂中的互换。

b. 基因转换。

c. 溶原噬菌体基因组整合。

d. 复制后 DNA 修复。

17.8　植物基因工程中的 Cre 系统是什么类型重组的例子？

a. 同源重组

b. 逆转录转座

c. 位点特异性重组

d. 转座

17.9* 如果大肠杆菌中的 *attB* 位点发生突变会导致什么发生？

a. λ噬菌体 DNA 同大肠杆菌基因组形成部分 Holliday 结构，然后被降解。

b. λ噬菌体只能进行裂解通路。

c. λ噬菌体 DNA 可以在大肠杆菌基因组的第二位点以较低效率插入。

d. λ噬菌体 DNA 插入 *attB* 位点，但不能被切除。

17.10 λ原噬菌体从大肠杆菌中的切除是：

a. 一个分子内重组事件。

b. 一个分子间重组事件。

c. 一个核酸酶释放事件。

d. 一个转座子调节事件。

17.11* 同源重组在复制转座中的作用如何？

a. 复制型转座只能发生在同源重组中。

b. 同源重组中的蛋白质为复制型转座起始所必需。

c. 转座子复制后，序列的新拷贝通过同源重组整合入基因组。

d. 转座子序列复制将杂和 DNA 分子转换为共联体，共联体通过同源重组解离。

17.12 细胞如何将转座的潜在有害影响降到最低？

a. 免疫球蛋白结合转座子编码的蛋白质。

b. 转座子序列浓缩成紧密包装的染色质。

c. 转座子序列发生甲基化。

d. 转座子蛋白被泛素的蛋白酶体降解。

## 简答题

* 奇数问题的答案见附录

17.1* 重组在基因组进化中的作用是什么？

17.2 Holliday 结构的解离如何产生两种不同的结果？

17.3* 描述双链断裂模型如何解释基因转换过程？

17.4 有一些被用来扩增重组质粒的大肠杆菌菌株包含 *recA* 突变。为什么 *recA* 缺失对于使用重组质粒工作的研究者如此重要？

17.5* 大肠杆菌是单倍体生物，什么时候它能具有两个可以进行重组事件的 DNA 分子？

17.6 大肠杆菌中同源重组里的哪些蛋白质在酵母中具有同源物？同源重组里的哪些蛋白质在酵母中不具有同源物？

17.7* 调节λ基因组整合入细菌基因组的 *attB* 和 *attP* 位点有些什么特点？

17.8 逆转录元件的新拷贝如何插入基因组？

17.9* tRNA 分子在逆转录元件中的作用是什么？

17.10 举例说明转座子对基因组的有害影响。

## 论述题

* 奇数问题的指导见附录

17.1* 写一份 RecA 蛋白在生物体中各种作用的详细材料。

17.2　讨论同源重组在生物中的重要作用。

17.3[*]　确定 RecBCD 复合物的结构是了解同源重组分子机制的关键步骤。解释为什么知道该复合物的结构如此重要。

17.4　Cre 重组系统是植物基因工程中一个热点争议问题的基础，也被称作终结者技术。一些开发遗传修饰作物的公司使用了这个方法来保护他们的经济利益，确保农民不能简单地从农作物上收集种子用于来年播种而只能向他们购买种子。终结者技术的中心是核糖体失活蛋白（RIP）基因。RIP 通过将一条核糖体 RNA 切割成两段而阻止蛋白质合成，这就意味着 RIP 失活的蛋白质的细胞会迅速死亡。利用上述信息解释终结者技术是如何工作的？

17.5[*]　详细回答“细胞如何将转座的有害影响降到最低”？

## 图形测试

* 奇数题的答案见附录

17.1[*]　本图可以作为同源重组、位点特异性重组或转座的哪个例子？

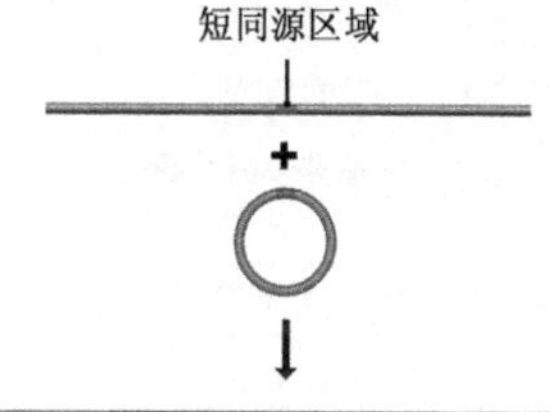


17.2　本图中发生了什么事件，这一过程展示了哪些步骤？

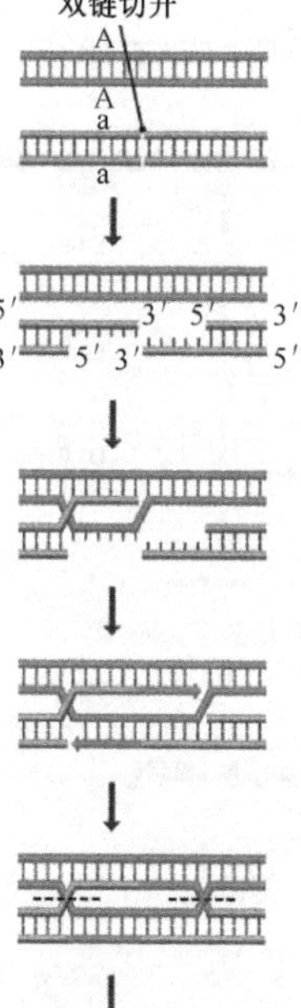

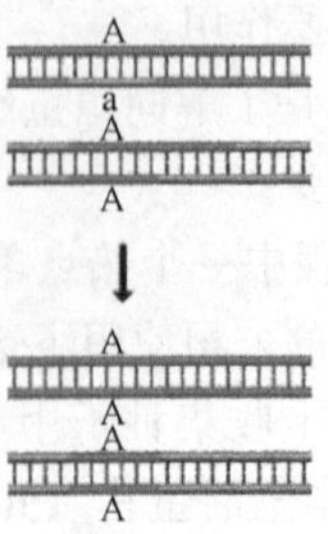


17.3* 本图描述了大肠杆菌中 RecBCD 通路中的一个蛋白质活动。什么蛋白质结合到单链 DNA 上并调节 D 环的形成？

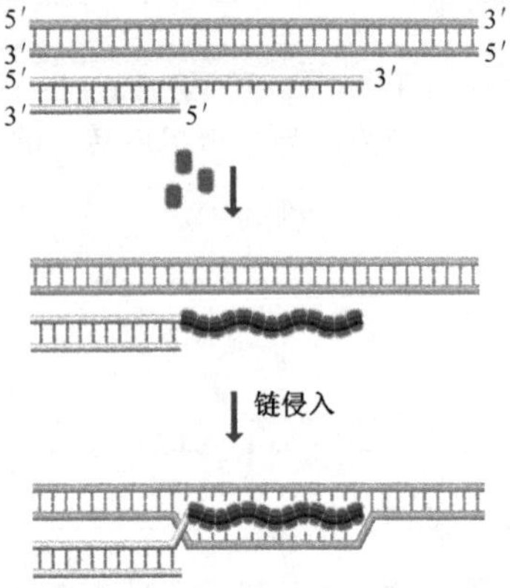


17.4 本图描述了逆转录元件转座通路的一部分。讨论本图中通路的步骤

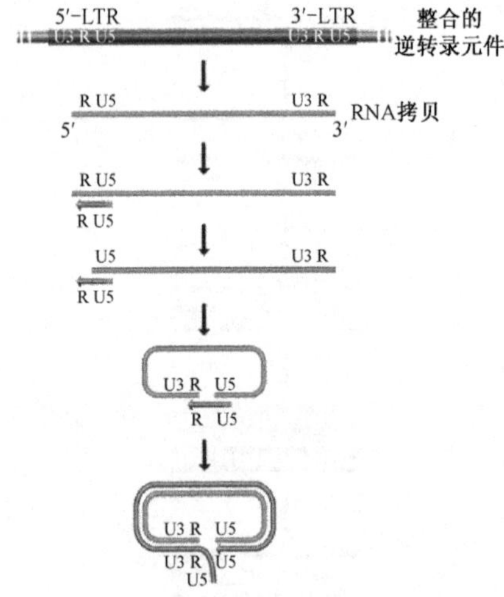

# 拓展阅读


同源重组模型

**Eggleston, A.K. and West, S.C.** (1996) Exchanging partners in *E. coli*. *Trends Genet.* **12:** 20–26.

**Heyer, W.D., Ehmsen, K.T. and Solinger, J.A.** (2003) Holliday junctions in the eukaryotic nucleus: resolution in sight? *Trends Biochem. Sci.* **28:** 548–557.

**Holliday, R.** (1964) A mechanism for gene conversion in fungi. *Genet. Res.* **5:** 282–304.

**Kowalczykowski, S.C.** (2000) Initiation of genetic recombination and recombination-dependent replication. *Trends Biochem. Sci.* **25:** 156–165.

**Meselson, M. and Radding, C.M.** (1975) A general model for genetic recombination. *Proc. Natl Acad. Sci. USA* **72:** 358–361.

**Shinagawa, H. and Iwasaki, H.** (1996) Processing the Holliday junction in homologous recombination. *Trends Biochem. Sci.* **21:** 107–111.

同源重组分子

**Amundsen, S.K. and Smith, G.R.** (2003) Interchangeable parts of the *Escherichia coli* recombination machinery. *Cell* **112:** 741–744. *Hybrid pathways involving parts of the RecBCD and RecF systems.*

**Baumann, P. and West, S.C.** (1998) Role of the human RAD51 protein in homologous recombination and double-stranded-break repair. *Trends Biochem. Sci.* **23:** 247–251.

**Masson, J.-Y. and West, S.C.** (2001) The Rad51 and Dmc1 recombinases: a non-identical twin relationship. *Trends Biochem. Sci.* **26:** 131–136.

**Pyle, A.M.** (2004) Big engine finds small breaks. *Nature* **432:** 157–158. *The structure of the RecBCD complex.*

**Rafferty, J.B., Sedelnikova, S.E., Hargreaves, D., Artymiuk, P.J., Baker, P.J., Sharples, G.J., Mahdi, A.A., Lloyd, R.G. and Rice, D.W.** (1996) Crystal structure of DNA recombination protein RuvA and a model for its binding to the Holliday junction. *Science* **274:** 415–421.

**Symington, L.S. and Holloman, W.K.** (2004) Resolving resolvases. *Science* **303:** 184–185. *Proteins for resolution of Holliday structures in eukaryotes.*

**West, S.C.** (1997) Processing of recombination intermediates by the RuvABC proteins. *Annu. Rev. Genet.* **31:** 213–244.

位点特异性重组

**Kwon, H.J., Tirumalai, R., Landy, A. and Ellenberger, T.** (1997) Flexibility in DNA recombination: structure of the lambda integrase catalytic core. *Science* **276:** 126–131.

转座

**Bushman, F.D.** (2003) Targeting survival: integration site selection by retroviruses and LTR-retrotransposons. *Cell* **115:** 135–138.

**Shapiro, J.A.** (1979) Molecular model for the transposition and replication of bacteriophage Mu and other transposable elements. *Proc. Natl Acad. Sci. USA* **76:** 1933–1937.

CHAPTER

# 第18章 基因组如何进化

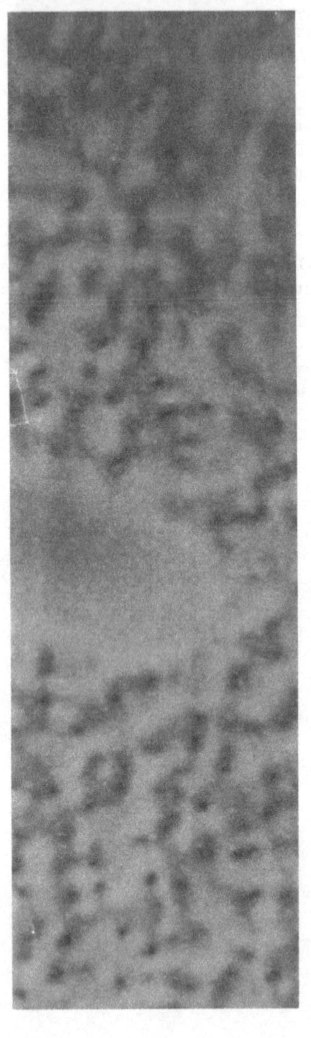



## 学习要点

当你阅读完第18章之后，应该能够：

- 解释为什么生物学家认为第一个出现的基因组是由RNA构成的。
- 详细描述最早期细胞通过哪些事件获得了蛋白质催化能力和以DNA构成的基因组。
- 区分基因组获得新基因的不同方法。
- 举例说明基因倍增在多基因家族进化过程中的作用。
- 从酿酒酵母（*Saccharomyces cerevisiae*）、拟南芥（*Arabidopsis thaliana*）和人的进化史角度讨论全基因组倍增的证据。
- 描述片段倍增事件在人类基因组近代进化中的意义。
- 解释新基因是如何通过结构域的倍增或混排来产生的。
- 评价横向基因转移对细菌和真核生物基因组进化的可能影响。
- 概述转座元件如何影响基因组的进化。
- 定义并评价"早内含子"和"晚内含子"假说。
- 列举人类和黑猩猩基因组之间的差异，并讨论这两种如此相似的基因组是如何产生明显不同的生物学属性的。

突变和重组是基因组进化的方式，然而如果只是简单地研究现存细胞中的突变和重组，我们几乎无法了解基因组的进化历史。必须将对突变和重组的理解与不同生物体基因组的比较结果结合起来，才可能推断出基因组究竟是如何进化的。很明显，这种推断过程并不是很精确，但是，正如我们将看到的，它是建立在大量复杂数据的基础上，所以我们有理由相信，推断出来的基因组进化模式至少在轮廓上与真实情况相去不远。

在本章中，我们将按生化系统最初的起源直到现今的顺序来探讨基因组的进化过程。我们将涉及出现在最早的 DNA 分子之前的 **RNA 世界**（RNA world）的概念，然后讨论 DNA 基因组是如何进化得越来越复杂的。最后，在 18.4 节我们将比较人类与其他灵长类的基因组，以确定在最近的 500 万年所发生的进化改变，在某种程度上正是这些改变决定了人类成为目前的模样。

# 18.1　基因组：最初的 100 亿年

宇宙学家们相信宇宙起源于大约 140 亿年前巨大的“原火球”发生的大爆炸。数学模型显示，在此之后 40 亿年，大爆炸产生的星云开始凝集而形成各种星系。大约 46 亿年前，我们所在的星系里，太阳星云凝集成太阳及其行星（图 18.1）。早期的地球被水覆盖，正是在这个巨大的、覆盖着整个行星的海洋中出现了最早的生化系统。大约 35 亿年前，陆地开始出现时，产生了最早的细胞生命。但细胞生命的出现发生在生化进化中相对较晚的阶段，在此之前可自身复制的多聚核苷酸就已出现，它是最初的基因组的前身，我们对基因组进化的研究必须从这些前细胞系统开始。

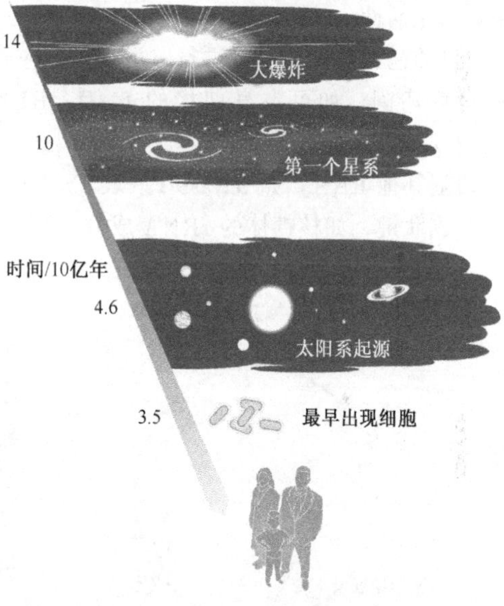

图 18.1　宇宙、星系、太阳系和细胞生物的起源

## 18.1.1　基因组的起源

原始海洋与今天的海洋的盐成分相似，但原始地球的大气层，以及原始海洋中溶解的气体成分则与今天大不一样。最初大气中含量最丰富的气体是甲烷和氨气，氧气的含量很低，直到进化产生光合作用以后氧气成分才明显增多。重建远古大气的实验表明，在甲烷-氨混合气体中放电会导致化学合成一系列氨基酸，包括丙氨酸、甘氨酸、缬氨酸和其他几种可在蛋白质中发现的氨基酸。此外还能合成氰化氢和甲醛，它们可以参与进一步反应以生成其他氨基酸、嘌呤、嘧啶以及少量糖。因此，在远古光化层中至少可以积累一些生化分子的构成组件。

### 最早的生化系统以 RNA 为中心

由生化分子的构成组件多聚化而形成生物大分子的过程可能发生在海洋中，或发生在云中水滴的反复浓缩和干燥的过程中。这种多聚化也可能发生在固体表面，利用固定在黏土粒子表面的单体进行。精确的反应机制对我们来说并不重要，重要的是我们可能勾勒出与现有生命系统相似的生物大分子合成的地球化学过程。这是我们必须关心的下一步。我们必须解答生物大分子是如何从随机组合到有序组装，从而显示至少某些与生命相关的生化特性的。这些步骤至今尚未能用实验重现，因此，我们的想法主要建立在推测的基础上，并辅以一定的计算机模拟。问题是各种推测都是不受限制的，因为全球海洋中生物分子含量可达到 $10^{10}$ 分子/L，并需要 10 亿年的时间来发生必需的事件。这意味着，即使最不可能的事件也不能完全排除，要在重重迷雾中找出进化发生的道路是非常困难的。

对生命起源的研究最初为这样一个问题所困惑：在进化中明显要求多核苷酸和多肽必须协调作用，以形成可自身复制的生化系统。因为蛋白质是催化生化反应所必需的，但它不能自身复制。多核苷酸能指导蛋白质的合成并自身复制，但上述功能都离不开蛋白质的辅助。这种情况使生化系统显得有可能完全产生于大分子的随机组合，因为任何中间状态都不能长久存在。20 世纪 80 年代中期，一个重大的突破就是人们发现 RNA 具有催化活性。

目前已知这些核酶可进行三类生化反应：

- 自身切割，如可自身剪接的 I、II、III 类内含子和某些病毒基因组（表 12.4 和 12.2.4 节）。
- 切割其他 RNA，如 RNase P（表 12.4 和 12.1.3 节）。
- 合成肽键，如核糖体的 rRNA 成分（13.2.3 节）。

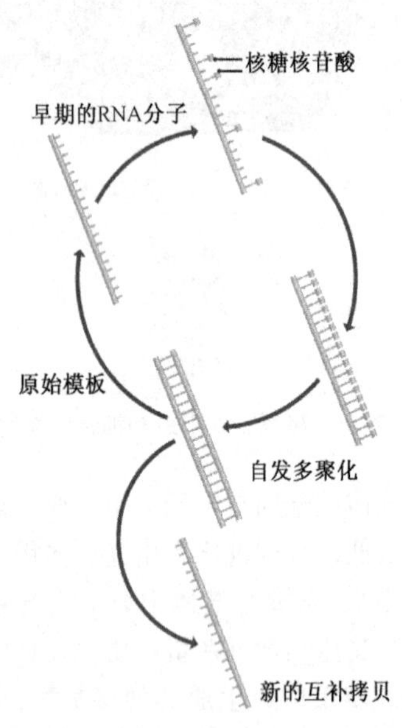


图 18.2 在早期 RNA 世界中 RNA 分子的复制
在 RNA 聚合酶进化出现之前，与 RNA 模板相互作用的核苷酸自发性聚合。这个过程可能不够准确，产生了很多的 RNA 序列

在体外实验中，人工合成的 RNA 分子已被证明可进行其他相关的生物反应，例如，合成核糖核苷酸；合成和复制 RNA 分子；以类似蛋白质合成中 tRNA 作用的方式将 RNA 结合的一个氨基酸转移到另一个氨基酸上形成二肽。这些催化性质的发现解决了多核苷酸-多肽假说的困境，它表明最初的生化系统可能完全是以 RNA 为核心的。

最近几年来，RNA 世界的观点逐渐形成。我们现在可描绘出的轮廓是：RNA 最初以一种缓慢随意的方式复制，RNA 作为互补核苷酸结合的模板，互补的核苷酸结合到模板上，这些核苷酸再自发地发生多聚化（图 18.2）。这种互补多聚化过程可能是很不精确的，以至于一个模板会产生多种 RNA 序列，最终导致产生具有初期核酶特性的一种或几种产物，用于指导自身更精确的复制。正如在实验体系的结果显示的一样，可能在某种形式的自然选择作用下，效率最高的复制系统逐渐处于主导地位。复制精确性的提高使得 RNA 增加长度而不会丧失序列特异性，从而具有更复杂的催化功能，最终导致其结构的复杂程度与今天的 I 类内含子（图 12.39）和核糖体 RNA（图 13.11）相当。

把早期 RNA 称作“基因组”有些名不符实，而**原基因组**（protogenome）这个词更合适，它描绘了那些能自我复制并指导简单的生化反应的分子。这些反应可能包括基于水解核糖核苷酸 ATP 和 GTP 磷酸-磷酸键而释放自由能的能量代谢，并可能在脂膜中分室进行，形成最初的类细胞样结构。要想描述出如何通过化学或核酶催化的反应形成无分支长链脂类分子，存在许多困难，可是一旦脂类分子达到足够的数量，它们就会自发地组装成膜，并可能将一个或多个原基因组包裹成囊，为 RNA 提供一个封闭的环境，使生化反应更受控制地进行。

## 最初的 DNA 基因组

RNA 世界是如何发展成 DNA 世界的呢？第一个主要的改变可能是蛋白酶的发展进化，它们补充并最终取代了核酶的大多数催化活性。关于生物进化的这一阶段还有一些悬而未解的问题，包括为何首先发生从 RNA 向蛋白质的转化。起初，人们推测相比 RNA 四种核糖核苷酸，多肽中含有的 20 种氨基酸能够为蛋白质提供更大的化学可变性，使蛋白质类的酶能够催化更多类型的化学反应。但当越来越多的核酶催化反应在体外实验中被验证后，这种解释就不那么具有说服力了。更新的假说认为蛋白质的催化更有效，因为折叠多肽的天然灵活性比碱基配对的 RNA 较大的刚性更优越。此外，RNA 原基因组包裹于膜性囊泡可能会促进最早的蛋白质进化，因为 RNA 分子是亲水性的，所以必须提供一个疏水性的外衣，例如，为了穿过或整合于膜之前必须结合肽类分子。

由 RNA 催化向蛋白质催化的转变要求 RNA 原基因组功能发生根本变化。原基因组不会象在早期细胞样结构中那样直接负责生化反应，成为编码分子，其主要功能是编码催化性蛋白质的结构。目前还不清楚编码分子是由核酶转化来的，还是由核酶催化产生的，尽管关于翻译和遗传密码起源的最令人信服的理论表明后一种方式可能更正确（图 18.3）。不管具体机制如何，最终结果是形成一种自相矛盾的状况，即 RNA 原基因组失去了它们擅长的酶的功能，而选择了它们并不非常适合的编码功能，这种不适合来自 RNA 磷酸二酯键的相对不稳定性（1.2.1 节）。因此，编码功能向更稳定的 DNA 分子的转移几乎是不可避免的，而且也并不难以实现。核糖核苷酸还原产生的脱氧核糖核苷酸通过逆转录酶催化的反应被多聚化，掺入到 RNA 原基因组的拷贝中（图 18.4）。尿嘧啶被其甲基化衍生物胸腺嘧啶取代，可能使 DNA 多聚核苷酸更加稳定。通过拷贝互补链来修补 DNA 的损伤大大促进了采用双链 DNA 作为编码分子的可能性（16.2.2 节和 16.2.3 节）。

根据这种推测，最初的 DNA 基因组由许多分散的分子组成，每一分子指导合成一种蛋白质，因而每个 DNA 都相当于一个单独的基因。这些基因连接到一起形成最初的染色体（可能发生在原基因组向 DNA 转变之前或之后），促进了在细胞分裂时基因分配的效率，因为组织有限数目的大染色体平均分配要比平均分配许多分散的基因容易得

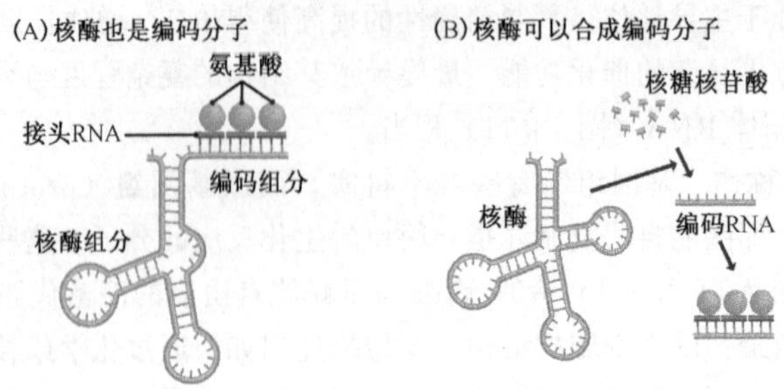


图 18.3　最早的编码 RNA 的两种进化可能

核酶可能进化成具备催化和编码的双重功能（A），或可以合成一种编码分子的核酶（B）。在以上两个示例中，氨基酸都表示为通过小的接头 RNA 连接到编码分子上，这种接头分子被假定为今天的 tRNA 的祖先

多。和对早期基因组进化的研究一样，人们对许多基因如何连接到一起提出了若干种不同的机制。

## 生命的独特性何在？

如果实验模拟和计算机模型是正确的，那么生化进化的起源阶段在早期地球的海洋或大气中平行发生了数次。生命的产生很有可能有不止一次机会，然而所有现存的生物体似乎从单一的起源衍生而来。这种单起源性反映在细菌、古细菌和真核细胞在基本分子生物学和生物化学机制上的明显相似性。可以只举一个例子说明这一点，并没有明显的生物学或化学理由来解释为何某一特定的三个核苷酸编码某一特定的氨基酸，而遗传密码虽然不是完全通用的，但实际上在所有已研究的生物体中基本上是一样的。如果这些生物体起源不止一个，我们可以预测应当有两种或更多种非常不同的密码。

如果多起源是可能的，而现代生命只从其中一种衍生而来，那么在哪一时期这种独特的生化系统开始占据主导地位？虽然不能精确地回答这个问题，但最可能的情形是，这种主导系统最早发展出合成蛋白质类的酶的方法，因而也可能最先采用了 DNA 基因组。蛋白质类酶和 DNA 基因组所拥有的更大的催化潜能和更准确的复制能力，使这些细胞与那些仍含有 RNA 原基因组的细胞相比有很明显的优势。这种 DNA-RNA-蛋白质细胞也将能够繁殖得更快，使它们在与 RNA 细胞对营养的竞争中胜出。不久，那些 RNA 原基因组细胞也成为了营养物质。

生命形式是否可能源于 DNA 和 RNA 之外的其他信息分子呢？在生命的最早期阶段，以 RNA 作为遗传物质之前，生物确实可能基于其他一些信息分子。尤其是糖结构有微小改变的吡喃糖 RNA 能形成稳定的双螺旋，在某些情况下选择这种吡喃糖 RNA 比普通 RNA 更适合原基因组。同样的分子还有**肽核酸**（peptide nucleic acid，PNA），它是多核苷酸类似物，用酰胺键代替糖-磷酸骨架（图 18.5）。PNA 已在实验室中合成，实验表明它能与普通的多核苷酸形成碱基配对。但是，没有迹象表明吡喃糖 RNA 或 PNA 比 RNA 更有可能从原生汤进化而来。

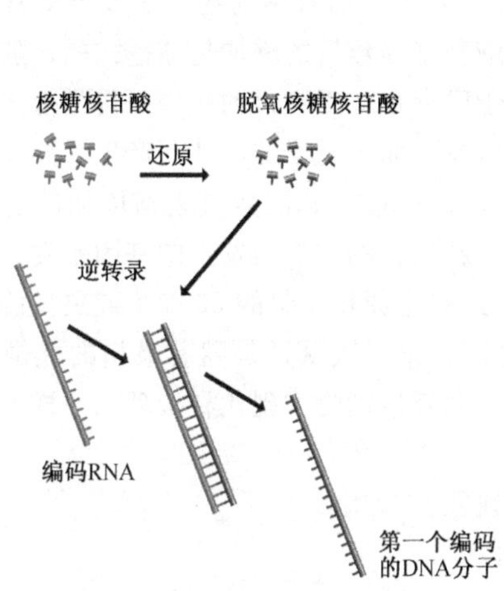


图 18.4 编码 RNA 分子向最早的 DNA 基因组前体的转化

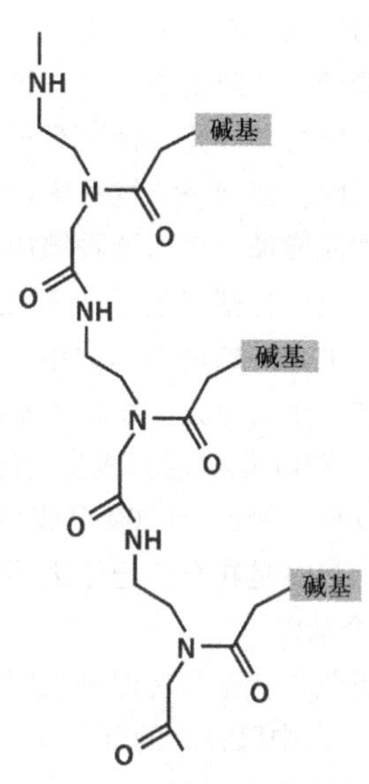


图 18.5 一小段肽核酸

肽核酸有一个氨基化合物骨架而不是标准核酸中的糖-磷酸骨架

# 18.2 新基因的获得

虽然古老的化石记录很难做出明确的解释，但还是有令人信服的证据表明 35 亿年前生化系统已进化为细胞，其外形与今天的细菌相似。我们不能从化石中分辨出最初真正的细胞含有哪种类型的基因组，但从前一节我们可推断出它们的基因组是由双链 DNA 组成，含有少量染色体，也可能只有一条，每条含有许多相连接的基因。

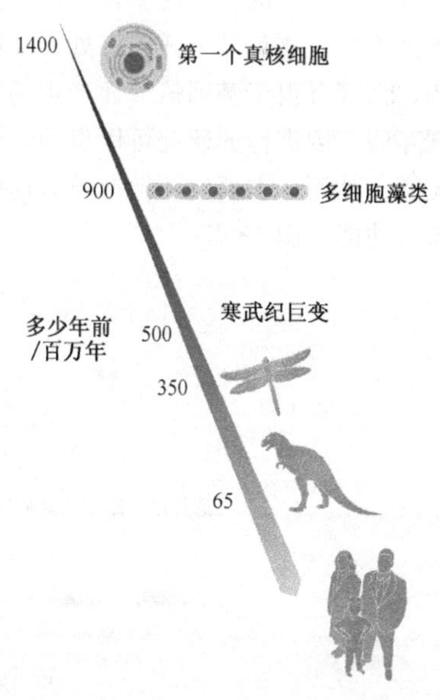


图 18.6 生命的进化

如果随化石记录溯时光而上，我们将看到大约 14 亿年前，出现了真核细胞的第一个证据——单细胞结构的藻类（图 18.6）。9 亿年前出现了第一个多细胞藻类。多细胞动物大约出现在 6.4 亿年前，虽然充满疑惑的发掘结果暗示在此之前更早的时期已有动物生存。在 5.3 亿年前的寒武纪巨变中，无脊椎生物繁殖产生了很多新种类，接着在 5 亿年前的大灭绝中，很多这些新的种类又消失了。此后，进化继续进行，多样性逐渐增加：最早的陆栖昆虫、动物和植物出现于 3.5 亿年前；恐龙出现于 6500 万年前的白垩纪，并随着白垩纪的结束而消失；仅在 450 万年前才出现了第一种类人动物。

形态的进化伴随着基因组的进化。把进化等同于“进展”是危险的，但不能否认，当我们沿着进化树向上前进时，我们所看到的基因组越来越复杂。这种复杂性的一个证据是基因的数目，一些细菌只有不到1000个基因，而脊椎动物，如人类却有30 000～40 000个基因。在同一个世系中，比如，细菌基因数目的增加是渐进式的，随着新基因数目的增加而增加，然而这种增加至少由于已存在基因数目的减少而得到抵消。我们应当还记得有些生物基因数目在进化中逐渐减少，而不是增加，从而产生了如支原体和其他一些寄生生物中的最小基因组（8.2.2节）。在这种基因数目逐渐增加的过程中，可能存在两次由于具有大大增加了基因数目的新物种的产生而发生的基因暴发。第一次数目跃迁发生在14亿年前真核生物出现时，从典型原核生物的5000个或更少的基因增加到大多数真核生物的10 000个或更多的基因。第二次跃迁是随着最初的脊椎动物的出现产生的，当时是在寒武纪结束不久，每种原脊椎动物像现代脊椎动物一样可能含有至少30 000个基因。

基因组获得新基因有两种不同的基本途径：

- 倍增基因组中已存在的部分或全部基因。
- 从其他物种中获得基因。

在基因组进化过程中，上述两种方式都是重要的。下面两节我们将看到这一点。

### 18.2.1　通过基因倍增获得新基因

基因倍增在基因组进行中发挥重要作用的观点于1970年首次提出。基因倍增的最初结果是出现两个完全一样的基因。在选择压力的作用下，其中的一个保持原来的序列，或至少保留与原来相似的序列，从而可以继续提供倍增前原有的单基因编码的蛋白质功能。对于第二个基因，一种可能是承受同样的选择压力，保持序列不变，这样可以加快基因产物的合成速率，从而有利于物种（图18.7）。然而更常见的情况是，第二个基因不能给物种带来任何好处，从而不受选择性压力的作用，积累随机突变。有证据表明，大部分由于基因倍增而产生的新基因会由于缺失突变而失活，变成假基因。通过对现存假基因进行的研究可以发现，最常见的失活突变是读码框移位和位于编码区的无义突变。然而，在偶然的情况下，这些突变并不引起基因失活，而产生对机体有用的新的基因功能（图18.7）。

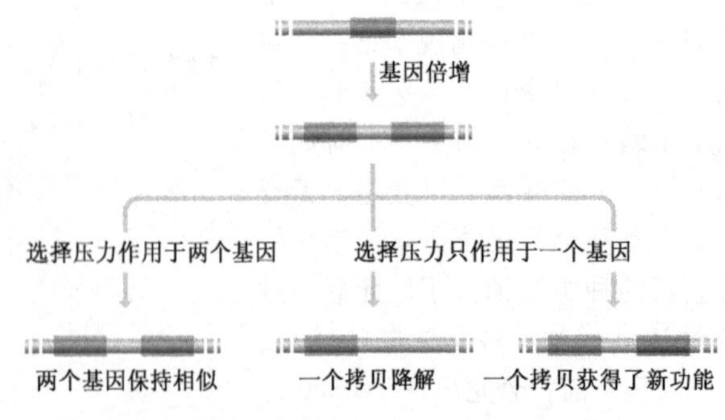


图18.7　基因倍增的三种结果

我们首先看一下现存基因组序列内支持基因扩增现象的证据，然后看一下基因倍增的机制。

## 基因组序列为过去的基因倍增提供了广泛的证据

即便是对基因组序列最简单的研究也能发现大量证据来证明很多基因是由于基因倍增而产生的。在图 18.7 的第一种情况中，基因数目的增多导致了基因产物的增多，这种增多对物种是有利的，从而使这种基因倍增稳定下来，大量基因家族的存在就是证据，这些基因家族的成员间有相同或近似相同的序列。主要的例子就是 rRNA 基因，在生殖支原体（*Mycoplasma genitalium*）中只有两个拷贝，而在爪蟾（*Xenopus laevis*）中则有 500 甚至更多的拷贝，这些拷贝的序列几乎完全相同。这种相同基因的多拷贝现象可能是反映了在细胞周期的某些阶段对于 rRNA 的快速合成的需要。注意，这种多基因家族的存在不仅说明在过去存在着基因倍增现象，而且说明一定存在着某种分子机制保证家庭成员的序列在进化过程中保持不变。这种现象叫做**协同进化**（concerted evolution）。如果这个家族的一个成员获得了一个有利突变，那么这个突变有可能在家庭的成员之间散播开来，直到所有的家族成员都获得了这个突变。实现这种进化的最可能机制是基因转变，详见 17.1.1 节，基因的部分或者全部序列由基因的另一个拷贝代替。多个基因转变事件保持了多基因家族内部成员序列的一致性，尤其是当这种成员呈串联排列时更是如此。

图 18.7 的第三种情况下，倍增基因积累的突变使基因具有了新的、有用的功能。多基因家族再一次为我们提供了大量的证据，证明这类事件在过去频繁发生。在前面的章节中，我们已经看到，在珠蛋白家族中，由于基因倍增的作用，产生了新的基因，在生物体发育的不同阶段起作用（图 7.19）。我们注意到所有的珠蛋白，无论是 α 珠蛋白还是 β 珠蛋白都有相关的核苷酸序列，它们组成了一个超家族，该家族编码的蛋白质（如血红蛋白）都具有携带氧气的能力。通过对超家族成员进行两两比对，我们可以知道现在的基因是如何产生的，同时，通过应用**分子钟**（molecular clock）（19.2.2 节），我们可以估计出这些基因倍增事件发生的大概时间。通过分析，我们可以知道，在 8 亿年前，一次基因倍增事件产生了两个祖先基因，其中一个进化为现代的神经珠蛋白，另一个进化为超家族其他的成员（图 18.8）。2.5 亿年后，发生了第二次基因倍增事件，这次倍增的产物之一演变成了血红蛋白，另一个产物又经历了第三次基因倍增，产生了在肌肉中有活性的肌珠蛋白和至今尚未明确功能的细胞珠蛋白。大约 4.5 亿年前，前 α 珠蛋白和前 β 珠蛋白世系分裂开来。α 珠蛋白和 β 珠蛋白世系内部的基因倍增则是最近 2 亿年内发生的事件。有了这个时间框架，我们不但能够推断出基因倍增事件是怎样进行的，而且能够对单个基因上发生的更细的进化事件进行推断。图 18.9 就是对导致存在于不同哺乳动物不同族 β 珠蛋白的相关事件的推断。

当我们比较其他基因的序列时，我们观察到了相似的进化模式。比如，胰蛋白酶和糜蛋白酶基因 15 亿年前起源于同一个祖先基因，现在它们都编码在脊椎动物消化道中起消化蛋白质作用的蛋白酶，胰蛋白酶在精氨酸和赖氨酸处切割蛋白质，而糜蛋白酶在苯丙氨酸、色氨酸和酪氨酸处切割蛋白质。在基因组的进化过程中由一个基因进化产生了两种功能互补的蛋白质产物。

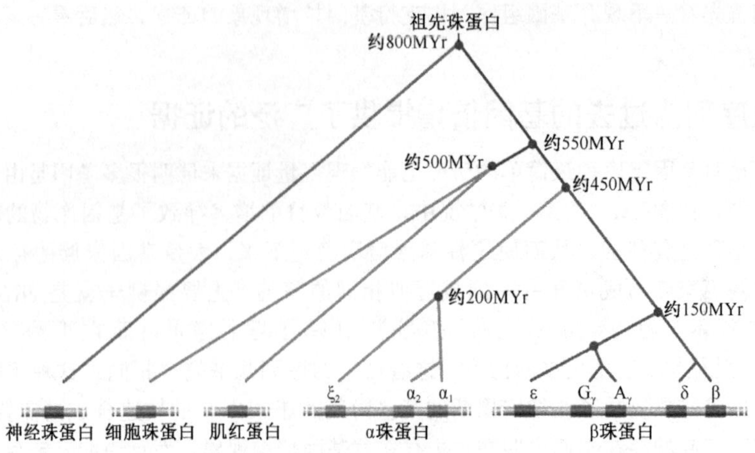


图 18.8 人类珠蛋白超家族的进化

这个超家族的成员现在位于不同的染色体上，神经珠蛋白位于 14 号染色体，细胞珠蛋白位于 17 号染色体，肌红蛋白基因位于 22 号染色体。α 珠蛋白簇位于 16 号染色体，β 珠蛋白簇位于 11 号染色体。缩写：MYr 代表百万年

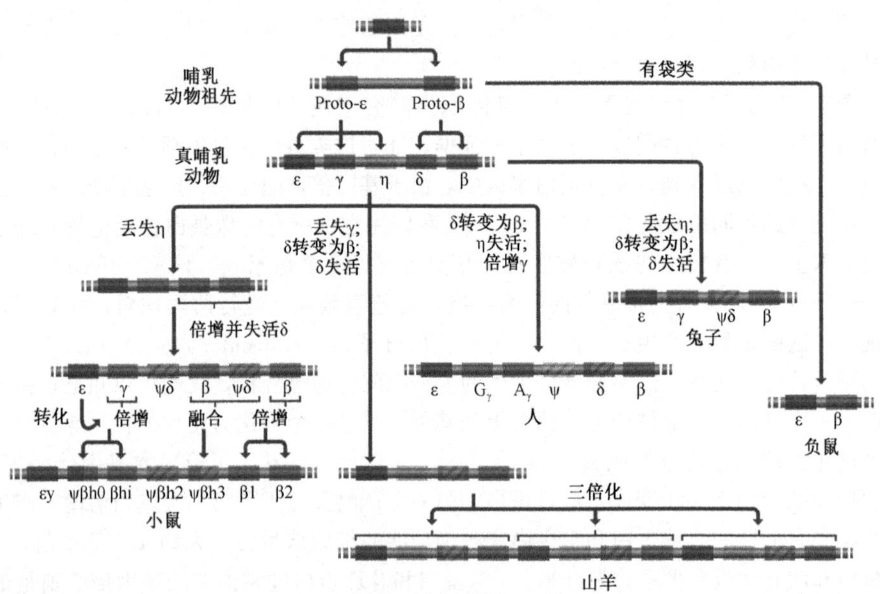


图 18.9 哺乳动物 β 珠蛋白的进化

经 Elsevier 准许重印自 *Genomics* 13 卷，*The β-globin gene cluster*…，741-760，1992

在通过倍增产生的基因进化中最引人注意的例子来自同源异型选择基因，它是决定动物体形态发育的关键基因。在 14.3.4 节中我们曾提到果蝇有一簇同源异型选择基因，称为 HOM-C，它包含 8 个基因，每个含有一个同源结构域，编码其蛋白质产物的 DNA 结合基序（图 14.37）。这 8 个基因，以及果蝇中其他含有同源结构域的基因，被认为是从最初出现于 10 亿年前的一个祖先基因经过一系列倍增而来的。这些现存基因

特异性地决定果蝇不同体节的分化，对它们功能的认识可使我们对于基因倍增和序列趋异在这种情况下是如何增加果蝇进化树中一系列生物体的形态复杂性有一个引人入胜的了解。如果沿着进化树继续上溯，我们会发现脊椎动物有 4 个 HOX 基因簇（图 14.37），每一个都与果蝇同源选择基因簇中位置相当的可识别的拷贝之间有序列相似性，脊椎动物中额外的基因簇可能是由最初的簇倍增产生，也可能是过去的基因组倍增的痕迹，暗示脊椎动物中的两个倍增产物不是单个基因的倍增，而是整个基因簇的倍增（图 18.10）。不是所有的脊椎动物 HOX 基因功能都已经清楚，但我们相信，脊椎动物具有的额外基因簇与脊椎动物身体结构复杂性的增加有关。有两个现象支持这一结论。首先，文昌鱼，一种具有某些原始脊椎动物特点的无脊椎动物，具有两个 HOX 基因簇，这正是我们设想的原始“原脊椎动物”的情况；有鳍暇鱼可能是最具多样性的一组脊椎动物，它们在基本身体形态上存在大量变异体，而该类鱼具有 7 个 HOX 基因簇。

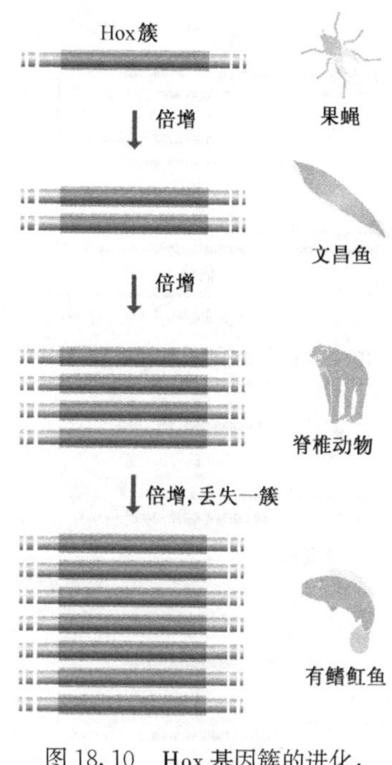


图 18.10 Hox 基因簇的进化：从果蝇到有鳍暇鱼

## 多种过程可以导致基因倍增

存在着多种途径可以使可能具有一个或一个小组群基因 DNA 短片段得到倍增，基因倍增可有以下几种机制。

- **不等位交换**（unequal crossing-over），是一对同源染色体上不同位置的相似核苷酸序列间产生的重组。如图 18.11（A）所示，不等位交换的结果是重组后的一条染色体上一段 DNA 被倍增。
- **不等位姐妹染色单体互换**（unequal sister chromatid exchange），与不等位交换发生机制相同，但发生在同一染色体的一对姐妹染色单体之间［图 18.11（B）］。
- **DNA 扩增**（DNA amplification），在这种情况下有时用来描述细菌和其他单倍体生物中的基因倍增。倍增可能来自复制泡中两个子代 DNA 分子的不等位重组［图 18.11（C）］。
- **复制滑移**（replication slippage）（图 16.5），基因相对较短时可通过这种方式进行基因倍增，尽管这种机制更常用于非常短的序列，如微卫星的重复单位。此机制似乎可以倍增一段足够包含一个完整基因的区域，但实际上并不如此。

这四种过程都会导致串联倍增，即两个倍增片段在基因组上相邻。这和我们观察到的很多基因家族分布的模式一致，如 α 珠蛋白家族位于人类 16 号染色体，β 珠蛋白位于人类 11 号染色体。当然多基因家族的成员之间也并不总是都排列在一起，比如，在

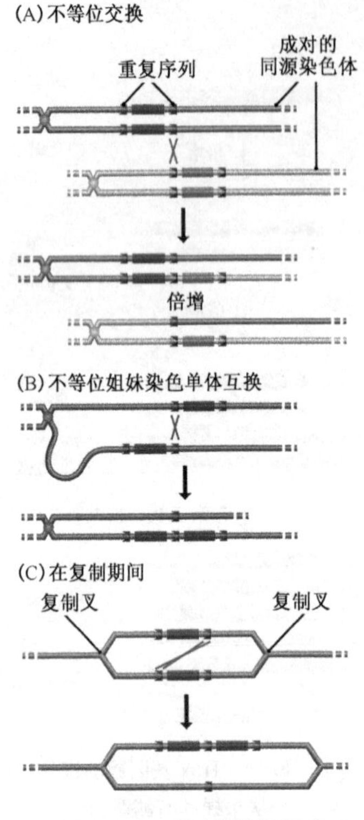


图 18.11　基因倍增的模式

同源染色体不等位交换（A）、不等位姐妹染色单体互换（B）以及细菌基因组复制（C）过程。每种模型中，重组发生于短重复序列（以深色表示）的两个不同拷贝之间，导致重复序列间的片段倍增。同源染色体不等位交换和不等位姐妹单体互换基本相同，差别仅在于前者发生于同源染色体对的染色单体之间，而后者则发生于同一染色体的染色单体之间。在（C）中，重组发生于DNA复制新合成的两条双螺旋间

人类基因组中有三种功能性的醛缩酶，各自位于不同的染色体上。这些拷贝可能曾经是串联排列，后来由于大规模的染色体重排而分散开。它们之间的距离当然也有可能是倍增的过程中产生的。这些倍增是由逆转录产生的例子，这种逆转座作用类似于已加工的假基因的形成（图 7.20）。已加工的假基因是当一个基因的 mRNA 被反转录成 cDNA，再重新插入基因组而形成的。如果插入的位点不含有启动子序列，那么插入的序列不能再被转录，形成假基因。如果插入的位点位于另一个基因启动子附近，就会获得转录活性。这种方式产生的基因倍增被称作**反转录基因**（retrogene），在不同的物种中同样有很多例子（在人基因组中，睾丸特异性的丙酮酸脱氢酶就是一个反转录基因）。反转录基因的显著特征是不包含内含子。最近，人们发现反转录基因也可能是完整的基因，不但包括内含子，而且包含部分或全部的启动子序列。产生这种完整的反转录基因时，逆转录的模板不是 mRNA，而是由于错误的启动子产生的反义 RNA（图 18.12）。人们逐渐认识到反义 RNA 并不是一种罕见的现象，而且在基因调控中确实起到一定的作用，其作用方式可能与 microRNA（12.2.6 节）类似。如果反义 RNA 被反转录成 cDNA，那么插入至基因组的就是一段全长的、具有功能的基因拷贝。这段拷贝可能在距离原始基因很远的地方也可以进行插入。

## 全基因组倍增也是可能的

前面介绍的过程产生的都是较小的 DNA 倍增片段，长度一般在几十 kb 左右。那么，可不可能存在着更长片段的倍增呢？听上去整条染色体倍增在基因组进化中起任何重要作用都不太可能，因为我们知道单独一条染色体的倍增，会使细胞中含有的一条染色体有三个拷贝而其他染色体仍各为两个拷贝［这种情况称为**三体性**（trisomy）］。这对生物体来说通常是致死的或引起遗传疾病，如 Down 氏综合征。果蝇中人工引入三体性突变也能观察到相似的效应。可能某些基因拷贝数的增加导致了基因产物不平衡以及细胞生化反应被破坏。

但是三体性的有害作用并不代表进行核内整套染色体的倍增是不可能的。当减数分

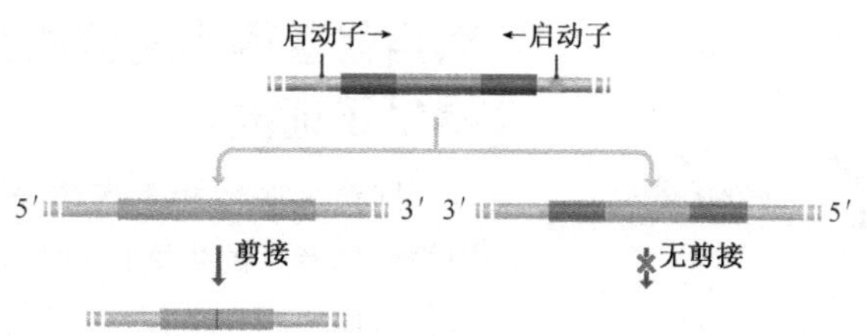


图 18.12　基因的反义 RNA 将包含基因的内含子序列

在图的左侧，基因以经典的方式被转录，产生前体 mRNA，前体 mRNA 的内含子随后被剪切去除。在图的右侧，基因的下游有另一个启动子，这个启动子起始的转录，会产生一条反义 RNA。因为反义 RNA 中的内含子区域不再含有内含子的剪接序列，所以不会被剪接体剪接，内含子会一直保留（12.2.2 节）

裂产生配子的过程中发生了错误，从而导致配子是二倍体而不是单倍体时，基因组倍增就有可能发生（图 18.13）。如果两个二倍体配子融合，将会产生**同源多倍体**（autopolyploid），此时四倍体细胞核中含有每条染色体的 4 个拷贝。同源多倍性像其他类型的多倍性一样（18.2.2 节），在植物中并不罕见。同源多倍体通常可以存活，因为每条染色体仍具有同源配对体，并能在减数分裂时形成二价体。这使得同源多倍体可以繁殖，但通常不能与其来源生物体进行变种间杂交。这是因为当二倍体和四倍体杂交时，产生的子代三倍体因为有一套染色体缺乏同源配对体而不能繁殖（图 18.14）。同源多倍性是物种发生的一种机制，一对物种通常定义为两种不能在变种间互交的生物体。确实有研究者观察到通过同源多倍性产生的新的植物物种，特别是 Mendel 实验的重新发现者之一 Hugo de Vries。在对晚樱草（*Oenothera lamarokicina*）的研究中，他发现了这种通常为二倍体的植物的四倍体变种，并命名为 *Oenothera gigas*。同源多倍性在动物中，特别是具有明显两性分化的动物中很少。这可能是因为细胞核中含有超过一对性染色体会引起种种问题。然而并非完全不可能，在一种哺乳动物阿根廷大鼠 red viscacha 中，确实存在着四倍体基因组。

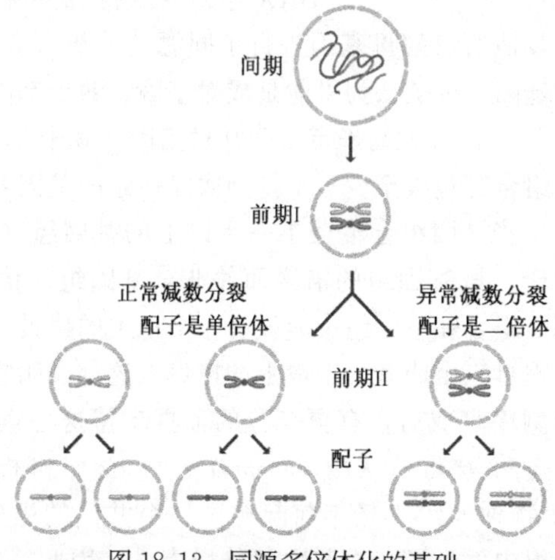


图 18.13　同源多倍体化的基础

在减数分裂中发生的正常事件如图左侧简易形式所示（与图 3.16 比较）。在图右侧前期 I 与前期 II 之间发生了异常，一对同源染色体没有分离至不同的细胞核中，产生的配子是二倍体而不是单倍体

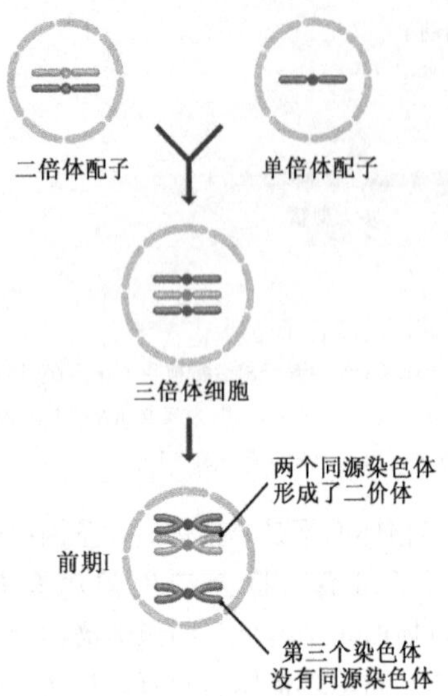


图 18.14 同源多倍体不能与其亲本间互交

异常减数分裂（图 18.13）产生的二倍体配子与正常减数分裂产生的单倍体配子融合后，产生三倍体细胞核。每条同源染色体具有三个拷贝。在下一次减数分裂的前期Ⅰ时，两条同源染色体中可以形成二价体，而第三条染色体则没有对应体。这会破坏后期染色体的分离（图 3.16）并阻止减数分裂圆满完成。这就意味着不能产生配子，因而三倍体生物是不育的。注意：在三条同源染色体中任何两条都可以形成二价体，而不仅在图中所示的两个同源染色体之间

## 对当代基因组的分析为基因组倍增提供了证据

同源多倍性并不直接导致基因数目增加，因为初始产生的生物体只具有每一基因的额外拷贝，而并未产生任何新基因。但它的确为基因增加提供了可能性，因为额外基因并不是细胞功能必需的，它们可进行不损害生物体存活的突变。既然这样，我们能不能从现存基因组中找到由于基因组倍增而获得大量基因的证据呢？

从我们前面对基因组改变方式的理解，我们可以预见，得到基因组片段倍增的证据将相当困难。可以想象来自基因组倍增的许多额外基因拷贝会退化，在 DNA 序列中不再可见。那些因为倍增的功能对生物体有用或进化出新功能而保留下来的基因，可以被鉴定出来。但不可能分辨出它们是来自全基因组倍增或仅是许多小片段的倍增。要标记出一次基因组倍增，就必须发现大的多组基因倍增，两个组合中的基因排布顺序相同。基因组中倍增基因组合仍然能被发现的可能性取决于将基因移动到新位置的重组事件发生的频率。

为查找酵母（*Saccharomyces cerevisiae*）DNA 序列以获得过去基因组倍增的证据，人们对每一个酵母基因与其他所有酵母基因进行了同源性分析（5.2.1 节），目的是确定由基因倍增产生的多对基因。要被认为可能是成对基因，两个基因蛋白质产物的氨基酸序列一致性至少应有 25%。已经大约确定了 800 对基因，其中 376 对基因属于 55 个基因倍增组合，每个基因组合都包含至少三个排列次序一致的基因对，基因组合中可能有其他基因散布于其间，这些基因组合覆盖了一半以上的基因组（图 18.15）。当然，这种基因组合也可能是由于一段基因组的倍增而并非全基因组的倍增，但如果是这样的话，就可以预测这些基因组合在基因组中应该有一个以上的拷贝。事实上，这些基因都只有两个拷贝，从未出现过三个或者三个以上的拷贝，这都说明它们是全基因组倍增的产物。当其他酵母基因测序完成后，有更充分的证据支持这一点。通过比较酿酒酵母（*S. cerevisiae*）、产乳糖酶酵母（*Kluyveromyces lactis*）和棉阿舒囊霉（*Ashbya gossipii*）发现，这三个物种大约 1 亿年前起源于一个共同的祖先，同源性分析发现，在这之后酿酒酵母基因组内发生了一次基因组倍增事件。因此，应该存在着一种基因，这种基因在酿酒酵母基因组中存在着两个拷贝，而在产乳糖酶酵母和棉阿舒囊霉中只有一个拷贝。事实上也确实是这样，这一新的分析发现，大约有 10% 的酿酒酵母基因起

源于大约 1 亿年前的一次全基因组倍增事件。

在其他物种的基因组中也进行了同样的工作，结果显示基因组倍增在很多物种中是一个相对来说比较频繁的进化事件。在拟南芥(*Arabidopsis thaliana*)基因组和其他植物基因组片段之间的比较中发现拟南芥的祖先在 1 亿～2 亿年前之间经历了 4 轮基因组倍增。人类和其他哺乳动物基因组也包含如此多的基因倍增，以至于人们认为在此谱系中至少有一次全基因组倍增事件发生于 3.5 亿～6 亿年前。

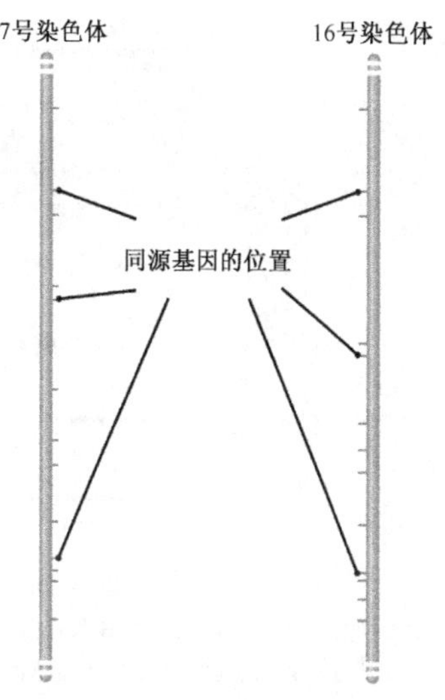


图 18.15　酿酒酵母基因组中一个基因倍增组合的例子

图中显示的三对基因间存在着很高的序列同源性。这个例子和其他类似的例子一起证明在 1 亿年前发生了一次基因组倍增事件

## 在人类和其他基因组中也发现了小规模的倍增事件

尽管最近的全基因组倍增事件发生在很久以前，但在这期间人类基因组并没有沉寂。相反，在相对比较近的时期内，人类基因组发生了广泛而频繁的小规模的倍增事件，图 18.16 描绘了人 22 号染色体长臂在近 3500 万年内的进化中曾经发生的倍增事件。类似于在酵母中的研究，通过比较基因组的不同部分，主要是序列相似性达 90%以上长度超过 1kb 的区域，证实了这些倍增的存在。这种分析忽略了全基因组的重复序列，并定位了那些可能是相对较晚的倍增事件产物的区域。结果证明大约有 200 个片段，占人基因组的这个 34Mb 区域的 10%。这 200 个片段中，有超过 100 个是由其他染色体倍增而来的，其余的片段扩增于此染色体的长臂。

22 号染色体长臂的倍增模式是整个人类基因组倍增相当典型的代表。残留的单个倍增片段长度为 1～400kb，明显在着丝粒附近的区域较多，而在每条染色体臂的较远端的倍增事件较少。当研究这些倍增片段的大小时，我们必须牢记人的基因平均长度是 20～25kb，而且是很稀疏地分散分布于基因组中。当研究这些倍增序列时，发现这些序列很少会导致整个基因的倍增，很多倍增都只是基因的某个部分进行了倍增。还有一些倍增中出现这样的情况，即一个基因的上游外显子，位于另一个基因的下游外显子的附近。这些新组合序列有一部分会发生转录，但不清楚这些转录物是否具有功能。所以对这种片段倍增在进化上的作用并不确定。但是已经清楚，在一对染色体内部倍增序列之间的重组会导致缺失这些倍增序列之间区域，这种方式产生的缺失能够引起遗传性疾病。例如，Charcot-Marie-Tooth 综合征，出生后 5～15 年发病，典型症状是外周神经系统的退行性病变，并导致虚弱和行走困难。人 17 号染色体一对 24kb 的基因组片段倍增序列之间的重组导致缺失长达 1.5Mb 基因组片段，这个片段中的基因丢失引起了该综合征的发生。

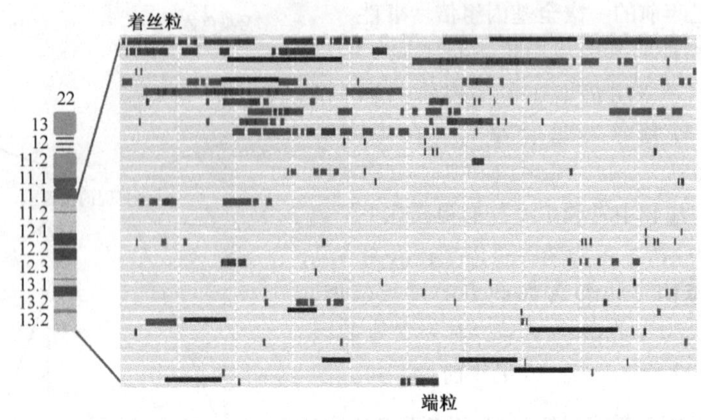


图 18.16 人 22 号染色体长臂的片段倍增

示意图将 34Mb 的 22 号染色体长臂简示为一系列的水平细线，每条代表 1Mb DNA 序列，从上到下代表从着丝粒到端粒。人类基因组草图中的这一部分包括 11 个显示为黑框的缺口，红框占 34Mb 中的 3.9%，代表染色体长臂内部倍增的序列，蓝框（占总长度的 6.4%）代表其他染色体的倍增片段

## 基因组进化也包括已有基因的重排

通过观察人基因组内片段倍增的大小范围我们发现，图 18.11 所描绘的倍增不但可以产生新的基因，而且也可以导致已有基因内部的改变。这可能是另一种新蛋白质功能进化的方式。由于蛋白质大都由结构域组成，每个结构域包括一段多肽链，因此蛋白质是由毗连的核苷酸序列段编码的（图 18.17）。结构域编码片段的重排会产生新的蛋白质功能。

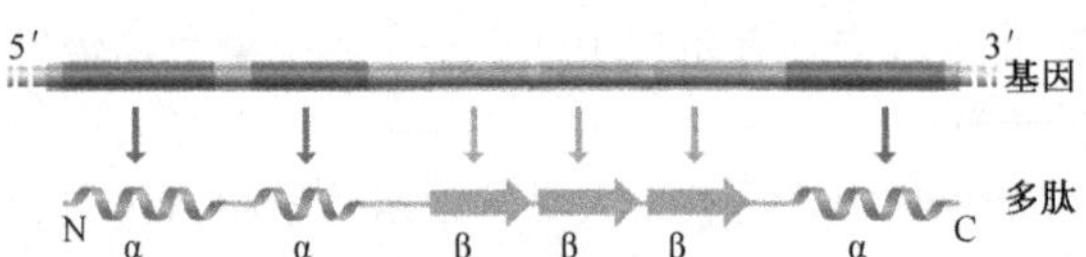


图 18.17 结构域是多肽链上分离的单位，它们由邻近的核苷酸序列编码

在这个简化的例子中，多肽的每个二级结构被当作一个独立的结构域。实际上，大多数结构域是由两个或更多个二级结构单位组成

- **结构域倍增**（domain duplication）：编码结构域的基因区段通过不等位交换、复制滑移或其他已提到的 DNA 序列倍增方式中的某一种［图 18.18（A）］倍增。倍增结果是蛋白质结构域重复，这可能是有利的，如使蛋白质更稳定。倍增的结构域也可能因为其编码序列突变而逐渐改变，使蛋白质结构改变，产生新的活性。值得注意的是结构域倍增使基因变长。基因变长可能是基因组进化的普遍结果，高等真核生物的基因的平均长度大于低等生物。
- **结构域混排**（domain shuffling）：来自完全不同基因的、编码结构域的区段结合在一起形成一个新的编码序列，它对应产生杂合或嵌合的蛋白质，这种蛋白质可能是具有不同结构特点的新的组合体，并可能使细胞具有全新的生化功能［图 18.18（B）］。

结构域倍增和混排模型均暗含了一个有吸引力的前提，即需要相关的基因区段位于分开状态，以使它们可以重组和混排。这一要求提示外显子可能编码结构域。对于某些蛋白质来说，外显子的倍增和混排似乎的确产生了今天我们所看到的结构。脊椎动物的α2I类胶原蛋白基因就是例证，它编码胶原蛋白三条多肽链中的一条。胶原蛋白三条多肽链的每一条都含有甘氨酸-X-Y三肽重复单位组成的高度重复序列，其中X通常为脯氨酸，而Y通常为羟脯氨酸（图18.19）。α2I类基因编码338个这种重复三肽。该基因有52个外显子，其中42个外显子包含编码甘氨酸-X-Y重复单位的基因序列。在这42个外显子的区域中，每个外显子编码一套完整的三肽重复，虽然每个外显子所含的三肽重复数目不等，但总是5个（5个外显子）、6个（23个外显子）、11个（5个外显子）、12个（8个外显子）或18个（1个外显子）中的一种。很明显，这个基因的进化方式可能是外显子倍增并导致结构域重复。

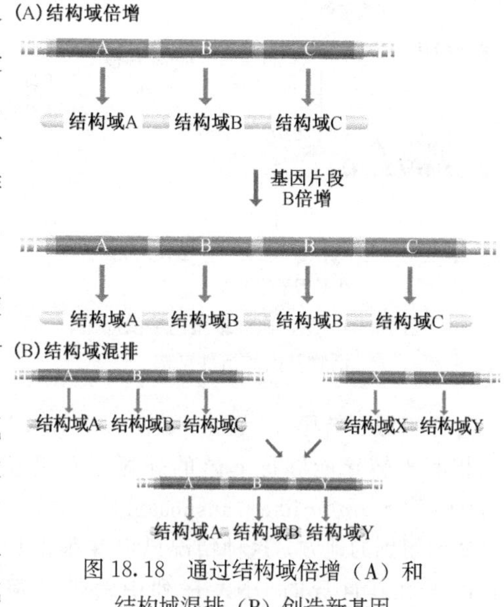


图18.18　通过结构域倍增（A）和结构域混排（B）创造新基因

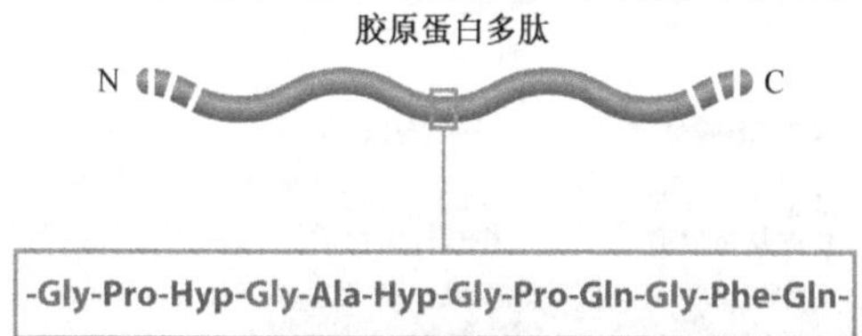


图18.19　α2Ⅰ类胶原蛋白具有Gly-X-Y的重复序列

每第三个氨基酸都是甘氨酸，X是脯氨酸，Y通常是羟脯氨酸（Hyp）。羟脯氨酸是脯氨酸在翻译后的一种加工形式（11.3.3节）。胶原蛋白多肽具有螺旋构象，但这种构象比标准α螺旋更加伸展

结构域混排可用组织纤维蛋白原激活因子（TPA）来说明。该蛋白质存在于脊椎动物血液中，参与凝血反应。TPA基因有4个外显子，每个编码一个不同的结构域（图18.20）。TPA第一个外显子负责编码“手指”组件，使TPA蛋白能与纤维蛋白结合，后者是在凝血斑块中发现的可激活TPA的纤维状蛋白质。这一外显子似乎是从另一类纤维蛋白的结合蛋白——纤维结合素中获得的，而与TPA起源相同的另一种蛋白质——尿激酶的基因中缺乏这一外显子，不能被纤维蛋白激活。第二个TPA外显子编码一个生长因子结构域，这一外显子显然是来自表皮生长因子基因，使得TPA可以刺激细胞增殖。最后两个外显子编码kringle结构，TPA利用该结构来结合纤维蛋白凝集物，这些kringle外显子来自于纤维蛋白溶酶原基因。

Ⅰ类胶原蛋白和TPA是基因进化的典型例子。但不幸的是，在这两个例子中表现出来的结构域与外显子间的清晰联系，在其他基因中却很少发现。其他一些基因看上去是通过区段倍增和混排进化而来，但这些基因编码结构域的区段并不与外显子或外显子组相符。结构域倍增和混排仍然发生，但可能是以一种不太精确的方式，使得许多重排的基因没有有用的功能。虽然很随意，但倍增和混排仍很明显在发挥作用，正如其他例

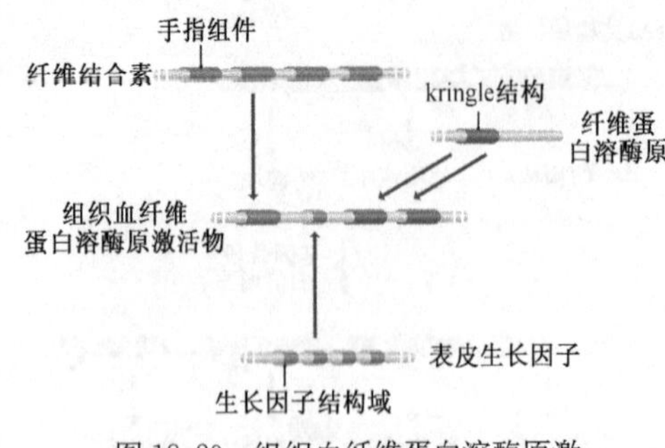


图 18.20 组织血纤维蛋白溶酶原激活物基因的组件结构

子中表现的一样，许多蛋白质具有相同的DNA结合基序（11.1.1节）。若干种这些基序在某些时候可能是从头进化的，然而很多情况下编码基序的核苷酸序列的确是被转移到许多不同的基因中去的。

另一种在基因组内移动基因的机制可能与转座元件有关。LINE-1转座子（9.2.1节）的转座偶尔会导致与之相邻的DNA片段也随之一起转座，因为一同被转座的DNA片段位于转座子的3′端，这一过程叫做**3′转导**（3′transduction）。LINE-1转座子有时出现在内含子中，因此有理由相信3′转导能够将下游的外显子移动至基因组中别的位置。其他的转座子，如MULE（*Mutator*-like transposable element）也可以将外显子或者是其他的基因片段带到基因组别的地方，这种情况已经在很多种真核生物中观察到，在植物中尤为常见。MULE在其自身的DNA序列中常带有宿主的基因片段，如图18.21所示。因此MULE的转座也可将其包含的宿主基因转移到一个新的位置。在MULE转座的过程中，不同的基因片段被收集起来，随着MULE的迁移而形成新的杂合基因。因此MULE转座形成了一种引人注意的促进基因进化的方式。但是关于这种进化方式带来的影响，尚有很多没有解决的问题。尤其是目前还不清楚已经形成的基因脱离MULE片段的频率有多大。

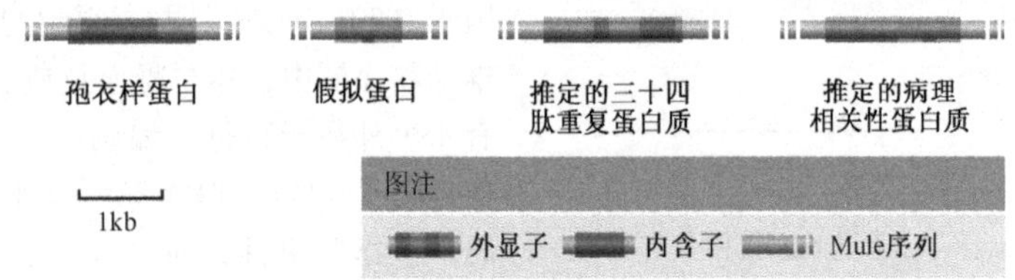


图 18.21 MULE经常包含宿主染色体的基因片段

图中显示的是小鼠1号染色体上5个MULE及其邻近的序列。彩色的是基因的外显子，灰色的片段是内含子，结构末端的灰条代表MULE的末端重复

## 18.2.2 从其他物种获得新基因

基因组获取基因的第二种可能方式是从其他物种得到。比较细菌和古细菌基因组序列发现横向**基因转移**（lateral gene transfer）是在原核生物基因组进化过程中的一个主要事件（8.2.3节）。大多数细菌和古细菌的基因组中有至少数百个kb DNA即数十个基因，好像来自于另一个原核生物。

原核生物之间的基因转移有好几种机制，但很难确定各种机制对这些生物基因组定形的重要性。以接合（3.2.4节）为例，它可使质粒在种间转移，通常使受体菌获得新的基因功能。从日积月累的结果看，质粒转移是很重要的，因为通过这种方式可以跨越种间屏障，在细菌群落中传播抗生素，如氯霉素、卡那霉素和链霉素的抗性基因。但它对于进化的价值值得怀疑。接合转移的基因的确能整合到受体菌的基因组，而这些基因是由复合型转座子携带的［图 9.17（B)］，所以这个过程常常是可逆的而且可能并不造成基因组的永久改变。原核生物之间转移 DNA 的第二种方式——转化（3.2.4 节）更可能对基因组进化产生影响。只有某些细菌，特别是杆菌、假单胞菌和链球菌属的成员，才能有效从周围环境摄取 DNA。但是转化效率似乎与我们进行的进化时间范围的研究不相关。更重要的事实是通过转化进行的基因转移可以在任何一对原核生物之间发生，而不止在密切相关的原核生物之间进行（如同接合一样），因此就可以解释细菌和古细菌基因组之间发生的基因转移（8.2.3 节）。

在植物中，可通过多倍化获得新基因。我们已经了解了植物中同源多倍化是如何产生基因组倍增的（图 18.13）。两种不同物种种间杂交产生的**异源多倍体**（allopolyploidy）也很普遍，像同源多倍体一样能产生可生存的杂合体。通常形成异源多倍体的两个物种关系密切，许多基因是共有的。但每个亲本都拥有一些对方不具有的基因，或至少是共有基因中的不同等位基因。例如，产面包小麦（*Triticum aestivum*），是四倍体的栽培二粒小麦和二倍体的野草山羊芋（*Aegilops squarrosa*）之间异源多倍化后产生的六倍体。野草细胞核含有高分子质量麦谷蛋白的新的等位基因，当它与二粒小麦中已存在的麦谷蛋白等位基因组合后，产生的六倍体表现出优良的面包制作特性，因此可将异源多倍化看作基因倍增和种间转移相结合的形式。

动物中的种间屏障不那么容易跨越，很难找到任何类型的横向基因转移的明显例子。许多真核基因具有与古细菌或真细菌序列相关的特点，但这被认为是源于几百万年来平行进化的保守性，而不是横向基因转移的结果。对于动物种间的基因转移，大多数意见都集中认为是逆转录病毒和转座元件。关于逆转录病毒在动物种间转移已有许多讨论文章，正如它们可在同一物种的不同个体间携带基因一样，它们有可能也是基因横向转移的中介者。对于转座元件，如 P 元件来说，同样如此，目前已知 P 元件可从一种果蝇转移到另一种；另外还有 *mariner*，它也可以在果蝇不同种之间转移，并有可能从其他物种转移到人类。

## 18.3　非编码 DNA 与基因组进化

目前为止我们注意力集中在基因组中编码组分的进化上，由于编码 DNA 只占人类基因组的 1.5%，如果不考虑非编码 DNA，我们关于基因组进化的观点就很不完整。对于分子进化生物学家来说，他们一直对为什么真核生物的基因组中存在着如此大量的非编码 DNA 感到困惑。为什么基因组能容忍这些明显无用的 DNA？一个可能是这些非编码 DNA 包含有我们未知的非常重要的功能，如果细胞没有这些 DNA 就不能存活。第二种可能是，非编码 DNA 可能起结构性的作用，在前面的章节中，我们多处提到了染色质结构的重要性，比如说，可以帮助染色质固定于细胞核内。基因组内部分非编码成分的作用与基因组的组织有关。第三种可能是，非编码 DNA 可能具有分子生物学家还没有发现的广谱调节功能。最后一种可能就是这些非编码 DNA 并没有任何功能，它们之所以能被基因组所忍受是因为没有选择压力存在。如果这种观点是正确的话，那么基因组中存在非编码 DNA 既不会对基因组有利，也不会对基因组有害。根据这一假设，这些非编码 DNA 可以被称为“垃圾”或者寄生性的“自私 DNA”。

从很多方面来看，关于非编码 DNA 的进化几乎没有多少可讲的。我们设想倍增和其他重排由重组和复制滑移产生，这些产生的序列通过积累突变而趋异，并且这些突变没有经受作用于基因组功能区域的强迫性选择压力的束缚。我们已经认识到，非编码 DNA 的某些部分，如基因组上游调节区，具有重要的功能。但考虑到大多数非编码 DNA，我们只能得出这样一个结论，即非编码 DNA 是以相当随意的方式进化的。这种随意性并不适用于所有非编码 DNA。特别是对于转座元件和内含子来说，它们具有相当有趣的进化历史，在基因组进化中具有普遍重要性，以下两节将对此加以介绍。

## 18.3.1 转座元件与基因组进化

转座元件对整体的基因组进化具有很多影响，最明显的是转座子能够启动重组事件导致基因组重排。这些与转座元件的移动能力毫无相关性，它仅与以下事实相关：同一元件的不同拷贝具有相似的序列，因而能够启动同一染色体上的不同部分或不同染色体间的重组（图 18.22）。许多情况下，产生的重组是有害的，因为它会使重要的基因缺失。但有时候也可能产生有益的结果。例如，大约 3500 万年前一对 LINE-1 元件（9.2.1 节）间的重组被认为使 β-珠蛋白基因倍增，产生了这个家族中的 Gγ 和 Aγ 成员（图 18.9）。

转座子的移动对于基因组的进化也会有一定的影响。LINE 元件和 MULE 元件转座可能伴随的基因片段重定位在 18.2.1 节中有描述。转座也会引起基因表达方式的改变。例如，DNA 结合蛋白与基因上游调节序列结合，激活基因转录。如果一个转座子移动到基因的上游近处，就可能破坏这种结合（图 18.23）。基因的转录也可能被转座子中存在的启动子和（或）增强子所影响，而产生全新的调节方式。这种转座子指导基因表达的有趣的例子是小鼠 *Slp* 基因，它编码的蛋白质参与免疫反应，*Slp* 的组织特异性是由与其相邻的逆转座子中的增强子所决定的。另外的一些例子中，转座子插入基因引起剪接方式的改变。

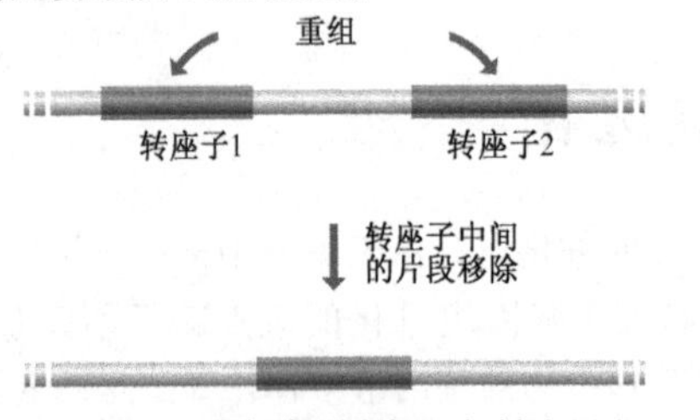


图 18.22 重复序列之间，如转座子之间的重组可导致基因组片段的删除

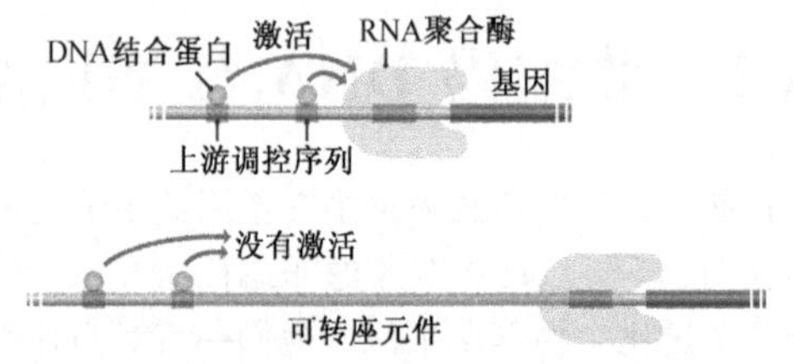


图 18.23 转座子插入基因上游区域，会影响 DNA 结合蛋白激活转录的能力

## 18.3.2 内含子起源

自从 20 世纪 70 年代发现内含子以来，它们的起源就一直争论不休。关于 I 类、II 类、III 类（表 12.2）内含子几乎没有什么不同意见，人们一致认为这些自我剪接的内含子从 RNA 世界进化而来，从那时起就没有太大的改变。问题围绕着 GU-AG 内含子的起源，它是在真核细胞核基因组中大量存在的一种内含子。

## “早内含子”与“晚内含子”：两种竞争的假说

关于GU-AG内含子的起源提出过许多可能，但总体上可以看作这是两种相反的假说之间的争论。

- **“早内含子”**（intron early）假说认为内含子非常古老，并从真核基因组中逐渐丢失。
- **“晚内含子”**（intron late）假说则认为内含子进化相对较接近现在，在真核基因组中逐渐积累。

每种假说都有几种不同的模型。“早内含子”假说中最有说服力的是被称为“基因外显子理论”的模型。该模型认为RNA世界结束不久，最早的DNA基因组构建时已经形成了内含子。这些基因组可能含有多个短的基因，每一个基因都从一个RNA编码分子衍生而来，分别编码一段很短的多肽，或仅是一个结构域。这些多肽可能必须连接到一起，形成更大的、多结构域的蛋白质，以产生具有特异和高效催化机制的酶（图18.24）。为有利于支持多结构域酶的合成，如同我们今天所看到的一样，单独的多肽应连接成一个蛋白质。通过将相关小基因的转录物剪接在一起可以实现这一目的，这个过程需要基因组重排帮助，以使编码某一多结构域蛋白质的不同部分的小基因彼此相邻排布。换言之，小基因成为外显子，而它们之间的序列成为内含子。

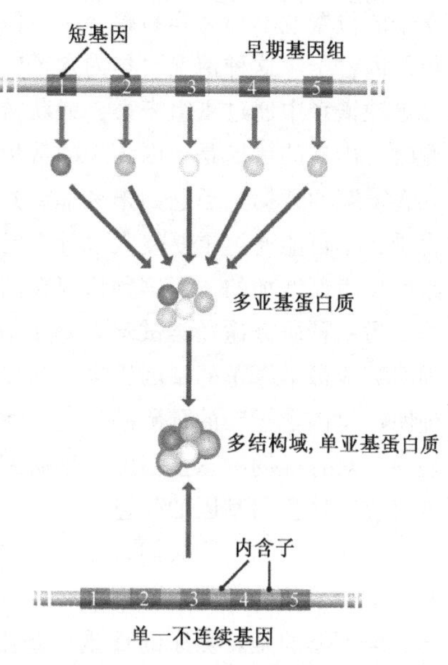


图18.24　“基因外显子理论”
最早的基因组中的短基因编码单结构域多肽，它们必须结合在一起形成多亚基蛋白质，以产生有功能的酶。后来，短基因连成不连续基因，编码产生多结构域、单亚基蛋白质，以更高效地合成酶

根据基因外显子理论和其他“早内含子”假说，所有基因组最初都含有内含子。但我们知道细菌基因组不含有GU-AG内含子，因此如果该类假说正确，就必须承认由于某些原因内含子在进化早期从祖先细菌基因组中丢失了。这是一个难以克服的障碍，因为很难解释为何大量的内含子从基因组中丢失而未造成许多基因的功能破坏。一个内含子从基因中去除时，任何的不精确都会导致部分编码区丢失或发生移码突变，这两种情况都会使基因失活。“晚内含子”假说避免了这个问题，它认为开始时没有基因含有内含子，内含子侵入早期真核细胞基因组，随后扩增成今天所看到的各种形式。GU-AG内含子和II类内含子（12.2.4节）剪接方式上的相似性提示，产生GU-AG的入侵者可能是从细胞器基因组中逃逸的II类内含子序列。但是GU-AG与II类内含子间的相似性并不能证明“晚内含子”的观点是正确的，因为它同样符合另一种与基因外显子理论不同的“早内含子”模型，该模型认为II类内含子序列产生了GU-AG内含子，但这一事件是在基因组进化的极早期发生的。

## 目前的证据不能推翻任一种假说

关于GU-AG内含子起源的争论持续25年以上的原因之一是因为支持任一种假说的证据都难以获得，并且通常这类证据也是含糊不清的。“早内含子”假说的推论之一是无关生物中同源基因的内含子位置应当是很相似的，因为这些基因都来自远古含有内含子的基因（图18.25）。开始人们发现动物和植物中磷酸丙糖异构酶基因的4个内含子位置的确相似，这支持了“早内含子”假说。但检查了更多的物种后，这一基因中内含子的位置就不那么容易解释了：似乎在某些谱系中内含子丢失了，而另一些谱系则获得了内含子。这种情况“早内含子”和“晚内含子”假说都可以解释，因为它们都允许在单独谱系中通过重组来丢弃或获得以及重定位内含子。当许多生物体的许多基因被检测时，出现的情形是：内含子的数量在动物基因组进化过程中逐渐增加，这被当作“晚内含子”的证据，但它们未考虑到这样一个事实，即动物线粒体基因组不含有II类内含子，不可能通过重复侵入来补充已存在的核基因组内含子。因而内含子必定是随着重组的发生而增加的，而这种情况在两种假说中都可能发生。

另一种研究途径尝试建立外显子与蛋白质结构域的联系，因为考虑到自从原始小基因组装成最早真正的基因以来，即使进化对这种联系产生了不确定的作用，它也是可以证明“早内含子”的预测的。与上述研究相同，开始时所获得的证据支持“早内含子”假说。对脊椎动物珠蛋白的一项研究得出结论，每个珠蛋白有4个结构域，第一个结构域对应于珠蛋白基因的外显子1，第二个和第三个对应于外显子2，第四个对应于外显子4（图18.26）。当人们发现大豆的豆血红蛋白基因刚好在预测的位置有一个内含子时，证明了某些珠蛋白基因还有一个内含子将第二个和第三个结构域分开的预测是正确的。但不幸的是，测序的珠蛋白基因越多，发现的内含子也越多，总共超过了10个，其中大部分内含子的位点并不对应于结构域间的连接区域。

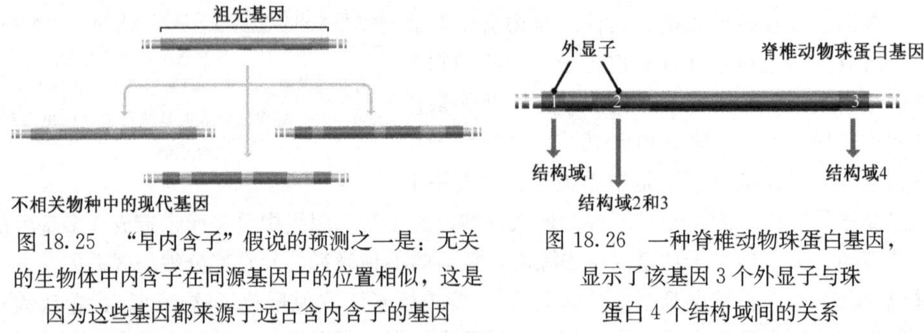


图18.25 “早内含子”假说的预测之一是：无关的生物体中内含子在同源基因中的位置相似，这是因为这些基因都来源于远古含内含子的基因

图18.26 一种脊椎动物珠蛋白基因，显示了该基因3个外显子与珠蛋白4个结构域间的关系

因此，珠蛋白基因的研究与我们在讨论结构域混排（18.2.1节）时得出的一般原理一致：大多数情况下基因外显子与蛋白质结构域间并不存在清晰的联系。但我们对“结构域”的定义是否正确呢？蛋白质的结构域可能并不仅仅对应于二级结构，如α螺旋和β片层。更精确的定义可能是一个结构域指在蛋白质三级结构上相隔小于一定距离的氨基酸组成的多肽区段。如果使用这个定义，结构域和外显子间就可能有更好的联系了。

## 18.4 人类基因组：最近的500万年

虽然对于人类的进化史有不同意见，但普遍认为在灵长目中与我们关系最近的是黑猩猩，我们与黑猩猩共同的最近祖先生活在大约460万～500万年前。在此分开后，人类谱系拥有两个属：南方古猿（*Australopithecus*）和智人。有一些但不是所有的种，成为现代智人的直系祖先（图18.27）。其结果是产生了我们这样一个新物种，并拥有至少我们自以为重要的生物属性，使我们明显区别于其他所有动物。那么我们与黑猩猩的不同有多大呢？

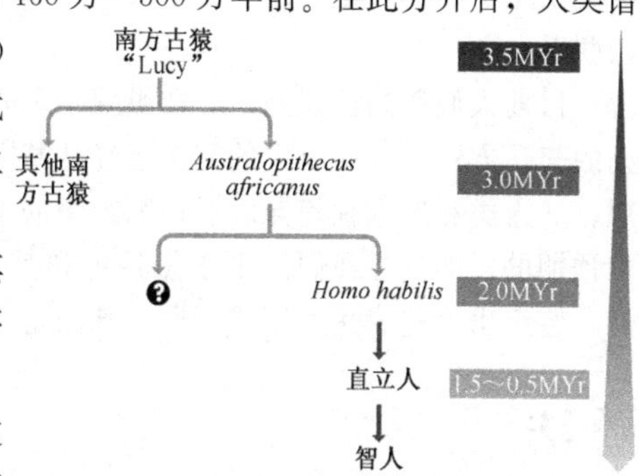


图18.27　从南方古猿族祖先到现代人类的一种可能的进化方式
在这一研究领域存在很多争论，对不同化石之间的进化关系提出了多种不同的假说。
缩写：MYr，百万年

就人的基因组而言，答案是1.73%，这是人和黑猩猩基因组序列的不同。当你比较人和黑猩猩的基因组时，你会发现找到相同点远比找到差异要容易得多。在编码区内，DNA序列的一致性达到了98.5%，人基因组内有29%的基因编码的蛋白质的氨基酸序列与黑猩猩完全一致。即便是在非编码区内，人和黑猩猩的序列一致性也极少小于97%。在两者的基因组内，基因的方向也几乎都是相同的，而且它们的染色体外形也很像。在染色体水平上，二者最大的差异是人的2号染色体在黑猩猩中是分开的两条染色体（图18.28），因此黑猩猩与其他猿类一样，具有24对染色体，而人类只有23对。人类基因组中靠近着丝粒位置的DNA序列与黑猩猩和大猩猩的对应序列差异相当大，并且，在人类的基因组中，Alu元件（9.2.1节）更多。但是这些特征对研究重复DNA序列进化的意义要大于研究人和黑猩猩基因组差异的意义。

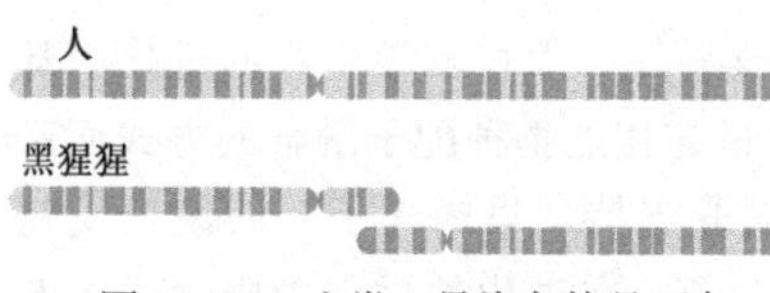


图18.28　人类2号染色体是两条黑猩猩染色体融合的产物

对人和黑猩猩基因组的比较也没有能发现决定人特异性的关键基因。人们设计了一些实验来寻找人基因组中受到正性选择的基因，结果发现了与氨基酸降解有关的基因，这和人比黑猩猩进食更多的肉类相一致。一些抵抗人类特有疾病（如结核和疟疾）的基因，也被发现与正性选择有关。但是在这类分析中，还没有发现与神经或脑有关的基因。唯一有显著改变的是人类的*N*-糖基化神经氨酸羟化酶基因缺失了一个92bp的片段，因此不能合成与一些黑猩猩细胞表面一样的羟化形式的*N*-糖基化神经氨酸。这对于某些致病原进入人类细胞的能力可能有一定的作用，并且影响某些类型的细胞间的相互作用，但是人们并不认为这种差异非常显著。另外有两种基因，在黑猩猩中是有活性的，但在人基因组中由于点突变而失活。其中一种编码T细胞受体，另一种编码头发中的角蛋白基因。但是这些改变似乎对人基因组的进化并没有实质性的影响。无论从哪种角度看，人的特殊性不应该起源于一个基因的敲除。真正有意义的改变应该是那些活性有改变的基因，而不是那些失去功能的基因。由于这个原因，人们对于 FOXP2 相当感兴趣，这个基因的缺失会导致口吃。这个基因可能是人类语言功能的基础，人和黑猩猩的 FOXP2 有两处氨基酸序列不同，说明这个基因在近期发生了改变，但是这些氨基酸序列差异与人类语言能力的关系，现在还找不到直接的联系。

目前人们逐渐认识到，人和黑猩猩之间的差异不在于基因组的序列，而在于这些序列的表达方式。因此研究的重点已经从基因组转移到了转录组和蛋白质组。这些研究表明，从人类和黑猩猩趋异以后，脑组织的基因表达模式经历了显著的变化，这恰恰是我们预期的，即这是我们区别于黑猩猩和其他物种的主要原因。目前还没有解决的问题是，鉴定出这些表达上调或下调的基因是否有意义。

# 总结

人们认为，数十亿年前，最早进化出来的多聚核苷酸是由 RNA 组成，而非 DNA。这些多聚核苷酸既有自我复制的功能，也有酶的活性。这些多聚核苷酸被简单的脂类包围起来可能就形成了最早细胞的前身。实验提示，有催化活性的 RNA 可以合成短肽，这些短肽日后取代了核酶的部分酶的功能。DNA 可能进化为 RNA 前基因组的一个更稳定的版本。在进化过程中，有至少两个时期，伴随着更复杂的基因组的产生，基因数目有较大增长。基因倍增是一种重要的进化事件，可以使基因组获得新的基因。珠蛋白超家族就是由一系列基因倍增事件产生的，它们的进化模式和进化的具体时间可以通过比较现有该家族基因的序列得出。在真核生物的体型决定过程中，基因倍增也通过对同源异型选择基因起作用。全基因组的倍增也是可能的，而且认为在酿酒酵母（*Saccharomyces cerevisiae*）、拟南芥（*Arabidopsis thaliana*）和脊椎动物的起源过程中都发生过。在人类基因组近期的进化过程中，几十 kb 的小片段的倍增经常发生。这些倍增导致了外显子的重组，并通过同一个外显子编码的蛋白质结构域的混排产生新的基因。外显子可以依附转座元件而在基因组内转移。横向基因转移可以从别的物种获得新基因。这在原核生物的进化上是一种常规事件，而在真核生物的进化中却很稀少。但有一个例外，就是在植物中，有些可以通过与相近物种配子融合的方式而产生新的多倍体。内含子的起源仍不清楚，现有的证据既支持“早内含子”假说也支持“晚内含子”假说，前者认为最早的基因组内含有内含子，在进化的过程中内含子逐渐丢失，而后者认为基因组中内含子的数目是逐渐增多的。500 万年前，人和黑猩猩趋异分离，目前人和黑猩猩的基因组仍有 98.3%的一致性，很多基因产生完全相同的蛋白质。找出是基因组中的哪些特殊之处使我们人类与众不同已经被证明是一件困难事，人们认为人和黑猩猩间的最大差异并非在于基因组序列的不同，而是在于基因表达模式不同。

## 选择题

*奇数问题的答案见附录

18.1* 地球上第一个生化系统是以哪种生物分子为中心的？

a. 碳水化合物

b. DNA

c. 蛋白质

d. RNA

18.2 术语原基因组是指：

a. 第一个 DNA 基因组。

b. 第一个细胞内 RNA 基因组。

c. 早期的 RNA 分子，能够自我复制并指导生化反应。

d. 最早的多聚 RNA 分子。

18.3* 下列关于从 RNA 基因组向 DNA 基因组转变的过程的论述中，哪些是错误的？

a. DNA 中的磷酸二酯键比 RNA 中的更为稳定。

b. 在地球的大气中，RNA 容易被氧气氧化为 DNA。

c. 用胸腺嘧啶取代尿嘧啶使 DNA 更为稳定。

d. 双链的 DNA 提供了一种修复遗传物质的机制。

18.4 什么是协同进化？

a. 两个基因的产物进化为相互作用的过程。

b. 基因复制从而产生新的基因产物的过程。

c. 有基因发生突变，从而可以组成新的基因家族。

d. 基因家族的成员保持相同或者相似序列的过程。

18.5* 下列哪些过程是协同进化的内在原因？

a. 基因转变

b. 横向基因转移

c. 编码性突变

d. 转座

18.6 如何识别一个多基因家族内部的基因复制模式？

a. 通过比较这些基因的序列。

b. 通过比较这些基因产物的生物学功能。

c. 通过比较这些基因产物的结构。

d. 通过比较这些基因在基因组的位置。

18.7* 当一条染色体内两条染色单体发生交换时，下列哪些过程会发生并导致基因倍增？

a. DNA 扩增

b. 复制滑移

c. 不等位交换

d. 不等位姐妹染色单体互换

18.8 同源性多倍性会导致什么样的结果？

a. 两个不同物种的配子融合形成的核。
b. 包含单个多余染色体的核。
c. 两个相同物种的二倍体配子融合形成的核。
d. 包含多余性染色体的核。

18.9* 下列事件中，哪些会导致生成新基因，该基因包含来自于两个或多个基因的外显子？
a. 结构域倍增
b. 结构域混排
c. 基因转变
d. 基因倍增

18.10 转座子连同附近 DNA 一起转座的现象称为：
a. 3′转导
b. 基因转变
c. 逆转座
d. 转化

18.11* 在原核生物中，横向基因转移最有可能是下列哪些过程的结果？
a. 接合
b. 转导
c. 转化
d. 转座

18.12 GU-AG 内含子的剪接途径最类似于下列哪种内含子的自我剪接方式？
a. Ⅰ型内含子
b. Ⅱ型内含子
c. Ⅲ型内含子
d. 以上都不是

18.13* 人类和黑猩猩之间的差异最有可能是由于：
a. 在人类基因组内存在更多基因。
b. 人类基因组缺少黑猩猩的基因。
c. 与语言相关蛋白质的氨基酸序列发生了改变。
d. 两个基因组的表达模式不同。

## 简答题

* 奇数问题的答案见附录

18.1* 生命起源时地球大气的成分与今天的有什么不同？
18.2 某些氨基酸、核苷酸和糖类是怎样在生命之前合成的？
18.3* 如果现存的生物都有一个共同起源，在古地球有没有可能存在着别的起源的生物系统？解释你的结论。
18.4 列出一个时间表，展示从地球形成至第一种类人动物出现的进化史。
18.5* 生物体中基因数目的增长与哪些进化时期有关？
18.6 讨论为什么同源异型选择基因是基因组通过基因倍增的一个良好示例？

18.7* 反转录基因的特性是什么？它们是怎样出现在基因组中的？

18.8 酿酒酵母（*Saccharomyces cerevisiae*）祖先在进化过程中曾发生过全基因组倍增的证据是什么？

18.9* 为什么片段倍增会产生新的基因？

18.10 同源多倍性易于发生在什么基因组？

18.11* 什么是“基因外显子理论”？

18.12 为什么人类和黑猩猩含有不同数目的染色体？

## 论述题

*奇数问题的指导见附录

18.1* 为拟南芥（*Arabidopsis thaliana*）基因组在1亿～2亿年前曾发生过4次基因组扩增事件提供证据。

18.2 在18.2.1节中所示的结构域倍增和结构域混排是基因进化中的特例，还是通常现象？

18.3* 最早发布的人类基因组草图之一［IHGSC（国际人类基因组测序组织，2001）Initial sequencing and analysis of the human genome. *Nature* 409：860-921］揭示，在人类基因组中有113～223个通过横向基因转移从细菌基因组中得到的基因。后来证明这一解释是错误的，这些基因并非来自于细菌。什么证据支持了横向基因转移，为什么这一证据是错误的？

18.4 评价“早内含子”和“晚内含子”假说。

18.5* 你相信在多大的程度上能够通过比较人类和其他灵长类的序列找出人类特殊性的遗传基础？

## 图形测试

*奇数问题的答案见附录

18.1* 利用下图解释新基因是如何通过基因倍增事件产生的，在哪种情况下会产生假基因？

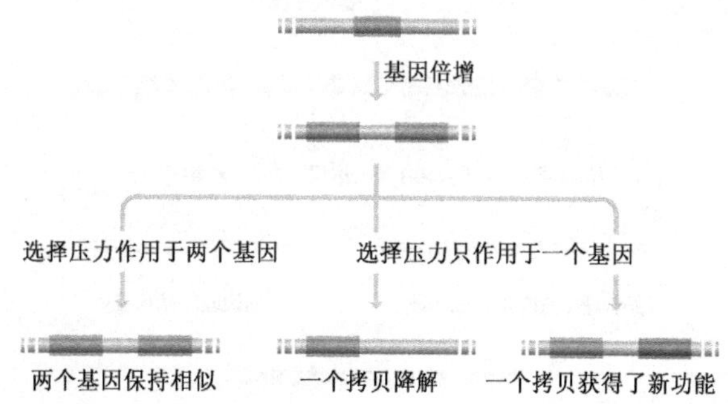


18.2 下列哪个模型（A）、（B）还是（C）代表了不等位姐妹染色单体互换导致的基因倍增？

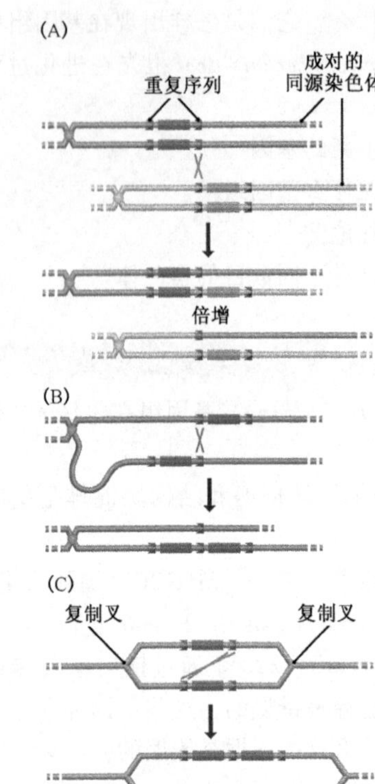


18.3* 讨论图示的过程是如何产生新基因的。

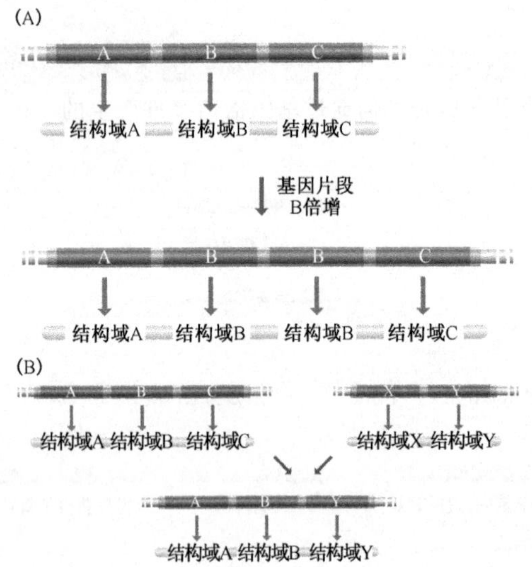


18.4 下图所示的过程支持的是“早内含子”还是“晚内含子”假说，图中代表的是什么？

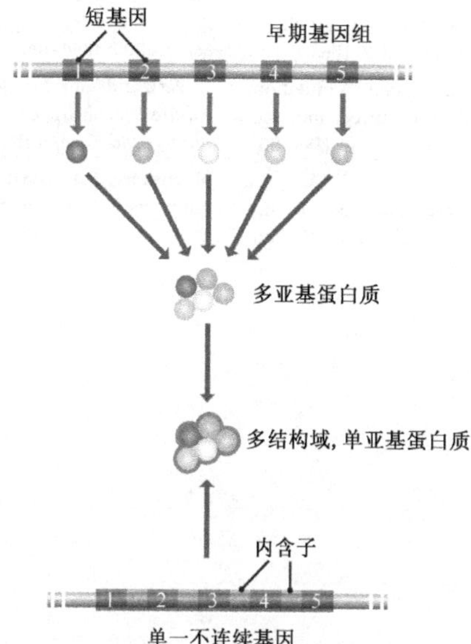


## 拓展阅读


### 经典教材

**Maynard Smith, J. and Szathmáry, E.** (1995) *The Major Transitions in Evolution*. WH Freeman, Oxford. *Begins with the origin of life and ends with the evolution of human language.*

**Ohno, S.** (1970) *Evolution by Gene Duplication*. George Allen and Unwin, London.

### RNA世界和基因组起源

**Bartel, D.P. and Unrau, P.J.** (1999) Constructing an RNA world. *Trends Genet.* **12:** M9–M13.

**Freeland, S.J., Knight, R.D. and Landweber, L.F.** (1999) Do proteins predate DNA? *Science* **286:** 690–692.

**Lohse, P.A. and Szostak, J.W.** (1996) Ribozyme-catalysed amino-acid transfer reactions. *Nature* **381:** 442–444.

**Miller, S.L.** (1953) A production of amino acids under possible primitive Earth conditions. *Science* **117:** 528–529.

**Orgel, L.E.** (2000) A simpler nucleic acid. *Science* **290:** 1306–1307. *Pyranosyl RNA.*

**Robertson, M.P. and Ellington, A.D.** (1998) How to make a nucleotide. *Nature* **395:** 223–225.

**Unrau, P.J. and Bartel, D.P.** (1998) RNA-catalysed nucleotide synthesis. *Nature* **395:** 260–263.

### 基因倍增

**Amores, A., Force, A., Yan, Y.-L., *et al.*** (1998) Zebrafish *hox* clusters and vertebrate genome evolution. *Science* **282:** 1711–1714.

**Wagner, A.** (2001) Birth and death of duplicated genes in completely sequenced eukaryotes. *Trends Genet.* **17:** 237–239.

### 基因组和片段倍增

**Eichler, E.E.** (2001) Recent duplication, domain accretion and dynamic mutation of the human genome. *Trends Genet.* **17:** 661–669.

**Goffeau, A.** (2004) Seeing double. *Nature* **430:** 25–26. *Comparisons between different yeast species indicate a genome duplication in the Saccharomyces cerevisiae lineage.*

**Vision, T.J., Brown, D.G. and Tanksley, S.D.** (2000) The origins of genomic duplications in *Arabidopsis*. *Science* **290:** 2114–2117.

**Wolfe, K.H. and Shields, D.C.** (1997) Molecular evidence for an ancient duplication of the entire yeast genome. *Nature* **387:** 708–713.

### 转座元件和基因组的进化

**Jiang, N., Bao, Z., Zhang, X., Eddy, S.R. and Wessler, S.R.** (2004) Pack-MULE transposable elements mediate gene evolution in plants. *Nature* **431:** 569–573.

**Kazazian, H.H.** (2000) L1 retrotransposons shape the mammalian genome. *Science* **289:** 1152–1153.

### 内含子的起源

**de Souza, S.J., Long, M., Schoenbach, L., Roy, S.W. and Gilbert, W.** (1996) Intron positions correlate with module boundaries in ancient proteins. *Proc. Natl Acad. Sci. USA* **93:** 14632–14636.

**Gilbert, W.** (1987) The exon theory of genes. *Cold Spring Harb. Symp. Quant. Biol.* **52:** 901–905.

**Gilbert, W., Marchionni, M. and McKnight, G.** (1986) On the antiquity of introns. *Cell* **46:** 151–153.

**Palmer, J.D. and Logsdon, J.M.** (1991) The recent origin of introns. *Curr. Opin. Genet. Dev.* **1:** 470–477.

## 人类和黑猩猩

**Balter, M.** (2005) Are human brains still evolving? Brain genes show signs of selection. *Science* **309:** 1662–1663.

**Chou, H.H., Takematsu, H., Diaz, S., *et al.*** (1998) A mutation in human CMP-sialic acid hydroxylase occurred after the *Homo–Pan* divergence. *Proc. Natl Acad. Sci. USA* **95:** 11751–11756.

**Khaitovich, P., Hellmann, I., Enard, W., Nowick, K., Leinweber, M., Franz, H., Weiss, G., Lachmann, M. and Paabo, S.** (2005) Parallel patterns of evolution in the genomes and transcriptomes of humans and chimpanzees. *Science* **309:** 1850–1854.

**Li, W.H. and Saunders, M.A.** (2005) The chimpanzee and us. *Nature* **437:** 50–51. *Describes the key differences between the human and chimpanzee genomes.*

**Muchmore, E.A., Diaz, S. and Varki, A.** (1998) A structural difference between the cell surfaces of humans and the great apes. *Am. J. Phys. Anthropol.* **107:** 187–198.

CHAPTER

# 第19章 分子系统发生学

## 学习要点

当你阅读完第19章之后，应该能够：

- 了解分类学如何导致系统发生学，为什么分子标记在系统发生学中如此重要。
- 描述系统发生树的关键特征，它与推断树、真实树、基因树和物种树之间的区别。
- 解释如何重建系统发生树，包括描述DNA序列的比对和将比对数据转换成系统发生树的方法。
- 简述相邻连接方法和最大简约法构建系统发生树的原理。
- 如何评价一个系统发生树的准确性。
- 举例讨论分子钟的应用及其局限性。
- 解释为什么有些DNA序列的进化关系不同能通过一棵传统树来描述，为什么网络的方法可以解决这一问题。
- 举例说明系统发生树在人类进化及人和猴免疫缺陷病毒进化研究中的应用。
- 简述在群体中如何研究基因。
- 描述分子系统发生学如何被应用于研究现代人类的起源及现代人类迁徙进入欧洲和美洲的模式。

如果基因组的进化是通过突变的逐渐积累造成的，则一对基因组之间核苷酸序列的差异程度将表明它们共同祖先距今的远近。相对于一对具有古老共同祖先的基因组，两个不久前才趋异的基因组之间差异更少。这意味着，通过比较三个或更多基因组之间的序列，将有可能揭示它们的进化关系，这就是**分子系统发生学**（molecular phylogenetics）的目的。

# 19.1 从分类学到分子系统发生学

分子系统发生学的提出要比DNA测序早几十年，它由物种分类的传统方法衍生而来，即按照生物间的相似点与不同点进行分类，在18世纪首先由林奈（Linnaeus）以一种综合的方式进行。林奈是个系统学家而不是一个进化学家，他的目的是将所有已知的物种放入一个逻辑有序的分类形式中，以揭示造物主——系统自然（*Systema Naturae*）的宏伟规划。然而，他的这一无心之作却为后来的进化图提供了框架。他将生物分入一系列不同等级的分类目录，从“界”开始，至“门”、“纲”、“目”、“科”、“属”、“种”。18世纪与19世纪早期的自然科学家将这一等级制度比作“生命之树”（图19.1），类似于达尔文在《物种起源》中用以描述生物进化史的方法。因此，这个由林奈设计的分类纲要被重新解释为**种系发生**（phylogeny），它不仅显示了物种之间的相似性，也表明了它们的进化关系。

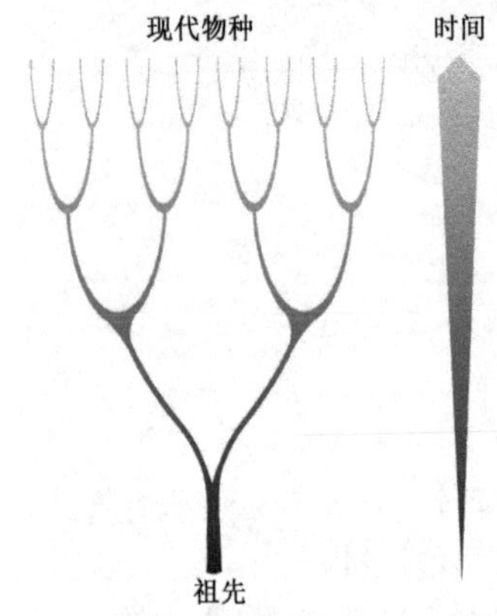


图19.1 生命之树

一个祖先物种位于“树干”的底部，随着时间的流逝，新物种从早期物种中演化出来，因此树不断分支，直至今日由同一祖先衍生出许多物种

## 19.1.1 分子系统发生学的起源

不管是构建分类法还是揭示种系发生，相关资料来自于分析被比较物种间的不同特征。最初所用的是形态学特征，但令人惊讶的是，分子生物学数据的引入也相当早。1904年，Nuttall用免疫学实验推测不同动物间的关系，其目的之一就是确定人类相对于其他灵长目动物的正确进化位置，我们将在19.3.1节讨论这一问题。Nuttall的工作显示，分子生物学数据能用于系统发生学，但这种方法直到20世纪50年代末才被广泛采用。这主要是由于技术的限制，还有部分是因为在分子数据的价值被充分认识之前，分类学和进化学正经历着各自的发展变化。

### 表型分类学和分支系统学需要大量的数据

事情在1957年由于表型分类学的引入而有了改变，**表型分类学**（phenetics）是一种新的系统发生学方法，它与传统方法不同。传统方法认为，分类应该基于对有限特征的比较，这些特征是分类学家们基于某种原因认为是重要的。表型分类学家争论说，分类时应当包含尽可能多的可变特征，这些特征都被数值化，并用严格的数学方法来进行研究。

表型分类学提出 10 年之后，另一种新的系统发生学方法——**分支系统学说**（cladistics）出现了。这种学说也强调要使用大规模数据集，但与表型分类学不同，分支系统学说并不把所有的特征等同看待。理由是为了正确推断出系统发生树上的分支顺序，有必要找出对进化关系有指示作用的特征，并摒弃那些可能会误导的特征。这似乎把我们带到了表型分类学以前的方法，但分支系统法更客观，它定义个体特征的进化相关性，而不是猜测哪个特征是重要的。尤其是通过识别两类非规则的资料，可尽可能减少种系发生中分支模式的错误。

- **趋同进化**（convergent evolution）或**异源同形性**（homoplasy），见于同一特征出现在两个不同谱系的进化过程中。例如，鸟类和蝙蝠都有翅膀，但蝙蝠与无翅的哺乳类动物亲缘关系比与鸟类更近［图 19.2（A）］。因此，“有翅”这个特征在研究脊椎动物进化中起误导作用。
- **原始特征态**（ancestral character state）必须与**衍生特征态**（derived character state）区分开来。原始的（或称形近的 plesiomorphic）特征是一组生物共同的远古祖先所具有的，如脊椎动物具有五个脚趾，衍生的（**变形的 apomorphic**）特征是近代的祖先由原始特征演变而来的，因此只是这组生物的某个种群具有。如脊椎动物中，现代马只有一个脚趾，这就是一个衍生特征［图 19.2（B）］。如果没有认识到这一点，我们可能会得出结论：蜥蜴有五个脚趾，所以人与蜥蜴之间的亲缘关系比人与马的近。

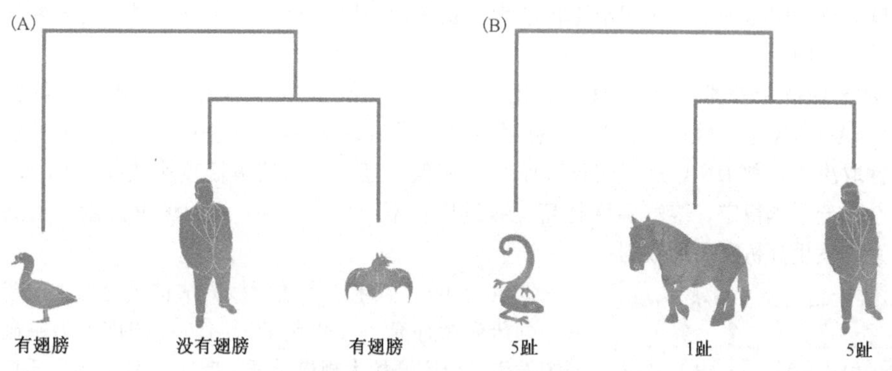


图 19.2　系统发生中的异常情况

（A）鸟类和蝙蝠都有翅膀是趋同进化的一个例子。（B）马的单趾是一种衍生特征态

## 通过研究分子特征可获得大数据集

过去 40 年中，表型分类学与分支系统学的关系并不融洽。尽管严格的分支系统学法可能会产生与常识明显相反的结果［一个明显的例子就是认为鸟类没有独立的纲（Aves），而包含在爬行动物中］，但现在的大多数进化生物学家仍赞成分支系统学法。这两种新方法虽然在方式上有很大不同，但都强调需要大量的能用于严格数学分析的数据。利用形态特征难以达到这个要求，从而促使分类方法逐渐向利用分子生物学数据靠拢，它与其他类型的系统发生信息相比，具有三个优势。

- 单一实验能提供许多不同的特征信息。例如，DNA 序列中的每一个核苷酸位置就是一个特征，有四种不同的**特征态**（character state），即 A、C、G 和 T。因此能够相当迅速地产生大量分子数据。

- 分子的特征状态清晰。A、C、G 和 T 易于辨认，不会相互混淆。而一些形态学的特征，如那些基于某个结构的形状特征，经常相互重叠，不易区分。
- 分子生物学资料易于转换成数字形式，可用数学和统计学分析。

蛋白质和 DNA 分子序列为分子系统发生学提供了最翔实、清晰的数据。但蛋白质测序直到 20 世纪 60 年代末才成为常规方法，而 DNA 的快速测序则又经历了 10 年才发展起来。因此，早期的研究主要依靠间接方式分析 DNA 与蛋白质的变化，使用以下三种方法之一。

- **免疫学资料**，如 Nuttal 进行实验所得的数据，即将针对某种生物一种蛋白质的抗体与来自其他生物的同源蛋白质混合，观察交叉反应的程度。我们在 14.2.1 节曾提到，抗体是一种免疫球蛋白，它通过与抗原结合帮助机体抵抗细菌、病毒及其他有害物质的入侵。蛋白质也可以作为抗原，例如，将人的 β 珠蛋白注射入兔子体内，兔子将产生能与这种蛋白质特异性结合的抗体，这种抗体也能与其他脊椎动物的 β 珠蛋白发生交叉反应，因为这些 β 珠蛋白具有相似的结构。交叉反应的程度依赖于被检测的 β 珠蛋白与人的 β 珠蛋白的相似程度，从而提供了用于系统发生学分析的相似性数据。
- **蛋白质电泳**用于比较蛋白质的电泳特性，从而判断不同生物来源的蛋白质的相似程度。已证明这种技术在用于比较亲缘关系接近的物种及同一物种不同成员的差异时是有效的。
- **DNA-DNA 杂交数据**将来源于所比较的两个生物的 DNA 样品进行杂交，可获得 DNA-DNA 杂交数据。将 DNA 样品变性并混合，形成杂交分子，杂交分子的稳定性取决于两种 DNA 分子核苷酸序列的相似程度，可用熔解温度来表示（图 3.8）。杂交分子越稳定，熔解温度越高。通过比较不同生物 DNA 间的熔解温度，可获得系统发生分析所需的数据。

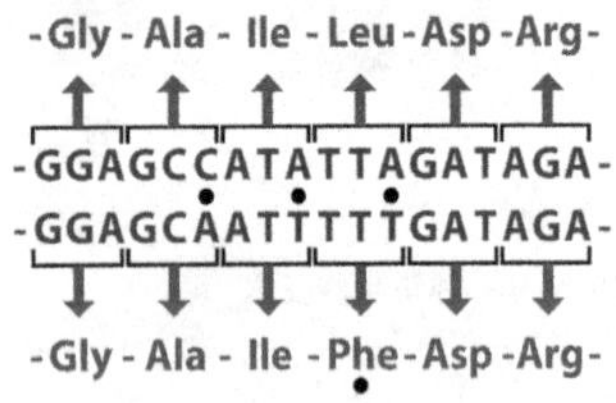

20 世纪 60 年代末，上述间接方法被迅速增加的蛋白质序列研究所补充。20 世纪 80 年代，以 DNA 为基础的系统发生学研究开始大规模展开。时至今日，蛋白质序列仍在某些情况下使用，但 DNA 分子已占据了主导地位。这主要是因为 DNA 序列能比蛋白质序列提供更多的进化信息。一对同源基因的核苷酸序列比相应蛋白质的氨基酸序列包含更多的信息，如同义突变仅仅影响 DNA 序列但不影响氨基酸序列（图 19.3）。另外，通过分析 DNA 序列，可获得完整的全新信息，因为基因组的编码区和非编码区的变化都可被检测。应用 PCR 技术（2.3 节）可方便地将 DNA 样品进行序列分析，这是 DNA 分子在现代分子系统发生学中起主要作用的另一关键因素。

-Gly - Ala - Ile - Leu - Asp - Arg-

-GGAGCCATATTAGATAGA-

-GGAGCAATTTTTGATAGA-

-Gly - Ala - Ile - Phe - Asp - Arg-

图 19.3　DNA 比蛋白质提供更多的系统发生信息

两个 DNA 序列有三个位点不同，而氨基酸序列仅有一个位点不同，这些位置用黑色的点表示。其中两个核苷酸的取代导致同义突变，另一个导致错义突变（图 16.11）

除 DNA 序列外，分子系统发生学还使用 RFLP、SSLP 和 SNP 等 DNA 标记（3.2.2 节），尤其是在进行物种内特异性研究时，如在有关史前人类群体迁移（19.3.2

节）的研究中都要使用这些 DNA 标记。在本章的后面部分，我们将考虑使用分子系统发生学中 DNA 序列和 DNA 标记应用的不同例子。但首先，我们要对基因组研究领域所用的方法学有更详尽的了解。

## 19.2 基于 DNA 的系统发生树的重建

大多数进化学研究的目的是构建一个树形模式，用以描述所研究生物间的进化关系。在讨论方法学之前，我们应当首先观察一个典型的系统发生树，以熟悉系统发生分析中所用的基本专业术语。

### 19.2.1 基于 DNA 的系统发生树的关键特征

图 19.4（A）是一个典型的系统发生树，该树可用任何一类比较数据来构建。由于我们对 DNA 序列感兴趣，可假设它代表了 A、B、C、D 四个同源基因间的关系。该树的**拓扑结构**（topolgy）由 4 个**外部结点**（external node）组成，每个结代表一个基因，还有两个**内部结点**（internal node）代表祖先基因，**分支**（branch）的长度则表示基因间的差异程度，这种差异程度通过序列的比较而产生，如 19.2.2 节所述。

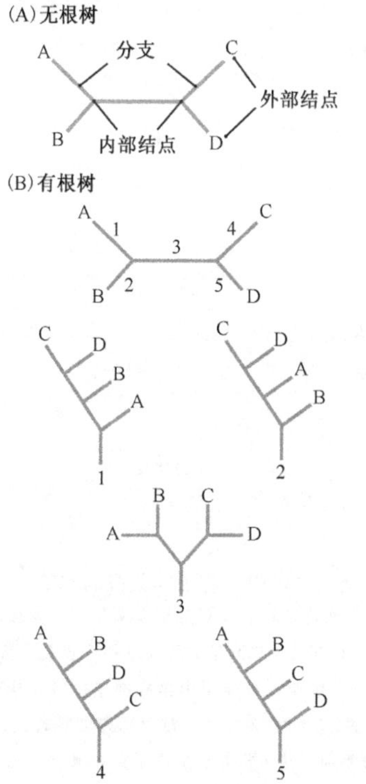

(A)无根树

分支　外部结点　内部结点

(B)有根树

图 19.4　系统发生树

（A）具 4 个外部结点的无根树；（B）从 A 的无根树可推出 5 个有根树，根的位置由无根树划线上的数字表示

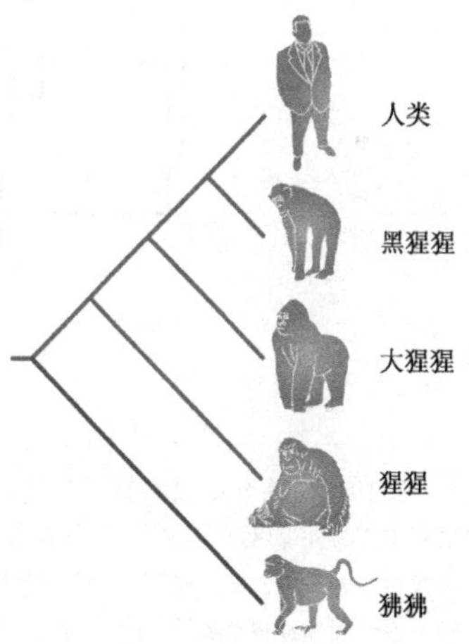


图 19.5　用外部组群确定系统发生树根的位置

人、黑猩猩、大猩猩和猩猩的基因与狒狒的基因形成一个共同的根。我们从化石记录知道，狒狒早于其他 4 个物种从共同祖先分离出来。人类及其他灵长类更详细的系统发生分析参见 19.3.1 节

图 19.4（A）为**无根树**（unrooted），这意味着它仅显示了 A、B、C 和 D 基因间的关系，并未告诉我们导致这些基因的一系列进化事件。如图 19.4（B）所示，有五种不同的可能进化途径，每种途径可用不同的**有根树**（rooted）表示。为了区分它们，进化分析应包含至少一个**外部组群**（outgroup），它与 A、B、C 和 D 基因是同源的，但相似程度小于这四个基因之间的同源性。外部组群可以确定树根的位置和正确的进化途径，外部组群的选择标准主要依赖于所用分析方法的类型。例如，若这 4 个基因来自人、黑猩猩、大猩猩和猩猩，我们可用来自其他灵长类的同源基因作为外部组群，如狒狒，古生物学证据表明，狒狒与这 4 种生物的共同祖先形成分支（图 19.5）。

由灵长类基因构建的系统发生树相对来说比较简单，大多数的系统发生树更加复杂，我们需要专业术语来区别这些不同类型的关系（图 19.6）。**单源性**（monophyletic）指由一个共同的祖先序列衍生的两个或多个 DNA 序列。一组单源的 DNA 序列被称为一个**进化支**（clade），是分析中所涉及的由一个特定的共同祖先基因衍生而来的所有序列。如果这组序列中去掉了一些进化支的成员，那么这个组就被称为**旁源性**（paraphyletic）。**多源性**（polyphyletic）指由两个或多个不同的祖先序列衍生而来的一组 DNA 序列。

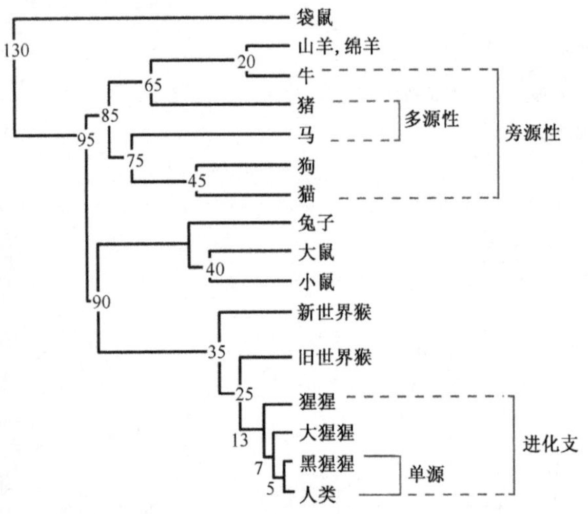


图 19.6 哺乳动物系统发生树，其中展示了系统发生树中一些不同关系的术语

袋鼠被用来作为外部组群。数字代表估算出的从物种中趋异分离的时间，以百万年为单位。人类和黑猩猩是单源性，因为它们在 460 万～500 万年前有共同的祖先。由于在 1300 万年前共享一个祖先，人类、黑猩猩、大猩猩和猩猩组成了一个进化支。图中标记为旁源性的组中，排除了山羊和绵羊。猪和马是多源性，因为它们有不同的直接祖先。对于猪来说，它的祖先生活于 6500 万年前，这个祖先也形成了山羊、绵羊和牛。而对于马来说，它的祖先生于 7500 万年前，这个祖先也形成了猫和狗

通常认为，通过系统发生分析所得的有根树是**推测树**（inferred tree），强调它只是描述了由所分析的资料推断出的一系列进化事件，并不一定代表确实发生的事件。有时，我们自信它就是**真实树**（true tree），但大多数进化学数据具有不确定性，从而使系统发生树在某些方面与真实树不同。我们将在 19.2.2 节讨论确定推测的系统发生树

中分支模式可信度的各种方法。在本章的后面部分，我们将讨论一些由于进化分析方法的不精确性而引起的争论。

## 基因树不同于物种树

图 19.5 所示的是一个普通的分子系统发生方案。该方案目的就是通过比较**直系同源**（orthologous）基因（从同一祖先序列衍生而来的基因）的序列来**构建基因树**（gene tree），以此推测具有这些基因的物种的进化史。该假设的前提是，基于分子数据的基因树比基于形态比较而得出的**物种树**（species tree）更准确、更清晰。这种假设通常是正确的，但它并不意味着基因树等同于物种树。如果它们是等同的，那它们内部的"结点"就完全对等，而事实并非如此，因为：

- 一个基因树的内部结点表示一个祖先基因分化为两个 DNA 序列不同的基因，由突变产生［图 19.7（A）］。
- 一个物种树的内部结点表示一次物种形成事件［图 19.7（B）］，发生于祖先种群分裂成两个不能互交的群体时，常常是由于地理隔离。

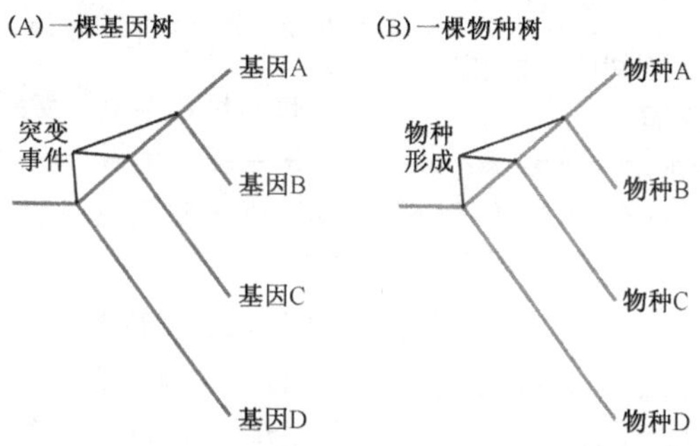


图 19.7　基因树与物种树的不同之处

关键问题在于，突变和物种发生往往并不同时发生。如突变的发生可早于物种形成。这意味着，两个等位基因最初同时存在于一个未分离的祖先种群（图 19.8），种群分离时，可能两个等位基因在分离后的每个种群中都存在，分离以后的种群分别独立进化。一种可能是**随机遗传漂移**（random genetic drift，19.3.2 节），导致一个等位基因从某个种群中消失，而另一个也在另一种群中消失。现代物种是这两个群体不断进化的结果，对它们的基因序列进行系统发生分析，可建立两个独立的遗传谱系。

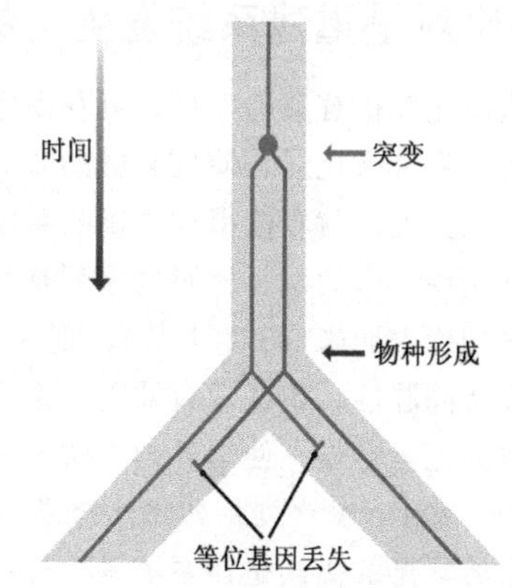


图 19.8　突变可能早于物种发生，如果应用分子钟，将导致后者时间上的错误

这些因素是如何影响基因树与系统发生树之间的一致性呢？有多种推论，以下是其中两种。

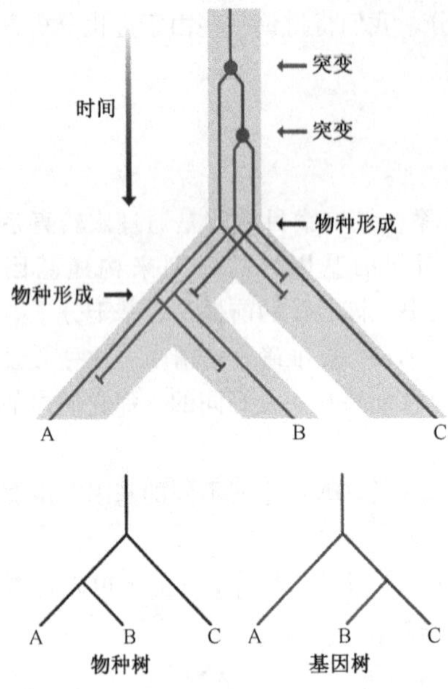


图 19.9　基因树与物种树的分支次序可能不同

本例中，基因在祖先物种发生了两次突变，第一次突变产生蓝色等位基因，第二次突变产生绿色等位基因。随着物种的产生及遗传漂变，产生了带红色等位基因的物种 A，带绿色的物种 B，带蓝色的物种 C。基于基因序列的分子系统发生学显示，红色和蓝色的分离早于蓝色和绿色的分离，基因树如右图所示，但实际的物种树如左图所示

- 如果用**分子钟**（molecular clock）（19.2.2 节）来确定基因分化的年代，则不能认为物种发生也在同一时间。如果一个“结点”被确定为 5000 万年前，造成的错误可能不显著；但如果该物种发生事件是最近发生的，如在灵长目动物中，则它发生的时间与基因趋异的时间将有极大的不同。
- 若第一次物种发生事件后，其中一个群体紧接着又发生第二次物种发生事件，则基因树分支的顺序可能不同于物种树。如果一个等位基因在两次物种发生前已经存在，则在现代物种中由它衍生的基因可能会出现上述情况，如图 19.9 所示。

### 19.2.2　系统发生树的重建

我们将在本节中看到如何应用 DNA 序列来重建系统发生树，归纳为以下四个步骤：

- 将 DNA 序列进行比对，以获得建树所用的资料。
- 将比较数据转换成重建的系统发生树。
- 评价所构建系统发生树的可信度。
- 用分子钟确定系统发生树内分支点的时间。

#### 序列比对是重建系统发生树的必要前提

通过比较核苷酸的序列，可获得用于构建基于 DNA 的系统发生树的数据。这种比较是将序列进行比对，使核苷酸的差异能数值化，这一点对整个工作都很重要，因为如果比对不正确，就不能得到准确的系统发生树。

首先要考虑的是，比对的序列是否同源。如果它们是同源的，即可以肯定由共同的祖先序列衍生而来（5.2.1 节），则具备了可以进行系统发生学研究的坚实基础。如果它们没有同源性，也就没有共同的祖先，但系统发生分析仍可找出一个树形结构，因为即使数据完全错误，使用建树方法也总能产生一个树型的图，但这种树没有任何生物学意义。一些 DNA 序列，如不同脊椎动物的 β 珠蛋白，显然是同源的。但情况并不总是如此，最常见的错误是在系统发生分析中不小心将非同源序列包含进来。

一旦确定两个 DNA 序列确实同源，下一步就是比对序列以比较同源的核苷酸。对某些序列来说，这一工作很轻松［图 19.10（A）］。但也并非总是如此简单，尤其是点突变、插入和缺失的积累，造成序列相当不一致时。由于插入或缺失在比较时无法区分，我们称之为“插失”（indel）。进行序列比较时最大的困难在于把“插失”放在正

确的位置上［图 19.10（B)］。

（A）简单的序列比对

```
AGCAATGGCCAGACAATAATG
AGCTATGGACAGACATTAATG
*** **** ****** *****
```

（B）稍微复杂的序列比对

```
GACGACCATAGACCAGCATAG
GACTACCATAGA-CTGCAAAG
*** ********* * *** **

GACGACCATAGACCAGCATAG
GACTACCATAGACT-GCAAAG
*** **********  *** **
```

- —代表插失的可能位置

图 19.10　序列的比对

（A）趋异小的两个序列能够很容易地用肉眼进行比对。（B）一个更加复杂的序列比对，在这个例子中，不可能确定每个“插失”的正确位置。多重比对时，若“插失”的位置错误，则系统发生学分析所构建的树就不可能是正确的。本图中，星号表示两个序列中相同的核苷酸

一些序列的比对能用肉眼直接进行。对于复杂的序列，可能要通过点阵（dot matrix）的方法（图 19.11）。两个序列分别沿 $x$ 轴和 $y$ 轴排列，在它们核苷酸相同的位置用点表示。它们的比对结果由对角线上一系列的点显示，核苷酸不同的位置出现空白，有插失的地方发生移位。

现在已设计出更严密的数学方法来比对序列。其中一种称为**相似性方法**（similarity approach），其目的是找到使两个序列中配对核苷酸的数目最大的比对。**距离法**（distance method）与相似性方法互补，其目的是找到使两个序列中错配核苷酸的数目最小的比对。这两种方法给出的最佳比对方式往往是相同的。通常进行比较的序列超过两个，这就是要求多重比对，靠笔和纸几乎无法有效地完成，所以需要使用计算机程序来完成，进化学上其余的步骤也大都如此。对于多重比对，Clustal 是最流行的软件，有关它与其他进化软件包的知识见技术注解 19.1。

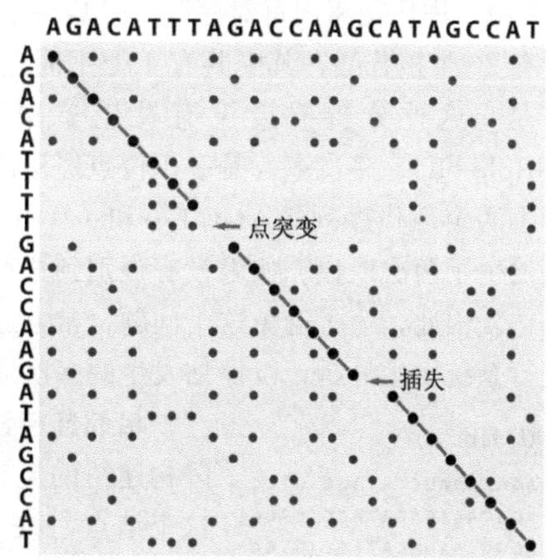


图 19.11　序列比对的点阵技术

通过连续的点形成的对角线，显示正确的排列，在点突变处断开，在“插失”处移位不同的对角线

**技术注解 19.1　系统发生学分析**

**用于构建系统发生树的软件包**

几乎不存在用手工就可以转换成系统发生树的简单的 DNA 序列集合。实际上，这一领域的所有研究都是借助于专门设计的软件包在计算机上进行构建系统发生树的。

其中最流行、最易于使用的一个软件包是 Clustal。它最早编写于 1988 年，几年中已经升级了几次。Clustal 主要进行蛋白质或 DNA 的多重比对，只要序列不含有大量的内部重复区域，该软件是非常有效的。Clustal 通常与 NJplot 联合使用，NJplot 是一个通过相邻连接法构建系统发生树的

简单程序。Clustal 和 NJplot 最大的好处在于它们不需要很大的内存空间，因此能在小型 PC 机或 Macintosh 计算机上使用。

更复杂的软件包使研究者能选择各种不同的系统发生树构建方法，并且能进行更复杂的进化分析。应用最广的这类软件包是 PAUP 和 PHYLIP。PAUP 的建树程序被认为是目前最准确的，并能处理相当大量的数据。PHYLIP 的优势则在于，它含有许多其他途径不易得到的软件工具。其他流行的软件包还有 PAML、MacClade 和 HENNIG86。

## 将比对数据转换成系统发生树

一旦序列被精确比对，即可尝试构建系统发生树。目前还没有人设计出一种完美的构建方法，通常使用几种不同的方法。对已知的正确的系统发生树用人造数据进行了比较实验，仍不能确定某种特定方法优于其他任何一种。

不同构建方法之间的主要差别在于如何将多重序列比对的结果转换成数字信息，以便进行数学分析来构建系统发生树。最简单的方法是将序列信息转换成距离矩阵(distance matrix)，这是一个显示所有比较序列间进化距离的简单表（图 19.12）。进化距离通过两序列间差异核苷酸的数目计算，用于确定连接这两个序列分支的长度。在图 19.12 中，进化距离用每对序列中平均每个位点的差异核苷酸数来表示。如序列 1 和序列 2 有 20 个核苷酸，其中共有 4 个不同点，则它们的进化差别是 4/20＝0.2。值得注意的是，这种分析假设没有发生**多次取代**（multiple substitution）或**多次击中**(multiple hit)。多次取代是一个位点经历两次或更多次的变化（如祖先序列…ATGT…产生了两个现代序列…AGGT…和…ACGT…），两个现代序列仅有一个核苷酸不同，但已发生了两次取代。如果没有识别到这种多次击中，则两个序列间的进化距离将被大大低估。因此，为了避免这个问题，常常通过包含统计学设计的数学方法来构建距离矩阵进行系统发生分析，以评估发生的多次取代的数目。

**多重序列比对**

1 AGGCCAAGCCATAGCTGTCC
2 AGGCAAAGACATACCTGACC
3 AGGCCAAGACATAGCTGTCC
4 AGGCAAAGACATACCTGTCC

**距离矩阵**

| | 1 | 2 | 3 | 4 |
|---|---|---|---|---|
| 1 | - | 0.20 | 0.05 | 0.15 |
| 2 | | - | 0.15 | 0.05 |
| 3 | | | - | 0.10 |
| 4 | | | | - |

图 19.12　简单的距离矩阵
该模型显示比对中每对序列间的进化距离

**相邻连接法**（neighbor-joining method）是利用距离矩阵构建树的流行方法。它首先假定只有一个内部结点，从这个结点分支，以星状形式产生所有的 DNA 序列（图 19.13）。事实上，这在进化中是不可能的，但这只是一个起始点。第二步，随机选择一对序列，将它们从星形结构上移开，建立第二个内部结，以分支与星形中心相连。计算这棵新“树”的所有分支的长度，然后将这对序列放回原处。再挑选另一对序列并连接至第二个内部结，再计算所有分支的长度。重复进行以上过程，直到所有可能的序列对都被检查，以确定所有分支总长度最短的组合。这对序列将在最终的系统发生树中相邻，然后，它们组成一个单位，地位与一条新序列相当，与其余的序列形成一个新的星形结构，比原来的星少一个分支。重复整个选择及计算分支长度的过程，确定第二对相邻的序列，然后是第三对，依此类推，结果得到一个完整的、重建的系统发生树。

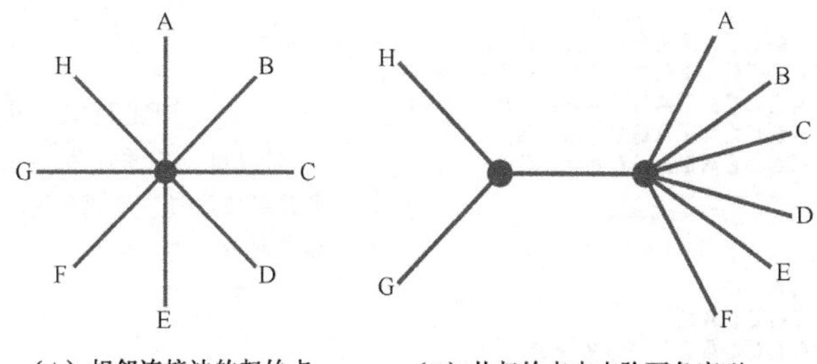


图 19.13　用相邻连接法构建树的操作

相邻连接法的优势在于，数据的处理相对易于进行，主要因为包含多重比对的信息已被减少到最简单的形式。缺点是丢失了一些信息，特别是多重比对中，每一个位点的祖先核苷酸与衍生核苷酸（相当于 19.1.1 节定义的祖先特征态和衍生特征态）的共有信息丢失了。**最大简约法**（maximum parsimony method）考虑到了这些信息，并利用多重比对的结果重建核苷酸是如何发生一系列的变化。**简约法**（parsimony）起源于一个哲学名词，指对两种有竞争的假说进行裁决时，倾向于支持最少无关假设的假说。在分子系统发生学中，简约法是指从不同系统发生树的拓扑结构中找出最短的进化途径。最短的进化途径是指核苷酸变化最少的途径。而核苷酸的变化包括从系统发生树根部的祖先序列直到目前所有已比较过的序列，因此，正确的系统发生树应是造成目前不同序列的最少的核苷酸变化数。系统发生树的构建是随机的，计算它们所包含的核苷酸变化数，直至检测所有拓扑结构，并确定步骤最少的一个可能的拓扑结构，它即代表最有可能的推测树。

最大简约法在方法上比相邻连接法更严格，但它不可避免地增加了所需处理的数据量，随着数据库中的序列的增加，必须检查的系统发生树的数量也快速增多，这是一个很大的问题。五个序列仅有 15 种可能的无根树，但对于 10 个序列，将有 2 027 025 种无根树，而 50 个序列时，其数目超过了宇宙中所有的原子数。即使用高速计算机也不可能在可能时间内检查完所有的可能性，所以最大简约法不可能用于复杂的分析。其他更精确复杂的树重建方法也是如此。

## 评价系统发生树的准确性

系统发生树重建方法的局限性不可避免地导致对其最终结果的准确性提出疑问。已设计出统计学实验，对所重建树的准确性进行检测。但这相当复杂，因为树是几何的而不是数字的，并且树拓扑结构的不同部分的准确性可能并不相同。

实际操作中，确定树内不同分支点可信度的常规方法是**重取样分析**（bootstrap analysis）。该方法是进行第二次多重比对，它不同于但等价于真实的比对。这种新的比对是从真实比对中随机抽取纵列构建起来的，如图 19.14 所示。由此构成的新的比对序列不同于最初的序列，但它们有相似的变化模式。这意味着我们用新的比对构建树时，并不是简单地重复原始分析，但我们会得到同样的树。

在实际工作中，一般从真实数据中得到 1000 个新的排列，则可构建 1000 个复制

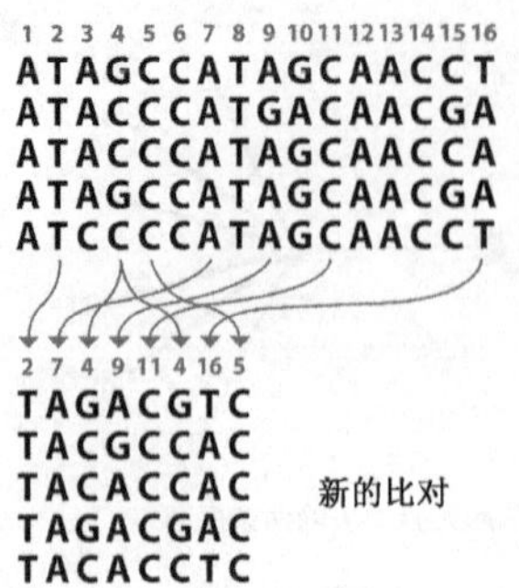


图 19.14 构建新的多重比对以推导出系统发生树

从真实的比对中随机抽取纵列组成新的比对，请注意，同一纵列可被多次取样

树。原始树每一个内部结点都被给予一个**重取样值**（bootstrap value），这个值是在复制树内产生的，代表原始树在该结点的分支模式的数目。如果重取样值大于 700/1000，那我们就认为该内部结的拓扑结构具合理的可信度。

## 用分子钟可以估计祖先序列趋异的时间

当我们进行系统发生学分析时，最初的目的是推断出所比较的 DNA 序列间进化关系的模式，这种关系通过系统发生树的拓扑结构揭示。我们常常还有第二个目的，就是找出祖先序列分化为现代序列的时间。正如我们在研究人类珠蛋白基因进化史时所发现的（图 18.8），这一时间信息在基因组进化背景下让人很感兴趣。如果我们能将基因树等同于物种树，该信息更令人感兴趣，因为此时祖先序列趋异的时间与物种发生事件发生的时间大致相符。

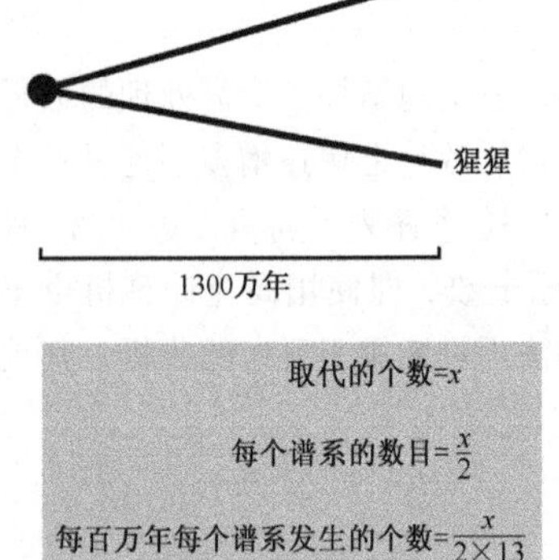


图 19.15 校正人类分子钟

来源于人和猩猩的一对同源基因中，取代的核苷酸数用“$x$”表示，则在每一谱系中为 $x/2$，每一百万年为 $x/2*13$

要确定系统发生树上分支的时间我们必须使用分子钟。分子钟假说是在 20 世纪 60 年代首次提出的，它指出核苷酸的取代（如果比较蛋白质序列，则是氨基酸的取代）是以恒定的速度进行的。这意味着，两个序列的差异程度能用来确定它们祖先序列趋异的时间。然而，在此之前我们必须校正分子钟，这样我们才能知道每一百万年将会有多少核苷酸取代。校正通常是参考化石记录。例如，据化石推测，人类和猩猩最近的共同祖先生活在 1300 万年前。为了校正人类的分子钟，我们先比较人和猩猩的 DNA 序列，得出核苷酸取代的总数，然后除以 13，再除以 2，即是每一百万年的取代速度（图 19.15）。

曾经有人认为，可能存在一个通用的分子钟，可用于所有物种的所有基因。现在我们认识到，不同物种的分子钟不同，甚至在单一物种内也有变化。物种间的这种不同可能归因于传代周期的不同，因为一个传代周期短的物种比传代周期长的物种积累复制错误的速度更快。这可能解释了我们所观察到的啮齿类比灵长类有更快的分子钟。

一个物种内分子钟的变化规律如下：

- 同义取代比非同义取代发生的速度快。这是因为非同义取代导致基因编码的蛋白质氨基酸的改变，许多氨基酸的改变对物种是有害的，因此它们的速度被自然选择降低了。这意味着比较两个物种的基因序列时，同义取代要比非同义取代常见。
- 线粒体基因的分子钟比核基因的要快，这可能因为线粒体缺乏很多对核基因起作用的 DNA 修复系统。
- 分子钟在最近的一二百万年显得速度加快了，这可能不是真实的结果，可能由于这些突变仅仅有轻微的害处，自然选择的压力很小，并没有从基因组中移除。这些明显的加速意味着用相对古老的化石校对的分子钟不能用于分析较近的事件。

尽管存在这些不足，分子钟在系统发生树的构建中有极大的价值，我们将在下一节一些典型的分子系统发生研究中看到这一点。

## 标准的系统发生树重建方法并不适用于所有的 DNA 序列数据

传统的树构建方法假设一组 DNA 序列的关系可以通过一个简单的分支模式来描述。这个假设并不总是正确的。例如，如果一组序列之间能够发生重组，那么新的序列就具有在系统发生树上距离很远的一对祖先序列的特征［图 19.16（A)］。如果重组的产物也包括在树中的话，那么这双叉分枝方法就不能区分它们之间的关系。尤其是当分析多基因家族之间的进化关系时，由于这些序列在一个基因组内部，很可能是串联排布，它们之间很可能在很久以前就发生了重组。当作为内部结点的祖先序列依然存在时［图 19.16（B)］，传统的树构建方法也是不正确的。当比较来自于不同物种的基因时这几乎不是一个问题，因为作为内部结点的祖先现在已经灭绝了，但是当序列取自一个趋异不久的新群体时，这个问题就很重要，当分析近期人基因组的进化时经常遇到这种问题。

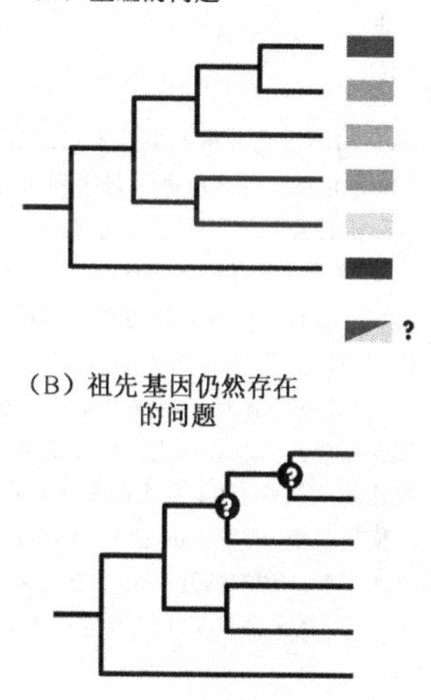

图 19.16　传统树构建方法中的两个问题

针对这些问题的一个解决方案是使用网络而不是树来描述序列间的进化关系（图 19.17)。在网络中，依然存在的祖先序列可以被找出来（例如图 19.17 中的序列 1)，而且它们与后代序列的关系也能被清楚地显示出来。灭绝的序列（或者是存在的群体中，但是没有出现在待分析数据集中的序列）也能被识别出来。网络中的交汇点，例如图 19.17 连接序列 1、3、7 和 8 的点，就非常有趣，这些序列或者是由于重组，或者是由于平行突变而产生的。

简单的网络可以手工构建，但是当有更多序列加入，特别是序列间的全部可能的关系都包含在内时网络的拓扑结构很快变得相当复杂（图 19.18)。因此人们开发了既能减少网络的复杂性，又不损失进化信息的算法，这其中包括修剪法，它给两条序列间的通路赋予不同的权重，并去除最不可能代表真实关联的通路。

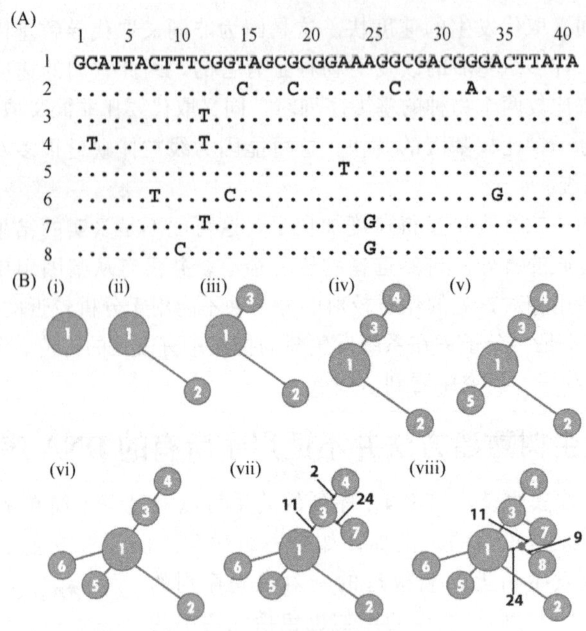


图 19.17 利用构建网络进化分析

(A) 用于进化分析的多重序列比对，图中的点表示相同的序列。(B) 网络按照如下的顺序进行构建：(i) 序列1作为起点；(ii) 序列2与序列1有四个位点不同，在网络中以一条直线与序列1相连；(iii) 序列3与序列1有一个位点不同，而且这个位点与序列2中任何点的都不相同，所以在网络中以一条直线与序列1相连；(iv) 序列4和序列3一样，在第11个位点上相对于序列1都发生了一个C→T替代，但在第2个位点上有一个附加的替代。因此，通过序列3的直线延长至序列4，并以序列4为端点；(v) 序列5相对于序列1只有一个位点不同，而且这个替代以前并没有见过，序列5因此与序列1直接相连；(vi) 与序列5类似，序列6与序列1有三个位点不同，与序列1直接相连；(vii) 序列7和序列1有两个位点不同，其中一个与序列3、4类似，发生在位点11，是一个C→T替代，序列7因此与序列3直接相连，在这一部分网络中，序列1和序列3之间的连线代表位点11发生的替代，序列3和序列4之间的连线代表位点2发生的替代，序列3和序列7之间的连线代表位点24发生的替代；(viii) 序列8和序列7一样，在位点24都发生了A→G替代，但序列8在位点9有一个唯一的在前述序列中没见到的替代。因此序列8必须在序列1与序列7之间的连线上产生一个分支，这就导致产生了一个空结点，用一个小黑点表示，这个结点代表一个在数据集中没有出现的序列

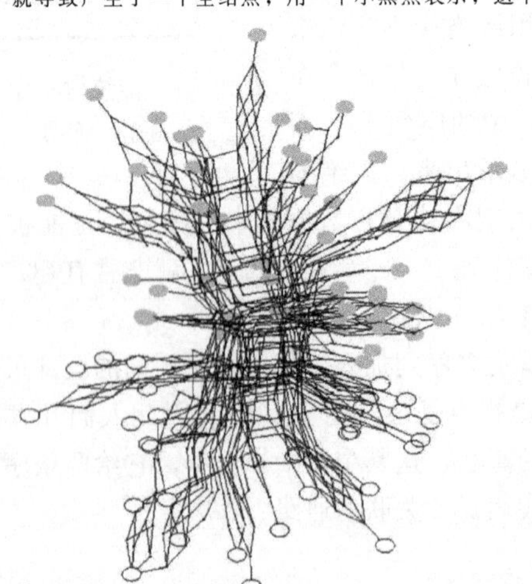

图 19.18 复杂的网络

这一网络中由海甜菜（*Beta vulgaris* ssp. *maritima*）的5S rRNA构建。灰色圆圈是长自英国Poole Harbour的甜菜的序列，空心的圆圈是长自南部几公里的悬崖的甜菜序列。这个网络是从110bp×289bp的一个多重比对中构建的。如正文中所述，最初的网络包括6808条边，经过减枝后，只剩图中显示的655条边（获自Sarah Dyer）

# 19.3 分子系统发生学的应用

自20世纪90年代起，分子系统发生学已成长壮大起来。主要得益于更严格的建树方法的发展，这些方法结合了最初的PCR分析以及最近的基因组计划，获得了大量DNA序列信息。系统发生树的成功应用及其他系统发生学技术对生物学领域一些复杂问题的解决，增强了分子系统发生学的重要性，我们将在本节回顾这些成就。

## 19.3.1 系统发生树应用举例

首先，我们将看到两个实例，它们显示了传统的系统发生树构建在现代分子生物学中的不同应用。

### DNA系统发生学明确了人类和其他灵长类之间的进化关系

达尔文是第一个推测人与其他灵长类之间进化关系的生物学家，他认为人与黑猩猩、大猩猩和猩猩有密切的亲缘关系。这一假设刚提出时充满争议，并且不受欢迎。即使在随后的几十年中，这个观点在进化学家中也不被接受。实际上，当时生物学家属于最热情的人本主义倡导者，他们以人为中心看待我们在动物界中的位置。

根据化石研究，古生物学家早在1960年就推测，黑猩猩和大猩猩与我们亲缘关系最近，但距离也已很远，它们1500万年前从共同的祖先分离，人成为一支，黑猩猩和大猩猩成为另外一支。20世纪60年代，通过免疫学研究获得了第一个分子证据，证实了人类、黑猩猩和大猩猩确实形成一个进化支。但推测它们的关系近得多，分子钟显示，分离发生在仅仅500万年前，这是将分子钟用于进化资料的最早的尝试之一。很自然，其结果受到怀疑。实际上，古生物学家相信化石证据所显示的早期分离，分子生物学家则更相信分子资料所提供的近期年代，他们之间存在激烈的争论。分子生物学家最终赢得了这场争论，认为分离发生在500万年前的观点被广泛接受。

随着越来越多分子资料的获得，建立人、黑猩猩和大猩猩之间正确进化模式的困难显而易见。通过限制性内切核酸酶图谱（3.3.1节）和DNA测序比较这三个物种的线粒体基因组，发现黑猩猩和大猩猩间的亲缘关系比它们和人类的关系更近［图19.19(A)］，而DNA-DNA杂交结果则支持人类和黑猩猩间的亲缘关系更近［图19.19(B)］。造成这种矛盾的原因是这三个物种的DNA序列很相似，即使在基因组趋异最多的区域，它们之间的区别也少于3%（18.4节），因此很难在它们之间建立明确的关系。

解决这个问题的办法，就是比较尽可能多的不同基因，特别注意那些有可能显示最大差异的基因座。1997年已获得14个不同的分子数据集，包括假基因和非编码区等可变区域的序列。据此，我们有把握推测黑猩猩与人类的亲缘关系最近，它在4.6百万～5百万年前与人类分离；而大猩猩是关系较远的表亲，它与人类和黑猩猩支系的分离比人和黑猩猩的分支早30万～280万年［图19.19（C)］。

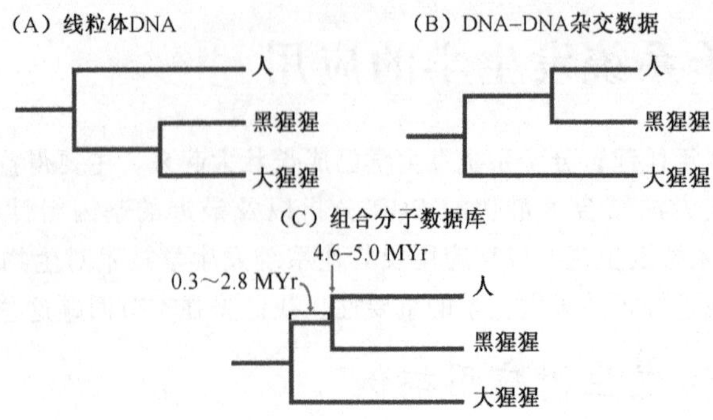


图 19.19 对人类、黑猩猩和大猩猩之间进化关系的不同解释

## AIDS 的起源

AIDS 的全球性流行已危及每个人的生命。AIDS 是由人类免疫缺陷病毒（HIV-1）引起的，它是一种逆转录病毒（9.1.2 节），能感染参与免疫应答的细胞。20 世纪 80 年代早期证实了 HIV-1 导致 AIDS，紧接着开始推测该疾病的起源。由于在现存的灵长类，如黑猩猩、大狒狒和各种猴类中均发现了相似的免疫缺陷病毒，科学家们围绕这些发现进行了推测。猴类免疫缺陷病毒（SIV）在它们的自然宿主中没有致病性，但如果转移到人这一新宿主体内，病毒就可能获得新的特性，如致病性和在群体中快速扩散的能力。

逆转录病毒基因组积累突变的速度相对较快，因为将病毒颗粒所含的 RNA 转录成 DNA，整合入宿主基因组（9.1.2 节）的逆转录酶缺乏有效的校正活性（15.2.2 节），因此在进行依赖于 RNA 的 DNA 合成时易于产生错误。这意味着逆转录病毒的分子钟跑得相当快，近期趋异的基因组有足够多的核苷酸变化用于系统发生分析。尽管我们感兴趣的进化时期大大少于 100 年，HIV 和 SIV 基因组也含有足够多的资料，可通过系统发生分析推测它们之间的关系。

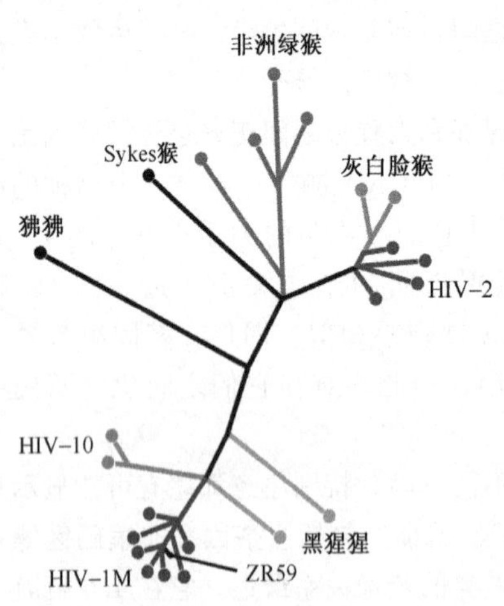


图 19.20 从 HIV 和 SIV 的基因组序列构建系统发生树

AIDS 的流行归因于 HIV-1M 型免疫缺陷病毒。ZR59 被置于接近星形的根部

进化分析的第一步是从病毒颗粒中提取 RNA，应用 RT-PCR（技术注解 5.1）将 RNA 转换成 DNA 模板，然后扩增 DNA 获得足够的量进行测序。通过比较 DNA 序列，构建出图 19.20 所示的系统发生树。该系统发生树有许多令人感兴趣的地方，首先，它显示了不同的 HIV-1 样品序列有少许不同，形成紧密的一簇，类似星形，从无根树的一端辐射出。这种星形的拓扑结构提示全球 AIDS 的流行开始于非常少量的病毒，可能只是一个，它进入人群后扩散并多样化。灵长类中与人 HIV-1 亲缘关

系最近的是黑猩猩的 SIV，推测就是这种病毒跨越人类和黑猩猩之间的物种障碍，引发 AIDS 流行。但这种流行并不是马上开始的，因为系统发生树上有一个相当长的、未被打断的分支（代表相关的 SIV 序列），提示传播到人类后，HIV 经过了一个潜伏期，局限于一小部分人群（猜测是在非洲），然后才在世界的其他地区快速蔓延。其他灵长类 SIV 与 HIV-1 的亲缘关系稍远，但来源于 Sooty Mangabey 的 SIV 与第二类人免疫缺陷病毒（HIV-2）形成一簇。似乎 HIV-2 传播入人群是独立于 HIV-1 的，且来源于不同的猴类宿主。HIV-2 也能导致 AIDS，但目前还未导致全球性的流行。

1998 年，当一份取自非洲男性 1959 年的血液样品中的 HIV-1 被测序后，HIV/SIV 系统发生树增加了一个有意思的地方。尽管它的 RNA 呈碎片状，仅能获得一个短的 DNA 序列，但已足够进行序列分析并将其置于系统发生树上（图 19.20）。这个序列（称为 ZR59）通过一个短的分支与树相连，离 HIV-1 辐射中心的距离很近。这个位置显示，ZR59 序列代表最早的 HIV-1 版本之一，据此将 HIV 在 1959 年时就开始在全球流行。一个稍晚的对 HIV-1 序列的详细分析显示全球流行的时间在 1915～1941 年，最可能在 1931 年。用这个途径确定的年代使流行病学家们得以开始研究一些可能与 AIDS 开始流行有关的历史和社会状况。

## 19.3.2 分子系统发生学作为研究人类史前史的工具

现在，我们将注意力转到分子系统发生学在种内特异性研究的应用上，即研究同一物种成员的进化历史，我们可从生物中选择任一种来演示种内特异性研究的方法和应用。由于许多人对人类最感兴趣，所以我们将注意力集中于人，看如何将分子系统发生学用于推断现代人的起源及其近期在新、旧大陆中迁徙的地理模式。

### 研究群体中的基因

在应用分子系统发生学时，用于分析的基因在所研究的生物中必须具有可变性。若没有可变性则没有系统发生信息。这给种内特异性研究带来一个问题，因为被比较的生物都是同一物种的成员，它们的基因具有很大的遗传相似性，甚至在一个物种已分离为仅偶尔交配的不同群体时也是如此。这意味着用于进化分析的序列必须是可得到的最多变的序列。在人类中主要有三种可能。

- **多等位基因**（multiallelic gene），如 HLA 家族成员（3.2.1 节），存在许多不同的序列形式。
- **微卫星 DNA**（microsatellite），其进化不是通过突变而是通过复制滑移（16.1.1 节），细胞内似乎不存在修复机制来应对复制滑移，因此新的微卫星等位基因的产生相对频繁。
- **线粒体 DNA**，正如 19.2.2 节所述，它积累核苷酸替代的速度相对较快，因为它缺乏许多修复系统，这些修复系统能减慢人核基因中分子钟的速率。单一物种内线粒体 DNA 的变异被称为**单体群**（haplogroup）。

值得注意的是，上述基因之所以应用于进化分析的关键，并不因为它们易于发生突变，而是因为在群体中已经存在这些位点的不同的等位基因，这些基因座位是**多态性的**（polymorphic）。通过比较个体所具有的等位基因和（或）单倍体群的组合，可获得不

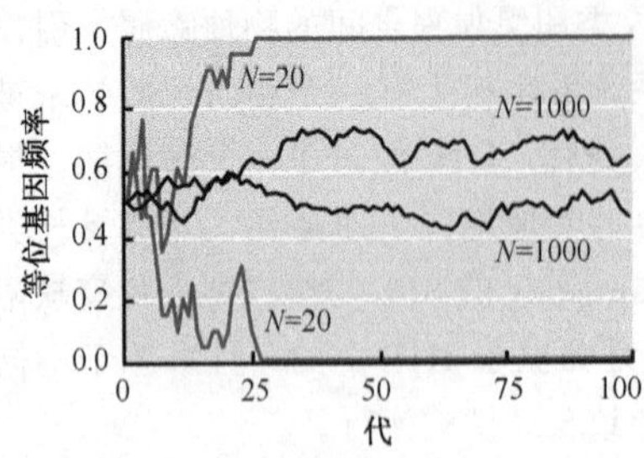


图 19.21　随机基因漂移对等位基因频率的影响

图中显示的是一次模拟实验的结果，实验模拟了一对等位基因在两个大小不同的群体中经历100代过程中的频率变化情况，一个群体包含20个个体，另一个包含100个个体。在两个群体中，一个等位基因的频率最终恒定，而另一个等位基因则最终消失，但是消失的时间和群体的大小有很大的关系。摘自 M. Jobling et al. *Human Evolutionary Genetics*

同个体相互关系的信息。单个生物体的生殖细胞发生突变会在群体中产生新的等位基因和单体群。每一种等位基因都有自己的**等位基因频率**（allele frequency），随着时间在**自然选择**（natural selection）和**随机基因漂移**（random genetic drift）的作用下发生改变。自然选择就是通过不同等位基因对生物的**适合度**（fitness）的影响而起作用的，正如达尔文所说，自然选择会保留那些有利的突变，拒绝有害的突变。自然选择会减少降低生物体适合度的等位基因频率，增加增强生物体适合度的等位基因频率。在现实中，只有为数不多新的等位基因能够对生物体的适合度产生重大的影响，所以大多数新的等位基因不受自然选择的影响，但它们的发生频率仍受随机基因漂移的影响而发生改变，这些影响包括出生、死亡以及繁殖过程中的偶然性（图19.21）。

由于自然选择或者随机基因漂移的作用，一个等位基因开始在群体中占据主导地位，并最终达到100%的频率。自此以后，此等位基因就**恒定不变**（fixed）了。数学模型指出，经过一段时间后，不同的等位基因开始在一个群体中恒定，产生一系列的同一个基因取代物。如果一个物种分裂为两个并不广泛杂交的群体，那么两个群体中等位基因的频率会经历不同的变化，经过几十代以后这两个群体就会产生显示不同的遗传特征。最终，在不同的群体中会产生不同的**基因取代**（gene substitution），但在这之前我们也可以根据等位基因的频率来区分不同的群体。这些不同可以用来确定种群分裂的时间，也可以用来确定两个群体或者其中的一个群体是否经历了一次生物**瓶颈**（bottleneck），即在某一个时期内，群体的大小显著地减少了。

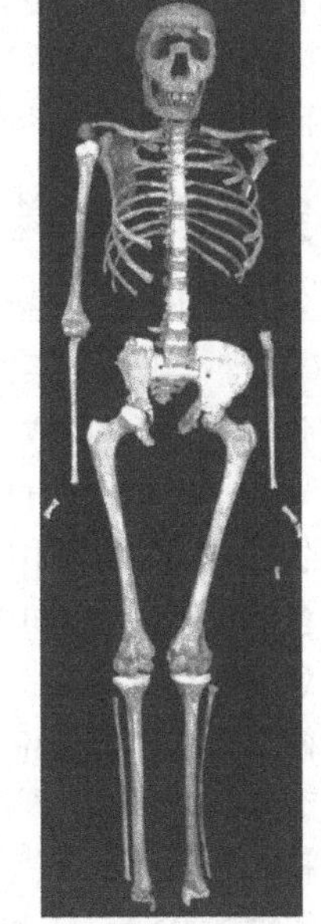

图 19.22　一副成年男性直立人的骨骼

此标本又被称为“纳里奥科托姆男孩”，大约有160万年，在肯尼亚的特纳湖附近发现

## 现代人的起源——是否出自非洲

我们有充分的理由相信，人类起源于非洲，因为所有最古老的前人类化石都是在那里发现的。化石学证据揭示，人科的成员首次迁移出非洲是在1百万年前，但这些不是现代人类，它们是被称为**直立人**（*Homo erectus*，图 19.22）的早期物种。这是人类首次地理扩散，最终扩散到旧大陆的所有地方。

对直立人类扩散后发生的事件尚存在争议。通过比较骨骼化石，古生物学家得出结论，定居于旧大陆不同地区的直立人产生了那些地方的现代人类，该过程称**多区域进化**

(multiregional evolution) [图 19.23 (A)]。不同地理区域的人群可能有一定数量的通婚，但总的来说，不同人群在他们的进化史中保持独立。

对于多区域假设的疑问最初来自于对化石的重新解释，随之将争论推向高潮的是一篇文章，该文章发表于 1987 年，构建了基于世界不同地区 147 个有代表性人群的线粒体 DNA 的 RFLP 分析的系统发生树。该系统发生树（图 19.24）肯定了现代人的祖先居住在非洲，但推测 20 万年前他们还在那里。这个结论是将线粒体分子钟用于系统发生树而得出的，它显示，所有现代线粒体 DNA 的祖先 DNA 存在于 14 万～29 万年。系统发生树显示这个线粒体基因组定位于非洲，则具有这些基因组的人，即那位被称为线粒体夏娃（mitochondrial Eve）的女性（线粒体 DNA 仅仅是通过母系遗传），一定是非洲人。

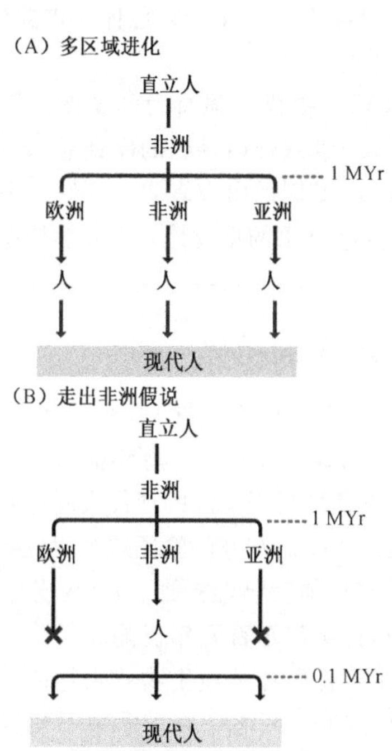


图 19.23 有关现代人类起源的两种对立假设

(A) 多区域假说认为，近代人类在 100 万年前离开非洲，在世界的不同地方进化成现代人。(B) 走出非洲假说认为，旧大陆的直立人群体是被随后迁出非洲大陆的现代人所取代

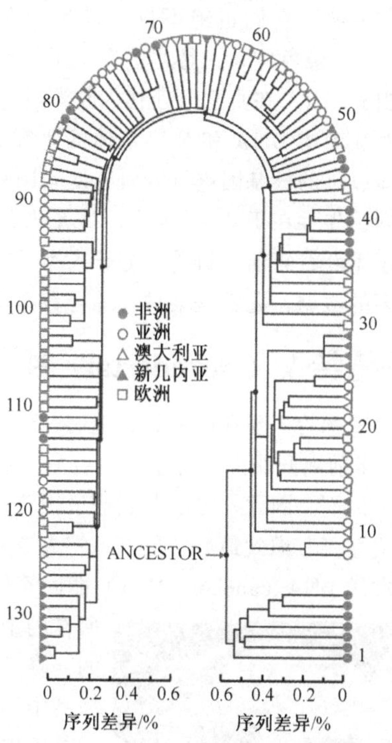


图 19.24 用 147 个现代人的线粒体 RFLP 数据构建的系统发生树

祖先线粒体 DNA 具推测存在于非洲，因为第一个分支位于 7 个现代非洲人的线粒体基因组与其他基因组之间，由于这个分支完全由非洲人组成，因此认为祖先也是非洲人。底部的标尺显示的是线粒体 DNA 的序列差异，它可以用来确定树上分支点的年代。根据分子钟推测，祖先序列存在于 14 万～29 万年。

(Cann et al., 1997)

线粒体夏娃的发现对现代人类的起源提出了一个新设想，即**走出非洲**（Out of Africa）假说。不同于多区域假说所认为的在世界范围平行进化，走出非洲理论认为，人类（*Homo sapiens*）起源于非洲，其成员在10万～5万年前移居到旧大陆的其他地区，取代了他们遇到的直立人（*Homo erectus*）的后代［图19.23（B)］。

学术上如此剧烈的变化不可能不遇到挑战，其他分子生物学家检查了这份RFLP数据，结果很明显，当时的计算机分析存在瑕疵，从这些数据可构建出几个完全不同的系统发生树，其中一些树的根并不在非洲。由更详细的线粒体DNA序列资料得到的分析反击了这些批评。它们大多数与近期非洲起源的说法相一致，支持了走出非洲假说而不是多区域进化。对Y染色体的研究显示，“Y染色体亚当”20万年前也生活于非洲，这为线粒体夏娃研究提供了一个有意思的补充。当然，这里的亚当和夏娃并不等同于圣经中的人物，它们也绝不仅仅是生活在那个时代的具体人，他们携带有祖先线粒体DNA和Y染色体，正是这些产生了今天所有的线粒体DNA和Y染色体。重要的是，这些祖先DNA在直立人迁移入欧洲后仍存在于非洲。

对线粒体DNA和Y染色体的研究为走出非洲理论提供了强有力的支持，但对Y染色体以外的核基因进行的研究使问题复杂化。例如，β珠蛋白基因的序列显示，它们的共同祖先存在于80万年前；对X染色体上*PDHA*1基因的研究表明，它们的祖先序列位于190万年前。目前，分子人类学家正在争论这些结果的重要性。人们热切期待获得更多的数据，尤其是某种大综合数据集。

## 尼安德特人（Neandertal）并非现代欧洲人的祖先

尼安德特人现在已灭绝，他们30万～3万年前生活于欧洲（图19.25）。他们是约1百万年前离开非洲的直立人的后裔。根据走出非洲假说，现代人5万年前来到欧洲后取代了他们。因此，走出非洲假说预测，尼安德特人和现居于欧洲的现代人间没有遗传的连续性。考虑到最后的尼安德特人3万年前已灭绝，我们有办法验证这个假说吗？

**古代DNA**（ancient DNA）能回答这个问题。多年前就已经知道，DNA分子在其所在的生物体死后几百年甚至百万年仍能获得，作为短的、降解的分子存在于骨骼和其他生物残余物内。一个样品中的古代DNA很少，可能一克骨骼中不超过几百个基因组。但我们不必担心，因为我们可利用PCR大量扩增少量DNA，获得足够后续研究的DNA序列。

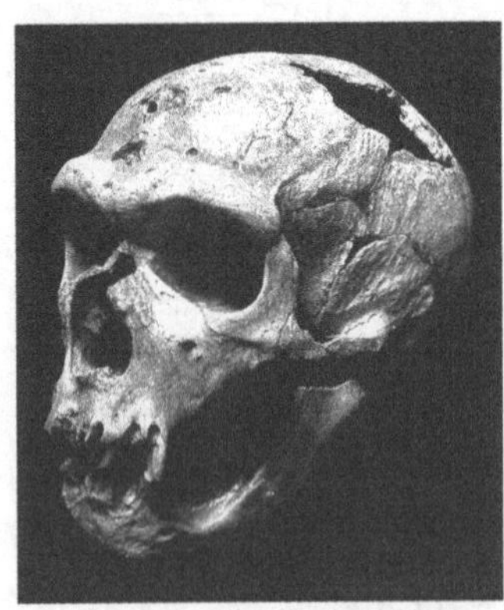

图19.25　一个年龄在40～50岁之间的尼安德特人头骨

这个标本大约有5万年了，发现于法国的拉沙佩勒索-欧赛恩茨

过去15年中，古代DNA领域充满了争论。20世纪90年代早期，有许多在骨骼和其他考古样品中检测到古人类DNA的报道，但最后往往发现，PCR扩增的完全不是古代DNA，而是留在样品上的现代的DNA污染，如发掘它的考古学家或提取DNA的生物学家留下的DNA。电影《侏罗纪公园》的巨大成功导致有报道说，琥珀中保存的昆虫甚至恐龙骨骼发现有DNA，但所有这些宣称现在都值得怀疑。许多生物学家开始怀疑，是否真存在古代DNA。但事情逐渐清晰，只要操作得足够小

心，还是有可能从5万年前的样品中提出真正的古代DNA。这恰好包括象尼安德特人骨骼那样古老的样品。

最早选择用于研究的尼安德特人样品被认为生活在距今3万～10万年前。从重约400mg的一块骨骼样品中提取DNA，使用**定量PCR**（quantitative PCR）技术确定是否存在DNA分子，如果存在，有多少。结果显示，骨骼碎片中约有1300拷贝的尼安德特人线粒体基因组，值得尝试进行序列分析。对尼安德特人线粒体基因组可能变化最多的区域可直接进行PCR。因为预期到DNA已断裂成短片段，所以通过9个重叠的PCR产生的片段来构建一个序列，每次扩增的DNA不超过170bp，但合起来总长有377bp。

用来自尼安德特人骨骼和6个现代人的线粒体DNA单倍体群来构建系统发生树（图19.26），尼安德特人序列位于与根相连的分支，不与任何现代人的序列直接相连。下一步，就是用多重对比比较尼安德特人和现代人的994个序列，差异是非常明显的，尼安德特人与现代人的序列差异平均在27.2±2.2个核苷酸位点，这些现代人来自世界各地，不只在欧洲，它们间仅有8.0±3.1个位点的差异。从第二个尼安德特人的骨骼中提取的DNA也找到了相似的结果。这与现代人源于尼安德特人的概念不符，从而有力地支持了走出非洲假说。然而，多区域进化的支持者并不相信这一点，有关现代人类起源的争论还在继续。

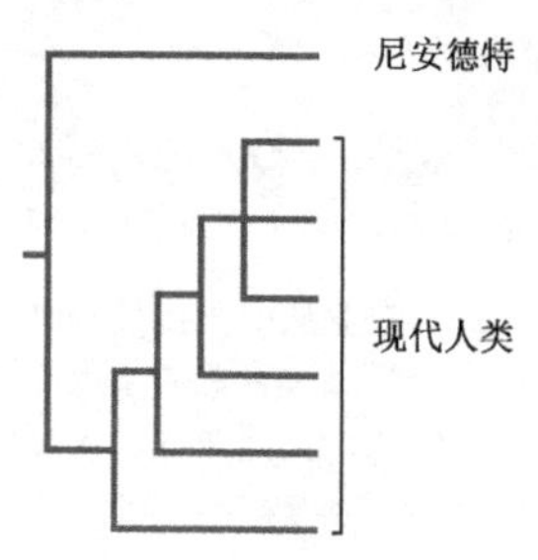

图19.26　尼安德特人和现代人的关系，关系由尼安特人的古代DNA推断出来

## 对近期人类迁徙入欧洲的模式也存在争论

不管是通过何种进化途径，现代人4万年前已经存在于欧洲的大部分地区，从化石和考古学记录能清楚地看到这一点。对人类史前史的另一个争论是，这些群体是否在3万年后被从中东迁徙来的其他人取代。

这个问题集中体现在农业传播入欧洲的过程。9000～10 000年前，当早期新石器时代的村民（Neolithic villager）开始种植小麦、大麦等谷物时，中东即从狩猎和采集业转向了农业。农业在中东确立后，传入了欧洲、亚洲和北部非洲。通过寻找考古学地点中的农业遗迹，如农作物的残余或农业中所用的工具，可追溯出农业技术可能是沿着两个路径在欧洲扩散，一条是沿着意大利和西班牙海岸进行，另一条是通过多瑙河和莱茵河谷到达欧洲北部（图19.27）。

农业是如何传播的？最简单的解释是，农民带着他们的工具、动物和谷物从欧洲的一个地方迁移到另一个地方，取代了当时欧洲本土的、农业前的人类社会。这就是**前进浪潮**（wave of advance）模型。对全欧洲范围内95个核基因的等位基因频率进行了大规模的系统发生分析，结果支持该模型。如此大量和复杂的资料不能用常规建树方法进行有意义的分析，而要用更先进的统计学方法，它更多的基于种群生物学而不是进化学。其中一个是**主要成分分析**（principal component analysis）法，它试图根据等位基因不平衡的地理分布来确定模式，这些不平衡的分布可能显示了过去人类的迁徙。从欧洲人资料得到的最引人注意的模式认为，28%的遗传变化表现为等位基因贯穿整个欧洲大陆的梯度变化（图 19.28）。这个模式暗示，人类的迁徙或是从中东到欧洲东北部，或是按相反方向进行。因为前者与考古学证据所揭示的农业的扩张相符，其主要内容似乎有力地支持了前进浪潮模型。

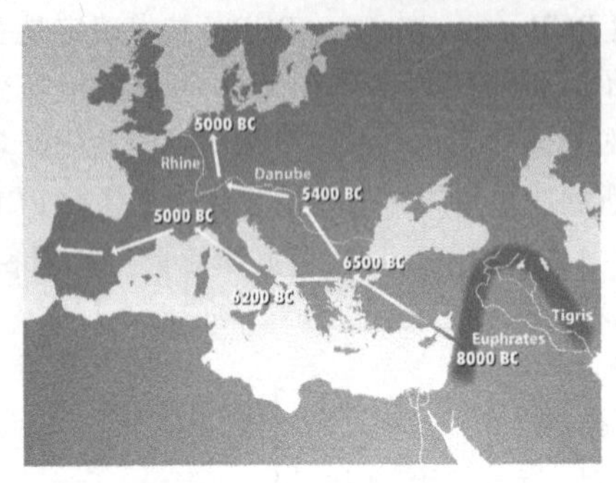


图 19.27　农业从中东传播到欧洲

深绿色的区域为“肥沃的新月地带”，是今天许多谷类，如小麦、大麦等野生生长和第一次被种植的中东地区

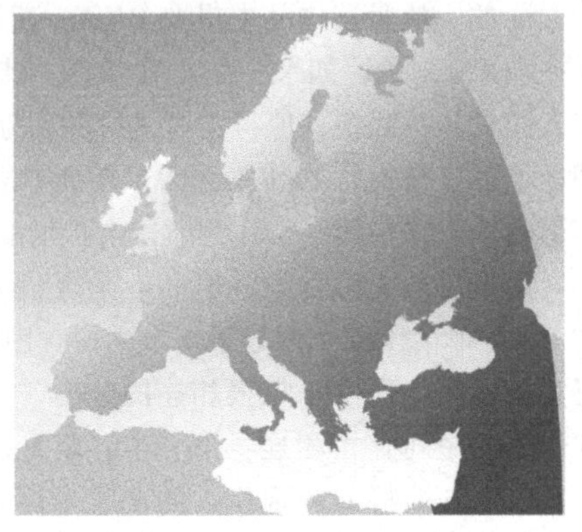

图 19.28　跨越现代欧洲的基因梯度

以上分析似乎是令人信服的，但还存在两个疑点。第一，资料并没有提供迁徙发生时间的证据，所以其主要内容与农业传播的关系只是基于等位基因的梯度，没有任何的相关的辅助证据说明这一梯度是如何形成的。第二个可疑之处在于，对欧洲人群的再次研究还包括了一个时间维度。通过研究全欧洲不同人群的 821 个线粒体 DNA 的单倍体群，未能证实核基因的等位基因频率梯度变化，而提示了在过去 20 000 年中，欧洲人群保持相对的稳定性。对这一工作改进后发现，在现代欧洲人群中主要有 11 种线粒体单倍体群，而在世界人群中一共存在着 100 多个这样的单倍体群（图 19.29）。这些单

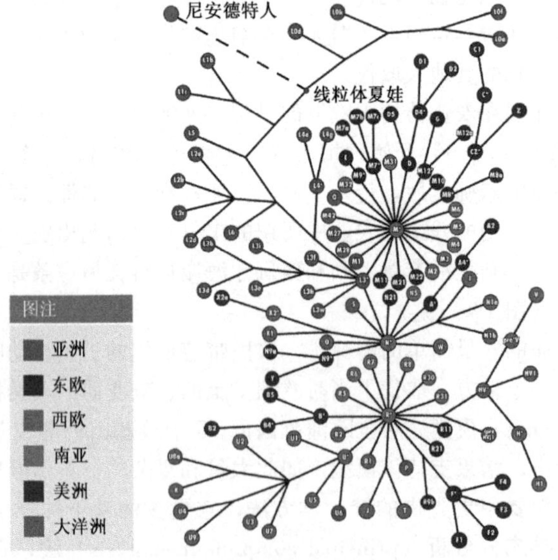


图 19.29　人类线粒体单倍体群

网络显示了现代人群中主要的线粒体单倍体群的关系。颜色代表这个单倍体群所在的地理区域

倍体群都和一定的地理区域有关，对它们分布和相互关系的详细统计分析可以用来推断他们起源的时间，具体到欧洲来说，就是他们进入欧洲的时间（图 19.30）。其中最古老的单倍体群被称为 U，它于约 50 000 年前首先出现在欧洲，与考古学记录的记录相符。该记录显示，现代人首次进入大陆是在大冰川时期的末期，当冰层往北缩之后。而最年轻的单倍体群 J 和 T1 则于 9000 年前出现，与农业在欧洲起源的时间相当。但它们在现代欧洲人群中仅占 8.3%，这提示，农业传入欧洲并非如主成分研究所得出的大规模浪潮。相反，现在认为农业是由一些开拓者引入欧洲的，他们与当地的前农业群体通婚，而不是取代他们。

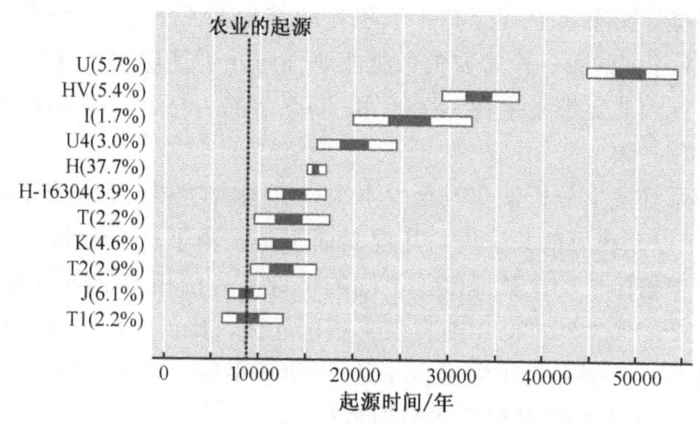


图 19.30　11 种主要的欧洲人线粒体单倍体群

图中显示了计算的每一种单倍体群的起源时间，百分数表示每一种单倍体群在现代欧洲人中的比例。除了 J 和 T1，其他单倍体群进入欧洲均早于农业起源的 9000～10 000 年

## 史前人类迁徙进入新大陆

最后，我们再考虑一下一些完全不同的观点之间的争论，它们是围绕着人类第一次迁徙进入新大陆的模式提出的。由于没有直立人扩散入美洲的证据，推测人类直到现代人已经进化或迁徙入亚洲后，才进入新大陆。亚洲与北美洲之间的白令海峡相当浅，如果海平面下降 50 米，是完全有可能从一个大陆通到另一个大陆的。白令海峡路桥被认为是人类首次进入新大陆探险的途径。

60 000 至 11 000 年前，上一次冰川期的大部分时间海平面比现在低 50 米或更多，但绝大部分时间由于冰的阻挡，这条路是不通的，此时冰山并非位于大陆桥上，而是位于阿拉斯加和加拿大的东北。同样，美洲北部在这一时期没有冰川的地方只有北极了，迁徙者捕捉不到动物，也没有什么可以生火的木头（图 19.31）。大约 12 000 年前有一短期气候温暖冰川退缩，白令峡路桥是可通行的，即此时有一条通道可从白令峡通往北美洲中部。考虑到这些因素以及缺乏 11 500年前人类在北美洲的考古学证据，人

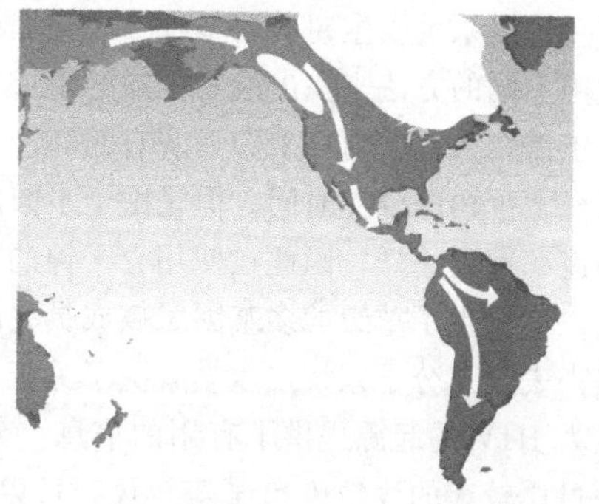

图 19.31　人类第一次进入新大陆的路径

们接受了大约 12 000 年前人类第一次进入新大陆的说法。最近，在北美洲和南美洲都发现了 20 000 年前的人类遗址，促使我们对这一问题进行重新考虑。但仍然普遍认为，人类真正迁徙入北美洲是发生在约 12 000 年前，所有现代美洲土著都是这些人的后代。

分子系统发生学到底提供了什么信息？第一个相关的研究是在 20 世纪 80 年代末利用线粒体的 RFLP 资料进行的。研究提示，土著美洲人的祖先是亚洲人，他们中发现了 4 个不同的线粒体单倍体群：A、B、C 和 D。语言学研究也显示，美洲语言可分为三个不同的语系，推测现代土著美洲人来源于三个不同的群体，每个群体讲不同的语言。从分子资料推导出事实上可能有 4 个祖先的结论并不太令人感到不安。1991 年建立了线粒体 DNA 序列的第一个重要的数据集，使分子钟能够被正确而严格地运用，揭示了人类首次迁徙入北美洲发生在 15 000 和 8000 年前，与 11 500 年前该大陆上缺乏人类的考古学证据相一致。

这些早期的系统发生分析证实或至少不太违背考古学和语言学所提供的补充证据。然而，自 1992 年以来获得的分子资料却混淆而不是澄清了这一论题。如不同的数据集对迁入北美洲的单倍体群的次数提供了不同的估计。一份相当全面的基于线粒体 DNA 的分析认为只在 25 000～20 000 年前发生了一次迁徙，比传统认为的时间早很多。对 Y 染色体的研究认为，美国土著亚当出现于约 22 500 年前，它是现代几乎所有美国土著的 Y 染色体祖先。这些结果现在还在激烈地讨论。一些分子人类学家认为人类 20 000 年前就存在于北美，比以前考古学和遗传学的证据要早得多。其余的认为遗传学总体来说支持两次迁移，一次发生在 20 000～15 000 年前，包括 4 个单倍体群，第二次迁移的规模更大，发生的时间距今比较近，包括同样的 4 个单倍体群，同时也修改了这 4 个单倍体群在北美地区的地理分布。

# 总结

分子系统发生学利用分子信息来推断不同基因和生物之间的进化关系。诸如免疫学数据、蛋白质电泳结果、DNA-DNA 杂交数据等分子信息已经被使用了很多年，但是现在更多是利用 DNA 的序列信息。比对一组序列，进行成组的序列比对，这些信息然后被转换为如距离矩阵一类的数字信息，通过数学分析来构建反应进化关系的系统发生树。构建系统发生树有很多种方法，如相邻连接法和最大简约法，它们的不同之处在于利用不同的方法来找出最有可能的系统发生树。其中的一些方法计算强度很大，主要是由于需要大量的内存来穷尽所有的可能。有时，可以将分子钟应用于系统发生树来确定系统发生树的分支时间，但是由于不同的物种，甚至同一物种基因组的不同部分分子钟的速率都不一样，因此在使用分子钟的时候要格外小心，避免错误。有一些系统发生数据，如发生了重组的多基因家族成员之间，就不能通过树形结构进行描述，可以利用网络来表述。分子系统发生学解决了关于人和灵长类之间进化关系的悬而未决的问题，而且为 HIV 的起源提供了有用的信息。分子系统发生学也可以用来研究人类的史前史。通过比较人的线粒体和 Y 染色体，可以推断出所有现在人的祖先 200 000 年前生活在非洲，50 000～100 000 年前迁移出非洲，并取代了当时遍布于旧大陆的直立人的后代。

研究化石中的DNA发现现代欧洲人并非尼安德特人的后代。农业进入欧洲和人类以一股小规模的从中东向欧洲迁移发生在同一时期，而不是原来认为的大规模的迁移然后取代了当地以狩猎和采集为主的当地居民的认识。人类于上次冰川时期从亚洲通过白令海峡进入新大陆。

## 选择题

* 奇数问题的答案见附录

19.1* 下列哪些不是分子系统发生学的特征？

a. 利用分子数据去构建系统发生树。

b. 利用分子数据去理解可变表型的遗传基础。

c. 利用分子数据来推导基因组间的进化关系。

d. 应用严格的数学方法对可变属性进行分析。

19.2 最早用于推断生物间关系的分子方法是？

a. DNA测序

b. 蛋白质电泳数据

c. 免疫学试验

d. DNA-DNA杂交数据

19.3* 下列哪些是趋同进化的例子？

a. 蝙蝠和鸟类的翅膀。

b. 血红蛋白家族。

c. 核糖体RNA基因。

d. 马和人的脚趾数。

19.4 在1950年代～1960年代用来研究系统发生的分子数据，不包括：

a. DNA-DNA杂交数据

b. 免疫学试验

c. 蛋白质电泳数据

d. 蛋白质序列

19.5* 从DNA序列数据中构建的系统发生树分支的长度意味着：

a. 物种分化的时间长度。

b. 基因间发生同义突变的个数。

c. 结点所代表基因的差异程度。

d. 以上都不是。

19.6 如果两个或者多个DNA序列来自于不同的祖先序列，它们被称作：

a. 单源性

b. 直源性

c. 旁源性

d. 多源性

19.7* 直接同源基因是指：

a. 没有共同祖先的基因。

b. 在不同生物基因中的同源基因。

c. 在同一个物种中的同源基因。

d. 由于趋同进化而产生的非同源基因。

19.8 下列哪些系统发生树的构建方法能够找出包括最短进化途径的拓扑结构？

a. 距离矩阵

b. 最大简约法

c. 近邻法

d. 主成分分析

19.9* 下列哪些是利用分子钟的困难？

a. 非同义突变比同义突变的速率快。

b. 真核生物的分子钟比原核生物的分子钟快。

c. 线粒体基因的分子钟比核基因的分子钟快。

d. 在过去 100 万～200 万年分子钟加速了。

19.10 下面哪些事件不能用传统树方法构建，却可以用网络方法解决？

a. 在研究的数据库中存在祖先序列。

b. 在研究的数据库中存在重组序列。

c. a 和 b 都对。

d. a 和 b 都不正确。

19.11* 对 HIV 基因组序列的进化研究并没有揭示下列中的哪一项？

a. HIV-1 与黑猩猩的 SIV 最为相关。

b. HIV-1 和 HIV-2 是分别传播到人类的。

c. HIV-1 和 HIV-2 是从同一种灵长类传播到人类的。

d. HIV-1 在 1959 年以前并未导致全球大流行。

19.12 下列哪项对于研究人类群体进化是没有用处的？

a. 核糖体 RNA 基因

b. 微卫星

c. 线粒体 DNA

d. 多重等位基因

19.13* 下列哪些仅通过母系遗传？

a. 珠蛋白基因

b. 线粒体 DNA

c. X 染色体

d. Y 染色体

19.14 下列哪些方法可以找出地理分布不平衡的基因？

a. 距离矩阵

b. 最大简约法

c. 近邻法

d. 主成分分析

## 简答题

* 奇数问题的答案见附录

19.1* 表型分类学与 1957 年以前的传统分类学有什么区别？

19.2 分支系统学与表型分类学之间的区别？

19.3* 祖先状态和衍生状态之间有什么区别？

19.4 在进化分析中为什么 DNA 序列要比蛋白质序列受到欢迎？

19.5* 在基因树和物种树中，内部结点的含义有何不同？

19.6 在比对序列时，相似方法与距离方法的区别是什么？

19.7* 哪些因素影响等位基因在人群中分布的频率？

19.8 多区域进化和走出非洲假说在解释现代人类的进化上有哪些区别？

19.9* 对尼安德特人 DNA 最早进行的进化分析是什么？得出了何种结论？

19.10 讨论主成分分析是如何用来研究史前农业是如何进入欧洲的？这些研究的结论是什么？

19.11* 分子进化学为史前人类进入北美提供了哪些信息？

## 论述题

* 奇数问题的指导见附录

19.1* 基因树可以和物种树等价吗？

19.2 分子钟的可靠性如何？

19.3* 对线粒体 DNA 的进化研究假设这些基因组都是母系遗传的，而且父系和母系不会杂交。评估一下这种假设的可靠性。

19.4 古代 DNA 对于研究人类的进化有何意义？

19.5* 解释如何应用分子系统发生学研究出现在现代欧洲人群中的线粒体 DNA 单倍体群。

## 图形测试

* 奇数问题的指导见附录

19.1* 下列哪一幅，(A) 还是 (B)，给出了衍生态的一个例子？

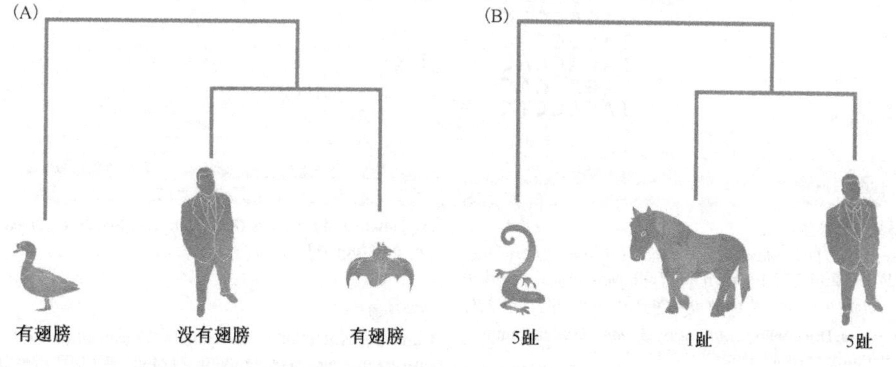


19.2 图中的外部组群是什么？用这个图作为一个例子，讨论什么是单源性、多源性和旁源性。

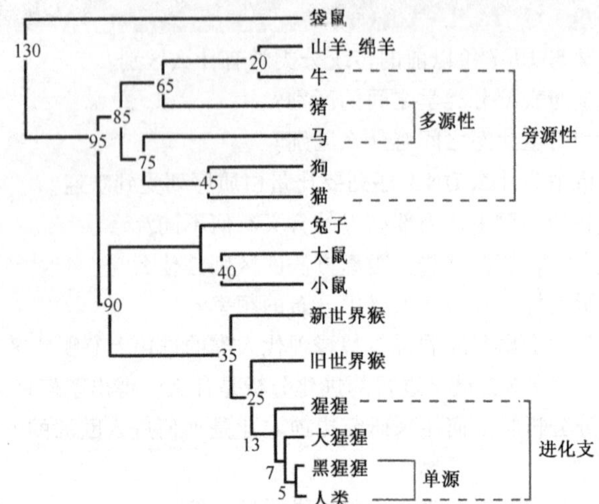


19.3* 为什么物种树和基因树会有不同的分支模式？

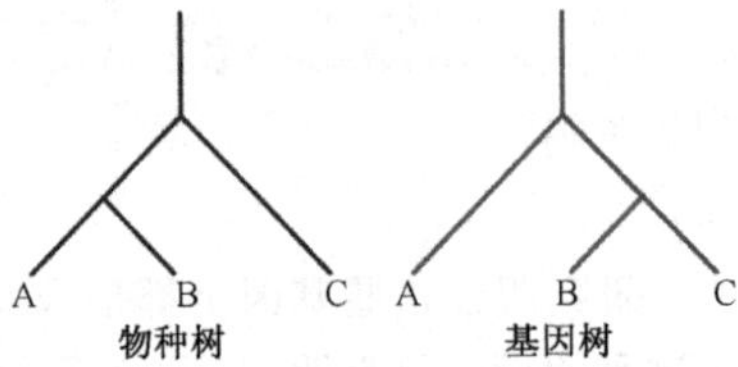


19.4 图中所示是哪种进化分析方式？这种分析的目的是什么？

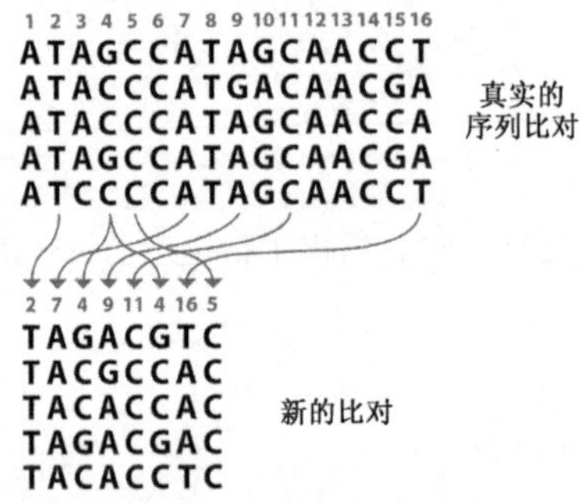


## 拓展阅读


关键教材和综述

**Avise, J.C.** (2004) *Molecular Markers, Natural History and Evolution*, 2nd Ed. Chapman and Hall, New York. *A detailed description of the use of molecular data in studies of evolution.*

**Futuyama, D.J.** (1998) *Evolutionary Biology*, 3rd Ed. Sinauer, Sunderland, Massachusetts.

**Hall, B.G.** (2004) *Phylogenetic Trees Made Easy: A How-To Manual for Molecular Biologists*, 2nd Ed. Sinauer, Sunderland, Massachusetts.

**Nei, M.** (1996) Phylogenetic analysis in molecular evolutionary genetics. *Annu. Rev. Genet.* **30:** 371–403. *Brief review of tree-building techniques.*

树的构建

**Doolittle, W.F.** (1999) Phylogenetic classification and the universal tree. *Science* **284:** 2124–2128. *Discusses the strengths and weaknesses of molecular phylogenetics as a means of inferring species trees.*

**Felsenstein, J.** (1989) PHYLIP – Phylogeny Inference Package (Version 3.20). *Cladistics* **5:** 164–166.

**Jeanmougin, F., Thompson, J.D., Gouy, M., Higgins, D.G. and Gibson, T.J.** (1998) Multiple sequence alignment with Clustal X. *Trends Biochem. Sci.* **23:** 403–405.

**Saitou, N. and Nei, M.** (1987) The neighbor-joining method: a new method for reconstructing phylogenetic trees. *Mol. Biol. Evol.* **4:** 406–425.

**Swofford, D.L.** (1993) *PAUP: Phylogenetic Analysis Using Parsimony.* Illinois Natural History Survey, Champaign, Illinois.

**Whelan, S., Liò, P. and Goldman, N.** (2001) Molecular phylogenetics: state-of-the-art methods for looking into the past. *Trends Genet.* **17:** 262–272.

**Yang, Z.** (1997) PAML: a program package for phylogenetic analysis by maximum likelihood. *CABIOS* **13:** 555–556.

### 分子钟

**Gu, X. and Li, W.-H.** (1992) Higher rates of amino acid substitution in rodents than in humans. *Mol. Phylogenet. Evol.* **1:** 211–214.

**Penny, D.** (2005) Relativity for molecular clocks. *Nature* **436:** 183–184. *The apparent increase in the rates of molecular clocks over the last few million years.*

**Strauss, E.** (1999) Can mitochondrial clocks keep time? *Science* **283:** 1435–1438.

### 灵长类之间的关系

**Ruvolo, M.** (1997) Molecular phylogeny of the hominoids: inferences from multiple independent DNA sequence data sets. *Mol. Biol. Evol.* **14:** 248–265.

**Sarich, V.M. and Wilson, A.C.** (1967) Immunological time scale for hominid evolution. *Science* **158:** 1200–1203.

### HIV的起源

**Korber, B., Muldoon, M., Theiler, J., Gao, F., Gupta, R., Lapedes, A., Hahn, B.H., Wolinsky, S. and Bhattacharya, T.** (2000) Timing the ancestor of the HIV-1 pandemic strains. *Science* **288:** 1789–1796.

**Leitner, T., Escanilla, D., Franzen, C., Uhlen, M. and Albert, J.** (1996) Accurate reconstruction of a known HIV-1 transmission history by phylogenetic tree analysis. *Proc. Natl Acad. Sci. USA* **93:** 10864–10869.

**Zhu, T., Korber, B.T., Nahmias, A.J., Hooper, E., Sharp, P.M. and Ho, D.D.** (1998) An African HIV-1 sequence from 1959 and implications for the origin of the epidemic. *Nature* **391:** 594–597.

### 现代人类的起源

**Cann, R.L., Stoneking, M. and Wilson, A.C.** (1987) Mitochondrial DNA and human evolution. *Nature* **325:** 31–36. *The first discovery of mitochondrial Eve.*

**Harding, R.M., Fullerton, S.M., Griffiths, R.C., Bond, J., Cox, M.J., Schneider, J.A., Moulin, D.S. and Clegg, J.B.** (1997) Archaic African and Asian lineages in the genetic ancestry of modern humans. *Am. J. Hum. Genet.* **60:** 772–789. *Studies of nuclear genes.*

**Ingman, M., Kaessmann, H., Pääbo, S. and Gyllensten, U.** (2000) Mitochondrial genome variation and the origin of modern humans. *Nature* **408:** 708–713.

**Krings, M., Stone, A., Schmitz, R.W., Krainitzki, H., Stoneking, M. and Pääbo, S.** (1997) Neandertal DNA sequences and the origin of modern humans. *Cell* **90:** 19–30.

### 人类的迁移

**Cavalli-Sforza, L.L.** (1998) The DNA revolution in population genetics. *Trends Genet.* **14:** 60–65. *Principal component analysis of human nuclear genes.*

**Chikhi, L., Destro-Bisol, G., Bertorelle, G., Pascali, V. and Barbujana, G.** (2002) Y genetic data support the Neolithic demic diffusion model. *Proc. Natl Acad. Sci. USA* **99:** 11008–11013. *Migrations in Europe.*

**Forster, P., Harding, R., Torroni, A. and Bandelt, H.J.** (1996) Origin and evolution of native American mtDNA variation: a reappraisal. *Am. J. Hum. Genet.* **59:** 935–945.

**Richards, M.** (2003) The Neolithic invasion of Europe. *Annu. Rev. Anthropol.* **32:** 135–162.

**Semino, O., Passarino, G., Oefner, P.J., *et al.*** (2000) The genetic legacy of paleolithic *Homo sapiens sapiens* in extant Europeans: a Y chromosome perspective. *Science* **290:** 1155–1159.

**Silva, W.A., Bonatto, S.L., Holanda, A.J., *et al.*** (2002) Mitochondrial genome diversity of Native Americans supports a single early entry of founder populations into America. *Am. J. Hum. Genet.* **71:** 187–192.

# 附　录

## 答案

### 第1章：基因组、转录组和蛋白质组

**选择题**

1.1—c；1.3—a；1.5—c；1.7—c；1.9—a；1.11—c；1.13—a；1.15—b

**简答题**

**1.1** DNA首先是于1869年被发现的（Miescher），并在20世纪40年代被证明其携带了遗传信息（Avery，MacLeod和McCarty以及Hershey与Chase）。双螺旋的结构之谜是在1953年被解开的（Watson和Crick），第一个完整的细胞生物的基因组测序在1995年完成。

**1.3** A只能和T配对而G只能和C配对，该限制意味着DNA复制可以通过简便地使用预先存在的链的序列来指导新链的合成，从而产生母版分子的完美拷贝。因此，碱基配对使得DNA分子能够被完美地复制。

**1.5** 细菌的信使RNA的半衰期不超过几分钟，而在真核生物中大多数信使RNA在合成后的几个小时被降解。这种快速的更新意味着转录组的组成不是固定的，而是能够通过改变个别信使RNA的合成速率被快速地重建。所以转录组的组成能够根据细胞的需要来快速地调整。

**1.7** 每个细胞在其通过细胞分裂过程首次出现的时候都接受了其亲代的部分转录组，并在其生命周期中维持着一个转录组。因此，个别的蛋白质编码基因的转录并不导致转录组的组成，而是通过替代已经被降解的信使RNA来维持住转录组，并通过开闭不同批次的基因为转录组的组成带来变化。

**1.9** 蛋白质在功能和结构上是多样化的，因为组成它们的氨基酸化学性质是多样的。所以，不同序列的氨基酸就形成化学反应活性的不同组合，这些组合不仅指导了所产生的蛋白质的整个结构，还指导着决定蛋白质化学性质的活性基团的结构及在蛋白质表面的位置。

**1.11** 密码子的位置在决定其到底是终止密码子还是对应着硒代半胱氨酸时是重要的。在紧邻硒代半胱氨酸密码子的下游有一个发夹样结构，它使得硒代半胱氨酸能够被掺入正在合成的多肽链中去。

**论述题**

**1.1** 关于该陈述的论证可以在James Watson写的《双螺旋》一书或者大多数关于DNA历史的各种书籍，例如，Horace Freeland写的《第八日的创造》（参见进一步的阅读条目）中找到。那是在1953年3月7日星期六的晚上，Watson和Crick完成了他们的双螺旋结构模型，该模型以细薄的电镀金属和黄铜棒按照每1nm放大为50cm的比例尺制作，模型中一个完整的螺旋接近2m。不过，也许有不同意见认为真正的发现应

该在一个星期之前，也就是当 Watson 和 Crick 意识到由 A 与 T 和 G 与 C 形成的氢键结构有着类似的轮廓外型，从而使得这些碱基配对能够堆积在一起形成一个宽度恒定的整齐的螺旋的时候［图 1.8（B)］。Crick 重申了这个发现来自于当他们意识到 Chargaff 的碱基比例理论的重要性的时候，但是 Watson 则坚持仅在他们已经构建完成第一个核苷酸对的模型后他们才体会到该理论的重要性。

**1.3** 遗传密码的阐明是 20 世纪 60 年代生物学中最重要的突破，虽然几乎在半个世纪以前该项工作就开展了，但是这还是一个科学方法学方面的精彩示例——如何向着一个给定的目标来规划研究的策略以及如何利用在项目进行期间发展出来的新技术来调整研究策略。诸如《第八日的创造》（参见进一步的阅读条目）中有关于密码子是如何被破解的详细说明，但是关于该项目的指导性讨论的最佳起点是在该项目进展中及结束时在《科学美国人》上发表的 3 篇综述。它们是 Crick,F.H.C(1962) The genetic code. *Sci. Am.* 207(4):66～74；Nirenberg,M.W.(1963) The genetic code II. *Sci. Am.* 208(3):80～94；以及 Crick,F.H.C.(1966) The genetic code III. *Sci Am.* 215(4):55～62。

**图形测试**

**1.1** 图 A 显示的是用蛋白酶或核糖核酸酶处理转化要素以后没有效果，但是脱氧核糖核酸酶可以使转化要素失活。因此，转化要素（包含了使无毒菌株转化为有毒形式必需的遗传物质）一定是由 DNA 构成的。图 B 显示的是当噬菌体用 $^{32}P$ 和 $^{35}S$ 标记以后，大多数的 $^{32}P$ 标记的物质（即 DNA）在感染时进入了细菌胞体内，但 $^{35}S$ 标记的物质（即噬菌体蛋白质）仅有 20% 进入。因为噬菌体基因必须进入细菌来指导新噬菌体的合成，所以这些基因必定是 DNA 构成的。

**1.3** 该模型显示的是糖—磷酸基团骨架位于分子的外侧，而碱基位于内部。碱基清晰地暴露在大沟和小沟内，以便被 DNA 结合蛋白识别。

## 第 2 章：研究 DNA

**选择题**

2.1—b；2.3—d；2.5—a；2.7—a；2.9—b；2.11—d；2.13—d；2.15—a

**简答题**

**2.1** 将含有一个基因的 DNA 片段插入到一个载体 DNA 分子中（如质粒或噬菌体），然后在宿主细胞中进行复制就克隆了该基因。

**2.3** 操作人员可以将连接子或接头分子连接到钝端分子的末端以产生能促进连接的黏性末端。

**2.5** 这考虑到能容易筛选出转有质粒的细菌细胞。

**2.7** 噬菌体基因组包含的一些基因对于大肠杆菌的溶源性感染并不是必需的，可以被新 DNA 所取代。噬菌体可用来携带长达 18kb 的 DNA 分子。

**2.9** 这需要存在着丝粒、端粒及至少一个复制起始位点。

**2.11** 引物结合到模板 DNA 的特异序列上，就限定了被扩增的区域。

**论述题**

**2.1** 暂停（基因重组）问题是在 1975 年 Asilomar 会议上提出的，由 Paul Berg 及其他人在 Berg，P.、Baltimore，D.、Brenner，S.、Roblin，R.O. Singer，M.F. 于 1975 年发表在 *Proc. Natl Acad. Sci. USA* 72：1981-1984 中 Asilomar 会议关于重组

DNA 分子的概述中提出。关于暂停的较少专业性的背景说明可以在 1982 年由 Cherfas, J. 主编的牛津 Blackwell 科学出版社出版的 *Man Made Life* 一书中找到。所得结论是，因为这些科学家所担心的事情从来没有变成现实，所以那些担心就没有被证明，但这个问题的充分争论也必须考虑到暂停的成果（例如，发展策略来阻止遗传工程改造的细菌在天然环境中的生存），这些成果有助于确保引起暂停的危险能被避免。

**2.3** 该问题提出了 3.3.1 节限制性绘图中所讨论的问题。尝试着在分类讨论中构建限制性图谱是一种很好的方法来确保已经掌握了限制性酶切、凝胶电泳及相关操作的原则。

**2.5** 假如进行 PCR 的目的序列在待研究的基因组中是单拷贝，那么重要的问题就是引物的长度。如果引物太短，它们可能结合到非特异位点上，扩增出不想要的产物。说明这一点的最好方法是设想在 PCR 实验中运用的模板是人类总 DNA，用一对长度是 8 个核苷酸的引物。最可能的结果是扩增出大量不同的片段。这是因为引物的结合位点预期是平均每 $4^8=65\,536$bp 出现一次，因此在组成人类基因组的 3 200 000kb 核苷酸序列中大概出现 49 000 个可能位点。这就表明一对 8 核苷酸长的引物用人类 DNA 非常不可能产生单一的特异性扩增产物，因为在偶然情况下，引物退火位点会离的特别近以至于不能产生扩增产物。相反，17 核苷酸引物的结合位点预期出现频率是每 $4^{17}=17\,179\,869\,184$bp 出现一次。这一数值比人类基因组长度高 5 倍多，因此一对 17 核苷酸的引物就能扩增出单一的特异性扩增产物。理想的退火温度必须足够低以便能够使引物和模板之间相互结合，但又要足够高以便阻止形成错配的杂交体。明白如何确定引物合适温度所需要的信息在图 3.8 的说明中列出。关于更详细的说明，参考牛津 Blackwell 科学出版社于 2006 年出版的 T. A. Brown，主编的第五版 *Gene Cloning and DNA Analysis*：*An Introduction* 一书。

**图形测试**

**2.1** 引物启动 DNA 合成，通过提供添加核苷酸所需要的 3′羟基。引物也可用来特异定位合成的 DNA 在模板分子中的位置（如 DNA 测序和 PCR 中的一样）。

**2.3** 这是一个能携带长达 44kb 插入分子的考斯质粒。

## 第 3 章：基因组作图

**选择题**

3.1—d；3.3—a；3.5—d；3.7—c；3.9—b；3.11—c；3.13—a；3.15—d

**简答题**

**3.1** 基因组作图通过呈现基因的位置以及其他的特征为测序实验提供了指导。如果一个图谱都没有，那么就可能在整理基因组序列时发生错误，特别是在含有重复 DNA 的区域。

**3.3** PCR 的引物被设计成可以与多态性位点的任一边退火，并且通过使用限制性内切核酸酶处理扩增的片段以及随后的琼脂糖电泳来显示 RFLP。在发明 PCR 以前，RFLP 是通过费时的 Southern 杂交来显示结果的。

**3.5** 如果一对基因之间显示出了连锁性，那么它们必定位于同一个染色体上。如果交换是随机事件，那么一对连锁基因之间的重组频率可以成为它们在染色体上分隔距离的一个衡量尺度。这样，不同对的基因的重组频率能够被用来构建它们在染色体上相对位置的图谱。

**3.7** 双倍纯合子将产生所有遗传学相同的配子，并且如果它们是隐性的，那么该亲代将不对子代的表型产生贡献。

**3.9** FISH 技术使用荧光标记的 DNA 片段作为探针结合到完整的染色体上。结合的位置可以被确定，并且该信息可以被用来构建一个染色体的物理图谱。

**3.11** 单个的染色体可以通过流式细胞仪来分选。生长中的细胞被小心的裂解以后得到一套完整的染色体。然后，用荧光染料来标记染色体。染色体结合染料的多少取决于染色体的大小，因此大的染色体结合更多的染料从而荧光比小染色体的更强。制备好的染色体被稀释并通过一个细孔，产生一串液滴，每个液滴中含有一个染色体。液滴通过一个测量荧光强度的监测器，从而可以确定哪一些液滴包含了所要寻找的特定染色体。电荷被加到这些液滴而不是其他的液滴上，这样使得包含着目的染色体的液滴能够被检测到并与其余的液滴分离。

**论述题**

**3.1** 正文提示，理想的特征包括在所研究的基因组中的高频率地出现、容易检测和存在多个等位基因。这就暗示了 SSLP 应该就是理想的标记，但是事实上 SNP 被使用的更加广泛。讨论这个似是而非的说法时需要考虑上述三个标准的相对权重，特别要认识到高密度是一个“理想的”标记的关键特征。

**3.3** 许多教师会回想起自己学生时代处理该问题的情形，并且这个问题的答案没有变化：短的传代时间、大量的后代、容易评估的表型等等。需要何种程度的基因组学？一个完整的基因组序列是不是一个生物被用于遗传研究的有用特征？这方面的考虑是建设性的，并已经为上述列表添加了新的标准。

**3.5** 这是一个十分发散性的问题，是设计用来促进讨论后续章节中所涉及的一些内容。该讨论可以从询问作图的目的开始。一个被设计来帮助测序计划的图谱可能与为了克隆各个基因的图谱是不同的。如果结论是为了测序目的，物理性图谱更为有用，而遗传图谱的价值实际上小一些或没有直接价值的话（这是阅读完第 4 章后做出的一个合理推论），那么讨论就可以转到在基因组序列中定位一个基因以及在事先不知道基因位置的情况下确认这些基因的功能将有多么容易或困难。

**图形测试**

**3.1** 当寡核苷酸未与靶序列杂交时，荧光标记及淬灭分子相互接近所以荧光被淬灭。当寡核苷酸结合到靶序列时，荧光标记远离淬灭分子。通过控制杂交的条件，寡核苷酸将只结合所有核苷酸是互补的靶序列。

**3.3** 这是正交变电场凝胶电泳，其中的电场在电极对之间转换。DNA 分子通过凝胶向下迁移，但是电场的每次改变都迫使 DNA 分子重新排列。较小的分子比较大的分子重新排列得快，因此在胶中移动得更快。最终使得常规凝胶电泳难以分开的大分子得以分辨。

## 第 4 章：基因组测序

**选择题**

4.1—b；4.3—a；4.5—c；4.7—b；4.9—c；4.11—d；4.13—c；4.15—c

**简答题**

**4.1** 双脱氧核苷酸缺少 3′羟基，当双脱氧核苷酸掺入到 DNA 中时链合成就终止。

**4.3** 是，这有可能。将 PCR 产物纯化出，用一条 PCR 引物作为测序反应的引物来进行热循环法测序。

**4.5** 具备多个毛细管平行工作的自动测序仪能在 2 h 内读出 96 个不同序列，这就表明每个单独实验平均能读出 750 bp 的话，每天每台机器就能产生 864 kb 的信息。这就能够在几周内产生对整个基因组进行测序所需要的数据。

**4.7** 因为测序计划所需要的颗粒是随机产生和测序的，因此为了确保完全覆盖整个基因组就必须对大量的核苷酸进行测序，所以就需要大量的核苷酸序列。

**4.9** 克隆指纹图谱技术可以以限制性酶切模式、重复 DNA 图谱、重复 DNA 的 PCR 及 STS 含量绘图为基础。

**4.11** 对复杂的真核生物基因组进行鸟枪法测序可以导致包括基因或基因某部分的 DNA 片段从序列草图中被遗漏。没有识别出序列错误也是一个很大的概率。

**论述题**

**4.1** 在 4.1 节的开始部分就说明了“链终止测序法因为几种原因而获得了很高的声誉，并不只是因为该技术能相对容易地自动进行”，这就是该问题答案的主要部分。考虑到化学降解法测序被证明很难自动进行的原因对认识自动化技术发展中存在的固有问题是一种很好的方法。化学降解法测序的另一个缺点是所用化学试剂的毒性，即任何能够结合并修饰 DNA 分子的化合物中不可避免的毒性。虽然该问题不是学术观点，但能用来引入实验室分子生物学的危险和安全问题。

**4.3** 4.2.2 节介绍了克隆重叠群方法，但根据克隆重叠群方法与全基因组鸟枪法之间的比较所得到的关键性评估结果更有用，尤其是这些方法用于人类基因组时。根据这种比较就明显看出，严格的克隆重叠群计划相对来讲就比较费时，但目前唯一的方法是确保错误率低于每 $10^4$ 个核苷酸出现一个错误，对于一个“完成的”序列来讲该数值是能接受的最大值。

**4.5** 主要问题是公司保护其发明的权利（该发明在商业活动的大多数方面中都被毫无疑问地接受）与没有制定的私人权利（基因被公司在研究中运用而研制出药物）之间的关系。有可能出现各种观点，对陈述的观点进行正式合理的判断是该问题答案的最主要部分。

**图形测试**

**4.1** 对于大多数测序实验，都运用通用引物，该通用引物与载体 DNA 上紧邻新 DNA 插入位点的序列互补。因此，相同的通用引物能扩增出连接到载体上 DNA 的任何片段。通过合成一个在插入 DNA 内部的某位点退火的内部引物，就能够朝一个方向延伸序列。用该引物进行的实验能提供与前一个序列重叠的另一个短序列。

**4.3** 这是化学降解法测序，当用标准的链终止测序反应出现问题（由于 DNA 聚合酶被阻止或电泳过程中测序产物的迁移发生了改变）时该方法就比较有用。

## 第 5 章：解读基因组序列

**选择题**

5.1—b；5.3—b；5.5—a；5.7—b；5.9—b；5.11—d；5.13—b

**简答题**

**5.1** 计算机可以很容易扫描出 DNA 序列的 6 个可读框以寻找 ORF。另外，因为一个随机的DNA序列可能至少每100～200 bp就拥有一个终止密码子，而大多数基因包含的密码子数目大于这一数值，因此在缺少内含子和其他明显的非编码序列的细菌基因组中，能容易地鉴别出编码序列。

**5.3** 可以对计算机程序进行修饰来筛选基因的密码子偏倚、外显子-内含子边界及基因的上游调控序列。

**5.5** 一些基因包含随意外显子，可以编码出不同大小的mRNA分子。并不是DNA片段中存在的所有基因都有可能在分离出RNA的细胞中表达。

**5.7** 同源基因是在不同生物体中存在的同源基因，而平行基因是在相同生物体中存在的同源基因。

**5.9** 如果某基因产物的生物化学活性在另一物种中已知，那么它可以为人类基因的功能提供线索。在实验分析中也可以运用其他生物体来研究基因功能。

**5.11** 鉴别表达序列的比较基因组学和转座子标签技术可以用来确定短ORF是否是真正基因。

**论述题**

**5.1** 这是一个很难的问题，但考虑到基本原则就能够取得进步。5.1.1节描述的很清楚，通过DNA检查鉴别外显子-内含子边界是真核生物基因定位的主要障碍。目前将这些位点上的共有序列认定为最准确的形式这一结论可能比较合理，因为这些序列是以多种生物体中许多外显子-内含子边界之间的比较结果为依据的。因此，只对序列本身进行序列检查不是很确定的鉴别基因序列的方法是有争议的。因此，讨论就必须集中于既可用于基因定位又可用于功能确定的同源性搜索的可能性。主要问题可能是随着大量数据添加到数据库中，同源性搜索会更有力、更准确到什么程度，以及能用于酿酒酵母和相关酵母的比较基因组学是否有可能用于其他生物中。为了回答第二个观点，考虑到比较基因组学所需的两个基因组的相关性是如何相近是有帮助的，以及在可预测的将来，达到所需的相关程度的成对或成组的基因组是否有可能在譬如哺乳动物之中变得有用。

**5.3** 该序列来自于人类肌红蛋白。通过BLAST搜索鉴别出的其他序列是人类蛋白质的同源物。

**图形测试**

**5.1** 计算机程序会寻找外显子-内含子边界并鉴别出内含子序列。

**5.3** 大多数调控基因表达的调控序列都包含在ORF上游的DNA序列中，因此现在GFP基因就表现出与待测基因相同的表达模式。就可以通过检查生物体中GFP存在情况来确定该基因的表达模式。

## 第6章：理解基因组是如何行使功能的

**选择题**

6.1—b；6.3—c；6.5—a；6.7—b；6.9—a；6.11—c；6.13—b

**简答题**

**6.1** 为了理解基因组是如何作为一个整体在细胞内起作用来特化并协调所发生的各种生化活性的，这些关于基因组活性的全景式研究必须不单单阐述基因组本身，还要阐述转录组和蛋白质组。

**6.3** 如果两个不同的 mRNA 有相似的序列，那么它们可能与微阵列中对方的特异探针杂交。这在两个或更多的同源基因在同一个组织中都活跃表达的时候更容易发生。转录组包含了一群相应的 mRNA，其中的每一种均能够一定程度的与该基因家族中的不同成员发生杂交。辨别每一种 mRNA 的相对数量甚或确定哪种特定的 mRNA 是存在的都将是困难的。为了解决这个问题，有必要设计一种 DNA 芯片使其负载特异针对同源基因家族中每一个成员的唯一特定序列的寡聚核苷酸链。

**6.5** 表现相似表达谱的基因可能是具有相关功能的基因。它们可以通过使用层级聚类法来确认，层级聚类法涉及比较转录组中已经分析过的每对基因的表达水平并给这些基因间的相关性程度赋值。这些数据可以用树状聚类图显示，其中有相关表达谱的基因被聚类在一起。树状聚类图清晰可见地提示了基因间功能性相互关系。

**6.7** 检查转录组能够准确的提示在一个特定细胞中哪些基因是活跃表达的。但是，关于哪些蛋白质存在的提示就不是那么准确了。这是因为，影响蛋白质组成的因素不仅包括可用的 mRNA 的数量，还包括 mRNA 翻译为蛋白质的速率以及蛋白质降解的速率。

**6.9** 噬菌体展示中使用的克隆载体被设计为当一个基因被克隆进载体以后它表达的形式是其蛋白质产物与一个噬菌体外壳蛋白质融合。这样噬菌体蛋白质就携带了外源蛋白质到噬菌体的外壳上，并在此将外源蛋白质以一种可以和噬菌体遇到的其他蛋白质相互作用的形式“展示”出来。

**6.11** 人们希望，当代谢组研究成熟以后有可能使用相关信息来设计出通过逆转或迁移疾病状态下发生的特定的流体异常来治疗疾病的药物。代谢谱也可能提示出任何不期望发生的药物治疗的副作用，使得研究人员可以对药物化学结构进行修饰或者调整药物使用模式，以使这些副作用最小化。

**论述题**

**6.1** 6.1.2 节中描述了微阵列是如何用于比较两个或更多组织或同一个组织在不同情况下的转录组，拓展性地学习进一步阅读数目将会提供更加详细和特异的实例。探讨关于应用 cDNA 测序方法（如 SAGE）来进行转录组间比较的困难性，这确保了测序和微阵列方法的关键性差异是被认同的，并强调了微阵列技术的应用。

**6.3** 问题的第一部分是相对简单的，正文中给出了一个来自大肠杆菌的示例（乳糖通透酶和β-半乳糖苷酶）。问题的第二个部分（具有物理相互作用但却不具有功能性相互作用的蛋白质）不那么容易回答，但是还是有例子的，如分子伴侣（13.3.1 节），它们与蛋白质形成物理性相互作用以帮助那些蛋白质折叠。还如蛋白酶体（13.4 节），它们类似地与被降解的蛋白质形成物理性相互作用。理解这些类型的相互作用的特异性（如哪些蛋白质被哪些个分子伴侣所折叠）是蛋白质研究的重要目标。所以，这些相互作用与功能性相互作用一样的有趣。

**6.5** 这是一个适合一个班级或小组讨论的发散性问题，有可能的话使用一份核心文献作为出发点，如 M. W. Kirchner（2005）The meaning of system biology. *Cell* 121：503～504。

**图形测试**

**6.1** 一份 cDNA 制备物用荧光标记物标记并被杂交到微阵列上。标记物通过激光共聚焦扫描检测，并且其强度被转化为一个假色图谱。

**6.3** 在第一维电泳中，蛋白质依据等电点被分离。凝胶通常被泡在SDS中，翻转90°后在第一维电泳的右侧角开始进行根据蛋白质的大小来分离的第二维电泳。

## 第7章：真核生物核基因组

### 选择题

7.1—b；7.3—c；7.5—d；7.7—c；7.9—b；7.11—b；7.13—b

### 简答题

**7.1** 核酸酶对人染色质的完全消化提示，长146 bp的DNA序列可以被保护，不被消化。核酸酶的部分消化产生200 bp及其倍数的DNA片段。

**7.3** 微型染色体比大染色体短，但含有的基因密度要高得多。

**7.5** 端粒是染色体末端的标志，并能够用于区分真正的染色体末端和染色体断端。

**7.7** 人染色体的一个典型性区域中，只含有很少的基因（大多数都含有内含子），一些重复序列，以及大量的非重复性、非基因的DNA。酵母染色体的基因密度更高，基因很少有内含子，而且其中的重复序列和非基因DNA要少得多。

**7.9** 基因目录可以根据基因的已知功能分类，但这样产生的目录是不完全的，因为大多数基因组中基因功能还是未知的。基因目录还可以根据基因编码的蛋白质的已知结构域进行分类，这种方法包含了许多具体功能未知的基因，所以更加全面。

**7.11** 常规假基因是因为突变而失活，而已加工假基因是因为mRNA的cDNA拷贝再次插入基因组中产生的。

### 论述题

**7.1** 这个问题涉及第10章——接近基因组中的许多文献。首先，我们应该清楚地知道，存在于高度包装的染色质中的基因，对于那些负责激活和转录基因的蛋白质是无法接近的，而且核小体的具体定位对于决定这些蛋白质与其中基因的接近程度也可能是很重要的。7.1.1节最后的内容表明，组蛋白的化学修饰对决定染色质的结构有很重要的影响。在该阶段，我们对这个问题先做个初步的了解，在第10章中，将再进行详细的讨论。

**7.3** 图7.13应该是个起点，首要目的应该是定义“基因间隔区DNA”，而且要能明确它排除了所有的包含基因的区域（编码区和内含子）、基因相关的区域（如假基因、基因片段）或基因活性必需区（如基因的立即上游区域）。然后，传统上的基因间隔区DNA包括一些功能性序列，如复制起点（15.2.1节）以及将染色体与细胞核内亚结构接触的序列（10.1.2节）。一旦认识到这个事实，接下来的问题就是这些重复性序列是否具有功能。根据7.1.2节，我们应该明确，至少一些卫星和小卫星DNA是有功能的，而且在第7章的最后一段中表明，许多散布重复性DNA具有转座活性，但这些可以在多大程度上被认为是“功能”性的呢？

### 图形测试

**7.1** 该图显示了人核型图的一部分。染色体可以通过它们的大小、着丝粒位置以及染色后出现的带型谱进行区分。

**7.3** 本图显示了一个已加工的假基因，它不具有功能，因为它从一个mRNA衍生而来，所以缺乏开启和调节基因表达所需的核苷酸序列。

## 第 8 章：原核生物基因组和真核生物细胞器基因组

**选择题**

8.1—d；8.3—a；8.5—c；8.7—a；8.9—c；8.11—d；8.13—c

**简答题**

**8.1** 真核生物染色体是线性的，并包含参与 DNA 包装的组蛋白。真核生物染色体具有多个复制起点，含有着丝粒和端粒。大肠杆菌染色体是一个环形分子，含有单个复制起点，以超螺旋的形式包装，缺少着丝粒和端粒。

**8.3** HU 蛋白结构上与组蛋白不同，但和组蛋白一样，形成四聚体，DNA 缠绕其外周。

**8.5** 原核生物基因组的基因密度很高，含有很短的基因间隔区 DNA，缺少内含子和重复 DNA 序列。

**8.7** 因为它是寄生菌，所需的许多营养成分都必须由宿主提供，所以它的基因组缺少许多编码参与生物合成通路的蛋白质的基因。

**8.9** 因为 DNA 可以在不同物种间通过侧向基因转移进行交换。

**论述题**

**8.1** 8.1.1 节的内容很明显的暗示了“将原核生物基因组视为单个、环状 DNA 分子”的传统观点应该被背弃。对于应该采用什么样的定义，目前可能没有达成一个共识（微生物遗传学家对这样的讨论也没有达成一致），但这个习题是具有教育意义的，它要求回答者能很清晰的区分质粒和基因组。

**8.3** 8.2.3 节提示对这个问题的回答应该是“否”，讨论应该涵盖这一节中涉及的几个主要问题：将真核生物中使用的物种概念应用于原核生物的困难；基因组测序结果提示，在传统观点认为属于同一物种成员的不同品系生物的基因内容之间存在很大差异；以及侧向基因转移引起的复杂性。

**图形测试**

**8.1** 大肠杆菌染色体附着到蛋白核心上，自核心处 DNA 环向外延伸。如果在一个环上出现一处 DNA 断裂，那也将只有这个环会丧失超螺旋结构。

**8.3** 图中的基因存在于一个操纵子中，因此可以被转录成单一的 mRNA 分子。

## 第 9 章：病毒基因组和可移动的遗传元件

**选择题**

9.1—c；9.3—a；9.5—b；9.7—d；9.9—c；9.11—c；9.13—c；9.15—b

**简答题**

**9.1** 病毒是依赖于宿主细胞繁殖的专性寄生物。病毒缺乏许多细胞生物生存必须的成分；所有的病毒都利用它们宿主的核糖体，而且不是所有病毒都有编码 DNA 或 RNA 聚合酶的基因。

**9.3** 这些是共用核酸序列，但是编码不同蛋白质的基因。重叠基因的核酸序列以不同的可读框进行翻译。

**9.5** 只有噬菌体具有头-尾状的衣壳。真核生物病毒，尤其是那些感染动物者，可能具有一个脂质包膜。

**9.7** 转座子是一个可以从基因组中一个位置移动到另一个位置的 DNA 片段。

**9.9** 长散布重复序列（LINE）占人基因组的20%以上，一个全长元件含有两个基因，其中一个编码逆转录酶。短散布重复序列（SINE）是人基因组中各类序列中拷贝数最多者，而且不含基因。它们必须利用LINE合成的逆转录酶进行转座。

**9.11** 活性DNA转座子在植物基因组中比人基因组中更多见。一些植物转座子共同发挥作用，如Barbara McClintock发现的Ac/Ds家族。Ac元件编码的转座酶识别Ac和Ds序列。

**论述题**

**9.1** 一个很经典的问题，也是能提供指导很少的问题之一。深入性讨论的关键是不局限于病毒的角度，而是应该搞清楚"生命"定义的意义，然后再描述这个定义是否包含了非细胞的体系。

**9.3** 自私DNA被看作对基因组没有益处，但可以被耐受的DNA，因为没有选择性压力去除它。如果这个观点是正确的，那么转座子就既没有好处，也没有坏处，这些元件仅仅是随同基因组的功能部分，一起简单的繁殖而已。参见Orgel，L. E and Crick，F. H. C（1980）Selfish DNA：the ultimate parasite. *Nature* 284：604～607。值得注意的是，一个否定转座子良性性质的论调，是根据一些物种中限制转座子活性的现象，如甲基化，可使这些序列失活（17.3.3节）。

**9.5** 在17.3.2中，已回答了这个问题。其中，我们学习了LTR逆转录元件的转座过程，并发现该元件的复制包括两个转换，每一个都是从一个LTR转换成另一个，这些转换确保了逆转录元件的完整序列被拷贝（图17.18）。

**图形测试**

**9.1** 从左到右：二十面体，细丝状，头-尾。

**9.3** 逆转录病毒感染。

**9.5** Ac和Ds元件是Barbara McClintock首次发现的。Ac元件有一个在Ds元件中缺失的转座酶基因。由Ac元件编码的转座酶负责Ac和Ds元件的转座。

## 第10章：接近基因组

**选择题**

10.1—d；10.3—b；10.5—a；10.7—c；10.9—b；10.11—d；10.13—a；10.15—c

**简答题**

**10.1** 细胞用DNase处理降解DNA，接着脱盐以消除组蛋白之后，电镜观察显示了核基质——一个蛋白质与RNA纤丝的复杂网络。特异蛋白质的荧光标记揭示了诸如RNA剪接的事件发生于核内的不同区域。

**10.3** 这说明这些染色体对占据了核内的相邻区域。

**10.5** 位置效应指当一个基因被克隆到真核宿主中时基因表达的可变性，这是插入的随机性决定的，该过程可能将基因插入开放或者高度包装的染色质区域。

**10.7** 使用绝缘子和基因座控制区连接插入真核细胞的基因，都能克服位置效应。基因座控制区还可以促进它们功能结构域内部基因的表达，而绝缘子则不能。

**10.9** HDAC把组蛋白上的乙酰基团移去，从而抑制基因的表达。

**10.11** DNaseI不能切割无法接近的DNA，比如高度致密的染色质，易于被DNaseI切割的位点通常临近表达中的基因。

**论述题**

**10.1** 考虑用于电镜的细胞的准备步骤时，我们通常会想到，活细胞核内的结构可能会丢失，而同时又可能会制造出原本核内不存在的假象。反相放大技术可以校准电镜对核内的观察与破坏性小的新近共聚焦显微镜的观察结果。

**10.3** 论述的文献起点应该是 Strahl，B. D. and Allis，C. D.（2000）The language of covalent histone modifications. *Nature* 403：41～45；Jenuwein，T. and Allis，C. D.（2001）Translating the histone code. *Science* 293：1074～1080。

**10.5** 这个有意思的问题最好是通过检索相关的研究文献解决，如 Lee，J. T.（2005）Regulation of X-chromosome counting by *Tsix* and *Xite* sequences. Science 309：768～771。

**图形测试**

**10.1** 如果基因插入到开放染色质的区域，基因表达水平最高，插入到致密染色质区域的基因表达较低或者没有表达。

**10.3** 甲基化的 CpG 岛结合着 MBD 蛋白，它们是组蛋白去乙酰化酶复合体的一部分，使基因失活。

## 第 11 章：转录起始复合物的组装

**选择题**

11.1—d；11.3—b；11.5—b；11.7—d；11.9—c；11.11—c，11.13—d；11.15—b

**简单题**

**11.1** 同源框是一个 60 个氨基酸组成的螺旋-转角-螺旋基序，形成 4 个 α 螺旋，第二和第三个 α 螺旋之间被一个 β 转角分开，第三个 α 螺旋作为识别螺旋，第一个 α 螺旋与小沟接触。

**11.3** 在一种修饰实验中，DNA 用核酸酶处理，除了结合蛋白所保护的部分，其余所有的磷酸二酯键都被切割；另外一种实验中，DNA 用甲基化试剂处理，结合蛋白所保护的核苷酸不被甲基化。

**11.5** 在大沟内，核苷酸碱基和氨基酸的 R 基团之间形成氢键，识别蛋白质结构；而在小沟内的疏水键的相互作用更重要。在螺旋表面，尽管有时候氢键也起作用，但主要的相互作用是静电力，在每个核苷酸的磷酸基团的负电和氨基酸（如赖氨酸和精氨酸）的 R 基团的正电之间形成。

**11.7** 核心启动子是转录起始复合物组装的位置，上游启动子元件是调节起始复合物组装的 DNA 结合蛋白结合的位置。

**11.9** 乳糖阻遏物结合于乳糖操纵子的操纵子序列，以抑制转录。当乳糖存在时，其异构体半乳糖结合于阻遏物；当半乳糖结合以后，阻遏物的结构改变，因此不再结合到操纵子上。

**11.11** 选择性或多重启动子的存在使得单个基因可以特化两个甚至更多的转录物，这将导致相似但却不相同的蛋白质合成，它们可能在不同的组织或者不同的发育阶段，也可能同时在同一个细胞。

**论述题**

**11.1** 固定代表着全染色体序列的克隆 DNA 片段的可能性有许多，然后加上纯化后的结合蛋白或者核抽提物，用结合蛋白特异的抗体处理芯片以检测结合情况。

**11.3** 第一部分的答案可以从11.3.1节和11.3.2节得到，但是还需要些其他的考虑。在11.3.1节末尾，有一系列栏目列举了细菌基因表达调控的原则，并陈述了这些原则也适用于真核细胞。这是准确的，无疑认识到这些原则将帮助我们理解真核细胞的基因表达调控。但是，也要考虑到，简单地将这些原则从原核生物应用到真核生物可能会没有帮助，因为这样可能会使我们认识不到那些在细菌中不存在的，在真核生物转录起始调控中特别重要的机制。

**11.5** 试考虑模块概念的优势：它清晰展示了决定一个基因表达的调节事件，区分了不同类型的模块之间，这些模块确实存在的实际情况。而其劣势在于：当结合蛋白是确实的调节因素时，重点却放在了DNA序列上；结合蛋白之间可能发生的协同作用不清楚；重点放在了基因的紧接上游区域，而重要的调节信号可能在较远的位置。所有这些问题中，最重要的也许是将重点放在DNA上，这不仅是误导（结合蛋白是基因表达调控的活跃成分），而且染色质修饰在基因调控中的作用也不清楚。

**图形测试**

**11.1** 该434阻遏物包含一个螺旋-转角-螺旋基序。第二个螺旋正好适合于DNA大沟，氨基酸的侧链与这些碱基特异性接触。

**11.3** 大沟和小沟内的化学性质是不对称的，A-T碱基对的取向可以由结合蛋白确定。

**11.5** 大肠杆菌RNA聚合酶识别-35框，作为其结合序列，结合DNA之后，AT富集的-10框上的碱基对断裂，关闭复合物开始转变为开放复合物。

## 第12章：RNA的合成和加工

**选择题**

12.1—a；12.3—a；12.5—c；12.7—b；12.9—d；12.11—c；12.13—c；12.15—c

**简答题**

**12.1** Rho可以结合到转录物上，沿着RNA向聚合酶移动。如果聚合酶持续合成RNA，那么聚合酶一直位于Rho之前。但当遇到终止信号时，聚合酶停顿下来，Rho追上RNA聚合酶，Rho是一种解旋酶（helicase），可以打开模板和转录物之间的碱基配对，造成转录终止。

**12.3** 衰减作用通过将转录和翻译偶合在一起而起作用，这些过程在真核生物中是分开进行的，转录在细胞核中进行，而翻译在细胞质中进行。

**12.5** 前体tRNA中的tRNA序列呈三叶草形，两侧各有一个额外的发夹结构。开始，核酸酶E或者F在3′端的发夹结构的上游切割，形成一个新的3′端，然后具有外切核酸酶活性的核酸酶D从新的3′端上切割下7个核苷酸，随后暂停，等待核酸酶P切除5′端的发夹结构后再从3′端移除二个核苷酸，从而产生成熟tRNA的3′端。所有成熟tRNA的3′端都必须是5′-CCA-3′。tRNA-Tyr的前体tRNA中就含有CCA，而且并没有被核酸酶D移除，但在其他一些前体tRNA中不存在CCA序列，或者虽然存在却被加工移除。当前体的3′端是由核酸酶Z切割形成时，核酸酶Z会将三叶草结构末端不配对的核苷酸切除，因此会切除包含末端CCA的序列。当CCA缺失时，只能以不依赖于模板的RNA聚合酶，如tRNA核苷酸转移酶来合成。

**12.7** 细菌 mRNA 的降解起始于移除其包括发夹在内的 3′端结构，由内切酶即糖核酸酶 E 或核糖核酸酶 III 在 RNA 分子新末端，然后由核糖核酸酶 II 和 PNPase 按 3′→5′方向去除核苷酸的剩余部分。

**12.9** 加帽的第一步是加一个附加的鸟苷酸到 RNA 的 5′端。末端核苷酸的 γ-磷酸（最外面的磷酸）和 GTP 的 β 和 γ 磷酸被去除，形成一个 5′-5′键。该反应被鸟苷转移酶催化。第二步反应是在鸟苷酸甲基转移酶的催化下将一个甲基加到鸟嘌呤环的 7 位 N 原子上，使鸟嘌呤变成 7-甲基鸟嘌呤。

**12.11** 小核仁 RNA 与 rRNA 前体通过碱基配对来识别需要进行甲基化或者假尿嘧啶化的残基，配对发生在要甲基化序列 D 盒的上游。

**论述题**

**12.1** 这一观点最早见于 von Hippel，P. H. 的文章（1998）An integrated model of the transcription complex in elongateion，termination，and editing. *Science* 281：660～665。这是对转录解释进行评价的起点。

**12.3** 这一问题可见于 18.3.2 中对于内含子起源的讨论，“晚内含子”假说认为内含子在进化中出现得相对较晚，并在真核生物的基因组中逐渐积累。根据这一模型，原核生物的基因组内不存在内含子是由于原核生物的基因组形成时，第一个内含子还没有出现。与之相关，“早内含子”假说认为内含子非常古老，然后在真核生物中慢慢减少，原核生物中没有内含子是“早内含子”理论很难解释的，关于这一点的讨论见 18.3.2 节。

**12.5** 18.1.1 中讨论了 RNA 世界，在其中只有 RNA 具有生物催化功能。这些核酶为什么能够保存下来还是个未知问题，但是表 12.4 中列出的核酶的作用都与序列特异性的 RNA 分子切割有关。回想一下技术注解 5.1 中所说“RNA 分子所缺乏的是像限制性内切酶那样在操作 DNA 时的那种序列特异性”。

**图形测试**

**12.1** 当终止子的反向回文序列被转录出来时，转录出来的 RNA 折叠成一种稳定的发夹结构，发夹结构比 DNA-RNA 配对更具热力学上的有利性，因而导致了 DNA-RNA 配对减少。当随后的一系列 A 被转录为 U 后，形成的 A-U 碱基对只有两个氢键。这两种因素弱化了模板和转录物的相互作用，从而导致终止。

**12.3** 5′剪接位点的切割由位于内含子序列内部的一个 A 的 2′-C 上的-OH 基团发起转酯反应。羟基攻击的结果是 5′剪接位点磷酸二酯键的断裂，同时这个 A 与内含子中的第一个核苷酸（即 5′-GU-3′基序中的 G）形成 5′-2′磷酸二酯键，内含子自身成环，形成套索结构。剪接位点的断裂和外显子的连接，这是第二次转酯反应。由上游外显子末端的 3′-OH 攻击 3′剪接位点的磷酸二酯键，切割后释放呈套索结构的内含子，然后该内含子重又被转变成线性，最后被降解。同时上游外显子的 3′端与新形成的下游外显子的 5′端相连，完成剪接过程。

**12.5** 图中显示了 RNA 干扰通路。双链的 RNA 分子被 Dicer 酶降解为小干扰 RNA（siRNA），这些小干扰 RNA 结合于 mRNA，使其被 RNA 诱导的沉默复合体（RISC）降解。

## 第13章：蛋白质组的合成与加工

**选择题**

13.1—b； 13.3—c； 13.5—c； 13.7—c； 13.9—d； 13.11—c； 13.13—c；13.15—d

**简答题**

**13.1** 转移tRNA建立mRNA和合成中的多肽之间的联系。这既是一个物理性连接——tRNA结合到mRNA和不断延长的多肽上，同时也是一个信息连接——tRNA确保了合成中的多肽的氨基酸序列是由密码子，也即mRNA上的核苷酸序列所决定的。

**13.3** 大多数错误可以被氨酰-tRNA合成酶自身纠正，通过一个与氨酰化截然不同的编辑过程进行，这与tRNA的不同接触有关。

**13.5** 前起始复合体包括核糖体40S亚基，由结合到起始$tRNA^{Met}$的真核细胞起始因子eIF-2及一个GTP分子组成的“三元复合体”，以及另外三种起始因子eIF-1、eIF-1A和eIF-3组成。

**13.7** 起始因子eIF-2的磷酸化导致了翻译起始的抑制，因为它防止了因子与GTP分子的结合，而后者是起始tRNA与核糖体小亚基结合所必需。

**13.9** 在数毫秒时间内，二级结构基序即沿多肽链形成。此时，蛋白质形成紧密但并非折叠的结构，将其疏水基团置于内部，与水隔离。在随后数秒或数分钟之内，二级结构基序之间相互作用，通常经过一系列中间体构象，逐渐成形三级结构。

**13.11** 内含肽具有自我剪切的能力，所以它们可以自行从蛋白质中去除。

**论述题**

**13.1** 一个很好的解决这个难题的参考文献起点是 Ribas de pouplana，L. and Schimmel，P.（2001）Aminoacyl-tRNA synthetases：potential markers of genetic code development. *Trends Biochem. Sci.* 26：591～596。

**13.3** 自20世纪50年代末期，DNA被确认为遗传物质以来，遗传密码子的进化问题就一直是人们争论的焦点问题。许多遗传学家支持“冷冻事件”假说，这个假说认为，密码子在进化的最早期阶段是随机指配到氨基酸的，这种编码随后就被“冻结”，因为任何的变动都可能导致蛋白质氨基酸序列的广泛紊乱。但也有多方面的证据提示，这种编码可能并不是那么随机的。首先，争议性的实验结果提示，至少一部分氨基酸直接结合到含有适当的密码子的RNA上，而这发生于介导目前细胞内相互作用的tRNA不存在的情况下。如果这种推测是正确的话，那就意味着在某个氨基酸及其密码子之间存在着某种化学关系。其次，标准密码子的偏移（表1.3）表明，相同密码子重新指配可以不止一次的发生。如果密码子和氨基酸之间的关系是完全随机的话（这是“冷冻事件”假说的观点），那么我们将不能预期相同的密码子重新指配会在不同的时间再次发生。还可以参阅 Knight R.D.，Freeland，S.J. and Landweber，L.F.（1999）Selection，history and chemistry：the three faces of the genetic code. *TrendsBiochem. Sci.* 24：241～247；Szathmary，E.（1999）The origin of the genetic code：amino acids as cofactors in an RNA world. *Trends Genet.* 15：223～229；and Yarus，M.，Caporaso，J.G. and Knight，R.（2005）Origins of genetic code：the escaped triplet theory. *Annu. Rev. Biochem.* 74：179～198。

**13.5** 相关观点包括如下几点：早期认为，核糖体由大亚基和小亚基组成，对于建立蛋白质合成机制中的起始模型是至关重要的；确认 P-，A-和 E-位点对更为详尽的理解翻译具有关键作用。结构学研究奠定了目前进行的有关肽键转移酶活性研究的基础。

**图形测试**

**13.1** 次黄嘌呤核苷残基可以出现在第 34 位核苷酸。这个位点的次黄嘌呤核苷可以与 mRNA 中的 A、C 或 U 发生碱基配对，这样就允许一种 tRNA 分子可以识别某种氨基酸的三种不同的密码子。

**13.3** CCdA-磷酸化-嘌呤是在肽键形成中转位状态的一种类似物，它可以在肽键转移酶的活性部位被核糖体结合。既然没有蛋白质靠近 CCdA-磷酸化-嘌呤分子，这就表明，肽键的形成不是由蛋白质催化的。

## 第 14 章：基因组活性的调控

**选择题**

14.1—d；14.3—a；14.5—a；14.7—c；14.9—d；14.11—d；14.13—c；14.15—d

**简单题**

**14.1** 分化指的是细胞取得特化的生理功能，由于基因组表达的永久改变，细胞的生化组成就改变了。发育指某细胞或生物生命过程中一系列有序的改变，这些改变可能是暂时的，也可能是永久的，并且应该持续一段很长的时间。

**14.3** 当葡萄糖转运进入细菌，糖转运蛋白 $IIA^{Glc}$ 去磷酸化，去磷酸化形式的 $IIA^{Glc}$ 抑制产生 cAMP 的腺苷环化酶。因此当有葡萄糖的时候，cAMP 的水平很低；当无葡萄糖时，cAMP 水平就高。

**14.5** MAP 激酶被 Mek 蛋白磷酸化后活化，磷酸化的 MAP 激酶入核，并磷酸化转录激活因子，产生一个反应，促进细胞分裂。

**14.7** 类型转换使淋巴细胞合成的免疫球蛋白类型发生完全的改变，这需要一个重组事件，沿着染色体删除 $C\mu_{\mu}$ 和 $C\delta_{\delta}$ 序列。例如，当淋巴细胞转而合成 IgG（成熟淋巴细胞产生的最常见免疫球蛋白类型），删除则在基因簇 5′端置换为 $C\gamma_{\gamma}$ 片段，特化产生 IgG 重链。类型转换与 V-D-J 连接不同，重组事件不需要 RAG 蛋白。

**14.9** 从一个含有 SpoIIAB 的复合体释放之后，$\sigma^F$ 被激活，这由 SpoIIAA 控制，它在非磷酸化状态下结合 SpoIIAB，避免后者结合 $\sigma^F$。如果 SpoIIAA 是不磷酸化的，$\sigma^F$ 则被释放而活化；如果 SpoIIAA 磷酸化，$\sigma^F$ 仍结合 SpoIIAB，因此无活性。在母细胞，SpoIIAB 磷酸化 SpoIIAA，因此保持 $\sigma^F$ 结合无活性状态。但是在前芽孢，SpoIIAB 试图磷酸化 SpoIIAA，但是被另外一个蛋白质 SpoIIE 抑制，因此 $\sigma^F$ 被释放而活化。之所以 SpoIIE 在前芽孢抑制 SpoIIAB 而在母细胞却不能，是因为 SpoIIE 结合在分隔表面的膜上。因为前芽孢比母细胞小得多，但是两者的分隔表面积是相似的，那么 SpoIIE 在前芽孢内的浓度要大得多，使它可以抑制 SpoIIAB。

**14.11** *bicoid* 基因在母系细胞转录，mRNA 插入未受精卵细胞的前端。*bicoid* mRNA 保持在卵细胞的前端，通过其 3′非翻译区结合细胞骨架。卵细胞受精之后，mRNA 翻译出来，Bicoid 蛋白弥散于整个合胞体，建立起一个从前到后的浓度梯度。

**论述题**

**14.1** 该问题还需要进一步阅读，可以从以下文献读起：Berg，J. M.，Tymoczko，J. L.，and Stryer，l.（2006）*Biochemistry*，6th Ed. W. H. Freeman，New York。

**14.3** 该问题最有效的解决方案是考虑我们当前对高级真核生物发育的理解，这些信息是基于我们用线虫和黑腹果蝇做过的实验。一种观点认为，对秀丽稳杆线虫的研究极大地帮助了我们对 RNA 干扰的分子基础的理解（12.2.6 节），尽管即使没有秀丽稳杆线虫，我们的理解也不会因此延迟多久。另外一方面，如果没有事先对黑腹果蝇的研究，那么我们在真核生物中揭示同源异形选择基因的功能（14.3.4 节）将会非常困难。

**14.5** 该问题不像在遗传研究中的相关问题（第 3 章的，论述题 3.3），很难简单描述对于高等真核生物发育研究理想的模式生物。我们研究的基本准则是：理想模型应该是最简单的真核生物，只要其能表现出研究所需的特定生物特征。因此，理想模型根据发育的不同方面而不同。

**图形测试**

**14.1** 这种现象叫做二度生长，是由于代谢抑制引起的。通过间接影响代谢物活化蛋白，葡萄糖抑制乳糖操纵子的表达。代谢物活化蛋白结合细菌基因组不同位点的识别序列，从而激活下游启动子的转录起始。这些启动子的有效起始依赖于代谢物活化蛋白的结合，如果这种蛋白质不存在，这些启动子调控的基因将不表达。葡萄糖本身不结合代谢物活化蛋白，但是它控制细胞内的 cAMP 水平，因为其抑制了从 ATP 合成 cAMP 的腺苷酸环化酶的活性。这种抑制作用是由 $IIA^{Glc}$ 介导的，而 $IIA^{Glc}$ 是一个多蛋白质复合体的成员，负责转运葡萄糖进入细菌。当葡萄糖转运进入细胞，$IIA^{Glc}$ 去磷酸化。去磷酸化的 $IIA^{Glc}$ 抑制腺苷酸环化酶的活性，这意味着当葡萄糖水平高的时候，细胞的 cAMP 水平则低。只有在 cAMP 存在的情况下，代谢物活化蛋白才能结合其靶位点，因此，当葡萄糖存在时，代谢物活化蛋白脱离，其控制的操纵子将被关闭。

**14.3** 在 B 细胞发育的早期阶段，基因组内部的免疫球蛋白基因座发生重排。在重链的基因座内，这些重排将 VH 基因片段与 $D_H$ 基因片段连接，然后将 V-D 组合与 $J_H$ 基因片段连接。结果是产生一个包含特异表达免疫球蛋白 V、D、J 片段的全开放读码框的外显子。在转录过程中，通过剪接这个外显子与 C 片段外显子相连，生成一个完整重链 mRNA，从而可以翻译生成该淋巴细胞特异的免疫球蛋白。一系列相似的 DNA 重排导致淋巴细胞轻链 V-J 外显子被构建，同样地，通过剪接与 C 片段外显子相连，合成 mRNA。

## 第 15 章：基因组复制

**选择题**

15.1—c；15.3—a；15.5—b；15.7—c；15.9—b；15.11—a；15.13—a；15.15—c

**简答题**

**15.1** 复制的弥散模型预测每个子代分子都是由部分父代 DNA 和部分新合成的 DNA 组成。在半保留复制模型中，每个子代分子都是由一条父代链和一条新合成的链组成。如果以保守方式复制，那么子代的双螺旋完全由新合成的 DNA 组成，而另外一个分子则由父代 DNA 组成。

**15.3** 滚环复制从一条父代多聚核苷酸链上的一个缺口开始。得到的自由 3′端进行延伸，取代多聚核苷酸的 5′端。接着进行的 DNA 合成“滚出”一个完整拷贝的基因组，更进一步的合成甚至会产生一系列头尾相连的基因组。这些单链线性的基因组经过互补链合成并在连接位点发生剪切后环化，形成双链环形分子。

**15.5** 在复制起始位点变性打开的 DNA 末端，一个预先引发的 DnaB 和 DnaC 的复合物组装上去。DnaB 是一个解旋酶，它可以在起始位点延伸单链区，并允许其他复制蛋白质结合。

**15.7** 引导酶合成一条含有 8～12 核糖核苷酸的引物。该链再由 DNA 聚合酶 α 延伸大约 20 个核苷酸（其中可能还包含核糖核酸）。余下的链由 DNA 聚合酶 δ 完成。

**15.9** 因引发最后一个冈崎片段合成的自然引物超出了模板末端的范围，所以最后一个冈崎片段无法进行引导，从而导致滞后链的 3′端无法进行复制，结果造成染色体缩短。这个冈崎片段的丢失使得复制产生的分子比滞后链模板短。如果这个拷贝保持这个长度，当它被用来作为下一轮复制的模板时，子二代分子的长度更短。即使再退一步，最后一个冈崎片段的引物可以放在滞后链末端最靠近 3′端处，同样也会造成滞后链的缩短，因为正常的引物去除机制无法将 RNA 引物转化成为 DNA。

**15.11** 当 Cdc6p 基因受到抑制，复制前复合物（pre-RC）就缺失了。当这个基因过表达，将发生多次基因组复制而不进行有丝分裂。

**论述题**

**15.1** 推崇的原因来自于 Watson 和 Crick 在他们发现 DNA 双螺旋结构的 *Nature* 论文中做出的著名结论：“我们已经注意到，我们假设的特异配对方式提示了遗传物质可能的复制机制。”（15.1 节的开始部分）。一旦了解了这一点，再考虑为什么半保留复制并没有立即为人们所接受的原因（15.1.1 节）。

**15.3** Patel，S.S.和 Picha，K.M.的《解旋酶六聚体的结构和功能》（*Annu. Rev. Biochem*. 69：651～697）的研究综述可以作为本书内容的详细补充。

**15.5** 关键文献：

Shay，J. W. and Wright，W. E. （2005）. Senescence and immortalization：role of telomeres and telomerase. *Carcinogenesis* 26，867～874.

Shay，J. W. （2005）. Meeting report：the role of telomeres and telomerase in cancer. *Cancer Res* 65，3513～3517.

**图形测试**

**15.1** 本图表示替代复制。RNA 分子同一条 DNA 分子结合后双螺旋被 D 环破坏。RNA 分子作为子代多聚核苷酸的复制起点。核苷酸第一条链可以进行连续复制，另外一条链被替代，当第一条子代基因组复制完成后再进行它的复制。

**15.3** DNA 聚合酶 III 缺乏 5′→3′外切核酸酶活性，所以当它到达另外一个冈崎片段时会脱离。DNA 聚合酶 I 取代它的位置，它具有 5′→3′外切核酸酶活性可以去除引物和下一个冈崎片段起始部分，继续延伸临近片段的 3′端至暴露的模板处。这样两个冈崎片段就靠在一起，DNA 连接酶在二者之间加入磷酸二酯键。

## 第 16 章：突变和 DNA 修复

**选择题**

16.1—b； 16.3—b； 16.5—c； 16.7—b； 16.9—a； 16.11—b； 16.13—c；

16.15—b

**简答题**

**16.1** 基因组复制过程中的错误和诱变剂的影响都可以引起突变。诱变剂是可以和DNA相互作用并改变单一核酸结构的化学或物理因素。

**16.3** DNA聚合酶可以在如下情况区分错误核苷酸：当核苷酸第一次集合到DNA聚合酶时；当核苷酸转移到酶的活性中心时；当它接触到正在合成多聚核苷酸的3′端时。

**16.5** 加热促使核苷酸中连接碱基与糖组分的β-*N*-糖苷键发生水解断裂。这更常见于嘌呤而非嘧啶，造成一个AP（无嘌呤/无嘧啶）或无碱基位点。余下的糖-磷酸连接不稳定，很快降解，若是双链DNA分子则留下一个缺口［图16.10（B）］。该反应正常情况下不致突变，因为细胞有修复缺刻的有效系统（16.2.2节），可以保证修复每个人体细胞中每天产生的10 000个AP位点。

**16.7** 因为杂合子个体只能合成大于正常人体细胞中50%的活性载脂蛋白B-100。这样的下降会导致疾病，因而是显性遗传。这是一个单倍剂量不足的例子。

**16.9** 高频突变是因为一些胞嘧啶转变为尿嘧啶（通过脱氨酶）进而尿嘧啶又被从基因组中切除（通过糖基化酶）产生AP位点导致的结果。在碱基切除修复中，AP位点会被DNA聚合酶β填充以恢复原始的序列，不过高频突变中的AP位点则不被修复。这也就意味着在下一轮的复制中，4种碱基中的任何一个都有可能插入子代链中对应AP位点的位置。再下一轮的复制将稳定这一突变。

**16.11** 在非同源末端连接中，蛋白质复合物引导DNA连接酶到断裂处。这个复合物中包括两个拷贝的Ku蛋白，每个拷贝都结合一个断裂的DNA末端。两个Ku蛋白之间也存在亲和力，这就保证了DNA分子的两个末端处于十分接近的位置。Ku协同DNA-PKcs蛋白激酶结合DNA，后者可以激活第三个XRCC4蛋白，它可以和DNA连接酶IV相互作用，引导这个修复蛋白到双链断裂处。

**论述题**

**16.1** 转换（嘌呤到嘌呤或嘧啶到嘧啶的改变）不改变双螺旋中嘌呤-嘧啶的方向。颠换（嘌呤到嘧啶或嘧啶到嘌呤的改变）逆转了嘌呤-嘧啶的方向。

**16.3** 除了拓展性阅读引用到的相关文献外，一篇关键综述是：Cummings, C. J. and Zoghbi, H. Y. (2000). Trinucleotide repeats: mechanisms and pathophysiology. *Annu Rev Genomics Hum Genet*. 1, 281～328.

**16.5** 这个问题的源文献是：White, O., J. A. Eisen, et al. (1999). Genome sequence of the radioresistant bacterium *Deinococcus radiodurans* R1. *Science* 286: 1571～1577.

**图形测试**

**16.1** 本图表示两个核苷酸插入DNA中的微卫星序列。这是复制滑移的例子。

**16.3** DNA糖基化酶从DNA中去除受损碱基。这将产生一个缺少碱基的位点，糖-磷酸基团被AP内切核酸酶切除。这个缺口随后被DNA聚合酶填补，最后一个磷酸二酯键由DNA连接酶加入。这就是碱基切除修复通路。

## 第 17 章：重组

**选择题**

17.1—c；17.3—d；17.5—b；17.7—d；17.9—c；17.11—d

**简答题**

**17.1** 重组可以引起基因组的重要改变和长片段的重构。如果没有重组，基因组基本不会变化并保持一种很稳定的结构。

**17.3** 在双链断裂模型中，同源重组起始于一个双链剪切，将重组的一方断为两个片段。双链被切开后，两个半截分子中有一条链被截短，所以每个末端都具有一个 3′的突出端。其中一个突出端侵入到同源 DNA 分子中产生一个 Holliday 连接。截短的 DNA 链由 DNA 聚合酶延伸，这一区域的 DNA 合成使用没有进行开始双链断裂的 DNA 分子作为模板。

**17.5** 细菌可以通过转化、转导和接合的方式获得新的基因。如果进入细胞内的 DNA 同大肠杆菌的基因组存在同源序列，那么同源重组将会发生，这样就可以把外源 DNA 插入到大肠杆菌的基因组中。

**17.7** 每个 *att* 位点含有相同的 15 碱基对的核心序列。核心序列的两边有不同的旁侧序列：细菌基因组中的 B 和 B′（每个长 4bp），噬菌体 DNA 中的 P 和 P′。P 和 P′长度超过 100bp。核心序列的突变导致 *att* 位点失活使其无法进行重组。

**17.9** 逆转座的第一步是合成插入的逆转录元件的 RNA 拷贝，RNA 分子再被转化为双链 DNA。这种转换的第一阶段是通过逆转录合成 RNA 分子的一个单链 DNA 拷贝。这条链的合成反应由 tRNA 引物与逆转录元件 5′LTR 中的某一位点退火进行引导。

**论述题**

**17.1** 这个问题的目的是了解尽管 RecA 的名字表明这个蛋白质在重组中的作用，不过它不仅仅作为一个单链结合蛋白，它还可以激活蛋白酶活性，在细菌分子生物学中发挥各种各样的功能。重要的文献包括：Kowalczykowski，S. C. and A. K. Eggleston (1994). Homologous pairing and DNA strand-exchange proteins. *Annu. Rev. Biochem.* 63：991～1043；Michel，B. (2005). After 30 years of study，the bacterial SOS response still surprises us. *PLoS Biol.* 3：e255；Lusetti，S. L. and M. M. Cox (2002). The bacterial RecA protein and the recombinational DNA repair of stalled replication forks. *Annu. Rev. Biochem.* 71：71～100。

**17.3** 相关信息见：Pyle，A. M. (2004). DNA repair：big engine finds small breaks. *Nature* 432：157～158.

**17.5** 17.3.3 节说明 DNA 甲基化是公认将转座子活性最小化的主要过程。目前这方面好的文献还很难找到，不过以下文献可以作为一个很好的起点：Yoder, J. A., C. P. Walsh, et al. (1997). Cytosine methylation and the ecology of intragenomic parasites. *Trends Genet.* 13：335～340；Rabinowicz, P. D., Palmer, L. E., et al. (2003). Genes and transposons are differentially methylated in plants, but not in mammals. *Genome Res.* 13：2658～2664.

**图形测试**

**17.1** 位点特异性突变

**17.3** RecA

## 第 18 章：基因组如何进化

### 选择题

18.1—d；18.3—b；18.5—a；18.7—d；18.9—b；18.11—c；18.13—d

### 简答题

**18.1** 原始地球的大气含有少量的氧气、大量的氨和甲烷，与现在大气的含量十分的不同。

**18.3** 如果多起源是可能的，而现代生命只从其中一种衍生而来，那么在哪一时期这种独特的生化系统开始占据主导地位？虽然不能精确地回答这个问题，但最可能的情形是，这种主导系统最早发展出合成蛋白质类的酶的方法，因而也可能最先采用了 DNA 基因组。蛋白质类酶和 DNA 基因组所拥有的更大的催化潜能和更准确的复制能力，使这些细胞与那些仍含有 RNA 原基因组的细胞相比有很明显的优势。这种 DNA-RNA-蛋白质细胞也将能够繁殖得更快，使它们在与 RNA 细胞对营养的竞争中胜出。

**18.5** 第一次数目跃迁发生在 14 亿年前真核生物出现时，从典型原核生物的 5000 个或更少的基因增加到大多数真核生物的 10 000 个或更多的基因。第二次跃迁是随着最初的脊椎动物的出现产生的，当时是在寒武纪结束不久，每种原脊椎动物可能含有至少 30 000 个基因。

**18.7** 逆转录基因是当一个基因的 mRNA 被逆转录成 cDNA，再重新插入基因组而形成的。一般来说，插入的位点不含有启动子序列（也不含有内含子），那么插入的序列不能再被转录，形成假基因。如果插入的位点位于另一个基因启动子附近，就会获得转录活性。

**18.9** 片段倍增将一个基因的外显子置于另一个基因外显子的附近，如果这些外显子可以被转录，则产生了一个新的基因。

**18.11** “基因外显子理论”模型认为 RNA 世界结束不久，最早的 DNA 基因组构建时已经形成了内含子。这些基因组可能含有多个短的基因，每一个基因都从一个 RNA 编码分子衍生而来，分别编码一段很短的多肽，或仅是一个结构域。这些多肽可能必须连接到一起，有利于支持多结构域酶的合成，小基因成为外显子，而它们之间的序列成为内含子。

### 论述题

**18.1** 相关文献为 Vision，T. J.，Brown，D. G. and Tanksley，S. D. （2000） The origins of genomic duplications in *Arabidopsis*. *Science* 290：2114～2117。

**18.3** 第一篇反对这种说法的文献是 Salzberg，S. L.，White，O.，Peterson，J. and Eisen，J. A. （2001）. Microbial genes in the human genome：lateral transfer or gene loss? *Science* 292：1903～1906 和 Stanhope，M. J.，Lupas，A.，Italia，M. J.，Koretke，K. K，Volker，C. and Brown，J. R. （2001） Phylogenetic analyses do not support horizontal gene transfers from bacteria to vertebrates. *Nature* 411：940～944。进一步可以参见第 19 章中分子进化学中的内容。

**18.5** 这个问题就是所谓的基因组序列比较。如果非常严格地说，根据 18.4 节以及拓展阅读中引用文献所提供的信息，我们说，至少在比较人类和黑猩猩的基因组时，答案是否定的。这一点会因为大猩猩和猩猩的基因组被测序而改变吗？或者尼安德特的全基因组被获得后会有改变吗（19.3.2 节）？如果我们不那么严格或者允许进行后基因组分析，那么 18.4 节可以揭示是哪些因素使我们之所以成为人类。

**图形测试**

**18.1** 当自然选择的压力仅作用于倍增中的一个拷贝时，另一个拷贝就可以积累突变，从而活性发生改变或产生新的功能。当缺失突变发生在第二个拷贝时，这个拷贝会随着时间发生降解，从而产生假基因。

**18.3** 上图显示的是通过结构域倍增产生新的基因，结构域 B 是从原来基因倍增出来的，下图是指结构域混排，通过将来自于两个不同基因的结构域结合在一起形成一个新的基因。

## 第 19 章：分子系统发生学

**选择题**

19.1—b；19.3—a；19.5—c；19.7—b；19.9—b；19.11—c；19.13—b

**简答题**

**19.1** 表型分类学（phenetics）是一种分类时应当包含尽可能多的可变特征的分类学方法，在使用表型分类学之前占统治地位的观点认为分类应该基于有限数目的，被认为是很重要的特征。

**19.3** 原始特征态是一组生物共同的远古祖先所具有的，衍生的特征态是近代的祖先由原始特征演变而来的。

**19.5** 基因树中的内部结点代表祖先基因由于突变而分裂为两个等位基因，物种树中的内部结点代表一次物种形成事件，一个祖先物种分裂成两个相同不能杂交的物种，这些突变和物种形成不可能在同一时间发生。

**19.7** 等位基因的频率受到自然选择和随机遗传漂移的影响。自然突变能改变影响生物适合度的等位基因的频率，随机遗传漂移能够影响基因频率是由于出生、死亡或繁殖等事件的随机性质。

**19.9** 从重约 400mg 的一块骨骼样品中提取 DNA，使用定量 PCR 技术对尼安德特人线粒体基因中可变性最大的部分进行扩增，因为预期到 DNA 已断裂成短片段，所以通过 9 个重叠的 PCR 产生的片段来构建一个序列，每次扩增的 DNA 不超过 170bp，但合起来总长有 377bp。用来自尼安德特人骨骼和 6 个现代人的线粒体 DNA 单倍体群来构建系统发生树，尼安德特人序列位于与根相连的分支，不与任何现代人的序列直接相连，用多重对比比较尼安德特人和来自现代人的 994 个序列，尼安德特人与现代人的序列差异平均在 27.2±2.2 核苷酸位点，这些现代人来自世界各地，不只在欧洲，它们间仅有 8.0±3.1 个位点的差异。这与现代人源于尼安德特人的概念不符，从而有力地支持了走出非洲假说。

**19.11** 线粒体 DNA 分析提示，土著美洲人的祖先是亚洲人，他们中发现了 4 个不同的线粒体单倍体群。人类首次迁徙入北美洲发生在 15 000 和 8000 年前，一项晚一点的对线粒体的广泛研究把这一时间推前至 25 000～20 000 年前，对 Y 染色体的研究给出的时间大约在 22 500 年前的“土著美洲人亚当”，他携带着几乎现在所有土著美洲人 Y 染色体祖先，这些不同的结论至今还存在着争论。

**论述题**

**19.1** 尽管图 19.9 展示的例子说明了基因树并不等同于物种树，但是两者之间的重合显然是可能的，下一个问题是“你怎么知道一棵基因树是不是准确地代表了一棵物种树?”。答案需要对图 19.19 总结的信息进行考虑，这张图显示不同的基因或基因集合需要按顺序研究来获得统一的观点。

**19.3** 这个问题的研究起点可自 Ladoukakis, E. D., and Zouros, E. (2001) Recombination in animal mitochondrial DNA: evidence from published sequences. *Mol. Biol. Evol.* 18: 2127～2131。和 Meunier, J. and Eyre-Walker, A. (2001) The correlation between linkage disequilibrium and distance: implications for recombination in hominid mitochondria. *Mol. Biol. Evol.* 18: 2132～2135。这些都是最早研究线粒体重组可能的文章，晚期引用这些文章的文献应该被用来争论。

**19.5** 对这一题目的详细描述见于 Richards, M. (2003) The Neolithic invasion of the Europe. *Annu. Rev. Anthropol.* 32: 135～162。为了全面地回答这一问题，提供图 19.30信息的文章 Richards, M., Macaulay, V., Hickey, E., et al. (2000) Tracing European founder lineages in the Near Eastern mtDNA pool. *Am. J. Hum. Genet.* 67: 1251～1276 也应该仔细研读。这是一篇复杂的文章，如果你能够在对其做出发展，那么你学习《基因组》这本书的努力没有白费。

**图形测试**

**19.1** 图（B）显示马的单趾是一个衍生特征态。

**19.3** 如果第一次物种形成事件之后，在产生的一个或两个群体中很快又发生了第二次的物种形成事件，那么基因树的分支顺序可能与物种树的不同。当现代物种中的基因源于两次物种形成事件之前的等位基因时，更是如此。

# 词 汇 表

| 英文 | 中文 | 释 义 |
|---|---|---|
| 2-aminopurine | 2-氨基嘌呤 | 可以在DNA分子中引起腺嘌呤替代突变的一种碱基类似物。 |
| 2μm circle | 2μm 环 | 在酿酒酵母中发现的用作一系列克隆载体基础的一种质粒。 |
| −25 box | −25 框 | 细菌启动子的一个组成元件。 |
| 3′-OH terminus | 3′羟基末端 | 多聚核苷酸的一个末端，其终止于糖基3′碳上连接的羟基基团。 |
| 3′transduction | 3′转导 | 由于LINE元件的移动而使一段基因组DNA序列从一个位置移动至另一个位置。 |
| 3′-untranslated region | 3′非翻译区 | mRNA终止密码子下游不被翻译的区域。 |
| 30 nm chromatin fiber | 30nm 染色质纤维 | 一种包装相对松散的染色质形式，由核小体呈螺旋排列形成，直径约30nm的纤维组成。 |
| 5-bromouracil | 5-溴尿嘧啶 | 可以在DNA分子中引起胸腺嘧啶替代突变的一种碱基类似物。 |
| 5′-P terminus | 5′磷酸末端 | 多聚核苷酸链的一个末端，其终止于糖基5′碳上连接的一个、两个或三个磷酸基团。 |
| 5′-untranslated region | 5′非翻译区 | mRNA起始密码子上游不被翻译的区域。 |
| (6-4) lesion | (6-4)损伤 | 因紫外辐射导致多聚核苷酸中临近嘧啶碱基形成的二聚体。 |
| (6-4) photoproduct photolyase | (6-4)光产物光解酶 | 光复活修复中的一种酶。 |
| α-helix | α螺旋 | 多肽片段所最常用的两种二级结构之一。 |
| β-*N*-glycosidic bond | β-*N*-糖苷键 | 核苷酸中连接碱基和糖的连接键。 |
| β-sheet | β折叠 | 多肽片段最常采用的二级结构构象之一。 |
| β-turn | β转角 | 一种第二个通常为甘氨酸的4氨基酸序列，它常常使多肽改变方向。 |
| γ-complex | γ复合体 | DNA聚合酶III的成分，由γ亚基以及相关的δ、δ′、χ和ψ亚基组成。 |
| κ-homology domain | κ同源结构域 | 一种RNA结合结构域。 |
| π-π interaction | π-π相互作用 | 发生在双链DNA分子内相邻碱基对之间的疏水性相互作用。 |
| Acceptor arm | 受体臂 | tRNA分子结构中的一部分。 |
| Acceptor site | 受体位点 | 一个内含子3′端的剪接位点。 |
| Acidic domain | 酸性结构域 | 一种激活结构域。 |
| Acridine dye | 吖啶染料 | 一种通过嵌入双螺旋中相邻的碱基对之间造成移码突变的化合物。 |
| Activation domain | 激活结构域 | 是激活蛋白的一部分，与起始复合物形成接触。 |
| Activator | 激活蛋白 | 稳定RNA聚合酶II转录起始复合物构造的DNA结合蛋白。 |
| Acylation | 乙酰化 | 脂质侧链结合到多肽上的过程。 |
| Ada enzyme | Ada 酶 | 大肠杆菌对烷基化突变进行直接修复时的一种酶。 |
| Adaptor | 接头 | 用于将黏末端连接到平末端分子上的一种合成的双链寡聚核苷酸。 |

| | | |
|---|---|---|
| Adenine | 腺嘌呤 | DNA 和 RNA 中发现的一种嘌呤碱基。 |
| Adenosine deaminase acting on RNA(ADAR) | 作用于 RNA 的腺嘌呤脱氨酶 | 一种能够对多种真核生物 mRNA 进行编辑的酶，它可以使腺嘌呤脱氨变成次黄嘌呤。 |
| Adenylate cyclase | 腺苷酸环化酶 | 将 ATP 转化为环 AMP 的酶。 |
| A-DNA | A 型 DNA | DNA 双螺旋的一种构型，在细胞中存在但不常见。 |
| Affinity chromatography | 亲和层析 | 一种使用配体结合待纯化分子的柱层析方法。 |
| Agarose gel electrophoresis | 琼脂糖凝胶电泳 | 在琼脂糖凝胶中进行的电泳，用于分离长度为 100bp～50kb 的 DNA 分子。 |
| Alarmone | 信号素 | 是一种应急反应的激活因子，包括 ppGppp 和 pppGpp。 |
| Alkaline phosphatase | 碱性磷酸酶 | 能将磷酸基团从 DNA 分子的 5′端去除的一种酶。 |
| Alkylating agent | 烷化剂 | 一类可以在核酸碱基上添加烷基的诱变剂。 |
| Allele | 等位基因 | 基因的两个或多个可替换型中的一种基因型。 |
| Allele frequency | 等位基因频率 | 一个等位基因在人群中出现的频率。 |
| Allele-specific oligonucleotide (ASO) hybridization | 等位基因特异性寡核苷酸杂交 | 利用一条寡聚核苷酸探针确定两条可变核苷酸序列哪条存在于某一 DNA 分子中。 |
| Allopolyploid | 异源多倍体 | 来自于不同物种的两个配子融合产生的多倍体。 |
| Alphoid DNA | 类 α-DNA | 位于人染色体中着丝粒区域的串联重复核苷酸序列。 |
| Alternative polyadenylation | 可变多聚腺苷酸化 | 一个 mRNA 两个或两个以上不同位点多聚腺苷酸化。 |
| Alternative promoter | 选择性启动子 | 作用在同一个基因上的两个或多个不同启动子之一。 |
| Alternative splicing | 可变剪接 | 通过连接不同的外显子而从一个 mRNA 前体产生出两种或者多种成熟 mRNA 的现象。 |
| Alu | Alu 序列 | 在人类及相关哺乳动物基因组中发现的一种短重复元件(SINE)。 |
| Alu-PCR | Alu-PCR | 运用 PCR 检测克隆的 DNA 片段中 Alu 序列相对位置的一种克隆指纹图谱技术。 |
| Amino acid | 氨基酸 | 蛋白质分子中的一个单体单位。 |
| Aminoacyl or A site | 氨酰或 A 位点 | 翻译过程中，氨酰-tRNA 占据的核糖体位点。 |
| Aminoacylation | 氨酰化 | 氨基酸结合到 tRNA 受体臂的过程。 |
| Aminoacyl-tRNA synthetase | 氨酰-tRNA 合成酶 | 催化一个或更多 tRNA 氨酰化的酶。 |
| Amino terminus | 氨基端 | 具有一个游离氨基的多肽末端。 |
| Amplification refraction mutation system(ARMS test) | 扩增不应突变系统 | 一种 SNP 分型技术，进行一对引物引导下的 PCR，其中的一个引物覆盖 SNP 位点。 |
| Ancestral character state | 原始特征态 | 一组生物的远古共同祖先所具有的特征态。 |
| Ancient DNA | 古代 DNA | 古代生物样本中残留的 DNA。 |
| Annealing | 退火 | 寡聚核苷酸引物结合到 DNA 或 RNA 模板上的过程。 |
| Anticodon | 反密码子 | tRNA 分子中第 34～36 位的三个核苷酸，与 mRNA 中的密码子发生碱基配对。 |
| Anticodon arm | 反密码子臂 | tRNA 分子结构中的一部分。 |
| Antigen | 抗原 | 能激发免疫反应的物质。 |
| Antitermination | 抗终止 | 细菌中一种调节转录终止的机制。 |
| Antiterminator protein | 抗终止子蛋白 | 一种蛋白质，能与细菌的 DNA 结合，介导抗终止。 |
| AP endonuclease | AP 核酸内切酶 | 碱基切除修复中的一种酶。 |
| Apomorphic character state | 变形特征态 | 所研究物种中的一个亚组所进化出的一组特征态，与原始特征态不同。 |
| AP (apurinic/apyrimidinic) site | AP(无嘌呤/无嘧啶)位点 | DNA 分子中核苷酸碱基丢失的位置。 |

| | | |
|---|---|---|
| Apoptosis | 凋亡 | 程序性细胞死亡。 |
| Archaea | 古生菌 | 两大类原核生物之一，大多数都发现于极端环境中。 |
| Artificial gene synthesis | 人工基因合成 | 从一系列重叠的寡聚核苷酸中构建一个人造基因。 |
| Ascospore | 子囊孢子 | 如酿酒酵母这样的子囊菌有丝分裂的一个单倍体产物。 |
| Ascus | 子囊 | 酿酒酵母单次有丝分裂产生的包含四个子囊孢子的结构。 |
| Attenuation | 衰减作用 | 某些细菌依据细胞内氨基酸水平调节氨基酸生物合成操纵子表达的过程。 |
| AU-AC intron | AU-AC 内含子 | 是真核生物核基因中的一种内含子，内含子的最初的两个核苷酸是 5′-AU-3′，最后两个核苷酸是 5′-AC-3′。 |
| Autonomously replicating sequence(ARS) | 自主复制序列 | 特别是指在酵母中一段可以赋予无复制能力的质粒具有复制能力的 DNA 序列。 |
| Autopolyploid | 同源多倍体 | 来自于相同物种的两个配子融合产生的，这两个配子都不是单倍体。 |
| Autoradiography | 放射自显影 | 通过 X 光敏感性胶片的曝光来检测放射性标记的分子。 |
| Autosome | 常染色体 | 不是性染色体的染色体。 |
| Auxotroph | 营养缺陷型 | 一类只能在含有野生型微生物不需要的某营养成分的条件下生长的突变型微生物。 |
| Backtracking | 反向移动 | RNA 聚合酶沿着 DNA 模板链向后移动一小段距离。 |
| Bacteria | 细菌 | 两大类原核生物之一。 |
| Bacterial artificial chromosome(BAC) | 细菌人工染色体 | 基于大肠杆菌 F 质粒的一种高容量克隆载体。 |
| Bacteriophage | 噬菌体 | 感染细菌的一种病毒。 |
| Bacteriophage P1 vector | 噬菌体 P1 载体 | 基于噬菌体 P1 的一种高容量克隆载体。 |
| Barcode deletion strategy | 条码缺失策略 | 一种用于在酿酒酵母中进行大规模筛选缺失突变的方法。 |
| Barr body | 巴氏小体 | 失活 X 染色体具有的高度浓缩的染色质结构。 |
| Basal promoter | 基本启动子 | 真核启动子中起始复合体组装的位置。 |
| Basal promoter element | 基本启动子元件 | 很多真核启动子中存在，开始基本水平的转录起始的序列模块。 |
| Basal rate of transcription | 基础转录速率 | 特定启动子单位时间内转录起始发生的个数。 |
| Base analog | 碱基类似物 | 一类具有同 DNA 分子中某一种碱基类似结构使其可作为诱变剂的化合物。 |
| Base excision repair | 碱基切除修复 | 通过切除并替换异常碱基的一种 DNA 修复过程。 |
| Baseless site | 无碱基位点 | DNA 分子中核苷酸碱基丢失的位置。 |
| Base pair | 碱基对 | 由两个互补的核苷酸通过氢键形成的结构，当缩写成“bp”时，就是双链 DNA 分子长度的最小单位。 |
| Base pairing | 碱基配对 | 通过碱基对，一条多聚核苷酸与另一条多聚核苷酸结合，或者一条多聚核苷酸的一部分与该多聚核苷酸的另一部分结合。 |
| Base ratio | 碱基比例 | 在双螺旋 DNA 中的 A 与 T 或 G 与 C 的比例，Chargaff 发现碱基比例总是接近 1。 |
| Base stacking | 碱基堆积力 | 发生在双螺旋 DNA 分子中相邻碱基对之间的疏水性相互作用。 |
| Basic domain | 碱性结构域 | 一种 DNA 结合结构域。 |
| B chromosome | B 染色体 | 群体中部分个体(不是全部)中含有的一条染色体。 |
| B-DNA | B 型 DNA | 活细胞中 DNA 双螺旋最普遍的构型。 |
| Beads-on-a-string | 串珠模型 | 由核小体小球连在 DNA 链上形成的一种未折叠的染色质结构。 |

| | | |
|---|---|---|
| Biochemical profiling | 生物化学谱 | 代谢组学的研究。 |
| Bioinformatics | 生物信息学 | 运用计算机方法研究基因组的学科。 |
| Biolistics | 生物射弹技术 | 将 DNA 导入细胞的一种方法,用包裹有 DNA 的微小颗粒进行高速轰击。 |
| Biological information | 生物信息 | 生物基因组内包含的信息,负责指导发育以及维持生命。 |
| Biotechnology | 生物技术 | 在工业过程中运用活体(应用最多的是微生物)的技术。 |
| Biotinylation | 生物素化 | 生物素标签结合到 DNA 或 RNA 分子的过程。 |
| Bivalent | 二价体 | 减数分裂过程中由一对同源染色体排列形成的结构。 |
| BLAST | 基本逻辑比对搜索工具 | 一个用来比对生物同源序列的算法。 |
| Blunt end | 平末端 | 双链 DNA 分子的一种末端,两条链在相同的核苷酸位置终止,没有单链突出。 |
| Bootstrap analysis | 重取样分析 | 一种用于估测系统发生树上分支结点可信程度的方法。 |
| Bootstrap value | 重取样值 | 通过重取样分析得到的统计值。 |
| Bottleneck | 瓶颈 | 群体数量的暂时性减少。 |
| Branch | 分支 | 系统发生树的组件。 |
| Branch migration | 分支迁移 | 同源重组 Holliday 模型中的一个步骤,包括一对重组双链 DNA 分子间的多聚核苷酸交换。 |
| Buoyant density | 浮力密度 | 某种分子或颗粒悬浮在盐水或蔗糖溶液中具有的密度。 |
| CAAT box | CAAT 盒 | 一种基础启动子元件。 |
| Cap | 帽子 | 绝大多数真核信使 RNA 分子的 5′端的化学修饰。 |
| Cap binding complex | 帽子结合复合体 | 真核生物翻译的扫描阶段开始时,首次结合到帽子结构的复合体。 |
| CAP site | CAP 位点 | 代谢物激活蛋白的 DNA 结合位点。 |
| Capillary electrophoresis | 毛细管电泳 | 在细毛细管中进行的聚丙烯酰胺凝胶电泳,其分辨率高。 |
| Capping | 加帽 | 将帽子结构加到真核 mRNA5′端。 |
| Capsid | 衣壳 | 包绕病毒 DNA 或 RNA 基因组的蛋白质外壳。 |
| Carboxyl terminus | 羧基末端 | 具有一个游离羧基基团的多肽链末端。 |
| CASP(CTD-associated SR-like protein) | CTD 结合 SR 样蛋白 | 一种被认为在 GU-AG 内含子的剪接过程中发挥调节作用的蛋白质。 |
| Catabolite activator protein | 代谢物活化蛋白 | 一种调节蛋白,结合细菌基因组的不同位置并激活下游启动子的转录起始。 |
| Catabolite repression | 代谢物阻遏 | 细菌中胞外葡萄糖决定糖利用的基因表达与否的一种方式。 |
| cDNA | 互补 DNA | mRNA 分子的双链 DNA 拷贝。 |
| cDNA capture or cDNA selection | cDNA 捕获或 cDNA 选择 | 为了获得富含特定序列的亚库,对 cDNA 文库进行的反复杂交筛选。 |
| Cell cycle | 细胞周期 | 细胞一次分裂到下一次分裂期间,发生的一系列事件。 |
| Cell cycle checkpoint | 细胞周期检查点 | 细胞周期进入 S 或 M 期之前的一段时间,是进行调控的关键时间点。 |
| Cell-free protein synthesizing system | 无细胞蛋白合成系统 | 包含所有蛋白质合成所需要的组份,能够翻译加入的 mRNA 分子的细胞抽提物。 |
| Cell senescence | 细胞衰老 | 细胞系的一个阶段,其中的细胞仍然存活但不能再分裂。 |
| Cell-specific module | 细胞特异性模体 | 存在于仅在特定组织中表达的真核基因启动子的基序。 |
| Cell transformation | 细胞转化 | 当一种哺乳动物细胞被癌基因病毒感染后出现的形态学和生物化学性质的改变。 |
| Centromere | 着丝粒 | 染色体中的一个致密区域,它将染色单体聚集在一起。 |
| Chain termination method | 链终止方法 | 一种多聚核苷酸链酶学合成时在特定核苷酸位置终止的 DNA 测序方法。 |

| | | |
|---|---|---|
| Chaperonin | 分子伴素 | 协助其他蛋白质折叠的一种多亚基蛋白。 |
| Character state | 特征态 | 至少有两种形态以上特征中的一种,可以用于系统发生分析。 |
| Chemical degradation sequencing | 化学降解法测序 | 一种涉及在特定核苷酸位点使用化合物来切割 DNA 分子的测序方法。 |
| Chemical shift | 化学迁移 | 核旋转中的变化,是 NMR 的基础。 |
| Chi form | Chi 体 | DNA 分子重组过程中形成的一种中间结构。 |
| Chi site | Chi 位点 | 大肠杆菌中一段重复的核苷酸序列,参与同源重组的起始。 |
| Chimera | 嵌合体 | 由两种或更多遗传上不同的细胞型组成生物体。 |
| Chloroplast | 叶绿体 | 真核细胞光合成细胞器中的一种。 |
| Chloroplast genome | 叶绿体基因组 | 存在于光合成的真核细胞叶绿体中的基因组。 |
| Chromatid | 染色单体 | 染色体臂。 |
| Chromatin | 染色质 | 染色体中发现的 DNA 和组蛋白形成的复合物。 |
| Chromatosome | 染色质小体 | 染色质的亚结构,由一个核小体的核心八聚体及其相互作用的 DNA 和连接组蛋白构成。 |
| Chromosome | 染色体 | 一个包含了部分真核生物的核基因组的 DNA-蛋白质结构。 |
| Chromosome painting | 染色体涂染 | 荧光原位杂交的一种版本,杂交探针是 DNA 分子的混合物,其中每一个探针特异针对单个染色体上的不同区域。 |
| Chromosome scaffold | 染色体支架 | 核基质的成分,细胞分裂过程中改变其结构,导致染色体凝集成中期形式。 |
| Chromosome territory | 染色体领域 | 单个染色体占据的核内的区域。 |
| Chromosome theory | 染色体理论 | Sutton 1903 年提出,认为基因位于染色体上。 |
| Chromosome walking | 染色体步移 | 通过鉴定克隆 DNA 的重叠部分来构建克隆重叠群的一种方法。 |
| *Cis*-displacement | 顺式置换 | 将 DNA 分子上的核小体移动到一个新的位置。 |
| Clade | 分化支 | 一组单源的生物或 DNA 序列,它们都来源于特有的同一祖先。 |
| Cladistics | 分支系统学 | 一种系统发生方法,强调理解所研究特征的进化关系。 |
| Class switching | 类型转换 | 一种导致 B 淋巴细胞合成的免疫球蛋白完全转变的过程。 |
| Cleavage and polyadenylation specificity factor(CPSF) | 切割和多聚腺苷酸化特异因子 | 一种在真核生物 mRNA 的加尾过程中起辅助作用的蛋白质。 |
| Cleavage stimulation factor (CstF) | 切割刺激因子 | 一种在真核生物 mRNA 的加尾过程中起辅助作用的蛋白质。 |
| Clone | 克隆 | 含有相同重组 DNA 分子的一群细胞。 |
| Clone contig | 克隆重叠群 | DNA 片段互相重叠的克隆集合。 |
| Clone contig approach | 克隆重叠群方法 | 一种基因组测序策略,被测序的分子被打断成可操作的片段,每个片段长几百 kb 或几 Mb,然后分别测序。 |
| Clone fingerprinting | 克隆指纹图谱技术 | 对克隆的 DNA 片段进行比较以鉴定出重叠部分的几种技术。 |
| Clone library | 克隆文库 | 可能代表一个完整基因组的克隆集合,从中可以获得感兴趣的单个克隆。 |
| Cloning vector | 克隆载体 | 可以在宿主细胞内复制并能用于克隆其他 DNA 片段的一种 DNA 分子。 |
| Closed promoter complex | 关闭的启动子复合物 | 转录起始复合物装配起始阶段 DNA 碱基对打开之前形成的一种结构,包括 RNA 聚合酶和(或)结合到启动子上的辅助蛋白。 |
| Cloverleaf | 三叶草 | tRNA 分子的一种代表性二维结构。 |

| | | |
|---|---|---|
| Coactivator | 辅助激活蛋白 | 通过与 DNA 非特异性结合或者蛋白质-蛋白质相互作用促进转录起始的蛋白质。 |
| Coding RNA | 编码 RNA | 编码蛋白质的 RNA 分子;信使 RNA。 |
| Codominance | 共显性 | 一对等位基因之间的对某一杂合子的表型都有贡献的关系。 |
| Codon | 密码子 | 编码单个氨基酸的核苷酸三联体。 |
| Codon-anticodon recognition | 密码子-反密码子识别 | mRNA 上的密码子和 tRNA 上的相应反密码子之间的相互作用。 |
| Codon bias | 密码子偏倚 | 在特定生物体的基因中,并不是所有密码子的使用频率都一样的现象。 |
| Cohesin | 黏附蛋白 | 基因组复制和核分离期间维持姐妹染色单体在一起的蛋白质。 |
| Cohesive end | 黏末端 | 双链 DNA 分子的一种末端,含有单链突出。 |
| Coimmunoprecipitation | 免疫共沉淀 | 利用一种特异针对蛋白质复合体中某一蛋白质的抗体将复合体成员全部分离出来的技术。 |
| Cointegrate | 共联体 | 复制型转座通路中的一种中间体。 |
| Commitment complex | 定型复合体 | 在 GU-AG 内含子剪接的过程中形成的起始结构。 |
| Comparative genomics | 比较基因组学 | 利用从一个基因组研究中获得的信息来推测另一个基因组中基因图谱位置及功能的一种研究策略。 |
| Competent | 感受态 | 通过氯化钙处理方法获得的细菌培养物,其吸收 DNA 分子的能力大大提高。 |
| Complementary | 互补 | 可以互相碱基配对的两个核苷酸或核苷酸序列。 |
| Complementary DNA(cDNA) | 互补 DNA | mRNA 分子的双链 DNA 拷贝。 |
| Composite transposon | 复合型转座子 | 一种 DNA 转座子,由一对插入序列及其两侧的 DNA 片段组成,后者通常包含有一个以上的基因。 |
| Concatamer | 多联体 | 由线性基因首尾相连构成的 DNA 分子。 |
| Concerted evolution | 协同进化 | 一种进化过程,使一个多基因家族成员之间保持相同或者相似的序列。 |
| Conditional-lethal mutation | 条件致死突变 | 导致细胞或机体只有在许可条件下才能生存的突变。 |
| Conjugation | 接合 | 在物理性相互接触的两个细菌之间转移 DNA。 |
| Conjugation mapping | 接合图谱 | 通过测定在接合过程中每个基因转移所需要的时间来绘制基因图谱的技术。 |
| Consensus sequence | 保守序列 | 代表一组相关但不完全相同序列普遍形式的核苷酸序列。 |
| Conservative replication | 保守型复制 | DNA 复制的一种假设模型,指一个子代双螺旋由两个父代多聚核苷酸组成而另外一个则由两条新合成的多聚核苷酸组成。 |
| Conservative transposition | 保守型转座 | 不产生转座元件新拷贝的转座。 |
| Constitutive control | 组成型调控 | 由启动子序列决定的细菌基因表达调控。 |
| Constitutive heterochromatin | 组成型异染色体 | 永久保持致密结构的染色质。 |
| Constitutive mutation | 组成型突变 | 导致一个或一组正常情况下表达受到调控的基因持续表达的突变类型。 |
| Context-dependent codon reassignment | 上下文依赖的密码子重分配 | 指密码子周边的 DNA 序列改变密码子含义的情况。 |
| Contig | 重叠群 | 一组连续的重叠 DNA 序列。 |
| Contour clamped homogeneous electric fields,CHEF | 等高加压均匀电场 | 一种用来分离大型 DNA 分子的电泳方法。 |
| Conventional pseudogene | 常规假基因 | 一种因为突变积累而失活的基因。 |

| | | |
|---|---|---|
| Convergent evolution | 趋同进化 | 同一特征独立出现在两个谱系的进化过程中的情况。 |
| Core enzyme | 核心酶 | 大肠杆菌的 RNA 聚合酶，亚基组成为 $\alpha_2\beta\beta'$，执行 RNA 合成，但不能有效定位启动子。 |
| Core octamer | 核心八聚体 | 核小体的中心结构，由组蛋白 H2A、H2B、H3 和 H4 各两个以及缠绕在外的 DNA 组成。 |
| Co-repressor | 辅阻遏物 | 通过结合阻遏蛋白或者是阻遏物结合操纵子而抑制基因表达的分子。 |
| Core promoter | 核心启动子 | 真核启动子起始复合体组装的位置。 |
| Cosmid | 考斯质粒 | 包括插入到质粒中的 λ 噬菌体 *cos* 位点的高容量克隆载体。 |
| *cos* site | *cos* 位点 | 存在于某些 λ 噬菌体菌株 DNA 分子末端的黏性单链突出。 |
| Cotransduction | 共转导 | 通过转导噬菌体把两个或更多基因从一种细菌转移到另一种细菌。 |
| Cotransformation | 共转化 | 在细菌转化过程中吸收一个 DNA 分子上的两个或多个基因。 |
| CpG island | CpG 岛 | 人类基因组中大约 56%的基因上游富含 GC 的 DNA 区域。 |
| CREB | cAMP 应答元件结合蛋白 | 一个重要的转录因子。 |
| Crossing-over | 交换 | 减数分裂过程中染色体之间的 DNA 交换。 |
| Cryptic splice site | 隐蔽剪接位点 | 与真实剪接位点相似，在发生错误剪接时可代替正式剪接位点的剪接位点。 |
| Cryptogene | 隐藏基因 | 在锥虫线粒体中存在一些基因，它们编码一些特殊的 RNA，这些 RNA 必须经历全编辑才能形成有功能的 RNA。 |
| CTD-associated SR-like protein(CASP) | CTD 相关类 SR 蛋白 | 在 GU-AG 内含子剪接中起调控作用的一类蛋白质。 |
| C-terminal domain(CTD) | C 端结构域 | RNA 聚合酶 II 的最大亚基的部分，起激活作用。 |
| C terminus | C 端 | 具有一个游离羧基端的多肽末端。 |
| C-value paradox | C 值悖论 | 在比较一些真核生物的基因组时，发现的基因组大小和基因数目不对应的现象。 |
| Cyanelle | 共生体 | 一种类似被摄入的蓝细菌的光合作用细胞器。 |
| Cyclic AMP(cAMP) | 环腺嘌呤一磷酸 | AMP 的修饰形式，分子内部的磷酸二酯键连接 5′和 3′碳原子。 |
| Cyclin | 周期素 | 一类调控蛋白，它们的丰度随细胞周期的改变而改变，以细胞周期特异的方式调控生化事件。 |
| Cyclobutyl dimer | 环丁二聚体 | 因紫外辐射导致多聚核苷酸中邻近嘧啶碱基形成二聚体。 |
| $Cys_2His_2$ finger | 2 半胱氨酸 2 组氨酸锌指 | 一种锌指 DNA 结合结构域。 |
| Cytochemistry | 细胞化学 | 利用特殊染料和显微镜鉴定细胞结构的生化组成。 |
| Cytosine | 胞嘧啶 | 在 DNA 和 RNA 中发现的一种嘧啶碱基。 |
| Dark repair | 暗修复 | 一种校正环丁二聚体的核苷酸切除修复过程。 |
| D arm | D 臂 | tRNA 分子结构中的一部分。 |
| Deadenylation-dependent decapping | 去腺苷酸化依赖性去帽途径 | 一种真核 mRNA 降解的过程，起始于 poly(A)尾的移除。 |
| Deaminating agent | 脱氨基试剂 | 一类可以在核酸碱基上去除氨基的诱变剂。 |
| Degeneracy | 简并性 | 指遗传密码中大多数氨基酸都对应着一个以上的密码子的实际情况。 |
| Degradosome | 降解体 | 一种多酶的复合体，负责对细菌 mRNA 的降解。 |

| | | |
|---|---|---|
| Delayed-onset mutation | 延迟发生突变 | 一类影响必须到突变生物体生命相对后期才会出现的突变。 |
| Deletion mutation | 缺失突变 | 因为 DNA 序列中缺失一个或多个核苷酸而产生的突变。 |
| Denaturation | 变性 | 通过化学或物理方法打开维持蛋白质和核酸的二级和高级结构的非共价键(如氢键)。 |
| Dendrogram | 树状聚类图 | 用来显示诸如一组转录组之间关系的树状图。 |
| *De novo* methylation | 从头甲基化 | 把甲基加到 DNA 分子新位置上。 |
| Density gradient centrifugation | 密度梯度离心 | 细胞成分在一种密度梯度性的溶液中离心的一种技术,它能使不同的细胞组分分离。 |
| Deoxyribonuclease | 脱氧核糖核酸酶 | 切割 DNA 分子中磷酸二酯键的一种酶。 |
| Derived character state | 衍生特征态 | 近代的祖先由原始特征演变而出的特征态。 |
| Development | 发育 | 细胞或者生物生命过程中一系列的瞬间和永久变化。 |
| Diauxie | 二度生长 | 给细菌供给糖的混合物的时候,细菌代谢第二种糖之前先用完一种糖。 |
| Dicer | Dicer 核糖核酸酶 | 一种在 RNA 干扰途径中起重要的调节作用的核糖核酸酶。 |
| Dideoxynucleotide | 双脱氧核苷酸 | 缺少 3′羟基基团的修饰核苷酸,掺入到多聚核苷酸中可以导致链合成终止。 |
| Differential centrifugation | 差速离心 | 将提取物用不同的速度进行离心,分离不同细胞组分的一项技术。 |
| Differential splicing | 差异剪接 | 由同一前体 mRNA 通过外显子不同连接方式产生的两种或多种 mRNA 产物。 |
| Differentiation | 分化 | 细胞接受特化的生化和生理功能。 |
| Dihybrid cross | 双交换 | 导致两对等位基因不发生变化的有性交换。 |
| Dimer | 二聚体 | 由两个亚单位组成的蛋白质或者其他结构。 |
| Diploid | 二倍体 | 每条染色体都有两个拷贝的细胞核。 |
| Directed evolution | 直接进化 | 用于获得改良提高的新基因采用的一系列实验技术。 |
| Direct readout | 直接读出 | DNA 结合蛋白与双螺旋的外侧相互接触而识别 DNA 序列。 |
| Direct repair | 直接修复 | 一种直接在受损核苷酸上进行修复的 DNA 修复系统。 |
| Direct repeat | 正向重复 | DNA 分子重复两次或者更多次的核苷酸序列。 |
| Discontinuous gene | 不连续基因 | 被分割成外显子和内含子的基因。 |
| Dispersive replication | 弥散型复制 | DNA 复制的一种假设模型,指两个子代双螺旋都由部分父代多聚核苷酸和部分新合成的多聚核苷酸组成。 |
| Displacement replication | 替代复制 | 复制的一种模式,指螺旋的一条链进行连续复制,另外一条链被替代并在第一条子代链合成完成后才进行复制。 |
| Distance matrix | 距离矩阵 | 一个展示数据集中所有序列之间距离关系的表格。 |
| Distance method | 距离法 | 一种严格的数学方法,用以比对核苷酸序列。 |
| Disulfide bridge | 二硫键 | 连接不同多肽或同一多肽不同位置的两个半胱氨酸的共价键。 |
| D-loop | D 环 | 同源重组 Meselson-Radding 模型中的一种中间结构,也指双螺旋中因一个 RNA 分子同一条链进行配对后被打开的一段约 500bp 的区域,它是替代复制的起点。 |
| DNA | 脱氧核糖核酸 | 脱氧核糖核酸,是活细胞中两种核酸形式中的一种,也是所有细胞和许多病毒内的遗传物质。 |
| DNA adenine methylase (Dam) | DNA 腺嘌呤甲基化酶 | 参与大肠杆菌 DNA 甲基化的一种酶。 |
| DNA bending | DNA 弯曲 | 被结合蛋白诱导导致的一种构象变化。 |
| DNA-binding motif | DNA 结合结构域 | DNA 结合蛋白与双螺旋接触的部分。 |

| | | |
|---|---|---|
| DNA-binding protein | DNA 结合蛋白 | 与 DNA 结合的蛋白质。 |
| DNA chip | DNA 芯片 | 用来进行平行杂交分析的 DNA 分子的高密度阵列。 |
| DNA cloning | DNA 克隆 | 将 DNA 片段插入到克隆载体中，随后在宿主生物中繁殖重组 DNA 分子。 |
| DNA cytosine methylase (Dcm) | DNA 胞嘧啶甲基化酶 | 大肠杆菌 DNA 甲基化中的一种酶。 |
| DNA-dependent DNA polymerase | DNA 依赖的 DNA 聚合酶 | 以 DNA 模板合成 DNA 的酶。 |
| DNA-dependent RNA polymerase | DNA 依赖的 RNA 聚合酶 | 以 DNA 模板合成 RNA 的酶。 |
| DNA glycosylase | DNA 糖基化酶 | 在碱基切除修复和错配修复过程中切除碱基和核苷酸糖组分间β-*N*-糖苷键的一种酶。该名字是一种误称，本名应该为 DNA glycolyase，不过错误叫法因习惯而沿袭下来。 |
| DNA gyrase | DNA 回旋酶 | 一种大肠杆菌 II 型拓扑异构酶。 |
| DNA ligase | DNA 连接酶 | 在 DNA 复制、修复和重组过程中合成磷酸二酯键的一种酶。 |
| DNA marker | DNA 标记物 | 以两种或多种易于区分的形式存在的 DNA 序列，可在遗传、物理或整合基因组图谱中用来标记图谱位置。 |
| DNA methylation | DNA 甲基化 | 指将甲基结合到 DNA 的化学反应。 |
| DNA methyltransferase | DNA 甲基转移酶 | 将甲基结合到 DNA 分子的酶。 |
| DNA photolyase | DNA 光解酶 | 光复活修复中的一种细菌酶。 |
| DNA polymerase | DNA 聚合酶 | 一种合成 DNA 的酶。 |
| DNA polymerase I | DNA 聚合酶 I | 细菌基因组复制中完成冈崎片段合成的一种酶。 |
| DNA polymerase II | DNA 聚合酶 II | 一种参与 DNA 修复的细菌 DNA 合成酶。 |
| DNA polymerase III | DNA 聚合酶 III | 细菌的主要 DNA 复制酶。 |
| DNA polymerase α | DNA 聚合酶 α | 真核生物中引发 DNA 复制的酶。 |
| DNA polymerase γ | DNA 聚合酶 γ | 负责线粒体基因组复制的酶。 |
| DNA polymerase δ | DNA 聚合酶 δ | 真核生物的主要 DNA 复制酶。 |
| DNA repair | DNA 修复 | 纠正因复制错误和诱变剂引起突变的生化过程。 |
| DNA replication | DNA 复制 | 合成基因组新拷贝的过程。 |
| DNase I hypersensitive site | DNase I 高敏位点 | 真核 DNA 中用脱氧核酶 I 相对容易切割的较短区域，可能与核小体缺失的位置重合。 |
| DNA sequencing | DNA 测序 | 确定 DNA 分子中核苷酸顺序的技术。 |
| DNA shuffling | DNA 混排 | 基于 PCR 技术的可以导致 DNA 序列直接进化的过程。 |
| DNA topoisomerase | DNA 拓扑异构酶 | 以单链或双链断裂-再连接方式在双螺旋中引入或消除螺旋的酶。 |
| DNA transposon | DNA 转座子 | 是转座机制中没有 RNA 中介体参与的一种转座子。 |
| DNA tumor virus | DNA 肿瘤病毒 | 含有 DNA 基因组的病毒，感染动物细胞后可以引起肿瘤。 |
| Domain | 结构域 | 一个多肽片段，能不依赖其他片段进行单独折叠；同时也指编码这种结构域的编码基因。 |
| Domain duplication | 结构域倍增 | 负责编码蛋白质结构域的序列发生了倍增的现象。 |
| Domain shuffing | 结构域混排 | 对一个或者多个基因的片段进行重排以产生一个新的基因，这些基因片段编码结构域。 |
| Dominant | 显性 | 杂合子中表达的等位基因。 |
| Donor site | 供位 | 一个内含子 5′端的剪接位点。 |
| Dot matrix | 点阵 | 一种用于序列比对的方法。 |
| Double helix | 双螺旋 | 碱基配对的双链结构，是细胞中 DNA 的天然形式。 |

| | | |
|---|---|---|
| Double heterozygote | 双杂合子 | 两个基因杂合的细胞核。 |
| Double homozygote | 双纯合子 | 两个基因纯合的细胞核。 |
| Double restriction | 双限制酶消化 | 同时使用两个限制性内切核酸酶消化 DNA。 |
| Double-strand break repair | 双链断裂修复 | 修补双链断裂的 DNA 修复过程。 |
| Double-stranded | 双链 | 两条多核苷酸链通过碱基配对互相结合。 |
| Double-stranded RNA-binding domain(dsRBD) | 双链 RNA 结合结构域 | (双链 RNA 结合蛋白的)RNA 结合结构域的一种普遍类型。 |
| Downstream | 下游 | 多聚核苷酸 3′端的方向。 |
| Dynamic allele-specific hybridization(DASH) | 动态等位基因特异杂交 | 用于测定单核苷酸多态性(SNP)的溶液杂交技术。 |
| Electrophoresis | 电泳 | 利用不同分子净电荷的不同分离分子的方法。 |
| Electrostatic interaction | 静电相互作用 | 带电化学基团之间形成的离子键。 |
| Elongation factor | 延伸因子 | 一种在转录或翻译的延伸过程中起辅助作用的蛋白质。 |
| Elongator | 延伸子 | 一种酵母蛋白质,可能有组蛋白质乙酰化活性,与转录的延伸阶段有关。 |
| Elution | 洗脱物 | 从层析柱上流出的未结合分子。 |
| Embryonic stem(ES) cell | 胚胎干细胞 | 来自小鼠或其他生物胚胎的全能细胞。 |
| End-labeling | 末端标记 | 在 DNA 或 RNA 分子的一端连接放射性或其他标记物。 |
| End-modification | 末端修饰 | DNA 或 RNA 分子末端的化学改变。 |
| End-modification enzyme | 末端修饰酶 | 重组 DNA 技术中运用的一种酶,能改变 DNA 分子末端的化学结构。 |
| Endogenous retrovirus(ERV) | 内源性逆转录病毒 | 整合到宿主染色体中的一类有或无活性的逆转录病毒基因组。 |
| Endonuclease | 内切核酸酶 | 打断核酸分子内磷酸二酯键的一种酶。 |
| Endosymbiont theory | 内共生学说 | 认为真核细胞的线粒体和叶绿体从共生的原核生物衍生而来的一种学说。 |
| Enhanceosome | 增强体 | 通过 DNA 弯曲而形成的一系列蛋白质参与的激活 RNA 聚合酶 II 转录起始复合体的结构。 |
| Enhancer | 增强子 | 在任一方向离基因较远的促进转录速率的调节序列。 |
| Episome | 表位 | 可以整合入宿主细胞染色体的质粒。 |
| Episome transfer | 表位转移 | 细菌染色体的全部或一部分通过整合到质粒在细胞之间转移。 |
| E site | E 位点 | 细菌核糖体中,tRNA 在去乙酰化之后立即离开的位点。 |
| Ethidium bromide | 溴化乙锭 | 一种嵌入剂,可以插入到 DNA 双螺旋相邻碱基对之间诱导突变。 |
| Ethylmethane sulfonate(EMS) | 乙基甲磺酸 | 向核苷酸碱基上添加烷基基团的一种诱变剂。 |
| Euchromatin | 常染色质 | 相对不致密的真核染色体区域,一般认为包含活性基因。 |
| Eukaryote | 真核生物 | 细胞内含有膜包围的细胞核的生物。 |
| Excision repair | 切除修复 | 一种通过切除并重合成一段多聚核苷酸来修正不同 DNA 损伤的 DNA 修复过程。 |
| Exit site | 出口位点 | 同 E 位点。 |
| Exon | 外显子 | 一个不连续基因内的编码区域。 |
| Exonic splicing enhancer(ESE) | 外显子剪接增强子 | 一段核苷酸序列,在 GU-AG 内含子的剪接过程中起正调节作用。 |
| Exonic splicing silencer(ESS) | 外显子剪接沉默子 | 一段核苷酸序列,在 GU-AG 内含子的剪接过程中起负调节作用。 |

| | | |
|---|---|---|
| Exon-intron boundary | 外显子-内含子边界 | 外显子和内含子交界处的核苷酸序列。 |
| Exon skipping | 外显子跳跃 | 导致一个或多个外显子缺失的错误剪接。 |
| Exon theory of gene | 基因的外显子理论 | 一种“内含子早期出现”的假说，认为最初的 DNA 基因组形成时内含子已经存在。 |
| Exon trapping | 外显子捕获 | 基于克隆技术确定 DNA 序列上外显子位置的一种方法。 |
| Exonuclease | 外切核酸酶 | 从核酸分子的末端去除核苷酸的一种酶。 |
| Exosome | 外切酶体 | 真核生物中一种与 mRNA 降解有关的多蛋白复合体。 |
| Exportin | 输出蛋白 | 一种参与将各种分子转运出核的蛋白质。 |
| Expressed sequence tag (EST) | 表达序列标签 | 已测序获得的 cDNA 序列为标记，快速获取基因组中基因。 |
| Expression proteomics | 表达蛋白质组学 | 用来鉴定蛋白质组中蛋白质的方法学。 |
| Extein | 外显肽 | 不连续蛋白质的功能性成分。 |
| External node | 外部结点 | 系统发生树分支的末端，代表研究的 DNA 序列或物种。 |
| Extrachromosomal gene | 染色体外基因 | 位于线粒体或叶绿体基因组中的基因。 |
| Facultative heterochromatin | 兼性异染色质 | 某些细胞而非所有细胞内的致密结构的染色质，一般认为在某些细胞或者细胞周期某些阶段包括无活性的基因。 |
| FEN1 | 侧翼核酸内切酶 | 真核生物中滞后链复制过程中的“侧翼核酸内切酶”。 |
| Fiber FISH | 纤维-FISH | 一种可以获得高度标记分辨率的特殊 FISH 方式。 |
| Field inversion gel electrophoresis(FIGE) | 电场转换凝胶电泳 | 一种用来分离大 DNA 分子的电泳技术。 |
| Finished sequence | 完成序列 | 人类染色体中已完成测序并确定的染色体序列，它至少包括 95% 的常染色质，每 10 000 个核苷酸中的错误率小于 1。 |
| Fitness | 适合度 | 一种生物或等位基因能够存活或繁殖下去的能力。 |
| Fixation | 固定 | 一个等位基因在群体中达到 100% 频率时的状态。 |
| Flow cytometry | 流式细胞计量术 | 一种分离染色体的方法。 |
| FLpter value | FLpter 值 | 在 FISH 中使用的描述杂交信号相对于染色体短臂末端位置的单位。 |
| Fluorescence recovery after photobleaching(FRAP) | 光漂白后荧光恢复技术 | 一种研究核蛋白的移动性的技术。 |
| Fluorescent *in situ* hybridization(FISH) | 荧光原位杂交 | 一种通过观察荧光标记在染色体上的位置而确定标记物的技术。 |
| Flush end | 平末端 | 双链 DNA 分子的一种末端，两条链在相同的核苷酸位置处终止，没有单链突出。 |
| fMet | 甲酰甲硫氨酸 | *N*-甲酰甲硫氨酸，细菌翻译起始过程中 tRNA 携带的修饰氨基酸。 |
| Folding domain | 折叠结构域 | 独立于其他片段折叠的多肽区域。 |
| Folding pathway | 折叠途径 | 使未折叠蛋白质获得正确三维结构的一系列事件，期间包括形成部分折叠性中间体的过程。 |
| Footprinting | 足迹法 | 定位 DNA 分子上 DNA 结合蛋白的一组技术。 |
| Fosmid | Fosmid | 携带 F 质粒复制起始位点和 λ 噬菌体 *cos* 位点的高容量克隆载体。 |
| F plasmid | F 质粒 | 指导细菌间 DNA 接合转移的可育性质粒。 |
| Fragile site | 脆性位点 | 染色体中一段因包含延伸的三核苷酸重复序列而容易断裂的位置。 |
| Frameshifting | 移码 | 核糖体从一个可读框移位到基因内另外一个位点的过程。 |
| Frameshift mutation | 移码突变 | 因可读框插入或缺失非三倍数碱基而造成的突变，最终导致翻译的可读框发生改变。 |

| | | |
|---|---|---|
| Functional analysis | 功能分析 | 致力于鉴定未知基因功能的基因组研究领域。 |
| Functional domain | 功能域 | 可以用 DNaseI 处理线性化的围绕一个或一组基因的一段真核 DNA 区域。 |
| Functional RNA | 功能 RNA | 在细胞中具有一定功能的 RNA,即除 mRNA 之外的 RNA。 |
| Fusion protein | 融合蛋白 | 通常由不同的基因编码的两条多肽或多肽的一部分融合形成的蛋白质。 |
| $G_1$ phase | $G_1$ 期 | 细胞周期中第一个间隔期。 |
| $G_2$ phase | $G_2$ 期 | 细胞周期中第二个间隔期。 |
| Gain-of-function mutation | 功能获得突变 | 导致生物体获得某种新功能的突变。 |
| Gamete | 配子 | 生殖细胞,通常是单倍体,在有性生殖中与第二个配子融合后产生一个新的细胞。 |
| *Gap* gene | *Gap* 基因 | 果蝇胚胎中起建立位置信息作用的发育相关基因。 |
| Gap period | 间隔期 | 细胞周期中两个中间期之一。 |
| GAPs(GTPase activating proteins) | GTP 酶活化蛋白 | 在 Ras 信号转导途径中起中介作用的一系列蛋白质。 |
| GC box | GC 盒 | 一种基础启动子元件。 |
| GC content | GC 含量 | 基因组中 G 或 C 所占核苷酸的百分比。 |
| Gel electrophoresis | 凝胶电泳 | 在凝胶中进行的电泳,使携带相似电荷的分子可根据大小分开。 |
| Gel retardation analysis | 凝胶阻滞分析 | 一种确定 DNA 分子上结合蛋白位点的方法,通过电泳过程结合蛋白影响 DNA 片段迁移率而实现。 |
| Gel stretching | 凝胶拉伸 | 为了光学作图制备限制性 DNA 分子的技术。 |
| Gene | 基因 | 包含生物学信息的 DNA 片段,编码 RNA 和(或)多肽分子。 |
| Gene cloning | 基因克隆 | 向克隆载体中插入含有基因的 DNA 片段,随后使重组 DNA 分子在宿主机体中繁殖。 |
| Gene conversion | 基因转换 | 减数分裂中四个单倍体分离表现为非正常模式的过程。 |
| Gene expression | 基因表达 | 细胞中某个基因携带的生物信息释放的一系列事件。 |
| Gene flow | 基因流 | 基因从一种物种转移到另一种物种的过程。 |
| Gene fragment | 基因片段 | 由短的基因内分离区域组成的一种基因遗迹。 |
| General recombination | 普通重组 | 两个同源双链 DNA 分子之间的重组。 |
| General transcription factor (GTF) | 通用转录因子 | 真核转录过程中形成的瞬时或永久起始复合体组分中的一个蛋白质或者蛋白复合物。 |
| Gene substitution | 基因取代 | 一个在群体中恒定的等位基因被第二个等位基因取代的现象,第二个基因可能由于突变产生,在群体中的频率逐渐升高直到恒定。 |
| Gene superfamily | 基因超家族 | 两个或多个在进化上相关的一组多基因家族。 |
| Genes-within-gene | 基因内基因 | 一个基因的内含子中包含另一个基因。 |
| Gene therapy | 基因治疗 | 将一个基因或其他 DNA 序列用于治疗疾病的临床方法。 |
| Genetic code | 遗传密码 | 在蛋白质合成过程中,决定哪个核苷酸三联体编码哪个氨基酸的规则。 |
| Genetic footprinting | 遗传足迹 | 同时对多个基因进行快速功能分析的技术。 |
| Genetic linkage | 遗传连锁 | 同一个染色体上两个基因之间的物理相关性。 |
| Genetic mapping | 遗传作图 | 使用遗传学技术构建基因组图谱。 |
| Genetic marker | 遗传标记 | 以两种或多种易于区分的等位基因形式存在的基因,在遗传交换中其位置固定,因而可用于确定其他基因的图谱位置。 |
| Genetic profile | 遗传概图 | 对某个范围的微卫星座进行 PCR 扩增,其产物在电镜下观察产生的带型图谱。 |

| | | |
|---|---|---|
| Genetic redundancy | 基因冗余 | 同一个基因组中的两个基因具备相同功能的现象。 |
| Genetics | 遗传学 | 专门研究基因的生物学分支。 |
| Gene tree | 基因树 | 一棵显示一组基因或者 DNA 序列之间进化关系的进化树。 |
| Genome | 基因组 | 活生物体中的所有遗传物质。 |
| Genome expression | 基因组表达 | 基因组所携带的生物信息释放使细胞可用的一系列事件。 |
| Genome-wide repeat | 基因组范围内的重复序列 | 在基因组中多个不连续位置重复出现的序列。 |
| Genomic imprinting | 基因组印记 | 在同源染色体上通过使基因甲基化而失活。 |
| Genotype | 基因型 | 一个生物遗传组成的描述。 |
| Gigabase pair | 10 亿碱基对 | 1 000 000kb,1 000 000 000 bp。 |
| Global regulation | 整体调节 | 在应对不同信号时,细胞蛋白质合成的一个总体性下降。 |
| Glutamine-rich domain | 富含谷氨酰胺结构域 | (转录因子)活化结构域的一种类型。 |
| Glycosylation | 糖基化 | 将糖链结合到一个多肽的过程。 |
| GNRPs(guanine nucleotide-releasing proteins) | 鸟苷酸释放蛋白 | 介导 Ras 信号转导途径的一组蛋白质。 |
| Green fluorescent protein | 绿色荧光蛋白 | 一种用来标记其他蛋白质的蛋白质,作为一个报道基因。 |
| Group I intron | I 型内含子 | 一种主要见于细胞器基因中的内含子。 |
| Group II intron | II 型内含子 | 一种细胞器基因内的内含子。 |
| Group III intron | III 型内含子 | 一种细胞器基因内的内含子。 |
| GTPase activating protein (GAP) | GTP 酶激活蛋白 | 介导 Ras 信号转导途径的一组蛋白质。 |
| GU-AG intron | GU-AG 内含子 | 在真核生物的核基因中内含子的最常见类型,内含子的头两个核苷酸为 5′-GU-3′,最后两个核苷酸为 5′-AG-3′。 |
| Guanine | 鸟嘌呤 | 在 DNA 和 RNA 中发现的一种嘌呤碱基。 |
| Guanine methyltransferase | 鸟嘌呤甲基转移酶 | 在真核生物 mRNA 的加帽过程中,将甲基添加到 mRNA5′端的酶。 |
| Guanine nucleotide releasing protein(GNRP) | 鸟嘌呤核苷酸释放蛋白 | 在 Ras 信号转导途径中起中介作用的一系列蛋白质。 |
| Guanylyl transferase | 鸟苷酸转移酶 | 在真核生物 mRNA 加帽反应起始时,将一个 GTP 加到 mRNA5′端的酶。 |
| Guide RNA | 指导 RNA | 在全编辑中负责指导一个或多个核苷酸插入简化 RNA 的小 RNA。 |
| Hairpin | 发夹结构 | 一个由碱基配对的茎部以及碱基不配对的环组成的茎环结构,它可以存在于内含反向重复序列的单链多聚核苷酸中。 |
| Hammerhead | 锤头(状)核酶 | 在一些病毒中发现的具有核酶活性的 RNA 结构。 |
| Haplogroup | 单体群 | 在人群中占主要地位的线粒体 DNA 之一。 |
| Haploid | 单倍体 | 包含各染色体一份拷贝的细胞核。 |
| Haploinsufficiency | 单倍体不足 | 一对同源染色体一条链中的一个基因失活而导致突变生物体表型的改变。 |
| Haplotype | 单倍体型 | 总是共同遗传的等位基因的集合。 |
| Helicase | 解旋酶 | 一种可以打开双链 DNA 分子间碱基配对的酶。 |
| Helix-loop-helix motif | 螺旋-环-螺旋基序 | 一种二聚体结构域,常见于 DNA 结合蛋白。 |
| Helix-turn-helix motif | 螺旋-转角-螺旋基序 | 一种常见的 DNA 分子结合蛋白的结构基序。 |
| Helper phage | 辅助噬菌体 | 与相关克隆载体一起导入宿主细胞的噬菌体,目的是提供克隆载体复制所需要的酶和其他蛋白质。 |
| Heterochromatin | 异染色质 | 相对致密、包含不被转录的 DNA 的染色质。 |

| | | |
|---|---|---|
| Heteroduplex | 异源双螺旋 | DNA-DNA 或 DNA-RNA 的杂交链。 |
| Heteroduplex analysis | 异源双链分析 | 通过单链特异的核酸酶(如 S1)分析 DNA-RNA 杂合体来绘制转录图谱。 |
| Heterogenous nuclear RNA (hnRNA) | 核内不均一核 RNA | 包含 RNA 聚合酶 II 合成的未加工的转录物的核 RNA 组分。 |
| Heteropolymer | 异聚体 | 由不同核苷酸的混合物组成的人造 RNA。 |
| Heterozygosity | 杂合率 | 群体中随机挑选的个体对于特定标记呈杂合状态的可能性。 |
| Heterozygous | 杂合子 | 包含某一基因的两种不同等位基因的双倍体细胞核。 |
| Hierarchical clustering | 系统聚类法 | 一种基于比较成对基因间表达水平来分析转录组的方法。 |
| High mobility group N (HMGN) protein | 高迁移组 N 蛋白 | 影响染色质结构的一组核蛋白。 |
| High-performance liquid chromatography(HPLC) | 高效液相色谱 | 生化中应用广泛的一种柱色谱方法。 |
| Histone | 组蛋白 | 在核小体中发现的一种碱性蛋白质。 |
| Histone acetylation | 组蛋白乙酰化 | 将乙酰基团结合到核心组蛋白而修饰染色质结构。 |
| Histone acetyltransferase (HAT) | 组蛋白乙酰化酶 | 将乙酰基团结合到核心组蛋白的酶。 |
| Histone code | 组蛋白密码 | 组蛋白化学修饰的模式影响各种细胞活性的假说。 |
| Histone deacetylase (HDAC) | 组蛋白去乙酰化酶 | 从核心组蛋白上去除乙酰基团的酶。 |
| Holliday structure | Holliday 结构 | 两个 DNA 分子间发生重组的中间结构。 |
| Holocentric chromosome | 全着丝粒染色体 | 一种不具有单一着丝粒,而是全长存在多个着丝粒结构的染色体。 |
| Holoenzyme | 全酶 | 大肠杆菌 RNA 聚合酶的形式,亚基组成为 $\alpha_2\beta\beta'\sigma$,能识别启动子序列。 |
| Homeodomain | 同源异形结构域 | 很多参与发育调节相关的基因表达的蛋白质中发现的 DNA 结合结构域。 |
| Homeotic mutation | 同源异形突变 | 导致躯体的一部分转变为另一部分的突变。 |
| Homeotic selector gene | 同源异形选择基因 | 建立躯体各部分(如果蝇胚胎体节)体征的基因。 |
| Homologous chromosome | 同源染色体 | 单个细胞核中两个或多个相同的染色体。 |
| Homologous gene | 同源基因 | 有共同进化祖先的基因。 |
| Homologous recombination | 同源重组 | 两个同源双链 DNA 分子之间的重组,即具有高度核苷酸序列相似性的分子之间的重组。 |
| Homology searching | 同源性搜索 | 搜寻与未知基因序列相似的已知基因的技术,目的是了解未知基因的功能。 |
| Homoplasy | 异源同形 | 相同的特征态由两个不同的世系独立进化而来的现象。 |
| Homopolymer | 同聚物 | 仅含有一种核苷酸的人造 RNA。 |
| Homopolymer tailing | 同聚物加尾 | 将相同核苷酸组成的序列(如 AAAA)添加到核酸分子的末端,通常是指在双链 DNA 分子的末端合成单链同聚物。 |
| Homozygous | 纯合子 | 包含某一基因的两个相同等位基因的双倍体细胞核。 |
| Horizontal gene transfer | 水平基因转移 | 基因从一种物种转到另一物种。 |
| Hormone response element | 激素应答元件 | 介导类固醇激素调节效应的基因的上游核苷酸序列。 |
| Housekeeping protein | 管家蛋白 | 在多细胞生物的所有细胞或至少是绝大多数细胞中持续表达的蛋白质。 |
| Hsp70 chaperone | Hsp70 伴侣 | 结合到其他蛋白质疏水区,并协助它们折叠的一个蛋白质家族。 |

| | | |
|---|---|---|
| Hub | 中枢 | 在一个蛋白质相互作用图谱中具有许多相互作用关系的蛋白质。 |
| Human Genome Project | 人类基因组计划 | 一个公共基金计划,负责绘制人类基因组序列草图并继续研究人类基因的功能。 |
| Hybrid dysgenesis | 杂种不育 | 用实验室品系的雌性黑腹果蝇与野生雄性果蝇进行交配,产生的子代出现不育,而且具有染色体异常和其他遗传缺陷的一种现象。 |
| Hybridization | 杂交 | 两条互补多聚核苷酸通过碱基配对互相结合。 |
| Hybridization probing | 探针杂交 | 用标记的核酸分子作为探针鉴定与其碱基配对的互补或同源分子的技术。 |
| Hydrogen bond | 氢键 | 一种在负电原子(如氧或氮原子)和一个连接到另一个负电原子上的氢原子之间的弱静电引力。 |
| Hydrophobic effect | 疏水效应 | 导致疏水基团被包埋在蛋白质内部的化学作用。 |
| Hypermutation | 高突变 | 基因组中突变频率的增高。 |
| Illegitimate recombination | 异常重组 | 发生在没有或很少有核苷酸序列相似性的两个双链 DNA 之间的重组。 |
| Immunocytochemistry | 免疫细胞化学 | 利用抗体检测组织中蛋白质位置的技术。 |
| Immunoelectron microscopy | 免疫电镜 | 利用抗体标记的方法,用于确认特定蛋白质在某种结构表面(如核糖体)的位置的一种免疫电子显微镜技术。 |
| Immunoscreening | 免疫筛选 | 利用抗体探针检测克隆基因合成的多肽。 |
| Importin | 输入蛋白 | 一种参与将各种分子转运入核的蛋白质。 |
| Imprint control element | 印记控制元件 | 发现于被印记基因簇附近几千 bp 以内的一种 DNA 序列,它介导了印记区域的甲基化。 |
| Incomplete dominance | 不完全显性 | 指一对等位基因都不是显性的,所产生的杂合子表型介于两种纯合子表型之间。 |
| Indel | 插失 | 两条 DNA 序列比对时揭示插入或删除发生的位置。 |
| Inducer | 诱导物 | 通过结合到抑制性蛋白或阻止抑制子与操纵子结合的方式,诱导某种基因或操纵子表达的一类分子。 |
| Inferred tree | 推测树 | 通过系统发生分析而得到的树。 |
| Informational problem | 信息问题 | 早期分子生物学家遇到的关于遗传密码本质的问题。 |
| Inhibition domain | 抑制结构域 | 真核抑制因子与起始复合物结合的部分。 |
| Inhibitor-resistant mutant | 抑制物抗性型突变体 | 可以抵抗抗生素或其他抑制物毒性的突变体。 |
| Initiation codon | 起始密码子 | 在基因编码区开始部位发现的密码子,通常但不总是 5′-AUG-3′。 |
| Initiation complex | 起始复合体 | 起始转录的蛋白质复合物,也指起始翻译的蛋白质复合物。 |
| Initiation factor | 起始因子 | 在翻译起始阶段发挥辅助性作用的一类蛋白质。 |
| Initiation of transcription | 转录起始 | 在基因上游蛋白质复合物组装,随后可将基因转变为 RNA。 |
| Initiation region | 起始区域 | 真核染色体 DNA 复制起始点所在的区域,目前还没有清晰的界定。 |
| Initiator(Inr) sequence | 起始子序列 | 一种 RNA 聚合酶 II 核心启动子。 |
| Initiator tRNA | 起始子 tRNA | 蛋白质合成中负责识别起始密码子的 tRNA,在真核和原核生物中其甲硫氨酸有不同的修饰。 |
| Inosine | 次黄嘌呤 | 经修饰的腺苷,有时在反密码子中的摆动位置中出现。 |
| Insertional editing | 插入编辑 | 一种较为少见的全编辑,发生在病毒 RNA 的加工过程中。 |
| Insertional inactivation | 插入失活 | 将新的 DNA 片段插入载体中导致载体携带的基因失活的一种克隆策略。 |

| | | |
|---|---|---|
| Insertion mutation | 插入突变 | 因 DNA 分子中插入一个或多个核苷酸而导致的突变。 |
| Insertion sequence | 插入序列 | 在细菌中发现的一种短的、可以转座的元件。 |
| Insertion vector | 插入型载体 | 通过删除非必需 DNA 片段而构建的 λ 载体。 |
| Instability element | 不稳定元件 | 存在于酵母 mRNA 上影响降解的一种序列。 |
| Insulator | 绝缘子 | 两个功能域之间作为边界点的一段 DNA。 |
| Integrase | 整合酶 | 催化 λ 噬菌体基因组插入到大肠杆菌基因组中的 I 型拓扑异构酶。 |
| Integron | 整合子 | 一套基因或其他 DNA 序列，使质粒能从噬菌体或其他质粒中捕获基因。 |
| Intein | 内含肽 | 在翻译后由剪切过程去除的一个多肽内部片段。 |
| Intein homing | 内含肽安置 | 无内含肽的基因转变成带有内含肽的基因的过程，由内含肽的剪切组分催化。 |
| Interactome network | 相互作用组网络 | 显示一个蛋白质组内所有或部分蛋白质之间的相互作用的一个图谱。 |
| Intercalating agent | 嵌入剂 | 可以进入双链 DNA 分子相邻碱基对之间的化合物，一般会引起突变。 |
| Intergenic region | 基因间隔区 | 基因组中不包含任何基因的区域。 |
| Internal node | 内部结点 | 系统发生树中的分支结点，代表研究的物种或序列的祖先。 |
| Internal ribosome entry site (IRES) | 内部核糖体进入位点 | 在某些真核生物中，使核糖体组装在 mRNA 内部位点的一类核苷酸序列。 |
| Interphase | 分裂间期 | 细胞分裂过程之间的时期。 |
| Interphase chromosome | 间期染色体 | 处于细胞间期的细胞的染色体，采取一种相当松散的染色质结构。 |
| Interspersed repeat | 散布重复 | 在基因组中多次、散在位置出现的序列。 |
| Interspersed repeat element PCR(IRE-PCR) | 散布重复元件 PCR | 用 PCR 检测克隆 DNA 片段中基因组范围重复的相对位置的克隆印迹技术。 |
| Intramolecular base pairing | 分子内碱基配对 | 发生在同一个 DNA 或 RNA 多聚核苷酸的两个部分之间的碱基配对。 |
| Intrinsic terminator | 固有终止子 | 在细菌 DNA 中，引发没有 Rho 蛋白参与的转录终止的序列。 |
| Intron | 内含子 | 不连续基因中的非编码区。 |
| Intron homing | 内含子安置 | 无内含子的基因转变成有内含子的基因的过程，由该内含子编码的蛋白质催化。 |
| Introns early | 早内含子 | 一种认为内含子在进化的早期出现，并逐渐在真核基因中丢失的假说。 |
| Introns late | 晚内含子 | 一种认为内含子在进化中出现得相对较晚，并在真核生物的基因组中逐渐积累。 |
| Inverted repeat | 反向重复 | 在 DNA 分子中两个相同的核甘酸序列按相反的方向重复排列。 |
| *In vitro* mutagenesis | 体外诱变 | 用来在 DNA 分子的指定位置上产生特异突变的技术。 |
| *In vitro* packaging | 体外包装 | 从 λ 噬菌体蛋白质和 λ 噬菌体 DNA 分子连环体中合成感染型 λ 噬菌体。 |
| Ion exchange chromatography | 离子交换色谱 | 一种根据与层析基质中带电颗粒结合强度差异来分离分子的方法。 |
| Iron-response element | 铁应答元件 | 一种应答元件。 |
| Isoaccepting tRNA | 同工 tRNA | 负责同一氨基酸的两个或以上的 tRNA。 |
| Isochore | 等组分长片段 | 由相同碱基组成的一段基因组 DNA，但与邻近的片段之间有所差别。 |

| | | |
|---|---|---|
| Isoelectric focussing | 等电聚焦 | 在一种加上电场后其所含化学物能建立一个 pH 梯度的凝胶中分离蛋白质的方法。 |
| Isoelectric point | 等电点 | 蛋白质净电荷为零的 pH 梯度位置。 |
| Isotope | 同位素 | 两个或多个具有相同的原子序数但原子量不同的原子中的一个。 |
| Isotope coded affinity tag (ICAT) | 同位素亲和标签 | 包含普通氢和重氢原子的标记物,用来标记单个的蛋白质组。 |
| Janus kinase(JAK) | Janus 激酶 | 在某些种类的信号转导包括 STAT 途径中扮演中间作用的激酶。 |
| Junk DNA | 垃圾 DNA | 对基因组中间隔区 DNA 部分的一种说法。 |
| Karyogram | 核型图 | 一个细胞的全部的染色体,各染色体都以中期表现的术语进行描述。 |
| Karyopherin | 核周蛋白 | 一种参与将 RNA 转运出/入核的蛋白质。 |
| Kilobase pair(kb) | 千碱基对 | 一千个碱基对。 |
| Klenow polymerase | Klenow 聚合酶 | 一种通过对大肠杆菌 DNA 聚合酶 I 进行化学修饰获得的 DNA 聚合酶,最主要用于链终止法 DNA 测序中。 |
| Knockout mouse | 基因敲除小鼠 | 一种通过生物工程产生的某基因失活的小鼠。 |
| Kornberg polymerase | Kornberg 聚合酶 | 大肠杆菌的 DNA 聚合酶 I。 |
| Kozak consensus | Kozak 共有序列 | 真核生物 mRNA 启动密码子附近的核苷酸序列。 |
| Lactose operon | 乳糖操纵子 | 三个编码大肠杆菌利用乳糖过程中所需酶的基因簇。 |
| Lactose repressor | 乳糖阻遏物 | 针对环境中有无乳糖而调节乳糖操纵子转录的调控蛋白。 |
| Lagging strand | 滞后链 | 基因组复制中双螺旋的一条以不连续方式进行复制的链。 |
| Lariat | 套索 | 指由于 GU-AG 内含子剪接产生的套索形的内含子。 |
| Latent peroid | 潜伏期 | 从噬菌体基因组注射入细菌到发生细胞裂解的时间周期。 |
| Lateral gene transfer | 侧向基因转移 | 基因从一种物种转移到另一种物种的过程。 |
| Leader segment | 前导片段 | mRNA 起始密码子上游的非翻译区。 |
| Leading strand | 前导链 | 基因组复制中双螺旋的一条以连续方式进行复制的链。 |
| Leaky mutation | 渗漏型突变 | 一类导致某一性质部分丢失的突变。 |
| Lethal mutation | 致死突变 | 导致细胞或机体死亡的突变。 |
| Leucine zipper | 亮氨酸拉链 | 常见于 DNA 结合蛋白中的二聚体化结构域。 |
| Ligase | 连接酶 | 一种在 DNA 复制、修复及重组过程中起合成磷酸二酯键作用的酶。 |
| LINE(long interspersed nuclear element) | 长散布重复片段 | 一种基因组范围的重复序列,常常具有转座活性。 |
| LINE-1 | LINE-1 元件 | 人类长散布核元件的一种类型。 |
| Linkage | 连锁 | 同一个染色体上两个基因之间的物理相关性。 |
| Linkage analysis | 连锁分析 | 通过基因交换来确定基因图谱位置的过程。 |
| Linker DNA | 连接 DNA | 连接核小体的 DNA,即染色质串珠结构模型中的"链"。 |
| Linker histone | 连接组蛋白 | 一种组蛋白,如 H1,位于核小体核心八聚体之外。 |
| Locus | 基因座 | 染色体上遗传标记或 DNA 标记的位置。 |
| Locus control region(LCR) | 基因座控制区 | 维持功能域于开放活性构象的 DNA 序列。 |
| Lod score | 优势对数值 | 一种通过家系分析揭示的连锁性的统计数值。 |
| Long patch repair | 长修复 | 大肠杆菌一种核苷酸切除修复方式,导致超过 2kbDNA 的切除和重合成。 |
| Loss-of-function mutation | 功能缺失突变 | 一种可以削弱或抑制蛋白质功能的突变。 |
| LTR element | 长末端重复元件 | 一种基因组范围的重复序列,典型者存在长末端重复序列(LTR)。 |

| | | |
|---|---|---|
| Lysis | 裂解 | 细菌的细胞被酶破坏，例如，发生在溶源性噬菌体感染周期终末的裂解。 |
| Lysogenic infection cycle | 溶源性感染周期 | 噬菌体感染的一种类型，噬菌体基因组整合到宿主 DNA 分子中。 |
| Lysozyme | 溶菌酶 | DNA 纯化前用于使细菌细胞壁去稳定性的一种蛋白质。 |
| Lytic infection cycle | 裂解性感染周期 | 噬菌体感染的一种类型，噬菌体 DNA 分子不整合到宿主基因组中，感染后宿主细胞立即裂解。 |
| Macrochromosome | 巨大染色体 | 鸡和其他物种细胞核中的一种较大的基因失活的染色体。 |
| MADS box | MADS 盒 | 植物发育过程中一些转录因子的 DNA 结合结构域。 |
| Maintenance methylation | 维持性甲基化 | 将甲基加到新合成 DNA 链，正对应母链上甲基化的位置。 |
| Major groove | 大沟 | 盘旋于 B 型 DNA 表面的两个沟中较大的一个。 |
| Major histocompatibility complex(MHC) | 主要组织相容复合物 | 为细胞表面蛋白编码、包括几个多等位基因的哺乳动物多基因家族。 |
| Map | 图谱 | 显示基因组中遗传和(或)物理标记位置的图。 |
| MAP kinase | MAP 激酶 | 一个信号转导通路中的激酶。 |
| Mapping reagent | 作图试剂 | 在 STS 作图中使用的一种分布于单个染色体或整个基因组的 DNA 片段集合。 |
| Marker | 标记 | 基因组图谱上鉴别性的特征。另外，克隆载体携带的编码鉴别性蛋白质产物和(或)表型的并能够用来确定某一细胞是否含有该克隆载体的基因也叫标记。 |
| Mass spectrometry | 质谱 | 一种按照电荷/质量比分离离子的分析技术。 |
| Maternal-effect gene | 母性效应基因 | 在亲本中表达的果蝇基因，通过将其 mRNA 注入受精卵影响胚胎发育。 |
| Mating type | 交配型 | 真核微生物相当于雄性和雌性的形式。 |
| Mating-type switching | 交配型转换 | 酵母细胞通过基因转换从 a 交配型转变为 α 交配型的能力，反之亦然。 |
| Matrix-assisted laser desorption ionization time of flight,(MALDI-TOF) | 基质辅助激光解吸电离飞行时间 | 蛋白质组学中应用的一种质谱技术。 |
| Matrix-associated region(MAR) | 基质相关区域 | 真核基因组上核基质的连接点，富含 AT。 |
| Maturase | 成熟酶 | 一种由基因的内含子编码的蛋白质，可能与剪接过程有关。 |
| Maximum parsimony method | 最大简约法 | 一种重建进化树的方法。 |
| Mediator | 中间体 | 在不同转录因子和 RNA 聚体合酶 II 最大亚基 C 端结构域之间形成联系的蛋白质复合物。 |
| Megabase pair(Mb) | 百万碱基对 | 1000 kb；$10^6$bp。 |
| Meiosis | 减数分裂 | 涉及两次核分裂的双倍体细胞核转变为单倍体配子的一系列事件。 |
| Melting | 解链 | 双链 DNA 分子的变性。 |
| Melting temperature($T_m$) | 变性温度 | 由于氢键完全破坏导致的双链核酸分子或碱基配对杂合体变性的温度。 |
| Meselson-Stahl experiment | Meselson-Stahl 实验 | 证实细胞 DNA 复制以半保留形式进行的实验。 |
| Messenger RNA(mRNA) | 信使 RNA | 蛋白质编码基因的转录物。 |
| Metabolic engineering | 代谢工程学 | 一种通过突变或重组 DNA 技术来造成基因组的改变以便预先影响细胞生物化学的过程。 |
| Metabolic flux | 代谢流 | 代谢物质流经过组成细胞生物化学的途径网络的速率。 |

| | | |
|---|---|---|
| Metabolomics | 代谢物组学 | 研究代谢组的学科。 |
| Metagenomics | 宏基因组学 | 在一个特定寄居环境中存在的混合基因组研究。 |
| Metaphase chromosome | 中期染色体 | 在细胞分裂中期阶段的染色体，此时染色质处于其最致密的结构，并具有诸如带型可见的特征。 |
| Methyl-CpG-binding protein | 甲基化 CpG 结合蛋白 | 结合甲基化 CpG 岛的蛋白质，可能影响附近组蛋白的乙酰化。 |
| MGMT（$O^6$-methylguanine-DNA methyltransferase） | $O^6$-甲基化鸟嘌呤-DNA 甲基转移酶 | 一种参与烷基化突变直接修复的酶。 |
| Microarray | 微阵列 | 用于平行杂交分析的低密度 DNA 分子阵列。 |
| MicroRNA | 微小 RNA | 一类参与真核生物基因表达调控的短 RNA，它们起作用的通路与 RNA 干扰通路相似。 |
| Microsatellite | 微卫星 | 一类由串联重复（常常是 2、3 或 4 个核苷酸重复单元）组成的简单序列长度多态性，也被称作简单串联重复（STR）。 |
| Minichromosome | 微型染色体 | 在鸡和其他一些物种的基因组中长度相对较短但基因富集的染色体之一。 |
| Minigene | 微小基因 | 用于外显子捕获过程的克隆载体携带的一对外显子的名称。 |
| Minimal medium | 最低限度培养基 | 只提供微生物生长必需营养成分的培养基。 |
| Minisatellite | 小卫星 | 一类由串联重复拷贝（长几十个核苷酸）组成的简单序列长度多态性，也被称作次数可变性串联重复（VNTR）。 |
| Minor groove | 小沟 | 盘旋于 B 型 DNA 表面的两个沟中较小的一个。 |
| Mismatch | 错配 | DNA 双螺旋中因核苷酸不互补而发生碱基不配对的位置，特别指因复制错误中的无碱基修复位置。 |
| Mismatch repair | 错配修复 | 一种通过替换子代多聚核苷酸中错误核苷酸以纠正错配核苷酸的 DNA 修复方式。 |
| Missense mutation | 错义突变 | 改变核酸序列使得编码一种氨基酸的密码子变成编码另一种氨基酸的密码子。 |
| Mitochondrial genome | 线粒体基因组 | 真核细胞的线粒体中的基因组。 |
| Mitochondrion | 线粒体 | 真核细胞中的一种能量产生细胞器。 |
| Mitosis | 有丝分裂 | 导致核分裂的一系列事件。 |
| Model organism | 模式生物 | 相对比较容易研究的生物，以获取相对比较难研究的第二生物相关信息。 |
| Modification assay | 修饰实验 | 定位 DNA 分子上 DNA 结合蛋白的各种技术。 |
| Modification interference | 修饰干扰 | 一种确定参与 DNA 结合蛋白相互作用的技术。 |
| Modification protection | 修饰保护 | 一种确定参与 DNA 结合蛋白相互作用的技术。 |
| Molecular biologist | 分子生物学家 | 研究分子生命科学的人。 |
| Molecular chaperone | 分子伴侣 | 帮助其他蛋白质折叠的蛋白质。 |
| Molecular clock | 分子钟 | 利用推断出的突变速率得出基因树上分支结点分支时间的方法。 |
| Molecular combing | 分子梳理 | 一种为了光学作图制备限制性 DNA 分子的技术。 |
| Molecular evolution | 分子进化 | 由重组和转座引起的突变以及由染色体重排的积累产生的基因组的逐步改变。 |
| Molecular life sciences | 分子生命科学 | 由分子生物学、生物化学、细胞生物学及部分遗传学和生理学组成的研究领域。 |
| Molecular phylogenetics | 分子系统发生学 | 一套通过基因比较的方法得出这些基因序列之间进化关系的技术。 |
| Monohybrid cross | 单交换 | 导致一对等位基因位置互换的有性交换。 |

| | | |
|---|---|---|
| Monophyletic | 单源性 | 指由一个共同的祖先序列衍生的两个或多个 DNA 序列。 |
| M phase | M 期 | 细胞周期中有丝分裂或减数分裂发生的阶段。 |
| mRNA processing | 信使 RNA 加工 | 信使 RNA 合成后发生的化学及物理修饰事件。 |
| mRNA surveillance | mRNA 监督 | 真核生物中一种 RNA 的降解过程。 |
| Multicopy | 多拷贝 | 一个细胞中存在某种基因、克隆载体或其他遗传元件的多个拷贝。 |
| Multicysteine zinc finger | 多半胱氨酸锌指 | 一种锌指 DNA 结合结构域。 |
| Multidimensional protein identification technique, MudPIT | 多维蛋白质鉴定技术 | 一种为了分离完整蛋白质复合体组合了不同层析方法的技术。 |
| Multigene family | 多基因家族 | 一组基因,成簇或散在分布,具有相关的核酸序列。 |
| Multiple alignment | 多重比对 | 比对三条或以上的核苷酸序列。 |
| Multiple alleles | 多等位基因 | 一个基因具有两个以上等位基因的各种形式的等位基因。 |
| Multiple hit or multiple substitution | 多次取代或多次击中 | 指当 DNA 序列中的一个核苷酸位置发生两次突变事件,产生两种等位基因,每一种都和另一种及祖先基因不同的现象。 |
| Multipoint cross | 多点交换 | 导致三个或更多遗传标记发生交换的遗传交换。 |
| Multiregional evolution | 多区域进化 | 一种假说,该假说认为人类起源于一百万年前走出非洲的直立人。 |
| Mutagen | 诱变剂 | 能导致 DNA 分子发生突变的化学或物理因素。 |
| Mutagenesis | 诱变 | 用诱变剂对一组细胞或生物体进行处理作为诱导突变发生的一种方法。 |
| Mutant | 突变体 | 带有突变的细胞或生物体。 |
| Mutasome | 突变小体 | 大肠杆菌中发生 SOS 反应时形成的蛋白复合物。 |
| Mutation | 突变 | DNA 分子中核苷酸序列的改变。 |
| Mutation scanning | 突变扫描 | 检测 DNA 分子中的突变的一系列技术方法。 |
| Mutation screening | 突变筛选 | 判断 DNA 分子是否含有特定突变的一系列技术方法。 |
| Natural selection | 自然选择 | 对适宜等位基因保留,去除有害等位基因的过程。 |
| N-degron | N-降解元 | 一类 N 端氨基酸序列,影响其所在蛋白质的降解。 |
| Neighbor-joining method | 相邻连接法 | 一种重建系统发生树的方法。 |
| Nick | 缺口 | 由于磷酸二酯键的打开导致双链 DNA 中的一条链断裂的位置。 |
| Nitrogenous base | 含氮碱基 | 组成核酸分子结构一部分的一种嘌呤或嘧啶。 |
| *N*-linked glycosylation | *N*-连接的糖基化 | 将糖链添加到一个多肽的天冬酰胺上的过程。 |
| Nonchromatin region | 非染色质区域 | 细胞核中分隔染色体地域的区域。 |
| Noncoding RNA | 非编码 RNA | 一种不编码蛋白质的 RNA 分子。 |
| Nonhomologous end-joining (NHEJ) | 非同源末端连接 | 对双链断裂修复过程的另一种说法。 |
| Nonpenetrance | 非外显 | 突变个体的突变效应终身都不能被观察到的情形。 |
| Nonpolar | 非极性 | 一种疏水化学基团。 |
| Nonsense-mediated RNA decay(NMD) | 无义介导的 RNA 降解 | 一种起始于内部密码子的 mRNA 降解。 |
| Nonsense mutation | 无义突变 | 改变核酸序列使得编码一种氨基酸的三联体密码子变成终止密码子。 |
| Nonsynonymous mutation | 非同义突变 | 使得编码一种氨基酸的密码子变成编码另一种氨基酸的密码子的突变。 |
| Northern blotting | Northern 印迹 | 在 Northern 杂交之前将电泳凝胶上的 RNA 转移到膜上。 |
| Northern hybridization | Northern 杂交 | 在多种 RNA 分子背景中检测某种特定 RNA 的技术。 |

| | | |
|---|---|---|
| N terminus | N 端 | 具有一个游离氨基的多肽末端。 |
| Nuclear genome | 核基因组 | 真核细胞核内的 DNA 分子。 |
| NMR spectroscopy | 核磁共振光谱 | 一种确定大分子三维结构的技术。 |
| Nuclear matrix | 核基质 | 弥漫细胞内的蛋白质支架样网络。 |
| Nuclear pore complex | 核孔复合体 | 位于核孔位置的蛋白质复合体。 |
| Nuclear receptor superfamily | 核受体超家族 | 结合激素的一组受体蛋白,介导激素对基因表达的调控作用。 |
| Nuclease | 核酸酶 | 降解核酸分子的一种酶。 |
| Nuclease protection experiment | 核酸酶保护实验 | 一种利用核酸酶消化,决定 DNA 或 RNA 分子中蛋白质所在位置的技术。 |
| Nucleic acid | 核酸 | 最先用来描述分离自真核细胞核的酸性化学成分。现在专门用来描述一种含有核苷酸单体的多聚分子,如 DNA 和 RNA。 |
| Nucleic acid hybridization | 核酸杂交 | 互补的多聚核苷酸链通过碱基配对形成杂合双链的过程。 |
| Nucleoid | 拟核 | 原核细胞中的含 DNA 区域。 |
| Nucleolus | 核仁 | 真核细胞核中 rRNA 转录的区域。 |
| Nucleoside | 核苷 | 连接到五碳糖上的一种嘌呤或嘧啶碱基。 |
| Nucleosome | 核小体 | 染色质中的基本结构,由组蛋白和 DNA 组成的复合物。 |
| Nucleosome remodeling | 核小体重塑 | 核小体构象的变化,与核小体 DNA 可进入性的变化有关。 |
| Nucleotide | 核苷酸 | 同时连接了一种嘌呤或嘧啶碱基以及单、双或三磷酸基的五碳糖,是 DNA 和 RNA 的基本组成单位。 |
| Nucleotide excision repair | 核苷酸切除修复 | 通过切除和再合成多聚核苷酸链的某一区域来更正不同类型 DNA 损伤的修复途径。 |
| Nucleus | 核 | 真核细胞中包含染色体的有包膜的结构。 |
| Octamer module | 八聚体组件 | 一种基础启动子元件。 |
| Okazaki fragment | Okazaki 片段 | 在 DNA 双链的后随链的复制过程中以 RNA 为引物合成的短片段。 |
| Oligonucleotide | 寡聚核苷酸 | 合成的、短的单链 DNA 分子。 |
| Oligonucleotide-directed mutagenesis | 寡聚核苷酸定点诱变 | 一种体外诱变技术,用一段合成的寡聚核苷酸向基因中引入预定的突变核苷酸。 |
| Oligonucleotide hybridization analysis | 寡核苷酸杂交分析 | 利用寡核苷酸作为杂交探针的技术。 |
| Oligonucleotide-ligation assay(OLA) | 寡核苷酸连接分析 | 一种 SNP 分型的技术,它基于两个在相邻位置退火的寡核苷酸之间的连接,并且其中一个寡核苷酸覆盖了 SNP 位点。 |
| *O*-linked glycosylation | *O*-连接的糖基化 | 将糖链添加到一个多肽的丝氨酸或苏氨酸的过程。 |
| Open promoter complex | 开放启动子复合物 | DNA 的配对碱基被打开之后转录起始复合物组装的一种结构类型,由 RNA 聚合酶和(或)连接到启动子上的辅助蛋白组成。 |
| Open reading frame(ORF) | 开放阅读框 | 开始于起始密码子终止于终止密码子的一系列密码子,是蛋白质编码基因中翻译成蛋白质的部分。 |
| Operational taxonomic unit (OTU) | 可操作分类单位 | 系统发生分析中比较的一种单位。 |
| Operator | 操纵子 | 阻遏蛋白结合以抑制基因转录的核甘酸序列。 |
| Operon | 操纵子 | 细菌基因组中的一套邻近基因,由同一启动子转录,并参与同一调控机制。 |
| Optical mapping | 光学作图 | 一种直接可视化检测限制性 DNA 分子的技术。 |
| ORF scanning | ORF 扫描 | 检查一个 DNA 分子的开放可读框以定位基因。 |

| | | |
|---|---|---|
| Origin of replication | 复制起始点 | DNA 分子上复制起始的位点。 |
| Origin recognition complex (ORC) | 起始识别复合物 | 结合到起始识别序列的一系列蛋白质。 |
| Origin recognition sequence | 起始识别序列 | 真核复制起始的一个组成部分。 |
| Orphan family | 孤儿家族 | 一组功能未知的同源基因。 |
| Orthogonal field alternation gel electrophoresis(OFAGE) | 正交变电场凝胶电泳 | 一种电场在成 45°角的电极对之间变换的，用来分离大型 DNA 分子的电泳系统。 |
| Orthologous | 直系同源(基因) | 不同物种中基因组中的同源基因。 |
| Outgroup | 外部组分 | 一种用来确定系统发生树根的基因或物种。 |
| Out of Africa | 走出非洲假说 | 一种假说，该假说认为现代人类在非洲进化，在大约 10 000 万～5000 万年前迁向旧世界，取代了他们遇到的直立人的后代。 |
| Overlapping gene | 重叠基因 | 编码区重叠的两个基因。 |
| P1-derived artificial chromosome (PAC) | P1 衍生的人工染色体 | 结合噬菌体 P1 载体和细菌人工染色体特征的一种高容量载体。 |
| Paired-end read | 配对端点序列 | 单个克隆片段的两个末端上的微小序列。 |
| Pair-rule gene | 奇偶基因 | 建立果蝇胚胎基本分区模式的发育基因。 |
| Pan-editing | 全编辑 | 一种广泛存在的向简化 RNA 中插入核苷酸，使之成为有功能的分子。 |
| Paralogous | 旁系同源(基因) | 位于同一基因组上的两个或多个同源基因。 |
| Paranemic | 平行线性 | 指螺旋的双链可以不需要解缠绕而分离。 |
| Paraphyletic | 旁源性 | 在一棵系统树中，一个分化支中去除一些成员之后的一组序列或分类群。 |
| Pararetrovirus | 副逆转录病毒 | 衣壳基因组由 DNA 组成的病毒逆转录元件。 |
| Parental genotype | 亲代基因型 | 在遗传杂交中一个或两个亲代所具有的基因型。 |
| Parsimony | 简约法 | 一种通过寻找最短进化途径来确定系统树的方法。 |
| Partial linkage | 部分连锁 | 同一个染色体上的一对遗传和(或)物理标记通常呈现的连锁类型，因为这些标记之间可能发生重组，所以并不能总是一起遗传。 |
| Partial restriction | 部分限制性酶切 | 用某种内切核酸酶在有限的条件下消化 DNA，以便不是所有位点都被切割开。 |
| Pedigree | 家系 | 显示人类家族成员间基因关系的图表。 |
| Pedigree analysis | 家系分析 | 利用家系图表分析人类家族中基因或 DNA 标记的遗传。 |
| P element | P 元件 | 一种果蝇 DNA 转座子。 |
| Pentose | 戊糖 | 含有五个碳原子的糖分子。 |
| Peptide bond | 肽键 | 多肽中相邻氨基酸之间的化学连接。 |
| Peptide nucleic acid(PNA) | 肽核酸 | 一种多聚核苷酸的类似物，用酰胺键代替糖-磷酸骨架。 |
| Peptidyl or P site | P 或肽位点 | 核糖体中由 tRNA 和翻译中不断延伸的多肽占据的位点。 |
| Peptidyl transferase | 肽基转移酶 | 翻译过程中合成肽键的酶。 |
| Permissive condition | 许可条件 | 条件性致死突变体可以存活的条件。 |
| PEST sequence | PEST 序列 | 一种氨基酸序列，影响所在蛋白质的降解。 |
| Phage | 噬菌体 | 一种感染细菌的病毒。 |
| Phage display | 噬菌体展示 | 确定蛋白质之间相互作用的技术。 |
| Phage display library | 噬菌体展示文库 | 在噬菌体展示中运用的携带不同 DNA 片段的克隆集合。 |
| Phagemid | 噬菌粒 | 包含质粒和噬菌体 DNA 混合物的克隆载体。 |
| Phenetics | 表型分类学 | 一种基于将尽可能多的生物进行数值化的分类方法。 |

| | | |
|---|---|---|
| Phenotype | 表型 | 细胞或机体表现出的可观察到的特征。 |
| Philadelphia chromosome | 费城染色体 | 人第9号和第22号染色体转位造成的异常染色体，常见于慢性粒细胞性白血病。 |
| Phosphodiesterase | 磷酸二酯酶 | 可以破坏磷酸二酯键的一种酶。 |
| Phosphodiester bond | 磷酸二酯键 | 多聚核苷酸中相邻核苷酸间的化学连接。 |
| Phosphorimaging | 磷屏成像 | 确定微阵列或杂交膜上放射物标记物位置的一种电子方法。 |
| Photobleaching | 光漂白 | 研究核内蛋白质活动性的FRAP技术的一部分。 |
| Photolithography | 光刻技术 | 用光脉冲从光活化的核苷酸底物构建寡核苷酸的技术。 |
| Photolyase | 光化酶 | 参与光复活修复的大肠杆菌的一种酶。 |
| Photoproduct | 光产物 | 紫外线处理后获得的改变的核苷酸。 |
| Photoreactivation | 光复活 | 环丁基二聚体和光产物被一种光活性的酶更正的修复途径。 |
| Phylogeny | 种系发生 | 一种揭示物种间进化关系的分类方法。 |
| Physical mapping | 物理作图 | 利用分子生物学技术构建基因组图谱的方法。 |
| Pilus | 性纤毛 | 接合过程中把两个细菌连到一起的结构，可能是DNA转移的管道。 |
| Plaque | 噬菌斑 | 噬菌体感染引起细胞裂解在细菌层上产生一个透明区。 |
| Plasmid | 质粒 | 通常在细菌和其他类型细胞中发现的环状DNA分子。 |
| Plectonemic | 绞旋线 | 指螺旋的双链只有通过解缠绕才能分离。 |
| Plesiomorphic character state | 远祖特征态 | 一组生物共同的远古祖先所具有的特征态。 |
| Point mutation | 点突变 | 一种DNA分子内由单个核苷酸改变引起的突变。 |
| Polar | 极 | 亲水的化学基团。 |
| Polyacrylamide gel electrophoresis | 聚丙烯酰胺凝胶电泳 | 在聚丙烯酰胺中进行的凝胶电泳，可用于分离长度在10～1500bp之间的DNA分子。 |
| Polyadenylate-binding protein | 多聚腺苷酸结合蛋白 | 一种帮助多聚腺苷酸加尾酶加尾的蛋白质，并在合成后维持多聚腺苷酸尾有重要作用。 |
| Polyadenylation | 聚腺苷酰化 | 转录结束后向真核mRNA3′端添加多个A。 |
| Polyadenylation editing | 多聚腺苷酸化编辑 | 一种发生于多种动物线粒体RNA的编辑形式，在以U或者UA结尾的mRNA加上poly(A)尾以形成终止密码子。 |
| Poly(A) polymerase | poly(A)聚合酶 | 将poly(A)尾加至真核mRNA尾部的酶。 |
| Poly(A) tail | 多聚A尾 | 真核mRNA3′端连接的一系列腺苷酸。 |
| Polymer | 多聚体 | 由相同或相似的单体组成的长链化合物。 |
| Polymerase chain reaction (PCR) | 聚合酶链反应 | 能引起DNA分子上的选定区域呈指数扩增的技术。 |
| Polymorphic | 多态性 | 指一个基因座在群体中存在着多种等位基因的现象。 |
| Polynucleotide | 多聚核苷酸 | 单链DNA或RNA分子。 |
| Polynucleotide kinase | 多聚核苷酸激酶 | 向DNA5′端添加磷酸基团的酶。 |
| Polypeptide | 多肽 | 氨基酸的多聚物。 |
| Polyphyletic | 多源性 | 一组来源于两个或者两个以上不同祖先的DNA序列。 |
| Polyprotein | 多聚蛋白 | 由多个连接蛋白质组成的翻译产物，经蛋白质水解切割释放成熟蛋白质。 |
| Polypyrimidine tract | 多聚嘧啶束 | 在GU-AG内含子的3′端附近一段富含嘧啶的区域。 |
| Polysome | 多核糖体 | 同时由多个核糖体在一个mRNA分子上进行翻译的复合物。 |
| Positional cloning | 定位克隆 | 利用一个基因的定位信息获得该基因克隆的过程。 |
| Positional effect | 位置效应 | 指在真核基因组的不同位置插入基因导致的表达水平的差异。 |

| | | |
|---|---|---|
| Postreplication complex (post-RC) | 复制后复合物 | 一种在真核复制过程中的复制起始时形成的蛋白质复合体，它起源于复制前复合物，可以确保起始位点在每个细胞周期中只使用一次。 |
| Postreplicative repair | 复制后修复 | 处理子代 DNA 分子中由于复制失常产生的断裂的修复途径。 |
| POU domain | POU 结构域 | 各种蛋白质中发现的 DNA 结合结构域。 |
| Preinitiation complex | 前起始复合体 | 由核糖体小亚基、起始 tRNA 以及在翻译过程中与 mRNA 形成起始相互作用的辅助因子组成的结构，同时，在由 II 型 RNA 聚合酶转录的基因核心启动子区也有这种结构形成。 |
| Pre-mRNA | 前体信使 RNA | 蛋白质编码基因的初级转录物。 |
| Prepriming complex | 引发前复合物 | 细菌中复制起始过程中形成的蛋白质复合体。 |
| Prereplication complex (pre-RC) | 复制前复合物 | 真核复制起始时组装形成的促进复制起始发生的蛋白质复合体。 |
| Pre-RNA | 前体 RNA | 一个基因或一组基因的初级转录产物，然后被加工成为成熟的转录物。 |
| Pre-rRNA | 前体 rRNA | 一个或一组指导 rRNA 分子形成的基因的初级转录产物。 |
| Prespliceosome complex | 前剪接体复合物 | 在 GU-AG 内含子通路过程中的一个中间状态。 |
| Pre-tRNA | 前体 tRNA | 一个或一组编码 tRNA 分子的基因的初级转录产物。 |
| Primary structure | 一级结构 | 多肽中氨基酸的序列。 |
| Primary transcript | 初级转录物 | 一个或一组基因的最初转录产物，经加工可产生成熟转录物。 |
| Primase | 引物酶 | 细菌 DNA 复制过程中合成 RNA 引物的 RNA 聚合酶。 |
| Primer | 引物 | 结合到单链 DNA 分子的短寡聚核苷酸，为该链的合成提供起始点。 |
| Primosome | 引发小体 | 参与基因组复制的蛋白质复合物。 |
| Principal component analysis | 主成分分析 | 一种试图在不同特征态的大规模数据集中寻找模式的方法。 |
| Prion | 朊病毒 | 仅由蛋白质组成的异常感染原。 |
| Processed pseudogene | 已加工的假基因 | 一类 mRNA 逆转录拷贝整合到基因组中而产生的假基因。 |
| Processivity | 持续合成能力 | 是指 DNA 聚合酶从模板上脱落之前所合成的 DNA 总量。 |
| Programmed frameshifting | 程序性移码 | 核糖体在控制下，从基因内一个可读框移动到另外一个的过程。 |
| Programmed mutation | 程序性突变 | 指在某种环境下一种个体的特定基因发生突变的概率会增加的可能性。 |
| Prokaryote | 原核生物 | 细胞中无明显核结构的物种。 |
| Proliferating cell nuclear antigen(PCNA) | 增殖细胞核抗原 | 参与真核生物基因组复制中的一种辅助蛋白质。 |
| Proline-rich domain | 富含脯氨酸结构域 | 一种激活结构域。 |
| Promiscuous DNA | 混交 DNA | 从一个细胞器基因组转移到另外一个的 DNA。 |
| Promoter | 启动子 | 基因上游的一段核酸序列，RNA 聚合酶结合该序列后能启动转录。 |
| Promoter clearance | 启动子清除 | 转录起始完成，RNA 聚合酶离开启动子序列。 |
| Promoter escape | 启动子脱离 | 转录过程中 RNA 聚合酶已经离开了启动子并开始转录出转录物的阶段。 |
| Proofreading | 校正 | 一些 DNA 聚合酶的 3′→5′外切核酸酶活性使得该酶可以纠正错误加入的核苷酸。 |
| Prophage | 原噬菌体 | 溶源性噬菌体整合形式的基因组。 |
| Protease | 蛋白酶 | 降解蛋白质的一种酶。 |

| | | |
|---|---|---|
| Proteasome | 蛋白酶体 | 一种多亚基蛋白质结构，参与了其他蛋白质降解的过程。 |
| Protein | 蛋白质 | 氨基酸单体组成的多聚物。 |
| Protein electrophoresis | 蛋白质电泳 | 在电泳凝胶中分离蛋白质。 |
| Protein engineering | 蛋白质工程 | 在蛋白质分子内制造定向改变的各种技术，通常是为了提高工业用酶的活性。 |
| Protein folding | 蛋白质折叠 | 多肽采取某一折叠结构的过程。 |
| Protein interaction map | 蛋白质相互作用图谱 | 显示某一蛋白质组中所有或部分蛋白质之间相互作用的图谱。 |
| Protein profiling | 蛋白谱型分析 | 用来鉴定蛋白质组中蛋白质的方法学。 |
| Protein-protein crosslinking | 蛋白质-蛋白质交联 | 一种将相邻蛋白质连接起来，以发现某一结构(如核糖体)中邻近定位蛋白质的技术。 |
| Proteome | 蛋白质组 | 一个活体细胞合成的功能性蛋白质的集合。 |
| Proteomics | 蛋白质组学 | 用来研究蛋白质组的各种技术。 |
| Protogenome | 原基因组 | 在 RNA 世界中存在的 RNA 基因组。 |
| Protoplast | 原生质体 | 细胞壁被完全去除的细胞。 |
| Prototroph | 原养型 | 没有超出野生型营养需求的生物体，可以在基本培养基上生长。 |
| Pseudogene | 假基因 | 一个失活，即无功能性的基因拷贝。 |
| PSI-BLAST | 位置相关的迭代 BLAST | 一种改进的更加强大的 BLAST 算法。 |
| Punctuation codon | 标点密码子 | 指定基因起始或终止的密码子。 |
| Punnett square | Punnett 方差 | 预测遗传交换后代表型的图表分析方法。 |
| Purine | 嘌呤 | 核苷酸中存在的两种含氮碱基的一种。 |
| Pyrimidine | 嘧啶 | 核苷酸中存在的两种含氮碱基的一种。 |
| Pyrosequencing | 焦磷酸测序 | 一种特异的 DNA 测序方法，通过将释放的焦磷酸转变成化学发光物来直接检测添加到正在合成的多聚核苷酸末端的核苷酸。 |
| Quantitative PCR | 定量 PCR | 可评估样品中 DNA 数量的 PCR 方法。 |
| Quaternary structure | 四级结构 | 由两个或更多的多肽相互作用所形成的结构。 |
| RACE(rapid amplification of cDNA end) | cDNA 末端快速扩增 | 一种基于 PCR 方法定位 RNA 分子末端的技术。 |
| Radiation hybrid | 放射杂交体 | 含有另一个基因组中不同片段的啮齿类动物细胞系的集合(例如，在研究人类基因组时使用到的)，其构建涉及放射和使用作图试剂的技术。 |
| Radioactive marker | 放射性标记物 | 掺入到某个分子中的放射性原子，然后运用其放射性来检测并追踪生物化学反应中的分子。 |
| Radiolabeling | 放射标记技术 | 将一种放射性原子掺入分子中的技术。 |
| Random genetic drift | 随机遗传漂移 | 在群体中导致一个等位基因的频率发生逐渐改变的过程。 |
| Ras | Ras 蛋白 | 参与信号转导的一种蛋白质。 |
| Reading frame | 读码框 | DNA 序列中的三联体密码子序列。 |
| Readthrough mutation | 通读突变 | 一种将终止密码子转变为编码氨基酸密码子的突变，最终导致终止密码子的通读。 |
| RecA | RecA 蛋白 | 大肠杆菌中一种参与同源重组的蛋白质。 |
| RecBCD enzyme | RecBCD 酶 | 大肠杆菌中一个参与同源重组的酶复合体。 |
| Recessive | 隐性 | 在杂合子中不表达的等位基因。 |
| Reciprocal strand exchange | 交互链交换 | 重组中发生的 DNA 双螺旋链之间的交换，导致一个分子的末端同另外一个分子末端进行交换。 |

| | | |
|---|---|---|
| Recognition helix | 识别螺旋 | DNA 结合蛋白的 α 螺旋，负责识别靶核苷酸序列的识别。 |
| Recombinant | 重组体 | 不含有亲本等位基因组合的后代。 |
| Recombinant DNA molecule | 重组 DNA 分子 | 将正常情况下不连接在一起的 DNA 分子在试管中连接起来所产生的 DNA 分子。 |
| Recombinant DNA technology | 重组 DNA 技术 | 用于构建、研究和应用重组 DNA 分子的技术。 |
| Recombinant protein | 重组蛋白质 | 在重组细胞中作为被克隆基因表达结果而合成的蛋白质。 |
| Recombinase | 重组酶 | 一系列催化位点特异重组的酶。 |
| Recombination | 重组 | DNA 分子中发生的大量重排事件。 |
| Recombination frequency | 重组频率 | 通过遗传杂交产生的重组子代的比例。 |
| Recombination hotspot | 重组热点 | 染色体上交换发生频率比整个染色体的平均数高的位点。 |
| Recombination repair | 重组修复 | 修补双链缺口的 DNA 修复过程。 |
| Regulatory control | 调节控制 | 依赖于调节蛋白的细菌基因表达的调控。 |
| Regulatory mutant | 调节型突变体 | 在启动子或其他调节序列存在缺陷的突变体。 |
| Release factor | 释放因子 | 在翻译终止过程中，起辅助作用的一类蛋白质。 |
| Renaturation | 复性 | 变性分子回复到天然状态的过程。 |
| Repetitive DNA | 重复 DNA | 在 DNA 分子或基因组中重复两次以上的一段 DNA 序列。 |
| Repetitive DNA fingerprinting | 重复 DNA 指纹分析技术 | 确定克隆 DNA 片段中基因组范围内重复序列位置的克隆指纹分析方法。 |
| Repetitive DNA PCR | 重复 DNA PCR | 一种使用 PCR 技术来检测克隆 DNA 片段中基因组范围内重复序列的相对位置的克隆指纹分析方法。 |
| Replacement vector | 替代型载体 | 通过替换 λDNA 分子中非必需区域来插入新 DNA 的 λ 载体。 |
| Replica plating | 影印接种法 | 将克隆从一个培养皿转印到另一个培养皿的一种技术，这样琼脂培养基表面克隆的相对位置可被保留下来。 |
| Replication factor C (RFC) | 复制因子 C | 真核基因组复制中一个多亚基辅助蛋白。 |
| Replication factory | 复制工厂 | 接触核骨架的一种巨大结构；基因组复制的位置。 |
| Replication fork | 复制叉 | 双链 DNA 分子打开以便复制进行的区域。 |
| Replication licensing factors (RLFs) | 复制许可因子 | 一系列调节基因组复制，特别是确保每个细胞周期中基因组只复制一次的蛋白质。 |
| Replication mediator protein (RMP) | 复制介导蛋白 | 在基因组复制过程中对单链结合蛋白的解离起作用的蛋白质。 |
| Replication origin | 复制起始位点 | DNA 分子上复制起始的位点。 |
| Replication protein A(RPA) | 复制蛋白 A | 参与真核 DNA 复制的主要单链结合蛋白。 |
| Replication slippage | 复制滑移 | 复制中的一种错误，导致前后重复，例如，微卫星的重复单元数目增加或减少。 |
| Replicative form | 复制型 | 在被感染的大肠杆菌中发现的 M13 DNA 的一种双链形式。 |
| Replicative transposition | 复制性转座 | 能导致转座元件拷贝的一种转座。 |
| Replisome | 复制体 | 参与基因组复制的一个蛋白质复合体。 |
| Reporter gene | 报道基因 | 表型可被鉴定的基因，常用于测定一段 DNA 调控序列的功能。 |
| Resin | 树脂 | 一种层析柱填料。 |
| Resolution | 离析 | 一对重组双链 DNA 分子的分离。 |
| Response module | 应答模块 | 各种基因上游应答细胞外信号而起始转录的序列基序。 |
| Restriction endonuclease | 限制性内切核酸酶 | 在限定核苷酸序列上切割 DNA 分子的一种酶。 |
| Restriction fragment length polymorphism(RFLP) | 限制性片段长度多态性 | 因为在其一端或两端存在多态性限制位点而产生的长度各异的限制性片段。 |

| | | |
|---|---|---|
| Restriction mapping | 限制性酶切图谱 | 通过分析限制性酶切片段的大小确定 DNA 分子中限制性酶切位点。 |
| Restrictive condition | 限制性条件 | 条件致死性突变体无法生存的条件。 |
| Retroelement | 逆转录元件 | 通过 RNA 中间体转座的一类遗传元件。 |
| Retrogene | 逆基因 | 一种基因复制现象,将一个假基因插入至一个已知基因启动子的附近。 |
| Retrohoming | 逆归 | 一个剪切下来的由单链 RNA 组成的内含子在被拷贝成双链 DNA 之前直接插入到一个细胞器基因组中的过程。 |
| Retroposon | 逆转录子 | 不含有 LTR 的逆转录元件。 |
| Retrotransposition | 逆转座 | 通过 RNA 中间体进行的转座过程。 |
| Retrotransposon | 逆转座子 | 一种基因组范围的重复,其序列类似于整合入宿主染色体的逆转录病毒基因组并可能具有转座活性。 |
| Retroviral-like element (RTVL) | 逆转录病毒样元件 | 整合入宿主染色体的截短的逆转录病毒基因组。 |
| Retrovirus | 逆转录病毒 | 一种基因组为 RNA 的病毒,其基因组能整合到宿主细胞基因组中。 |
| Reverse transcriptase | 逆转录酶 | 以 RNA 为模板合成 DNA 的聚合酶。 |
| Reverse transcriptase PCR (RT-PCR) | 逆转录 PCR | 第一步由逆转录酶催化的 PCR,RNA 可被用作起始模板。 |
| Rho | ρ 因子 | 参与一些细菌基因转录终止的蛋白质。 |
| Rho-dependent terminator | Rho 蛋白依赖性终止子 | 细菌 DNA 中的一个位置,可以在 Rho 蛋白的参与下引起转录的终止。 |
| Ribbon-helix-ribbon motif | 带-螺旋-带基序 | (DNA 结合蛋白的)一种 DNA 结合结构域。 |
| Ribonuclease | 核糖核酸酶 | 一种降解 RNA 的酶。 |
| Ribonuclease D | 核糖核酸酶 D | 一种参与加工细菌中前 tRNA 的酶。 |
| Ribonuclease MRP | 核糖核酸酶 MRP | 一种参与到真核生物 rRNA 前体加工的酶。 |
| Ribonuclease P | 核糖核酸酶 P | 一种参与加工细菌中前 tRNA 的酶。 |
| Ribonucleoprotein (RNP) domain | 核糖核蛋白结构域 | 一种常见的 RNA 结合结构域。 |
| Ribose | 核糖 | 一个核苷酸中的糖组分。 |
| Ribosomal protein | 核糖体蛋白 | 核糖体中的蛋白质成分。 |
| Ribosomal RNA,rRNA | 核糖体 RNA | 组成核糖体的 RNA 分子。 |
| Ribosome | 核糖体 | 蛋白质-RNA 组装体,翻译发生的场所。 |
| Ribosome binding site | 核糖体结合位点 | 在细菌翻译起始过程中,作为核糖体小亚基结合位点的一段核苷酸序列。 |
| Ribosome recycling factor (RRF) | 核糖体循环因子 | 在细菌蛋白质合成结束时,负责将核糖体去组装的蛋白质。 |
| Ribozyme | 核酶 | 具有酶的催化活性的 RNA 分子。 |
| RNA | 核糖核酸 | 活体细胞中两种核酸形式之一;一些病毒的遗传物质。 |
| RNA-dependent DNA polymerase | RNA 依赖的 DNA 聚合酶 | 以 RNA 为模板合成 DNA 的酶,即逆转录酶。 |
| RNA-dependent RNA polymerase | RNA 依赖的 RNA 聚合酶 | 以 RNA 为模板合成 RNA 的酶。 |
| RNA editing | RNA 编辑 | 转录后,在特定的位置插入不是由基因编码的核苷酸的过程。 |
| RNA induced silencing complex (RISC) | RNA 诱导沉默复合体 | RNA 干扰途径中的一种蛋白复合体,可以切割从而沉默 mRNA。 |

| | | |
|---|---|---|
| RNA interference(RNAi) | RNA 干扰 | 真核生物中一种 RNA 的降解过程。 |
| RNA polymerase | RNA 聚合酶 | 以 DNA 或 RNA 为模板合成 RNA 的酶。 |
| RNA polymerase I | RNA 聚合酶 I | 转录核糖体 RNA 基因的真核 RNA 聚合酶。 |
| RNA polymerase II | RNA 聚合酶 II | 转录蛋白编码基因和 snRNA 基因的真核 RNA 聚合酶。 |
| RNA polymerase III | RNA 聚合酶 III | 转录 tRNA 和其他小基因的真核 RNA 聚合酶。 |
| RNA silencing | RNA 沉默 | 真核生物中一种 RNA 的降解过程。 |
| RNA transcript | RNA 转录物 | 基因的一份 RNA 拷贝。 |
| RNA world | RNA 世界 | 进化早期所有生化反应以 RNA 为中心的时期。 |
| Rolling circle replication | 滚环复制 | 一种以一个环状分子为模板连续合成多聚核苷酸的复制途径。 |
| Rooted | 有根树 | 是指一棵能为所研究的物种或 DNA 序列揭示过去进化事件的系统树。 |
| S1 nuclease | S1 核酸酶 | 降解单链 DNA 或 RNA,包括双链分子中单链区的酶。 |
| SAP (stress activated protein) kinase | SAP 激酶 | 一种在应激活化的信号转导途径中起作用的激酶。 |
| Satellite DNA | 卫星 DNA | 在密度梯度中形成卫星带的重复 DNA 序列。 |
| Satellite RNA | 卫星 RNA | 一类长约 320～400 个核苷酸的 RNA 分子,不编码自身的衣壳蛋白,而是在辅助病毒衣壳内进行细胞间移动。 |
| Scaffold | 骨架序列 | 序列间隙分开的一系列序列重叠群。 |
| Scaffold attachment region (SAR) | 支架附着区域 | 真核基因组 AT 富集区段,作为核基质的结合位点。 |
| Scanning | 扫描 | 真核翻译起始的一个步骤,前起始复合物结合到 mRNA 5′端的帽结构,沿分子扫描直至到达起始密码子。 |
| Secondary channel | 第二通道 | 一条从细菌 RNA 聚合酶的表面到活性中心的通道。 |
| secondary structrure | 二级结构 | 多肽所呈现的构像,如 α 螺旋和 β 折叠。 |
| Second messenger | 第二信使 | 某个信号转导途径中的中间体。 |
| Sedimentation analysis | 沉降分析 | 一种测定分子的沉降系数的离心技术。 |
| Sedimentation coefficient | 沉降系数 | 表示某种分子或结构在密度溶液中离心速度的数值。 |
| Segmented genome | 节段基因组 | 一种病毒基因组,被分成两个或更多 DNA 或 RNA 分子。 |
| Segment polarity gene | 分节极性基因 | 果蝇中的发育基因,可提供比配对规则基因更为详细的胚胎分节模式信息。 |
| Segregation | 分离 | 同源染色体的分开,或者是等位基因成员在减数分裂中进入不同配子。 |
| Selectable marker | 选择性标记物 | 载体携带的一个基因,能为包含该载体或由该载体得到的重组 DNA 分子的细胞提供一个可识别特征。 |
| Selective medium | 选择培养基 | 一种培养基,只支持携带特定遗传标记的细胞的生长。 |
| Selfish DNA | 自私 DNA | 一类似乎没有功能的 DNA,对其所在的细胞也没有明显的作用。 |
| Semiconservative replication | 半保留复制 | DNA 复制的模式,即每一个子代双螺旋都是由一条来源于亲本的多聚核苷酸和一条新合成的多聚核苷酸组成的。 |
| Sequenase | 测序酶 | 链终止法 DNA 测序中的一种酶。 |
| Sequence contig | 序列重叠群 | 基因组测序计划中作为中间体的相邻的 DNA 序列。 |
| Sequence skimming | 序列抽取 | 一种从克隆片段中快速获得几条随机序列的方法,其原理是如果这些片段含有任何基因,就可通过这种随机测序获得至少部分基因。 |
| Sequence tagged site,STS | 序列标记位点 | 基因组中唯一的一段 DNA 序列。 |

| | | |
|---|---|---|
| Serial analysis of gene expression (SAGE) | 基因表达系列分析 | 研究转录组组成的方法。 |
| Sex cell | 性细胞 | 生殖细胞,是通过减数分裂得到的细胞。 |
| Sex chromosome | 性染色体 | 在性别决定中起作用的染色体。 |
| Shine-Dalgarno sequence | Shine-Dalgarno 序列 | 大肠杆菌基因上存在的核糖体结合位点。 |
| Short interfering RNA (siRNA) | 小干扰 RNA(siRNA) | 在 RNA 干扰中的中介物。 |
| Short patch repair | 短修补修复 | 大肠杆菌的一种核苷酸的切除修复途径,它会导致大约 12 个 DNA 核苷酸的切除和重新合成。 |
| Short tandem repeat(STR) | 短顺序重复 | 由二、三或四核苷酸重复单位顺序排列组成的一种简单序列多态性,也叫微卫星。 |
| Shotgun approach | 鸟枪法 | 一种基因组测序方法,先将要测序的分子随机打断成片段,再逐一测序。 |
| Shuttle vector | 穿梭载体 | 能在不止一种生物体中复制的载体,如在酵母和大肠杆菌中。 |
| Signal peptide | 信号肽 | 一些指导其他蛋白质穿膜的蛋白质 N 端的一小段序列。 |
| Signal transduction | 信号转导 | 通过细胞表面受体对外部信号做出应答,调控细胞活动,包括基因组表达。 |
| Silencer | 沉默子 | 距离基因较远的降低转录速率的调控序列。 |
| Silent mutation | 沉默突变 | DNA 序列发生改变,但是任何基因或者基因产物的表达和功能都不受影响。 |
| Similarity approach | 相似性方法 | 一种用于进行序列比对的严格数学方法。 |
| Simple sequence length polymorphism, SSLP | 简单序列长度多态性 | 一系列表现长度多态性的重复序列。 |
| SINE(short interspersed nuclear element) | 短散布重复片段 | 一种基因组范围的重复序列,在人基因组中,典型者具有 Alu 序列。 |
| Single-copy DNA | 单拷贝 DNA | 在基因组中只出现一次的 DNA 序列。 |
| Single nucleotide polymorphism, SNP | 单核苷酸多态性 | 群体中的一些个体携带的某一个点突变。 |
| Single orphan | 单一孤儿 | 功能未知的没有同源基因的单个基因。 |
| Single-strand binding protein (SSB) | 单链结合蛋白 | 在复制叉处结合到单链 DNA 上的蛋白质中的一种,能阻止两条亲本双链在复制前形成碱基对。 |
| Single-stranded | 单链 | 只包含一条多聚核苷酸链的 DNA 或 RNA 分子。 |
| Site-directed hydroxyl radical probing | 位点特异的羟基自由基检测 | 通过利用二价 Fe 离子产生能切割附近 RNA 磷酸二酯键的羟基自由基,检测某种蛋白质-RNA 复合体(如核糖体)中某一蛋白质位置的一种技术。 |
| Site-directed mutagenesis | 位点指示突变形成 | 用以在一个 DNA 分子预先选定的位点产生特异突变的技术。 |
| Site-specific recombination | 位点特异性重组 | 只具有很短的相似核苷酸序列的两条双链 DNA 分子之间发生的重组。 |
| Slippage | 滑移 | 核糖体沿着一段短的非编码核苷酸,从某个基因终止密码子转移到另一个基因起始密码子的转位过程。 |
| SMAD family | SMAD 家族 | 参与信号转导的一类蛋白质。 |
| Small cytoplasmic RNA (scRNA) | 小胞质 RNA | 在细胞中有多种功能的一类真核小 RNA 分子。 |
| Small nuclear ribonucleoprotein (snRNP) | 核小核糖核蛋白 | 参与 GU-AG 和 AU-AC 内含子剪接以及其他 RNA 加工过程的结构,由一个或两个 snRNA 和蛋白质组成。 |

| | | |
|---|---|---|
| Small nuclear RNA, snRNA | 核小 RNA;又叫 U-RNA | 一种涉及 GU-AG 和 AU-AC 内含子剪接以及其他 RNA 加工事件的短的真核 RNA 分子。 |
| Small nucleolar RNA, snoRNA | 核仁小 RNA | 一种涉及 rRNA 的化学修饰的短的真核 RNA 分子。 |
| Somatic cell | 体细胞 | 非生殖细胞;有丝分裂产生的细胞。 |
| Sonication | 超声破碎 | 用超声随机打断 DNA 分子的过程。 |
| SOS response | SOS 应答 | 大肠杆菌中对基因组损伤和其他刺激作出反应而产生的一系列生物化学改变。 |
| Southern hybridization | Southern 杂交 | 在多种限制性片段的背景中检测特定限制性片段的技术。 |
| Species tree | 物种树 | 一棵显示物种之间进化关系的系统发生树。 |
| S phase | S 期 | 细胞周期中 DNA 合成的阶段。 |
| Spliced leader RNA (SL RNA) | 剪接前导 RNA | 一种前导序列,可以通过反式剪接连接到很多 RNA 的 5′端。 |
| Spliceosome | 剪接体 | 参与 GU-AG 和 AU-AC 内含子的蛋白质-RNA 复合物。 |
| Splicing | 剪接 | 从非连续基因的初级转录物中去除内含子。 |
| Splicing pathway | 剪接通路 | 将一个不连接的 mRNA 前体转变成为有功能的 mRNA 的一系列事件。 |
| Spontaneous mutation | 自发突变 | 由复制中的一个错误而引起的突变。 |
| SR-like CTD-associated factor(SCAF) | SR 样 CTD 结合因子 | 一种被认为在 GU-AG 内含子的剪接过程中发挥调节作用的蛋白质。 |
| SR protein | SR 蛋白 | 一种在 GU-AG 内含子剪接过程中,发挥剪接位点选择作用的蛋白质。 |
| STAT | 信号转导和转录激活蛋白 | 一类应答细胞外信号分子结合到细胞表面受体的蛋白质,激活转录因子。 |
| Stem cell | 干细胞 | 在生物体一生中都保持持续分裂的前体细胞。 |
| Stem-loop structure | 茎-环结构 | 由碱基配对的茎和未配对的环组成的结构,该结构能够在含有反向重复序列的单链多聚核苷酸中形成。 |
| Steroid hormone | 类固醇激素 | 一类细胞外信号化合物。 |
| Steroid receptor | 类固醇激素受体 | 类固醇激素进入细胞以后结合的蛋白质,作为一种调节基因组活性的中间步骤。 |
| Sticky end | 黏末端 | 含有单链突出的双链 DNA 分子末端。 |
| Stringent response | 应急反应 | 大肠杆菌中一种生物化学与遗传学反应,当细菌遇到如必需氨基酸不足等不良生长条件时被激发。 |
| Strong promoter | 强启动子 | 单位时间内产生相对较多的转录起始的启动子。 |
| Structural domain | 结构区域 | 不依赖其他区段独立折叠的多肽片段,也指主要在 30nm 纤丝中附着于核基质的真核 DNA 环状区域。 |
| STS mapping | STS 作图 | 定位基因组上序列标签位点的物理作图过程。 |
| Stuffer fragment | 填充片段 | λ 载体内可被待克隆的 DNA 取代的 DNA 片段。 |
| Substitution mutation | 替换突变 | 常用作点突变的同义词。 |
| SUMO | 小泛素相关修饰物 | 一种与泛素相关的蛋白质。 |
| Supercoiling | 超螺旋 | 双链螺旋在过度缠绕或缠绕不足时所处的一种构象状态,形成超螺旋卷曲。 |
| Superwobble | 超摆动性 | 在脊椎动物线粒体中发生的极端形式的摆动。 |
| Suppressor mutation | 抑制突变 | 发生在一个基因内可反转另一个基因突变效应的突变。 |
| S value | S 值 | 沉降系数的计量单位。 |
| Syncytium | 合胞体 | 包含大量胞浆和很多核的细胞样结构。 |

| | | |
|---|---|---|
| Synonymous mutation | 同义突变 | 导致一种密码子变成另一种密码子但是它们对应同一个氨基酸的突变。 |
| Synteny | 同线性 | 至少部分基因位于相似图谱位置的一对染色体。 |
| Systems biology | 系统生物学 | 一种试图将代谢通路及亚细胞过程与基因组的表达联系在一起研究的生物学方法。 |
| T4 polynucleotide kinase | T4 多聚核苷酸激酶 | 将磷酸基团加到 DNA 分子 5′端的酶。 |
| TψC arm | TψC 臂 | tRNA 分子结构中的一部分。 |
| TAF and initiator-dependent cofactor (TIC) | TAF 和起始子依赖的辅助因子 | 参与 RNA 酶 II 转录起始的一类蛋白质。 |
| Tandem-affinity purification (TAP) | 串连亲和纯化 | 一种使用具有结合钙调素的 C 端延伸的待测蛋白质来分离蛋白质复合体的方法。 |
| Tandemly repeated DNA | 串联重复 DNA | 从头到尾全部都是重复序列的 DNA 模体。 |
| Tandem repeat | 串联重复 | 彼此相邻的直接重复。 |
| TATA-binding protein (TBP) | TATA 盒结合蛋白 | 通用转录因子 TFIID 的一个组分，识别 RNA 聚合酶 II 的 TATA 盒。 |
| TATA box | TATA 盒 | RNA 聚合酶 II 核心启动子的一个组件。 |
| Tautomeric shift | 互变异构体转换 | 分子从一种结构转变成另一种结构的自发改变。 |
| Tautomer | 互变异构体 | 处于动力学平衡的结构异构体。 |
| TBP associated factor (TAF) | TBP 相关因子 | 通用转录因子 TFIID 的几个组分之一，在识别 TATA 盒中起辅助作用。 |
| TBP domain | TBP 结构域 | 一种 DNA 结合结构域。 |
| T-DNA | T-DNA | 转入植物 DNA 中的 Ti 质粒的一部分。 |
| Telomerase | 端粒酶 | 一种通过合成端粒重复序列来维持真核染色体末端的酶。 |
| Telomere | 端粒 | 真核生物染色体的末端。 |
| Telomere binding protein | 端粒结合蛋白 | 一种结合端粒并调节端粒长度的蛋白质。 |
| Temperate bacteriophage | 温和噬菌体 | 能够进行溶源性感染模式的一种噬菌体。 |
| Temperature-sensitive mutation | 温度敏感型突变 | 一类条件致死性突变，只有在温度超过阈值时才表现效应。 |
| Template | 模板 | 在 DNA 或 RNA 聚合酶催化的链合成反应中被复制的多聚核苷酸。 |
| Template-dependent DNA polymerase | 模板依赖的 DNA 聚合酶 | 按照模板序列合成 DNA 的酶。 |
| Template-dependent DNA synthesis | 模板依赖的 DNA 合成 | 以 DNA 或 RNA 为模板合成 DNA 分子。 |
| Template-dependent RNA polymerase | 模板依赖的 RNA 聚合酶 | 按照模板序列合成 RNA 的酶。 |
| Template-dependent RNA synthesis | 模板依赖的 RNA 合成 | 以 DNA 或 RNA 为模板合成 RNA 分子。 |
| Template-independent DNA polymerase | 模板非依赖性 DNA 聚合酶 | 不需要模板就能合成 DNA 的酶。 |
| Template-independent RNA polymerase | 模板非依赖性 RNA 聚合酶 | 不需要模板就能合成 RNA 的酶。 |
| Template strand | 模板链 | 在基因转录中充当 RNA 合成模板的多聚核苷酸。 |
| Terminal deoxynucleotidyl transferase | 末端脱氧核糖核酸转移酶 | 向 DNA 分子的 3′端添加一个或多个核苷酸的酶。 |
| Termination codon | 终止密码子 | 标记 mRNA 翻译终止位置的三个密码子之一。 |

| | | |
|---|---|---|
| Termination factor | 终止因子 | 在转录终止过程中起到辅助作用的蛋白质。 |
| Terminator sequence | 终止子序列 | 细菌基因组上许多序列中参与基因组复制终止的一种序列。 |
| Territory | 地域 | 单个染色体占据的核内的区域。 |
| Tertiary structure | 三级结构 | 多肽二级结构单位折叠所产生的结构。 |
| Test cross | 测交分析 | 双杂合子与双纯合子之间的遗传杂交。 |
| Thermal cycle sequencing | 热循环测序 | 用 PCR 产生链终止的多核苷酸链的一种 DNA 测序方法。 |
| Thermostable | 热稳定 | 能够承受高温。 |
| Thymine | 胸腺嘧啶 | 在 DNA 中发现的一种嘧啶碱基。 |
| Tiling array | 覆瓦式芯片 | 寡聚核苷酸探针的集合,各探针在一个染色体或染色体一部分上具有不同的靶向位置。 |
| Ti plasmid | Ti 质粒 | 在根瘤农杆菌细胞中发现的能导致某些植物根冠形成的大质粒。 |
| $T_m$ | $T_m$ | 解链温度。 |
| Tn3-type transposon | Tn3 型转座子 | 没有侧翼插入序列的一类 DNA 转座子。 |
| Topology | 拓扑结构 | 一棵系统树的分支模式。 |
| Totipotent | 全能的 | 并非定向于单一发育途径的细胞,可产生各种分化细胞。 |
| Trailer segment | 拖尾区 | mRNA 终止密码子下游的非翻译区。 |
| Transcript | 转录物 | 某一基因的一个 RNA 拷贝。 |
| Transcription | 转录 | 某一基因的一个 RNA 拷贝的合成。 |
| Transcription bubble | 转录泡 | 在转录进行时,由 RNA 聚合酶维持的双链中不配对区域。 |
| Transcription-coupled repair | 转录偶联修复 | 一种核苷酸切除修复途径,它会导致基因模板链的修复。 |
| Transcription factory | 转录工厂 | 结合核基质的一种大分子结构;合成 RNA 的部位。 |
| Transcription initiation | 转录起始 | 在基因上游,蛋白质复合物组装随后将基因转变为 RNA。 |
| Transcriptome | 转录组 | 细胞中所有的信使 RNA。 |
| Transcript-specific regulation | 转录物特异性调节 | 通过编码相关蛋白质的单一转录物或一组转录物控制蛋白质合成的调节机制。 |
| *Trans*-displacement | 反式置换 | 核小体从一个 DNA 分子转移到另一个 DNA 分子。 |
| Transduction | 转导 | 通过包装到噬菌体颗粒中使大肠杆菌基因从一个细胞转到另一个细胞。 |
| Transduction mapping | 转导作图 | 用转导方法定位细菌基因组中基因的相对位置。 |
| Transfection | 转染 | 将纯化的噬菌体 DNA 分子导入细菌细胞。 |
| Transfer RNA(tRNA) | 转运 RNA | 在翻译中起接头作用并负责解码遗传密码子的小分子 RNA。 |
| Transfer-messenger RNA (tmRNA) | 转运信使 RNA | 参与蛋白质降解的细菌 RNA。 |
| Transformant | 转化子 | 通过摄入裸露 DNA 而发生转化的细胞。 |
| Transformation | 转化 | 由于吸收裸 DNA 而使细胞获得新基因的过程。 |
| Transformation mapping | 转化作图 | 用转化方法确定细菌基因组中基因的相对位置。 |
| Transforming principle | 转化要素 | 负责将无毒的肺炎链球菌转化为产毒肺炎链球菌的物质,现在知道是 DNA。 |
| Transgenic mouse | 转基因小鼠 | 携带克隆基因的小鼠。 |
| Transition | 转换 | 使一种嘌呤变为另一种嘌呤或一种嘧啶变为另一种嘧啶的点突变。 |
| Translation | 翻译 | 根据遗传密码子的规则来合成多肽,氨基酸的序列取决于信使 RNA 核苷酸序列。 |
| Translational bypassing | 翻译跳跃 | 一种滑移的形式,是指在翻译过程中跳过一大部分 mRNA,并在跳过之后继续原蛋白质的延伸。 |

| | | |
|---|---|---|
| Translocation | 转位 | 染色体的一个片段结合到另外一条染色体的过程，另外，也指翻译过程中核糖体沿着 mRNA 分子的移动。 |
| Transposable element | 转座元件 | 能从 DNA 分子内部一个位点移动到另一个位点的一种遗传元件。 |
| Transposable phage | 转座噬菌体 | 一种噬菌体，在其感染周期中包含转座的过程。 |
| Transposase | 转座酶 | 催化一个可转座遗传元件转座的一种酶。 |
| Transposition | 转座 | 在一个 DNA 分子内，遗传元件从一个位点转移到另外一个位点的过程。 |
| Transposon | 转座子 | 在一个 DNA 分子内，能从一个位点转移到另外一个位点的遗传元件。 |
| Transposon tagging | 转座子标记技术 | 一种基因分离技术，基因由于转座子插入其编码区而失活，再利用该转座子特异的杂交探针从克隆文库中分离出该基因的拷贝。 |
| Trans-splicing | 反式剪接 | 发生于不同 RNA 之间外显子的剪接过程。 |
| Transversion | 颠换 | 使嘌呤变为嘧啶或者相反的点突变。 |
| Trinucleotide repeat expansion disease | 三核苷酸重复序列扩增疾病 | 一种由于基因内或基因附近的一批三核苷酸重复的延展而产生的疾病。 |
| Triplet binding assay | 三联体结合分析 | 用于测定一个三联体核苷酸编码特异性的技术。 |
| Triplex | 三螺旋 | 由三条多聚核苷酸链组成的 DNA 结构。 |
| Trisomy | 三体性 | 在一个核中，有一个染色体有三个拷贝，其余的染色体都是二倍体的现象。 |
| tRNA nucleotidyltransferase | tRNA 核苷酸转移酶 | 在转录后，负责将 5′-CCA-3′添加至 tRNA 分子的 3′端的酶。 |
| *trp* RNA-binding attenuation protein(TRAP) | 色氨酸操纵子 RNA 结合衰减蛋白 | 在如枯草杆菌之类的细菌中，参与调节操纵子衰减作用的蛋白质。 |
| True tree | 真实树 | 一棵真实的系统树，能够反映一系列产生所研究物种或 DNA 序列的进化事件。 |
| Truncated gene | 截短基因 | 一种基因遗迹，缺少原始完整基因末端的一个片段。 |
| Tus | Tus 蛋白 | 结合于细菌终止子序列介导复制终止的蛋白质。 |
| Twintron | 孪生内含子 | 一种组合结构，由镶嵌在一起的两个或多个 II 型/III 型内含子组成。 |
| Two-dimensional gel electrophoresis | 双向凝胶电泳 | 研究蛋白质组时特别使用的分离蛋白质的方法。 |
| Type 0 cap | 0 型帽子 | 最基本的帽子结构，在 mRNA 的 5′端加上一个 7-甲基化的鸟苷酸。 |
| Type 1 cap | 1 型帽子 | 在最基本帽子结构的基础上，在第二个核苷酸的核糖上加上一个附加的甲基。 |
| Type 2 cap | 2 型帽子 | 在最基本帽子结构的基础上，在第二、三个核苷酸的核糖上加上一个附加的甲基。 |
| Ubiquitin | 泛素 | 一个 76 个氨基酸的蛋白质，在结合到其他蛋白质时，往往作为蛋白质降解的标签。 |
| Unequal crossing-over | 不等位交换 | 一个导致一段 DNA 倍增的重组事件。 |
| Unequal sister chromatid exchange | 不等位姐妹染色单体互换 | 一个导致一段 DNA 倍增的重组事件。 |
| Unit factor | 单位因子 | 孟德尔用于描述基因的词汇。 |
| Unrooted | 无根树 | 一棵系统树，仅能展示所研究物种或者 DNA 序列之间的关系，并不能为过去发生的进化事件提供信息。 |

| | | |
|---|---|---|
| Upstream | 上游 | 多聚核苷酸链的5′端方向。 |
| Upstream control element | 上游控制元件 | RNA聚合酶I启动子的一个组分。 |
| Upstream promoter element | 上游启动子元件 | 真核启动子的元件，位于起始复合物组装位置的上游。 |
| Uracil | 尿嘧啶 | 在RNA中发现的一种嘧啶碱基。 |
| U-RNA | U-RNA | 富含尿嘧啶的核RNA分子，包括snRNA和snoRNA。 |
| UvrABC endonuclease | UvrABC内切核酸酶 | 大肠杆菌中参与短修补修复过程的一种多酶复合物。 |
| van der Waals force | 范德华力 | 一种非共价引力或斥力的特殊类型。 |
| Variable number of tandem repeats(VNTR) | 可变数串联重复 | 由几十个核苷酸的顺序重复拷贝组成的简单序列长度多态性，也叫小卫星。 |
| Vegetative cell | 营养细胞 | 非生殖细胞，通过有丝分裂方式进行分裂。 |
| Viral retroelement | 病毒逆转录元件 | 基因组的复制过程与逆转录有关的一类病毒。 |
| Viroid | 类病毒 | 一种长240～375个核苷酸的RNA分子，不包含任何基因，也不会被包裹，以裸DNA（原文如此）的形式在细胞间进行散播。 |
| Virulent bacteriophage | 烈性噬菌体 | 进行裂解性模式感染的一类噬菌体。 |
| Virus | 病毒 | 一种由蛋白质与核酸组成的感染性颗粒，必须寄生在一种宿主细胞中才能复制。 |
| Virusoid | 拟病毒 | 一类长约320～400个核苷酸的RNA分子，不编码自身的衣壳蛋白，而是在辅助病毒衣壳内进行细胞间移动。 |
| V loop | V环 | tRNA分子结构中的一部分。 |
| Wave of advance | 前进浪潮 | 一种假说，认为农业在欧洲的传播是与一次大规模的人口迁移事件相伴随的。 |
| Weak promoter | 弱启动子 | 单位时间内产生相对较少的转录起始的启动子。 |
| Whole-genome shotgun approach | 全基因组鸟枪测序法 | 一种基因组测序策略，它将随机鸟枪测序法与基因组图谱结合起来，基因组图谱用来帮助组装主要序列。 |
| Wild-type | 野生型 | 呈现该种系典型的表型和（或）基因型的一个基因、细胞或物种，并将此作为一个标准。 |
| Winged helix-turn-helix | 翼状螺旋-转角-螺旋 | 一类DNA结合结构域。 |
| Wobble hypothesis | 摆动假说 | 单一tRNA可以解码一个以上密码子的假说。 |
| X inactivation | X染色体失活 | 雌性核内一个拷贝的X染色体上大多数基因被甲基化而失活。 |
| X-ray crystallography | X射线晶体学方法 | 一种确定大分子三维结构的技术。 |
| X-ray diffraction | X射线衍射 | X射线通过晶体时发生的衍射。 |
| X-ray diffraction pattern | X射线衍射图 | X射线通过晶体时发生衍射时收集的模式图。 |
| Yeast artificial chromosome (YAC) | 酵母人工染色体 | 由酵母染色体组分构建的一种高容量克隆载体。 |
| Yeast two-hybrid system | 酵母双杂交系统 | 鉴定蛋白质之间相互作用的技术。 |
| Z-DNA | Z-DNA | 两条多聚核苷酸链旋转成左手螺旋的DNA构象。 |
| Zinc finger | 锌指 | 蛋白质结合DNA的一种常见的结构基序。 |
| Zoo blotting | 多物种印迹杂交 | 与来源于相关种属的DNA进行杂交来确定某个DNA片段上是否含有基因的技术，其原理是基因在相关种属中的序列相似，因此可显示阳性杂交信号，而基因之间的序列相似性低，不会发生杂交。 |
| Zygote | 合子 | 减数分裂形成的配子融合产生的细胞。 |

# 索　　引

（按汉语拼音排序）